电气信息工程丛书

西门子 S7 – 300/400 PLC 工程应用技术

姜建芳　主编

机 械 工 业 出 版 社

本书以西门子S7-300/400 PLC为教学目标机，在讲解PLC理论的基础上，注重理论与工程实践相结合，把PLC控制系统工程设计思想和方法及其工程实例融合到其中，便于读者在学习过程中理论联系实际，较好地掌握PLC理论基础知识和工程应用技术。

本书内容包括基础理论与工程设计及应用两部分。基础理论部分包括PLC基本结构及基本原理、S7-300/400硬件结构、网络通信、SIMATIC管理器、程序结构、指令系统、编程语言及程序设计方法，使读者较好地掌握PLC理论基础知识；工程设计及应用部分包括故障诊断与排除、闭环控制的实现、PLC控制工程实例等，能使读者结合基础理论知识，联系工程实际恰当地应用PLC技术设计和维护控制系统。

本书可作为高等院校电气工程、机电工程、自动化相关专业教学用书，也可作为工程技术人员的培训和自学用书。

图书在版编目（CIP）数据

西门子S7-300/400 PLC工程应用技术/姜建芳主编. —北京：机械工业出版社，2012.10（2017.10重印）

（电气信息工程丛书）

ISBN 978-7-111-39420-4

Ⅰ. ① 西… Ⅱ. ① 姜… Ⅲ. ① plc技术 Ⅳ. ① TM571.6

中国版本图书馆CIP数据核字（2012）第188507号

机械工业出版社（北京市百万庄大街22号 邮政编码100037）

责任编辑：时 静

责任印制：李 昂

三河市宏达印刷有限公司印刷

2017年10月第1版第5次印刷

184mm×260mm·63.75印张·1582千字

10501—13000册

标准书号：ISBN 978-7-111-39420-4

　　　　　　ISBN 978-7-89433-553-1（光盘）

定价：159.00元（含1DVD）

前　言

可编程序控制器（Programmable logic Controller，PLC）是集计算机技术、电子技术、通信技术和精良工艺制造技术为一体的先进工业控制装置。它具有可靠性高、稳定性高、实时处理快、联网功能强等特点，被广泛地应用于工业控制系统中，与工业自动化管理系统相融合。PLC 工程应用技术成为重要的工业自动化应用技术之一。

本书是《西门子 S7 - 200 PLC 工程应用技术教程》的姊妹篇，以西门子 S7 - 300/400 PLC 为教学目标机，在讨论 PLC 基本结构、基本原理及指令系统及 PLC 应用技术的同时，注重把 PLC 控制系统工程设计思想和方法及其工程实例融合到本书的讨论内容中。本书在讨论 PLC 理论基础的前提下，注重与工程实践相结合，使本书具有了工程性与系统性等特点，便于读者在学习过程中理论联系实际，较好地掌握 PLC 理论基础知识和工程应用技术。

全书共分 19 章，第 1 ~ 4 章为 PLC 基础知识部分：第 1 章绪论，第 2 章 PLC 控制系统基础知识，第 3 章 PLC 的组成和工作原理，第 4 章 S7 - 300/400 PLC 硬件系统；第 5 章 ~ 9 章为 PLC 理论知识部分：第 5 章 S7 - 300/400 PLC 网络通信，第 6 章 S7 - 300/400 PLC 软件基础，第 7 章 SIMATIC 管理器，第 8 章 S7 - 300/400 PLC 指令系统，第 9 章 S7 - 300/400 PLC 程序结构；第 11 ~ 14 章为 S7 - 300/400 PLC 高级编程语言：第 11 章 S7 - 300/400 PLC SCL 编程，第 12 章 S7 - 300/400 PLC GRAPH 编程，第 13 章 S7 - 300/400 PLC HIGRAPH 编程，第 14 章　S7 - 300/400 PLC CFC 编程；第 10 章及第 15 ~ 19 章为工程实践和工程设计部分：第 10 章 PLC 应用程序设计，第 15 章 S7 - 300/400 PLC 工程应用技术，第 16 章故障诊断，第 17 章 S7 - 300/400 PLC 模拟量闭环控制的实现，第 18 章 PLC 控制系统设计，第 19 章 PLC 控制系统工程实例。

为了便于读者学习和查阅相关技术参数和内容，书后附有 5 个附录，附录 A 实验指导书，附录 B S7 - 300/400 硬件选型、附录 C S7 - 300/400 IO 模块接线、附录 D S7 - 300/400 STL 指令速查，附录 E 软件标准库速查。本书附有配套光盘，含有电子教案等。

本书由姜建芳主编，孙立平、张延顺、陈培国、刘林、戴刚、蔡洋、翟磊、张建龙、黄峰、缪锐、吴婷婷、吴梅君、石春虎、靳捷参加了编写和校对工作。

由于编者水平有限，书中存在缺点、错误在所难免，恳请广大读者批评指正。

作者 E - mail：jiangjianfang@ mail. njust. edu. cn。

编　者

目　　录

前言
第1章　绪论 …………………………………………………………………………… 1
1.1　工业自动化及全集成自动化 ……………………………………………………… 1
1.2　工业自动化与 PLC ………………………………………………………………… 2
　1.2.1　PLC 产生及定义 …………………………………………………………… 2
　1.2.2　PLC 特点 …………………………………………………………………… 3
　1.2.3　PLC 控制系统的组成 ……………………………………………………… 5
　1.2.4　PLC 的发展趋势 …………………………………………………………… 7
　1.2.5　PLC 在工业自动化中的地位 ……………………………………………… 9
1.3　西门子 PLC 产品发展历程 ……………………………………………………… 9
1.4　获取资料、软件和帮助 …………………………………………………………… 10
1.5　习题 ………………………………………………………………………………… 10
第2章　PLC 控制系统基础知识 …………………………………………………… 11
2.1　自动控制系统 ……………………………………………………………………… 11
　2.1.1　控制系统分类 ……………………………………………………………… 11
　2.1.2　自动控制系统性能要求 …………………………………………………… 12
　2.1.3　自动控制系统举例 ………………………………………………………… 13
2.2　常用低压电器 ……………………………………………………………………… 13
2.3　传感器 ……………………………………………………………………………… 15
　2.3.1　传感器的分类 ……………………………………………………………… 15
　2.3.2　常用传感器简介 …………………………………………………………… 15
　2.3.3　传感器应用举例 …………………………………………………………… 16
2.4　隔离栅和浪涌保护器 ……………………………………………………………… 17
　2.4.1　隔离栅的应用 ……………………………………………………………… 17
　2.4.2　浪涌保护器的应用 ………………………………………………………… 21
2.5　执行装置 …………………………………………………………………………… 23
　2.5.1　执行器分类 ………………………………………………………………… 23
　2.5.2　常用的执行器简介 ………………………………………………………… 23
　2.5.3　执行器应用举例 …………………………………………………………… 25
2.6　系统输入/输出接口 ……………………………………………………………… 25
　2.6.1　PLC 控制系统输入接口 …………………………………………………… 26
　2.6.2　PLC 控制系统输出接口 …………………………………………………… 32
2.7　PLC 控制系统电源与接地 ……………………………………………………… 35
　2.7.1　PLC 控制系统的电源 ……………………………………………………… 35

2.7.2　PLC 控制系统的接地 ·· 36

2.8　习题 ·· 39

第3章　PLC 的组成和工作原理 ·· 40

3.1　PLC 的组成 ·· 40

3.1.1　中央处理单元 ·· 41

3.1.2　存储器 ·· 41

3.1.3　输入/输出部件 ·· 42

3.1.4　通信接口 ·· 42

3.1.5　电源 ·· 42

3.1.6　编程器 ·· 42

3.2　PLC 的工作原理 ·· 43

3.2.1　PLC 的等效电路 ·· 43

3.2.2　PLC 的工作模式 ·· 44

3.2.3　PLC 的工作过程 ·· 45

3.2.4　PLC 对输入输出的处理规则 ·· 47

3.2.5　PLC 输入/输出时间滞后 ·· 47

3.2.6　PLC 输入信号频率 ·· 48

3.3　PLC 的分类 ·· 48

3.4　习题 ·· 50

第4章　S7 - 300/400 PLC 硬件系统 ·· 51

4.1　S7 - 300/400 概况 ·· 51

4.2　机架 ·· 52

4.2.1　S7 - 300 机架 ·· 52

4.2.2　S7 - 400 机架 ·· 52

4.3　电源模块 ·· 54

4.3.1　S7 - 300 电源模块 ·· 54

4.3.2　S7 - 400 电源模块 ·· 56

4.4　CPU 模块 ·· 57

4.4.1　S7 - 300 CPU 模块 ·· 57

4.4.2　S7 - 400 CPU 模块 ·· 72

4.5　信号模块 ·· 75

4.5.1　数字量输入模块 ·· 76

4.5.2　数字量输出模块 ·· 78

4.5.3　数字量输入/输出模块 ·· 80

4.5.4　模拟量输入模块 ·· 81

4.5.5　模拟量输出模块 ·· 92

4.5.6　模拟量输入/输出模块 ·· 95

4.5.7　Ex 系列输入/输出模块和 F 系列输入/输出模块 ·· 96

4.5.8　特殊信号模块 ·· 97

V

4.6　功能模块 ………………………………………………………………………… 99
4.7　通信模块 ………………………………………………………………………… 101
4.8　接口模块 ………………………………………………………………………… 103
  4.8.1　S7 - 300 接口模块 ……………………………………………………………… 103
  4.8.2　S7 - 400 接口模块 ……………………………………………………………… 104
  4.8.3　PROFIBUS - DP 主站接口模块 ………………………………………………… 104
4.9　宽温产品选型 …………………………………………………………………… 105
4.10　模块安装和扩展 ……………………………………………………………… 106
  4.10.1　S7 - 300 模块安装和扩展 ……………………………………………………… 106
  4.10.2　S7 - 400 模块安装和扩展 ……………………………………………………… 108
4.11　ET 200 分布式 I/O …………………………………………………………… 110
  4.11.1　ET 200 分布式 I/O 简介 ……………………………………………………… 110
  4.11.2　ET 200 分类 …………………………………………………………………… 111
4.12　习题 …………………………………………………………………………… 114

第5章　S7 -300/400 PLC 网络通信 ………………………………………………… 115
5.1　网络通信基础知识 ……………………………………………………………… 115
  5.1.1　单工通信、半双工通信及全双工通信 ………………………………………… 115
  5.1.2　串行传输和并行传输 …………………………………………………………… 116
  5.1.3　异步传输和同步传输 …………………………………………………………… 116
  5.1.4　串行通信接口 …………………………………………………………………… 116
  5.1.5　传输速率 ………………………………………………………………………… 117
  5.1.6　OSI 参考模型 …………………………………………………………………… 117
5.2　SIMATIC 通信基础 ……………………………………………………………… 117
  5.2.1　SIMATIC NET …………………………………………………………………… 117
  5.2.2　SIMATIC 通信基本概念 ………………………………………………………… 119
5.3　MPI 网络通信 …………………………………………………………………… 122
  5.3.1　基本概述 ………………………………………………………………………… 122
  5.3.2　全局数据包通信 ………………………………………………………………… 123
  5.3.3　S7 基本通信 …………………………………………………………………… 125
  5.3.4　S7 通信 ………………………………………………………………………… 127
5.4　PROFIBUS 网络通信 …………………………………………………………… 132
  5.4.1　PROFIBUS 协议 ………………………………………………………………… 132
  5.4.2　PROFIBUS 设备分类 …………………………………………………………… 134
  5.4.3　DP 主站系统中的地址 …………………………………………………………… 135
  5.4.4　PROFIBUS 网络连接设备 ……………………………………………………… 136
  5.4.5　PROFIBUS 通信处理器 ………………………………………………………… 136
5.5　工业以太网通信 ………………………………………………………………… 138
  5.5.1　工业以太网概述 ………………………………………………………………… 138
  5.5.2　工业以太网的特点及优势 ……………………………………………………… 138

5.5.3　S7 – 300/S7 – 400 工业以太网通信处理器 ·································· 138

5.5.4　带 PN 接口的 CPU ·· 139

5.5.5　PROFINET 概述 ·· 140

5.5.6　PROFINET 的主要应用 ·· 140

5.6　AS – I 网络通信 ·· 142

5.7　串行网络通信 ·· 143

5.7.1　基本概述 ·· 143

5.7.2　ASCII 通信协议 ·· 143

5.7.3　PLC 与驱动装置串行通信（USS 协议） ······························ 144

5.8　习题 ·· 147

第6章　S7 – 300/400 PLC 软件基础 ······································ 148

6.1　IEC61131 – 3 国际标准简介 ·· 148

6.2　S7 – 300/400 编程语言简介 ·· 150

6.2.1　梯形图 LAD ·· 151

6.2.2　语句表 STL ·· 152

6.2.3　功能块图 FBD ·· 153

6.2.4　结构控制语言 SCL ·· 153

6.2.5　顺序功能图 SFC ··· 153

6.2.6　S7 HIGRAPH 编程语言 ······································ 154

6.2.7　S7 CFC 编程语言 ·· 154

6.3　S7 – 300/400 编程资源及其编址 ····································· 155

6.3.1　S7 – 300/400 编程资源 ······································· 155

6.3.2　PLC 存储区的划分 ··· 158

6.3.3　S7 – 300/400 模块的编址 ······································ 159

6.4　变量、常量和数据类型 ·· 161

6.4.1　变量和常量 ·· 161

6.4.2　基本数据类型 ·· 164

6.4.3　复合数据类型 ·· 165

6.4.4　参数数据类型 ·· 168

6.4.5　用户自定义数据类型 ·· 169

6.5　S7 – 300/400 寻址方式 ··· 170

6.5.1　寻址方式简介 ·· 170

6.5.2　立即寻址 ··· 171

6.5.3　直接寻址 ··· 171

6.5.4　存储器间接寻址 ··· 172

6.5.5　寄存器间接寻址 ··· 173

6.6　习题 ·· 175

第7章　SIMATIC 管理器 ·· 176

7.1　SIMATIC 管理器简介 ·· 176

7.1.1　SIMATIC 管理器概述 ……………………………………………………… 176
7.1.2　STEP 7 的订货版本 …………………………………………………………… 177
7.1.3　STEP 7 与硬件的接口 …………………………………………………………… 177
7.1.4　STEP 7 的安装 ……………………………………………………………… 178
7.1.5　STEP 7 标准软件包 …………………………………………………………… 182
7.1.6　STEP 7 扩展软件包 …………………………………………………………… 183
7.2　创建和管理项目 ………………………………………………………………… 185
7.2.1　启动 SIMATIC Manager ……………………………………………………… 185
7.2.2　创建与编辑项目 ………………………………………………………………… 186
7.2.3　创建一个 STEP 7 项目 ………………………………………………………… 188
7.3　硬件组态 ………………………………………………………………………… 191
7.3.1　硬件组态的任务 ………………………………………………………………… 191
7.3.2　硬件组态的步骤 ………………………………………………………………… 192
7.3.3　硬件组态举例 …………………………………………………………………… 193
7.3.4　CPU 模块的参数设置 …………………………………………………………… 194
7.3.5　数字量 I/O 模块的参数设置 …………………………………………………… 201
7.3.6　模拟量 I/O 模块的参数设置 …………………………………………………… 203
7.4　网络组态 ………………………………………………………………………… 205
7.4.1　网络组态工具 NetPro …………………………………………………………… 205
7.4.2　连接表 …………………………………………………………………………… 206
7.5　符号表创建与逻辑块编辑 ……………………………………………………… 207
7.5.1　符号表 …………………………………………………………………………… 207
7.5.2　逻辑块 …………………………………………………………………………… 210
7.6　应用 PLCSIM 软 PLC 调试用户程序 ………………………………………… 214
7.6.1　PLCSIM 的主要功能 …………………………………………………………… 214
7.6.2　PLCSIM 快速入门 ……………………………………………………………… 215
7.6.3　视图对象 ………………………………………………………………………… 217
7.6.4　仿真软件的设置与存档 ………………………………………………………… 218
7.6.5　软 PLC 与真实 PLC 比较 ……………………………………………………… 219
7.6.6　PLCSIM 通信仿真 ……………………………………………………………… 220
7.7　下载与上载程序 ………………………………………………………………… 221
7.8　调试程序 ………………………………………………………………………… 226
7.8.1　PLC 应用系统调试的基本步骤 ………………………………………………… 226
7.8.2　用程序状态功能调试程序 ……………………………………………………… 227
7.8.3　用变量表调试程序 ……………………………………………………………… 230
7.8.4　使用单步与断点功能调试程序 ………………………………………………… 234
7.9　故障诊断 ………………………………………………………………………… 236
7.10　参考数据及其应用 ……………………………………………………………… 236
7.10.1　参考数据的作用 ……………………………………………………………… 236

7.10.2 参考数据的生成与显示 ……………………………………………… 237

7.10.3 程序结构 ……………………………………………………………… 239

7.10.4 赋值表 …………………………………………………………………… 241

7.10.5 未使用的符号 …………………………………………………………… 242

7.10.6 没有在符号表中定义的地址 …………………………………………… 242

7.10.7 在程序中快速查找地址的位置 ………………………………………… 242

7.11 被控对象仿真软件 SIMIT 简介 ……………………………………………… 246

7.11.1 被控对象的仿真方法 …………………………………………………… 246

7.11.2 SIMIT 仿真软件的安装与项目管理 …………………………………… 247

7.11.3 组态操作窗口 …………………………………………………………… 248

7.11.4 SIMIT 的控制程序设计 ………………………………………………… 250

7.11.5 仿真的操作 ……………………………………………………………… 252

7.12 习题 …………………………………………………………………………… 252

第 8 章 S7 - 300/400 PLC 指令系统 ……………………………………………… 253

8.1 位逻辑指令 …………………………………………………………………… 253

8.1.1 触点与线圈 ……………………………………………………………… 254

8.1.2 基本逻辑指令 …………………………………………………………… 255

8.1.3 取反指令 ………………………………………………………………… 256

8.1.4 SAVE 指令 ……………………………………………………………… 258

8.1.5 置位与复位指令 ………………………………………………………… 258

8.1.6 RS 和 SR 触发器指令 …………………………………………………… 261

8.1.7 边沿检测指令 …………………………………………………………… 262

8.2 定时器指令 …………………………………………………………………… 264

8.2.1 S7 - 300/400 定时器简介 ……………………………………………… 264

8.2.2 定时器功能指令 ………………………………………………………… 267

8.2.3 定时器位指令 …………………………………………………………… 277

8.2.4 IEC 定时器 ……………………………………………………………… 280

8.3 计数器指令 …………………………………………………………………… 283

8.3.1 计数器简介 ……………………………………………………………… 283

8.3.2 计数器功能指令 ………………………………………………………… 284

8.3.3 计数器线圈指令 ………………………………………………………… 289

8.3.4 IEC 计数器 ……………………………………………………………… 289

8.4 数据处理指令 ………………………………………………………………… 294

8.4.1 装入 L 和传送 T 指令 …………………………………………………… 294

8.4.2 比较指令 ………………………………………………………………… 296

8.4.3 移位和循环指令 ………………………………………………………… 299

8.4.4 字逻辑运算指令 ………………………………………………………… 302

8.5 运算指令 ……………………………………………………………………… 304

8.5.1 转换指令 ………………………………………………………………… 304

8.5.2 数学运算指令 ·· 311

8.6 程序控制指令 ··· 315

8.6.1 跳转指令 ··· 315

8.6.2 状态位指令 ··· 318

8.6.3 主控继电器指令 ··· 320

8.6.4 数据块指令 ··· 322

8.7 库分类及应用 ··· 325

8.7.1 库的分类 ··· 325

8.7.2 库的应用 ··· 325

8.7.3 库的生成 ··· 326

8.7.4 库中 FC、FB、SFC 及 SFB 的使用 ··································· 327

8.8 习题 ··· 327

第9章 S7 -300/400 PLC 程序结构 ·· 329

9.1 系统程序和用户程序 ··· 329

9.1.1 操作系统程序 ··· 329

9.1.2 用户程序 ··· 330

9.2 用户程序结构 ··· 330

9.2.1 用户程序编程方法 ··· 330

9.2.2 用户程序分层调用 ··· 331

9.2.3 用户程序使用的堆栈 ··· 332

9.3 用户程序块 ··· 334

9.4 组织块 OB ·· 334

9.4.1 OB 组织块的分类及优先级 ·· 335

9.4.2 组织块的变量声明表 ··· 337

9.4.3 启动组织块 ··· 337

9.4.4 循环执行组织块 ··· 341

9.4.5 时间中断组织块 ··· 344

9.4.6 事件驱动组织块 ··· 357

9.4.7 背景组织块 ··· 367

9.4.8 其他组织块 ··· 367

9.5 功能 FC 和功能块 FB ·· 369

9.5.1 发动机控制系统的程序结构 ··· 369

9.5.2 符号表与变量声明表 ··· 370

9.5.3 功能与功能块的生成 ··· 371

9.5.4 功能 FC 与功能块 FB 的调用 ······································· 374

9.5.5 时间标记冲突与一致性检查 ··· 376

9.6 数据块 DB ·· 378

9.6.1 数据块的生成 ··· 378

9.6.2 数据块的访问 ··· 380

9.7　多重背景 ·· *381*

9.7.1　生成多重背景功能块 ··· *381*

9.7.2　生成多重背景数据块 ··· *385*

9.7.3　在 OB1 中调用多重背景 ·· *385*

9.7.4　FC、FB 与 OB 的区别 ·· *385*

9.8　系统块 ·· *386*

9.8.1　系统功能（SFC）和功能块（SFB）·································· *386*

9.8.2　系统数据块（SDB）·· *388*

9.9　标准库中的 FC、FB ·· *388*

9.10　习题 ··· *388*

第 10 章　PLC 应用程序设计 ·· *389*

10.1　PLC 典型常用程序 ·· *389*

10.1.1　位逻辑指令应用例 ·· *389*

10.1.2　定时器/计数器指令应用例 ·· *393*

10.1.3　移位指令应用例 ·· *401*

10.1.4　跳转指令应用例 ·· *403*

10.1.5　运算指令应用例 ·· *404*

10.1.6　模拟量采集滤波例 ·· *406*

10.2　PLC 程序设计方法 ·· *408*

10.2.1　图解法 ··· *408*

10.2.2　经验设计法 ·· *409*

10.2.3　状态表程序设计法 ·· *410*

10.2.4　顺序功能图设计方法 ·· *413*

10.3　PLC 顺序逻辑控制程序设计 ·· *416*

10.3.1　平台介绍 ··· *417*

10.3.2　硬件设计 ··· *419*

10.3.3　软件设计 ··· *420*

10.3.4　仿真调试 ··· *424*

10.4　PLC 过程控制程序设计 ·· *425*

10.4.1　平台介绍 ··· *425*

10.4.2　硬件设计 ··· *426*

10.4.3　软件设计 ··· *427*

10.4.4　仿真调试 ··· *432*

10.5　PLC 脉冲量控制程序设计 ·· *432*

10.5.1　平台介绍 ··· *433*

10.5.2　硬件设计 ··· *433*

10.5.3　软件设计 ··· *437*

10.6　习题 ··· *442*

第 11 章　S7 –300/400 PLC SCL 编程 ·· *444*

11.1　SCL 语言简介 ……………………………………………………… 444

11.2　S7 SCL 软件包安装 ………………………………………………… 444

　11.2.1　SCL 的安装 ……………………………………………………… 444

　11.2.2　S7 SCL 软件兼容性 ……………………………………………… 444

11.3　SCL 源文件编译器 …………………………………………………… 445

11.4　SCL 编程语言 ………………………………………………………… 446

　11.4.1　基本 S7 SCL 术语 ……………………………………………… 446

　11.4.2　变量和参数声明 ………………………………………………… 450

　11.4.3　常量声明 ………………………………………………………… 451

　11.4.4　运算符 …………………………………………………………… 452

　11.4.5　表达式 …………………………………………………………… 453

　11.4.6　赋值 ……………………………………………………………… 455

　11.4.7　控制语句 ………………………………………………………… 455

　11.4.8　SCL 块 …………………………………………………………… 458

11.5　SCL 编程应用实例 …………………………………………………… 461

　11.5.1　单神经元 PID 算法原理 ………………………………………… 461

　11.5.2　单神经元 PID 算法 SCL 编程 ………………………………… 462

11.6　习题 …………………………………………………………………… 464

第 12 章　S7 -300/400 PLC GRAPH 编程 …………………………… 465

12.1　顺序逻辑控制及顺序功能图 ………………………………………… 465

12.2　S7 - GRAPH 简介 …………………………………………………… 465

　12.2.1　顺序控制程序的结构 …………………………………………… 465

　12.2.2　S7 - GRAPH 编译器 …………………………………………… 466

　12.2.3　步及相关动作命令 ……………………………………………… 467

　12.2.4　转换条件 ………………………………………………………… 469

　12.2.5　S7 - GRAPH 的功能参数集 …………………………………… 470

12.3　S7 - GRAPH 程序设计流程 ………………………………………… 473

12.4　S7 - GRAPH 编程举例 ……………………………………………… 473

　12.4.1　被控对象分析 …………………………………………………… 473

　12.4.2　系统总体设计 …………………………………………………… 475

　12.4.3　系统硬件设计 …………………………………………………… 475

　12.4.4　系统软件设计 …………………………………………………… 479

　12.4.5　系统调试 ………………………………………………………… 482

12.5　习题 …………………………………………………………………… 486

第 13 章　S7 -300/400 PLC HIGRAPH 编程 ……………………… 488

13.1　S7 - HIGRAPH 简介 ………………………………………………… 488

　13.1.1　S7 - HIGRAPH 发展背景及应用 ……………………………… 488

　13.1.2　S7 - HIGRAPH 特点 …………………………………………… 488

　13.1.3　S7 - HIGRAPH 与 S7 - GRAPH 比较 ………………………… 488

13.1.4　S7 - HIGRAPH 优点 ……………………………………………………… 488

13.2　S7 - HIGRAPH 软件包安装 ……………………………………………… 489
13.2.1　S7 - HIGRAPH 安装与使用 ………………………………………… 489
13.2.2　S7 - HIGRAPH 软件兼容性 ………………………………………… 489

13.3　S7 - HIGRAPH 基本概念 ……………………………………………… 489
13.3.1　S7 - HIGRAPH 程序构成 ……………………………………………… 489
13.3.2　S7 - HIGRAPH 程序结构 ……………………………………………… 490
13.3.3　S7 - HIGRAPH 项目流程 ……………………………………………… 490

13.4　S7 - HIGRAPH 基础与编程 …………………………………………… 491
13.4.1　用户界面 …………………………………………………………… 491
13.4.2　状态图编程 ………………………………………………………… 492
13.4.3　指令编程 …………………………………………………………… 495
13.4.4　等待/监控/延迟时间编程 ………………………………………… 497
13.4.5　操作模式编程 ……………………………………………………… 497
13.4.6　图表组编程 ………………………………………………………… 498
13.4.7　状态图消息交换编程 ……………………………………………… 498
13.4.8　程序编译 …………………………………………………………… 499
13.4.9　程序的调用/下载/调试 …………………………………………… 500

13.5　S7 - HIGRAPH 应用实例 ……………………………………………… 500
13.5.1　被控对象分析与描述 ……………………………………………… 500
13.5.2　S7 - HIGRAPH 编程 ……………………………………………… 501
13.5.3　编译及调试 ………………………………………………………… 506

13.6　习题 ……………………………………………………………………… 510

第14章　S7 -300/400 PLC CFC 编程 ……………………………………… 511

14.1　S7 - CFC 简介 …………………………………………………………… 511
14.1.1　S7 - CFC 发展背景及应用 ……………………………………… 511
14.1.2　S7 - CFC 特点 ……………………………………………………… 511

14.2　S7 - CFC 软件包安装 …………………………………………………… 511
14.2.1　S7 - CFC 安装与使用 ……………………………………………… 511
14.2.2　S7 - CFC 软件兼容性 ……………………………………………… 511

14.3　S7 - CFC 程序构成元素 ………………………………………………… 512
14.3.1　Charts（图表） …………………………………………………… 512
14.3.2　Chart Partitions（图表分区） …………………………………… 512
14.3.3　Sheet（页）及 Sheet Bars（页边条） ………………………… 513
14.3.4　Overflow Page（溢出页） ………………………………………… 513
14.3.5　Nested Charts（嵌套图表） ……………………………………… 513

14.4　S7 - CFC 功能块操作 …………………………………………………… 514
14.4.1　功能块导入 ………………………………………………………… 514
14.4.2　功能块清除与更新 ………………………………………………… 514

14.4.3　功能块编辑 ·· 515

14.5　S7 – CFC 程序编程及运行操作 ··· 516

14.5.1　连接关系 ·· 516

14.5.2　运行时间设置 ·· 518

14.5.3　数据归档 ·· 518

14.5.4　编译 ·· 519

14.5.5　下载 ·· 520

14.5.6　回读 ·· 520

14.5.7　测试 ·· 521

14.6　S7 – CFC 编程应用实例 ··· 522

14.6.1　被控对象分析与描述 ··· 522

14.6.2　系统总体方案设计 ·· 523

14.6.3　控制算法设计与实现 ··· 524

14.7　习题 ·· 526

第 15 章　S7 – 300/400 PLC 工程应用技术 ·· 527

15.1　S7 – 300/400 人机界面与组态应用技术 ·· 527

15.1.1　S7 – 300/400 人机界面应用技术 ·· 527

15.1.2　S7 – 300/400 WinCC 应用技术 ·· 546

15.2　S7 – 300/400 与变频器应用技术 ·· 564

15.2.1　MM4 系列变频器概述 ·· 564

15.2.2　MM440 变频器的调试 ·· 569

15.2.3　S7 – 300/400 与 MM440 应用实例 ··· 578

15.3　S7 – 300/400 网络通信应用技术 ·· 596

15.3.1　MPI 通信应用技术 ·· 596

15.3.2　PROFIBUS 通信应用技术 ··· 636

15.3.3　工业以太网通信应用技术 ·· 678

15.3.4　PLC 与驱动装置串行通信应用技术 ·· 712

15.4　习题 ·· 715

第 16 章　故障诊断 ··· 716

16.1　故障诊断基础知识 ··· 716

16.1.1　故障分类 ·· 716

16.1.2　故障诊断机理 ··· 717

16.1.3　故障诊断方法 ··· 718

16.2　LED 灯故障诊断 ·· 718

16.3　SIMATIC 诊断软件 ··· 723

16.4　STEP 7 故障诊断 ··· 724

16.4.1　诊断符号 ·· 724

16.4.2　故障诊断过程 ··· 725

16.4.3　模块信息 ·· 726

16.4.4 硬件诊断 ·· 732
16.4.5 Monitor/Modify Variables ·· 735
16.4.6 参考数据 ·· 737
16.4.7 其他诊断功能 ·· 739
16.5 OB 和 SFC 故障诊断 ·· 740
16.5.1 错误处理组织块 ·· 740
16.5.2 同步错误处理组织块 ·· 741
16.5.3 异步错误处理组织块 ·· 748
16.6 重新接线功能的应用 ·· 764
16.6.1 重新接线功能 ·· 764
16.6.2 SIMATIC Manager 重新接线 ·· 765
16.6.3 地址与符号优先重新接线 ·· 766
16.6.4 源程序优先程序接线 ·· 769
16.7 习题 ··· 771
第17章 S7 - 300/400 PLC 模拟量闭环控制的实现 ·························· 772
17.1 模拟量闭环控制基础 ·· 772
17.1.1 模拟量闭环控制系统组成 ·· 772
17.1.2 闭环控制主要性能指标 ·· 773
17.1.3 闭环控制反馈极性的确定 ·· 774
17.2 数字 PID 控制器 ·· 774
17.2.1 PID 控制器优点 ·· 774
17.2.2 PID 控制器数字化 ·· 775
17.3 S7 - 300/400 模拟量闭环控制功能 ·· 775
17.3.1 S7 - 300/400 实现闭环控制方法 ··· 775
17.3.2 使用闭环控制软件包中的功能块实现闭环控制 ·························· 776
17.3.3 模拟量输入及数值整定 ·· 777
17.3.4 输入量软件滤波 ·· 777
17.3.5 模拟量输出及整定 ·· 780
17.4 连续 PID 控制器 FB 41 ··· 780
17.4.1 设定值和过程变量的处理 ·· 780
17.4.2 PID 控制算法 ·· 782
17.4.3 控制器输出值的处理 ·· 782
17.4.4 FB 41 的参数 ·· 783
17.5 步进 PI 控制器 FB 42 ··· 784
17.5.1 步进控制器的结构 ·· 785
17.5.2 PI 控制算法 ·· 786
17.5.3 FB 42 的参数 ·· 787
17.6 脉冲发生器 FB 43 ·· 788
17.6.1 脉冲发生器工作原理 ·· 789
17.6.2 三级控制器 ·· 791

17.6.3 二级控制器 ·· 793

17.6.4 FB 43 的参数 ·· 793

17.7 连续温度控制器 FB 58 ·· 794

17.7.1 设定值和过程变量的处理 ···································· 795

17.7.2 PID 控制算法 ·· 797

17.7.3 控制器输出值的处理 ·· 799

17.7.4 保存和重新装载控制器参数 ·································· 800

17.7.5 脉冲输出方式 ·· 801

17.7.6 脉冲输出和 PID 运算 ·· 802

17.7.7 参数设置的经验法则 ·· 803

17.7.8 自整定功能 ·· 804

17.7.9 FB 58 的参数 ·· 805

17.8 步进温度控制器 FB 59 ·· 809

17.8.1 PI 控制算法 ··· 810

17.8.2 FB 59 的参数 ·· 811

17.9 编写模块实现闭环控制 ·· 812

17.10 PID 控制器工程实例程序 ······································ 813

17.11 PID 参数自整定 ·· 829

17.12 习题 ·· 830

第18章 PLC 控制系统设计 ·· 831

18.1 PLC 控制系统设计原则与流程 ·································· 831

18.1.1 PLC 控制系统设计原则 ······································ 831

18.1.2 PLC 控制系统设计流程 ······································ 832

18.2 PLC 控制系统被控对象的分析与描述 ·························· 832

18.3 PLC 控制系统总体设计 ·· 833

18.4 PLC 控制系统硬件设计 ·· 835

18.4.1 传感器与执行器的确定 ······································ 835

18.4.2 PLC 控制系统模块的选择 ···································· 835

18.4.3 控制柜设计 ·· 837

18.4.4 I/O 模块原理图设计 ··· 837

18.5 PLC 控制系统软件设计 ·· 837

18.5.1 控制软件设计 ·· 837

18.5.2 监控软件设计 ·· 838

18.6 PLC 控制系统的可靠性设计 ···································· 838

18.6.1 环境技术条件设计 ·· 838

18.6.2 控制系统的冗余设计 ·· 840

18.6.3 控制系统供电系统设计 ······································ 842

18.7 PLC 控制系统的调试 ·· 843

18.7.1 模拟调试 ·· 843

18.7.2 现场调试 ·· 844

18.8 习题 ·· 844

第19章　PLC控制系统工程实例 ·· 845

19.1　MPS虚拟仿真系统——供料站 ·· 845

19.1.1　被控对象分析与描述 ··· 845

19.1.2　系统总体设计 ··· 847

19.1.3　系统硬件设计 ··· 847

19.1.4　系统软件设计 ··· 848

19.1.5　系统调试 ··· 851

19.1.6　技术文档整理 ··· 852

19.2　喷射机控制系统 ·· 852

19.2.1　被控对象分析与描述 ··· 852

19.2.2　系统总体设计 ··· 853

19.2.3　系统硬件设计 ··· 856

19.2.4　系统软件设计 ··· 866

19.2.5　系统调试 ··· 884

19.2.6　技术文档整理 ··· 886

19.3　电厂废水处理控制系统 ·· 886

19.3.1　被控对象分析与描述 ··· 886

19.3.2　系统总体设计 ··· 887

19.3.3　系统硬件设计 ··· 889

19.3.4　系统软件设计 ··· 903

19.3.5　系统调试 ··· 916

19.3.6　技术文档整理 ··· 919

19.4　习题 ··· 919

附录 ··· 920

附录A　实验指导书 ··· 920

A.1　基础实验 ··· 920

A.2　应用实验 ··· 926

A.3　综合设计实验 ··· 933

A.4　控制系统设计实验 ··· 948

附录B　S7–300/400硬件选型 ··· 982

B.1　S7–300硬件选型 ··· 982

B.2　S7–400硬件选型 ··· 982

附录C　S7–300/400 IO模块接线 ··· 982

C.1　S7–300 IO模块接线 ··· 982

C.2　S7–400 IO模块接线 ··· 982

附录D　S7–300 STL指令速查 ··· 982

附录E　软件标准库速查 ··· 988

E.1　软件标准库FC、FB速查 ··· 988

E.2　软件标准库SFC、SFB速查 ··· 993

参考文献 ··· 999

第1章 绪　　论

本章学习目标：

　　了解西门子全集成自动化概念；了解 PLC 产生、定义及特点；理解 PLC 控制系统的组成；了解 PLC 的发展趋势；了解西门子 PLC 产品结构。

1.1　工业自动化及全集成自动化

　　随着工业自动控制理论、计算机技术和网络通信技术的飞速发展，各类控制系统竞争日益激烈，用户对工业自动化过程控制系统的可靠性、复杂性、功能的完善性、人机界面的友好性、数据分析和管理的快速性、系统安装调试和运行维护的方便性等提出了越来越高的要求，即各类控制系统之间的数据调用日益频繁，要求实时性和开放性越来越强。西门子自动化与驱动集团作为全球自动化领域技术、标准与市场的领导者，响应这一市场需求，在1996 年提出了"全集成自动化的概念"。全集成自动化技术（Totally Integrated Automation，TIA）是西门子自动化技术与产品的核心思想和主导理念。

　　全集成自动化立足于一种新的概念以实现工业自动化控制任务，解决现有的系统瓶颈。它将所有的设备和系统都完整地嵌入到一个彻底的自动控制解决方案中，采用共同的组态和编程、共同的数据管理和共同的通信。应用这种解决方案可以大大简化系统的结构、减少大量接口部件，克服上位机和工业控制器之间、连续控制和逻辑控制之间、集中控制和分散控制之间的界限。

　　西门子全集成自动化概念如图 1-1 所示。

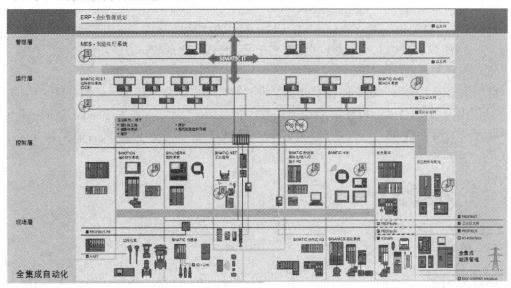

图 1-1　西门子全集成自动化概念图

西门子的全集成自动化可以为所有的自动化应用提供统一的技术环境和开发的网络。通过全集成自动化，可以实现从自动化系统及驱动技术到现场设备整个产品范围的高度集成，其高度集成的统一性主要体现在以下三个方面：

1. 统一的数据管理

全集成自动化技术采用统一的数据库，西门子各工业软件都从一个全局共享的统一的数据库中获取数据，这种统一的数据库、统一的数据管理机制使得所有的系统信息都存储于一个数据库中而且仅需输入一次，不仅可以减少数据的重复输入，还可以降低出错率，提高系统诊断效率。

2. 统一的组态和编程

在全集成自动化中，所有的西门子工业软件都可以相互配合，实现了高度统一，高度集成，组态和编程工具也是统一的，只需从全部列表中选择相应的项对控制器进行编程、组态HMI、定义通信连接或实现动作控制等操作。

3. 统一的通信

全集成自动化实现了从现场级、控制级到管理级协调一致的通信，所采用的总线能适合于所有应用：以太网和带 AS – i 总线的 PROFIBUS 网络是开关和安装技术集成的重要扩展，而 EIB 用于楼宇系统控制的集成。集中式 IO 和分布式 IO 用相同的方法进行组态。

自动化发展到今天，已经从单一自动化、系统自动化向全厂自动化、集团自动化方向转变。西门子将工业以太网技术引入全集成自动化，在产品上集成以太网接口，使以太网进入现场级，从而实现元件自动化。而工业以太网是业界广泛接受的通信标准，所以西门子的全集成自动化是高度开放的。其高度的开放性主要体现在以下几个方面：

（1）对所有类型的现场设备开放

对于现场设备的开放，TIA 可通过 PROFIBUS 来实现；对于开关类产品和安装设备还可以通过 AS – I 总线接入自动化系统中；楼宇自动化与生产自动化则可以通过 EIB 来实现开放性。

（2）对办公系统开放并支持 Internet

TIA 与办公自动化应用及 Internet/Intranet 之间的连接是基于 Ethernet 通过 TCP/IP 来实现的。TIA 采用 OPC 接口，可以建立所有基于 PC 的自动化系统与办公应用之间的连接。

（3）对新型自动化结构开放

自动化领域中的一个明显的技术趋势是带有智能功能的技术模块组成的自动化结构。通过 PROFINET，TIA 可以与带有智能功能的技术模块相连，而不必关心它们是否与 PROFI-BUS 或者以太网相连接。通过新的工程工具，TIA 实现了对这种结构的简单而集成化的组态。

1.2　工业自动化与 PLC

1.2.1　PLC 产生及定义

可编程序控制器（Programmable Logic Controller, PLC）是一种用于自动化实时控制的数位逻辑控制器，广泛应用于目前的工业控制领域。1985 年，国际电工委员会（International Electrotechnical Commission，IEC）在其标准中对 PLC 定义如下：可编程序控制器（PLC）是一种数位运算操作的电子系统，专为在工业环境应用而设计的。它采用一类可编程的存储器，用于其内部存储程序，执行逻辑运算、顺序控制、定时、计数与算数操作等面向用户的指令，并通过数字或模拟式输入/输出控制各种类型的机械和生产过程。可编程序控制器及其有关外部设备，都按易于与工业控制系统联成一个整体，易于扩充其功能的原则设计。

在 PLC 问世之前，继电器工业控制领域中控制占主导地位。继电器控制系统有着十分明显的缺点：体积大、耗电多、可靠性差、寿命短、运行速度慢、适应性差，尤其当生产工艺发生变化时，就必须重新设计重新安装，造成时间和资金的严重浪费。为了改变这一现状，1968 年美国最大的汽车制造商通用汽车公司（GM），为了适应汽车型号不断更新的要求，提出要研制一种新型的工业控制装置来取代继电器控制装置，为此，特拟定了十项公开招标的技术要求，即：

1）编程简单方便，可在现场修改程序。

2）硬件维护方便，最好是插件式结构。

3）可靠性要高于继电器控制装置。

4）体积小于继电器控制装置。

5）可将数据直接送入管理计算机。

6）成本上可以与继电器竞争。

7）输入可以是 AC 115 V。

8）输出为 AC 115 V，2 A 以上，能直接驱动电磁阀。

9）扩展时，原有系统只需做很小改动。

10）用户程序存储器容量至少可以扩展到 4 KB。

可归纳为四点：

1）用计算机代替继电器控制盘。

2）用程序代替硬接线。

3）输入/输出电平可与外部装置直接相接。

4）结构易扩展。

根据招标要求，1969 年美国数字设备公司（DEC）研制出世界上第一台 PLC（PDP - 14型），并在通用汽车公司自动装配线上试用，获得了成功，从而开创了工业控制新时代。从此，可编程序控制器这一新的控制技术迅速发展起来。

1.2.2 PLC 特点

1. 重要的特点"可编程"

以可编程序控制器为核心构成的控制系统，其中控制逻辑的改变不取决于硬件电路，而是取决于软件程序。即控制系统硬件柔性化，其柔性化的结果使控制系统可靠性提高，然而给控制系统带来一系列好处：系统便于维护，节点利用率提高，计数器、定时器、继电器等器件在可编程序控制器之中融为一体使得系统配置灵活方便。

2. 可靠性高，抗干扰能力强

高可靠性是电气控制设备的关键性能。PLC 由于采用现代大规模集成电路技术，采用严格的生产工艺制造，内部电路采取了先进的抗干扰技术，具有很高的可靠性。例如三菱公司生产的 F 系列 PLC 平均无故障时间高达 30 万小时（34 年）。

（1）硬件（Hardware）

1）光电隔离，提高抗干扰能力。

2）采用电磁屏蔽，防辐射措施。

3）I/O 线路考虑硬件滤波。

4）电源考虑抗干扰，系统合理配置地线（可编程序控制器控制系统中有数字地、模拟地、信号地、交流地、直流地、屏蔽地等）。

5）与软件配合有自诊断电路（诊断可编程序控制器本身、I/O 口、RAM、传感器、执行器等）。

6）模块式结构，易修复。

7）采用了电源后备和冗余技术。

8）选择工业级或军用级电子器件提高安全和可靠性。

（2）软件（Software）

1）设置 Watchdog 警戒时钟，防止程序"跑飞"。

2）对程序、重要参数进行检查和校验（求和或奇偶校验）。

3）对程序及动态数据进行电池后备。

4）有自诊断、报警、数字滤波功能，最新技术可做到对传感器、执行器进行在线诊断。

5）采用了具有抗干扰功能的扫描工作方式（此种工作方式会使干扰入侵机会小、错误得到及时纠正）。

3. 配套齐全，功能完善，适用性强

PLC 发展到今天，已经形成了大、中、小各种规模的系列化产品。可以用于各种规模的工业控制场合。除了逻辑处理功能外，现代 PLC 大多具有完善的数据运算能力，可用于各种数字控制领域。近年来 PLC 的功能单元大量涌现，使 PLC 渗透到了位置控制、温度控制、CNC 等各种工业控制中。加上 PLC 通信能力的增强及人机界面技术的发展，使用 PLC 组成各种控制系统变得非常容易。

4. 易学易用，深受工程技术人员欢迎

PLC 作为通用工业控制计算机，是面向工矿企业的工控设备。它接口容易，编程语言易于为工程技术人员接受。梯形图语言的图形符号与表达方式和继电器电路图相当接近，只用 PLC 的少量开关量逻辑控制指令就可以方便地实现继电器电路功能。为不熟悉电子电路、不懂计算机原理和汇编语言的人使用计算机从事工业控制打开了方便之门。

5. 系统的设计、建造工作量小，维护方便，容易改造

PLC 用存储逻辑代替接线逻辑，大大减少了控制设备外部的接线，使控制系统设计及建造的周期大大缩短，同时维护也变得容易起来。更重要的是使同一设备经过改变程序而改变生产过程成为可能。这很适合多品种、小批量的生产场合。

6. 体积小，重量轻，能耗低

以超小型 PLC 为例，新近出产的品种底部尺寸小于 100 mm，重量小于 150 g，功耗仅数瓦。由于体积小很容易装入机械内部，是实现机电一体化的理想控制设备。

1.2.3 PLC 控制系统的组成

根据西门子全集成自动化的理念，对生产过程进行信息化管理，实现从生产控制到信息管理集于一体，能使企业的生产作业过程与信息管理系统（MIS、ERP 等）信息集成，从而提高制造业生产过程的效能。全集成自动化控制系统提供了数据存储、通信和组态三者的统一性功能，它不仅能实现过程工业的控制任务，还适用于包括物流供应或包装等部门在内的所有上游和下游过程的全部自动化操作。

SIMATIC 家族示意图如图 1-2 所示。

PLC 控制系统是西门子全集成自动化的重要组成部分，由以下几部分构成：

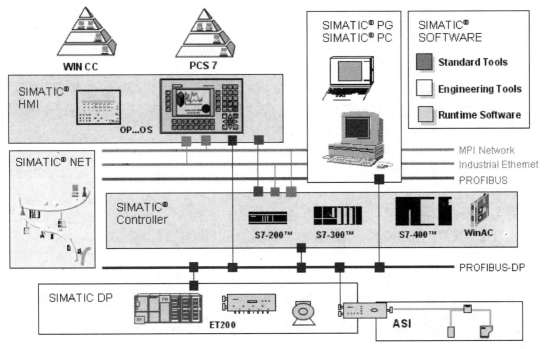

图 1-2　SIMATIC 家族示意图

1. 人机交互（SIMATIC HMI）

HMI 连接可编程序控制器、变频器、直流调速器、仪表等工业控制设备，利用显示屏显示，通过输入单元（如触摸屏、键盘、鼠标等）写入工作参数或输入操作命令，实现人与机器信息交互的数字设备。HMI 如图 1-3 所示。

2. 控制器（SIMATIC Controller）与 I/O

控制器主要由微处理器芯片和存储器组成，即我们常说的 CPU 模块。在 PLC 控制系统中，

图 1-3　SIMATIC HMI

CPU 模块相当于人的大脑和心脏，它不断地采集输入信号，执行用户程序，刷新系统的输出；存储器用来储存程序和数据。图 1-4 所示为西门子公司的 S7 -300 系列 PLC 和 S7 -400 系列 PLC。

a)　　　　　　　　　　　　b)

图 1-4　西门子 PLC

a) S7 - 300　b) S7 - 400

I/O 即输入模块和输出模块。开关量输入、输出模块简称为 DI 模块和 DO 模块，模拟量输入、输出模块简称为 AI 模块和 AO 模块，它们统称为信号模块。信号模块是系统的眼、耳、手、脚，是联系外部现场设备和 CPU 模块的桥梁。

开关量输入模块用来接收从按钮、选择开关、数字拨码开关、限位开关、接近开关、光电开关、压力继电器等来的形状量输入信号；模拟量输入模块用来接收电位器、测速发电机和各种变送器提供的连续变化的模拟量电流电压信号。

开关量输出模块用于控制接触器、电磁阀、电磁铁、指示灯、数字显示装置和报警装置等输出设备；模拟量输出模块用来控制电动调节阀、变频器等执行器。

CPU 模块内部的工作电压一般是 DC 5 V，而 PLC 的输入/输出信号电压一般较高，例如 DC 24 V 或 AC 220 V。从外部引入的电压和干扰可能损坏 CPU 模块中的元器件，或使 PLC 不能正常工作。在信号模块中，用光耦合器、光敏晶闸管、小型继电器等器件来隔离 PLC 的内部电路和外部的输入、输出电路。信号模块除了传递信号外，还有电平转换与隔离的作用。

3. 传感器与执行器

传感器是一种检测装置，能感受到被测量的信息，并能将检测感受到的信息，按一定规律变换成为电信号或其他所需形式的信息输出，以满足信息的传输、处理、存储、显示、记录和控制等要求。它是实现自动检测和自动控制的首要环节。

执行器是自动化技术工具中接收控制信息并对受控对象施加控制作用的装置。执行器由执行机构和调节机构两部分组成。调节机构通过执行元件直接改变生产过程的参数，使生产过程满足预定的要求。执行机构则接收来自控制器的控制信息把它转换为驱动调节机构的输出（如角位移或直线位移输出）。执行器按所用驱动能源分为气动、电动和液压执行器三种。

传感器及执行器如图 1-5 所示。

在 PLC 控制系统中，传感器可以检测现场的开关量（光电开关、物料位置开关等）或模拟量（现场温度、现场压力等）的状态。将传感器的输出信号通过 AS - i 总线传送给 PLC 的 DI 或 AI 口，由 CPU 对其进行处理，发出控制信号，由执行器对受控对象进行控制。

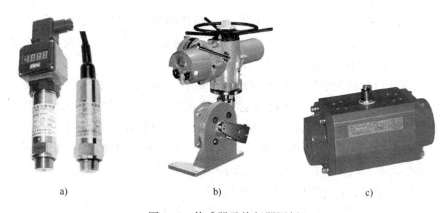

图 1-5　传感器及执行器图例

a）液压传感器　b）电动执行器　c）气动执行器

4. 网络通信（SIMATIC Net）

通过通信处理器可实现 PLC 之间、PLC 与远程 I/O 之间、PLC 与计算机和其他智能设备之间的通信，可以将 PLC 接入 MPI、PROFIBUS - DP、AS - i 和工业以太网，或者用于实现点对点通信等。

5. 项目管理工具（SIMATIC PG/PC）

项目管理工具即 SIMATIC 编程设备，是对 SIMATIC 可编程序控制器进行编程和组态的工具，通常包括手持编程器（PG）和通用计算机（PC）。

6. 项目工程软件（SIMATIC Software）

项目管理软件可实现中央或系统范围的可视化，诊断与维护所有过程控制组件，对整个维护流程进行概览，对状态变化和维护程序进行完全的追踪与备案，对环境与工厂性能进行监控。

1.2.4　PLC 的发展趋势

在第一台 PLC 产生时，限于当时的元器件条件及计算机发展水平，早期的 PLC 主要由分立元件和中小规模集成电路组成，可以完成简单的逻辑控制及定时、计数功能。20 世纪 70 年代初出现了微处理器，人们很快将其引入可编程序控制器，使 PLC 增加了运算、数据传输及处理功能，完成了真正具有计算机特征的工业控制装置。为了方便熟悉继电器、接触器系统的工程技术人员使用，可编程序控制器采用和继电器电路图类似的梯形图语言作为主要编程语言，并将参加运算及处理的计算机存储元件都以继电器命名。此时的 PLC 为微机技术和继电器常规控制概念相结合的产物。

20 世纪 70 年代中末期，可编程序控制器进入实用化发展阶段，计算机技术已全面进入可编程序控制器中，使其功能发生了飞跃。更高的运算速度、超小型体积、更可靠的工业抗干扰设计、模拟量运算、PID 功能及极高的性价比奠定了它在现代工业中的地位。

20 世纪 80 年代初，可编程序控制器在先进工业国家中已获得广泛应用，这个时期可编程序控制器发展的特点是大规模、高速度、高性能、产品系列化。这个阶段的另一个特点是世界上生产可编程序控制器的国家日益增多，产量日益上升。这标志着可编程序控制器进入成熟阶段。

20 世纪 80 年代至 90 年代中期，是 PLC 发展最快的时期，年增长率一直保持为 30% ~ 40%。在这个时期，PLC 在处理模拟量能力、数字运算能力、人机接口能力和网络能力方面都得到了大幅度提高，PLC 逐渐进入过程控制领域。

20 世纪末期，PLC 的发展特点是更加适应于现代工业的需要。从控制规模上来说，这个时期发展了大型机和超小型机；从控制能力上来说，诞生了各种各样的特殊功能单元，用于压力、温度、转速、位移等各式各样的控制场合；从产品的配套能力来说，产生了各种人机界面单元、通信单元，使应用 PLC 的工业控制设备的配套更加容易。PLC 在机械制造、石油化工、冶金钢铁、汽车、轻工业等领域的应用都得到了长足的发展。

今后，PLC 将会有更大的发展，其发展方向如下：

1）向小型化、专业化、低成本方向发展。随着计算机、电子技术的发展可编程序控制器功能不断发展，可编程序控制器生产厂家将大、中型可编程序控制器才有的功能不断移植到小型可编程序控制器（例如：模拟量处理、数据通信、复杂的功能指令等）；可编程序控制器的价格也不断下降；因此可编程序控制器成为现代电气控制系统中不可代替的控制装置。

2）向大容量、高速度方向发展。

3）I/O 模块向智能方向发展。

4）编程语言趋于标准化。IEC1131 - 3 可编程序控制器编程语言标准包括：

① 顺序功能图语言（Sequential function chart，SFC）。

② 梯形图语言（Ladder diagram，LAD）。

③ 功能块图语言（Function Block Diagram，FBD）。

④ 语句表语言（Statement List，STL）。

⑤ 结构文本语言（Structured Text，ST）

5）可编程序控制器系统网络化。按照国际电工委员会 IEC/SC65C 的定义，安装在制造或过程区域的现场装置与控制室内的自动控制装置之间的数字式、串行和多点通信的数据总线称为现场总线。1999 年底 IEC 通过的现场总线标准 IEC61158 共有 8 种类型，2003 年的修订版，在 8 种类型的基础上增加了 2 种，达 10 种类型。2007 年出版的 IEC61158 标准中又添加了一些新的类型，达 20 种。其内容见表 1-1。

表 1-1 IEC 61158 中包含的现场总线协议类型

类型 1	TS61158 现场总线	类型 11	TCnet 实时以太网
类型 2	CIP 现场总线	类型 12	EtherCAT 实时以太网
类型 3	PROFIBUS 现场总线	类型 13	Ethernet Powerlink 实时以太网
类型 4	P - NET 现场总线	类型 14	EPA 实时以太网
类型 5	FF HSE 现场总线	类型 15	Modbus - RTPS 实时以太网
类型 6	SwiftNet 现场总线	类型 16	SERCOS1、II 现场总线
类型 7	WorldFIP 现场总线	类型 17	VNET/IP 实时以太网
类型 8	INTERBUS 现场总线	类型 18	CC_Link 现场总线
类型 9	FF H1 现场总线	类型 19	SERCOSIII 实时以太网
类型 10	Profinet 实时以太网	类型 20	HART 现场总线

6) 基于 IPC 的可编程序控制器软件化。基于 IPC 的可编程序控制器软件化技术产生了集工控实时操作系统、工控监控软件、软可编程序控制器、现场总线为一体的现代控制系统。

1.2.5　PLC 在工业自动化中的地位

工业自动化系统包括：逻辑控制系统、过程控制系统和运动控制系统等。其中逻辑控制系统通常使用电控装置，过程控制系统通常使用电仪装置，运动控制系统通常使用电传装置。

PLC 集三电于一体，是一种同时具备逻辑控制功能、过程控制控制功能、运动控制功能、数据处理功能和联网通信功能的多功能控制器。因此 PLC 被公认为是现代工业自动化三大支柱（PLC、机器人、CAD/DAM）之一。

1.3　西门子 PLC 产品发展历程

西门子公司是欧洲最大的生产 PLC 产品的厂家之一，其注册商标为 SIMATIC。

早在 1975 年西门子公司将其 S3 系列 PLC 正式投放市场。S3 系列产品还有简单的二进制逻辑控制器和存储器。

1979 年，S3 系列被 S5 系列所取代，该系列产品广泛地使用了微处理器。

20 世纪 80 年代初，S5 系列进一步升级为 U 系列 PLC，较常用机型有：S5 - 90U、95U、100U、115U、135U、155U，该系列产品在工业自动化领域得到了广泛的应用。

20 世纪 90 年代初，S7 系列诞生，它具有体积小、速度快、标准化、具有网络通信能力、功能更强、可靠性更高、更良好的 Windows 系统用户界面等优势。其机型可分为 S7 - 200、S7 - 300、S7 - 400。

1996 年，在过程控制领域，西门子公司又提出 PCS7（过程控制系统 7）的概念，将其优势的 WinCC（与 Windows 系统兼容的操作界面）、PROFIBUS（工业现场总线）、COROS（监控系统）、SINEC（西门子公司工业网络）及调控技术融为一体。

现在，西门子公司又提出 TIA（Totally Integrated Automation）即全集成自动化系统的概念，将 PLC 技术融于全部自动化领域。

目前，西门子公司的 PLC 产品有 SIMATIC S7、M7 和 C7 等几大系列。S7 系列是传统意义的 PLC 产品，其中的 S7 - 200 是针对低性能要求的小型 PLC。2009 年发布的 S7 - 1200 作为 S7 - 200 的替代产品，进一步满足了中小型自动化的系统需求。S7 - 300 是针对低性能要求的模块式中小型 PLC，最多可以扩展 32 个模块。S7 - 400 是用于中高级性能要求的大型 PLC，可以扩展 300 多个模块。S7 - 300/400 可以组成 MPI（多点通信）、PROFIBUS 网络和工业以太网等。SIMATIC WinAC 是基于 PC 控制的核心组件，它的出现扩展了 SIMATIC S7 的控制范围，它将 PLC 控制、数据处理、通信、可视化及工艺集成于一台 PC 上。SIMATIC S7/M7/C7 和 WinAC 控制器如图 1-6 所示。

SIMATIC M7 - 300/400 PLC 采用与 S7 - 300/400 相同的结构，它可以作为 CPU 或功能模块使用。其显著特点是具有 AT 兼容计算机的功能，使用 S7 - 300/400 的编程软件 STEP 7 和可选的 M7 软件包，可以用 C、C++ 或 CFC（连续功能图）这类高级语言来对 M7 - 300/

400 PLC 编程。M7 适合于需要处理的数据量大，对数据管理、显示和实时性有较高要求的系统使用。

SIMATIC C7 由 S7 – 300 PLC、HMI 操作面板、I/O、通信和过程监控系统组成，整个控制系统结构紧凑，面向用户的配置/编程、数据管理与通信集成在一起，具有很高的性价比。由于高度集成，节省了约 30% 的安装空间，可以方便地集成到 SIMATIC 控制产品大家族中，保证正确的数据交换。

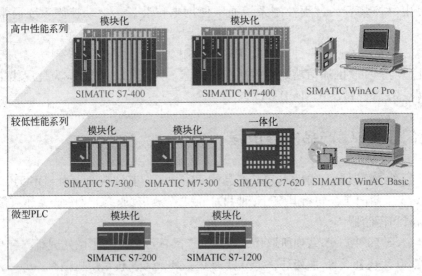

图 1-6　SIMATIC S7/M7/C7 和 WinAC 控制器

1.4　获取资料、软件和帮助

可以在西门子自动化与驱动集团的中文网站 http://www.ad.siemens.com.cn/下载西门子的 PLC 资料。在该网站的主页中点击"支持中心"，然后点击"下载中心"，就可以进入各种工控产品的中英文说明书、使用手册、产品介绍和相关软件的下载页面。也可以直接访问 http://www.ad.siemens.com.cn/download/页面。也可以在网站 www.f108.com 下载更多西门子 PLC 更多资料和软件。

另外可以在"支持中心"的"技术论坛"中获得各种产品的技术支持，包括常见问题的解答以及软件补丁等。

1.5　习题

1. 什么是西门子全集成自动化系统，有哪些优点？
2. 工业自动化与 PLC 的关系？
3. PLC 的定义及特点是什么？
4. PLC 控制系统有哪几部分组成？

第2章　PLC控制系统基础知识

本章学习目标：

了解自动控制系统的分类，自动控制系统中的执行装置的原理，常见电压电器、传感器和隔离栅和浪涌保护器的分类及应用；理解自动控制系统的性能要求及其组成；掌握PLC控制系统输入/输出接口的应用以及PLC控制系统电源和接地的设计。

2.1　自动控制系统

2.1.1　控制系统分类

自动控制系统可以按照下面的几种方式进行分类：

1）按系统的输入/输出信号的数量来分：有单输入/单输出系统和多输入/多输出系统。

2）按控制系统的功能来分：有温度控制系统、速度控制系统、位置控制系统等。

3）按系统元件组成来分：有机电系统、液压系统、生物系统。

4）按不同的控制理论分支设计的新型控制系统来分：有最优控制系统、自适应控制系统、预测控制系统、模糊控制系统、神经网络控制系统等。

一般在工业自动化领域，控制系统可以分为逻辑控制系统、过程控制系统、运动控制系统等。PLC可用于这三类系统的任何一类系统。

（1）逻辑控制

逻辑控制就是根据某些条件的逻辑关系决定措施的控制。这里逻辑指自然界的二值逻辑，包括"与"、"或"、"非"这三种逻辑关系。逻辑关系的表述和运算反映了自然界中一些最基本的逻辑关系。

（2）过程控制

这里"过程"是指在生产装置或设备中进行的物质和能量的相互作用和转换过程。表征过程的主要参量有温度、压力、流量、液位、成分、浓度等。过程控制系统以表征生产过程的参量为被控制量使之接近给定值或保持在给定范围内的自动控制系统。通过对过程参量的控制，可使生产过程中产品的产量增加、质量提高和能耗减少。一般的过程控制系统通常采用反馈控制的形式，这是过程控制的主要方式。

对过程控制分类方式有几种。按系统的结构特点进行分类，可以分为反馈控制系统、前馈控制系统和复合控制系统。按系统的给定值的特点进行分类，可以分为恒值控制系统、随动控制系统和程序控制系统。

（3）运动控制

运动控制就是对机械运动部件的位置、速度等进行实时的控制管理，使其按照预期的运动轨迹和规定的运动参数进行运动。早期的运动控制技术主要是伴随着数控技术、机器人技术和工厂自动化技术的发展而发展的。运动控制系统主要包括直流调速、交流调速和随动系统三部分。

2.1.2 自动控制系统性能要求

当自动控制系统受到干扰或者人为要求给定值改变，被控量就会发生变化偏离给定值。通过系统的自动控制作用，经过一定的过渡过程，被控量又恢复到原来的稳定值或者稳定到一个新的给定值。被控量在变化过程中的过渡过程称为动态过程（即随时间而变的过程），被控量处于平衡状态称为静态或稳态。

自动控制系统最基本的要求是被控量的稳态误差（偏差）为零或在允许的范围内。对于一个好的自动控制系统来说，一般要求稳态误差在被控量额定值的2%～5%之内。

除了稳态误差满足规定的要求外，自动控制系统还应满足动态过程的性能要求。自动控制系统被控量变化的动态特性有以下几种：

1）单调过程：被控量 $y(t)$ 单调变化（即没有"正"、"负"的变化），缓慢地到达新的平衡状态（新的稳态值）。如图2-1a所示，一般这种动态过程具有较长的动态过程时间（即到达新的平衡状态所需的时间）。

2）衰减振荡过程：被控量 $y(t)$ 的动态过程是一个振荡过程，振荡的幅度不断地衰减，到过渡过程结束时，被控量会达到新的稳态值。这种过程的最大幅度称为超调量，如图2-1b所示。

3）等幅振荡过程：被控量 $y(t)$ 的动态过程是一个持续等幅振荡过程，始终不能到达新的稳态值，如图2-1c所示。这种过程如果振荡的幅度较大，生产过程不允许，则认为是一种不稳定的系统，如果振荡的幅度较小，生产过程可以允许，则认为是一种稳定的系统。

4）渐扩振荡过程：被控量 $y(t)$ 的动态过程不但是一个振荡过程，而且振荡的幅值越来越大，以致会大大超过被控量允许的误差范围，如图2-1d所示，这是一种典型的不稳定过程，设计自动控制系统要绝对避免产生这种情况。

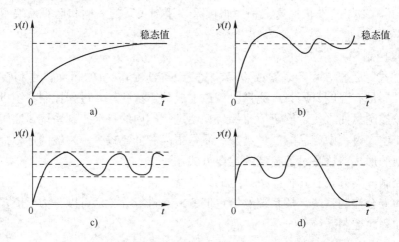

图2-1 自动控制系统中被控量变化的动态特性

a）单调过程 b）衰减振荡过程 c）等幅振荡过程 d）渐扩振荡过程

自动控制系统其动态过程多属于图 2-1b 所示情况。控制系统的动态过程不仅要是稳定的，并且希望过渡过程时间（又称调整时间）越短越好，振荡幅度越小越好，衰减得越快越好。

综上所述，对于一个自动控制的性能要求可以概括为三方面：稳定性、快速性和准确性。

1）稳定性。自动控制系统的最基本的要求是系统必须是稳定的，不稳定的控制系统是不能工作的。

2）快速性。在系统稳定的前提下，希望控制过程（过渡过程）进行得越快越好，但如果要求过渡过程时间很短，可能使动态误差（偏差）过大。合理的设计应该兼顾这两方面的要求。

3）准确性。即要求动态误差和稳态误差都越小越好。当与快速性有矛盾时，应兼顾这两方面的要求。

2.1.3 自动控制系统举例

下面以液位控制系统为例进行讲解。

在工业生产过程中，贮罐常常作为一个中间容器或成品罐，如图 2-2 所示，从前一道工序来的成品或半成品连续不断地流入贮罐，而贮罐中的成品或半成品又送至下一道工序进行包装或加工。为了保证生产的正常进行，需要对贮罐液位进行控制。

在图 2-2 中采用差压变送器测量贮罐液位，其测量值与给定值进行比较得到偏差，调节器按此偏差发出控制命令，控制调节阀开度，达到使贮罐液位在给定值上的目的。该系统的方框图如图 2-3 所示。

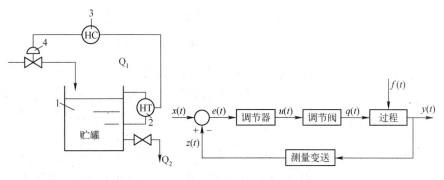

图 2-2　液位控制系统　　　　图 2-3　液位控制系统系统框图

1—贮罐　2—液压变送器

3—液位调节器　4—调节阀

2.2　常用低压电器

工业电器按其工作电压的高低，以 AC 1200 V、DC 1500 V 为界，可划分为高压电器和低压电器两大类。低压电器是指用在交流额定电压 1200 V 及直流额定电压 1500 V 以下的电路中，能根据外界的信号和要求，手动或自动地接通、断开电路，以实现对电路或电气设备的切换、控制、保护、检测和调节的工业电器。低压电器作为基本控制电器，广泛应用于输配电系统和自动控制系统，在工农业生产、交通运输和国防工业中起着极其重要的作用。目前，低压电器正朝着小型化、模块化、组合化和高性能化发展。

1. 低压电器的分类

按所控制的对象分为低压配电电器、低压控制电器。

1）低压配电电器主要用于低压供电系统。当电路出现故障（过载、短路、欠电压、失电压、断相、漏电等）起保护作用，断开故障电路。常见的有低压断路器、熔断器、刀开关和转换开关等。

2）低压控制电器主要用于电力传动控制系统。能分断过载电流，但不能分断短路电流。常见的有接触器、继电器、控制器及主令电器等。

按操作方式分为手动电器、自动电器。

1）手动电器：刀开关、按钮、转换开关。

2）自动电器：低压断路器、接触器、继电器。

常用低压电器如图 2-4 所示。

a)   b)   c)   d)

图 2-4 　常用低压电器实物图

a) 接触器　b) 断路器　c) 熔断器　d) 刀开关

按工作环境分为一般用途低压电器、特殊用途低压电器。

1）一般用途低压电器：用于海拔高度不超过 2000m，周围环境温度在 −25 ~ 40℃ 之间，空气相对湿度为 90%，安装倾斜角度不大于 5°，无爆炸危险的介质及无显著摇动和冲击振动场合的电器。

2）特殊用途低压电器：在特殊环境和工作条件下使用的各类低压电器，通常是在一般用途低压电器的基础上派生而成的，如防爆电器、船舶电器、化工电器、热带电器、高原电器以及牵引电器等。

2. 低压电器的组成

低压电器的组成一般由感受部分和执行部分两部分组成。感受部分感受外界的信号并做出有规律的反应。在自动切换电器中，感受部分大多由电磁机构组成，如交流接触器的线圈、铁心和衔铁构成电磁机构；在手动电器中，感受部分通常为操作手柄，如主令控制器由手柄和凸轮块组成感受部分。执行部分根据指令要求，执行电路接通、断开等任务，如交流接触器的触点连同灭弧装置。对自动开关类的低压电器，还具有中间（传递）部分，它的任务是把感受和执行两部分联系起来，使它们协同一致，按一定的规律动作。

2.3 传感器

检测元件是传感器的统称，是指按各种原理构成的，能从被检测的参量中提取有用信息的器件。一个完善的检测元件应包括敏感元件、测量电路和输出单元三部分，它们可以是分立的也可以是集成的，用以完成信息搜集、转换和处理任务。

传感器是一种物理装置或生物器官，能够探测、感受外界的信号、物理条件（如光、热、湿度）或化学组成（如烟雾），并将探知的信息传递给其他装置或器官。国家标准 GB7665-87 对传感器下的定义是："能感受规定的被测量并按照一定的规律转换成可用信号的器件或装置，通常由敏感元件和转换元件组成"。

传感器是一种检测装置，能感受到被测量的信息，并能将检测感受到的信息，按一定规律变换成为电信号或其他所需形式的信息输出，以满足信息的传输、处理、存储、显示、记录和控制等要求。它是实现自动检测和自动控制的首要环节。

2.3.1 传感器的分类

可以用不同的观点对传感器进行分类，比如：它们的转换原理（传感器工作的基本物理或化学效应）；它们的用途；它们的输出信号类型以及制作的材料和工艺等。

按照其用途，传感器可分为：压力传感器、温度传感器、位置传感器、光电编码器、加速度传感器、电流传感器、电压传感器等。

按照其原理，传感器可分为：振动传感器、湿敏传感器、磁敏传感器、气敏传感器、电阻式传感器、生物传感器等。

按照其输出信号为标准，传感器可分为：

模拟传感器——将被测量的非电学量转换成模拟电信号。

数字传感器——将被测量的非电学量转换成数字输出信号（包括直接和间接转换）。

开关传感器——当一个被测量的信号达到某个特定的阈值时，传感器相应地输出一个设定的低电平或高电平信号。

2.3.2 常用传感器简介

1. 温度传感器

检测温度的传感器元件主要有热电偶和热电阻两大类。它们均属于温度测量中的接触式测温，尽管它们的作用相同，都是测量物体的温度，但是却有着不同的原理与特点。

热电偶是温度测量中应用最广泛的温度器件，它的主要特点就是测温范围宽，性能比较稳定，同时结构简单，动态响应好，更能够远传 4~20 mA 电信号。但是热电偶的电信号却需要一种特殊的导线来进行传递，这种导线称为补偿导线。不同的热电偶需要不同的补偿导线，其主要作用就是与热电偶连接，使热电偶的参比端远离电源，从而使参比端温度稳定。补偿导线与热电偶的连线一般都是很明了的，热电偶的正极连接补偿导线的红色线，而负极则连接剩下的颜色。

热电阻在工业中应用也比较广泛，但是由于它的测温范围较小使它的应用受到了一定的限制。它的优点也有很多，例如可以远传电信号、灵敏度高、稳定性强、互换性以及准确性都比较好，但是它需要电源激励，不能够瞬时测量温度的变化。热电阻和热电偶有一样的区分类型，但是它却不需要补偿导线，而且比热电偶便宜。

2. 压力传感器

压力传感器是指以膜片装置（不锈钢膜片、硅酮膜片等）为媒介，用感压元件对气体和液体的压力进行测量，并转换成电气信号输出的设备。

压力传感器是工业现场中最为常用的一种传感器，其广泛应用于各种工业自控环境，涉及水利水电、铁路交通、智能建筑、生产自控、航空航天智能压力变送器、军工、石化、油井、电力、船舶、机床、管道等众多行业。

3. 光电编码器

光电编码器是一种通过光电转换将输出轴上的机械几何位移量转换成脉冲或数字量的传感器。它由光栅盘和光电检测装置组成。光栅盘是在一定直径的圆板上等分地开通若干个长方形孔。由于光电码盘与电动机同轴，电动机旋转时，光栅盘与电动机同速旋转，经发光二极管等电子元件组成的检测装置检测输出若干脉冲信号，通过计算每秒光电编码器输出脉冲的个数就能反映当前电动机的转速。

根据检测原理，编码器可分为光学式、磁式、感应式和电容式。根据其刻度方法及信号输出形式，可分为增量式、绝对式以及混合式三种。增量式编码器是将位移转换成周期性的电信号，再把这个电信号转变成计数脉冲，用脉冲的个数表示位移的大小；绝对式编码器的每一个位置对应一个确定的数字码，因此它的示值只与测量的起始和终止位置有关，而与测量的中间过程无关；混合式绝对值编码器，它输出两组信息：一组信息用于检测磁极位置，带有绝对信息功能；另一组则完全同增量式编码器的输出信息。

温度传感器、压力传感器和光电编码器的外观如图2-5所示。

a)   b)   c)

图2-5 传感器外观

a）温度传感器 b）压力传感器 c）光电编码器

2.3.3 传感器应用举例

压气设备是矿山主要动力设备之一，它是由空气压缩机、风包、输气管路、冷却装置和电气控制设备等一整套设备组成。其中空气压缩机（以下简称空压机）是产生压缩空气的主要设备，称它为压气设备的"主机"。通过它将自由空气压缩到所需的压力，用以驱动风动机具（如风钻、风镐、抓岩机、风水泵、铆钉机、空气锤、修钎机等）。

在对空压机站进行智能监控时，现场的检测量主要分为温度和压力两大类。温度方面主要有风包温度、轴瓦温度、一级气缸温度、缸体温度、出水管温度、二级温度6处检测点；压力方面主要有风包压力、二级排气压力、一级排气压力、缸体压力、进水管压力、总水管压力 6 处。

1. 传感器选型

在选择温度传感器时，可结合各检测点的特点、温度变化范围的大小、温度变化的速度，以及结合高性价比，给轴瓦温度、一级气缸温度、缸体温度三处检测点选用热电偶温度传感器；给风包温度、出水管温度、二级温度三处检测点选用热电阻温度传感器。

在选择压力传感器时，选用的是一款新型工业压力变送器。它抗过载和抗冲击能力强、耐腐蚀，具有较以往的扩散硅类压力变送器更高的精度和稳定性；温度偏移小、公差等级高；适应性广，采用防稠防腐设计结构，可在各种腐蚀性及黏稠类环境中工作。并且该压力传感器是防爆类产品，符合 GB3836.1 - 2000、GB3826.4 - 2000 标准，被广泛应用于石油、化工、电力、冶金等工业领域。

2. 热电阻与 PLC 连接

S7 - 300 PLC 有专用于热电阻的模块 331 - 7PF01 - 0AB0，可以直接将热电阻连接到模块的输入接口上。热电阻的连线方式有二、三和四线制，因为受接线误差的影响，二线制精度最低，四线制精度最高。这里使用四线制，连线如图 2-6 所示。

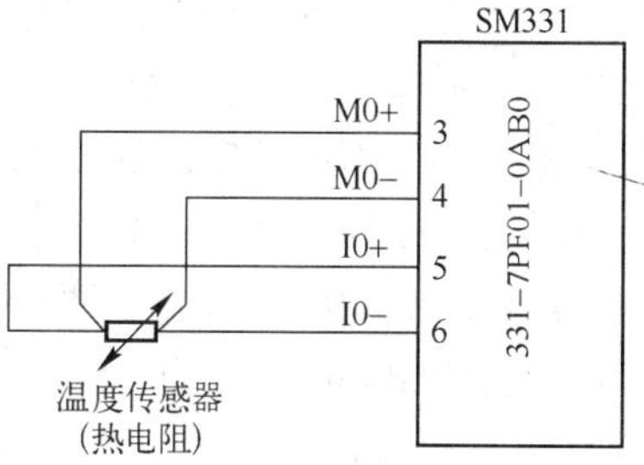

3. 压力传感器与 PLC 连接

PLC 采集压力传感器输出的模拟量信号，为了得到更高的精度，这里模拟量信号经过隔离器再输送到 PLC 的模拟量模块。其与 SM331 8 点输入（订货号 331 - 1KF01 - 0AB0）连接示意如图 2-7 所示。

图 2-6　热电阻与 SM331 热电阻
模块的四线制连接

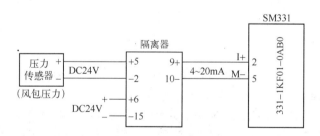

图 2-7　压力传感器与 SM 331 模拟量输入模块的连接

2.4　隔离栅和浪涌保护器

2.4.1　隔离栅的应用

在工业现场中，当距离较远的电气设备、仪表、PLC 控制系统、DCS（Distributed Control System，分散控制系统）之间进行信号传输时，往往存在干扰，造成系统不稳定甚至误操作。系统除了系统内、外部干扰影响外，还有一个十分重要的原因就是各种仪器设备的接地处理问题。一般情况下，设备外壳需要接大地，电路系统也要有公共参考地。但是，由于各仪表设备的参考点之间存在电势差，从而形成接地环路，而环路电流会带来共模及差模噪声及干扰，常常造成系统不能正常工作。一个理想的解决方案是，使用隔离器对设备进行电气隔离，这样原本相互连接的地线网络变为相互独立的单元，相互之间的干扰也将大大减小。

在一些特殊的工业现场（如燃气公司和化工厂）不但需要隔离功能，同时还需要具有安全火花防爆的性能，以可靠地遏制电源功率，防止电源、信号及地之间的点火，这时就需要使用安全栅。安全栅主要包括齐纳式安全栅和隔离式安全栅两大类。

图 2-8　隔离式安全栅

隔离式安全栅简称隔离栅，如图 2-8 所示，隔离栅采用电磁耦合技术，实现电源、信号输入、信号输出的可靠隔离，使控制装置无需本安接地（本安即本质安全，应用于防爆的场合，指设备正常工作或规定的故障状态下产生的电火花和热效应均不能点燃规定的爆炸性气体），大大增强了检测和控制回路的抗干扰能力。在安全防爆领域得到了日益广泛的应用。它主要由回路限能单元、信号和电源隔离单元和信号处理单元组成。其基本功能图如图 2-9 所示。

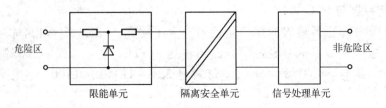

图 2-9　隔离栅的基本功能图

隔离栅具有以下优点：

1）可以将危险区的回路信号与安全区的回路信号有效的隔离，因此无需系统接地线路，给设计及现场施工带来极大方便。

2）对危险区的仪表要求大幅度降低，现场无需采用隔离式的仪表。

3）由于信号线路无需共地，使得检测和控制回路信号的稳定性和抗干扰能力大大增强，从而提高了整个系统的可靠性。

4）具备很强的输入信号处理能力，能够接收并处理热电偶、热电阻、频率等信号，这样给现场仪表和控制系统提供了更大的方便。

5）隔离栅可输出两路相互隔离的信号，以提供给使用同一信号源的两台设备使用，并保证两设备信号不互相干扰，同时提高所连接设备相互之间的电气安全绝缘性能。

隔离栅的类型按供电方式分为回路供电型隔离栅和有源隔离栅。

1. 回路供电型隔离栅

回路供电型隔离栅无需外加电源就可以正常工作，工作电源由所接回路提供。如图 2-10 所示为二线制变送器配用回路供电型隔离栅接线图。

图 2-10 中 PLC 提供的电源经隔离给二线制变送器配电，同时二线制变送器产生的 4 ～ 20mA 信号隔离输入 PLC，从而实现危险区与安全区信号的隔离。回路供电型隔离栅有不足

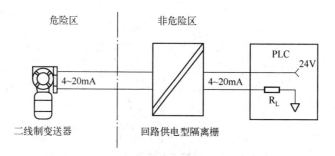

图 2-10　回路供电型隔离栅接线图

之处，在回路中它相当于一个负载，经过隔离栅在隔离两端有一个压降，因此给变送器的电压会降低，所以使用回路供电型隔离栅时应考虑回路电源电压能否承受隔离栅产生的压降使变送器可以正常工作。

例如：供电为 24 V，RL = 250 V，变送器输出 4 ~ 20 mA，需要在 12 V 电压正常工作，当 20 mA 时，隔离栅产生的压降 U = 24V − 0.02 × 250 V − 12 V = 7 V，所以选用的隔离栅产生的压降应不大于 7 V。

2. 有源隔离栅

有源隔离栅单独供电，确保连接到危险区的本安电路的电流与非危险区的非本安电路的电流能够隔离。这类安全栅不要求元件隔离也不要求等电位系统，不会由于隔离故障而危及安全，并且与整个系统的接地无关。可以采用 DIN 导轨和插拔式安装。对于插拔型，这些安全栅可以带电插拔，这样可以在不危及本安系统安全的前提下修复故障的安全栅。

隔离栅应用的输入输出接口类型十分广泛，例如对于变送器、热电偶、热电阻、接近开关、电气转换器、电气电位器、电磁阀等都有对应的隔离栅产品供其选用。

1. 开关/接近开关应用隔离栅举例

图 2-12 所示为开关/接近开关与开关量输入、继电器输出隔离栅的连线图。隔离栅接收来自危险区的开关或结晶开关输入，通过安全栅隔离传输到非危险区继电器输出。

2. 变送器应用隔离栅举例

二线制变送器与回路供电型隔离栅的连线图如图 2-10 所示，与有源隔离栅的连线图如 2-11 所示。

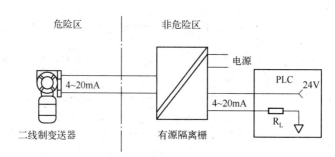

图 2-11　有源隔离栅接线图

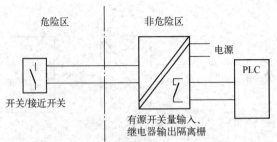

图 2-12　开关/接近开关应用隔离栅的连线图

3. 热电偶应用隔离栅举例

图 2-13 所示为热电偶与热电偶输入、4 ~ 20mA 输出隔离栅的连线图。热电偶输入隔离栅将现场热电偶转换成 4 ~ 20mA，从危险区传送到非危险区。一般热电偶隔离栅是智能型，可以通过计算机对热电偶的型号、量程范围进行设定。

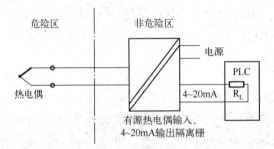

图 2-13　热电偶应用隔离栅的连线图

4. 热电阻应用隔离栅举例

图 2-14 所示为热电阻与热电阻输入（四输入端口）、4 ~ 20mA 输出隔离栅的连线图。热电阻输入隔离栅将现场二线制、三线制和四线制热电阻信号转换成对应温度值线性的 4 ~ 20mA 信号，从危险区隔离传输到安全区。

5. 频率输出设备应用隔离栅举例

图 2-15 所示为频率输出设备与需配电频率输入隔离栅的连线图。配电频率输入隔离栅给危险区的现场设备提供隔离电源，危险区设备产生的频率信号通过隔离栅传输到非危险区输出。

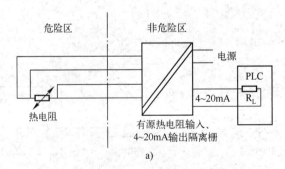

a)

图 2-14　热电阻应用隔离栅的连线图

a) 热电阻二线制连接

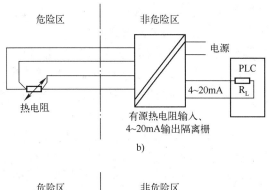

b)

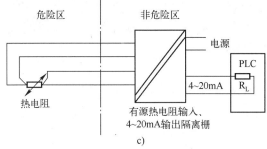

c)

图2-14　热电阻应用隔离栅的连线图（续）

b）热电阻三线制连接　c）热电阻四线制连接

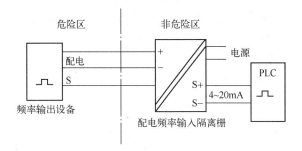

图2-15　频率输出设备应用隔离栅的连线图

2.4.2　浪涌保护器的应用

浪涌保护器（Surge Protection Device，SPD）是电子设备雷电防护中不可缺少的一种装置，也称为"避雷器"或"过电压保护器"。浪涌保护器的作用是把窜入电力线、信号传输线的瞬时过电压限制在设备或系统所能承受的电压范围内，或将强大的雷电流泄流入地，保护被保护的设备，使系统不因受冲击而损坏。

浪涌保护器如图2-16所示，其类型和结构按不同的用途有所不同，但它至少应包含一个非线性电压限制元件。用于浪涌保护器的基本元器件有：放电间隙、充气放电管、压敏电阻、抑制二极管和扼流线圈等。

1. 浪涌保护器的分类

（1）按工作原理分

1）开关型：其工作原理是，当没有瞬时过电压时呈现为高阻抗，但一旦响应雷电瞬时过电压时，其阻抗就突变为低值，允许雷电流通过。用做此类装置时器件有：放电间隙、气体放电管、闸流晶体管等。

2）限压型：其工作原理是，当没有瞬时过电压时为高阻抗，但随电涌电流和电压的增加其阻抗会不断减小，其电流电压特性为强烈非线性。用做此类装置的器件有：氧化锌、压敏电阻、抑制二极管、雪崩二极管等。

3）分流型或扼流型。分流型：与被保护的设备并联，对雷电脉冲呈现为低阻抗，而对正常工作频率呈现为高阻抗。扼流型：与被保护的设备串联，对雷电脉冲呈现为高阻抗，而对正常的工作频率呈现为低阻抗。用作此类装置的器件有：扼流线圈、高通滤波器、低通滤波器、1/4 波长短路器等。

图 2-16　浪涌保护器

（2）按用途分

1）电源保护器：交流电源保护器、直流电源保护器、开关电源保护器等。

2）信号保护器：低频信号保护器、高频信号保护器、天馈保护器等。

2. 浪涌保护器的应用

（1）设备浪涌保护的基本原则——等电位原理

设备（或系统）的所有进出线缆（电源、信号、屏蔽层等）都应考虑在同一接地点上安装对应的浪涌保护器，如图 2-17 所示。一旦某线缆上感受到过电压或者遭受雷击，通过浪涌保护器的动作，将该线缆的高电位限制在端口可以接受的电压范围内，在接地点电位上升的同时，其他线缆上的浪涌保护器动作，在最短的时间内将各端口的输入电压限制在允许的范围内。

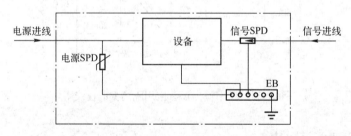

图 2-17　等电位原理使用浪涌保护器

（2）浪涌保护器与保护设备的接地

如图 2-18 所示，将被保护设备的接地线或外壳和浪涌保护器接地线之间用导线直接连接起来，并使连接导线尽可能的短。在浪涌保护器接地端单点接地。这样可避免浪涌保护器与被保护设备的地线之间产生高电压，从而有效地起到保护作用。

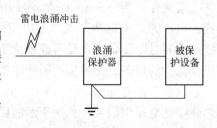

图 2-18　浪涌保护器与被保护设备的接地

（3）浪涌保护器与保护设备的距离

为了提高保护的有效性，浪涌保护器必须尽可能地靠近被保护的设备，一般具体不应大于 10m，如果距离过大，浪涌保护器上的残压加上电缆的供应电压仍有可能损坏设备。这时可以在被保护设备前再加装一级浪涌保护器。如图 2-19 所示。

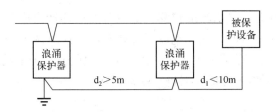

图 2-19　浪涌保护器与被保护设备的距离

2.5　执行装置

在控制系统中，执行器由执行机构和调节机构两部分组成。调节机构通过执行元件直接改变生产过程的参数，使生产过程满足预定的要求。执行机构则接收来自控制器的控制信息把它转换为驱动调节机构的输出（如角位移或直线位移输出）。

执行器直接安装在生产现场，有时工作条件苛刻，直接与介质接触，通常在高温、高压、高黏度、强腐蚀、易结晶、易爆易燃、剧毒等场合下工作，如果选用不当，将直接影响控制系统的控制质量。

2.5.1　执行器分类

根据使用能源不同，执行器可分为三大类：以压缩空气为动力能源的气动执行器（即气动调节阀）；以电为动力能源的电动执行器（即电动调节阀）；以高压液体为能源的液动执行器（即液动调节阀）。在过程控制中，气动执行器应用最多，其次是电动执行器。气动执行器的输入信号为 0.02 ~ 0.1 MPa；电动执行器的输入号为 DC 0 ~ 10 mA（DDZ – Ⅱ 型）或 DC 4 ~ 20 mA（DDZ – Ⅲ）。

气动执行器的结构简单，维修方便，价格便宜，并且有防火防爆等特点，不仅能与 QDZ 仪表配用，而且可以通过电 – 气转换器或电 – 气阀门定位器与 DDZ 仪表配用，因此，它广泛应用于石油、化工、冶金、轻工等工业场合，尤其适用于易燃易爆的生产过程。

电动执行器动作迅速，其信号便于远传，并便于与计算机配合使用，但不适用于防火防爆等生产场合。

2.5.2　常用的执行器简介

本节着重介绍工业自动化中最常用的电动和气动执行器。应该指出，上节所述三种执行器除执行机构不同外，所用的调节机构（调节阀）都相同。所以本节介绍的气动调节阀的特性及其选用方法均适用于其他类型。

1. 电动执行机构

电动执行器有直行程和角行程执行器两类。其电气原理完全相同，仅减速器不一样。下面介绍直行程的电动执行器。由于各种执行器的调节阀均相同，所以仅介绍电动执行机构。

图 2-20 所示为电动执行机构的组成框图。它由伺服放大器和伺服电动机两部分组成。来自调节器的 I_i 作为伺服放大器的输入信号，并与位置反馈信号 I_f 进行比较，其差值经放大后控制两相伺服电动机正转或反转，再经减速器减速后，改变输出轴即调节阀的开度（或

挡板的角位移）。与此同时，输出轴的位移又经位置变送器转换成电流信号，作为阀位指示与反馈信号 I_f。当 I_f 与 I_i 相等时，两相电动机停止转动，这时调节阀的开度就稳定在与调节器输出（即执行器的输入）信号 I_i 成比例的位置上。因此通常把电动执行机构看做一个比例环节。伺服电动机也可利用电动操作器进行手动操作。

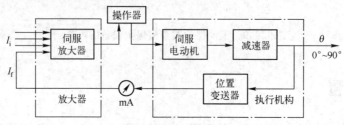

图 2-20　电动执行机构框图

2. 气动执行机构

气动执行机构由薄膜、阀杆和平衡弹簧等部分组成，是执行器的推动装置，推动调节机构动作。它接收气动调节器或电—气阀门定位器输出的气压信号，经薄膜转换成推力，克服弹簧力后，使阀杆产生位移，同时可带动阀芯动作。

气动执行机构有正作用和反作用两种形式。当输入气压信号增加时阀杆向下移动的叫正作用式执行机构；当输入气压信号增加时阀杆向上移动的叫反作用式执行机构。在工业生产中口径较大的调节阀通常采用正作用的执行机构。

气动执行机构主要分为薄膜式和活塞式。在工程上气动薄膜式执行机构应用最广。气动执行器的执行机构部分又称为膜头，如图 2-21 所示。

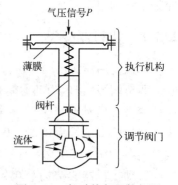

图 2-21　气动执行机构框图

气动薄膜执行机构的静态特性表示平衡状态时信号压力与阀杆位移的关系。根据平衡状态下力平衡关系可得：

$$PA = KL$$

式中，P 为调节器的输出压力信号；A 为薄膜的有效面积；K 为弹簧的弹性系数；L 为执行机构阀杆位移。

可见，执行机构阀杆位移 L 和输入气压信号 P 成比例。

执行机构的动态特性表示动态平衡时调节器输出信号 P 到执行机构阀杆位移 L 之间的关系。由于管线中存在阻力，所以可把气动执行机构看成一个一阶惯性环节。其时间常数取决于膜头的大小和管线长度和直径。

3. 气动调节机构（调节阀）

根据不同的使用要求，调节阀有：直通双座调节阀、直通单座调节阀、高压调节阀、低温调节阀、套筒调节阀、三通调节阀、角型调节阀、隔膜调节阀、蝶阀、小流量调节阀、球阀、低噪音调节阀等。

调节阀直接与介质接触，其结构、材料和性能将直接影响过程控制系统的安全性、可靠性和系统的控制质量。

根据流体力学的观点，调节阀是一个局部阻力可变的节流元件。通过改变阀芯的行程可以改变调节阀的阻力系数，达到控制流量的目的。

2.5.3 执行器应用举例

这里举例介绍西门子 SQX 32/SQX 62/SQX 82 系列的电子式电动执行器的特点与应用。

该执行器是以 AC 220 V 单向电源作为驱动电源，接受来自调节系统的 DC 4~20 mA 或 DC 0~10 V 控制信号来运转的全电子式执行结构。电子控制单元采用专用集成控制电路，驱动电机采用 AC 可逆电机；驱动量反馈采用高性能导电塑料电位器，具有 1/250 的分辨能力。该执行器作为调节阀的执行机构时，几乎具备了调节阀本身所需求的各种动作变换功能，以及阀开度信号功能（DC 4~20 mA）和手动功能，可与各种直行程调节机构组合成高性能、高可靠性的电动调节阀。

该执行器机内有伺服系统，无需另配伺服放大器，只要接入控制信号线及 AC 单向电源线，即可控制运转，下面介绍使用 PLC 作为调节器来控制该执行器。

该执行器有 6 个接线端，接线如图 2-22 所示。

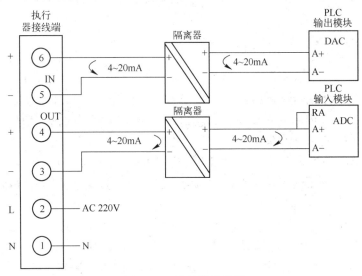

图 2-22　执行器接线图

PLC 模拟量输出接口输出 4~20 mA 的电流信号作为执行器的输入信号，执行器的控制部分接收此信号和来自开度检测部分的开度信号，将两信号相比较并放大，向消除其差值的方向驱动和控制电动机，从而控制调节阀的开度。

PLC 模拟量输入接口接收执行器输出的 4~20 mA 的电流信号，可以用来监视执行器当前的开度状态，如有错误发生可以及早发现。

2.6　系统输入/输出接口

PLC 控制系统的设计中，虽然接线工作占的比重较小，大部分工作还是 PLC 的编程设计工作，但它是编程设计的基础，只要接线正确后，才能顺利地进行编程设计。而保证接线工作的正确性，就必须对 PLC 内部的输入输出电路有一个比较清楚的了解。

来自现场的检测元件信号及指令元件信号经输入接口进入 PLC。检测元件指传感器、按钮、接触器/继电器触点、行程开关等，由这些元件检测到的工业现场的压力、位置、电流、电压、温度等物理量即为检测元件信号，而指令元件信号是指操作者在控制台等人机界面上发出的信号，如启动、停止等。这些信号有的是开关量，有的是模拟量；有的是直流信号，有的是交流信号。因此要根据输入信号的类型选择合适的输入接口。

由 PLC 发出的各种控制信号经输出接口去控制和驱动负载，如控制电动机的启动、停止或正反转，控制指示灯的亮和灭，控制电磁阀的开闭、继电器线圈的通断电等。控制负载的输出信号形式不同，所以也要根据具体情况选择合适的输出接口。

为了扩展 PLC 的功能，除了输入/输出接口外，PLC 还配置了如下一些接口：

1）I/O 扩展接口。用于扩展 PLC 的输入输出点数，它可将主机与 I/O 扩展单元连接起来。

2）智能 I/O 接口。这种接口具有独立的微处理器和控制软件，用于适应和满足复杂控制功能要求，如位置闭环控制模块、PID 调节器的闭环控制模块、高速计数模块等。

3）通信接口。用于将 PLC 与计算机、打印机等外部设备相连，也可以构成集散型控制系统。

4）A/D 和 D/A 接口。当输入/输出信号为模拟量时，则需要 A/D 或 D/A 接口进行信号转换。

2.6.1 PLC 控制系统输入接口

在 PLC 控制系统中，大多数输入/输出都属于开关量的范畴，如各种按钮、行程开关、接触器/继电器触点、传感器的检测输入等。这些输入信号一般都可以直接与 PLC 的输入接口进行连接，经过 PLC 内部输入接口电路的信号转换变为 PLC 的输入信号。PLC 输入连接通常采用接线端子的形式与外部开关、传感器进行连接。

PLC 的输入电路的形式多样，各 PLC 生产厂家的产品、同一生产厂家的不同型号 PLC 甚至是同一型号 PLC 的不同模块，在内部具体电路的设计上可能都不尽相同，但基本原理与要求相同。

从信号类型上分，开关量输入主要有直流与交流输入两种形式，并以直流输入为常见。从输入信号的连接形式与信号电源提供方式上分，开关量输入可以分为"汇点输入"（也称为"漏形输入"或"负端共用输入"）、"源输入"（也称为"源形输入"或"正端共用输入"）以及"汇点/源混用输入"3 种类型。

1. 汇点输入

所谓"汇点输入"，是一种由 PLC 内部提供输入信号电源、全部输入信号的一端汇总到输入的公共连接端（COM）的输入形式，如图 2-23 所示，图中 S1～S4 为不同类型的开关。汇点输入的优点是不需要外部提供输入信号的电源，输入电源由 PLC 内部向外部"泄漏"，因此被称为"漏形输入"。

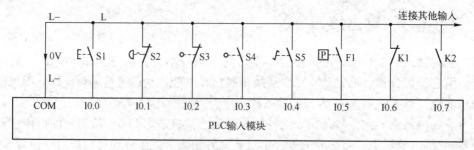

图 2-23　汇点输入的外部连接示意图

26

汇点输入常见于日本生产的 PLC 产品中，在这些产品中，其输入地址一般以 X＊＊表示，如输入地址 X0，相当于 SIEMENS 的地址 I0.0，三菱和 SIEMENS 关于"汇点输入"和"源输入"接口电路的划分正好相反。

常见的汇点输入在 PLC 内部的接口电路原理简图如图 2-24 所示。实际 PLC 接口电路，根据 PLC 生产厂家、输入模块型号的不同有所区别，一般还有输入指示 LED、输入信号滤波、输入稳压等辅助电路等部分。由图 2-24 所示，当输入接入 K1 闭合时，PLC 的内部 DC 24 V 与 0 V 间，通过光耦合器件、限流电阻、输入触点经公共端 COM 构成电流回路。此时，电流从 PLC 公共端（COM 端或 M 端）流进，而从输入端流出。

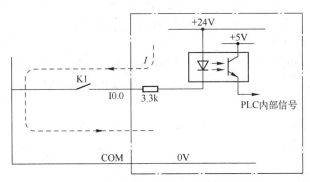

图 2-24　汇点输入的接口电路原理简图

PLC 外接的输入信号，除了像按钮一些干节点信号外，还有一些传感器提供的 NPN 和 PNP 集电极开路信号。干节点和 PLC 输入模块的连接比较简单，这里不再赘述。图 2-25 和图 2-26 所示分别是 NPN 和 PNP 输出电路的一种形式。

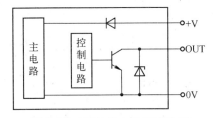

图 2-25　NPN 集电极开路输出

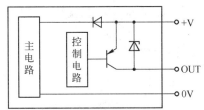

图 2-26　PNP 集电极开路输出

由以上分析，NPN 集电极开路和 PNP 集电极开路输出与 PLC 输入接口的连接图分别如图 2-27 和图 2-28 所示。

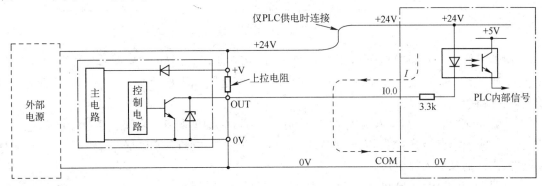

图 2-27　汇点输入与 NPN 集电极开路的连接图

27

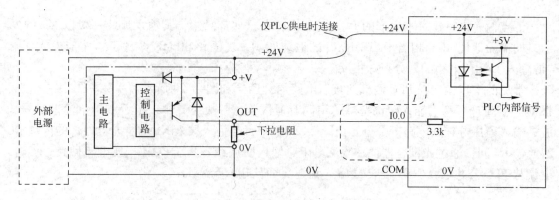

图2-28　汇点输入与PNP集电极开路连接图

图2-27中，当NPN导通时，PLC的内部DC 24 V与0 V之间，通过光耦合器、限流电阻经公共端COM构成回路，输入为"1"；当NPN截止时，上拉电阻上端为"24 V"，光耦合器无电流，内部信号为"0"。

图2-28中，当PNP导通时，下拉电阻上端为"24 V"，光耦合器无电流，内部信号为"0"；当PNP截止时，PLC的内部DC 24 V与0 V之间，通过光耦合器、限流电阻、下拉电阻经公共端COM构成回路，输入为"1"。

2. 源输入

所谓"源输入"，是一种由外部提供输入信号电源（或使用PLC内部提供给输入回路的电源），全部输入信号为"有源"信号，并独立输入。PLC的输入连接形式如图2-29所示，图中S1～S4为不同类型的开关。

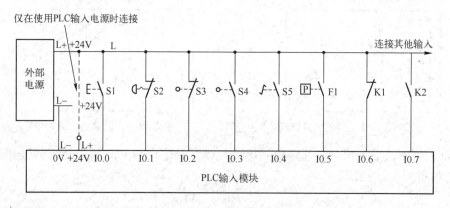

图2-29　源输入的外部连接示意图

源输入的PLC内部接口电路原理简图如图2-30所示。同样，实际PLC接口电路根据PLC生产厂家、输入模块型号的不同有所区别，一般还有输入指示LED、输入信号滤波、输入稳压等辅助电路等部分。

由图2-29所示，当输入开关K1闭合时，外部DC 24 V与0 V之间，通过光耦合器、限流电阻、输入触点经公共端COM构成电流回路。此时，电流从PLC公共端（COM端或M端）流出，而从输入端流入。

由图2-29和图2-30可见，无论是使用外部电源还是使用内部电源，这种输入方式的共同优点是：当输入连接线与外部地短路或断路时，不可能有"1"信号的错误输入，防止了设备的误动作的可能性。此外，由于输入回路的使用的是外部电源，输入故障对 PLC 的伤害较小。其缺点是：输入信号需要外部电源，在一定程度上增加了生产成本。

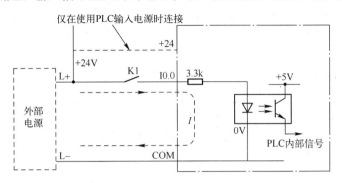

图 2-30　源输入的接口电路原理简图

SIEMENS S7-300/400 系列 PLC 的直流输入模块大多为汇点输入（注：按 SIEMENS 的划分方法）。在 S7-300 系列 PLC 中，只有 SM321（-IBH50-）输入模块为源输入（注：按 SIEMENS 的划分方法），S7-400 系列 PLC 中则没有源输入模块。小型 PLC S7-200 的输入模块则全部为混合型输入形式。

同样，当开关量输入传感器为 NPN 或 PNP 集电极开路时，NPN 集电极开路和 PNP 集电极开路输出与 PLC 输入接口的连接图分别如图 2-31 和图 2-32 所示。

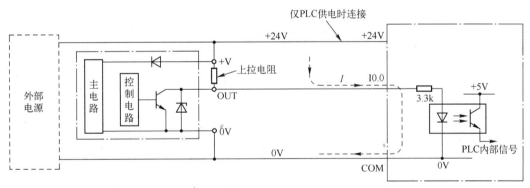

图 2-31　源输入与 NPN 集电极开路的连接图

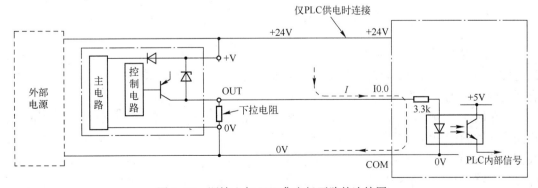

图 2-32　源输入与 PNP 集电极开路的连接图

图 2-31 中，当 NPN 导通时，上拉电阻下端为 0 V，光耦合器无电流，内部信号为"0"。当 NPN 截止时，通过光耦合器、限流电阻、上拉电阻经公共端 COM 构成回路，输入为"1"。

图 2-32 中，当 PNP 导通时，下拉电阻上端为"24 V"，通过光耦合器、限流电阻、下拉电阻经公共端 COM 构成回路，输入为"1"。当 PNP 截止时，光耦合器无电流，内部信号为"0"。

3. 汇点/源通用输入

所谓"汇点/源通用输入"，是一种可以根据外部要求连接"有源"输入信号或"汇点"输入信号的连接方式。"汇点/源通用输入"一般在 PLC 内部需要采用双向光耦合器，以适应不同的连接要求。在 S7 – 300 中，其 PLC 输入连接方式与 PLC 内部接口电路原理如图 2-33 所示。

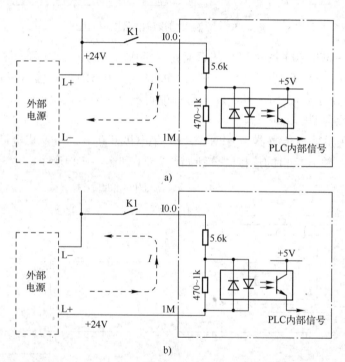

图 2-33　汇点/源通用输入内部线路与输入连接方式

a）汇点输入方式　b）源输入连接方式

"汇点/源通用输入"的工作原理与源输入、汇点输入相似，输入采用双向光耦合器，以适应不同连接方式时的电流方向改变的需要。对于直流输入，在固定的连接方式下，光耦合器的两只放光二极管始终只有一个起作用。

通用输入线路的输入限流电阻较大，此外，在光耦合器旁并联了 470 Ω 的保护电阻，防止光耦合器两端的电压过高或电流过大。同样，实际 PLC 接口电路根据生产厂家、输入模块型号的不同有所区别，一般还有输入指示 LED、输入信号滤波、输入稳压等辅助电路等部分，电路设计也各不相同，详细内容可参见所使用的 PLC 的硬件说明书。

4. 带有整流电路的交流输入

带有整流电路的交流输入为 PLC 交流输入的一般形式。当 PLC 的输入信号为交流时，一般均采用"源输入"的形式。从原理上说，带有整流电路的交流与直流"源输入"的区别在于输入接口电路上增加整流电路与否。

交流"源输入"的 PLC 内部接口电路简图如图 2-34 所示。同样，实际 PLC 接口电路根据生产厂家、输入模块型号的不同有所区别，一般还有输入指示 LED、输入信号滤波、输入稳压等辅助电路等部分。

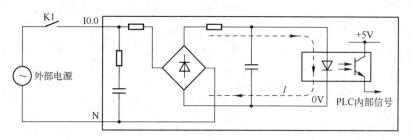

图 2-34　交流源输入的接口电路原理简图

从图 2-34 中可以看出，由于交流输入电路中增加了限流、隔离和整流三个环节，因此，输入信号的延迟时间要比直流输入电路的要长，这是不足之处。但由于其输入端是高电压，因此输入信号的可靠性要比直流电路要高。一般交流输入方式用于有油雾、粉尘等恶劣环境中，而直流输入方式用于环境较好、电磁干扰轻的场合。

在 PLC 采用交流输入的场合，有时会由于输入元件带有 RC 回路或指示灯等原因，使得输入漏电流过大，导致在无输入信号时，PLC 的输入仍然无法正常关断的现象。对于这类情况，应通过在 PLC 的输入端并联 RC 回路的方法，减小 PLC 输入端的漏电流，使其在关断电流以下，如图 2-35 所示。

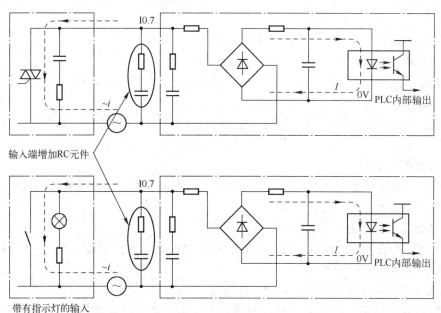

图 2-35　泄漏电流处理

图 2-35 中的并联 RC 支路的参数，决定于实际泄漏电流的情况，常用的推荐值 C：0.1 ~ 0.47uF，R：47~120Ω（0.5W）。

5. 采用双向光耦合器的交流输入

在 SIEMENS S7 中（以 S7-300 为例），交流输入常采用双向光耦的输入形式，其 PLC 输入连接方法与 PLC 内部接口电路原理简图如图 2-36 所示。

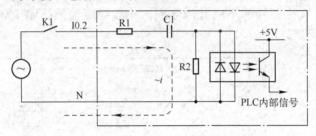

图 2-36　采用双向光电耦合器的交流输入

采用双向光耦的交流输入方式中，光耦合二极管同时起到了整流的作用，两只发光二极管交替发光同时工作。R1、C1 起限流作用，R2 起到了电压限制和分流的作用，R1、C1 和 R2 的值与交流输入电压的大小有关，在不同规格的输入模块中有所区别。

2.6.2　PLC 控制系统输出接口

在 PLC 控制系统输出中，开关量输出信号占的比重较大，如各种继电器、接触器、电磁阀、指示灯输出等。当负载较小时，一般都可用 PLC 的输出直接驱动，但大电流负载，需要经过中间继电器进行转换，用中间继电器的触点进行驱动。为了提高系统的抗干扰能力与工作可靠性，在 PLC 输出接口电路中，通常也都采用光耦合隔离的措施，同时还设计有各种滤波电路等。

从 PLC 的输出驱动形式上说，主要有继电器触点输出、直流晶体管（或场效应晶体管）输出与双向晶闸管输出三种类型。

PLC 的晶体管输出和继电器触点输出的主要区别如下：

（1）负载电压、电流类型不同

负载类型：晶体管只能带直流负载，而继电器带交、直流负载均可。

电流：晶体管电流 0.2~0.3A，继电器 2A。

电压：晶体管可接 DC 24V（一般最大在直流 30V 左右），继电器可以接 DC 24V 或 AC 220V。

（2）负载能力不同

晶体管带负载的能力小于继电器带负载的能力，用晶体管时，有时候要加其他元器件来带动大负载（如继电器、固态继电器等）。

（3）晶体管带载能力小于继电器带载的能力

一般来说，存在冲击电流较大的情况时（例如白炽灯、感性负载等），晶体管过载能力较小，需要降额更多。

（4）晶体管响应速度快于继电器的响应速度

继电器输出型原理是 CPU 驱动继电器线圈，令触点吸合，使外部电源通过闭合的触点驱动外部负载，其开路漏电流为零，响应时间慢（约 10ms）。

晶体管输出型原理是 CPU 通过光耦合使晶体管通断，以控制外部直流负载，响应时间快（约 0.2 ms 甚至更小）。晶体管输出一般用于高速输出，如伺服/步进等，用于动作频率高的输出。

（5）在额定工作情况下，继电器有动作次数寿命的限制，而晶体管只有老化，没有使用次数限制

继电器具有机械动作元件，所以有机械动作寿命；晶体管是电子元件，只有老化，没有使用次数限制。继电器的每分钟开关动作次数也是有限制的，而晶体管则没有。晶体管也可以输出大电流，如 0.5 A 以上，晶体管输出后接继电器时，要特别注意继电器线圈极性（一般线圈上都接有并联续流保护二极管或指示灯），否则会烧坏晶体管。

1. 继电器触点输出

继电器触点输出是 PLC 常见的输出形式，其主要优点是使用灵活，既可以用于驱动交流负载，也可以驱动直流负载；允许负载电压一般为 AC 250 V/DC 50 V、2 A 以下。但在 SI-EMENS S7 系列 PLC 中，负载电流最大可达 10 A，容量可达 80 ~ 1000 VA。

继电器触点输出的连接方式常见有两种：一是每一输出点的触点均独立输出，即输出触点完全隔离，无公共端；二是输出触点一端独立，另一端由若干输出节点共用，如图 2-37 所示。

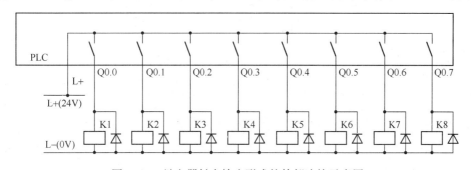

图 2-37 继电器触点输出形式的外部连接示意图

当连接感性负载时，为了延长触点使用寿命，对于直流驱动，通常应在负载两端接续流二极管，但是加装续流二极管后，会影响继电器的动作特性；对于交流驱动，应在负载两端加 RC 抑制器。

2. 直流晶体管输出

直流晶体管输出主要优点是响应时间快，使用寿命长。当 PLC 需要与系统其他控制装置进行连接时，采用晶体管输出可以显著提高系统处理速度。

直流晶体管输出可以分 NPN 集电极开路输出与 PNP 集电极开路输出两种形式，分别如图 2-38 和图 2-39 所示。

在 SIEMENS S7 系列 PLC 中，一般采用场效应晶体管作为驱动元件，其连接方式与 PNP 集电极开路输出相同，其输出额定电流电流输出可达 5 A。

3. 双向晶闸管输出

双向晶闸管输出用于驱动交流负载，可以使交流电路实现"无触点通、断"，解决继电器触点使用寿命问题。此外，双向晶闸管输出的响应速度也比继电器触点输出有所提高。双向晶闸管输出一般采用公共端连接的形式，每 4 ~ 8 点为一组，晶闸管的触发电路与 PLC 内部电路间采用光耦合器隔离。

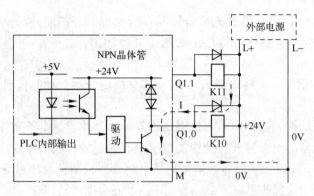

图2-38 NPN晶体管集电极开路输出与外部连接图

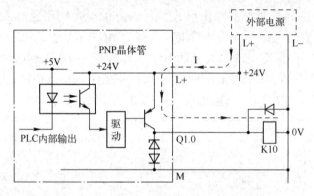

图2-39 PNP晶体管集电极开路输出与外部连接图

双向晶闸管输出驱动能力一般小于继电器触点输出，允许负载电压一般为 AC 85～242 V；单点输出电流在 0.2～0.5 A，当多点共用公共端时，每点的输出电流应相应减小。

双向晶闸管输出的电路原理与连接方法如图2-40所示。

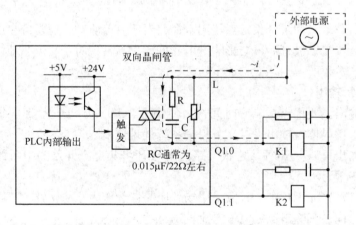

图2-40 双向晶闸管输出的连接图

晶闸管的两端通常并联有 RC 过电压抑制器（一般为 0.015 uF/22 Ω 左右），因此与继电器触点输出不同，它在 PLC 输出为 OFF 时，仍然有 1～2 mA 的开路漏电流，所以对于小型继电器与微电流负载，可能会产生无法关断的现象。

2.7　PLC 控制系统电源与接地

2.7.1　PLC 控制系统的电源

1. PLC 控制系统供电环境的设计

PLC 控制系统中，供电回路是电磁干扰最容易进入的通道，需要采取抗电磁干扰的措施。电网干扰进入 PLC 控制系统主要通过供电线路的阻抗耦合产生，经过 PLC 供电电源、变送器供电电源和与 PLC 系统有直接电气连接的仪表供电电源耦合进入。另外各大功率用电设备所产生的交流磁场也是主要的干扰源，尤其电网内部的变化、开关操作产生的浪涌、大型电力设备的启停、交直流传动装置引起的谐波等会对同一电网的 PLC 控制系统的供电电源造成干扰。为提高整个系统的可靠性和抗干扰能力，在 PLC 控制系统供电回路一般采用隔离变压器、交流稳压器、UPS 电源、晶体管开关电源等。

（1）采用隔离变压器

隔离变压器的容量应比实际需要大 1.2～1.5 倍，一次侧和二次侧之间采用隔离屏蔽层，屏蔽层要良好接地，二次侧的连接线要使用双绞线，以减少电源线间干扰，对于 PLC 的控制器电源，如果条件许可，可以在隔离变压器之前加入滤波器，此时变压器的一次侧和二次侧连接线均要使用双绞线，如图 2-41 所示。这样干扰信号经滤波隔离后可大大减弱，增强了系统的可靠性。

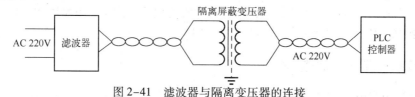

图 2-41　滤波器与隔离变压器的连接

（2）采用交流稳压器

为了抑制电网中电压的波动，在隔离变压器后配置交流稳压器。在选择交流稳压器时，一般可按实际最大需求容量的130%计算。这样可以保证稳压特性，又有助于稳压器工作可靠。

（3）采用 UPS 电源

在一些实时控制中，系统突然断电的后果不堪设想，应设法在系统中使用 UPS 电源。突然断电时，可自动无间断地切换到 UPS 电源。PLC 的应用软件也可以进行相应的断电情况紧急处理。由于 UPS 电源容量有限，一般仅把它供电范围保证在 PLC 主机、通信模板、远程 I/O 站的各个机架和 PLC 系统相关的外部设备上。

（4）采用晶体管开关电源

晶体管开关电源在电网或其他外部电源电压波动很大时，对其输出电压不会造成很大影响，因而抗干扰能力强。目前许多 PLC 公司的产品中，电源模板采用了晶体管开关电源，所以整个系统设计时不必要再配晶体管开关电源。但是在许多情况下，PLC 外部执行电源采用 24V 电平等级时，选配晶体管开关电源是一个好方法。

2. PLC 的 I/O 模块供电电源

I/O 模块的供电是指为系统中的现场开关、传感器、执行机构、各种用电负载连入 I/O 模块的现场部分的供电。

（1）采用 DC 24 V 电源

DC 24 V 电源是 PLC 中常用的标准方式。它是一种安全的二次供电方式，对于防爆、防火、防尘等条件恶劣的现场，选用这一电压等级，在电能传输和状态转换时，连接点或动作触点不易引起电火花和产生强电磁干扰。在 PLC 系统中广泛使用着 DC 24 V I/O 模块。对于工业过程工程来说，输入的设备包括接近开关、按钮、拨码开关、接触器的辅助触点等；输出负载包括控制中间继电器、电磁阀、显示灯等。为给这种模板供电，较好的办法是在 AC 220 V 电源回路中设计与配置一个容量充足的 AC 220 V/DC 24 V 稳压电源，如图 2-42 所示。

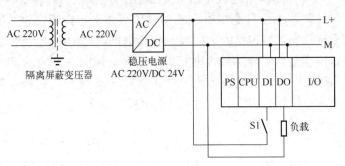

图 2-42　DC 24 V I/O 模块供电连接图

（2）采用 AC 24 V 电源

对于实际的工业系统，除了 DC 24 V 模块外，采用 AC 24 V 的模块也广泛的存在。在现场设备比较分散，传输距离较远，采用 AC 24 V 模块比用 DC 24 V 的模块在现场设计上简单。采用 AC 220 V/AC 24 V 变压器就能满足供电需求。

2.7.2　PLC 控制系统的接地

电气设备的接地系统有两类：安全接地和工作接地。安全接地是用导线将设备易触碰的部分与大地（零电位点）连接起来，其目的是保护操作人员的安全。工作接地是为电子设备提供公共的电位参考点，其目的主要是为了抑制干扰。对于 PLC 系统来说，由于其控制信号的多元化，系统中存在有多种形式的地，如数字地、模拟地、信号地、交流地、直流地、屏蔽地、保护地等，其接地方式和接地的好坏直接影响到系统的抗干扰的性能。

1）数字地：也叫逻辑地，是各种开关量信号的零电位。

2）模拟地：各种模拟量信号的零电位。

3）信号地：通常为传感器的地。

4）交流地：交流供电电源的地。

5）直流地：直流供电电源的地。

6）屏蔽地：防止电场和电磁场的干扰。

7）保护地：是为了保护人员安全而设置的一种接线方式。保护"地"线一端接用电器，另一端与大地作可靠连接。

如果接地系统混乱，导致 PLC 系统各个接地点的地位分布不均，不同的接地点间存在电位差，引起接地环流，影响系统的正常工作。PLC 工作的逻辑电压干扰的容限较低，逻辑电位的分布干扰容易影响 PLC 的逻辑运算和数据存储，造成数据混乱、程序跑飞或死机。模拟电位的分布将会导致测量精度下降，引起对信号测控的严重失真和误动作。所以合理设计接地系统是 PLC 控制系统正常工作所必需的。

1. 控制系统与电网的接地方式

PLC 控制系统与电网的接地主要有共地、浮地以及电网与机壳共地、电路浮地三种方式。

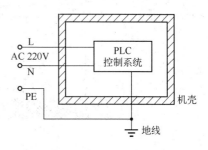

图 2-43 是共地方式，PLC 控制系统中电路的接地点，机壳的接地点与电网地线和接地点连在一起，整个系统以大地为电位参考点，这种接地方式在大地电位比较稳定的场所，系统的电位也比较稳定，接地线路比较简单，且因机壳接地，故操作也比较安全。若在大地电位变化较大的场所，系统的电位也随之变化，电路将受到共模干扰，且容易转变成串模干扰，此时应尽量减少接地电阻，或者采用浮地方式。

图 2-43　共地方式

图 2-44 是浮地方式，PLC 控制系统中电路的接地点与机壳相连浮空不接地。一般在机柜与地之间用绝缘胶垫隔开，交流进线也要加强绝缘，这种方式可避免大地电位变化和地回路电磁感应造成的干扰。但因系统浮地，机壳容易积累静电，操作不太安全。

图 2-45 是电网与机壳共地、电路浮地的方式，是上面两种方式的折中。由于机壳的接地点与电网接地点连在一起，因此操作比较安全。电路的接地点是独立的，避免受大地电位和接地回路的干扰。通常将电路和插件框架用绝缘支撑与外部机架、机壳隔开，保护电路部件与机壳的良好绝缘。电路的接地点接在插件框架背面专门设置的敷铜板上，自成接地系统。

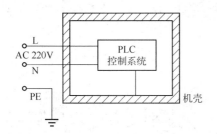

图 2-44　浮地方式

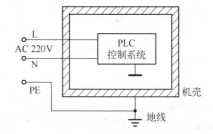

图 2-45　电网与机壳共地、电路浮地的方式

2. 控制系统的一般接地方式

在工业控制系统中，常用的接地方式有浮地、直接接地和电容接地 3 种方式。PLC 控制系统属于高低速电平控制装置，应采取直接接地方式。由于信号电缆分布电容和输入装置滤波等的影响，装置之间的信号交换频率一般都小于 1 MHz。故 PLC 控制系统接地线大多采用并联一点接地方式，各装置的接地点以单独的接地线引向接地极，如图 2-46 所示。接地极的电阻应小于 2 Ω，接地极最好埋在距建筑物 10～15 m 远处，而且 PLC 系统接地点必须与强电设备接地点相距 10 m 以上，接地点应尽量靠近 PLC。

信号源接地时，屏蔽层应在信号侧接地；信号源不接地时，屏蔽层应在 PLC 侧接地；信号线中间如有接头，屏蔽层应牢固连接并进行绝缘处理，一定要避免多点接地；多个测量信号的屏蔽双绞线与多芯对绞总屏蔽电缆连接时，各屏蔽层应相互连接好，并进行绝缘处理，选择适当的接地处单点接地。

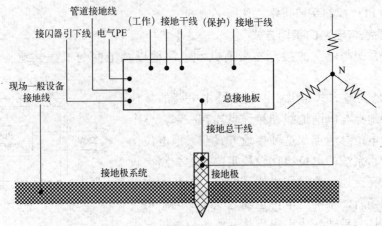

图 2-46　控制系统一般接地方式

屏蔽地、保护地不能与电源地、信号地和其他的接在一起，只能单独地连接到接地铜牌上。为减少信号的电容和噪声，可采取多种屏蔽措施。对于电场屏蔽分布电容的问题，通过将屏蔽地接入大地可解决。对于纯防磁的部位，如强电磁、变压器、大电机的磁场耦合等，可采用高导磁材料作为外罩，将外罩接入大地来屏蔽，也可采用远离技术来解决，即弱信号线要远离强信号线敷设，尤其是远离动力线路。控制系统接地如图 2-47 所示，其为西门子数控系统 840D 系统的接地示意图。

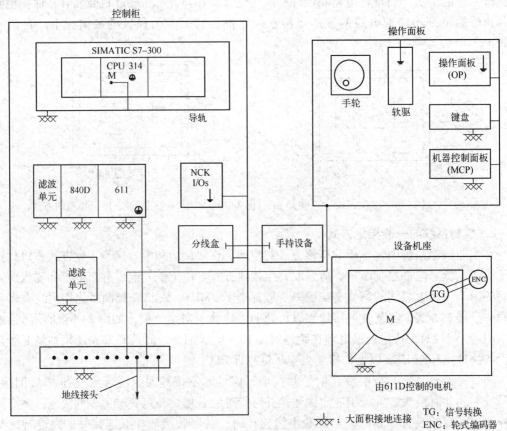

图 2-47　控制系统接地

2.8 习题

1. 通常的工业控制系统可分为哪几种类型？
2. 热电阻的连线方式有几种？
3. 介绍隔离栅的类型及其应用范围。
4. 介绍浪涌保护器的类型及其应用范围。
5. 什么是汇点输入？它有何优缺点？汇点输入如何与 NPN 集电极开路型传感器连接？
6. 什么是源输入？它有何优缺点？源输入如何与 NPN 集电极开路型传感器连接？
7. PLC 控制系统的开关量输出有哪些驱动形式？各输出类型间有何区别？各适用于什么场合？为了提高系统可靠性，对于感性负载应采取什么措施？
8. PLC 控制系统的接地方式及其应用范围。

第3章　PLC的组成和工作原理

本章学习目标:

了解PLC的组成部分、各组成部分的作用以及PLC的分类；理解PLC的工作原理以及PLC使用时的一些注意事项；掌握PLC的工作方式及工作过程。

3.1　PLC的组成

PLC实质上是工业计算机，是计算机技术与传统继电接触器控制技术相结合的产物，只不过比一般的计算机具有更强的与工业过程相连接的接口和更直接的适用于控制要求的编程语言。

从硬件结构上看，PLC主要由中央处理单元（CPU）、存储器（ROM/RAM）、输入/输出部件（I/O部件）、通信接口、电源和编程器组成，如图3-1所示。

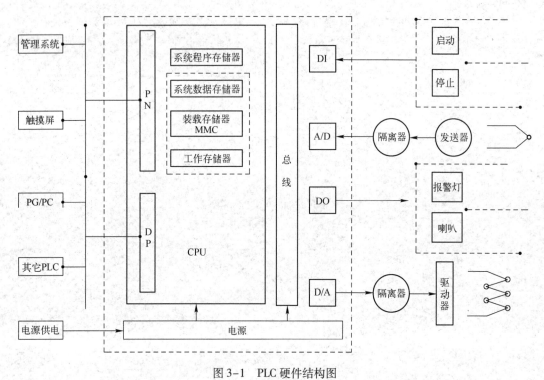

图3-1　PLC硬件结构图

从逻辑结构上看，PLC以CPU为核心，通过各种总线与输入信号模块、输出信号模块、接口模块、通信处理器模块、功能模块以及其他模块共同构成PLC控制系统。

3.1.1 中央处理单元

中央处理单元（CPU）是 PLC 的核心，每台 PLC 至少有一个 CPU。CPU 主要由运算器、控制器、寄存器及实现它们之间联系的数据、控制及状态总线构成，此外还包括外围芯片、总线接口及有关电路。CPU 确定了控制的规模、工作速度、内存容量等。

当从编程器输入的程序存入到用户程序存储器中，CPU 根据系统所赋予的功能（系统程序存储器的解释编译程序），把用户程序翻译成 PLC 内部所认可的用户编译程序。

当 PLC 开始运行时，CPU 根据系统监控程序的规定顺序，通过扫描，完成各输入点的状态采集或输入数据采集、用户程序的执行、各输出点状态更新、编程器键入响应和显示更新及 CPU 自检等功能。

CPU 模块的外部表现就是它的工作状态的各种显示、各种接口及设定或控制开关。一般来讲，CPU 模块总要有相应的状态指示灯，如电源显示、运行显示、故障显示等。CPU 模块上还有许多设定开关，用以对 PLC 作设定，如设定起始工作方式、内存区等。

3.1.2 存储器

PLC 的存储器按功能可分为系统存储器和用户存储器。PLC 存储器总体结构如图 3-2 所示。

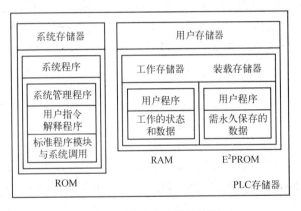

图 3-2　PLC 存储器结构图

1. 系统存储器

用来存放系统工作程序（监控程序）、模块化应用功能子程序、命令解释功能子程序的调用管理程序，以及对应定义（I/O、内部继电器、计时器、计数器、移位寄存器等存储系统）参数等。

2. 用户存储器

用来存放用户程序即存放通过编程器输入的用户程序。PLC 的用户存储器通常以字（16 位/字）为单位来表示存储容量。同时，由于前面所说的系统程序直接关系到 PLC 的性能，不能由用户直接存取。因而通常 PLC 产品资料中所指的存储器形式或存储方式及容量，是对用户程序存储器而言。

常用的用户存储方式及容量形式或存储方式有 CMOSRAM、EPROM 和 EEPROM。信息储存常用盒式磁带和磁盘。

（1）CMOSRAM

CMOSRAM 存储器是一种中高密度、低功能、价格便宜的半导体存储器，可用锂电池作为备用电源。一旦交流电源停电，用锂电池来维持供电，可保存 RAM 内停电前的数据。锂电池寿命一般为 1~5 年左右。

（2）EPROM

EPROM 存储器是一种常用的只读存储器，写入时加高电平，擦除时用紫外线照射。PLC 通过写入器可将 RAM 区的用户程序固化到 ROM 盒中的 EPROM 中。如果在 PLC 中插入 ROM 盒，PLC 则执行 ROM 盒中用户程序；反之，不插上 ROM 盒，PLC 则执行 RAM 区用户程序。

（3）EEPROM

EEPROM 存储器是一种可用电改写的只读存储器。

3.1.3 输入/输出部件

PLC 通过各种输入/输出（I/O）接口模块与外界联系，实现对工业设备或生产过程的检测和控制功能。按照 I/O 点数确定 I/O 模块规格及数量，I/O 模块可多可少，但其最大数受 CPU 所能管理的基本配置的能力限制，即受最大的底板或机架槽数限制。输入/输出部件集成了 PLC 的 I/O 电路，输入部件把从现场采集的信号（开关量、模拟量）转换成 CPU 能够接收和处理的数字量，输入寄存器反映输入信号状态；输出部件接收微处理器输出的数字命令，并把它转换成负载能够接收的电流或电压信号，输出点反映输出锁存器状态。

由于 CPU 内部工作电压一般为 5 V，而 PLC 外部输入/输出信号电压一般较高，如 DC 24 V 或 AC 220 V。为保障 PLC 正常工作，输入/输出部件还具有电平转换与隔离的作用。

3.1.4 通信接口

通信接口主要用于 PLC 与 PLC 之间、PLC 与上位计算机以及其他智能设备之间能够交换信息，形成一个统一的整体，实现程序下载/上传、分散集中控制、远程监控、人机界面等功能。PLC 一般都带有多种类型的接口，也可根据需要进行扩展。PLC 之间的通信网络是各厂家专用的。PLC 与计算机之间的通信，一些生产厂家采用工业标准总线，并向标准通信协议靠拢。这将使不同机型的 PLC 之间、PLC 与计算机之间可以方便地进行通信与联网。

3.1.5 电源

PLC 的电源是指将外部输入的交流电处理后转换成满足 CPU、存储器、输入输出接口等内部电路工作需要的直流电源电路或电源模块。PLC 的电源多采用直流开关稳压电源，稳定性好、抗干扰能力强。电源按其输入类型分为：交流电源（AC 220 V 或 AC 110 V）和直流电源（常用的为 DC 24 V）。电源模块具有可靠的隔离特性、防短路和开路保护的功能；在满足内部电路需要的同时还可用做负载电源。

3.1.6 编程器

编程器是 PLC 开发应用、监测运行、检查维护不可缺少的器件，用于编程、对系统做一些设定、在线监控 PLC 及 PLC 所控制的系统的工作状况，但它不直接参与现场控制运行。通常，编程器有手持型编程器和通用计算机两种，目前一般由计算机（运行编程软件）充当编程器，也就是系统的上位机。

3.2　PLC 的工作原理

　　PLC 是一台工业计算机,工业环境的特殊要求和工业计算机所要求具备的强大系统软件使 PLC 在外观上已不同于普通计算机,使用时也比使用计算机更加简单方便,对使用者不再要求更多的计算机知识,只需要一定的电路知识即可以使用。PLC 控制是继电器控制的继承与发展,如图 3-3 所示为传统与现今 PLC 设计的电动机正反转控制方式。可以发现,它已将传统的控制电路,通过符合 IEC 61131 - 3 的控制程序实现,使控制具有更高的灵活性和可靠性。

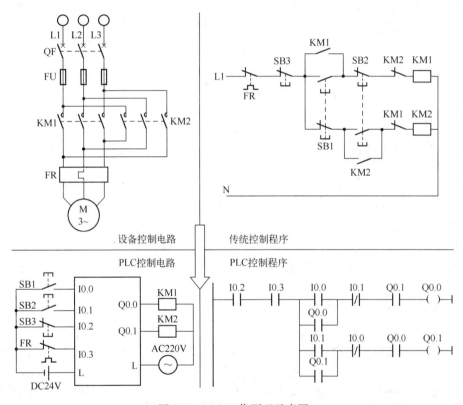

图 3-3　PLC 工作原理示意图

3.2.1　PLC 的等效电路

　　初识 PLC 时,可将 PLC 的工作原理抽象为如图 3-4 所示的等效电路,包括输入部分、内部控制电路以及输出部分。

　　1)输入部分:由输入器件及输入继电器组成,用于采集被控设备的信息或操作命令。

　　2)内部控制电路:由 T(定时器)、C(计数器)、M(R)(辅助继电器)、Q(Y)(输出继电器)、SM(特殊功能寄存器)、V(全局变量)、L(局部变量)等元件组成,根据输入、输出和其他相关信息完成逻辑运算,并且判断哪些负载应该停止工作,哪些负载应该开始工作,发出相应的控制命令。

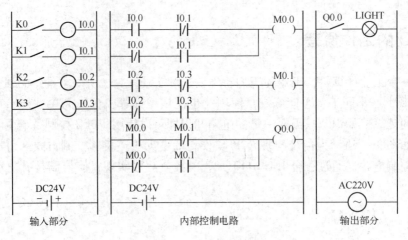

图 3-4　PLC 等效电路

3）输出部分：由输出器件及负载组成，根据内部控制电路发出相应的控制命令来驱动外部负载。

3.2.2　PLC 的工作模式

S7-300/400 PLC 一般有 4 种工作模式：RUN、RUN-P、STOP、MRES。通过 CPU 面板上的模式选择开关选择。

1）RUN：运行模式。此模式下，CPU 执行用户程序，可以通过编程器读出或监控用户程序，但是不能修改。

2）RUN-P：可编程模式。此模式下，CPU 执行用户程序，可以通过编程器读出、监控和修改用户程序。

3）STOP：停机模式。此模式下，CPU 不执行用户程序，但可以通过编程器读写用户程序。

4）MRES：存储器复位模式。该位置不能保持，当开关在此位置释放时将自动返回到 STOP 位置。切换到该模式时，可复位存储器，使 CPU 回到初始化状态。复位操作步骤为：将模式开关从"STOP"位置调到"MRES"位置，此时"STOP"LED 灯熄灭 1 s，亮 1 s，再熄灭 1 s 后保持常亮。放开开关，使其回到"STOP"位置，然后再调回到"MRES"位置，"STOP"LED 灯以 2 Hz 的频率至少闪动 3 s，表示正在执行复位，最后"STOP"LED 灯一直亮。此时可放开开关，完成复位操作。

S7-300/400 PLC 还具有 3 种启动类型：冷启动、暖启动和热启动。用户可以根据需要在硬件配置中选择启动方式，但并不是所有的 CPU 都支持这三种启动方式。

1. 冷启动（Cold Restart）

冷启动时，过程映像，位存储器、定时器和计数器的所有数据都被初始化，包括数据块均被重置为存储在装载存储器（Load memory）中的初始值，与这些数据是否被组态为可保持还是不可保持无关。冷启动首先执行启动组织块 OB102 一次，并不是 S7-400 所有 CPU 都支持此功能。

2. 暖启动 (Warm Restart)

暖启动时，过程映像数据以及非保持的存储器、定时器和计数器将被复位。保持性的存储器、定时器和计数器会保存其最后有效值。在有后备电池时，所有 DB 块数据被保存。没有后备电池时，S7 - 300 由于没有非易失性存储区，DB 数据和存储器、定时器和计数器均无法保持，这是 S7 - 300 与 S7 - 400 最大的不同。暖启动首先执行启动组织块 OB100 一次。用户如果没有更改过启动类型，系统默认设为暖启动。

3. 热启动 (Hot Restart)

只有在有后备电池时才能实现，所有的数据都会保持其最后有效值。程序从断点处执行，在当前循环完成之前，输出不会改变其状态。热启动时执行 OB101 一次。只有 S7 - 400 才能进行热启动。

3.2.3 PLC 的工作过程

PLC 采用周期性循环处理的顺序扫描工作方式。每一次扫描所用的时间称为扫描周期或工作周期。扫描周期的长短与 CPU 的运算速度、I/O 点的情况、用户应用程序的长短及编程情况等有关。

当 PLC 上电或从 STOP 模式切换到 RUN 模式时，CPU 执行启动操作，对 PLC 系统进行初始化操作，清除非保持位的存储器、定时器、计数器、中断堆栈和块堆栈，复位所有硬件中断和诊断中断等。此外，还要执行一次用户编写的"系统启动组织块"OB100，完成用户指定的初始化操作。然后进入主循环组织块 OB1，进行周期性循环操作。PLC 主要工作过程如图 3-5 所示。PLC 扫描既可按固定的程序进行，也可按用户程序规定的可变顺序进行。

PLC 在启动完成后，不断地循环扫描 OB1，OB1 是用户程序中的主程序，需要时可调用逻辑块 FB、FC、SFB、SFC 和事件处理（时间中断、硬件中断等），以及其他 OB。

循环扫描工作过程可以被某些事件中断。如果中断事件出现，当前程序暂停执行，并自动调用分配给该事件的组织块。该组织块执行完成后，被暂停执行的程序快将从被中断的地方开始继续执行。

PLC 的循环扫描工作过程分为三个阶段，即输入采样阶段、程序执行阶段和输出刷新阶段。循环扫描工作过程如图 3-6 所示。

1. 输入采样阶段

PLC 在输入采样阶段，首先扫描所有输入端子，并将各输入端子状态存入内存中各对应的输入映像寄存器。此时，输入映像寄存器被刷新。这些状态保持到下一次的输入采样，在执行程序、输出刷新时状态不会发生改变，这也是 PLC 提高可靠性的措施之一。

2. 程序执行阶段

根据 PLC 的程序扫描原则，PLC 按先左后右，先上后下的顺序对每条指令进行扫描。当指令涉及输入、输出状态时，PLC 从输入映像寄存器中"读入"对应输入映像寄存器的当前状态，然后进行相应的运算，将运算结果再存入内部映像寄存器中。

3. 输出刷新阶段

在所有指令执行完毕后，输出映像寄存器中所有输出继电器的状态在输出刷新阶段转存到输出锁存器中，通过一定方式输出，驱动外部负载。

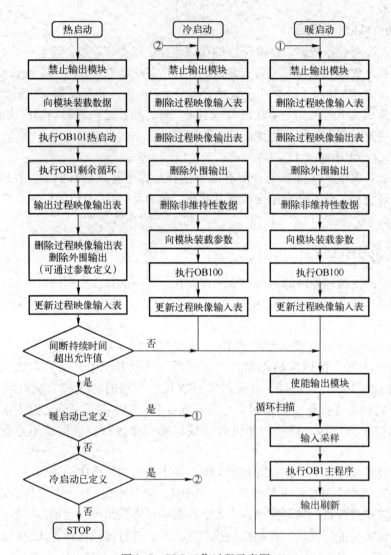

图 3-5　PLC 工作过程示意图

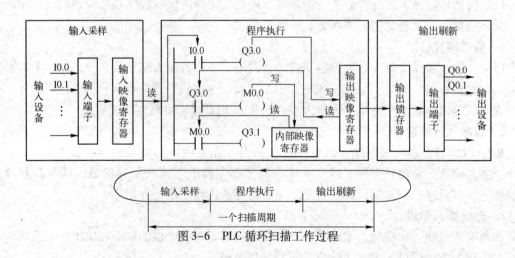

图 3-6　PLC 循环扫描工作过程

根据工作过程可以看出，PLC 采用集中采样，集中输出工作方式。在执行程序时，采用输入输出映像区对输入、输出进行处理，其优点是：

1）在采样周期中，将所有输入信号一起读入，此后在整个程序处理过程中 PLC 系统与外界隔绝，直到输出控制信号到下一个工作周期再与外界交涉，从根本上提高了系统的抗干扰能力，提高了工作的可靠性。

2）访问映像寄存器的速度比直接访问 I/O 点要快，有利于程序快速运行。

3）I/O 点是位实体，只能按位或者字节来访问，而映像寄存器可以按位、字节、字或者双字的形式来访问，也就是说，使用映像寄存器更为灵活。

下面通过图 3-6 中所示的例子进一步说明 PLC 的循环工作过程。梯形图中 I0.0 是输入变量，与输入映像寄存器位 I0.0 对应；Q3.0 是输出变量，与输出映像寄存器的位 Q3.0 对应；M0.0 是中间变量，与内部映像寄存器位 M0.0 对应。

在输入采样阶段，CPU 将输入端子 I0.0 的状态，读入对应的输入映像寄存器，外部触点接通时存入 1，反之存入 0。

执行第 1 条指令时，从输入映像寄存器的位 I0.0 读出状态写入到输出映像寄存器的位 Q3.0。执行第 2 条指令时，从输出映像寄存器的位 Q3.0 读出状态写入到内部映像寄存器的位 M0.0。执行第 3 条指令时，从内部映像寄存器的位 M0.0 读出状态写入到输出映像寄存器的位 Q3.1。

在输出刷新阶段，CPU 将各输出映像寄存器中的状态通过输出锁存器传送给输出端子，并将数据锁存起来，以驱动输出设备。

3.2.4　PLC 对输入输出的处理规则

PLC 在程序执行过程中，当前实际输入/输出值的处理遵循以下 5 条规则：

1）输入映像寄存器中存储的数据取决于输入端子当前扫描周期被读入刷新器件的 ON/OFF 状态。

2）程序如何执行及执行结果取决于用户程序、输入、输出、内部元件的状态。

3）输出映像寄存器的内容取决于输出继电器的执行结果。

4）输出锁存器中数据由上次输出刷新期间输出映像寄存器中的数据决定。

5）输出端子（ON/OFF）状态由输出锁存器中的数据决定。

3.2.5　PLC 输入/输出时间滞后

PLC 的输入/输出存在滞后现象，输入/输出滞后时间又称系统响应时间，是指 PLC 外部输入信号发生变化的时刻至它控制的有关外部输出信号发生变化的时刻之间的时间间隔。它被称作 PLC 的输入/输出滞后现象，造成此现象的原因有三个：

1. 输入滤波时间

输入模块的 RC 滤波电路用来滤除由输入端引入的干扰噪声，消除因外接输入触点动作时产生的抖动引起的不良影响，滤波电路的时间常数决定了输入滤波时间的长短，其典型值为 10 ms 左右。可以在 STEP7 中设置输入滤波时间。

2. 输出电路的滞后时间

输出模块的滞后时间与模块的类型有关，继电器型输出电路的滞后时间由触点的机械运动产生，一般在 10 ms 左右；双向晶闸管型输出电路在负载通电时的滞后时间约为 1 ms，负载由通电到断电时的最大滞后时间为 10 ms；晶体管型输出电路的滞后时间一般在 1 ms 以下。

3. 因扫描工作方式产生的输入输出滞后时间

除了 PLC 的扫描工作方式会引起入/输出时间滞后，用户程序编制的不合理也会增加输入/输出时间滞后，最长可达两个多扫描周期。图 3-7、图 3-8 是一个典型的例子，由于程序的不合理导致输入与输出滞后了两个多扫描周期。如果把程序第一行与第二行调换位置，可消除由于程序编制不合理造成的输入输出的时间滞后。

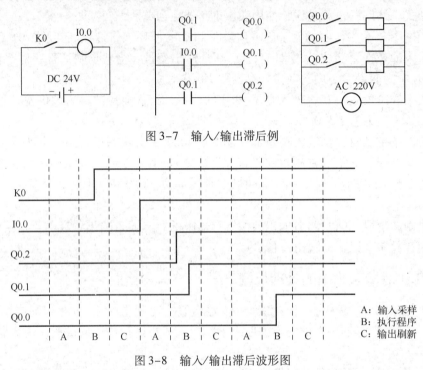

图 3-7　输入/输出滞后例

图 3-8　输入/输出滞后波形图

3.2.6　PLC 输入信号频率

PLC 在进行信号采样时，尤其是将模拟信号转换为数字信号的过程中，为保证采样后的数字信号完整保留原始信号中的信息，要求在信号采集时满足式 (3-1)，即采样频率 f_s 必须大于信号频率 f_c 的 2 倍。一般在实际应用中将采样频率取为信号最高频率的 5~10 倍。

$$f_s > 2f_c \tag{3-1}$$

3.3　PLC 的分类

PLC 的类型可根据点数、功能、结构以及流派进行划分，下面依次进行介绍。

1. 按点数分类

点数指的是 PLC 开关量、模拟量、输入/输出端子的数量。小型系统一般在 256 点以下，中型系统一般在 2048 点以下，大型系统一般在 2048 点以上，它们的代表机型及性能依次见表 3-1、表 3-2、表 3-3。

表 3-1　小型机

公　司	机　型	1KW 处理速度/ms	储存容量/KB	I/O 点数
美国 MODICON	984－13X	4.25	4	256
	984－14X	4.25	8	256
	984－38X	3～5	4～16	256
日本 OMRON	C60P	4～95	1.19	120
	C120	3～83	2.2	256
	CQM1	0.5～10	3.2～7.2	256
日本三菱	FX2	0.74	2～8	256
德国 SIEMENS	S5－100U	70	2	128
	S7－200	0.8～1.2	2	256

表 3-2　中型机

公　司	机　型	1KW 处理速度/ms	储存容量/KB	I/O 点数
美国 MODICON	984－48X	3	4～16	1024
	984－68X	1～2	8～16	1024
	984－78X	1.5	16～32	1024
日本 OMRON	C200H	0.75～2.25	6.6	1024
	C1000H	0.4～2.4	3.8	1024
	CV1000	0.125～0.375	62	1024
日本富士	HDC－100	2.5	42	1792
德国 SIEMENS	S5－115U	2.5	42	1024
	S7－300	0.3～0.6	12～192	1024

表 3-3　大型机

公　司	机　型	1KW 处理速度/ms	储存容量/KB	I/O 点数
美国 MODICON	984A	0.75	16～32	2048
	984B	0.75	32～64	2048
日本 OMRON	C2000H	0.4～2.4	30.8	2048
	CV2000	0.125～0.175	62	2048
日本三菱	F200	2.5	32	3200
德国 SIEMENS	S5－150U	2	480	4096
	S7－400	0.3～0.6	512	131072

2. 按功能分类

PLC 按功能从低到高可划分为小型、中型和大型 PLC，不同功能的 PLC 有其不同的应用目的。

1) 小型：主要完成逻辑运算、计时、计数、移位、步进控制等功能。一般为厂家初期产品，或为占领市场对小型 PLC 的需求在中型 PLC 基础上研制的新产品。

2）中型：除小型 PLC 完成的功能外，还有模拟量输入/输出（A/D、D/A）、算术运算（＋、－、×、÷）、数据传送、矩阵运算等功能。该机型应用最为广泛，且最有发展前途。

3）大型：除中型 PLC 完成的功能外，还有联网、监视、记录、打印、中断、智能、远程控制等功能。厂家为满足工业控制的更高要求而退出，具有多 CPU 系统、存储量大、控制功能强大等特点。

3. 按结构分类

1）整体式（一体式、小型）：机构紧密、体积小、重量轻、价格低、不能扩展，适用于单机控制。

2）机架模块式（中、大型）：对硬件配置选择余地大、灵活、维修方便。

3）叠装式：吸取整体式和模块式二者的优点，例如三菱 FX2N 系列。

4. 按流派分类

世界上 PLC 生产厂家约 200 多家，生产的产品约有 400 多种，可按地域划分为三个流派，见表 3-4。

表 3-4　PLC 流派

地　　域	典　型　代　表
美国产品	AB 公司：SLC－50 系列、SLC－5/3/2； GE 公司：GE 系列（Series1，Series3，Series5）； MODICON 公司：84 系列（484、584L、884、984）
欧洲产品	西门子公司：S5 系列（100U、115U）、S7 系列（S7－200、S7－300、S7－400）
日本产品	三菱公司：FX 系列、A 系列（A1、A2、A3）、F 系列（F1、F2）； OMRON 公司：CQM1 系列、C200H、CVM1； 松下公司：FP 系列（FP0、FP1、FP3、FP10）

3.4　习题

1. 简述 PLC 的组成以及各组成部分的作用？
2. PLC 以何种形式工作，工作过程需完成哪些任务？
3. PLC 滞后问题产生的原因是什么？请举例说明对 PLC 程序执行的影响？

第4章　S7-300/400 PLC 硬件系统

本章学习目标：

　　了解 PLC 各模块的性能参数和技术规范；掌握 CPU 模块、数字量模块、模拟量模块、通信模块、接口模块、功能模块和 SIPLUS 模块的技术资料查阅与选型方法，以及模块的安装和扩展要点；了解 ET 200 分布式 I/O 的性能参数和技术规范。

4.1　S7-300/400 概况

　　SIMATIC S7-300 是一种通用型 PLC，满足中、小规模的控制要求，适用于自动化工程中的各种场合，尤其是在生产制造工程中的应用。模块化、无排风扇结构、易于实现分布式的配置以及用户易于掌握等特点，使得 S7-300 在很多工业行业中实施各种控制任务时，成为一种既经济又切合实际的解决方案。

　　SIMATIC S7-400 是用于中、高档性能范围的 PLC。S7-400 同样具有无风扇的设计，坚固耐用，容易扩展和广泛的通信能力，容易实现的分布式结构以及友好的操作等特点。此外，S7-400 的 CPU 性能更为强大，处理速度更快，系统资源裕量更大，通信能力更强，性能更加可靠稳定。强大的系统功能和便捷的用户界面使得 S7-400 成为中、高档性能控制领域中首选的理想解决方案。

　　S7-300/400 系统采用模块化结构设计，一个系统包括：电源模块（PS）、中央处理单元（CPU）、信号模块（SM）、通信模块（CP）、接口模块（IM）和功能模块（FM）。S7-300/400 系统模块示意图如图4-1所示。各模块安装在标准导轨上，S7-300 背板总线集成

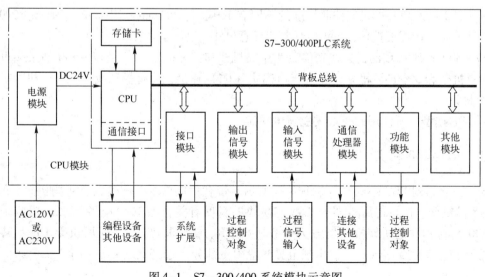

图4-1　S7-300/400 系统模块示意图

在各模块上，S7 – 400 背板总线集成在机架上，通过将总线连接器插在模块机壳的背后，使背板总线联成一体。背板总线由两类总线组成：用于快速交换输入/输出信号的 I/O 总线（P 总线），以及用于较大数据量交换的通信总线（K 总线）。通信总线与 CPU 的 MPI 接口之间的连线使得那些具有通信总线接口的 FM 和 CP 模块可以通过 MPI 总线系统进行通信。这样，就可以通过 CPU 的编程设备接口对这些模块进行编程。

由于这种设计具有的模块的扩展和配置功能使其能够按照每个不同的需求灵活组合。当控制任务变得更加复杂时，任何时候控制系统都可以逐步升级，而不必过多的添加额外模块。

4.2　机架

4.2.1　S7 – 300 机架

机架（Rack），用于安装和连接 PLC 系统的所有模块。

S7 – 300 系列 PLC 的机架（Rack）是一种 DIN 标准导轨，即特制不锈钢异型板，如图 4-2 所示，技术规范见光盘附录部分“选型资料 1 – 导轨”。各模块安装在导轨上，并用螺钉固定。机架中没有背板总线，背板总线集成在模块上，通过模块背面的背板总线连接器将各个模块逐个连接。除了电源、CPU 和接口模块外，每个机架上最多只能安装 8 个信号模块或功能模块。每个模块只占用一个槽号。

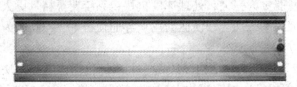

图 4-2　S7 – 300 机架

S7 – 300 系列 PLC 的机架按照长度的不同有 160 mm、482 mm、530 mm、830 mm、2000 mm 五种，可根据实际需要选择，也可以切割成任意尺寸，以便于安装。

S7 – 300 系列 PLC 的机架按功能分为中央机架和扩展机架。一个 S7 – 300 站最多可使用 1 个中央机架和 3 个扩展机架，通过接口模块（IM）连接，将背板总线从上一个机架扩展到下一个机架。

机架的选型由所使用的模块的总宽度决定。

4.2.2　S7 – 400 机架

S7 – 400 系列 PLC 的机架，如图 4-3 所示，带有背板总线，按槽数有 4 槽机架、9 槽机架和 18 槽机架。模块占用机架的槽数与模块的宽度有关，如 10 A 电源模块占用两个槽。S7 – 400 系列 PLC 的机架按功能分为中央机架 CR、扩展机架 ER、通用机架 UR 和特殊机架，主要技术参数见表 4-1，技术规范见光盘附录部分“选型资料 17 – 机架”。

图 4-3 S7-400 机架

表 4-1 S7-400 机架技术参数

机　架	插槽数目	可用总线	应用领域	属　性
UR1	18	I/O 总线 通信总线	CR 或 ER	机架适用于所有 S7-400 的模块类型
UR2	9			
ER1	18	受限 I/O 总线	ER	机架适用于信号模块 SM、接收模块和所有电源模块
CR2	18	I/O 总线，分段 通信总线，连续	分段 CR	机架适用于接收 IM 之外的所有 S7-400 模块类型；I/O 总线细分成两个 I/O 总线段，分别有 10 个和 8 个插槽
CR3	4	I/O 总线 通信总线	标准系统中的 CR	机架适用于接收 IM 之外的所有 S7-400 模块类型；CPU 41x-H 仅限单机操作
UR2-H	2*9	I/O 总线，分段 通信总线，连续	为紧凑安装冗余性 系统细分为 CR 或 ER	机架适用于接收 IM 之外的所有 S7-400 模块类型；I/O 总线细分成两个 I/O 总线段，每段有 9 个插槽

（1）中央机架 CR

安装 CPU 的机架称为中央机架。中央机架带有 K 总线（串行通信总线）和 P 总线（并行 I/O 总线），可以安装信号模块以及需要 K 总线通信的功能模块和通信模块。

（2）扩展机架 ER

扩展机架只带有 P 总线，因此只能安装信号模块，不能安装功能模块和通信模块。

（3）通用机架 UR

通用机架带有 K 总线和 P 总线，既可以用做中央机架也可作为扩展机架，作为扩展机架时也可以安装功能模块和通信模块。模块在通用机架上安装没有槽位的线制，更加灵活，但是成本略高。

（4）特殊机架

有些机架如 UR2-H 具有特殊的功能，适用于 S7-400 冗余系统中在一个机架上紧凑的安装两个 CPU。

4.3　电源模块

4.3.1　S7－300 电源模块

S7－300 系列 PLC 的电源模块（Power Supply，PS），如图 4-4 所示，将电源电压转换为 DC 24V 工作电压，为 CPU 和外围控制电路甚至负载提供可靠的电源。输出电流有 2A、5A 和 10A 3 种。电源模块不仅可以单个供电，也可并联冗余扩充系统容量，进一步提高系统的可靠性。CPU 和扩展接口模块将 24V 电源转换为 5V 电源，给背板总线供电，通过背板总线，CPU 监控所有与背板总线连接的接口模块。

模块的输入和输出之间有可靠地隔离。模块上有 LED 指示灯来指示电源状态。输出电压为 24V 时，绿色 LED 灯亮；输出过载时 LED 灯闪烁；输出电流大于 13A 时，电压跌落，跌落后自动恢复。输出短路时输出电压消失，短路消失后电压自动恢复。

电源模块具有以下特性：

1）紧凑的设计节省更多的空间。

2）AC 110V 或 AC 220V 输入自适应。

3）电源失效桥接时间：最快 20ms。

4）启动电流限制符合 NAMUR 的规范。

5）电源滤波和输出短路和断路保护。

6）辐射干扰和能力符合 EN50081－2/EN50082－2。

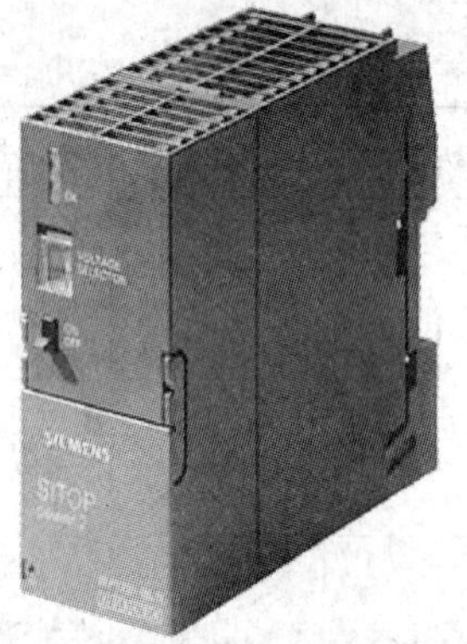

图 4-4　S7－300 电源模块

S7－300 系列的电源模块具有 4 种型号：PS 305（2A）、PS 307（2A）、PS 307（5A）和 PS 307（10A），主要技术参数见表 4-2，技术规范见光盘附录部分"选型资料 2－电源模块"。

表 4-2　电源模块主要参数

型　　号	PS 305（2A）	PS 307（2A）	PS 307（5A）	PS 307（10A）
额定输入电压/V	DC 24/48/72/96/110	AC 120/230 自适应	AC 120/230 自适应	AC 120/230 自适应
额定输入电流/A	2.7/1.3/0.9/0.65/0.6	0.9/0.5	2.3/1.2	44.2/1.9
额定输出电压/V	DC 24	DC 24	DC 24	DC 24
额定输出电流/A	2	2	5	10
尺寸/mm	80×125×120	40×125×120	60×125×120	80×125×120

按照不同的标准可以划分为以下几类：

1）按输入电压分类：直流输入 DC 24～110V 型和交流输入 AC 120/230V 型。

① 直流输入 DC 24～110V 型，即 PS 305（2A），模块电路框图如图 4-5 所示。

② 交流输入 AC 120/230V 型：包括 PS 307（2A）、PS 307（5A）和 PS 307（10A）。以 PS 307（2A）为例，模块电路框图如图 4-6 所示。

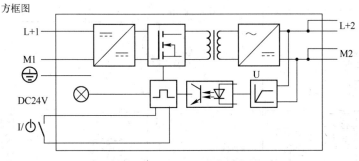

图 4-5   PS 305（2A）电路框图

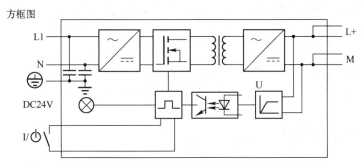

图 4-6   PS 307（2A）电路框图

2）按输出电流分类可以分为：2A 型、5A 型、10A 型，模块外形如图 4-7 所示。

在电源模块选型时需要注意下面几点：

电源模块安装在 DIN 导轨上的插槽1，用电源连接器连接到 CPU 或 IM361 上。电源模块与背板总线之间没有连接，可以与 CPU 机架分离安装，但 CPU 不能对电源模块进行诊断。

CPU 和扩展接口模块后面最多可以连接 8 个模块，8 个模块消耗背板总线总的电流（在模块样本手册中，可以查看每个模块所消耗背板总线的电流）不能超过 CPU 和扩展接口模块输出电流。

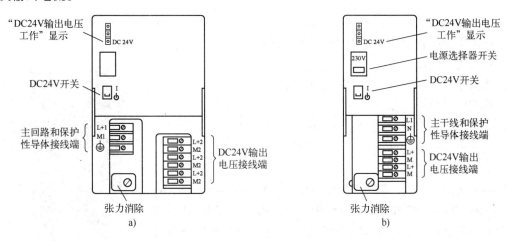

图 4-7   电源模块外形图

a）PS 305（2A）外形图   b）PS 307（2A）外形图

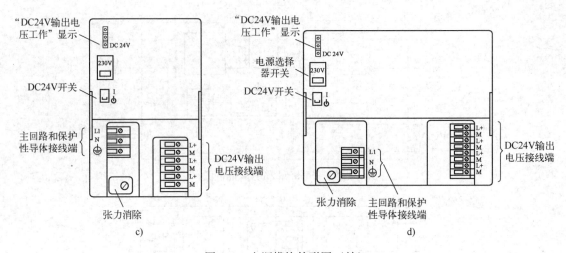

图 4-7　电源模块外形图（续）

c）图 PS 307（5A）外形图　d）图 PS 307（10A）外形图

4.3.2　S7-400 电源模块

S7-400 系列 PLC 的电源模块如图 4-8 所示，用于将 AC 或 DC 网络电压转换为所需的 DC 5 V 和 DC 24 V 工作电压，不给信号模块提供负载电压。输入电流可以选择 AC 120/230 V 或 DC 24 V。工作电压为 DC 5 V 时，输出电流为 4 A、10 A 和 20 A；工作电压为 DC 24 V 时，输出电流为 0.5 A、1 A。电源模块可提供 85~264 V 的网络电压和 19.2~300 V 的 DC 电压。所有模板上消耗的电流总数不能超出电源模块的输出容量。与 S7-300 系列 PLC 的电源模块不同的是，S7-400 系列 PLC 的电源模块必须安装在机架背板上。所以，电源与 CPU 机架不能分离，但 CPU 可以对电源模块的状态进行诊断。S7-400 的电源模块有一个电池舱，可容纳一块或两块备用电池。如果安装了备用电池，即使断电，CPU 中的程序和数据也不会丢失。

S7-400 系列电源模块具有以下特性：

1）插入式连接供电电压，带 AC-DC 编码。

2）具有光电隔离。

3）冲击电流限制符合 NAMUR 的规范。

4）具有短路保护功能。

5）保护等级符合 IEC60536。

6）备用电池作为选件。

7）带有操作员控件和指示灯。

S7-400 系列的电源模块具有 8 种型号：PS 405 4A、PS 405 10A、PS 405 10AR、PS 405 20A、PS 407 4A、PS 407 10A、PS 407 10AR 和 PS 407 20A，其中 R 表示冗余型。按输入电压可以分为直流输入型和交流输入型，主要技术参数见表 4-3 和表 4-4，技术规范见光盘附录部分"选型资料 18-电源模块"。

图 4-8　S7-400 电源模块

表 4-3　直流输入型电源模块主要技术参数

型　号	PS405（4A）	PS405（10A）	PS405（10AR）	PS 405 20A
额定输入电压/V	DC 24	DC 24/48/60	DC 24/48/60	DC 24/48/60
额定输入电流/A	2	4.5/2.1/1.7	4.5/2.1/1.7	7.3/3.45/2.75
DC 5 V 额定输出电流/A	4	10	10	20
DC 24 V 额定输出电流/A	0.5	1	1	1
占用槽位	1	2	2	3

表 4-4　交流输入型电源模块主要技术参数

型　号	PS 407（4A）	PS407（10A）	PS 407（10AR）	PS 407 20 A
额定输入电压/V	AC 120/230	AC 120/230	AC 120/230	AC 120/230
额定输入电流/A	0.55/0.31	1.2/0.6	1.2/0.6	1.5/0.8
DC 5 V 额定输出电流/A	4	10	10	20
DC 24 V 额定输出电流/A	0.5	1	1	1
占用槽位	1	2	2	3

　　PS 407 电源模块为大范围电源，通过 AC 电源插座可连接 AC 85～264 V 的线路电压或 DC 88～300 V 的线路电压。PS 405 电源模块为 DC 电源，可连接 DC 19.2～72 V 的线路电压。

　　S7-400 系列的电源模块分为标准型和冗余型两种。一个机架上可以安装一个标准类型电源或两个冗余型电源。选用冗余型电源时，每个电源模块在另一个电源模块失效时能够向整个机架供电，两者互为备份，系统运行不受影响。

4.4　CPU 模块

4.4.1　S7-300 CPU 模块

　　S7-300 系列 PLC 有许多种不同型号的 CPU。不同类型的 CPU 具有不同的技术规范和性能参数。每种 CPU 都对应一个型号，型号的含义如图 4-9 所示。

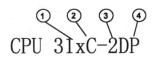

图 4-9　CPU 型号示意图

　　① 31x：表示 CPU 序号，由低到高功能逐渐增强。

　　② 该位表示 CPU 类型，C 表示紧凑型，T 表示技术功能型，F 表示故障安全型。

　　③ 该位表示 CPU 所具有的通信接口个数。

　　④ 该位表示通信接口类型，DP 表示 PROFIBUS DP 接口，PN 表示 PROFINET 接口，PtP 表示点对点接口。

　　CPU 指标技术主要包括 CPU 的内存空间、计算速度、通信资源和编程资源（如计数器、定时器的个数）等。CPU 模块一般包括：后备电池、DC 24 V 连接器、模式选择开关、状态及故障指示器、RS-485 编程接口、MPI。CPU 313 以上产品还配有为存储卡（MMC）。部分 CPU 还配置有 PROFIBUS DP（现场总线接口）或 PtP（点对点）串行通信接口。有的

CPU 还集成有数字量和模拟量 I/O 通道。CPU 结构外形如图 4-10 所示。状态与故障指示灯如图 4-11 所示。

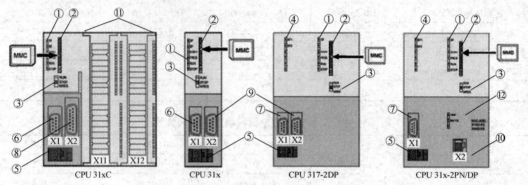

图 4-10　S7-300 系列 CPU 结构示意图

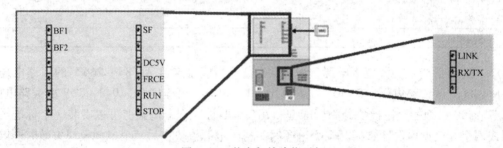

图 4-11　状态与故障指示灯

CPU 结构：

① 状态和错误标志器。

② 带弹出器的微型存储卡（MMC）的插槽。

③ 工作模式开关：RUN（运行）、STOP（停止）、MRES（复位）。

④ 总线出错标志器。

⑤ 电源接口：端子 M 和端子 L +。

⑥ 第一接口：X1（MPI）。

⑦ 第一接口：X1（MPI/DP）插槽。

⑧ 第二接口：X2（PtP 或 DP）。

⑨ 第二接口：X2（DP），仅用于使用 315 - 2DP 的 31x 系列 CPU。

⑩ 第二接口：X2（PN）。

⑪ 集成输入输出接口。

⑫ 第二接口状态标志器（X2）。

S7 - 300 系列 CPU 按照功能主要分为 4 种类型：标准型、紧凑型、技术功能型和故障安全型。

（1）标准型 CPU

标准型 CPU 为 CPU 31x 系列，有 7 种型号，包括 CPU 312、CPU 314、CPU 315 - 2DP、CPU 315 - 2PN/DP、CPU 317 - 2DP、CPU 317 - 2 PN/DP 和 CPU319 - 3 PN/DP。标准型 CPU 外形如图 4-12 所示。

CPU 312：适用于中等处理速度要求的小规模设备。

CPU 314：适用于对程序量和指令处理速度有较高要求的设备。

图 4-12　标准型 CPU 外形图

CPU 315 - 2 DP：适用于有中、高的程序量、联网和 PROFIBUS DP 分布式结构要求的设备。

CPU 315 - 2 PN/DP：适用于有中、高的程序量、PROFIBUS DP 和 PROFINET I/O 分布式结构要求的设备，可以在 PROFINET 上作为分布式的智能设备（CBA 组件）。

CPU 317 - 2 DP：适用于对程序量和 PROFIBUS DP 分布式结构有高要求的设备。

CPU 317 - 2 PN/DP 适用于有高的程序量、PROFIBUS DP 和 PROFINET I/O 分布式结构要求的设备，可以在 PROFINET 上作 CBA 组件。

CPU319 - 3 PN/DP：具有智能技术、运动控制、接口的时钟同步等新功能，集成了 3 个通信接口，是 S7 - 300 系列性能最高的 CPU。

标准型 CPU 技术参数见表 4-5，技术规范见光盘附录部分"选型资料 3 - 标准型 CPU"。

表 4-5　标准型 CPU 技术参数

CPU	CPU 312	CPU 314	CPU 315 - 2DP CPU 315 - 2PN/DP	CPU 317 - 2DP CPU 317 - 2PN/DP	CPU 319 - 3PN/DP
工作存储器/B	32 k	128 k	256 k	512 k/1 M	2 M
指令	5 k	16 k	42 k	170 k	
装载存储器/MB	MMC 最大 4	MMC 最大 8	MMC 最大 8	MMC 最大 8	MMC 最大 8
CPU 处理 时间/μs	最小 0.2	最小 0.1	最小 0.1	最小 0.05	最小 0.004
FB/FC	512	512	2048	2048	4096
数据块	511	511	1023	2047	4095
位存储器/B	128	256	2048	4096	8192
定时器/计数器	128/128	256/256	256/256	512/512	2048/2048
输入输出地址空间/B	1 K/1 K	1 K/1 K	2 K/2 K	8 K/8 K	8 K/8 K
中央数字量通道 I/O	256/256	1024/1024	16384/16384	65536/65536	65536/65536
中央模拟量通道 I/O	64/64	256/256	1024/1024	4096/4096	4096/4096
支持功能模板	8	8	8	8	8
支持通信处理器（点对点）	8	8	8	8	8
支持通信处理器（LAN）	4	10	10	10	10
通信接口	X1：MPI	X1：MPI	X1：MPI X2：DP X2：PN （315 - 2PN/DP）	X1：MPI/DP X2：DP （317 - 2DP） X2：PN （317 - 2PN/DP）	X1：MPI/DP X2：DP X2：PN

（2）紧凑型 CPU

紧凑型 CPU 为 CPU 31xC 系列，有 6 种型号，包括 CPU 312C、CPU 313C、CPU 313C - 2 PtP、CPU 313C - 2 DP、CPU 314 - 2 PtP 和 CPU 314C - 2 DP。紧凑型 CPU 外形如图 4-13 所示。紧凑型 CPU 有集成的通用输入输出通道每个数字量输入都可以作为报警输入。模拟量输入也可以用做数字量输入。此外，紧凑型 CPU 还集成了计数、频率测量和脉冲输出等技术功能。

a)　　　　　　　b)　　　　　　　c)　　　　　　　d)

图 4-13　紧凑型 CPU 外形图

a）CPU 312C　b）CPU 313C　c）CPU 313C - 2DP/CPU 313C - 2PtP
d）CPU 314C - 2DP/CPU 314 - 2 PtP

紧凑型 CPU 技术参数见表 4-6，集成的输入输出特性见表 4-7，技术规范见光盘附录部分 "选型资料 4 - 紧凑型 CPU"。

表 4-6　紧凑型 CPU 技术参数

CPU	CPU 312C	CPU 313C CPU 313C - 2PtP CPU 313C - 2DP	CPU 314C - 2PtP CPU 314C - 2DP
工作内存（集成式 RAM）	16 kB	32 kB	48 kB
指令	5 k	10 k	16 k
装载存储器 MMC 卡/MB	最大 4	最大 8	最大 8
CPU 处理时间/μs	最小 0.2	最小 0.1	最小 0.1
FB/FC	512	512	512
数据块	511	511	511
位存储器/B	128	256	256
定时器/计数器	128/128	256/256	256/256
全部 I/O 地址区/B	1024/1024	1024/1024	
中央数字量通道 I/O	256/256	992/992	992/992
中央模拟量通道 I/O	64/32	248/124	248/124
支持功能模板	8	8	8
支持通信处理器数（点对点）	8	8	8
支持通信处理器数（LAN）	4	6	10
前连接器	1 x 40 Pol	1 x 40 Pol 2 x 40 Pol（313C）	2 x 40 Pol
通信接口	X1:MPI	X1:MPI X2:PtP（313 - 2PtP） X2:DP（313 - 2DP）	X1:MPI X2:PtP（314 - 2PtP） X2:DP（314 - 2DP）

CPU	CPU 312C	CPU 313C CPU 313C – 2PtP CPU 313C – 2DP	CPU 314C – 2PtP CPU 314C – 2DP
可连接的编码器	增量式译码器， 产生定向信号的脉冲发生器	增量式译码器， 产生定向信号的脉冲发生器	增量式译码器， 产生定向信号的脉冲发生器
计数器数量	2	3	4
计数频率限制/kHz	10	30	60
频率测量	能	能	能
脉冲输出数量	2	3	4
脉冲调制频率限制/kHz	2.5	2.5	2.5
定位控制	—	—	1 axis
PID 控制	—	能	能

表 4–7　紧凑型 CPU 集成的输入输出特性

	DI	DO	AI	AO
CPU312C	10	6	—	—
CPU 313C	24	16	4 + 1	2
CPU 313C – 2PtP CPU 313C – 2DP	16	16	—	—
CPU 314C – 2PtP CPU 314C – 2DP	24	16	4 + 1	2
额定电压/V	DC 24	DC 24	—	—
允许范围/V	DC 20.4 ~ 28.8	DC 20.4 ~ 28.8	—	—
电流范围/A	—	0.5	—	—
分组	16	8	—	—
最大频率/Hz	—	100	—	—
电压测量范围/V	—	—	±10; 0..10	±10; 0..10
电流测量范围/mA	—	—	±20 0/4..20	±20; 0/4..20
分辨率	—	—	11 Bit + sign	11 Bit + sign
滤波（50/60 Hz）	—	—	可逆的	—
输入延时/ms	0.1/0.5/3/15	—	5	—
输出延时/ms	—	2	—	1.2
与底版总线的电气隔离	是	是	是	是

　　CPU 312C 带集成的数字量输入（DI）和输出（DO），带集成的计数和频率测量功能，适用于有较高要求的小型系统。CPU 312C 集成 DI/DO 的引出线（X1）如图 4–14 所示。CPU 312C 集成 DI/DO 接线图如图 4–15 所示。

　　CPU 313C 带集成的数字量和模拟量的输入和输出，带集成的计数、频率测量和 PID 控制功能，适用于有较高要求的系统。CPU 313C 集成数字与模拟 I/O 的引出线（XI）如图 4-16 所示。CPU 313C 集成数字与模拟 I/O 接线图如图 4-17 所示，CPU 313C 集成 DI/DO 的引出线（X2）如图 4-18 所示。CPU 313C 集成 DI/DO 接线图如图 4-19 所示。

标准	输入中断	计数	X1	
			1	
DI	X	C0(A)	2	DI+0.0
DI	X	C0(B)	3	DI+0.1
DI	X	C0(N)	4	DI+0.2
DI	X	Z1(A)	5	DI+0.3
DI	X	Z1(B)	6	DI+0.4
DI	X	Z1(N)	7	DI+0.5
DI	X	Sync0	8	DI+0.6
DI	X	Sync1	9	DI+0.7
DI	X		10	DI+1.0
DI	X		11	DI+1.1
			12	2M
			13	1L+
DO		V0	14	DO+0.0
DO		V1	15	DO+0.1
DO			16	DO+0.2
DO			17	DO+0.3
DO			18	DO+0.4
DO			19	DO+0.5
			20	1M

图 4-14　CPU 312C 集成 DI/DO 的引出线（X1）

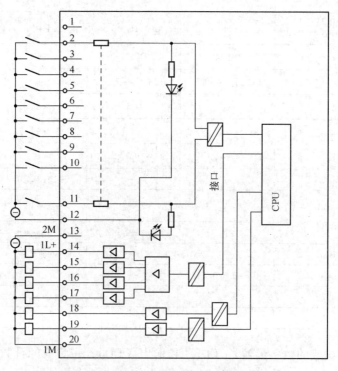

图 4-15　CPU 312C 集成 DI/DO 接线图

62

标准	定位				标准DI	输入中断
		1) 1		21		
AI(Ch0)	V	2		DI+2.0 22	X	X
	I	3	PEW x+0	DI+2.1 23	X	X
	C	4		DI+2.2 24	X	X
AI(Ch1)	V	5		DI+2.3 25	X	X
	I	6	PEW x+2	DI+2.4 26	X	X
	C	7		DI+2.5 27	X	X
AI(Ch2)	V	8		DI+2.6 28	X	X
	I	9	PEW x+4	DI+2.7 29	X	X
	C	10		4M 30		
AI(Ch3)	V	11		31		
	I	12	PEW x+6	32		
	C	13		33		
PT100(Ch4)		14	PEW x+8	34		
		15		35		
AO(Ch0)	V	16	PAW x+0	36		
	A	17	受控数值0	37		
AO(Ch1)	V	18	PAW x+2	38		
	A	19		39		
		20	M$_{AMA}$	40		

图 4-16　CPU 313C 集成数字与模拟 I/O 的引出线（X1）

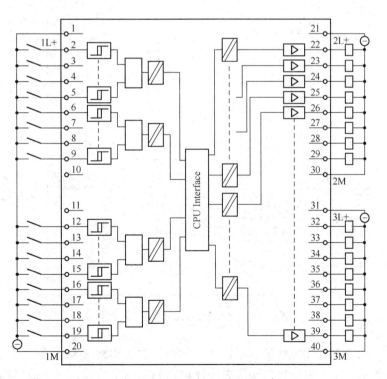

图 4-17　CPU 313C 集成数字与模拟 I/O 接线图

标准DI	输入中断	计数	定位1)	1	1L+	2L+	21	数字	定位1)	模拟	计数	标准DO
										X2		
X	X	C0(A)	A0	2	DI+0.0	DO+0.0	22				V0	X
X	X	C0(B)	B0	3	DI+0.1	DO+0.1	23				V1	X
X	X	C0(N)	N0	4	DI+0.2	DO+0.2	24				V2	X
X	X	C1(A)	Touch0	5	DI+0.3	DO+0.3	25				V3 1)	X
X	X	C1(B)	Bero0	6	DI+0.4	DO+0.4	26					X
X	X	C1(N)		7	DI+0.5	DO+0.5	27					X
X	X	C2(A)		8	DI+0.6	DO+0.6	28			使能		X
X	X	C2(B)		9	DI+0.7	DO+0.7	29					X
				10		2M	30					
				11		3L+	31					
X	X	C2(N)		12	DI+1.0	DO+1.0	32	R+				X
X	X	C3(A)		13	DI+1.1	DO+1.1	33	R-				X
X	X	C3(B)	>1)	14	DI+1.2	DO+1.2	34	快速				X
X	X	C3(N)		15	DI+1.3	DO+1.3	35	爬行				X
X	X	Sync0		16	DI+1.4	DO+1.4	36					X
X	X	Sync1		17	DI+1.5	DO+1.5	37					X
X	X	Sync2		18	DI+1.6	DO+1.6	38					X
X	X	Sync3 1)		19	DI+1.7	DO+1.7	39					X
				20	1M	3M	40					

图 4-18　CPU 313C 集成 DI/DO 的引出线（X2）

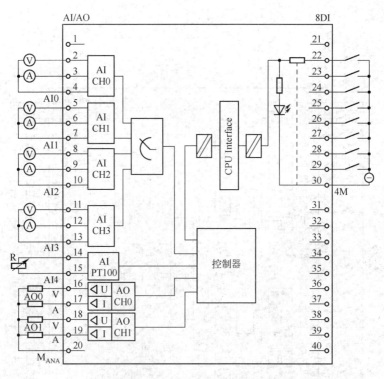

图 4-19　CPU 313C 集成 DI/DO 接线图

CPU 313C - 2 PtP 带集成的数字量输入和输出，其引出线（X2）如图 4-20 所示，接线图如图 4-21 所示。第二串行接口和集成的计数和频率测量功能，两个接口均有点对点通信功能，适用于处理量大、响应时间长的场合。

CPU 313C - 2 DP 和 CPU 314C - 2 DP 带集成的数字量输入和输出、PROFIBUS DP 接口和集成的计数、频率测量和 PID 控制功能，适用于有较高要求的系统。CPU 313C - 2DP 集成 DI/DO 引出线（X2）与接线图分别如图 4-22 和图 4-23 所示。CPU 314C-2DP 集成数字与模拟 I/O 的引出线（X1）与接线图分别如图 4-24 和图 4-25 所示。CPU 314C-2DP 集成 DI/DO 引出线（X2）与接线图分别如图 4-26 和图 4-27 所示。

标准DI	输入中断	计数	定位[1]			X2			数字 定位[1]	模拟	计数	标准DO
				1	1L+	2L+	21					
X	X	C0(A)	A0	2	DI+0.0	DO+0.0	22				V0	X
X	X	C0(B)	B0	3	DI+0.1	DO+0.1	23				V1	X
X	X	C0(N)	N0	4	DI+0.2	DO+0.2	24				V2	X
X	X	C1(A)	Touch0	5	DI+0.3	DO+0.3	25				V3 [1]	X
X	X	C1(B)	Bero0	6	DI+0.4	DO+0.4	26					X
X	X	C1(N)		7	DI+0.5	DO+0.5	27					X
X	X	C2(A)		8	DI+0.6	DO+0.6	28		使能			X
X	X	C2(B)		9	DI+0.7	DO+0.7	29					X
				10		2M	30					
				11		3L+	31					
X	X	C2(N)		12	DI+1.0	DO+1.0	32		R+			X
X	X	C3(A)		13	DI+1.1	DO+1.1	33		R-			X
X	X	C3(B)	⟩[1]	14	DI+1.2	DO+1.2	34		快速			X
X	X	C3(N)		15	DI+1.3	DO+1.3	35		爬行			X
X	X	Sync0		16	DI+1.4	DO+1.4	36					X
X	X	Sync1		17	DI+1.5	DO+1.5	37					X
X	X	Sync2		18	DI+1.6	DO+1.6	38					X
X	X	Sync3	[1]	19	DI+1.7	DO+1.7	39					X
				20	1M	3M	40					

图 4-20　CPU 313C-2 PtP 集成 DI/DO 引出线（X2）

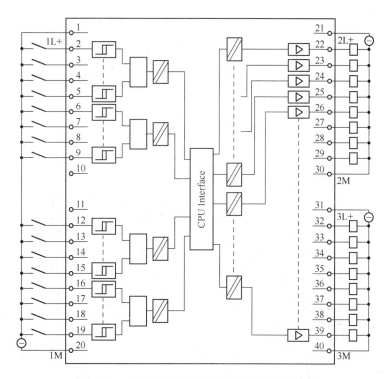

图 4-21　CPU 313C-2 PtP 集成 DI/DO 接线图

标准DI	输入中断	计数	定位1)	| 1	1L+	2L+	21 |	数字	定位1)	模拟	计数	标准DO
				1	1L+	2L+	21					
X	X	C0(A)	A0	2	DI+0.0	DO+0.0	22				V0	X
X	X	C0(B)	B0	3	DI+0.1	DO+0.1	23				V1	X
X	X	C0(N)	N0	4	DI+0.2	DO+0.2	24				V2	X
X	X	C1(A)	Touch0	5	DI+0.3	DO+0.3	25				V3 1)	X
X	X	C1(B)	Bero0	6	DI+0.4	DO+0.4	26					X
X	X	C1(N)		7	DI+0.5	DO+0.5	27					X
X	X	C2(A)		8	DI+0.6	DO+0.6	28			使能		X
X	X	C2(B)		9	DI+0.7	DO+0.7	29					X
				10		2M	30					
				11		3L+	31					
X	X	C2(N)		12	DI+1.0	DO+1.0	32			R+		X
X	X	C3(A)		13	DI+1.1	DO+1.1	33			R−		X
X	X	C3(B)	}1)	14	DI+1.2	DO+1.2	34			快速		X
X	X	C3(N)		15	DI+1.3	DO+1.3	35			爬行		X
X	X	Sync0		16	DI+1.4	DO+1.4	36					X
X	X	Sync1		17	DI+1.5	DO+1.5	37					X
X	X	Sync2		18	DI+1.6	DO+1.6	38					X
X	X	Sync3 1)		19	DI+1.7	DO+1.7	39					X
				20	1M	3M	40					

图 4-22　CPU 313C‑2 DP 集成 DI/DO 引出线 （X2）

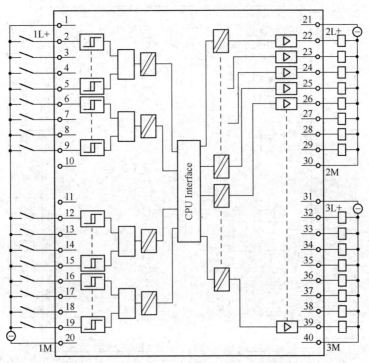

图 4-23　CPU 313C‑2 DP 集成 DI/DO 接线图

标准	定位		X1					标准DI	输入中断
			1			21			
AI(Ch0)	V		2		DI+2.0	22		X	X
	I	PEW x+0	3		DI+2.1	23		X	X
	C		4		DI+2.2	24		X	X
AI(Ch1)	V		5		DI+2.3	25		X	X
	I	PEW x+2	6		DI+2.4	26		X	X
	C		7		DI+2.5	27		X	X
AI(Ch2)	V		8		DI+2.6	28		X	X
	I	PEW x+4	9		DI+2.7	29		X	X
	C		10		4M	30			
AI(Ch3)	V		11			31			
	I	PEW x+6	12			32			
	C		13			33			
PT100(Ch4)		PEW x+8	14			34			
			15			35			
AO(Ch0)	V	受控数值0	16	PAW x+0		36			
	A		17			37			
AO(Ch1)	V		18	PAW x+2		38			
	A		19			39			
			20	M_{ANA}		40			

图 4-24　CPU 314C－2 DP 集成数字与模拟 I/O 的引出线（X1）

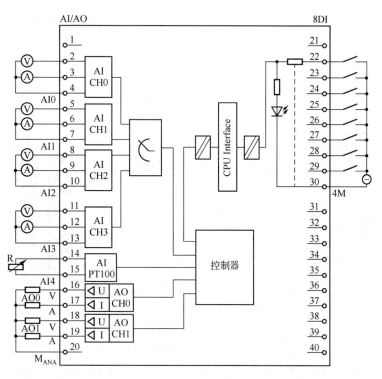

图 4-25　CPU 314C－2 DP 集成数字与模拟 I/O 接线图

标准DI	输入中断	计数	定位[1]	X2				数字	定位[1]	模拟	计数	标准DO
				1	1L+	2L+	21					
X	X	C0(A)	A0	2	DI+0.0	DO+0.0	22				V0	X
X	X	C0(B)	B0	3	DI+0.1	DO+0.1	23				V1	X
X	X	C0(N)	N0	4	DI+0.2	DO+0.2	24				V2	X
X	X	C1(A)	Touch0	5	DI+0.3	DO+0.3	25				V3 1)	X
X	X	C1(B)	Bero0	6	DI+0.4	DO+0.4	26					X
X	X	C1(N)		7	DI+0.5	DO+0.5	27					X
X	X	C2(A)		8	DI+0.6	DO+0.6	28			使能		X
X	X	C2(B)		9	DI+0.7	DO+0.7	29					X
				10		2M	30					
				11		3L+	31					
X	X	C2(N)		12	DI+1.0	DO+1.0	32	R+				X
X	X	C3(A)		13	DI+1.1	DO+1.1	33	R-				X
X	X	C3(B)	>1)	14	DI+1.2	DO+1.2	34	快速				X
X	X	C3(N)		15	DI+1.3	DO+1.3	35	爬行				X
X	X	Sync0		16	DI+1.4	DO+1.4	36					X
X	X	Sync1		17	DI+1.5	DO+1.5	37					X
X	X	Sync2		18	DI+1.6	DO+1.6	38					X
X	X	Sync3 1)		19	DI+1.7	DO+1.7	39					X
				20	1M	3M	40					

图 4-26　CPU 314C-2 DP 集成 DI/DO 引出线（X2）

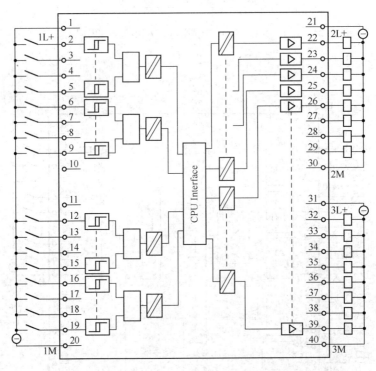

图 4-27　CPU 314C-2 DP 集成 DI/DO 接线图

　　CPU 314C-2 PtP 带集成的数字量和模拟量的输入和输出，第二串行接口和集成的计数、频率测量和 PID 控制功能。CPU 314C-2 PtP 集成数字与模拟 I/O 的引出线（X1）与接线图分别如图 4-28 和图 4-29 所示。CPU 314C-2 PtP 集成 DI/DO 的引出线（X2）与接线图分别如图 4-30 和图 4-31 所示。

标准	定位	1)					标准DI	输入中断
		1				21		
AI(Ch0)	V	2			DI+2.0	22	X	X
	I	3	PEW x+0		DI+2.1	23	X	X
	C	4			DI+2.2	24	X	X
AI(Ch1)	V	5			DI+2.3	25	X	X
	I	6	PEW x+2		DI+2.4	26	X	X
	C	7			DI+2.5	27	X	X
AI(Ch2)	V	8			DI+2.6	28	X	X
	I	9	PEW x+4		DI+2.7	29	X	X
	C	10			4M	30		
AI(Ch3)	V	11				31		
	I	12	PEW x+6			32		
	C	13				33		
PT100(Ch4)		14				34		
		15	PEW x+8			35		
AO(Ch0)	V	16		受控数值0		36		
	A	17	PAW x+0			37		
AO(Ch1)	V	18				38		
	A	19	PAW x+2			39		
		20	M_{AMA}			40		

图 4-28　CPU 314C-2 PtP 集成数字与模拟 I/O 的引出线（X1）

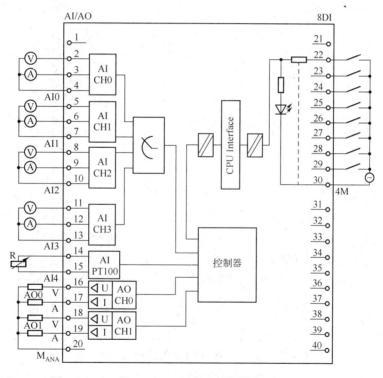

图 4-29　CPU 314C-2 PtP 集成数字与模拟 I/O 接线图

（3）技术功能型 CPU

技术功能型 CPU 即 S7-300T-CPU 运动控制器，如图 4-32 所示，有 2 种，包括 CPU 315T-2 DP 和 CPU 317T-2 DP。技术规范见光盘附录部分"选型资料 5-技术功能型 CPU"。它集成有运动控制功能，完美结合 S7-300 PLC、西门子专业运动控制器 SIMOTION 和驱动系统，大大降低了用户成本。

标准DI	输入中断	计数	定位[1)	X2				数字 定位[1) 模拟	计数	标准DO
				1	1L+	2L+	21			
X	X	C0(A)	A0	2	DI+0.0	DO+0.0	22		V0	X
X	X	C0(B)	B0	3	DI+0.1	DO+0.1	23		V1	X
X	X	C0(N)	N0	4	DI+0.2	DO+0.2	24		V2	X
X	X	C1(A)	Touch0	5	DI+0.3	DO+0.3	25		V3 1)	X
X	X	C1(B)	Bero0	6	DI+0.4	DO+0.4	26			X
X	X	C1(N)		7	DI+0.5	DO+0.5	27			X
X	X	C2(A)		8	DI+0.6	DO+0.6	28	使能		X
X	X	C2(B)		9	DI+0.7	DO+0.7	29			X
				10		2M	30			
				11		3L+	31			
X	X	C2(N)		12	DI+1.0	DO+1.0	32	R+		X
X	X	C3(A)		13	DI+1.1	DO+1.1	33	R−		X
X	X	C3(B)	>1)	14	DI+1.2	DO+1.2	34	快速		X
X	X	C3(N)		15	DI+1.3	DO+1.3	35	爬行		X
X	X	Sync0		16	DI+1.4	DO+1.4	36			X
X	X	Sync1		17	DI+1.5	DO+1.5	37			X
X	X	Sync2		18	DI+1.6	DO+1.6	38			X
X	X	Sync3 1)		19	DI+1.7	DO+1.7	39			X
				20	1M	3M	40			

图 4-30　CPU 314C -2 PtP 集成 DI/DO 引出线（X2）

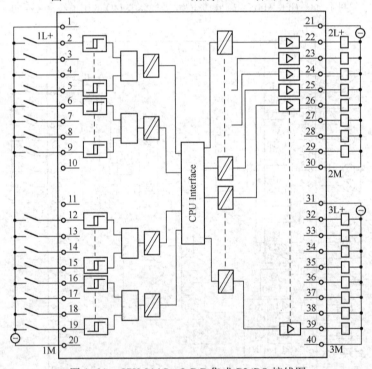

图 4-31　CPU 314C -2 PtP 集成 DI/DO 接线图

　　它集成了 4 个数字量输入口和 8 个数字量输出口和用于驱动元件的等时模式连接的 PROFIBUS DP（DRIVE）接口，用户可以使用这些集成接口处理运动控制工艺。数字量输入/输出点的接线如图 4-33 所示。S7 -300T -CPU 集成了 FM 定位模板，凸轮控制器、高速计数器、PID 控制器等诸多工艺控制功能，是专业用于复杂运动控制工艺要求的 S7 -300 CPU。在实现 S7 -300 CPU 原本的功能的基础上，借助 S7 -300T -CPU，用户就可以通过最简单的编程方法——调用现成

图 4-32　技术功能型
CPU 外形图

的 FB 运动控制指令块，实现复杂运动控制功能。并且，这些标准功能块都直接集成在"S7 - Technology"工艺软件包中。

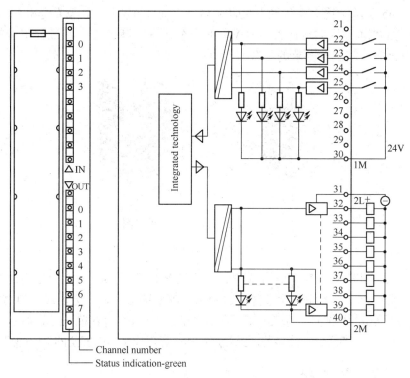

图 4-33　S7 - 300T - CPU 集成 DI/DO 接线图

S7 - 300T - CPU 典型应用于 3 ~ 8 轴，最多 32 轴的精确速度控制、定位控制、多轴之间的位置同步控制等。适用的驱动器包括伺服驱动器（控制同步电动机）、变频驱动器（控制异步电动机）、步进驱动器（控制步进电动机）、液压伺服比例阀（液压伺服执行器）。与常规的 S7 PLC 通过 DP 总线控制驱动器相比，不需要借助 DP 通信报文，就可实现对驱动器的控制。S7 - 300T - CPU 典型自动化控制系统配置如图 4-34 所示。

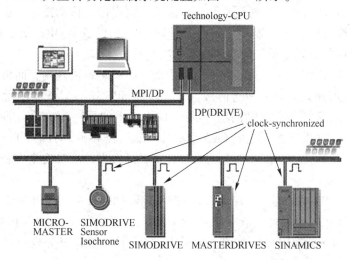

图 4-34　S7 - 300T - CPU 典型自动化控制系统配置

（4）故障安全型 CPU

故障安全型 CPU 即 S7-300F 系列 CPU，包括 CPU 317F-2DP 和 CPU 315F-2DP 两种型号，如图 4-35 所示。技术规范见光盘附录部分"选型资料 6-故障安全型 CPU"。故障安全型 CPU 通过了德国技术监督协会（TUV）的安全认证，满足生产和过程工业的高安全要求，适用于有极高的安全性要求的场合。

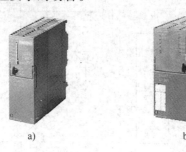

图 4-35 故障安全型 CPU 外形图

a）CPU 315F-2DP b）CPU 317F-2DP

系统运行时，CPU 通过定期的自检测、命令检测和逻辑和时间上的程序运行控制来检查控制器的正常运行。在系统发生故障时，确保控制系统切换到安全模式（典型为停止）。

S7-300F 最突出的性能是将标准的工厂自动化和安全工程组合在单一的系统内，这种标准自动化和故障安全自动化的融合，能显著地降低配置和设计现代化面向安全的工厂的费用。

4.4.2 S7-400 CPU 模块

S7-400 系列 CPU 不仅在内存空间、运算速度、中断功能、内部编程资源和通信资源等方面优于 S7-300 系列 CPU，而且还具有冗余结构以适用于对于容错和可靠性要求较高的场合，如 S7-400H。与 S7-300 系列的 CPU 相比，S7-400 系列 CPU 具有更大的存储器和更多的 I/Q/M/T/C；可选择的输入/输出模块地址；可以与 S5 的 EU 连接而且可以使用 S5 CP/IP 模块；更多的系统功能，例如可编程的块通信；块的长度可达 64KB 且 DB 增加一倍；全启动和再启动；启动时比较参考配置和实际配置；可以带电移动模块；过程映像区有多个部分；OB 的优先级可以设定；循环、硬件和日时钟中断有多个 OB；块的嵌套可达 16 层；每个执行层的 L Stack 可以选择；具有 4 个累加器；可以多 CPU 运行。

S7-400 系列 CPU 内的元件封装在一个牢固而紧凑的塑料机壳内，面板上有状态和故障指示灯 LED、方式选择钥匙开关和通信接口。大多数 CPU 还有后备电池盒，存储器插槽可插入多达数兆字节的存储器卡。不同型号的 CPU 面板上的元件不完全相同，如图 4-36 所示。S7-400 系列 CPU 模块面板上的 LED 指示灯功能见表 4-8，有的 CPU 只有部分指示灯。

S7-400 系列 CPU 按照功能主要分为 3 种类型：标准型、故障安全型和冗余型。

（1）标准型 CPU

标准型 CPU 为 CPU 41x 系列，有 10 种型号，包括 CPU 412-1、CPU 412-2、CPU 412-2 PN、CPU 414-2、CPU 414-3、CPU 414-3 PN/DP、CPU 416-2、CPU 416-3、CPU 416-3 PN/DP、CPU 417-4。标准型 CPU 技术参数见表 4-9，技术规范见光盘附录部分"选型资料 19-CPU 模块"。

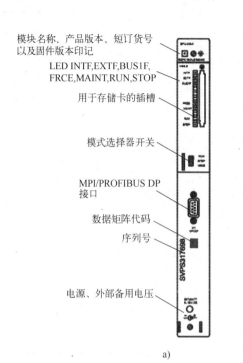

模块名称、产品版本、短订货号
以及固件版本印记

LED INTF,EXTF,BUS1F,
FRCE,MAINT,RUN,STOP

用于存储卡的插槽

模式选择器开关

MPI/PROFIBUS DP
接口

数据矩阵代码

序列号

电源、外部备用电压

a)

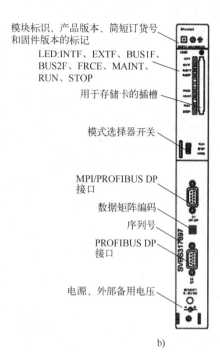

模块标识、产品版本、简短订货号
和固件版本的标记

LED:INTF、EXTF、BUS1F、
BUS2F、FRCE、MAINT、
RUN、STOP

用于存储卡的插槽

模式选择器开关

MPI/PROFIBUS DP
接口

数据矩阵编码

序列号

PROFIBUS DP
接口

电源、外部备用电压

b)

模块标识、产品版本、简短订货号
和固件版本的标记

LED:INTF、EXTF、BUS1F、
BUS2F、IFM1F、FRCE、
MAINT、RUN、STOP

存储卡插槽

模式选择器开关

用于IF 964 DP接口模块的插槽

MPI/PROFIBUS DP
接口

数据矩阵编码

序列号

PROFIBUS DP接口

电源、外部备用电压

c)

图4-36　S7-400系列CPU模块

a) CPU 41x-1　b) CPU 41x-2　c) CPU 41x-3

表 4-8　LED 指示灯功能

LED 指示灯	颜　色	说　明
INTF	红色	内部故障
EXTF	红色	外部故障
FRCE	黄色	Force 命令已激活
MAINT	黄色	维护请求待处理
RUN	绿色	RUN 模式
STOP	黄色	STOP 模式
BUS1F	红色	MPI/PROFIBUS DP 接口 1 上的总线故障
BUS2F	红色	PROFIBUS DP 接口 2 上的总线故障
MSTR	黄色	CPU 处理 I/O，仅用于 CPU 41x - 4H
REDF	红色	冗余错误，仅用于 CPU 41x - 4H
RACK0	黄色	CPU 在机架 0 中，仅用于 CPU 41x - 4H
RACK1	黄色	CPU 在机架 1 中，仅用于 CPU 41x - 4H
BUS5F	红色	PROFINET 接口处的总线故障
IFM1F	红色	接口模块 1 有故障
IFM2F	红色	接口模块 2 有故障

表 4-9　标准型 CPU 技术参数

CPU	CPU412 - 1 CPU412 - 2 CPU412 - 2 PN	CPU414 - 2 CPU 414 - 3 CPU 414 - 3 PN/DP	CPU416 - 2 CPU 416 - 3 CPU416 - 3PN/DP	CPU417 - 4
输入电流/A	0.6/1.1/1.3	1.1/1.3/1.5	1.1/1.3/1.5	1.8
工作存储器/B	288 K/512 K/1 M	1 M/2.8 M/4 M	2.8 M/5.6 M/8 M	30 M
装载存储器/MB	MMC 最大 64	MMC 最大 64	MMC 最大 64	MMC 最大 64
CPU 处理时间	最小 75 ns	最小 45 ns	最小 30 μs	最小 18 ns
FB/FC	750/1500/1500	3000	5000	8000
数据块	1500/3000/3000	6000	10000	16000
位存储器/KB	4	8	16	16
定时器/计数器	2048	2048	2048	2048
I/O 地址区	4 K/4 K	8 K/8 K	16 K/16 K	16 K/16 K
I/O 过程映像区	4 K/4 K	8 K/8 K	16 K/16 K	16 K/16 K
中央数字量通道 I/O	32768/32768	65536/65536	131072/131072	131072/131072
中央模拟量通道 I/O	2048/2048	4096/4096	8192/8192	8192/8192
支持功能模板	受插槽数和接口数的限制			
CP（点对点）	CP 440：受插槽数限制； CP 441：受插槽数和接口数的限制			
CP（PROFIBUS 和 Ethernet）	14	14	14	14

（2）故障安全型 CPU

故障安全型 CPU 包括 CPU 414F – 3 PN/DP、CPU 416F – 2、CPU 416F – 3 PN/DP，用于建立故障安全自动化系统，以满足生产和过程工业的高安全要求。CPU 模块安装 F 运行许可证后，即可运行面向故障安全的 F 用户程序，构成 S7 –400F 故障安全型 PLC 系统。故障安全型 CPU 主要技术参数与标准型 CPU 基本一致。

CPU 414F – 3 PN/DP 是一款可满足中等性能范围中有较高要求的 CPU，可以满足对程序容量和处理速度有较高要求的应用。故障安全型自动化系统设计，可提高工厂的安全需求。

CPU 416F – 2 和 CPU 416F – 3 PN/DP 是 SIMATIC S7 – 400 系列中的高性能 CPU，可为具有较高安全要求的工厂构建一个故障安全自动化系统。

（3）冗余型 CPU

冗余型 CPU 包括 CPU 412 – 3H、CPU 414 – 4H、CPU 417 – 4H，用于 S7 –400H 容错式自动控制系统和 S7 –400F/FH 安全型自动控制系统。冗余型 CPU 支持冗余功能，主 CPU 故障后自动切换到备份 CPU 上继续运行。每个 CPU 模块均带有 2 个插槽，在安装同步模块后，即可构成 S7 –400H 冗余型 PLC 系统。冗余型 CPU 主要技术参数与标准型 CPU 基本一致。

4.5 信号模块

信号模块（Signal Model，SM）用于信号的输入和输出，如图 4–37 所示。使不同的过程信号电压或电流与 PLC 内部的信号电平匹配。对于有些没有集成 I/O 点或需要扩展 I/O 的 CPU（如 CPU31x 和 S7 –400 系列 CPU），则必须用到信号模块进行 I/O 扩展。由于 S7 –400 系列 PLC 与 S7 –300 系列 PLC 的信号模块功能相似，本书以 S7 –300 信号模块为例介绍其特性和应用。

a) b)

图 4–37　信号模块

a）S7 –300 信号模块　b）S7 –400 信号模块

按照信号的特性分类，信号模块可分为数字量模块和模拟量模块，主要有数字量输入模块（DI）、数字量输出模块（DO）、数字量输入/输出模块（DI/DO）、模拟量输入模块

（AI）、模拟量输出模块（AO）和模拟量输入/输出模块（AI/AO）。

数字量信号模块包括：SM321 数字量输入模块、SM322 数字量输出模块和 SM 323/SM 327 数字量输入/输出模块。模拟量信号模块包括：SM331 模拟量输入模块、SM332 模拟量输出模块和 SM 333/SM 337 模拟量输入/输出模块。

此外，信号模块还包括一些具有特殊功能或用途的模块，如 Ex 数字量模拟量输入/输出模块、F 数字量模拟量输入/输出模块、仿真器模块占位模块和位置解码器模块。

S7 - 300 信号模块安装在 DIN 标准导轨上，通过背板总线连接器与相邻模块连接。过程信号连接到模块的前连接器的端子上。通过面板上的绿色 LED，指示输入/输出的信号状态。模块的默认地址由模块的位置决定，也可通过 STEP 7 的硬件组态指定模块地址。当在 ET200M 中与总线模块一起使用时，可以热插拔。

每种信号模块根据输入/输出点的数量、输入/输出信号类型又分为几种不同的型号。在模块选型时，根据被控对象下面几个方面的参数选择所需的信号模块。

1）信号类型：输入信号和输出信号，数字量和模拟量，直流、交流和脉冲。

2）信号接口模式：数字量输入/输出有继电器、晶闸管、晶体管 3 种形式；输入信号类型：电压、电流、热电阻和热电偶；输出信号类型：电压、电流和脉冲 PWM；输出信号的负载动作频率和带载能力要求。

3）模拟量的转换：分辨率、转换速度、转换精度。

4）隔离：输入/输出信号是否需要隔离。

4.5.1 数字量输入模块

SM 321 数字输入模块用来实现 PLC 与数字量过程信号的连接，把从过程发送来的外部数字信号电平转换成 PLC 内部信号电平，用于连接工业现场的标准开关和两线接近开关（BERO）。SM 321 数字输入模块技术参数见表 4-10 ~ 表 4-12，技术规范见光盘附录部分"选型资料 7 - 数字量输入模块"。

表 4-10　SM 321 数字输入模块技术参数（1）

型号	DI 64 × DC24V Sinking/Sourcing（ -1BP00 - ）	DI 32 × DC24V（ -1BL00 - ）	DI 32 × AC120V（ -1EL00 - ）	DI 16 × DC24V（ -1BH02 - ）
输入点数	64DI；按每组 16 个隔离	32DI；按每组 16 个隔离	32DI；按每组 8 个隔离	16DI；按每组 16 个隔离
额定输入电压/V	DC 24	DC 24	AC 120	DC 24
背板总线电流/mA	100	15	16	10
适用于	—	二线、三线和四线制接近开关（BERO）		
支持等时同步模式	不支持	不支持	不支持	不支持
可编程诊断	不支持	不支持	不支持	不支持
诊断中断	不支持	不支持	不支持	不支持
边沿触发硬件中断	不支持	不支持	不支持	不支持
可调整输入延时	不支持	不支持	不支持	不支持
特性	—	—	—	—

表 4-11　SM 321 数字输入模块技术参数（2）

型　号	DI 16 × DC24V High Speed（-1BH10-）	DI 16 × DC24V 带有过程和诊断中断（-7BH01-）	DI 16 × DC24V Sourcing（-1BH50-）	DI 16 × UC24/48V（-1CH00-）
输入点数	16DI；按每组 16 个隔离	16DI；按每组 16 个隔离	16DI；按每组 16 个隔离	16DI；按每组 1 个隔离
额定输入电压	DC 24	DC 24	DC 24	DC 24 ~48，AC 24 ~48
背板总线电流/mA	110	130	10	100
适用于	开关；二线、三线和四线制接近开关（BERO）			
支持等时同步模式	支持	支持	不支持	不支持
可编程诊断	不支持	支持	不支持	不支持
诊断中断	不支持	支持	不支持	不支持
边沿触发硬件中断	不支持	支持	不支持	不支持
可调整输入延时	不支持	支持	不支持	不支持
特性	快速模块；尤其适用于等时同步模式	每 8 个通道 2 个短路保护传感器电源；支持外部冗余传感器电源	—	—

表 4-12　SM 321 数字输入模块技术参数（3）

型　号	DI 16 × DC48-125V（-1CH20-）	DI 18 × AC120/230V（-1FH00-）	DI 8 × AC120/230V（-1FF01-）	DI 8 × AC120/230V VISOL（-1FF10-）
输入点数	16DI；按每组 4 个隔离	16DI；按每组 4 个隔离	8DI；按每组 2 个隔离	8DI；按每组 1 个隔离
额定输入电压/V	AC 120/230	AC 120/230	AC 120/230	AC 120/230
背板总线电流/mA	40	29	29	100
适用于	二线、三线和四线制接近开关（BERO）	二线/三线 AC 接近开关	二线/三线 AC 接近开关	
支持等时同步模式	不支持	不支持	不支持	不支持
可编程诊断	不支持	不支持	不支持	不支持
诊断中断	—	不支持	—	—
边沿触发硬件中断	不支持	不支持	不支持	不支持
可调整输入延时	不支持	不支持	不支持	不支持
特性	—	—	—	—

1）按输入电压分为直流输入（DC：24 V，24 ~48 V、48 ~125 V）和交流输入（AC：120 V 和 120/230 V）。

2）按输入点数分类有 8、16、32、64 点 4 种。按照不同的点数分组隔离。通过组隔离可以避免故障模块对其他正常模块造成影响。

3）按输入信号的连接形式与信号电源提供方式可以分为"汇点输入"（Sinking，也称为"漏形输入"或"负端共用输入"）、"源输入"（Sourcing，也称为"源形输入"或"正端共用输入"）以及"汇点/源混用输入"（Sinking/Sourcing）3 种类型。模块选型时，需注意输入信号与输入模块之间的匹配。

以 SM312 DI 64×24 V 为例，模块内部电路及外部端子接线如图 4-38 所示，其他型号的接线图见光盘附录部分"附录 C.1 S7-300 IO 模块接线"。模块内部电路中均设有 RC 滤波器，以防止由于输入触点抖动或外部干扰脉冲引起的信号干扰。采用光耦隔离，当外接开关接通时，光耦合器中的发光二极管点亮，光敏晶体管饱和导通；外接开关断开时，光耦合器中的发光二极管熄灭，光敏晶体管截止，信号经背板总线接口传送给 CPU 模块。

SM 321：DI64×DC24V，Sinking/Sourcing的接线图和方框图

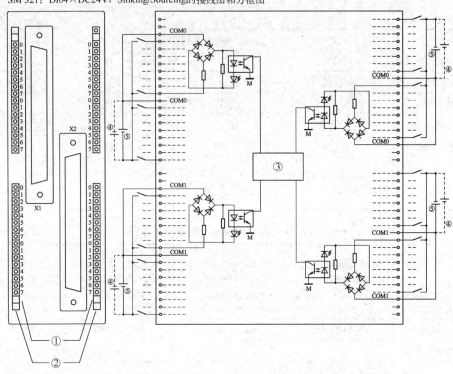

① 通道号
② 状态显示-绿色
③ 背板总线接口
④ "漏式"操作模式的端子
⑤ "源式"操作模式的端子

图 4-38　SM312 DI 64×24V 模块内部电路及外部端子接线

4.5.2　数字量输出模块

SM 322 数字量输出模块用于从控制器向过程变量输出数字量信号，把 S7-300 的内部信号电平转换成过程所要求的外部信号电平，用于连接电磁阀、接触器、小功率电机、灯和电机启动器。在与低漏电流的电路（例如，IEC I 型输入电路）一同使用时，网络可以断开，不会发出假的 ON 状态信号。当负载较小时，输出可以直接驱动，但大电流负载，需要经过中间继电器进行转换，用中间继电器的触点进行驱动。为了提高系统的抗干扰能力与工作可靠性，在输出接口电路中，通常也都采用光耦合隔离的措施，同时还设计有各种滤波电路等。SM 322 数字输入模块技术参数见表 4-13 ~ 表 4-15，技术规范见光盘附录部分"选型资料 8-数字量输出模块"，模块端子接线图见光盘附录部分"附录 C.1 S7-300 IO 模块接线"。

选型时需注意模块最大输出电流必须小于负载电流，否则输出模块将被烧毁。

表4-13 SM 322 数字输入模块技术参数（1）

型　号	DO 64×DC24V/0.3A Sourcing（-1BP00-）	DO 64×DC24V/0.3A Sinking（-1BP05-）	DO 32×DC24V/0.3A（-1BL00-）	DO32×AC120/230V/1A（-1FL00-）	DO 16×DC24V/0.5A（-1BH01-）
输出点数	64DO；按每组16个隔离	64DO；按每组16个隔离	32DO；按每组8个隔离	32DO；按每组8个隔离	32DO；按每组8个隔离
输出电流/A	3	3	0.5	1.0	1.5
额定负载电压/V	DC 24	DC 24	DC 24	DC 24	DC 24
背板总线电流/mA	100	100	110	190	80
适用于	电磁阀、DC接触器和信号灯				
支持等时同步模式	不支持	不支持	不支持	不支持	不支持
可编程诊断	不支持	不支持	不支持	不支持	不支持
诊断中断	不支持	不支持	不支持	不支持	不支持
替换值输出	不支持	不支持	不支持	不支持	不支持
特性	—	—	—	—	—

表4-14 SM 322 数字输入模块技术参数（2）

型　号	DO 16×DC24V/0.5A High Speed（-1BH10-）	DO 16×UC24/48V（-5GH00-）	DO 16×AC120/230V/1A（-1FH00-）	DO 8×DC24V/2A（-1BF01-）
输出点数	16DO；按每组16个隔离	16DO；按每组16个隔离	16DO；按每组8个隔离	8DO；按每组4个隔离
输出电流/A	0.5	0.5	1.0	2.0
额定负载电压/V	DC 24	DC 24	DC 24	DC 24
背板总线电流/mA	70	100	200	40
适用于	电磁阀、DC接触器和信号灯			
支持等时同步模式	支持	不支持	不支持	不支持
可编程诊断	不支持	支持	不支持	不支持
诊断中断	不支持	支持	不支持	不支持
替换值输出	—	—	—	不支持
特性	快速模块；尤其适用于等时同步模式	—	—	—

表4-15 SM 322 数字输入模块技术参数（3）

型　号	DO 8×DC24V/0.5A（-8BF00-）	DO 8×DC48-125V/1.5A（-1CF00-）	DO 8×AC120/230V/2A（-1FF01-）	DO 8×AC120/230V/2A ISOL（-5FF00-）
输出点数	8DO；按每组8个隔离	8DO；按每组4个隔离，带反极性保护	8DO；按每组4个隔离	8DO；按每组1个隔离
输出电流/A	0.5	1.5	2	2

型　　号	DO 8 × DC24V/0.5A (−8BF00−)	DO 8 × DC48−125V/ 1.5A (−1CF00−)	DO 8 × AC120/230V/ 2A (−1FF01−)	DO 8 × AC120/230V/2A ISOL (−5FF00−)
额定负载电压/V	DC 24	DC 48～125	AC 120/230	AC 120/230
背板总线电流/mA	70	100	100	100
适用于	电磁阀、DC 接触器和信号灯		AC 电磁阀、接触器、电动机启动器、FHP 电动机和信号灯	
支持等时同步模式	不支持	不支持	不支持	不支持
可编程诊断	支持	不支持	不支持	支持
诊断中断	支持	不支持	不支持	支持
替换值输出	支持	不支持	不支持	支持
特性	支持冗余负载控制	—	熔断器熔断显示；可更换每组的熔断器	—

1）按输出驱动形式可以分为继电器触点输出、直流晶体管（或场效应晶体管）输出与双向晶闸管输出 3 种类型。继电器输出模块集成继电器，负载电压范围较宽。继电器型输出模块技术参数见表 4-16。

2）按输入点数分为 8、16、32、64 点 4 种。

3）按输出电压分为直流输出和交流输出。

表 4-16　继电器型输出模块

型　　号	DO 16 × Rel，AC120V (−1HH01−)	DO 8 × Rel，AC230V (−1HF01−)	DO 8 × Rel，AC230V/5A (−5HF00−)	DO 8 × Rel，AC230V/5A (−1HF10−)
输出点数	16DO；按每组 8 个隔离	8DO；隔离为 2 组	8DO；隔离为 1 组	8DO；隔离为 1 组
额定负载电压/V	DC 24～120，AC 48～230	DC 24～120，AC 48～230	DC 24～120，AC 48～230	DC 24～120，AC 48～230
背板总线电流/mA	100	40	100	40
适用于	AC/DC 电磁阀、接触器、电动机启动器、FHP 电动机和信号灯			
支持等时同步模式	不支持	不支持	不支持	不支持
可编程诊断	不支持	不支持	支持	不支持
诊断中断	不支持	不支持	支持	不支持
替换值输出	不支持	不支持	支持	不支持
特性	—	—	—	—

4.5.3　数字量输入/输出模块

SM 323/SM327 数字量输入/输出模块同时具有数字量输入模块和数字量输出模块的功能。输入、输出的额定电压均为 DC 24 V。SM 323 的输入、输出点有 8 点和 16 点 2 种；SM327 具有 8 个数字量输入点和 8 个可独立编程的输入/输出点。输入和输出电路均设有光隔离电路，输出电路为晶体管型，并设有电子式短路保护装置。SM323/SM327 数字量输入/输出模块技术参数见表 4-17，技术规范见光盘附录部分"选型资料 9 - 数字量输入输出模块"，模块端子接线图见光盘附录部分"附录 C. 1 S7 - 300 IO 模块接线"。

表 4-17　SM323/SM327 数字量输入/输出模块技术参数

型　　号	DI 16/DO 16 × DC 24/0. 5A （- 1BL00 - ）	DI 8/DO 8 × DC 24/0. 5A （- 1BH01 - ）	DI 8/DO 8 × DC 24/0. 5A （- 1BH00 - ）
输入点数	16DI，按每组 16 个隔离	8DI，按每组 8 个隔离	8DI，加上独立 8 点可独立编程的输入/输出，按每组 16 个隔离
输出点数	16DO，按每组 8 个隔离	8DO，隔离为 8 组	
额定输入电压/V	DC 24	DC 24	DC 24
输出电流/A	0.5	0.5	0.5
额定负载电压/V	DC 24	DC 24	DC 24
背板总线电流/mA	80	40	60
输入适用于	开关以及二/三/四线接近开关（BERO）		
输出适用于	电磁阀、DC 接触器和信号灯		
支持等时同步模式	不支持	不支持	不支持
可编程诊断	不支持	不支持	不支持
诊断中断	不支持	不支持	不支持
边沿触发硬件中断	不支持	不支持	不支持
可编程输入延时	不支持	不支持	不支持
替换值输出	不支持	不支持	不支持
特性	—	—	8 个可各自组态的输入或输出；可以回读输入，例如用于诊断

4.5.4　模拟量输入模块

SM331 模拟量输入模块用来实现 PLC 与模拟量过程信号的连接，将从过程发送来的模拟信号转换成供 PLC 内部处理用的数字信号。用于连接电压和电流传感器、热电耦、电阻和热电阻。有些特殊的信号必须通过模拟量变送器进行转换才能连接。SM 331 可以直接连接不带附加放大器的温度传感器（热电偶或热电阻），这样可以省去温度变送器，不但节约了硬件成本，而且控制系统结构也更加紧凑。模拟模块的电源故障总是由与之相关的 SF LED 来指示，也可在模块上获取此信息（在诊断缓冲区数据中）。SM 331 模拟量输入模块技术参数见表 4-18、表 4-19，技术规范见光盘附录部分"选型资料 10 - 模拟量输入模块"。

表 4-18　SM331 模拟量输入模块技术参数 （1）

型　　号	AI 8 x 16 Bit （- 7NF00 - ）	AI 8 x 16 Bit （- 7NF10 - ）	AI 8 x 14 Bit High Speed （- 7HF0x - ）	AI 8 x 13 Bit （- 1KF02 - ）	AI 8 x 12 Bit （- 7KF02 - ）
输入点数	4 个通道组中 8 点输入	4 个通道组中 8 点输入	4 个通道组中 8 点输入	8 个通道组中 8 点输入	4 个通道组中 8 点输入
背板总线电流/mA	130	100	60	90	50

型　　号	AI 8 x 16 Bit (－7NF00－)	AI 8 x 16 Bit (－7NF10－)	AI 8 x 14 Bit High Speed (－7HF0x－)	AI 8 x 13 Bit (－1KF02－)	AI 8 x 12 Bit (－7KF02－)
分辨率	可对每个通道组编程：15 位＋符号位	可对每个通道组编程：15 位＋符号位	可对每个通道组编程：13 位＋符号位	可对每个通道组编程：12 位＋符号位	可对每个通道组编程：9 位＋符号位/12 位＋符号位/14 位＋符号位
测量类型	可对每个通道组编程：电压/电流	可对每个通道组编程：电压/电流	可对每个通道组编程：电压/电流	可对每个通道组编程：电压/电流/电阻/温度	可对每个通道组编程：电压/电流/电阻/温度
测量范围选择	任意，每通道组	任意，每通道组	任意，每通道组	任意，每通道组	任意，每通道组
支持等时同步模式	不支持	不支持	支持	不支持	不支持
可编程诊断	支持	支持	支持	不支持	不支持
诊断中断	可编程	可编程	可编程	不支持	可编程
限值监视	对 2 个通道可编程	对 8 个通道可编程	对 2 个通道可编程	不支持	对 2 个通道可编程
超限时硬件中断	可编程	可编程	可编程	不支持	可编程
周期结束时硬件中断	不支持	不支持	不支持	不支持	不支持
电位比	电气隔离：背板总线接口	电气隔离：背板总线接口	电气隔离：背板总线接口/负载电压（不适用于 2 线制传感器）	电气隔离：背板总线接口	电气隔离：CPU/负载电压（不适用于 2 线制传感器）
输入之间的最大电位差（ICM）/V	DC 50	DC 60	DC 11	DC 2.0	≤DC 2.3
特性	—	—	—	使用 PTC 和硅温度传感器进行电动机保护	—

表 4-19　SM331 模拟量输入模块技术参数（2）

型　　号	AI 2 x 12 Bit (－7KB02－)	AI 6 x TC (－7PE10－)	AI 8 x TC (－7PF11－)	AI 8 x RTD (－7PF01－)
输入点数	1 个通道组中 2 点输入	1 个通道组中 6 点输入	4 个通道组中 8 点输入	4 个通道组中 8 点输入
背板电流/mA	50	100	100	100
分辨率	可对每个通道组编程：9 位＋符号位/12 位＋符号位/14 位＋符号位	可对每个通道组编程：15 位＋符号位	可对每个通道组编程：15 位＋符号位	可对每个通道组编程：15 位＋符号位
测量类型	可对每个通道组编程：电压/电流/电阻/温度	可对每个通道组编程：电压/温度	可对每个通道组编程：温度	可对每个通道组编程：电阻/温度
测量范围选择	任意，每通道组	任意，每通道组	任意，每通道组	任意，每通道组
支持等时同步模式	支持	不支持	支持	支持
可编程诊断	不支持	支持	不支持	不支持

型　　号	AI 2 x 12 Bit （-7KB02-）	AI 6 x TC （-7PE10-）	AI 8 x TC （-7PF11-）	AI 8 x RTD （-7PF01-）
诊断中断	可编程	可编程	可编程	可编程
限值监视	对1个通道可编程	对6个通道可编程	对8个通道可编程	对8个通道可编程
超限时硬件中断	可编程	可编程	可编程	可编程
周期结束时硬件中断	不支持	不支持	可编程	可编程
电位比	电气隔离：CPU/负载电压（不适用于二线制传感器）	电气隔离：CPU	电气隔离：CPU	电气隔离：CPU
输入之间的最大电位差（ICM）/V	≤DC 2.3	AC 250	AC 60/DC 75	AC 60/DC 75
特性	—	校准	—	—

1. 模拟量的转换

SM331 模拟量输入模块主要由 A/D 转换器、转换开关、恒流源、补偿电路、光隔离器和逻辑电路等组成。以 SM331 AI8×16 位模块（7NF10-0AB0）为例，模块内部电路和进行电压测量的接线图如图 4-39 所示，其他型号接线图见光盘附录部分"附录 C.1 S7-300 IO 模块接线"。模拟量通过共用的 A/D 转换器按线性关系转换为 PLC 可处理的数字量。经由转换开关的切换，每个模拟量按顺序依次完成模数转换和结果的存储传送，即模拟量输入通道连续进行转换。某些模拟量模块允许设置模拟值的滤波，以提供更为可靠的模拟信号。有的 SM331 具有中断功能，通过中断将诊断信息传送给 CPU 模块。

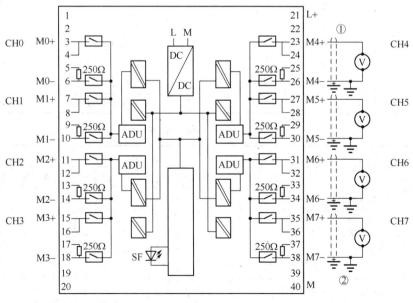

① 用于电压测量的连接
② 等电位连接

图 4-39　SM331 AI8×16 位模块内部电路及外部端子接线

模拟量输入通道的转换时间是基本转换时间与模块在电阻测量和断线监控上的处理时间之和。基本转换时间直接取决于模拟量输入通道的转换方法（积分方法、实际值转换）。积分转换的积分时间对转换时间有直接影响，而积分时间取决于在 STEP 7 中设置的干扰频率抑制。

模拟量输入通道的周期时间（即模拟量输入值再次转换前所经历的时间）是所有被激活的模拟量输入通道的转换时间的总和。如果模拟量输入通道形成通道组时，还要考虑累积的通道转换时间。

2. 模拟值表示方法

模拟量经 A/D 转换后的数字称为模拟值。模拟值用 16 位二进制补码定点数来表示，最高位第 15 位为符号位，0 表示正数，1 表示负数。模拟值的分辨率（位数，也称精度）会随着模拟量模块及其参数化的不同而不同，支持的模拟值分辨率见表 4-20。如果一个模拟量模块的精度少于 16 位，则模拟值以左对齐的方式，将左移调整至最高位之后才被保存在模块中，在未用的幂低的位则填入 "0"。该分辨率不适用于温度值。转换后的温度值是模拟量模块中的转换结果。

模拟值按输入范围的二进制表示分为双输入范围（双极性）和单输入范围（单极性），见表 4-21 和表 4-22。有关电压测量范围、电流测量范围、电阻型变送器、RTD 温度传感器、电偶温度探测器的模拟值表示可以查看附录中的表格。

表 4-20　支持的模拟值分辨率

精度（位）+符号	单　位		模　　拟　　值	
	十进制	十六进制	高位字节	低位字节
8	128	80_H	VZ 0 0 0 0 0 0 0	1 X X X X X X X
9	64	40_H	VZ 0 0 0 0 0 0 0	0 1 X X X X X X
10	32	20_H	VZ 0 0 0 0 0 0 0	0 0 1 X X X X X
11	16	10_H	VZ 0 0 0 0 0 0 0	0 0 0 1 X X X X
12	8	8_H	VZ 0 0 0 0 0 0 0	0 0 0 0 1 X X X
13	4	4_H	VZ 0 0 0 0 0 0 0	0 0 0 0 0 1 X X
14	2	2_H	VZ 0 0 0 0 0 0 0	0 0 0 0 0 0 1 X
15	1	1_H	VZ 0 0 0 0 0 0 0	0 0 0 0 0 0 0 1

表 4-21　双输入范围

单　位	被测值（%）	数　据　字																范　围
		2^{15}	2^{14}	2^{13}	2^{12}	2^{11}	2^{10}	2^9	2^8	2^7	2^6	2^5	2^4	2^3	2^2	2^1	2^0	
32767	>118.515	0	1	1	1	1	1	1	1	1	1	1	1	1	1	1	1	上溢
32511	117.589	0	1	1	1	1	1	1	0	1	1	1	1	1	1	1	1	超出范围
27649	>100.004	0	1	1	0	1	1	0	0	0	0	0	0	0	0	0	1	
27648	100.000	0	1	1	0	1	1	0	0	0	0	0	0	0	0	0	0	正常范围
1	0.003617	0	0	0	0	0	0	0	0	0	0	0	0	0	0	0	1	
0	0.000	0	0	0	0	0	0	0	0	0	0	0	0	0	0	0	0	
-1	-0.003617	1	1	1	1	1	1	1	1	1	1	1	1	1	1	1	1	
-27648	-100.000	1	0	0	1	0	1	0	0	0	0	0	0	0	0	0	0	
-27649	≤-100.004	1	0	0	1	0	0	1	1	1	1	1	1	1	1	1	1	低于范围
-32512	-117.593	1	0	0	0	0	0	1	0	0	0	0	0	0	0	0	0	
-32768	≤-117.596	1	0	0	0	0	0	0	0	0	0	0	0	0	0	0	0	下溢

表 4-22 单输入范围

单 位	被测值（%）	数 据 字																范 围
		2^{15}	2^{14}	2^{13}	2^{12}	2^{11}	2^{10}	2^9	2^8	2^7	2^6	2^5	2^4	2^3	2^2	2^1	2^0	
32767	≥118.515	0	1	1	1	1	1	1	1	1	1	1	1	1	1	1	1	上溢
32511	117.589	0	1	1	1	1	1	1	0	1	1	1	1	1	1	1	1	超出范围
27649	＞100.004	0	1	1	0	1	1	0	0	0	0	0	0	0	0	0	1	
27648	100.000	0	1	1	0	1	1	0	0	0	0	0	0	0	0	0	0	正常范围
1	0.003617	0	0	0	0	0	0	0	0	0	0	0	0	0	0	0	1	
0	0.000	0	0	0	0	0	0	0	0	0	0	0	0	0	0	0	0	
−1	−0.003617	1	1	1	1	1	1	1	1	1	1	1	1	1	1	1	1	低于范围
−4864	−17.593	1	1	1	0	1	1	0	1	0	0	0	0	0	0	0	0	
−32768	≤−17.596	1	0	0	0	0	0	0	0	0	0	0	0	0	0	0	0	下溢

CPU 运行状态及模拟模块的电源电压对模拟输入值有影响：

1）CPU 处于通电状态，模拟量模块的电源电压 L＋有电时模拟量输入模块的输入值为被测值，在通电前或模块参数赋值完之前显示为 7FFFH；L＋没电时模拟量输入模块的输入值为上溢值。

2）CPU 处于断电状态，模拟量输入模块的输入值没有表示。

3. 模拟量输入模块测量方法和量程的设置

模拟量模块中设置模拟量输入通道的测量方法和量程有 2 种：使用量程卡（量程模块）和 STEP 7 设置；使用模拟输入通道的硬接线和 STEP 7 设置。按照具体模块确定设置方法。第一种方法首先设置量程卡位置，然后在 STEP 7 的硬件组态中在进行相关的参数设置即可。第二种方法首先通过不同的端子接线方式来设置，然后在 STEP 7 的硬件组态中在进行相关的参数设置即可。

量程卡安装在模拟输入模块的侧面，随模拟量模块一起提供。每两个通道共用一个量程卡，可选设置有 "A"、"B"、"C"、"D" 4 种，见表 4-23。图 4-40 中所示为量程卡的指示必须符合模块上的标记。使用时，按需要设置量程卡的位置，使之适合测量类型和范围。量程卡设置错误可能导致模块毁坏。在将传感器与模块相连前，应先确保量程卡位置正确。

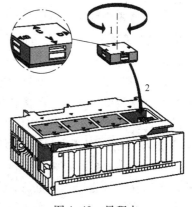

图 4-40　量程卡

表 4-23　量程卡的设置

量程卡的设置	测 量 方 法	量　程
A	电压	±1 V
B	电压	±10 V
C	四线变送器电流	4～20 mA
D	二线变送器电流	4～20 mA

4. 传感器与模拟量输入模块的连接

根据测量类型、电压和电流传感器以及电阻器可以将不同的传感器连接到模拟量输入模板。为减少干扰，应使用屏蔽双绞线电缆连接模拟信号，并将模拟电缆屏蔽层的两端接地。电缆两端的任何电位差都可能导致在屏蔽层产生等电位电流，进而干扰模拟信号。通过低阻抗等电位连接可避免此影响，只需对屏蔽层的一端接地。

下面所用的缩写词和助记符含义如下：

M+/M−/M：测量导线（正）/测量导线（负）/接地端子

MANA：测量电路的参考电位

L+：DC 24V 电源端子

UCM：MANA 与模拟量输入通道之间或模拟量输入通道之间的电位差

UISO：MANA 与 CPU 的 M 端子之间的电位差

Ic+/Ic−：恒定电流输出（正）/恒定电流输出（负）

COMP+/COMP−：补偿端子（正）/补偿端子（负）

按照是否带有电气隔离，模拟量输入模板可分为电气隔离模拟量输入模块和非隔离模拟量输入模块。传感器也可分为电气隔离传感器和非隔离传感器。

1）电气隔离模拟量输入模块。在 CPU/IM 153 的 M 端和测量电流 MANA 的参考点之间没有电气连接，如果测量电流 MANA 参考点和 CPU/IM 153 的 M 端存在一个电位差 UISO，则必须选用电气隔离模拟输入模块。通过在 MANA 端子和 CPU/IM 153 的 M 端子之间使用等电位互连，可以避免 UISO 超过限制值。

2）非隔离模拟量输入模块。在 CPU/IM 153 的 M 端和测量电路的参考点 MANA 之间必须建立电气连接。即将端子 MANA 与 CPU/IM 153 的 M 端子互连，否则两者间的任何电位差都有可能破坏模拟信号。

在测量输入的 M+/M−端和测量电路的参考电位 MANA 之间以及测量输入之间可能存在电位差 UCM。为了防止超过 CMV（Common Mode Voltage，共模电压）限制值，在传感器接线时，根据传感器类型需要采取下面的措施。

1）连接电气隔离传感器。电气隔离传感器不能与本地接地电位连接。电气传感器应无电势运行，否则不同电气隔离传感器之间会引起电位差。这些电位差可能是由于干扰或传感器的本地分布造成的；在 EMC 干扰强烈的环境中，建议应将 M−与 MANA 连接，以防超过 CMV 的限制值。对于 UCM≤2.5 V 的模块，必须互连 M−和 MANA。接在连接二线制传感器、电阻型传感器和已编程但未使用的输入时，禁止将 M−和 MANA 互连，否则在 M−和 MANA 的互连处生成均衡电流，并破坏测量值。图 4-41 表示将电气隔离传感器接线并连接到电气隔离 AI，图 4-42 表示将电气隔离传感器接线并连接到非隔离 AI，两者均可以在接地模式或未接地模式下操作 CPU/IM 153。

2）连接非隔离传感器。不带隔离的传感器与本地接地电位连接。使用非隔离传感器时，必须将 MANA 和本地接地互连。由于本地环境条件或干扰在本地分部的各个测量点之间可能会造成静态或动态的电位差 CMV。如果超过允许值，在测量点之间必须使用等电位导线连接。此外，禁止将非隔离二线制传感器/电阻传感器连接到非隔离模拟量输入。图 4-43 表示将非隔离传感器连接到电气隔离 AI，此时可在接地模式或未接地模式下操作 CPU/IM。图 4-44 表示将非隔离传感器连接到非隔离 AI，此时只能在接地模式下操作 CPU/IM 153。

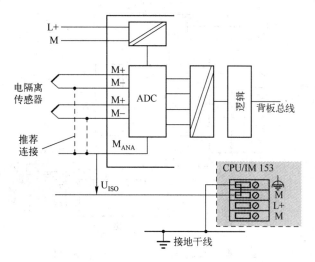

图 4-41　电气隔离传感器连接到电气隔离 AI

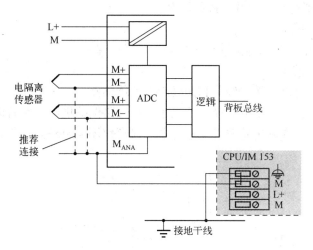

图 4-42　电气隔离传感器连接到非隔离 AI

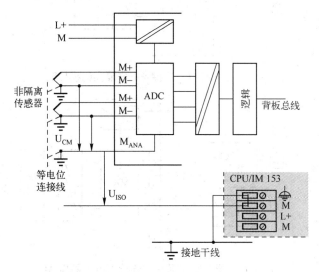

图 4-43　非隔离传感器连接到电气隔离 AI

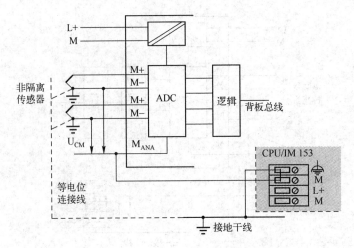

图 4-44 非隔离传感器连接到非隔离 AI

5. 传感器与模拟量输入模块的接线举例

（1）连接电压传感器

图 4-45 表示将电压传感器连接到电气隔离的模拟输入。

（2）连接电流传感器

模拟量输入模块可以连接二线制和四线制电流传感器。

二线制传感器通过模拟量输入模块的端子进行短路保护供电，然后该传感器将所测得的变量转换为电流。对二线制传感器必须进行电气隔离。图 4-46 表示将双线传感器连接到电气隔离 AI。

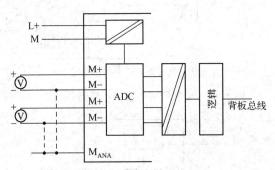

图 4-45 电压传感器连接到电气隔离的模拟输入

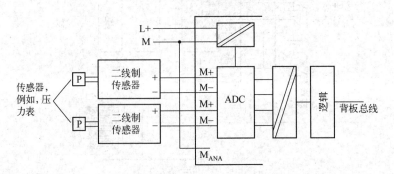

图 4-46 将二线制传感器连接到电气隔离 AI

如果传感器供电电压使用电源电压 L +，则必须在 STEP 7 硬件组态中将二线制传感器组态为四线制传感器，相应的连线如图 4-47 所示。

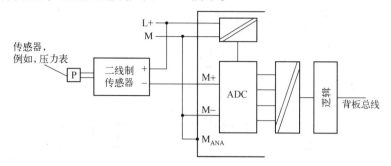

图 4-47　将从 L + 供电的二线制传感器连接到电气隔离 AI

在连接四线制传感器时，需将其连接到单独的电源，相应连线如图 4-48 所示。

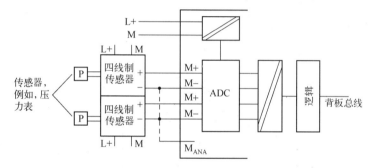

图 4-48　将四线制传感器连接到电气隔离 AI

（3）连接热敏电阻和普通电阻

电阻型传感器可以使用二线制、三线制或四线制进行连接。

模拟量输入模块可以通过端子 IC + 和 IC - 提供恒定电流，以补偿测量电缆中产生的电压降。但必须将所连恒定电流电缆直接连接到热敏电阻和普通电阻上。如果使用四线制或三线制进行测量，可以补偿线路阻抗，测量结果将更精确（相比二线制）。

图 4-49 表示热敏电阻的四线制连接。可以通过 M + 和 M - 端子，测量热敏电阻所产生的电压。在连接时应注意所连接电线的极性（IC + 与 M +，IC - 与 M - 相连）。在连接时应确保所 IC +、M +、IC - 和 M - 线路都直接连接到了热敏电阻。

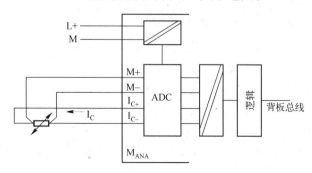

图 4-49　热敏电阻与电气隔离 AI 之间的四线制连接

图 4-50 表示热敏电阻的三线制连接。在带有四个端子的模块上连接三线制电缆时，通常应桥接 M−和 IC−。只有连接 SM 331 AI 8×RTD 模块时，桥接 IC+和 M+。在连接时应确保 IC+和 M+线路都直接连接到热敏电阻上。

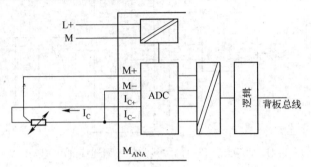

图 4-50　热敏电阻与电气隔离 AI 之间的三线制连接

图 4-51 表示热敏电阻的二线制连接。在模块的 M+和 IC+之间以及 M−和 IC−端子之间插入电桥。线路阻抗包含在测量值中。

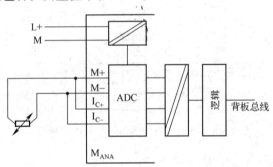

图 4-51　热敏电阻与电气隔离 AI 之间的二线制连接

（4）连接热电偶

模拟量输入模块可以连接的热电偶类型有 B、C、E、J、K、L、N、R、S、T、U 和 TXK/XKL、GOST。根据热电偶参比点温度补偿的方法不同，连接方式可以分为内部补偿连接和外部补偿连接。

内部补偿可以使用模板的内部温度（热电偶内部比较）进行比较，如图 4-52 所示。热电偶与模板输入之间可以直接连接也可以使用补偿导线连接。每一个通道组都可以使用一个模拟量模板所支持的热电偶，与其他通道组无关。

外部补偿使用各个热电偶的馈线中彼此互连的补偿盒测量并补偿参比接点温度（热电偶外部比较），如图 4-53 所示。无需对模块的信号做进一步处理。

将补偿盒连接到模板的 COMP 端子时，补偿盒必须放置在热电偶的参比接点处。补偿盒必须使用电气隔离电压单独供电，且电源必须有适当的噪声滤波功能，例如使用接地电缆屏蔽。补偿盒上不需要的热电偶端子，应将其短路。建议使用带集成电源装置的 SIEMENS 参比接点作为补偿盒，订货号为 M72166−xxx00，图 4-54 表示使用该补偿盒的连接图。

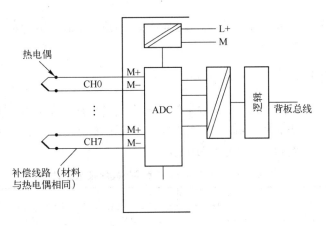

图 4-52 将带内部补偿的热电偶连接到电气隔离 AI

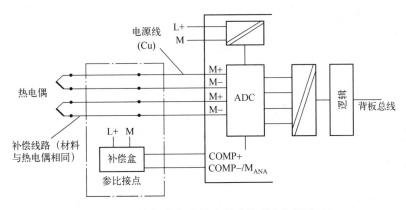

图 4-53 将带补偿盒的热电偶连接到电气隔离 AI

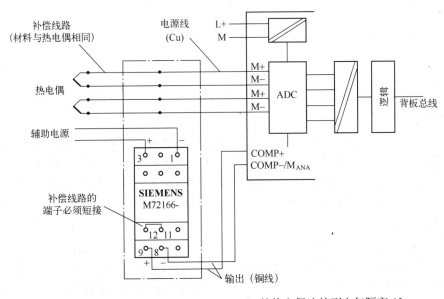

图 4-54 将带补偿盒（M72166 - xxx00）的热电偶连接到电气隔离 AI

　　一个通道组的参数一般对通道组的所有通道都有效（例如输入电压积分时间等）。补偿盒与模板 COMP 端子之间连接的外部补偿只适用于一种热电偶类型。即使用外部补偿运行的所有通道都必须使用相同类型。当连接到模板输入的所有热电偶都具有相同的参比接点时使用如图 4-54 所示补偿。

4.5.5 模拟量输出模块

SM 332 模拟量输出模块将 PLC 的数字信号转换成过程所需的模拟量信号，用于连接模拟量执行器，对其进行调节和控制。SM 332 模拟量输出模块技术参数见表 4-24，技术规范见光盘附录部分"选型资料 11 - 模拟量输出模块"。

表 4-24　SM 332 模拟量输出模块技术参数

型　　号	AO 8 x 12 Bit (-5HF00 -)	AO 4 x 16 Bit (-7ND02 -)	AO 4 x 12 Bit (-5HD01 -)	AO 2 x 12 Bit (-5HB01 -)	AO 8 x 0/4···20Ma HART (-8TF00 -)
输出点数	8 个输出通道	4 个通道组中 4 点输出	4 个输出通道	2 个输出通道	8 个输出通道
分辨率	12 位	16 位	12 位	12 位	15 位 (0 ~ 20 mA) 15 位 + 符号位 (4 ~ 20 mA)
输出类型	每个通道: 电压/电流	每个通道: 电压/电流	每个通道: 电压/电流	每个通道: 电压/电流	每个通道: 电压/电流
支持等时 同步模式	不支持	支持	不支持	不支持	不支持
可编程诊断	支持	支持	支持	支持	支持
诊断中断	可编程	可编程	可编程	可编程	可编程
替换值输出	不支持	可编程	可编程	可编程	可编程
电位比	电气隔离: 背板总线接口/负载电压	电气隔离: 背板总线接口和通道/通道间/输出和 L +, M 间/CPU 和 L +, M 间	电气隔离: 背板总线接口/负载电压	电气隔离: 背板总线接口/负载电压	电气隔离: 背板总线接口/负载电压
特性	—	—	—	—	—

1. 模拟量的转换

SM332 模拟量输出模块主要由 D/A 转换器、转换开关、恒流源、补偿电路、光隔离器和逻辑电路等组成。以 SM332 AO 4 × 16 位模块（7ND02 - 0AB0）为例，模块内部电路和端子接线如图 4-55 所示，其他型号接线图见光盘附录部分"附录 C.1 S7 - 300 IO 模块接线"。模拟值通过共用的 D/A 转换器按线性关系转换为所需的模拟量信号。模拟量输出通道按顺序进行转换，即连续转换。

模拟量输出通道的转换时间包括传送内部存储器中的数字化输出值的时间以及其数模转换的时间。周期时间 t_Z（即模拟量输出值再次转换前所经历的时间）等于全部激活的模拟量输出通道的积累转换时间。应在 STEP 7 中禁用全部未使用的模拟通道以减少周期时间。

图 4-56 表示模拟量输出模块稳定时间和响应时间。

稳定时间 t_E 表示转换值达到模拟量输出指定级别所经历的时间，稳定时间由负载决定。据此，可将负载分为阻性、容性和感性负载。

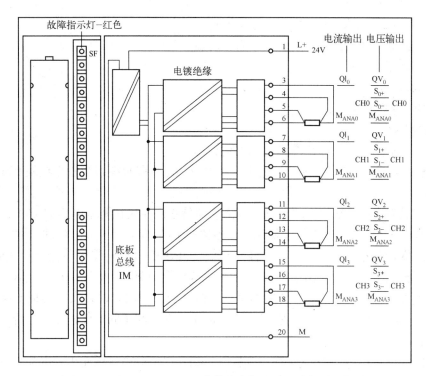

图 4-55 SM332 AO 4×16 位模块内部电路和外部端子接线

最坏情况下的响应时间 t_A 表示从将数字量输出值输入内部存储器到模拟量输出的信号稳定所经历的时间，该时间为周期时间与稳定时间的总和。而最坏情况指模拟量通道在传送新的输出值之前即已转换，并且直到所有其他通道均已转换时（周期时间）仍未再次转换。

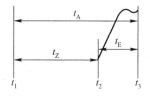

图 4-56　表示模拟量输出模块稳定时间和响应时间

CPU 运行状态及模拟模块的电源电压对模拟输出值有影响：

1）CPU 处于通电状态，如果 CPU 为 RUN 模式且模拟量模块的电源电压 L + 有电，模拟量输出模块的输出值为 CPU 值；如果 CPU 为 RUN 模式且模拟量模块的未通电，则模拟量输出模块的输出值在第一次转换之前输出值为 0 mA 或 0 V，成功完成编程后输出值为先前的输出值；如果 CPU 为 STOP 模式且模拟量模块的电源电压 L + 有电，输出值为上一数值或替换值。

2）CPU 处于断电状态或模拟量输出模块未通电时，模拟量输出模块的输出值为 0 mA 或 0 V。

2. 负载/执行器与模拟量输出模块的连接

模拟量输出模块可用作负载和执行器的电流或电压源。为减少干扰，应使用屏蔽双绞线电缆连接模拟信号，并在布设 QV 和 S + 以及 M 和 S – 两对信号双绞线时，将模拟电缆屏蔽层的两端接地。电缆两端的任何电位差都可能导致在屏蔽层产生等电位电流，进而干扰模拟信号。通过将屏蔽层的一端接地，可避免出现这种情况。

下面所用的缩写词和助记符含义如下：

QV/QI：模拟量输出电压/模拟量输出电流

S+/S−：检测导线端子（正）/检测导线端子（负）

MANA：测量电路的参考电位

RL：负载阻抗

L+：DC 24 V 电源端子

M：接地端子

UISO：MANA 与 CPU 的 M 端子之间的电位差

按照是否带有电气隔离，模拟量输出模块可分为电气隔离模拟量输出模块和非隔离模拟量输出模块。

1）电气隔离模拟量输出模块。电气隔离模拟量输出模块在测量电路 MANA 的参考点和 CPU 的 M 端子之间没有电气连接。如果测量电路 MANA 的参考点和 CPU 的 M 端子间产生电位差 UISO，必须使用电气隔离模拟量输入模块。并用等电位连接导线连接 MANA 端子和 CPU 的 M 端子，以防 UISO 超出限制值，影响模拟信号的精度。

2）非隔离模拟量输出模块。使用非隔离模拟量输出模块时，必须将测量电路的参考点 MANA 与 CPU 的端子 M 互连。否则，MANA 和 CPU 的 M 端子间的任何电位差都可能对模拟信造成干扰。

根据负载类型的不同，模拟量输出模块的输出又可以分为电压输出和电流输出。对于电压输出的模拟量输出模块，可用二线制（非隔离 AO）和四线制（电气隔离 AO）与负载连接；对于电流输出的模拟量输出模块，只能用二线制与负载连接。

1）负载连接到电气隔离模块的电压输出四线制。四线制负载电路的输出精度较高。线路连接如图 4-57 所示，应确保检测线路 S− 和 S+ 连接到负载，以便直接测量和修正负载电压。

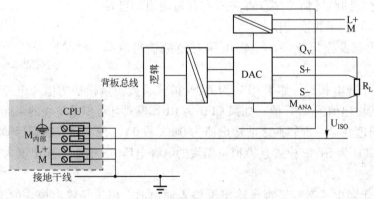

图 4-57　负载连接到电气隔离 AO 电压输出的四线制

2）负载连接到非隔离模块的电压输出二线制。二线制负载电路的输出精度一般，不提供线路阻抗的补偿。线路连接如图 4-58 所示，只需将负载连接到 QV 端子和测量电路 MA-NA 的参考点。在前连接器中，将端子 S+ 连接到 QV，将端子 S− 连接到 MANA。

3）负载连接到电气隔离模拟量模块电流输出。只能使用二线制连接，如图 4-59 所示。只需将负载连接到 QI 和电流输出的模拟电路 MANA 的参考点。

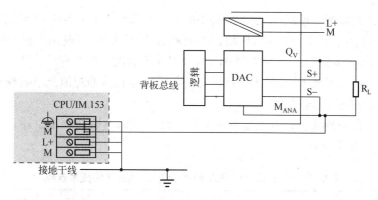

图 4-58　负载连接到非隔离 AO 电压输出的二线制

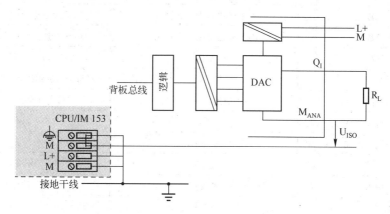

图 4-59　负载连接到电气隔离 AO 电流输出

4）负载连接到非隔离模拟量模块电流输出。只能使用二线制连接，如图 4-60 所示。只需将负载连接到 QI 和电流输出的模拟电路 MANA 的参考点。

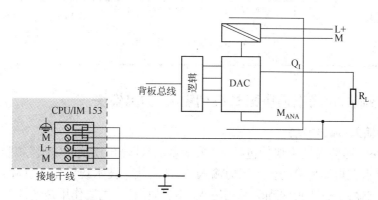

图 4-60　负载连接到非隔离 AO 电流输出

4.5.6　模拟量输入/输出模块

SM 334/SM335 模拟量输入/输出模块的模拟量输入和输出集成在一起，用于连接模拟量传感器和执行器，技术参数见表 4-25，技术规范见光盘附录部分"选型资料 12 - 模拟量输入输出模块"，模块端子接线图见光盘附录部分"附录 C.1 S7 – 300 IO 模块接线"。

SM 335 是高速模拟量输入/输出模块，具有高速模拟量输入/输出通道、10 V/25 mA 的编码器电源和 1 个计数器输入（24 V/500 Hz）。SM 335 有两种特殊模式：

1）比较器：在该模式下，SM 335 将设定值与模拟量输入通道所测量的模拟量值进行比较。适用于模拟量值的快速比较。

2）仅测量：在该模式下，将连续测量模拟量输入，而不刷新模拟量输出。适用于快速测量模拟量值（< 0.5 ms）。

表 4-25　SM 334/SM335 模拟量输入/输出模块技术参数

型　　号	AI 4/AO 2 x 8/8 Bit （ – 0CE01 – ）	AI 4/AO 2 x 12 Bit （ – 0KE00 – ）
输入点数	1 个通道组中 4 点输入	2 个通道组中 4 点输入
输出点数	1 个通道组中 2 点输出	1 个通道组中 2 点输入
分辨率	8 位	12 位 + 符号位
测量类型	可对每个通道组编程：电压/电流	可对每个通道组编程：电压/电阻/温度
输出类型	每个通道：电压/电流	每个通道：电压
背板总线电流/mA	55	60
支持等时同步模式	不支持	不支持
可编程诊断	不支持	不支持
诊断中断	不支持	不支持
限值监视	不支持	不支持
超限时硬件中断	不支持	不支持
周期结束时硬件中断	不支持	不支持
替换值输出	不支持	不支持
电位比	连接到背板总线接口的电位；对负载电压的电气隔离	电气隔离：背板总线接口/负载电压
特性	不可编程，通过硬件接线定义测量和输出类型	

4.5.7　Ex 系列输入/输出模块和 F 系列输入/输出模块

1. Ex 系列输入/输出模块

Ex 系列模块，即防爆型模块，包括 Ex 数字量输入/输出模块和 Ex 模拟量输入/输出模块，主是用于有潜在爆炸危险的化工厂的输入/输出模块。技术规范见光盘附录部分"选型资料 13 – Ex 系列输入/输出模块和 F 系列输入/输出模块"。主要作用是连接连接危险区域 1 和 2 中的传感器和执行器，并将隔离自动化系统中非本质安全电路和过程中本质安全电路。

该系列模块的相关电气设备[EEx ib] IIC 符合标准 DIN 50020 标准。模块本身应安装在潜在爆炸危险区之外，除非附加其他保护，才能安装在危险区。

2. F 系列输入/输出模块

F 系列输入/输出模块，即故障安全型模块，包括 SM 326F 数字量输入 – 安全集成模块、SM 326F 数字量输出 – 安全集成模块、SM 326F 模拟量输入 – 安全集成模块 3 种。技术规范见光盘附录部分"选型资料 13 – Ex 系列输入/输出模块和 F 系列输入/输出模块"。

F 系列输入/输出模块用于故障安全 SIMATIC S7 系统，除了具有标准输入/输出模块的功能外，还具有安全集成功能，用于安全运行。该系列模块与 SIMATIC S7 – 31xF – 2DP 一起使用，并可在 ET200M 分布式 I/O 站中与 SIMATIC S7 – 31xF – 2 DP、S7 – 416F – 2 和 S7 – 400F/FH 一起使用。它们也可以在非安全的标准模式下使用，并能像标准 S7 – 300 模块一样进行响应。

4.5.8　特殊信号模块

信号模块中还有一些具有特殊应用的模块，如仿真模块、占位模块、位置编码器模块等，特殊信号模块的主要技术参数见表 4-26。

表 4-26　特殊信号模块技术参数

型　号	仿真器模块 SM 374；IN/OUT 16 （6ES7374 – 2XH01 – 0AA0）	占位模块 DM 370 （6ES7370 – 0AA01 – 0AA0）	位置解码器模块 SM 338；POS – INPUT （6ES7338 – 4BC01 – 0AB0）
输入/输出点数	最多 16 个输入或输出	为非编程模块预留 1 个插槽	绝对编码器（SSI）的 3 个输入；2 个用于冻结编码器值的数字量输入
背板总线的电流消耗/mA	最大 80	大约 5	最大 160
模块功率损耗/W	典型值 0.35	典型值 0.03	通常为 3
适用于	仿真： 16 个输入或 16 个输出或 8 个输入和 8 个输出	占位： 接口模块 非编程信号模块 占用 2 个插槽的模块	可使用多达 3 个绝对值编码器（SSI）进行位置检测 编码器类型：绝对值编码器（SSI），消息帧长度为 13 位、21 位或 25 位 数据格式：格雷码或二进制代码
支持同步模式	否	否	支持
可编程诊断	否	否	否
诊断中断	否	否	可编程
特性	可使用旋具进行功能调整	当用不同的模块替换 DM 370 时，整个组态的机械结构和寻址保持不变。	SM 338 不支持单稳态触发器时间大于 64 μs 的绝对值编码器

1. 仿真器模块 SM 374

仿真模块用于在启动和运行时调试程序，通过开关仿真传感器信号，通过 LED 显示输出信号状态，使用户可以通过设置输入状态来控制程序执行。模块有 16 个输入状态开关和 16 个输出状态指示灯。通过模式选择开关，可以仿真 16 DI、16 DO、8DI/DO 的数字量模块。

STEP 7 模块目录中不含有仿真器模块 SM 374，因此 STEP 7 无法识别 SM 374 的订货号。对 SM 374 进行硬件组态时，应使用被仿真模块的订货号。例如要使用具有 8 个输入和 8 个输出的 SM 374，在 STEP 7 应中定义具有 8 个输入和 8 个输出的数字量输入/输出模块的订货号。模块视图如图 4-61 所示。

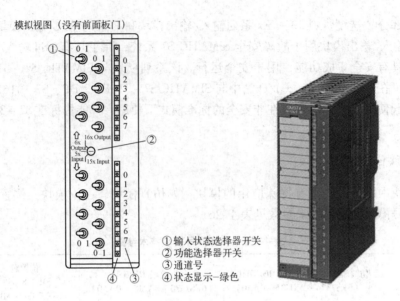

图 4-61 仿真器模块

① 输入状态选择器开关
② 功能选择器开关
③ 通道号
④ 状态显示–绿色

2. 占位模块 DM 370

占位模块 DM 370 用来给未参数化的信号模块保留插槽，作为信号模块的替换。当更换信号模块时，整个配置的机械结构和地址分配都保持不变。模块视图如图 4-62 所示。可替换的模块包括接口模块（不需要预留地址空间）、非组态信号模块（预留了地址空间）、占用 2 个插槽的模块（预留了地址空间）。占用 2 个插槽的模块需安装 2 个占位模块。

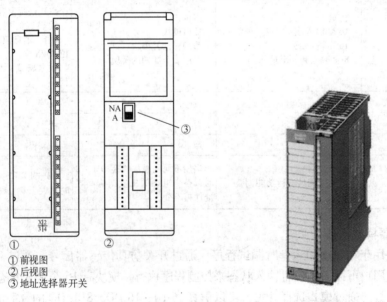

① 前视图
② 后视图
③ 地址选择器开关

图 4-62 占位模块

只有为可编程信号模块进行模块化处理时，才能在 STEP 7 中组态 DM 370 占位模块。如果该模块为某个接口模块预留了插槽，则可在 STEP 7 中删除模块组态。通过模块后面板上的开关设置模块的类型。

3. 位置输入模块 SM 338

SM338 位置输入模块用于编码器数值的采集，并将编码值转换为 S7 – 300 内部数字值。SM338 最多可提供 3 个绝对值编码器（SSI）和 CPU 之间的接口和 2 个数字量输入用于保留编码值。SM338 允许 PLC 直接响应运动系统中的编码值，以处理对时间要求很高的应用。SM338 模块视图和端子连接图如图 4–63 所示。

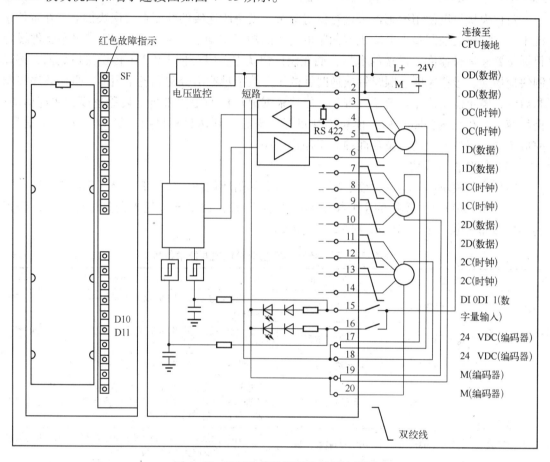

图 4–63　SM338 模块视图和端子连接图

4.6　功能模块

功能模块（Function Module，FM）可以实现某些特殊应用，这些应用可能单靠 CPU 无法实现或不容易实现。功能模块集成处理器，可以独立处理与应用相关的功能。对于没有集成 I/O 点的 S7 – 300 CPU 而言，使用时除了扩展 I/O 模块外，还需扩展相应的功能模块。S7 – 400 的许多功能模块与 S7 – 300 功能模块的功能相同，这里主要介绍 S7 – 300 的功能模块。S7 – 300 的功能模块主要如下：

（1）计数器模块

可直接连接增量编码器，实现连续、单向和循环记数。计数器模块包括 FM 350 – 1 和 FM 350 – 2。模块的计数器均为 0 ~ 32 位或 31 位的加减计数器，可以判断脉冲方向。模块所连接的编码器由模块供电。计数器的启动和停止通过门功能进行控制。当达到比较值时，通过集成的数字量输出进行输出响应。

（2）位置控制与位置检测模块

位置控制与位置检测模块在运动控制系统中实现设备的定位，包括 FM351、FM352、FM352 -5、FM353、FM354 和 FM357 -2。

定位模块可以使用编码器来进行位置测量。模块所连接的编码器由模块供电。在定位系统中，定位模块控制步进电动机或伺服电动机的功率驱动器。通过 S7 CPU 或组态软件设定目标位置和运行速度，设置的数据存储在定位模块中。CPU 向 FM 351 传送接口数据，将控制快速横动、慢移速度、顺时针或逆时针的 4 个数字量输出分配到各个通道，进行顺序控制和启动、停止定位操作。定位过程中，模块根据离目标的距离来规定慢移速度或快速横动/慢移速度。在到达关断点后，模块监视目标的逼近。到达目标区后，给 CPU 发一个信号，完成定位。定位模块的定位功能独立于用户程序。

（3）闭环控制模块

闭环控制模块用于实现温度、压力和流量等的闭环控制，包括 FM355、FM355 -2。

S7 -300/400 功能模块的主要技术参数见表 4-27，技术规范见光盘附录部分“选型资料 14 - 功能模块”和“选型资料 22 - 功能模块”。

表 4-27　S7 -300/400 功能模块主要技术参数

模块类型	功能	主要技术参数
计数器模块	FM350 -1　高速计数器	1 个计数通道，采用 5 V/24 V 增量编码器，最高计数频率为 500 kHz
	FM350 -2　高速计数器	8 个计数通道，采用 24 V 增量编码器，最高计数频率为 20 kHz
	FM450 -1　高速计数器	2 个计数通道，与 FM350 -1 功能相同
位置控制和位置检测模块	FM351　单轴定位模块	每通道 4 个数字量输出用于电动机控制，用于快速移动和慢速进给，采用增量或同步连续位置解码器；定位的速度需预置，位置控制为闭环控制
	FM352　电子凸轮控制器	32 个凸轮轨迹，13 个内置数字量输出用于动作的直接输出；采用增量或同步连续位置解码器
	FM352 -5　高速布尔处理器	使用门阵列高速地进行布尔控制，运算周期为 1 um；集成 12DI/8DO；指令集包括位指令、定时器、计数器、分频器、频率发生器和移位寄存器；1 个通道用于连接 24V 增量编码器、1 个 RS -422 串口用于连接增量编码器或绝对值编码器
	FM353　单轴步进电动机定位模块	位置控制为开环；将位置控制信号以脉冲形式输出到伺服电动机控制器，实现位置控制
	FM354　单轴伺服电动机定位模块	位置控制为闭环；将位置控制信号以模拟量电压形式输出到伺服电动机控制器，实现位置控制；通过编码器采集位置反馈信号
	FM357 -2　四轴定位模块	可用于控制步进电动机和伺服电动机，用于最多 4 轴的滤镜和定位控制以进行智能运动控制。
	FM451　单轴定位模块	3 个通道，与 FM351 功能相同
	FM452　电子凸轮控制器	与 FM352 功能相同，具有更多的高速输出
	FM453　单轴步进电动机定位模块	集成 FM353 和 FM354 的功能，三轴定位模块，不能进行插补定位

模 块 类 型		功　　能	主要技术参数
闭环控制模块	FM355	PID 控制器	4 个模拟量输出（FM355C）或 8 个数字量输出（FM355S）；集成标准算法和温度控制算法；CPU 停机或故障后仍能进行控制任务
	FM355 – 2	温度 PID 控制器	特别适合温度控制，可实现加热、冷却组合控制；4 个模拟量输出（FM355 – 2C）或 8 个数字量输出（FM355 – 2S）；集成标准算法和温度控制算法；CPU 停机或故障后仍能进行控制任务
	FM455	PID 控制器	与 FM352 功能相同，具有更多的控制通道
	FM458 – 1DP	应用模块	用于自由组态闭环控制；基本模板可以执行计算、开环控制和闭环控制任务；PROFIBUS DP 接口可以连接到分布式 I/O 和驱动系统；通过扩展模板可以对 I/O 和通信进行模块化扩展

如果在实际应用中，CPU 内部计数频率无法达到要求值或是使用了脉冲编码器测量速度值和位置值时，无法使用 CPU 集成的计数功能，则需要选用高速计数器模块以实现计数功能。

FM351 双通道定位模块用于控制对动态调节特性要求高的轴的定位，以及电动机的快速进给/慢速驱动的电动机控制，该模块用于控制变级调速电动机或变频器。

FM352 电子凸轮控制器可以低成本地替代机械式凸轮控制器，用于根据设定的凸轮轨迹控制模块集成的输出（快速响应）或 PLC 控制的输出点（慢速响应）。对需要高速地数字量控制的场合，可选用 FM352 – 5 高速布尔处理器。

使用步进电动机的位置控制系统一般不需要位置测量，建议时钟脉冲速率高和对动态调节特性要求高的定位系统选用 FM353 步进电动机定位模块。

对于有高动态性能和高精度定位要求的系统，最好使用 FM354 伺服电动机驱动定位模块。

FM357 最多可用于 4 个插补轴的协同定位，既能用于伺服电动机也能用于步进电动机。

对于复杂的温度闭环控制，最好选用 FM355 – 2 温度 PID 控制器。

功能模块选型时需要注意使用的个数不能超过 CPU 带有功能模块的个数限制。

4.7　通信模块

通信模块称为通信处理器（Communication Processor，CP），如图 4-64 所示。它们提供与网络之间的物理连接，负责建立网络连接并通过网络进行数据通信，提供 CPU 和用户程序所需的必要的通信服务，还可以减轻 CPU 的通信任务负荷。

用于 PROFIBUS 和工业以太网的 CP 模块可以使用可选软件包 NCM（STEP 7 软件包的一部分）进行组态，NCM 提供参数分配窗口和用于测试与调试的诊断窗口。所有其他的 CP 模块都提供必要的窗口，这些窗口是在安装过程中自动集成在 Hardware Configuration 中的。

根据所支持的通信协议和服务的类型，通信模块主要分为通信处理模块、高速通信处理模块、现场总线链接模块和以太网链接模块，见表4-28，技术规范见光盘附录部分"选型资料15-通信模块"和"选型资料23-通信模块"。不同的PLC通信模块支持不同的通信协议和服务，通信模块选型时主要根据实际应用中所需的通信协议和服务进行选择。

a) b)

图4-64 通信模块

a) CP342-5 b) CP443-5Extend

表4-28 通信模块主要技术参数

模块类型		接口类型	通信服务
通信处理模块	CP340	RS-232接口	串行通信、打印机驱动
		TTY接口	
		RS-422/485接口	
	CP440	RS-422/485（X.27）	串行通信
高速通信处理模块	CP341	RS-232接口	高速串行通信
		TTY接口	
		RS-422/485接口	
	CP441	RS-232接口	高速串行通信
		TTY接口	
		RS-422/485接口	
现场总线链接模块	CP343-2	AS-I接口	ASI主站通信
	CP342-5	PROFIBUS-DP接口	PROFIBUS-DP V0、PG/OP通信、S7通信、S5兼容通信
	CP342-5FO	PROFIBUS-DP光缆通信接口	PROFIBUS-DP V0、PG/OP通信、S7通信、S5兼容通信
	CP343-5	PROFIBUS-FMS接口	PROFIBUS-FMS、PG/OP通信、S7通信、S5兼容通信
	CP443-5	PROFIBUS-DP接口	PROFIBUS-FMS、PG/OP通信、S7通信、S5兼容通信
	CP443-5Extend	PROFIBUS-DP接口	PROFIBUS-DP、PG/OP通信、S7通信、S5兼容通信

模块类型	接口类型	通信服务
以太网链接模块		
CP343－1Lean	工业以太网接口	TCP/IP 和 UDP 传输协议、PG/OP 通信、S7 通信、S5 兼容通信、通过网络远程编程
CP343－1	工业以太网接口	TCP/IP 和 UDP 传输协议、PG/OP 通信、S7 通信、S5 兼容通信、在 AUI 和工业双绞线接口之间自动转换、通过网络远程编程
CP343－1IT	工业以太网接口	TCP/IP 和 UDP 传输协议、PG/OP 通信、S7 通信、S5 兼容通信、使用 Web 浏览器访问过程数据、E－mail、通过网络远程编程
CP343－1PN	工业以太网接口	TCP/UDP 传输协议、PROFINET 通信标准、PG/OP 通信、S7 通信、S5 兼容通信、通过网络远程编程
CP443－1	工业以太网接口	TCP/IP 和 UDP 传输协议、PG/OP 通信、S7 通信、S5 兼容通信、通过网络远程编程
CP443－1Advanced	工业以太网接口	PG/OP 通信、S7 通信、S5 兼容通信、IT 通信、使用 Web 浏览器存取过程数据的 Web 功能、E－mail、通过网络进行远程编程

4.8 接口模块

4.8.1 S7－300 接口模块

接口模块（Interface Module，FM）用于连接中央机架（Central Rack，CR）和扩展机架（Expansion Rack，ER），对 CPU 机架进行扩展。接口模块必须成对使用，一个作为发送 IM，一个作为接收 IM。通过接口模块，可以配置多层的 S7 自动化系统，系统由中央控制器和扩展单元机架组成。各个机架通过接口模块互相连接，使用面板上的 DIP 开关设置安装机架号。不同类型的接口模块决定扩展机架的个数、最大扩展距离以及扩展机架上安装模块的数量限制。

S7－300 系列 PLC 有 3 种的接口模块：IM 360、IM 361、IM 365。主要技术参数见表 4-29，技术规范见光盘附录部分"选型资料 16－接口模块"。

表 4-29　S7－300 接口模块技术参数

属　　性	接口模块 IM360	接口模块 IM361	接口模块 IM365
适合于在 S7－300 机架中安装	0	1 到 3	0 和 1
数据传送	从 IM360 到 IM361，通过 386 电缆连接	从 IM360 到 IM361 或从 IM361 到 IM361，通过 386 电缆连接	从 IM365 到 IM365，通过 386 电缆连接
间距	最长 10 m	最长 10 m	1 m，永久连接
特性	—	—	预装配的模块对，机架 1 只支持信号模块，IM365 部件通信总线连接到机架 1

IM 360 和 IM 361 配对使用，最多可配置 3 个扩展机架。IM360 与 IM361、IM361 与 IM361 间可以传送 P（I/O）总线和 K（通信）总线。所以扩展机架上模块安装没有限制，但每个接口模块需单独供电。

IM365 配对使用，只能配置一个扩展机架。IM365 接口模块间只能传送 P（I/O）总线，不能传送 K（通信）总线，所以在扩展机架上只能安装信号模块不能安装需要 K 总线的模块，如 FM 和 CP 模块，接口模块间可以传送电源，在扩展机架上 IM365 不需要单独供电。

4.8.2 S7 - 400 接口模块

与 S7 - 300 系列 PLC 接口模块相比，S7 - 400 系列 PLC 的接口模块具有类型多、扩展性强的特点。用于连接中央控制器/扩展单元到扩展的 S7 - 400 结构中。有些 S7 - 400 的扩展需要在扩展链的终端附加终端电阻。否则，CPU 将不能识别扩展机架。S7 - 400 系列 PLC 接口模块主要技术规范见表 4-30，技术规范见附录部分"选型资料 24 - 接口模块"。

表 4-30　S7 - 400 接口模块技术参数

	本 地 连 接		远 程 连 接	
发送 IM	460·-0	460 - 1	460 - 3	460 - 4
接收 IM	461 - 0	461 - 1	461 - 3	461 - 4
每个线路可连接的最大 EM 数目	4	1	4	4
最远距离/m	5	1.5	102.25	605
电压传输	否	是	否	否
每个接口传输的最大电流	—	5A	-	-
通信总线传输	是	否	是	否

IM460 - 0/IM461 - 0 有通信总线，不可以传送电源，扩展机架时需安装电源模块；IM460 - 1 /IM461 - 1 没有通信总线，但可以传送电源，扩展机架无需电源模块，扩展机架上只能安装信号模块，不能安装 FM 和 CP 模块；IM460 - 3/IM461 - 3 有通信总线，不可以传送电源，扩展机架时需插电源模块；IM460 - 4/IM461 - 4 没有通信总线，不可以传送电源，扩展机架需安装电源模块，扩展机架上只能安装信号模块，不能安装 FM 和 CP 模块。

4.8.3 PROFIBUS DP 主站接口模块

IM 467/IM 467 FO 接口模块专用于 S7 - 400 系列 PLC，可将 S7 - 400 连接到 PROFIBUS - DP。PROFIBUS - DP 可以实现 PLC、PC 和现场设备之间的快速现场通信。现场设备包括 ET 200 分布式 I/O 设备、驱动器、阀终端设备、开关设备及其他许多设备。但 PROFIBUS - DP 主站接口 IM 467 和 IM 467 FO 不是符合 DPV 1 的 DP 主站。

使用时，前面板上的 4 个指示灯指示 IM 的工作状态。通过模式选择器或编程设备切换工作模式。连接到 PROFIBUS - DP 时，可以通过总线连接器的电气连接，也可以使用光缆的光纤连接。

IM 467 和 IM 467 FO 提供两种通信服务：

1）PROFIBUS – DP。IM 467/IM 467 FO 是一种符合 EN 50 170 标准的 PROFIBUS – DP 主站。完全使用 STEP 7 进行组态，其工作方式基本上与 CPU 模块上的集成 PROFIBUS – DP 接口相同。DP 通信不需要调用 STEP 7 用户程序中的任何功能。

2）S7 功能。S7 功能可以保证在 SIMATIC S7/M7/C7 自动化解决方案中实现优化和便利的通信。IM 467/IM 467 FO 可以使用 2 种 S7 功能：一种通过 PROFIBUS – DP 的设备编程功能；另一种通过 PROFIBUS – DP 的操作员控制和监视功能。此外，IM 467/IM 467 FO 无需进行额外组态即可进行通信。S7 功能可以单独使用，也可以与 PROFIBUS DP 协议同时使用。如果与 DP 通信同时使用，会对 PROFIBUS DP 总线循环时间造成影响。

4.9　宽温产品选型

西门子宽温产品即 SIPLUS extreme，是建立在 SIMATIC 标准产品基础上的一种系列产品，它们可以满足严峻环境的使用要求，降低投资成本，可靠性高。这类模块适用于扩展的温度范围（水平安装：−25 ~ +60℃；垂直安装：−25 ~ +40℃），可以承受较强的振动和冲击，具有防冷凝、防腐蚀性气体等特性。SIPLUS 模块技术参数见表 4-31。

表 4-31　SIPLUS 模块技术参数

产 品 特 性	技 术 参 数
环 境 温 度	水平安装 −25 ~ 60℃ 垂直安装 −25 ~ 40℃
相对湿度	5 ~95%；允许短时有冷凝，相对湿度（RH）2 类，符合标准 IEC1131 – 2 和 IEC 721 3 – 3 Cl. 3K5
瞬时结冰	−25 ~ 0℃ IEC 721 3 – 3 Cl. 3K5
大气压	1080 ~ 795 hPa，对应高度 −1000 ~ 2000 m
污染浓度 SO_2	SO_2：< 0. 5 ppm；相对湿度 <60% 测试：10 ppm；4 天 H_2S：< 0. 1 ppm；相对湿度 <60% 测试：1 ppm；4 天（符合 IEC 721 3 – 3；3C3 级）
振动	抗振型式：频率级数按每分钟 1 个倍频程的速度进行改变 2 Hz≤f≤ 9 Hz，恒定振幅 3. 0 mm 9 Hz≤f≤150 Hz 恒定加速度 1 g 振动持续时间： 在三个互相垂直轴的每个方向上，每根轴为 10 个频率级数 符合测试符合标准 IEC 68 section 2 –6（Sinus）和 IEC 721 3 – 3，3M4 级
抗冲击性	冲击类型：半正弦冲击强度：冲击峰值为 15 g，持续时间为 11 ms：沿相互垂直 3 个轴的正负方向，每方向三次。冲击测试符合标准 IEC 68 section 2 – 27

SIPLUS 模块可以分为 S7 –300 系列、S7 –400 系列和 SIPLUS DP 系列，见表 4-32。

表 4-32　SIPLUS 模块

模块类型	S7-300	S7-400	SIPLUS DP
电源模块	PS 305 2A、PS 307 5A PS 307 10	PS 405 10A、PS 407 10A 冗余	
CPU	CPU 312C、CPU 313C CPU 313C-2DP、 CPU 314C-2DP、 CPU 314、CPU 315-2DP CPU 315-2 PN/DP、 CPU 317-2 PN/DP、 CPU 315F-2 DP、 CPU 317F-2 DP、	CPU 416-3、CPU 417-4 CPU 414-4H、CPU 417 H	
信号模块	SM 321、SM 322、 SM 323、SM 331、 SM 332、SM 334、 SM 326 F、SM 326 F、 SM 336 F	SM 421、SM 422 SM 431、SM 432	2 个 ET 200L 2 个 ET 200M 17 个 ET 200S 1 个 DP 总线终端电阻 2 个 PROFIBUS 连接器 1 个 RS485 中继器
通信模块	CP 340、CP 341	CP443-1CP443-1	
接口模块	IM 365	IM 460-0、IM 461-1 IF964-DP	
功能模块	FM 350-2	FM 450-1	
其他模块		UR1 冗余 2 个 UR2-H 同步模块 10m 的同步模块	

　　SIPLUS 模块的功能与相应的标准模块相同。由于 STEP7 硬件目录中没有 SIPLUS 模块的组态，在组态时使用与 SIPLUS 模块具有相同功能的同一类型的模块组态，如 SIPLUS CPU 315-2DP，使用 CPU 315-2DP 进行组态。

　　对于需要扩展温度范围或是工作环境较为恶劣（腐蚀性环境）的应用，使用 SIPLUS 模块代替原有模块，具有模块化设计、成本低、可靠性高等优势。

4.10　模块安装和扩展

4.10.1　S7-300 模块安装和扩展

1. 模块安装规范

S7-300 系列 PLC 采用紧凑的、无槽位限制的模块结构。一个 S7-300 系统由多个模块组成，所有模块安装在机架上，根据需要选择合适的模块组建 S7-300 系统。S7-300 系列 PLC 既可以水平安装，也可以垂直安装。CPU 和电源必须安装在左侧（水平安装）或底部（垂直安装）。其允许的环境温度为：

1）垂直安装：0~40℃。

2）水平安装：0~60℃。

为了提供模块的安装空间和确保模块散热良好，机架在控制柜中的最小安装间距为：

1）机架左右为 20 mm。

2）机架上下单层组态安装时为 40 mm，多层组态安装时为 80 mm。

2. 模块安装步骤

模块的安装按照以下步骤进行：

1）安装机架（导轨）。

2）将模块安装在机架上。模块安装时按照电源模块（PS）、CPU 模块、接口模块（IM）、信号模块（SM）、功能模块（FM）、通信模块（CP）的顺序进行，如图 4-65 所示。每个模块（CPU 模块除外）的背后都有一个总线连接器，安装时先将总线连接器插在模块上，并依次连接后悬挂在导轨上，最后用螺钉进行固定。安装过程示意图如图 4-66 所示。

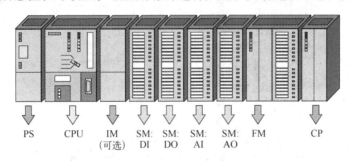

图 4-65　S7 - 300 模块安装顺序（从左到右）

然后将前连接器插接在信号模块和功能模块上，外部接线连接到前连接器的端子上。前连接器用于传感器和执行器与信号模块和功能模块的连接。

更换模块，如 SM 模块时。需先将 CPU 处于"STOP"模式，并切断该模块负载电源，松开安装螺钉，取下前连接器，即可更换模块。前连接器上的编码块用于放置将已接线的连接器插到其他模块上，所以在插入原前连接器前，需将前连接器上的编码块取下。

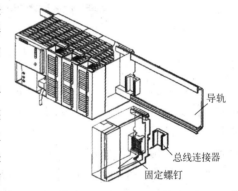

图 4-66　将模块安装在机架上

3）分配槽号。模块安装在机架上后，需要给模块分配槽号，以方便在 STEP7 组态表中指定模块地址。

机架上的模块槽号是根据安装顺序连续地进行编号的。1 号槽安装电源模块，2 号槽安装 CPU，3 号槽安装接口模块 IM。4～11 号槽则安装 I/O 模块、功能模块和通信模块，各模块需逐个插入，模块间不能留有间隔。由于模块使用总线连接器进行连接，所以槽号是相对的，不存在物理槽号。

4）接线。对电源模块、CPU 模块和信号模块进行接线。需要注意的是在对 S7 - 300 系统进行接线时，必须切断电源。

首先进行保护接地导线和导轨的连接。然后按照电源型号设置电压选择器开关为所需线路电压，再连接电源模块和 CPU 模块。最后按照 I/O 接线图进行前连接器接线。具体接线方法参见"S7 - 300 可编程控制器硬件和安装手册"。

3. 模块扩展

如果中央机架上没有足够的空间安装 I/O 模块，或者需要远距离安装模块，或是需要将模拟模块和数字模块分离，则需要为站点增加一个或多个扩展机架。

S7 – 300 系统最多可以增加 3 个扩展机架，每个机架最多可以安装 8 个模块（信号模块、功能模块和通信模块），最大扩展能力为 32 个模块，扩展能力如图 4-67 所示。一个机架上模块的安装数量还受到电流消耗的限制（所有模块所消耗电流总数不能超过提供的最大电流值）。

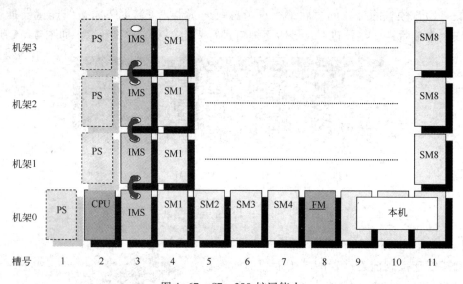

图 4-67　S7 – 300 扩展能力

IMS 表示具有发送功能的接口模块，IMR 表示具有接收功能的接口模块。IM365 接口模块间可传送电源，不需要单独供电，而 IM360/IM361 的接口间不传送电源，需要 24 V 电源供电，扩展的接口模块向背板总线供电。因此使用后者进行扩展的背板总线输出功率大，驱动能强，完全覆盖了 IM365 的功能，但是成本略高。

如果只扩展一个机架，可选用比较经济的接口模块 IM365。如果需要扩展多个机架或是需要在扩展机架上安装通信模块和功能模块，则需要使用 IM360/IM361。

4.10.2　S7 – 400 模块安装和扩展

1. 模块安装规范

S7 – 400 电源模块必须在机架最左侧，接口模块必须在极佳的最右侧，如图 4-68 所示。需要通过通信总线进行数据交换的模块只能安装在 0 ~ 6 号机架。机架在控制柜中的最小安装间距为：

1）机架左右为 20 mm。

2）机架上方为 40 mm，下方为 22 mm，机架之间为 110 mm。

2. 模块安装步骤

S7 – 400 模块安装步骤与 S7 – 300 模块安装步骤基本一致。模块安装顺序如图 4-69 所示。

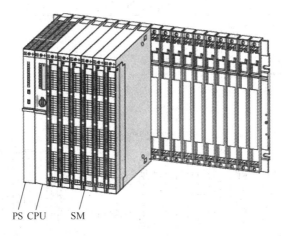

PS CPU SM

图 4-68　将模块安装在机架上

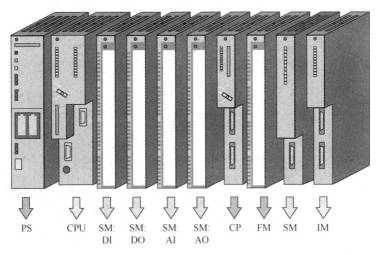

PS　CPU　SM:　SM:　SM:　SM:　CP　FM　SM　IM
　　　　　DI　 DO　 AI　 AO

图 4-69　S7-400 模块安装顺序（从左到右）

3. 模块扩展

图 4-70 表示中央机架和扩展机架可能的连接方式。连接时，必须遵守下列规则：

1）1 个 CR 上最多可连接 21 个 S7-400 ER。

2）为 ER 分配编号以便识别。必须在接收 I 的编码开关中设置机架号。可以分配 1~21 之间的任何机架号，编号不得重复。

3）在 1 个 CR 中最多可插入 6 个发送 IM。不过，1 个 CR 中只允许存在 2 个能够传输 5V 电压的发送 IM。

4）连接到发送 IM 接口的每个线路中最多可包括 4 个 ER（不带 5V 电压传输）或 1 个 ER（带 5V 电压传输）。

5）通过通信总线进行数据交换时限定为 7 个机架，即 1 个 CR 和编号为 1~6 的 6 个 ER。

6）不得超过为连接类型指定的最大（总）电缆长度。

总线必须终止于线路中的最后一个 EU。在线路的最后一个 EU 中，必须在其接收 IM 的下部前连接器中插入适当的端接器。不需要在发送 IM 中未使用的前连接器内插入端接器。IM 461-1 不需要端接器。

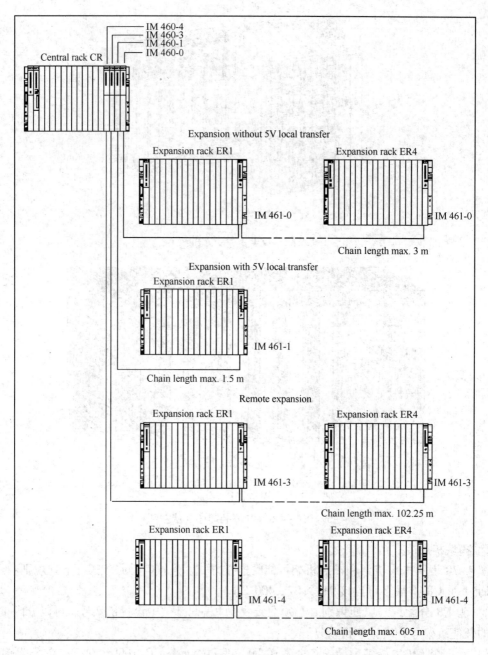

图 4-70 表示中央机架和扩展机架可能的连接方式

4.11 ET 200 分布式 I/O

4.11.1 ET 200 分布式 I/O 简介

西门子 ET 200 是西门子公司 PLC 系统中分布式 I/O 的系列产品,基于开放式 PROFI-BUS 总线可实现从现场信号到控制室的高速(毫秒级)数据通信,还可以与认证的非西门子公司生产的 PROFIBUS – DP 主站协同运行。

组建系统时，通常需要将过程的输入和输出集中集成到该自动化系统中。如果输入和输出远离 PLC，将需要铺设很长的电缆，从而不易实现，并且可能因为电磁干扰而使得可靠性降低。ET 200 分布式 I/O 为此类系统提供了理想的解决方案。

ET 200 分布式 I/O 系统的控制器 CPU 位于中央位置。I/O 设备（输入和输出）在本地分布式运行。PROFIBUS DP 现场总线保证在部件之间进行高速的数据交换。

使用一个总线代替杂乱无章的电缆布线，结构简单清晰，加快了安装过程，软件和设备的配置更为简单，不容易发生故障并简化维护。减少电缆数量使结构使得所用电缆架和控制柜的体积变小。只需少量部件，便能满足各种不同应用的要求。

通过使用 SIMATIC ET 200 分布式 I/O，可以实现范围广泛的分布式系统，包括采用控制柜、不使用控制柜直接安装在机器上，以及危险区域应用。并且，还可以提供各种不同的组合：数字量和模拟量 I/O、带 CPU 功能的智能模块、安全系统、电动机起动器、气动装置、变频器以及各种技术功能模块（例如计数模块、定位模块）。凭借模块化设计，ET 200 的组态或扩展非常简便。即装即用的集成附加模块不但降低了成本，而且扩展了应用范围。

全集成自动化概念和 STEP 7 使 ET 200 能与西门子的其他自动化系统协同运行，实现了从硬件配置到共享数据库等所有层次上的集成。ET 200 可以经济地集成到 SIMATIC PCS7 过程控制系统中以及其他非西门子过程控制系统。

每一款 ET 200 都有相应的防护等级，表示对于不同环境的适应性，根据防护等级标准划分了相应的 IP 代码。防护等级由字母 IP 后面的两个数字表示。第一个数字表示接触保护和固体外来物进入的防护等级。第二个数字表示对液体的防护等级。如 IP 20，2 表示防止手指进入和防止中等尺寸的固体外来物进入；0 表示对液体无防护。

随着技术的更新，ET 200 系列的许多老型号逐步淘汰，并由功能更为强大的新的型号所取代，如 ET 200R、ET 200X 等。

4.11.2　ET 200 分类

按照防护等级的不同，ET 200 系列分布式 I/O 系统可以分为用于控制柜和不带控制柜 2 种类型。用于控制柜的 I/O 系统包括 ET 200S、ET 200M、ET 200L 和 ET 200iSP。不带控制柜的 I/O 系统包括 ET 200pro、ET 200eco 和 ET 200R。由于具有较高的防护等级、抗冲击防尘和不透水的特性，在配置这些系统时，不需要控制柜。但是这些系统同样能适应严酷的工业环境。它们只需要更少的附加部件并能节省连接电缆，显著地降低了成本。

（1）ET 200S

ET 200S 是一款防护等级为 IP20，具有丰富的信号模块，同时支持电动机启动器，变频器，PROFIBUS 和 PROFINET 网络的分布式 I/O 系统。适用于需要电动机起动器和安全装置的开关柜，尤其是需要体积小，系统比较分散的应用场合。ET 200S 可支持 64 个子模块，带有通信功能的电动机启动器、集成的安全防护系统（适用于机床及重型机械行业）和集成光纤接口。ET 2005 如图 4-71 所示。

（2）ET 200M

ET 200M 是一款防护等级为 IP20 的高度模块化的多通道分布式 I/O 系统。它使用 S7 – 300 PLC 的信号模块功能模块和通信模块进行扩展，最多可扩展展 8 或 12 个 S7 – 300 模块。

可以连接256个I/O通道，具有支持HART协议的模块，可以将现有的HART仪表接入现场总线。通过配置有源背板总线模块，ET 200M可以支持带电热插拔功能。由于模块的种类众多，ET 200M尤其适用于高密度且复杂的自动化任务，而且通过IM153-2接口模块能够在S7-400H及软冗余系统中应用。ET 200M如图4-72所示。

ET 200M户外型适用于野外应用，其温度范围可达 -25～+60℃。

图4-71　ET 200S　　　　　　　　　　　图4-72　ET 200M

（3）ET 200L

ET200L是一款低成本的紧凑型数字量I/O设备，具有最多32个通道的数字量模块，适用于要求较少输入/输出点数或只有小安装空间的场合。模块可以安装在标准导轨上。ET 200L可以提供3种形式的数字输入或输出：ET 200L、ET 200L-SC和ET 200 L-SC IM-SC。ET 200L如图4-73所示。

ET 200L是整体式单元，不可扩展。ET 200L-SC可扩展一个SIMATIC SMART Connect TB16SC端子板，可分别扩展多至16个数字和模拟量输入/输出通道模块。ET 200L-SC IM SC通过PROFIBUS-DP直接连接到SMART Connect（SC）电子模块。IM SC的端子板（TB161-SC）可容纳8个SC模块，直到16个通道数字或模拟量信号。TB161M-SC也可以扩展到TB161SC，因而能增加8个模块。

（4）ET 200iSP

ET 200iSP是模块化的、本质安全的分布式I/O系统，可以用于易燃易爆区域，可直接安装在危险1和2区，可以连接来自最高危险0区的本质安全的传感器或执行器的信号。将设备引入有爆炸危险的区域时，ET 200iSP系统的设计符合ATEX Directive 94/9/EC，满足欧洲市场需要。系统的设计允许它用于容易增加机械载荷的场所，例如石油平台。使用ET 200iSP站，与传统设备相比，大大降低了成本。它不再需要隔离变压器或子配电盘，需要的电缆也少得多，因为站的功能局部像一个模块化终端。广泛诊断手段的提供，简化了启动和故障排除。具有带HART功能的模拟量输入模板和模拟量输出模板，现有输入/输出模板产品系列还包括功能可以参数化的数字量输入/输出模板。ET 200iSP如图4-74所示。

图4-73　ET 200L　　　　　　　　　图4-74　ET 200iSP

ET 200iSP 具有简洁、模块化和面向功能的站点设计，可进行冗余配置，每个站点最多可扩展 32 个模块，所有模块可以带电热插拔。ET 200iSP 站可以在操作中扩展：运行中修改配置（CiR）。模块具有本安结构，由于符合 PROFIBUS 的国际 2.062 标准，因此与 PROFIBUS 连接具有本安特性。

（5）ET 200pro

SIMATIC ET 200pro 是一种全新的模块化 I/O 系统，防护等级高达 IP67，具有极高的抗震性能，用于无控制柜应用，专门适用于那些环境恶劣，安装控制柜困难的场合。ET 200pro 支持 PROFIBUS 和 PROFINET 现场总线，所有模块可以带电热插拔，具有包括通道级和模块级的丰富的诊断功能。可以连接模拟量、数字量、变频器、电动机启动器、RFID 及气动单元等模块，而且提供故障安全型模块，并可与标准模块混合使用，安全等级达到 4 类/SIL3 安全要求，使系统更具可用性。目前在汽车、钢铁、电力、物流等行业拥有广泛的应用前景。ET 200pro 如图 4-75 所示。

（6）ET 200eco

ET 200eco 是一款防护等级高达 IP67，无控制柜设计和经济型的分布式 I/O 系统，用于处理数字量输入输出信号，在安装空间有限或应用环境比较恶劣的场合具有广泛的应用前景。ET 200eco 支持 PROFIBUS DP 和 PROFINET 工业现场总线。使用灵活的接线板，通过 M12 或一个标准的综合接口（ECOFAST）就可以连接到 PROFIBUS DP。PROFIBUS 连接模块上包含总线和电源所用的 T 功能，使得在调试和更换模块期间能够将模块从 PROFIBUS 断开，或者重新连接到 PROFIBUS，而不会中断运行。紧凑型 ET 200eco 块 I/O 与模块化的 ET 200X I/O 系列一起，为要求更高防护等级的应用提供了一个集成的扩展。ET 200eco 如图 4-76 所示。

图 4-75　ET 200pro

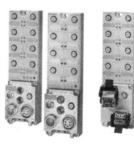

图 4-76　ET 200eco

（7）ET 200R

ET 200R 是防护等级为 IP 65 的分布式 I/O 系统，用于车体组装的机器人。具有铸铝外壳，外壳可直接安装在承受强电磁干扰的机器人环境中。可参数化的 I/O：8 DI/8 DO，最大可达 16 DI。由于有集成的转发器功能，可以成功掌握工具转换应用，提高了设备可用率。同时可使机器人上的零部件数量减少，在调试和维修保养期间防止故障发生。后面有推入安装式端子条，用于连接焊接变压器模拟信号。通过混合线缆连接到 17 针 M23 连接器。ET 200R 如图 4-77 所示。

图 4-77　ET 200R

4.12 习题

1. S7 – 300 有哪些模块组成? 如何安装和扩展?
2. S7 – 400 有哪些模块组成? 如何安装和扩展?
3. S7 – 300/400 的电源模块如何进行选型?
4. 信号模块如何分类, 选型依据有哪些?
5. ET 200 分布式 I/O 分为哪几类, 每种类型有什么特点?

第5章 S7-300/400 PLC 网络通信

本章学习目标：

了解 SIMATIC NET 通信的基础知识以及 S7-300/400 PLC 网络通信的相关内容；理解 MPI、PROFIBUS、工业以太网、AS-I 网络通信的应用场合和优缺点；掌握 MPI、PROFIBUS、工业以太网网络通信技术。

5.1 网络通信基础知识

随着社会的不断发展，通信已渗入到我们生活的各个方面，成为了日常生活必不可少的元素之一。同样，在控制行业中，通信也逐渐占据了十分重要的地位。不同设备间需要交换数据来实现各自的功能，不同生产商的不同设备的相互配合更离不开通信。控制中所要求的分散控制、集中管理的实现，也离不开通信。因此，通信是控制发展到一定阶段不可或缺的产物。

5.1.1 单工通信、半双工通信及全双工通信

如果通信仅在点与点之间进行，按照信息传送的方向与时间关系，通信方式可分为单工通信、半双工通信及全双工通信三种。单工通信是信息只能单方向进行传输的一种通信方式，如图 5-1 所示。单工通信的例子很多，如广播、遥控、无线寻呼等。这里，信号只从广播发射台、遥控器和无线寻呼中心分别传到收音机、遥控对象和 BP 机上。

半双工通信方式是指通信双方都能收发信息，但不能同时进行收和发的工作方式，例如对讲机就是半双工通信方式，如图 5-2 所示。

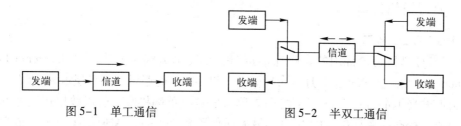

图 5-1 单工通信　　　　　图 5-2 半双工通信

全双工通信是指通信双方可同时进行双向传输的工作方式，如图 5-3 所示。例如普通电话、计算机通信网络等采用的就是全双工通信方式。

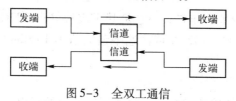

图 5-3 全双工通信

5.1.2 串行传输和并行传输

在数字通信中按照数字码元排列顺序的不同，可将通信方式分为串行传输和并行传输。

串行传输是将代表信号的数字信号码元序列按照时间顺序一个接一个地在信道中传输，如图 5-4 所示。通常，一般的远距离数字通信都采用这种传输方式。

并行传输是将代表信息的数字信号码元序列分割成两路或以上的数字信号序列同时在信道上传输，如图 5-5 所示。并行传输的优点是速度快、节省传输时间，但占用频带宽，设备复杂，成本高，故较少采用，一般适用于计算机和其他高速数字系统，特别适用于设备之间的近距离通信。

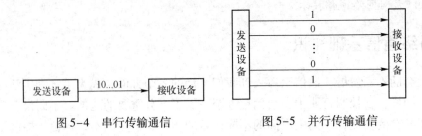

图 5-4 串行传输通信   图 5-5 并行传输通信

5.1.3 异步传输和同步传输

异步传输和同步传输是目前常用的发送设备和接收设备间的同步技术。

异步通信传输也称起止式传输，是利用起止法来达到收发同步的，每次只传输或接收一个字符，用起始位和停止位来指示被传输字符的开始和结束。这种传输方式对每个字符附加上了起止信号，因而传输效率低。目前主要用于中速以下的通信线路中。

同步传输用连续比特传输一组字符，可以克服传输效率低的缺点。在同步传输方式中，数据的传输由定时信号控制。在接收端，通常由通信设备从接收信号中提取出定时信号。

5.1.4 串行通信接口

1. RS-232C 接口

RS-232C 是目前最常用的串行通信接口，是美国电气工业协会（Electronic Industries Association，EIA）于 1969 年 3 月发布的标准。RS-232 的逻辑 0 电平规定为 $+5 \sim +15\,\mathrm{V}$ 之间，逻辑 1 电平规定为 $-15 \sim -5\,\mathrm{V}$ 之间，单端发送、单端接收，所以数据传送速率低，抗干扰能力差，标准速率是 $0 \sim 20\,\mathrm{Kbit/s}$，最大通信距离是 $15\,\mathrm{m}$。在通信距离近、传送速率和环境要求不高的场合应用较广泛。

2. RS-422A 接口

RS-422A 标准是全双工工作方式，它是基于改善 RS-232C 标准的电气特性，又考虑 RS-232C 兼容而制定的。RS-422A 传输速率最大值为 $10\,\mathrm{Mbit/s}$，在此速率下电缆允许长度是 $120\,\mathrm{m}$。

3. RS-485 接口

RS-485 是最常用的传输技术之一。它使用屏蔽双绞线电缆，采用二线差分平衡传输，传输速率可达到 12 Mb/s。具有较强的抑制共模干扰能力。RS-485 为半双工工作方式，在一个 RS-485 网络中，可以有 32 个模块，这些模块可以是被动发送器、接收器或收发器。这种接口适合远距离传输，是工业设备的通信中应用最多的一种接口。S7-200 CPU 上的通信口是符合国际标准 IEC61158-3 和欧洲标准 EN 50170 中 PROFIBUS 标准的 RS-485 兼容9 针 D 型连接器。

RS-422 与 RS-485 的区别在于 RS-485 采用的是半双工传送方式，RS-422 采用的是全双工传送方式；RS-422 用两对差分信号线，RS-485 只用一对差分信号线。

5.1.5　传输速率

码元传输速率，简称传码率，它是指系统每秒钟传送码元的数目，单位是波特（Baud），常用符号 B 表示。

信息传输速率，简称传信率，它是指系统每秒钟传送的信息量，单位是比特/秒，常用符号"bit/s"表示。

传码率和传信率既有联系又有区别。每个码元含有的信息量乘以码元速率得到的就是信息传信率。在对于以二进制传输的码元中，每个码元的信息量是 1bit，所以在这种情况下，码元速率和信息传输速率是相等的。

5.1.6　OSI 参考模型

OSI 参考模型（Open System Interconnection Reference Model）描述一个通信系统中各个站之间的通信。它是国际标准化组织（ISO）在 1983 年制定的。此模型定义七层结构，如图 5-6 所示，包括物理层、数据链路层、网络层、运输层、会话层、表示层和应用层。对于具体的通信系统如果不需要某些特定的功能，则不使用相应的层。例如现场总线标准的结构分层采用了 OSI 模型的第一、二和七层，并且在现场总线标准中，把第二层和第七层合并，称为通信栈。

7	应用层
6	表示层
5	会话层
4	运输层
3	网络层
2	数据链路层
1	物理层

图 5-6　OSI 参考模型

5.2　SIMATIC 通信基础

5.2.1　SIMATIC NET

可编程模块之间的数据交换称为通信，它是 SIMATIC S7 系统集成的一个部件。

西门子 SIMATIC 通信称为 SIMATIC NET。它规定了 PC 与 PLC 之间、PLC 与 PLC 之间、PLC 与 OP 之间、PLC 与 PG 之间、PLC 与现场设备之间信息交换的接口连接关系，为了满足控制系统的不同需要，它有多种通信方式可选。

为了满足在单元层（时间要求不严格）和现场层（时间要求严格）的不同要求，如图 5-7 所示，SIEMENS 提供了下列网络：

（1）PtP

点到点连接（Point-to-point connections）最初用于对时间要求不严格的数据交换，可以连接两个站或连接下列设备到 PLC，如 OP、打印机、条码扫描器、磁卡阅读机等。

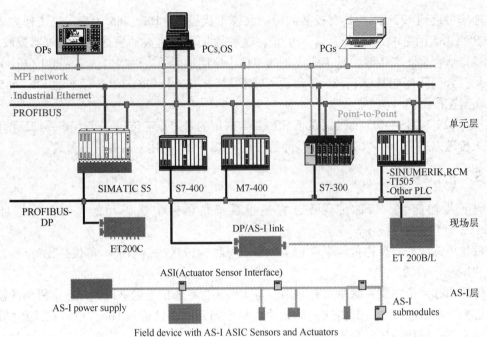

图 5-7 SIMATIC NET

（2）MPI

MPI 网络可用于单元层，它是 SIMATIC S7、M7 和 C7 的多点接口。MPI 从根本上是一个 PG 接口，它被设计用来连接 PG（为了启动和测试）和 OP（人–机接口）。MPI 网络只能用于连接少量的 CPU。

（3）PROFIBUS

工业现场总线（PROFIBUS）是用于单元层和现场层的通信系统。有两个版本：对时间要求不严格的 PROFIBUS，用于连接单元层上对等的智能结点；对时间要求严格的 PROFI-BUS – DP，用于智能主机和现场设备间的循环的数据交换。

（4）Industrial Ethernet

工业以太网（Industrial Ethernet）是一个用于工厂管理和单元层的通信系统。工业以太网被设计为对时间要求不严格用于传输大量数据的通信系统，可以通过网关设备来连接远程网络。

（5）AS – I

执行器–传感器–接口（Actuator – Sensor – Interface）是位于自动控制系统最底层的网络，可以将二进制传感器和执行器连接到网络上。

SIMATIC NET 可以分为两类网络类型：

1）网络类型 1：符合国际标准通信网络类型。见表 5-1。这类网络性能优异、功能强大、互连性好。但应用复杂、软硬件投资成本高。

2）网络类型 2：西门子专有通信网络类型。见表 5-2。这类网络开发应用方便、软硬件投资成本低。但与国际标准通信网络类型比较性能低于以上标准，互连性差于以上标准。

表 5-1　网络类型 1

类　　型	特　　性	通 信 标 准
工业以太网	大量数据、高速传输	IEEE802. 3 10MB/S 国际标准 IEEE802. 3U 100MB/S 国际标准
PROFIBUS	中量数据、高速传输	IEC61158 TYPE3 国际标准 EN50170 欧洲标准 JB/T 10308. 3 中国标准
AS – I	用于传感器和执行器级	IEC TG 17B 国际标准 EN50295 欧洲标准
EIB	用于楼宇自动化	ANSI EIA 776 国际标准 EN50090 欧洲标准

表 5-2　网络类型 2

类　　型	特　　性
MPI	适合用于多个 CPU 之间少量数据、高速传输、成本要求低；产品集成、成本低、使用简单；较多用于编程、监控等
PPI	专为 S7 – 200 系列 PLC 设计的双绞线点对点通信协议
自由通信方式	适合用于特殊协议、串行传输；控制系统此通信方式可与通信协议公开的任何设备进行通信

5. 2. 2　SIMATIC 通信基本概念

为了更好地理解 SIMATIC 通信，首先应该理解通信相关的基本概念。这些概念包括子网（Subnet）、行规（Utility）、协议（Protocols）、服务（Service）。图 5-8 是 SIMATIC 通信的概念图。

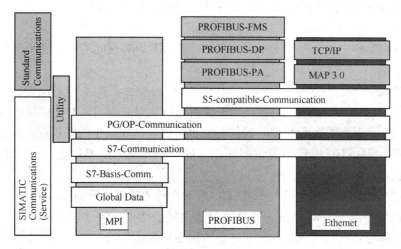

图 5-8　SIMATIC 通信概念图

1. 子网

由具有相同的物理特性和传输参数（如传输速率）的多个硬件站点相互连接组成的网络，且这些硬件站点使用相同的通信行规进行数据交换，那么这个网络称为子网（Subnet），包括 MPI、PROFIBUS、Ethernet、AS – I、PtP。

网络（Network）是以通信为目的在若干设备之间的连接，它由一个或多个子网组成，子网可以是同一类型也可不是同一类型。站点（Station）也称节点，它们包括：PG/PC、SIMATIC S7 – 300/400、SIMATIC H Station、SIMATIC PC Station、SIMATIC OP 等。

各子网在工业系统层次上的分布如图 5-9 所示。SIMATIC 通信可以实现各层中的横向通信以及贯穿各层的纵向通信。这种分层和协调一致的工业通信系统，为所有生产过程领域的透明网络提供了理想的前提条件。

（1）在传感器 – 执行机构级

二进制的传感器和执行机构的信号通过传感器 – 执行机构总线来传输。它提供了一种简单和廉价的技术，通过共用介质传输数据和供电电流。AS – I 为这种应用领域提供了合适的总系统。

（2）在现场级

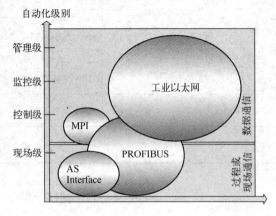

图 5-9　子网在工业系统层次上的分布图

分散的外围设备，如 I/O 模块、变送器、驱动器装置、分析设备、阀门或操作员终端等，它们通过功能强大的实时的通信系统与自动化系统通信。过程数据的传输是循环的，而当需要时，非循环地传输附加中断、组态数据和诊断数据。PROFIBUS 满足这些要求，并为工厂自动化和过程自动化提供通用的解决方案。

（3）在控制级

可编程的控制器（如 PLC 和 IPC）彼此之间的通信，以及它们与使用 Ethernet、TCP/IP、Intranet 和 Internet 标准的办公领域 IT 系统之间的通信，这些通信的信息流需要大的数据包和许多强有力的通信功能。

除了 PROFIBUS 之外，基于 Ethernet 的 PROFINET 为实现此目的提供了一种方向性的创新的解决方案。

2. 通信行规

通信行规（Communication utility）用于说明通信站点之间实现数据交换的方法和交换数据的处理方式，其基础是通信协议。通信行规也可以看作在某个网络连接上建立数据通信需要遵循的要求。SIMATIC 通信行规主要包括：PG 与 OP 通信、PtP 通信、S7 基本通信、S7 通信和全局数据（Global Data）通信。

1）PG 通信：用于工程师站与 SIMATIC 站点之间的数据交换通信行规。

2）OP 通信：用于 HMI 站与 SIMATIC 站点之间的数据交换通信行规。

3）PtP：通过串行口通信伙伴之间进行数据交换的通信行规。

4）S7 基本通信：用于 CPU 与 CP 模块（站点内部或外部）之间的小量数据交换，是一种事件控制行规。

5）S7 通信：用于具有控制和监视功能 CPU 之间的大量数据交换，是一种事件控制行规。

6）全局数据通信：通过 MPI 或 K 总线几个 CPU 之间的小量数据交换控制行规。

子网、通信模块与通信行规间的关系见表 5-3。

表 5-3 子网、通信模块与通信行规间的关系

子 网 络	模 块	通信服务和连接	组态和接口
MPI	所有 CPU	全局数据通信	GD 表
		工作站内 S7 基本通信	SFC 调用
		S7 通信	连接表、FB/SFB 调用
PROFIBUS	带 DP 接口的 CPU	PROFIBUS – DP（DP 主站或 DP 从站）	硬件组态、SFB/SFC 调用、输入/输出
		工作站内 S7 基本通信	SFC 调用
	IM 467	PROFIBUS – DP（DP 主站）	硬件组态、SFB/SFC 调用、输入/输出
		工作站内 S7 基本通信	SFC 调用
	CP 342 – 5 扩展 CP 443 – 5	CP342 – 5：PROFIBUS – DP V0 CP443 – 5 Ext：PROFIBUS – DP V1（DP 主站或 DP 从站）	硬件组态、SFB/SFC 调用、输入/输出
		工作站内 S7 基本通信	SFC 调用
		S7 通信	连接表、FB/SFB 调用
		S5 兼容通信	NCM、连接表、SEND/RECEIVE
	CP 343 – 5 基本 CP 443 – 5	工作站内 S7 基本通信	SFC 调用
		S7 通信	连接表、FB/SFB 调用
		S5 兼容通信	NCM、连接表、SEND/RECEIVE
		PROFIBUS – FMS	NCM、连接表、FMS 接口
工业以太网	带有 PN 接口的 CPU	PROFINET IO（IO 控制器）	硬件组态、SFB/SFC 调用、输入/输出
	瘦型 CP 343 – 1 CP 343 – 1 CP 443 – 1	S7 通信	连接表、FB/SFB 调用
		S5 兼容通信传输协议 TCP/IP 和 UDP、CP44 – 1 也用 ISO	NCM、连接表、SEND/RECEIVE
	CP 343 – 1 IT 高级 CP 443 – 1 CP 443 – 1 IT	S7 通信	连接表、FB/SFB 调用
		S5 兼容通信传输协议 TCP/IP 和 UDP、CP44 – 1 也用 ISO	NCM、连接表、SEND/RECEIVE
		IT 通信（HTTP、ETP、E – mail）	NCM、连接表、SEND/RECEIVE
	CP 343 – 1 PN	S7 通信	连接表、FB/SFB 调用
		S5 兼容通信传输协议 TCP 和 UDP	NCM、连接表、SEND/RECEIVE
PtP	CP340	ASC Ⅱ协议，3964（R）	自己的组态工具
	CP441 – 1	打印机驱动器	可装载的块，对于 CP441；SFB
	CP341	ASC Ⅱ协议，3964（R），RK 512	自己的组态工具
	CP441 – 2	特殊驱动器	可装载的块，对于 CP441；SFB
	CPU 313C – 2 PtP	ASC Ⅱ协议，3964（R），RK 512	CPU 组态，SFB 调用
	CPU 314C – 2 PtP	对于 CPU 314C	

3. 标准通信

标准通信（Standard Communications）即符合国际标准的通信方式。

从用户的角度看，PROFIBUS 提供了三种不同的通信协议：DP、FMS（Fieldbus Message Specification，现场总线报文规范）和 PA（Process Automation）。Ethernet 提供了两种不同的通信协议：TCP/IP 和 MAP 3.0。

4. 连接

连接（Connection）用于描述两个设备之间的通信关系。根据通信行规，连接类型分为动态连接（不组态，事件建立和清除连接）和静态连接（通过连接表组态连接）；SIMATIC 通信的连接类型包括：S7 连接、PtP 连接、TCP 连接、UDP 连接等。

5.3 MPI 网络通信

5.3.1 基本概述

MPI（MultiPoint Interferce）是多点接口的简称。MPI 通信是当通信要求速率不高时，可以采用的一种简单经济的通信方式。MPI 物理接口符合 PROFIBUS RS－485（EN 50170）接口标准。MPI 网络的通信速率为 19.2 K～12 Mbit/s，S7－300 通常默认设置为 187.5 kbit/s，只有能够设置为 PROFIBUS 接口的 MPI 网络才支持 12 Mbit/s 的通信速率。

PLC 通过 MPI 能同时连接编程器/计算机（PG/PC）、人机界面（HMI）、SIMATIC S7、M7 和 C7。每个 CPU 可以使用的 MPI 连接总数与 CPU 的型号有关，为 6～64 个。例如，CPU312 为 6 个，CPU417 为 64 个。

接入到 MPI 网络的设备称为一个节点，不分段的 MPI 网络最多可以连接 32 个节点，两个相邻节点间的最大通信距离为 50 m，但是可以通过中继器来扩展长度，实现更大范围的设备互连。两个中继器之间没有站点，最大通信距离可扩展到 1000 m；最多可增加 10 个中继器，因此通过加中继器最大通信距离可扩展到 9100 m（1000 m * 9 + 50 * 2 = 9100 m）。

如果在两个中继器之间有 MPI 节点，则每个中继器只能扩展 50 m。如图 5-10 所示。

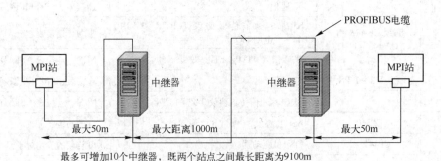

图 5-10 带中继器的 MPI 网络

MPI 网络使用 PROFIBUS 总线连接器和 PROFIBUS 总线电缆。位于网络终端的站，应将其总线连接器上的终端电阻开关扳到 On 位置。网络中间的站总线连接器上的终端电阻开关扳到 Off 位置。总线连接器如图 5-11 所示。

为了实现 PLC 与计算机的通信，计算机应配置一块 MPI 卡，或使用 PC/MPI、USB/MPI

适配器。应为每个 MPI 节点设置 MPI 地址(0~126)，编程设备、人机界面和 CPU 的默认地址分别为 0、1、2。MPI 网络最多可以连接 125 个站。

通过 MPI 可以实现 S7 PLC 之间的三种通信方式：全局数据包通信、S7 基本通信（无组态连接通信）和 S7 通信（组态连接通信）。

接CPU的MPI接口

终端电阻开关

图 5-11　总线连接器

1）全局数据包通信方式：对于 PLC 之间的数据交换，只需组态数据的发送区和接收区，无需额外编程，适合于 S7-300/400 PLC 之间的相互通信。

2）S7 基本通信（无组态连接通信）方式：需要调用系统功能块 SFC65~SFC69 来实现，适合于 S7-200/300/400 PLC 之间的相互通信。无组态连接通信方式有可分两种方式：双边编程和单边编程。

3）S7 通信（组态连接通信）方式：S7-300 的 MPI 接口只能作服务器，S7-400 在与 S7-300 通信时作客户机，与 S7-400 通信时既可以作服务器，又可以作客户机，S7 通信方式只适合于 S7-300/400 PLC 之间的相互通信。

5.3.2　全局数据包通信

全局数据包通信（GD 通信）通过 MPI 接口在 CPU 间循环地交换数据，数据通信不需要编程，也不需要在 CPU 上建立连接，而是利用全局数据表来进行配置。全局数据表是在配置 PLC 的 MPI 网络时，组态所要通信的 PLC 站的发送区和接收区。当过程映像被刷新时，在循环扫描检测点上进行数据交换。这种通信方法可用于所有 S7-300/400 的 CPU。对于 S7-400，数据交换可以用 SFC 来启动。全局数据可以是输入、输出、标志位、定时器、计数器和数据块区。最多可以在一个项目中的 15 个 CPU 之间建立全局数据通信。它只能用来循环地交换少量数据，全局数据包最大长度为 22 B，原理图如图 5-12a 所示。

对于全局数据包通信来说，如果需要对数据的发送和接收进行控制，如在某一事件或某一时刻，接收和发送所需要的数据，则需要采用事件驱动的全局数据包通信方式。这种通信方式是通过调用 CPU 的系统功能 SFC60（GD_SND）和 SFC61（GD_RCV）来完成的，这种方式仅适合于 S7-400 PLC，并且相应设置 CPU 的 SR（扫描频率）为 0，原理图如图 5-12b 所示。SFC60（GD_SND）和 SFC61（GD_RCV）的输入/输出参数分别见表 5-4 和表 5-5。SFC60 和 SFC61 框图如图 5-13 所示。

表 5-4　SFC60（GD_SND）的输入/输出参数

参　数　名	参数类型	数据类型	参数说明
CIRLCE_ID	INPUT	BYTE	要发送的 GD 包所在 CD 环的数目，允许的数值 1~16
BLOCK_ID	INPUT	BYTE	所选择的 GD 环中要发送的 GD 的包数，允许的数值 1~3
RET_VAL	OUTPUT	INT	错误信息

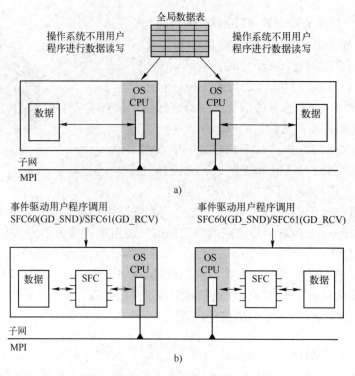

图 5-12　全局数据包通信方式原理图

a）全局数据包通信方式原理图　b）采用事件驱动的全局数据包通信方式原理图

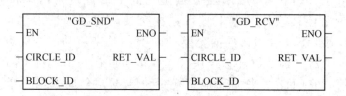

图 5-13　SFC60 和 SFC61 的框图

表 5-5　SFC61（GD_RCV）的输入/输出参数

参　数　名	参数类型	数据类型	参　数　说　明
CIRLCE_ID	INPUT	BYTE	用于输入进入 GD 包的 GD 环的数目，允许的数值 1～16
BLOCK_ID	INPUT	BYTE	所选择的 GD 环中的 GD 的包数，将在其中输入进入的数据，允许的数值 1～3
RET_VAL	OUTPUT	INT	错误信息

应用全局数据包通信，就是要在 CPU 中定义全局数据块，这一过程也称为全局数据包通信组态。在 STEP7 进行全局数据包通信组态时，由系统菜单 Option 中的 "Define Global Data" 进行全局数据表（GD 表）组态，具体步骤如图 5-14 所示。

扫描速率决定 CPU 用几个扫描循环周期发送或接收一次 GD 表，发送和接收的扫描速率不必一致。扫描速率值应同时满足：发送间隔时间大于等于 60 ms；接收间隔时间小于等于发送间隔时间。否则，可能导致全局数据信息丢失。扫描速率的发送设置范围是 4～255，接收设置范围是 1 ~ 255，它们的默认设置值都是 8。

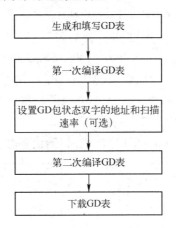

图 5-14 全局数据表的组态步骤

5.3.3 S7 基本通信

S7 基本通信方式又称为无组态连接通信方式，通过 MPI 子网或站中的 K 总线来传送数据。这种通信方式不需要建立全局数据包，也不需要在 CPU 上建立连接，仅需在程序中调用系统功能 SFC 即可。传输的最大用户数据量为 76 个字节。这种通信方式适合于 S7 – 300 之间、S7 – 300/400 间、S7 – 300/400 和 S7 – 200 间的数据通信。

S7 基本通信方式又分为两种：双边通信方式和单边通信方式。通信方式原理图如图 5–15 所示。

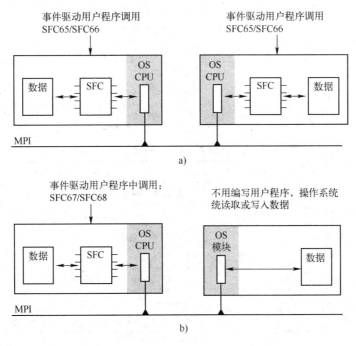

图 5-15　S7 基本通信双边通信方式和单边通信方式原理图

a）双边通信方式　b）单边通信方式

1. 单边通信方式

单边通信只在一方编写通信程序，即客户机与服务器的访问模式，编写程序一方的 CPU 作为客户机，没有编写程序一方的 CPU 作为服务器，客户机调用 SFC 通信块对服务器的数据进行读写操作，这种通信方式适合 S7 – 300/400/200 之间通信，S7 – 300/400 的 CPU 可以同时作为客户机和服务器，S7 – 200 只能作服务器。在客户机方，调用 SFC67（X_GET）用来读回服务器指定数据区中的数据并存放到本地的数据区中，调用 SFC68（X_PUT）用来写本地数据区中的数据到服务器中指定的数据区中。SFC67 和 SFC68 的框图如图 5-16 所示。SFC67（X_GET）和 SFC68（X_PUT）的输入/输出参数分别见表 5-6 和表 5-7。

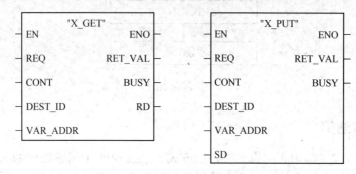

图 5-16　SFC67 和 SFC68 的框图

表 5-6　SFC67(X_GET) 的输入/输出参数

参 数 名	参数类型	数据类型	参 数 说 明
REQ	INPUT	BOOL	接收请求，该参数为 1 时发送
CONT	INPUT	BOOL	为 1 时，表示发送数据是连续的一个整体
DEST_ID	INPUT	WORD	对方的 MPI 地址
VAR_ADDR	INPUT	ANY	指向伙伴 CPU 上要读取数据的区域
RET_VAL	OUTPUT	INT	发送状态字
BUSY	OUTPUT	BOOL	通信进程，为 1 时表示正在发送，为 0 时表示发送完成
RD	OUTPUT	ANY	接收区放在 DB1 中从 DBB0 开始的连续 76 B

表 5-7　SFC68(X_PUT) 的输入/输出参数

参 数 名	参数类型	数据类型	参 数 说 明
REQ	INPUT	BOOL	发送请求，该参数为 1 时发送
CONT	INPUT	BOOL	为 1 时，表示发送数据是连续的一个整体
DEST_ID	INPUT	WORD	对方的 MPI 地址
VAR_ADDR	INPUT	ANY	指向伙伴 CPU 上要写入数据的区域
SD	INPUT	ANY	定义数据发送区，以指针的格式表示
RET_VAL	OUTPUT	INT	发送状态字
BUSY	OUTPUT	BOOL	通信进程，为 1 时表示正在发送，为 0 时表示发送完成

2. 双边通信方式

双边通信方式是在收发双方都需要调用系统通信功能 SFC，一方调用发送块发送数据，另一方调用接收块来接收数据。在发送端调用 SFC65（X_SEND），建立与接收端的动态连接并发送数据；在接收端调用 SFC66（X_RCV）来接收数据。SFC65 和 SFC66 的框图如图 5-17 所示。SFC65（X_SEND）和 SFC66（X_RCV）的输入/输出参数分别见表 5-8 和表 5-9。

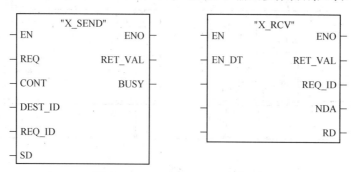

图 5-17　SFC65 和 SFC66 的框图

表 5-8　SFC65（X_SEND）的输入/输出参数

参 数 名	参数类型	数据类型	参 数 说 明
REQ	INPUT	BOOL	发送请求，该参数为 1 时发送
CONT	INPUT	BOOL	为 1 时，表示发送数据是连续的一个整体
DEST_ID	INPUT	WORD	对方的 MPI 地址
REQ_ID	INPUT	DWORD	表示一包数据的标识符，标识符可定义
SD	INPUT	ANY	定义数据发送区，以指针的格式表示。
RET_VAL	OUTPUT	INT	发送状态字
BUSY	OUTPUT	BOOL	通信进程，为 1 时表示正在发送，为 0 时表示发送完成

表 5-9　SFC66（X_RCV）的输入/输出参数

参 数 名	参数类型	数据类型	参 数 说 明
EN_DT	INPUT	BOOL	为 1 表示接收使能
RET_VAL	OUTPUT	INT	表示接收状态字
REQ_ID	OUTPUT	DWORD	为接收数据包的标识符
NDA	OUTPUT	BOOL	为 1 时表示有新的数据包，为 0 时表示没有新的数据包
RD	OUTPUT	ANY	接收区放在 DB1 中从 DBB0 开始的连续 76 B

5.3.4　S7 通信

S7 通信方式又称为组态连接通信方式，仅用于 S7 - 300/400 间和 S7 - 400/400 间的通信。S7 - 300/400 通信时，S7 - 300 只作为服务器，S7 - 400 作为客户机对 S7 - 300 的数据进行读写操作；S7 - 400/400 通信时，S7 - 400 既可以作为服务器也可以作为客户机。除了要调用系统功能块 SFB 外，还要在 CPU 的网络硬件组态中建立通信双方的连接，连接参数供调用 SFB 时使用。这种通信方式也适用于通过 PROFIBUS 和工业以太网的数据通信。

S7 通信方式分为两种：单边通信方式和双边通信方式。通信方式原理图如图 5-18 所示。

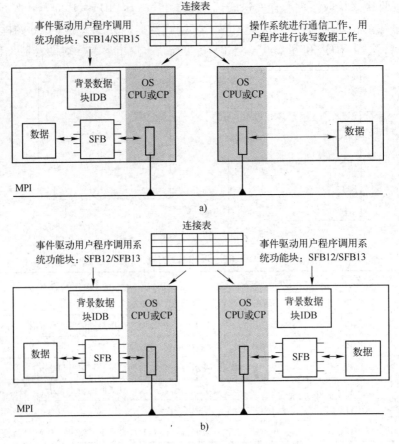

图 5-18　S7 通信通信方式原理图

a) 单边通信方式　b) 双边通信方式

1. 单边通信方式

在单边通信中，S7-400 作客户机，S7-300 作服务器，客户机调用单向通信块 SFB14 (GET) 和 SFB15 (PUT)，通过集成的 MPI 接口和 S7 通信，读、写服务器的存储区。服务器是通信中的被动方，不需要编写通信程序。S7-400 和 S7-300 之间只能建立单向的 S7 连接。SFB14 和 SFB15 的框图如图 5-19 所示，SFB14 (GET) 和 SFB15 (PUT) 的输入/输出参数分别见表 5-10 和表 5-11。

表 5-10　SFB14 (GET) 的输入/输出参数

参　数　名	参数类型	数据类型	参　数　说　明
REQ	INPUT	BOOL	上升沿激发一次传输
ID	INPUT	WORD	S7 单个系统连接的连接号码（参考连接表）
NDR	OUTPUT	BOOL	上升沿（脉冲）通知用户程序；传输完成且未发生错误
ERROR	OUTPUT	BOOL	上升沿报告有错误（脉冲）
STATUS	OUTPUT	BOOL	状态显示，如果 ERROR =1 时表示出错
ADDR_1... ADDR_4	IN_OUT	ANY	指向伙伴 CPU 中要读取的数据区
RD_1... RD_4	IN_OUT	ANY	指向 CPU 中将接收到伙伴 CPU 的数据区域

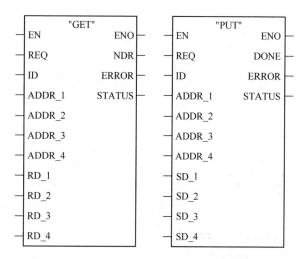

图 5-19　SFB14 和 SFB15 的框图

表 5-11　SFB15（PUT）的输入/输出参数

参 数 名	参数类型	数据类型	参 数 说 明
REQ	INPUT	BOOL	上升沿激发一次传输
ID	INPUT	WORD	S7 单个系统连接的连接号码（参考连接表）
DONE	OUTPUT	BOOL	上升沿（脉冲）通知用户程序：传输完成且未发生错误
ERROR	OUTPUT	BOOL	上升沿报告有错误（脉冲）
STATUS	OUTPUT	BOOL	状态显示，如果 ERROR = 1 时表示出错
ADDR_1 … ADDR_4	IN_OUT	ANY	指向伙伴 CPU 中要写入的数据区域
SD_1 … SD_4	IN_OUT	ANY	指向 CPU 中将发送到伙伴 CPU 的数据区域

2. 双边通信方式

（1）使用 USEND /URCV 的双边通信

只有在 S7 - 400 之间才能通过集成的 MPI 接口进行 S7 双向通信。S7 双向通信调用 SFB8（USEND）和 SFB9（URCV）可以进行无需确认的快速数据交换通信，即发送数据后无需接收方确认信息，例如可以用于事件消息和报警消息的传送。

SFB8（USEND）将数据送到一个远程的"URCV"类型（两个 SFB 的 R_ID 参数必须相同）的 SFB。在控制输入端 REQ 的一个上升沿之后将数据送出。此功能的执行不需要同伙伴 SFB 协调。将要发送的数据由参数 SD_1 ~ SD_4 指定，但是不必使用所有 4 个参数。

SFB9（URCV）以异步模式从一个"USEND"类型的远程 SFB 接收数据（两个 SFB 的 R_ID 参数必须相同）。如果调用功能块时控制输入端 EN_R 的值为 1，则接收到的数据复制到组态的接收区域。这些接收区域由参数 RD_1 ~ RD_4 指定。第一次调用该功能块时，创建"receive mail box（收件箱）"。随后的调用中，欲接收的数据必须适合该收件箱。

SFB8 和 SFB9 的框图如图 5-20 所示。SFB8（USEND）和 SFB9（URCV）的输入/输出参数分别见表 5-12 和表 5-13。

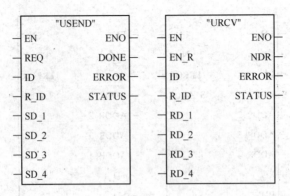

图 5-20　SFB8 和 SFB9 的框图

表 5-12　SFB8（USEND）的输入∕输出参数

参 数 名	参数类型	数据类型	参 数 说 明
REQ	INPUT	BOOL	上升沿激发一次传输
ID	INPUT	WORD	S7 单个系统连接的连接号码（参考连接表）
R_ID	INPUT	DWORD	两个 CFB 的参数必须相同（USEND 和 URCV），指定功能块对
DONE	OUTPUT	BOOL	上升沿（脉冲）通知用户程序：传输完成且未发生错误
ERROR	OUTPUT	BOOL	上升沿报告有错误（脉冲）
STATUS	OUTPUT	BOOL	状态显示，如果 ERROR = 1 时表示出错
SD_1...SD_4	IN_OUT	ANY	指向 CPU 中将发送到伙伴 CPU 的数据区域

表 5-13　SFB9（URCV）的输入∕输出参数

参 数 名	参数类型	数据类型	参 数 说 明
EN_R	INPUT	BOOL	若 RLO = 1，接收到的数据复制到组态的数据区域
ID	INPUT	WORD	S7 单个系统连接的连接号码（参考连接表）
R_ID	INPUT	DWORD	两个 CFB 的参数必须相同（USEND 和 URCV），指定功能块对
NDR	OUTPUT	BOOL	上升沿（脉冲）通知用户程序：有新的数据已传送
ERROR	OUTPUT	BOOL	上升沿 = 错误（脉冲）
STATUS	OUTPUT	BOOL	状态显示，如果 ERROR = 1
RD_1...RD_4	IN_OUT	ANY	指向 CPU 中将接收伙伴 CPU 的数据的区域

（2）使用 BSEND∕BRCV 的双向通信

S7 双向通信使用 SFB12（BSEND）和 SFB13（BRCV）可以进行需要确认的数据交换通信，即发送数据后需要接收方返回确认信息。BSEND∕BRCV 不能用于 S7 – 300 集成的 MPI 接口的 S7 通信。

SFB12（BSEND）向一个"BRCV"类型的远程伙伴 SFB 发送数据（相应的 SFB 的 R_ID 参数必须相同）。该数据传输操作最多可以传输 64 KB 的数据（适用于所有 CPU）。调用功能块之后当控制输入端 REQ 出现一个上升沿时，触发发送工作。从用户内存传输数据与用户程序的处理是异步进行的。

SFB13（BRCV）从一个"BSEND"类型的远程伙伴 SFB 接收数据（两个 SFB 的 R_ID 参数必须相同）。调用功能块之后当控制输入端 EN_R 为 1 时，功能块准备好接收数据。接收数据的起始地址由 RD_1 指定。接收到每个数据段之后，向伙伴 SFB 发送一个应答并且更新 LEN 参数。如果在异步接收数据时调用该功能块，将导致在状态参数 STATUS 端输出一个警告信息，如果调用发生时控制输入端 EN_R 的值为 0，则接收被终止并且 SFB 回到其初始状态。状态参数 NDR 的值为 1 表示成功地接收到所有的数据，且未发生错误。

SFB12 和 SFB13 的框图如图 5-21 所示。SFB12（BSEND）和 SFB13（BRCV）的输入／输出参数分别见表 5-14 和表 5-15。

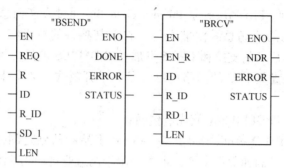

图 5-21　SFB12 和 SFB13 的框图

表 5-14　SFB12（BSEND）的输入／输出参数

参　数　名	参　数　类　型	数　据　类　型	参　数　说　明
REQ	INPUT	BOOL	在上升沿激活一次传输
R	INPUT	BOOL	上升沿将 BSEND 置位到最初的状态
ID	INPUT	WORD	S7 单个系统连接的连接号码（参考连接表）
R_ID	INPUT	DWORD	两个 SFB 的参数必须相同（USEND 和 URCV），指定功能块对
SD_1	IN_OUT	ANY	欲传输的数据，ANY 指针中的长度未定
LEN	IN_OUT	WORD	欲传输数据的长度
DONE	OUTPUT	BOOL	上升沿报告完成了一个 BSEND 请求（脉冲）且没有发生错误
ERROR	OUTPUT	BOOL	上升沿报告一个错误（脉冲）
STATUS	OUTPUT	WORD	包含详细的错误解释或警告

表 5-15　SFB13（BRCV）的输入／输出参数

参　数　名	参　数　类　型	数　据　类　型	参　数　说　明
EN_R	INPUT	BOOL	RLO = 1 SFB 准备好接收数据 RLO = 0 操作程序被取消
ID	INPUT	WORD	S7 单个系统连接的连接号码（参考连接表）
R_ID	INPUT	DWORD	两个 SFB 的参数必须相同（BSEND 和 BRCV），分配功能块对
RD_1	IN_OUT	ANY	指向接收信箱。长度说明指定了欲接收的数据块的长度（2048 个字是 S5 的最大长度）
LEN	IN_OUT	WORD	到此为止接收到的数据字节数
NDR	OUTPUT	BOOL	上升沿告诉用户程序:接收到了新的数据
ERROR	OUTPUT	BOOL	上升沿表示有错误发生(脉冲)
STATUS	OUTPUT	WORD	包含详细的错误解释或警告

5.4 PROFIBUS 网络通信

5.4.1 PROFIBUS 协议

现场总线的最主要特征就是采用数字通信方式取代设备级的 4 ~ 20 mA（模拟量）/DC24 V（数字量）信号。PROFIBUS 是 Process Field Bus（过程现场总线）的缩写。PROFIBUS 是目前世界上通用的现场总线标准之一，它以其独特的技术特点、严格的认证规范、开放的标准而得到众多厂商的支持和不断地发展。PROFIBUS 广泛应用在制造业、楼宇、过程控制和电站自动化，尤其 PLC 的网络控制，是一种开放式、数字化、多点通信的底层控制网络。

按照传统的说法，PROFIBUS 家族成员包括：

1）PROFIBUS - DP（Decentralized Periphery）：主站和从站之间采用轮询的通信方式，可实现基于分布式 I/O 的高速数据交换，主要应用于制造业自动化系统中现场级通信。

2）PROFIBUS - PA（Process Automation）：通过总线并行传输电源和通信数据，主要应用于高安全要求的防爆场合。

3）PROFIBUS - FMS（Fieldbus Message Specification）：定义了主站和从站间的通信模型，主要应用于自动化系统中车间级的数据交换。

由于 FMS 使用较复杂，成本较高，市场占有率低，以及 DP 可以稳定使用的通信速率越来越高，使 PROFIBUS - DP 已经能完全取代 FMS。DP 具有设置简单、价格低廉、功能强大等特点。所以在这里将重点介绍 DP。

PROFIBUS 协议结构见表 5-16。可以看出，在 PROFIBUS 协议中实现了 ISO/OSI 参考模型中的第 1 层、第 2 层和第 7 层。

表 5-16　PROFIBUS 协议结构

	PROFIBUS - DP	PROFIBUS - FMS	PROFIBUS - PA
	PNO（PROFIBUS User Organization PROFIBUS 用户组织）制定的 DP 设备行规	PNO 制定的 FMS 设备行规	PNO 制定的 PA 设备行规
	基本功能 扩展功能		基本功能 扩展功能
	DP 用户接口 直接数据链路 映像程序（DDLM）	应用层接口（ALI）	DP 用户接口 直接数据链路 映像程序（DDLM）
第 7 层（应用层）		应用层 　现场报文规范（FMS）	
第 3 ~ 6 层	未实现		
第 2 层（链路层）	数据链路层 现场总线数据链路（FDL）	数据链路层 现场总线数据链路（FDL）	IEC 接口
第 1 层（物理层）	物理层（RS - 485/LWL）	物理层（RS - 485/LWL）	IEC 1158 - 2

PROFIBUS 总线访问控制能够满足两个基本要求：

1）同级别的 PLC 或 PC 之间的通信要求每个总线站（节点）能够在规定的时间内获得充分的机会来完成它的通信任务。

2）复杂的 PLC 或 PC 与简单的分布式处理 I/O 外设之间的数据通信一定要快速并应尽可能地降低协议开销。

PROFIBUS 通过使用混合的总线控制机制来达到要求，包括主站之间的令牌（Token）传递方式和主站与从站之间的主－从方式，即令牌总线行规（如图 5-22 所示）和主－从行规（如图 5-23 所示）。PROFIBUS 总线访问行规并不依赖于所使用的传输介质，它遵循欧洲标准 EN 50 170，Volume 2 所制定的令牌总线行规和主－从行规。

典型的 PROFIBUS－DP 标准总线结构即是基于这种总线访问行规，也即 DP 主站与 DP 从站之间的通信基于主－从原理，DP 主站按轮询表依次访问 DP 从站，主站与从站间周期性地交换用户数据。DP 主站与 DP 从站之间的一个报文循环由 DP 主站发出的请求帧（轮询报文）和由 DP 从站返回的应答或响应帧组成。

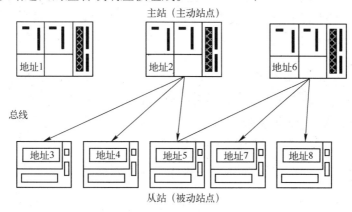

图 5-22　令牌总线行规

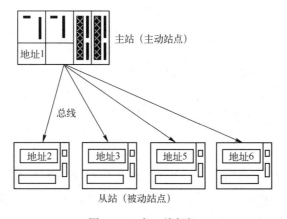

图 5-23　主－从行规

由于应用需求的不断增长，PROFIBUS－DP 经过功能扩展，共有 3 个版本，DP 的各种版本在 IEC 61158 中都有详细的说明：

1）DP－V0：提供基本功能，包括循环地数据交换，以及站诊断、模块诊断和特定通道的诊断。

2）DP – V1：包含依据过程自动化的需求而增加的功能，特别是用于参数赋值、操作、智能现场设备的可视化和报警处理等（类似于循环的用户数据通信）的非循环的数据通信。这样就允许用工程工具在线访问站。此外，DP – V1 有三种附加的报警类型：状态报警、刷新报警和制造商专用的报警。

3）DP – V2：包括主要根据驱动技术的需求而增加的其他功能。由于增加的功能，如同步从站模式（isochronous slave mode）和从站对从站通信（Data eXchange Broadcast，DXB）等，DP – V2 也可以用于驱动总线，控制驱动轴的快速运动时序。

5.4.2　PROFIBUS 设备分类

每个 DP 系统均由不同类型的设备组成，这些设备分为三类：

（1）1 类 DP 主站（DPM1）

这类 DP 主站循环地与 DP 从站交换数据。典型的设备有：可编程序控制器（PLC），计算机（PC）等。DPM1 有主动的总线存取权，它可以在固定的时间读取现场设备的测量数据（输入）和写执行机构的设定值（输出）。这种连续不断的重复循环是自动化功能的基础。

（2）2 类 DP 主站（DPM2）

这类设备是工程设计、组态或操作设备，如上位机。这些设备在 DP 系统初始化时用来生成系统配置。它们在系统投运期间执行，主要用于系统维护和诊断，组态所连接的设备、评估测量值和参数，以及请求设备状态等。DPM2 不必永久地连接在总线系统中。DPM2 也有主动的总线存取权。

（3）从站

从站是外围设备，如分布式 I/O 设备、驱动器、HMI、阀门、变送器、分析装置等。它们读取过程信息和/或用执行主站的输出命令，也有一些设备只处理输入或输出信息。从通信的角度看，从站是被动设备，它们仅仅直接响应请求。

DP 系统使用如下不同的 DP 从站：

（1）智能从站（I – 从站）

在 PROFIBUS – DP 网络中，包含有 CPU 315 – 2、CPU 316 – 2、CPU 317 – 2、CPU 318 – 2、CPU 319 – 3 类型的 CPU 或者包含有 CP342 – 5 通信处理器的 S7 – 300 PLC 就可以作为 DP 从站，称为"智能 DP 从站"。智能从站与主站进行数据通信使用的是映像的输入/输出区。

（2）标准从站

标准从站不具有 CPU，包括各种分布式 I/O 模块，可分为紧凑型 DP 从站和模块化 DP 从站。紧凑型 DP 从站的输入/输出模块是固定的，如 ET200B。模块化 DP 从站的输入/输出模块是可变的，如 ET200M。

根据主站的数量，DP 系统可以分为单主站系统和多主站系统。

（1）单主站系统

系统运行时，总线上只有一个主站在活动。单主站系统配置可达到最短的总线循环时间。

（2）多主站系统

总线上可连接若干个主站。这些主站或者是由一个DPM1与它从属的从站构成的相对独立的子系统，或者是附加的组态和诊断设备。所有DP主站均可以读取从站的输入和输出映象，但只有在组态时指定为DPM1的主站能向它所属的从站写输出数据。

5.4.3　DP主站系统中的地址

DP主站系统中的地址如图5-24所示。

（1）站点地址

PROFIBUS子网中的每个站点都有一个唯一的地址。这个地址是用于区分子网中的每个不同的站点。

（2）物理地址

DP从站的物理地址是集中式模块的槽地址。它包含组态过程中指定的DP主站系统ID以及与机架编号相对应的PROFIBUS的站点地址。对于模块化DP从站，地址中还包含槽号。如果涉及的模块中还包含子模块，那么地址还包含子模块槽。

（3）逻辑地址

使用逻辑地址可以访问紧凑型DP从站的用户数据。最小的逻辑地址是CPU的模块起始地址。DP从站的用户数据字节存放在CPU的P总线上的DP主站的传输区域中。对于任何集中式模块，它们的用户数据字节可以进行装载并传送到CPU的存储区域中。如果一致性数据为3个字节或多于4个字节，必须使用SFC系统功能。

（4）诊断地址

对于那些没有用户数据但却是具有诊断数据的模块（如DP主站或冗余电源），可以使用诊断地址来寻址。诊断地址占据外围输入的地址区中的一个字节。

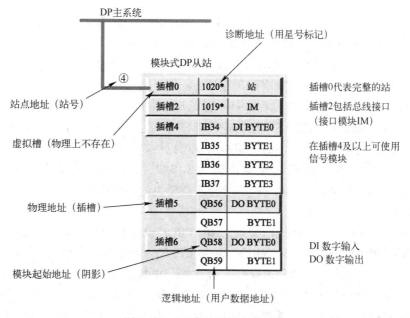

图5-24　DP主站系统中的地址

135

5.4.4　PROFIBUS 网络连接设备

PROFIBUS 网络连接组网所需的硬件包括：PROFIBUS 电缆和 PROFIBUS 网络连接器。通过 PROFIBUS 电缆连接网络插头，构成总线型网络结构。

网络连接器主要分为两种类型：带编程口和不带编程口。不带编程口的插头用于一般联网，带编程口的插头可以在联网的同时仍然提供一个编程连接端口，用于编程或者连接 HMI 等。

如图 5-25 所示，网络连接器 A、B、C 分别插到三个通信站点的通信口上。电缆 a 把插头 A 和 B 连接起来，电缆 b 连接插头 B 和 C，线型结构可以照此扩展。

注意圆圈内的"终端电阻"开关设置。网络终端的插头，其终端电阻开关必须放在"ON"的位置；中间站点的插头其终端电阻开关应放在"OFF"位置（中间关，两头开）。合上网络中网络插头的终端电阻开关，可以非常方便地切断插头后面的部分网络的信号传输。

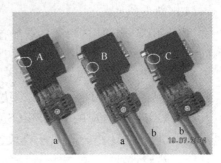

图 5-25　总线型网络连接

根据传输线理论，终端电阻可以吸收网络上的反射波，有效地增强信号强度。两个终端电阻并联后的值应当基本等于传输线在通信频率上的特性阻抗。终端电阻的作用是用来防止信号反射的，并不用来抗干扰。如果在通信距离很近，波特率较低或点对点的通信的情况下，可不用终端电阻。

5.4.5　PROFIBUS 通信处理器

PROFIBUS 通信除了使用 CPU 集成的 DP 接口，还可以使用通信处理器进行通信。通信处理器（CP）用于将 SIMATIC PLC 连接到 PROFIBUS 网络，可以用于恶劣的工业环境和较宽的温度范围。通信处理器允许标准 S7 通信、S5 通信以及 PG/OP 通信。它们减轻了主 CPU 的通信任务，提高了通信的效率和可靠性。

通信处理器可以扩展 PLC 的过程 I/O，实现 SYNC/FREEZE（同步/冻结）和恒定总线周期功能。通信处理器和集成在 STEP7 的 NCM S7 有很强的诊断功能。通过 S7 路由功能，可以实现不同网络之间的通信。不需要编程器就可以更换 CP 模块。

S7 - 300 的 PROFIBUS 通信处理器主要为 CP342 - 5、CP343 - 5 和具有光纤接口的 CP342 - 5FO。表 5-17 为 PROFIBUS 网络所有通信模块的主要特性。本书中主要介绍 CP342 - 5 通信处理器。

CP342 - 5 是西门子 S7 - 300 型 PLC 使用的 PROFIBUS 通信处理器。一套 S7 - 300 系统中最多可以同时使用 4 块 CP342 - 5 模块，每块 CP342 - 5 能够支持 16 个 S7 Connection，16 个 S5 - Compatible Connection。当 CP342 - 5 处在 No DP 模式下工作时，最多同时支持 48 个通信链接，而处在 DP Slave 或 DP Master 模式下时，最多同时支持 44 个通信链接。CP342 - 5 作为 PROFIBUS DP 主站时，最多链接 124 个从站，和每个从站最多可以交换 244 个输入字节（Input）和 244 个输出字节（Output），与所有从站总共最多交换 2160 个输入字节和

2160 个输出字节。CP342-5 作为从站时，与主站最多能够交换 240 个输入字节和 240 个输出字节。CP342-5 可以最多连接 16 个操作面板（OP）以及最多创建 16 个 S7 Connection。

表 5-17　PROFIBUS 通信模块

网　络	模　块	通信服务和连接	组态和接口
PROFIBUS	带 DP 接口的 CPU	PROFIBUS-DP（DP 主站或 DP 从站）	硬件组态、SFB/SFC 调用、输入/输出
		工作站内 S7 基本通信	SFC 调用
	IM 467	PROFIBUS-DP（DP 主站）	硬件组态、SFB/SFC 调用、输入/输出
		工作站内 S7 基本通信	SFC 调用
	CP 342-5 扩展 CP 443-5	CP342-5：PROFIBUS-DP V0 CP443-5 Ext：PROFIBUS-DP V1（DP 主站或 DP 从站）	硬件组态、SFB/SFC 调用、输入/输出
		工作站内 S7 基本通信	SFC 调用
		S7 通信	连接表、FB/SFB 调用
		S5 兼容通信	NCM、连接表、SEND/RECEIVE
	CP 343-5 基本 CP 443-5	工作站内 S7 基本通信	SFC 调用
		S7 通信	连接表、FB/SFB 调用
		S5 兼容通信	NCM、连接表、SEND/RECEIVE
		PROFIBUS-FMS	NCM、连接表、FMS 接口

如图 5-26 所示，在系统运行过程中，CPU 与 CP 是并行的，即二者独立。CP 内部有一个 2160 B 的数据缓冲区。并周期性地将数据复制到 I/O 处理区。

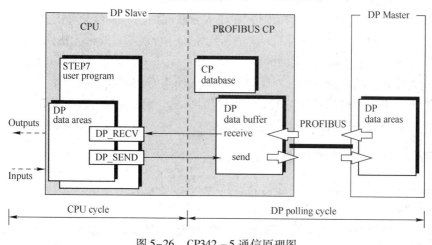

图 5-26　CP342-5 通信原理图

作从站时，CP342-5 实现 CPU 和 PROFIBUS 从站的通信，必须调用 FC1（DP_SEND）和 FC2（DP_RECV）功能块，实现 CPU 与 CP342-5 之间的数据交换，而 CP342-5 与 PROFIBUS 的数据交换是自动完成的，不用编程。FC3 和 FC4 用于诊断和通信功能的控制，一般不用调用。

5.5 工业以太网通信

5.5.1 工业以太网概述

在网络技术广泛应用的今天，基于 TCP/IP 的 Internet 基本上变成了计算机网络的代名词，而以太网又是应用最为广泛的局域网，TCP/IP 和以太网相结合成为当前最为流行的网络解决方案。所谓工业以太网，就是基于以太网技术和 TCP/IP 技术开发出来的一种工业通信网络。

5.5.2 工业以太网的特点及优势

工业以太网是应用于工业控制领域的以太网技术，在技术上与商用以太网（即 IEEE 802.3 标准）兼容，但是实际产品和应用却又完全不同。普通商用以太网的产品设计时，在材质的选用、产品的强度、适用性以及实时性、可互操作性、可靠性、抗干扰性、本质安全性等方面不能满足工业现场的需要。故在工业现场控制应用的是与商用以太网不同的工业以太网。与 MPI、PROFIBUS 通信方式相比，工业以太网通信适合对数据传输速率高、交换数据量大的、主要用于计算机与 PLC 连接的子网，它优势主要体现在以下几方面：

1）应用广泛。以太网是应用最广泛的计算机网络技术，几乎所有的编程语言如 Visual C ++、Java、VisualBasic 等都支持以太网的应用开发。

2）通信速率高。目前，10、100 Mbit/s 的快速以太网已开始广泛应用，1 Gbit/s 以太网技术也逐渐成熟，而传统的现场总线最高速率只有 12 Mbit/s（如西门子 Profibus – DP）。显然，以太网的速率要比传统现场总线要快得多，完全可以满足工业控制网络不断增长的带宽要求。

3）资源共享能力强。随着 Internet/ Intranet 的发展，以太网已渗透到各个角落，网络上的用户已解除了资源地理位置上的束缚，在联入互联网的任何一台计算机上就能浏览工业控制现场的数据，实现"控管一体化"，这是其他任何一种现场总线都无法比拟的。

4）可持续发展潜力大。以太网的引入将为控制系统的后续发展提供可能性，用户在技术升级方面无需独自的研究投入，对于这一点，任何现有的现场总线技术都是无法比拟的。同时，机器人技术、智能技术的发展都要求通信网络具有更高的带宽和性能，通信协议有更高的灵活性，这些要求以太网都能很好地满足。

5.5.3 S7 – 300/S7 – 400 工业以太网通信处理器

S7 – 300/S7 – 400 工业以太网通信处理器如下：

（1）CP 343 – 1/CP 443 – 1 通信处理器

CP 343 – 1/CP 443 – 1 是分别用于 S7 – 300 和 S7 – 400 的全双工以太网通信处理器，通信速率为 10Mbit/s 或 100Mbit/s。CP 343 – 1 的 15 针 D 形插座用于连接工业以太网，允许 AUI 和双绞线接口之间的自动转换。RJ – 45 插座用于工业以太网的快速连接，可以使用电话线通过 ISDN 连接互联网。CP 443 – 1 有 ITP、RJ – 45 和 AUI 接口。

CP 343 – 1/CP 443 – 1 在工业以太网上独立处理数据通信，有自己的处理器。通过它们 S7 – 300/400 可以与编程器、计算机、人机界面装置和其他 S7 和 S5 PLC 进行通信。通信服务包括用 ISO 和 TCP/IP 传输协议建立多种协议格式、PG/OP 通信、S7 通信、S5 兼容通信和对网络上所有的 S7 站进行远程编程。通过 S7 路由，可以在多个网络间进行 PG/OP 通信，通过 ISO 传输连接的简单而优化的数据通信接口，最多传输 8KB 的数据。

可以使用下列接口：ISO 传输，带 RFC 1006 的（例如 CP 1430 TCP）或不带 RFC 1006 的 TCP 传输，UDP 可以作为模块的传输协议。S5 兼容通信用于 S7、S5、S7 – 300/400 与计算机之间的通信。S7 通信功能用于与 S7 – 300（只限服务器）、S7 – 400（服务器和客户机）、HMI 和 PC（用 SOFTNET 或 S7 – 1613）之间的通信。

可以用嵌入 STEP7 的 NCM S7 工业以太网软件对 CP 进行配置。模块的配置数据存放在 CPU 中，CPU 起动时自动地将配置参数传送到 CP 模块。连接在网络上的 S7 PLC 可以通过网络进行远程配置和编程。

（2）CP 343 – 1/CP 443 – 1 IT 通信处理器

CP 343 – 1/CP 443 – 1 IT 通信处理器分别用于 S7 – 300 和 S7 – 400，除了具 CP 343 – 1/CP 443 – 1 的特性和功能外，CP 343 – 1/CP 443 – 1 IT 可以实现高优先级的生产通信和 IT 通信，它有下列 IT 功能：

1）Web 服务器：可以下载 HTML 网页，并用标准浏览器访问过程信息（有口令保护）。

2）标准的 Web 网页：用于监视 S7 – 300/400，这些网页可以用 HTML 工具和标准编辑器来生成，并用标准 PC 工具 FTP 传送到模块中。

3）E – mail：通过 FC 调用和 IT 通信路径，在用户程序中用 E – mail 在本地和世界范围内发送事件驱动信息。

（3）CP 444 通信处理器

CP 444 将 S7 – 400 连接到工业以太网，根据 MAP 3.0（制造自动化协议）标准提供 MMS（制造业信息规范）服务，包括环境管理（起动、停止和紧急退出）、VDM（设备监控）和变量存取服务。可以减轻 CPU 的通信负担，实现深层的连接。

5.5.4 带 PN 接口的 CPU

带 PN 接口的 CPU 如下：

（1）CPU 315/317 – 2PN/DP

它集成有一个 MPI/PROFIBUS – DP 接口和一个 PROFINET 接口，可以作 PROFINET I/O 控制器，在 PROFINET 上实现基于组件的自动化（CBA）；可以作 CBA 的 PROFIBUS – DP 智能设备的 PROFINET 代理服务器，SIPLUS CPU 315/SIPLUS 317 – 2PN/DP 是宽温型（环境温度 – 25 ~ +60℃）。

（2）CPU 319 – 2PN/DP

它是具有智能技术/运动控制功能的 CPU，是 S7 – 300 系统性能最高的 CPU。它集成了一个 MPI/PRIFIBUS – DP 接口、一个 PROFIBUS – DP 接口和一个 PROFINET 接口，它提供 PRIFIBUS 接口的时钟同步，可以连接 256 个 I/O 设备。

（3）CPU 414 – 3PN/CUP 416 – 3PN

它的 3 个通信接口与 CPU 319 – 2PN/DP 的相同。PROFINET 接口带两个端口，可以作为交换机。可以用 IF 964 – DP 接口子模块连接到 PROFIBUS – DP 主站系统。SIPLUS CPU 416 – 3PN 是宽温型，CPU 416 – 3PN 用于故障安全自动化系统。

5.5.5 PROFINET 概述

PROFINET 是自动化领域开放的工业以太网标准，它基于工业以太网技术，使用 TCP/IP 和 IT 标准，是一种实时以太网技术，同时无缝集成了所有的现场总线。所以说 PROFINET 是基于工业以太网用于工业自动化的创新的、开放的标准。PROFINET 为自动化通信领域提供了一个完整的网络解决方案，囊括了诸如实时以太网、运动控制、分布式自动化、故障安全以及网络安全等当前自动化领域的热点话题，并且，作为跨供应商的技术，可以完全兼容工业以太网和现有的现场总线（如 PROFIBUS）技术。

PROFINET 支持在工厂自动化和运动控制中解决方案的方便实现，如图 5-27 所示。

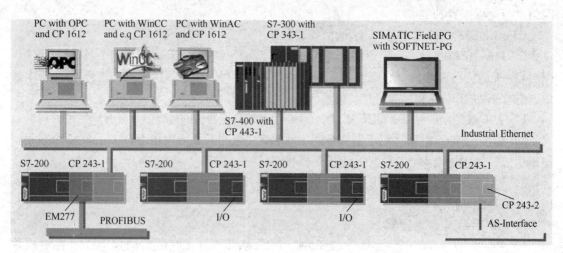

图 5-27 将 S7 - 300/400 接入工业以太网

5.5.6 PROFINET 的主要应用

PROFINET 主要有两种应用方式：

1. PROFINET IO

PROFINET IO 适合模块化分布式的应用，与 PROFIBUS - DP 方式相似，在 PROFIBUS - DP 应用中分为主站和从站，在 PROFINET IO 应用中有 IO 控制器和 IO 设备。

PROFINET IO 与 PROFIBUS - DP 的方式相似，在 STEP7 中组态，利用 IO 控制器控制 IO 设备，在表 5-18 中列出了 PROFINET 与 PROFIBUS - DP 术语的比较。

表 5-18 PROFINET 与 PROFIBUS - DP 术语比较表

序 号	PROFINET	PROFIBUS
1	IO system	DP master system
2	IO controller	DP master
3	IO supervisor	PG/PC 2 类主站
4	HMI	HMI
5	IO device	DP slave

PROFINET IO 控制器主要有:

1) CPU 315 – 2DP/PN、CPU 317 – 2DP/PN 和 CPU 319 – 3DP/PN:用于处理过程信号和直接将现场设备连接到工业以太网。

2) CP343 – 1/CP343 – 1 Advanced 和 CP443 – 1 Advanced:用于将 S7 – 300 和 S7 – 400 连接到 PROFINET,CP443 – 1Advanced 带有集成的 Web 服务器和集成的交换机。

3) IE/PB LINK PN IO:将现有的 PROFIBUS 设备透明地连接到 PROFINET 的代理设备。

4) IWLAN/PB LINK PN IO:通过无线方式将 PROFIBUS 设备透明地连接到 PROFINET 的代理设备。I/O 控制器可以通过代理设备来访问 DP 从站,就像访问 I/O 设备一样。

5) IE/AS – I LINK:将 AS – I 设备连接到 PROFINET 的代理设备。

6) CP1616:用于将 PC 连接到 PROFINET,是带有集成的 4 端口交换机的通信处理器。支持同步实时模式,可以用于运动控制领域对时间要求严格的同步闭环控制。

7) SOFT PN IO:作为 IO PLC 在编程器或 PC 上运行的通信软件。

PROFINET IO 设备主要有:

1) 接口模块为 IM 151 – 3 PN 的 ET200S。

2) 接口模块为 IM 153 – 4 PN 的 ET200M。

3) 接口模块为 IM 154 – 4 PN 的 ET200pro。

4) ET 200eco PN。

5) SIMATIC HMI。

2. PROFINET CBA

CBA 是基于组件的自动化的简称,PROFINET CBA 将自动控制系统组织为独立的组件。这些组件可以是自网络、PLC 或现场设备。组件包括所有的硬件组态数据、模块参数和有关的用户程序。

CBA 采用 Microsoft 的组件模型 COM/DCOM,这是在 PC 领域中应用最广的数据与通信模型,它确定了不同设备软件部件之间数据交换的协议。

可以用 PROFINET IO 将现场设备集成在 PROFINET CBA 组件中。通过使用代理设备,还可以用 CBA 使所有现场的子网与 PLC 或现场设备互连,形成更大的自动化系统。

可以通过统一定义的接口访问这些 PROFINET 组件。这些组件可以用任意方式互连,以实现过程组态。开发的工程接口允许用不同的制造商提供的 PROFINET 组件实现图形组态。

在 STEP7 中,将有关的机械部件、电气/电子部件和应用软件等具有独立工作能力的工艺模块抽象为一个封装好的组件,并为组件定义标准的接口,以实现组件之间的标准通信。

可以将生产线的单台机器定义为生产线或过程中的一个"标准模块"。各组件之间用 PROFINET 连接。由于组件使用了标准的接口,使得各组件之间的连接变得极为简单。不同的组件可以像模块一样组合,完全独立于其内部程序。在 CBA 的组态工具 iMap 中,组件是一种软件模块,可以像搭积木一样组合组件。各组件之间的 PROFINET 和 PROFIBUS 的通信用 iMap 进行图形化组态,不需要编程。通过模块化这一成功理念,可以显著降低机器和工厂建设中的组态与在线调试的时间。iMap 还可以为系统组态简单的诊断。

对于设备与工厂的设计者,工艺模块化能更好地对用户的设备和系统进行标准化,组件可以重复利用。因此可以对不同的客户要求作出更快、更灵活的反应。可以对各台设备和工段提前进行预先测试，交付工厂后可以立即使用，因此可以缩短系统上线调试阶段的时间。作为系统操作者和管理者，从现场设备到管理层，用户可以从 IT 标准的通信中获取信息。对现有系统进行拓展也很容易。

5.6　AS－I网络通信

AS－I（Actuator－Sensor－Interface）总线网络，即执行器－传感器接口总线，是一种用在控制器（主站）和传感器/执行器（从站）之间双向交换信息的总线网络，它属于现场总线（Fieldbus）下面底层的监控网络系统。一个 AS－I 总线系统通过主站中的网关可以和多种现场总线（如 FF、PROFIBUS、CANbus）相连接。AS－I 主站可以作为上层现场总线的一个节点服务器，在它的下面又可以挂接一批 AS－I 从站。AS－I 总线系统如图 5-28 所示。

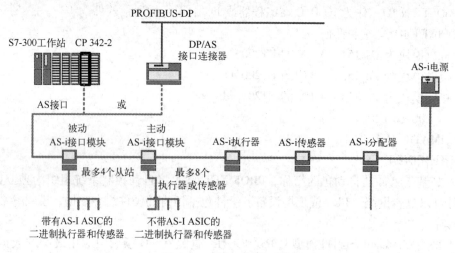

图 5-28　AS－I 总线系统

AS－I 总线主要运用于具有开关量特征的传感器和执行器系统，传感器可以是各种原理的位置接近开关以及温度、压力、流量、液位开关等。执行器可以是各种开关阀门，电/气转换器以及声、光报警器，也可以是继电器、接触器、按钮等低压开关电器。当然 AS－I 总线也可以连接模拟量设备，只是模拟信号的传输要占据多个传输周期。必须注意的是在连接主站和从站的两芯电缆上除传输信号外，同时还提供工作电源。

AS－I 总线技术特点如下：

（1）总线系统完整

AS－I 总线是在分析了传统的 I/O 并行和树型结构的优缺点以及开关量技术特点后发展起来的，它省去了各种 I/O 卡、分配器的控制柜，节约了大量的连接电缆。因采用了两芯扁平电缆和特殊的穿刺安装技术，能很方便地将传感器/执行器连接到 AS－I 网络上。

（2）应用简便

AS－I 总线是一个主从系统，主站和所有的从站可双向交换信息，当主站与上层现场总线进行通信时，主站担当了 AS－I 和上层网络信息交换的出入口，因 AS－I 主要传输的是开关量，所以它的数据结构比较简单，用户仅需关心数据格式、传输率和参数配置等。

（3）传输速率快捷

在 AS－Ⅰ 总线系统中，主站和从站之间采用了串行双向数字通信方式。因为报文较短，如若在有 1 个主站和 31 个从站的系统中，AS－Ⅰ 的通信周期大约为 5 ms，也就是说主站在 5 ms 内就可以对 31 个从站轮流访问一遍。

（4）功能可靠

在 AS－Ⅰ 总线不同的应用情况下，功能可靠包含下列内容，首先是通信数据的可靠性方面，AS－Ⅰ 总线在许多方面采取了抗干扰措施。在接收数据时，必须进行错误检验，此方法十分有效，出错误后信息可以重发。另外如系统部件出现故障时主站会很快检测到故障信息，并自动与发生故障的从站切断通信联系，通知操作人员故障地址，以便及时进行维修。主站还具备网络运行监视功能，在任何时刻用户都能得到系统中所有从站当前运行状态的完整资料。

（5）系统开放

AS－Ⅰ 总线系统在研制开发的初期就确定它必须是一个开放系统，AS－Ⅰ 不同的部件在规范和行规中均有详细的定义和技术要求，任何 AS－Ⅰ 部件都必须遵守这些规范，其中如包括两芯电缆、机电一体化接口 EMS、功能模块与 I/O 标准接口等。所有厂商的产品均通过 AS－Ⅰ 协会指定机构的标准测试和程序认证，以保证 AS－Ⅰ 产品的兼容性和互操作性。

5.7 串行网络通信

5.7.1 基本概述

在工业控制系统中，某些现场的控制设备和智能仪表没有标准的现场总线接口，只有串行通信接口如 RS－232C、20 mA（TTY）、RS－422/RS－485，通过串行通信模块可与之通信。

串行通信又称为点对点（Point to Point，PtP）通信。串行通信用于 S7 PLC 和带有串行通信接口的设备之间的数据传输。

串行通信主要用来与非西门子设备通信。S7－300/400 的串行通信可以使用的通信协议主要有 ASCII driver、3964（R）和 RK512。它们在 7 层 OSI 参考模型中的位置如图 5－29 所示。

国内极少有人使用 3964（R）和 RK512 协议，中国期刊网几乎没有相关的文章，因此本节只介绍 ASCII driver。

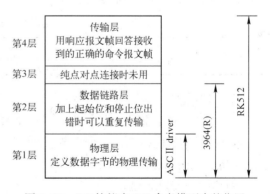

图 5－29　PtP 协议在 OSI 参考模型中的位置

5.7.2 ASCII 通信协议

ASCII driver 用于控制 CPU 和一个通信伙伴之间的串行连接的数据传输，包含物理层，

ASCII driver 可以发送和接收开放式的数据（所有可以打印的 ASCII 字符），8 个数据位的字符可以发送和接收 00 ~ FFH 之间所有字符，7 个数据位的字符可以发送和接收 00 ~ 7FH 之间的所有字符，提供一种开放式的报文帧结构。

ASCII driver 可以用结束字符、帧的长度和字符延迟时间作为报文帧结束的判据，接收方必须在组态时设置一个报文帧的结束判据。

1）用结束字符作为报文帧结束的判据。用一两个用户定义的结束字符表示报文帧的结束，应保证在用户数据中不包括结束字符。

2）用固定的字节长度（1 ~ 1024 B）作为报文帧结束的判据。如果在接收完设置的字符之前，字符延迟时间到，将停止接收，同时生成一个出错报文。接收到的字符长度大于设置的固定长度，多余的字符将被删除。接收到的字符长度小于设定的固定长度，报文帧将被删除。

3）用字节延迟时间作为报文帧结束的判据。报文帧没有设置固定的长度和结束符，接收方在约定的字符延迟时间内未收到新的字符则认为报文帧结束。如图 5-30 所示。

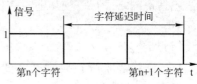

图 5-30　字符延迟时间

5.7.3　PLC 与驱动装置串行通信（USS 协议）

PLC 与集成于西门子公司驱动装置的串行口使用通用串行口通信协议（USS）进行通信。USS 协议（Universal Serial Interface Protocol）是西门子所有传动产品的通用通信协议。它是一种基于串行口总线进行数据通信的协议。USS 协议是主从结构的协议，规定了在 USS 总线上可以有一个主站和最多 30 个从站；每个从站都有一个站地址，主站依靠它识别每个从站；每个从站也只对主站发来的报文做出响应并回送报文，从站之间不能直接进行数据通信。USS 报文格式见表 5-19。

具体的通信过程如下：主站发送数据请求报文，从站发回响应报文。主站接到从站发回的响应报文后再发送数据请求下一个报文。

表 5-19　USS 报文格式

STX	LGE	ADR	Data Area		BCC
			PKW	PZD	

具体说明如下：

STX：02 HER，报文开始标志，一个字节。

LGE：报文长度标识，一个字节。

ADR：从站地址，一个字节。

Data Area：数据信息。

BCC：字节异或校验标志。

1. USS 通信功能块简介

USS 通信功能块主要包括 FC21（发送块）、FC22（接收块）、FC23（默认块）和三个需要用户定义的数据块，即通信处理器数据块、用户数据块、参数组数据块。

① 通信处理器数据块：用于处理通信处理器的发送接收区。

② 用户数据块：存储主站发送到从站和从站响应返回数据的数据块。

③ 参数组数据块：存储从站轮询表，包含从站的数量，需要读写每个从站 PKW、PZD 的个数，在数据块中定义轮询的次序和每个从站轮询的频率。

下面介绍 USS 通信的具体过程：

首先是主站发送数据请求，即调用 FC21，FC21 从参数组数据块从站轮询表中读取从站号和相应的 PKW、PZD 个数，然后从指定的用户数据块中复制数据到通信处理器数据块，最后利用通信处理器（CP）发送出去。从站接收的过程正好相反，通信处理器接收的数据被放到通信处理器数据块中，然后调用 FC22 从参数组数据块轮询表中查找确定接收数据的从站号，最后将数据放到用户数据块中。

如果从站的报文格式均相同，如 PWK 和 PZD 相同，对轮询频率没有要求，可以在 CPU 初始化程序中调用 FC23 自动生成 FC21、FC22 所需的三个数据块，FC23 需要在 OB100 中初始化，FC23 的主要参数见表 5-20。

表 5-20　FC23 参数表

FC23	参　数	说　明
"USSS7-V" EN　　ENO SANZ　ANZ TNU1 PKW PZD DBND DBPA DBCP WDH	SANZ	具有相同报文的 USS 站的数量 1~31
	TNU1	从站开始的站号
	PKW	PKW 的个数，0、3 或 4
	PZD	PZD 的个数 0~16
	DBND	指定自动生成的用户数据块号
	DBPA	指定自动生成的参数数据块号
	DBCP	指定自动生成的通信处理器数据块号
	WDH	允许 PKW 数据请求的次数，0~32767
	ANZ	输出状态字节

FC21、FC22 需要在 OB1 中调用，主要参数见表 5-21。

表 5-21　FC21、FC22 参数表

FC21	FC22	参　数	说　明
"USSS7-S" EN　　ENO DBPA SYPA SLPA	"USSS7-E" EN　　ENO DBPA SYPA SLPA	DBPA	自动生成的参数组数据块号
		SYPA	指向 DBPA 中 SYSTEM PARAMETERS 参数的地址，自动生成数据块模式为 0
		SLPA	指向 DBPA 中 SLAVE PARAMETERS 参数的地址，自动生成数据块模式为 10

2. 驱动装置的 USS 端口配置

为了使西门子驱动装置成为 USS 协议的从站，需要对驱动装置的参数进行配置，如端口号、站号、通信速率、PKW 和 PZD 的个数等，具体见表 5-22~表 5-26。

表 5-22　Master drive MC 或 Master drive VC CU1 端口配置

参数 ＼ 端口	SST1	SST2
参数使能	P035 = 6(SST1 + PMU)	P053 = 34(SST2 + PMU)
站地址	P700，i001	P700，i002
波特率	P701，i001 = 6(9600 bit/s)	P701，i001 = 6(9600 bit/s)
	P701，i001 = 7(19200 bit/s)	P701，i001 = 7(19200 bit/s)
	P701，i001 = 8(38400 bit/s)	P701，i001 = 8(38400 bit/s)
PKW 个数	P702，i001	P702，i002
PZD 个数	P703，i001	P703，i002
报文监控时间	P704，i001 = 300 ms	P704，i002 = 300 ms
控制位连接	P554，i001 = 2001 (控制字，bit 0 = on/off1 = PZD1，bit 0)	P554，i001 = 6001 (控制字，bit 0 = on/off1 = PZD1，bit 0)
设定的连接	P443，i001 = 2002 (主设定 = PZD2)	P443，i001 = 6002 (主设定 = PZD2)
实际值连接	P707，i001 = 32 状态字 = PZD1 P707，i002 = 151 主反馈值 = PZD2	P708，i001 = 32 状态字 = PZD1 P708，i002 = 151 主反馈值 = PZD2

表 5-23　Master drive FC 或 Master drive VC CU2 端口配置

参数 ＼ 端口	SST1(X300)	SST2(X100)
参数使能	P035 = 6(SST1 + PMU)	P053 = 34(SST2 + PMU)
站地址	P683，i001	P683，i003
波特率	P684，i001 = 6(9600 bit/s)	P684，i002 = 6(9600 bit/s)
PKW 个数	P685，i001	P685，i003
PZD 个数	P686，i001	P686，i003
报文监控时间	P687，i001 = 300 ms	P687，i003 = 300 ms
控制位连接	P554，i001 = 2001 (控制字，bit 0 = on/off1 = PZD1，bit 0)	P554，i001 = 6001 (控制字，bit 0 = on/off1 = PZD1，bit 0)
设定的连接	P443，i001 = 2002 (主设定 = PZD2)	P443，i001 = 6002 (主设定 = PZD2)
实际值连接	P680，i001 = 968 状态字 = PZD1 P680，i002 = 218 主反馈值 = PZD2	P681，i001 = 968 状态字 = PZD1 P681，i002 = 218 主反馈值 = PZD2

表 5-24　Micromaster/Midimaster（第 3 代）端口配置

参　数	说　明
访问级别	P009 = 3
端口使能	P910 = 1
站地址	P091（通过串口设置给定值）
波特率	P092 = 6(9600 bit/s)
报文监控时间	P093 = 1 s

表 5-25   Micromaster（第 4 代）端口配置

参　　数	说　　明
访问级别	P003 = 3
命令源	P700 = 5 通信源从 USS 端口
频率设定点选择	P1000 = 5 频率设定点数据源从 USS 端口
波特率	P2010 Index0 = 6（9600 bit/s）
	P2010 Index0 = 7（19200 bit/s）
	P2010 Index0 = 8（38400 bit/s）
站地址	P2011 Index0
PZD 个数	P2012 Index0
PKW 个数	P2013 Index0
报文监控时间	P2014 Index0 = 1000

表 5-26   SIMORIG K 端口配置

参数＼端口	G – SST0 X500（RS – 485）	G – SST1 X502（RS – 485）
参数使能	P051 = 20	P051 = 20
协议选择	P780 = 1192	P790 = 1192
站地址	P683，i001	P683，i003
波特率	P783（9600 bit/s）	P793（9600 bit/s）
PKW 个数	P782	P792
PZD 个数	P781	P791
报文监控时间	P787 = 1000 ms	P789 = 1000 ms
PZD 设定连接	P640 = 20 控制字 = PZD1 P628.00 = 21 主设定 = PZD2	P640 = 36 控制字 = PZD1 P628.00 = 37 主设定 = PZD2
PZD 实际值连接	P784.00 = 325 状态字 = PZD1 P784.01 = 167 主设定 = PZD2	P794.00 = 325 状态字 = PZD1 P794.01 = 167 主设定 = PZD2

5.8　习题

1. SIMATIC NET 分为哪几层？每一层各有什么作用？各层使用什么网络？
2. 什么是 MPI 通信？有哪几种实现方式？
3. S7 单向通信和双向通信分别使用什么 SFB？
4. PROFIBUS 有哪 3 种通信协议？

第6章　S7–300/400 PLC 软件基础

本章学习目标：

了解 IEC 61131–3 标准的内容；理解 S7–300/400 PLC 的编程语言和编程资源；掌握 S7–300/400 PLC 的数据类型和寻址方式。

6.1　IEC61131–3 国际标准简介

IEC61131–3 是 IEC（国际电工委员会）制定的工业控制编程语言标准。该标准是 IEC 在有选择的借鉴全球范围内 PLC（可编程序控制器）厂家的技术及编程语言的基础上形成的一套新的国际编程语言标准。IEC61131–3 标准极大地改善了工业控制系统的编程质量并提高了工业控制的效率，得到了美国 ABB、德国西门子等世界知名公司的支持和推动，越来越多的制造商和客户开始采用该标准。IEC61131–3 标准最初主要用于 PLC 的编程系统，但它目前同样也适用于过程控制系统领域、分散控制领域、SCADA 领域等。随着 PLC 技术、编程语言等的发展，IEC61131–3 标准也在不断地扩大和补充完善。

1993 年 3 月，IEC 正式颁布了 PLC 的国际标准 IEC 1131（以后改称为 IEC 61131），其中的第三部分 IEC 61131–3 是关于编程语言的标准，规范了 PLC 的编程语言及其基本元素。在此之前，国际上还没有具有实际意义的、为制定通用的控制语言而开展的标准化活动。IEC 61131–3 标准将现代软件设计的方法与传统的 PLC 编程语言成功地结合，又对当代种类繁多的 PLC 编程语言进行了标准化，这对于 PLC 软件技术的发展，乃至整个工业控制系统软件技术的发展，起到了重要的推动作用。可以说，没有编程语言的标准化，便没有今天 PLC 走向开放式系统的坚实基础。

IEC61131–3 标准组成如图 6-1 所示，IEC61131–3 国际标准分为两个部分：公共元素和编程语言。公共元素部分规范了数据类型定义与变量、程序组织单元、软件模型及其元素，并引入了配置、资源、任务和程序的概念。编程语言部分描述了以下 5 种编程语言：

① 指令表 IL：语言语义的定义，这里只定义了 20 种基本操作。

② 结构文本 ST：西门子称为结构化控制语言（SCL）。

③ 梯形图 LD：西门子称为 LAD。

④ 功能块图 FBD：标准中称为功能框图语言。

⑤ 顺序功能图 SFC：西门子称为 S7 GRAPH。

IEC61131–3 标准中的编程语言主要借鉴了高级语言的技术，也就是采用了高级语言模块化、结构化地程序设计思想。它成功地将现代软件的概念和现代软件工程的机制用于传统的 PLC 编程语言中。

IEC 61131–3 标准的软件模型如图 6-2 所示，它用分层结构表示，每一层隐含其下层的许多特性，从而构成了先进的 PLC 软件基础。由图 6-2 可以看出，软件模型包括程序和程序块、组态元素（资源、配置和任务）、全局变量和存取路径。

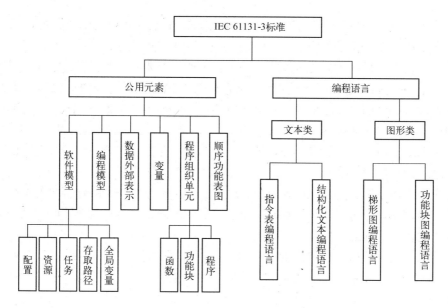

图 6-1　IEC 61131 - 3 标准组成

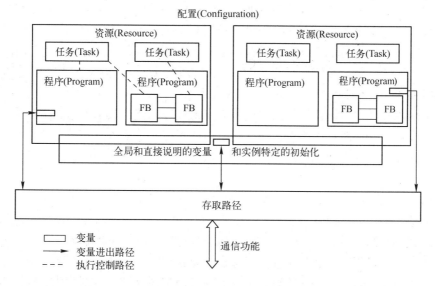

图 6-2　IEC 61131 - 3 软件模型

IEC 61131 - 3 标准定义了 PLC 编程常用的数据类型，分为基本数据类型、一般数据类型和衍生数据类型三类。统一的数据类型可以提高 PLC 程序的通用性，防止由于设置数据类型引起的错误。基本数据类型是在标准中预先定义好的、标准化的数据类型；一般数据类型用前缀"ANY"标识，常用于标准函数和标准功能块的输入输出连接；衍生数据类型是在基本数据类型的基础上，由用户自己定义的数据类型，包括直接从基本数据类型衍生的数据类型、枚举数据类型、子范围数据类型、数组数据类型和结构化数据类型 5 种。

变量与数据的外部表示不同，变量提供能够改变其内容的数据对象的识别方法。变量可以被声明为基本数据类型、一般数据类型和衍生数据类型。

程序组织单元（POU）由声明和主体两部分组成，是用户程序的最小组织单元。程序组织单元按功能分为程序、功能和功能块。POU 的标准部分由 PLC 生产厂商提供，用户可以根据 POU 的定义设计自己的程序组织单元，并在程序中调用和执行该单元。IEC 61131 - 3 标准将 PLC 生产厂商自己定义的各种块统一为 3 种基本类型，提高了程序的通用性。

IEC 61131 - 3 标准规定了两大类编程语言：文本化编程语言和图形化编程语言。前者包括指令表（Instruction List）语言和结构化文本（Structured Text）语言，后者包括梯形图（Ladder Diagram）和功能块图（Function Block Diagram）语言。除此之外还有顺序功能图（Sequential Function Chart）语言，IEC 61131 - 3 标准没有把它单独列为一种编程语言，而是将它在公用元素中加以规范。

指令表是类似于汇编语言，在指令表程序中，一条指令由一个操作符和若干个操作数组成。指令表语言的指令易于记忆和掌握，而且与梯形图的指令一一对应，两者之间可以相互转换，便于对程序的理解和检查。

结构化文本是 IEC 61131 - 3 标准的文本化语言。它类似 PASCAL 语言，不采用底层的面向机器的操作符，而是用高度压缩的方式提供大量抽象语句来描述复杂控制系统的功能。结构化文本程序结构清晰，但源程序需要编译成机器语言才能执行，程序执行速度较慢，对编程人员的要求较高。

梯形图来源于美国，是 PLC 编程中使用广泛的一种图形化语言。梯形图与电气操作原理图相对应，采用继电器、触点和线圈等表示控制系统各组成部分之间的逻辑关系，程序形象直观，电气技术人员易于理解和学习，但是对于复杂控制系统的编程，程序描述和结构不够清晰。IEC 61131 - 3 标准定义了梯形图中用到的元素，包括电源轨线、连接元素、触点、线圈、功能和功能块等。

功能块图将各种功能块连接起来实现所需要的控制功能，其图形元素由功能、功能块和连接元素组成。功能块图以功能块为设计单位，能从控制功能入手，从而可以更容易地理解和分析控制方案。功能块程序直观性强，可以以图形的形式清晰地描述比较复杂的控制系统。

顺序功能图源自于法国，它以完整的功能为主线，将整个控制流程分割为一系列的控制步，程序条理清晰，便于理解，对于复杂的控制系统，可以将整个控制过程分步设计完成，节省程序的编写和调试时间。IEC 61131 - 3 标准不把它单独列入编程语言的一种，而是将它在公用元素中予以规范。这就是说，不论在文本化语言中，还是在图形化语言中，都可以运用顺序功能图的概念、句法和语法，但人们一般习惯于将它归为图形化编程语言。

IEC 61131 - 3 标准允许在同一个 PLC 系统中使用多种编程语言，允许程序开发人员对每一个特定的任务选择最合适的编程语言，还允许在同一个控制程序中不同的软件模块内使用不同的编程语言。上述规定妥善地继承了 PLC 发展历史中形成的编程语言多样化的现实，又为 PLC 软件技术的进一步发展提供了足够的空间。

自 IEC 61131 - 3 标准正式公布后，它获得了广泛的接受和支持。国际上各大 PLC 厂商都宣布其产品符合该标准，在推出 PLC 编程软件新产品时，遵循该标准的各种规定。

6.2 S7 - 300/400 编程语言简介

STEP 7 是 S7 - 300/400 系列 PLC 的编程软件。表 6-1 中列出的编程语言都可用于生成

S7 程序，表6-1中列出了各种语言的用户群及应用范围，用户在选择编程语言时可参考。其中，在标准的 STEP 7 软件包中配备 LAD、FBD、STL 这3种基本编程语言。当然，STEP 7 中还提供了作为可选软件包的其他的编程语言，但需要用户花钱购买。

表6-1　STEP7 编程语言选用

编程语言	用户类	应用
语句表 STL	愿意用类似于机器码语言编程的用户	程序在运行时间和存储空间要求上最优
梯形图 LAD	习惯电路图的用户	编写逻辑控制程序
功能块图 FBD	熟悉布尔代数逻辑图的用户	编写逻辑控制程序
F–LAD，F–FBD 可选软件包	熟悉 LAD 和 FBD 的用户	编写 F 系统的程序
SCL（结构控制语言）可选软件包	用高级语言，如 PASCAL 或 C 编程的用户	数据处理任务程序
S7 GRAPH 可选软件包	有技术背景，没有 PLC 编程经验的用户	以顺序过程的描述很方便
HIGRAPH 可选软件包	有技术背景，没有 PLC 编程经验的用户	对异步非顺序过程的描述很方便
CFC 可选软件包	有技术背景，没有 PLC 编程经验的用户	适于连续过程的描述

6.2.1　梯形图 LAD

梯形图（Ladder Diagram）是 PLC 使用得最多的图形编程语言，被称为 PLC 的第一编程语言。梯形图与电器控制系统的电路图很相似，具有直观易懂的优点，很容易被工厂电气人员掌握，特别适用于开关量逻辑控制。梯形图常被称为电路或程序，梯形图的设计称为编程。

梯形图由触点、线圈和用方框表示的指令框组成。触点代表逻辑输入条件，例如外部的开关、按钮和内部条件等。线圈通常表示逻辑运算的结果，常用来控制外部的指示灯、交流接触器和内部的标志位等。指令框用来表示定时器、计数器或者数学运算等附加指令。使用编程软件可以直接生成和编辑梯形图，并将它下载到 PLC。下面以电动机起停控制为例。图 6-3 为传统继电器控制电路，图 6-4 为 PLC 硬件接线图，图 6-5 为用 LAD 编写的电动机起停控制程序。

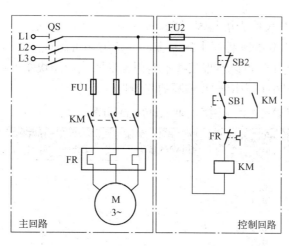

图6-3　传统继电器控制电路

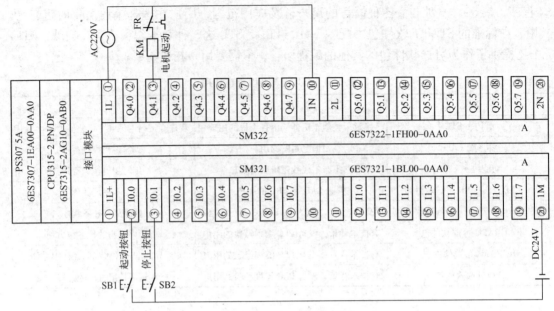

图 6-4　PLC 硬件接线图

Network 1: 用梯形图（LAD）编写电动机起停控制程序

I0.0外接起动按钮，I0.1外接停止按钮，Q4.1为输出线圈，用来驱动接触器。按下"起动"按钮，Q4.1被驱动，电动机起动，并自锁；按下"停止"按钮，Q4.1被释放，电动机停止。

```
    I0.0        I0.1              Q4.1
  ──┤ ├────────┤/├──────────────( )──┤
    Q4.1
  ──┤ ├──
```

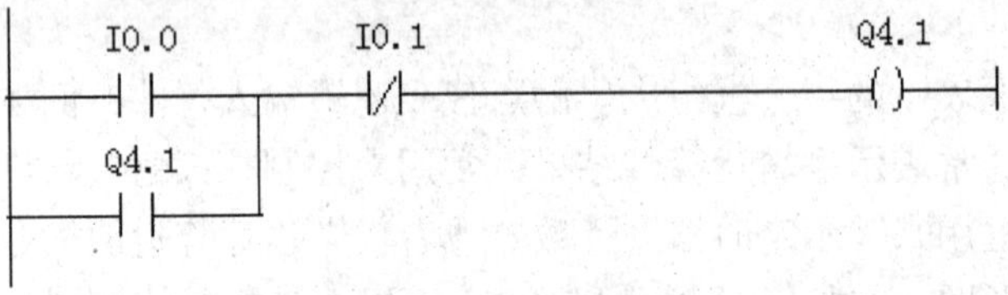

图 6-5　用 LAD 编写的电动机起停控制程序

6.2.2　语句表 STL

　　S7 系列 PLC 将指令表称为语句表（Statement List，STL），它类似于机器码的一种文本语言。每条语句对应 CPU 处理程序中的一步。多条语句可组成一个程序段。语句表比较适合经验丰富的程序员使用，可以实现某些不能用梯形图或功能块图表示的功能。下面仍以电动机起停控制为例。图 6-6 为用 STL 编写的起停控制程序。

Network 1: 用语句表（STL）编写电动机起停控制程序

I0.0外接起动按钮，I0.1外接停止按钮，Q4.1为输出线圈，用来驱动接触器。按下"起动"按钮，Q4.1被驱动，电动机起动，并自锁；按下"停止"按钮，Q4.1被释放，电动机停止。

```
    A(
    O      I      0.0
    O      Q      4.1
    )
    AN     I      0.1
    =      Q      4.1
```

图 6-6　STL 举例

6.2.3 功能块图 FBD

功能块图使用类似于布尔代数的图形编辑符号来表示控制逻辑。一些复杂功能诸如算术功能等，可直接用逻辑框表示，有数字电路基础的人很容易掌握。功能图块用类似于与门、或门的方框来表示逻辑运算关系，方框的左侧为逻辑运算的输入变量，右侧为输出变量，输入、输出端的小圆圈表示"非"运算，方框被"导线"连接在一起，信号自左向右流动。西门子公司的"LOGO!"系列微型 PLC 使用功能块图编程，除此以外，很少有人使用功能块图语言。同样的，下面以电动机起停控制为例。图 6-7 为用 FBD 编写的起停控制程序。

Network 1: 用功能块图(FBD)编写电动机起停控制程序

I0.0外接起动按钮，I0.1外接停止按钮，Q4.1为输出线圈，用来驱动接触器。按下"起动"按钮，Q4.1被驱动，电动机起动，并自锁；按下"停止"按钮，Q4.1被释放，电动机停止。

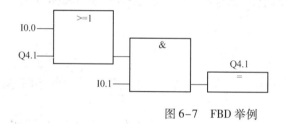

图 6-7 FBD 举例

6.2.4 结构控制语言 SCL

编程语言 SCL（结构控制语言）是一个可选软件包，它是按照国际电工技术委员会 IEC1131 - 3 标准定义的高级的文本语言。它类似于 PASCAL 和 C 类型语言，在编写诸如回路和条件分支时，用其高级语言指令要比 STL 容易。因此，SCL 适合于公式计算、复杂的最优化算法或管理大量的数据。S7 SCL 程序是在源代码编辑器中编写的。

6.2.5 顺序功能图 SFC

顺序功能图（Sequential Function Chart，SFC）是一种新颖的、按照工艺流程图进行编程的图形编程语言。这是一种 IEC 标准推荐的首选编程语言，近年来在 PLC 编程中已经得到了普及和推广，适用于顺序控制的编程。

STEP 7 中的图形编程语言 S7 GRAPH 属于可选软件包。在这种语言中，工艺过程被划分为若干个顺序出现的步，步中包含控制输出的动作，步与步之间由转换条件控制。编写每一步的程序要用特殊的编程语言（类似于语句表），转换条件是在梯形逻辑编辑器中输入（梯形逻辑语言的流线型版本）。S7 GRAPH 对于表达复杂的顺序控制非常清晰，用于编程及故障诊断更为有效。

SFC 编程的优点：

① 在程序中可以很直观地看到设备的动作顺序。比较容易读懂程序，因为程序按照设备的动作顺序进行编写，规律性较强。

② 在设备故障时能够很容易地查找出故障所处的位置。

③ 不需要复杂的互锁电路，更容易设计和维护系统。

SFC 的结构：步 + 转换条件 + 有向连接 + 机器工序的各个运行动作 = SFC。

SFC 程序的运行从初始步开始，每次转换条件成立时执行下一步、在遇到 END 步时结束向下运行。

6.2.6　S7 HIGRAPH 编程语言

S7 HIGRAPH 是一种状态图语言，属于 SIMATIC Manager 的可选软件包，可以将程序中的各块作为状态图形编程。这种方法将项目分成不同的功能单元，每个单元有不同的状态。不同状态之间的切换要定义转换条件。用类似于语句表的放大型语言描述赋给状态的功能以及状态之间转换的条件。每个功能单元都用一个图形来描述该单元的特性。整个项目的各个图形组合起来为图形组。各功能单元的同步信息可在图形之间交换。

各功能单元状态条件的清晰表示，使得系统编程成为可能，故障诊断简单易行。与 S7 Graph 不同，在 S7 HIGRAPH 中任何时候只能有一个状态（在 S7 Graph 中："步"）是激活的。

6.2.7　S7 CFC 编程语言

可选软件包 CFC（Continuous Function Chart，连续功能图），是一种用图形的方法连接复杂功能的编程语言。

编程语言 S7 CFC 用于连接已存在的各种功能。有许多标准功能不需要用户编程，而是可以使用含有标准块（例如：逻辑、算术、控制和数据处理等功能）的程序库。使用 CFC 不需要用户掌握详细的编程知识以及有关可编程序控制方面的专门知识，只需要具有行业所必需的工艺技术方面的知识就可以。

用户生成的程序块可按自己的意愿进行连接，连接的方法分不同的情况，如果用 SIMATIC S7，可用 S7 编程语言中的任一种，如果是用于 SIMATIC M7 则用 C/C++ 编程语言。如图 6-8 所示，即为用 CFC 程序编写的前馈 PID 控制程序。

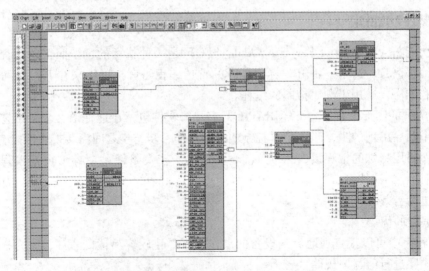

图 6-8　CFC 举例

6.3　S7 – 300/400 编程资源及其编址

6.3.1　S7 – 300/400 编程资源

S7 – 300/400 CPU 的内部资源如图6-9所示。其中，内部资源包括：系统存储区、装载存储区、工作存储区、外设 I/O 存储区、累加器、地址寄存器、数据块地址寄存器、状态字寄存器。CPU 程序所能访问的存储区包括：系统存储区、工作存储区中的数据块（DB）、临时本地数据存储区（L 堆栈）、外设 I/O 存储区（P）等。

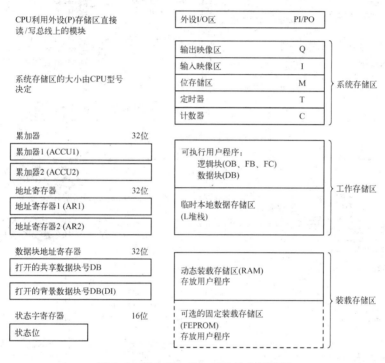

图6-9　S7 – 300/400 CPU 的内部资源

1. 存储器

S7 – 300/400 CPU 的存储器分为 3 个基本存储区域：装载存储器（Load Memory）、工作存储器（Work Memory）和系统存储器（System Memory）。此外 S7 – 300 CPU 还具有保持存储器（Non-Volatile memory）。S7 – 300 存储器如图6-10所示，S7 – 400 存储器如图6-11所示。

（1）装载存储器

装载存储器可分为动态装载和保持装载存储器，用于存储代码块、数据块和系统数据（组态、连接、模块参数等）。确认与执行无关的块单独存放在装载存储器中，也可存储项目的所有组态数据。有的 CPU 具有集成的装载存储器，但由于容量有限，还可以用 MMC 卡进行扩展。除了集成有装载存储器的 CPU 外，其他必须在 CPU 中插入一个 MMC 卡，才能装载用户程序并运行 CPU。

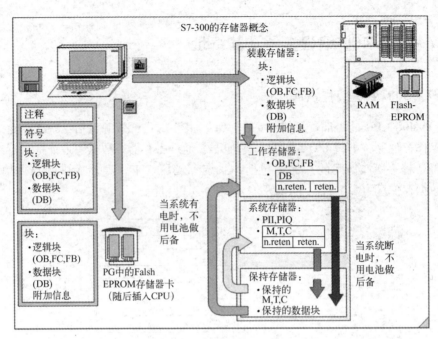

图 6-10　S7-300 存储器示意图

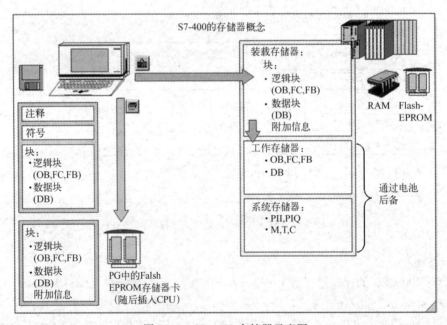

图 6-11　S7-400 存储器示意图

由于程序存储在 MMC 卡上,使得装载存储器中的程序始终具有保持性,免受电源故障或存储器复位的影响。

(2) 工作存储器

工作存储器集成在 CPU 中,通过后备电池保持,不可扩展。它用于执行代码和处理用户程序数据。工作存储器只包含与运行相关的部分用户程序,且用户程序仅在工作存储器和系统存储器中运行。需要注意的是,选择的装载存储器的容量应大于 CPU 集成的工作存储器的容量。除了 S7 417 - 4 CPU 可以通过插入专用的存储卡来扩展工作存储器外，其他 PLC 的工作存储器都无法扩展。

（3）系统存储器

系统存储器集成在 CPU 中，不可扩展。它用于存放用户程序的操作数据，包含几种存储器区域，分别是过程映像输入和输出表（PII, PIQ）、位存储器（M）、定时器（T）和计数器（C）的地址区、块堆栈（B 堆栈）、中断堆栈（I 堆栈）以及局部数据堆栈（L）。

（4）保持存储区

S7 - 300 CPU 还具有保持存储区。保持存储器是非易失性的 RAM，通过组态，即使没有安装后备电池也可用来保存位存储器、定时器、计数器和数据块。设置 CPU 参数时需指定要保持的区域。由于 S7 - 400 PLC 没有非易失性 RAM，即使组态了保持区域，再掉电时若没有后备电池，也将丢失所有数据。这是 S7 - 300 PLC 与 S7 - 400 PLC 的重要区别。

CPU 程序所能访问的存储区为系统存储区的全部、工作存储区中的数据块 DB、暂时局部数据存储区、外设 I/O 存储区等。

2. 寄存器

（1）累加器

累加器说明见表 6-2，累加器是处理字节、字或双字的 32 位寄存器，S7 - 300 有两个累加器（ACCU1 和 ACCU2）；S7 - 400 有 4 个累加器（ACCU1 ~ ACCU4）操作数被载入累加器，在累加器中进行逻辑门控制，逻辑运算结果（RLO）保存在 ACCU1 中。

表 6-2　累加器说明

ACCU	位
ACCUx （x = 1 ~ 4）	位 0 ~ 31
ACCUx – L	位 0 ~ 15
ACCUx – H	位 16 ~ 31
ACCUx – LL	位 0 ~ 7
ACCUx – LH	位 8 ~ 15
ACCUx – HL	位 16 ~ 23
ACCUx – HH	位 24 ~ 31

（2）地址寄存器

S7 - 300/400 均有两个地址寄存器（AR1 和 AR2），包含区域内或跨区域地址，可用于间接寻址的指令，地址寄存器为 32 位字长。区域内和跨区域地址具有下列语法（双字）：

1）区域内地址。

S7 - 300/400：00000000　00000bbb　bbbbbbbb　bbbbbxxx

2）跨区域地址。

S7 - 300：10000yyy　00000bbb　bbbbbbbb　bbbbbxxx

S7 - 400：yyyyyyyy　00000bbb　bbbbbbbb　bbbbbxxx

其中，b 表示字节地址，x 表示位号，y 表示区域标识符。

3）状态字寄存器。状态字寄存器是一个 16 位的寄存器，用于存储 CPU 执行指令的状态。状态字位通过指令来判断或置位。表6-3给出了状态字的结构和各位所表示的含义。

表6-3　状态字说明

位	分　配	说　　明
0	$\overline{FC}$	首先检查的位，位无法在用户程序中用 LSTW 指令进行描述和计算，由于其未在程序运行时更新
1	RLO	先前的逻辑运算结果
2	STA	状态，位无法在用户程序中用 LSTW 指令进行计算，由于其未在程序运行时更新
3	OR	或，位无法在用户程序中用 LSTW 指令进行计算，由于其未在程序运行时更新
4	OS	存储上溢
5	OV	溢出
6	CC0	条件代码
7	CC1	条件代码
8	BR	二进制结果
9…15	未分配	

6.3.2　PLC 存储区的划分

S7-300/400PLC 的 CPU 的存储器可以划分为不同的地址区，在程序中通过指令，可以直接访问存储于地址区的数据。地址区可以分为：过程映像输入区（I）、过程映像输出区（Q）、标志位存储区（M）、定时器（T）、计数器（C）、数据块（DB）、本地数据区（L）、外设地址输入（PI）、外设地址输出（PQ）。表6-4给出了 S7-300/400PLC 的存储区域划分、功能、可以访问的地址单位、寻址范围及标识符。表中给出的最大地址范围不一定是实际可使用的地址范围，实际可使用的范围由 CPU 的型号和硬件组态（Configuring，配置、设置）决定。

表6-4　S7-300/400PLC 地址区

资源区域	功　　能	可以访问的地址单位	标识符	最大地址范围
过程映像输入区（I）	在循环扫描的开始，操作系统从过程中读入输入信号入本区域，共程序使用	输入位	I	0～65535.7
		输入字节	IB	0～65535
		输入字	IW	0～65534
		输入双字	ID	0～65532
过程映像输出区（Q）	在循环扫描期间，程序运算得到的输出值存入本区域。循环扫描的末尾，操作系统从中读出输出值并将其传送到输出模块	输出位	Q	0～65535.7
		输出字节	QB	0～65535
		输出字	QW	0～65534
		输出双字	QD	0～65532
标志位存储区（M）	本区域提供的存储器用于存储在程序中运算的中间结果	存储器位	M	0～255.7
		存储器节	MB	0～255
		存储器字	MW	0～254
		存储器双字	MD	0～252

资源区域	功　　能	可以访问的地址单位	标识符	最大地址范围
定时器（T）	定时器指令访问本区域可得到定时剩余时间	定时器（T）	T	0～255
计数器（C）	计数器指令访问本区域可得到当前计数器值	计数器（C）	C	0～255
数据块（DB）	本区域包含所有数据块的数据。如果需要同时打开两个不同的数据块。则可用"OPEN DB"打开一个，"OPEN DI"打开另一个。用指令 L DBWi 和 L DIWi 进一步确定被访问数据块中的具体数据。在用"OPEN DI"打开一个数据时，打开的是与功能块（FB）和系统功能块（SFB）相关联的背景数据块	数据块，用"OPEN DB"打开	DB	
		数据位	DBX	0～65535.7
		数据字节	DBB	0～65535
		数据字	DBW	0～65534
		数据双字	DBD	0～65532
		数据块，用"OPEN DI"打开	DI	
		数据位	DIX	0～65535.7
		数据字节	DIB	0～65535
		数据字	DIW	0～65534
		数据双字	DID	0～65532
本地数据区（L）	本区域存放逻辑块（OB、FB 或 FC）中使用的临时数据，也称为动态本地数据，一般用作中间暂存器。当逻辑块结束时，数据丢失，因为这些数据是存储在本地数据堆栈（L）中的	局部数据位	L	0～65535.7
		局部数据字节	LB	0～65535
		局部数据字	LW	0～65534
		局部数据双字	LD	0～65532
外设地址输入（PI）	通过本区域，用户程序能够直接访问输入模块	外设输入字节	PIB	0～65535
		外设输入字	PIW	0～65534
		外设输入双字	PID	0～65532
外设地址输出（PQ）	通过本区域，用户程序能够直接访问输出模块	外设输出字节	PQB	0～65535
		外设输出字	PQW	0～65534
		外设输出双字	PQD	0～65532

6.3.3　S7 – 300/400 模块的编址

（1）基于槽编址的模块地址

根据机架上模块的类型，地址可以为输入（I）或输出（O）。数字 I/O 模块每个槽划分为 4 B（等于 32 个 I/O 点）如图 6–12 所示；模拟 I/O 模块每个槽划分为 16 B（等于 8 个模拟量通道）如图 6–13 所示，每个模拟量输入通道或输出通道的地址总是一个字地址如图 6–14 所示。

（2）用户编址的模块地址

用户可以通过 STEP 7 软件，设置任何所选模块的地址。用户编址模块地址设置方法如图 6–15 所示。

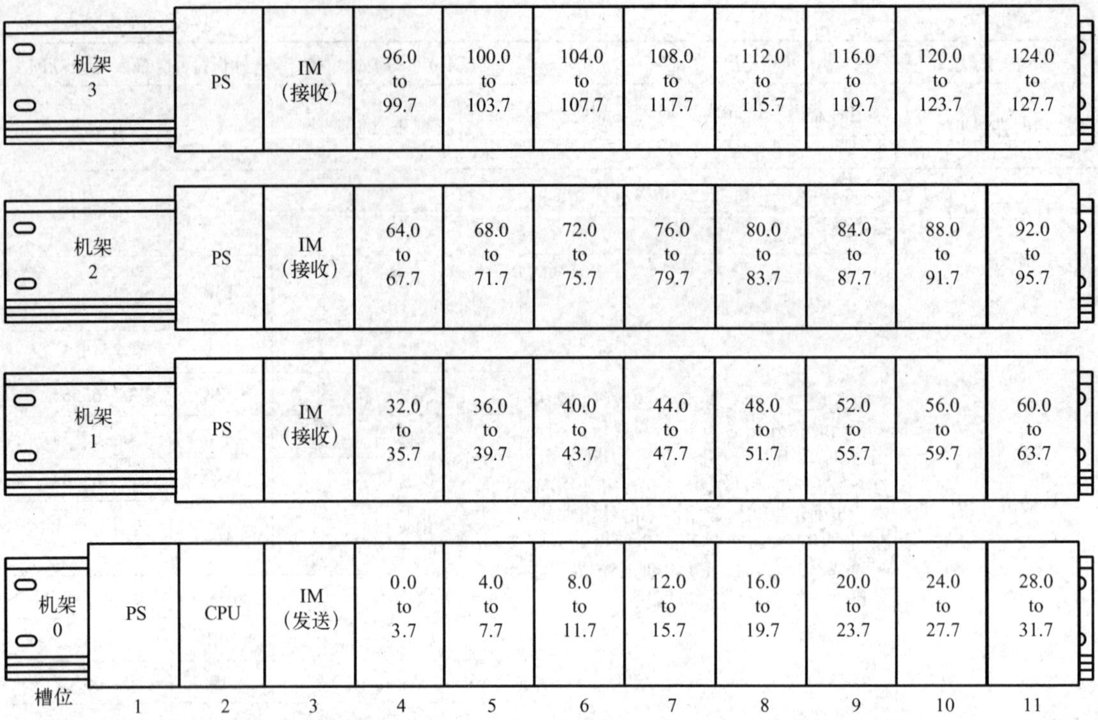

槽位	1	2	3	4	5	6	7	8	9	10	11
机架 3	PS		IM（接收）	96.0 to 99.7	100.0 to 103.7	104.0 to 107.7	108.0 to 117.7	112.0 to 115.7	116.0 to 119.7	120.0 to 123.7	124.0 to 127.7
机架 2	PS		IM（接收）	64.0 to 67.7	68.0 to 71.7	72.0 to 75.7	76.0 to 79.7	80.0 to 83.7	84.0 to 87.7	88.0 to 91.7	92.0 to 95.7
机架 1	PS		IM（接收）	32.0 to 35.7	36.0 to 39.7	40.0 to 43.7	44.0 to 47.7	48.0 to 51.7	52.0 to 55.7	56.0 to 59.7	60.0 to 63.7
机架 0	PS	CPU	IM（发送）	0.0 to 3.7	4.0 to 7.7	8.0 to 11.7	12.0 to 15.7	16.0 to 19.7	20.0 to 23.7	24.0 to 27.7	28.0 to 31.7

图 6-12　数字量模块默认编址

槽位	1	2	3	4	5	6	7	8	9	10	11
机架 3	PS		IM（接收）	640 to 654	656 to 670	672 to 686	688 to 702	704 to 718	720 to 734	736 to 750	752 to 766
机架 2	PS		IM（接收）	512 to 526	528 to 542	544 to 558	560 to 574	576 to 590	592 to 606	608 to 622	624 to 638
机架 1	PS		IM（接收）	384 to 398	400 to 414	416 to 430	432 to 446	448 to 462	464 to 478	480 to 494	496 to 510
机架 0	PS	CPU	IM（发送）	256 to 270	272 to 286	288 to 302	304 to 318	320 to 334	336 to 350	352 to 366	368 to 382

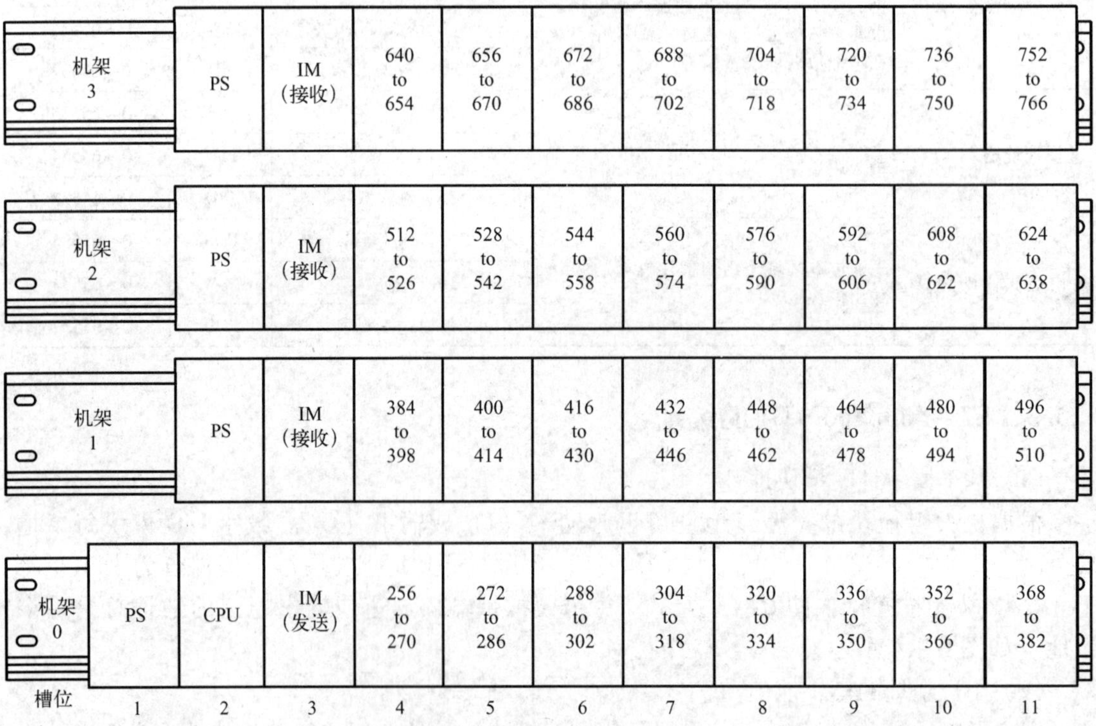

图 6-13　模拟量模块默认编址

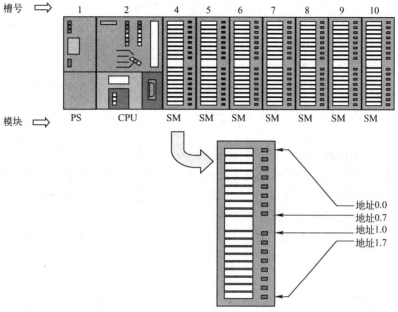

图 6-14 单个模块的编址

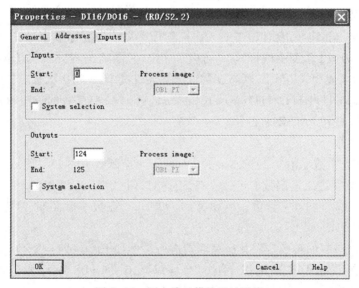

图 6-15 用户编址模块地址设置

6.4 变量、常量和数据类型

6.4.1 变量和常量

1. 变量

变量是保存在存储器中待处理的抽象数据，是为了识别 PLC 的输入/输出、PLC 内部的存储区域而使用的名称，可以代替物理地址在程序中使用。简单变量由一个地址和一个数据类型组成，其中，地址由一个区域标识符和一个存储地址组成。变量结构如图 6-16 所示。

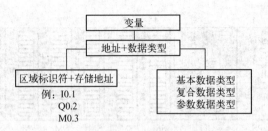

图6-16 变量结构

变量分为全局变量和局部变量。变量通过声明确定相关属性，如关键字、数据类型和有效范围等。全局变量可以在CPU范围内被所有的程序块调用，例如在OB（组织块）、FC（函数）、FB（函数块）中使用，在某一个程序块中赋值后，在其他的程序中可以读出，没有使用权限。局部变量只是在所属的程序块（OB、FC、FB）范围内使用，在程序块调用时有效，程序块调用完成后被释放，所以不能被其他程序块使用，本地数据区（L）中的变量为区域变量，例如每个程序块中的临时变量都属于区域变量。

2. 常量和数制

常量是用来给变量预置的一个固定值，常量的特殊前缀根据其数据类型给出。不同的数据类型有着不同的数制，在PLC中运用比较广泛，下面介绍在S7－300PLC中常用的数制。

（1）二进制数

二进制的1位（bit）只能取0或1，用来表示开关量（或称数字量）的两种不同的状态。例如，若Q0.0＝1，表示线圈为"通电"状态，称该编程元件为ON或1状态；若Q0.0＝0，则表示线圈为"断电"状态，称该编程元件为OFF或0状态。二进制数一般用2#表示，例如2#1111 1111 1111 1111表示16位二进制常数。在编程时，位编程元件的1状态和0状态常用TRUE和FALSE来表示。

（2）十六进制数

十六进制的16个数字由0~9和A~F（对应于十进制数10~15）组成，其运算规则为逢16进1，每个数字占二进制数的4位。在SIMATIC中B#16#、W#16#、DW#16#分别用来表示十六进制字节、字和双字常数，例如W#16#23DF。在数字后面加"H"也可以表示十六进制数，如23DFH。

十六进制与十进制的转换按照其运算规则进行，例如B#16#A1 = A × 16 + 1 = 161；十进制转换为十六进制采用除16的方法，例如215 = 13 × 16 + 8 = D8H；十六进制与二进制的转换中4位二进制数表示十六进制中的一位，例如3DH = 0011_1101。

十六进制在S7－300/400中最重要的应用是用十六进制来表示机器码。比十进制和二进制都要直观得多，因为如果直接用二进制，太冗长；用十进制，转换关系比较麻烦。大家都知道1个字节等于8位二进制数，书写的时候一般是将4位一写，4位二进制数的表示范围，正好就是0~15（2#0000~1111）总共16位数，正好与十六进制对应。所以用十六进制来表示BYTE、WORD、DWORD的变量是比较方便的。

（3）BCD码

BCD码用4位二进制数表示一位十进制数，即用0000~1001分别表示0~9。BCD码的最高4位二进制数用来表示符号，16位BCD码字的范围是－999~999，32位BCD码双字的范围为－9999999~9999999。

BCD 码其实是十六进制数，但是各位之间的运算关系是逢十进一。十进制数可以方便地转换为 BCD 码，例如十进制数 296 对应的 BCD 码为 W#16#296 或者 2#0000 0010 1001 0110。

在 S7 – 300/400 中，输入输出十进制变量一般会使用到 BCD 码，比如，从键盘输入一个十进制数，十进制数首先转换成 BCD 码，如果要将一个变量输出到显示器上，那么首先就要将二进制转换成 BCD 码，再转换成 7 段码，进而显示。

图 6-17 为一个罐装系统编码转换过程示意图。在这个编码转换的实例中，使用了多种

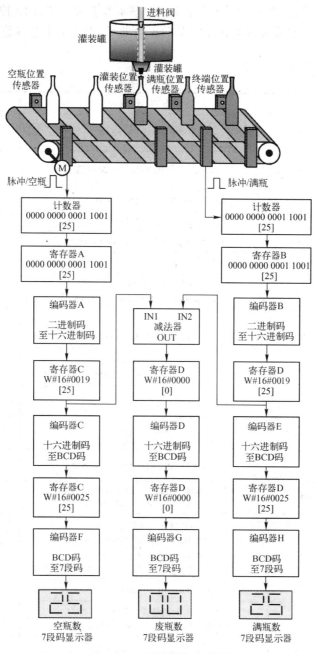

图 6-17 罐装系统编码转换

163

数制。灌装线的工作过程大致可描述为：在灌装线上，有一个电动机驱动传送带，两个瓶子传感器能够检测到瓶子经过，并产生脉冲信号；传送带中部上方有一个可控制的灌装漏斗，打开即开始灌装。当传送带中部的传感器检测到瓶子经过时，传送带停止，灌装漏斗打开，开始灌装，灌装时间为3s，灌装完毕后，传送带继续运行，位于传送带末端的传感器用于对灌装完毕的瓶子进行计数。其中，废瓶数＝空瓶数－满瓶数。

6.4.2　基本数据类型

基本数据类型是根据 IEC1131－3 来定义的，基本数据类型共有 12 种，数据类型决定了数据长度、数据格式及常数表达格式等。表6-5 给出了 STEP 7 中基本数据类型描述及常数举例。

表6-5　基本数据类型

数 据 类 型	长度（位）	取 值 范 围	常 数 举 例
BOOL （布尔）	1	TRUE 或 FALSE	TRUE
BYTE （字节）	8	十六进制：B#16#00 ~ B#16#FF	B#16#1F
WORD （字）	16	十六进制：W#16#0000 ~ W#16#FFFF	W#16#30
	16	二进制：2#0 ~ 2#1111_1111_1111_1111	2#1110
	16	十进制数 BCD：C#000 ~ C#999	C#99
	16	无符号十进制：B#（0, 0）~ B#（255, 255）	B#（25, 30）
DWORD （双字）	32	十六进制： DW#16#0 ~ DW#16#FFFF_FFFF	DW#16#89AB_CDEF
	32	二进制： 2#0 ~ 2#1111_1111_1111_1111_1111_1111_1111_1111	2#1111_0111_1001
	32	无符号十进制： B#（0, 0, 0, 0）~ B#（255, 255, 255, 255）	B#（0, 0, 13, 45）
CHAR （字符）	8	ASCII 字符集：'A'、'z'	'Y'
INT （整型）	16	－32768 ~ 32767	67
DINT （双整型）	32	－L#2147483648 ~ L#2147483647	L#21
REAL （实数）	32	－3.402823E+38 ~ －1.175495E－38，0， +1.175495E－38 ~ 3.402823E+38	1.23E+04
TIME （时间）	32	IEC 格式，分辨率1ms： －T#24D_20H_31M_23S_648MS ~ T#24D_20H_31M_23S_648MS	T#3D_3H_3M_3S_3MS
DATE （日期）	16	EC 格式，分辨率1天： D#1990－1－1 ~ D#2168－12－31	DATE#1988－10－28
TIME-OF-DAY （每天时间）	32	24 小时时间格式，分辨率1ms： TOD#0：0：0.0 ~ TOD#23：59：59.999	TIME_OF_DAY#2：3：1.5
S5TIME （SIMATIC 时间）	32	S5T#0H_0M_0S_10MS ~ S5T#2H_46M_30S_0MS	S5#2H_46M_30S_0MS

在基本数据类型声明中，名称是一个变量的标识符，最多有 24 个字符，只能用字母数字和下划线，在类型一栏中可定义相关的数据类型，在初始值一栏中可输入数据的初始值。在 SIMATIC 中声明变量和初始化变量如图 6-18 所示。

Address	Name	Type	Initial value	Comment
0.0		STRUCT		
+0.0	Auto	BOOL	FALSE	
+0.1	Manu	BOOL	TRUE	
+2.0	level	INT	0	
+4.0	Value	WORD	W#16#0	
+6.0	waiting_time	S5TIME	S5T#0MS	
+8.0	Memory	DWORD	DW#16#0	
+12.0	sys_name	CHAR	'w'	
+14.0	temp	REAL	0.000000e+000	
+18.0	start_date	DATE	D#1990-10-28	
+20.0	day_time	TIME_OF_DAY	TOD#0:0:0.0	
=24.0		END_STRUCT		

图 6-18   基本数据类型的声明和初始化

6.4.3   复合数据类型

由基本数据类型的组合而成的数据类型和长度超过 32 位的数据类型称为复合数据类型。STEP 7 中定义了以下 4 种复合数据类型：ARRAY、STRUCT、STRING 和 DATE_AND_TIME。

通过将基本数据组合成复合数据类型可以使复合数据在块调用中作为一个参数被传递，使得信息在主调用块和被调用块中快速地传递，这种方式符合结构化编程的思想，同时也保证了已编程序的高度可重复性和稳定性。

1. 数组 (ARRAY)

数组数据类型（ARRAY）表示由固定数目的同一数据类型的元素组成的一个域。数组最大的维数可达到 6 维，并且数组不允许嵌套。数组中的每一维的下标取值范围是 - 32768 ~32767，要求下标的下限必须小于下标的上限。

（1）ARRAY 声明和初始化

一维数组声明的格式为：域名：ARRAY［最小索引…最大索引］OF 数据类型

例如：Temp：ARRAY[1…5] OF REAL 定义了一个名为 Temp 的一维数组。

多维数组声明的格式为：域名：ARRAY［最小索引 1…最大索引 1，最小索引 2…最大索引 2，…］OF 数据类型

例如：Level：ARRAY[1…10,1…8]OF REAL 定义了一个数组名为 Level，元素为实数类型的 10 ×8 的二维数组。

数组元素可以在声明中进行初始化赋值，初始化值得数据类型必须与数组元素的数据类型相一致。初始化的值输入到"初始值"栏，并以逗号隔开。可通过"视图"→"数据视图"进行查看或修改初始值。

（2）建立数组

图 6-19 为 STEP 7 中数组变量举例，其中 sequence 是含有 10 个 REAL 变量的一维数组，result 是 5 ×5 的二维数组。图 6-20 为数组中的各个数据。

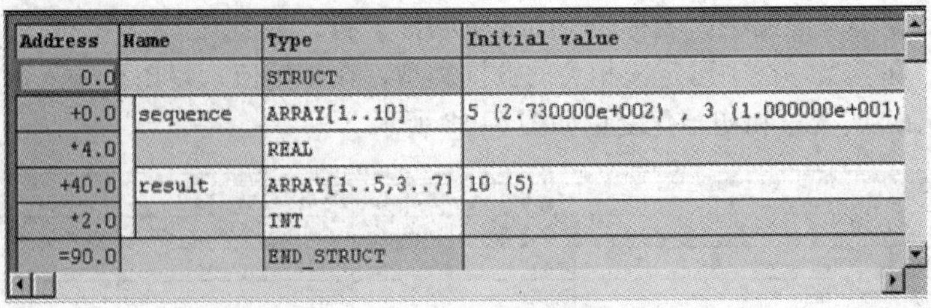

Address	Name	Type	Initial value
0.0		STRUCT	
+0.0	sequence	ARRAY[1..10]	5 (2.730000e+002) , 3 (1.000000e+001)
*4.0		REAL	
+40.0	result	ARRAY[1..5,3..7]	10 (5)
*2.0		INT	
=90.0		END_STRUCT	

图 6-19　定义数组变量

Address	Name	Type	Initial value	Actual value
0.0	sequence[1]	REAL	2.730000e+002	2.730000e+002
4.0	sequence[2]	REAL	2.730000e+002	2.730000e+002
8.0	sequence[3]	REAL	2.730000e+002	2.730000e+002
12.0	sequence[4]	REAL	2.730000e+002	2.730000e+002
16.0	sequence[5]	REAL	2.730000e+002	2.730000e+002
20.0	sequence[6]	REAL	1.000000e+001	1.000000e+001
24.0	sequence[7]	REAL	1.000000e+001	1.000000e+001
28.0	sequence[8]	REAL	1.000000e+001	1.000000e+001
32.0	sequence[9]	REAL	0.000000e+000	0.000000e+000
36.0	sequence[10]	REAL	0.000000e+000	0.000000e+000
40.0	result[1, 3]	INT	5	5
42.0	result[1, 4]	INT	5	5
44.0	result[1, 5]	INT	5	5
46.0	result[1, 6]	INT	5	5

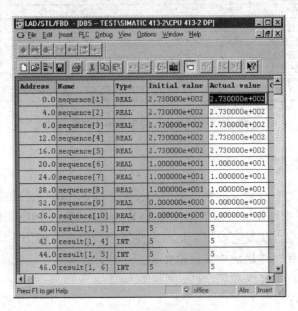

图 6-20　数组数据

（3）ARRAY 变量的存储结构

程序运行中，要访问数组元素时，需要事先了解数组变量在存储器中的详细信息。

数组变量从字边界开始，也就是说，起始地址为偶数字节地址，数组变量占一个字的存储空间。数据类型为 BOOL 的数组元素从最高位开始存储，数据类型为 BYTE 和 CHAR 的数组元素从偶数字节地址开始存储。

在多维数组中，从第一维开始按线或维方向逐一存储。对于位和字节组成的数组变量，一个新的维始于一个字节。而对于其他数据类型组成的数组变量，一个新的维总是从下一个字（从下一个偶数字节）开始。数组变量的存储结构如图 6-21 所示。

2. 结构（STRUCT）

结构数据类型表示由一组指定数目的不同数据类型的数据元素组合在一起而形成的复合数据类型。不同于数组的不能嵌套，每个结构最多允许 8 层嵌套。

（1）结构的声明和初始化

可以在名称和关键词“STRUCT”下指定每个结构组成部分和数据类型。图 6-22 声明了一个具有 STRUCT 数据类型元素的变量。该结构由 3 个元素组成，其中“TEST_time”和“LEVEL”分别为基本数据类型，“POINT”为复合数据类型 ARRAY［1…4］。

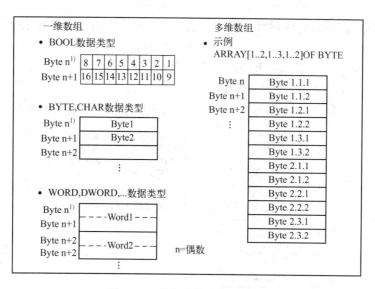

图 6-21　数组变量的存储结构

Address	Name	Type	Initial value	Comment
*0.0		STRUCT		
+0.0	POINT	ARRAY[1..4]		
*4.0		REAL		
+16.0	TEST_Time	S5TIME	S5T#5S	
+18.0	LEVEL	REAL	0.000000e+000	
=22.0		END_STRUCT		

图 6-22　结构的声明和初始化

结构元素可在声明中定义初始值，在"Initial value"一栏中输入初始值，初始化的数据类型必须与结构元素的数据类型相一致。

（2）结构变量的存储结构

结构变量从字边界开始，也就是说，起始地址为偶数字节地址。随后，每个结构元素以其声明时的顺序依次存储到存储器中，一个结构类型变量占一个字的存储空间。

数据类型为 BOOL 的结构元素从最低位开始存储；数据类型为 BYTE 和 CHAR 的结构元素从偶数字节开始存储，其他数据类型的数组元素从字地址开始存储。

3. 字符串（STRING）

字符串数据类型变量用于存储字符串，STRING 最大长度为 256 个字节，前两个字节用于存储字符串长度，所以最多包含 254 个字符。

（1）字符串变量的声明和初始化

字符串变量可在声明中用起始文本进行初始化。其声明格式如下：

字符串名称：STRING［最大数目］："初始化文本"

声明时，方括号中的数字表示了该字符串变量可以存储的最大字符数，该项可省略，此时，系统默认该变量的长度为 254 个字符。

（2）STRING 变量的存储结构

字符串变量从字边界开始存储，也就是说，起始地址为偶数字节地址。在建立变量时，根据变量的声明，第一个字节存储变量的最大长度，第二个字节存储变量的实际长度，此后将字符以 ASCII 码的形式依次存储。未被占用的字节地址空间，在初始化时，则是均被赋值 B#16#00。

下面用一个例子来说明字符串的声明初始化和存储结构。

Motor name：STRING ［8］：'WWMM'

存储 STRING 变量"Motor name"。图 6-23 为字符串变量的存储示意图。

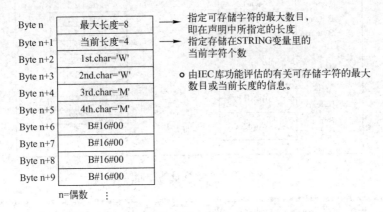

图 6-23　字符串变量的存储

4. 日期和时间（DATE_AND_TIME）

日期和时间数据类型表示时钟信号，用于存储一个日期时间值，其缩写为 DT。数据长度为 8 个字节，分别以 BCD 码的格式表示相应的时间值。图 6-24 为日期和时间数据类型的存储结构。

可在声明部分为变量预设一个初始值，初始值的格式为：DT#年 – 月 – 日 – 小时：分钟：秒．［毫秒］，毫秒部分可省略。例如：DT#1988 – 10 – 28 – 01：30：20.200 表示 1988 年 10 月 28 日 1 点 30 分 20.2 秒。

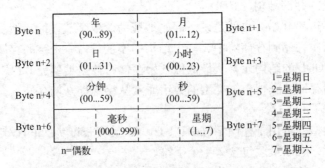

图 6-24　日期和时间数据类型的存储结构

6.4.4　参数数据类型

参数数据类型是用于 FC（函数）或者 FB（函数块）的接口参数的数据类型。主要包括以下几种数据类型：

1. TIMER（定时器类型）、COUNTER（计数器类型）

在函数或者函数块中定义定时器和计数器，只有程序块调用时才执行。若 TIMER、

COUNTER 定义为形参，则对应的实参必须为 T（定时器）和 C（计数器）类型。

2. POINTER（6 字节指针类型）

6 字节指针类型指向地址，若将 POINTER 定义为形参时，则对应的实参必须为一个地址，可以是一个简单的地址也可以是指针格式指向地址的开始。

3. ANY（10 字节指针类型）

若实参为未知的数据类型或者任意数据类型时，选择"ANY"类型。ANY 可以将各种类型的数据通过参数传递给 FC 和 FB，提高了程序的灵活性，方便实现更通用的控制功能。

4. BLOCK_FB、BLOCK_FC、BLOCK_DB、BLOCK_SDB

将定义的程序块作为输入输出接口，程序块的类型由参数的声明决定，如 DB、FB、FC 等。如果块类型被定义为形参，则对应的实参为相应的程序块。

6.4.5 用户自定义数据类型

如果在程序中反复使用某一个数据结构或要为某一数据结构分配一个名称时，则可在 STEP 7 中使用用户自定义数据类型（UDT）。UDT 相当于一个具有全局有效性的结构，一旦声明就可以在所有块中使用。

UDT 可用于建立结构化数据块，建立包含几个相同单元的数组或者在带有给定结构的 FC 和 FB 中建立全局变量等。通过使用与应用相关的用户定义的数据类型可以更高效地编程，解决工程问题。

UDT 的创建过程如下：

1. 建立 UDT

在 SIMATIC 管理器项目树中选择块对象，通过 INSERT –> S7 BLOCK –> DATA TYPE 创建一个新的 UDT，根据对话框设置数据类型的属性。双击打开 UDT，输入变量及数据类型，单击保存。如图 6-25 所示建立了一个 STRUCT 数据类型变量 MOTOR，MOTOR 具备 4 个元素。

Address	Name	Type	Initial value	Comment
0.0		STRUCT		
+0.0	MOTOR	STRUCT		
+0.0	command_setpoint	WORD	W#16#0	
+2.0	speed_setpoint	REAL	0.000000e+000	
+6.0	command_actpoint	WORD	W#16#0	
+8.0	speed_actual	REAL	0.000000e+000	
=12.0		END_STRUCT		
=12.0		END_STRUCT		

图 6-25　定义 UDT1

2. 建立数据块

定义一个数据类型并保存为一个 UDT 块，就可以用相同的数据结构建立几个数据块。下面以 UDT1 为模板，建立 DB 块 DB1。

在 SIMATIC 管理器中插入数据块 DB1，选择类型为共享数据块，在 DB1 中定义 UDT1 变量 Motor_1、Motor_2，如图 6-26 所示。打开标题栏 view –> Data View，如图 6-27 所示。编程时，直接使用 DB1. Motor_1. MOTOR. command_setpoint 就可以进行寻址。

Address	Name		Type	Initial value	Comment
0.0			STRUCT		
+0.0	Motor_1		UDT1		
+12.0	Motor_2		UDT1		
=24.0			END_STRUCT		

图 6-26　变量声明

Address	Name	Type	Initial value	Actual value
0.0	Motor_1.MOTOR.command_setpoint	WORD	W#16#0	W#16#0
2.0	Motor_1.MOTOR.speed_setpoint	REAL	0.000000e+000	0.000000e+000
6.0	Motor_1.MOTOR.command_actpoint	WORD	W#16#0	W#16#0
8.0	Motor_1.MOTOR.speed_actual	REAL	0.000000e+000	0.000000e+000
12.0	Motor_2.MOTOR.command_setpoint	WORD	W#16#0	W#16#0
14.0	Motor_2.MOTOR.speed_setpoint	REAL	0.000000e+000	0.000000e+000
18.0	Motor_2.MOTOR.command_actpoint	WORD	W#16#0	W#16#0
20.0	Motor_2.MOTOR.speed_actual	REAL	0.000000e+000	0.000000e+000

图 6-27　变量数据

6.5　S7 – 300/400 寻址方式

6.5.1　寻址方式简介

一条完整的指令包含指令符和操作数（当然不包括那些单指令，如 NOT 等）。操作数是指令操作或运算的对象，寻址方式即指令取得操作数的方式。

S7 – 300/400 CPU 的存储器可以划分为不同的地址区，包括过程映像输入区（I）、过程映像输出区（Q）、标志位存储区（M）、定时器（T）、计数器（C）、数据块（DB）、本地数据区（L）、外设地址输入（PI）、外设地址输出（PQ）。每个区域可以用位、字节、字、双字来指定大小。

要描述一个地址，至少应该包含两个要素：①存储的区域；②这个区域中具体的位置。S7 – 300/400 的寻址方式包括立即寻址、直接寻址和间接寻址，如图 6-28 所示。

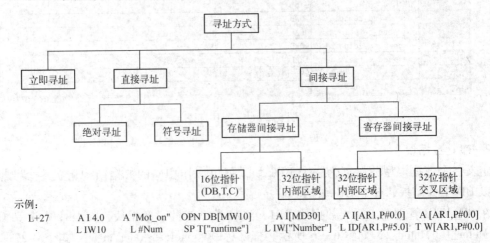

图 6-28　S7 – 300/400 寻址方式

立即寻址是对常数或常量的寻址方式；直接寻址是指通过指令直接对地址进行访问，地址通常是一个常数，不可以改变；间接寻址是指寻址时地址存储于地址指针中，地址是一个变量，程序执行时才能确定实际的地址。间接寻址又分为存储器间接寻址和寄存器间接寻址。其中，存储器间接寻址的地址指针存储于存储器中，寄存器间接寻址的地址指针存储于地址寄存器中。

6.5.2　立即寻址

立即寻址又叫立即数寻址，操作数直接在指令中。如指令 L +27 将 16 位整数常数 27 装入累加器 ACCU1。有些指令的操作数是唯一的，为了简化省略操作数，如指令 SET 将逻辑运算结果 RLO 置 1。立即寻址应用举例见表 6-6。

表 6-6　立即寻址应用举例

指　令	说　明
L -2.5	将实数（浮点数）装入 ACCU1 中
L 2#0001_0101_1100_1101	将 16 位二进制常数装入 ACCU1 中
L P#10.0	将内部区域指针装入 ACCU1 中
L P#Q10.0	将交叉区域指针装入 ACCU1 中
L B# (100, 200, 150, 300)	将 4 字节无符号整数装入 ACCU1 中
L DW#16#A0F0_BCFD	将十六进制双字常数装入 ACCU1 中
L T#100MS	将时间值 100ms 装入 ACCU1 中
L C#100	将计数值装入 ACCU1 中
L D#2012 - 03 - 08	将日期将入 ACCU1 中

6.5.3　直接寻址

在 STEP 7 程序中可以使用输入/输出（I/O）、位存储区（M）、计数器（C）、计时器（T）、数据块（DB）以及功能块（FB）等地址。用户可以直接访问这些绝对地址，也可以给绝对地址分配唯一的符号（Symbol），用户程序将可以通过符号来访问这些地址，增加了程序的可读性。因此，直接寻址分为绝对寻址和符号寻址。

1. 绝对寻址

绝对寻址是指存储单元地址直接包含在指令中，指令通过该地址直接对变量进行读写访问。绝对地址由地址标识符和存储器位置两部分组成，例如：I0.0、Q1.7、PIW256、PQW512、MD20、T15、C16、DB1.DBB10、L20.0 等。

其中 I、Q、M、L 有位寻址、字节寻址、字寻址、双字寻址几种方式；PI 类型和 PQ 类型没有位寻址，只有字节寻址、字寻址、双字寻址几种方式。绝对寻址应用举例见表 6-7。

表 6-7　绝对寻址应用举例

指　令	说　明
A I4.0	对输入位 I4.0 的"与"操作
L IB30	将输入字节 IB30 装入 ACCU1 中

指　　令	说　　明
L MW4	将存储字 MW4 装入 ACCU1 中
T DBD2	将 ACCU1 的值传送给数据双字 DBD2

2. 符号寻址

符号寻址是指为每个绝对地址分配一个符号名称，增强用户程序的可读性，便于设备调试和故障查找。在 STEP 7 中，符号寻址分为全局符号和区域符号。全局符号是在符号表中定义的，在整个用户程序范围内有效；区域符号是在程序块的通信接口及临时变量、静态变量中定义的，只在一个程序块内部使用。

STEP 7 能自动翻译符号名为要求的绝对地址。在使用符号名访问数组、结构、数据块、局部变量、逻辑块及用户自定义数据类型之前，必须先给绝对地址分配符号名。

例如，可以分配符号名"Motor_on"给地址 I4.0，在程序中可直接使用"Motor_on"作为地址，例如对 I4.0 进行"与"操作，可用符号寻址表示为：A"Motor_on"。

6.5.4　存储器间接寻址

存储器间接寻址在指令中给出一个作地址指针的存储器，该存储器的内容即为操作数所在存储单元中的地址指针。用户程序可以通过改变地址指针动态改变指令的执行结果。在某些情况下，这样的间接寻址方式是必需的，比如对某个存储区域的数据遍历。此外，间接寻址还可以使程序更具柔性，换句话说，可实现标准化。

存储器间接寻址的地址给定格式为：地址标识符 + 指针。指针所指示存储单元中的数值，就是地址的确切数值单元。存储器间接寻址具有两种指针格式：单字（16 位地址指针）和双字（32 位地址指针）。

1. 16 位地址指针

16 位地址指针用于定时器、计数器、程序块的寻址，它被看做一个无符号整数（范围 0 ~ 65535），表示定时器（T）、计数器（C）、数据块（DB、DI）或程序块（FB、FC）的编号。16 位地址指针以 W 结尾，如 DBW，图 6-29 为 16 位地址指针的格式。

位0~15：定时器、计数器、数据块等的编号

图 6-29　存储器间接寻址 16 位指针格式

寻址格式表示为：区域标识符 [16 位地址指针]。例如，使一个计数器向上计数表示为：CU C [MW20]。其中，"U"为向上计数指令；"C"为区域标识符，指计数器；"MW20"为 16 位地址指针，指所用计数器的编号。

2. 32 位地址指针

32 位地址指针用于 I、Q、M、L、数据块等存储器中位、字节、字及双字的寻址。32 位的地址指针使用一个双字来表示，能作为地址指针的双字包括 MD、LD、DBD 和 DID。32 位地址指针格式如图 6-30 所示，位 0 ~ 2 为寻址操作的位地址（0 ~ 7），位 3 ~ 18 为寻址操作的字节地址（0～65535），位 19～31 无定义。

存储器 32 位地址指针仅用于内部区域寻址，可用常数表示为：P#字节 . 位。例如：P# 10. 3 为指向第 10 个字节第 3 位的指针常数。若把一个 32 位整型转换为指针常数，根据 32 位地址指针格式，将该数左移 3 位即可。

寻址格式表示为：区域标识符［32 位地址指针］。例如，写入一个 M 双字表示为：T MD［LD0］。其中，“T”是传送指令，“MD”为区域标识符及访问宽度，LD0 为一个 32 位地址指针。

31.. ..24	23.. ..16	15.. ..8	7.. ..0
0000 0000	0000 0bbb	bbbb bbbb	bbbb b × × ×

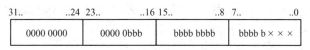

位3~18(bbbb bbbb bbbb bbbb)：被寻址的字节编号（范围0~65535）
位0~2(× × ×)：被寻址的位编号（范围0~7）

图 6-30　存储器间接寻址 32 位指针格式

再比如，指令 A M［LD4］对位存储区 M 中的位作“与”操作，若地址指针 LD4 的值为 2#0000_0000_0000_0000_0000_0000_0010_0011，根据 32 位指针格式，即对 M4. 3 进行操作。

6. 5. 5　寄存器间接寻址

地址寄存器是专门用于寻址的一个特殊指针区域，S7－300/400 CPU 的地址寄存器有 AR1 和 AR2，每个地址寄存器均为 32 位。地址寄存器可存放用于完成寄存器间接寻址命令的指针。地址寄存器的内容加上偏移量形成地址指针，指向数值所在的存储单元。

1. 区域内寄存器间接寻址

区域内寄存器间接寻址指针格式与存储器间接寻址的 32 位地址指针相同，如图 6-31 所示。位 0～2 为寻址操作的位地址，位 3～18 为寻址操作的字节地址，位 19～30 没有定义，位 31＝0 表示是区域内的间接寻址。

31.. ..24	23.. ..16	15.. ..8	7.. ..0
0000 0000	0000 0bbb	bbbb bbbb	bbbb b × × ×

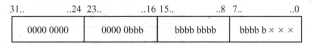

位31=0：指明是区域内部寄存器间接寻址
位3~18(bbbb bbbb bbbb bbbb)：被寻址的字节编号（范围0~65535）
位0~2(× × ×)：被寻址的位编号（范围0~7）

图 6-31　区域内寄存器间接寻址的双字指针格式

区域内寄存器间接寻址表示为：区域标识符［ARx，地址偏移量］。例如指令 L MW［AR1，P#2. 0］中，“MW”为被访问的存储器及访问宽度，“AR1”为地址寄存器 1，P# 2. 0 为地址偏移量。通过地址寄存器与偏移量的字节部分相加（十进制）以及位部分相加（八进制）来计算地址的存储单元。

① DB 块区域内寄存器间接寻址示例程序如下：

```
OPN    DB1//打开 DB1
LAR1   P#10. 0                        //将指针 P#10. 0 装载到地址寄存器 1 中
```

L	DBW〔AR1, P#12.0〕	//将 DBW22 装载到累加器 1 中
LAR1	MD20	//将存储于 MD20 中的指针装载到地址寄存器 1 中
L	DBW〔AR1, P#0.0〕	//将 DBW 装载到累加器 1 中,地址存储于 MD20 中
+I		//相加
LAR2	P#40.0	//将指针 P#40.0 装载到地址寄存器 2 中
T	DBW〔AR2, P#0.0〕	//运算结果传送到 DBW40 中

② DI、DO 区域内寄存器间接寻址程序示例如下:

L	P#8.7	//装载指向第 8 字节第 7 位的指针值到累加器 1
LAR1		//累加器 1 中的指针装载到 AR1
A	I〔AR1, P#0.0〕	//查询 I8.7 的信号状态
=	Q〔AR1, P#1.1〕	//给输出位 Q10.0 赋值

2. 区域间寄存器间接寻址

区域间寄存器间接寻址的指针是指包含有存储区域信息的指针,指针格式如图 6-32 所示。位 0~2 为寻址操作的位地址,位 3~18 为寻址操作的字节地址,位 24~26 为被寻址地址的区域标识号,位 31=1 表示是区域间的间接寻址。

31..	..24	23..	..16	15..	..8	7..	..0
1000 0rrr		0000 0bbb		bbbb bbbb		bbbb b × × ×	

位31=1:指明是区域间寄存器间接寻址
位24~26(rrr):区域标识
位3~18(bbbb bbbb bbbb bbbb):被寻址的字节编号(范围0~65535)
位0~2(× × ×):被寻址的位编号(范围0~7)

图 6-32 区域间寄存器间接寻址的双字指针格式

在区域间寄存器寻址方式下,地址指针的第 24~26 位包含了说明数值所在存储区的区域标识符的编号,通过这 3 位可实现跨区寻址。区域间寄存器间接寻址的区域标识位见表 6-8。

表 6-8 区域间寄存器寻址区域标识

存 储 区 域	区域标识符	位 26~24 rrr 对应值
外设 I/O	P	000
输入过程映像	I	001
输出过程映像	Q	010
位存储区	M	011
共享数据块	DBX	100
背景数据块	DI	101
区域地址区	L	110
调用程序块的区域地址区	V	111

区域间寄存器间接寻址表示为:访问宽度〔ARx, 偏移量〕。例如指令 L W〔AR2, P#1.0〕中,'W'为访问宽度,AR2 为地址寄存器 2, P#1.0 为偏移量。

区域间寄存器间接寻址示例程序如下：

LAR1	P#M20.0	//将指针 P#M20.0 装载到地址寄存器 1 中
A	[AR1,P#1.1]	//M21.1"与"操作
=	Q1.2	//把 M21.1 的状态,赋值到 Q1.2
L	P#I40.0	//将指针 P#I40.0 装载到累加器 1 中
LAR2		//将累加器 1 中存储的地址指针装载到地址寄存器 2 中
L	W[AR1,P#0.0]	//装载 IW40.0 到累加器 1 中
T	MW60	//将累加器 1 中存储的数值传送到 MW60 中

P#M20.0 对应的二进制数为 2#1000_0011_0000_0000_0000_0000_1010_0000，已经包含有区域标识信息，使用间接寻址的指令 A [AR1，P#1.1] 没有必要再写地址标识符 M。

6.6 习题

1. 基本数据类型分为哪几种数据类型，分别举例说明。
2. 说明如何建立一个 UDT 数据类型的数据。
3. S7-300/400 有哪几种寻址方式，并说明间接寻址的应用场合。

第7章 SIMATIC 管理器

本章学习目标：

了解 SIMATIC 管理器功能；理解 SIMATIC 管理器创建和管理一个自动化项目的思想；掌握 S7–300/400 PLC 硬件组态、网络组态；掌握符号表创建与应用、逻辑块编辑、程序调试技术。

7.1 SIMATIC 管理器简介

7.1.1 SIMATIC 管理器概述

SIMATIC 是"Siemens Automatic"（西门子自动化）的缩写，是西门子 A&D（自动化与驱动）集团的注册商标，SIMATIC 自动化系统由 SIMATIC PLC、SIMATIC DP 分布式 I/O、PROFINET I/O 系统中的分布式 I/O、SIMATIC HMI、SIMATIC NET 以及标准工具 STEP 7 等部件组合而成。

其中，STEP 7 是西门子全集成自动化（Totally Integrated Automation，TIA）的基础，在 STEP 7 中，用项目来管理一个自动化系统的硬件和软件。STEP 7 用 SIMATIC 管理器（如图 7–1 所示）对项目进行集中管理，界面如图 7–1 所示。它可以方便地浏览 SIMATIC S7、M7、C7 和 WinAC 的数据。STEP 7 使系统具有统一的组态和编程方式、统一的数据管理和数据通信方式。

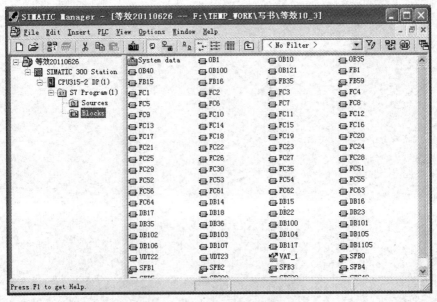

图 7–1　SIMATIC 管理器界面

可以用 SIMATIC 管理器来调用编程、组态等工程工具，包括用于项目的创建、管理、保存和归档的基本应用程序，如图 7-2 所示。

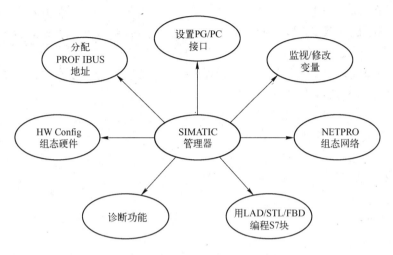

图 7-2　SIMATIC 管理器的功能

7.1.2　STEP 7 的订货版本

STEP 7 有下列订货版本：

1）STEP 7 Micro/DOS 和 STEP7 Micro/WIN。适用于 SIMATIC S7 - 200 系列 PLC 的编程组态。利用该软件通过语句表或图形化的梯形图来最优化地创建在 S7 - 200 系列 PLC 中处理的用户程序。用户程序由单一模块组成，它可以包含子程序。

2）STEP 7 Lite。适用于 SIMATIC S7 - 300、SIMATIC C7、ET200S 和 ET200X 系列分布式 I/O 的编程、组态软件包。使用 STEP 7 Lite 可以组态 SIMATIC S7 - 300、SIMATIC C7 以及分布式外设。STEP 7 Lite 完全支持 LAD、FBD 和 STL，它不能集成其他软件，例如 WinCC 等，不能安装 SCL、CFC 等编程语言，不能组态 CP 和 FM 模块，适用于简单的单机控制。使用 STEP7 Lite 创建的用户程序还可以在 STEP 7 下作进一步的管理。

3）STEP 7 Basis（基本版）。STEP 7 基本版是用于 SIMATIC S7 - 300/400、SIMATIC M7 - 300/400、SIMATIC C7 和 SIMATIC WinAC PLC 的标准软件，没有 STEP 7 Lite 的限制，具备 STEP 7 的全部功能。其中核心工具 SIMATIC Manager（管理器）用于管理所有生成的自动化数据以及处理这些数据所需的必备工具。使用 STEP 7 可以组态 SIMATIC 控制器硬件、选择模块地址和模块参数，并进行组态网络连接。

4）STEP 7 Professional（专业版）。与 STEP 7 基本版相比，增加了两种可选语言 S7 GRAPH 和 S7 SCL，以及仿真软件 S7 PLCSIM。

7.1.3　STEP 7 与硬件的接口

在计算机上使用 STEP 7 软件与硬件通信，需要在计算机上配置 PC/MPI 通信适配器或 MPI 通信接口或工业以太网通信接口卡。

PC/MPI 通信适配器用于连接安装了 STEP 7 的计算机的 RS - 232C 接口和 PLC 的 MPI 接

口。计算机一侧的通信速率为 19.2 kbit/s 或 38.4 kbit/s, PLC 一侧的通信速率为 19.2 kbit/s ~1.5 Mbit/s。

使用 CP 5613、CP 5611（PCI 卡）、CP 5511、CP 5512（PCMCIA 卡）等 MPI 通信接口卡可以将计算机连接到 PLC 的 MPI 或 PROFIBUS 网络，通过网络实现与 PLC 的通信。使用 CP 1512（PCMCIA 卡）或 CP 1612（PCI 卡）工业以太网接口卡可以实现计算机与 PLC 通过工业以太网进行通信。

在计算机上安装好 STEP 7 软件后，打开 SIMATIC 管理器，执行菜单命令"Option"（选项）→"Setting PG/PC Interface"（设置 PG/PC 接口），打开 Setting PG/PC Interface 对话框，如图 7-3 所示。

在中间的选择框中，选择实际使用的硬件接口。点击"Select…"按钮，打开"Install/Remove Interfaces"对话框，可以安装上述选择框中没有列出的硬件接口的驱动程序。点击"Properties…"按钮，可以设置计算机与 PLC 的通信参数。

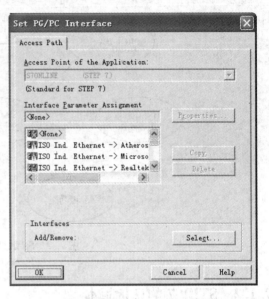

图 7-3　Setting PG/PC Interface 对话框

7.1.4　STEP 7 的安装

1. STEP 7 安装要求

（1）硬件要求

1）能够运行所需操作系统的编程器（PG）或者 PC（个人计算机）。编程器是专门为工业环境中使用而设计的紧凑型个人计算机，它已经预装了包括 STEP 7 在内的可用于 SIMATIC PLC 组态、编程所需的软件。

2）CPU：主频为 600 MHz 及以上。

3）RAM：至少为 256 MB。

4）剩余硬盘空间：300~600 MB 以上，视安装选项不同而定。

5）显示设备：XGA，支持 1024×768 分辨率，16 位以上色彩。

（2）软件要求

1）Microsoft Windows 2000（至少为 SP3 版本）。

2）Microsoft Windows XP（建议 SP1 或以上）。

3）Microsoft Windows Server 2003。

上述操作系统需要安装 Microsoft Internet Explorer 6.0 或以上版本。STEP 7 V5.4，对 Microsoft Windows 3.1/95/98/NT 都不支持，也不支持 Microsoft Windows XP Home 版本。

2. STEP 7 的安装步骤

下面以随书光盘中 STEP 7 V5.4 英文版为例，介绍 STEP 7 的安装过程。

双击随书光盘根目录下的文件 Setup. exe，进入 STEP 7 的安装程序。出现如图 7-4 所示的错误提示，解决方法如下：打开注册表编辑器，删除[HKEY_LOCAL_MACHINE\SYSTEM\CurrentControlSet\Control\Session Manager]下的 PendingFileRenameOperation 数值，然后重新双击 Setup. exe，安装程序。

图 7-4 安装 STEP 7 出现的错误提示

在每次出现的对话框的操作完成后，点击"Next >"按钮，进入下一步骤。大部分对话框只需点击"Next >"按钮确认。

1）选择安装使用的语言为英文。

2）图 7-5 为选择所需要安装的软件包，"STEP 7 V5. 4 incl. SP1"和"Automation Licence Manager V3. 0"（自动化许可证管理器）为必选安装包，另外三个软件包分别为 S7 Graph 和 S7 SCL、S7 PLCSIM，用户可根据自己需求进行选择安装。

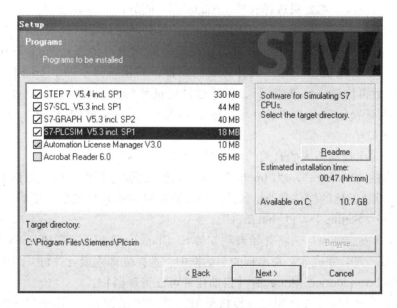

图 7-5 选择需要安装的软件包

3）在"License Agreement"（许可协议）对话框，选择"I accept terms in the license agreement"（接受许可协议）。

4）在"Customer Information"（用户信息）对话中给出了用户信息。

5）在"Setup Type"（安装类型）对话框，如图 7-6 所示，选择安装的类型，推荐选择"Typical"（典型的）。点击"Change"按钮，可以改变安装 STEP 7 的文件夹。修改后点击"OK"（确定）按钮返回，点击"Next >"按钮进入下一步安装。

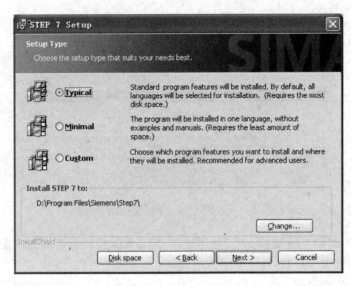

图7-6 选择安装类型

6）在"Product Language"（产品语言）对话框选择需要安装的语言，默认安装五种语言："German"（德语）、"English"（英语）、"French"（法语）、"Spanish"（西班牙语）、"Italian"（意大利语）。本处只选择安装"English"（英语）。

7）在"Transfer License Keys"（传送许可证密钥）对话框，如果选择"Yes，transfer should take place during the installation"（是，在安装期间进行传送），安装程序将插入软驱的许可证软盘中的许可证密钥导入到计算机的硬盘；如果选择"No，Transfer License Keys later"（否，以后再传送许可证密钥），将跳过许可证密钥安装程序，以后可以在许可证管理器中安装许可证密钥。点击"Next >"按钮，再点击下一页的"Install"（安装）按钮，开始安装STEP 7。

8）在安装时出现与防火墙有关的对话框，点击"Yes"（是）。

9）在出现的"Setting PG/PC Interface"（设置编程器/计算机接口）对话框中可以选择编程计算机与PLC通信的硬件和通信协议；该设置也可以在软件安装完成后，在STEP 7或控制面板中打开"Setting PG/PC Interface"。

10）STEP 7安装结束后，将开始自动安装S7 Graph、S7 SCL、S7 PLCSIM 和 Automation Licence Manager。安装完成后，在出现的对话框中，选择立即重启计算机，结束安装过程。

3. Automation Licence Manager（自动化许可证管理器）

使用STEP 7软件需要安装授权，授权类似一个"电子钥匙"，用来保护西门子公司和用户的权益。从STEP 7 V5.3版本起，许可证密钥存放在一张只读不能复制的许可证密钥软盘中，通过安装在硬盘上的Automation Licence Manager（见图7-7）来传送、显示和删除许可证密钥。将软盘中的许可证密钥传送到某台计算机的硬盘就可以在该计算机上使用许可证密钥对应的软件。

选中图7-7窗口左边的某个磁盘分区，可以在窗口右边看到该分区内的许可证密钥。选中一个许可证密钥后，鼠标右击，可对该许可证进行剪切、删除、传送（可传送到其他盘符或软盘中）和检查（检查该许可证状态是否有效）等操作。

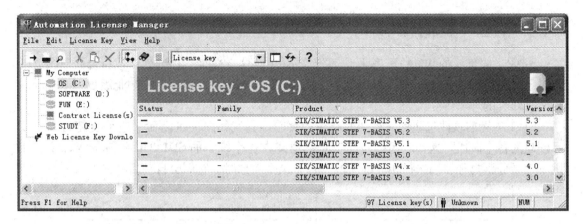

图 7-7　Automation Licence Manager（自动化许可证管理器）

西门子软件产品提供下列不同类型的面向应用的用户许可证（见表 7-1）。不同类型的许可证密钥可使软件具有不同的实际性能。

表 7-1　许可证类型

许可证类型	描　述
单独许可证 （Single License）	对应的软件只能在单独的计算机上使用，使用时间不限
浮动许可证 （Floating License）	许可证密钥安装在网络服务器上，同时只允许一台客户机使用，使用时间不限
试用许可证 （Trial License）	对应的软件使用有下列限制： ● 最多 14 天的使用时间 ● 从第一次使用后的全部运行天数 ● 用于测试使用
升级许可证 （Upgrade License）	当前系统的特定需求可能需要软件升级： ● 可以使用升级授权将老版本的软件升级到新版本 ● 由于系统处理数据量的增加，可能需要升级

4. 卸载 STEP 7

（1）卸载前的准备工作

1）备份 STEP 7 保存项目的默认文件夹"…\Siemens\Step7\S7Proj"下的项目文件，可以使用 SIMATIC 管理器中的菜单命令"File"（文件）→"Save as"（另存为）将"\Siemens\Step7\S7Proj"中的项目保存到其他文件夹。也可以使用菜单命令"File"（文件）→"Archive"（归档）将它们压缩保存到其他文件夹。不要用 Windows Explorer 的复制或者移动功能来处理这些项目文件。

2）备份文件夹"…\Siemens\Step7\S7data\gsd"中的 GSD 文件。

（2）卸载 STEP 7

使用标准的 Windows 方法卸载 STEP 7，具体步骤如下：

1）在"控制面板"中双击"添加/删除程序"图标，启动 Windows 软件安装对话框。

2）在已安装软件的显示列表中选择 STEP 7 条目，单击"更改"按钮，开始卸载软件。

7.1.5 STEP 7 标准软件包

STEP 7 中集成的 SIMATIC 编程语言符合 EN 61131.3 标准。标准软件包符合面向图形以及对象的 Windows 操作原则，可以运行在操作系统 Windows 2000/XP 专业版以及 Windows Server 2003 的环境中。

STEP 7 标准软件包包含一系列的应用程序和工具，如图 7-8 所示。它们支持自动化项目创建的各个阶段。这些应用程序和工具都集成在一个统一的 SIMATIC 管理器界面中，使用时无须分别打开，当选择相应的功能或打开某个对象时，它们会自动启动。

图 7-8　STEP 7 标准软件包

1. SIMATIC 管理器

SIMATIC Manager（SIMATIC 管理器）可以管理一个自动化项目的所有数据，而无论其设计用于何种类型的可编程控制系统（S7/M7/C7）。编辑数据所需的工具由 SIMATIC 管理器自动启动。

2. 符号编辑器

符号编辑器用于定义符号名称、数据类型和注释全局变量，管理所有共享符号。其具有下列功能：

1）给过程信号（输入/输出信号）、位存储和块设置符号名和注释。

2）排序功能。

3）与其他 Windows 程序进行交换。

使用符号编辑器生成的符号表可供其他工具使用，所以符号属性的任何变化都可被所有工具自动识别。

3. 硬件组态

硬件组态可为自动化项目的硬件进行组态和参数设置，主要功能如下：

1）系统组态：从目录中选择硬件机架，并将所选模块分配给机架中期望的插槽。组态分布式 I/O 与集中式 I/O 的配置方式相同。

2）CPU 的参数设置：可以设置 CPU 模块的多种属性，例如启动特性、扫描监视时间等，输入的数据储存在 CPU 的系统数据块中。

3）模块的参数设置：用户可以在屏幕上定义所有的硬件模块的可调整参数，包括功能模块（FM）和通信处理器（CP），不必通过 DIP 开关来设置。在启动 CPU 期间，自动将参数分配给模块。

在参数设置屏幕中，有的参数由系统提供若干个选项，有的参数只能在允许的范围输入，可以防止输入错误的数据。

4. 编程语言

STEP 7 的标准版中只配置了梯形图（LAD）、功能块图（FBD）和语句表（STL）3 种基本编程语言。梯形图是 STEP 7 编程语言的图形表示；语句表是 STEP 7 编程语言的文本表示，与机器代码相似。功能块图是 STEP 7 编程语言的图形表示，使用布尔代数惯用的逻辑框表示逻辑功能，复杂功能（如算术功能）可直接结合逻辑框表示。

STEP 7 专业版的编程语言包括 S7 SCL、S7 GRAPH、S7 HIGRAPH 和 S7 CFC。这 4 种编程语言对于标准版是可选的。

5. NETPRO 网络组态

NETPRO 网络组态主要包括：

1）连接的组态和显示。

2）设置通过 MPI 或 PROFIBUS 连接设备之间的周期性循环数据传送。操作如下：选择通信节点，在表中输入数据源和目标数据，自动产生要下载的所有块（SDB），并自动完全下载到所有 CPU 中。

3）设置通过 MPI、PROFIBUS 或工业以太网实现的基于事件驱动的数据传送。操作如下：设置通信连接，从集成的块库中选择通信或功能块，以选定的编程语言将参数分配给选中的通信或功能块。

6. 硬件诊断

该功能可以快速浏览可编程序控制器的状态以及指示各个模块是否发生故障。双击故障模块可显示关于故障的详细信息，如显示模块的常规信息（如订货号、版本、名称）以及模块状态（如故障状态）、I/O 和 DP 从站的模块故障（如通道故障），显示来自诊断缓冲区的消息等。对于 CPU，则还可以显示下列附加信息：处理用户程序期间发生故障的原因，显示周期持续时间（最长、最短以及最后一个周期），MPI 通信容量和利用率，显示性能数据（输入/输出、位存储器、计数器、计时器和块的可能数目）等。

7.1.6　STEP 7 扩展软件包

STEP 7 是一套功能强大的 PLC 编程状态工具，除了提供标准的软件包之外，还可通过可选软件包进行扩展，与西门子公司的其他工业软件集成安装。这些可选软件分为 3 类：

1. 工程工具（Engineering Tools）

工程工具是面向任务的工具，可用来扩展标准软件包，如图 7-9 所示。工程工具包括：

① 程序员使用的高级语言。

② 技术员使用的图形语言。

③ 用于诊断、模拟、远程维护和设备文档等的辅助软件。

高级语言包括 S7 SCL、S7 GRAPH 和 S7 HIGRAPH。S7 SCL 是符合 EN61131-3 标准的高级文本语言，S7 GRAPH 是用于编制顺序控制的编程语言，S7 HIGRAPH 是以状态图的形式描述异步、非顺序过程的编程语言。

图形语言 CFC 是用于 S7 和 M7 的编程语言，以图形方式互连功能的编程语言。这些功能涉及范围非常大，从简单的逻辑操作到复杂的闭环和开环控制等极为广泛的功能范围。

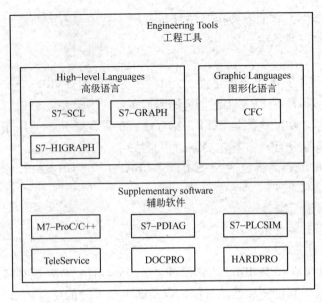

图 7-9   STEP 7 扩展软件包——工程工具

辅助软件包括 M7 - ProC/C ++、DOCPRO、HARDPRO、S7 - PDIAG、TeleService、S7 - PLCSIM。M7 - ProC/C ++ 只能用于 M7，它允许将编程语言 C 和 C ++ 的 Borland 开发环境集成到 STEP 7 的开发环境中；DOCPRO 可使组态数据管理更加容易，并且可以按照指定标准的打印信息；HARDPRO 是带用户支持的 S7 - 300 硬件组态系统，用于组态复杂的自动化任务；S7 - PDIAG 只能适用于 S7，可以标准化组态 S7 - 300/400 过程诊断，过程诊断允许检测 PLC I/O 的故障和故障状态（如，未到达限位开关）；TeleService 是一种解决方案，可通过 PG/PC 的远程通信网络，对远程 S7 和 M7 PLC 进行在线编程和维护；S7 - PLCSIM 只能用于 S7，模拟 S7 - PLC 或个人计算机，以便于进行测试。

2. 运行版软件（Run-Time Software）

运行时软件组成如图 7-10 所示。这是用于生产过程中一些常用的预编程的解决方案，它包括 SIMATIC S7 控制器（例如：标准模块以及模糊控制）、用于连接 PLC 和 Windows 应用程序的工具、SIMATIC M7 的一个实时操作系统。

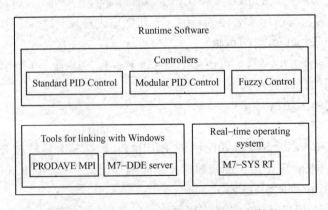

图 7-10   STEP 7 扩展软件包——运行版软件

用于 SIMATIC S7 控制器的工具有 Standard PID Control、Modular PID Control 和 Fuzzy Control。Standard PID Control 为标准 PID 控制，可以将连续控制器、脉冲控制器以及步进控制器集成到用户程序中。使用带有集成控制器设置的参数赋值工具，可以使用户在很短的时间内将控制设为最优方式。Modular PID Control 为模块化 PID 控制，通过在提供的标准功能块中作连接，可以设计和建立任何控制结构。Fuzzy Control 为模糊控制，它可生成模糊逻辑系统。当过程很难或无法用数学模型来描述、过程特性不可预知或者具有非线性，但具有过程运行的经验时，可以使用模糊控制系统。

用于连接 Windows 的工具有 PRODAVE MPI 和 M7 – DDE Server。其中 PRODAVE MPI 是用于 SIMATIC S7、SIMATIC M7 和 SIMATIC C7 之间过程数据通信的工具箱，它通过 MPI 自行管理数据通信；使用 M7 – DDE Server（服务器）可进行动态数据交换，不需要另外编程就可将 Windows 应用程序连接到 SIMATIC M7 的过程变量。

MT – SYS RT 为实时操作系统，它包括 M7 RMOS 32 操作系统和系统程序，是 SIMATIC M7 软件包使用 M7 – ProC/C ++ 和 CFC 的前提条件。

3. 人机界面（Human Machine Interface）

人机界面（HMI）如图 7-11 所示，是西门子专门设计的用于 SIMATIC 中进行操作员监控的软件，开放式过程可视化系统 SIMATIC WinCC 是一个标准的操作员接口，包含所有可在任何工业领域、结合任何技术使用的重要的操作员监控功能。SIMATIC ProTool 和 SIMATIC ProTool/Lite 是用于组态 SIMATIC 操作面板（OP）和 SIMATIC C7 紧凑型设备的现代工具。ProAgent 是获取设备和机器中错误位置和原因信息的诊断软件，可提供快速、有针对的过程诊断。

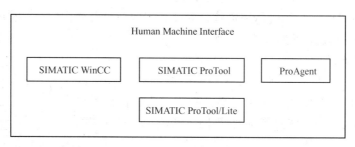

图 7-11　STEP 7 扩展软件包——人机界面

7.2　创建和管理项目

7.2.1　启动 SIMATIC Manager

如果计算机中安装了 STEP 7 软件包，启动计算机后，在 Windows 的桌面会出现一个 SIMATIC Manager（SIMATIC 管理器）图标，这个图标就是启动 STEP 7 的接口。

快速启动 STEP 7 的方法是：选中 SIMATIC Manager 图标，双击，即打开 SIMATIC 管理器窗口。另一种方法是：在 Windows 任务栏中单击"开始"→"所有程序"→"SIMATIC"→"SIMATIC Manager"。其界面如图 7-12 所示。

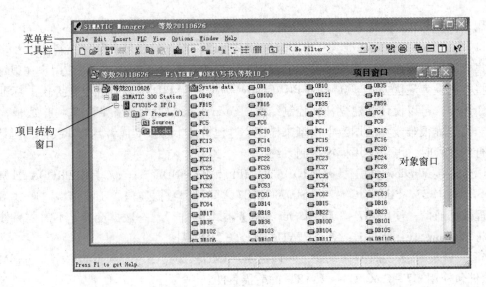

图 7-12　SIMATIC Manager 界面

SIMATIC Manager 与传统 Windows 窗口界面相仿，有菜单栏和工具栏。其中项目窗口的左半部为项目结构窗口，右半部为对象窗口。项目结构窗口采用树状结构显示项目结构；对象窗口显示项目结构窗口中所选中的文件夹包含的对象。

7.2.2　创建与编辑项目

1. 创建一个 STEP 7 自动化项目解决方案的步骤

STEP 7 利用 SIMATIC 管理器来创建、管理和维护一个自动化任务。利用 STEP 7 创建一个自动化解决方案的总流程如图 7-13 所示。

（1）创建新项目

项目就像一个文件夹，所有数据都以分层的结构存于其中，随时可以使用。在创建一个项目后，所有任务都在该项目下执行。其中插入工作站就是指定要使用的 PLC，如 S7 - 300、S7 - 400 等。

（2）组态系统硬件

组态硬件就是在组态表中指定自动化项目解决方案所要使用的模块，以及在用户程序中以什么样的地址来访问这些模块。此外，模块的特性也可以通过修改参数来调整。

（3）组态系统通信

组态系统通信的基本步骤如图 7-14 所示。通信的基础是网络的预先组态。为此，要创建一个自动化网络所需要的子网，并设置网络特性、网络连接特性以及任何联网的站点所需要的通信连接。

（4）创建用户程序

创建用户程序的基本步骤如图 7-15 所示。

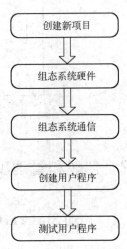

图 7-13　利用 STEP 7 创建自动化项目的总流程

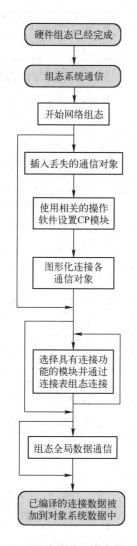

图 7-14　组态系统通信的基本步骤

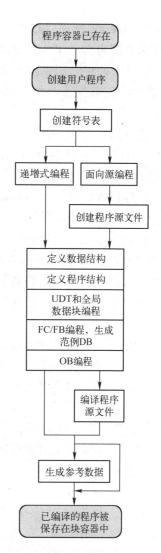

图 7-15　创建用户程序的基本步骤

1）创建符号表。可以在符号表中定义局部或共享符号，以在应用程序中使用这些更具描述性的符号地址替代绝对地址。

2）创建程序。用一种可供使用的编程语言创建一个与模块相连接或与模块无关的程序，并以块、源文件或图标的形式存储。

3）生成参考数据。利用生成的参考数据可以使程序的调试和修改更容易。

（5）调试用户程序

调试用户程序的基本步骤如图 7-16 所示。

1）下载程序和系统数据。在完成所有的组态、参数设置和编程任务后，可以下载整个用户程序或其中的单个块到 PLC 中。

2）调用要测试的程序块。进行程序测试时，可以显示来自用户程序的变量数值，也可以是来自 CPU 的。对变量可赋值，应为要显示或修改的变量生成一个变量表。

2. SIMATIC Manager 项目结构

项目可用来存储为自动化任务解决方案生成的数据和程序，包括：硬件结构的组态数据及模块参数、网络通信的组态数据、为可编程模块编制的程序。

创建一个项目的主要任务就是准备数据，以备编程使用。数据在一个项目中以对象的形式存储，这些对象在项目中以树状结构分布（项目层次）。在项目窗口中，各层次的显示与 Windows 资源管理器中的相似，只是对象图标不同而已。

SIMATIC Manager 项目窗口如图 7-17 所示。左半部分表示项目的树形结构，右半部分表示对应所选左半部分视图已打开的对象里包含的对象。单击窗口左半部分中含有" + "的方框即可显示项目的完整树形结构。

对象层次的顶层是代表整个项目的对象"S7_Pro"的图标。它可显示项目属性，并可用作网络文件夹（用于对网络进行组态）、站文件夹（用于对硬件进行组态）以及 S7 或 M7 程序的文件夹（用于创建软件）。项目中的对象在选择项目图标时均将显示在项目窗口的右半部分。该类型对象层次顶部的对象（库以及项目）构成了用于对对象进行选择的对话框的起始点。

在项目窗口中，可以通过选择 offline（离线）以显示编程设备中该项目结构下已有的数据，也可以通过选择 online（在线）以显示在可编程序控制器系统中已有的该项目的数据。注意：对硬件和网络组态只能在"离线"状态下进行。

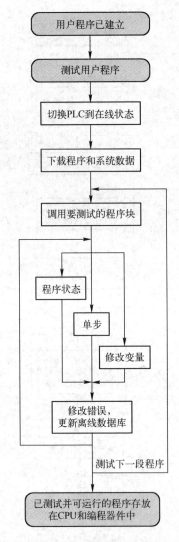

图 7-16 调试用户程序的基本步骤

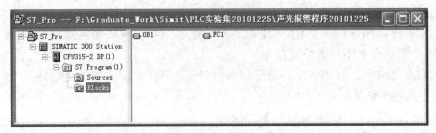

图 7-17 SIMATIC Manager 项目窗口界面

7.2.3 创建一个 STEP 7 项目

利用 STEP 7 的 SIMATIC Manager 可采用两种方式来创建项目。创建新项目的基本步骤如图 7-18 所示。

1. 利用工程向导创建项目

1）在 SIMATIC 管理器中选择菜单命令"File"→"New Project Wizard"，打开工程向导，如图 7-19 所示。

2）点击"Next >"按钮，在出现的对话框中选择 CPU 模块的型号，设置 CPU 在 MPI 网络中的站地址（默认值为 2）。CPU 的型号与订货号应与实际的硬件相同，CPU 列表框的下面是所选 CPU 的基本特性。

3）点击"Next >"按钮，在出现的对话框中选择需要生成的组织块 OB，默认的是只生成作为主程序的组织块 OB1。在该对话框中还可以选择块使用的编程语言。

4）点击"Next >"按钮，在出现的对话框的"Project name"（项目名称）处修改默认的项目名称。点击"Finish"（完成）按钮，开始创建项目。

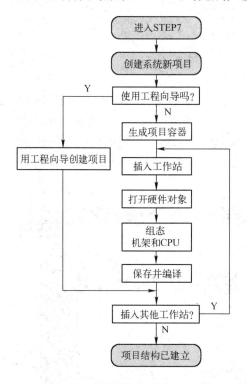

图 7-18　创建新项目的基本步骤　　　　　　　　　图 7-19　新建项目工程向导

2. 手动创建项目

手动创建一个项目的步骤如下：

1）在 SIMATIC 管理器中选择菜单命令"File"→"New"，出现"New Project"对话框，如图 7-20 所示。

2）为项目输入名称，在"Name"（命名）文本框处输入新项目的名称，"Storage"（存储位置）文本框中是默认的保存新项目的文件夹。点击"Browse"（浏览）按钮，可以修改保存新项目的文件夹。最后单击"OK"按钮确认输入。注意：SIMATIC 管理器允许名字多于 8 个字符。但是，由于在项目目录中名字被截短为 8 个字符，因此一个项目名字的前 8 个字符应区别于其他项目，名字不区分大小写。

图 7-20　手动创建项目对话框

　　用鼠标右键点击管理器中新项目的图标，在出现的快捷菜单中选择"Insert New Object"（插入新站）命令插入一个新的 S7 - 300/400 站（如图 7-21 所示）。选中生成的站，双击右边窗口中的"Hardware"（硬件）图标，在硬件组态工具 HW Config 中生成机架（或导轨），将 CPU 模块、电源模块和信号模块插入机架。如果是使用工程项目向导创建的项目，机架（或导轨）和 CPU 是向导自动生成的。

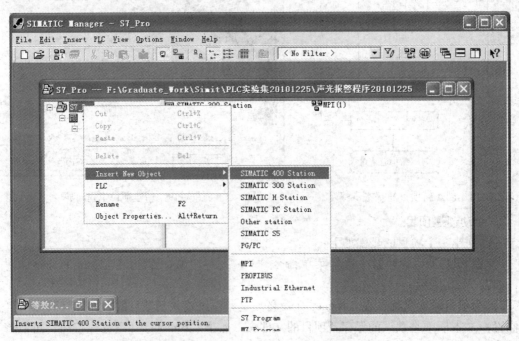

图 7-21　插入一个新的 S7 - 300/400 站

3. 编辑项目

（1）打开一个项目

要打开一个已存在的项目，在 SIMATIC Manager 中执行菜单命令"File"→"Open"，在出现的对话框的项目列表里选中一个项目，点击"OK"按钮即打开该项目。如果所需打开的项目没有显示在项目列表中，单击"Browse"按钮，找到项目所在路径中就可打开该项目。如果项目列表中显示的项目太多，执行菜单命令"File"→"Manage"，在项目列表中单击多余的项目，再单击"Hide"按钮，就可将该项目从项目列表中删除。

（2）复制一个项目

选中需要复制的项目，在SIMATIC Manager中执行菜单命令"File"→"Save As"，单击"Browse"按钮，修改保存路径，最后单击"OK"按钮可以将一个项目保存至其他路径。

（3）复制项目中的一部分

如果要复制一个项目中的一部分（例如站、程序、块等）时，先选中想要复制项目中的部分，再在SIMATIC Manager中执行菜单命令"Edit"→"Copy"，然后选择被复制部分所要存储的文件夹，然后执行菜单命令"Edit"→"Paste"即可。

（4）删除项目

选中需要删除的项目，在SIMATIC Manager中执行菜单命令"File"→"Delete"，可以将一个项目删除。

（5）删除项目中的一部分

如果要删除一个项目中的一部分（例如站、程序、块等）时，先选中想要删除的项目中的部分，再在SIMATIC Manager中执行菜单命令"Edit"→"Delete"，出现提示时，单击"Yes"按钮即可。

7.3 硬件组态

7.3.1 硬件组态的任务

在PLC控制系统设计的初期，首先应根据系统的输入、输出信号的性质和点数，以及对控制系统的功能要求，确定系统的硬件配置，例如CPU模块与电源模块的型号，需要哪些输入输出模块（即信号模块SM）、功能模块（FM）和通信处理器模块（CP），各种模块的型号和每种型号的块数等。如果S7-300的SM、FM和CP的块数超过8块，除了中央机架外还需要配置扩展机架和接口模块（IM）。确定了系统的硬件组成后，需要在STEP 7中完成硬件组态工作，并将组态信息下载到CPU。

硬件组态的任务就是在STEP 7中生成一个与实际的硬件系统完全相同的系统，例如生成网络、网络中各个站的机架和模块，以及设置各硬件组成部分的参数，即给参数赋值。所有模块的参数都是用编程软件来设置的，完全取消了过去用来设置参数的硬件DIP开关和电位器。硬件组态确定了PLC输入/输出变量的地址，为设计用户程序打下了基础。

硬件组态包括下列内容：

1）系统组态：从硬件目录中选择机架，将模块分配给机架中的插槽。用接口模块连接多机架系统的各个机架。对于网络控制系统，需要生成网络和网络中的站点。

2）CPU的参数设置：设置CPU模块的多种属性，例如启动特性、扫描监视时间等，设置的数据储存在CPU的系统数据中。如果没有特殊要求，可以使用默认的参数。

3）模块的参数设置：定义硬件模块所有的可调整参数。组态参数下载后，CPU之外的其他模块的参数保存在 CPU 中。在 PLC 启动时，CPU 自动地向其他模块传送设置的参数，因此在更换 CPU 之外的模块后不需要重新对它们组态和下载组态信息。

对于已经安装好硬件的系统，用 STEP 7 建立网络中的各个站的对象后，可以通过通信从 CPU 上载实际的组态和参数。

对于网络系统，需要进行下列组态工作：

1）生成网络：例如以太网、PROFIBUS-DP 和 MPI（多点接口）网络。

2）生成站点，组态站点的通信属性。

3）将站点连接到网络上，例如将分布式 I/O 连接到 PROFIBUS-DP 网络。

4）组态网络通信，例如将 MPI 通信组态为全局数据通信或事件驱动的数据传送。

5）有的通信服务（例如 S7 通信）需要组态通信使用的连接。

7.3.2 硬件组态的步骤

组态系统硬件的基本步骤如图 7-22 所示。

在项目管理器左边的树中选择 SIMATIC 300 Station 对象（见图 7-21），双击工作区中的"Hardware"图标，进入"HW Config"窗口，如图 7-23 所示。

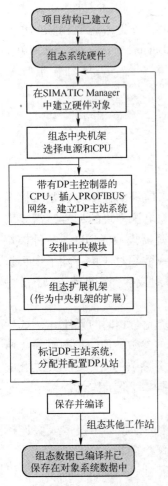

图 7-22　组态系统硬件
的基本步骤

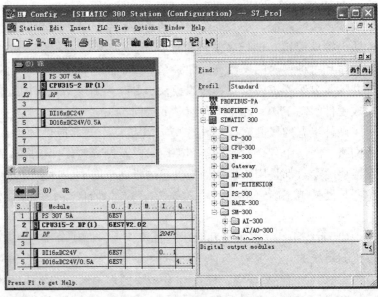

图 7-23　S7-300 的硬件组态窗口

图 7-23 左上部的窗口是一个组态简表，它下面的窗口列出了各模块详细的信息，例如订货号、MPI 地址和 I/O 地址等。右边是硬件目录窗口，可以用菜单命令"View"→"Catalog"打开或关闭它。左下角的窗口中向左和向右的箭头用来切换机架。

组态时用组态表来表示机架，可以用鼠标将右边硬件目录中的元件"拖放"到组态表的某一行中。也可以双击硬件目录中的硬件，它将被放置到组态表中预先被鼠标选中的槽位上。

用鼠标右键点击某一 I/O 模块，在出现的菜单中选中"Edit Symbolic names"，可以打开和编辑该模块的 I/O 元件的符号表。

7.3.3 硬件组态举例

对站对象组态时，首先从硬件目录窗口中选择一个机架，S7 - 300 应选硬件目录窗口文件夹\SIMATIC 300\RACK - 300 中的 Rail（导轨）。

在硬件目录中选择需要的模块，将它们安排在机架中指定的槽位上。

S7 - 300 中央机架（Slot 0）的电源模块占用 1 号槽，CPU 模块占用 2 号槽，3 号槽用于接口模块（或不用），4 ~ 11 号槽用于其他模块。

以在 1 号配置电源模块为例，首先选中 1 号槽，即用鼠标单击左边 0 号中央机架 UR 的 1 号槽（表格中的第一行），使该行的显示内容反色，背景变为深蓝色。然后在右边硬件目录窗口中选择\SIMATIC 300\PS 300，目录窗口下面的灰色小窗口中将会出现选中的电源模块的订货号和详细的信息。

用鼠标双击目录窗口中的"PS 307 5A"，1 号槽所在的行将会出现"PS 307 5A"，该电源模块就被配置到 1 号槽了。

也可以用鼠标左键点击并按住右边硬件目录窗口中选中的模块，将它"拖"到左边的窗口中指定的行，然后放开鼠标左键，该模块就被配置到指定的槽了。

用同样的方法，在文件夹\SIMATIC 300\CPU - 300 中选择 CPU 315 - 2 DP 模块，并将后者配置到 2 号槽。因为没有接口模块，3 号槽空置。在 4 号槽配置 16 点 DC 24V 数字量输入模块（DI），在 5 号槽配置 16 点继电器输出模块（DO）。它们属于硬件目录的\SIMATIC 300\SM - 300 子目录中的 S7 - 300 的信号模块（SM）。

双击左边机架中的某一模块，打开该模块的属性窗口后，可以设置该模块的属性。硬件设置结束后应保存和下载到 CPU 中。

STEP 7 根据模块在组态表中的位置（即模块的槽位）自动地安排模块的默认地址，例如图 7-23 中的数字量输入模块的地址为 IB0 和 IB1，数字量输出模块的地址为 QB0 和 QB1。用户可以修改模块默认的地址。

执行菜单命令"View"→"Address Overview"（地址概况）或点击工具条中的地址概况按钮（图 7-23 中工具条右起第 3 个按钮），在地址概况窗口中将会列出各 I/O 模块所在的机架号（R）和插槽号（S），以及模块的起始地址和结束地址。

执行菜单命令"Station"→"Save"可以保存当前的组态；执行菜单命令"Station"→"Save and Compile"，在保存组态和编译的同时，把组态和设置的参数自动保存到生成的系统数据块（SDB）中。

7.3.4 CPU 模块的参数设置

S7-300/400 各种模块的参数用 STEP 7 编程软件来设置。在 STEP 7 的 SIMATIC 管理器中点击 "Hardware" 图标，进入 "HW Config" 画面后，双击 CPU 模块所在的行，在弹出的 "Properties" 窗口中点击某一选项卡，便可以设置相应的属性。下面以 CPU 313C-2DP 为例，说明 CPU 主要参数的设置方法。

1. 启动特性参数

在 "Properties" 窗口中点击 "Startup" 选项卡，如图 7-24 所示，设置起动特性。

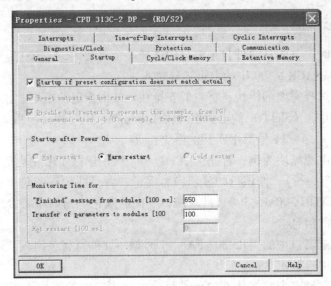

图 7-24　CPU 属性设置对话框

Startup 选项卡中的 "Startup if preset configuration does not match actual configuration"（预设置的组态不等于实际的组态时启动）复选框用于设置预置的组态和实际组态不同时 CPU 的启动选项。如果选中该复选框（用鼠标单击该项前面的小方框，框中出现一个 "√"，表示选中（激活）了该选项），则当有模块没有插在组态时指定的槽位或者某个槽位实际插入的模块与组态时的模块不符时，CPU 仍会启动（注意：除了 PROFIBUS-DP 接口模块外，CPU 不检查 I/O 组态）；如果没有选中该复选框，则当出现情况时，CPU 将进入 STOP 状态。

"Reset output at hot restart"（热启动时复位输出）和 "Disable hot restart by operator"（禁止操作员热启动）选项仅用于 S7-400 CPU，在 S7-300 站中是灰色的。

Startup after Power On 用于设置电源接通后的启动选项，可以选择单选按钮 Hot restart（热启动）、Warm restart（暖启动）和 Cold restart（冷启动）。

Monitoring Time for 区域可用于设置相关项目的监控时间，其中：

1）Finished message by modules［100 ms］：用于设置电源接通后 CPU 等待所有被组态的模块发出 "完成信息" 的时间。如果被组态的模块发出 "完成信息" 时间超过该时间，表示实际组态不等于预置组态。该时间范围为 1~650，以 100 ms 为单位，默认值为 650。

2）Transfer of parameters to modules［100 ms］：用于设置 CPU 将参数传送给模块的最长时间，以 100 ms 为单位。如果主站的 CPU 有 DP 接口，可以用这个参数来设置 DP 从站启动的监视时间。如果超过了上述设置时间，CPU 按 "Startup if preset configuration does not match actual configuration" 的设置进行处理。

3）Hot restart［100 ms］：为 CPU 热启动监控时间，以 100 ms 为单位。

2. 扫描周期/时钟存储器参数设置

扫描周期/时钟存储器参数可以通过 Properties 窗口的 "Cycle/Clock Memory"（循环/始终存储器）选项卡（如图 7-25 所示）来设置。

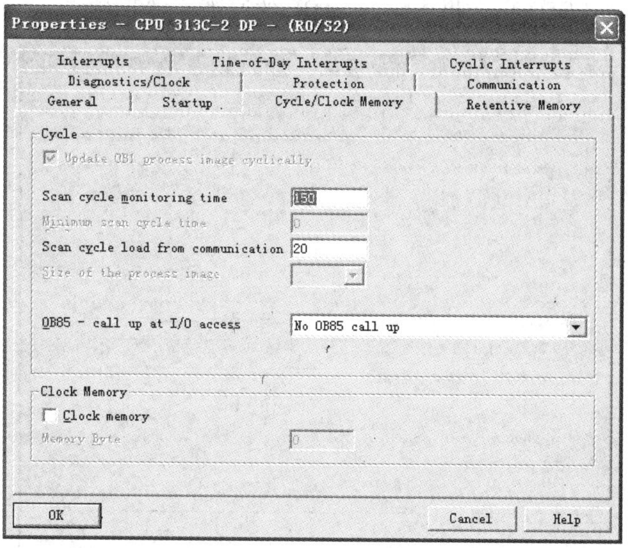

图 7-25　Cycle/Clock Memory 选项卡

Scan cycle monitoring time 用于设置扫描循环监视时间，以 ms 为单位，默认值为 150 ms。如果实际循环扫描时间超过设定值，CPU 将进入 STOP 模式。

Scan cycle load from communication 用于限制通信处理占扫描周期的百分比，默认值为 20%。

OB85 – call up I/O access error 区域用于设置 CPU 对系统修改过程映像时发生的 I/O 访问错误的响应。如果希望在出现错误时调用 OB85，建议选择 "Only for incoming and outgoing errors"（仅在错误产生和消失），相对于 "On each individual access"（每次的访问），不会增加扫描循环时间。

Clock Memory 用于设置时钟存储器的字节地址。S7 – 300/400 CPU 可提供一些不同频率、占空比为 1：1 的方波脉冲信号给用户程序使用，这些方波脉冲存储在一个字节的时钟存储器中（在 M 存储区域），该字节的每一位对应一种频率的时钟脉冲信号，具体见表 7-2。

表 7-2　时钟存储器各位对应的时钟脉冲周期与频率

位	7	6	5	4	3	2	1·	0
周期/s	2	1.6	1	0.8	0.5	0.4	0.2	0.1
频率/Hz	0.5	0.625	1	1.25	2	2.5	5	10

如果要使用时钟脉冲信号，首先应选中 "Clock Memory" 选项，然后设置时钟存储器（M）的字节地址。假设设置的地址为 100（即 MB100），由表 7-2 可知，M100.5 的周期为

1 s，如果用 M100.7 的常开触点来控制 Q0.0 的线圈，Q0.0 将以 1 s 的周期闪烁（亮 0.5 s，熄灭 0.5 s）。

3. 系统诊断参数与实时时钟的设置

系统诊断是指对系统中出现的故障进行识别、评估和作出相应的响应，并保存诊断的结果。通过系统诊断可以发现用户程序的错误、模块的故障和传感器、执行器的故障等。

在 Properties 窗口的 "Diagnostics/Clock"（诊断与时钟）选项卡（如图 7-26 所示），可以选择 "Report cause of STOP"（报告引起 STOP 的原因）等选项。

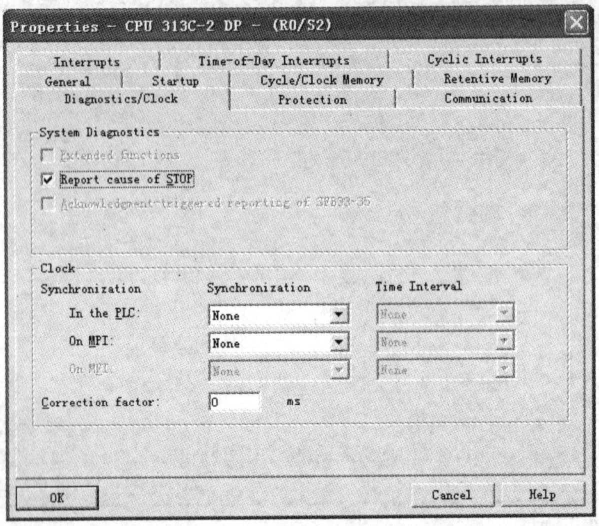

图 7-26　Diagnostics/Clock" 选项卡

在某些大系统（例如电力系统）中，某一设备的故障会引起连锁反应，相继发生一系列事件，为了分析故障的起因，需要查出故障发生的顺序。为了准确地记录故障顺序，系统中各计算机的实时时钟必须定期作同步调整。

可以用下面 3 种方法使实时时钟同步：In the PLC（在 PLC 内部）、On MPI（通过 MPI 接口）和 On MFI（通过第二接口）。每个设置方法有 3 个选项，"As Master" 是指用该 CPU 模块的实时时钟作为标准时钟，去同步别的时钟；"As Slave" 是指该时钟被别的时钟同步，"None" 为不同步。

Time Intervals 是指时钟同步的周期，可以设置从 1 s 到 24 h 不等。

Correction factor 是指以 ms 为单位的每 24 h 时钟误差时间的补偿，补偿值可以为正，也可以为负。例如当实时时钟每 24 h 快 5 s，则此处校正因子应设置为 -5000。

4. 保持存储区参数设置

在电源掉电或 CPU 从 RUN 模式进入 STOP 模式后，其内容保持不变的存储区称为保持存储区。CPU 安装了后备电池后，用户程序中的数据块总是被保护的。

"Retentive Memory"（保持存储器）选项卡页面的 Number of memory bytes from MB0、Number of S7 timers from T0 和 Number of S7 counters from C0 分别用来设置从 MB0、T0 和 C0 开始的需要断电保持的存储器字节数、定时器和计数器的数量，设置的范围与 CPU 型号有关，如果超出允许的范围，将会给出提示。没有电池的后备的 S7-300 可以在数据块中设置保持区域。

5. 保护级别与运行方式的选择

在"Protection"（保护）选项卡（如图 7-27 所示）的 Protection Level（保护级别）框中，可以选择 3 个保护级别：

1）保护级别 1 是默认的设置，没有口令。CPU 的钥匙开关（工作模式选择开关）在 RUN-P 和 STOP 位置时对操作没有限制，在 RUN 位置只允许读操作。

2）被授权（知道口令）的用户可以进行读写访问，与钥匙开关的位置和保护级别无关。

3）对于不知道口令的人员，保护级别 2 只能读访问，保护级别 3 不能读写，均与钥匙开关的位置无关。

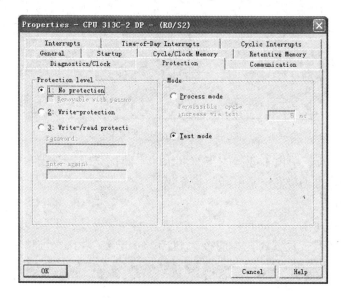

图 7-27 Protection 选项卡

在执行在线功能之前，用户必须先输入口令：

1）在 SIMATIC 管理器中选择被保护的模块或它们的 S7 程序。

2）选择菜单命令"PLC"→"Access Rights"→"Setup"，在对话框中输入口令。

输入口令后，在退出用户程序之前，或取消访问权利之前，访问权一直有效。

在该选项卡中可以选择 Process mode（处理模式）或 Test mode（测试模式）。这两种模式只在 S7-300CPU（CPU318-2 除外）中有效。

1）Process mode。在该模式下，为了保证不超过在 Protection 选项卡中设置的循环扫描时间的增量，像程序状态监视以及变量修改/监视这样的测试操作是受到限制的，因此，在处理模式中不能使用断点测试功能和程序的单步执行功能。

2）Test mode。在该模式下，所有的测试功能（包括可能会使循环扫描时间显著增加的一些功能）都可以不受限制地使用。

6. 中断参数设置

在如图 7-28 所示的"Interrupts"选项卡中，可以设置硬件中断（Hardware Interrupts）、时间延迟中断（Time-Delay Interrupts）、PROFIBUS-DP 的 DPV1 中断和异步错误中断的中断优先级。

默认情况下，所有的硬件中断都由 OB40 来处理，用户可以通过设置优先级 0 来屏蔽中断。PROFIBUS-DPV1 从站可以产生中断请求，以保证主站 CPU 处理中断触发的事件。

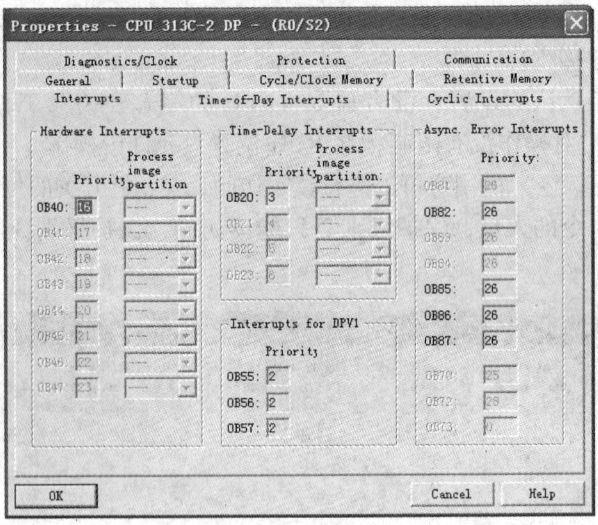

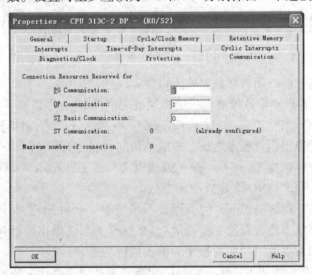

图 7-28　Interrupts 选项卡

对于 S7 – 300 PLC，用户不能修改当前默认的中断优先级；对于 S7 – 400 PLC，用户可以根据处理的硬件中断 OB 来定义中断的优先级。

7. 通信参数设置

在如图 7-29 所示的 "Communication" 选项卡中，可以设置 PG 通信、OP 通信和 S7 标准通信使用的连接个数。设置时至少应该为 PG 和 OP 分别保留 1 个连接。

图 7-29　Communication 选项卡

8. 日期 – 时间中断参数的设置

"Time-of-Day Interrupts" 选项卡（如图 7-30 所示）用于设置与日期 – 时间中断有关的参数。S7 – 300/400 系列 PLC 的大多数 CPU 都具有内置的实时时钟，可以产生日期 – 时间中断。只要在硬件组态做了设置，中断时间一到系统就会自动调用组织块 OB10 ~ OB17 进行中断处理。

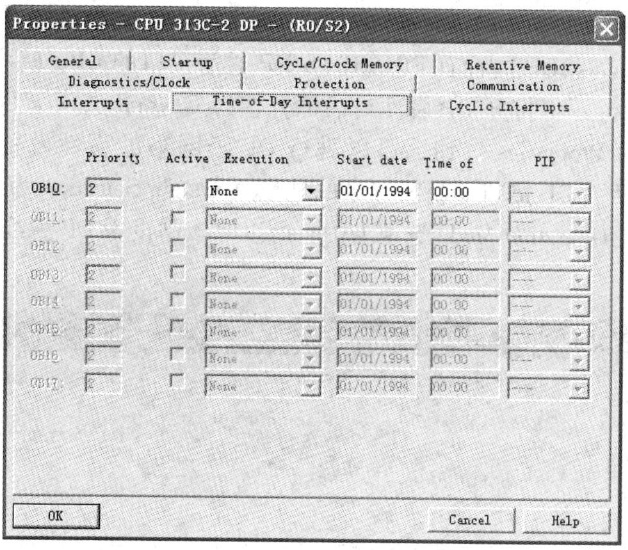

图 7-30 Time-of-Day Interrupts 选项卡

通过 Priority 可以设置中断的优先级；Active 选项决定是否激活中断；Execution 选择中断执行方式：有只执行一次，每分钟、每小时、每天、每周、每月、每年执行一次；通过该选项卡还可以设置中断启动的日期和时间，以及要处理的过程映像分区（仅用于 S7 - 400）等。

9. 循环中断参数的设置

在如图 7-31 所示的 Cyclic Interrupt 选项卡中，可以设置循环执行组织块 OB30 ~ OB38 的参数，这些参数包括中断的优先级（Priority）、以 ms 为单位的执行时间间隔（Execution）和相位偏移（Phase offset），其说明详见 9.4.5 节。

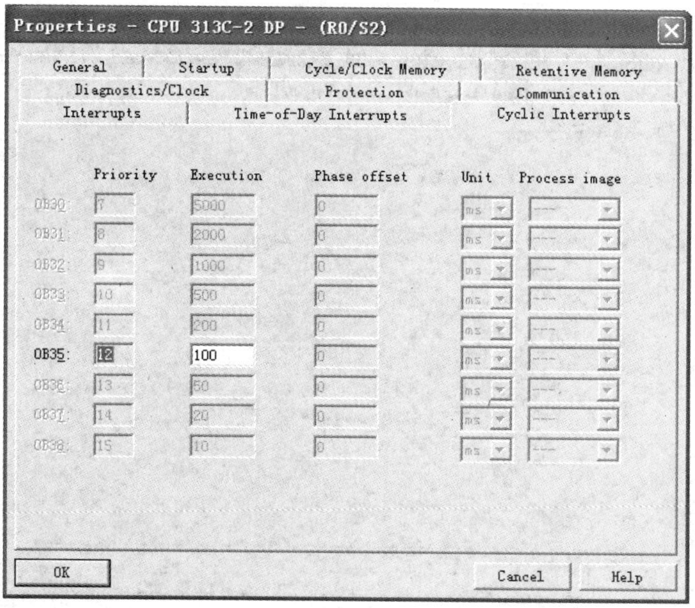

图 7-31 Cyclic Interrupt 选项卡

10. DP 参数设置

对于像 CPU 313C－2DP 这种有 PROFIBUS-DP 通信接口的 CPU 模块，双击图 7-23 左边窗口内的 DP 所在行，将打开 DP 属性对话框，选择 General 选项卡（如图 7-32 所示），单击 Interface 栏中的 Properties 按钮，可以进行 DP 子网络的属性设置等操作。选择 Address 选项卡，可以设置 DP 接口诊断缓存区的地址（System Selection 为系统自动指定地址，如图 7-33 所示）。在 Operation Mode 选项卡中，可以将该站设为 DP 主站（master）或 DP 从站（slave）。

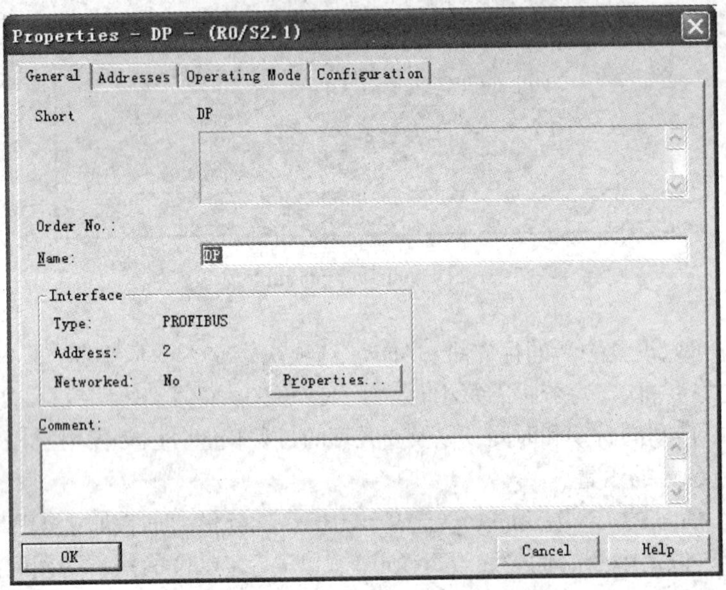

图 7-32　DP 的 General 选项卡

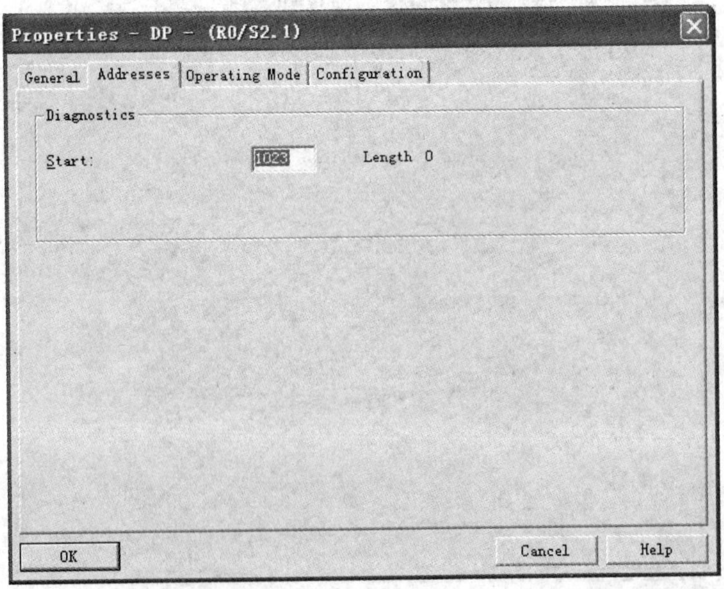

图 7-33　DP 的 Address 选项卡

11. CPU 集成 I/O 参数设置

有些 S7 – 300/400 的 CPU 带有集成的数字量输入/输出接口，在 HW Config 窗口中双击 CPU 集成输入/输出口所在行，就可以打开 DI、DO 属性设置对话框，设置方法和普通 DI、DO 的设置方法基本相同。

在 Address（地址）选项卡中可以设置 DI 和 DO 的地址，在 Input（输入）选项卡中可以设置是否允许各集成的 DI 点产生硬件中断（Hardware Interrupt）。如果允许中断，还可以逐点选择是上升沿中断（Rising Edge）还是下降沿中断（Failing Edge）。

输入延迟时间（Input Delay）用于消除硬件抖动，可以以"ms"为单位，按每 4 点一组设置各组的输入延迟时间。

7.3.5 数字量 I/O 模块的参数设置

数字量 I/O 模块的参数分为动态参数和静态参数，CPU 处于 STOP 模式时，通过 STEP 7 的硬件组态，两种参数都可以设置。参数设置完成后，应将参数下载到 CPU 中，这样当 CPU 从 STOP 转为 RUN 模式时，CPU 会将参数自动传送到每个模块中。

用户程序运行过程中，可以通过系统功能 SFC 调用修改动态参数。但是当 CPU 由 RUN 模式进入 STOP 又返回 RUN 模式后，将重新使用 STEP 7 设定的参数到模块中，动态设置的参数丢掉。

1. 数字量输入模块的参数设置

在 SIMATIC 管理器中双击 Hardware 图标，打开如图 7-34 所示的 HW Config 窗口。双击窗口左边栏机架 4 号槽的 DI16 × DC24V（订货号为 6ES7 321 – 7BH00 – 0AB0），出现如图 7-35 所示的属性窗口。点击"Address"选项卡，可以设置模块的起始字节地址。

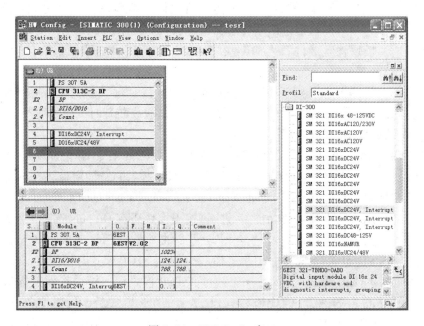

图 7-34　HW Config 窗口

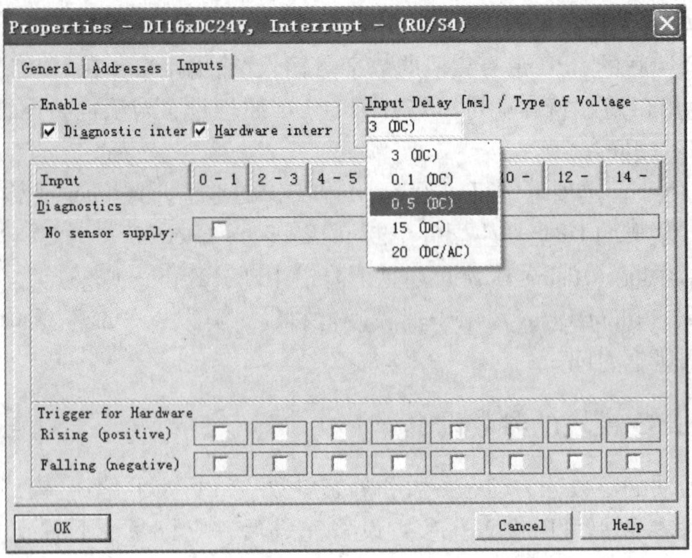

图 7-35　数字量输入模块的参数设置

对于有中断功能的数字量输入模块，有"Inputs"选项卡（没有中断功能的无此选项）。点击"Inputs"选项卡，用鼠标点击检查框（check box），可以设置是否允许产生硬件中断（Hardware Interrupt）和诊断中断（Diagnostics Interrupt）。检查框内出现"√"表示允许产生中断。

如果选择了允许硬件中断，则在 Trigger for Hardware 区域可以设置在信号的上升沿、下降沿或上升沿和下降沿均产生中断，出现硬件中断时，CPU 将调用 OB40 进行处理。

S7 - 300/400 的数字量输入模块可以为传感器提供带熔断器保护的电源。通过 STEP 7 可以以 8 个输入点为一组设置是否诊断传感器电源丢失。如果设置了允许诊断中断，则当传感器电源丢失时，模块将此事件写入诊断缓冲区，用户程序可以调用系统功能 SFC51 读取诊断信息。

在 Input Delay（输入延迟）下拉列表框中可以选择以"ms"为单位的整个模块所有输入点的输入延迟时间。该选项主要用于设置输入点的接通或断开时的延迟时间。

2. 数字量输出模块的参数设置

在图 7-34 所示的 HW Config 窗口中双击窗口左边栏机架 5 号槽的 DO16 × UC24/48V（订货号为 6ES7 322 - 5GH00 - 0AB0），出现如图 7-36 所示的属性窗口。在 Address 选项卡可以设置数字量输出模块的起始字节地址。

某些有诊断中断和输出强制值功能的数字量输出模块还有 Outputs 选项卡。点击 Outputs 选项卡，用鼠标点击检查框可以设置是否允许产生诊断中断（Diagnostics Interrupt）。

"Reaction to CPU STOP"选择框用来选择 CPU 进入 STOP 模式时模块各输出点的处理方式。如果选择"Keep last valid value"，CPU 进入 STOP 模式后，模块将保持最后的输出值；如果选择"Substitute a value"（替代值），CPU 进入 STOP 模式后，可以使各输出点分别输出"0"或"1"。窗口中间的"Substitute "1":"所在行中某一输出点对应的检查框如果被选中，进入 STOP 模式后该输出点将输出"1"，反之输出"0"。

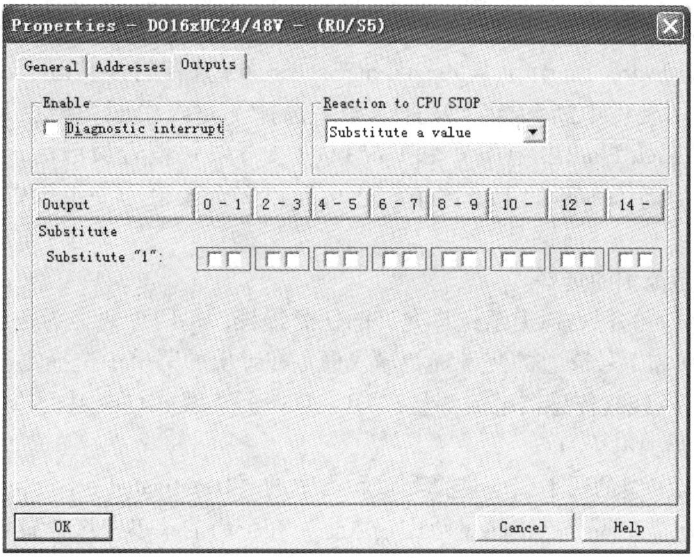

图 7-36　数字量输出模块的参数设置

7.3.6　模拟量 I/O 模块的参数设置

1. 模拟量输入模块的参数设置

图 7-37 所示为 8 通道 12 位的模拟量输入模块（订货号为 6ES7 331 - 7KF02 - 0AB0）的参数设置对话框。

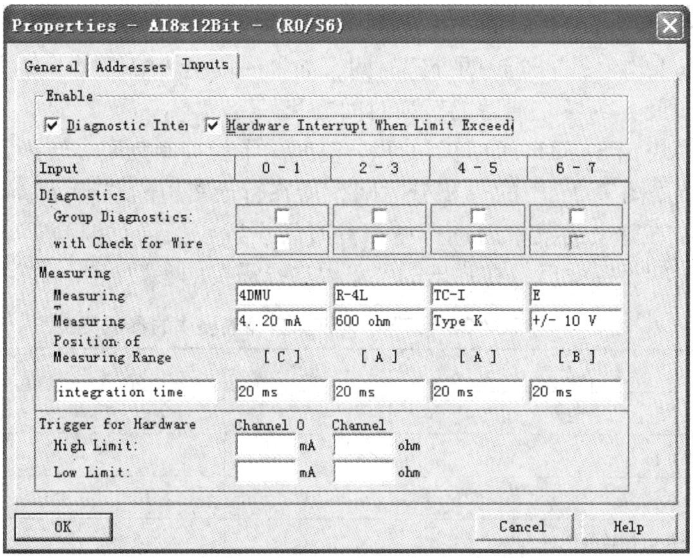

图 7-37　模拟量输入模块的参数设置

与数字量输入模块一样，在 Address 选项卡可以设置模拟量输入模块输入通道的起始字节地址。

（1）模块诊断与中断的设置

在 Inputs 选项卡中可以设置是否允许诊断中断（Diagnostics Interrupt）和模拟量超限硬件中断（Hardware Interrupt When Limit Exceeded）。有的模块还可以设置模拟量转换的循环结束时的硬件中断和断线检查。如果选择了超限中断，则窗口下面 Trigger for Hardware 区域的 High Limit（上限）和 Low Limit（下限）设置被激活，在此可以设置通道 0 和通道 1 产生超限中断的上下限值。还可以以 2 个通道为一组设置是否对各组进行诊断。

（2）模块测量范围的选择

可以分别对模块的每一通道组选择允许的任意量程，每两个通道为一组。例如在 Inputs 选项卡中点击 0 号和 1 号通道的测量种类输入框，在弹出的菜单中选择测量的种类，图中选择的"4DMU"是 4 线式传感器电流测量；"R-4L"是 4 线式热电阻；"TC-I"是热电偶；"E"表示测量种类为电压。

如果未使用某一组的通道，应选择测量种类中的"Deactivated"（禁止使用），以减小模拟量输入模块的扫描时间。点击测量范围输入框，在弹出的菜单中选择量程，图中第一组的测量范围为 4~20mA。量程框下面的"[C]"表示 0 号和 1 号通道对应的量程卡的位置应设置为"C"，即量程卡上的"C"旁边的三角形箭头应对准输入模块上的标记。在选择测量种类时，应保证量程卡的位置与 STEP 7 中的设置一致。

（3）模块测量精度与转换时间的设置

SM331 采用积分式 A/D 转换器，积分时间直接影响到 A/D 转换时间、转换精度和干扰抑制频率。积分时间越长，精度越高，快速性越差。积分时间与干扰抑制频率互为倒数。积分时间为 20ms 时，对 50Hz 的干扰噪声有很强的抑制作用。为了抑制工频频率，一般选用 20ms 的积分时间。

SM331 的转换时间由积分时间、电阻测量的附加时间（1ms）和断线监视的附加时间（10ms）组成。以上均为每一通道的处理时间，如果一块模块中使用了 N 个通道，总的转换时间（称为循环时间）为各个通道的转换时间之和。

模拟量输入模块 6ES7 331-7KF02 的积分时间、干扰抑制频率、转换时间和转换精度的关系见表 7-3。点击图 7-37 中的"积分时间"所在行最右边的"integration time"（积分时间）所在的方框，在弹出的菜单内选择按积分时间设置或按干扰抑制频率来设置参数。点击某一组的积分时间设置框后，在弹出的菜单内选择需要的参数。

表 7-3 6ES7 331-7KF02 模拟量输入模块的参数关系

积分时间/ms	2.5	16.7	20	100
基本转换时间/ms（包括积分时间）	3	17	22	102
附加测量电阻转换时间/ms	1	1	1	1
附加开路监控转换时间/ms	10	10	10	10
附加测量电阻和开路监控转换时间/ms	16	16	16	16
精度/bit（包括符号位）	9	12	12	14
干扰抑制频率/Hz	400	60	50	10
模块的基本响应时间/ms（所有通道使能）	24	136	176	816

（4）模块测量精度与转换时间的设置

有些模拟量输入模块用 STEP 7 设置模拟值得平滑等级。模拟值的平滑处理可以保证得到稳定的模拟信号。这对于缓慢变化的模拟值（例如温度测量值）是很有意义的。

平滑处理用平均值数字滤波来实现，即根据系统规定的转换次数来计算转化后的模拟值的平均值。用户可以在平滑参数的四个等级（无、低、平均及高）中进行选择。这四个等级决定了用于计算平均值的模拟量采样值的数量。所选的平滑等级越高，平滑后的模拟值越稳定，但是测量的快速性越差。

2. 模拟量输出模块的参数设置

模拟量输出模块的设置与模拟量输入模块的设置有很多类似的地方。模拟量输出模块需要设置下列参数：

1）确定每一通道是否允许诊断中断。

2）选择每一通道的输出类型为"Deactivated"（关闭）、电压输出或电流输出。选定输出类型后，再选择输出信号的量程。

3）CPU 进入 STOP 时的响应：可以选择不输出电流电压（OCV）、保持最后的输出值（KLV）和采用替代值（SV）。

7.4 网络组态

7.4.1 网络组态工具 NetPro

某些网络系统的组态仅通过硬件组态无法实现，还需要使用网络组态工具 NetPro，如图 7-38 所示。在 SIMATIC Manager 中选择一个项目，双击项目中的任意子网都将打开 NetPro 界面；也可以通过点击快捷工具栏的"Configure Network"打开 NetPro。

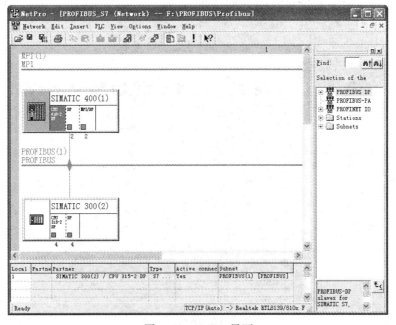

图 7-38　NetPro 界面

NetPro 用于组态通信网络连接，包括网络连接的参数设置和网络中各个通信设备的参数设置，以及创建和修改连接表。在 NetPro 中同样可以建立子网和站点、连接站点和子网以及配置网络参数。它可以单独使用也可以与硬件组态配合使用。

NetPro 使用图形化的网络和站点来表示模块之间的通信关系。界面上部显示项目中的所有的子网、站点以及它们之间的连接关系，双击站点可以打开相应的硬件组态界面。界面下部显示模块的连接表；界面右侧为网络对象目录。选择 VIEW 菜单下 Catalog 可以打开或关闭网络对象目录，目录给出了可用的站点和子网。

7.4.2 连接表

连接表用于组态通信连接，在 NetPro 中选中子网可以显示该子网的连接表。下列两种情况下必须在连接表中进行组态：

① SIMATIC 设备之间的 S7 通信。

② 通信伙伴不是 SIMATIC 站点。

只能为在 S7 通信中主动的站点创建连接表，如 S7 - 400 CPU；而 S7 - 300 CPU 在 S7 通信中只能用作被动的通信伙伴，不能建立连接表。创建连接表时，选择"可连接"的模块，点击右键选择 Insert 或双击空行可以建立新的连接。

如果要组态不同项目的 S7 模块之间的通信，需要在连接表中将通信伙伴都组态为 unspecified，并确保通信数据一致；如果通信双方在多重项目的不同项目中，通信伙伴需组态为 In unknow project，并在属性窗口的"Connection name"中输入唯一的连接名称；如果需要连接非 S7 站点，首先将非 S7 站点作为对象加入到项目文件夹中，在 NetPro 中选择该站点，然后选择 Edit 菜单 Object Properties，在 Interface 选项卡中将该站点连接到子网。如图 7-39 所示。

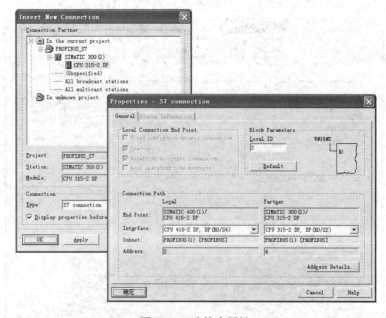

图 7-39 连接表属性

7.5 符号表创建与逻辑块编辑

7.5.1 符号表

1. 符号地址

在程序中可以用绝对地址（例如 I0.3）访问变量，但是使用符号地址可使程序更容易阅读和理解。共享符号（全局符号）在符号表中定义，可供程序中所有的块使用。

在符号表中定义了符号地址后，STEP 7 可以自动地将绝对地址转换为符号地址。例如在某控制系统中，Q2.0 用于控制电动机的起动，则可以将绝对地址 Q2.0 定义成符号地址"电动机起动"，以后在一定范围内，用户可以用符号地址"电动机起动"来代替绝对地址 Q2.0。

可以设置在输入地址时自动起动一个弹出式的地址表，在地址表中选择要输入的地址，双击它就可以完成该地址的输入。也可以直接输入符号地址或绝对地址，如果选择了显示符号地址，输入绝对地址后，将自动地转换为符号地址。在梯形图、功能块图及语句表这三种编程语言中，都可以使用绝对地址或符号来输入地址、参数和块。

2. 共享符号与局部符号

（1）共享符号

共享符号在符号表和共享数据块中定义，可以被所有的块使用。符号表中的符号可以使用汉字。可以用符号表为 I、Q、PI、PQ、M、T、C、FB、FC、SFB、SFC、DB、UDT（用户定义数据类型）和 VAT（变量表）定义符号。块的名称可以在符号表中定义，也可以在生成块时定义。数据块中的变量不能用符号表定义，它们的名称应在数据块中定义。

（2）局部符号

局部符号在逻辑块的变量声明中定义，只在定义它的块中有效，同一个符号名可以在不同的块中用于不同的局部变量。局部符号只能使用字母、数字和下划线，不能使用汉字。

3. 打开与编辑符号表

点击 SIMATIC 管理器左边的"S7 Program"图标，右边的工作区将出现"Symbols"（符号表）图标，双击它后进入符号表窗口（如图 7-40 所示）。STEP 7 将自动地为程序中的全局符号加双引号，在局部变量的前面加"#"号。生成符号和块的局部变量时，以及在程序中使用它们时，用户不用为它们添加双引号和"#"号。打开某个块后，可以用菜单命令"View"→"Display"→"Symbolic Representation"选择显示符号地址或显示绝对地址。

生成符号时，需要输入符号和地址，符号不能多于 24 个字符。保存符号表后符号才会在程序中起作用。

组织块（OB）、系统功能块（SFB）和系统功能（SFC）已预先被赋予了符号名，它们将会自动出现在符号表中，可以修改它们的符号名。

在符号表中输入地址后，将会自动为它添加数据类型，用户也可以修改它，例如将WORD 改为 INT。如果所作的修改不适合该地址或存在语法错误，在退出该区域时会显示一条错误信息。

"Comment"（注释）是可选的输入项，简短的符号名与更详细的注释混合使用，使程序更易于理解，注释最长 80 个字符。

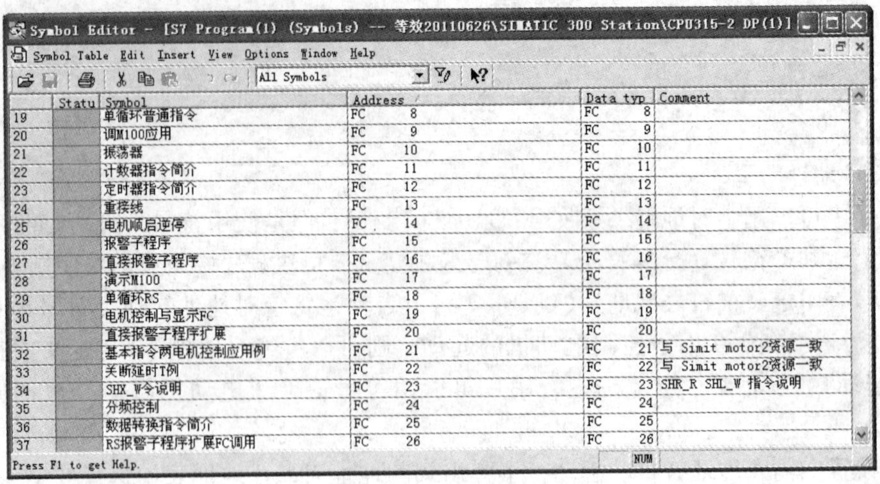
Symbol Editor - [S7 Program(1) (Symbols) -- 等效20110626\SIMATIC 300 Station\CPU315-2 DP(1)]

Symbol Table Edit Insert View Options Window Help

All Symbols

	Statu	Symbol	Address		Data typ	Comment
19		单循环普通指令	FC	8	FC 8	
20		调M100应用	FC	9	FC 9	
21		振荡器	FC	10	FC 10	
22		计数器指令简介	FC	11	FC 11	
23		定时器指令简介	FC	12	FC 12	
24		重接线	FC	13	FC 13	
25		电机顺启逆停	FC	14	FC 14	
26		报警子程序	FC	15	FC 15	
27		直接报警子程序	FC	16	FC 16	
28		演示M100	FC	17	FC 17	
29		单循环RS	FC	18	FC 18	
30		电机控制与显示FC	FC	19	FC 19	
31		直接报警子程序扩展	FC	20	FC 20	
32		基本指令两电机控制应用例	FC	21	FC 21	与 Simit motor2资源一致
33		关断延时T例	FC	22	FC 22	与 Simit motor2资源一致
34		SHX_W令说明	FC	23	FC 23	SHR_R SHL_W 指令说明
35		分频控制	FC	24	FC 24	
36		数据转换指令简介	FC	25	FC 25	
37		RS报警子程序扩展FC调用	FC	26	FC 26	

Press F1 to get Help. NUM

图 7-40　符号表

可以用菜单命令“View”→“Sort…”选择符号表中变量的排序方法。也可以点击某一列的表头来改变排序的方法，例如点击图 7-40 的“Address”所在的单元，该单元出现向上的三角形，表中的各行按地址升序排列。再点击一次 Address”所在的单元，该单元出现向下的三角形，表中的各行按地址降序排列。

4. 特殊对象属性

用菜单命令“View”→“Columns R，O，M，C，CC”可以选择是否显示表中的这些列，它们用来说明是否为符号分配了特殊的对象属性。

“R”：监视属性，是否使用选项包 S7 - PDIAG 为符号创建过程诊断的错误定义。

“O”：是否为在 WinCC 中对符号进行操作和监视。

“M”：与符号相关的消息是否已经分配给符号。

“C”：符号是否已分配了通信属性。

“CC”：是否可以在程序编辑器中对符号进行快速、直接的监视和控制（即接触点控制）。

通过点击多选框，来激活或禁止这些特殊对象属性。

可以用菜单命令“Edit”→“Special Object Properties”（特殊对象属性）来编辑上述的特殊对象属性。简单的系统一般不使用上述的属性，可以用菜单命令“View”→“Columns R，O，M，C，CC”关闭这些列。

5. 符号地址与绝对地址的优先级

地址优先级是指在改变符号表中的符号、改变共享数据块中的变量或逻辑块的局部变量的名称时，是绝对地址优先还是符号地址优先。

在 SIMATIC 管理器中选中块文件夹，然后选择菜单命令“Edit”→“Object Properties”（对象属性），在 Address Priority 选项卡中（如图 7-41 所示），可以选择符号优先或绝对地址优先。如果选择符号优先，修改了符号表中某个变量的地址后，变量保持其符号不变。

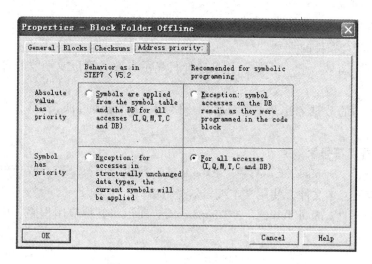

图 7-41　地址优先级设置窗口

6. 编程时输入单个共享符号

可以用下述方法在编程时输入单个共享符号：在程序中用鼠标右键点击使用绝对地址的某个元件，执行快捷菜单中的"Edit Symbols…"（编辑符号命令），在出现的符号编辑对话框中输入新符号的信息，新的符号将会自动添加到总的符号表中。

7. 过滤器（Filter）

在符号表中，用菜单命令"View"→"Filter…"打开过滤器对话框（如图 7-42 所示），可以有选择地只显示部分符号。

（1）按符号名称、地址、数据类型和注释进行过滤

例如在"Address"（地址）属性中，"I＊"表示只显示所有的输入，"I＊.＊"表示只显示所有的输入位，"I2.＊"表示只显示 IB2 中的位等。

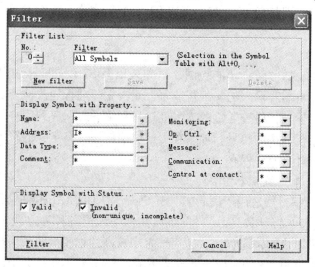

图 7-42　符号表的过滤器

（2）根据属性过滤符号

可以选择对监视、操作员控制及监视、消息、通信、在接触点上控制使用的符号进行过

209

滤，用下拉式菜单中的命令"＊"、"Yes"或"No"选择显示所有的符号、显示符合条件的符号或显示不符合条件的符号。

（3）多选框"有效"和"无效"用来选择只显示有效的符号或无效的符号（不是唯一的，不完整的符号）

只有满足条件的数据才出现在过滤后的符号表中，几种过滤条件可以结合起来同时使用。

8. 导入与导出符号表

使用菜单命令"Symbol Table"→"Export…"，可以导出符号表，或导出选择的若干行符号，将它们存入文本文件，使用文本编辑器进行编辑。

使用菜单命令"Symbol Table"→"Import…"，可以将其他应用程序生成的符号表导入到当前打开的符号表。

7.5.2 逻辑块

1. 逻辑块的组成

逻辑块包括组织块（OB）、功能块（FB）、功能（FC）、系统功能块（SFB）和系统功能（SFC）。逻辑块由变量声明表、程序指令和属性组成。

1）变量声明表。在变量声明表中，用户可以设置变量的各种参数，例如变量的名称、数据类型、地址和注释等。

2）程序指令。在程序指令部分，用户编写能被 PLC 执行的指令代码。可以用梯形图（LAD）、功能块图（FBD）或语句表（STL）等编程语言来生成程序指令。

3）块属性。块属性中有块的信息，例如由系统自动输入的时间标记和存放块的路径。此外用户可以输入块的名称、符号名、版本号和块的作者等。

2. 选择输入程序的方式

根据生成程序时选用的编程语言，可以用增量输入模式或源代码（文本）模式输入程序。

（1）增量编辑器

增量编辑器适用于梯形图、功能块图、语句表以及 S7 Graph 等编程语言，这种编程模式适合于初学者。编辑器对输入的每一行或每个元素立即进行句法检查。只有改正了指出的错误才能完成当前的输入，检查通过的输入经过自动编译后保存到用户程序中。

必须事先定义用于程序的符号，如果在程序块中使用没有定义的符号，程序块将不能完全编译，但是可以在计算机中保存。

（2）源代码（文本）编辑器

源代码（文本）编辑器适用于语句表、S7 SCL、S7 HIGRAPH 编程语言，用源文件（文本文件）的形式生成和编辑用户程序，再将该文件编译成各种程序块。这种编辑方式又称为自由编辑方式，可以快速输入程序，适用于水平较高的程序员使用。

源文件存放在项目中"S7 Program"对象下的"Sources"文件夹中，一个源文件可以包含一个块或多个块的程序代码。用文本编辑器、STL 和 SCL 来编程，生成 OB、FB、FC、DB 及 UDT（用户定义数据类型）的代码，或生成整个用户程序。CPU 的所有程序（即所有的块）可以包含在一个文本文件中。

在文件中使用的符号必须在编译之前加以定义，在编译过程中编译器将报告错误。只有将源文件编译成程序块后，才能执行句法检查功能。

用右键点击 SIMATIC 管理器中的"Sources"图标，执行快捷菜单命令"Insert New Object"，可以生成一个新的 STL 源文件，或插入用其他文本编辑器创建的外部源文件。

（3）将已生成的块转换为源文件

打开某个块，执行菜单命令"File"→"Generate Source…"（生成源文件），在出现的"New"对话框中，可以输入源文件的名称，改变保存源文件的文件夹。点击"OK"按钮，在出现的"Generate source"对话框中选择要转换为源文件的块。点击"OK"按钮后，选择的块被自动转换为一个源文件。

（4）将源文件编译为块

用右键点击要编译的源文件，执行出现的快捷菜单中的"Compile"（编译）命令，可以将源文件转换为块，并保存在块文件夹中。如果源文件使用了符号地址，应保证这些符号地址已经在符号表中定义。

3. 选择编程语言

可以用"View"菜单中的命令选择 3 种基本编程语言：梯形图（LAD）、语句表（STL）和功能块图（FBD）。程序没有错误时，可以切换这 3 种语言。STL 编写的某个程序段不能切换为 LAD 和 FBD 时，仍然用语句表表示。此外还有 4 种作为可选软件包的编程语言：S7 SCL（结构化控制）、S7 GRAPH（顺序功能图）、S7 HIGRAPH（状态图）和 S7 CFC（连续功能图）。

4. 用 STL 和增量输入模式生成逻辑块的步骤

1）在 SMATIC 管理器中生成逻辑块（FB、FC 或 OB）。

2）编辑块的变量声明表。

3）编辑块的程序指令部分。

4）编辑块的属性，一般不作这一操作。

5）用菜单命令"File"→"Save"保存块。

5. 生成逻辑块

在 SMATIC 管理器中用菜单命令"Insert"→"S7 Block"生成逻辑块，也可以用右键点击管理器中右边的块工作区，在弹出的快捷菜单中选择命令"Insert New Object"（插入新的对象），生成新的块。双击工作区中的某一个块，将进入程序编辑器。

程序指令部分（如图 7-43 所示右下部分的窗口）以块标题和块注释开始。在程序指令部分的代码区，用户通过输入 STL 语句或图形编程语言元素来组成逻辑块中的程序。输入完一条语句或一个图形元素后，编辑器立即起动句法检查，发现错误用红色斜体字符显示。

用菜单命令"View"→"Toolbar"可以打开或关闭工具条。点击工具条上的触点按钮，将在光标所在的位置放置一个触点，放置线圈的方法与此相同。点击触点或线圈上面的红色问号"?? .?"，输入该元件的绝对地址或符号地址。点击工具条上中间有两个问号的指令框图标，在出现的下拉式菜单中选择需要输入的指令，也可以在最上面的文本输入框内直接输入指令助记符。放置指令框后，点击同时出现的红色问号"?? .?"，输入绝对地址、符号地址或其他参数。点击带箭头的转折线，可以生成分支电路或并联电路。

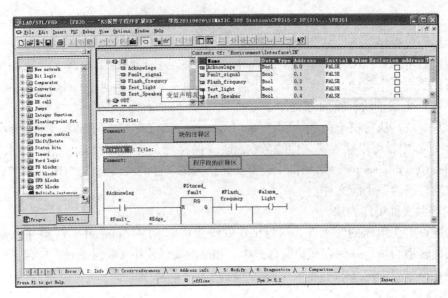

图 7-43　梯形图编辑器

　　用菜单命令"View"→"Overview"可以打开或关闭指令的分类目录（如图 7-43 所示左边的窗口），可以直接使用目录中的指令。例如在"Timer"（定时器）文件夹中找到"SD线圈（接通延时定时器线圈）后，用鼠标左键双击它，就可以将它放置在梯形图内光标所在的位置。也可以用鼠标"拖放"的方法将它"拖"到梯形图中某个地方，即用鼠标左键点击并按住，然后"拖"到需要的地方后再放开它。如果元件被放置到错误的位置，将会给出提示信息。

　　6. 网络

　　程序被划分为若干个网络（Network），在梯形图中，每块独立电路就是一个网络，每个网络都有网络编号。如果在一个网络中放置一个以上的独立电路，编译时将会出错。

　　执行菜单命令"Insert"→"Network"，或双击工具条中的"New Network"图标，可以在用鼠标选中的当前网络的下面生成一个新的网络。

　　每个网络由网络编号（例如 Network 1）开始，网络标题在网络编号的右边，网络注释在网络标题的下面。网络注释下面的语句或图形是网络的主体。

　　点击网络标题域或网络注释域，打开文字输入框，可以输入标题或注释，标题最多由64 个字符组成。可以用菜单命令"View"→"Display"→"Comments"来激活或取消块注释和网络注释。

　　可以用剪贴板在块内部和块之间复制和粘贴网络，按住 < Ctrl > 键，用鼠标可以选中多个需要同时复制的网络。

　　7. 打开和编辑块的属性

　　可以在生成块时编辑块的属性，生成块后可以在块编辑器中用菜单命令"File"→"Properties"来查看和编辑块属性。块属性使用户更容易识别生成的各程序块，还可以对程序块加以保护，防止非法修改。

　　8. 程序编辑器的设置

　　进入程序编辑器后，用菜单命令"Option"→"Customize"打开对话框，进行下列

212

设置：

1）在"General"选项卡的"Font"窗口点击"Select"按钮，设置编辑器使用的字体和字符的大小。

2）在"STL"（语句表）选项卡和"LAD/FDB"（梯形图/功能块图）选项卡中选择这些程序编辑器的显示特性。在梯形图编辑器中还可以设置地址域的宽度（Address Field Width），即触点或线圈所占的字符数。

3）在"Block"（块）选项卡中，可以选择生成功能块时是否同时生成参考数据、功能块是否有多重背景功能，还可以选择编程语言。

4）在"View"选项卡的"View after Open Block"区，选择在块刚刚被打开时显示的方式，例如是否需要显示符号信息，是否需要显示符号地址等。

9. 显示方式的设置

执行"View"菜单中的"Zoom In"和"Zoom Out"命令，可以放大、缩小梯形图或功能块图的显示比例，"Zoom Factor..."命令可以任意设置显示比例。

使用菜单命令"View"→"Display"→"Symbolic Representation"，可以在绝对地址和符号地址两种显示方式之间进行切换。

为了方便程序的编写和阅读，可以用符号信息（Symbol Information）来说明网络中使用的符号的绝对地址和符号的注释，但是不能编辑符号信息，对符号信息的修改需要在符号表或块的变量声明表中进行。菜单命令"View"→"Display"→"Symbol information"用来打开或关闭符号信息。

在梯形图的下面显示网络中使用的符号信息，如图7-44所示。在指令表中每条语句的右边显示在该语句中使用的符号信息，如图7-45所示。

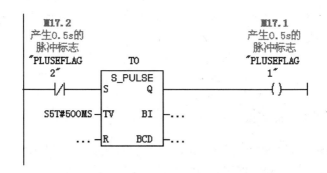

图 7-44 梯形图中的符号信息

图 7-45 语句表中的符号信息

在输入指令中的地址时，用右键点击要输入地址的位置，在弹出的窗口中执行命令"Insert Symbol"，将弹出包括共享符号和变量声明表中的符号的表，选中并双击表中的某一符号，该符号将会自动写入指令中。可以用菜单命令"View"→"Display"→"symbol selection"来触发用梯形图和功能块图输入地址时，是否自动显示已定义的符号。

10. 重新布线

使用重新布线功能，可以在已编译的块或整个用户程序中更改地址。可以对 I、Q、M、T、C、FC 和 FB 重新布线。在 SIMATIC 管理器中选中单个的块或若干个块，或"块"文件夹，执行菜单命令"Options"→"Rewire"（重新布线），在出现的对话框中输入要替换的旧地址和新地址。例如指定旧地址为 IW0，新地址为 IW8，即是地址 I0.0 ~ I1.7 替换为地址 I8.0 ~ I9.7。点击"OK"按钮，将对指定的地址进行更换。

7.6 应用 PLCSIM 软 PLC 调试用户程序

设计好 PLC 的用户程序后，需要对程序进行调试，一般用实际的 PLC 硬件来调试程序。在以下情况下需要对程序进行仿真调试：

1）初学者没有调试 PLC 程序的硬件。

2）设计好程序后，实际 PLC 的硬件尚未购回。

3）控制设备不在本地，设计者需要对程序进行修改和调试。

4）PLC 已经在现场安装好了，但是在实际系统中进行某些调试有一定的风险。

为了解决这些问题，西门子公司提供了用来代替 PLC 用户程序硬件调试的仿真软件 PLCSIM，通常称之为软 PLC。PLCSIM 是一个功能非常强大的仿真软件，它与 STEP 7 编程软件集成在一起，用于在计算机上模拟 S7-300 和 S7-400 CPU 的功能，可以在开发阶段发现和排除错误，从而提高用户程序的质量和降低试车的费用。

因为 S7-300/400 的硬件价格较高，一般的单位和个人都很难配备较为齐全的实验装置，所以 PLCSIM 也是学习 S7-300/400 编译、程序调试和故障诊断的有效工具。

7.6.1 PLCSIM 的主要功能

STEP 7 专业版包含 PLCSIM，安装 STEP 7 的同时也安装了 PLCSIM。对于标准版的 STEP 7，在安装好 STEP 7 后再安装 PLCSIM，PLCSIM 将自动嵌入 STEP 7。

在 STEP 7 的 SIMATIC 管理器窗口中，执行菜单命令"Options"→"Simulate Modes"或直接点击仿真图标 ⊕，都能打开如图 7-46 所示的 PLCSIM 仿真窗口。

PLCSIM 可以在计算机上对 S7-300/400 PLC 的用户程序进行离线仿真与调试，因为 S7-PLCSIM 与 STEP 7 是集成在一起的，仿真时计算机不需要连接任何 PLC 的硬件。

PLCSIM 提供了用于监视和修改程序中使用的各种参数的简单接口，例如使输入变量变为 ON 或 OFF。和实际 PLC 一样，在运行软 PLC 时可以使用变量表和程序状态等方法来监视和修改变量。

PLCSIM 可以模拟 PLC 的过程映像输入/输出，通过在仿真窗口中改变输入变量的 ON/OFF 状态，来控制程序的运行，通过观察有关输出变量的状态来监视程序运行的结果。

PLCSIM 可以实现定时器和计数器的监视和修改，通过程序使定时器自动运行，或者手动对定时器复位。

PLCSIM 还可以模拟对下列地址的读写操作：位存储器（M）、外设输入（PI）变量区和外设输出（PQ）变量区，以及存储在数据块中的数据。

除了可以对数字量控制程序仿真外，还可以对大部分组织块（OB）、系统功能块（SFB）和系统功能（SFC）仿真，包括对许多中断事件和错误事件仿真。可以对语句表、梯形图、功能块图和 S7 GRAPH（顺序功能图）、S7 HIGRAPH，S7 SCL 和 CFC 等语言编写的程序仿真。

此外，PLCSIM 还可以在软 PLC 中使用中断组织块测试程序的特性，点击工具条上的按钮，可以在出现的对话框中记录一系列的操作事件（例如对输入/输出、位存储器、定时器、计数器的操作等），并可以回放记录，从而自动测试程序。

7.6.2 PLCSIM 快速入门

PLCSIM 用软 PLC 来模拟实际 PLC 的运行，用户程序的调试是通过视图对象（View Objects）来进行的。PLCSIM 提供了多种视图对象，用它们可以实现对软 PLC 内的各种变量、计数器和定时器的监视与修改。

（1）使用 PLCSIM 调试程序的步骤

1）在 STEP 7 编程软件中生成项目，编写用户程序。

2）点击 STEP 7 的 SIMATIC 管理器工具条中的 ▦ 按钮，打开 PLCSIM 窗口（如图 7-46 所示），窗口中自动出现 CPU 视图对象。与此同时，自动建立了 STEP 7 与仿真 CPU 的连接。在 CPU 视图对象中的 "DC" 灯为绿色，表示软 PLC 的电源接通。点击 CPU 视图对象中的 "STOP"、"RUN" 或 "RUN-P" 小方框，可令软 PLC 处于相应的模式。

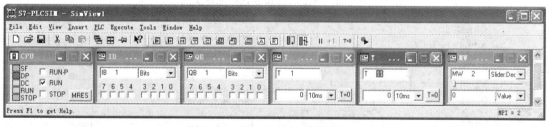

图 7-46　S7-PLCSIM 的仿真窗口

3）在 SIMATIC 管理器中打开要仿真的用户项目，选中 "块" 对象，点击工具条中的下载按钮 ▦，或执行菜单命令 "PLC" → "Download"，将所有的块下载到软 PLC。

对于下载时的提问 "Do you want to load the system data?"（你想下载系统数据吗?），一般应回答 "Yes"。

4）点击 PLCSIM 工具条中的按钮 ▦▦▦▦▦，将生成 IB0、QB0、MB0、T0 和 C0 的视图对象。修改视图对象中的地址和数值后，需要按〈Enter〉键确认。输入 I 和输出 Q 一般以字节中的位的形式显示（如图 7-46 所示），可以用视图对象中的选择框来改变显示格式。

5）用输入视图对象来产生 PLC 的输入信号，通过视图对象来观察 PLC 的输出信号和内部元件的变化情况，检查是否能正确执行下载的用户程序。

（2）应用举例

下面以调试电动机的控制程序为例，介绍用 PLCSIM 进行仿真的步骤。

电动机 丫（星形）－△（三角形）降压启动控制是一部电动机启动控制中的典型控制环节，属常用控制小系统。图 7-47 是电动机 丫-△降压启动主电路和控制电路接线图。图 7-48 是梯形图控制程序。启动时，按下 SB1，I0.0 常开闭合，Q1.0、Q1.1 接通，KM1、KM2 接触器通电，定时器接通，电动机进入星形降压启动。延时 3s 后，定时器 T1 动作，使 Q1.1 断开，KM2 接触器断电。延时 3.5 s 后，T11 动作，Q1.2 接通，KM3 接触器通电，电动机三角形连接，进入正常工作。按下 SB2，Q1.0、Q1.1、Q1.2 断开，电动机停止运行。

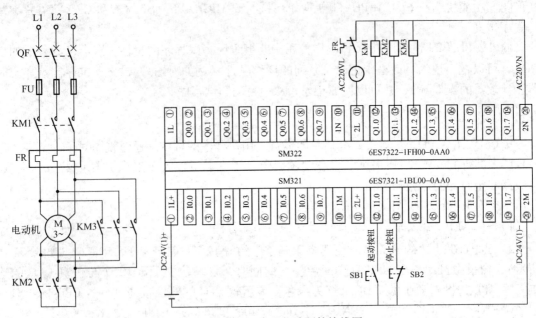

图 7-47　丫-△降压起动硬件接线图

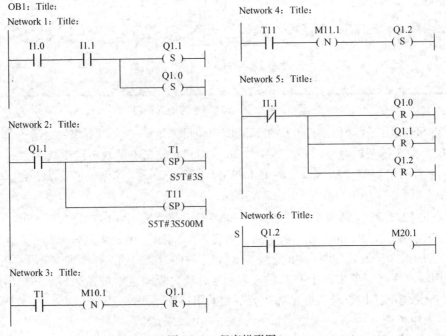

图 7-48　程序梯形图

梯形图中变量说明见表 7-4。

表 7-4 变量说明

变 量	说 明
I1.0	启动按钮 SB1
I1.1	停止按钮 SB2
Q1.0	主接触器控制输出 KM1
Q1.1	星形控制输出 KM2
Q1.2	三角形控制输出 KM3
T1	定时 3 s
T11	定时 3.5 s

输入完程序后，将它下载到软 PLC。在 PLCSIM 中创建以位的形式显示的输入字节 IB1、输出字节 QB1 视图对象和定时器 T1、T11 的视图对象（如图 7-46 所示）。为了监视 QB1，将输出视图对象中的地址 QB0 改为 QB1，修改后必须按 <Enter> 键确认。

点击 CPU 视图对象中标有 RUN 或 RUN-P 的小框，将软 PLC 的 CPU 置于运行模式。

1）开机控制。给 IB1 的第 0 位（I1.0）施加一个脉冲，模拟按下起动按钮，即用鼠标点击 IB1 视图对象中第 1 位的单选框，出现符号"√"，I1.1 变为 ON（1 状态），相当于按下起动按钮。再点击一次"√"消失，I1.1 变为 OFF（0 状态），相当于放开起动按钮。

I1.1 变为 ON 后，观察到视图对象 QB1 中的第 0 位和第 1 位的小框内出现符号"√"，表示 Q1.0 和 Q1.1 变为 ON，即电动机按星形接线方式起动。与此同时，视图对象 T1 的时间值由 0 变为 300（因为此时系统自动选择的时间分辨率为 10 ms，300 相当于 3 s），视图对象 T11 的时间值变为 350，并不断减少。3 s 后减为 T1 的时间值减为 0，定时时间到，T1 的常开触点断开，QB1 中的 Q1.1 变为 OFF，3.5 s 后 T11 的时间值减为 0，定时时间到，T11 的常开触点断开，Q1.2 变为 ON，电动机由星形接线方式切换到三角形接线方式运行。

2）停机控制。电动机运行时用鼠标使 I1.1 产生一个脉冲，观察到 Q1.0 ~ Q1.2 立即变为 OFF，表示电动机停止运行。

用 PLCSIM 进行仿真时，可以同时打开 OB1 中的梯形图程序，执行菜单命令"Debug"（调试）→"Monitor"（监视），或单击工具条上的按钮⏿，在梯形图中监视程序的运行状态。

7.6.3 视图对象

（1）插入视图对象

执行"Insert"（插入）菜单中的命令，或点击工具条上相应的按钮，可以在 PLCSIM 窗口生成下列元件的视图对象：输入（I）、输出（Q）、位存储器（M）、定时器（T）、计数器（C）、通用变量、累加器与状态字、块寄存器、嵌套堆栈（Nesting Stacks）、垂直位变量等。它们用于访问和监视相应的数据区。可选的数据格式有位（Bits）、二进制（Binary）、十进制（Decimal）、十六进制（Hex）、BCD 码、整数（Integer）、实数（Real）、S5Time、Time、实时时间（DOT）、S7 格式（S7 Format，例如 W#16#0）、字符（Char）、字符串（String）和滑动条（Slider）等。字节变量只能用滑动条设置十进制数（Dec），字变量可以用滑动条设置十进制数和整数，双字变量可以用滑动条设置十进制数、整数和实数。用鼠标拖动滑动条上的滑动块，可以快速地设置数值。

图7-46的视图对象MW2中的"Value"选择框用来选择设置变量的值（Value）、最大值（Max）或最小值（Min）。

(2) CPU 视图对象

图7-46中标有"CPU"的小窗口是CPU视图对象。开始新的仿真时，将自动出现CPU视图对象，用户可以用小方框来选择运行（RUN0）、停止（STOP）和RUN-P模式。

点击CPU视图对象中的MRES（存储器复位）按钮，可以复位软PLC的存储器，删除程序块和系统数据，CPU将自动进入STOP模式。

CPU视图对象的指示灯"SF"亮表示有硬件、软件错误；"RUN"与"STOP"指示灯亮分别表示CPU处于运行模式与停止模式；指示灯"DP"（分布式外设或远程I/O）用于指示PLC与分布式外设或远程I/O的通信状态；指示灯"DC"（直流电源）用于指示电源的通断情况。用"PLC"菜单中的命令可以接通或断开软PLC的电源。

在RUN-P模式和RUN模式，CPU均运行用户程序。在RUN-P模式，可以下载和修改程序。在RUN模式，不能下载和修改程序。某些监控操作只能在RUN-P模式进行。

(3) 其他视图对象

通用变量（Generic Variable）视图对象用于访问软PLC所有的存储区，包括数据块中已生成的变量。垂直位（Vertical Bit）视图对象可以用绝对地址或符号地址来监视和修改I、Q、M等存储区。

累加器（Accumulators）与状态字（Status Word）视图对象用来监视CPU的累加器、状态字和用于间接寻址的地址寄存器AR1和AR2。

块寄存器（Block Register）视图对象用来监视数据块寄存器的内容，也可以显示当前和上一次打开的逻辑块的编号，以及块中的步地址计数器SAC的值。

嵌套堆栈（Nesting Stacks）视图对象用来监视嵌套堆栈和MCR（主控继电器）堆栈。嵌套堆栈有7层，用来保存嵌套调用逻辑块时状态字中的RLO（逻辑运算结果）和OR位。每一层用于逻辑串的起始指令（A、AN、O、ON、X、XN）。MCR堆栈最多可以保存8级嵌套的MCR指令的RLO位。

定时器视图对象和计数器视图对象用于监视和修改它们的实际值，可以在定时器视图对象中设置定时器的时间基准。定时器视图对象和工具条内标有"T=0"的按钮分别用来复位指定的定时器或所有的定时器。可以在"Execute"（执行）菜单中设置定时器为自动（Automatic）方式或手动（Manual）方式。

手动方式时定时器不受用户程序的控制，允许修改定时器的时间值或将定时器复位，自动方式时定时器受用户程序的控制。

7.6.4 仿真软件的设置与存档

(1) 设置扫描方式

PLCSIM可以用两种方式执行仿真程序：

1) 单次扫描：每次扫描包括读外设输入、执行程序和将结果写到外设输出。CPU执行一次扫描后处于等待状态，可以用菜单命令"Execute"（执行）→ "Next Scan"执行下一次扫描。通过单次扫描可以观察每次扫描后各变量的变化。

2）连续扫描：这种运行方式与实际的 CPU 执行用户程序相同，CPU 执行一次扫描后又开始下一次扫描。

点击下具条中的 ⬛ 或 ⬛ 按钮，可以选择连续扫描或单次扫描，默认的是连续扫描。

（2）符号地址

为了在仿真软件中使用符号地址，执行菜单命令"Tools"（工具）→"Options"（选项）→"Attach Symbols..."（联系符号），在出现的"Open"（打开）对话框打开当前的项目，找到并双击它的符号表（Symbols）图标。

执行菜单命令"Tools"→"Options"→"Show Symbols"（显示符号），可以显示或隐藏符号地址。垂直位视图对象可以显示每一位的符号地址，其他视图对象在地址区显示符号地址。

（3）LAY 文件和 PLC 文件

用 PLCSIM 仿真时自动生成 LAY 文件和 PLC 文件，退出仿真软件时将会询问是否保存 LAY 文件或 PLC 文件。LAY 文件用于保存仿真时各视图对象的信息，例如各视图对象选择的数据格式等；PLC 文件用于保存上次仿真运行时设置的数据和动作等，包括程序、硬件组态、CPU 工作方式的选择、运行模式（单周期运行模式或连续运行模式）的选择、I/O 状态、定时器的值、符号地址、电源的通/断等。下一次仿真开始时自动调用这两个文件，不需要重复上次的操作。一般选择不保存（即点击出现的对话框中的"No"按钮）。

7.6.5 软 PLC 与真实 PLC 比较

（1）软 PLC 特有的功能

软 PLC 具有以下实际 PLC 没有的功能：

1）可以立即暂时停止执行用户程序，对程序状态不会有什么影响。

2）由 RUN 模式进入 STOP 模式不会改变输出的状态。

3）在视图对象中的变动立即使对应的存储区中的内容发生相应的改变。实际的 CPU 要等到扫描结束时才会修改存储区。

4）可以选择单次扫描或连续扫描。

5）可使定时器自动运行或手动运行，可以手动复位全部定时器或复位指定的定时器。

6）可以手动触发下列中断 OB：OB40 ~ OB47（硬件中断）、OB70（I/O 冗余错误）、OB72（CPU 冗余错误）、OB73（通信冗余错误）、OB80（时间错误）、OB82（诊断中断）、OB83（插入/拔出模块）、OB85（优先级错误）与 OB86（机架故障）。

7）对过程映像存储器与外设存储器的处理：如果在视图对象中改变了过程映像输入的值，PLCSIM 立即将它复制到外设存储器。在下一次扫描开始，外设输入值被写到过程映像存储器时，希望的变化不会丢失。在改变过程映像输出值时，它被立即复制到外设输出存储器。

（2）软 PLC 与实际 PLC 的区别

软 PLC 与实际 PLC 的区别如下：

1）PLCSIM 不支持对功能模块和 PID 程序的仿真。

2）不支持写到诊断缓冲区的错误报文，例如不能对电池失电和 EEPROM 故障仿真，但是可以对大多数 I/O 错误和程序错误仿真。

3）工作模式的改变（例如由 RUN 转换 STOP 模式）不会使 I/O 进入"安全"状态。

4）在某些情况 S7 - 400 与只有两个累加器的 S7 - 300 的程序运行可能不同。

5）大多数 S7 - 300 CPU 的 I/O 是自动组态的，模块插入物理控制器后被 CPU 自动识别。软 PLC 没有这种自动识别功能。如果将自动识别 I/O 的 S7 - 300 CPU 的程序下载到软 PLC，系统数据没有包括 I/O 组态。因此在用 PLCSIM 仿真 S7 - 300 程序时，如果想定义 CPU 支持的模块，首先必须下载硬件组态。

7.6.6 PLCSIM 通信仿真

从 PLCSIM V5.4 SP3 版本开始，PLCSIM 可以进行多个 CPU 之间的通信仿真。该版本的 PLCSIM 的多 CPU 通信仿真只能用于调试 S7 通信，包括基于 MPI 的 S7 通信，基于 PROFI-BUS 的 S7 通信，基于以太网的 S7 通信。通信双方至少一个是 S7 - 400 系列 CPU，无法进行 S7 - 300 系列 CPU 之间的通信仿真。

可用于仿真通信的通信块有 9 个：SFB8 " USEND"、SFB9 " URCV"、SFB12 " BSEND"、SFB13 " BRCV"、SFB15 " PUT"、SFB14 " GET"、SFB19 " START"、SFB 20 " STOP"、SFB 22 " STATUS"、SFB 23 " USTATUS"。具体应用见表 7-5。

表 7-5   通信块说明

网 络 类 型	通 信 块	应 用
MPI	SFB8：" USEND" SFB9：" URCV"	使用 USEND/URCV 的双向 S7 通信
	SFB12：" BSEND" SFB13：" BRCV"	使用 BSEND/BRCV 的双向 S7 通信
PROFIBUS	SFB8：" USEND" SFB9：" URCV"	使用 USEND/URCV 的双向 S7 通信
	SFB12：" BSEND" SFB13：" BRCV"	使用 BSEND/BRCV 的双向 S7 通信
	SFB8：" USEND" SFB9：" URCV"	使用 CP443 - 5 的 S7 双向通信
	SFB19：" START" SFB20：" STOP" SFB22：" STATUS" SFB23：" USTATUS"	通过 S7 连接控制和监视远程 PLC 的运行模式
以太网	SFB15：" PUT" SFB14：" GET"	使用 PUT/GET 的单向 S7 通信
	SFB8：" USEND" SFB9：" URCV"	使用 USEND/URCV 的双向 S7 通信
	SFB12：" BSEND" SFB13：" BRCV"	使用 BSEND/BRCV 的双向 S7 通信

通信调试步骤与一般的仿真相类似，但是需要注意以下几点：

1）根据通信方式组态接口类型作为 PG/PC 接口，如 MPI、PROFIBUS、以太网。

2）PLCSIM 支持多个 CPU 的通信仿真。选择菜单 File -> New PLC 可以添加新的 PLCSIM 窗口，名称为 S7 - PLCSIMx。

3）选中某 PLCSIM 窗口即可将程序下载到该仿真 CPU；下载程序后，PLCSIM 的名称变为所组态的 CPU 的型号。也可以通过 PLCSIM 窗口底部的 CPU 地址来区别不同的 CPU。

4）除了使用支持的通信块外，其他通信程序无法仿真。

7.7　下载与上载程序

当我们在计算机上打开 STEP 7 的 SIMATIC 管理器窗口时，看到的是离线窗口，是计算机硬盘上的项目信息。用户项目程序编辑完成，被编译后，与项目相关的逻辑块、数据块、符号表和注释等都保存在计算机的硬盘上。对于一个自动化项目，在完成系统组态、参数赋值、程序创建和 PLC 建立在线连接后，可以将整个用户程序或个别的块下载到 PLC，系统数据（包括硬件组态、网络组态、连接表等）也应与程序同时下载到 CPU 中。

S7-300/400 系列 PLC 的 CPU 中与用户程序和系统有关的存储器包括装载存储器、工作存储器和系统存储器三个基本存储区域。装载存储器与工作存储器示意图如图 7-49 所示。

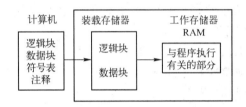

图 7-49　装载存储器与工作存储器示意图

CPU 中的装载存储器用来存储没有符号表和注释的完整的用户程序，这些符号和注释保存在计算机的存储器中。为了保证快速地执行用户程序，CPU 只将块中与程序执行有关的部分装入 RAM 组成的工作存储器。

1. 在线连接的建立与在线操作

打开 STEP 7 的 SIMATIC 管理器时，建立的是离线窗口，看到的是计算机硬盘上的项目信息。"块"文件夹包含硬件组态时产生的系统数据和用户生成的块。被用户程序调用的 SFB 和 SFC 将自动地出现在"块"文件夹。

STEP 7 与 CPU 成功地建立起连接后，将会自动生成在线窗口，该窗口显示的是通过通信得到的 CPU 的项目结构，包括系统数据块、用户生成的块（OB、FB、FC 等）以及 CPU 中的系统块（SFB、SFC）。

（1）建立在线连接

在 STEP 7 中进行下载 S7 用户程序或硬件组态到 PLC、从 PLC 上传程序到计算机、测试用户程序、比较在线和离线的块、显示和改变 CPU 的操作模式、为 CPU 设置时间和日期、显示模块信息和硬件诊断等操作的前提是编程设备和 PLC 之间建立在线连接，必须用通信硬件（例如 MPI/PC 适配器）和电缆连接计算机和 PLC，然后通过在线（ONLINE）的项目窗口或"Accessible Nodes"（可访问节点）窗口访问 PLC。

如果用 PLCSIM 仿真，打开 PLCSIM 后，将会自动建立 STEP 7 和软 PLC 之间的连接。

1）通过在线的项目窗口建立在线连接。此种方法适合在 STEP 7 的项目中有已经组态的 PLC。

在 SIMATIC 管理器中执行菜单命令"View"→"Online"，或点击工具条中对应的在线按钮，打开在线窗口。该窗口最上面的标题栏出现浅蓝色背景的长条。如果选中管理器左边窗口中的"Blocks"（块），右边的窗口将会列出 CPU 集成的大量的系统功能块（SFB）、系统功能（SFC）和已经下载到 CPU 的系统数据和用户编写的块。SFB 和 SFC 在 CPU 的操作系统中，无需下载，也不能用编程软件删除。在线窗口显示的是 PLC 中的内容，而离线窗口显示的是计算机中的内容。

打开在线窗口后，可以用 SIMATIC 管理器工具条中的 按钮和 按钮，或者用管理器的菜单命令"Window"（窗口）菜单来切换在线窗口和离线窗口。

2）通过"Accessible Nodes"窗口建立在线连接。点击 SIMATIC 管理器工具条上的"*"按钮，打开"Accessible Nodes"窗口，用"Accessible Nodes"对象显示网络中所有可访问的可编程模块。如果编程设备中没有关于 PLC 的项目数据，可以选择这种方式。那些不能用 STEP 7 编程的站（例如编程设备或操作面板）也能显示出来。

如果 PLC 与 STEP 7 中的程序和组态数据是一致的，在线窗口显示的是 PLC 与 STEP 7 中的数据的组合。例如在在线项目中打开一个 S7 块，将显示来自 CPU 的块的指令代码部分，以及来自编程计算机数据库的注释和符号。

如果没有通过项目结构，而是直接打开连接的 CPU 中的块，显示的程序没有符号和注释。因为在下载时没有下载符号和注释。

（2）访问 PLC 的口令保护

使用口令可以保护 CPU 的用户程序和数据，未经授权不能改变它们（即有写保护），还可以用"读保护"来保护用户程序的编程专利，对在线功能的保护可以防止可能对控制过程的人为干扰。保护级别和口令可以在 CPU 属性对话框的"Protection"选项卡中设置，需要将它们下载到 CPU 模块。

设置了口令后，执行在线功能时，将会显示出"Enter Password"（输入口令）对话框。若输入的口令正确，就可以访问该模块。此时可以与被保护的模块建立在线连接，并执行属于指定的保护级别的在线功能。

执行 SIMATIC 管理器的菜单命令"PLC"→"Access Rights"（访问权限）→"Setup"（设置），在出现的"Enter Password"对话框中输入口令，以后进行在线访问操作时，将不再询问。输入的口令将一直有效，直到 SIMATIC 管理器被关闭，或执行菜单"PLC"→"Access Rights"中的命令来取消口令。

（3）更新窗口内容

用户的操作（例如下载或删除块）对在线的项目窗口的修改不会在已打开的"Accessible Nodes"（可访问的节点）窗口自动刷新。要更新一个打开的窗口，必须执行菜单命令"View"→"Update View"（更新）。

（4）设置 CPU 的工作模式

进入在线状态后，在项目管理器左边的树形项目结构中单击某一站点，选择菜单命令"PLC"→"Diagnostics/Settings"→"Operating Mode"，在打开的对话框中将显示本站点当前和最后一次的运行模式以及 CPU 模块当前的运行模式选择开关的设置。对于那些无法显示其当前开关设置的模块，将显示文本"Undefined"。

当对话框中的按钮处于激活状态时，可以使用相应的按钮（启动和停止按钮）来改变 CPU 的运行模式。

（5）显示与改变 PLC 的日期和时间

选择菜单命令"PLC"→"Diagnostics/Settings"→"Set Time of Day"，在打开的对话框中将显示 CPU 和编程设备中当前的日期和时间（注意，如果 CPU 模块没有实时时钟，对话框中的日期和时间都显示为"0"）。可以在 Date 和 Time 栏中为 PLC 设置新的日期和时间，或者用默认选项接收 PC 的时间和日期。

（6）压缩用户存储器（RAM）

删除或重装块之后，用户存储器（装载存储器和工作存储器）内将出现块与块之间的"间隙"，减少了可用的存储区。用压缩功能可以将现有的块在用户存储器中无间隙地重新排列，同时产生一个连续的空的存储区间。

在 STOP 模式下压缩存储器才能去掉所有的间隙。在 RUN-P 模式时因为当前正在处理的块被打开而不能在存储器中移动。RUN 模式有写保护功能，不能执行压缩功能。

压缩用户存储器有以下两种的方法：

1）向 PLC 下载程序时，如果没有足够的存储空间，将会出现一个对话框报告这个错误。可以点击对话框中的"Compress"按钮压缩存储器。

2）进入在线状态后，打开"HW Config"（硬件组态）窗口，双击 CPU 模块，打开 CPU 模块的"Module Information"（模块信息）对话框，选择"Memory"选项卡，点击压缩存储器的"Compress"按钮。

2. 下载

将保存在编程设备（PC/PG）中与自动化项目有关的数据（用户程序块、硬件组态、网络组态、连接表等）传到 CPU 的过程称为下载。CPU 装载存储器中 RAM 区和 EPROM 区的分配决定了下载用户程序或块时可用的方式，通常有如下 3 种下载方式：

1）通过在线连接下载到 RAM 中。没有后备电池的 PLC 中的 RAM 在掉电时其中的数据将会丢失。

2）保存到 EPROM 存储卡。块或用户程序通过编程设备写入到 EPROM 存储卡。当电源掉电又重新恢复或 CPU 复位后，EPROM 存储卡中的内容被重新复制到 CPU 存储器的 RAM 区。

3）保存在 CPU 的集成 EPROM 中。对于某些 CPU（如 CPU 312），其上有专门用于保存用户程序和数据的集成 EPROM，可以保存 RAM 中的内容到集成 EPROM 上。这样在电源断开重新恢复时，如果 RAM 中没有备份，集成的 EPROM 中的内容被复制到 CPU 存储器的 RAM 区。

（1）下载的准备工作

下载的准备工作包括：

1）计算机与 CPU 之间必须建立起连接，编程软件可以访问 PLC。用通信硬件和电缆连接 PC（个人计算机）和 PLC，接通 PLC 的电源。

2）要下载的程序已编译好。在保存块或下载块时，STEP 7 首先进行语法检查。错误种类、出错的原因和错误在程序中的位置都显示在对话框中，在下载或保存块之前应改正这些错误。如果没有发现语法错误，块将被编译成机器码并保存或下载。建议在下载块之前，首先保存块（将块存盘）。

3）CPU 处在允许下载的工作模式（STOP 或 RUN-P）。RUN 模式禁止下载，在 RUN-P

模式改写程序，可能会出现块与块之间的时间冲突或不一致性，运行时 CPU 会进入 STOP 模式，因此建议在 STOP 模式下载。将 CPU 模块上的模式选择开关搬扳倒 "STOP" 位置，"STOP" LED 亮。

4）下载用户程序之前应将 CPU 的用户存储器复位，以保证 CPU 内没有旧的程序。

存储器复位完成以下的工作：

1）删除所有的用户数据（不包括 MPI 参数分配），进行硬件测试与初始化。

2）如果有插入的 EPROM 存储器卡，存储器复位后 CPU 将 EPROM 卡中的用户程序和 MPI 地址复制到 RAM 存储区。如果没有插存储器卡，保持设置的 MPI 地址。

复位的操作方法有 2 种：

1）通过硬件开关复位。将模式选择开关从 STOP 位置扳到 MRES 位置，"STOP" LED 慢速闪烁两次后松开模式开关，它将自动回到 STOP 位置。再将模式开关扳到 MRES 位置，保持 "STOP" LED 以 2 Hz 的频率闪动至少 3 秒以完成复位。待 "STOP" LED 一直亮表示存储器复位完成。最后将模式开关重新置于 "STOP" 位置。

2）使用 STEP 7 软件复位。将模式开关置于 RUN-P 位置，执行菜单命令 "PLC" → "Diagnostics/Settings" → "Operating Mode" → "STOP"，使 CPU 进入 STOP 模式，然后再执行菜单命令 "PLC" → "Clear/Reset"，点击 "OK" 按钮确认。

（2）程序块和数据块的下载方法与步骤

程序块和数据块的下载主要有以下几种方法：

1）在离线模式和 SIMATIC 管理器窗口中下载。打开块工作区，选择要下载的一个或多个块（多个块的选择方法与 Windows 中多个文件的选择方法相同），选择菜单命令 "PLC" → "Download" 即可将被选择的块下载到 CPU。

如果要下载所有的块和系统数据到 CPU 中，则可以先在管理器左边的目录窗口中选择 Blocks 对象，然后选择菜单命令 "PLC" → "Download" 即可。

2）在离线模式和其他窗口中下载。在对块编程或组态硬件和网络时，可以在当前的应用程序窗口中选择菜单命令 "PLC" → "Download" 下载当前正在编辑的对象到 CPU 中。

以上两种方式虽然是在离线状态，但要求 PC/PG 与 PLC 之间要保持正确的硬件连接。

3）在线模式下载。首先选择 "View" → "Online" 或 "PLC" → "Display Accessible Nodes" 命令打开在线窗口，此时选择 Windows 菜单可以看见一个在线窗口和一个离线窗口，拖动离线窗口的一个或多个块到在线窗口中，就完成了下载。

下载块或用户程序到 MMC 或 EPROM 存储卡有以下几种方法：

1）直接下载。单击快捷栏中的下载按钮 圙 直接下载或选择 SIMATIC 管理器的菜单命令 "PLC" → "Download" 下载。这种方法只适用于将程序下载到 MMC 卡。

2）选择 SIMATIC 管理器中的菜单命令 "PLC" → "Download User Program to Memory Card" 将整个程序下载，注意使用该指令时不能下载单个或部分程序块，只能整体下载同时会将 MMC 卡中原来的内容清除。此方法也同样适用于 FEPROM 卡。

3）选择 SIMATIC 管理器中的菜单命令 "PLC" → "Copy RAM to RUM"，可以把工作存储器的内容复制到 MMC 卡中，同时会将 MMC 卡中原来的内容清除。此操作只能是 CPU 在 STOP 模式下才能执行。这个指令用于把 CPU 中当前运行值，如 DB 块的运行值复制到 MMC 卡中，这样下次用 MRES 复位时，DB 块的值就会复位为保存过的值。此操作对于

FEPROM 卡同样有效。

4）使用 PG 时选择 SIMATIC 管理器中的菜单命令"File"→"S7 Memory Card"→"Open"打开存储卡，再选择"PLC"→"Save to Memory Card"将文件写入 MMC。此方法也同样适用于 FEPROM 卡。

（3）组态的下载方法与步骤

1）硬件组态的下载

在第一次下载硬件组态时必须通过 MPI 接口和编程电缆将 PC/PG 和 PLC 连接。以后的在线连接可根据实际需要通过 PROFIBUS 接口或通信处理器模块等完成。例如，通过在编程设备上安装专用通信卡（如 PC Adapter – PROFIBUS），并且通过 PROFIBUS 通信电缆可以实现基于 PROFIBUS 协议的多个 PLC 之间的通信。所以建立在线连接，不仅需要配置合适的硬件接口，而且要在 STEP 7 中正确地设置 PC/PG 接口。

另外，在将硬件组态下载到 PLC 之前，应先在 STEP 7 中选择菜单命令"Station"→"Check Consistency"命令进行错误和一致性检查，然后再按如下步骤进行硬件组态的下载：选择菜单命令"PLC"→"Download To Module"，或者点击工具条上的 ⬛ 按钮，STEP 7 会以对话框的形式引导用户完成下载操作。下载完成后，CPU 的参数将立即被激活，其他模块的参数在启动时被传到相应的模块中。

2）网络组态的下载

网络组态下载前，整个项目必须已被正确组态，才能通过 PROFIBUS 或 MPI 子网将组态下载到 PLC 中。选择菜单命令"Network"→"Save and Compile"编译网络组态后，NetPro 自动生成可以解释 SDB（系统数据块）中信息的模块。SDB 中主要包括连接表、网络站点地址、子网属性、I/O 地址以及模块参数等。

网络组态下载步骤如下：连接编程器到想下载的站点所连接的子网；打开 NetPro；选择菜单命令"PLC"→"Download to Current Project"→"Stations on Subnet"命令，选择想要下载的站或网络视图中的子网；选择菜单命令"PLC"→"Download to Current Project"→"Selected Stations"命令即可完成网络组态的下载。

3. 上传

上传指将 PLC 中的块、参数、组态等数据保存到编程器（PG）或计算机（PC）上的过程。

（1）上传程序块

在 SIMATIC Manager 中打开项目的在线窗口，选择在线窗口中的"Blocks"文件夹，然后选择相应的块并打开，选择菜单命令"File"→"Save"即可。

（2）上传站参数

选择菜单命令"PLC"→"Upload Stations"可以从所选的 PLC 中上传当前的组态和所有块到编程设备上。STEP 7 在当前项目中生成一个新站，站的组态将存储在这个项目下，用户可以修改这个新站的预定名称。这个新站在在线视图和离线视图中都会显示。

对于 S7 – 300 PLC，被上传的实际硬件组态包括中央机架和扩展机架，但没有分布式 I/O（DP 从站）；对于 S7 – 400 PLC，被上传的实际硬件组态没有扩展机架和分布式 I/O。

（3）上传硬件组态

选择菜单命令"PLC"→"Upload"，出现打开组态对话框，选择要保存组态的项目并单击"OK"按钮确认。随后设置站点地址、机架编号和读取组态（一般为CPU）模块中的插槽，单击"OK"按钮确认。

可以选择菜单命令"Station"→"Properties"为该组态的站名赋值，然后选择"Station"→"Save"命令将该站名保存在默认项目中。

（4）上传网络组态

在上传网络组态前，编程设备必须已经连接到与想上传的站或通过网关访问的站相同的子网中，并且已知连接子网的站点地址和模块机架/插槽，用户可以选择菜单命令"PLC"→"Upload"将整个组态一站一站地上传到SIMATIC管理器中，STEP 7会在当前项目中为每个上传的站创建一个新的站对象。也可以上传站组态。

将整个网络组态一站一站地上传到NetPro的步骤如下：

1）连接编程器到想上传的站点所连接的子网上。

2）如需要，创建一个上传网络组态的新项目。

3）通过想保存上传网络组态的项目，打开NetPro窗口。

4）选择菜单命令"PLC"→"Upload"，只有当一个项目打开时才能选择此菜单命令。

5）在网络视图中将会出现Station（站）对象，通过给出其站点地址和机架/插槽，指定所要上传的站，选择菜单命令"Edit"→"Object Properties"，可以改变由系统指定的站名。

6）如果需要，可以修改站的组态连接，然后将改变输入到站中。

7）装载所有需要的站。

8）如需要，可以选择菜单命令"Network"→"Save"或"Network"→"Save and Compile"，将网络组态保存在当前的项目中。

7.8   调试程序

7.8.1   PLC应用系统调试的基本步骤

一个PLC应用系统的调试主要包括硬件调试、软件调试以及软硬件联合调试等。硬件主要包括购进的PLC系统、操作控制台电气设计、执行器及传感器接线等，调试相对较简单，系统调试主要工作量在软件调试。软件调试时，一般首先调试子程序或功能程序模块，然后调试初始化程序，最后调试主程序。调试时应尽可能逼近实际系统的运行环境，考虑各种可能出现的状态，并需要进行多次调试。

（1）硬件调试

可以用变量表来测试硬件，通过观察CPU模块上的故障指示灯，或使用16.3节介绍的故障诊断工具来诊断故障。

（2）下载用户程序

下载程序之前应将CPU的存储器复位，将CPU切换到STOP模式，下载用户程序时应同时下载硬件组态数据。

（3）排除停机错误

启动时程序中的错误可能导致CPU停机，可以使用16.4.3节中的"模块信息"工具诊断和排除编程错误。

（4）调试用户程序

通过执行用户程序来检查系统的功能，可以在组织块 OB1 中逐一调用各逻辑块，一步一步地调试程序。在调试时应保存对程序的修改。调试结束后，保存调试好的程序。

在调试时，最先调试启动组织块 OB100，然后调试 FB 和 FC。应先调试嵌套调用最深的块，例如首先调试图 7-50 中的 FB1，图中括号内的数字为调试的顺序，例如调试好 FB1 后调试调用 FB1 的 FC3 等。

最后调试不影响 OB1 循环执行的中断处理程序，或者在调试 OB1 时调试它们。

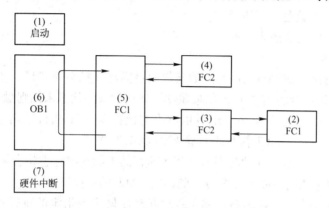

图 7-50　程序调试的顺序

7.8.2　用程序状态功能调试程序

1. 用程序状态功能调试的基本步骤

可以通过显示程序状态（RLO（操作结果），状态位）或为每条指令显示相应寄存器内容的方法测试程序。在 LAD/STL/FBD：Programming Blocks 窗口中，选择菜单命令"Options"→"Customize"打开 Customize 对话框，在该对话框中用户可以定义在 LAD/FBD 画面中程序状态的显示方法。

要想显示程序状态，必须满足下列要求：

1）必须存储没有错误的程序，并且将它们下载到 CPU。

2）CPU 处于 RUN 或 RUN-P 状态。

3）必须选择菜单命令"Debug"→"Monitor"或点击工具条上的按钮，使块进入在线监控状态。

在运行过程中测试程序，如功能或程序出错，可能会对人员或财产造成严重损害。所以在开始这项功能之前，先要确认不会有任何危险情况出现。

用监视程序状态的方法进行程序测试的基本步骤如图 7-51 所示。

在用监视程序状态的方法进行程序测试时，建议不要调用整个程序进行调试，而应一个块一个块地调用并单独地调试它们。调用时应该从调用分层嵌套中最外层的块开始，例如，在 OB1 中

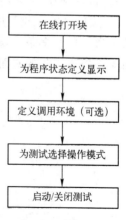

图 7-51　用程序组态
测试的步骤

调用它们，通过监视和修改变量功能为块生成被测试的环境。

2. 基本程序单元状态的显示

程序状态是按从左到右、从上到下的原则循环扫描显示的。

（1）LAD 和 FBD 中的颜色设置

如果用户要改变程序状态颜色的默认设置，先进入编程环境，打开 "Options" → "Customize" → "LAD/FBD" 可对被选择对象的线型及颜色的默认设置进行修改，默认状态对应的颜色及线形如下：

1）状态为 "1"：绿色连接线表示。

2）状态为 "0"：蓝色点线表示。

3）状态未知：黑色连接线表示。

（2）指令的状态

1）触点的状态是：如果驱动该触点的条件满足则触点状态为 "1"；如果驱动该触点的线圈条件不满足则触点状态为 "0"；如果驱动该触点的条件状态未知则触点状态也未知。

2）带有使能输出 ENO 的指令，ENO 的状态与此指令 OUT 执行正确与否相关。OUT 执行正确 ENO 状态为 "1"；OUT 执行不正确 ENO 状态为 "0"。

3）带有 Q 输出的指令，Q 的状态与该指令执行结果的输出标志状态相关。

4）如果 BR 位在调用功能后被置位，则调用 CALL 的条件满足。

5）当执行跳转指令时，跳转条件满足程序跳到跳转指令指定的跳转标签处；跳转条件不满足时程序顺序执行。

6）带有使能输出 ENO 的指令，如果使能输出未被连接则该指令显示为黑色。

（3）线的状态

1）线的状态如果未知或没有完全运行则是黑色的。

2）在梯形图中与左母线相连的线的状态总是 "1"。

3）与左母线相连的并行分支线的状态总是 "1"。

4）如果一条指令左面的逻辑运算结果 RLO = "1"，该指令状态为 "1"，则该指令右面线的状态为 "1"。

5）如果 NOT 指令左面线的状态为 "0"，则 NOT 指令右面线的状态为 "1"。

6）如果多条 "与" 逻辑支路相 "或"（如图 7-52 所示），多条 "与" 逻辑支路左面线的状态为 "1"，多条 "与" 逻辑支路至少一条支路逻辑运算结果 RLO = "1"，多条 "与" 逻辑支路相 "或" 的右面线的状态为 "1"。

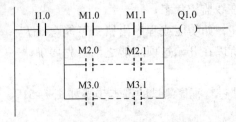

图 7-52　多条 "与" 逻辑支路相 "或"

（4）参数的状态

1）黑体类型的参数值是当前值。

2）细体类型的参数值来自前一个循环，该程序区在当前扫描循环中未被处理。

3. 梯形图程序状态的显示

梯形图（LAD）和功能块图（FBD）程序状态显示如图 7-53 所示，采用不同颜色、不同形式的线条显示出信号流的状态。默认设置下，用绿色实线表示状态满足，用蓝色虚线表示状态不满足，用黑色连线表示状态未知。执行菜单命令"Options"→"Customize"，在出现的对话框的 LAD/FBD 选项卡中可以改变线型和颜色的设置。

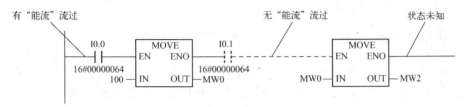

图 7-53　梯形图程序状态的显示

4. 语句表程序状态的显示

对于语句表程序状态的显示是从光标选择的网络开始监视程序的状态，程序状态的显示是循环刷新的。如图 7-54 所示的语句表编辑器中，左视图显示 STL 源程序，右视图显示每条指令执行后的逻辑运算结果（RLO）和状态位 STA（Status）、累加器 1（Standard）、累加器 2（ACC2）和状态字（Status）等内容。通过选择菜单命令"Options"→"Customize"，在打开的个性设置对话框中，用 STL 选项卡可以选择需要监视的内容。

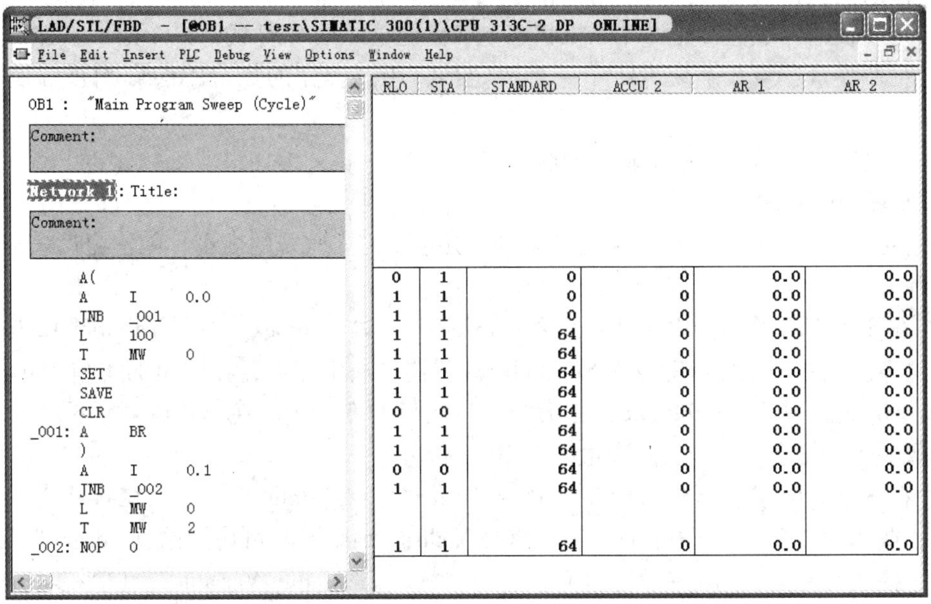

图 7-54　语句表程序状态的显示

5. 使用程序状态功能监视数据块

必须使用数据显示方式（Data View）在线查看数据块的内容，在线数值在"Actual Value"（实际数值）列中显示。程序状态被激活后，不能切换为声明显示（Declaration View）方式。

程序状态结束后，"Actual Value"列将显示程序状态之前的有效内容，不能将刷新的在线数值传送至离线数据块。

复合数据类型 DATE_AND_TINE 和 STRING 不能刷新，在复合数据类型 ARRAY、STRUCT、UDT、FB 和 SFB 中，只能刷新基本数据类型元素。程序状态被激活时，包含没有刷新的数据的"Actual Value"列中的区域将用灰色背景显示。

在背景数据块中的 IN_OUT 声明类型中，只显示复合数据类型的指针，不显示数据类型的元素，不刷新指针和参数类型。

7.8.3 用变量表调试程序

使用程序状态功能，可以在梯形图、功能块图或语句表程序编辑器中形象直观地监视程序的执行情况，找出程序设计中存在的问题。但是程序状态功能只能在屏幕上显示一小块程序，调试较大的程序时，往往不能同时显示与某功能有关的全部变量。

变量表可以有效地解决上述问题。使用变量表可以在一个画面同时监视、修改和强制用户感兴趣的全部变量。一个项目可以生成多个变量表，以满足不同的调试要求。

变量表可以赋值或显示的变量包括输入、输出、位存储器、定时器、计数器、数据块内的存储器和外设 I/O。

1. 变量表的功能

1）监视变量：显示用户程序或 CPU 中每个变量的当前值。

2）修改变量：将固定值赋给用户程序或 CPU 中的变量。

3）对外设输出赋值：允许在停机状态下将固定值赋给 CPU 的每一个输出点 Q。

4）强制变量：给某个变量赋予一个固定值，用户程序的执行不会影响被强制的变量的值。

5）定义变量被监视或赋予新值的触发点和触发条件。

2. 变量表的生成

利用变量表调试程序前，必须创建变量表并输入需要监视的变量。创建变量表可以采用以下几种方法：

1）在 SIMATIC 管理器中用菜单命令"Insert"→"S7 Block"→"Variable Table"生成新的变量表。或者用鼠标右键点击 SIMATIC 管理器的块工作区，在弹出的菜单中选择"Insert New Object"→"Variable Table"命令来生成新的变量表。在出现的对话框中，可以给变量表取一个符号名，一个变量表最多有 1024 行。

2）在 SIMATIC 管理器中执行菜单命令"View"→"Online"，进入在线状态，选择块文件夹；或用"PLC"→"Display Accessible Nodes"命令，在可访问站（Accessible Nodes）窗口中选择块文件夹，用菜单命令"PLC"→"Monitor/Modify Variables"（监视/修改变量）生成一个无名的在线变量表。

3）在变量表编辑器中，用菜单命令"Table"→"New"生成一个新的变量表。可以用菜单命令"Table"→"Open"打开已存在的表，也可以在工具栏中用相应的图标来生成或打开变量表。

可以通过剪贴板复制、剪切和粘贴来复制和移动变量表，目标程序的符号表中已有的符号将被修改。在移动变量表时，源程序符号表中相应的符号也被移动到目标程序的符号表中。

3. 在变量表中输入变量

图 7-55 是调试声光报警系统时使用的变量表的一部分。

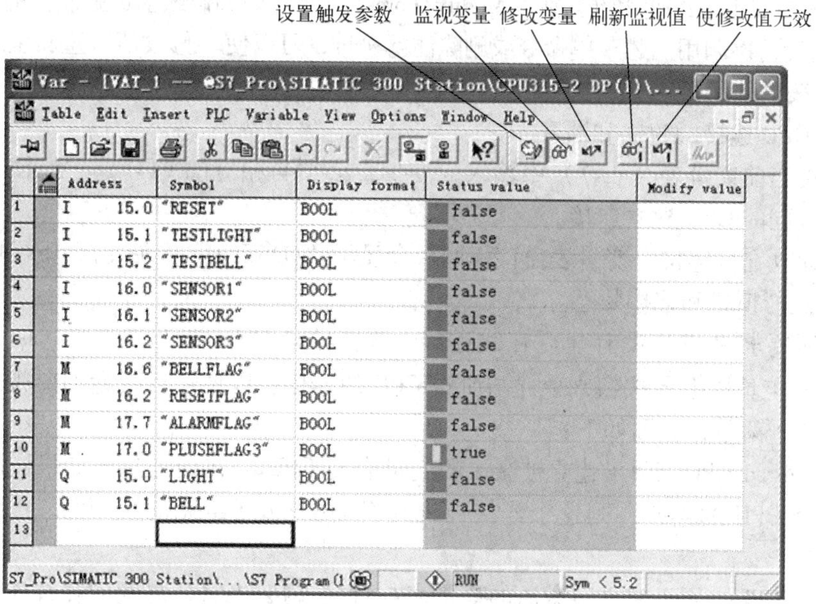

图 7-55　变量表

每个变量表中有五栏，分别表示每个变量的五个属性：Address（地址）、Symbol（符号）、Display format（显示格式）、Status value（状态值）和 Modify value（修改值）。一个变量表最多有 1024 行，每行最多 255 个字符。

输入或修改变量表时要注意以下问题：

1）在输入变量时，应将逻辑块中有关联的变量放在一起。

2）对想要修改的变量输入地址或符号，既可以在"Symbol"栏输入在符号表中定义过的符号（此时在地址栏会自动出现该符号对应的地址），也可以在"Address"栏输入地址（此时在符号栏会自动出现该地址对应的符号）。

3）只能输入已在符号表中定义过的符号，且符号必须准确地按照它在符号表中所定义的进行输入。

4）符号名中含有特殊字符则必须用引号括起来，例如，"Motor. off"和"Motor + Off"等。

5）要在符号表中定义新符号，可选择菜单命令"Options"→"Symbol Table"，还可以从符号表中复制符号，然后粘贴到变量表中。

6）选择想要修改或监视的变量，在变量表中输入时要从"外部"开始，由"外"向"内"地工作。即首先应该选择输入，然后是被输入影响的变量以及影响输出的变量，最后是输出。例如，如果想监视输入位 I1.0、存储字 5 以及输出字节 0，则在"Address"栏中按先后次输入以下内容：I1.0、MW5、QB0。

7）在变量表中输入变量时，每行输入的结束都会执行语法检查。任何不正确的输入都会被标为红色。

8）如果想使变量的"修改值（Modify value）"无效，可以选择菜单命令"Variable"→"Modify/Force Value as Comment"，在变量的修改值或强制值前将会自动加上注释符号"//"，表示它已经无效。也可以使用键盘在"Modify/Force value"列的修改值或强制值前加上注释符号"//"。通过再次调用上述菜单命令或删除注释符号，可以使"修改值"重新生效。

4. 变量表的使用

（1）与 CPU 连接的建立和断开

为了监视当前变量表（VAT）中输入的变量，必须与相应的 CPU 建立连接。可以将一个变量表与不同的 CPU 建立连接。

如果已建立在线连接，变量表窗口标题栏会显示"ONLINE"（在线），下面的状态栏将显示 PLC 的运行模式和连接状态。

如果与所要求的 CPU 没有建立在线连接。选择菜单命令"PLC"→"Connect To"→"..."或单击工具栏中 按钮来建立与所需 CPU 的连接，以便进行变量的监视或修改。这个菜单有 3 个子菜单，分别如下：

1）Configured CPU。用于建立被激活的变量表与 CPU 的在线连接。如果同时已经建立了与另外一个 CPU 的连接，则这个连接被视为 Configured（组态的）CPU，直至变量表被关闭。

2）Direct CPU。用于建立被激活的变量表与直接连接的 CPU 之间的在线连接。直接连接的 CPU 是指通过编程电缆与计算机连接的 CPU（在 Accessible Nodes 窗口中被标记为 Directly）。

3）Accessible CPU。执行这个选项后，在打开的对话框中，用户可选择与任意 CPU 建立连接。如果用户程序已经与一个 CPU 建立了连接，则使用此命令可以选择与另一个 CPU 建立连接。

选择菜单命令"PLC"→"Disconnect"，可以中断变量表和 CPU 的连接。

（2）设置触发方式

可以在编程设备上显示用户程序中每个变量在程序处理过程中的某一特定点（触发点）的当前数值，以便对它进行监视。当选中一个触发点时，就决定了监视的变量在那个时间点的数值被显示出来。可以选择菜单命令"Variable"→"Trigger"来设置触发点和触发频率，如图 7-56 所示。触发点可以选择循环开始、循环结束以及从 RUN 转换到 STOP；触发条件可以选择触发一次或在定义的触发点每个循环触发一次。如果设置为触发一次，则单击一次监视变量或修改变量的按钮，执行一次相应的操作。

（3）监视变量

可以用以下方法进行变量的监视：

1）将 CPU 的模式开关扳到 RUN-P 位置，选择菜单命令"Variable"→"Monitor"或单击工具栏上 按钮，激活监视功能。这时在 Status Value 栏中显示出 CPU 运行中当前的变量值。可以选择菜单命令"Variable"→"Monitor"，将监视功能关闭。

2）在 STOP 模式下也可以使用变量的监视功能。选择菜单命令"Variable"→"Update Monitor Values"，对所选变量的数值作一次立即刷新，所选变量的当前数值则显示在变量表中。

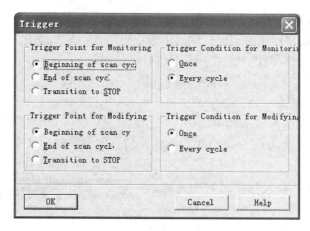

图 7-56　定义变量表的触发方式

如果在监视功能激活的状态下按了〈Esc〉键，则系统会不经询问就退出监视功能。

（4）修改变量

在程序运行时如果修改变量值出错，可能导致人身或财产的损害。在执行修改功能前，要确认不会有危险情况出现。

可以用下述方法修改变量表中的变量：

首先在要修改的变量的"Modify Value"栏输入变量新的值，显示格式为 BOOL 的数字量输入 0 或 1，输入后自动变为"false"或"true"。按工具栏中的激活修改值按钮或用菜单命令"Variable"→"Activate Modify Values"，将修改值立即送入 CPU。执行修改功能后不能用"Edit"→"Undo"命令取消。

如果在执行"Modifying"（修改）过程中按了〈Esc〉键，不经询问就会退出修改功能。

在 STOP 模式修改变量时，因为没有执行用户程序，各变量的状态是独立的，不会互相影响。I、Q、M 这些数字量都可以任意地设置为 1 状态或 0 状态，并且有保持功能，相当于对它们置位和复位。STOP 模式的这种变量修改功能常用来测试数字量输出点的硬件功能是否正常，例如将某个输出点置位后，观察相应的执行机构是否动作。

在 RUN 模式修改变量时，各变量同时又受到用户程序的控制。假设用户程序运行的结果使某数字量输出为 0，用变量表不可能将它修改为 I。在 RUN 模式不能改变数字量输入（I 映像区）的状态，因为它们的状态取决于外部输入电路的通/断状态。

修改定时器的值时，显示格式最好用 SIMATIC_TIME，在这种情况下以 ms 为单位输入定时值，但是个位被舍去，例如输入 123 时将显示 S5T#120 ms。输入 12345 将显示 S5T#12 s300 ms，因为时间值只保留 3 位有效数字。输入 12.3 将显示 S5T#12 s300 ms。

只有在通电延时定时器的线圈"通电"时，将时间修改值写入定时器才会起作用，定时器将按写入的时间定时，定时期间其常开触点断开，修改后的定时时间到达时其常开触点闭合。定时器的线圈由断开变为接通时，重新使用程序设定的时间值定时。

计数器的当前值的修改与定时类似，例如输入 123，将显示 C#123。输入值的上限位 C#999。

（5）强制变量

强制变量操作给用户程序中的变量赋一个固定的值，这个值不会因为用户程序的执行而改变。被强制的变量只能读取，不能用写访问来改变其强制值。这一功能只能用于某些CPU。强制功能用于用户程序的调试，例如用来模拟输入信号的变化。仿真软件 PLCSIM 不能对强制操作仿真，强制操作只能用于硬件 CPU。

只有当"强制数值"（Force Values）窗口处于激活状态，才能选择用于强制的菜单命令。用菜单命令"Variable"→"Display Force Values"打开该窗口，如图 7-57 所示，被强制的变量和它们的强制值都显示在窗口中。当前在线连接的 CPU 或网络中的站的名称显示在标题栏中。状态条显示从 CPU 读出的强制操作的日期和时间。如果没有已经激活的强制操作，该窗口是空的。

在强制数值窗口中输入要强制的变量的地址和要强制的数值。执行菜单命令"Variable"→"Force"，表中输入了强制值的所有变量都被强制，被强制的变量的左边以红色"F"标记。变量表下面的状态条显示强制操作的时间。

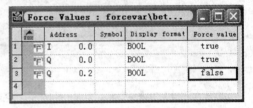

图 7-57　强制数值窗口

在"强制数值"窗口中显示的黑体字表示该变量在 CPU 中已被赋予固定值；普通字体表示该变量正在被编辑；变为灰色的变量表示该变量在机架上不存在、未插入模块，或变量地址错误，将显示错误信息。

强制操作一般用于系统的调试。有变量被强制时，CPU 模块上的"FRCE"灯亮，以提醒操作人员及时解除强制，否则将会影响用户程序的正常运行。

执行菜单命令"Variable"→"STOP Forcing"，解除对强制表中所有变量的强制，变量左边的红色"F"标记消失，CPU 模块上的"FRCE"灯熄灭。

可以选择菜单命令"Table"→"Save As"，将"强制值"窗口的内容存为一个变量表；选择"Variable"→"Force"将当前窗口的内容写到 CPU 中作为一个新的强制作业；选择"Insert"→"Variable Table"，可以在一个强制数值窗口中重新插入已存储的内容。

使用"强制"功能时，任何不正确的操作都可能会危及人员的生命或健康，或者造成设备或整个工厂的损失。强制作业只能用菜单命令"Variable"→"Stop Forcing"来删除或终止，关闭强制数值窗口或退出"监视和修改变量"应用程序并不能删除强制作业。强制功能不能用菜单命令"Edit"→"Undo"取消。

如果用菜单命令"Variable"→"Enable Peripheral Output"（使能外设输出）解除输出封锁，所有被强制的输出模块输出它们的强制值。

7.8.4　使用单步与断点功能调试程序

单步与断点是调试程序的有力工具，有单步与断点调试功能的 PLC 并不多见。允许设置的断点个数可以参考 CPU 的资料。

单步与断点功能在程序编辑器中设置与执行。单步模式不是连续执行指令，而是一次只执行一条指令。在用户程序中可以设置多个断点，进入 RUN 或 RUN-P 模式后将停留在第一个断点处，可以查看此时 CPU 内寄存器的状态。

"Debug"（调试）菜单中的命令用来设置、激活或删除断点。执行菜单命令"View"→"Breakpoint Bar"后，在工具条中将出现一组与断点有关的图标，可以用它们来执行与断点有关的命令。

1. 单步与断点功能的使用条件

1）只能在语句表中使用单步和断点功能，可以执行菜单命令"View"→"STL"将梯形图或功能块图转换为语句表。

2）设置断点前应在语句表编辑器中执行菜单命令"Options"→"Customize"，在对话框中选择 STL 选项卡，激活"Activate new breakpoints immediately"（立即激活新断点）选项。

3）CPU 必须工作在测试（Test）模式，可以用菜单命令"Debug"→"Operation"选择测试模式。

4）在 SIMATIC 管理器中进入在线模式，在线打开被调试的块，在调试过程中如果块被修改，需要重新下载它。

5）设置断点时不能启动程序状态（Monitor）功能。

6）STL 程序中有断点的行、调用块的参数所在的行、空的行或注释行不能设置断点。

2. 设置断点与单步操作

满足上述条件时，在语句表中将光标放在要设置断点的指令所在的行。在 STOP 或 RUN-P 模式执行菜单命令"Debug"→"Set Breakpoint"，或点击工具条上的●按钮，在选中的语句左边将出现一个紫色的小圆（如图 7-58 所示），表示断点设置成功，同时会出现一个显示 CPU 内寄存器的可移动小窗口。执行菜单命令"View"→"PLC Registers"可以打开或关闭该窗口。执行菜单命令"Options"→"Customize"，在 STL 选项卡中可以设置该窗口中需要显示哪些内容。

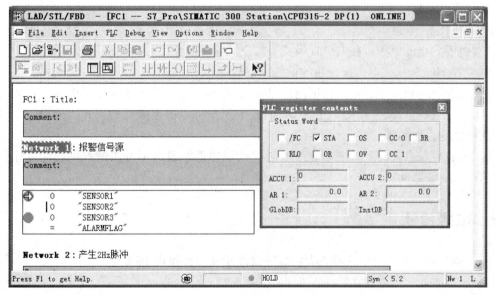

图 7-58 断点及断点处 CPU 寄存器和状态字的内容

执行菜单命令"Debug"→"Breakpoints Active"，激活断点功能，在该菜单项前出现一个"√"，此时程序中表示断点的小圆是实心的。再执行该菜单命令后，"√"消失，表示断点的小圆变为空心的。要使断点起作用，应执行该命令以激活断点。

执行菜单命令"Debug"→"Show Next Breakpoint"，或点击工具条上❯❯按钮，可以显示下一个断点。

将 CPU 切换到 RUN 或 RUN-P 模式，将在第一个表示断点的紫色圆球内出现一个向右的黄色的箭头（如图 7-58 所示），CPU 进入 HOLD（保持）模式，同时小窗口中出现断点处的状态字、累加器、地址寄存器和块寄存器的值。

在 RUN-P 模式执行菜单命令"Debug"→"Execute Next Statement"，或点击工具条上 按钮，断点处小圆内的黄色箭头移动到下一条语句，表示用单步功能执行下一条语句。如果下一条语句是调用块的语句，执行块调用后将跳到块调用语句的下一条语句。黄色箭头在块调用指令处时，执行菜单命令"Debug"→"Execute Call"（执行调用），或点击工具条上 按钮将进入调用的块，在调用的块中可以使用单步模式，也可以用该块内预先设置的断点来进行调试。块结束时将返回块调用语句的下一条语句。

在 RUN-P 模式执行菜单命令"Debug"→"Resume"，或单击工具条上的 按钮，程序将继续运行至下一个断点处停止。

将光标放在断点所在的行，用菜单命令"Debug"→"Delete Breakpoint"可以删除该断点，菜单命令"Debug"→"Delete All Breakpoint"或单击工具条上的 按钮删除所有的断点。

3. HOLD（保持）模式

在执行程序时遇到断点，PLC 进入保持（HOLD）模式，"RUN" LED 闪烁，"STOP" LED 亮。

（1）在 HOLD 模式下程序的处理

1）在 HOLD 模式下不处理 S7 指令码，这意味着没有优先级被进一步处理。

2）所有的定时器被冻结：没有定时器单元被处理；所有监视时间停止：时间控制层次的基本时钟速率被停止。

3）实时时钟继续运行。

4）由于安全的原因，在 HOLD 模式下输出总是被禁止。

（2）在 HOLD 模式电源掉电后的性能

1）在 HOLD 模式下，有后备电池的 PLC 在电源掉电后又重新恢复供电时，进入 STOP 模式，CPU 不执行自动再启动。在 STOP 模式下用户可以决定处理的方式，如设置/清除断点，执行手动再启动等。

2）没有后备电池的 PLC 没有记忆功能，所以电源恢复后不考虑断点以前的操作模式，而是执行自动暖启动。

7.9 故障诊断

S7 – 300/400 系列 PLC 具有强大的故障诊断功能，详见第 16 章。

7.10 参考数据及其应用

7.10.1 参考数据的作用

参考数据通过直观的表格方式显示，可以让用户对程序的调用结构、资源占用等情况有一个清楚的了解。例如，如果在程序监视状态发现一个内存位的条件不成立，可以利用参考数据工具来确定该位是在哪里被设置的。对输出地址的多次赋值是一种常见错误，利用参考数据可以很容易地发现这类错误。

STEP 7 可以为用户提供许多用于程序调试和修改的参考数据，参考数据也可以打印存档供最终用户使用，在用户程序调试过程中，通过生成并查看参考数据可以使用户程序的调试和修改更加容易。

7.10.2 参考数据的生成与显示

1. 参考数据的生成

在 SIMATIC 管理器中，选择要生成参考数据的"Blocks"（块）文件夹，然后执行菜单命令"Options"→"Reference Data"→"Generate"。在生成参考数据之前，计算机检查是否已有参考数据。如果有参考数据，但是不是当前的参考数据，可以选择是否刷新这些参考数据，或是否重新全部生成。在 SIMATIC 管理器中单击鼠标右键，在弹出的快捷菜单中选择"Reference Data"→"Generate"，也可以生成参考数据。

2. 参考数据的显示

使用菜单命令"Options"→"Reference Data"→"Display"，或在 SIMATIC 管理器的工作区中单击鼠标右键，在弹出的快捷菜单中选择"Reference Data"→"Display"，将出现图 7-59 所示的对话框，在对话框中选择需要显示的参考数据。

在图 7-59 可以选择显示"Cross - references"（交叉参考表）、"Assignment"（赋值表）、"Program Structure"（程序结构）、"Unused Symbols"（未用的符号）或"Addresses without Symbol"（无符号的地址）。

STEP 7 允许同时打开多个参考数据窗口。打开某个参考数据显示窗口后，可以在"View"菜单内选择显示别的参考数据，也可以用工具条中对应的按钮打开别的参考数据显示窗口。执行菜单命令"Windows"→"New Window"，将生成新的参考数据显示窗口。在"Windows"菜单中可以选择显示哪一个窗口。

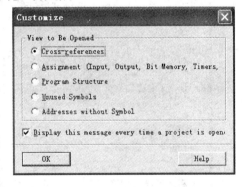

图 7-59 选择要显示的参考数据

表 7-6 列出了在各个视窗中可以获得的有关参考数据的信息。

表 7-6 视窗中有关参考数据的信息

视窗	目的
交叉参考列表	在存储区域 I、Q、M、P、T、C 以及 DB、FB、FC、SFB、SFC 块中由用户程序使用的地址概述。选择菜单命令"View"→"Cross Reference for Address"可以显示包括对所选地址的重复访问在内的交叉参考数据
输入、输出及位存储（I、Q、M）赋值表，定时器和计数器赋值表	用户程序已占用的定时器和计数器以及 I、Q、M 存储区中的位地址的概况，为故障诊断和修改用户程序奠定了基础
程序结构	在一个用户程序中块的分层调用结构以及使用的块及其嵌套调用层次概况
未用符号	在有可供使用的参考数据的用户程序中，用户已在符号表中定义但未在程序的任何一个部分使用的符号概况
无符号地址	在有可供使用的参考数据的用户程序中，使用了但没有在符号表中定义的绝对地址的概况

3. 交叉参考列表

（1）交叉参考列表的内容

交叉参考表（如图7-60所示）给出了 S7 用户程序中使用的地址的概况，包括输入（I），输出（Q）、位存储（M），定时器（T）、计数器（C）、功能块（FB）、功能（FC）、系统功能块（SFB）、系统功能（SFC）、I/O（P）和数据块（DB），显示它们的绝对地址、符号地址以及使用的情况。

一个交叉参考列表的输入项结构包括如表7-7所示的各栏。

表7-7 交叉参考列表结构

栏	内容/含义
Address	绝对地址
Block	使用该地址的块
Type	对有关地址的访问类型，读（R）和/或写（W）
Language	生成块的编程语言
Location	变量的位置，如"NW 5/A"表示在 Network5 中的"A（与）"指令

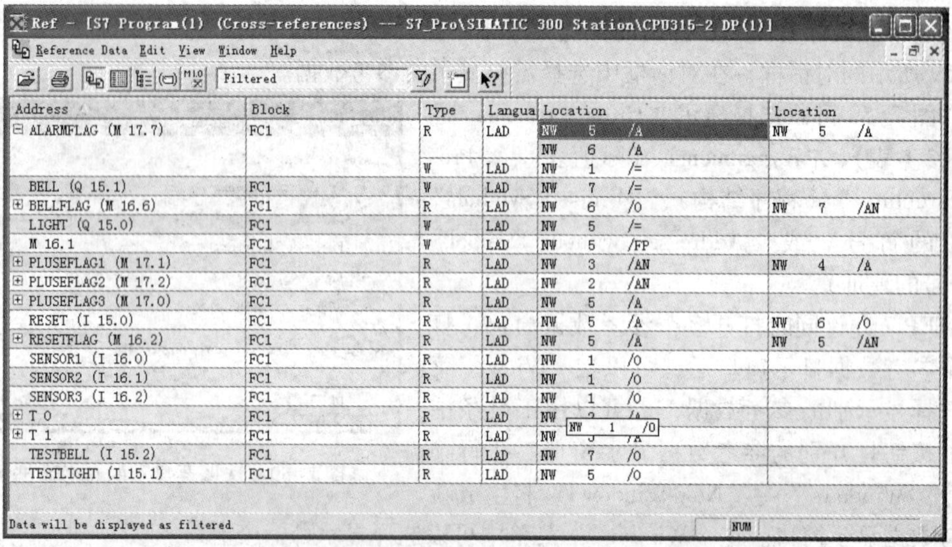

图7-60 交叉参考表

（2）交叉参考列表的参数设置

在交叉参考表中执行菜单命令"View"→"Filter"（过滤器），将出现图7-61 中的对话框。在"Cross References"（交叉参考表）选项卡中，可以选择下列的参数：

1）选择显示对象。在"Show objects"栏中，用鼠标选择要显示的地址区，打钩表示要显示该地址区。

例如选择 Input（输入）后，在"With number"输入框内输入"＊"号，表示显示范围为整个输入区，输入"10－20；24；30－50"，表示显示范围为 IB10 ~ IB20；IB24 和 IB30 ~ IB50。选中"Display absolutely and symbolically"，将同时显示绝对地址和符号。

2）根据访问类型分类。在"Sort according to access type"区中，定义要显示的访问类型：

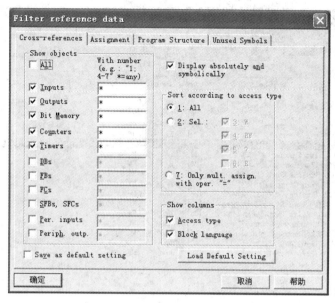

图 7-61　交叉参考列表的参数设置

"All"：显示所有的类型。

"Selection"：有限制地显示访问类型，"W"为只写，"RW"为读写，"?"为编译时访问类型不能确定，"R"为只读。

"Only multiple assignments with operation" = ""：用于搜索用户程序中是否用"="指令对位地址多次赋值，即在梯形图中，同一地址的线圈是否多次出现。

3）选择显示的列。"Show columns"用于选择是否显示"Access type"（访问类型）和"Block language"（块使用的语言）。

4）默认设置的保存与装载。

"Save as default setting"：将当前的设置保存为默认的设置。

"Load Default Setting"：用按钮装载默认的设置。

交叉参考表的默认选项是按存储区域分类，如果用鼠标选中某一列，可以对该列的输入项重新进行排列。在交叉参考表中执行菜单命令"View"→"Sort"，可以选择按地址或块，递增（ascending）或递减（descending）的顺序排列表中各行的参考数据。

7.10.3　程序结构

程序结构描述了在一个 S7 用户程序内块的分层调用结构。通过程序结构可以对用户程序所用的块、它们的从属关系以及它们对局域数据的需求有一个概括了解。

1. 程序结构的显示

通过选择菜单命令"Options"→"Reference Data"→"Display"，选择 Program Structure 选项，来显示程序结构。程序结构窗口如图 7-62 所示。

程序结构有树形结构和父子结构（表格形式）两种显示方式。在 Reference Data 窗口，选择菜单命令"View"→"Filter"打开过滤器对话框，在该对话框的 Program Structure（程序结构）选项中，可以设置程序结构如何显示，用户可以指定是否要显示所有块或者分层结构是否从一个指定的起始块开始。

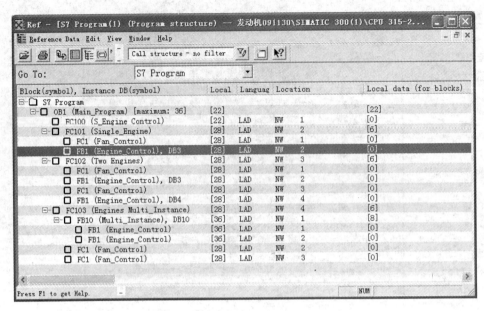

图 7-62　树形程序结构的显示

每个程序结构都只占用一个块作为根，这个块可以是 OB1 或任何其他的由用户预定义为起始块的块。如果要为所有的组织块（OB）生成程序结构，并且 OB1 不在 S7 用户程序中，或者指定的起始块不在程序中，STEP 7 会自动提醒用户指定另一个块作为程序结构的根。对于块的多重调用的显示，可以通过选项设置使之无效。这适用于树形结构，也适用于父子型结构。

程序结构中各栏的含义如下：

"Block"，"Instance DB"：显示程序块及对应的背景数据块。通过在过滤器中设置"Display absolutely and symbolically"选项，可以控制该栏是否显示符号地址。

"Local data（in path）"：显示调用需要的最大局域数据字节数。

"Language"：块使用的编程语言。

"Location"：显示与编程语言有关的调用块调用点的网络号。"NW"是 Network 的缩写。

图 7-62 所示的程序结构中各行前面的符号含义见表 7-8。

表 7-8　程序结构的符号含义

符　号	含　义	符　号	含　义
☐	正常调用的块	↻	循环
☒!	无条件调用的块	☻?	循环且条件调用
?☐	条件调用的块	☹!	循环且无条件调用
🗄	数据块	☒	未被调用的块

2. 程序结构的参数设置

在 SIMATIC 管理器中选择菜单命令"Options"→"Reference Data"→"Filter"，打开过滤器对话框，在"Program Structure"选项卡（如图 7-63 所示）中，可以对程序结构的显示方式进行设置。

选中"Display absolutely and symbolically"将同时显示绝对地址和符号。

选择"Show"参数区域中的"Dependency structure"将显示块与块之间的从属关系，选择"Call structure"（调用结构）可以选择下列显示内容：

"Multiple calls"：用于显示多次调用，如果不选，被多次调用的块将只显示一次调用。

"Block language"：是否显示块的编语言。

"Locations of use"：用于控制是否显示块被调用的位置。

"Memory requirement for local data in byte"：用于控制是否显示块对局域数据存储器以字节为单位的需求。"maximum"：显示调用结构开始处需要的最大局域数据字节数。如果出现同步错误 OB121 和 OB122，则在要求的最大局域数据的字节数后面显示一个加号，加号后面是同步错误 OB 需要的额外的局域数据字节数；"in path"：显示在调用结构中路径的结束处，程序路径需要的局域数据的字节数；"for block"：显示在调用结构中路径结束处的块需要的局域数据的字节数。

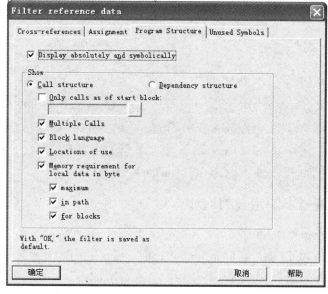

图 7-63　程序结构的参数设置

7.10.4　赋值表

赋值表（Assignment List）如图 7-64 所示，显示在用户程序中已经赋值的地址，它可以用于用户程序的故障检查和程序的修改。

左边的 I/Q/M 赋值表显示输入、输出和位存储器（M）区中哪个字节中的哪一位被使用了。在 I/Q/M 赋值表中，一个字节占一行，每个字节中有 8 位（第 0 ~ 7 位）。空白的方格表示该位没有被访问，因此没有被赋值。打叉的方格表示该位被直接访问，例如从图 7-64 可以看出 IB3 中只使用了 I3.0 和 I3.1。有天蓝色的背景的行（例如图 7-64 中的 MB4 ~ MB5）表示该地址以字节、字或双字为单位被访问。"B W D"列用来表示按什么存储单位（字节、字或双字）访问，例如图 7-64 中的 MB4 以字为单位访问。

窗口的右边是定时器和计数器赋值表，显示用户程序中已经使用的定时器（T）和计数器（C）。从图 7-64 中可以看出在显示出的定时器中，只使用了定时器 T1 和 T2。

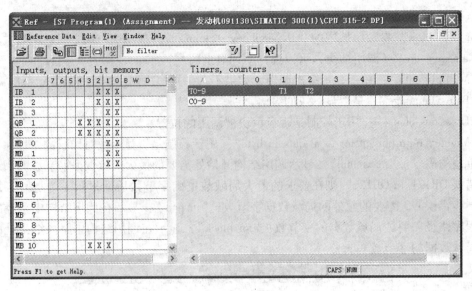

图 7-64　赋值表

7.10.5　未使用的符号

未使用的符号可以显示在符号表中已经定义但是却没有在用户程序中使用的符号。未使用的符号通过选择菜单命令"Options" → "Reference Data" → "Display"，显示如图 7-58 所示的对话框，从中选择 Unused Symbols 选项。显示的内容有符号（Symbol）、地址（Address）、数据类型（Data Type）和注释（Comment）。

7.10.6　没有在符号表中定义的地址

通过选择菜单命令"Options" → "Reference Data" → "Display"，显示如图 7-59 所示的对话框，从中选择 Addresses without Symbol 选项。显示的内容有地址（Address）、数据类型（Data Type）和该地址在用户程序中使用的次数（Number）。

7.10.7　在程序中快速查找地址的位置

在程序调试时，可根据生成的参考数据和某一地址，将光标定位于程序中的不同位置上，从而达到快速调试程序的目的。要这样做必须要有最新的参考数据。如果没有生成参考数据或参考数据需要刷新，可以通过选择菜单命令"Options" → "Reference Data" → "Generate"来生成当前最新的参考数据而不必启动应用程序来显示参考数据。

1. 在程序中快速查找地址位置的基本步骤

1）在 SIMATIC 管理器中，选择菜单命令"Options" → "Reference Data" → "Generate"，生成当前的参考数据。该步用于当没有参考数据或需要更新参考数据。

2）在一个打开的块中选择一个地址，例如 I1.0。

3）选择菜单命令"Edit" → "Go To" → "Location"。

4）显示 Go To Location 对话框（如图 7-65 所示），显示出该地址在程序中出现的位置列表，列表中的每一行对应一个该变量出现的位置。

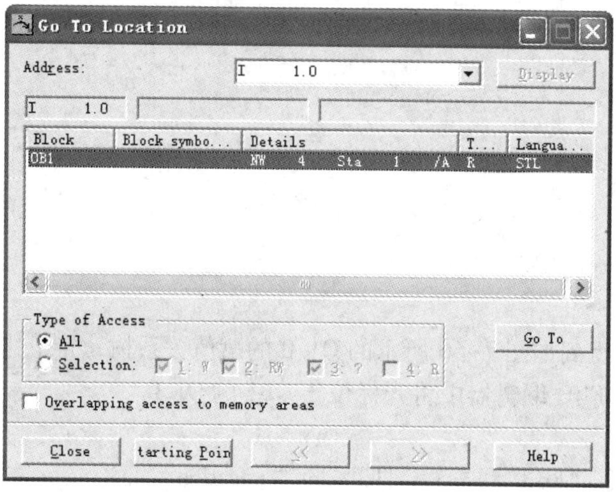

图 7-65　快速查找地址对话框

5）在列表中选中某位置并单击 "Go To" 按钮，即可到对应的应用程序中去。

在图 7-64 所示的对话框中，最上面的 Address 输入框显示调用 Go To Location 对话框时指定的地址。如果想显示其他地址被使用的情况，在该输入框中输入新地址，然后单击 Display 按钮，则列表中会出现新输入地址在程序中的位置。位置列表中的每一行包含以下内容：

Block、Block symbol：使用该地址的块名称及块的符号名。

Details：块中使用该地址的有关详细数据。如 NW　4　Sta　1　/A 表示 I1.0 用于使用该块的第 4 个网络的第 1 条语句中，且该语句是一条 "A" 语句。

Type：对该地址的访问类型，W 为只写，RW 为读写，R 为只读，"?" 为编译时访问类型不能确定。

Language：使用该地址的块使用的编程语言。

Type of Access 区域中的 All 选项用于设置是否显示该地址被访问的所有位置；Selection 选项用于设置对显示的位置进行筛选，如只显示对某一个地址的写（W）访问。

Overlapping access to memory areas（地址区域的重叠访问）选项用于设置是否显示与被调用的地址的物理地址或地址区域相重叠的那些地址的位置。选中该选项，将在地址表的最左边将会出现名为 Address 的附加列。

2. 使用地址位置表的示例

在进行程序调试时，经常需要分析各信号之间的关系，如果这种关系很复杂或有关语句分散在程序的各个地方，则地址位置列表为这种分析提供了极大的方便。

下面用 STL 指令组成的 OB1 作为一个示例，要求判定输出 Q1.0（直接/间接）在哪个位置被置位了。

```
Network 1：
A Q1.0
 = Q1.1
Network 2：
A M1.0
A M2.0
```

= Q1.0

Network 3：

SET

= M1.0

Network 4：

A I1.0

A I2.0

= M2.0

从以上程序可以得到如图 7-66 所示的 Q1.0 的赋值关系树，接下来的步骤如下：

1）在 LAD/STL/FBD 编辑器中将光标位于 OB1 的 Q1.0（NW1 Sta 1）上。

2）选择菜单命令"Edit"→"Go To"→"Location"，出现对话框（见图 7-67），该对话框显示出了 Q1.0 的所有赋值关系。

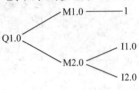

图 7-66　Q1.0 的赋值关系树

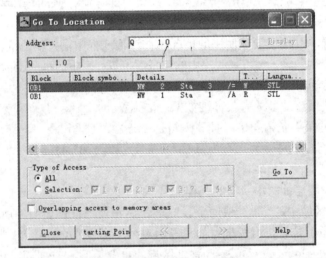

图 7-67　快速查找 Q1.0 对话框

3）在对话框中单击"Go To"按钮，跳到编辑器中 NW2 Sta 3（第二段第三条指令）；

Network 2：

A M1.0

A M2.0

= Q1.0

4）现在必须检查对 M1.0 和 M2.0 的赋值。首先将光标置于 LAD/STL/FBD 编辑器中的 M1.0 上。

5）选择菜单命令"Edit"→"Go To"→"Location"。出现对话框（如图 7-68 所示）显示出了 M1.0 的所有赋值关系。

6）在对话框中单击"Go To"按钮，跳到编辑器中 NW3 Sta 2（第三段第二条指令）。

7）在 LAD/STL/FBD 编辑器中的第三段中可以看到，对 M1.0 的赋值不重要（因为总是1），因此应该检查 M2.0 的赋值。在早于 V5 的 STEP 7 版本中，这时就得重新把整个赋值顺序完整地查一遍。按钮"≪"和"≫"能使这个操作简单一些。

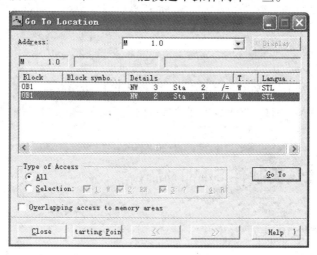

图 7-68　快速查找 M1.0 对话框

8）将打开的 Go To Location 对话框拖至前台，或从 LAD/STL/FBD 编辑器中的当前位置调用功能 Go To Location。

9）单击"≪"按钮 1 次或 2 次直至显示 Q1.0 的位置；选择最后一个跳转位置 NW2 Sta 3。

10）单击"Go To"按钮，从地址位置对话框跳到编辑器中的 NW2 Sta 3。

Network 2：
A M1.0
A M2.0
= Q1.0

11）在 4）~7）中，检查了 M1.0 的赋值。现在要检查所有（直接/间接）对 M2.0 的赋值。将光标放在编辑器中 M2.0 上并调用功能 Go To Location，所有对 M2.0 的赋值都显示出来，如图 7-69 所示。

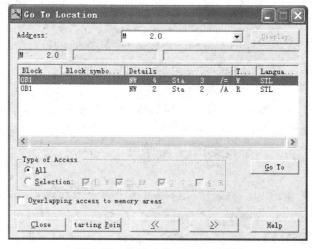

图 7-69　快速查找 M2.0 对话框

12）单击"Go To"按钮跳到 LAD/STL/FBD 编辑器中的 NW4 Sta 3：

Network 4：
A I1. 0
AI2. 0
 = M2. 0

13）现在要检查对 I1. 0 和 I2. 0 的赋值。其过程可以按照和前面同样的方式进行（从第4步开始）。通过在 LAD/STL/FBD 编辑器和地址位置对话框之间切换，可以在用户程序中找到并检查相关的位置。

7.11　被控对象仿真软件 SIMIT 简介

7.11.1　被控对象的仿真方法

将 PLC 安装到控制现场之前，一般需要预先调试用户程序。调试时用接在输入端的小开关来模拟实际的切换开关和按钮提供的指令信号，以及现场的限位开关、接近开关等提供的反馈信号，用输出模块上的 LED 来显示各输出点的状态。在调试过程中，实际上是用人的大脑来模拟被控对象，需要在适当的时间，改变各输入量的 ON/OFF 状态。如果在调试时提供了错误的反馈信号，这样的调试是没有任何意义的。

可以使用被控对象的物理模型来模拟被控对象，但是物理模型的制作复杂，价格昂贵，容易损坏。

为了解决这一问题，S7 – 300/400 可以用下列软件来模拟被控对象：

（1）通用的组态软件

可以使用国产组态软件组态王对 PLC 的被控对象进行仿真。用组态软件画面上的开关和按钮来发出指令信号，从而模拟物体的运动、水箱内液位的变化、限位开关和液位开关的动作、显示动态变化的数据等。

在模拟时应将硬件 PLC 连接到运行组态软件的计算机，它们之间通过串行通信接口交换信息。组态软件产生的指令信号和反馈信号通过通信传送到 PLC 的标志位存储区（M区），因此需要将 PLC 用户程序中的过程映像输入位（I 区）的地址修改为 M 区的地址。因为串行通信的速率较低，仿真有较大的时间滞后。

（2）SIMIT 仿真软件

SIMIT 是西门子是专门为 S7 – 300/400 设计的功能很强的被控对象仿真软件，可以通过 MPI/DP 网络连接到实际的 PLC。SIMIT 也可以与 S7 – 300/400 的仿真软件 PLCSIM 配合，用 SIMIT 实现被控对象的仿真，用 PLCSIM 实现对 PLC 的仿真，从而实现控制系统的全软件仿真。

在仿真时 SIMIT 产生的 PLC 输入信号可以直接传送给 PLC 或 PLCSIM 的过程映像输入区（I 区），因此不用改变 PLC 的程序。仿真过程的时间滞后较小。

SIMIT 仿真软件需要插上 USB 接口的硬件加密狗（Dongle）才能运行，网络版可以同时供十多台计算机使用。

7.11.2 SIMIT 仿真软件的安装与项目管理

1. 安装

SIMIT 仿真软件的安装步骤如下：

1）首先安装 MinGW C 编译器。

2）双击 SIMIT 文件夹中的 Setup.exe，安装 SIMIT。

3）在"Select Hardware"对话框中安装加密狗的驱动程序，如图 7-70 所示。

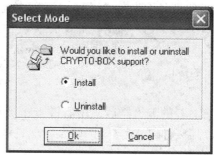

图 7-70 安装加密狗的驱动程序

2. 项目管理

SIMIT 的界面如图 7-71 所示，左边窗口各部分的意义如下：

"Library"：标准库。

"Widgets"：显示元件和操作元件。

"Projects"：SIMIT 项目列表。

"Types"：高级的数量、列表和连接的定义。

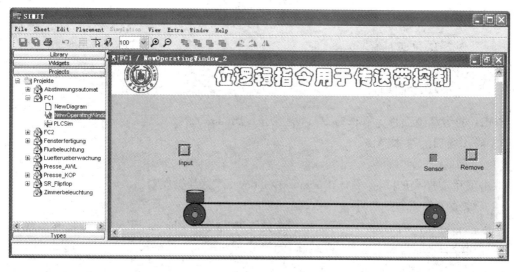

图 7-71 SIMIT 的界面

（1）打开项目

点击左边窗口的"Projects"（项目），打开"Projects"文件夹。用鼠标右键点击最上面的"Projekte",执行快捷菜单中的命令"Import"（导入）→"SIMIT Project"。点击出现的对话框中的"Browse"（浏览）按钮,打开存放项目的文件夹,选中项目后,点击"Open"（打开）按钮。返回"Import:'New Project'"对话框,先后点击"Next"（下一步）按钮和"Import"按钮,导入选中的项目。

（2）生成新的项目

用右键点击"Projekte"图标,执行快捷菜单中的命令"New Project",生成新的项目,默认名称为"NewProject"。用右键点击新项目的图标,执行快捷菜单中的命令"Rename"（重命名）,将项目名称改为"FC1"（见随书光盘中的 SIMIT 项目 FC1. sp）。执行快捷菜单中的命令"New",可以生成新的文件夹、仿真程序（Diagram）和操作窗口（Operating Windows）等,执行命令"New"→"Gateway"（网关）→"PLCSim",生成 PLCSim（SIM-IT 与 PLCSim 的接口）。

（3）另存项目

关闭所有打开的编辑器后,用右键点击要保存的项目的图标,用快捷菜单中的"Export"（导出）命令保存项目。选中保存项目的文件夹后,点击"Export"按钮,在指定的文件夹保存项目。

3. 设置 PLC 的变量

双击项目文件夹中的"PLCSim"图标,在出现的"PLCSim"对话框中输入 PLC 的输入、输出变量的地址和符号地址（如图 7-72 和图 7-73 所示）。

图 7-72　PLC 的输入变量

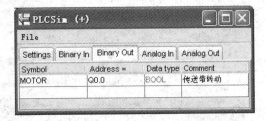

图 7-73　PLC 的输出变量

7.11.3　组态操作窗口

SIMIT 的仿真画面称为操作窗口（Operating Window）。

1. 操作窗口的基本操作

（1）打开操作窗口

双击项目文件夹的图标"NewOperatingWindow",打开操作窗口。

（2）修改操作窗口的尺寸

用鼠标右键点击右边的工作区,执行快捷菜单命令"Change Size.."（修改尺寸）,在出现的"Change Size"对话框中修改窗口的尺寸。

（3）打开图形编辑器

点击工具条上的图形编辑器 On/Off 按钮🔲,可以打开或关闭图形编辑器。

打开图形编辑器后,工具条右边出现 6 个绘图用的按钮（如图 7-74 所示）。可以用按钮🔍和🔍放大或缩小画面。

图 7-74　SIMIT 工具条

（4）设置网格

用工具条上的按钮或"查看"菜单中的命令打开或关闭网格（Grid）。用"Edit"菜单中的"Catch Grid"（网格对齐）命令设置网格是否有对齐功能，用"Adjust Catch Grid"（调节对齐网格）命令设置对齐功能的间距。

（5）复制操作窗口

用右键点击左边窗口的 Projects 文件夹中的操作窗口图标，执行快捷菜单中的复制命令"Copy"，复制该操作窗口。然后用右键点击某个项目的图标，执行快捷菜单中的粘贴命令"Paste"，可以通过 Windows 的剪贴板在项目中或项目之间复制和粘贴操作窗口。

2. 绘制对象图形

（1）生成基本图形对象

可以用工具条右边绘图用的按钮来绘制图形对象，例如图 7-71 中的工件由一个矩形和一个圆组成。点击某一按钮后，可以在工作区绘制对应的基本几何图形。点击 按钮，退出绘制该几何图形的状态。

（2）设置图形对象的属性

用左键选中某个图形对象（它的四周出现 8 个小正方形），再用右键点击它，执行右键快捷菜单中的"Properties"（属性）命令，如图 7-75 所示，可以在"Outlines"选项卡设置轮廓线的颜色、宽度和线型，在"Filling"选项卡设置填充的颜色。点击"Choose Color"按钮可以选择颜色。

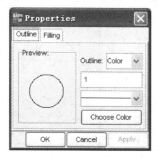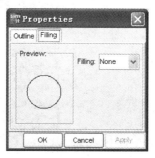

图 7-75　边界线以及填充色设置

（3）图形的组合与分解

首先选中需要组合或分解的图形，然后执行"Placement"（放置）菜单中的命令"Group"（组合）或"Ungroup"（分解），将选中的图形组合为一个整体，或分解组合的图形。用鼠标选中矩形的和圆，将它们组合成一个工件。

（4）改变图形对象叠放的顺序

可以用工具条上的按钮 改变图形上下层之间叠放的顺序。

（5）图形对象的旋转

再次点击对象，用鼠标左边拖动图形四角出现的双向箭头，可以将图形旋转任意角度。

（6）对象的复制

同时打开两个操作窗口（可以是不同项目中的窗口），可以将窗口中的元件拖放到另一个操作窗口。不能复制和粘贴操作窗口中的图形,可以复制和粘贴整个操作窗口,再将操作窗口中的原件拖放到需要复制它的另一个操作窗口。

3. 按钮的组态

将图7-71左边的窗口的"Widgets"区的"Operate(static)"文件夹中标有"Text"的按钮拖放到工作区。用鼠标右键点击它,在出现的属性对话框中设置按钮的属性。其中的"S1"是仿真程序中该按钮对应的"B-SWITCH"元件(如图7-76)的名称,"EXT"是该元件的输入变量。按钮的动作通过"B-SWITCH"元件传送给PLC的过程映像输入位"I0.1"。

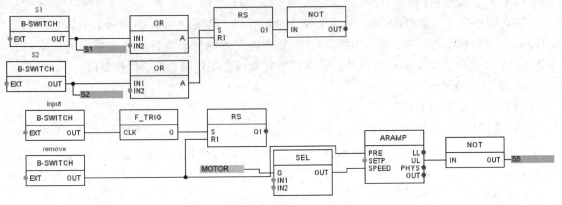

图7-76 SIMIT后台逻辑程序

图7-77中的"Width"(宽度)用来设置按钮的长度,"Text"用来设置按钮上的字符。还可以设置按钮上字符的颜色和背景色等。

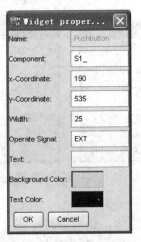

图7-77 按钮属性对话框

图7-71的操作窗口有4个按钮和一个用来显示限位开关状态的正方形的数字量显示器(Binary Display)。用类似的方法生成它们并设置它们的属性。

7.11.4 SIMIT的控制程序设计

1. 工件的运动控制

SIMIT的程序类似于PLC的功能块图程序,由若干个功能块连接而成。

图 7-71 所示的传送带控制系统的仿真需要实现工件的水平直线运动,并根据工件的位置产生限位开关动作的信号,送给 PLC 的过程映像输入位。

双击图 7-71 中左边窗口的"NewDiagram"图标,在右边的窗口编写 SIMIT 的程序。将 SIMIT 左边窗口的"Library"文件夹中的功能块和长条状的连接器(CONNECTORS)拖放到右边的工作区中,然后用"导线"将它们连接起来。双击某个对象后,可以在出现的对话框中设置它的属性。

图中 ARAMP(模拟量斜坡)是关键的功能块。左边的 MOTOR 是 PLC 控制传送带运行,从而使得工件右行的输出位。MOTOR 为 1 时,ARAMP 的输出量 PHYS 的值线性增加。

在 ARAMP 的属性设置对话框(如图 7-78 所示)的"Parameters"(参数)选项卡中,设置 PHYS 的上限和下限分别为 450.0 和 0.0。

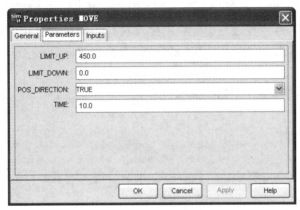

图 7-78　ARAMP 的属性设置对话框

2. 限位开关信号的产生

图 7-76 中的 NOT 是取反器。功能块 NOT 的输出量 OUT 接 S5 信号,用于控制限位开关的状态。当工件的位置到达末端时,ARAMP 的 UL 口输出 1 状态,取反后输出为 0 状态。

3. 工件的动画连接

在图形编辑器关闭时用右键点击工件,执行快捷菜单中的命令"Animation"(动画),在出现的图 7-79 所示的动画设置对话框中,设置"Move X"(X 方向的运动)受"MOVE/PHYS"的控制,其中的"MOVE"是功能块 ARAMP 的名称,即用它的输出 PHYS 来控制工件的水平运动。点击最上面的"Scaling…"(缩放比例)按钮,弹出比例设置对话框,如图 7-80 所示,用"Graphic"(图形)的最大值(MAX)来调节工件运动的范围。

图 7-79　动画设置对话框

图 7-80　比例设置对话框

7.11.5 仿真的操作

1. 项目的编译

组态完成后，用鼠标右键点击图 7-71 中项目 "FC1" 的图标，执行快捷菜单中的命令 "Compile"（编译），下面的输出窗口讲出现编译信息。编译通过后，在项目文件夹中出现 "Simulation"（仿真）图标。

2. PLCSIM 的操作

PLC 的控制程序见随书光盘 SIMIT 项目中的 FC1 程序。在 STEP7 中打开 PLCSIM，在 STOP 模式下载小车的控制程序，下载后切换到 RUN 模式。

3. SIMIT 仿真的操作

双击 SIMIT 的项目 FC1 中的 "Simulation" 图标，SIMIT 开始仿真，点击 "Input" 按钮添加一个工件，此时工件停在最左边。点击操作窗口中的启动按钮，传送带在 PLC 程序的控制下开始运动，工件右行，经历 10s 后到达传送带右末端并停止。可以看到限位开关的 ON、OFF 状态（分别用绿色和红色表示）随工件的位置变化。执行菜单命令 "Simulation"（仿真）→ "Close"（关闭），退出仿真状态。

7.12 习题

1. SIMATIC 管理器具备哪些功能？STEP 7 的订货版本有哪些？
2. 如何利用 STEP 7 创建一个自动化项目？
3. 为什么要进行硬件组态？如何进行设置 CPU 模块的参数设置？
4. 符号表的作用是什么？
5. STEP 7 调试程序有哪些方法？

第8章 S7-300/400 PLC 指令系统

本章学习目标:

了解 S7-300/400PLC 软件指令系统的内容；理解 PLC 的编程思想及各存储器的使用；掌握常用的基本指令，包括位逻辑指令、定时器指令、计数器指令、数据处理指令、运算指令及程序控制指令等。

8.1 位逻辑指令

位逻辑（Bit Logic）指令处理布尔值"1"和"0"。在 LAD 中表示的触点与线圈中，"1"表示动作或通电，"0"表示未动作或未通电。

位逻辑指令扫描信号状态，并根据布尔逻辑对它们进行组合。这些组合产生结果 1 或 0，称为逻辑运算结果（RLO）。

STEP 7 中提供的位逻辑指令见表 8-1 和表 8-2。

表 8-1 LAD、FBD 指令表

	LAD	FBD	说　明
位逻辑指令	-- | | --		常开触点
	-- | / | --		常闭触点
	-- | NOT | --		非
		>= 1	或
		&	与
		XOR	异或
		-- |	逻辑输入
		- o |	取反逻辑输入
	-- ( )	--. (=)	线圈输出
	-- (#) --	-- (#) --	中间输出
	-- (R)	-- (R)	复位
	-- (S)	-- (S)	置位
	RS	RS	置位优先触发器
	SR	SR	复位优先触发器
	-- (N) --	-- (N) --	检测 RLO 下降沿
	-- (P) --	-- (P) --	检测 RLO 上升沿
	-- (SAVE)	-- (SAVE)	将 RLO 位内容存入 BR 位
	NEG	NEG	检测指定地址位下降沿
	POS	POS	检测指定地址位上升沿

表 8-2　STL 指令表

STL	说　明
)	嵌套闭合
=	赋值
A	"与"操作
A（	"与"操作嵌套开始
AN	"与非"操作
AN（	"与非"操作嵌套开始
CLR	RLO 清零
FN	下降沿检测
FP	上升沿检测
NOT	RLO 取反
O	"或"操作
O（	"或"操作嵌套开始
ON	"或非"操作
ON（	"或非"操作嵌套开始
R	复位
S	置位
SAVE	将 RLO 存入 BR 寄存器
SET	RLO 置位
X	"异或"操作
X（	"异或"操作嵌套开始
XN	"异或非"操作
XN（	"异或非"操作嵌套开始

位逻辑指令（位于表格左侧，跨所有行）

8.1.1　触点与线圈

在 LAD 中，通常使用类似继电器控制电路中的触点符号及线圈符号来表示触点和线圈指令。触点有常开触点和常闭触点；线圈有输出线圈和中间输出线圈。

触点表示一个位信号的状态，地址可以选择 I、Q、M、DB、L 数据区，在 LAD 中常开触点为"—｜｜—"，常闭触点为"—｜/｜—"，当位信号值为"1"时，常开触点闭合，当常开触点闭合时，梯形图逻辑串中的信号导通，逻辑运算结果(RLO) = "1"；当位信号值为"0"时，常闭触点闭合，当常闭触点闭合时，梯形图逻辑串中的信号导通，逻辑运算结果(RLO) = "1"。

线圈指令对一个位信号进行赋值，地址可以选择 Q、M、DB、L 数据区，线圈可以是输出信号、程序处理的中间点，当触发条件满足（RLO = 1），线圈被赋值为 1，当条件再次不满足时（RLO = 0），线圈被赋值为 0。在 LAD 中线圈输出指令为" —( )"，总是在程序段的最右边，如果需要得到逻辑处理的中间状态，可以使用中间输出指令" —(#)—"查询，中间输出指令不能在一个程序段的两段使用。

【例8-1】　如图8-1所示，M2.5为中间输出的位存储器，当输入I3.0和I3.1同时动作时，M2.5被置"1"，否则M2.5被置"0"，当I3.2亦动作时，Q1.4的信号状态为"1"；当M3.3有动作时，Q1.5的信号状态为"0"，否则为"1"。

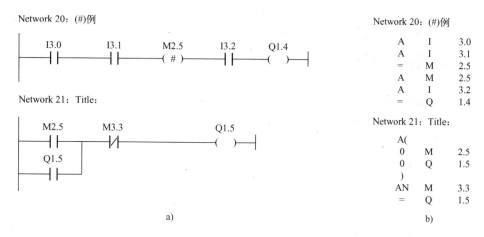

图8-1　中间输出指令的应用

a）梯形图　b）语句表

8.1.2　基本逻辑指令

基本逻辑指令有"与"、"或"、"异或"等。

逻辑"与"指令在梯形图里是用串联的触点回路表示的，只有当两个触点的输入状态都是"1"时输出为"1"，两者中只要一个为"0"，则输出为"0"；逻辑"或"指令在梯形图里是用并联的触点回路表示的，只要有一个触点的输入状态为"1"，输出为"1"；若两者都为"0"，则输出为"0"；逻辑"异或"指令只有当一个触点的输入状态为"1"，另一个触点的输入状态为"0"时，输出为"1"，如果两个触点状态同时为"1"或同时为"0"，则输出为"0"。时序图如图8-2所示。

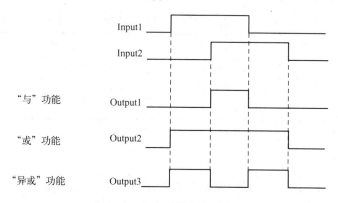

图8-2　基本逻辑指令时序图

【例8-2】　应用"异或"指令可以完成开关与灯一致的控制方式。

一个房间中有四个开关I3.0、I3.1、I3.2和I3.3可以同时控制灯Q3.0，当任意按其中一个开关时，灯亮，再按一个开关时，灯熄灭，以此方式，可以实现四个开关与灯一致的控制方式，程序如图 8-3 所示。

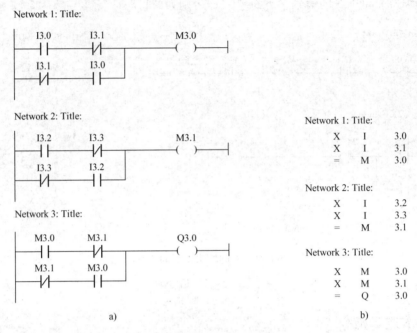

图 8-3 异或指令使用举例

a）梯形图 b）语句表

【例 8-3】 在实际应用中，经常需要对设备的工作状态进行监控。例如：某设备工作时有三台风机降温散热。当该设备处于运行状态时：三台风机正常转动，则设备降温状态指示灯常亮；两台以风机转动时，则设备降温状态指示灯以 2 Hz 的频率闪烁；一台风机转动时，则设备降温状态指示灯以 0.5 Hz 的频率闪烁；当三台风机都不转动时，则设备降温状态指示灯不亮。I/O 地址分配见表 8-3。控制程序如图 8-4 所示。

表 8-3 I/O 地址分配

地　　址	说　　明	地　　址	说　　明
I0.1	1 号风机反馈信号	M100.3	2 Hz 脉冲信号
I0.2	2 号风机反馈信号	M100.7	0.5 Hz 脉冲信号
I0.3	3 号风机反馈信号	Q4.0	3 台风机工作状态指示灯

8.1.3 取反指令

取反指令 " — ︱ NOT ︱ " 的作用是对逻辑串的 RLO 值进行取反，将当前 RLO 值由 0 变为 1，或由 1 变为 0。

【例 8-4】 下面控制程序是完成灌装控制系统中的面板控制/屏控制选择程序。地址资源分配见表 8-4，程序如图 8-5 所示。

256

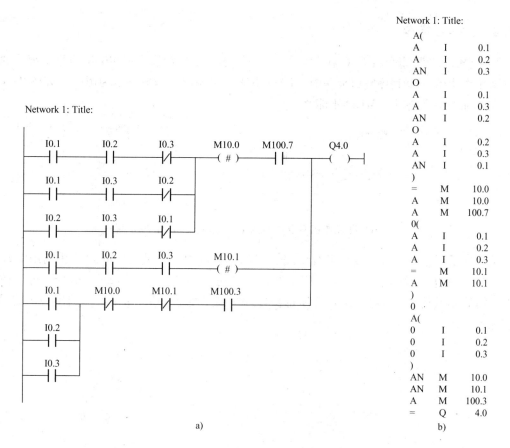

Network 1: Title:

A(		
A	I	0.1
A	I	0.2
AN	I	0.3
O		
A	I	0.1
A	I	0.3
AN	I	0.2
O		
A	I	0.2
A	I	0.3
AN	I	0.1
)		
=	M	10.0
A	M	10.0
A	M	100.7
0(		
A	I	0.1
A	I	0.2
A	I	0.3
=	M	10.1
A	M	10.1
)		
0		
A(		
0	I	0.1
0	I	0.2
0	I	0.3
)		
AN	M	10.0
AN	M	10.1
A	M	100.3
=	Q	4.0

b)

图 8-4 基本逻辑指令使用举例

a）梯形图 b）语句表

表 8-4 地址资源分配

地　址	说　明
I 0. 5	面板/屏控制选择按钮
Q 4. 4	面板控制指示灯
Q 4. 5	屏控制指示灯

Network 1: Title:

A	I	0.5
=	L	20.0
A	L	20.0
BLD	102	
=	Q	4.5
A	L	20.0
NOT		
=	Q	4.4

b)

图 8-5 取反指令使用举例

a）梯形图 b）语句表

257

8.1.4 SAVE 指令

"--（SAVE）"指令将 RLO 状态存入 BR 寄存器，如果没有存储 BR 位信号，编写的函数或函数块使用 LAD 程序直接调用时，ENO 不能直接输出，函数显示为虚线，如图 8-6 所示，FC1 的 ENO 不输出，M1.0 不能为 1。

图 8-6　没有将 RLO 状态存入 BR 位调用 FC1 的显示状态

从程序显示上看，FC1 似乎没有调用，实际已经调用，只是显示问题，在调用 FC1 前加入条件（常开或常闭触点）或在 FC1 的程序结尾使用"--（SAVE）"指令，可以改变 FC1 调用的显示状态。程序如图 8-7 所示，在程序结尾使用 SAVE 指令后，调用 FC1 的显示状态如图 8-8 所示。

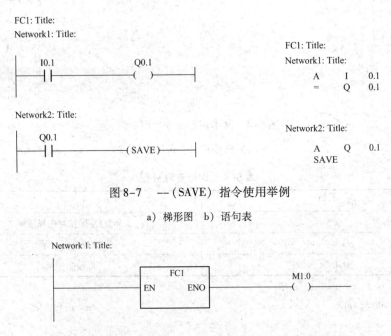

图 8-7　--（SAVE）指令使用举例

a）梯形图　b）语句表

图 8-8　将 RLO 状态存入 BR 位后调用 FC1 的显示状态

8.1.5 置位与复位指令

置位（S）和复位（R）指令根据触发条件（RLO 值）来决定线圈的信号状态是否改变。当触发条件满足（RLO = 1），置位指令将一个线圈置 1，当条件再次不满足（RLO = 0），线圈值保持不变，只有触发复位指令才能将线圈值复位为 0；同样，当触发条件满足（RLO = 1），复位指令将一个线圈置 0，当条件再次不满足（RLO = 0），线圈值保持不变，只有触发置位指令才能将线圈值置位为 1。

【例8-5】 当输入 I2.0 动作时，Q2.1 置位，输出为"1"，当输入 I2.1 动作时，Q2.1 复位，输出为"0"。程序如图 8-9 所示。

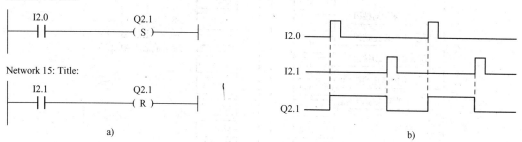

图 8-9 置位与复位指令使用举例

a）梯形图 b）时序图

【例8-6】 在工业控制中，传送带系统应用较为普遍。如图 8-10 所示为一传送带系统，在传送带的起点有两个按钮：用于起动的 S1 和用于停止的 S2。在传送带的尾端也有两个按钮：用于起动的 S3 和用于停止的 S4。要求能从任一端起动或停止传送带。另外，当传送带上物件到达末端时，传感器 S5 使传送带停止。

PLC 的 I/O 接线图如图 8-11 所示，I/O 地址分配见表 8-5 所示，控制程序均在 OB1 组织块内完成，相应的程序如图 8-12 所示。

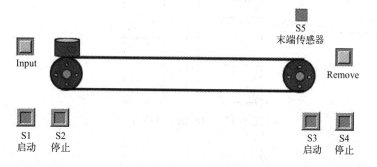

图 8-10 传送带控制示意图

表 8-5 I/O 地址分配

地 址	符 号	说 明
I0.1	S1	左侧启动按钮
I0.2	S2	左侧停止按钮
I0.3	S3	右侧启动按钮
I0.4	S4	右侧停止按钮
I0.5	S5	末端传感器
Q0.1	KA1	传送带驱动电动机控制

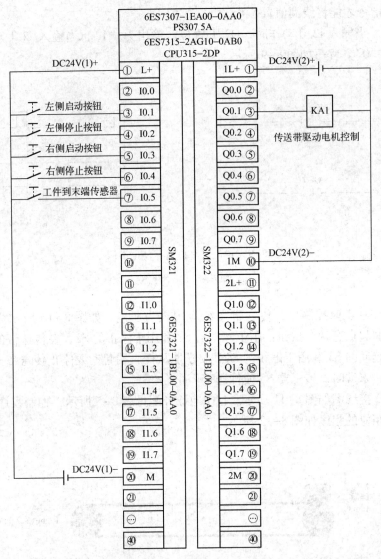

图 8-11 PLC 的 I/O 接线图

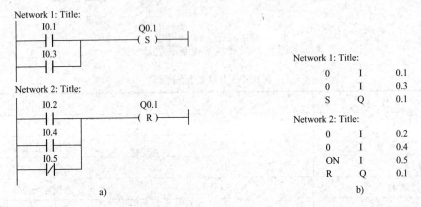

图 8-12 置位与复位指令使用举例

a) 梯形图 b) 语句表

8.1.6 RS 和 SR 触发器指令

在 LAD 中，RS 和 SR 触发器带有触发器优先级，RS 触发器为"置位优先"型触发器，当置位信号（S）和复位信号（R）同时为 1 时，触发器最终为置位状态；SR 触发器为"复位优先"型触发器，当置位信号（S）和复位信号（R）同时为 1 时，触发器最终为复位状态。

RS 和 SR 触发器指令的基本功能与置位指令 S 和复位指令 R 的功能相同，所以编程时，RS 和 SR 指令完全可以被置位和复位指令代替。

【例 8-7】 工程控制系统中经常要用到手动与自动控制的切换选择，下面控制程序是完成灌装控制系统中的手/自动选择控制程序。地址资源分配见表 8-6，程序如图 8-13 所示。

表 8-6 地址资源分配

地 址	说 明
I 0.4	手/自动选择按钮
I 0.5	面板/屏控制选择按钮
Q 4.1	系统运行指示灯
Q 4.2	手动模式指示灯
Q 4.3	自动模式指示灯
Q 4.4	面板控制指示灯
Q 4.5	屏控制指示灯
M 20.4	手/自动选择按钮（屏）

Network 1: Title:

Network 2: 系统运行前允许选择工作模式：I0.4=0为手动，使Q4.2=1

```
Network 1: Title:
A      L    0.5
=      L    20.0
A      L    20.0
BLD    102
=      Q    4.5
A      L    20.0
NOT
=      Q    4.4
```

Network 2: 系统运行前允许选择工作模式：I0.4=0为手动，使Q4.2=1

```
AN     Q    4.1
A(
A      Q    4.4
AN     I    0.4
O
A      Q    4.5
AN     M    20.4
)
S      Q    4.2
AN     Q    4.1
A(
A      Q    4.4
A      I    0.4
O
A      Q    4.5
A      M    20.4
)
R      Q    4.2
NOP    0
```

a)   b)

图 8-13 SR 触发器指令使用举例

a）梯形图　b）语句表

Network 3: 系统运行前允许选择工作
模式：I0.4=1为自动，使Q4.3=1

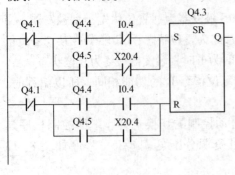

a)

Network 3: 系统运行前允许选择工作模式：I0.4=1为自动，使Q4.3=1

```
AN    Q    4.1
A(
A     Q    4.4
A     I    0.4
O
A     Q    4.5
A     M    20.4
)
S     Q    4.5
AN    Q    4.1
A(
A     Q    4.4
AN    I    0.4
O
A     Q    4.5
AN    M    20.4
)
R     Q    4.3
NOP   0
```

b)

图 8-13　SR 触发器指令使用举例（续）

a）梯形图　b）语句表

8.1.7　边沿检测指令

边沿检测指令用来检测 RLO 或信号的上升沿（信号由 0 变为 1）和下降沿（信号由 1 变为 0）的变化。STEP 7 中边沿检测指令包括两类指令：RLO 边沿检测和信号边沿检测指令，前者是对 RLO 进行检测；后者是对地址位的信号进行检测。

当信号状态变化时就产生跳变沿，当从 0 变到 1 时，产生一个上升沿（或正跳沿）；若从 1 变到 0，则产生一个下降沿（或负跳沿），如图 8-14 所示。边沿检测的原理是：在每个扫描周期中把信号状态和它在前一个扫描周期的状态进行比较，若不同则表明有一个跳变沿。因此，前一个周期里的信号状态必须被存储，以便能和新的信号状态相比较。

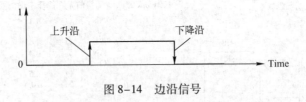

图 8-14　边沿信号

RLO 边沿检测指令指定一个"边沿存储位"，用来保存前一周期 RLO 的信号状态，以便与当前 RLO 信号状态进行比较，在 OB1 的每个扫描周期，RLO 位的信号状态都将与前一周期中获得的结果进行比较，看信号状态是否有变化。如果检测到 RLO 信号从"0"变为"1"，则 RLO 上升沿检测"—（P）"指令后的 RLO 为 1（脉冲），否则为 0；如果检测到 RLO 信号从"1"变为"0"，则 RLO 下降沿检测"—（N）"指令后的 RLO 为 1（脉冲），否则为 0。

"信号边沿检测指令"如图 8-15 所示，其中的 < address2 > 为边沿存储位，用来存储地址位信号上一周期的状态，在 OB1 的扫描周期中，CPU 对 < address1 > 的状态与其上一个扫描周期的状态进行比较。若该 < address1 > 状态是 1 且存放在 < address2 > 中的上次状态是 0，

POS 指令检测到 <address1> 正跳沿，那么 POS 指令把 RLO 位置 1。如果 <address1> 在相邻的两个扫描周期中状态相同（全为 1 或 0），那么 POS 指令把 RLO 位清 0；若该 <address1> 状态是 0 且存放在 <address2> 中的上次状态是 1，NEG 指令检测到 <address1> 的负跳沿，那么 NEG 指令把 RLO 位置 1。如果 <address1> 在相邻的两个扫描周期中状态相同（全为 1 或 0），那么 NEG 指令把 RLO 位清 0。

图 8-15　信号边沿检测指令

【例 8-8】　直接报警控制程序中，用上升沿指令检测报警信号源，通过置位复位来控制报警显示，地址资源分配见表 8-7，程序如图 8-16 所示。

表 8-7　地址资源分配

地　　址	说　　明
I15.0	报警复位
I16.0	报警信号源 1
I16.1	报警信号源 2
I16.2	报警信号源 3
Q15.0	报警显示
M16.1	报警检测位
M16.2	报警标志位
M100.3	2 Hz 报警闪烁信号

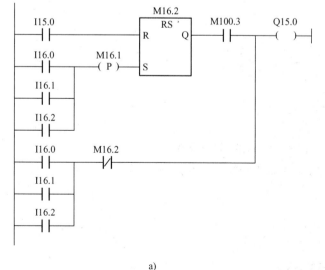

图 8-16　边沿检测指令举例

a）梯形图　b）语句表

【例8-9】 用 POS 指令检测故障信号 I1.0 的上升沿，当 I1.0 为 1 时，报警指示灯 Q1.0 以 1 Hz 的频率闪烁，按下故障复位按钮 I1.1 后，如果故障已经消失，指示灯熄灭，如果故障没有消失，指示灯则常亮，直至故障消失。地址资源分配见表 8-8，程序如图 8-17 所示。

表 8-8 地址资源分配

地 址	说 明
I1.0	故障信号
I1.1	故障复位
Q1.0	报警指示灯
M100.5	1 Hz 报警闪烁信号

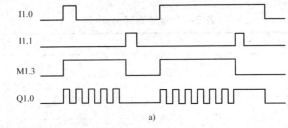

a)

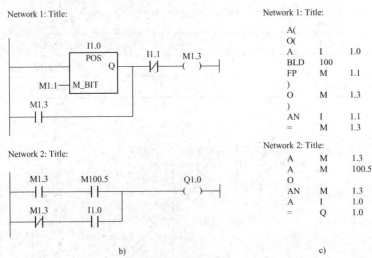

图 8-17 边沿检测指令举例

a) 时序图　b) 梯形图　c) 语句表

8.2　定时器指令

8.2.1　S7-300/400 定时器简介

1. S7-300/400 定时功能的分类

（1）PLC 定时器

S7-300/400 定时器最小时间单元为 10 ms，可用的定时器指令见表 8-9。

表 8-9　PLC 定时器

类　　型	定　时　器	说　　明
S7-300/400 定时器功能指令	S_PULSE	脉冲定时器
	S_PEXT	扩展脉冲定时器
	S_ODT	接通延时定时器
	S_ODTS	保持型接通延时定时器
	S_OFFDT	断电延时定时器
S7-300/400 定时器位指令	---（SP）	脉冲定时器线圈
	---（SE）	扩展脉冲定时器线圈
	---（SD）	接通延时定时器线圈
	---（SS）	保持型接通延时定时器线圈
	---（SA）	断电延时定时器线圈
IEC 定时器	SFB3 TP	脉冲 IEC 定时器
	SFB4 TON	通电延时 IEC 定时器
	SFB5 TOF	断电延时 IEC 定时器

（2）标准脉冲

S7-300/400 提供一个时钟寄存器（Clock memory）的字节，每一位以不同的频率执行 0 到 1 的变化，使用此功能需要在 CPU 属性中激活 Clock memory 功能，并设置 MB 的地址位，如设置为 MB100，则 M100.0 ~ M100.7 将按不同的频率变化，见表 8-10。

表 8-10　时钟寄存器各个位的周期与频率

位	7	6	5	4	3	2	1	0
周期	2	1.6	1	0.8	0.5	0.4	0.2	0.1
频率	0.5	0.625	1	1.25	2	2.5	5	10

（3）OB 块

OB 块包括：循环中断（OB35）、延迟中断（OB20）、时间日期中断（OB10）。

2. S7-300/400 定时器基础知识

在 S7-300/400 CPU 的存储器中，为定时器保留了存储区。该存储区域为每个定时器地址保留一个 16 位的字，用来存放定时器的时间值，如图 8-18 所示。此外，每个定时器还有一个二进制的状态位，用来表示定时器触点的位状态。

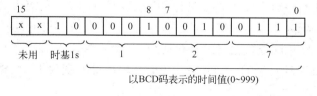

图 8-18　定时器字

265

定时器字的 0~9 位包含 BCD 码的时间值，可用 0~11 位存储二进制定时值。定时时间等于定时值乘以时间基准，时间更新操作按以时间基准指定的时间间隔，将时间值递减一个单位，直至时间值等于 0，定时时间到，此时定时器触点动作。可以用二进制、十六进制或以二进制编码的十进制（BCD）格式，将时间值装载到累加器 1 的低字位中。

定时器的 12 和 13 位包含二进制编码的时间基准，取值"00"、"01"、"10"、"11"对应的时间基准是 10ms、100ms、1s 和 10s。时间基准越小，定时器分辨率越高，但定时范围会减小，见表 8-11。

表 8-11　时基设置与定时范围

时 间 基 准	二进制时基	分　辨　率	定　时　范　围
10s	00	0.01s	10ms~9s_990ms
100ms	01	0.1s	100ms~1m_39s_900ms
1s	10	1s	1s~16m_39s
10s	11	10s	10s~2h_46m_30s

当定时器启动时，累加器 1 低字的内容被当做定时时间装入定时字中。这一过程是由操作系统控制自动完成的，用户只需给累加器 1 装入不同的数值，即可设置需要的定时时间。

推荐采用下述直观的句法：

L　　　W#16#wxyz

其中，w = 时基（即时间间隔或分辨率），取值 00、01、10、11，分别表示时基为 10ms、100ms、1s、10s；xyz = 二 - 十进制格式的时间值（BCD），取值范围：1~999。

也可直接使用 S5 中的时间表示法装入定时数值，例如：

L　　　S5T#aH_bM_cS_dMS

其中，H = 小时，M = 分钟，S = 秒，MS = 毫秒；a、b、c、d 由用户定义，范围为 1MS 到 2H_46M_30S；时基自动选择，原则是：根据定时时间选择能满足定时范围要求的最小时基。

3. 定时器选用指南

S7 - 300/400 提供了多种形式的定时器：脉冲定时器（S_PULSE）、扩展脉冲定时器（S_PEXT）、接通延时定时器（S_ODT）、保持型接通延时定时器（S_ODTS）和断电延时定时器（S_OFFDT）。图 8-19 给出了各种定时器的工作状态。

脉冲定时器（S_PULSE）的输出信号为 1 的最大时间等于设定的时间值 t，如果输入信号变为 0，则输出信号也变为 0；扩展脉冲定时器（S_PEXT）不管输入信号为 1 的时间有多长，输出信号为 1 的时间等于设定的时间 t；接通延时定时器（S_ODT）仅当设定的时间已经结束以及输入信号仍为 1 时，输出信号才从 0 变为 1；保持型接通延时定时器（S_ODTS）仅当设定的时间已经结束时输出信号才从 0 变为 1，而不管输入信号为 1 的时间有多长；断电延时定时器（S_OFFDT）当输入信号变为 1 时，输出信号变为 1，当输入信号从 1 变为 0 时，定时器启动。

因此根据实际需要选用合适的定时器。

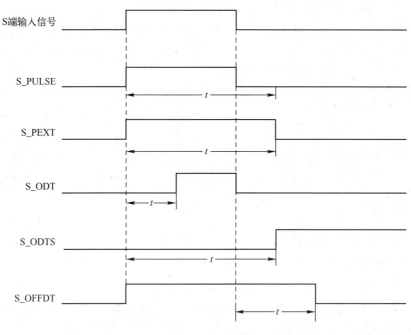

图 8-19 定时器时序图

8.2.2 定时器功能指令

定时器功能指令见表 8-12。

表 8-12 定时器功能指令

指 令 形 式	LAD	FBD
脉冲定时器	Tno S_PULSE S Q TV BI R BCD	Tno S_PULSE S BI TV BCD R Q
扩展脉冲定时器	Tno S_PEXT S Q TV BI R BCD	Tno S_PEXT S BI TV BCD R Q
接通延时定时器	Tno S_ODT S Q TV BI R BCD	Tno S_ODT S BI TV BCD R Q

指令形式	LAD	FBD
保持型接通延时定时器	Tno S_ODTS S ─ Q TV ─ BI R ─ BCD	Tno S_ODTS S ─ BI TV ─ BCD R ─ Q
断电延时定时器	Tno S_OFFDT S ─ Q TV ─ BI R ─ BCD	Tno S_OFFDT S ─ BI TV ─ BCD R ─ Q

指令中 Tno 为定时器的编号，其范围与 CPU 的型号有关，S 为启动信号，上升沿有效，R 为复位信号，当 R 端出现上升沿时，定时器复位，当前值清"0"，TV 为预设置的定时时间，Q 为定时器输出位，定时器启动后，剩余时间非 0 时，Q 输出为"1"，定时器停止或剩余时间为 0 时，Q 输出为"0"，BI 和 BCD 为剩余时间输出，分别提供整数和 BCD 码形式的输出值。

STL 程序中的定时器功能指令见表 8-13。

表 8-13　STL 程序中的定时器功能指令

定时器指令	说　明
FR	使能定时器
L	将定时器的二进制时间值装入累加器 1
LC	将定时器的 BCD 时间值装入累加器 1
R	复位定时器
SP	脉冲定时器
SE	扩展的脉冲定时器
SD	接通延时定时器
SS	保持型接通延时定时器
SF	断开延时定时器

1. 脉冲定时器 S_PULSE

脉冲定时器 S_PULSE 的启动输入端（S）有一个上升沿时，启动定时器。定时器在输入端 S 的信号状态为"1"时运行，但最长周期是由输入端 TV 指定的时间值。只要定时器运行，输出端 Q 的信号状态就为"1"。如果在时间间隔结束前，输入端 S 从"1"变为"0"，则定时器将停止。这种情况下，输出端 Q 的信号状态为"0"。

如果在定时器运行期间定时器复位（R）输入从"0"变为"1"时，则定时器将被复位。当前时间和时间基准设置为零。如果定时器不是正在运行，则定时器输入端 R 的逻辑"1"没有任何作用。

可在输出端 BI 和 BCD 上扫描当前时间值。时间值在 BI 端是二进制编码，在 BCD 端是 BCD 编码。当前时间值为初始 TV 值减去定时器启动后经过的时间。

脉冲定时器 S_PULSE 的梯形图与时序图如图 8-20 所示。

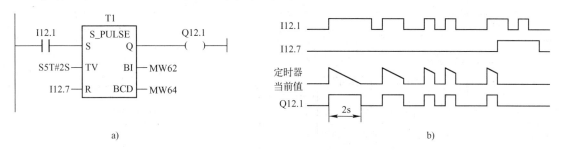

图 8-20　脉冲定时器 S_PULSE

a）梯形图　b）时序图

如果 I12.1 提供的启动信号 S 端有一个上升沿，将启动定时器，定时器输出 Q12.1 变为 "1"。定时时间 2s 到，输出 Q12.1 变为 "0"。定时期间，如果启动信号 S 端的信号跳变为 "0"，则停止计时，定时器的当前时间值清 0，输出 Q12.1 断电。在任何时候，只要复位信号 R 的信号由 "0" 变为 "1"，定时器均被复位，即当前时间值清 0，输出 Q12.1 断电。

【例 8-10】　工程上经常需要产生周期性重复的信号，可以用定时器构成一脉冲发生器，当满足一定条件时，能够输出一定频率和一定占空比的脉冲信号，当按钮（I10.0）按下时，电路以工作 3s 停止 1s 的方式运行。

脉冲发生器时序图如图 8-21 所示。程序如图 8-22 所示。

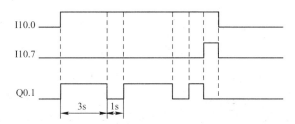

图 8-21　脉冲发生器时序图

2. 扩展脉冲定时器 S_PEXT

扩展脉冲定时器 S_PEXT 的启动输入端（S）有一个上升沿时，启动定时器。定时器以在输入端 TV 指定的预设时间间隔运行，即使在时间间隔结束前，S 输入端的信号状态变为 "0"。只要定时器运行，输出端 Q 的信号状态就为 "1"。如果在定时器运行期间输入端 S 的信号状态从 "0" 变为 "1"，则将使用预设的时间值重新启动（"重新触发"）定时器。

如果在定时器运行期间复位（R）输入从 "0" 变为 "1"，则定时器复位。当前时间和时间基准被设置为零。

可在输出端 BI 和 BCD 上扫描当前时间值。时间值在 BI 处为二进制编码，在 BCD 处为 BCD 编码。当前时间值为初始 TV 值减去定时器启动后经过的时间。

扩展脉冲定时器 S_PEXT 的梯形图与时序图如图 8-23 所示。

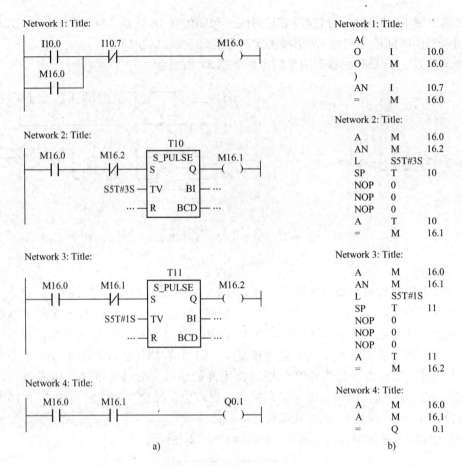

图 8-22 脉冲定时器 S_PULSE 使用举例

a) 梯形图　b) 语句表

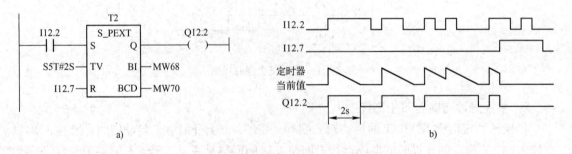

图 8-23 扩展脉冲定时器 S_PEXT

a) 梯形图　b) 时序图

　　扩展脉冲定时器的定时过程和脉冲定时器基本相同，所不同的是，在定时期间，不管设置输入端 S 的信号是否跳变为 "0"，定时器将仍然继续计时，直到达到定时时间。此外，在定时期间，如果设置输入端 S 的信号又由 "0" 变为 "1"，则定时器被重新启动。

　　【例 8-11】　工程中可以使用开关量对输入进行滤波，滤去小于 2 s 周期的脉冲干扰，I/O 地址分配见表 8-14，程序如图 8-24 所示。

表 8–14　I/O 地址分配

地　　址	说　　明
I2.3	开关量输入
M61.2	开关量输入滤波结果
M61.3	开关量输入滤波中间标志
T7	开关量滤波（正脉冲干扰）脉冲定时器
T9	开关量滤波（负脉冲干扰）脉冲定时器

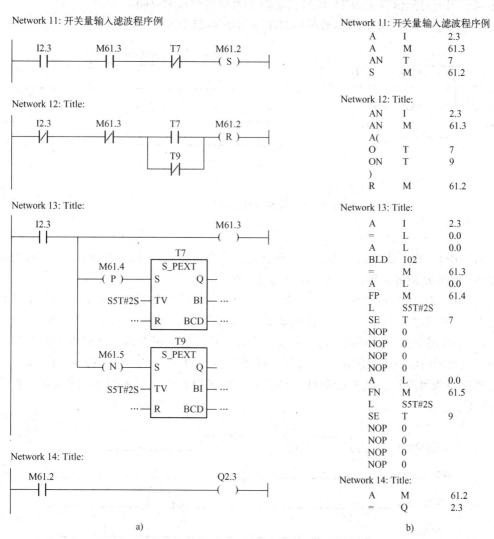

图 8–24　脉冲定时器 S_PULSE 使用举例

a）梯形图　b）语句表

3. 接通延时定时器 S_ODT

　　接通延时定时器 S_ODT 的启动输入端（S）有一个上升沿时，启动定时器。只要输入端 S 的信号状态为"1"，定时器就以在输入端 TV 指定的时间间隔运行。定时器达到指定时间而没有出错，并且 S 输入端的信号状态仍为"1"时，输出端 Q 的信号状态为"1"。如果定时器运行期间输入端 S 的信号状态从"1"变为"0"，定时器将停止。这种情况下，输出端 Q 的信号状态为"0"。

如果在定时器运行期间复位（R）输入从"0"变为"1"，则定时器复位。当前时间和时间基准被设置为零。然后，输出端 Q 的信号状态变为"0"。如果在定时器没有运行时 R 输入端有一个逻辑"1"，并且输入端 S 的 RLO 为"1"，则定时器也复位。

可在输出端 BI 和 BCD 上扫描当前时间值。时间值在 BI 处为二进制编码，在 BCD 处为 BCD 编码。当前时间值为初始 TV 值减去定时器启动后经过的时间。

接通延时定时器 S_ODT 的梯形图与时序图如图 8-25 所示。

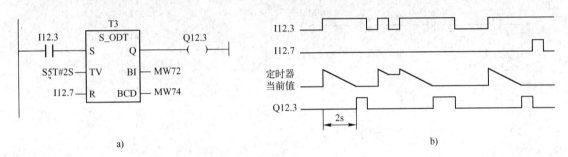

图 8-25 接通延时定时器 S_ODT

a）梯形图 b）时序图

【例 8-12】 在工业控制系统中，声光报警是一个重要的环节。因为它必须能够及时提醒工程师系统出现故障，等待工程师前来清除故障。

"测试灯（I0.2）"和"测试喇叭（I0.3）"按钮分别为测试报警指示灯和报警喇叭是否工作正常。"传感器 1（I10.4）"、"传感器 2（I10.5）"、"传感器 3（I10.6）"和"传感器 4（I10.7）"为现场环境中故障报警源，触发其中任一传感器，报警指示灯将以 2 Hz 的频率进行闪烁，报警喇叭将发出报警声音，按下"报警复位（I0.1）"按钮，报警喇叭将关闭，直到将故障报警源解除掉，报警指示灯才会熄灭，声光报警时序图如图 8-26 所示，程序如图 8-27 所示。

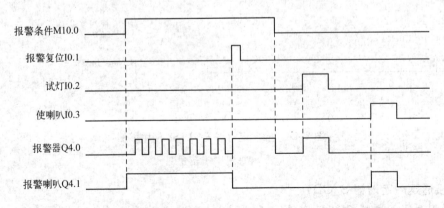

图 8-26 声光报警举例时序图

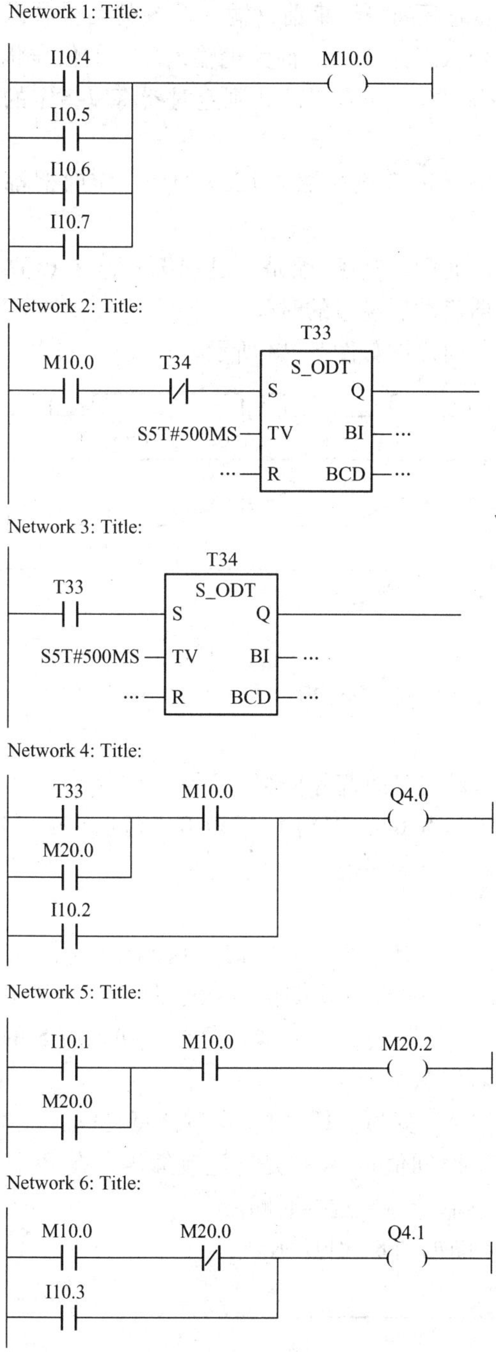

Network 1: Title:

0	I	10.4
0	I	10.5
0	I	10.6
0	I	10.7
=	M	10.0

Network 2: Title:

A	M	10.0
AN	T	34
L	S5T#500MS	
SD	T	33
NOP	0	
NOP	0	
NOP	0	
NOP	0	

Network 3: Title:

A	T	33
L	S5T#500MS	
SD	T	34
NOP	0	
NOP	0	
NOP	0	
NOP	0	

Network 4: Title:

A(		
0	T	33
0	M	20.0
)		
A	M	10.0
0	I	10.2
=	Q	4.0

Network 5: Title:

A(		
0	I	10.1
0	M	20.0
)		
A	M	10.0
=	M	20.0

Network 6: Title:

A	M	10.0
AN	M	20.0
0	I	10.3
=	Q	4.1

a)   b)

图 8-27　接通延时定时器 S_ODT 使用举例

a）梯形图　b）语句表

4. 保持型接通延时定时器 S_ODTS

保持型接通延时定时器 S_ODTS 的启动输入端（S）有一个上升沿时，启动定时器。定时

273

器以在输入端 TV 指定的时间间隔运行，即使在时间间隔结束前，输入端 S 的信号状态变为"0"。定时器预定时间结束时，输出端 Q 的信号状态为"1"，而无论输入端 S 的信号状态如何。如果在定时器运行时输入端 S 的信号状态从"0"变为"1"，则定时器将以指定的时间重新启动（重新触发）。

如果复位（R）输入从"0"变为"1"，则无论 S 输入端的 RLO 如何，定时器都将复位。然后，输出端 Q 的信号状态变为"0"。

可在输出端 BI 和 BCD 上扫描当前时间值。时间值在 BI 端是二进制编码，在 BCD 端是 BCD 编码。当前时间值为初始 TV 值减去定时器启动后经过的时间。

保持型接通延时定时器 S_ODTS 的梯形图与时序图如图 8-28 所示。

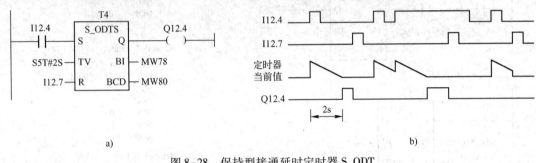

图 8-28　保持型接通延时定时器 S_ODT

a）梯形图　b）时序图

【例 8-13】　接通延时定时器的应用——电动机延时起停控制。

在如图 8-29 所示的程序中，按下启动按钮（I0.0），电动机（Q0.0）延迟 10s 后启动，按下停止按钮（I0.1）后，电动机（Q0.0）延迟 5 s 后停止。

5. 关断延时定时器 S_OFFDT

关断延时定时器 S_OFFDT 的启动输入端（S）有一个下降沿时，启动定时器。如果 S 输入端的信号状态为"1"，或定时器正在运行，则输出端 Q 的信号状态为"1"。如果在定时器运行期间输入端 S 的信号状态从"0"变为"1"时，定时器将复位。输入端 S 的信号状态再次从"1"变为"0"后，定时器才能重新启动。

如果在定时器运行期间复位（R）输入从"0"变为"1"时，定时器将复位。

可在输出端 BI 和 BCD 上扫描当前时间值。时间值在 BI 端是二进制编码，在 BCD 端是 BCD 编码。当前时间值为初始 TV 值减去定时器启动后经过的时间。

关断延时定时器 S_OFFDT 的梯形图与时序图如图 8-30 所示。

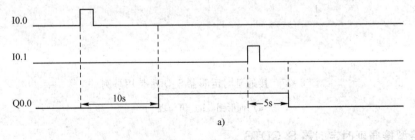

图 8-29　保持型接通延时定时器 S_ODTS 使用举例

a）时序图

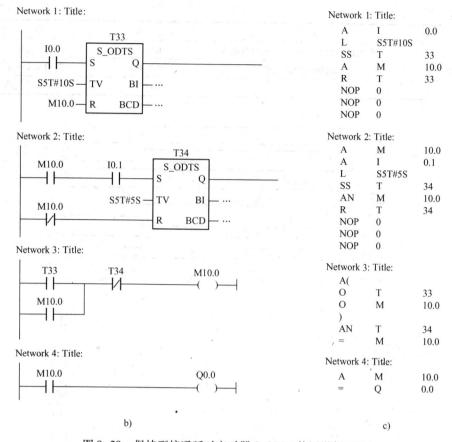

图 8-29　保持型接通延时定时器 S_ODTS 使用举例（续）

b）梯形图　c）语句表

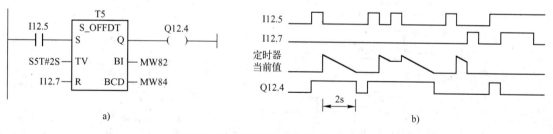

图 8-30　关断延时定时器 S_OFFDT

a）梯形图　b）时序图

【例 8-14】　关断延时定时器 S-OFFDT 应用举例：当电动机过载时，需要启动风扇降温，并在过载信号解除后延时 10s 关闭风扇，I/O 地址资源见表 8-15，控制程序如图 8-31 所示。

表 8-15　I/O 地址资源列表

地　址	说　明	地　址	说　明
I21.0	电动机启动	Q21.0	电动机 1
I21.1	电动机停止	Q21.1	电动机 2
I21.4	电动机 1 过载信号，常闭触点输入	Q21.2	风扇 1

（续）

地　址	说　明	地　址	说　明
I21.5	电动机 2 过载信号，常闭触点输入	Q21.3	风扇 2
M22.0	电动机启动标志	Q21.4	电动机 1 过载报警
		Q21.5	电动机 2 过载报警

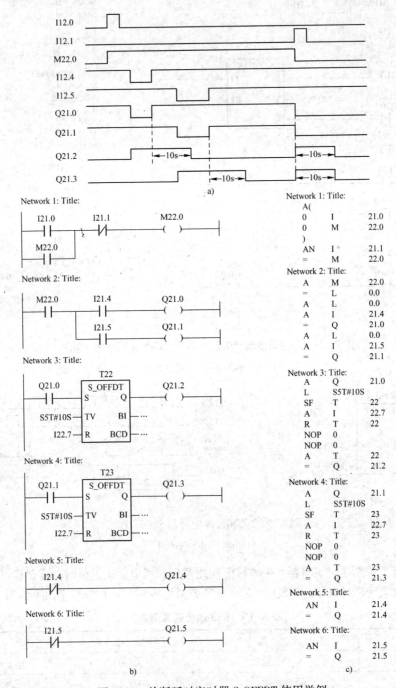

图 8-31　关断延时定时器 S-OFFDT 使用举例

a) 时序图　b) 梯形图　c) 语句表

8.2.3 定时器位指令

定时器线圈指令与功能定时器指令的区别是定时器线圈指令不能检测定时当前值。定时器线圈指令见表 8-16。

表 8-16 定时器位指令

指令形式	LAD	FBD
脉冲定时器线圈指令	—(SP)—	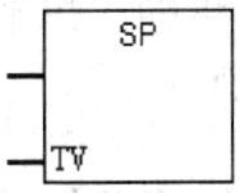 SP / TV
扩展脉冲定时器线圈指令	—(SE)—	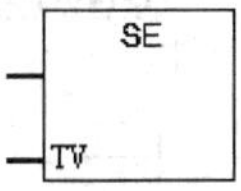 SE / TV
接通延时定时器线圈指令	—(SD)—	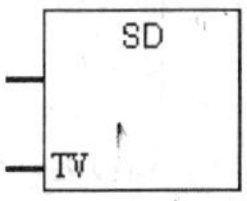 SD / TV
保持型接通延时定时器线圈指令	—(SS)—	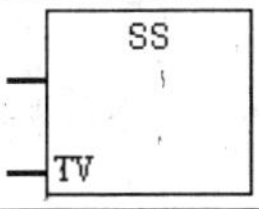 SS / TV
断电延时定时器线圈指令	—(SF)—	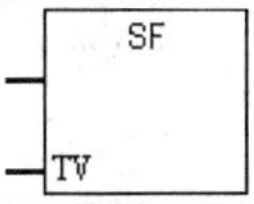 SF / TV

1. 脉冲定时器线圈指令

脉冲定时器线圈指令用于在 RLO 状态出现上升沿时，启动指定的具有给定时间值的定时器。只要 RLO 为 "1"，则定时器就按设定的时间运行。只要定时器运行，则该定时器的信号状态就为 "1"。如果在达到时间值前，RLO 从 "1" 变为 "0"，则定时器停止运行。这种情况下，对于 "1" 的扫描始终产生结果 "0"。

【例 8-15】 指示灯控制：合上开关 I0.0，指示灯 Q0.0 亮 1 小时 2 分 10 秒后自动熄灭，如图 8-32 所示。

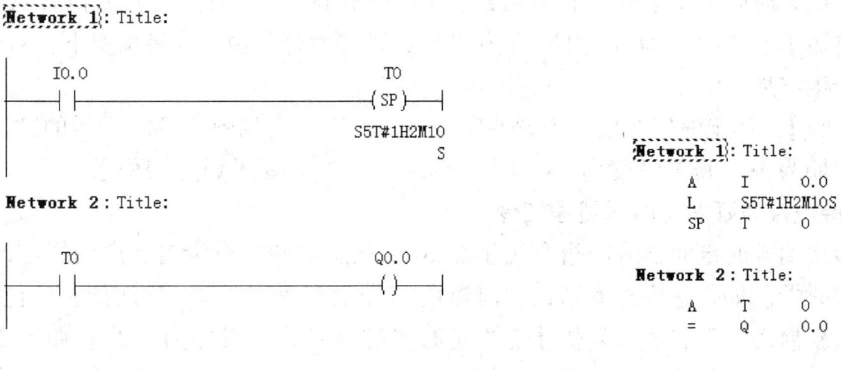

图 8-32 脉冲定时器线圈指令使用举例

a）梯形图 b）语句表

2. 扩展脉冲定时器线圈指令

扩展脉冲定时器线圈指令用于在 RLO 状态出现上升沿时，启动指定的具有给定时间值的定时器。即使定时器达到指定时间前 RLO 变为"0"，定时器仍按设定的时间运行。只要定时器运行，则该定时器的信号状态就为"1"。如果在定时器运行期间 RLO 从"0"变为"1"，则将以指定的时间值重新启动该定时器（重新触发）。

【例 8-16】 电动机延时自动关闭控制：按动启动按钮 S1（I0.0），电动机 M（Q4.0）立即启动，延时 5 min 后自动关闭。启动后按停止按钮 S2（I0.1），电动机立即停止。程序如图 8-33 所示。

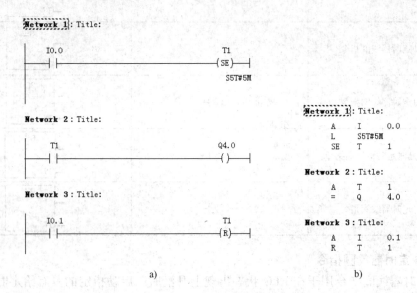

图 8-33　扩展脉冲定时器线圈指令使用举例

a）梯形图　b）语句表

3. 接通延时定时器线圈指令

接通延时定时器线圈指令用于在 RLO 状态出现上升沿时，启动指定的具有给定时间值的定时器。如果时间值结束而没有出错，且 RLO 仍为"1"，则定时器的信号状态为"1"。如果在定时器运行期间 RLO 从"1"变为"0"，则定时器复位。这种情况下，对于"1"的扫描始终产生结果"0"。

【例 8-17】 用定时器构成一个脉冲发生器，使其产生如图 8-34a 所示的脉冲时序，脉冲信号的周期为 3 s，脉冲宽度为 1 s，图 8-34b、c 为梯形图及语句表程序。

4. 保持型接通延时定时器线圈指令

保持型接通延时定时器线圈指令用于在 RLO 状态出现上升沿时，启动指定的具有给定时间值的定时器。如果达到时间值，定时器的信号状态为"1"。只有明确进行复位，定时器才可能重新启动。只有通过复位才能将定时器的信号状态设置为"0"。如果在定时器运行期间 RLO 从"0"变为"1"，则定时器以指定的时间值重新启动。

【例 8-18】 指示灯控制：按下按钮 S1（I0.0），指示灯 H1（Q0.0）经 10s 后亮；按下按钮 S2（I0.1），H1 熄灭，如图 8-35 所示。

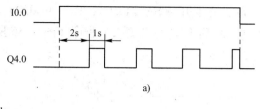

a)

Network 1: Title:

```
    I0.0      T1      T2
    ┤├       ┤/├     (SD)
                    S5T#2S
```

Network 2: Title:

```
    T2              T1
    ┤├             (SD)
                   S5T#1S

                   Q4.0
                    ( )
```

b)

Network 1: Title:

```
    A    I        0.0
    AN   T        1
    L    S5T#2S
    SD   T        2
```

Network 2: Title:

```
    A    T        2
    L    S5T#1S
    SD   T        1
    =    Q        4.0
```

c)

图 8-34　接通延时定时器线圈指令使用举例

a）时序图　b）梯形图　c）语句表

Network 1: Title:

```
    I0.0            T0
    ┤├            (SS)
                  S5T#10S
```

Network 2: Title:

```
    T0              Q0.0
    ┤├             ( )
```

Network 3: Title:

```
    I0.1            T0
    ┤├             (R)
```

a)

Network 1: Title:

```
    A    I        0.0
    L    S5T#10S
    SS   T        0
```

Network 2: Title:

```
    A    T        0
    =    Q        0.0
```

Network 3: Title:

```
    A    I        0.1
    R    T        0
```

b)

图 8-35　保持型接通延时定时器线圈指令使用举例

a）梯形图　b）语句表

5. 断电延时定时器线圈指令

断电延时定时器线圈指令用于在 RLO 状态出现下降沿时，启动指定的具有给定时间值的定时器。当 RLO 为 "1" 时或只要定时器在 <时间值> 时间间隔内运行，定时器就为 "1"。如果在定时器运行期间 RLO 从 "0" 变为 "1"，则定时器复位。只要 RLO 从 "1" 变为 "0"，定时器即会重新启动。

【例8-19】 指示灯控制：合上开关 SA（I0.0），HL1（Q0.0）和 HL2（Q0.1）亮，断开 SA，HL1 立即熄灭，经过 10s 后 HL2 自动熄灭。程序如图 8-36 所示。

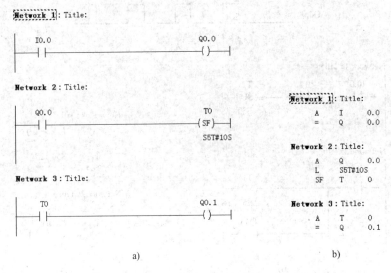

图 8-36 断电延时定时器线圈指令使用举例

a）梯形图 b）语句表

8.2.4 IEC 定时器

西门子 PLC 定时器有数量限制，如果定时器不够用，可以使用 IEC 定时器，见表 8-17，IEC 定时器作为系统功能块（SFB）集成在 CPU 操作系统中。在相应的 CPU 中会有以下定时器：脉冲定时器 SFB3 TP、通电延时定时器 SFB4 TON 及断电延时定时器 SFB5 TOF。IEC 定时器参数见表 8-18。IEC 定时器特性时序图如图 8-37 所示。

表 8-17 IEC 定时器

指令形式	LAD	FBD
SFB3 TP	"TP" EN ENO IN Q PT ET	"TP" EN Q IN ET PT ENO
SFB4 TON	"TON" EN ENO IN Q PT ET	"TON" EN Q IN ET PT ENO
SFB5 TOF	"TOF" EN ENO IN Q PT ET	"TOF" EN Q IN ET PT ENO

表 8-18　IEC 定时器参数表

名　称	声　明	数据类型	说　明
IN	Input	BOOL	启动输入
PT	Input	TIME	脉冲长度或延时时间
Q	Output	BOOL	定时器状态
ET	Output	TIME	定时时间

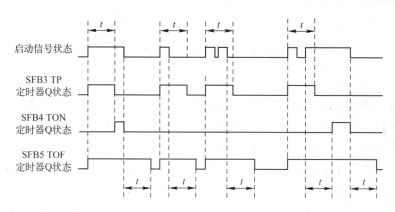

图 8-37　IEC 定时器特性时序图

1. 脉冲定时器 SFB3 TP

在定时器的启动输入端得 RLO 从"0"变为"1"时，定时器启动，无论定时器的启动输入端 RLO 如何变化，定时器的运行时间都是程序的定时时间，在定时器运行时，其输出端 Q 的输出信号为"1"。

输出端 ET 为输出端 Q 提供定时时间。定时从 T#0s 开始到设置的定时时间 PT 结束。当 PT 时间到时，ET 将保持定时时间直到输入 IN 返回到"0"为止。如果在达到 PT 定时时间之前，输入 IN 变为"0"，输出 ET 变为 T#0s，PT 定时的时刻。为了重启定时器，设置 PT = T#0s 即可。

在 START 和 RUN 模式下，定时器 SFB3 TP 处于激活状态，在冷启动时处于复位状态。

【例 8-20】 "IEC - TP1"为 SFB3 的背景数据块，当 I13.1 从"0"变为"1"时，脉冲定时器 SFB3 TP 启动，10 s 内 Q13.0 输出为"1"，定时时间到后 Q13.0 变为"0"，产生一个 10 s 的脉冲。如果在 10 s 内 I13.1 从"1"变为"0"，则 Q13.0 的输出不变，从 MD92 可以读出定时器已运行的时间，程序如图 8-38 所示。

2. 通电延时定时器 SFB4 TON

在定时器的启动输入端的 RLO 从"0"变为"1"时，定时器启动，其运行时间为程序的定时时间，当定时时间到时并且启动输入端的信号状态一直保持为"1"，其输出端 Q 的输出信号为"1"，如果在定时器的定时时间到之前，启动输入端 RLO 从"1"变为"0"，则定时器复位，下一个上升沿定时器重启。

输出端 ET 提供定时时间，延时从 T#0s 开始到设置的定时时间 PT 结束。当 PT 时间到时，ET 将保持定时时间直到输入 IN 返回到"0"为止。如果在达到 PT 定时时间之前，输入 IN 变为"0"，输出 ET 立即变为 T#0s。为了重启定时器，设置 PT = T#0s 即可。

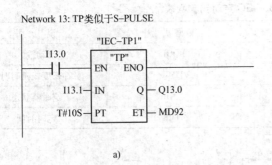

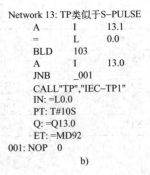

Network 13: TP类似于S-PULSE
```
A    I     13.1
=    L     0.0
BLD  103
A    I     13.0
JNB  _001
CALL"TP","IEC-TP1"
IN: =L0.0
PT: T#10S
Q: =Q13.0
ET: =MD92
001: NOP   0
```

图 8-38　定时器 SFB3 TP 使用举例

a）梯形图　b）语句表

在 START 和 RUN 模式下，定时器 SFB4 TON 处于激活状态，在冷启动时处于复位状态。

【例 8-21】　"IEC – TON1" 为 SFB4 的背景数据块，当 I13.3 从 "0" 变为 "1" 时，通电延时定时器 SFB4 TON 启动，定时时间到（10 s）Q13.1 输出为 "1"。如果定时时间未到，I13.3 从 "1" 变为 "0"，则定时器复位，从 MD96 可以读出定时器已运行的时间程序，如图 8-39 所示。

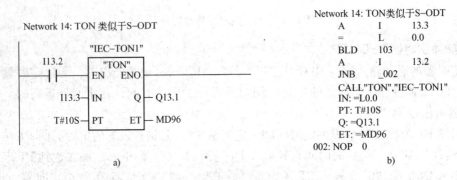

Network 14: TON类似于S-ODT
```
A    I     13.3
=    L     0.0
BLD  103
A    I     13.2
JNB  _002
CALL"TON","IEC-TON1"
IN: =L0.0
PT: T#10S
Q: =Q13.1
ET: =MD96
002: NOP   0
```

图 8-39　定时器 SFB4 TON 使用举例

a）梯形图　b）语句表

3. 断电延时定时器 SFB5 TOF

在定时器的启动输入端的 RLO 从 "0" 变为 "1" 时，定时器输出端 Q 的输出信号为 "1"，定时器的启动输入端的 RLO 变回到 "0" 时，定时器启动，只要定时器运行，定时器输出端 Q 的输出信号一直为 "1"，当达到定时时间时，输出端 Q 复位，在到达定时时间之前，如果定时器的启动输入端 RLO 返回到 "1"，则定时器复位，输出端 Q 的输出信号保持为 "1"。

输出端 ET 提供定时时间，延时从 T#0s 开始到设置的定时时间 PT 结束。当 PT 时间到时，ET 将保持定时时间直到输入 IN 返回到 "1" 为止。如果在达到 PT 定时时间之前，输入 IN 变为 "1"，输出 ET 立即变为 T#0s。为了重启定时器，设置 PT = T#0s 即可。

在 START 和 RUN 模式下，定时器 SFB5 TOF 处于激活状态，在冷启动时处于复位状态。

【例 8-22】　在图 8-40 所示程序中，"IEC – TOF1" 为 SFB5 的背景数据块，当 I13.5 为 "1" 时，则 Q13.2 输出为 "1"，当 I13.5 从 "1" 变为 "0" 时，断电延时定时器 SFB5

TOF 启动，定时时间到（10 s）Q13. 2 输出为 "0"。如果定时时间未到，I13. 5 从 "0" 变为 "1"，则定时器复位，从 MD100 可以读出定时器已运行的时间。

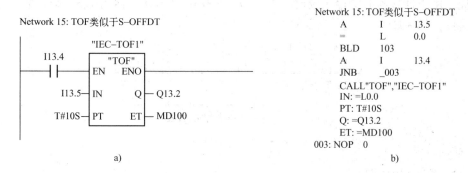

图 8-40 定时器 SFB5 TOF 使用举例

a）梯形图 b）语句表

8.3 计数器指令

8.3.1 计数器简介

1. S7 –300/400 计数分类

PLC 计数器见表 8-19。

表 8-19 PLC 计数器

类　型	计　数　器	说　明
S7 –300/400 计数器功能指令	S_CUD	加 – 减计数器
	S_CU	加计数器
	S_CD	减计数器
S7 –300/400 计数器位指令	——（SC）	计数设定值置入计数器线圈
	——（CU）	计数加计数器线圈
	——（CD）	计数减计数器线圈
IEC 计数器	SFB0CTU	IEC 加计数器
	SFB1CTD	IEC 减计数器
	SFB2CTUD	IEC 加减计数器

2. S7 –300/400 计数器基础知识

S7 –300/400 PLC 提供了加、减计数功能，系统提供了加减计数器 S_CUD、加计数器 S_CU 和减计数器 S_CD 三个功能指令。

计数器是一种由位和字组成的复合单元，计数器的输出由位表示，其计数值存储在字存储器中。在 CPU 的存储器中留出了计数器区域，该区域用于存储计数器的计数值。每个计数器为 2 个字节（Byte），称为计数字，如图 8-41 所示。

计数器字中的 0 ~ 9 位以二进制代码形式存储当前的计数值，或者用 0 ~ 11 位以 BCD 码形式存储当前的计数值，当设置某个计数器时，计数器移至计数器字。计数器的范围为 0 ~ 999。此外，每个计数器还有一个二进制的状态位，用来表示计数器触点的状态。不同的 CPU 模板，用于计数器的储存区域也不同，S7 – 300 可使用计数器为 128 ~ 512 个，计数器的地址编号：C0 ~ C511。

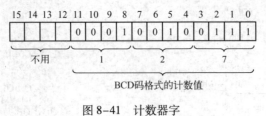

图 8-41　计数器字

8.3.2　计数器功能指令

计数器功能指令见表 8-20。

表 8-20　计数器功能指令

指 令 形 式	LAD	FBD
加减计数器	Cno S_CUD CU　Q CD　CV S　CV_BCD PV R	Cno S_CUD CU CD S　CV PVCV_BCD R　Q
加计数器	Cno S_CD CD　Q S　CV PV CV_BCD R	Cno S_CD CD S　CV PVCV_BCD R　Q
减计数器	Cno S_CU CU　Q S　CV PV CV_BCD R	Cno S_CU CU S　CV PVCV_BCD R　Q

指令中 Cno 是计数器编号，CU、CD 分别是加计数输入和减计数输入。PV 是计数器初始值，S 是计数预置输入端，R 是计数器复位端，Q 表示计数状态，CV 和 CV_ BCD 是当前计数值的整数和 BCD 码表示形式。

STL 程序中的计时器指令见表 8-21。

表 8-21　STL 程序中的计数器指令

计数器指令	说　　明
FR	使能计数器
L	将计数器的二进制计数值装入累加器 1

计数器指令	说　　明
LC	将计数器的 BCD 计数值装入累加器 1
R	复位计数器
T	将累加器 1 的内容传送给指定的字节、字或双字单元
S	将计数器的预置值送入计数字
CU	加计数器
CD	减计数器

1. 加减计数器 S_CUD

加减计数器 S_CUD 的输入 S 有上升沿时，计数值预置为输入 PV 的值。如果输入 R 为 1，则计数器复位，并将计数值设置为零。如果输入 CU 的信号状态从 "0" 变为 "1"，并且计数器的值小于 "999"，则计数器的值加 1。如果输入 CD 有上升沿，并且计数器的值大于 "0"，则计数器的值减 1。

如果两个计数输入都有上升沿，计数值保持不变。

如果已设置计数器，并且输入 CU/CD 的 RLO = 1，则即使没有从上升沿到下降沿或下降沿到上升沿的切换，计数器也会在下一个扫描周期进行相应的计数。

如果计数值大于等于零（"0"），则输出 Q 的信号状态为 "1"。

加减计数器 S_CUD 的梯形图与时序图如图 8-42 所示。

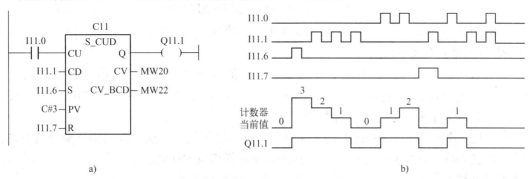

图 8-42　加减计数器 S_CUD

a) 梯形图　b) 时序图

加减计数等于将加计数和减计数融合在一个指令中，工作原理和单独的加计数和减计数相同，即当前计数器达到最大值 999 时，下一次 CU 的上升沿不影响计数器；反之，当前计数器达到最小值 0，下一次 CD 的下降沿不影响计数器。如果加计数 CU 和减计数 CD 的上升沿同时到来，则计数器的状态和计数值保持不变，对计数器没有影响。示例中加减计数器的时序图如图 8-42 所示。

【例 8-23】　在实际的监控系统中，我们常在监控面板上使用拨码开关给 PLC 设定数据。I0.0、I0.1、I0.2、I0.3 分别对应监控面板上的 4 个开关 S1、S2、S3、S4，当 I0.2 从 "0" 变为 "1" 时，计数器使用 PV 输入的预置值，当 I0.0 有上升沿时，C20 的值加 "1"；当 I0.1 有上升沿时，C20 的值减 "1"，当 I0.3 有上升沿时或者计数器当前值等于 10 时，C20 被清零，这样，通过开关 S1、S2 就实现了将 0～9 之间任意值传送给 PLC，程序如图 8-43 所示。

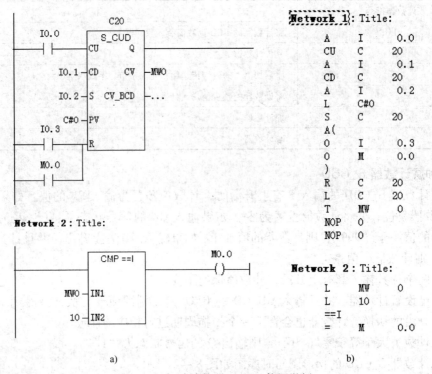

图 8-43　加减计数器 S_CUD 使用举例

a）梯形图　b）语句表

2. 加计数器 S_CU

加计数器 S_CU 的输入 S 有上升沿时，计数值预置为输入 PV 的值。如果输入 R 为"1"，则计数器复位，并将计数值设置为零。如果输入 CU 的信号状态从"0"变为"1"，并且计数器的值小于"999"，则计数器的值加 1。

如果已设置计数器，并且输入 CU 的 RLO = 1，则即使没有从上升沿到下降沿或下降沿到上升沿的切换，计数器也会在下一个扫描周期进行相应的计数。

如果计数值大于等于零（"0"），则输出 Q 的信号状态为"1"。

加计数器 S_CU 的梯形图如图 8-44a 所示。

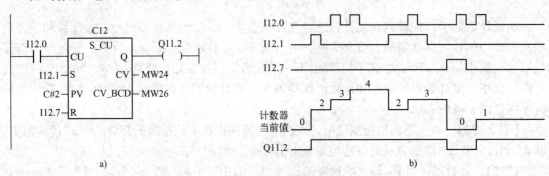

图 8-44　加计数器 S_CU

a）梯形图　b）时序图

加计数器的工作过程为：在 S 的信号上升沿，PV 值被装入计数器字中，当前计数值为 PV 计数预置值。在 CU 有上升沿信号，如果当前计数值小于 999，计数值加 1；如果当前计数值等于 999，则不进行计数操作。当复位输入 R 的信号由 0 变为 1，则计数器被复位，当前计数值清 0，输出 Q 变为 0。当设置输入端 S 的信号状态由 0 变为 1 时，如果此时 CU 输入端信号为 1，那么即使 CU 没有信号上升沿变化，下一个扫描周期也会计数。只要当前计数值大于 0，计数器的状态位输出 Q 就为 1，否则为 0。加计数器的时序图如图 8-44b 所示。

【例 8-24】 要用计数器实现电动机的单按钮启/停控制，可用操作按钮控制计数器的加 1 操作，然后取计数器当前值与 2 进行比较，如果计数器当前值为 1，则启动电动机，如果计数器当前值为 2，则复位计数器，同时停止电动机。控制程序如图 8-45 所示。

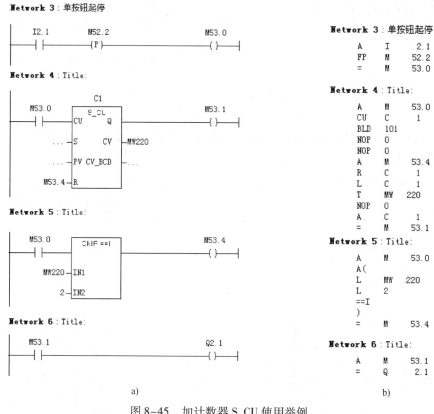

图 8-45　加计数器 S_CU 使用举例

a）梯形图　b）语句表

3. 减计数器 S_CD

减计数器 S_CD 的输入 S 有上升沿时，计数值预置为输入 PV 的值。如果输入 R 为 1，则计数器复位，并将计数值设置为零。如果输入 CD 的信号状态从 "0" 变为 "1"，并且计数器的值大于零，则计数器的值减 1。

如果已设置计数器，并且输入 CD 的 RLO = 1，则即使没有从上升沿到下降沿或下降沿到上升沿的改变，计数器也会在下一个扫描周期进行相应的计数。

如果计数值大于等于零（"0"），则输出 Q 的信号状态为 "1"。

减计数器 S_CD 的梯形图如图 8-46a 所示。

减计数器的工作过程为：在 S 的信号上升沿，PV 值被装入计数器字中，当前计数值为 PV 计数预置值。在 CD 的信号上升沿，如果当前计数值大于 0，开始减计数，则计数值减 1；如果当前计数值等于 0，则不进行计数操作。当复位输入 R 的信号由 0 变为 1，则计数器被复位，当前计数值清 0，输出 Q 变为 0。当设置输入端 S 的信号状态由 0 变为 1 时，如果此时 CD 输入端信号为 1，那么即使 CD 没有信号上升沿变化，下一个扫描周期也会计数。只要当前计数值大于 0，计数器的状态位输出 Q 就为 1，否则为 0。减计数器的时序图如图 8-46b 所示。

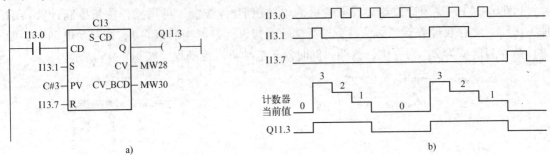

图 8-46 减计数器 S_CD

a) 梯形图 b) 时序图

【例 8-25】 计数器计 I5.1 的输入脉冲，初始计数设定值为 5，计数到时，Q5.0 输出为 "1"，程序如图 8-47 所示。

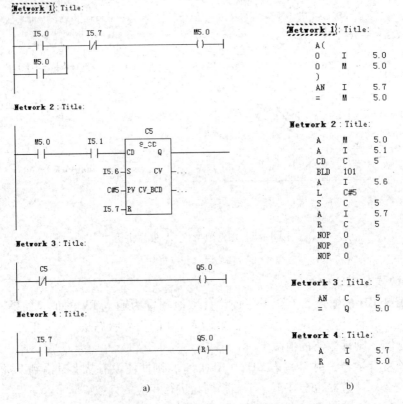

图 8-47 减计数器 S_CD 使用举例

a) 梯形图 b) 语句表

8.3.3 计数器线圈指令

计数器线圈指令见表 8-22。

表 8-22 计数器线圈指令

指令形式	LAD	FBD
计数设定值置入计数器线圈指令	—(SC)—	SC PV
计数加计数器线圈指令	—(CU)—	CU
计数减计数器线圈指令	—(CD)—	CD

1. 计数设定值置入计数器线圈指令

计数设定值置入计数器线圈指令在 RLO 状态出现上升沿时，才会执行。此时，设定值被传送至指定的计数器。

2. 计数加计数器线圈指令

计数加计数器线圈指令在 RLO 出现上升沿，并且计数器的值小于"999"时，将指定计数器的值加 1。如果 RLO 中没有上升沿，或者计数器的值已经是"999"，则计数器值不变。

3. 计数减计数器线圈指令

计数减计数器线圈指令在 RLO 出现上升沿，并且计数器的值大于"0"，将指定计数器的值减 1。如果 RLO 中没有上升沿，或者计数器的值已经是"0"，则计数器值不变。

【例 8-26】 I6.0 从"0"变为"1"时，启动计数器，读入预置值，之后计数器对 I6.1 的脉冲进行计数，每当 I6.1 从"0"变为"1"时，计数器计数值加 1，当计数值大于等于 5 时，Q6.0 输出"1"，如果 I6.7 从"0"变为"1"，则复位计数器，程序如图 8-48 所示。

8.3.4 IEC 计数器

IEC 计数器作为系统的功能模块（SFB）集成在 CPU 操作系统中。在相应的 CPU 中会有以下计数器：加计数器 SFB0 CTU、减计数器 SFB1 CTD 及加减计数器 SFB2 CTUD，见表 8-23。

IEC 计数器参数表见表 8-24。

1. 加计数器 SFB0 CTU

当加计数输入端 CU 的信号状态从"0"变为"1"时，当前计算值加 1，并在输出端 CV 上显示，第一次调用时（复位输入 R 信号状态为"0"），输入 PV 端的计数为默认值，当计数达到上限值 32767 后，计数值将不会再增加，CU 也不再起作用。

当复位输入端 R 的信号状态为"1"时，计数值复位为 0，只要输入端 R 状态为"1"，上升沿对 CU 就不再起作用，当 CV 值大于或等于 PV 值时，输出端 Q 为"1"。

SFB0 CTU 在 START 和 RUN 模式下执行，冷启动时复位。

【例 8-27】 "IEC-CTD1"为 SFB0 CTU 的背景数据块，当 I16.0 从"0"变为"1"时，加计数器 SFB0 CTU 从 PV 输入得到计数值 5，当 I16.1 从"0"变为"1"时，当前计

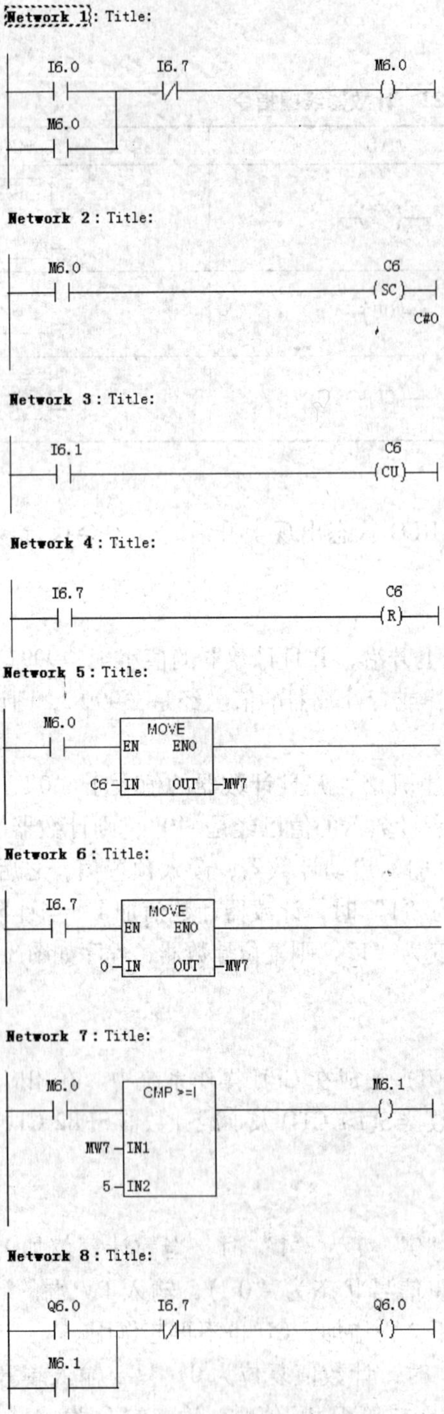

Network 1: Title:

```
   I6.0        I6.7              M6.0
  ──┤├────┬────┤/├──────────────( )──
           │
   M6.0    │
  ──┤├─────┘
```

Network 2: Title:

```
   M6.0                          C6
  ──┤├──────────────────────────(SC)──
                                 C#0
```

Network 3: Title:

```
   I6.1                          C6
  ──┤├──────────────────────────(CU)──
```

Network 4: Title:

```
   I6.7                          C6
  ──┤├──────────────────────────(R)──
```

Network 5: Title:

```
   M6.0       MOVE
  ──┤├────┤EN      ENO├─────────────
           │             │
      C6──┤IN      OUT├──MW7
```

Network 6: Title:

```
   I6.7       MOVE
  ──┤├────┤EN      ENO├─────────────
           │             │
       0──┤IN      OUT├──MW7
```

Network 7: Title:

```
   M6.0     CMP >=I            M6.1
  ──┤├────┤            ├───────( )──
           │             │
    MW7──┤IN1           │
           │             │
      5──┤IN2           │
```

Network 8: Title:

```
   Q6.0        I6.7              Q6.0
  ──┤├────┬────┤/├──────────────( )──
           │
   M6.1    │
  ──┤├─────┘
```

a)

Network 1: Title:

```
      A(
      O     I      6.0
      O     M      6.0
      )
      AN    I      6.7
      =     M      6.0
```

Network 2: Title:

```
      A     M      6.0
      L     C#0
      S     C      6
```

Network 3: Title:

```
      A     I      6.1
      CU    C      6
```

Network 4: Title:

```
      A     I      6.7
      R     C      6
```

Network 5: Title:

```
      A     M      6.0
      JNB   _001
      L     C      6
      T     MW     7
 _001: NOP  0
```

Network 6: Title:

```
      A     I      6.7
      JNB   _002
      L     0
      T     MW     7
 _002: NOP  0
```

Network 7: Title:

```
      A     M      6.0
      A(
      L     MW     7
      L     5
      >=I
      )
      =     M      6.1
```

Network 8: Title:

```
      A(
      O     Q      6.0
      O     M      6.1
      )
      AN    I      6.7
      =     Q      6.0
```

b)

图 8-48 计数器线圈指令使用举例

a) 梯形图 b) 语句表

表 8-23　IEC 计数器

指令形式	LAD	FBD
SFB0 CTU	"CTU" EN　ENO CU　Q R　CV PV	"CTU" EN CU　Q R　CV PV　ENO
SFB1 CTD	"CTD" EN　ENO CD　Q LOAD　CV PV	"CTD" EN CD　Q LOAD　CV PV　ENO
SFB2 CTUD	"CTUD" EN　ENO CU　QU CD　QD R　CV LOAD PV	"CTUD" EN CU CD　QU R　QD LOAD　CV PV　ENO

表 8-24　IEC 计数器参数表

名称	声明	数据类型	说明
CU	Input	BOOL	加计数输入
CD	Input	BOOL	减计数输入
R	Input	BOOL	复位输入
LOAD	Input	BOOL	加载输入
PV	Input	INT	预置数
Q	Output	BOOL	计数器状态
QU	Output	BOOL	加计数状态
QD	Output	BOOL	减计数状态
CV	Output	INT	当前计算值

算值加 1，如果 I16.7 从 "0" 变为 "1"，则计数器复位为 "0"，从 MW118 可以读出计数器的当前值，当 MW118 值大于或等于 PV 值时，输出 M115.2 为 "1"，程序如图 8-49 所示。

2. 减计数器 SFB1 CTD

当减计数输入端 CD 的信号状态从 "0" 变为 "1" 时，当前计算值减 1，并在输出端 CV 上显示，第一次调用时（加载输入端 LOAD 的信号状态为 "0"），输入 PV 端的计数为默认值，当计数达到下限值 -32768 后，计数值将不会再减少，CD 也不再起作用。

当加载输入端 LOAD 为 "1" 时，计数值将设定成 PV 默认值，只要加载输入端 LOAD 状态是 "1"，输入端 CD 上的上升沿不起作用。当 CV 值小于或等于 0 时，输出端 Q 为 "1"。

SFB1 CTD 在 START 和 RUN 模式下执行，冷启动时复位。

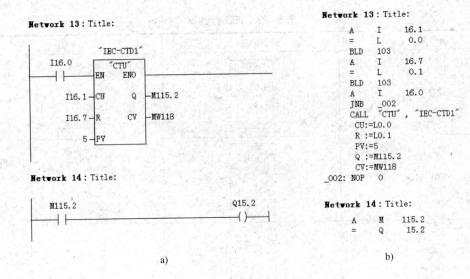

图 8-49 计数器 SFB0 CTU 使用举例
a) 梯形图　b) 语句表

【例8-28】 "IEC – CTUD" 为 SFB1 CTD 的背景数据块，当 I17.0 从 "0" 变为 "1" 时，减计数器 SFB1 CTD 从 PV 输入得到计数值 5，当 I17.1 从 "0" 变为 "1" 时，当前计算值减 1，如果 I17.6 从 "0" 变为 "1"，则计数器将计数值设定成 PV 值，从 MW120 可以读出计数器的当前值，当 MW120 值小于或等于 0 时，输出 M115.3 为 "1"，程序如图 8-50 所示。

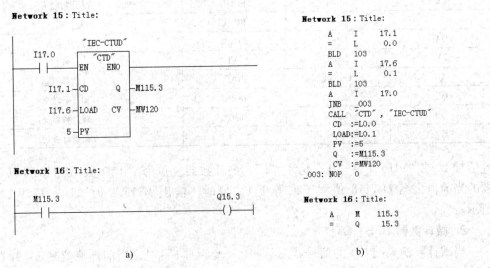

图 8-50 计数器 SFB1 CTD 使用举例
a) 梯形图　b) 语句表

3. 加减计数器 SFB2 CTUD

当加计数输入端 CU 的信号状态从 "0" 变为 "1" 时，当前计算值加 1，并在输出端 CV 上显示。当减计数输入端 CD 的信号状态从 "0" 变为 "1" 时，当前计算值减 1，并在输出端 CV 上显示。如果两个输入端都是上升沿，当前计数值将保持不变。

292

当计数值达到上限值 32767 后，加计数输入端 CU 的上升沿不再起作用。因此，即使加计数输入端 CU 出现上升沿，计数值也不会增加。同理，当计数值达到下限值 -32768 后，减计数输入端 CD 也不再起作用，因此，即使减计数输入端 CD 出现上升沿，计数值也不会减少。

当加载输入端 LOAD 为"1"时，计数值将设定成 PV 默认值，只要加载输入端 LOAD 状态是"1"，上升沿信号对两个计数输入都不起作用。

当复位输入端 R 的信号状态为"1"时，计数值复位为 0，只要输入端 R 状态为"1"，上升沿信号对两个计数输入以及加载输入端 LOAD 的信号状态"1"都不起作用。

当 CV 值大于或等于 PV 值时，输出 QU 为"1"。当 CV 值小于或等于 0 时，输出 QD 为"1"。

SFB2 CTUD 在 START 和 RUN 模式下执行，冷启动时复位。

【例 8-29】 "IEC - CTU1"为 SFB2 CTUD 的背景数据块，当 I15.0 从"0"变为"1"时，加减计数器 SFB2 CTUD 从 PV 输入得到计数值 5，当 I15.1 从"0"变为"1"时，当前计算值加 1，当 I15.2 从"0"变为"1"时，当前计算值减 1，如果 I15.7 从"0"变为"1"，则计数值复位为 0，如果 I15.6 从"0"变为"1"，则计数器将计数值设定成 PV 值，从 MW116 可以读出计数器的当前值，当 MW116 值大于或等于 PV 值时，输出 M115.0 为"1"，当 MW116 值小于或等于 0 时，输出 M115.0 为"1"，程序如图 8-51 所示。

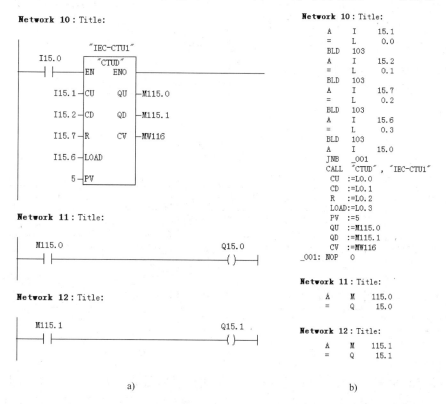

图 8-51 计数器 SFB2 CTUD 使用举例

a) 梯形图 b) 语句表

8.4 数据处理指令

8.4.1 装入 L 和传送 T 指令

装入和传送指令用于在存储区与过程输入输出之间，或存储区之间进行交换数据，CPU在每次扫描中将无条件执行这些指令，即这些指令不受语句逻辑操作结果（RLO）的影响。

对于 LAD 及 FBD 形式的装入与传送，是用 MOVE 指令框来实现的。MOVE 指令为功能框图形式的传送指令，能够将输入端 IN 中类型为 I、Q、M、L、D 的数据传送至输出端 OUT，EN 为使能输入端，当其为"1"时，激活指令。ENO 则为使能输出端。

LAD 及 FBD 形式的 MOVE 指令见表 8-25。

表 8-25　LAD 及 FBD 形式的 MOVE 指令

	LAD	FBD
传送指令	MOVE EN　ENO IN　OUT	MOVE EN　OUT IN　ENO

需要注意的是，对于操作数类型为 I、Q、M、L、D 的传送，用 LAD 或 FBD 的 MOVE 指令即可；装入时间值或计数器值，用 LAD 和 FBD 的定时器与计数器指令即可；而对于立即寻址的装入与传送、直接寻址的装入与传送、间接寻址的装入与传送、地址寄存器的装入与传送等则只能用语句表指令来实现。

对于 STL 形式的装入和传送指令，用助记符 L 和 T 来实现数据的装入和传送，如图 8-52和图 8-53 所示。

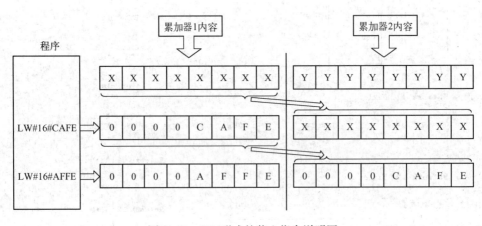

图 8-52　STL 形式的装入指令说明图

由图 8-53 可知，装入指令和传送指令必须通过累加器进行数据交换，装入指令将源寻址单元中的内容装入累加器 1 中，而将累加器 1 中原有的数据移入累加器 2，累加器 2 中的原有数据被覆盖；传送指令将累加器 1 中的内容复制并写入目的地址存储区中，累加器 1 的内容不变。数据长度小于 32 位时，数据在累加器中右对齐（即低位对齐），其余各位补 0，

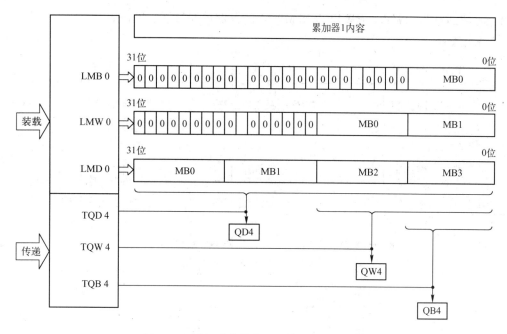

图 8-53　STL 形式的装入和传送指令说明图

另外，STL 形式还可以实现立即寻址的装入与传送、直接寻址的装入与传送、间接寻址的装入与传送、地址寄存器的装入与传送等，不同类型的装入与传送指令格式也不相同，具体见表 8-26。

表 8-26　STL 形式的装入与传送指令

	STL	说　明
装入和传送指令	L　＜地址＞	装入指令，将数据装入累加器 1，累加器 1 原有的数据装入累加器 2
	L　　STW	将状态字装入累加器 1
	LAR1　AR2	将地址寄存器 2 的内容装入地址寄存器 1
	LAR1　＜D＞	将 32 位双字指针＜D＞装入地址寄存器 1
	LAR2　＜D＞	将 32 位双字指针＜D＞装入地址寄存器 2
	LAR1	将累加器 1 的内容（32 位指针常数）装入地址寄存器 1
	LAR2	将累加器 1 的内容（32 位指针常数）装入地址寄存器 1
	T　＜地址＞	传送指令，将累加器 1 的内容写入目的存储区，累加器 1 的内容不变
	TAR1　AR2	将地址寄存器 1 的内容传送到地址寄存器 2
	TAR1　＜D＞	将地址寄存器 1 的内容传送到 32 位指针
	TAR2　＜D＞	将地址寄存器 2 的内容传送到 32 位指针
	TAR1	将地址寄存器 1 的内容传送到累加器 1，累加器 1 中的内容保存到累加器 2
	TAR2	将地址寄存器 2 的内容传送到累加器 1，累加器 1 中的内容保存到累加器 2
	CAR	交换地址寄存器 1 和地址寄存器 2 中的数据

【例 8-30】　在如图 8-54 所示程序中，利用了 LAD 的 MOVE 指令实现了当常开触点 I7.0 得电闭合时将 8000H 赋值于地址为 MW40、MW42 以及 MW44 的存储单元，当常开触点 I7.7 得

电闭合时将地址为 MW40、MW42 以及 MW44 的存储单元清零的操作。

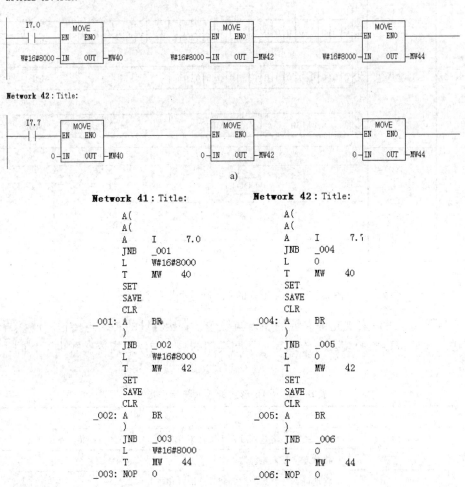

图 8-54　装入和传送指令举例

a) 梯形图　b) 语句表

8.4.2　比较指令

比较指令用于比较数据的大小，按照所比较的数据类型不同可分为整数比较指令、双精度整数比较指令及实数比较指令三种类型。三种类型中，比较指令的使用方法基本相同。

对于 LAD 及 FBD 形式的比较指令，将参数 IN1 提供的数据与参数 IN2 提供的数据进行比较，比较时必须保证两个数的数据类型相同，数据类型可以是整数、双精度整数或实数。若比较的结果为真，则 RLO 为 1，否则为 0。

而对于 STL 形式，比较指令将比较累加器 2 与累加器 1 中的数据大小，比较时也必须保证两个数的数据类型相同，数据类型可以是整数、长整数或实数。若比较的结果为真，则 RLO 为 1，否则为 0。

比较指令的梯形图、FBD 及语句表形式见表 8-27。

表 8-27　比较指令的梯形图、FBD 及语句表形式

	LAD	FBD	STL	说　明
比较指令	CMP ==I IN1 IN2	CMP ==I IN1 IN2	= = I	整数相等
	CMP <>I IN1 IN2	CMP <>I IN1 IN2	< > I	整数不等
	CMP >I IN1 IN2	CMP <I IN1 IN2	> I	整数大于
	CMP >=I IN1 IN2	CMP <=I IN1 IN2	> = I	整数大于等于
	CMP <I IN1 IN2	CMP >I IN1 IN2	< I	整数小于
	CMP <=I IN1 IN2	CMP >=I IN1 IN2	< = I	整数小于等于
	CMP ==D IN1 IN2	CMP ==D IN1 IN2	= = D	长整数相等
	CMP <>D IN1 IN2	CMP <>D IN1 IN2	< > D	长整数不等
	CMP >D IN1 IN2	CMP >D IN1 IN2	> D	长整数大于
	CMP >=D IN1 IN2	CMP >=D IN1 IN2	> = D	长整数大于等于
	CMP <D IN1 IN2	CMP <D IN1 IN2	< D	长整数小于
	CMP <=D IN1 IN2	CMP <=D IN1 IN2	< = D	长整数小于等于
	CMP ==R IN1 IN2	CMP ==R IN1 IN2	= = R	实数相等

297

	LAD	FBD	STL	说明
比较指令	CMP <>R IN1 IN2	CMP <>R IN1 IN2	< >R	实数不等
	CMP >R IN1 IN2	CMP >R IN1 IN2	> R	实数大于
	CMP >=R IN1 IN2	CMP >=R IN1 IN2	> = R	实数大于等于
	CMP <R IN1 IN2	CMP <R IN1 IN2	< R	实数小于
	CMP <=R IN1 IN2	CMP <=R IN1 IN2	< = R	实数小于等于

【例8-31】 在如图8-55所示程序利用比较指令完成单按钮控制电动机起、停的功能，其中I2.1为控制按钮地址，Q2.1为电动机地址，当第一次按下控制按钮时电动机开启，再次按下控制按钮时则电动机停止，依此类推。

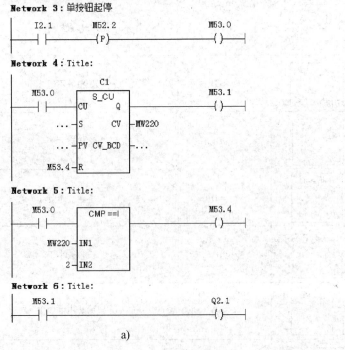

图 8-55 比较指令举例

a）梯形图 b）语句表

298

8.4.3 移位和循环指令

1. 移位指令

移位指令可分为有符号数移位和无符号数移位两种类型，其中，有符号数移位指令包括整型和双整型右移指令，无符号数移位指令包括字和双字的左移及右移指令。

对于 LAD 及 FBD 形式的移位指令，指令可以将输入 IN 中的数据左移或右移一定的位数，结果送给输出 OUT，二进制数左移一位相当于将原数值乘以 2，右移一位相当于将原数值除以 2。有符号数右移后，空出来的位用符号位填充，正数用 0 填充，负数用 1 填充。无符号数移位后，空出来的位用 0 填充；将最后移出位装入到状态字的 CC1 中，输入参数 N 提供的数值表示移动的位数，EN 和 ENO 分别为使能输入和使能输出端。

对于 STL 形式的移位指令，可实现对累加器 1 的低字节内容或整个累加器的内容进行逐位移动，结果保存在累加器 1 中，移动的位数由移位指令中给定的数值或累加器 2 低字节的数值来确定。

移位指令的梯形图、FBD 及语句表形式见表 8-28。

表 8-28 移位指令的梯形图、FBD 及语句表形式

	LAD	FBD	STL	说　明
移位指令	SHR_I（EN ENO / IN OUT / N）	SHR_I（EN / IN OUT / N ENO）	SSI	整数右移指令，空出的位用符号位填充，正数用 0 填充，负数用 1 填充
	SHR_DI（EN ENO / IN OUT / N）	SHR_DI（EN / IN OUT / N ENO）	SSD	长整数右移指令，空出的位用符号位填充，正数用 0 填充，负数用 1 填充
	SHL_W（EN ENO / IN OUT / N）	SHL_W（EN / IN OUT / N ENO）	SLW	字左移指令，空出的位用 0 填充，最后移出位装入状态字 CC1 中
	SHR_W（EN ENO / IN OUT / N）	SHR_W（EN / IN OUT / N ENO）	SRW	字右移指令，空出的位用 0 填充，最后移出位装入状态字 CC1 中
	SHL_DW（EN ENO / IN OUT / N）	SHL_DW（EN / IN OUT / N ENO）	SLD	双字左移指令，空出的位用 0 填充，最后移出位装入状态字 CC1 中
	SHR_DW（EN ENO / IN OUT / N）	SHR_DW（EN / IN OUT / N ENO）	SRD	双字右移指令，空出的位用 0 填充，最后移出位装入状态字 CC1 中

【例8-32】 在如图8-56所示的程序中，利用了字左移及字右移指令完成当常开触点 I23.1 得电闭合时将 MW20 中的内容右移 4 位，以及当常开触点 I23.4 得电闭合时将 MW26 中的内容左移 4 位的操作。移位过程如图 8-57 及图 8-58 所示。

Network 3 : Title:

```
  I23.1      M50.1          SHR_W
 ──┤├──────(P)──────────EN      ENO──────
                      MW20─IN     OUT─MW20

                    W#16#1─N
```

Network 3 : Title:
```
        A     I      23.1
        FP    M      50.1
        JNB   _00d
        L     W#16#1
        L     MW     20
        SRW
        T     MW     20
_00d:   NOP    0
```

Network 6 : Title:

```
  I23.4      M50.4          SHL_W
 ──┤├──────(P)──────────EN      ENO──────
                      MW26─IN     OUT─MW26

                    W#16#4─N
```

Network 6 : Title:
```
        A     I      23.4
        FP    M      50.4
        JNB   _010
        L     W#16#4
        L     MW     26
        SLW
        T     MW     26
_010:   NOP    0
```

a)   b)

图 8-56 移位使用举例 1

a) 梯形图 b) 语句表

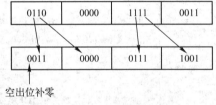

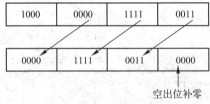

图 8-57 字右移 1 位的移位过程　　　　图 8-58 字左移 4 位的移位过程

2. 循环指令

循环指令又分为双字循环左移指令和双字循环右移指令，用于对双字数据进行循环移位。

对于 LAD 及 FBD 形式的循环指令，使用该指令可以将输入 IN 中的全部内容循环地逐位左移或右移，空出的位用移出位的信号状态填充。输入参数 N 提供的数值表示循环移动的位数，OUT 是循环移位操作的结果，EN 和 ENO 分别为使能输入端和使能输出端。

对于 STL 形式的循环指令，该指令可将累加器 1 中的数据逐位循环左移和右移，空出的位用移出的位进行填充。另外，STL 形式的循环指令具有两种 LAD 及 FBD 形式不具备的循环，即带 CC1 位的循环左移指令 RLDA 及带 CC1 位的循环右移指令 RRDA，其中，RLDA 的作用是将累加器 1 与状态为 CC1 一起循环左移 1 位，即 CC1 移入累加器的第 0 位，累加器的第 31 位移入 CC1；RRDA 则是将累加器 1 与状态为 CC1 一起循环右移 1 位，即 CC1 移入累加器的第 31 位，累加器的第 0 位移入 CC1。

循环指令的梯形图、FBD 及语句表形式见表 8-29。

表 8-29 循环指令的梯形图、FBD 及语句表形式

	LAD	FBD	STL	说　　明
循环指令	ROL_DW EN　ENO IN　OUT N	ROL_DW EN IN　OUT N　ENO	RLD	双字循环左移
	ROR_DW EN　ENO IN　OUT N	ROR_DW EN IN　OUT N　ENO	RRD	双字循环右移
	—	—	RLDA	带 CC1 位的循环左移
	—	—	RRDA	带 CC1 位的循环右移

【例 8-33】　利用循环移位指令，设计一个 32 位彩灯的"追灯"程序，要求"追灯"的花样可以控制，彩灯的速度可以改变。循环左移 1 位的移位过程如图 8-59 所示。梯形图和语句表如图 8-60 所示，如果要改变花样只需要改变 MOVE 指令中赋予 MD1 的数值即可。

图 8-59　双字循环左移 1 位的移位过程

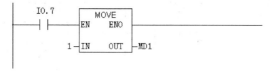

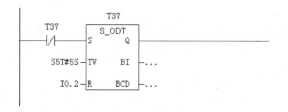

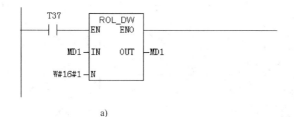

a)

图 8-60　循环指令使用举例

a) 梯形图　b) 语句表

8.4.4 字逻辑运算指令

字逻辑运算指令用于对字或双字逐位进行逻辑运算,包括"与"、"或"、"异或"等。

对于 LAD 和 FBD 形式的字逻辑运算指令,由参数 IN1 和 IN2 提供参与运算的两个操作数,运算结果保存在由 OUT 指定的存储区内。逻辑运算结果影响状态字的标志位。如果逻辑运算的结果为 0,则 CCl 位被复位为 0。如果逻辑运算的结果非 0,则 CCl 被置为 1。EN 为使能输入信号,当其为"1"时,激活字逻辑运算,ENO 则为使能输出端。

如图 8-61 所示,为 LAD 形式的字逻辑指令说明图,这里将 IW0 与 W#16#5F2A 分别作"与"、"或"、"异或"运算,结果如图中所示。

对于 STL 形式的字逻辑运算指令,两个操作数中的一个在累加器 1 中,另一个在累加器 2 中或者在指令中以立即数的方式给出,最终的运算结果存放在累加器 1 中,累加器 2 的内容保持不变。如果逻辑运算的结果为 0,则 CCl 位被复位为 0。如果逻辑运算的结果非 0,则 CCl 被置为 1。字逻辑指令的 LAD、FBD 及 STL 形式见表 8-30。

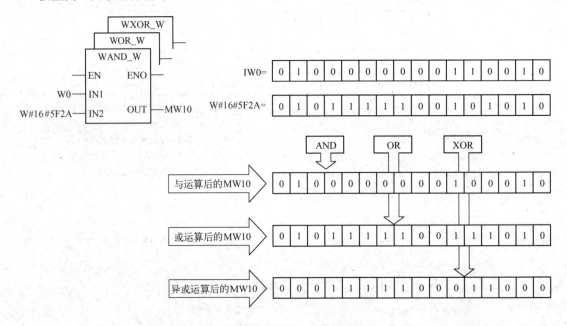

图 8-61 字逻辑指令说明图

表 8-30 字逻辑指令的 LAD、FBD 及 STL 形式

	LAD	FBD	STL	说　明
字逻辑指令	WAND_W EN　ENO IN1　OUT IN2	WAND_W EN IN1　OUT IN2　ENO	AW	字与运算
	WOR_W EN　ENO IN1　OUT IN2	WOR_W EN IN1　OUT IN2　ENO	OW	字或运算

LAD	FBD	STL	说　明
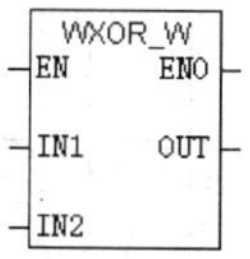 WXOR_W EN　ENO IN1　OUT IN2	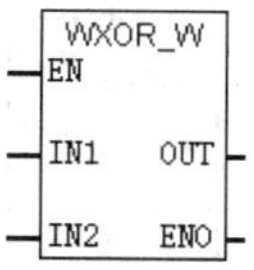 WXOR_W EN IN1　OUT IN2　ENO	XOW	字异或运算
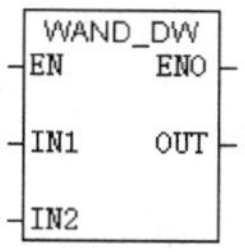 WAND_DW EN　ENO IN1　OUT IN2	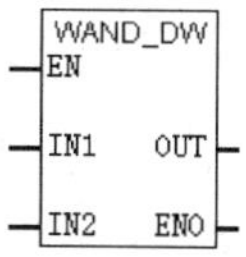 WAND_DW EN IN1　OUT IN2　ENO	AD	双字与运算
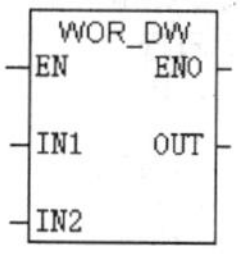 WOR_DW EN　ENO IN1　OUT IN2	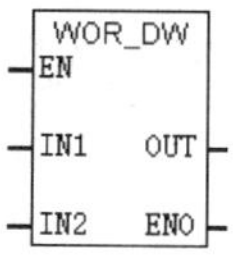 WOR_DW EN IN1　OUT IN2　ENO	OD	双字或运算
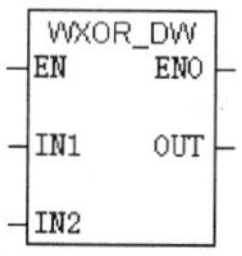 WXOR_DW EN　ENO IN1　OUT IN2	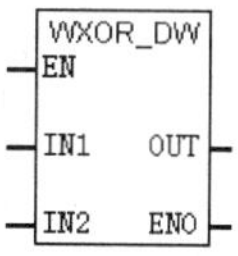 WXOR_DW EN IN1　OUT IN2　ENO	XOD	双字异或运算

（左侧竖排：字逻辑指令）

【例8-34】　在任何一个控制系统中都设有许多信号指示灯，对于许多信号指示灯的测试功能的处理方法，除了常用的直接控制法之外，还有一种就是要用到逻辑运算指令的矩阵控制法。指示灯矩阵将有指示灯的输出字按顺序排列起来构成方阵，测试矩阵是开辟一块与指示灯矩阵中同样长度的存储单元矩阵，并且各点与指示灯矩阵一一对应。按着指示灯矩阵中相应的点是否有指示灯，将测试矩阵的各点设为"1"或"0"（有指示灯为"1"，无指示灯为"0"），那么测试矩阵就是一个常数矩阵。用测试矩阵同指示灯矩阵进行"或"操作，就可使控制的指示灯全部亮起；用测试矩阵的"非"矩阵同指示灯输出矩阵进行"与"操作，就可使控制的指示灯全部熄灭。

例如某控制系统中共有30个指示灯，分部情况见表8-31，画"√"处对应的输出点为指示灯控制输出点，空白处为无指示灯。两个指示灯测试按钮：I0.0为熄灭测试按钮输入点，I0.1为亮起测试按钮输入点。

表8-31　指示灯分布表

输出地址	指示灯分布情况							
Q0.0 ~ Q0.7	√	√	√	√	√	√	√	√
Q1.0 ~ Q1.7	√	√	√	√	√	√	√	√
Q2.0 ~ Q2.7	√	√	√	√	√	√	√	√
Q3.0 ~ Q3.7	√	√	√	√	√	√		

根据指示灯的分布情况，构造了一个测试矩阵，由MB0 ~ MB3组成，共4个存储单元，矩阵的内容对照指示灯输出矩阵，有灯点设为"1"，无灯点设为"0"，结果见表8-32。

表8-32　指示灯测试矩阵

存储单元 \ 位	7	6	5	4	3	2	1	0
MB0	1	1	1	1	1	1	1	1
MB1	1	1	1	1	1	1	1	1
MB2	1	1	1	1	1	1	1	1
MB3	0	0	1	1	1	1	1	1

测试程序如图8-62所示。

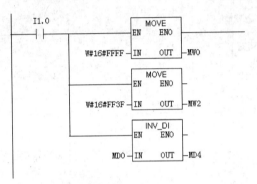

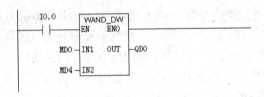

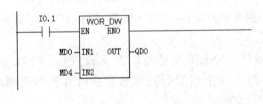

a)

b)

图8-62　字逻辑指令使用举例

a) 梯形图　b) 语句表

8.5　运算指令

8.5.1　转换指令

转换指令用于对数据进行类型转换，它可实现 BCD 码与整数、整数与长整数、长整数与实数、整数求反码、整数求补码、浮点数求反以及累加器字节顺序调整等多种数据转换操作。图8-63所示为数据类型转换指令示意图。

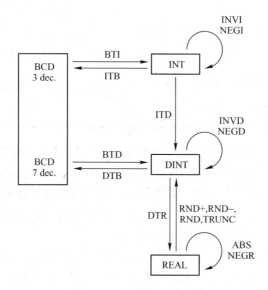

图 8-63 转换指令示意图

对于 LAD 及 FBD 形式的转换指令，它将由 IN 提供的数据进行类型转换，转换结果送给输出 OUT，EN 和 ENO 分别为使能输入和使能输出端，当 EN 端为"1"时，激活转换指令。

对于 STL 形式的转换指令，它是将累加器 1 中的数据进行数据类型转换，转换结果仍放在累加器 1 中。

这里将转换指令分为 4 大类来分别介绍。

1. BCD 码、整数、长整数间的互相转换指令

BCD 码、整数和长整数三者之间的转换指令总共有 5 种，见表 8-33。

表 8-33　BCD 码、整数、长整数间的互相转换指令

	LAD	FBD	STL	说　明
B C D 码、整数、长整数间的互相转换指令	BCD_I EN　ENO IN　OUT	BCD_I EN　OUT IN　ENO	BTI	3 位 BCD 码转换成 16 位整数
	I_BCD EN　ENO IN　OUT	I_BCD EN　OUT IN　ENO	ITB	16 位整数转换为 3 位 BCD 码
	BCD_DI EN　ENO IN　OUT	BCD_DI EN　OUT IN　ENO	BTD	7 位 BCD 码转换为 32 位长整数
	DI_BCD EN　ENO IN　OUT	DI_BCD EN　OUT IN　ENO	DTB	32 位长整数转换为 7 位 BCD 码

BCD 码、整数、长整数间的互相转换指令	LAD	FBD	STL	说　明
	I_DI EN ENO IN OUT	I_DI EN OUT IN ENO	ITD	16 位整数转换为 32 位长整数

表8-33 中，LAD 及 FBD 形式的指令都是以 EN 为使能输入端、ENO 为使能输出端，两者具有相同的信号状态；IN 为待转换数据输入端，OUT 为转换输出端。STL 形式的指令则不同，它的待转换数据在累加器 1 中，将累加器 1 的数据进行数据类型转换后，转换结果仍旧放在累加器 1 中，因此在使用 STL 形式的指令做数据转换之前，首先应当用装载和传送指令将待转换数据装入到累加器 1 中去。

【例8-35】　工程中经常会遇到数据设定、数据显示的情形，此时就需要通过 BCD 码与整数或长整数转换指令来实现。如图 8-64 所示，用户程序利用拨轮按钮输入的值执行数学功能，并把结果显示在数据显示窗中。数学功能不能用 BCD 格式执行，所以必须先转换格式。转换指令 S7 – 300/400 指令集支持多种转换功能。

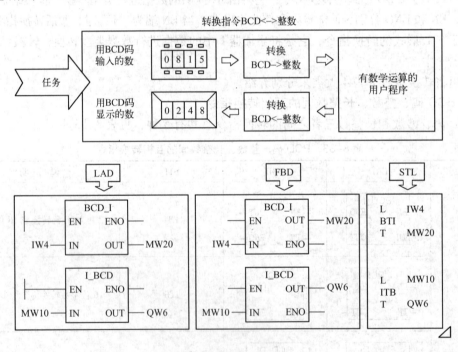

图 8-64　转换指令应用例1

【例8-36】　使用整数的用户程序有时需要执行除法，可能出现结果小于 1 的情况。由于这些值只能用实数表示，所以需要转换为实数。这样，首先需要把整数转换成双整数。如图 8-65 所示。

2. 浮点数与长整数的转换指令

浮点数与长整数的转换指令总共有 5 种，见表8-34。

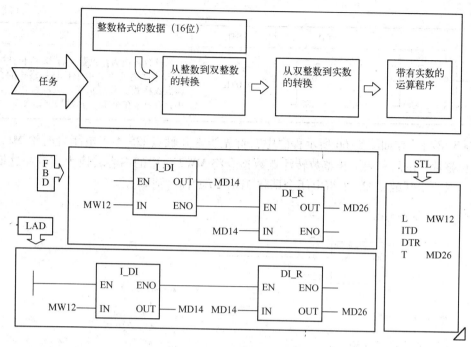

图 8-65　转换指令应用例 2

表 8-34 中，LAD 及 FBD 形式的指令都是以 EN 为使能输入端、ENO 为使能输出端；IN 为待转换数据输入端，OUT 为转换输出端。STL 形式的指令则不同，它的待转换数据在累加器 1 中，将累加器 1 的数据进行数据类型转换后，转换结果仍旧放在累加器 1 中，在使用 STL 形式的指令做数据转换之前，首先应当用装载和传送指令将待转换数据装入到累加器 1 中去。

表 8-34　浮点数与长整数的转换指令

	LAD	FBD	STL	说　明
浮点数与长整数的转换指令	ROUND —EN　ENO— —IN　OUT—	ROUND —EN　OUT— —IN　ENO—	RND	浮点数转换为四舍五入的长整数，将 32 位浮点数的小数部分舍去（4 舍 6 入 5 取偶的方法），得到最接近的整数，若转换结果刚好在两个相邻的整数之间，则选择偶数为转换结果
	CEIL —EN　ENO— —IN　OUT—	CEIL —EN　OUT— —IN　ENO—	RND +	浮点数转换为大于等于该数的最小长整数，将 32 位浮点数转换为大于或等于该浮点数的最小长整数
	FLOOR —EN　ENO— —IN　OUT—	FLOOR —EN　OUT— —IN　ENO—	RND −	浮点数转换为小于等于该数的最大长整数，将 32 位浮点数转换为小于或等于该浮点数的最大长整数
	TRUNC —EN　ENO— —IN　OUT—	TRUNC —EN　OUT— —IN　ENO—	TRUNC	浮点数转换为截位取整的长整数，截取 32 位浮点数的整数部分，并转为长整数

浮点数与长整数的转换指令	LAD	FBD	STL	说　明
	DI_R EN　OUT IN　ENO	DI_R EN　OUT IN　ENO	DTR	长整数转换为浮点数，将 32 位长整数转换为 32 位的浮点数，由于长整数格式的大数比浮点数格式的数更精确，所以在转换的过程中，有可能在相邻的有效数处产生舍入

【例 8-37】　在如图 8-66 所示程序中，首先当常开触点 I25.1 得电闭合时给 MD222 赋予初值长整数，之后利用了长整数转浮点数指令将 MW222 中的内容转换为实数，这期间任意时刻，只要常开触点 I25.1 得电闭合即将 MW120 的内容清零。

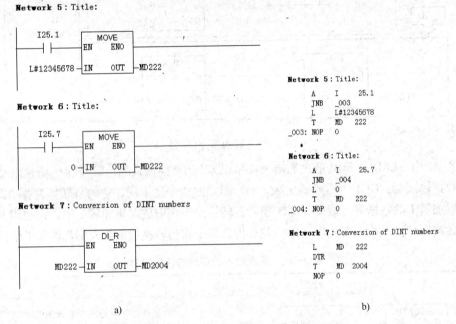

图 8-66　浮点数与长整数的转换指令使用举例

a）梯形图　b）语句表

3. 取反与求补指令

取反与求补转换指令总共有 5 种，见表 8-35。

表 8-35　取反与求补转换指令

取反与求补转换指令	LAD	FBD	STL	说　明
	INV_I EN　ENO IN　OUT	INV_I EN　OUT IN　ENO	INVI	求整数的二进制反码，逐位求反（即将"1"变为"0"，"0"变为"1"）
	NEG_I EN　ENO IN　OUT	NEG_I EN　OUT IN　ENO	NEGI	求整数的二进制补码（对反码加1）

LAD	FBD	STL	说　　明
INV_DI EN　ENO IN　OUT	INV_DI EN　OUT IN　ENO	INVD	求长整数的二进制补码（对反码加1）
NEG_DI EN　ENO IN　OUT	NEG_DI EN　OUT IN　ENO	NEGD	求长整数的二进制反码，逐位求反（即将"1"变为"0"，"0"变为"1"）
NEG_R EN　ENO IN　OUT	NEG_R EN　OUT IN　ENO	NEGR	对浮点数求反也就是将符号位（第31位）取反，即使对于无效实数也是如此

取反与求补转换指令

表8-35中，LAD及FBD形式的指令都是以EN为使能输入端、ENO为使能输出端；IN为待转换数据输入端，OUT为转换输出端。STL形式的指令则不同，它的待转换数据在累加器1中，将累加器1的数据进行数据类型转换后，转换结果仍旧放在累加器1中，在使用STL形式的指令做数据转换之前，首先应当用装载和传送指令将待转换数据装入到累加器1中去。

4. 累加器1调整指令

累加器1调整转换指令总共有两种，均为STL形式，见表8-36。

表8-36　累加器1调整转换指令

	LAD	FBD	STL	说　　明
累加器1调整转换指令	—	—	CAW	交换累加器1中低字的字节顺序
	—	—	CAD	交换累加器1中的字节顺序

表8-36中，只有STL形式才具有累加器1调整转换指令，分别为交换累加器1中低字的字节顺序指令CAW和交换累加器1中的字节顺序指令CAD，通过使用它们，可以实现交换累加器1中低字节的字节顺序或其整个字节顺序，假设使用CAW之前，累加器1的低字节内容为W#16# X1X2，则通过CAW指令操作之后，累加器1的低字内容变为W#16# X2X1，即改变了其字节顺序；同样的道理，假设使用CAD指令之前，累加器1的字节内容为DW#16# X1X2X3X4，则使用CAD指令之后，累加器1的内容为DW#16# X4 X3 X2 X1。

【例8-38】　在灌装生产线中，需要对瓶数作统计，另外，瓶以6个为单位打一个包装，包装数需要计算并显示，本例就利用转换指令完成这个功能。

对应的程序如图8-67所示，其中：

程序段1中，当I0.0从0变到1时，加计数器加一。当前的计数值以BCD码的形式保存在MW4中。

程序段2中，将MW2置零。

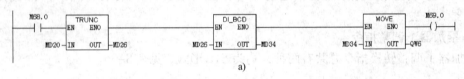

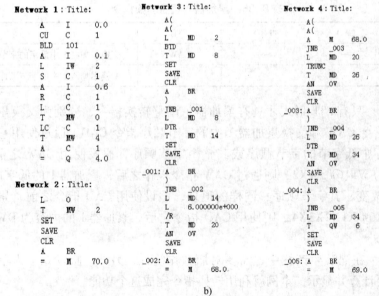

图 8-67 转换指令使用举例

a) 梯形图 b) 语句表

程序段3中，当前的值转换成双整数，再转换成实数。（一个BCD值不能直接转换成实数）。第二个转换的结果除以6。除法的浮点结果保存在MD20中。

程序段4中，MD20取整成为一个整数，然后再把双整数转换成BCD码。BCD码被送到输出BCD显示（QW6）。

8.5.2 数学运算指令

数学运算指令总体上可分为两大类：算术运算指令和浮点数运算指令。

1. 算术运算指令

算术运算指令用于完成整数或长整数的加、减、乘、除以及取余等运算。

在LAD和FBD形式的算术运算指令中，参与运算的两个操作数分别由参数输入端IN1和IN2提供，运算结果送到输出端OUT，EN和ENO分别为使能输入端和使能输出端。这里需要注意的是，有时会出现运算结果超出指令允许范围的情况，正常允许的范围是：对于整型，结果为 $-32768 \sim +32768$ 之间；对于长整型，结果为 $-2147483648 \sim +2147483647$ 之间；当运算结果超出允许范围时，使能输出端ENO置0，未超出范围时则置1。同时要注意，算术运算指令的运算结果将对状态字的CC1、CC0、OV和OS标志位产生影响。在位操作指令和条件跳转指令中，经常要对这些标志位进行判断来决定进行什么操作。

对于STL形式的算术运算指令，参与算术运算的两个操作数分别位于累加器2和累加器1中，需要注意的是，第1操作数在累加器2中，第2操作数在累加器1中。运算结果保存在累加器1中，累加器1原有的值被运算结果覆盖，累加器2中的值保持不变。算术运算指令的运算结果将对状态字的CC1、CC0、OV和OS标志位产生影响。

算术运算指令的LAD、FBD及STL形式见表8-37。

表8-37 算术运算指令的LAD、FBD及STL形式

	LAD	FBD	STL	说　明
算术运算指令	ADD_I EN　ENO IN1　OUT IN2	ADD_I EN IN1　OUT IN2　ENO	+I	16位整数相加
	SUB_I EN　ENO IN1　OUT IN2	SUB_I EN IN1　OUT IN2　ENO	-I	16位整数相减
	MUL_I EN　ENO IN1　OUT IN2	MUL_I EN IN1　OUT IN2　ENO	*I	两个16位整数相乘

	LAD	FBD	STL	说　　明
算术运算指令	DIV_I EN　ENO IN1　OUT IN2	DIV_I EN IN1　OUT IN2　ENO	/I	16 位整数除运算
	—		+ <16 位整数常数>	加整数常数，累加器 1 的低字加 16 位整数常数，结果保存到累加器 1 低字中
	ADD_DI EN　ENO IN1　OUT IN2	ADD_DI EN IN1　OUT IN2　ENO	+ D	32 位长整数相加
	SUB_DI EN　ENO IN1　OUT IN2	SUB_DI EN IN1　OUT IN2　ENO	– D	32 位长整数相减
	MUL_DI EN　ENO IN1　OUT IN2	MUL_DI EN IN1　OUT IN2　ENO	* D	两个 32 位长整数相乘
	DIV_DI EN　ENO IN1　OUT IN2	DIV_DI EN IN1　OUT IN2　ENO	/D	32 位长整数除运算
	—	—	+ <32 位整数常数>	累加器 1 的内容加 32 位整数常数，结果保存到累加器 1 中
	MOD_DI EN　ENO IN1　OUT IN2	MOD_DI EN IN1　OUT IN2　ENO	MOD	取 32 位长整数相除后的余数

【例 8-39】 在实际工程中，经常要记录某些操作的次数。在如图 8-68 的程序中，通过 1 个存储字累加 I0.0 上升沿数目，累加数达到 127 时对存储字清零。

2. 浮点数运算指令

浮点数运算指令用于完成 32 位浮点数的加、减、乘、除、平方、平方根、自然对数、指数运算以及三角函数等运算。

在 LAD 和 FBD 形式的浮点数运算指令中，输入端 IN 提供 32 位浮点数的输入，运算结果送给输出端 OUT，EN 和 ENO 分别为使能输入端和使能输出端，同样的，也需要注意运算结果的范围问题，对于实数，结果为 – 3.402823E ~ + 3.402824E 之间，当运算结果超出允许范围时，使能输出端 ENO 置 0，未超出范围时则置 1。运算结果将对状态字的 CC1、CC0、OV 和 OS 标志位产生影响。

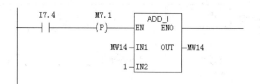

Network 14 : Title:

Network 14 : Title:
```
          A    I    7.4
          FP   M    7.1
          JNB  _007
          L    MW   14
          L    1
          +I
          T    MW   14
    _007: NOP  0
```

Network 15 : Title:

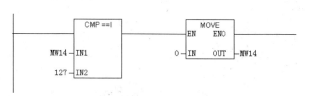

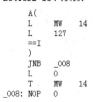

Network 15 : Title:
```
          A(
          L    MW   14
          L    127
          ==I
          )
          JNB  _008
          L    0
          T    MW   14
    _008: NOP  0
```

a)   b)

图 8-68　算术运算指令使用举例

a）梯形图　b）语句表

对于 STL 形式的浮点数运算指令，32 为浮点数位于累加器 1 中，运算结果也保存在累加器 1 中，累加器 1 原有的值被运算结果覆盖，运算结果对状态字的 CC1、CC0、OV 和 OS 标志位产生影响。

扩展算术运算指令的 LAD、FBD 及 STL 形式见表 8-38。

表 8-38　扩展算术运算指令的 LAD、FBD 及 STL 形式

	LAD	FBD	STL	说　明
扩展算术运算指令	ADD_R EN　ENO IN1　OUT IN2	ADD_R EN IN1　OUT IN2　ENO	+ R	浮点数加
	SUB_R EN　ENO IN1　OUT IN2	SUB_R EN IN1　OUT IN2　ENO	- R	浮点数减
	MUL_R EN　ENO IN1　OUT IN2	MUL_R EN IN1　OUT IN2　ENO	* R	浮点数乘
	DIV_R EN　ENO IN1　OUT IN2	DIV_R EN IN1　OUT IN2　ENO	/R	浮点数除
	ABS EN　ENO IN　OUT	ABS EN　OUT IN　ENO	ABS	取绝对值

	LAD	FBD	STL	说　明
扩展算术运算指令	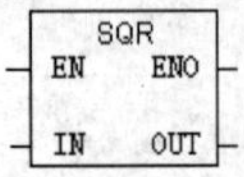 SQR EN ENO IN OUT	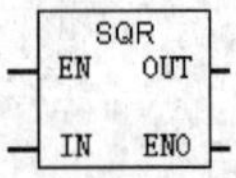 SQR EN OUT IN ENO	SQR	浮点数平方
	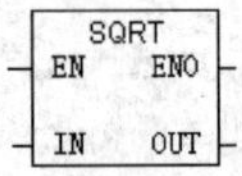 SQRT EN ENO IN OUT	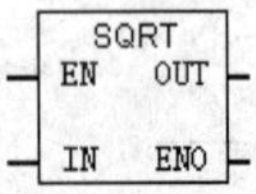 SQRT EN OUT IN ENO	SQRT	浮点数平方根
	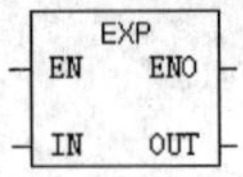 EXP EN ENO IN OUT	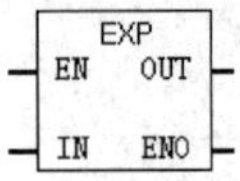 EXP EN OUT IN ENO	EXP	浮点数指数
	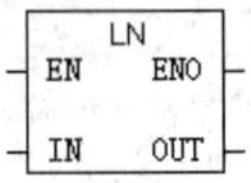 LN EN ENO IN OUT	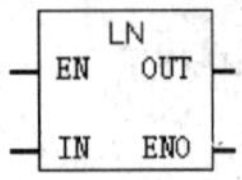 LN EN OUT IN ENO	LN	浮点数自然对数
	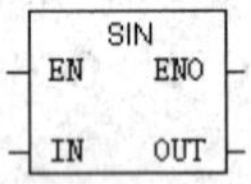 SIN EN ENO IN OUT	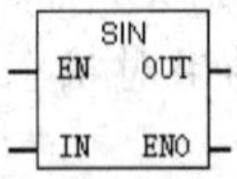 SIN EN OUT IN ENO	SIN	浮点数正弦运算
	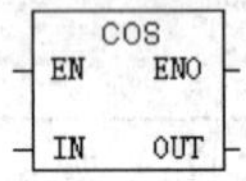 COS EN ENO IN OUT	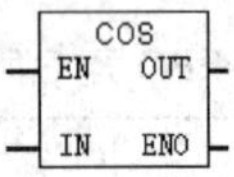 COS EN OUT IN ENO	COS	浮点数余弦运算
	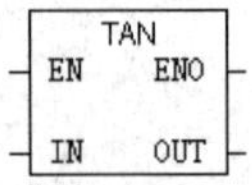 TAN EN ENO IN OUT	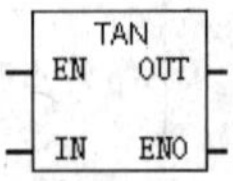 TAN EN OUT IN ENO	TAN	浮点数正切运算
	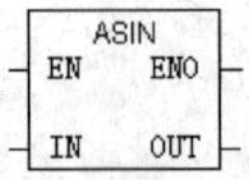 ASIN EN ENO IN OUT	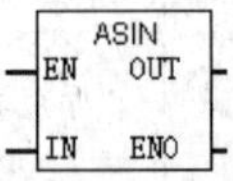 ASIN EN OUT IN ENO	ASIN	浮点数反正弦运算
	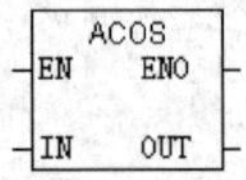 ACOS EN ENO IN OUT	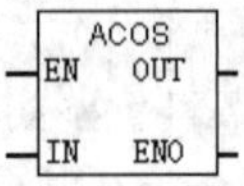 ACOS EN OUT IN ENO	ACOS	浮点数反余弦运算
	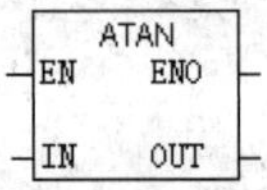 ATAN EN ENO IN OUT	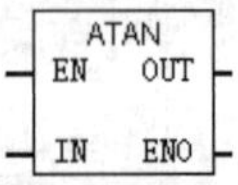 ATAN EN OUT IN ENO	ATAN	浮点数反正切运算

　　【例8-40】　以下程序中，利用浮点数运算指令完成求某角度的正弦值的运算，由于角度值是以度为单位存储于 MD30 中，因此使用三角函数指令之前先将角度值换算为弧度值，然后用 SIN 指令求正弦值。程序如图 8-69 所示。

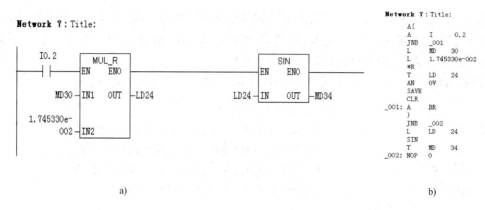

图 8-69　浮点数运算指令使用举例

a）梯形图　b）语句表

8.6　程序控制指令

8.6.1　跳转指令

跳转指令可分为无条件跳转和条件跳转指令两类。它用于中断原有程序的顺序扫描并跳转到目标地址处重新执行程序扫描。跳转时不执行跳转指令与标号之间的程序，目标地址是由目标标号 LABEL 指定的，该标号指出程序应跳往何处，目标地址标号和跳转指令必须在同一个逻辑块内，同一个块中的多个标号不能重名，不同块中的标号则可以重名。

对于 LAD 和 FBD 形式的跳转指令，在指令上方都有标号名称需要填入，此名称要与其对应的目标标号 LABEL 名称一致以便于程序根据名称搜寻跳转的目标地址，目标标号必须要放在网络的开始处。

而对于 STL 形式的跳转指令，目标地址标号与目标指令用冒号分隔。

1. 无条件跳转指令

无条件跳转指令的 LAD、FBD 及 STL 形式见表 8-39。当程序执行到无条件跳转指令处时，将直接跳转到其指定的目标地址处开始继续顺序执行，不执行跳转指令与标号之间的程序。

表 8-39　无条件跳转指令

	LAD	FBD	STL	说　明
无条件跳转指令	—(JMP)—	JMP	JU　＜标号＞	这里的 LAD 形式无条件跳转指令需注意，必须直接连接到最左边的母线，否则便成为条件跳转指令
			JL　＜标号＞	

这里需要注意的是，STL 形式具有两类无条件跳转指令，即 JU 和 JL，其中，JU 的使用较为简单，当程序扫描至 JU 时，将无条件跳转到其对应的 ＜标号＞ 处执行。而 JL 指令要与 JU 指令配合使用，它根据累加器 1 低字节中的内容以及 JL 所指定的标号实现最多 255 个分支的跳转。每个跳转分支都由一个无条件跳转指令 JU 组成。如果累加器 1 低字中的内容为

0，则执行 JL 指令下面的第一条 JU 指令。如果累加器 1 低字中的内容为 1，则直接执行 JL 指令下面的第二条 JU 指令，以此类推，如果累加器低字中的内容大于跳转分支数，则 JL 指令跳转到最后一条 JU 指令之后的第一个指令处执行。

【例 8-41】 举个例子来说明 JL 指令的使用，例如有以下示例程序：

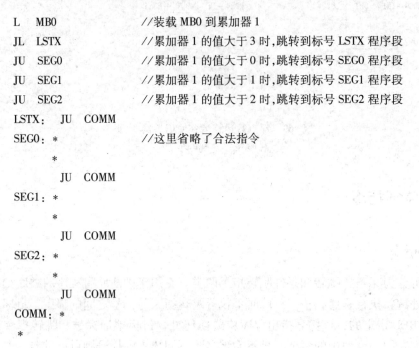

```
L    MB0              //装载 MB0 到累加器 1
JL   LSTX             //累加器 1 的值大于 3 时,跳转到标号 LSTX 程序段
JU   SEG0             //累加器 1 的值大于 0 时,跳转到标号 SEG0 程序段
JU   SEG1             //累加器 1 的值大于 1 时,跳转到标号 SEG1 程序段
JU   SEG2             //累加器 1 的值大于 2 时,跳转到标号 SEG2 程序段
LSTX：JU  COMM
SEG0：*               //这里省略了合法指令
     *
     JU  COMM
SEG1：*
     *
     JU  COMM
SEG2：*
     *
     JU  COMM
COMM：*
     *
```

以上为 JL 指令固定的编程格式，最多允许有 255 个跳转分支，例子程序有 3 个跳转分支，每个分支有一个标号，分支的序号从 0 开始，如果累加器 1 的值大于所罗列的分支数，则跳转到 JL 指令指定的标号处。

2. 条件跳转指令

LAD 和 FBD 形式的条件跳转指令是以运算结果 RLO 的值为跳转条件，而 STL 形式的条件跳转指令则是以运算结果 RLO 的值或状态字标志位的状态为跳转条件。LAD、FBD 形式的条件跳转指令见表 8-40，STL 形式的条件跳转指令见表 8-41。

表 8-40　LAD、FBD 形式的条件跳转指令

	LAD	FBD	说　明
条件跳转指令	—(JMP)—	JMP	RLO 为 1 时的跳转指令，左边需要有信号，否则便成为无条件跳转指令，当 RLO 为 1 时跳转
	—(JMPN)—	JMPN	RLO 为 0 时的跳转指令，当 RLO 为 0 时跳转

表 8-41　STL 形式的条件跳转指令

指 令 名 称	STL	说　明
RLO 为 1 时的跳转指令	JC	当 RLO 为 1 时跳转
RLO 为 0 时的跳转指令	JCN	当 RLO 为 0 时跳转

指 令 名 称	STL	说　　明
RLO 为 1 时的跳转指令且 BR 为 1 时跳转指令	JNB	当 RLO 为 1 且 BR 为 1 时跳转
BR 为 1 时的跳转指令	JBI	当 BR 为 1 时跳转
BR 为 0 时的跳转指令	JNBI	当 BR 为 0 时跳转
OV 为 1 时的跳转指令	JO	当 OV 为 1 时跳转
OS 为 1 时的跳转指令	JOS	当 OS 为 1 时跳转
运算结果为 0 时的跳转指令	JZ	当 CC0 = 0, CC1 = 0 时跳转
运算结果非 0 时的跳转指令	JN	当 CC1 = 0, CC0 = 1 或 CC1 = 1, CC0 = 0 时跳转
运算结果为正时的跳转指令	JP	当 CC1 = 1, CC0 = 0 时跳转
运算结果为负时的跳转指令	JM	当 CC1 = 0, CC0 = 1 时跳转
运算结果大于等于 0 时的跳转指令	JPZ	当 CC1 = 0, CC0 = 0 或 CC1 = 1, CC0 = 0 时跳转
运算结果小于等于 0 时的跳转指令	JMZ	当 CC1 = 0, CC0 = 0 或 CC1 = 0, CC0 = 1 时跳转
指令出错无效跳转指令	JUO	当 CC0 = CC1 = 1 时跳转, 无效原因可能是除数为 0、指令非法或浮点数比较时格式非法等

【**例 8-42**】　以下程序利用了跳转指令实现二分频器, I0.0、Q0.0、Q0.1 分别是输入、输出及输出显示灯地址, 当 I0.0 由低位变高位时, 上升沿指令接通使得程序跳转到 LP1 处, 这使得 Q0.1 与 Q0.0 保持一致, 即输出为高位则灯变亮, 输出低位则灯关闭。当输入不存在低位变高位的跳转时, 执行程序段 2, 使得输出由高位变低位或由低位变高位, 如此反复循环, 即实现了输出变化周期为输入变化周期的 2 倍, 也即实现了二分频。程序如图 8-70 所示。

Network 19: Title:

```
   I0.0      M0.0                    LP1
   ─┤ ├───────┤P├────────────────( JMPN )─┤
```

Network 20: Title:

```
   Q0.0                            Q0.0
   ─┤/├────────────────────────────( )─┤
```

Network 21: Title:

```
  ┌──────┐
  │ LP1  │
  └──────┘

   Q0.0                            Q0.1
   ─┤ ├─────────────────────────────( )─┤
```

Network 19: Title:
```
        A    I    0.0
        FP   M    0.0
        JCN  LP1
```

Network 20: Title:
```
        AN   Q    0.0
        =    Q    0.0
```

Network 21: Title:
```
LP1:    A    Q    0.0
        =    Q    0.1
```

a)　　　　　　　　　　　　　　　　　b)

图 8-70　跳转指令使用举例
a）梯形图　b）语句表

其对应的输入输出时序图如图 8-71 所示。

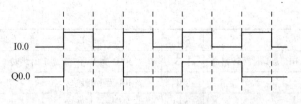

图 8-71　跳转指令使用举例对应时序图

8.6.2　状态位指令

状态位指令是针对状态字的各个位进行操作的指令，通过状态位可以判断 CPU 运算中溢出、异常、进位、比较结果等状态。由于编程方法的原因，状态位指令只能在 LAD、FBD 中使用，STL 编程语言中对状态位的信息，有的可以直接使用，有的可以通过跳转指令完成，同样可以实现状态位指令在 LAD 中实现的功能。LAD、FBD 形式的状态位指令以及对应的 STL 等效指令见表 8-42。

表 8-42　LAD、FBD 形式的状态位指令以及对应的 STL 等效指令

	LAD		FBD	STL	说　明
	常开触点	常闭触点			
状态位指令	OV ┤├	OV ┤/├	OV	A　OV	溢出标志，当运算结果超出允许的正数或负数范围时 OV = 1，否则 OV = 0
	OS ┤├	OS ┤/├	OS	A　OS	溢出异常标志，当运算结果超出允许的正数或负数范围时 OS = 1，否则 OS = 0，OS 具有保持功能直到离开当前块
	UO ┤├	UO ┤/├	UO	A　UO	无序异常标志，当浮点运算的结果无序时，UO = 1，否则 UO = 0
	BR ┤├	BR ┤/├	BR	A　BR	二进制异常标志，当二进制结果出现无效数字时，BR = 1，否则 BR = 0
	==0 ┤├	==0 ┤/├	==0	A = 0	运算结果是否为 0，判断运算结果是否为 0
	<>0 ┤├	<>0 ┤/├	<>0	A < >0	运算结果是否不等于 0，判断运算结果是否不等于 0
	>0 ┤├	>0 ┤/├	>0	A >0	运算结果是否大于 0，判断运算结果是否大于 0
	<0 ┤├	>0 ┤/├	<0	A < 0	运算结果是否小于 0，判断运算结果是否小于 0
	>=0 ┤├	>=0 ┤/├	>=0	A > = 0	运算结果是否大于等于 0，判断运算结果是否大于等于 0
	<=0 ┤├	<=0 ┤/├	<=0	A < = 0	运算结果是否小于等于 0，判断运算结果是否小于等于 0

【例8-43】 在以下程序中，利用状态位指令以及跳转指令实现了当网络1的程序运算结果有溢出时，跳过网络3和网络4直接执行网络5的程序，若运算结果无溢出，则执行网络3和网络4的程序并跳过网络5直接执行网络6程序的功能。程序如图8-72所示。

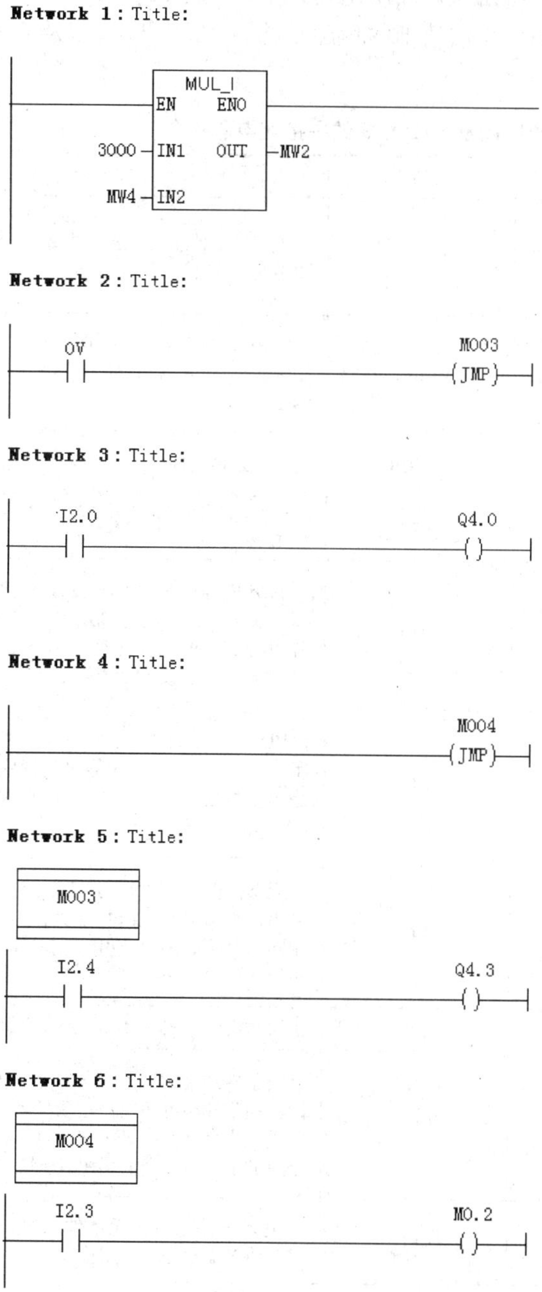

Network 1: Title:

```
                MUL_I
              EN    ENO
       3000 ─ IN1   OUT ─ MW2
       MW4  ─ IN2
```

Network 2: Title:

```
      OV                              M003
    ──┤ ├──────────────────────────( JMP )──
```

Network 3: Title:

```
      I2.0                            Q4.0
    ──┤ ├──────────────────────────( )──
```

Network 4: Title:

```
                                     M004
    ────────────────────────────( JMP )──
```

Network 5: Title:

```
    ┌─────────┐
    │  M003   │
    └─────────┘
      I2.4                            Q4.3
    ──┤ ├──────────────────────────( )──
```

Network 6: Title:

```
    ┌─────────┐
    │  M004   │
    └─────────┘
      I2.3                            M0.2
    ──┤ ├──────────────────────────( )──
```

a)

Network 1: Title:
```
    L    3000
    L    MW    4
    *I
    T    MW    2
    NOP  0
```

Network 2: Title:
```
    A    OV
    JC   M003
```

Network 3: Title:
```
    A    I    2.0
    =    Q    4.0
```

Network 4: Title:
```
    JU   M004
```

Network 5: Title:
```
M003: A    I    2.4
      =    Q    4.3
```

Network 6: Title:
```
M004: A    I    2.3
      =    M    0.2
```

b)

图8-72 状态位指令使用举例
a）梯形图 b）语句表

8.6.3 主控继电器指令

主控继电器指令是逻辑块间的控制指令，用来控制逻辑块的调用和结束以及通过主控继电器实现程序段使能的控制。主控继电器指令是编制结构化程序的基础，用户可以在主程序OB1中调用各种功能和功能块，从而得到简洁清晰的程序结构。LAD、FBD以及STL形式的主控继电器指令见表8-43。

表8-43　LAD、FBD以及STL形式的主控继电器指令

	LAD	FBD	STL	说　明
程序控制指令	—(MCRA)—	MCRA	MCRA	主控继电器启动，从该指令开始，可按照MCR指令控制
	—(MCR<)—	MCR<	MCR（	主控继电器接通，将RLO保存在MCR堆栈中，并产生一条新的子母线，其后的连接均受控与该子母线
	—(MCR>)—	MCR>	）MCR	主控继电器断开，恢复RLO，结束子母线
	—(MCRD)—	MCRD	MCRD	主控继电器停止，从该指令开始，将禁止MCR控制
	—(CALL)—	CALL	CALL	调用FC或SFC，对于STL形式，属于无条件块调用，可调用FB、FC、SFB或SFC，若调用FB或FC，必须提供相关背景数据块，对于LAD及FBD，用CALL指令框实现
	—(CALL)—	CALL	CC	RLO=1时条件调用，RLO=1时条件调用，对于STL形式，是条件块调用，RLO=1是调用指定逻辑块，对于LAD及FBD，用CALL指令框可实现
	—(CALL)—	CALL	UC	无条件调用，对于STL形式，是无条件块调用，可调用FC或SFC，用法与CALL指令相同；对于LAD及FBD，用CALL指令框可实现
	—	—	BE	块结束，等同于BEU，块无条件结束
	—	—	BEC	块条件结束，当RLO=1时，结束当前块的扫描将控制返还给调用块；若RLO=0则跳过该指令，并将RLO置为1，程序从该指令后的下一条指令继续在当前块内扫描
	—	—	BEU	块无条件结束，无条件结束当前块的扫描，将控制返还给调用块
	—(RET)—	RET	RET	条件返回

【例8-44】　以下程序很好地说明了主控继电器指令的使用方法，如图8-73所示。主控继电器启动之后，网络33~36中的所有程序都受到"MCR<"和"MCR>"指令限制，当常开触

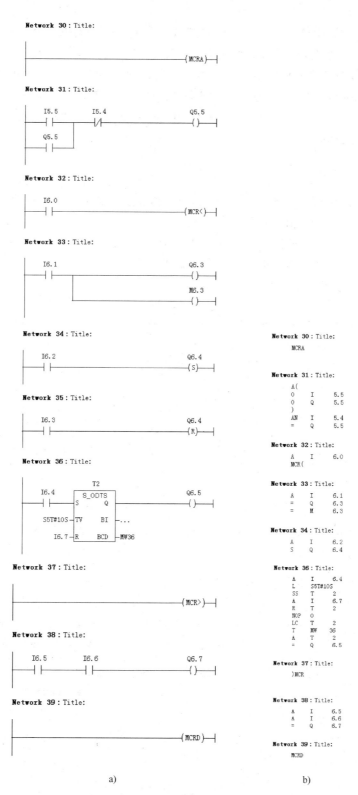

a)   b)

图 8-73　主控继电器指令使用举例

a）梯形图　b）语句表

点 I6.0 得电闭合时主控继电器导通，此时网络 33~36 内的程序可以正常运行，例如此时常开触点 I6.1 得电闭合时输出 Q6.3 变为 1，当而当程序运行至网络 37 时，主控继电器断开，此后网络 33~36 中的任何程序都不能再运行，若此时常开触点 I6.1 得电闭合时输出 Q6.3 仍然为 0 而不被置位。需要注意的是，主控继电器启动之后，网络 31 和网络 38 等不被 "MCR <" 和 "MCR >" 指令包含的网络不受限制，即无论主控继电器导通或者断开，它们中的程序均可正常运行。

8.6.4 数据块指令

数据块指令用于打开一个共享数据块或背景数据块、访问数据变量等，数据块的打开指令是一个无条件调用，该指令和 RLO 的状态无关，数据块打开后可以通过 CPU 内的数据块寄存器 DB 或 DI 直接访问数据块的内容。数据块在使用前必须打开，否则无法对数据块内的数据单元进行访问。一次只能打开一个数据块。当打开一个数据块时，先前打开的数据块自动关闭。数据块指令见表 8-44。

表 8-44　数据块指令

	LAD	FBD	STL	说　明
数据块指令	—(OPN)—	OPN	OPN	打开数据块
	—	—	CDB	交换 DB 与 DI 寄存器
	—	—	L DBLG	把共享数据块的长度写入累加器 1
	—	—	L DBNO	把共享数据块的号写入累加器 1
	—	—	L DILG	把背景数据块的长度写入累加器 1
	—	—	L DINO	把背景数据块的号写入累加器 1

【例 8-45】　这是数据块打开和数据访问的例子。在此例中，首先打开数据块 DB1，然后判断 DB1 中的数据位 DBX2.0 的状态，如果该位状态为 0，则 Q0.0 通电，否则 Q0.0 断电。程序如图 8-74 所示。

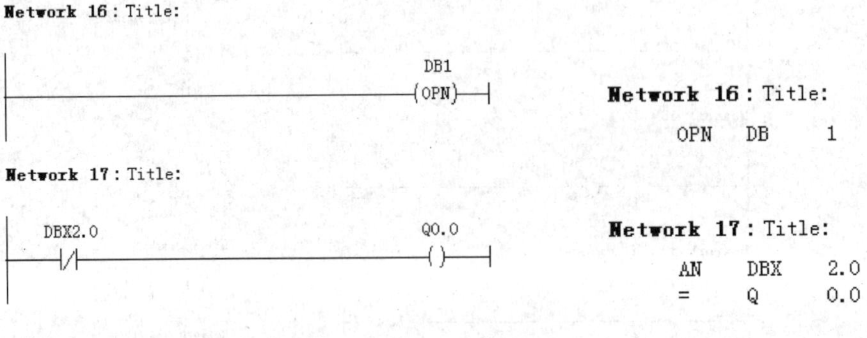

Network 16 : Title:

```
                              DB1
|—————————————————————————————(OPN)—|
```

Network 16 : Title:

```
     OPN    DB    1
```

Network 17 : Title:

```
    DBX2.0                    Q0.0
|———|/|————————————————————————( )—|
```

Network 17 : Title:

```
     AN     DBX   2.0
     =      Q     0.0
```

a)

b)

图 8-74　数据块指令使用举例 1

a) 梯形图　b) 语句表

【例8-46】 这是数据块打开和数据访问的例子。控制任务为对电动机的启停进行控制，在油水电条件都满足的情况下，电动机才能正常启停，如果油水电任意一个条件不满足，电动机就无法启动，正在运行的电动机也会停止运行。如图8-75所示，DB3为共享数据块，其中存储4个标志位信号，分别为 motor_oil、motor_water、motor_electricity、motor_preparation；当 oil、water、electricity 为三个使能信号都置位时，再按下 start 按钮，电动机才会启动，电动机运行时，对应的运行指示灯闪亮，相应的程序如图8-76所示。

Object name	Symbolic name	Created in lan...	Type	Version (Header)
System data	---	---	SDB	---
OB1		LAD	Organiza...	0.1
DB3	共享数据块	DB	Data Block	0.1
DB17	背景数据块1	DB	Instance...	0.0
DB18	背景数据块2	DB	Instance...	0.0

Address	Name	Type	Initial value	Comment
0.0		STRUCT		
+0.0	Engine_Oil	BOOL	FALSE	发动机油信号
+0.1	Engine_Water	BOOL	FALSE	发动机水信号
+0.2	Engine_Electricity	BOOL	FALSE	发动机电信号
+0.3	Engine_Preparation	BOOL	FALSE	发动机准备完毕信号
=2.0		END_STRUCT		

图 8-75　DB3 中存储的变量

电动机控制系统的硬件资源表见表8-45。

表8-45　电动机控制系统的硬件资源表

符号	地址	类型	描　　述
Start1	I0.0	BOOL	电动机1启动
Stop1	I0.1	BOOL	电动机1停止
Start2	I0.2	BOOL	电动机2启动
Stop2	I0.3	BOOL	电动机2停止
Oil	I0.4	BOOL	油准备好反馈信号
Water	I0.5	BOOL	水准备好反馈信号
Electricity	I0.6	BOOL	电准备好反馈信号
Run1	Q0.0	BOOL	电动机1运行
Light1	Q0.1	BOOL	电动机1运行指示灯
Run2	Q0.2	BOOL	电动机2运行
Light2	Q0.3	BOOL	电动机2运行指示灯
Symbol1	M1.0	BOOL	电动机1运行标志位
Symbol2	M1.1	BOOL	电动机2运行标志位

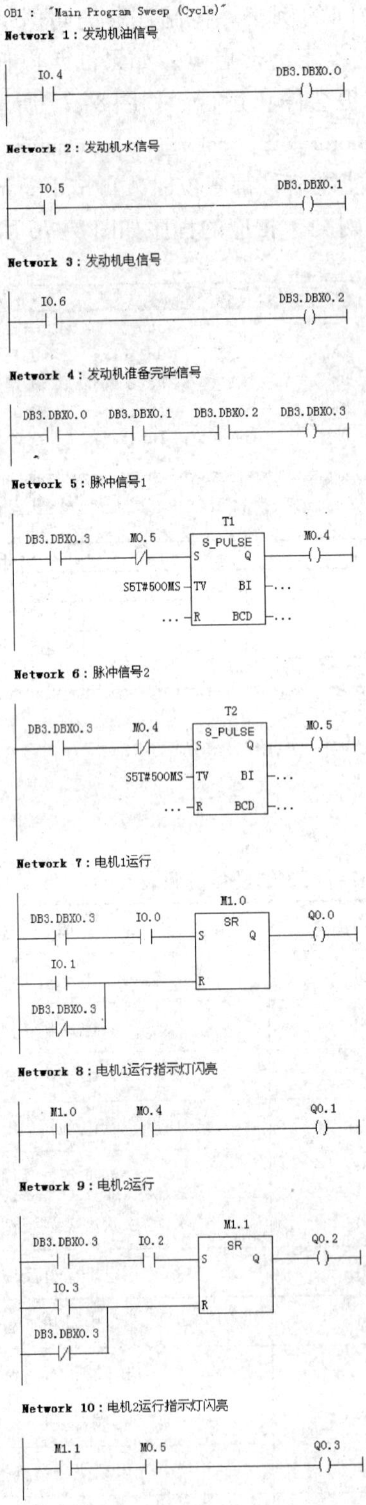

OB1 : "Main Program Sweep (Cycle)"

Network 1：发动机油信号

```
  I0.4                                    DB3.DBX0.0
──┤├──────────────────────────────────────( )──
```

Network 2：发动机水信号

```
  I0.5                                    DB3.DBX0.1
──┤├──────────────────────────────────────( )──
```

Network 3：发动机电信号

```
  I0.6                                    DB3.DBX0.2
──┤├──────────────────────────────────────( )──
```

Network 4：发动机准备完毕信号

```
 DB3.DBX0.0  DB3.DBX0.1  DB3.DBX0.2        DB3.DBX0.3
──┤├─────────┤├─────────┤├──────────────────( )──
```

Network 5：脉冲信号1

```
 DB3.DBX0.3    M0.5          T1              M0.4
──┤├──────────┤/├────────┌─────────┐────────( )──
                         │ S_PULSE │
                        ─┤S       Q├
          S5T#500MS ─────┤TV     BI├─...
                    ...──┤R    BCD ├─...
                         └─────────┘
```

Network 6：脉冲信号2

```
 DB3.DBX0.3    M0.4          T2              M0.5
──┤├──────────┤/├────────┌─────────┐────────( )──
                         │ S_PULSE │
                        ─┤S       Q├
          S5T#500MS ─────┤TV     BI├─...
                    ...──┤R    BCD ├─...
                         └─────────┘
```

Network 7：电机1运行

```
 DB3.DBX0.3    I0.0         M1.0            Q0.0
──┤├──────────┤├─────────┌────────┐────────( )──
                         │   SR   │
                        ─┤S      Q├
   I0.1                  │        │
──┤├─────────────────┐   │        │
                     │  ─┤R       │
 DB3.DBX0.3          │   └────────┘
──┤/├────────────────┘
```

Network 8：电机1运行指示灯闪亮

```
  M1.0         M0.4                          Q0.1
──┤├──────────┤├───────────────────────────( )──
```

Network 9：电机2运行

```
 DB3.DBX0.3    I0.2         M1.1            Q0.2
──┤├──────────┤├─────────┌────────┐────────( )──
                         │   SR   │
                        ─┤S      Q├
   I0.3                  │        │
──┤├─────────────────┐   │        │
                     │  ─┤R       │
 DB3.DBX0.3          │   └────────┘
──┤/├────────────────┘
```

Network 10：电机2运行指示灯闪亮

```
  M1.1         M0.5                          Q0.3
──┤├──────────┤├───────────────────────────( )──
```

a)

Network 1：发动机油信号
```
   A    I      0.4
   =    DB3.DBX 0.0
```

Network 2：发动机水信号
```
   A    I      0.5
   =    DB3.DBX 0.1
```

Network 3：发动机电信号
```
   A    I      0.6
   =    DB3.DBX 0.2
```

Network 4：发动机准备完毕信号
```
   A    DB3.DBX 0.0
   A    DB3.DBX 0.1
   A    DB3.DBX 0.2
   =    DB3.DBX 0.3
```

Network 5：脉冲信号1
```
   A    DB3.DBX   0.3
   AN   M         0.5
   L    S5T#500MS
   SP   T         1
   NOP  0
   NOP  0
   NOP  0
   A    T         1
   =    M         0.4
```

Network 6：脉冲信号2
```
   A    DB3.DBX   0.3
   AN   M         0.4
   L    S5T#500MS
   SP   T         2
   NOP  0
   NOP  0
   NOP  0
   A    T         2
   =    M         0.5
```

Network 7：电机1运行
```
   A    DB3.DBX   0.3
   A    I         0.0
   S    M         1.0
   A(
   O    I         0.1
   ON   DB3.DBX   0.3
   )
   R    M         1.0
   A    M         1.0
   =    Q         0.0
```

Network 8：电机1运行指示灯闪亮
```
   A    M         1.0
   A    M         0.4
   =    Q         0.1
```

Network 9：电机2运行
```
   A    DB3.DBX   0.3
   A    I         0.2
   S    M         1.1
   A(
   O    I         0.3
   ON   DB3.DBX   0.3
   )
   R    M         1.1
   A    M         1.1
   =    Q         0.2
```

Network 10：电机2运行指示灯闪亮
```
   A    M         1.1
   A    M         0.5
   =    Q         0.3
```

b)

图 8-76　数据块指令使用举例 2

a）梯形图　b）语句表

8.7 库分类及应用

8.7.1 库的分类

库用于存放 SIMATIC S7/M7 中可多次使用的程序部件。这些程序部件可从已有的项目中复制到库中，也可以直接在库中生成。该库与其他项目无关。程序中的库如图 8-77 所示。

如果在 S7 program 下的库中存放有用户希望多次调用的块，可节省大量的编程时间并提高效率。可以将这些程序块复制到用户程序中所需要的地方。

在库里生成 S7/M7 程序，与在项目中的做法相同，只是没有测试功能。

在 STEP 7 标准软件包中包括标准程序库，如图 8-78 所示。

图 8-77　程序中的库　　　图 8-78　标准程序库

其中标准程序库包含下面功能及功能块：

① TI - S7 转换块：通用标准功能。

② PID 控制块：用于 PID 控制的功能块（FB）。

③ IEC 功能块：用于 IEC 功能的块，诸如：处理时间和日期信息、比较操作、字符串处理以及选择最大值和最小值。

④ 系统功能块：系统功能块（SFB）和系统功能（SFC）。

⑤ S5 - S7 转换块：用于转换 STEP 5 程序的块。

⑥ 组织块：标准组织块（OB）。

⑦ 通信块：SIMATICNET CP 功能（FC）和功能块。当用户安装可选软件包后，也许还会增加其他的程序库。

⑧ 其他块：用于时间标签和 TOD 同步的块。

当安装其他软件包时，可增加其他库，如图 8-77 中的"GRAPH7"和"PROFINET System - Library"。

8.7.2 库的应用

例如 I0.0 为电动机启停按钮，Q0.0 及 Q0.1 为两个电动机负载，当按下 I0.0 后，计时 5s 负载 Q0.0 启动，再计时 4s 负载 Q0.1 启动；当 I0.0 为 0 时，Q0.0 和 Q0.1 同时停止。编写程序可以直接调用标准库中的系统功能块 SFB4 TON（通电延时定时器），具体功能见 IEC 定时器。程序如图 8-79 所示。

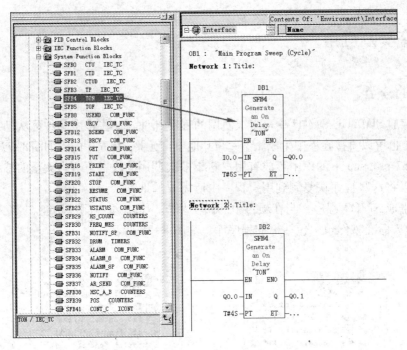

图 8-79　调用库中的系统功能块

8.7.3　库的生成

用户可以将在项目中编写的功能或功能块添加进库中，应用于其他项目。

在"SIMATIC Manager"界面中，使用菜单命令"File"→"New"，弹出提示对话框，选择"Libraries"选项卡，在"Name"栏中命名库，在"Type"栏中选择"Library"，点击"OK"按钮确认，生成一个新的库，如图 8-80 所示。

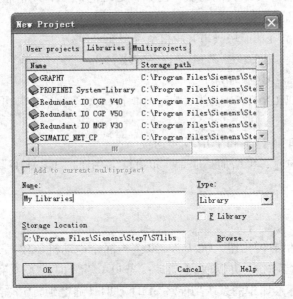

图 8-80　创建用户库

在新生成的库中插入"S7 Program",将编写的功能或功能块拖放到"Blocks"中,如图 8-81 所示,即可在编程界面中调用,如图 8-82 所示。

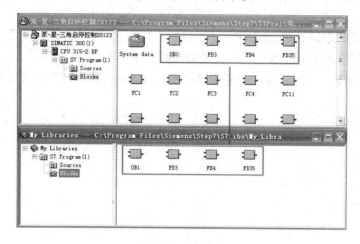

图 8-81　生成库

图 8-82　调用库

8.7.4　库中 FC、FB、SFC 及 SFB 的使用

库中的 FC、FB、SFC 及 SFB 可以直接调用,具体说明见"附录 E.1　软件标准库 FC、FB 速查"和"附录 E.2　软件标准库 SFC、SFB 速查"。

8.8　习题

1. 对触点的边沿检测指令与对 RLO 的边沿检测指令有何区别?

2. S7 - 300 PLC 有几种形式的定时器?脉冲定时器和扩展脉冲定时器有何区别?

3. S7 - 300 PLC 的计数器有几种计数方式?

4. 编写 PLC 控制程序,使 Q4.0 输出周期为 5s,占空比为 20% 的连续脉冲信号。

5. 用 I0.0 控制 Q0.0 ~ Q0.7 每隔 1s 顺序置高电平一次,用循环移位和定时器指令实现。

6. 半径（<1000 的整数）在 IW10 中，取圆周率为 3.1416，用数学运算指令计算圆的面积，运算结果四舍五入转换为整数后，存放在 MW12 中。

7. 编写 PLC 控制程序，使得 Q1.0 输出周期为 5s，占空比为 20% 的连续脉冲信号。

8. 用一个按钮控制两盏灯，第一次按下时第一盏亮，第二盏灭；第二次按下时第一盏灭，第二盏亮；第三次按下时两盏都灭；试编写其 LAD 程序。

9. 库有哪些分类？如何生成一个新的用户库？怎样从库中调用功能及功能块？

第9章　S7-300/400 PLC 程序结构

本章学习目标：

了解系统块、标准库块的作用；理解 S7-300/400 系统程序、用户程序结构；掌握组织块（OB）、功能（FC）、功能块（FB）以及数据块（DB）的使用方法。

9.1　系统程序和用户程序

在同一个 PLC 中运行着两种程序，即操作系统程序和用户程序。图 9-1 为 PLC 的 CPU 模型结构示意图。

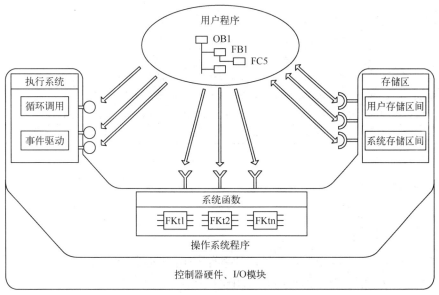

图 9-1　PLC 的 CPU 模型结构示意图

9.1.1　操作系统程序

操作系统是固化在 CPU 中的程序，用来实现与特定的控制任务无关的功能。操作系统主要完成以下工作：

① 处理 PLC 启动（暖启动和热启动）。

② 更新输入输出过程映像区。

③ 调用用户程序。

④ 处理中断和错误。

⑤ 管理存储区。

⑥ 与编程设备和其他通信设备的通信。

9.1.2　用户程序

用户程序是用户在 STEP 7 中生成的，然后将它下载到 CPU。用户程序包含处理用户特定的自动化任务所需要的所用功能。用户程序主要完成以下工作：

① 暖启动和热启动的初始化工作。

② 处理过程数据（数字信号、模拟信号）。

③ 对中断的响应。

④ 对异常和错误的处理。

用户程序包含不同的程序块，不同程序块实现的功能各不相同。在 STEP 7 操作系统的控制下，通过程序块内部和程序块之间的调用，实现程序运行与控制任务。这样使得用户程序结构化，可以简化程序组织，使程序易于修改、查错和调试。STEP 7 中包含的用户程序块类型见表 9-1。

表 9-1　用户程序中的块

用户程序的块	功能简要描述
组织块（OB）	操作系统与用户的接口，决定用户程序的结构
功能块（FB）	用户编写的包含经常使用的功能的子程序，有存储区
功能（FC）	用户编写的包含经常使用的功能的子程序，无存储区
系统功能块（SFB）	集成在 CPU 模块中，通过其可调用一些重要的系统功能，有存储区
系统功能（SFC）	集成在 CPU 模块中，通过其可调用一些重要的系统功能，无存储区
背景数据块（DI）	调用 FB 和 SFB 时用于传递参数的数据块，在编译过程中自动生成数据
共享数据块（DB）	存储用户数据的数据区域，供所有的块共享

9.2　用户程序结构

9.2.1　用户程序编程方法

STEP 7 为设计程序提供线性化、模块化和结构化三种编程结构，基于这些方法，用户可以选择最适合于应用的程序设计方法。如图 9-2 所示。

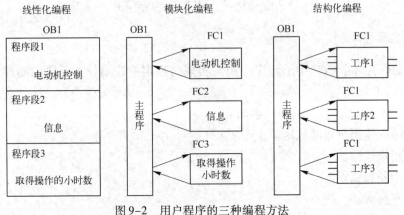

图 9-2　用户程序的三种编程方法

1. 线性化编程

线性化编程在循环控制组织块 OB1（即主程序）中写入整个用户程序，将用户程序连续放在其中，循环程序块 OB1 按程序顺序、循环执行每一条指令。这种编程方式程序结构相对简单，适用于简单的、不带控制分支的逻辑控制程序。

由于所有的指令都在一个块中，每个扫描周期都要执行所有的指令，若程序中某些部分在大多时候并不需要执行，不能有效利用 CPU。此外若要求多次执行相同或类似的操作，需要重复编写程序。

2. 模块化编程

模块化编程是把一项控制任务分成若干个独立任务的程序块，并放在不同的功能（FC）、功能块（FB）中，主程序 OB1 中的指令决定在什么情况下调用哪一个块。被调用的块执行完后，返回到 OB1 中程序块的调用点，继续执行 OB1。功能（FC）和功能块（FB）不传递也不接收参数，也不存在重复利用的程序代码，其本质上就是划分为块的线性编程。

模块化编程易于几个人同时对一个项目编程。由于只是在需要时才调用有关的程序块，提高了 CPU 的利用效率。

3. 结构化编程

结构化编程将复杂的自动化任务分解为能够反映过程的工艺、功能或可反复多次处理的小任务，这些小任务以相应的程序块表示，程序运行时所需的大量数据和变量存储在数据块中。结构化程序把过程要求的类似或相关的功能进行分类。这些程序块是相对独立的，它们被 OB1 或别的块调用。在给功能块编程时使用的是"形参"，调用它需要"实参"赋值给形参，每个块可能被多次调用，以实现对具有相同过程工艺要求的被控对象的控制。

结构化编程有如下优点：

① 程序只需生成一次，它显著地减少编程时间。

② 块只在用户存储器中保存一次，显著地降低了存储器用量。

③ 块可以被程序任意次调用，每次使用不同的地址。

结构化编程可简化程序设计过程，减少代码长度、提高编程效率，比较适合于较复杂自动控制任务的设计。

9.2.2　用户程序分层调用

用户编写的程序块必须在 OB 中调用才能执行，在一个程序块中可以使用指令调用其他程序块，被调用的程序块执行完成后返回原程序中断处继续运行，程序块的调用过程如图9-3所示。调用的程序块类型只能是 OB、FB、FC，被调用的程序块可以是 FB、FC、SFB、SFC，OB 块不能被调用。

控制任务中，可以将工厂级控制任务划分为几个车间级控制任务，将车间级任务再划分为几组生产线的控制任务，将生产线的控制任务再划分为几个电动机的控制。这样从上到下将控制任务分层划分，同样也可以将控制程序根据控制任务分层划分，每一层控制程序作为上一层控制程序的子程序，同时调用下一层的控制程序作为子程序，形成程序块的嵌套调用。用户程序的分层调用就是将整个程序按照控制工艺划分为小的子程序，按次序分层嵌套调用。允许嵌套调用的层数（嵌套深度）与 CPU 的型号有关。

例如将一个控制任务划分为 3 个独立的子任务，在每个子任务下划分小的控制任务，程

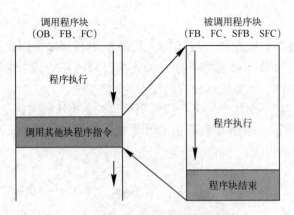

图 9-3 用户程序的分层调用

序的分层调用如图 9-4 所示。3 个独立的子程序分别为 FB1、FB2 和 FC2，在 FB2 中又划分两层控制程序 FB3 和 SFC1，数据块 DB1 的使用与嵌套无关。用户程序执行顺序为 OB1→FB1 + DB1→FC1→FB1 + DB1→OB1→FB2 + DB2→FB3 + DB3→SFC1→FB3 + DB3→FB2 + DB2→OB1→FC2→OB1。用户的分层调用是结构化编程方式的延伸。

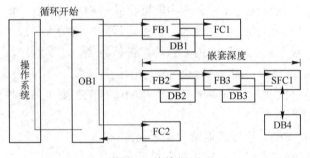

图 9-4 嵌套调用

9.2.3 用户程序使用的堆栈

堆栈是 CPU 中的一块特殊的存储区，采用"先入后出"的规则存入和取出数据。最上面的存储单元称为栈顶，要保存的数据从栈顶"压入"堆栈时，堆栈中原有的数据依次向下移动一个位置，最下面的存储单元中的数据丢失。在取出栈顶的数据后，堆栈中所有的数据依次向上移动一个位置。如图 9-5 所示。堆栈的这种"先入后出"的存取规则刚好满足块的调用（包括中断处理时块的调用）的要求，因此在计算机的程序设计中得到了广泛应用。

下面介绍 STEP 7 中 3 种不同的堆栈。

1. 局域数据堆栈（L 栈）

局域数据堆栈用来存储块的局域数据区的临时变量、组织块的启动信息、块传递参数的信息和梯形图程序的中间结果。可以按位、字节、字和双字来存取，例如 L y. x、LB y、LW y 和 LD y（y = 字节地址，x = 位地址）。

各逻辑块均有自己的局域变量表，局域变量仅在它被创建的逻辑块中有效。对组织块编程时，可以声明临时变量（TEMP）。临时变量仅在块被执行的时候使用，块执行完成后被别的数据覆盖。

在首次访问局域数据堆栈时，应对局域数据初始化。每个组织块需要 20B 的局域数据来存储它的启动信息。

CPU 分配给当前正在处理的块的临时变量（即局域数据）的存储器容量是有限的，这一存储区（即局域堆栈）的大小与 CPU 的型号有关。CPU 给每一优先级分配了相同数量的局域数据区，这样可以保证不同优先级的 OB 都有它们可以使用的局域数据空间。

图 9-6 中的 FB1 调用功能 FC2，FC2 的执行被组织块 OB81 中断，图中给出了局域数据堆栈中局域数据的存放情况。

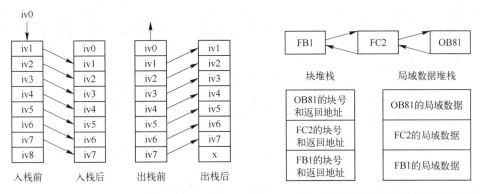

图 9-5　用户程序的栈　　　　　图 9-6　局域数据堆栈中局域数据的存放情况

在局域数据堆栈中，并非所有的优先级都需要相同数量的存储区。通过在 STEP 7 中设置参数，可以给 S7 - 400 CPU 和 CPU 318 的每一优先级指定不同大小的局域数据区。其余的 S7 - 300 CPU 每一优先级的局域数据区的大小是固定的。

2. 块堆栈（B 栈）

如果一个块的处理因为调用另一个块，或者被更高优先级的块终止，或者被错误的服务终止，CPU 将在块堆栈中储存以下被中断块的数据信息：

① 块的类型（OB、FB、FC、SFB、SFC）、编号、优先级和返回地址。

② 从 DB 和 DI 寄存器中获得的块被中断时打开的共享数据块和背景数据块的编号。

③ 局域数据堆栈的指针（被中断块的 L 堆栈地址）。

利用这些数据，可以在中断它的任务处理完后恢复被中断的块的处理。在多重调用时堆栈可以保存参与嵌套调用的几个块的信息。

CPU 处于 STOP 模式时，可以在 STEP 7 中显示 B 堆栈中保存的在进入 STOP 模式时没有处理完的所有块，在 B 堆栈中，块按照它们被处理的顺序排列。

STEP 7 可使用的 B 堆栈大小是有限制的，对于 S7 - 300 CPU，则可在 B 堆栈中存储 8 个块的信息。因此，块调用嵌套深度也是有限制的，最多可同时激活 8 个块。

3. 中断堆栈（I 栈）

如果程序的执行被优先级更高的 OB 中断，操作系统将保存下述寄存器的内容：当前的累加器和地址寄存器的内容、数据块寄存器 DB 和 DI 的内容、局域数据的指针、状态字、MCR（主控继电器）寄存器和 B 堆栈的指针。

新的 OB 执行完后，操作系统从中断堆栈中读取信息，从被中断的块被中断的地方开始继续执行程序。

CPU 在 STOP 模式时，可以在 STEP 7 中显示 I 堆栈中保存的数据，用户可以由此找出使 CPU 进入 STOP 模式的原因。

9.3 用户程序块

STEP 7 允许将用户程序划分为若干自包含的程序段，它们分别具有特定功能、结构或与某项工艺任务相关，这些程序段称为块（Block）。块的结构基本上包含下列三个部分：

1. 块头

块头包含块的特征。如块的名称、属性、版本、保护级别、块长度等。块属性如图 9-7 所示。

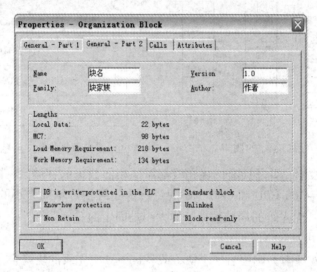

图 9-7 块属性

2. 声明部分

这部分用于声明与块相关的局部变量。程序块包含了与块相关的局部变量，这些局部变量包括：输入参数（只读）、输出参数（只写）、输入/输出参数（可读可写）以及临时局部块参数等；对于数据块，需要指明数据在数据块中的存储地址，每个地址都具有名称、数据类型、初始值和可选说明。

3. 程序部分（程序块）或初始化部分（数据块）

这部分包含程序及注释（程序块）或各个数据地址的预设值（数据块）。程序块的程序部分包含 CPU 将要执行的指令，已编译的块只包含 MC7 指令；数据块中存储的不是程序，而是初始化部分。在面向源码的编程中，可在数据块中指定数据地址的当前值。如果不使用初始化，将取数据地址的初始值作为当前值。

9.4 组织块 OB

在 S7 - 300/400 CPU 中，用户程序是由启动程序、主程序和各种中断相应程序等不同的程序模块构成的，这些模块在 STEP 7 中的实现形式就是组织块（OB）。OB 是操作系统与用户程序的接口，由操作系统调用，用于控制扫描循环和中断程序的执行、PLC 的启动和错误处理等，有的 CPU 只能使用部分组织块。

9.4.1 OB 组织块的分类及优先级

OB 块按照功能划分，可分为以下几类，如图 9-8 所示。

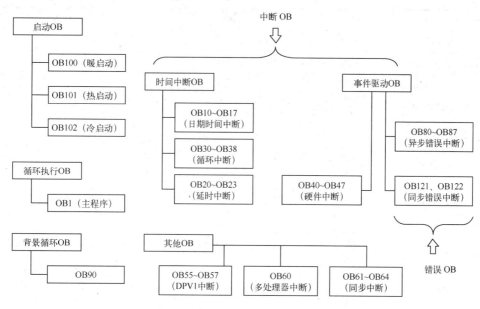

图 9-8　组织块分类

（1）启动组织块

启动组织块用于系统初始化，CPU 上电或操作模式改为 RUN 时，根据启动的方式执行启动程序 OB100～OB102 中的一个。

（2）循环执行组织块

需要连续执行的程序放在 OB1 中，执行完成后又开始新的循环。

（3）时间中断组织块

时间中断组织块包括日期时间中断（OB10～OB17）和循环中断组织块（OB30～OB38），可以根据设定的日期时间或时间间隔执行中断，以及延时中断（OB20～OB23）。

（4）事件驱动组织块

事件驱动组织块包括硬件中断（OB40～OB47）、异步错误中断（OB80～OB87）和同步故障中断（OB121、OB122）。

（5）背景组织块

如果 CPU 设置的最小扫描时间比实际的扫描循环时间长，在循环程序结束后 CPU 可以执行 OB90，避免循环等待时间。

（6）其他组织块

包括 DPV1 中断（OB55～57）、多处理器中断（OB60）以及同步中断（OB61～64）等。

组织块可以划分不同的优先级，即中断的优先级。具有较高优先级的组织块可以中断较低优先级组织块的处理过程，此时 CPU 会"记住"所有相关数据，处理完中断后，在原先被中断的位置继续执行低优先级的程序。如果同时产生的中断请求不止一个，最先执行优先级最高的 OB，然后按照优先级由高到低的顺序执行其他 OB。S7 – 300/400 中组织块的类型和默认优先级见表 9-2。

表 9-2　OB 块类型及优先级

类　型	OB	优先级（默认）
主程序循环	OB1	1
日期时间中断	OB10 ~ OB17	2
时间延时中断	OB20 OB21 OB22 OB23	3 4 5 6
循环中断	OB30 OB31 OB32 OB33 OB34 OB35 OB36 OB37 OB38	7 8 9 10 11 12 13 14 15
硬件中断	OB40 OB41 OB42 OB43 OB44 OB45 OB46 OB47	16 17 18 19 20 21 22 23
DPV1 中断	OB55 OB56 OB57	2 2 2
多处理器中断	OB60 多处理器	25
PROFIBUS 时钟同步中断	OB61 OB62 OB63 OB64	25
技术同步中断	OB65	25
冗余错误中断	OB70 I/O 冗余错误（只适用于 H 系统） OB72 CPU 冗余错误（只适用于 H 系统） OB73 通信冗余故障（只适用于 H 系统）	25 28 25
异步错误中断	OB80 时间错误 OB81 电源故障 OB82 诊断中断 OB83 插入/拔出模板中断 OB84 CPU 硬件故障 OB85 程序循环错误 OB86 机架故障 OB87 通信故障	26 （或者如果异步错误 OB 存在于启动程序中则为 28）

类　型	OB	优先级（默认）
过程中断	OB88	28
背景循环中断	OB90	29 *
启动	OB100 暖启动 OB101 热启动 OB102 冷启动	27 27 27
同步错误中断	OB121 编程错误 OB122 访问错误	引起错误 OB 的优先级

注：* 优先级别 29 对应于优先级 0.29。背景循环的优先级低于自由循环（OB1）。

S7 - 300 CPU（不包括 CPU 318）中组织块的优先级是固定的，S7 - 400 CPU 和 CPU 318 中，下述组织块的优先级可以用 STEP 7 修改：OB10 ~ OB47（优先级 2 ~ 23），OB70 ~ OB72（优先级 25 或 28，只适用于 H 系列 CPU）以及在 RUN 模式下的 OB81 ~ OB87（优先级 26 或 28）。同一个优先级可以分配给几个 OB，具有相同优先级的 OB 按启动它们的事情出现的先后顺序处理。被同步错误启动的故障 OB 的优先级和错误出现时正在执行的 OB 的优先级相同。

9.4.2　组织块的变量声明表

OB 没有背景数据块，也不能为 OB 声明静态变量，所以 OB 的变量声明表中只有临时变量。OB 的临时变量可以是基本数据类型，复合数据类型或数据类型 ANY。操作系统为每个 OB 提供了 20B 的变量声明表。声明表中变量的具体内容与 OB 的类型有关。用户可以通过 OB 的变量声明表可获得与启动 OB 的原因有关的信息。OB 的变量声明表见表 9-3。

表 9-3　组织块变量声明表

地址（字节）	内　容
0	事件级别与标识符，例如 OB40 为 B#16#11，表示硬件中断被激活
1	用代码表示与启动 OB 事件有关的信息
2	优先级，如 OB36 的中断优先级为 13
3	OB 号，如 OB121 的块号为 121
4 ~ 11	附加信息，例如 OB40 的第 5 字节为产生中断的模块的类型，16#54 为输入模块，16#55 为输出模块；第 6、7 字节为产生中断的模块的起始地址；第 8 ~ 11 字节组成的双字为产生中断的通道号
12 ~ 19	启动 OB 的日期和时间（年、月、日、时、分、秒、毫秒与星期）

9.4.3　启动组织块

CPU 有 3 种启动方式：暖启动、热启动（仅 S7 - 400）和冷启动，如图 9-9 所示。在用 STEP 7 设置 CPU 的属性时可以选择 S7 - 400 上电后启动的方式。

S7 - 300 CPU（不包括 CPU318）只有暖启动，用 STEP 7 可以指定存储器位、定时器、计数器和数据块在电源掉电后的保持范围。

在启动期间，不能执行时间驱动的程序和中断驱动的程序，运行时间计数器开始工作，所有的数字量输出信号都为 "0" 状态。

（1）暖启动（OB100）

暖启动时，过程映像数据以及非保持的存储器位、定时器和计数器被复位。具有保持功

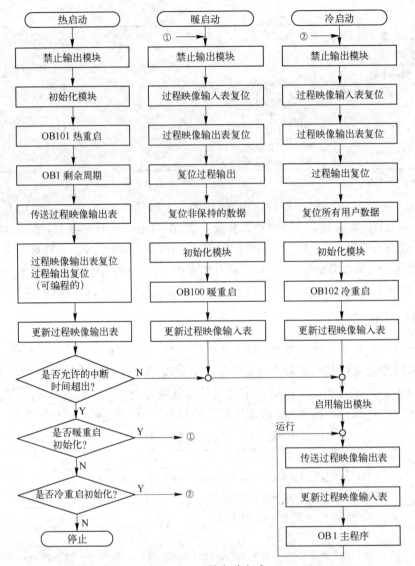

图 9-9 三种启动方式

能的存储器位、定时器、计数器和所有数据块将保留原数值。程序将重新开始运行，执行启动 OB 或 OB1。

手动暖启动时，将模式选择开关扳到 STOP 位置，"STOP" LED 亮，然后扳到 RUN 或 RUN - P 位置。

OB100 的变量声明表如图 9-10 所示。

	Name	Data Type	Address	Comment
Interface	OB100_E...	Byte	0.0	16#13, Event class 1, Entering event state, Event logged in diagnostic buffer
TEMP				
OB100_EV_CLASS	OB100_S...	Byte	1.0	16#81/82/83/84 Method of startup
OB100_STRTUP	OB100_P...	Byte	2.0	Priority of OB Execution
OB100_PRIORITY	OB100_O...	Byte	3.0	100 (Organization block 100, OB100)
OB100_OB_NUMBR	OB100_R...	Byte	4.0	Reserved for system
OB100_RESERVED_1	OB100_R...	Byte	5.0	Reserved for system
OB100_RESERVED_2	OB100_STOP	Word	6.0	Event that caused CPU to stop (16#4xxx)
OB100_STOP	OB100_S...	DWord	8.0	Information on how system started
OB100_STRT_INFO	OB100_D...	Date_...	12.0	Date and time OB100 started
OB100_DATE_TIME				

图 9-10 OB100 的变量声明表

```
L    MB    100
+    1
T    MB    100


L    #OB100_STRTUP
T    MB    110


L    #OB100_STRT_INFO
T    MD    200
```

（2）热启动（OB101）

在 RUN 状态时，如果电源突然丢失，然后又重新上电，S7 - 400 CPU 将执行一个初始化程序，自动地完成热启动。热启动从上次 RUN 模式结束时程序被中断之处继续执行，不对计数器等复位。热启动只能在 STOP 状态时没有修改用户程序的条件下才能进行。

OB101 的变量声明表如图 9-11 所示。

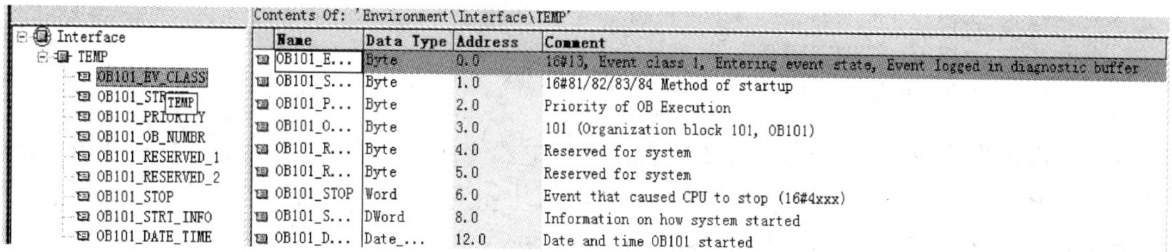

Interface	Contents Of: 'Environment\Interface\TEMP'			
TEMP	Name	Data Type	Address	Comment
OB101_EV_CLASS	OB101_E...	Byte	0.0	16#13, Event class 1, Entering event state, Event logged in diagnostic buffer
OB101_STRTUP	OB101_S...	Byte	1.0	16#81/82/83/84 Method of startup
OB101_PRIORITY	OB101_P...	Byte	2.0	Priority of OB Execution
OB101_OB_NUMBR	OB101_O...	Byte	3.0	101 (Organization block 101, OB101)
OB101_RESERVED_1	OB101_R...	Byte	4.0	Reserved for system
OB101_RESERVED_2	OB101_R...	Byte	5.0	Reserved for system
OB101_STOP	OB101_STOP	Word	6.0	Event that caused CPU to stop (16#4xxx)
OB101_STRT_INFO	OB101_S...	DWord	8.0	Information on how system started
OB101_DATE_TIME	OB101_D...	Date_...	12.0	Date and time OB101 started

图 9-11　OB101 的变量声明表

```
L    MB    101
+    1
T    MB    101


L    #OB101_STRTUP
T    MB    110


L    #OB101_STRT_INFO
T    MD    200
```

（3）冷启动（OB102，适用于 CPU 417 和 CPU 417H）

冷启动时，过程数据区的所有过程映像数据、存储器位、定时器、计数器和数据块均被清除，即被复位为零，包括有保持功能的数据。用户程序将重新开始运行，执行启动 OB 和 OB1。

手动冷启动时将模式选择开关扳到 STOP 位置，STOP LED 亮，再扳到 MRES 位置，STOP LED 灭 1s，亮 1s，再灭 1s 后保持亮。最后将它扳到 RUN 或者 RUN - P 位置。

OB102 的变量声明表如图 9-12 所示。

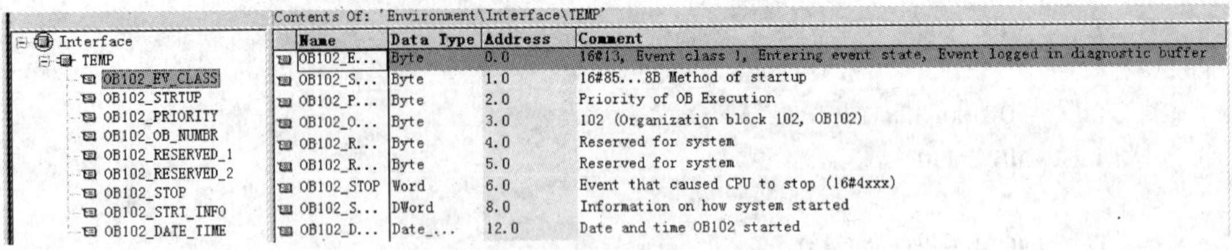

Name	Data Type	Address	Comment
OB102_E...	Byte	0.0	16#13, Event class 1, Entering event state, Event logged in diagnostic buffer
OB102_S...	Byte	1.0	16#85...8B Method of startup
OB102_P...	Byte	2.0	Priority of OB Execution
OB102_O...	Byte	3.0	102 (Organization block 102, OB102)
OB102_R...	Byte	4.0	Reserved for system
OB102_R...	Byte	5.0	Reserved for system
OB102_STOP	Word	6.0	Event that caused CPU to stop (16#4xxx)
OB102_S...	DWord	8.0	Information on how system started
OB102_D...	Date_...	12.0	Date and time OB102 started

Contents Of: 'Environment\Interface\TEMP'

Interface
　TEMP
　　OB102_EV_CLASS
　　OB102_STRTUP
　　OB102_PRIORITY
　　OB102_OB_NUMBR
　　OB102_RESERVED_1
　　OB102_RESERVED_2
　　OB102_STOP
　　OB102_STRT_INFO
　　OB102_DATE_TIME

图 9-12　OB102 的变量声明表

```
L    MB    102
+    1
T    MB    102


L    #OB102_STRTUP
T    MB    110


L    #OB102_STRT_INFO
T    MD    200
```

下列事件发生时，CPU 执行启动功能：PLC 电源上电后；CPU 的模式选择开关从 STOP 位置扳到 RUN 或 RUN-P 位置；接收到通过通信功能发送来的启动请求；多 CPU 方式同步之后和 H 系统连接好后（只适用于备用 CPU）。

启动用户程序之前，先执行启动 OB。在暖启动、热启动或冷启动时，操作系统分别调用 OB100、OB101 或 OB102，S7-300 和 S7-400H 不能热启动。

用户可以通过在启动组织块 OB100～OB102 中编写程序，来设置 CPU 的初始化操作，例如开始运行的初始值，I/O 模块的起始值等。启动组织块如图 9-13 所示。

启动程序没有长度和时间的限制，因为循环时间监视还没有被激活，在启动程序中不能执行时间中断程序和硬件中断程序。

CPU 318-2 只允许手动暖启动或冷启动。对于某些 S7-400 CPU，如果允许用户通过 STEP 7 的参数设置手动启动，用户可以使用状态选择开关和启动类型开关（CRST/WRST）进行手动启动。

在设置 CPU 模块属性的对话框中，选择"Start up"选项卡，可以设置启动的各种参数。

启动 S7-400 CPU 时，作为默认的设置，将输出过程映像区清零。如果用户希望在启动之后继续在用户程序中使用原有的值，也可以选择不将过程映像区清零。

用户设置组态表的参数时，可以决定是否在组态表中检查模块是否存在，以及模块类型与启动前是否匹配。如果激活模块检查功能，发现组态表与实际的组态不相符时，CPU 将不会启动。

为了在启动时监视是否有错误，用户可以选择以下的监视时间：

1）向模块传递参数的最大允许时间。

2）上电后模块向 CPU 发送"准备好"信号允许的最大时间。

3）S7 – 400 CPU 热启动允许的最大时间，即电源中断的时间或由 STOP 转换为 RUN 的时间。一旦超过监视时间，CPU 将进入停机状态或只能暖启动。如果监控时间设置为 0，表示不监控。

OB100 的变量声明表中的 OB100_START_INFO 是当前启动的更详细的信息，如图 9–14 所示。各参数的具体意义参见有关的参考手册。

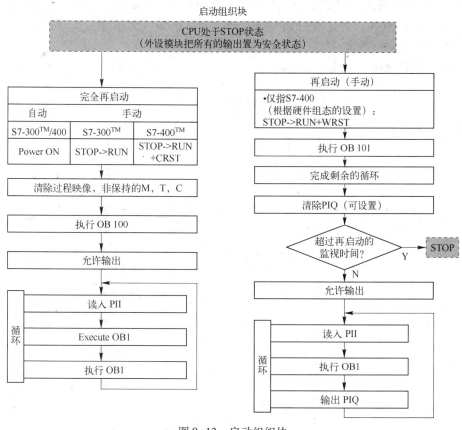

图 9–13　启动组织块

局部变量字节		
0 / 1	启动事件	序列号
2 / 3	优先级	OB号
4 / 5	局部变量字节8, 9, 10, 11的数据格式	
6 / 7	附加信息1(例如，中断模块的起始地址)	
8 / 9	附加信息2(例如，中断状态)	
10 / 11	附加信息3(例如，通道号码)	
12 / 13	年	月
14 / 15	日	小时
16 / 17	分钟	秒
18 / 19	1/10秒, 1/100 秒	1 /1000 秒, 星期

管理信息（0/1、2/3）
启动信息（4/5、6/7、8/9、10/11）
启动时间（12/13、14/15、16/17、18/19）

图 9–14　组织块的启动信息

9.4.4　循环执行组织块

主程序 OB1 即循环处理的用户程序。循环程序处理是 PLC 中的"常规"程序处理。多数控制器只使用这种类型的程序处理。如果使用了由事件控制的程序处理，通常只是将其作为主程序的补充。

只有处于 RUN 模式，CPU 才处理主程序。当 CPU 前面板的模式选择器开关设置为 RUN 或 RUN – P。处于 RUN 位置，可以移去钥匙锁开关，这样就无法改变操作模式，也不能通过编程设备修改用户程序。

循环程序执行示意图如图 9–15 所示。

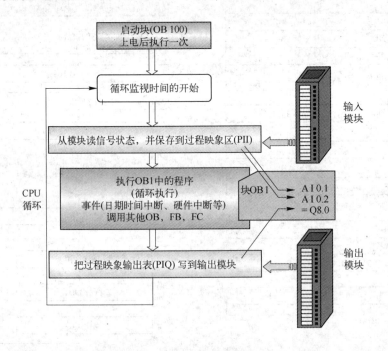

图 9–15　循环程序执行示意图

1. 程序组织

用户程序通常分为独立的程序段（即块）。如果要处理某个块，必须首先调用它。只有组织块是不能被用户程序所调用的，它们是由 CPU 的操作系统启动的。

程序结构描述了以下内容：哪些事件将触发 CPU 来处理特定的块，以及这些块将按照怎么样的顺序进行处理。例如，在为组织块 OB1 中的主程序编写块调用时，也就创建了一个粗略的程序结构。在这些"更高等级"的块中，还可以调用其他块，从而建立更为细致的程序结构，依此类推。

原则上，有两种方法可以将总的自动化任务划分为更小的子任务。工艺程序结构基本上是基于被控系统的结构，并可以划分为系统、子系统和部件。被控系统或被控过程中的各个部件分别对应各个独立的程序段。例如，子系统"传送带"可能包括不同的传送元件、分流设备以及起重站。这些子系统又包括电动机、阀门和指示灯元件等独立部件。功能程序结构则基于它所执行的控制功能。较低等级的块包括子功能所对应的程序。例如，"信号获取"功能可能包括信号调理、信号存储和信号输出。

2. 块调用的嵌套深度

运行时，CPU 将在块堆栈（B 栈）中为每个被调用的块创建一个条目。使用该信息，CPU 就能够在被调用块处理完毕之后，继续在执行调用的块中进行处理。接下来被调用的块将覆盖 B 栈中建立一个新元素。B 栈的元素数目有最大值限制，与具体 CPU 有关。如果执行了过多"嵌套的"块调用，CPU 将进入 STOP 状态，并给出错误信息"块堆栈溢出"。

【例 9-1】 读取 OB1 临时变量实例（路灯控制）

OB1 的临时变量 OB1_DATE_TIME 表示 OB1 被调用的日期和时间，共八个字节，其起始地址为 LB12。前 7 个字节分别表示了年、月、日、时、分、秒以及毫秒的百位和十位，第 8 个字节 0～3 位表示星期，4～7 位表示毫秒的个位。注意，这里全部都是以 BCD 码的格式存储。

被调用时间的时、分的值存储在 LW15 中。路灯控制是指在每天的 20：00 之后路灯自动点亮，直到第二天的 6：00 时路灯自动熄灭。其控制电路如图 9-16 所示。LW15 的值大于 16# 2000（20：00）或小于 16#600（6：00）时，控制路灯的输出线圈 Q4.1 得电，反之则失电。

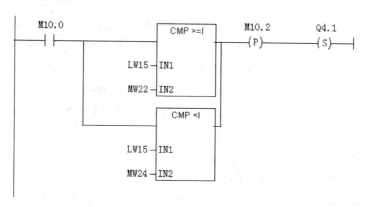

图 9-16 路灯控制程序图

此段程序在 OB1 中，将 OB1 下载到 S7 - PLCSIM 中，使用"Variable Table"设置 MW22（开灯时间）以及 MW24（关灯时间）的值。如图 9-17 所示，MW22 为 16#2000（20：00），MW24 为 16#600（6：00）。

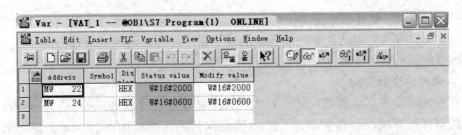

图 9-17　变量表

S7 – PLCSIM 运行结果如图 9–18 所示。

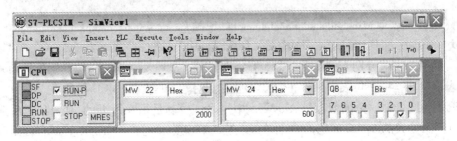

图 9-18　S7 – PLCSIM 运行结果图

9.4.5　时间中断组织块

如果用户需要在某个特定的日期和时间执行某个操作，或从某个时间开始重复执行某种操作，或者从 CPU 由 STOP 切换到 RUN 模式后就周期性地执行某种操作，或者在延时一段时间后产生中断。在这种情况下，需要调用时间中断组织块。时间中断组织块主要分为三类：日期时间中断组织块（OB10 ~ OB17）、循环中断组织块（OB30 ~ OB38）以及延时中断（OB20 ~ OB23）。不同类型的 CPU 可以使用的定期执行组织块 OB 的个数与类型是有差别的。

1. 日期时间中断组织块

日期时间中断组织块可以在某一特定的日期和时间执行一次，也可以从设定的日期时间开始，周期性地重复执行，例如每分钟、每小时、每天、甚至每年执行一次。这样，用户可以将需要执行的操作放在日期时间中断组织块，当设置的时间到来时，操作系统将自动中断 OB1 的运行，并执行相应的日期时间中断组织块。

S7 – 300/400 系列的 CPU 可以使用的日期时间中断组织块共有 8 个，即 OB10 ~ OB17，某个 CPU 具体能够使用哪个，要视 CPU 的型号而定。S7 – 300 系列 PLC 的 CPU（不包括 CPU 318）只能使用 OB10。

要启动日期时间中断，应当首先设置开始时间，然后激活日期时间中断。这两个步骤可以分别在 HW Config 中设置并激活（CPU 的 Object Properties 对话框中的 Time – Of – Day Interrupt 选项卡中列出了与此项相关组织块的优先级、是否激活、执行方式以及启动日期和时间的设置，如图 9–19 所示），或者使用系统功能来执行。系统功能 SFC28 SET_TINT 用于设置日期时间中断的开始时间和周期。系统功能 SFC30 ACT_TINT 则用于激活日期时间中断。系统功能 SFC29 CAN_TINT 可以取消当前运行的日期时间中断。如果已取消的日期时间中断要再次使用，必须使用 SFC28 SET_TINT 重新设置开始时间。同样的，还必须使用 SFC30 ACK_TINT 再次激活日期时间中断。日期时间中断只能在 CPU 处于 RUN 模式时才能执行。如果日期时间中断是在 CPU 启动程序中激活的，那么它只能等到 CPU 进入 RUN 模式时才能启动。

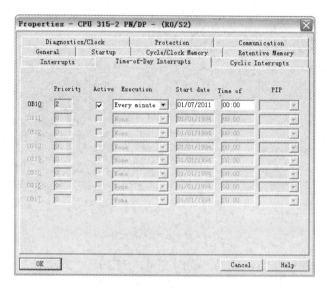

图 9-19　设置日期时间中断

使用系统功能 SFC31 QRY_TINT 可以查询日期时间中断的状态。查询的信息返回到 STATUS 参数中，其字节含义见表 9-4。

表 9-4　SFC31 输出的状态字节 STATUS

位	值	含　义
0	0	操作系统已激活日期时间中断
1	0	允许新的日期时间中断
2	0	日期时间中断未被激活或所设时间已过去
3	—	—
4	0	没有装载日期时间按中断 OB
5	0	在测试状态下正在进行的日期时间中断 OB 不能被取消
6	0	日期时间中断以基准时间为准
	1	日期时间中断以当地时间为准

注意：

① 冷启动或暖启动期间，操作系统将清除所有使用 SFC 设定的配置，而保留通过硬件组态数据设定的配置。在热启动期间，CPU 将在主程序第一个完整扫描周期内恢复日期时间中断的服务。

② 对于每月执行一次的日期时间中断，只可将 1 ~ 28 作为起始日期，因为并不是每个月都有 29、30 或 31 天。

③ 日期时间中断的调用可以通过 SFC39 DIS_IRT 和 SFC40 EN_IRT 来禁止和启用，用

SFC41 DIS_AIRT 和 SFC42 EN_AIRT 来延时和启用。

④ 用户可通过 PLC→Diagnostic/Setting→Set Time of Day 可以设置系统时间，如图 9-20 所示。

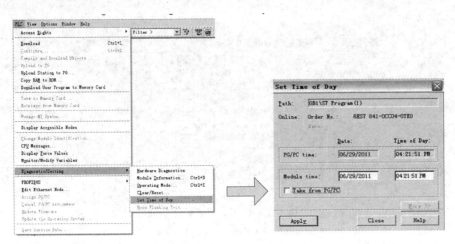

图 9-20　设置系统时间

表 9-5 为日期时间中断组织块局部临时变量（TEMP），其地址从 L0.0～L19.7 为系统定义的本地数据，地址从 L20.0 以上的本地数据允许用户定义。

表 9-5　日期时间中断的变量声明表

参　　数	数据类型	描　　述
OB10_EV_CLASS	BYTE	事件级和识别码：B#16#11＝中断激活
OB10_STRT_INFO	BYTE	B#16#11～B#16#18：启动请求 OB10 ~OB17
OB10_PRIORITY	BYTE	分配的优先级：默认 2
OB10_OB_NUMBR	BYTE	OB 号（10～17）
OB10_RESERVED_1	BYTE	保留
OB10_RESERVED_2	BYTE	保留
OB10_PERIOD_EXE	WORD	OB 以特殊的间隔运行：W#16#0000：一次 　　W#16#0201：每分钟一次 　　W#16#0401：每小时一次 　　W#16#1001：每天一次 　　W#16#1201：每周一次 　　W#16#1401：每月一次 　　W#16#1801：每年一次 　　W#16#2001：每月底
OB10_RESERVED_3	INT	保留
OB10_RESERVED_4	INT	保留
OB10_DATE_TIME	DATE_AND_TIME	OB 调用时的日期和时间

如果设定日期时间中断相应的 OB 是执行一次，那么日期时间（DATE_AND_TIME）不能是过去（与 CPU 的实时时钟相关）的日期时间。如果设定日期时间中断相应的 OB 是周期性地执行，日期时间（DATE_AND_TIME）是过去的日期和时间，那么日期时间中断将按图 9-21 所示在下次执行。

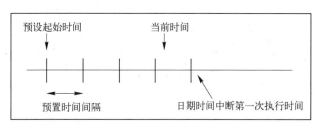

图 9-21　日期时间中断执行示意图

因为日期时间中断只在规定的时间间隔发生，某些条件会在程序执行时影响 OB 的运行。表 9-6 显示了一些影响日期时间中断 OB 运行的条件和描述。

表 9-6　影响日期时间中断 OB 运行的条件和描述

条　件	影　响　结　果
编程调用 SFC29（CAN_TINT），取消了日期时间中断	操作系统清除日期时间中断的事件日期时间（DATE_AND_TIME）。在此 OB 被调用之前，用户必须重新设置并激活它
编程激活日期时间中断 OB，但此 OB 在 CPU 中不存在	操作系统调用 OB85。如果 OB85 在 CPU 中不存在，CPU 将停机
当同步或校正 CPU 系统时钟时，设置的时间超前并跳过了日期时间中断 OB 的启动事件	操作系统调用 OB80 并在 OB80 中编译日期时间中断 OB 号和启动事件信息。操作系统运行一次日期时间中断 OB，不考虑这个 OB 应该运行多少次。OB80 的启动事件信息显示了 OB 第一次被跳过的日期和时间（DATE_AND_TIME）
当同步或校正 CPU 系统时钟时，时间被向后设置，于是 OB 的启动事件、日期或时间被重复	如果日期时间 OB 在时钟修改之前已激活，那么此 OB 不再被调用
CPU 在暖启动或冷启动期间	任何由 SFC 配置的日期时间 OB，都须遵从 STEP7 中组态的设置。如果用户组态了在 STEP7 中一个启动一次的日期时间中断 OB，组态的时间是过去（相对于 CPU 的实时时钟），并且已激活，在操作系统暖启动或冷启动后，这个 OB 将被调用一次
下一个时间间隔启动事件发生时，日期时间 OB 仍在执行	操作系统调用 OB80。如果 OB80 不存在，则 CPU 停机。如果 OB80 已装载，那么 OB80 和日期时间中断 OB 都执行第一次，并且第二个中断请求也被执行

【例 9-2】　如图 9-22 所示，从 2011 年 6 月 29 日 9 时开始，CPU 每隔一分钟检测原料罐的温度，若灌的温度低于上限值（模拟量输入 PIW304 = +13000）时，开启加热装置；若灌的温度高于上限值（模拟量输入 PIW304 = +14000）时，关闭加热装置（加热器由 Q4.7 输出控制）。I0.0 的上升沿启动日期时间中断，I0.1 取消日期时间中断。

（1）硬件组态

打开"Hardware"对象，在"HW config"界面中进行硬件组态，双击 CPU 模块，在弹出的"Properties"对话框的"Time – Of – Day Interrupt"选项卡中进行中断设置，如图 9-23 所示。设置完成后对硬件组态进行编译保存。

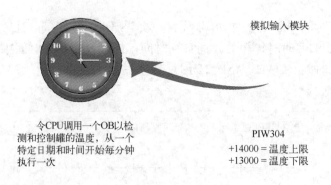

模拟输入模块

令CPU调用一个OB以检
测和控制罐的温度，从一个
特定日期和时间开始每分钟
执行一次

PIW304
+14000＝温度上限
+13000＝温度下限

Q4.7
加热器

图 9-22　温度监测系统示意图

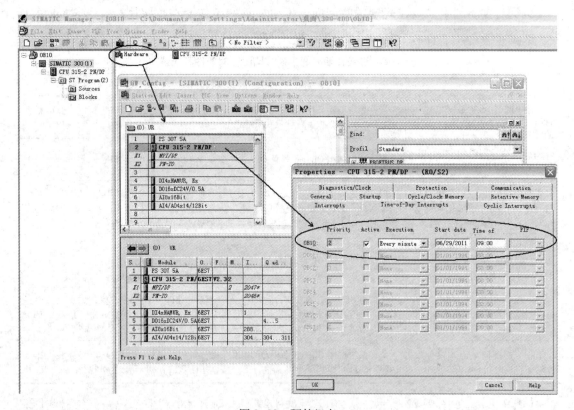

图 9-23　硬件组态

（2）程序设计

1）编写主程序 OB1。在 SIMATIC Manager 项目结构窗口中单击"Block"，在右边对象窗口中打开主程序 OB1，编写如图 9-24 所示程序，并保存。

2）编写日期时间中断 OB10。在 SIMATIC Manager 项目结构窗口中"Block"右边对象窗口空白处右击选择"Insert New Object"→"Organization Block"。在弹出的对话框中"Name"中输入"OB10"，并点击"OK"按钮。如图 9-25 所示。

OB1 : "Main Program Sweep (Cycle)"

Network 1: 查询日期时间中断OB10状态，状态字返回到MW16中，MB17为低字节

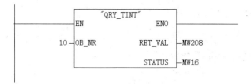

```
              "QRY_TINT"
        ┌─────────────────┐
        │ EN          ENO │
        │                 │
   10 ──┤ OB_NR  RET_VAL ├── MW208
        │                 │
        │         STATUS ├── MW16
        └─────────────────┘
```

Network 2: 使用IEC功能FC3 "D_TOD_DT" 将日期与时间合并

```
                 "D_TOD_DT"
           ┌─────────────────┐
           │ EN          ENO │
           │                 │
D#2011-6-  │                 │  #OUT_DATE_
    29 ────┤ IN1    RET_VAL ├── TIME
           │                 │
TOD#9:0:0. │                 │
    0 ─────┤ IN2             │
           └─────────────────┘
```

Network 3: I0.0上升沿设置和激活日期时间中断

```
 I0.0      M1.0      M17.2     M17.4        "SET_TINT"                        "ACT_TINT"
──┤├────────(P)───────┤/├───────┤├───┐  ┌─────────────────┐          ┌─────────────────┐
                                     └──┤ EN          ENO │          │ EN          ENO │
                                   10 ──┤ OB_NR  RET_VAL ├── MW200  10 ──┤ OB_NR  RET_VAL ├── MW204
                                        │                 │          └─────────────────┘
                             #OUT_DATE_ ┤ SDT             │
                                   TIME │                 │
                             W#16#201 ──┤ PERIOD          │
                                        └─────────────────┘
```

Network 4: I0.1上升沿取消日期时间中断

```
 I0.1      M1.1          "CAN_TINT"
──┤├────────(P)────┐  ┌─────────────────┐
                   └──┤ EN          ENO │
                 10 ──┤ OB_NR  RET_VAL ├── MW210
                      └─────────────────┘
```

图 9-24 主程序 OB1

Properties - Organization Block

General - Part 1 | General - Part 2 | Calls | Attributes

Name: OB10

Symbolic Name:

Symbol Comment:

Created in Language: LAD

Project path:

Storage location
of project: E:\manipula

                        Code   Interface
Date created: 07/07/2011 05:34:20 PM
Last modified: 07/07/2011 05:34:20 PM   07/07/2011 05:34:20 PM

Comment:

OK   Cancel   Help

图 9-25 建立 OB10

在添加的 OB10 组织块中编写如图 9-26 所示的程序。

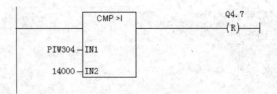

OB10 : "Time of Day Interrupt"
Network 1：当温度值高于14000时，复位Q4.7，停止加热

Network 2：当温度值低于13000时，置位Q4.7，开始加热

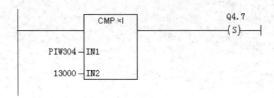

图 9-26　日期时间中断程序

（3）程序仿真

打开 PLCSIM，在其中添加相应的仿真模块，将程序下载到 PLCSIM 中，然后启动 "RUN-P" 开关，将 I0.0 置位，以激活日期时间中断 OB10，M17.2 表示 OB10 已激活，M17.4 表示 OB10 已被装载。通过设置 PIW 的值，当 PIW 值小于 13000 时，Q4.7 置位；当 PIW 值大于 14000 时，Q4.7 复位。若 I0.1 置位，则取消日期时间中断 OB10，此时 M17.2 也会变为无效状态。如图 9-27 所示。

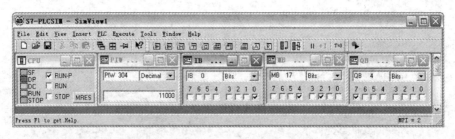

图 9-27　程序运行结果

2. 循环中断组织块

循环中断是 CPU 由 STOP 切换到 RUN 模式后，按照一定的时间间隔周期性地触发的中断。所以可以将周期性定时执行的 PID 控制程序编写在循环中断组织块（如 OB35）中。一旦 PLC 上电，将周期性地进行 PID 运算。

S7-300/400 系列的 CPU 可以使用的循环中断组织块共有 9 个，即 OB30~OB38，某个 CPU 具体能够使用哪个，也要视 CPU 的型号而定。S7-300 系列 PLC 的 CPU（不包括 CPU 318）只能使用 OB35。

在组态 CPU 参数时定义循环中断。一个循环中断有 3 个参数：时间间隔、偏移相位和优先级。3 个参数均可调整，时间间隔和偏移相位值为 1ms~1min 的系列值，以 1ms 递增。根据所用的 CPU，优先级可以设定到 2~24 之间或者设为 0（循环中断无效）。如图 9-28 所示。

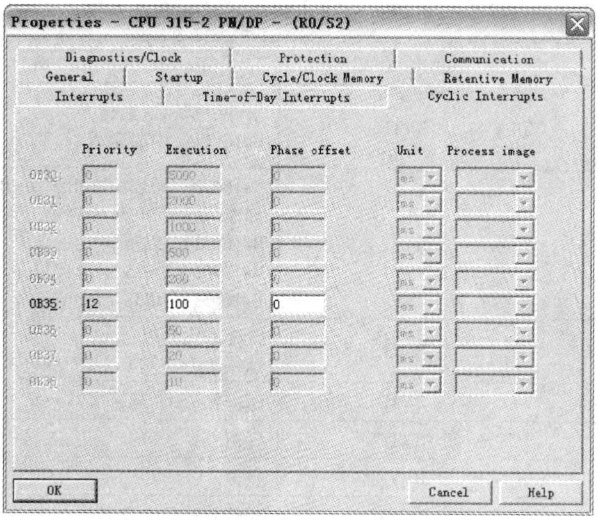

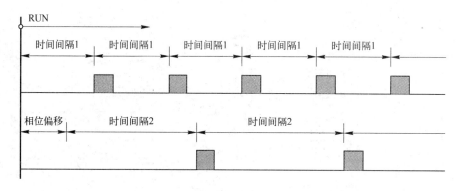

图 9-28　设置循环中断 OB35

循环中断 OB 间隔必须大于循环中断 OB 运行时间。循环中断 OB 间隔时间到而循环中断 OB 服务程序还没执行完，则系统程序调用 OB80 组织块，如项目中没有 OB80，系统进入 STOP 工作状态。

如果在"时间间隔（Execution）"参数中将多个循环中断的时间间隔设置为相同或互为整数倍，用户可以使用"相位偏移（Phase offset）"参数将它们的处理时间相互错开。这样，低优先级组织块就无需等待，从而增强处理周期的准确度。时间间隔和相位偏移的开始时间就是 CPU 切换到 RUN 的过渡瞬间，循环中断 OB 的调用时刻就是时间间隔加上相位偏移的时刻。图 9-29 给出了一个例子，时间间隔 1 没有设置相位偏移，时间间隔 2 是时间间隔 1 的两倍。因为时间间隔 2 有相位偏移，两个循环中断 OB 不会同时调用，使得较低优先级的 OB 不需等待，从而可精确地维持其时间间隔。

图 9-29　循环中断运行示意图

循环中断的调用可以通过使用系统功能 SFC39 DIS_IRT 和 SFC40 EN_IRT 来禁止和启用，使用 SFC41 DIS_AIRT 和 SFC42 EN_AIRT 来延时和启用。

表 9-7 为循环中断组织块局部临时变量（TEMP），其地址从 L0.0 ~ L19.7 为系统定义的本地数据，地址从 L20.0 以上的本地数据允许用户定义。

表 9-7　循环中断的变量声明表

参　　数	数据类型	描　　述
OB35_EV_CLASS	BYTE	事件级别和识别码 B#16#11：中断激活
OB35_STRT_INF	BYTE	B#16#30：循环中断组织块 OB 的启动请求，只对于特殊标准（只有 H 型 CPU 并且明确地为其组态） B#16#31：OB30 启动请求 B#16#36：OB35 启动请求 B#16#39：OB38 启动请求
OB35_PRIORITY	BYTE	分配的优先级： 默认 7（OB30）～15（OB38）
OB35_OB_NUMBR	BYTE	OB 号（30～38）
OB35_RESERVED_1	BYTE	保留
OB35_RESERVED_1	BYTE	保留
OB35_PHASE_OFFSET	WORD	相位偏移量［毫秒］
OB35_RESERVED_3	INT	保留
OB35_EXC_FREQ	INT	时间间隔，以毫秒计
OB35_DATE_TIME	DATE_AND_TIME	OB 调用时的日期和时间

【例 9-3】　利用循环中断产生 1Hz 的闪烁信号（M20.0 每 0.5s 取反一次）。I0.2 的上升沿禁止循环中断，I0.1 重新启动循环中断。

（1）硬件组态

打开"Hardware"对象，在"HW config"界面中进行硬件组态，双击 CPU 模块，在弹出的"Properties"对话框的"Cyclic Interrupt"选项卡中进行中断设置，中断间隔为 500ms，相位偏移为 0ms，如图 9-30 所示。设置完成后对硬件组态进行编译保存。

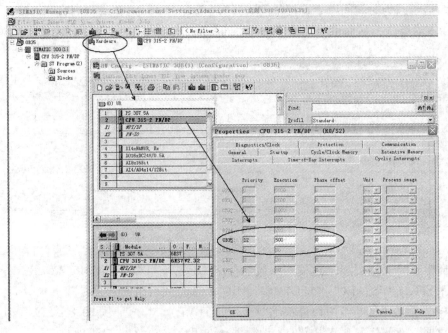

图 9-30　硬件组态

（2）程序设计

1）编写主程序 OB1。在 SIMATIC Manager 项目结构窗口中单击"Block"，在右边对象窗口中打开主程序 OB1，编写如图 9-31 程序，并保存。

OB1 : "Main Program Sweep (Cycle)"
Network 1: I0.1上升沿时调用SFC39 "EN_IRT"启动循环中断

```
    I0.1        M1.0            "EN_IRT"
  ──┤├────────┤├──(P)──    EN         ENO ─────────
                         ──
              B#16#2 ──MODE       RET_VAL ──MW100
                  35 ──OB_NR
```

Network 2: I0.2上升沿时调用SFC40 "DIS_IRT"禁止循环中断

```
    I0.2        M1.1            "DIS_IRT"
  ──┤├────────┤├──(P)──    EN         ENO ─────────
                         ──
              B#16#2 ──MODE       RET_VAL ──MW102
                  35 ──OB_NR
```

图 9-31　主程序 OB1

2）编写循环中断 OB35。在 SIMATIC Manager 项目结构窗口中"Block"右边对象窗口空白处右击选择"Insert New Object"→"Organization Block"。在弹出对话框的"Name"中输入"OB35"，并点击"OK"按钮。在添加的 OB35 组织块中编写如图 9-32 程序，OB35_EXC_FREQ 为中断间隔值，存放到 MW32 中。

OB35 : "Cyclic Interrupt"M20.0产生1Hz的闪烁信号
Network 1: 每次进入循环中断OB35，将M20.0取反

```
    M20.0                        M20.0
  ──┤├──────── NOT ───────────────( )──
```

Network 2: 读取循环中断OB35的时间间隔

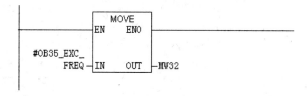

```
              MOVE
           EN     ENO
         ──
  #OB35_EXC_
    FREQ ──IN    OUT ──MW32
```

图 9-32　OB35 循环中断程序

（3）程序仿真

打开 PLCSIM，在其中添加相应的仿真模块，将程序下载到 PLCSIM 中，然后启动

"RUN – P"开关。M20.0以1Hz的频率不停闪烁，MW32为读取的循环时间间隔为500ms。将I0.2置位产生上升沿，M20.0停止闪烁；将I0.1置位产生上升沿，M20.0重新闪烁。如图9-33所示。

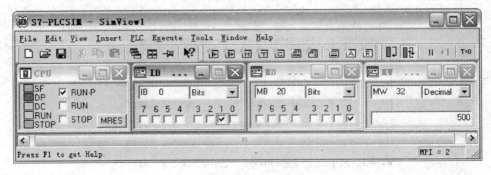

图9-33 程序运行结果

3. 延时中断组织块

延时中断组织块主要用于获得精确的延时。这是因为，对于S7系列PLC来说，由于受到不断变化的扫描循环周期的影响，导致普通定时器的定时精度较低。要想获得高精度的延时时间，必须通过中断的方式来进行。

S7 – 300/400系列的CPU可以使用的延时中断组织块共有4个，即OB20 ~ OB23。其中，S7 – 300系列PLC的CPU（不包括CPU 318）只能使用OB20。

延时中断必须在用户程序中，通过调用系统功能SFC32（SRT_DINT）来启动，在调用SFC32时，同时设置延时时间和需要启动的延时中断组织块块号。延时OB只有在CPU处于运行状态时才运行，一个暖启动或冷启动清除任何延时OB的启动事件。如果延时中断已经启动，而延时时间尚未到达，则可以通过在用户程序中调用SFC33（CAN_DINT）来取消延时中断的执行。通过调用系统功能SFC34 QRY_DINT可以查询延时中断的状态，查询的结果返回到参数STATUS中。见表9-8。

表9-8 SFC34输出的状态字节STATUS

位	值	含　义
0	0	延时中断已被操作系统使能
1	0	未拒绝新的延时中断
2	0	延时中断未被激活或已完成
3	—	—
4	0	没有装载延时中断组织块
5	0	在测试功能激活时延时中断组织块也可以执行

延时中断的调用可以通过使用系统功能SFC39 DIS_IRT和SFC40 EN_IRT来禁止和启用，使用SFC41 DIS_AIRT和SFC42 EN_AIRT来延时和启用。

如果CPU没有装载延时中断OB，系统将调用OB85（程序执行错误）；如果用户程序中没有OB85，CPU将跳转到STOP模式。如果延时中断OB正在执行，又有一个延时中断OB延时时间到被启动，操作系统调用OB80（计时错误）；如果用户程序没有OB80，则跳转到

STOP 模式。

表9-9 为延时中断组织块局部临时变量（TEMP），其地址从 L0.0 ~ L19.7 为系统定义的本地数据，地址从 L20.0 以上的本地数据允许用户定义。

表9-9 延时中断的变量声明表

参　　数	数 据 类 型	描　　述
OB20_EV_CLASS	BYTE	事件级别和识别码： B#16#11：中断激活
OB20_STRT_INF	BYTE	B#16#21：OB20 启动请求 （B#16#21：OB21 启动请求） （B#16#22：OB22 启动请求） （B#16#23：OB23 启动请求）
OB20_PRIORITY	BYTE	分配的优先级：默认值为 3（OB20）~ 6（OB23）
OB20_OB_NUMBR	BYTE	OB 号（20~23）
OB20_RESERVED_1	BYTE	保留
OB20_RESERVED_2	BYTE	保留
OB20_SIGN	WORD	用户 ID： SFC32（SRT_DINT）的输入参数 SIGN
OB20_DTIME	TIME	以毫秒形式组态的延时时间
OB20_DATE_TIME	DATE_AND_TIME	OB 被调用时的日期和时间

【例 9-4】 在主程序 OB1 中，当 I0.1 上升沿时，启动延时中断，5s 后调用延时中断 OB20，将 Q4.0 置位，并在 MW20 被加 1；在延时过程中若 I0.2 产生上升沿，则取消延时中断；I0.3 上升沿将 Q4.0 复位。

（1）硬件组态

打开 "Hardware" 对象，在 "HW config" 界面中进行硬件组态，设置完成后对硬件组态进行编译保存，以生成系统数据。

（2）程序设计

1）编写主程序 OB1。在 SIMATIC Manager 项目结构窗口中单击 "Block"，在右边对象窗口中打开主程序 OB1，编写如图 9-34 所示的程序，并保存。

2）编写延时中断 OB20。在 SIMATIC Manager 项目结构窗口中 "Block" 右边对象窗口空白处右击选择 "Insert New Object" → "Organization Block"。在弹出对话框的 "Name" 中输入 "OB20"，并点击 "OK" 按钮。在添加的 OB20 组织块中编写如图 9-35 所示的程序。

（3）程序仿真

打开 PLCSIM，在其中添加相应的仿真模块，将程序下载到 PLCSIM 中，然后启动 "RUN - P" 开关。使 I0.1 产生上升沿，则启动延时中断 OB20，M19.2 置位，表示延时中断被激活，5s 后输出 Q4.0 置位，且 MW20 被加 1，M19.2 复位；若在 5s 内使 I0.2 产生上升沿，则取消延时中断，M19.2 复位。如图 9-36 所示。

OB1: "Main Program Sweep (Cycle)"启动设置、取消以及查询延时中断

Network 1: I0.1上升沿时，调用SFC32启动延时中断

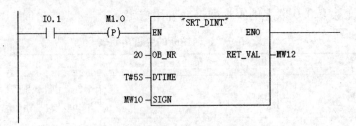

```
       I0.1        M1.0           ┌──────"SRT_DINT"──────┐
   ───┤ ├────────( P )───────────┤EN                 ENO├──────────
                                  │                      │
                             20 ──┤OB_NR         RET_VAL ├──MW12
                                  │                      │
                           T#5S ──┤DTIME                 │
                                  │                      │
                           MW10 ──┤SIGN                  │
                                  └──────────────────────┘
```

Network 2: I0.2上升沿时，调用SFC33取消延时中断

```
       I0.2        M1.1           ┌──────"CAN_DINT"──────┐
   ───┤ ├────────( P )───────────┤EN                 ENO├──────────
                                  │                      │
                             20 ──┤OB_NR         RET_VAL ├──MW14
                                  └──────────────────────┘
```

Network 3: 调用SFC34查询延时中断状态，将查询结果STATUS返回到MW18中

```
                    ┌──────"QRY_DINT"──────┐
   ─────────────────┤EN                 ENO├──────────
                    │                      │
               20 ──┤OB_NR         RET_VAL ├──MW16
                    │                      │
                    │               STATUS ├──MW18
                    └──────────────────────┘
```

Network 4: I0.3上升沿时，复位Q4.0

```
       I0.3        M1.2                            Q4.0
   ───┤ ├────────( P )──────────────────────────( R )───
```

图 9-34 主程序 OB1

OB20: "Time Delay Interrupt"

Network 1: 若Q4.0=0,则置位Q4.0

```
       Q4.0                                        Q4.0
   ───┤/├──────────────────────────────────────( S )───
```

Network 2: 将MW20的数值加1

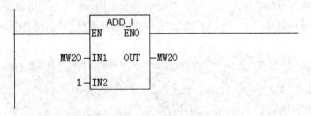

```
                    ┌───ADD_I───┐
                    │EN      ENO│
   ─────────────────┤           ├──────────
                    │           │
           MW20 ────┤IN1     OUT├──MW20
                    │           │
              1 ────┤IN2        │
                    └───────────┘
```

图 9-35 OB20 延时中断程序

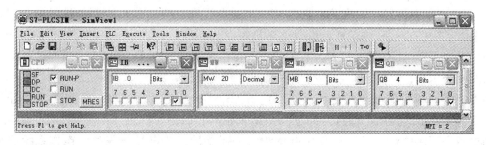

图 9-36　运行结果图

9.4.6　事件驱动组织块

事件驱动组织块，则是在某个事件（如硬件中断事件、系统出现异步错误或同步错误等）的驱动下，执行某个特定的中断程序。用这类中断组织块，可以对系统故障进行处理。归纳起来，事件驱动的中断组织块大致可以分为以下几类：硬件中断组织块（OB40～OB47）；异步错误中断组织块（OB80～OB87）；同步错误中断组织块（OB121～OB122）。

1. 硬件中断组织块

硬件中断组织块用于快速响应信号模块、通信处理器、功能模块等的信号变化，从而满足用户的特殊需求。S7-300/400 提供多达 8 个独立的硬件中断组织块 OB，即 OB40～OB47。其中，S7-300 系列 PLC 的 CPU（不包括 CPU 318）只能使用 OB40。

通过 STEP 7 进行参数设置，可以为能够触发硬件中断的每一个信号模板指定哪个通道在哪种条件下触发一个硬件中断，执行哪个硬件中断 OB（作为默认，所有硬件中断被 OB40 处理）。硬件中断可由不同的模块触发，对于可分配参数的信号模块 DI、DO、AI、AO 等，可使用硬件组态工具来定义触发硬件中断的信号。运用 CP 和 FM 模板，可以用它们自己的软件设置这些参数。例如配置模拟量输入模块时，可以设定测量值的允许范围，如果测量值超过这个界限，OB40 将被调用执行，该功能与 OB1 中的比较逻辑相似，但是它省略了在 OB1 中的控制程序，节约了循环扫描时间。

在硬件中断被模板触发之后，操作系统识别相应的槽和相应的硬件中断 OB。如果这个 OB 比当前激活的 OB 优先级高，则启动该 OB。在硬件中断 OB 执行之后，将发送通道确认。如果在处理硬件中断的同时，同一中断模板上有另一个硬件中断，这个新的中断的识别与确认过程如下：

1）如果事件发生在以前触发硬件中断的通道，旧的硬件中断触发程序正在执行，则新中断丢失。如图 9-37 所示。图中例子是一个数字量输入模板的通道。触发信号是上升沿。硬件中断 OB 是 OB40。

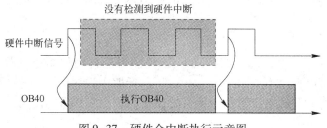

图 9-37　硬件会中断执行示意图

2）如果这个事件发生在同一模板的另一个通道，那么没有硬件中断能被触发。但是这个中断没有丢失，在确认当前激活硬件之后被触发。

3）如果一个硬件中断触发并且它的 OB 正在由于另一个模板的硬件中断而激活着，则记录新的中断申请，在空闲后会执行该中断。

硬件中断的调用可以通过使用系统功能 SFC39 DIS_IRT 和 SFC40 EN_IRT 来禁止和启用，使用 SFC41 DIS_AIRT 和 SFC42 EN_AIRT 来延时和启用。

如果用户程序中没有载入硬件中断组织块，但是硬件中断信号发生，操作系统将调用 OB85（程序执行错误）。如果 OB85 没有编程，CPU 将跳转到 STOP 模式。

表 9-10 为硬件中断组织块局部临时变量（TEMP），其地址从 L0.0 ~ L19.7 为系统定义的本地数据，地址从 L20.0 以上的本地数据允许用户定义。

表 9-10　延时中断的变量声明表

参　数	数据类型	描　述
OB40_EV_CLASS	BYTE	事件级别和诊断号： B#16#11：中断被激活
OB40_STRT_INF	BYTE	B#16#41：中断通过中断行 1 B#16#42：中断通过中断行 2（只对 S7 - 400） B#16#43：中断通过中断行 3（只对 S7 - 400） B#16#44：中断通过中断行 4（只对 S7 - 400） B#16#45：WinAC 通过 PC 触发的中断
OB40_PRIORITY	BYTE	分配优先级： 默认 16（OB40）~23（OB47）
OB40_OB_NUMBR	BYTE	OB 号（40 ~ 47）
OB40_RESERVED_1	BYTE	保留
OB40_IO_FLAG	BYTE	输入模板：B#16#54 输出模板：B#16#55
OB40_MDL_ADDR	WORD	触发中断模块的逻辑地址
OB40_POINT_ADDR	DWORD	数字模板：带有模板输入状态的位字段（0 位对应第一个输入） 模拟模板：带有限幅信息输入通道的位字段（结构详见/71/或/101/） CP 或 IM：模块中断状态（与用户无关）
OB40_DATE_TIME	DATE_AND_TIME	OB 被调用的日期和时间

【例 9 - 5】　在主程序 OB1 中，I1.0 上升沿触发硬件中断，使 Q4.3 置位；I1.1 下降沿触发硬件中断，使 Q4.3 复位。I1.2 上升沿时，启动硬件中断，I1.3 上升沿时，禁止硬件中断。

（1）硬件组态

打开"Hardware"对象，在"HW config"界面中进行硬件组态。双击"DI4xNAMUR，Ex"4 点数字输入模块，在弹出的"Properties"对话框中设置 I1.0 上升沿和 I1.1 下降沿为硬件启动事件，设置完成后对硬件组态进行编译保存。如图 9-38 所示。

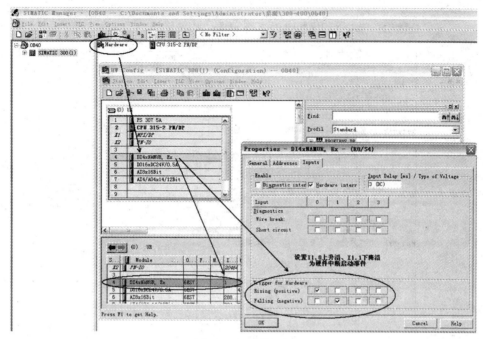

图 9-38　硬件组态

（2）程序设计

1）编写主程序 OB1。在 SIMATIC Manager 项目结构窗口中单击"Block"，在右边对象窗口中打开主程序 OB1，编写如图 9-39 所示的程序，并保存。

OB1 : "Main Program Sweep (Cycle)"

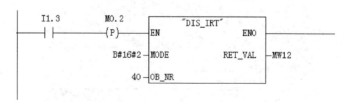

Network 1：I1.2上升沿，调用SFC40激活硬件中断OB40

```
  I1.2        M0.1          "EN_IRT"
  | |         {P}      EN              ENO
                                   
           B#16#2 —MODE        RET_VAL —MW10

              40 —OB_NR
```

Network 2：I1.3上升沿，调用SFC39禁止硬件中断OB40

```
  I1.3        M0.2          "DIS_IRT"
  | |         {P}      EN              ENO
                                   
           B#16#2 —MODE        RET_VAL —MW12

              40 —OB_NR
```

图 9-39　主程序 OB1

2）编写硬件中断 OB40。在 SIMATIC Manager 项目结构窗口中"Block"右边对象窗口空白处右击选择"Insert New Object"→"Organization Block"。在弹出对话框的"Name"中输入"OB40"，并点击"OK"按钮。在添加的 OB40 组织块中编写如图 9-40 程序。#OB40_MDL_ADDR 和#OB40_POINT_ADDR 分别为产生硬件中断的模块的起始字节地址和模块内的位地址。

OB40：硬件中断

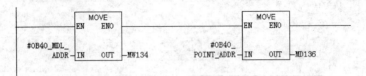

Network 1：保存产生中断的模块的起始字节地址和模块内的位地址

Network 2：如果是I1.0产生的中断，将Q4.3置位

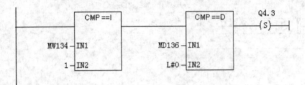

Network 3：如果是I1.1产生的中断，将Q4.3复位

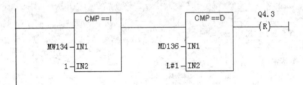

图 9-40 硬件中断程序

（3）程序仿真

打开 PLCSIM，在其中添加相应的仿真模块，将程序下载到 PLCSIM 中，然后启动"RUN - P"开关。执行 PLCSIM 菜单命令"Execute"→"Trigger Error OB"→"Hardware Interrupt（OB40 - OB47…）"，在打开对话框的"Module address"和"Module status（POINT _ADDR）"中输入触发硬件中断的模块地址和块内位地址，点击"Apply"按钮，则产生相应的硬件中断触发信号，若分别输入 1 和 0，则产生 I1.0 上升沿信号，Q4.3 被置位，同时在"Interrupt OB"中显示对应的 OB 编号 40；若分别输入 1 和 1，则产生 I1.1 的下降沿信号，Q4.3 被复位。I1.3 的上升沿禁止硬件中断，此时硬件中断信号触发无效；I1.2 上升沿重新激活硬件中断。如图 9-41 所示。

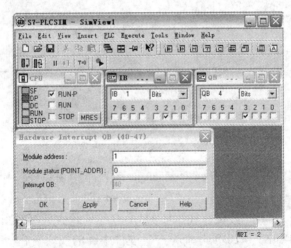

图 9-41 运行结果图

2. 异步错误组织块

（1）错误处理概述

S7－300/400 系列 PLC 具有很强的错误检测和故障处理能力。CPU 检测到错误后，操作系统将调用相应的错误中断组织块，用户可以在这些块中编写相应的错误处理程序，对发生的错误采取相应的措施。如果该错误中断组织块没有下装到 PLC 的 CPU 中去，则出现错误时，CPU 将进入 STOP 模式。所以，为避免错误出现时 CPU 进入停机状态，可以在 CPU 中建立一个空的错误中断组织块。

异步错误是与 PLC 的硬件或操作系统密切相关的错误，是 PLC 内部的功能性错误，与程序执行无关。异步错误 OB 具有最高等级的优先级，其他 OB 不能中断它们。

系统程序可以检测出下列错误：不正确的 CPU 功能、系统程序执行中的错误、用户程序中的错误和 I/O 中的错误。根据错误类型的不同，CPU 被设置为进入 STOP 模式或调用一个错误处理 OB。

当 CPU 检测到错误时，会调用适当的组织块（见表 9-11），如果没有相应的错误处理 OB，CPU 将进入 STOP 模式。用户可以在错误处理 OB 中编写如何处理这种错误的程序，以减小或消除错误的影响。

表 9-11　错误处理组织块

错误类型	例子	OB	优先级
时间错误	超出最大循环扫描时间	OB80	26
电源故障	后备电池失效	OB81	
诊断中断	有诊断能力模块的输入断线	OB82	
插入/移除中断	在运行时移除 S7－400 的信号模块	OB83	
CPU 硬件故障	MPI 接口上出现错误的信号电平	OB84	26/28
程序执行错误	更新映像区错误（模块有缺陷）	OB85	
机架错误	扩展设备或 DP 从站故障	OB86	
通信错误	读取信息格式错误	OB87	

为避免发生某种错误时 CPU 进入停机状态，可以在 CPU 中建立一个对应的空组织块。

操作系统检测到一个异步错误时，将启动相应的 OB。异步错误 OB 具有最高等级的优先级，如果当前正在执行的 OB 在启动组织块中发生异步错误，此 OB 异步错误中断优先级为 28，其他 OB 不能中断它们；如果当前正在执行的 OB 不在启动组织块中发生异步错误，此 OB 异步错误中断优先级为 26。如果同时有多个相同优先级的异步错误 OB 出现，将按出现的顺序处理它们。

用户可以利用 OB 中的变量声明表提供的信息来判断错误的类型，OB 的局域数据中的变量 OB8x_FLT_ID 和 OB12x_SW_FLT 包含有错误代码。它们的具体含义见"S7－300/400 的系统软件和标准功能参考手册"。

（2）错误的分类

被 S7 CPU 检测到并且用户可以通过组织块对其进行处理的错误分为两个基本类型：

1）异步错误。异步错误是与 PLC 的硬件或操作系统密切相关的错误，与程序执行无关。异步错误的后果一般都比较严重。异步错误对应的组织块为 OB70 ~ OB73 (见表9-2) 和 OB80 ~ OB87 (见表9-11), 有最高的优先级。

2) 同步错误。同步错误是与程序执行有关的错误, OB121 和 OB122 用于处理同步错误, 它们的优先级与出现错误时被中断的块的优先级相同, 即同步错误 OB 中的程序可以访问块被中断时累加器和状态寄存器中的内容。对错误进行适当处理后, 可以将处理结果返回被中断的块。

(3) 电源故障处理组织块 (OB81)

电源故障包括后备电池失效或未安装, S7-400 的 CPU 机架或扩展机架上的 DC 24V 电源故障。电源故障出现和消失时操作系统都要调用 OB81。

OB81 的变量声明表见表9-12。

表9-12 OB81 的变量声明表

参 数	数据类型	描 述
OB81_EV_CLASS	BYTE	错误级别与标识: B#16#38 为故障小时, B#16#39 为故障产生
OB81_FILT_ID	BYTE	错误代码: B#16#21 = 中央机架至少有一个后备电池耗尽/问题排除 B#16#22 = 中央机架后备电压故障/问题排除 B#16#23 = 中央机架 24V 电压故障/问题排除 B#16#25 = 至少一个冗余的中央机架中至少一个后备电池耗尽/问题排除 B#16#26 = 至少一个冗余的中央机架中后备电压故障/问题排除 B#16#27 = 至少一个冗余机架 24V 电源故障/问题排除 B#16#31 = 至少一个扩展机架至少一个后备电池耗尽/问题排除 B#16#32 = 至少一个扩展机架后备电压故障/问题排除 B#16#33 = 至少一个扩展机架 24V 电源故障/问题排除
OB81_PRIORITY	BYTE	优先级, 可以用 STEP 7 的硬件组态功能设置, RUN 模式的可能值 2 ~ 26
OB81_OB_NUMBER	BYTE	OB 号 (81)
OB81_RESERVED_1	BYTE	保留
OB81_RESERVED_2	BYTE	保留
OB81_MDL_ADDR	INT	第 0 ~ 2 位为机架号, 第 3 位 = 0, 1 分别为备用 CPU 和主 CPU, 4 ~ 7 位 1111
OB81_RESERVED_3	BYTE	只与错误代码 B#16#31、B#16#32、B#16#33 有关
OB81_RESERVED_4	BYTE	第 0 ~ 5 位为 1 分别表示 16 ~ 21 号扩展机架有故障
OB81_RESERVED_5	BYTE	第 0 ~ 7 位为 1 分别表示 8 ~ 15 号扩展机架有故障
OB81_RESERVED_6	BYTE	第 1 ~ 7 位为 1 分别表示 1 ~ 7 号扩展机架有故障
OB81_DATE_TIME	DATE_AND_TIME	OB 被调用时的日期和时间

(4) 时间错误处理组织块 OB80

循环监控时间的默认值为 150ms, 时间错误包括实际循环时间超过设置的循环时间, 因为向前修改时间而跳过日期时间中断、处理优先级时延迟太多等。

为 OB80 编程时应判断是哪个日期时间中断被跳过, 使用 SFC29 "CAN_TINT" 可以取消被跳过的日期时间中断。只有新的日期时间中断才会被执行。

如果没有在 OB80 中取消跳过的日期时间中断，则执行第一个跳过的日期时间中断，其他的被忽略。

（5）诊断中断处理组织块（OB82）

如果模块有诊断功能并且激活了它的诊断中断，当它检测到错误时，以及错误消失时，操作系统都会调用 OB82。当一个诊断中断被触发时，有问题的模块自动地在诊断中断 OB 的启动信息和诊断缓冲区中存入 4B 的诊断数据和模块的起始地址。在编写 OB82 的程序时，要从 OB82 的启动信息中获得与出现的错误有关的更确切的诊断信息，例如是哪一个通道出错，出现的是哪种错误。使用 SFC51 "RDSYSST" 可以读出模块的诊断数据，用 SFC52 "WR_USMSG" 可以将这些信息存入诊断缓冲区。也可以发送一个用户定义的诊断报文到监控设备。

OB82 在下列情况时被调用：有诊断功能的模块的断线故障，模拟量输入模块的电源故障，输入信号超过模拟量模块的测量范围等。

（6）CPU 硬件故障处理组织模块（OB84）

当 CPU 检测到 MPI 网络的接口故障、通信总线的接口故障或分布式 I/O 网卡的接口故障时，操作系统调用 OB84，故障消除时也会调用该 OB 块，即事件到来和离开时都调用该 OB 块。在编写 OB84 的程序时，应根据 OB84 的启动信息，用系统功能 SFC52 "WR_USMSG" 发送报文到诊断缓冲区。

（7）优先级错误处理组织块（OB85）

在以下情况下将会触发优先级错误中断：

1）产生了一个中断事件，但是对应的 OB 块没有下载到 CPU。

2）访问一个系统功能块的背景数据块时出错。

3）刷新过程映像表时 I/O 访问出错，模块不存在或有故障。

在编写 OB85 的程序时，应根据 OB85 的启动信息，判定是哪个模块损坏或没有插入。可以用 SFC49 "LGC_GADR" 查找有关模块所在的槽。

（8）机架故障组织块（OB86）

出现下列故障或故障消失时，都会触发机架故障中断，操作系统将调用 OB86：扩展机架故障（不包括 CPU318），DP 主站系统故障或分布式 I/O 故障。故障产生和故障消失时都会产生中断。

在编写 OB86 的程序时，应根据 OB86 的启动信息，判断是哪个机架损坏或找不到。可以用系统概念 SFC52 "WR_USMSG" 将报文存入诊断缓冲区，并将报文发送到监控设备。

（9）通信错误组织块（OB87）

在使用通信功能块或全局数据（GD）通信进行数据交换时，如果出现下列通信错误，操作系统将调用 OB87：

1）接收全局数据时，检测到不正确的帧标识符（ID）。

2）全局数据通信的状态信息数据块不存在或太短。

3）接收到非法的全局数据包编号。

如果用于全局数据通信状态信息的数据块丢失，需要用 OB87 生成该数据块并将它下载到 CPU。

3. 同步错误组织块

（1）同步错误

同步错误是与执行用户程序有关的错误，程序中如果有不正确的地址区、错误的编号或错误的地址，都会出现同步错误，操作系统将调用同步错误组织块，见表9-13。

表9-13　同步错误组织块

错误类型	例子	OB	优先级
编程错误	在程序中调用一个 CPU 中并不存在的块	OB121	与被中断的错误 OB 优先级相同
访问错误	访问一个模块有故障或不存在的模块	OB122	

当程序中有错误的编号时，或在程序中调用一个 CPU 中并不存在的逻辑块或数据块时，系统将调用编程错误中断组织块 OB121。当在程序中访问一个有故障或不存在的模块，如直接访问一个不存在的 I/O 模块时，将调用 I/O 访问错误中断组织块 OB122。

同步错误 OB 的优先级与检测到出错的块的优先级一致。因此 OB121 和 OB122 可以访问中断发生时累加器和其他寄存器中的内容。用户程序可以用它们来处理错误，例如出现对某个模拟量输入的访问错误时，可以在 OB122 中用 SFC44 定义一个替代值。

同步错误可以用 SFC36 "MASK_FLT" 来屏蔽，使某些同步错误不触发同步错误 OB 的调用，但是 CPU 在错误寄存器中记录发生的被屏蔽的错误。用错误过滤器中的一位来表示某种同步错误是否被屏蔽。错误过滤器分为程序错误过滤器和访问错误过滤器，分别占一个双字。错误过滤器的详细信息见 "S7-300/400 的系统软件和标准功能" 的第 11 章。

调用 SFC37 "DMSK_FLT" 并且在当前优先级被执行完后，将解除被屏蔽的错误，并且清除当前优先级的事件状态寄存器中相应的位。

可以用 SFC38 "READ_ERR" 读出已经发生的被屏蔽的错误。

对于 S7-300（CPU 318 除外），不管错误是否被屏蔽，错误都会被送入诊断缓冲区，并且 CPU 的 "组错误" LED 会被点亮。

可以在不同的优先级屏蔽某些同步错误。在这种情况下，在特定的优先级中发生这类错误时不会停机，CPU 把该错误存放到错误寄存器中。但是无法知道是什么时候发生错误，也无法知道错误发生的频率。

表9-14 中的变量 PRGFLT_SET_MASK 和 ACCFLT_SET_MASK 分别用来设置程序错误过滤器和访问错误过滤器，某位为 1 表示该位对应的错误被屏蔽。屏蔽后的错误过滤器可以用变量 PRGFLT_MASKED 和 ACCFLT_MASKED 读出。错误信息返回值 RET_VAL 为 0 时表示没有错误被屏蔽，为 1 时表示至少有一个错误被屏蔽。

表9-14　SFC36 "MSK_FLT" 的局域变量表

参数	声明	数据类型	存储区	描述
PRGFLT_SET_MASK	INPUT	DWORD	I，Q，M，D，L，常数	要屏蔽的程序错误
ACCEPT_SET_MASK	INPUT	DWORD	I，Q，M，D，L，常数	要屏蔽的访问错误
RET_VAL	OUTPUT	INT	I，Q，M，D，L	错误信息返回值
PRGFLT_MASK	OUTPUT	DWORD	I，Q，M，D，L	被屏蔽的程序错误
ACCEPT _MASKED	OUTPUT	DWORD	I，Q，M，D，L	被屏蔽的访问错误

S7-400 CPU 的同步错误 OB 可以启动另一个同步错误 OB，而 S7-300 CPU 没有这个

功能。

（2）编程错误组织块（OB121）

出现编程错误时，CPU 的操作系统将调用错误组织块 OB121，OB121 的变量声明见表 9-15。

OB121 错误代码见表 9-16。

表 9-15　OB121 的变量声明

参　数	数 据 类 型	描　　述
OB121_EV_CLASS	BYTE	错误级别与标识：B#16#25
OB121_SW_FLT	BYTE	错误代码
OB121_PRIORITY	BYTE	优先级，与出现错误的 OB 的优先级相同
OB121_OB_NUMBR	BYTE	OB 号（121）
OB121_BLK_TYPE	BYTE	S7-400 出错的块的类型：16#88：OB，16#8A：DB，16#8C：FC，16#8E：FB
OB121_RESERVED_1	BYTE	备用
OB121_FLT_REG	WORD	错误源，例如出错的地址、定时器、计数器和块的编号、出错的存储器区
OB121_BLK_NUM	WORD	引起错误的 MC7 命令的块的编号，S7-300 未用
OB121_PRG_ADDR	WORD	引用错误的 MC7 命令的相对地址，S7-300 未用
OB121_DATE_TIME	DATE_AND_TIME	OB 被调用时的日期和时间

表 9-16　OB121 错误代码表

B#16#21 OB121_FLT_REG	BCD 转换错误 有关寄存器的标识符，例如累加器 1 的标识符为 0
B#16#22 B#16#23 B#16#28 B#16#29 OB121_FLT_REG OB121_RESERVED_1	读操作时的区域长度错误 写操作时的区域长度错误 用指针读字节、字和双字时位地址不为 0 用指针写字节、字和双字时位地址不为 0 不正确的字节地址，可以从 OB121_RESERVED_1 读出数据区和访问类型 第 4~7 位为访问类型，为 0~3 分别表示访问位、字节、字和双字 第 0~3 位为存储器区，为 0~7 分别表示 I/O 区、过程映像输入表、过程映像输出表、位存储器、共享 DB、背景 DB、自己的局域数据和调用者的局域数据
B#16#24 B#16#25 OB121_FLT_REG	读操作时的范围错误 写操作时的范围错误 低字节有非法区域的标识符（B#16#86 为自己的数据区）
B#16#26 B#16#27 OB121_FLT_REG	定时器编号错误 计时器编号错误 非法的编号
B#16#21 OB121_FLT_REG	BCD 转换错误 有关寄存器的标识符，例如累加器 1 的标识符 0

B#16#30	对有写保护的全局 DB 的写操作	
B#16#31	对有写保护的背景 DB 的写操作	
B#16#32	访问共享 DB 时的 DB 编号错误	
B#16#33	访问背景 DB 时的 DB 编号错误	
OB121_FLT_REG	非法的 DB 编号	
B#16#34	调用 FC 时的 FC 编号错误	
B#16#35	调用 FB 时的 FB 编号错误	
B#16#3A	访问未下载的 DB，DB 编号在允许范例	
B#16#3C	访问未下载的 FC，FC 编号在允许范例	
B#16#3D	访问未下载的 SFC，SFC 编号在允许范例	
B#16#3E	访问未下载的 FB，FB 编号在允许范例	
B#16#3F	访问未下载的 SFB，SFB 编号在允许范例	
OB121_FLT_REG	非法的编号	

（3）I/O 访问错误组织块（OB122）

STEP 7 指令访问有故障的模块，例如直接访问 I/O 错误（模块损坏或找不到），或者访问了一个 CPU 不能识别的 I/O 地址，此时 CPU 的操作系统将会调用 OB122，OB122 的变量声明见表 9–17。

表 9–17　B122 变量声明表

参　　数	数 据 类 型	描　　述
OB122_EV _CLASS	BYTE	错误级别与标识：B#16#29
OB122_SW_FLT	BYTE	错误代码，见本表下面的说明 B#16#42：S7 – 300 和 CPU417 的 I/O 读访问错误，其他 S7 – 400CPU 是错误出现后首次读访问错误 B#16#43：S7 – 300 和 CPU417 的 I/O 写访问错误，其他 S7 – 400CPU 是错误出现后首次写访问错误 B#16#44 仅用于 S7 – 400（不包括 CPU417），错误出现之后的第 n 次（n＞1）读访问错误 B#16#45 仅用于 S7 – 400（不包括 CPU417），错误出现之后的第 n 次（n＞1）写访问错误
OB122_PRIORITY	BYTE	优先级，与出现错误的 OB 的优先级相同
OB122_OB _NUMBR	BYTE	OB 号（122）
OB122_BLK_TYPE	BYTE	S7 – 400 出错的块的类型：16#88：OB，16#8A：DB，16#8C：FC，16#8E：FB
OB121_MEM _AREA	BYTE	存储区与访问类型：4～7 位为 0～3 时，分别表示访问位、字节、字或双字；0～3 位为 0～2 时，对应的存储区为 I/O 区、过程映像输入或过程映像输出
OB121_MEM_ADDR	WORD	出现错误的存储器地址
OB121_BLK _NUM	WORD	引起错误的 MC7 命令的块的编号，S7 – 300 未用
OB121_PRG _ADDR	WORD	引用错误的 MC7 命令的相对地址，S7 – 300 未用
OB121_DATE_TIME	DATE_AND_TIME	OB 被调用时的日期和时间

错误代码 B#16#44 和 B#16#45 表示错误相当严重，例如可能是因为访问的模块不存在，导致多次访问出错，这时应采取停机的措施。

对于某些同步错误，可以调用系统功能 SFC44，为输入模块提供一个替代值来代替错误值，以便使程序能继续执行。如果错误发生在输入模块，可以在用户程序中直接替代。如果是输出模块错误，输出模块将自动地用组态时定义的值替代。替代值虽然不一定能反映真实的过程信号，但是可以避免终止用户程序和进入 STOP 模式。

9.4.7 背景组织块

在合理配置 CPU 的基础上，可以设置最小扫描循环时间。如果主程序 OB1（包括中断）占用时间较少，在开始重新调用 OB1 的下一个周期之前，CPU 会等待最小扫描周期的剩余时间。

在周期的实际结束点和最小扫描循环时间点之间的这段时间内，CPU 执行背景组织块 OB90，如图 9-42 所示。OB90 是以"片断"形式执行的。当操作系统调用 OB1 时，就会中断 OB90；当 OB1 执行结束时，OB90 从断点开始继续执行扫描。"片断"的时间长度取决于 OB1 的当前扫描周期时间。OB1 的周期扫描时间越接近最小扫描循环时间，留给 OB90 的执行时间越少。

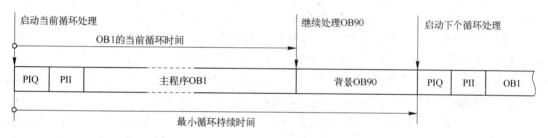

图 9-42　背景组织块运行示意图

OB90 的优先级为 29（最低），不能通过参数设置进行修改。OB90 可以被所有其他的系统功能和任务中断。OB90 只在 CPU 处于 RUN 模式时才被执行。暂态局部数据的启动信息 OB90_STRT_INF 给出了触发 OB90 执行的事件。

① B#16#91：CPU 重启动之后。

② B#16#92：OB90 中正在执行的块被删除之后（用 STEP 7）。

③ B#16#93：在 RUN 方式下装 OB90 到 CPU 之后。

④ B#16#95：背景扫描周期结束开始一个新的背景扫描周期。

在 OB90 的运行时间不受 CPU 操作系统的监视，用户可以在 OB90 中编写长度不受限制的程序。如果没有对 OB90 编程，CPU 要等到定义的最小扫描循环时间到达为止，再开始下一次循环操作。用户可以将对运行时间要求不高的操作放在 OB90 中去执行，以避免出现等待时间。

9.4.8 其他组织块

1. DPV1 中断 OB55 ~ OB57

DPV1 中断需要与 PROFIBUS DPV1 从站配合使用。当 DPV1 中断发生时，如果中断 OB 在 CPU 中已被配置，则具有相应配置的从站可以在 CPU 中调用 OB55 ~ OB57 中的一个。

（1）状态中断

DPV1 从站更改其操作模式（从 RUN 到 STOP 模式），CPU 操作系统将调用状态中断 OB55。

（2）刷新中断

DPV1 从站已经通过 PROFIBUS 或者直接改变了参数，CPU 操作系统将调用刷新中断 OB56。

（3）制造商用中断

如果制造商用预计的事件发生在 DPV1 从站，CPU 操作系统将调用制造商用 OB57，可以触发该中断的事件由制造商在 DPV1 从站上定义。

中断的起因、中断标识和有效的附加中断信息长度，由 DPV1 从站中断组织块的启动信息具体指明，可以使用 SFB54 RALRM 读取这些附加的中断信息。

只有当 CPU 处于 RUN 模式时才能处理 DPV1 中断，CPU 启动过程中发生的 DPV1 中断将被填入诊断缓冲区的模块状态数据中。当 DPV1 中断发生时，已分配的 OB 必须可用，否则操作系统会向诊断缓冲区中输入一个错误信息，并调用异步错误 OB85，或进入 STOP 模式。

2. 多处理器中断 OB60

多处理器运行过程中，可以使用多处理中断来确保所有相关的 CPU 都同步地响应某个事件。只有在 S7 - 400 站点中才允许多处理器运行，协同完成一个复杂任务。

调用系统功能 SFC35 MP_ALM 可以触发多处理器中断。只有当 CPU 处于 RUN 模式时，多处理器中断组织块 OB60 才能运行。如果在 CPU 启动程序中调用系统功能 SFC35，该调用将被拒绝并返回一条错误信息。如果出发了多处理器中断，但 OB60 没有被装载到 CPU，则 CPU 会在中断前返回到上一优先级继续执行程序。如图 9-43 所示。

当用户程序调用 SFC35 时，给出任务的 ID（标识符）。这一 ID 传送到所有 CPU，据此用户可以对特定事件做出反应。多处理器中断 OB 将在同一时间在所用 CPU 上启动。这意味着那个调用系统功能 SFC35 的 CPU 同样也将等待其他所有 CPU 都已报告就绪时才能调用 OB60。

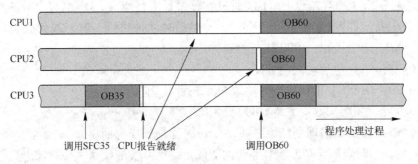

图 9-43　OB60 运行示意图

3. 同步中断 OB61～OB64

用于处理 PROFIBUS DPV1 从采集各个从站的输入到逻辑结果输出，需要经过从站输入信号采样循环（信号转换）、从站背板总线循环（转换的信号从模块传递到从站接口）、PROFIBUS DP 总线循环（信号从站传递到主站）、程序执行循环（信号的程序处理）、PRO-FIBUS DP 总线循环（信号主站传递到从站）、从站背板总线循环（信号从从站接口传递到输出模块）及模块输出循环（信号转换）7 个循环，同步中断将 7 个循环同步，优化数据的传递并保证 PROFIBUS DP 的各个从站数据处理的同步性。如图 9-44 所示。

同步中断由 DP 主站的全局控制（GC）命令所触发。对于同步模式的情况，响应时间等于 Ti、To 和等距时间三者之和。Ti 是读入过程量所需的时间，它包括信号在输入模块或电子模块中的处理时间；对于模块化 DP 从站而言，它还包含信号在背板总线中的传输时间。在 Ti 时间到达之后，就可以获得全局控制命令传送数据所需的输入信息。然后开始进入等待时间，它是两个全局控制命令之间的时间，包含传送给子网所用的时间以及同步中断 OB 执行的时间。从同步 OB 执行完到下个全局控制命令，必须有足够的时间执行主程序。To 是输出过程量所需的时间，它起始于全局控制命令，包括信号在子网内的传送时间以及在输出模块或电子模块中的执行时间。对于 DP 从站而言，还要加上信号在背板总线上的传输时间。

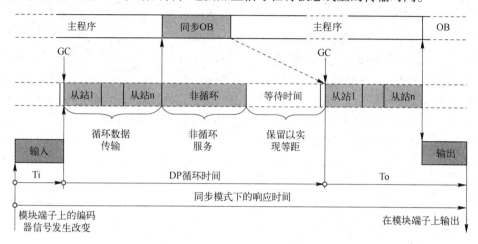

图 9-44　同步中断运行示意图

9.5　功能 FC 和功能块 FB

9.5.1　发动机控制系统的程序结构

下面以发动机控制系统的用户程序为例，介绍生成和调用功能和功能块的方法。

1. 项目的创建

启动"SIMATIC Manager"，在弹出的新项目向导中点击"NEXT"，依次选择 CPU 的型号和 MPI 地址、需要编程的组织块和使用的编程语言等，最后设置项目的名称为"发动机控制"。

2. 用户程序结构

图 9-45 中的组织块 OB1 是主程序，用一个名为"发动机控制"的功能块 FB1 来分别控制汽油机和柴油机，控制参数在背景数据块 DB1 和 DB2 中。控制汽油机时调用 FB1 和名为"汽油机数据"的背景数据块 DB1，控制柴油机时调用 FB1 和名为"柴油机数据"的背景数据块 DB2。此外控制汽油机和柴油机时还用不同的实参分别调用名为"风扇控制"的功能 FC1。图 9-45 是程序设计好后 SIMATIC 管理器中的块。

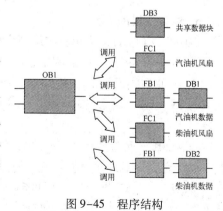

图 9-45　程序结构

9.5.2 符号表与变量声明表

1. 符号表

为了使程序易于理解，可以给变量指定符号。图 9-46 是发动机控制项目的符号表，符号表中定义的变量是全局变量，可供所有的逻辑块使用。

2. 变量声明表

图 9-46 中的梯形图编辑器的右上半部分是变量声明表，右下半部分是程序指令，左边是指令列表。用户在变量声明表中声明本块中专用的变量，即局域变量，包括块的形参（形式参数）和参数的属性，局域变量只是在它所在的块中有效。声明后在局域数据堆栈中为暂态变量（TEMP）保存有效的存储空间。对于功能块，还要为配合使用的背景数据块的静态变量（STAT）保留空间。通过设置 IN（输入）、OUT（输出）和 IN_OUT（输入/输出）类型变量，声明块调用时的软件接口（即形参）。用户在功能块中声明变量时，除了临时变量外，它们将自动出现功能块对应的背景数据块中。

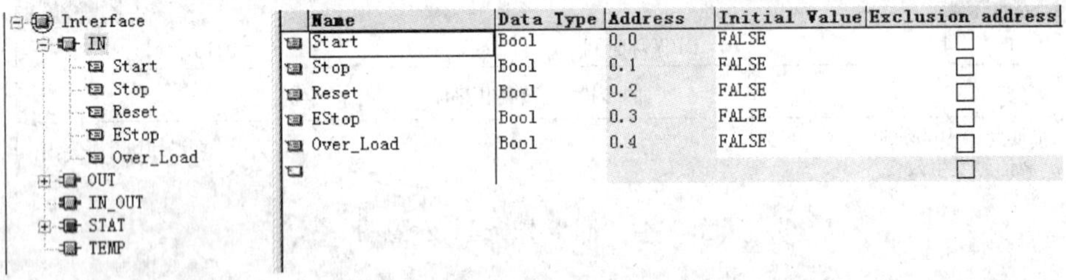

Name	Data Type	Address	Initial Value	Exclusion address
Start	Bool	0.0	FALSE	☐
Stop	Bool	0.1	FALSE	☐
Reset	Bool	0.2	FALSE	☐
EStop	Bool	0.3	FALSE	☐
Over_Load	Bool	0.4	FALSE	☐
				☐

图 9-46 系统图编辑器中变量声明表

如果在块中只使用局域变量，不使用绝对地址或全局符号，可以将块移植到别的项目。

块中的局域变量名必须以字母开始，只能由英语字母、数字和下划线组成，不能使用汉字，但是在符号表中定义的共享数据的符号名可以使用其他字符（包括汉字）。在程序中，操作系统在局域变量前面自动加上"#"号，共享变量名被自动加上双引号，共享变量可以在整个用户程序中使用。

在图 9-46 中，变量声明表的左边给出了该表的总体结构，点击某一变量类型，例如"OUT"，在表的右边将显示出该类型局域变量的详细情况。

将图 9-46 中变量声明表与程序指令部分的水平分隔条拉至程序编辑器视窗的顶部，不再显示变量声明表，但它仍然存在。将分隔条下拉，将再次显示变量声明表。

3. 局域变量的类型

由图 9-46 可知，功能块的局域变量分为 5 种类型：

① IN（输入变量）：由调用它的块提供的输入参数。

② OUT（输出变量）：返回给调用它的块的输出参数。

③ IN_OUT（输入_输出变量）：初值由调用它的块提供，被子程序修改后返回给调用它的块。

④ TEMP（暂态变量）：暂时保存在局域数据区中的变量。只是在执行块时使用临时变量，执行完后，不再保存临时变量的数值。在 OB1 中，局域变量表只包含 TEMP 变量。

⑤ STAT（静态变量）：在功能块的背景数据块中使用。关闭功能块后，其静态数据保持不变。功能（FC）没有静态变量。

在变量声明中赋值时，不需要指定存储器地址；根据各变量的数据类型，程序编辑器自动地为所有局域变量指定存储器地址。如图9-47所示。

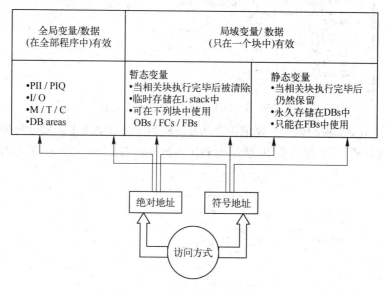

图 9-47　全局变量与局域变量

在变量声明表中选择 ARRAY 时，用鼠标点击相应行的地址单元。如果想选中一个结构，用鼠标选中 STRUCT 的第一行或最后一行的地址单元，即有关键字 STRUCT 或 END_STRUCT 的那一行。若要选择结构中的某一参数，用鼠标点击该行的地址单元。

9.5.3　功能与功能块的生成

1. 功能 FC1 的生成与编辑

如果控制功能不需要保存它自己的数据，可以用功能 FC 来编程。与功能块 FB 相比，FC 不需要配套的背景数据块。

在功能的变量声明表中可以使用的参数类型有 IN、OUT、IN_OUT、TEMP 和 RETURN（返回参数），功能不能使用静态（STAT）局域数据。

在 SIMATIC 管理器中打开 Block 文件夹，用鼠标右击右边的窗口，在弹出的菜单中选择"Insert New Object"→"Function"（插入一个功能）。图 9-48、图 9-49 是 FC1 中使用的变量。在变量声明表中不能用汉字作变量的名称。

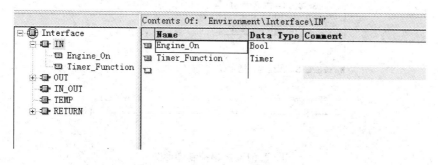

图 9-48　FC1 变量声明表 IN 变量

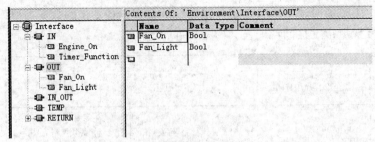

图 9-49 FC1 变量声明表 OUT 变量

FC1 用来控制发动机的风扇，要求在启动发动机的同时启动风扇，发动机停车后，风扇继续运行 30s（延时断开）。如图 9-50 所示为 FC1 控制流程图，图 9-51 为编写的程序梯形图。

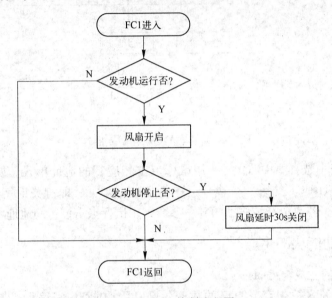

图 9-50 FC1 控制流程图

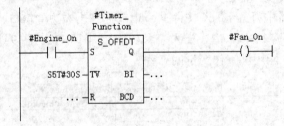

图 9-51 风扇控制梯形图

在 FC1 中，使用了延时断开定时器（S_OFFDT）。在 FC1 变量声明表中把 S_OFFDT 定义为输入传递参数 Timer_Function，数据类型为 TIMER。控制不同的发动机调用 FC1 时，对于 FC1 的形参 Timer_Funtion 给定的实参为不同的定时器号。

2. 功能块 FB1 的生成与编辑

功能块是用户编写的有自己的存储区（背景数据块）的程序块，每次调用功能块时需要提供各种类型的数据给功能块，功能块也要返回变量给调用它的块。这些数据以静态变量（STAT）的形式存放在指定的背景数据块中（DI）中，临时变量存储在局域数据堆栈中。功能块执行完后，背景数据块的数据不会丢失，但是不会保存局域数据堆栈中的数据。

在编写调用 FB 或系统功能块（SFB）的程序时，必须指定背景数据块 DI 的编号，调用时 DI 被自动打开。在编译 FB 或系统功能块（SFB）时自动生成背景数据块中的数据。可以在用户程序中或通过 HMI（人机接口）访问这些背景数据。

一个功能块可以有多个背景数据块，使功能块用于不同的被控对象。

可以在 FB 的变量声明表中给形参赋初值，它们被自动写入相应的背景数据块中。在调用块时，CPU 将实参分配给形参的值存储在 DI 中。如果调用块时没有提供实参，将使用上一次存储在背景数据块中的参数。

在 FB1 变量声明中，依次选择声明类型"IN"、"OUT"和"STAT"，其相应输入如图 9-52 ~ 图 9-54 所示。

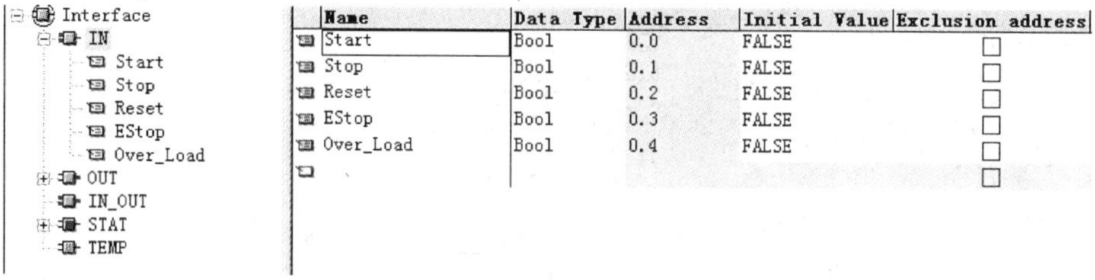

Name	Data Type	Address	Initial Value	Exclusion address
Start	Bool	0.0	FALSE	☐
Stop	Bool	0.1	FALSE	☐
Reset	Bool	0.2	FALSE	☐
EStop	Bool	0.3	FALSE	☐
Over_Load	Bool	0.4	FALSE	☐

图 9-52　FB1 中变量声明表 IN 变量

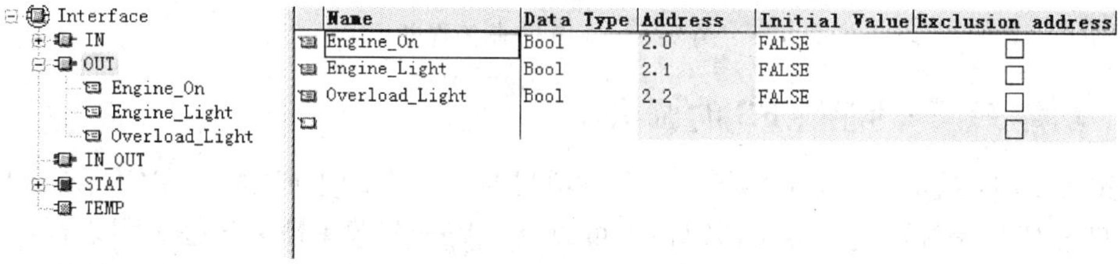

Name	Data Type	Address	Initial Value	Exclusion address
Engine_On	Bool	2.0	FALSE	☐
Engine_Light	Bool	2.1	FALSE	☐
Overload_Light	Bool	2.2	FALSE	☐

图 9-53　FB1 中变量声明表 OUT 变量

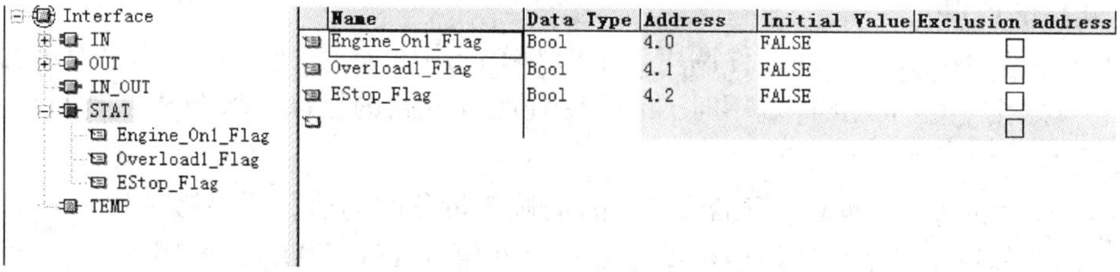

Name	Data Type	Address	Initial Value	Exclusion address
Engine_On1_Flag	Bool	4.0	FALSE	☐
Overload1_Flag	Bool	4.1	FALSE	☐
EStop_Flag	Bool	4.2	FALSE	☐

图 9-54　FB1 中变量声明表 STAT 变量

FB1 控制流程如图 9-55 所示。

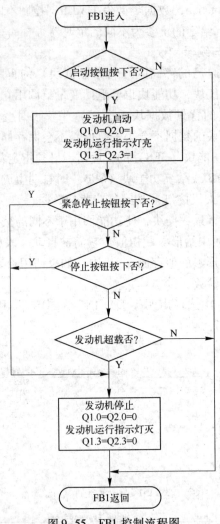

图 9-55　FB1 控制流程图

9.5.4　功能 FC 与功能块 FB 的调用

组织块 OB1 是循环执行的主程序，生成项目时系统自动生成空的 OB1。在 SIMATIC 管理器中双击 OB1 图标后进入编辑器窗口，可以用"View"菜单命令选择编程语言。

在发动机控制程序中，通过两次调用 FB1 和 FC1 实现对汽油机和柴油机的控制。

1. 功能的调用

块调用分为条件调用和无条件调用。用梯形图调用块时，块的 EN 输入端有能流流入时执行块，反之则不执行。条件调用时 EN 端受到触点电路的控制。块被正确执行时 ENO 为1，反之为 0。

功能 FC 没有背景数据块，不能给 FC 的局域变量分配初值，所以必须给 FC 分配实参。STEP 7 为 FC 提供了一个特殊的输出参数——返回值（RET_VAL），调用 FC 时，可以指定一个地址作为实参来存储返回值。

梯形图如图 9-56 所示。

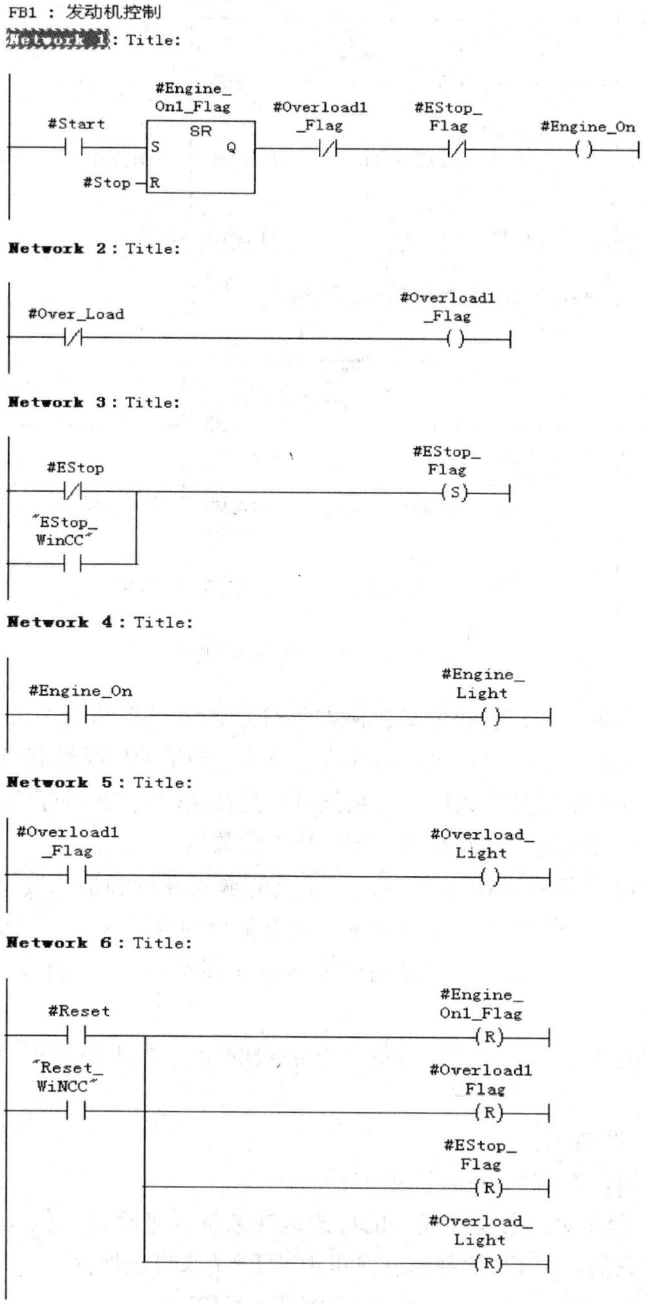

FB1 : 发动机控制
Network 1: Title:

```
        #Engine_
         On1_Flag   #Overload1    #EStop_
#Start   ┌─SR──┐     _Flag         Flag      #Engine_On
──┤├──────┤S   Q├──────┤/├──────────┤/├──────────( )──
        │     │
#Stop ──┤R   │
        └─────┘
```

Network 2: Title:

```
#Over_Load                        #Overload1
                                    _Flag
──┤/├──────────────────────────────( )──
```

Network 3: Title:

```
                                  #EStop_
                                    Flag
#EStop                            ─(S)──
──┤/├──┬──────────────────────────
       │
"EStop_│
WinCC" │
──┤├───┘
```

Network 4: Title:

```
                                  #Engine_
                                    Light
#Engine_On                        ─( )──
──┤├──────────────────────────────
```

Network 5: Title:

```
#Overload1                        #Overload_
  _Flag                             Light
──┤├──────────────────────────────( )──
```

Network 6: Title:

```
                                  #Engine_
                                   On1_Flag
#Reset                            ─(R)──
──┤├──┬────────────────────────────
      │
"Reset_│                          #Overload1
WiNCC" │                            Flag
──┤├───┘                          ─(R)──
                                   ───────

                                  #EStop_
                                    Flag
                                  ─(R)──
                                   ───────

                                  #Overload_
                                    Light
                                  ─(R)──
```

图 9-56　FB1 梯形图

通过此例也可以看出一个问题，我们关心的只是 2 个风扇控制的结果，而调用 FC1 子程序时，却需要寻找全局地址进行保存，这样做不但麻烦而且容易造成地址重叠。

2. 功能块的调用

调用功能块之前，应为它生成一个背景数据块，调用时应指定背景数据块的名称。生成背景数据块时应选择数据块的类型为背景数据块，并设置调用它的功能块的名称。

功能调用梯形图如图 9-57 所示。

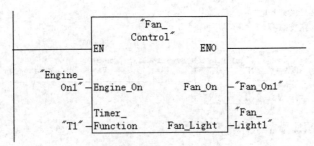

Network 3：柴油发动机风扇控制

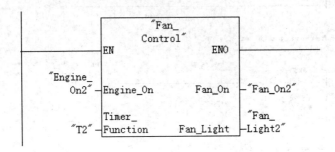

图 9-57　功能调用梯形图

调用功能块时应将实参赋值给形参，例如将符号名为"启动汽油机"的实参赋值给形参"Switch_On"，实参可以是绝对地址或者符号地址。如果调用时没有给形参赋以实参，功能块就调用背景数据块中形参的数值。该数值可能是在功能块的变量声明表中设置的形参的初值，也可能是上一次调用时存储在背景数据块中的数值。

两次调用功能块"发动机控制"时，功能块的输入变量和输出变量不同，除此之外，分别使用汽油机的背景数据块"汽油机数据"和柴油机的数据块"柴油机数据"。两个背景数据块中的变量相同，区别仅在于变量的实际参数（即实参）不同和静态参数（例如预置转速）的初值不同。

背景数据块中的变量与"发动机控制"功能块的变量声明中的变量相同（不包括临时变量 TEMP）。

梯形图如图 9-58 所示。

通过上面例子可以看出 FB 的优点如下：

1）当编写 FC 程序时，必须寻找空的标志区或数据区来存储需保持的数据，并且需自己编写程序来保存它们。而 FB 的静态变量可由 STEP 7 来自动保存。

2）使用静态变量可避免两次分配同一存储区的危险。

9.5.5　时间标记冲突与一致性检查

如果修改了块与块之间的软件接口（块内的输入/输出变量）或程序代码，可能会造成时间标记（Time Stamp）冲突，引起调用块和被调用块（基准块）之间的不一致，在打开调用块时，在块调用指令中被调用的有冲突的块将用红色标出。

块中包含一个代码时间标记和一个接口时间标记，这些时间标记可以在块属性对话框中查看。STEP 7 在进行时间标记比较时，如果发现下列问题，就会显示时间标记冲突：

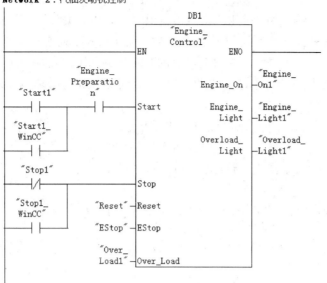

Network 2：汽油发动机控制

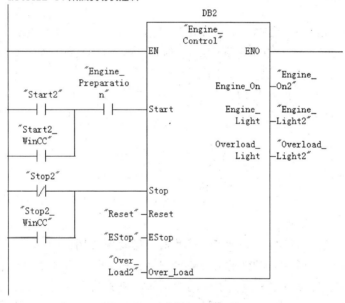

Network 4：柴油发动机控制

图 9-58　功能块调用梯形图

① 被调用的块比调用它的块的时间标记更新。

② 用户定义数据类型（UDT）比使用它的块或使用它的用户数据的时间标记更新。

③ FB 比它的背景数据块的时间标记更新。

④ FB2 在 FB1 中被定义为多重背景，FB2 的时间标记比 FB1 的更新。

即使块与块之间的时间标记的关系是正确的，如果块的接口的定义与它被使用的区域中的定义不匹配（有接口冲突），也会出现不一致性。

如果用手工来消除块的不一致性，工作是很繁重的。可用下面的方法自动修改一致性错误：

1）在 SIMATIC 管理器的项目窗口中选择要检查的块文件夹，执行菜单命令"Edit"→

"Check Block Consistency"（检查块的一致性）。在出现的窗口中执行菜单命令"Program"→"Compile"（程序→编译），STEP 7 将自动地识别有关块的编程语言，并打开相应的编辑器去进行修改。时间标记冲突和块的不一致性被自动地尽可能地消除，同时对块进行编译。将在视窗下面的输出窗口中显示不能自动消除的时间冲突和不一致性。所有的块被自动地重复进行上述处理。如果是用可选的软件包生成的块，可选软件包必须有一致性检查功能，才能作一致性检查。

2）如果在编译过程中不能自动清除所有的块的不一致性，在输出窗口中给出有错误的块的信息。用鼠标右击某一错误，调用弹出菜单中的错误显示，对应的错误被打开，程序将跳到修改的位置。清除块中的不一致性后，保存并关闭块。对于所有标记为有错误的块，重复这一过程。

3）重新执行步骤1）和2），直至在信息窗口中不再显示错误信息。

9.6 数据块 DB

9.6.1 数据块的生成

数据块（DB）用来分类存储设备或者生产线中变量的值，数据块也是用来实现各逻辑块之间的数据交换、数据传递和共享数据的重要途径。数据块丰富的数据结构便于提高程序的执行效率和进行数据库管理。与逻辑块不同，数据块只有变量声明部分，没有程序指令部分。

不同的 CPU 允许建立的数据块的块数和每个数据块可以占用的最高字节数是不同的，具体的参数可以查看选型手册。

1. 数据块的类型

数据块分为共享数据块（Shared DB）和背景数据块（Instance DB）两种。

共享数据块又称全局数据块，它不附属于任何逻辑块。在共享数据块中和全局符号表中声明的变量都是全局变量。用户程序中所有的逻辑块（FB、FC、OB）都是可以使用共享数据块和全局符号表中的数据。

背景数据块是专门指定给某个功能块或者系统功能块使用的数据块，它是 FB 或者 SFB 运行时的工作存储区。当用户将数据块与某一功能块相连时，该数据块即成为该功能块的背景数据块，功能块的变量声明表决定了它的背景数据块的结构和变量。不能直接修改背景数据块，只能通过对应的功能块的变量声明表来修改它。调用 FB 时，必须同时指定一个对应的背景数据块。只有 FB 才能访问存放在它的背景数据块中的数据。

背景数据块与全局数据块的区别在于，在背景数据块中不可以增加或删除变量，也不能改变默认和实际参数，这些都是发生在相关联的 FB 中。如果增加或删除默认的参数或变量，必须更新 FB 所有的背景数据块或者删除并重新建立。在全局数据块中可以增加或删除变量，也可以改变默认或实际参数。

在符号表中，共享数据块的数据类型是它本身，背景数据块的数据类型是对应的功能块。

多次使用同一个功能块时需要调用不同的背景数据块，可以将这些数据块中的数据存放在一个多重背景数据块中，但是需要增加一个管理多重背景的功能块。多重背景数据块将在下一节中介绍。

2. 生成共享数据块

在 SIMATIC 管理器中用菜单命令"Insert"→"S7 Block"→"DATA Block"生成数据块，在出现的对话框中选择是共享数据块还是背景数据块。也可以用鼠标右击 SIMATIC 管理器的块工作区，在弹出的菜单中选择"Insert New Object"→"DATA Block"命令，生成新的数据块。

数据块有两种显示方式，即声明表显示方式和数据显示方式，菜单命令"View"→"Declaration View"和"View"→"DATA View"分别用来指定这两种显示方式。图9-59和图9-60是发动机控制系统中的共享数据块 DB3 的两种不同的显示状态。

Address	Name	Type	Initial value	Comment
0.0		STRUCT		
+0.0	Engine_Oil	BOOL	FALSE	发动机油信号
+0.1	Engine_Water	BOOL	FALSE	发动机水信号
+0.2	Engine_Electricity	BOOL	FALSE	发动机电信号
+0.3	Engine_Preparation	BOOL	FALSE	发动机准备完毕信号
=2.0		END_STRUCT		

图9-59 声明表显示状态下的共享数据块 DB3

Address	Name	Type	Initial value	Actual value	Comment
0.0	Engine_Oil	BOOL	FALSE	FALSE	发动机油信号
0.1	Engine_Water	BOOL	FALSE	FALSE	发动机水信号
0.2	Engine_Electricity	BOOL	FALSE	FALSE	发动机电信号
0.3	Engine_Preparation	BOOL	FALSE	FALSE	发动机准备完毕信号

图9-60 数据显示状态下的共享数据块 DB3

3. 生成背景数据块

背景数据块中的数据是自动生成的，它们是功能块的变量声明表中的数据（不包括暂态变量 TEMP）。背景数据块用于传递参数，调用功能块时，应同时指定背景数据块的编号和符号，背景数据块只能被指定的功能块访问。首先生成功能块，然后生成它的背景数据块，在生成背景数据块时，应指明它的类型为"Instance"并指明它的功能块的编号，如FB1。在调用功能块时使用不同的背景数据块，可以控制多个同类的对象。在本例中，DB1对应汽油发动机的控制，DB2对应柴油发动机的控制，如图9-61、图9-62所示。

	Address	Declaration	Name	Type	Initial value	Actual value	Comment
1	0.0	in	Start	BOOL	FALSE	FALSE	
2	0.1	in	Stop	BOOL	FALSE	FALSE	
3	0.2	in	Reset	BOOL	FALSE	FALSE	
4	0.3	in	EStop	BOOL	FALSE	FALSE	
5	0.4	in	Over_Load	BOOL	FALSE	FALSE	
6	2.0	out	Engine_On	BOOL	FALSE	FALSE	
7	2.1	out	Engine_Light	BOOL	FALSE	FALSE	
8	2.2	out	Overload_Light	BOOL	FALSE	FALSE	
9	4.0	stat	Engine_On1_Flag	BOOL	FALSE	FALSE	发动机运行标志位
10	4.1	stat	Overload1_Flag	BOOL	FALSE	FALSE	发动机过载标志位
11	4.2	stat	EStop_Flag	BOOL	FALSE	FALSE	紧急停止标志位

图9-61 生成 DB1

	Address	Declaration	Name	Type	Initial value	Actual value	Comment
1	0.0	in	Start	BOOL	FALSE	FALSE	
2	0.1	in	Stop	BOOL	FALSE	FALSE	
3	0.2	in	Reset	BOOL	FALSE	FALSE	
4	0.3	in	EStop	BOOL	FALSE	FALSE	
5	0.4	in	Over_Load	BOOL	FALSE	FALSE	
6	2.0	out	Engine_On	BOOL	FALSE	FALSE	
7	2.1	out	Engine_Light	BOOL	FALSE	FALSE	
8	2.2	out	Overload_Light	BOOL	FALSE	FALSE	
9	4.0	stat	Engine_On1_Flag	BOOL	FALSE	FALSE	发动机运行标志位
10	4.1	stat	Overload1_Flag	BOOL	FALSE	FALSE	发动机过载标志位
11	4.2	stat	EStop_Flag	BOOL	FALSE	FALSE	紧急停止标志位

图9-62 生成 DB2

9.6.2 数据块的访问

在用户程序中可能存在多个数据块，而每个数据块的数据结构并不完全相同，因此在访问数据块时，必须指明数据块的编号、数据类型与位置。如果访问不存在的数据单元或数据块，而且没有编写错误处理 OB 块，CPU 将进入 STOP 模式。

与位存储器相似，数据块中的数据单元按字节进行寻址，S7 - 300 的最大块长度是 8KB。可以装载数据字节、数据字或数据双字。当使用数据字时，需要指定第一个字节地址（如：L DBW 2），按该地址装入两个字节。使用双字时，按该地址装入 4 个字节，如图 9-63、图 9-64 所示。

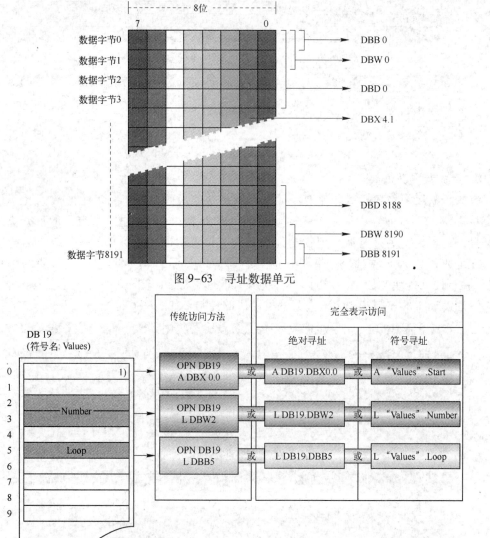

图 9-63　寻址数据单元

1) 带有元素名字"Start"的数据位0.0

图 9-64　访问数据块单元

在访问数据块时，需要指明被访问的是哪个数据块，以及访问该数据块中的哪一个数据。有两种访问数据块中的数据的方法：

（1）先打开后访问

访问数据块中的数据时，需要先打开它，由于只有两个数据块寄存器，即 DB 寄存器和 DI 寄存器，同时只能打开一个共享数据块和一个背景数据块。它们的块号分别存放在 DB 寄存器和 DI 寄存器中。打开新的数据块后，原来打开的数据块自动关闭。

下面的例程说明了这种访问方法：

OPN	DB2//打开数据块 DB2
A	DBX4.5 //如果 DB2.DBX4.5 的常开触点接通
L	DBW12 //将 DB2.DBW12 装入累加器 1
OPN	DB3 //打开数据块 DB3
T	DBW4 //将累加器 1 中的数据传送到 DB3.DBW4

调用一个功能块时，它的背景数据块被自动打开。

（2）直接访问数据块中的数据

在指令中同时给出数据块的编号和数据在数据块中的地址，可以直接访问数据块中的数据。访问时可以使用绝对地址，也可以使用符号地址。数据块中的存储单元的地址由两部分组成，例如 DB2.DBX2.0。DB2 是数据块的名称，DBX2.0 是数据块内第 2 个字节的第 0 位。如果打开了数据块 DB2，可以省略第一个小数点前面的数据块编号。

这种访问方法不容易出错，建议尽量使用这种方法。上面的指令可以等效为：

A	DB2.DBX4.5
L	DB2.DBW12 //将 DB2.DBW12 装入累加器 1
T	DB3.DBW4 //将累加器 1 中的数据传送到 DB3.DBW4

9.7 多重背景

多次调用 FB，就要生成多个背景数据块（DB 变量少）形成背景数据块碎片，为减少背景数据块的使用，避免背景数据块碎片的产生，提出多重背景功能块技术。

以发动机控制程序为例，如图 9-65 所示。原来用功能块 FB1 控制汽油机和柴油机时，分别使用了背景数据块 DB1、DB2。使用多重背景时只需要一个背景数据块（DB10），但是需要增加一个功能块 FB10 来调用作为局域背景的 FB1，FB1 的数据存储在 FB10 的背景数据块 DB10 中。

9.7.1 生成多重背景功能块

生成多重背景功能块时，应激活"Multiple Instance FB"选项。如图 9-66 所示。

要将 FB1 作为 FB10 的一个"局部背景"调用，则需要在变量声明表中为每一个计划调用的 FB1 声明一个具有不同名字的静态变量。这里，数据类型是 FB1（发动机控制）。

选择声明类型"STAT"并在变量声明表中进行输入。从下拉列表中选择"FB < nr >"作为声明类型"STAT"的数据类型，并用"1"来替换字符串" < nr >"。如图 9-67 所示。

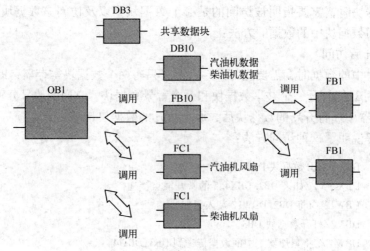

图 9-65　多重背景的程序结构

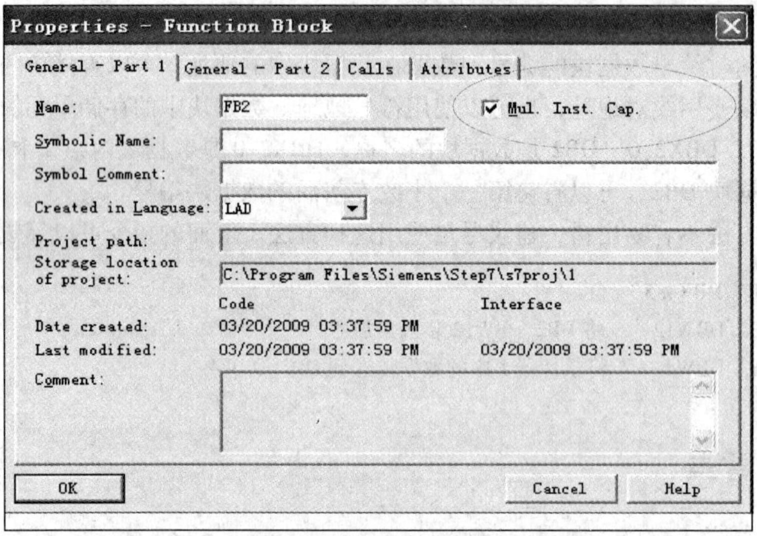

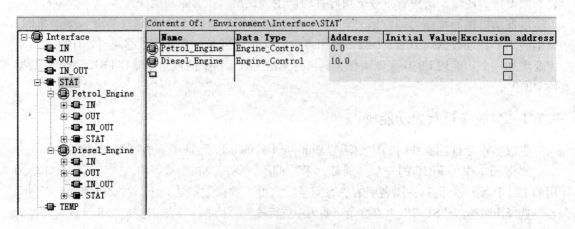

图 9-66　生成 FB10

图 9-67　生成 FB10 的变量声明表

在编程指令列表中选择"Multiple Instances"文件夹内的"Petrol_Engine"和"Diesel_Engine",将它们拖放到 FB10 中,然后指定它们的输入和输出参数。生成 FB10 如图 9-68 所示,FB10 程序如图 9-69 所示。如果生成 FB10 没有选中图 9-66 中红色圈标出的选项,也可以通过对拖放的 FB 右击,选择"Change to Multiple Instance Call…",出现如图 9-70 所示的对话框,在 Name of Mult 中输入 STAT 中的变量名。

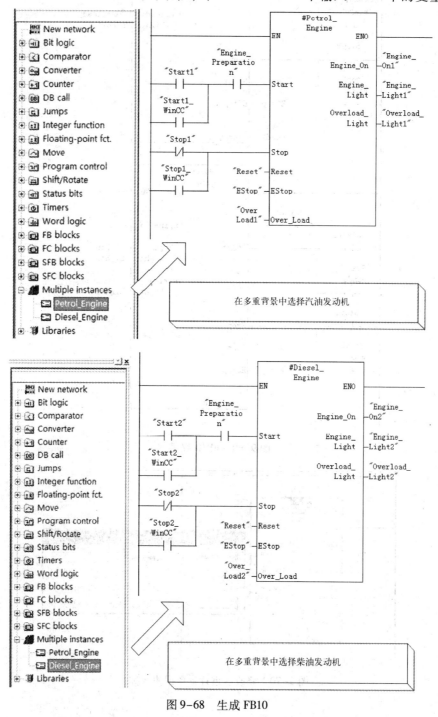

图 9-68 生成 FB10

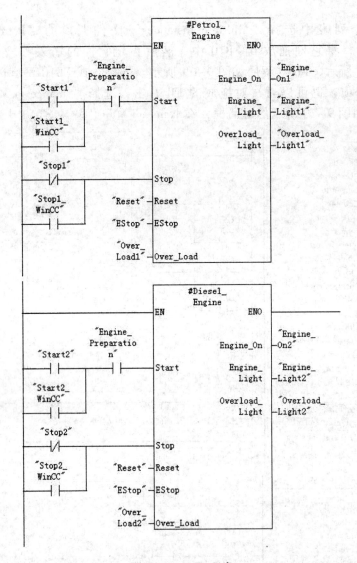

图 9-69　FB10 程序

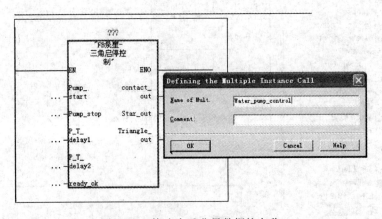

图 9-70　修改多重背景数据块名称

9.7.2 生成多重背景数据块

与 FB10 对应的新的数据块 DB10 将替代原来的数据块 DB1 以及 DB2。用于汽油机和柴油机的数据存储在 DB10 中，后面在 OB1 中调用 FB10 时将会用到。生成 DB10 时，应将它设置为背景数据块，对应的功能块为 FB10。DB10 中的变量是自动生成的，与 FB10 的变量声明表中的相同。如图 9-71 所示。

	Address	Declaration	Name	Type	Initial value	Actual value	Comment
1	0.0	stat:in	Diesel_Engine.Start	BOOL	FALSE	FALSE	
2	0.1	stat:in	Diesel_Engine.Stop	BOOL	FALSE	FALSE	
3	0.2	stat:in	Diesel_Engine.Reset	BOOL	FALSE	FALSE	
4	0.3	stat:in	Diesel_Engine.EStop	BOOL	FALSE	FALSE	
5	0.4	stat:in	Diesel_Engine.Over_Load	BOOL	FALSE	FALSE	
6	2.0	stat:out	Diesel_Engine.Engine_On	BOOL	FALSE	FALSE	
7	2.1	stat:out	Diesel_Engine.Engine_Light	BOOL	FALSE	FALSE	
8	2.2	stat:out	Diesel_Engine.Overload_Out	BOOL	FALSE	FALSE	
9	4.0	stat	Diesel_Engine.Engine_On1_Flag	BOOL	FALSE	FALSE	发动机运行标志位
10	4.1	stat	Diesel_Engine.Overload1_Flag	BOOL	FALSE	FALSE	发动机过载标志位
11	4.2	stat	Diesel_Engine.EStop_Flag	BOOL	FALSE	FALSE	紧急停止标志位
12	6.0	stat:in	Petrol_Engine.Start	BOOL	FALSE	FALSE	
13	6.1	stat:in	Petrol_Engine.Stop	BOOL	FALSE	FALSE	
14	6.2	stat:in	Petrol_Engine.Reset	BOOL	FALSE	FALSE	
15	6.3	stat:in	Petrol_Engine.EStop	BOOL	FALSE	FALSE	
16	6.4	stat:in	Petrol_Engine.Over_Load	BOOL	FALSE	FALSE	
17	8.0	stat:out	Petrol_Engine.Engine_On	BOOL	FALSE	FALSE	
18	8.1	stat:out	Petrol_Engine.Engine_Light	BOOL	FALSE	FALSE	
19	8.2	stat:out	Petrol_Engine.Overload_Out	BOOL	FALSE	FALSE	
20	10.0	stat	Petrol_Engine.Engine_On1_Flag	BOOL	FALSE	FALSE	发动机运行标志位
21	10.1	stat	Petrol_Engine.Overload1_Flag	BOOL	FALSE	FALSE	发动机过载标志位
22	10.2	stat	Petrol_Engine.EStop_Flag	BOOL	FALSE	FALSE	紧急停止标志位

图 9-71　生成 DB10

9.7.3 在 OB1 中调用多重背景

前面的"发动机控制"项目中 OB1 对 FB1 的两次调用，被 OB1 对 FB10 的调用代替，如图 9-72 所示，调用时还指定了背景数据块 DB10。用相应的符号名完成下面的调用。

使用多重背景时应注意以下问题：

1）首先应先生成需要多次调用的功能块（如图 9-65 所示 FB1）。

2）管理多重背景的功能块（如图 9-65 所示 FB10）必须设置为有多重背景功能。

3）在管理多重背景的功能块的变量声明表中，为被调用的功能块的每一次调用定义一个静态（STAT）变量，以被调用的功能块的名称（如图 9-65 所示 FB1）作为静态变量的数据类型。

4）必须有一个背景数据块（如图 9-65 所示 DB10）分配给管理多重背景的功能块。背景数据块中的数据是自动生成的。

5）多重背景只能声明为静态变量（声明类型为"STAT"）。

9.7.4 FC、FB 与 OB 的区别

FC、FB 与 OB 的区别如下：

1）FC、FB 是由用户逻辑块调用的，OB 是由系统程序调用的。

2）FC、FB 有输入参数、输出参数、输入/输出参数、暂态变量、静态变量；OB 只有暂态变量，由系统程序提供，长度为 20B，其中包含了 OB 组织块的事件信息，供用户程序使用。

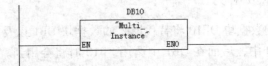

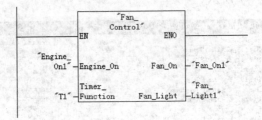

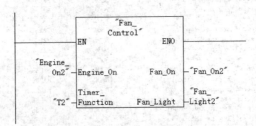

图 9-72　OB1 中调用 FB10

9.8　系统块

9.8.1　系统功能（SFC）和功能块（SFB）

系统功能（SFC）和系统功能块（SFB）是预先编好、调试过的可供用户调用的程序块，固化在 S7 的 CPU 中，相当于系统提供可供用户程序调用的 FC 和 FB，实现与 CPU 系统相关的一些功能，如通信功能、高速处理功能、读写 CPU 时钟、CPU 状态指示灯信号等功能。SFC、SFB 与 FC、FB 调用方式相同，用户程序可以不用装载直接调用 SFC、SFB，调用 SFB 时也需要背景数据块（DB）存储相关信息（CPU 中不包含其背景数据块），由于固化在 CPU 中，SFC、SFB 的内容的序号不能修改。

与 OB 一样，可供调用的 SFC、SFB 与 CPU 的型号相关，通过 CPU 的技术手册可以找到该 CPU 支持的 SFC、SFB 的详细信息或在线直接查看 CPU 中包含 SFC、SFB 的内容。如果用户程序中调用的 SFC、SFB 在 CPU 中没有固化，CPU 因不能识别而报错。SFC、SFB 的序号、功能分类详见附录 C。

系统功能（SFC）与系统功能块（SFB）实际上是系统与用户程序的接口功能、功能块，通过调用 SFC/SFB，实现对 CPU 内部信息的读取和功能的控制。

【例 9-6】　设置 CPU 的时钟。

通过查看表可知，调用 SFC0 可以设置 CPU 的时钟信息，时钟信息的数据类型为符合类型 DT（DATE_AND_TIME），共 8 个字节（按字节排序表示的内容为：年、月、日、时、分、秒、毫秒中的前两个有效数字、第8个字节高4位为毫秒中第三个有效数字，低4位为星期值），不能使用普通数据类型接收时钟信息（普通数据类型最多为4个字节），复合数据类型DT必须在DB或L堆栈（临时变量）中预先定义，例如在DB1中建立一个DT类型的变量，变量的符号名称为"Clock"，如图9-73所示。

Address	Name	Type	Initial value	Comment
0.0		STRUCT		
+0.0	Clock	DATE_AND_TIME	DT#99-1-1-2:0:0.000	CPU时钟变量
+8.0	Other_data	WORD	W#16#0	
=10.0		END_STRUCT		

图9-73　DB1中变量

在OB1中调用SFC0，程序如图9-74所示。

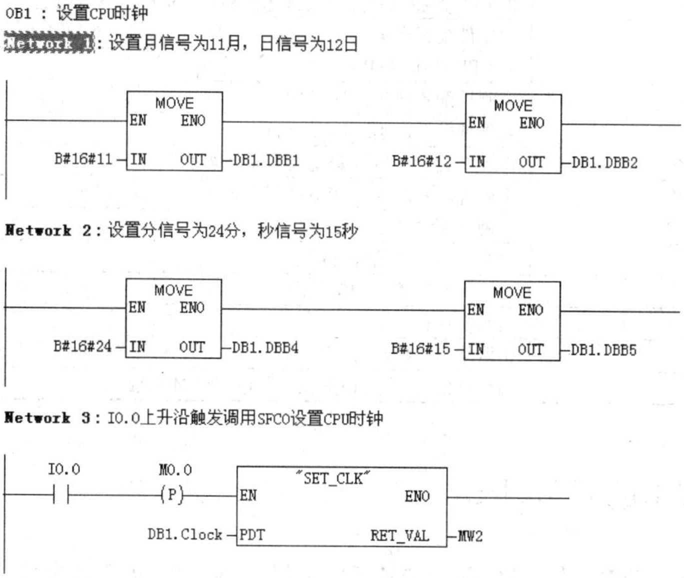

图9-74　设置时钟程序梯形图

系统调用SFC0执行后，修改时钟的月、日、分、秒信号，其他保持原有时钟值。如图9-75所示。注意，调用SFC0时，只能采用信号触发的方式调用（I0.0上升沿触发），否则时钟信号保持不变。

图9-75　设置后的系统时钟

9.8.2 系统数据块（SDB）

S7 系列 PLC 的 CPU 中还提供了大量的系统数据块（SDB），这些 SDB 是为了存放 PLC 参数而建立的系统数据存储区。使用 SMIATIC Mannger 的硬件组态软件（HW Config）可以将 PLC 的组态数据和其他操作参数存放到 SDB 中，例如硬件模块参数和通信连接参数等。

SDB 可由各种应用（有时候可能是 CPU 本身）产生，各种 SDB 的产生源见表 9-18。

表 9-18　各种 SDB 的产生源

系统数据块编号	产　生　源
0	硬件配置
1	由硬件配置或由 CPU（系统完成重新启动后）产生
2	由 CPU 产生（在系统完成重新启动后的标准参数指定）
3，4	由硬件配置产生
5	由 CPU 产生（MPI 参数）
22 ~ 89	由硬件配置产生（DP 组态）
90 ~ 99	由硬件配置产生（DP 组态）
100 ~ 149	由硬件配置产生（集中或分布组态参数）
150 ~ 152	由硬件配置产生（接口模版参数）
153 ~ 189	由硬件配置产生（DP 组态）
2xx	由全局数据通信配置产生
3xx	由相关符号消息的配置产生
7xx	由组态连接产生
999	由网络/连接组态产生
≥1000	由硬件配置产生（DP 组态，CP 及 FM 参数）

9.9　标准库中的 FC、FB

对于用户自己创建的功能 FC 和功能块 FB 来说，现有的块（称为标准块）是可以利用的。它们既可以通过存储媒质获得，也包含在作为 STEP 7 软件包的一部分而提供的库中（例如，IEC 功能或者 S5/S7 转换功能）。

STEP 7 基本软件包括 Standard Library（标准库），提供了一些用于计算功能、数据转换功能的 FC 和 FB，这些 FC、FB 可以在用户程序中直接调用。

标准库的分类详见 8.7.1 库的分类，标准库中的 FC、FB 可以直接调用，具体说明见"附录 E.1 软件标准库 FC、FB 速查"。

9.10　习题

1. 用户编程方法主要有哪几种？分别用在什么场合？
2. 组织块（OB）有哪几类？各自有什么作用？
3. FC 和 FB 的区别是什么？
4. 系统功能及系统功能块的作用是什么？

第10章 PLC 应用程序设计

本章学习目标：

掌握 PLC 典型常用子程序的应用；理解 PLC 应用程序几种分类及其设计；掌握本章所提及的 PLC 设计方法。

10.1 PLC 典型常用程序

10.1.1 位逻辑指令应用例

1. 启动优先和停止优先控制应用例

控制梯形图如图 10-1 所示。

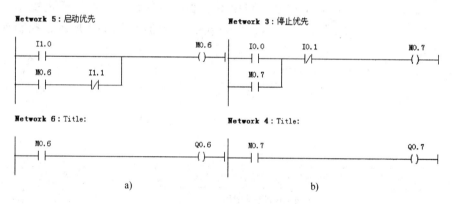

图 10-1 启动优先和停止优先控制梯形图
a）启动优先 b）停止优先

梯形图中的变量说明见表 10-1。

表 10-1 变量说明

变量	说　明	变量	说　明
I0.0	启动	Q0.6	控制负载 1 输出
I0.1	停止	Q0.7	控制负载 2 输出
I1.0	启动	M0.6	启动标志 1
I1.1	停止	M0.7	启动标志 2

2. 三个地方同时控制一个负载的启停应用例

控制梯形图如图 10-2 所示。

梯形图中的变量说明见表 10-2。

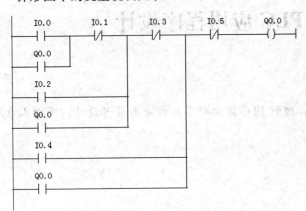

图 10-2　控制梯形图

表 10-2　变量说明

变量	说　明
I0.0	启动 A
I0.1	停止 A
I0.2	启动 B
I0.3	停止 B
I0.4	启动 C
I0.5	停止 C
Q0.0	控制负载输出

3. 联锁、自锁、互锁应用例

工程应用中经常有电动机正反转控制问题，利用"与或非"指令可以简单实现功能。SB1 为电动机正转按钮，SB2 为电动机停止按钮，SB3 为电动机反转按钮。通过"与或非"指令实现联锁、自锁和互锁控制，避免不必要的电气事故。电动机正反转启动变量说明见表 10-3，主电路如图 10-3 所示，控制电路接线图如图 10-4 所示，控制梯形图如图 10-5 所示。

表 10-3　变量说明

变量	说　明
I1.0	正转
I1.1	停止
I1.2	反转
Q1.0	控制正转接触器输出
Q1.1	控制反转接触器输出
M0.0、M0.1、M0.2	水、油、气准备好标志位
M0.4	电动机启动准备好标志位

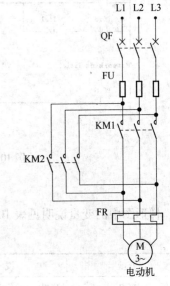

图 10-3　电动机正反转
启动主电路图

M0.0、M0.1、M0.2 是水、油、气准备好信号，当 M0.0、M0.1、M0.2 都为 1 时，M0.4 为 1，M0.4 在程序中起到联锁作用，Q1.0 和 Q1.1 常开触点起到自锁作用，I1.0、I1.2、Q1.0 和 Q1.1 常闭触点起到互锁的作用。

4. 应用置位复位指令可以完成工业控制中运行模式的选择

灌装工艺流程参见实验 A.4 中的实验四。灌装生产线运行有两种运行模式：手动和自动模式。注意 I0.4 为带自锁的按钮，输入端接线图如图 10-6 所示。

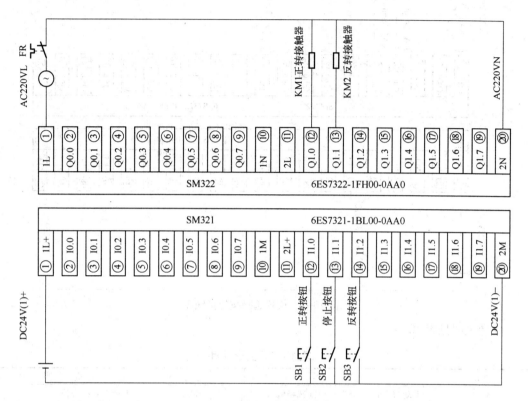

图 10-4 控制电路接线图

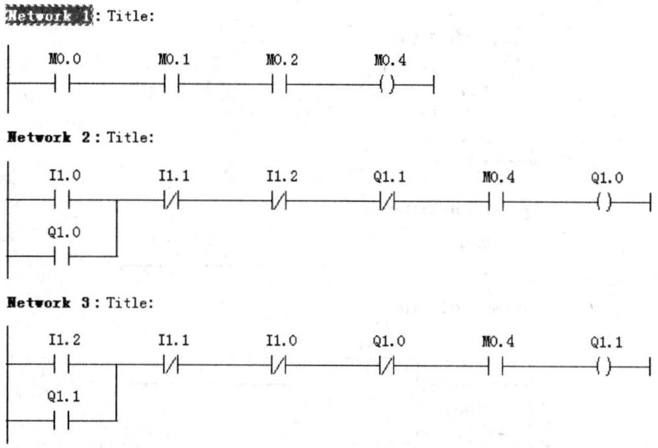

图 10-5 控制梯形图

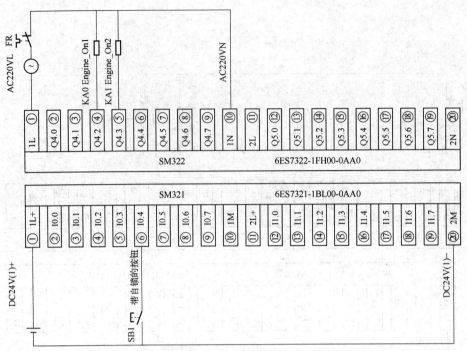

图 10-6 模式选择按钮接线图

变量说明见表 10-4。

表 10-4 变量说明

变量	说　明	变量	说　明
I0.4	手动/自动（=0/1）模式选择输入	M0.5	手动模式标志位
Q4.2	手动模式指示灯	M0.6	自动模式标志位
Q4.3	自动模式指示灯		

梯形图如图 10-7 所示。

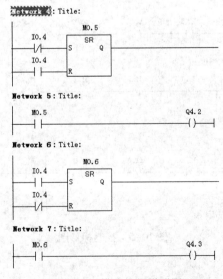

图 10-7 模式选择梯形图

5. 应用置位复位及边沿检测指令实现单按钮对负载的起停控制

变量说明见表10-5。

梯形图如图10-8所示。

表10-5　变量说明

变量	说　明
I0.2	负载启停控制按钮
M52.0	标志位1
M52.1	标志位2
Q2.0	被控负载输出

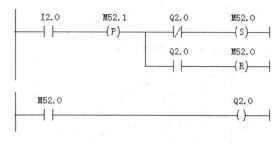

图10-8　单按钮启停梯形图

上升沿检测指令 M52.1 检测负载启停控制按钮 I0.2 的上升沿信号，每次按下 I0.2，都会对负载 Q2.0 发出控制指令，控制负载的启停。

10.1.2　定时器/计数器指令应用例

1. 定时器指令完成灌装生产线控制应用例

灌装工艺流程参见实验 A.4，实验四。灌装生产线运行时，当瓶子到达灌装位置时，传动带停止运行，这时开始灌装指定时间，指定时间到达时，传送带继续运行，当瓶子到达满瓶位置，在定时 20s 内传送带上无空瓶时，传送带即会停止运行。变量说明见表10-6。

表10-6　变量说明

变量	说　明	变量	说　明
I8.0	终端位置传感器	Q8.5	电动机正转
I8.5	空瓶位置传感器	T8	灌装时间脉冲定时器，默认10s
I8.6	灌装位置传感器	T9	保持型接通延时定时器，默认20s
I8.7	满瓶位置传感器	MW62	T8 灌装时间设定值存储单元，默认10s（可通过触摸屏修改）
Q4.1	系统运行指示	M200.0	电动机正转运行屏显示标志位
Q8.2	灌装阀		

梯形图如图10-9所示。

2. 电动机的软启动控制应用例

电动机的软启动控制又称电动机定子串电阻启动控制，属电动机控制中的常见情况。电动机的软启动控制程序说明了带短路软启动开关的笼式三相感应异步电动机的自动启动过程。通过这种短路软启动控制，保证电动机首先减速启动，一定时间后达到额定转速。

电动机软启动主电路如图10-10所示，软启动控制接线电路如图10-11所示。

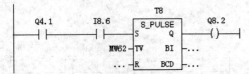

Network 17: 控制灌装时间

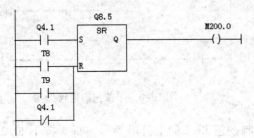

Network 18: 控制传送带运行

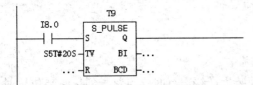

Network 19: Title:

图 10-9　控制传送带运行梯形图

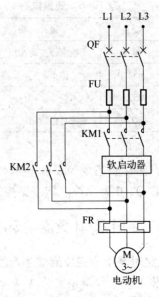

图 10-10　软启动主电路图

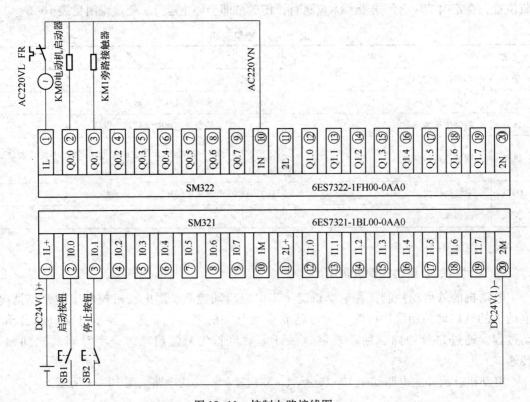

图 10-11　控制电路接线图

软启动控制变量说明见表 10-7。

表 10-7　变量说明

变量	说　　明	变量	说　　明
I0.0	启动按钮 SB1，动闭触点	Q0.1	电动机正常运行控制输出 KM2
I0.1	停止按钮 SB2，动断触点	T1	软启动延时定时器 3S
Q0.0	电动机软启动控制输出 KM1		

软启动控制梯形图程序如图 10-12 所示。

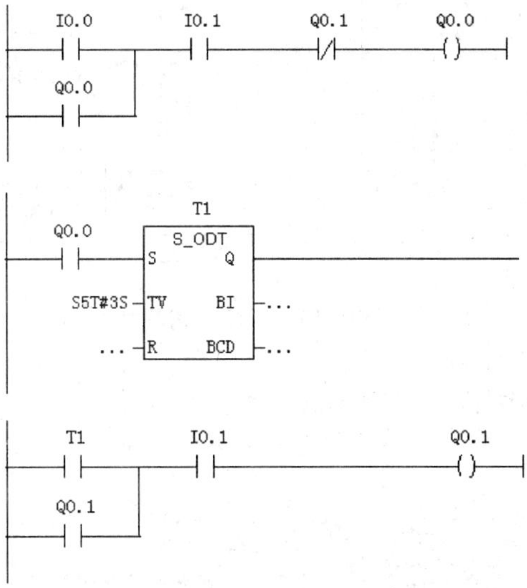

图 10-12　控制梯形图程序

3. 水、油、气泵丫－△启动控制与大型设备运行控制编程应用例

电气工程系统中都存在一些大型电气设备，这些大型设备的启动均需要水、油和气泵启动准备好为前提，而水、油和气泵又需要丫－△启动控制。下面讨论水、油、气泵丫－△启动控制、大型设备运行控制及其故障报警编程实现。

泵的丫－△启停控制主电路图和控制电路接线图见 7.6.2 节图 7-47 所示。本例调用 FB3 三次完成水、油、气泵丫－△启停控制。

程序结构图如图 10-13 所示，符号表如图 10-14 所示，FB3 的泵丫－△启停控制子程序的变量声明表，如图 10-15 所示。

下面以水泵丫－△启动控制为例给出泵的丫－△启动控制时序图：

水泵丫－△启动控制关键点是丫－△切换时如第 7 章中图 7-47 所示 KM2、KM3 接触器不能同时闭合，否则会导致电源相间短路事故。

当按下水泵启动按钮 I1.0 时，程序控制 Q1.0 和 Q1.1 为"1"使主接触器 KM1 和丫启动接触器 KM2 得电，使水泵以丫型方式启动，同时定时器 T31 和 T32 开始计时 3s 和 3.5s，3s 计时到时 Q1.0 继续为"1"，Q1.1 为"0"丫启动接触器 KM2 失电；3.5s 计时到时 Q1.0 继续为"1"主接触器 KM1 继续得电，Q1.2 为"1"△启动接触器 KM3 得电，水泵以△方式启动运行。

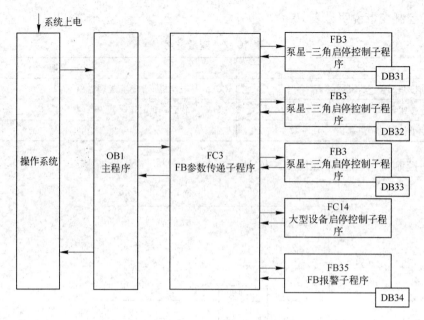

图 10-13　程序结构图

注：DB31：水泵Y－△启停控制背景数据块。
　　DB32：油泵Y－△启停控制背景数据块。
　　DB33：气泵Y－△启停控制背景数据块。

	Status	Symbol	Address		Data typ
1		Water-Pump-start	I	1.0	BOOL
2		Water-Pump-stop	I	1.1	BOOL
3		Oil-Pump-start	I	2.0	BOOL
4		Oil-Pump-stop	I	2.1	BOOL
5		Air-Pump-start	I	3.0	BOOL
6		Air-Pump-stop	I	3.1	BOOL
7		Facility-Start	I	19.2	BOOL
8		Facility-Stop	I	19.6	BOOL
9		Water-ready-ok	M	20.1	BOOL
10		Oil-ready-ok	M	20.2	BOOL
11		Air-ready-ok	M	20.3	BOOL
12		All-ready-ok	M	20.4	BOOL
13		Alarm-flag	M	20.7	BOOL
14		Facility-Start-Flag	M	59.5	BOOL
15		WP-main-contact-out	Q	1.0	BOOL
16		WP-Star-out	Q	1.1	BOOL
17		WP-Triangle-out	Q	1.2	BOOL
18		OP-main-contact-out	Q	2.0	BOOL
19		OP-Star-out	Q	2.1	BOOL
20		OP-Triangle-out	Q	2.2	BOOL
21		Air-main-contact-out	Q	3.0	BOOL
22		Air-Star-out	Q	3.1	BOOL
23		Air-Triangle-out	Q	3.2	BOOL
24		Facility-Run	Q	19.1	BOOL
25		Facility-Run-Display	Q	19.2	BOOL
26		Water-Alarm-Display	Q	35.1	BOOL
27		Oil-Alarm-Display	Q	35.2	BOOL
28		Air-Alarm-Display	Q	35.3	BOOL
29		All-Alarm-Display	Q	35.6	BOOL
30		All-Alarm-Speak	Q	35.7	BOOL

图 10-14　符号表

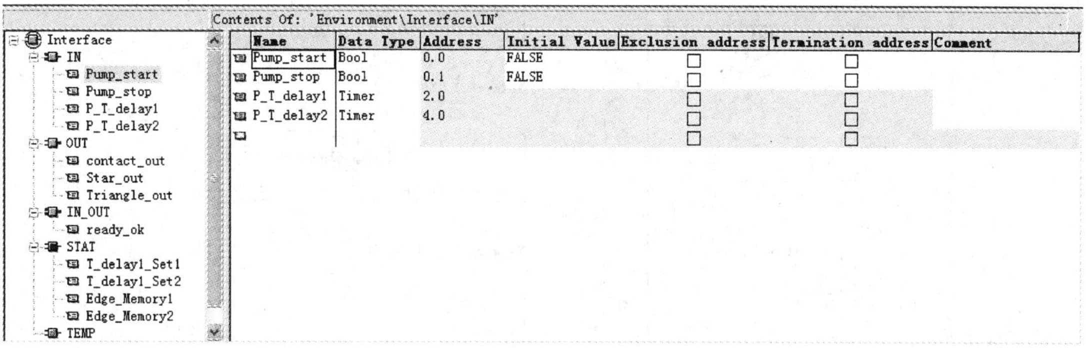

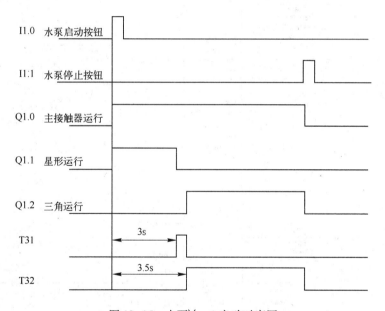

图 10-15　FB3 变量声明表

当按下水泵停止按钮 I1.1 时，所有 Q1.0、Q1.1、Q1.2 均为 "0"，KM1、KM2、KM3 均失电，时序图如图 10-16 所示。

I1.0	水泵启动按钮
I1:1	水泵停止按钮
Q1.0	主接触器运行
Q1.1	星形运行
Q1.2	三角运行
T31	3s
T32	3.5s

图 10-16　水泵丫-△启动时序图

水、油、气泵丫-△启动控制需调用 FB3 三次，每次调用对应不同的背景数据块 DB31、DB32 和 DB32，程序结构图如图 10-13 所示，程序实现如图 10-17 所示。FB3 是 FC3 调用三次的泵丫-△启停控制子程序，如图 10-18 所示。FC14 为大型设备启动控制子程序如图 10-19 所示，大型设备启动运行需要水泵、油泵和气泵全部启动好（Water - ready - ok "与" Oil - ready - ok. "与" Air - ready - ok = All - ready - ok = 1），All - ready - ok 是大型设备启动的联锁条件，如图 10-17 Network4 所示。

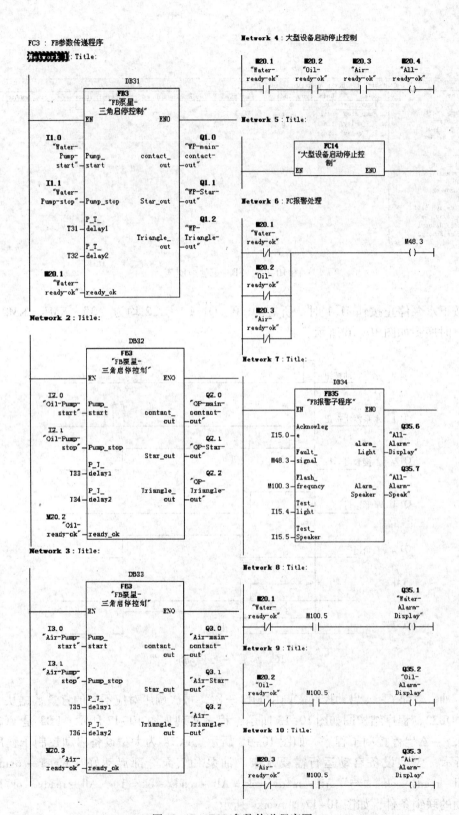

图 10-17　FC3 参数传递程序图

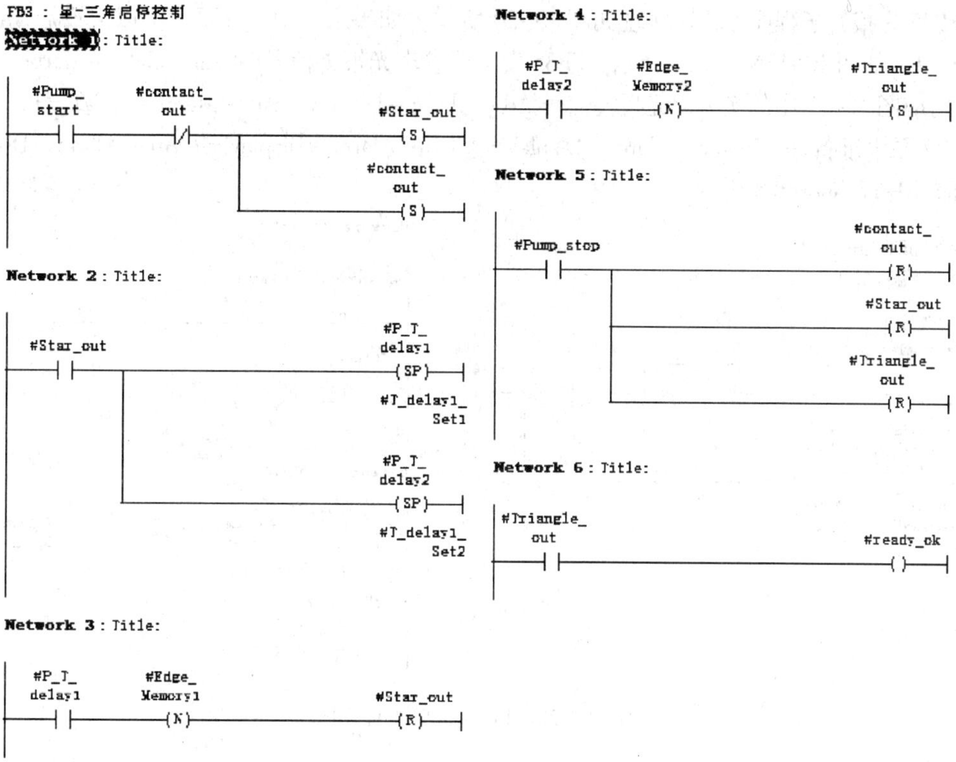

FB3 : 星-三角启停控制

Network 1 : Title:

```
#Pump_         #contact_
 start           out                              #Star_out
  ┤├            ─┤/├──────┬─────────────────────────(S)──

                                                  #contact_
                                                    out
                          └──────────────────────────(S)──
```

Network 2 : Title:

```
#Star_out                                         #P_T_
  ┤├──────┬──────────────────────────────────────delay1
          │                                       ─(SP)──
          │                                       #T_delay1_
          │                                          Set1
          │
          │                                       #P_T_
          │                                       delay2
          └──────────────────────────────────────(SP)──
                                                  #T_delay1_
                                                     Set2
```

Network 3 : Title:

```
#P_T_          #Edge_
delay1        Memory1                             #Star_out
  ┤├           ─(N)──                              ─(R)──
```

Network 4 : Title:

```
#P_T_          #Edge_
delay2        Memory2                             #Triangle_
  ┤├           ─(N)──                                out
                                                   ─(S)──
```

Network 5 : Title:

```
                                                  #contact_
#Pump_stop                                          out
  ┤├──────┬──────────────────────────────────────(R)──
          │                                       #Star_out
          │                                        ─(R)──
          │                                       #Triangle_
          │                                         out
          └──────────────────────────────────────(R)──
```

Network 6 : Title:

```
#Triangle_
   out                                            #ready_ok
  ┤├──────────────────────────────────────────────( )──
```

图 10-18   FB3 泵丫-△启动控制程序图

FC14 : 大型设备启停控制程序

Network 1: Title:

```
                                    "Facility-
                                     Start-
 "Facility-       "All-              Flag"        "Facility-
  Start"        ready-ok"             SR            Run"
   ┤├             ┤├          ─────S     Q──────────( )──
 "Facility-                   │              │
  Stop"                       │              │
   ┤├─────────────────────────┤              │
  "All-                       │              │
 ready-ok"                    │              │
   ┤/├─────────────────────── R              │
                              └──────────────┘
```

Network 2 : Title:

```
 "Facility-                                       "Facility-
  Start-                                            Run-
  Flag"         M100.3                            Display"
   ┤├            ┤├─────────────────────────────────( )──
```

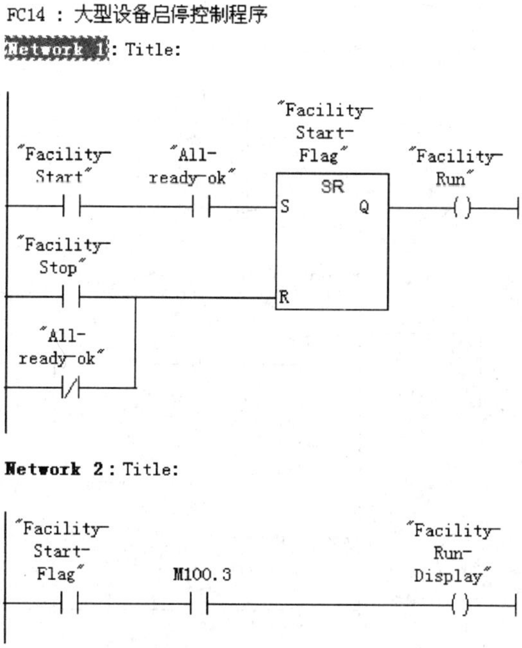

图 10-19   FC14 大型设备启停控制程序图

FB35 为报警子程序，程序实现如图 10-20 所示。如果水、油、气泵一个以上没启动准备好 M48.3 =1，如图 10-17Network6 所示。FB35 发出形参声光报警信号#alarm - Ligt = #Alarm - Speaker =1 对应图 10-17 中的实参声光报警信号 All - Alarm - Display = All - Alarm - Speak =1，并显示是哪一个泵没准备好：Water - Alarm - Display = 1 Oil - Alarm - Display = 1 Air - Alarm - Display = 1。如图 10-17 Network8 所示。

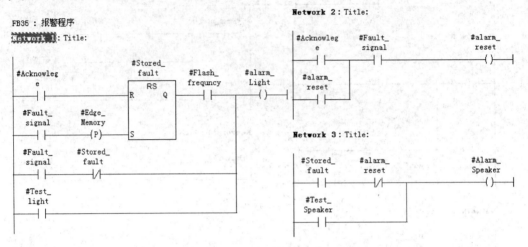

图 10-20　FB35 报警子程序图

4. 定时器/计数器扩展应用例

S7 -300PLC 的定时器最长定时 9990s，在工程应用中定时的时间可能超过定时时间上限，这时可以通过定时器和计数器组合编程来实现定时超长时间。如图 10-21 所示是定时 24 个小时的控制程序梯形图。

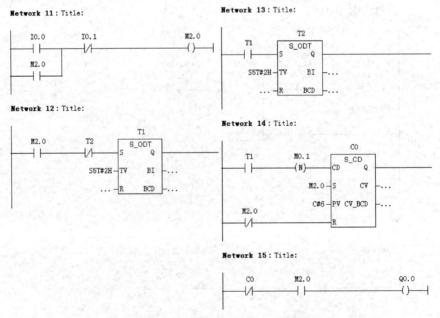

图 10-21　计数器控制程序梯形图

梯形图中变量说明见表 10-8。

表 10-8　变量说明

变量	说　明	变量	说　明
I0.0	定时启动	M0.1	下降沿标志位
I0.1	定时停止	Q0.0	负载输出
M2.0	启动标志位		

10.1.3　移位指令应用例

要用移位指令实现两台电动机的单按钮启停控制，需首先设置一个控制字，然后用控制字的最低两位分别控制两台电动机，每按一次操作按钮，控制字向右移动两位。控制电路的接线图如图 10-22 所示第一次操作控制字最低两位应变为 01；第二次操作控制字的最低两位应变为 10；第三次操作控制字的最低两位应变为 00，具体的移位操作如图 10-23 所示。因此控制字的初始值为 xxxx xxxx 0010 01xx，其中 x 表示 0 或者 1，但是为了实现循环操作。用 0 来替换 x，当操作一个循环以后。控制字就变为 0，可方便判断。控制字的初值为 W#16#24。此外，为了避免控制字的反复赋值，应该在 OB100 中放置给控制字的赋值指令，如图 10-24 所示。主程序梯形图如图 10-25 所示。

梯形图中变量说明见表 10-9。

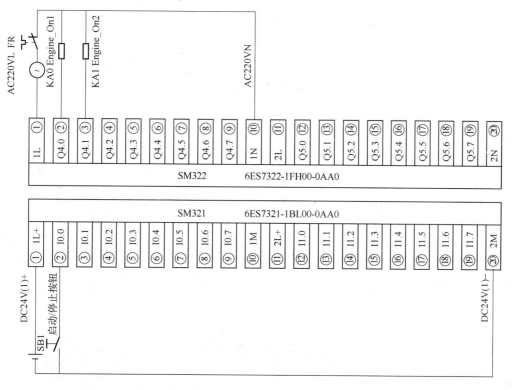

图 10-22　控制电路接线图

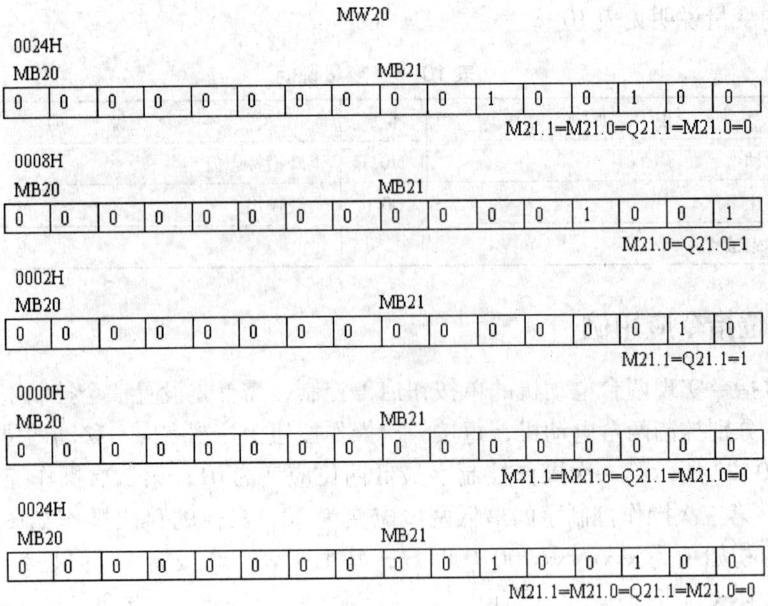

MW20
0024H
MB20
MB21
0 0 0 0 0 0 0 0 0 0 1 0 0 1 0 0
M21.1=M21.0=Q21.1=M21.0=0
0008H
MB20
MB21
0 0 0 0 0 0 0 0 0 0 0 0 1 0 0 1
M21.0=Q21.0=1
0002H
MB20
MB21
0 0 0 0 0 0 0 0 0 0 0 0 0 0 1 0
M21.1=Q21.1=1
0000H
MB20
MB21
0 0 0 0 0 0 0 0 0 0 0 0 0 0 0 0
M21.1=M21.0=Q21.1=M21.0=0
0024H
MB20
MB21
0 0 0 0 0 0 0 0 0 0 1 0 0 1 0 0
M21.1=M21.0=Q21.1=M21.0=0

图 10-23　移位操作变化图

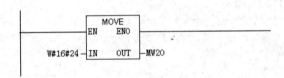

Network 11：组织块OB100中为控制字设置初值
MOVE
EN
ENO
W#16#24
IN
OUT
MW20

图 10-24　OB100 程序梯形图

Network 12：控制字右移2位
I0.0
M0.0
(P)
SHR_W
EN
ENO
MW20
IN
OUT
MW20
W#16#2
N
Network 13：由控制字的最低位控制电动机1
M21.0
Q4.0
Network 14：由控制字的次低位控制电动机2
M21.1
Q4.1
Network 15：控制字重新赋值标志
CMP ==I
M1.4
MW20
IN1
0
IN2
：对控制字重新赋初值
M1.4
MOVE
EN
ENO
W#16#24
IN
OUT
MW20

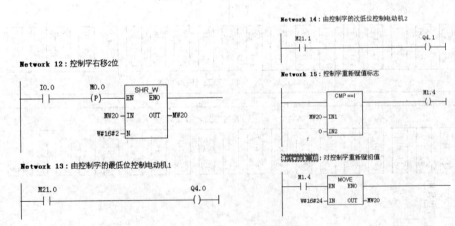

图 10-25　OB1 主程序梯形图

表 10-9　变量说明

变量	说　明	变量	说　明
I0.0	启动/停止单按钮	M21.0	控制电动机 1 标志位
Q4.0	电动机 1 控制输出	M21.1	控制电动机 2 标志位
Q4.1	电动机 2 控制输出	M1.4	重赋移位初值标志位

10.1.4 跳转指令应用例

工程中经常使用的分频功能应用例如下：

分频时序图如图 10-26 所示，程序梯形图如图 10-27。

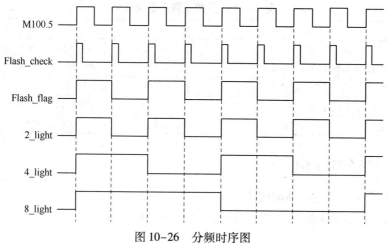

图 10-26 分频时序图

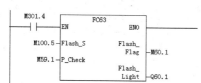

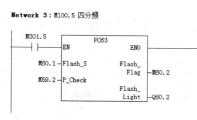

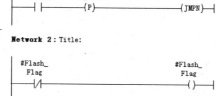

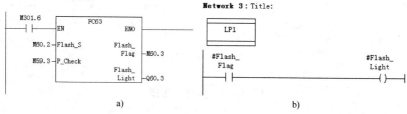

图 10-27 分频子程序梯形图

a）分频子程序 b）分频 FC63 内部程序

变量说明见表 10-10。

此子程序会将 M100.5 二分频。（JMPN）指令是跳转指令，当该指令有效时，程序执行会跳转到 LP1 的位置。

表 10-10　分频子程序变量说明

变量	说　　明	变量	说　　明
M100.5	1S 方波辅助继电器	Flash_S	被分频的闪烁输入形参
Q60.0	以 1S 为周期方波控制闪烁灯	P_Check	检测闪烁信号边沿输入形参
Q60.1	对 1S 方波二分频闪烁灯	LP1	跳转指针
Q60.2	对 1S 方波四分频闪烁灯	Flash_Flag	闪烁信号标志输出形参
Q60.3	对 1S 方波八分频闪烁灯	Flash_Light	闪烁信号灯输出形参

10.1.5　运算指令应用例

1. 灌装生产线计数统计功能的应用例

灌装工艺流程参见实验 A.4 的实验四，如图 10-28 所示。

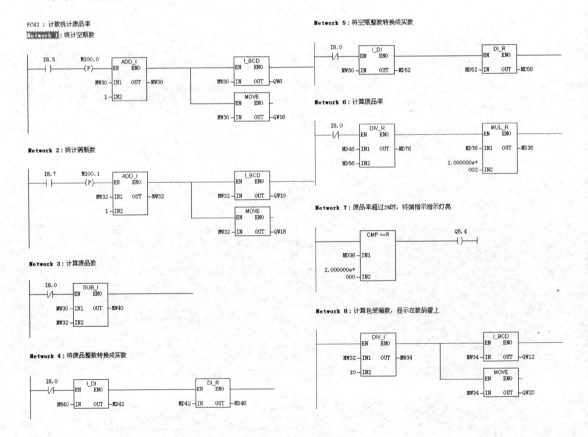

图 10-28　程序梯形图

梯形图中变量说明见表 10-11。

表 10-11　变量说明

变量	说　　明	变量	说　　明
I8.0	终端位置传感器	QW6	空瓶数 BCD 显示
I8.5	空瓶位置传感器	QW10	满瓶数 BCD 显示
I8.7	满瓶位置传感器	QW12	装箱数 BCD 显示

2. 速度升降控制按钮应用例

这种按钮与前两种不同，它不是直接控制设备的启动与停止，而是改变设备的运行状态。按升速按钮，被控设备就以一定的加速度升速；按降速按钮，被控设备就按一定的加速度减速，乃至反转，如图 10-29 如示。

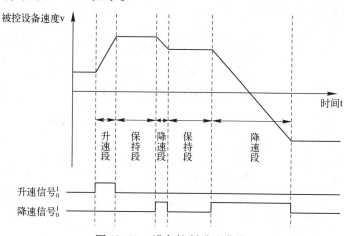

图 10-29　设备控制升速曲线

由于 PLC 周期扫描机制的限制，不能输出平滑的速度给定值，一般以阶梯形式输出给定值，从宏观上看设备的速度是平稳上升或下降的。程序设计的基本思想是：先设置一个时间基准 Δt，每经过 Δt 时间，就在现有的输出给定值的基础上加或减少一个微小量 Δs，输出给控制设备的传动装置。

升降速的增量值：

$$\Delta s = \Delta t\ \alpha(S_{max}/D)$$

式中，Δs——升降速，单位时间基准 Δt 内的速度增量；

Δt——单位时间基准；

α——工艺要求的升、降速的加速度值；

D——设备允许的最大速度；

S_{max}——设备允许的最大速度所对应的数字量。

例如，某被控设备的最高速度为 20m/s，对应的数字量输出为 2047，升降时要求有两级：慢加速时加速度不超过 ± 0.5m/s^2，快加速时加速度不超过 ± 2m/s^2。有两个控制升降速按钮和一个加速快慢控制按钮，参数定义见表 10-12。

表 10-12　被控设备速度控制参数定义表

参 数 地 址	参数名称定义	有 效 状 态
I0.0	轧机加速模式控制	1 为快加速，0 为慢加速

参 数 地 址	参数名称定义	有 效 状 态
I0.1	轧机升速按钮	1
I0.2	轧机降速按钮	1
M10.0	基准时间到标志	1
MW0	轧机速度给定输出	
MW2	慢升速增量值	
MW4	快升速增量值	

先设定时间基准为 100ms，则有：

升降速增量为

$$\Delta V\text{慢} = 0.1 \times 0.5 \times 2047/20 = 5$$

$$\Delta V\text{快} = 0.1 \times 2 \times 2047/20 = 20$$

若采用德国西门子公司的 PLC，其控制程序如图 10-30 所示。

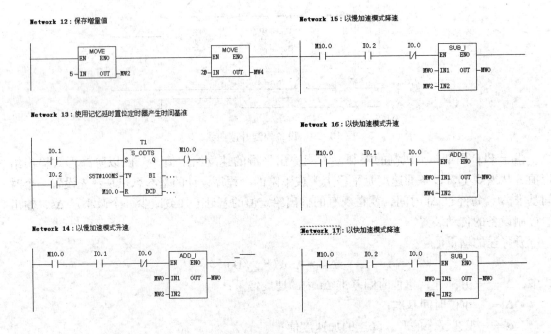

图 10-30　控制程序梯形图

10.1.6　模拟量采集滤波例

工业生产中，经常需要对采集的模拟量进行滤波处理。本例通过对最近 3 次采样值求平均进行软件滤波。首先，将温度传感器的采样值 PIW256 赋给中间变量 MW280，然后经过 FC105 进行工程量转换，存储在浮点型变量 MD284 中，梯形图程序实现如图 10-31 所示。最后，将经过转换后工程量经过 FC81 进行滤波处理。

其中，温度传感器传送给 PLC 的 4 ~ 20mA 模拟量经过 A/D 后，将转换成 0 ~ 27648 之间的数字量（存储在 MW280 中，经 FC105 工程量转换成），0 ~ 100℃ 温度工程量存储在 MD284 中为浮点数，部分 A/D 转换码见表 10-13。

表 10-13 温度传感器 A/D 转换码表

温度/℃	A/D 转换码
0 ~ 10	0 ~ 2765
45 ~ 55	12442 ~ 15206
90 ~ 100	24883 ~ 27648

在滤波处理子程序 FC81 中，将最近 3 次温度数据保存在 3 个全局地址区域，每个扫描周期进行更新以确保是最新的 3 个数。最后，将 3 个数相加求平均完成模拟量滤波。FC81 变量声明见表 10-14。类型为 IN、IN_OUT 和 OUT 的参数为形参，是调与被调模块之间的信息通道，而 TEMP 类型的参数为局部变量，用于保存中间结果。

表 10-14 变量声明表

变量名称	变量类型	数据类型	说明
RawValue	IN	REAL	要处理的温度值
EarlyValue	IN_OUT	REAL	最早的温度值
LastValue	IN_OUT	REAL	较早的温度值
LastestValue	IN_OUT	REAL	最近的温度值
ProcessedValue	OUT	REAL	滤波后的温度值
temp1	TEMP	REAL	中间结果 1
temp2	TEMP	REAL	中间结果 2

滤波处理子程序流程图如图 10-32 所示，程序梯形图如图 10-33 所示。

此例中，我们关心的只是 3 个数的平均值，而调用 FC81 子程序时，却需要为 3 个采集值寻找全局地址进行保存，这样做不但麻烦而且容易造成地址重叠。在一些复杂的工程应用中可通过 FB 代替 FC 来实现滤波处理子程序。

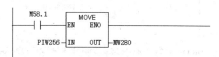

FC80：模拟量采集滤波例

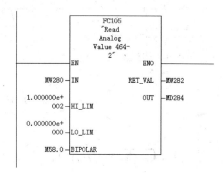

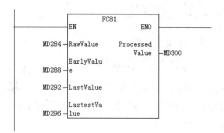

图 10-31 主程序梯形图

图 10-32 滤波处理子程序流程图

FC81：滤波处理子程序

Network 1：根据循环扫描工作方式按顺序将最近的3次温度值保存

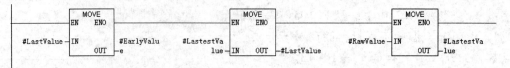

Network 2：将最近的3次温度值相加并除以3求平均，实现滤波处理

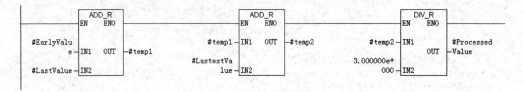

图 10-33　滤波处理子程序梯形图

10.2　PLC 程序设计方法

10.2.1　图解法

1. 梯形图法

梯形图法是用梯形图语言去设计编写程序，它是模仿了继电器控制系统的编程方法，并且其图形元件与继电器电路很相似。因此，利用这种方法很容易将以前的继电器控制电路改为梯形图语言程序。例如，启保停电路如图 10-34 所示。但注意图 10-34b 梯形图程序对应的 SB2 动闭按钮。

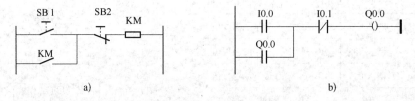

a)　　　　　　　　　　　　　　　　b)

图 10-34　梯形图法设计程序

a）继电器电路图　b）梯形图表示法

2. 逻辑流程图法

逻辑流程图法是用逻辑框图表示 PLC 程序的执行过程，反应输入与输出的关系。逻辑流程图法是把系统的工艺流程，用逻辑框图表示出来形成系统的逻辑流程图。这种方法编制的 PLC 控制程序逻辑思路清晰、输入与输出的因果关系及联锁条件明确。有时对一个复杂的程序，直接用语句表和用梯形图编程可能觉得难以下手，则可以先画出逻辑流程图，再为逻辑流程图的各个部分用语句表和梯形图编制 PLC 应用程序。如图 10-35 所示。

3. 时序流程图法

时序流程图法是先按控制任务的要求画相应的时序图，再根据时序编制出对应的控制程序。如图 10-36 所示。

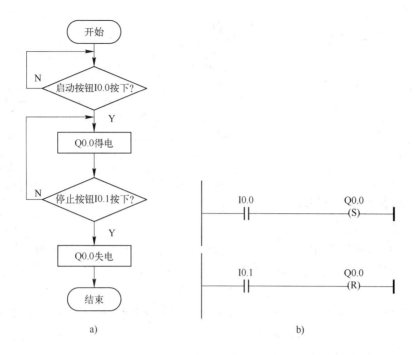

图 10-35 时序流程图法设计程序

a）控制系统逻辑流程图　b）对应的梯形图程序

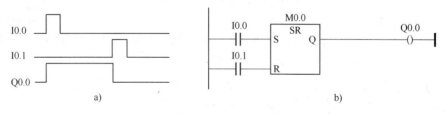

图 10-36 时序流程图法设计程序

a）控制任务时序图　b）对应的梯形图程序加热炉送料工艺流程

10.2.2 经验设计法

经验设计法是设计者根据自己的工程经验及对技术和任务的理解进行程序设计，这种方法没有普遍的规律可遵循，具有一定的试探性和随意性，程序设计的结果也不会唯一，所设计的程序的质量、花费的时间均取决于程序设计者的经验。这种方法对比较简单的控制系统的设计很奏效，可以收到快速的效果，但是对设计者的要求较高。因为是依赖经验，设计方法难以掌握。

例如有一组电动机需要控制，分别为 M1、M2、M3，每个电动机有各自的启动和停止按钮，要求它们按顺序启动和停止，即前级电动机不启动后级电动机无法启动；前级电动机停止时，后级电动机全部停止。

输入输出资源分配：三个电动机的启动按钮分别为 I0.1、I0.2 和 I0.3；三个电动机的停止按钮分别为 I0.4、I0.5 和 I0.6。控制三个电动机启停的接触器输出口分别是 Q0.1、Q0.2 和 Q0.3。按经验设计法编写的梯形图程序如图 10-37 所示。

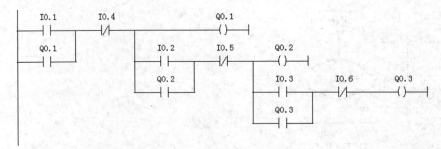

图 10-37　经验设计法设计程序

10.2.3　状态表程序设计法

1. 基本知识

可编程序控制器控制的被控对象的工作过程是由若干个稳定状态组成的。状态之间的切换是由某个输入信号控制的，这种信号可称为主令信号。而状态表是被控对象工作过程的一种表格表示方法。

状态程序设计基本思想：通过状态表合理设置辅助继电器用于区分被控对象工作过程中的所有状态，从而达到利用辅助继电器建立输入信号与执行元件之间的逻辑关系。在此基础上再设计出最终的梯形图程序。

状态表程序设计方法是从继电器逻辑方法继承过来的，它仅适用于单一顺序问题程序的设计，不适用于选择序列并发序列问题的程序说明。

2. 状态表程序设计法步骤

状态表法的实质就是设置辅助继电器以区分所有状态，而区分状态的目的在于利用辅助继电器建立输入信号与执行元件之间的逻辑关系。

用状态表法设计逻辑控制的梯形图，先建立状态表，然后在状态表中设置辅助继电器，写出继电器及执行元件的逻辑式。具体操作可参考下述步骤：

1）画出台形结构的状态表。台形结构的状态表见表 10-15，表中描述了六个状态的顺序过程，在每个状态下都启动一个辅助继电器，直到最后一个状态才将它们关闭。由于辅助继电器的设置结构在表中直观地看很像一个台阶，因此将这种状态表称为台形结构。按照这种方法设置，如果控制过程有 N 个状态，则需要 N－1 个辅助继电器。

表 10-15　台形结构的状态表

状态序号	切换主令信号	执行元件				辅助继电器组					约束条件
		D1	D2	D3	D4	J1	J2	J3	J4	J5	
1	X1	1				1					1
2	X2	1	1			1	1				J1
3	X3		1	1		1	1	1			J2
4	X4		1		1	1	1	1	1		J3
5	X5			1	1	1	1	1	1	1	J4
6	X6										J5

约束条件的设置是为了保证系统不受干扰，防止由于主令信号的非法输入而产生动作。针对表 10-15 进行分析：第一状态时，若按下 X1，则启动 J1，并一直保持到结束，即到按下 X6 为止，故可知，台形结构系统的第一个切换主令信号可以不约束条件。在第二状态

时，如果第一个状态没有进行，就触动了 X2，将不能使系统正常工作，因此，X2 的约束条件是 J1 已经动作，在后面的状态中，同第一个状态一样，重复按 X2 不影响系统的正常运行。第三、四、五状态同第二个状态的分析，分别以上一个状态已经动作的辅助继电器作为约束条件。第六个状态是关闭状态，必须在所有的辅助继电器动作后，X6 才能动作，将所有的辅助继电器关闭。由于最后一个辅助继电器启动后，X6 才能动作，因此用 J5 作为 X6 的约束条件，这样就能保证在关闭所有辅助继电器之前，所有的辅助继电器是开启的。

2）用覆盖法写出执行元件的逻辑式。根据台形结构的状态写出执行元件的逻辑式即为覆盖法。

覆盖法得到逻辑式的方法可归纳为：

① 将执行元件的直划段（列中为 1 的区域）和辅助继电器的直划段（列中为 1 的区域）进行比较，找出完全相同的辅助继电器直划段（列中为 1 的区域），则该执行元件等于与之相等的辅助继电器。此例中执行元件 D3、D4 的逻辑式为 fD3 = J5、fD4 = J3。

② 如果不能找到完全覆盖的辅助继电器，则将同该执行元件同时启动的辅助继电器 J_i "与"上该执行元件关闭时启动的辅助继电器 Ji 的"非"。如在本例中的 $fD1 = J1 \cdot \overline{J3}$、$fD2 = J2 \cdot \overline{J5}$。

③ 当执行元件有不连续的直划段时，则按上述两条规则分别求得，然后相"或"，即为结果。在表 10-15 中没有这种情况。

3）写出辅助继电器的逻辑式。辅助继电器的逻辑式可表达为 $fJi = (QA \cdot TC + Ji) \cdot TA$，其中 QA 为启动条件，Ji 为保持条件，TTA 为停止条件，TC 为与该主令信号相对的约束条件。

将状态表中的主令信号"与"上与该主令信号相对的约束条件的结果作为相应辅助继电器的启动条件；"或"上辅助继电器本身作为保持条件；把最后一个状态的主令信号"与"上最后一个辅助继电器取"非"作为停止条件。代入上式可以得到每个辅助继电器的逻辑式。

$$fJ1 = (X1 \cdot 1 + J1) \cdot \overline{X6 \cdot J5}$$
$$fJ2 = (X2 \cdot J1 + J2) \cdot J1$$
$$fJ3 = (X3 \cdot J2 + J3) \cdot J2$$
$$fJ4 = (X4 \cdot J3 + J4) \cdot J3$$
$$fJ5 = (X5 \cdot J4 + J5) \cdot J4$$

4）分配可编程序控制器资源，即输入（主令信号）、输出（执行信号）、辅助继电器。

5）根据执行元件、逻辑式、辅助继电器编制梯形图程序。

3. 状态程序设计方法实例

某加热炉送料系统，其工艺如下：在按下启动按钮 QA 时，系统启动。系统启动时先检测炉门是否关到位以及推料机是否后退到位，若是则开炉门，在炉门完全打开后推料机前进，在推料机前进到位加料，然后退出，当推料机后退到限位开关后关炉门，炉门关上后系统的一次送料过程结束。如图 10-38 所示。

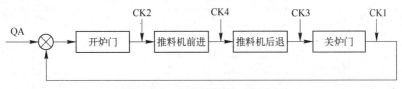

图 10-38　加热炉送料工艺流程

其中主令信号与执行元件见表 10-16。

表 10-16　主令信号与执行元件说明表

主令信号		执行元件	
名称	符号	名称	符号
启动按钮	QA	推料机前进接触器	ZC2
炉门关到位限位开关	CK1	推料机后退接触器	FC2
炉门开到位限位开关	CK2	开炉门接触器	ZC1
推料机后退到位限位开关	CK3	关炉门接触器	FC2
推料机前进到位限位开关	CK4		

1）根据上述工艺画出台型结构状态表，见表 10-17。

表 10-17　台型结构状态表

状态序号	主令信号	动作名称	执行元件（输出）				检测元件					辅助继电器				约束条件
			ZC1	FC1	ZC2	FC2	CK1	CK2	CK3	CK4	QA	J1	J2	J3	J4	
0		原位					1		1							
1	QA	开炉门	1				1/0		1		1/0	1				1
2	CK2	推料机前进			1			1	1/0			1	1			J1
3	CK4	推料机后退				1		1		1/0		1	1	1		J2
4	CK3	炉门关		1				1/0	1			1	1	1	1	J3
5	CK1	原位					1		1							J4

2）根据覆盖法写出执行元件的逻辑式。

① 找出执行元件段与辅助继电器相同的线段，由此所得：FC1 = J4。

② 根据：执行元件 =（与执行元件同时启动的 Ji）＊（与执行元件停止同时启动的 $\overline{Jk}$）
有 ZC1 = J1 $\overline{J2}$，ZC2 = J2 $\overline{J3}$，FC2 = J3 $\overline{J4}$。

③ 表中没有执行元件多段不连续相加的情况。

3）根据 fJi =（QA · TC + Ji）· TA 有

$$fJ1 = （QA + J1）\cdot \overline{CK1 \cdot J4}$$
$$fJ2 = （CK2 \cdot J1 + J2）\cdot \overline{J1}$$
$$fJ3 = （CK4 \cdot J2 + J3）\cdot \overline{J2}$$
$$fJ4 = （CK3 \cdot J3 + J4）\cdot \overline{J3}$$

4）分配输入输出及辅助继电器，见表 10-18。

表 10-18　输入输出及继电器分配表

输入继电器		输出继电器		辅助继电器	
QA	I0.0	ZC1	Q0.0	J1	M20.1
CK1	I0.1	FC1	Q0.3	J2	M20.2
CK2	I0.2	ZC2	Q0.1	J3	M20.3
CK3	I0.3	FC2	Q0.2	J4	M20.4
CK4	I0.4				

因此有 $ZC1 = J1 \cdot \overline{J2} = M20.1 \cdot \overline{M20.2}$

$$FC1 = J4 = M20.4$$

$$ZC2 = J2 \cdot \overline{J3} = M20.2 \cdot \overline{M20.3}$$

$$FC2 = J3 \cdot \overline{J4} = M20.3 \cdot \overline{M20.4}$$

$$J1 = fJ1 = (QA + J1) \cdot \overline{CK1 \cdot J4} = (I0.0 + M20.1) \cdot (\overline{I0.1} + \overline{M20.4})$$

$$J2 = fJ2 = (CK2 \cdot J1 + J2) \cdot J1 = (I0.2 \cdot M20.1 + M20.2) \cdot M20.1$$

$$J3 = fJ3 = (CK4 \cdot J2 + J3) \cdot J2 = (I0.4 \cdot M20.2 + M20.3) \cdot M20.2$$

$$J4 = fJ4 = (CK3 \cdot J3 + J4) \cdot J4 = (I0.3 \cdot M20.3 + M20.4) \cdot M20.3$$

5）编写与逻辑式对应的梯形图程序，如图 10-39 所示。

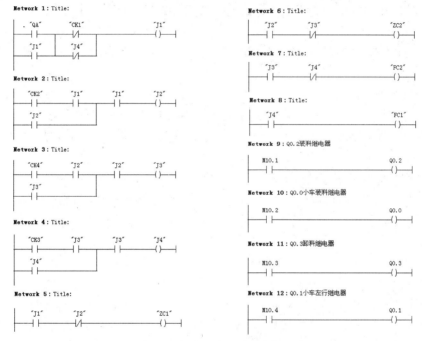

图 10-39　状态程序设计法实例程序

10.2.4　顺序功能图设计方法

1. 顺序功能图概述

顺序功能图（Sequential Function Chart，SFC）是描述开关量控制系统的最佳的图形法程序设计方法。它是由法国科技人员概括 Petri 网络理论，在 20 世纪 80 年代初提出的可编程序控制器程序设计方法，后来成为法国国家标准，随后又成为国际标准 IEC848 和我国国家标准 GB6988.6 - 86。此程序方法简单易学，用它设计程序设计周期短，设计出的程序规律性强、清晰、可读性好。此程序设计方法有效地克服了经验法的试探性和随意性的弊端。

顺序功能图设计有两种方法：

① 直接使用顺序功能图。按照控制要求画出相应的顺序功能图，直接把它输入到可编程序控制器中。如西门子公司的 S7 -300/400 的 S7 GRAPH 语言编程。

② 间接使用顺序功能图。用顺序功能图描述可编程序控制器要完成的控制任务，然后

根据顺序功能图设计出相应的梯形图，把此梯形图输入到可编程序控制器中。

2. 顺序功能图的基本概念

（1）步

将控制系统工作循环过程分解成若干个顺序相连的阶段，这些阶段被称之为"步"，用方框表示，并用辅助继电器的编号作为"步"的顺序编号。

步可细分为初始步、工作步和子步。一个顺序功能图至少有一个初始步，用双方框表示，它是系统运行的起点，与系统的初始状态相对应，系统的初始步是等待启动命令的静止状态。工作步说明控制系统的正常运行状态。根据系统是否运行，步有两种状态：动步和静步。动步即为被激活正在工作的步，静步是指没有被激活的步。子步是为某一步里还包含着一系列的子阶段。

子步的使用使系统的设计者在总体设计时抓住系统的主要矛盾，用间接的表示方式描述出系统的整体功能和概貌，而避免一开始就陷入某些细节、分散了注意力。

（2）动作

在控制过程中与步相对应的控制动作，用步右边的方框来表示，一个步可对应一个或多个动作。

（3）转换和有向线段

在顺序功能图中有向线段表示转换的方向，用横线表示转移。转移是一种条件，条件成立则转换使能。转移条件是系统从一步向另一步转换的必要条件。它可以用文字、逻辑方程及符号表示。

（4）顺序功能图的基本结构

顺序功能图的基本结构的基本结构可分为单序列、选择序列以及并行序列。如图 10-40 所示。

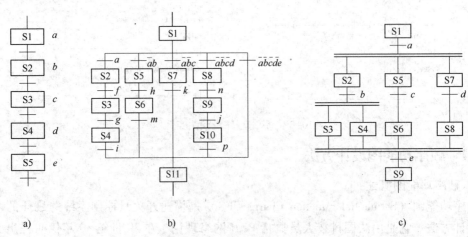

图 10-40　顺序功能图基本结构

a）单序列结构　b）选择序列结构　c）并行序列结构

单序列是由一系列相继激活的步组成，每一步的后面仅有一个转换，每一个转换后面只有一个步，单序列的特点是没有分支与合并。如图 10-40a 所示。

选择序列是指某一步后有若干个单一序列等待选择，但是一次只能选择一个单一序列。为了保证每一次仅选择一个单一序列进入，并对每一个单一序列被选择规定优先权，可以保证通过对每一个单一序列的进入转换条件加约束条件来实现，例如在图 10-40b 中，条件 a、

$\overline{ab}$、$\overline{abc}$、$\overline{abcd}$、$\overline{abcde}$ 的优先权依次由高到低。允许选择序列的某一分支上没有步，但必须存在一个转换，这种结构又称为"跳步"。

并列序列的开始称之为分支，当转换的实现导致几个序列同时被激活，并行序列的结束称为合并，在表示同步的水平线之下，只允许有一个转换符号。如图 10-40c 所示，当 S1 步激活时，且 a 条件成立时，分为 S2、S5、S7 三路分支；当 S4、S3、S6、S8 步激活时，并且条件 e 成立时，转换到 S9 步。

3. 顺序功能图设计梯形图程序的步骤
1）根据被控对象动作划分阶段。
2）确定步与步之间的转换条件。
3）根据步及转换条件画出顺序功能图。
4）由顺序功能图编制出相应的梯形图。

4. 顺序功能图程序设计例
下面通过一个简单的例子介绍顺序功能图法的使用。这个例子是一个简单的送料小车自动控制系统，当小车在最左端时即为起始位置，左端限位传感器 I1.4 为 1，此时按下启动按钮 I1.1，系统开始工作。第一步为装料即 Q0.2 为 1，5s 后装料结束，小车被装满料后，自动开始第二步工艺，小车右行即 Q0.0 为 1，当小车到达最右端时限位传感器 I1.3 为 1，之后小车开始第三步工作卸料 Q0.3 为 1，6s 后卸料结束，小车开始第四步工作左行回起始位置，此时 Q0.1 为 1。当小车到达最左端时 I1.4 为 1，如果启动按钮仍然有效的话，小车会进入下一次循环，否则小车停止工作，等待下一次启动命令的发出。如图 10-41 所示。

下面开始控制器的程序设计。

1）根据被控对象动作划分阶段，如图 10-42 所示。

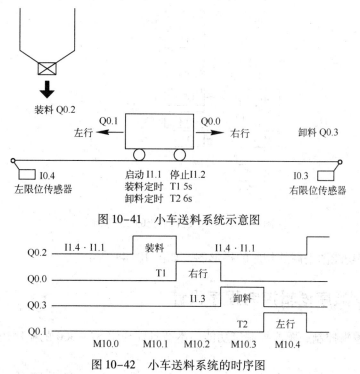

图 10-41　小车送料系统示意图

图 10-42　小车送料系统的时序图

M10.0、M10.1、M10.2、M10.3、M10.4代表各步，具体划分见表10-19。

表10-19　根据动作划分阶段

动作编号	被控对象动作	阶段划分
0	系统进入初始状态	初始阶段
1	往小车中装料	装料阶段
2	小车向右行驶	右行阶段
3	将小车中的物料卸载	卸料阶段
4	小车向右行驶	左行阶段

2）确定步与步之间的转换条件，见表10-20。

表10-20　步与步转换条件确定

动作编号／步号	辅助继电器安排	转换条件
0	M10.0	M20.0、M10.1、M10.2、M10.3、M10.4、M10.5
1	M10.1	I1.1、I1.4
2	M10.2	T1（5s）
3	M10.3	I1.3
4	M10.4	T2（6s）

3）根据步及转换条件画出顺序功能图，如图10-43所示。

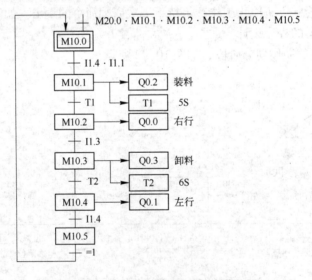

图10-43　小车送料系统的顺序功能图

4）由顺序功能图编制处相应的梯形图，如图10-44所示。

10.3　PLC顺序逻辑控制程序设计

PLC具有逻辑控制、顺序控制等功能，本节具体介绍S7-300的顺序逻辑控制功能。

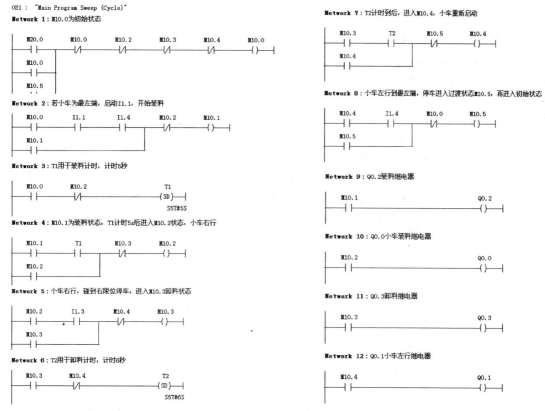

图 10-44　小车送料梯形图

10.3.1　平台介绍

1. 被控对象分析与描述

某专用组合钻床采用两个尺寸不同的钻头，用来加工圆盘状工件，使其上均匀分布三对孔（如图 10-45 所示），图 10-45 上方是钻床和工件的侧视图，下方是加工成型后的工件俯视图。该系统设工艺流程图如图 10-46 所示。

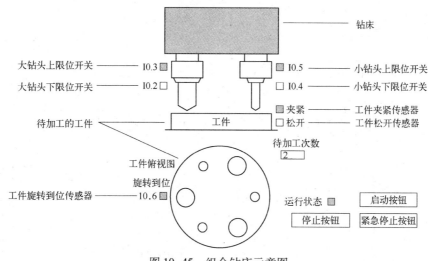

图 10-45　组合钻床示意图

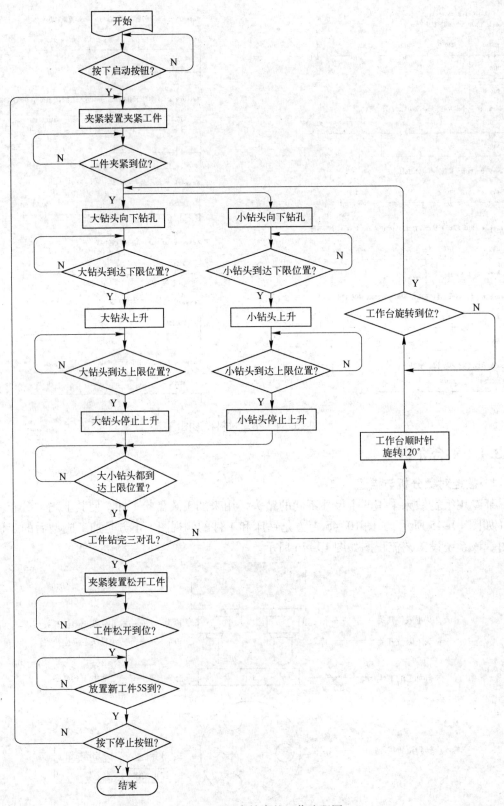

图 10-46　组合钻床的工作流程图

2. 总体方案设计

组合钻床机械手控制系统的总体结构图如图 10-47 所示。

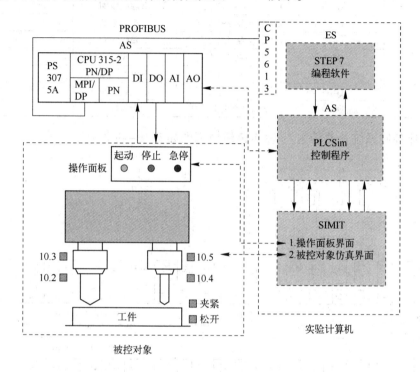

图 10-47　组合钻床机械手控制系统总体结构图

10.3.2　硬件设计

组合钻床控制系统的 I/O 资源表见表 10-21、表 10-22。

表 10-21　组合钻床控制系统数字量输入地址分配表

模块号	地址	符号	定义	备注
SM321	I0.0	起动按钮	按钮	
	I0.1	工件已夹紧	压力传感器	
	I0.2	大钻下降到位	限位开关	
	I0.3	大钻上升到位	限位开关	
	I0.4	小钻下降到位	限位开关	
	I0.5	小钻上升到位	限位开关	
	I0.6	工件旋转到位	限位开关	
	I0.7	工件已松开	压力传感器	
	I1.0	停止按钮	按钮	
	I1.1	紧急停止按钮	按钮	

表 10-22　组合钻床控制系统数字量输出地址分配表

模块号	地址	符号	定义	备注
	Q4.0	夹紧工件	电磁阀线圈	
	Q4.1	大钻头下降	电磁阀线圈	
	Q4.2	大钻头上升	电磁阀线圈	
SM322	Q4.3	小钻头下降	电磁阀线圈	
	Q4.4	小钻头上升	电磁阀线圈	
	Q4.5	工件正转	电磁阀线圈	顺时针旋转
	Q5.0	起动/停止指示灯	指示灯	

组合钻床控制系统开关量输入/输出模块原理图如图 10-48 所示。

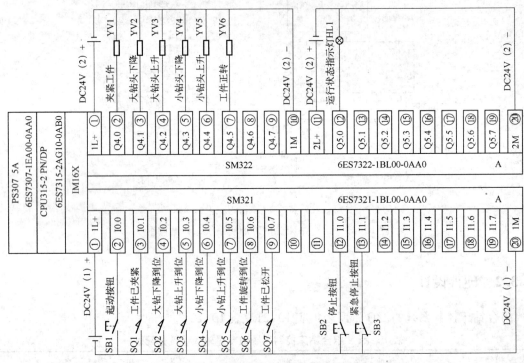

图 10-48　开关量输入/输出模块原理图

10.3.3　软件设计

下面开始根据顺序功能图设计控制器梯形图程序。

1）根据被控对象动作划分阶段，见表 10-23。

表 10-23　根据动作划分阶段

动作编号	被控对象动作	阶段划分	注　　释
0	系统进入初始状态	初始阶段	完成对计数器 C0 的预置，C0 = 3
1	夹紧工件	夹紧阶段	将工件夹紧
2	大钻头下降	大钻头下降阶段	完成大钻头的下降钻孔过程
3	大钻头上升	大钻头上升阶段	完成大钻头的上升过程
4	大钻头等待	大钻头等待阶段	等待大钻头上升到位后等待
5	小钻头下降	小钻头下降阶段	完成小钻头的下降钻孔过程
6	小钻头的上升	小钻头上升阶段	完成小钻头的上升过程

动作编号	被控对象动作	阶段划分	注　释
7	小钻头等待	小钻头等待阶段	等待小钻头上升到位后等待
8	工件旋转	旋转阶段	将工件进行120°旋转
9	松开工件	松开阶段	将工件松开

2）确定步与步之间的转换条件，见表10-24。

表10-24　步与步转换条件确定

动作编号/步号	辅助继电器安排	转　换　条　件
0	M0.0	M2.1、$\overline{M0.1}$、$\overline{M0.2}$、$\overline{M0.3}$、M0.4、$\overline{M0.5}$、$\overline{M0.6}$、M0.7、M1.0、M1.1或I0.7、T0
1	M0.1	M1.2、I0.3、I0.5
2	M0.2	I0.1 或 I0.6
3	M0.3	I0.2
4	M0.4	I0.3
5	M0.5	I0.1 或 I0.6
6	M0.6	I0.4
7	M0.7	I0.5
8	M1.0	M1.4
9	M1.1	$\overline{M1.4}$

3）根据步及转换条件画出顺序功能图，如图10-49所示。

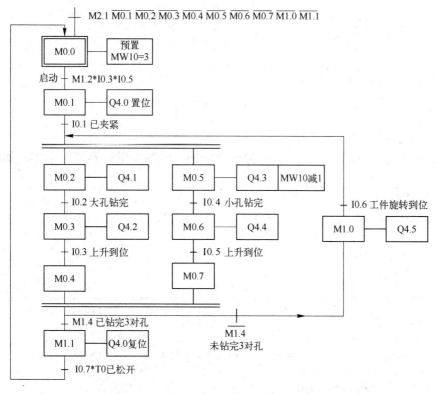

图10-49　组合钻床控制系统的顺序功能图

4）由顺序功能图编制出相应的梯形图。

（1）符号表

程序符号表资源分配如图10-50所示。

Symbol	Address	Data typ	Comment
起动按钮	I 0.0	BOOL	
工件已夹紧	I 0.1	BOOL	
大钻下降到位	I 0.2	BOOL	
大钻上升到位	I 0.3	BOOL	
小钻下降到位	I 0.4	BOOL	
小钻上升到位	I 0.5	BOOL	
工件旋转到位	I 0.6	BOOL	
工件已松开	I 0.7	BOOL	
停止按钮	I 1.0	BOOL	
紧急停止按钮	I 1.1	BOOL	
启动步	M 0.0	BOOL	
夹紧工件步	M 0.1	BOOL	
大钻下降步	M 0.2	BOOL	
大钻上升步	M 0.3	BOOL	
大钻上升到位等待步	M 0.4	BOOL	
小钻下降步	M 0.5	BOOL	
小钻上升步	M 0.6	BOOL	
小钻上升到位等待步	M 0.7	BOOL	
工件旋转步	M 1.0	BOOL	
工件钻完结束标志	M 1.1	BOOL	
系统启动标志	M 1.2	BOOL	
紧急停止	M 1.3	BOOL	
工件钻完	M 1.4	BOOL	
初始化脉冲	M 2.1	BOOL	
工件待加工次数	MW 10	INT	
主程序	OB 1	OB 1	
初始化程序	OB 100	OB 100	
夹紧工件	Q 4.0	BOOL	
大钻头下降	Q 4.1	BOOL	
大钻头上升	Q 4.2	BOOL	
小钻头下降	Q 4.3	BOOL	
小钻头上升	Q 4.4	BOOL	
工件正转	Q 4.5	BOOL	
运行状态指示灯	Q 5.0	BOOL	
已放置新工件	T 0	TIMER	

图10-50　符号表

（2）初始化程序（OB100）

初始化程序完成初始化任务，产生初始化脉冲，将辅助继电器复位清零，如图10-51所示。

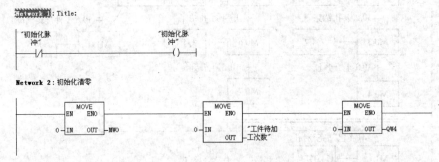

图10-51　初始化OB100程序

（3）钻床自动运行程序（OB1）

钻床自动运行程序如图10-52所示。

422

OB1 : 组合钻床控制程序

Network 1 : Title:

| "初始化脉冲" | "工件钻完结束标志" | "夹紧工件步" | "大钻下降步" | "大钻上升步" | "大钻上升到位等待步" | "小钻下降步" | "小钻上升步" | "小钻上升到位等待步" | "工件旋转步" | "启动步" |

"工件已松开" "已放置新工件"

Network 2 : Title:

```
              DB1
            SFB1
         EN    ENO
"小钻下降
  步" —CD    Q— "工件钻完"
"启动步" —LOAD      "工件待加
            CV— 工次数"
       3 —PV
```

Network 3 : Title:

| "起动按钮" | "大钻上升到位" | "小钻上升到位" | "停止按钮" | "系统启动标志" |
| "系统启动标志" | | | | ( ) |

Network 4 : Title:

"系统启动标志"	"启动步"	"大钻上升到位"	"小钻上升到位"	"紧急停止"	"夹紧工件步" (S)
					"运行状态指示灯" (S)
					"启动步" (R)

Network 5 : Title:

"夹紧工件步"	"工件已夹紧"	"紧急停止"	"大钻下降步" (S)
			"小钻下降步" (S)
			"夹紧工件步" (R)

Network 8 : Title:

| "小钻下降步" | "小钻下降到位" | "紧急停止" | "小钻上升步" (S) |
| | | | "小钻下降步" (R) |

Network 6 : Title:

| "大钻下降步" | "大钻下降到位" | "紧急停止" | "大钻上升步" (S) |
| | | | "大钻下降步" (R) |

Network 9 : Title:

| "小钻上升步" | "小钻上升到位" | "紧急停止" | "小钻上升到位等待步" (S) |
| | | | "小钻上升步" (R) |

Network 7 : Title:

| "大钻上升步" | "大钻上升到位" | "紧急停止" | "大钻上升到位等待步" (S) |
| | | | "大钻上升步" (R) |

Network 10 : Title:

"大钻上升到位等待步"	"小钻上升到位等待步"	"工件钻完"	"紧急停止"	"工件钻完结束标志" (S)
				"大钻上升到位等待步" (R)
				"小钻上升到位等待步" (R)

图 10-52 OB1 主程序

423

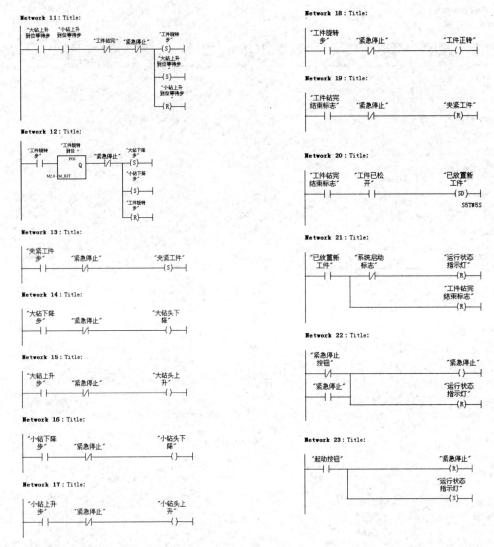

图 10-52 OB1 主程序（续）

10.3.4 仿真调试

打开 PLCSIM，添加所需的 Input Variable(I)、Output Variable(Q) 以及 Bit Memory(M) 等模块，将程序下载进去，根据组合钻床系统工艺流程步骤调试，如图 10-53 所示。

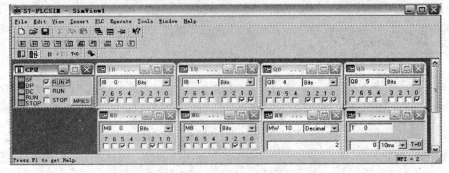

图 10-53 PLCSIM 调试图

10.4 PLC 过程控制程序设计

PLC 除了具有逻辑控制、顺序控制等功能，在过程控制领域的应用也十分广泛。本节具体介绍 S7-300 的过程控制功能。

10.4.1 平台介绍

1. 任务要求

恒压供水是一种典型的过程控制。恒压供水的主要目的是保持管网水压的恒定，水泵电动机的转速要跟随用水量的变化而变化，这就需要用变频器为水泵电动机供电。这里采用数台电动机配一台变频器，变频器与电动机之间可以切换，供水运行时，只有一台泵变频运行，以满足不同用水量的需求。主要完成的控制任务如下：

① 供水运行时，系统恒压运行。

② 通过调节电磁阀的开度，控制供水罐的进水速度。

③ 三台电动机按顺序进行切换，如果压力低于设定值，则切换为工频运行同时开启下一台电动机变频运行。电动机切换原理如图 10-54 所示。

④ 压力控制采用 PID 控制。

⑤ 同时变频器有报警信号和报警指示灯。

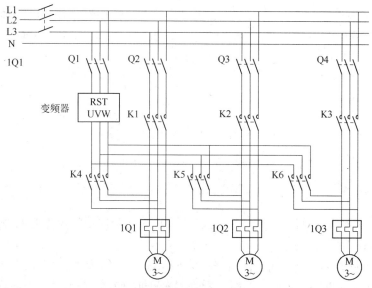

图 10-54　电动机切换原理图

2. 被控对象

被控对象使用仿真被控对象，如图 10-55 所示。在被控对象的设计中采用了西门子公司的 SIMIT 软件，使用了软件的标准流体库中的模块，其中有模拟的水泵、电磁阀、水管、水罐，另外还使用了测量模块压力传感器、液位传感器，这样就组成了一组模拟的供水系统。供水系统做主要由主供水回路、清水池及泵房组成。其中，泵房装有 1#~3#共三台泵机，还有多个电动阀门控制各回路和水流量，与实际被控对象一致。另外在设计过程中还使用了标准库中的其他模块进行必要的计算，以符合实际被控对象的特性。具体设计不再详述。

图 10-55 SIMIT 仿真被控对象

3. 系统组成

被控对象采用 SIMIT 仿真被控对象，位于 PC 站中。控制器采用 CPU 315-2DP。PC 站插入 CP5613 通过 PROFIBUS 总线与 PLC 连接。控制系统结构图如图 10-56 所示。

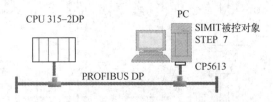

图 10-56　控制系统结构图

10.4.2　硬件设计

由于本系统使用仿真被控对象，除了 PC 与 PLC 之间的连接，不需要额外的硬件连接。

1. 硬件组态

在 STEP 7 中进行 PLC 硬件组态，如图 10-57 所示。

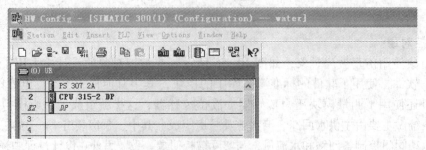

图 10-57　硬件组态

2. 硬件资源分配

根据实际需要，对硬件资源进行分配。数字量输入/输出见表10-25；模拟量输入/输出见表10-26。

表 10-25　数字量输入/输出

数字量输入/输出地址（DI/DO）	符　　号	功　　能	数字量输入/输出地址（DI/DO）	符　　号	功　　能
I0.0	Start	系统启动	Q1.3	2_bianrun	二号泵变频运行指示灯
I0.1	Stop	系统停止	Q1.4	3_gongrun	三号泵工频运行指示灯
I0.2	Warn	变频器报警信号	Q1.5	3_bianrun	三号泵变频运行指示灯
I0.3	Levelmin	水位下限信号	Q2.0	open	变频器运行指示灯
I0.4	Levelmax	水位上限信号	Q2.1	close	变频器停止指示灯
Q1.0	1_gongrun	一号泵工频运行指示灯	Q2.2	warn_dis	变频器报警指示灯
Q1.1	1_bianrun	一号泵变频运行指示灯	Q2.3	Start1	进水开
Q1.2	2_gongrun	二号泵工频运行指示灯	Q2.4	Stop1	进水关

表 10-26　模拟量输入/输出

模拟量输入/输出地址（AI/AO）	符　　号	功　　能
AIW4	p	压力传感器传送值
AIW6		
AIW10	pressset	压力设定值
AQW4	f	控制变频器频率用电压信号

10.4.3　软件设计

1. 控制程序结构设计

控制系统程序结构如图10-58所示。所使用的组织块包括OB100、OB1和OB35。OB1为主程序，完成子程序的调用和控制对象的配合等功能；OB35为周期中断组织块，每隔

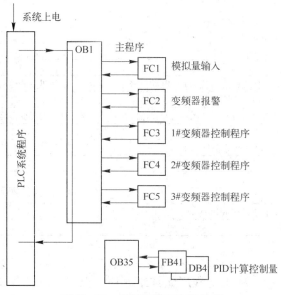

图 10-58　控制系统程序结构图

200 ms，该程序就会被触发执行，主要进行变频器的 PID 控制量的计算。

由于使用仿真被控对象，对于模拟量无需进行滤波及规格化，如果采用实际被控对象，需要进行模拟量输入滤波，关于模拟量输入输出的规格化这方面应用可以参见 19.3 节。

2. 软件资源分配

软件资源分配见表 10-27。

表 10-27　软件资源分配表

资　源	描　述
OB1	主程序
OB35	周期中断，PID 计算控制量
FC1	模拟量输入，读取压力设定值和实际压力值
FC2	变频器故障报警
FC3	1#电动机控制程序，包括变频运行和工频运行，根据压力设定值和实际压力值的关系选择运行方式
FC4	1#电动机控制程序，包括变频运行和工频运行，根据压力设定值和实际压力值的关系选择运行方式
FC5	1#电动机控制程序，包括变频运行和工频运行，根据压力设定值和实际压力值的关系选择运行方式
FB41	PID 计算控制量
DB4	FB41 背景数据块
M1.1	T1 清零位
M1.2	T2 清零位
M1.3	T3 清零位
M1.4	T4 清零位
M1.5	T5 清零位
M1.6	T6 清零位
M1.7	T7 清零位
M2.0	T8 清零位
M2.1	T9 清零位
MW10	T1 计时值，1#变频运行
MW12	T2 计时值，1#工频运行
MW14	T3 计时值，2#变频运行
MW16	T4 计时值，3#变频运行
MW18	T5 计时值，3#停止工频切换为变频
MW20	T6 计时值，3#停止变频运行
MW22	T7 计时值，2#停止工频切换为变频
MW26	T8 计时值，2#停止变频运行
MW26	T9 计时值，1#停止工频切换为变频
MW300	1#电动机工作模式标志：值为 0，电动机停止；值为 1，电动机变频运行；值为 2，1#工频运行
MW302	2#电动机工作模式标志：值为 0，电动机停止；值为 3，2#电动机变频运行；值为 4，2#工频运行
MW304	3#电动机工作模式标志：值为 0，变频器停止；值为 5，3#电动机变频运行；值为 6，3#工频运行
MW400	压力设定值，IW10 模拟量输入
MW404	实际压力值，IW4 模拟量输入
MW500	阀门开度
MW150	实际压力值
MD250	PID 整定输出值
MD256	变频器功率上限，DW#16#4650
MD260	DW#16#41E1

3. 控制程序

下面对控制程序中的一些主要程序做详细介绍。根据控制任务要求，控制程序流程如图 10-59 所示。

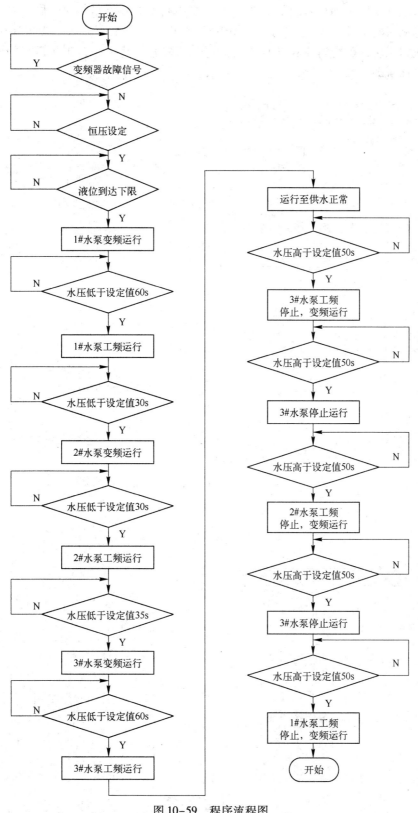

图 10-59　程序流程图

429

程序采用自顶向下的设计方法，当设定的水压高于实际的水压 30s 后，就会将正在变频运行的电动机转为工频运行，将下一台电动机开启，以工频运行；当设定的水压低于实际的水压 30s 后，就会将正在变频运行的电动机停止，将上一台工频运行的电动机转为变频运行。1#电动机控制程序如图 10-60 所示。

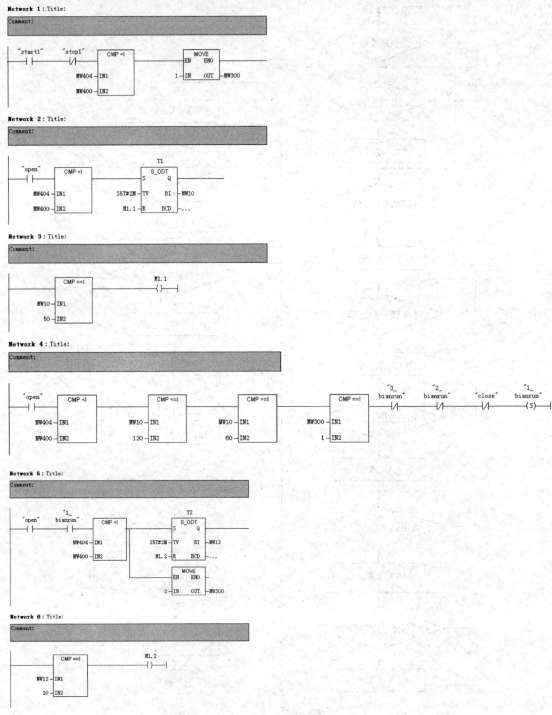

图 10-60　1#电动机控制程序

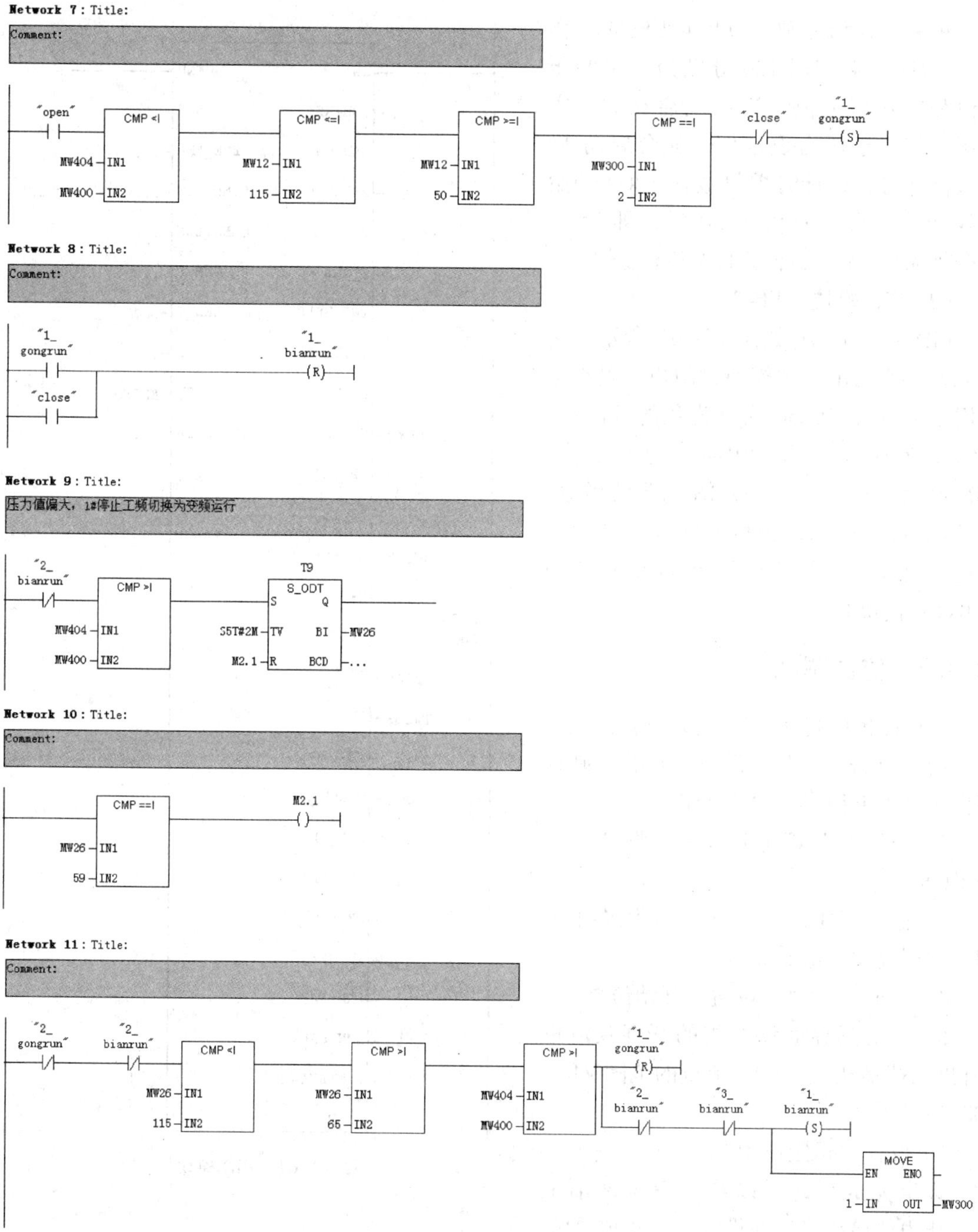

Network 7: Title:

Comment:

"open" CMP <I [MW404-IN1, MW400-IN2] CMP <=I [MW12-IN1, 115-IN2] CMP >=I [MW12-IN1, 50-IN2] CMP ==I [MW300-IN1, 2-IN2] "close" "1_gongrun" (S)

Network 8: Title:

Comment:

"1_gongrun" / "close" "1_bianrun" (R)

Network 9: Title:

压力值偏大，1#停止工频切换为变频运行

"2_bianrun" CMP >I [MW404-IN1, MW400-IN2] T9 S_ODT [S Q] [S5T#2M-TV BI-MW26] [M2.1-R BCD-...]

Network 10: Title:

Comment:

CMP ==I [MW26-IN1, 59-IN2] M2.1 ( )

Network 11: Title:

Comment:

"2_gongrun" "2_bianrun" CMP <I [MW26-IN1, 115-IN2] CMP >I [MW26-IN1, 65-IN2] CMP >I [MW404-IN1, MW400-IN2] "1_gongrun" (R) "2_bianrun" "3_bianrun" "1_bianrun" (S) MOVE [EN ENO] [1-IN OUT-MW300]

图 10-60 1#电动机控制程序（续）

3 台电动机的控制程序相类似，均根据实际压力值和压力设定值的大小，进行工频与变频运行的切换。工频运行时功率恒定，变频运行时使用 PID 模块计算控制量，以达到稳定的管道压力。

（1）1#电动机控制程序（FC3）

FC3 主要完成 1#电动机工频运行和变频运行的切换。根据实际压力值和压力设定值的大小和工作流程确定 1#电动机的工作模式。MW404、MW400 分别为设定的压力值和实际压力值,当系统启动后,实际压力值小于压力设定值,就会启动 T1 定时器计时,该计时器倒数从 120 s 开始倒数计时,当计时值为 50 时,即 70 s,就会将 M1.1 置 1,使定时器 T1 复位。

(2) PID 模块(FB41)

PID 模块 FB41 如图 10-61 所示,它是 PLC 中自带的一个模块,用户可以直接调用。图中的 MD250 为格式化的输出值,CYCLE 为循环时间,MD400 为设定值,MD150 为实际压力值,GAIN 为系统增益,TI 为积分时间,TD 为微分时间。详细说明见本书模拟量闭环控制章节中 PID (FB41) 模块介绍。

10.4.4 仿真调试

PLC 过程控制程序的调试步骤如下:

1) 在 STEP 7 中打开编写好的控制程序恒压供水工程,下载硬件组态。

2) 把程序下载到 PLC 中,将 PLC 置于 RUN 状态。

3) 打开 SIMIT,双击打开恒压供水工程,在列表中双击 Simulation。

4) 单击"启动"按钮,开始仿真。

5) 在仿真界面设置阀的开度及流量(开度的范围从 0 ~ 100,流量的范围从 0 ~ 3000)。

6) 设置"恒定压力"。

设定完成后,可以看到液位逐渐上升,压力值最终稳定在设定值,实现恒压供水。

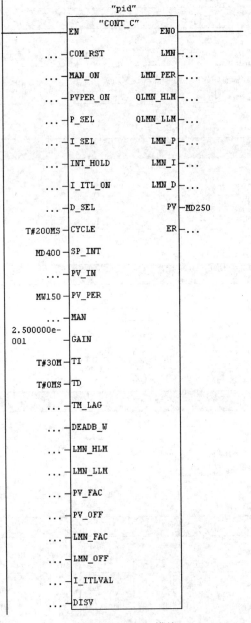

图 10-61 PID 模块

10.5 PLC 脉冲量控制程序设计

在前面章节介绍了 S7 - 300 CPU 分为紧凑型、标准型、故障安全性 CPU 等六类。紧凑型 CPU 均有计数、频率测量和脉宽调制功能,本章具体介绍 CPU314C - 2DP 的高速计数器和脉宽调制功能。

10.5.1 平台介绍

1. 任务要求

某机械手控制采用步进驱动控制，其有 3 个按钮，一个启动按钮，一个停止按钮和一个速度控制按钮。按下启动按钮，机械手返回原点；按下速度按钮，机械手将会以 2.5KHz 的频率运行，运行的距离通过工程师站设定（通常情况下是固定的）；在机械手运行的过程中按下停止按钮，机械手立即停止运动。行走机械手运动平台如图 10-62 所示。

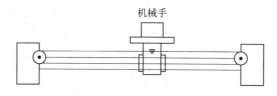

图 10-62　行走机械手运动平台示意图

2. 系统组成

采用手动操作实现行走机械手的速度控制系统如图 10-63 所示。该系统由行走机构、步进电动机、步进电动机驱动器、控制面板及显示单元、PLC 等构成。

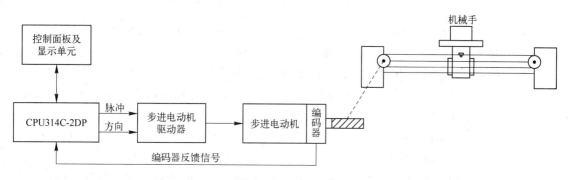

图 10-63　控制系统框图

10.5.2 硬件设计

该定位系统使用了 CPU314C-2DP 的 COUNT 和 PLUSE 功能。CPU314C-2DP 集成 4 路完全独立最高 2.5KHz 的脉冲输出，利用驱动步进电动机，对脉冲周期和宽度的设置（即 PWM 脉宽调制功能），可控制电动机速度。因同时集成 4 路完全独立最高 60KHz 的高速计数器（频率测量功能），由步进电动机编码器的反馈脉冲进行计数，可实现高精度位置控制。

1. CPU 314C-2DP 输入输出针脚分配

CPU 314C-2DP 连接器 X1、X2 引出线图如 4.4.1 节所示。

2. 硬件接线

根据 CPU 314C-2DP 输入输出针脚分配图，有编码器（型号为 E6A2-CW5C）和 PLC 的接线方法，编码器 24 V 接连接器 X2 的针脚 1（1L+），0 V 接连接器 X2 的针脚 20（1M），A 接连接器 X2 针脚 2（DI+0.0），B 接连接器 X2 针脚 3（DI+0.1），SB1 接连接器 X2 针

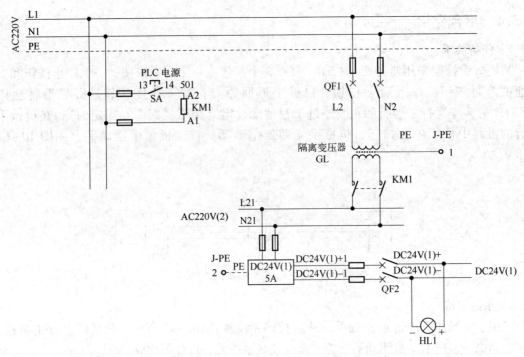

图 10-64　机械手硬件接线图

脚 7（DI + 0.5），SB2 接连接器 X2 针脚 8（DI + 0.6），SB3 接连接器 X2 针脚 9（DI + 0.7），SB4 接连接器 X2 针脚 12（DI + 1.0）；步进电动机驱动器的脉冲输入端 CP 接连接器 X2 的针脚 24（DO + 0.2），方向控制端 DIR 接连接器 X2 的针脚 25（DO + 0.3），DC + 接连接器 X2 的针脚 21（2L +），DC - 接连接器 X2 的针脚 30（2M），接线图如图 10-64 所示。采用手动操作实现行走机械手的速度控制系统的步进电动机驱动器设置及操作步骤。

1）I/O 接线图如图 10-65 所示，SB1 为启动按钮，SB2 为停止按钮，SB3 为速度 1 控制按钮，SB4 为速度 2 控制按钮。

2）将步进电动机驱动器的电流拨码开关调节到被控步进电动机额定电流相同的档位，再将步进电动机驱动器的细分调到"8"。

3. PLC 系统硬件组态

编程软件采用西门子 STEP 7 V5.4，通道 0 设为高速计数器，地址为 I3.0，通道 1 设为脉冲输出，地址为 Q2.2；在"Hw configure"中双击"Count"，在图 10-66 所示组态画面中，选 Channel 1，"Operating mode"选"Pulse – width modulation"。"Addresses"中，起始输入地址 3，起始输出地址 2。通道设置如图 10-66 ~ 图 10-68 所示。

通道 0 参数设置如图 10-69 所示，通道 1 参数如图 10-70 所示。

"Pulse – width modulation"中，输出格式 Per mil 时基 0.1ms，周期 4 个时基，脉冲 2 个时基。

再按上述方法，在组态画面中，选择 Channel 0，"Operating mode"选择"Count continuously"，"Addresses"选项中，起始输入地址 3，起始输出地址 2。"Count"选项中，"Signal evaluation"选择"Pulse/direction"，"Characteristics of the"选择"No comparison"，单击"OK"按钮，编译保存，完成硬件资源组态。

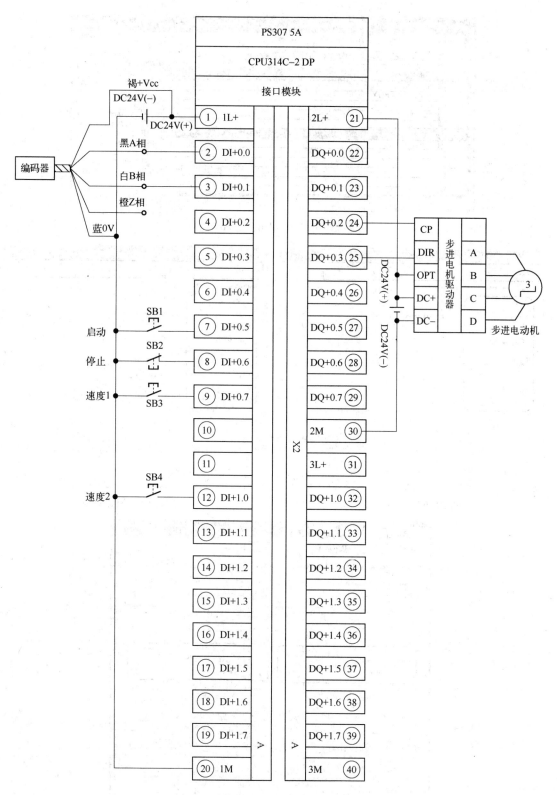

图 10-65 I/O 接线图

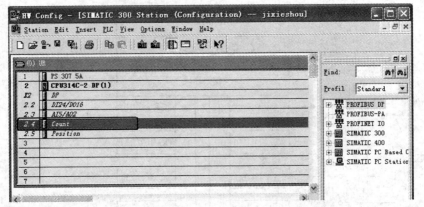

图 10-66 双击 "Count"

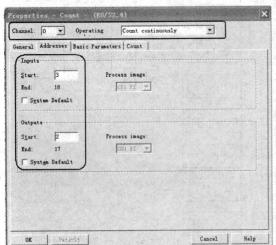

图 10-67 通道设置

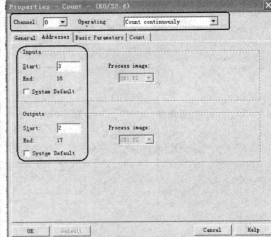

图 10-68 通道设置

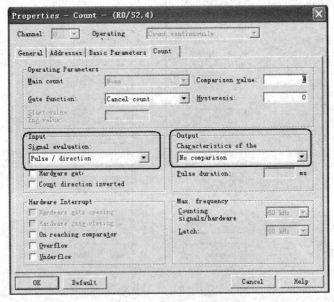

图 10-69 通道 0 参数设置

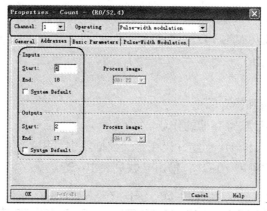

图 10-70 通道 1 参数设置

10.5.3 软件设计

1. PLC 程序设计

根据控制任务要求，控制程序流程如图 10-71 所示。

2. SFB 参数

（1）使用 SFB47 "COUNT" 控制计数器

在用户程序中控制定位功能，可调用系统功能块 SFB COUNT（SFB 47），SFB47 在 "Libraries –> Standard library –> System Function Blocks" 下，SFB47 示意图如图 10-72 所示。

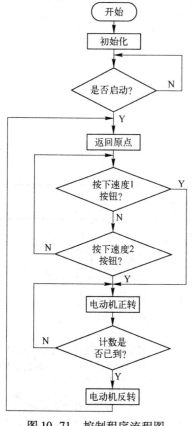

图 10-71 控制程序流程图

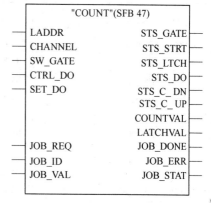

图 10-72 SFB 47 示意图

SFB47 有下列功能：

1）通过软件门 SW_GATE 启动/停止计数器。

2）启用/控制输出 DO。

3）读出状态位。

4）读取当前计数值和锁存器值。

5）用于读/写内部计数寄存器的作业。

6）读出当前周期（不与块互连，仅在背景数据块中可用）。

SFB 47 的输入参数见表 10-28，输出参数见表 10-29。

表 10-28　SFB 47 输入参数表

参　数	数据类型	地址（背景数据块）	取 值 范 围	默 认 值	描　述
LADDR	WORD	0	CPU 专用	W#16#0300	子模块的 I/O 地址，用户在"HW 配置"中指定。如果 E 和 A 地址不相等，则必须指定二者中较低的一个
CHANNEL	INT	2	对 CPU314C：0－3	0	通道号
SW_GATE	BOOL	4.0	TRUE/FALSE	FALSE	用于启动/停止计数器的软件门
CTRL_DO	BOOL	4.1	TRUE/FALSE	FALSE	输出使能
SET_DO	BOOL	4.2	TRUE/FALSE	FALSE	控制输出
JOB_REQ	BOOL	4.3	TRUE/FALSE	FALSE	作业初始化（上升沿）
JOB_ID	WORD	6	W#16#0000 无功能作业 W#16#0001 写计数值 W#16#0002 写载入值 W#16#0004 写比较值 W#16#0008 写滞后 W#16#0082 读载入值 W#16#0084 读比较值 W#16#0088 读滞后 W#16#0090 读脉冲周期	W#16#0000	作业号
JOB_VAL	DINT	8	$-2^{31} \sim +2^{31}-1$	0	写作业的值

表 10-29　SFB 47 输出参数表

参　数	数据类型	地址（背景数据块）	取 值 范 围	默 认 值	描　述
STS_GATE	BOOL	12.0	TRUE/FALSE	FALSE	内部门的状态
STS_STRT	BOOL	12.1	TRUE/FALSE	FALSE	硬件门的状态（开始输入）
STS_LTCH	BOOL	12.2	TRUE/FALSE	FALSE	锁定输入的状态
STS_DO	BOOL	12.3	TRUE/FALSE	FALSE	输出状态
STS_C_DN	BOOL	12.4	TRUE/FALSE	FALSE	反方向状态 显示的始终为计数的最后方向。第一次调用 SFB 后，STS_C_DN 值为 FALSE
STS_C_UP	BOOL	12.5	TRUE/FALSE	FALSE	正方向状态 显示的始终为计数的最后方向。第一次调用 SFB 后，STS_C_DN 值为 TRUE

参　数	数据类型	地址（背景数据块）	取 值 范 围	默 认 值	描　　述
COUNTVAL	DINT	14	$-2^31 \sim +2^31 - 1$	0	实际计数值
LATCHVAL	DINT	18	$-2^31 \sim +2^31 - 1$	0	实际所定值
JOB_DONE	BOOL	22.0	TRUE/FALSE	FALSE	可以启动新作业
JOB_ERR	BOOL	22.1	TRUE/FALSE	FALSE	故障作业
JOB_STAT	WORD	24	0 ~ W#16#FFFF	0	作业出错编号

如果已通过组态界面将"Characteristics of the"设置为"no comparison value"，则以下各项有效：

1）输出将以正常输出方式切换。

2）SFB 的输入参数 CTRL_DO 和 SET_DO 未激活。

3）状态位 STS_DO 和 STS_CMP（IDB 中的状态比较器）保持复位状态。

（2）使用 SFB49"PLUSE"控制脉宽调制

在用户程序中控制定位功能，可调用系统功能块 SFB COUNT（SFB 49），SFB49 在"Libraries -> Standard library -> System Function Blocks"下，SFB49 示意图如图 10-73 所示。SFB49 实现的功能为 CPU 用对应的脉冲/间歇比将指定的输出值（OUTP_VAL）转换为脉冲串（脉冲宽度调制），在指定的接通延时过后，在数字量输出 DO（输出序列）处输出该脉冲串。

SFB 49 有下列功能：

1）通过软件门 SW_EN 启动/停止。

2）启用/控制输出 DO。

3）读取状态位。

4）输入输出值。

5）请求读/写寄存器。

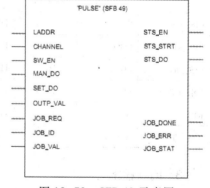

图 10-73　SFB 49 示意图

SFB 49 的输入参数见表 10-30，输出参数见表 10-31。

表 10-30　SFB 49 输入参数表

参　数	数据类型	地址（背景数据块）	取 值 范 围	默 认 值	描　　述
LADDR	WORD	0	CPU 专用	W#16#0300	子模块的 I/O 地址，用户在"HW 配置"中指定。如果 E 和 A 地址不相等，则必须指定二者中较低的一个
CHANNEL	INT	2	对 CPU314C：0 - 3	0	通道号
SW_EN	BOOL	4.0	TRUE/FALSE	FALSE	用于启动/停止输出的软件门
MAN_DO	BOOL	4.1	TRUE/FALSE	FALSE	手动输出控制使能
SET_DO	BOOL	4.2	TRUE/FALSE	FALSE	控制输出

参　数	数据类型	地址（背景数据块）	取　值　范　围	默认值	描　　述
OUTP_VAL	INT	6.0	千分率：：0～1000 S7 模拟值：0～27648	0	默认输出值 如果输入的输出值 1000～27648， CPU 将其限制为 1000 或 27648
JOB_REQ	BOOL	8.0	TRUE/FALSE	FALSE	作业初始化（上升沿）
JOB_ID	WORD	10	W#16#0000 无功能作业 W#16#0001 写周期 W#16#0002 写延时 W#16#0004 写最小脉冲周期 W#16#0081 读周期 W#16#0082 读延时 W#16#0084 读最小脉冲周期	W#16#0000	作业号
JOB_VAL	DINT	12	-2^{31} ～ $+2^{31}-1$	0	写作业的值

表 10-31　SFB 49 输出参数表

参　数	数据类型	地址（背景数据块）	取　值　范　围	默认值	描　　述
STS_EN	BOOL	16.0	TRUE/FALSE	FALSE	状态使能
STS_STRT	BOOL	16.1	TRUE/FALSE	FALSE	硬件门的状态（开始输入）
STS_DO	BOOL	16.2	TRUE/FALSE	FALSE	输出状态
JOB_DONE	BOOL	16.3	TRUE/FALSE	FALSE	可以启动新作业
JOB_ERR	BOOL	16.4	TRUE/FALSE	FALSE	故障作业
JOB_STAT	WORD	18	0～W#16#FFFF	0	作业出错号

3. 编制程序

程序 SFB 47 的背景数据块是 DB1，之后系统自动关联 SFB 47 的参数到 DB1 中。SFB 49 的背景数据块是 DB2，系统自动关联 SFB 49 的参数到 DB2 中。

（1）初始化程序 OB100

控制信号复位，静态参数声明为默认值，初始化程序 OB100 如图 10-74 所示。

（2）主程序 OB1

程序实现的功能为：M0.5 被置通，脉冲输出端 Q2.2 开始输出脉冲占空比可调的脉冲串（SB1 按下时，脉冲周期为 0.4ms；SB3 按下时，脉冲周期为 0.4ms；SB4 按下时，脉冲周期为 0.8ms），驱动步进电动机按设定速度运行，其中脉冲宽度为（OUTP_VAL/1000）＊周期；并且高速计数器计数。当计数值达到 2000（根据工艺设定）或者 SB2 按下时，M0.5 被复位，脉冲输出停止，电动机停止，等待下次被触发。此外 SB1 按下时，步进电动机反向运行。

主程序 OB1 如图 10-75 所示。

OB100 : "Complete Restart"
Network 1：初始化

Network 2：Title:

Network 3：Title:

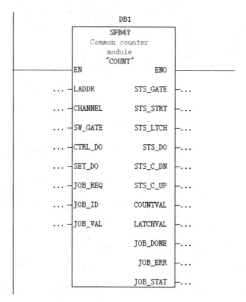

Network 4：Title:

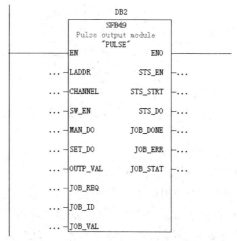

图 10-74　OB100 初始化程序

OB1 : "Main Program Sweep (Cycle)"

Network 1:机械手运行的距离，2000是根据工艺要求求出

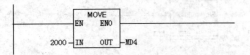

Network 2:高速计数器计数，对编码器反馈回的脉冲进行计数

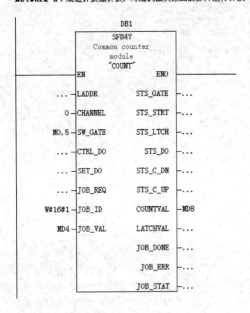

Network 3:启动，返回原点

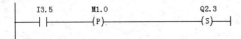

Network 4:Title:

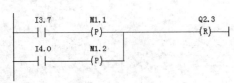

Network 5:多段速控制

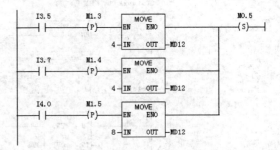

Network 6:停止步进电动机，停止调制脉冲输出

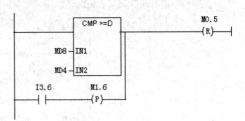

Network 7:脉冲调制

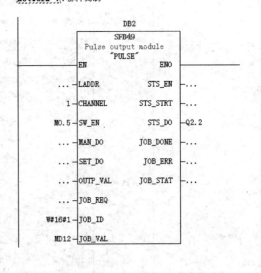

图 10-75　主程序

10.6　习题

1. 编写程序使用 S/R 指令实现单按钮控制设备的启停。

2. 编写控制程序完成对图 10-76 所示，冲床的机械手控制。控制过程如下：

机械手初始位置在最左边、冲头在最上端；即当限位开关 I0.4 = I0.3 = ON 时，按下起动按钮 I0.0，Q0.0 被置位；工件被夹紧并保持 1 s；机械手开始右行即 Q0.1 为 ON，碰到右限位开关 I0.1 为 ON；冲头下行即 Q0.3 = ON，碰到下限位开关 I0.2 = ON；冲头上行即 Q0.4 = ON，碰到上限位开关 I0.3 = ON；机械手开始左行，碰到左限位开关 I0.4 = ON；机械手放松即 Q0.0 被复位。若起动开关 I0.0 为 ON 不解除，机械手放松 2 s 后，继续进行下一周

期的各步动作，为此反复下去直到起动开关 I0.0 为 OFF 为止。冲床控制示意如图 10-76 所示。

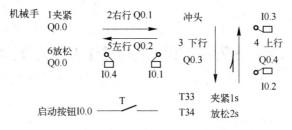

图 10-76　冲床控制示意图

3. 某一过程控制系统，其中一个单极性模拟输入参数从 PIW256 采集到 PLC 中，通过调用 PID FB 块计算出控制结果从 PQW256 输出到控制对象。试设计一段程序完成以下任务：

（1）每 500 ms 中断一次，执行中断程序。

（2）在中断程序中，完成对 PIW256 的采集、转换及归一化处理；完成回路控制输出值的工程量标定及输出。

4. 走停静态切割是一种普遍的切割方式，要求待切材料在切割加工的瞬间完全停止。某定长切割设备的机械控制如图 10-77 所示。步进电动机运转时，材料靠滚轮引出，当引出长度达到预设值时，步进电动机停止送料，气缸带动刀具动作，将材料分切成大小相同的成品。试编写程序完成该定长切割设备的控制。

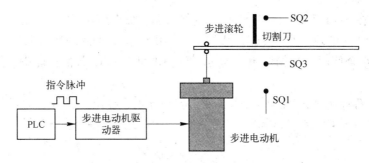

图 10-77　某定长切割设备的机械控制

第11章 S7 – 300/400 PLC SCL 编程

本章学习目标：

了解 S7 – SCL 语言的应用场合、语言特点等；理解 S7 – SCL 语言程序构成元素，掌握 S7 – SCL 功能块操作、程序编程操作及运行操作；通过学习，能够利用该语言编写程序。

11.1 SCL 语言简介

PLC 不仅需要处理传统的逻辑控制任务，还需要进行数据管理和复杂的数学运算。SIMATIC 为 S7 – 300/400 提供了结构化控制语言（Structure Control Language，SCL），使得 PLC 的编程能满足复杂的控制任务要求。

S7 SCL 编程语言符合 IEC1131 – 3 标准定义的文本高级语言 ST（Structured Text，结构化文本）PLC 开放标准。S7 SCL 是一种面向 PASCAL 的高级语言，用于在 SIMATIC S7 – 300/400 PLC 的编程。

S7 SCL 集成在 STEP 7 中，支持 STEP 7 的块概念，可以应用 S7 SCL 创建 OB、FC、FB、DB 和 UDT 等 STEP 7 的块。在一个 S7 程序中，应用 S7 SCL 编制的块可以和其他 STEP 7 编程语言编制的块结合使用、互相调用。同时，S7 SCL 块也可以保存在库中，用于其他语言的编程。

由于 S7 SCL 程序为 ASCII 码的文本文件，容易导入、导出。另外，S7 SCL 块可以编译为 STEP 7 语句表（STL）编程语言。但是，如果 S7 SCL 的块保存在 STL 中，则不能再通过 S7 SCL 进行编译。

11.2 S7 SCL 软件包安装

11.2.1 SCL 的安装

安装 S7 SCL 的硬件要求和 STEP 7 标准包的要求相同。S7 SCL 包括一个软件自动安装的 "Setup" 程序，用户可以按向导逐步完成安装。安装过程中，程序检测是否有相应的授权安装在硬盘上。如果没有找到合法的授权，则提示软件的安装需要授权。此时可以立即安装授权，或者可以在软件安装完成后安装授权。如果选择在安装过程中安装授权，则需要在弹出窗口提示时插入授权光盘。

11.2.2 S7 SCL 软件兼容性

不同 S7 SCL 软件版本与 STEP 7 及操作系统之间的兼容性见表 11-1。表中的 X 表示兼容，—表示不兼容。

表 11-1 S7 SCL 软件兼容性

SCL			STEP 7 V5.3			STEP 7 V5.4			
Product Name	Version	Order Number	Win 2000 SP4	Win XP SP1	Win XP SP2	Win 2000 SP4	Win XP SP1	Win XP SP2	Win 2003	Win 2003 SP1
SCL	V5.3	6ES7 811-1CC05-0YA5	X	X	X	X	X	X	X	X
SCL	V5.1	6ES7 811-1CC04-0YX0	X	X	X	X	X	X	—	—

11.3 SCL 源文件编译器

新建 SCL 源文件，选择 "Insert" → "SCL Source"，该菜单命令只在用户已经安装了 SCL 时才有效，现在可以重新命名被插入的对象 "SCL SOURCE（1）"。双击 SCL 源文件，调用 SCL 程序编辑器，此时显示一个空的源文件，现在就可以添加 SCL 程序。

程序运行或测试之前，首先需要进行编译。编译器有如下特性：

① 可以一次编译整个 S7 SCL 源文件，也可以单独编译源文件中的某个块。

② 编译器发现语法错误，则显示在窗口中。

③ 调用任意的功能块，若不存在对应的背景数据块，则自动创建。

④ 创建 S7 SCL 编译控制文件，可以同时编译多个 S7 SCL 源文件。

用户通过菜单命令 "Options" → "Customize"，打开 Customize 对话框，在该对话框中选择 "Complier" 选项卡或 "Create Block" 选项卡，根据用户需要对编译器默认设置进行调整。表 11-2 和表 11-3 分别列出了两选项卡各选项的含义。

表 11-2 "Complier" 选项卡

Create object code	使用该选项，确定是否生成可执行代码。不使用此项，编译仅是简单地进行语法检查
Optimize object code	选中此项，块在存储空间需求及在 PLC 上的运行时间方面进行优化。推荐选中此项
Monitor array limits	选中该项，S7 运行时会检查数组索引值是否超出允许的范围。如果超限，OK 标记为 FALSE
Create debug info	使用该选项，允许用户在完成程序编译并下载到 PLC 之后运行调试期的测试功能，但是，该选项会增加程序内存需求和 AS 运行的时间
Set OK flag	允许在 S7 SCL 源文件中访问 OK 标记
Permit nested comments	如果需要在 S7 SCL 源文件中的注释中嵌套注释，选中该选项
Maximum string length	选中该项，可以缩小 STRING 数据类型的标准长度。默认的是 254 个字符。该设置对所有输入输出参数及函数返回值均有效。注意设定的值不能比程序中 STRING 变量实际值小

表 11-3 "Create Block" 选项卡

Overwtite blocks	如果编译时创建具有同名标识符的块，覆盖 S7 程序中 Blocks 文件中存在的块；如果目标系统也存在同名的块，下载块也将覆盖原来的块
Display warnings	确定编译时除了错误信息是否显示警告
Display errors before warnings	窗口中，在警告消息之前显示错误消息
Genereta reference data	如果需要在块创建时自动生成参考数据，可以选择该选项
Include system attribute S7_server	如果块创建时，需要考虑 S7-server 系统属性，可以选择该选项。参数与连接组态或消息相关时分配该属性。属性中包含连接或消息数。选中该选项会延长编译时间

"Errors and Warnings"窗口显示程序编译过程中出现的所有语法错误和警告。如果存在错误，不能对块进行编译，而存在警告则不影响编译过程，但程序在 PLC 上运行仍可能存在问题。改正了所有编译器报告的错误和警告，需要重新进行编译。

如果创建了编译控制文件，就可以一次编译同一源文件文件夹中的几个 S7 SCL 源文件。创建编译控制文件的步骤如下：

1）执行"File"→"New"菜单命令，打开新建对话框。

2）在对话框中选择 S7 程序中的编译控制文件；S7 SCL Compilation Control File 过滤器。

3）在相应的文本框中输入控制文件的名称（最多 24 个字符），按"OK"按钮确认。

4）文件得以创建，并在工作窗口中显示以进一步编辑；在工作窗口中按编译的顺序输入 S7 SCL 源文件的名称，并保存该文件。

5）选择"File"→"Compile"菜单命令，开始编译。

编译 S7 SCL 源文件的同时，由源文件生成块，并保存在 S7 程序中的 Blocks 文件夹中。S7 SCL 块调用的第一级块自动复制到 Blocks 目录，并添加到装载列表。用户程序中的块都可以通过 SIMATIC Manager 下载至 CPU。

如果编程设备与 CPU 连接，编译过的块用"PLC"→"Load"加载到 CPU 的用户存储器，CPU 必须是 STOP 模式，因为加载时的顺序可能与连续调用的顺序不一致。

SCL 调试程序在程序状态（"连续监视"）或单步状态模式下可以测试单个块。在运行状态连续执行期间，用户可以看到变量的赋值。在单步模式下，当监视变量值时，可以在断点处停止和执行程序，或逐条语句的执行。

变量表也可以用于测试 SCL 程序，当程序正在运行时，用户可以指定变量并且监视结果。

11.4 SCL 编程语言

11.4.1 基本 S7 SCL 术语

1. 字符集

S7 SCL 使用下列 ASCII 字符集的子集：字母 A ~ Z（大小写），数字 0 ~ 9，空格和包括换行符在内的所有控制字符。除此之外，在 S7 SCL 中的某些字符有特定的含义，见表 11-4。

表 11-4　S7 – SCL 中有特定含义的字符

+	–	*	/	=	<	>	[	]	(	)
:	;	$	#	"	,	{	}	%	.	,

2. 保留字

保留字即只能用于特定目的的关键字，不区分大小写。表 11-5 为 S7 – SCL 中的保留字。

3. 标识符

标识符是分配给 S7 SCL 语言对象的名称，也就是给常量、变量或块等分配的名称。标识符可以由最多 24 个字母或数字组成，其第一个字符必须是字母或下划线，大小写均可。不过标识符不区分大小写。标识符不能是关键字或是标准标识符。

表 11-5　S7 SCL 中的保留字

AND	END_CASE	ORGANIZATION_BLOCK
ANY	END_CONST	POINTER
ARRAY	END DATA BLOCK	PROGRAM
AT	END FOR	REAL
BEGIN	END_FUNCTION	REPEAT
BLOCK_DB	END_FUNCTION_BLOCK	RETURN
BLOCK_FB	END_IF	S5TIME
BLOCK_FC	END LABLE	STRING
BLOCK_SDB	END TYPE	STRUCT
BLOCK_SFB	END_ORGANIZATION_BLOCK	THEN
BLOCK_SFC	END_REPEAT	TIME
BOOL	END_STRUCT	TIMER
BY	END VAR	TIME OF DAY
BYTE	END WHILE	TO
CASE	ENO	TOD
CHAR	EXIT	TRUE
CONST	FALSE	TYPE
CONTINUE	FOR	VAR
COUNTER	FUNCTION	VAR TEMP
DATA_BLOCK	FUNCTION_BLOCK	UNTIL
DATE	GOTO	VAR_INPUT
DATE_AND_TIME	IF	VAR IN OUT
DINT	INT	VAR OUTPUT
DIV	LABEL	VOID
DO	MOD	WHILE
DT	NIL	WORD
DWORD	NOT	XOR
ELSE	OF	标准函数名
ELSIF	OK	
EN	OR	

例如：X、Y8、sum、Level、Name、Surface 等都是合法的标识符，而 2th、EN、S Value 等就是非法的标识符。由于标识符不区分大小写，因此 Level 和 LEVEL 视为相同的标识符。

最好选择具有明显含义的名称作为标识符，这样有助于程序的可读性。

在 S7 SCL 中，预定义了一些标识符，称为标准标识符。有如下四种标准标识符：块标识符、地址标识符、定时器标识符、计数器标识符。

（1）块标识符

块标识符用于块的绝对寻址。表 11-6 列出了块标识符，其中字母 x 为占位符，在 0～65533 或 0～65535 之间。

表 11-6　块标识符

SIMATIC 标识符	IEC 标识符	标识符含义	SIMATIC 标识符	IEC 标识符	标识符含义
DBx	DBx	数据块，块标识符 DB0 由 S7 SCL 保留	SFCx	SFCx	系统功能
FBx	FBx	功能块	SFBx	SFBx	系统功能块
FCx	FCx	功能	Tx	Tx	定时器
OBx	OBx	组织块	UDTx	UDTx	用户自定义数据类型
SDBx	SDBx	系统数据块	Zx	Cx	计数器

（2）地址标识符

在 SCL 程序中的任何位置都可以使用地址标识符对 CPU 内存进行寻址。数据块的地址标识符只有在指定数据块时才有效。地址标识符规范与 6.3.2 节讲述的内容一致，读者可以参考表 6 - 4。

（3）定时器标识符

S7 SCL 中有几种方式指定定时器，可以指定一个十进制数字作为定时器的序号，如 T10、"Time1"等。

（4）计数器标识符

S7 - SCL 中有几种方式指定计数器，可以指定一个十进制数字作为计数器的序号，如 C10、"Counter1"等。

4. 数字

在 S7 - SCL 中，有几种书写数字的方式，下面的规则适用于所有的数字：

① 数字可以有任意符号、小数点和指数等。

② 数字不能包含逗号和空格。

③ 可以将下划线作为分隔符，便于阅读。

④ 数字可以由加号（＋）或减号（－）引导，如果数字没有符号引导，则默认为正数。

⑤ 数字不能超越范围限制。

（1）整数

整型数字简称整数，不包含小数点亦不包含指数，即整型数只是由加号或减号引导的数字序列。S7 SCL 有两种整型数字：INT 与 DINT，它们对应不同的数字范围。

（2）实数

实数必须包含小数点或者指数。小数点必须在两个数字之间，不允许以小数点开始或以小数点结束。

实数同样可以包含指数，指定小数点的位置。如果数字中不包含小数点，则默认小数点在数字右侧。指数本身必须是正的或负的整型数字。如 3.0e11，0.2e10 等。

5. 字符串

字符串为单引号标注的字符序列（即数字、字母和特殊字符等）。如：'RED'、'76181 Karlsrube'、'270 - 32 - 3456'、'DM19.95'、'The correct answer is'等都是合法的字符串。

可以使用转义字符 $ 输入特殊格式字符、引号"＇"或 $ 字符。表 11-7 为使用转义字符 $ 的一些示例。

表 11-7　使用转义字符

源　文　本	编　译　后
"'SINGLE $ 'RED $ "	SINGLE'RED'
'50.0 $ $ '	50.0 $
'VALUE $ P'	VALUE 分页符
'RUL $ L'	RUL 换行符
'CONTROLLER $ R'	CONTROLLER 回车符

要输入不可打印字符，只需以 $ hh 输入其相应的十六进制码，这里 hh 表示该字符对应的 ASCII 码十六进制形式。要输入无须打印输出和显示的字符串，可以使用 $ > 和 $ < 注释。

6. 符号

可以按语法"Printable character"在 S7 SCL 中输入符号。只有在符号后没有标识符时才需要引号。

7. 注释

注释是用来帮助理解程序的，对程序的执行没有任何影响。可以有若干行注释，由"（＊"开始，由"＊）"结束；默认设置允许嵌套注释。注释不能放置在符号名和常量之间，不过可以放在串中间。如：

TEMP：=1；

（＊This is an example of a comment section,

that can extend overseveral lines. ＊）

SWITCH：=3；

用户还可以采用行注释的方式进行注释。行注释由"//"引导，可以扩展至行尾；注释的长度限制在 254 个字符之内，包括前导符//；注释不能在符号名或常量之间，但可以在串之间。如：

VAR

TEMP：= INT；　　　//注释

END_VAR

8. 变量

在 SCL 程序中，根据作用的不同域变量分为局部变量、共享用户变量和允许的预定义变量。

局部变量在逻辑块中（FC、FB、OB）定义，只在定义的块内可见，见表 11-8。

表 11-8　局部变量

变　量	解　释
静态变量	静态变量是变量值在块执行期间和执行之后都保留（块存储区）的变量。用于保存功能块的值
临时变量	临时变量逻辑上属于逻辑块，不占用任何静态内存。其值只在块运行时保留。不能在定义临时变量的块之外访问临时变量
块参数	块参数是功能块或功能的形式参数，用于在块被调用时传递实际参数

共享用户数据是指可以在程序中的任意位置进行访问的数据或数据域。要使用共享用户自定义变量，需要创建数据块（DB）。创建 DB 时，可以在结构声明里定义其结构；可以定义为用户自定义数据类型（UDT）而不是结构体，指定的结构化组件的顺序决定了 DB 中数据的顺序。

11.4.2　变量和参数声明

1.　局部变量和块参数

局部变量分为静态变量和临时变量。静态变量的值在整个块周期内都保留在块存储区，可以用来保存 FB 的值，保存在背景数据块中。临时变量在逻辑块局部范围内有效，其值只在相关块运行时保留，不占用静态的存储区，保存在 CPU 的堆栈中。临时变量不能在声明块之外进行访问。

块参数是占位符，只在块调用时分配指定的值，即块的占位符为其形式参数，在被调用时所分配的值为其实际参数。块的形式参数就可以看作局部变量。块参数分为输入参数、输出参数、输入/输出参数几类：输入参数在块被调用时接受当前输入值，只读；输出参数传递该块的输出值到主调块，数据可读可写；输入/输出参数在块被调用时接受当前的输入值，经进一步运算处理，将结果返回主调块。

S7 - SCL 编译器提供了 CPU 中程序运行时用于检测错误的标志，该标志为 BOOL 型的局部变量，其预定义的名称为 OK。

2.　变量或块参数声明

变量和块参数必须在逻辑块或数据块中使用前进行单独声明，声明指定用做块参数的标识符或变量及其数据类型。变量或块参数声明包括标识符（用户命名）和数据类型。SCL 中支持的数据类型与 6.4 节讲述的一致。

例如：

VALUE：REAL；

VALUE1，VALUE2，VALUE3：INT；

ARR：ARRAY[1..10,1..10]OF REAL；

SET：STRUCT

　　　MEASARR：ARRAY[1..10] OF REAL；

　　　CHOOSE：BOOL；

　　　END_STRUCT

3.　初始化

静态变量和 FB 的输入及输出参数可以在声明时进行初始化，输入/输出参数为基本数据类型时也可以进行初始化；对于简单变量，指定数据类型之后使用赋值符（：=）即可赋常值为初始值。

不能以变量列表（A1，A2，A3：INT：=…）的形式进行初始化，在这种情况下，需要分别进行初始化。对于数组的初始化，可以通过逗号隔开每个成员的值，或指定重复因子（整型），用同一个值初始化多个成员。

例如：

```
VAR
    INDEX:INT: = 3;
    CONTROLLER:ARRAY[1..2,1..2] OF INT: = -54,736, -83,77;
    CONTROLLER1:ARRAY[1..10] OF REAL: = 10(2.5);
END_VAR
```

4. 声明变量范围视图

要访问具有不同数据类型的变量,可以使用 AT 关键字定义变量中变量范围的视图。视图只在块中可见,不包括接口。视图的使用与块中其他的变量是一样的。视图继承其参考变量的所有属性,只是数据类型是不同的。

例如:

```
VAR_INPUT
    BUFFER:ARRAY[0..255] OF BYTE;
    FRAME1 AT BUFFER:UDT100;
    FRAME2 AT BUFFER:UDT200;
END_VAR
```

主调块提供了 BUFFER 参数,但看不到名称 FRAME1 和 FRAME2。此时主调块有三种方式解释数据,即 BUFFER 数组或 FRAME1 或 FRAME2 下不同的结构。

声明变量范围视图的规则如下:

① 变量视图声明必须在变量声明之后。

② 变量视图声明不能进行初始化。

③ 视图的数据类型必须与变量的数据类型一致(兼容)。变量指定存储区的大小,视图所需存储区的大小可以小于或等于变量大小。

5. OK 标志

OK 标志用来表示块执行得是否正确,在程序的开始,OK 标志的值为 TRUE。可以在程序的任意点访问该标志,或使用 S7 SCL 语句将其设置为 TRUE/FALSE。如果运算执行时发生错误,如分子为 0,OK 标志设置为 FALSE,退出块时,OK 标志的值保存在输出参数 ENO 中,可以由主调块评估检查。

OK 标志为系统变量,无须进行声明。用户程序中要使用 OK 标志,则需要在编译前选择 "Set OK flag" 选项。

6. 声明子区

每种局部变量或参数都有其相应的声明子区,由相应的关键字对其进行标识。每个子区包括对于特定子区允许的一些声明,这些子区可以按照任意顺序排列。不同逻辑块中声明的语法,以及可以声明的变量或参数数据类型可参照 11.4.8 节表 11-15。

11.4.3 常量声明

在 S7 SCL 中可以使用如下常量:位常量,数值常量(整型和实数),字符常量(字符和字符串),时间(日期、时间周期、日期时间、日期和时间)等。

1. 声明常量的符号

常量无须声明,但可以在声明区给常量赋符号名,使用 CONST 语句声明常量的符号名。在简单表达式中,只允许 7 种算术运算(**, +, -, *, /, DIV, MOD)。

2. 常量类型定义

常量的数据类型与算术运算或逻辑运算的数据类型有关。

例如：

INT1 : = INT2 + 1234　　　　//"1234"假定的数据类型是 INT

REAL1 : = REAL2 + 1234　　　//"1234"假定的数据类型是 REAL

常量以数值没有丢失为原则，指定最小取值范围的数据类型。例如，常量"1234"不像在 STL 中总是假定为 INT 数据类型，而是根据其实际使用的位置，可能是任何的数据类型如 INT、REAL、DINT 等。

使用类型定义，可以显示指定常量为各种数值的数据类型，见表 11-9。

表 11-9　常量类型定义

数 据 类 型	类型定义符号	
BOOL	BOOL#1 Bool#false	bool#0 BOOL#TRUE
BYTE	BYTE#0 Byte#'a'	B#2#110 b#16#f
WORD	WORD#32768 W#2#1001_0100	word#16#f WORD#8#177777
DWORD	DWORD#16#F000_0000 DW#2#1111_0000_1111_0000	dword#32768 Dword#8#37777777777
INT	INT#16#3f_ff Int#2#1111_0000	int#-32768 inT#8#7777
DINT	DINT#16#3fff_ffff Dint#2#1111_0000	dint#-1000_0000 dinT#8#17777777777
REAL	REAL#1 Real#2e4	real#1.5 real#3.1
CHAR	CHAR#A	CHAR#49

11.4.4　运算符

一个表达式代表一个值，它可以由单个地址（单个变量）或几个地址（几个变量）利用运算符结合在一起组成。

表达式中运算的顺序是按照运算符的优先级来决定的，也可用圆括号来控制。表达式可以使用其允许的计算所创建的混合数据类型。

表 11-10 是 SCL 提供的运算符表。

表 11-10　SCL 中的运算符

结　合	名　称	运　算　符	优　先　级
圆括号	（表达式）	（，）	1
算术	幂	＊＊	2
	一元加，一元减（符号）	＋，－	3
	乘法，除法	＊，／ DIV，MOD	4
	加法，减法	＋，－	5

结　合	名　称	运　算　符	优　先　级
比较	小于，小于等于	<，<=	6
	大于，大于等于	>，>=	6
	等于，不等于	=，< >	7
二进制结合	非（一元）	NOT	3
	与逻辑	AND，&	8
	异或	XOR	9
	或逻辑	OR	10
赋值	赋值	:　=	11

"一元"的意思是，该运算符分配给一个地址或一个变量。

11.4.5　表达式

表达式是为了计算一个终值所用的公式，它由地址（变量）和运算符所组成。
表达式的计算规则如下：

① 在两个运算符之间的地址（变量）与优先级别高的运算符结合。

② 按运算符的优先级进行运算。

③ 具有相同优先级的，按从左至右运算。

④ 标识符前的减号表示该标识符乘以 −1。

⑤ 算术运算符不能两个或两个以上连用。

⑥ 圆括号用于越过优先级。

⑦ 圆括号中的表达式作为单地址，总是首先进行运算。

⑧ 左侧圆括号的数目需要与右侧圆括号的数目相匹配。

⑨ 算术运算符不能用于连接字符或逻辑数据。

1. 算术表达式

算术表达式是由算术运算符构成的。允许处理数值数据类型。表 11−11 列出了所有的运算符，并且根据地址表明了结果的数据类型。

表 11−11　运算符及其地址和结果的数据类型

运　算	标　识　符	第一个地址	第二个地址	结　果	优　先　级
幂	* *	ANY_NUM	ANY_NUM	REAL	2
自加	++	ANY_NUM	—	ANY_NUM	3
		TIME	—	TIME	3
自减	−−	ANY_NUM	—	ANY_NUM	3
		TIME	—	TIME	3
乘法	*	ANY_NUM	ANY_NUM	ANY_NUM	4
		TIME	ANY_INT	TIME	4
除法	/	ANY_NUM	ANY_NUM	ANY_NUM	4
		TIME	ANY_INT	TIME	4

运　算	标　识　符	第一个地址	第二个地址	结　　果	优　先　级
整除	DIV	ANY_INT	ANY_INT	ANY_INT	4
		TIME	ANY_INT	TIME	4
求模	MOD	ANY_INT	ANY_INT	ANY_INT	4
加法	+	ANY_NUM	ANY_NUM	ANY_NUM	5
		TIME	TIME	TIME	5
		TOD	TIME	TOD	5
		DT	TIME	TD	5
减法	-	ANY_NUM	ANY_NUM	ANY_NUM	5
		TIME	TIME	TIME	5
		TOD	TIME	TOD	5
		DATE	DATE	TIME	5
		TOD	TOD	TIME	5
		DT	TIME	DT	5
		DT	DT	TIME	5

在表 11-11 中，ANY_INT 指 INT、DINT 的数据类型，ANY_NUM 指 INT、DINT、REAL 的数据类型。

2. 逻辑表达式

逻辑运算符 AND、&、XOR、和 OR 与逻辑地址（BOOL 型）或数据类型为 BYTE、WORD 或 DWORD 型的变量相结合而构成逻辑表达式。表 11-12 列出了可用的逻辑表达式及其地址和结果的数据类型。

表 11-12　逻辑表达式及其地址和结果的数据类型

运　算	标　识　符	第一个地址	第二个地址	结　　果	优　先　级
取反	NOT	ANY_BIT	—	ANY_BIT	3
与	AND	ANY_BIT	ANY_BIT	ANY_BIT	8
异或	XOR	ANY_BIT	ANY_BIT	ANY_BIT	9
或	OR	ANY_BIT	ANY_BIT	ANY_BIT	10

地址为布尔型的逻辑表达式的结果为 1（TRUE）或 0（FALSE）。

3. 比较表达式

比较表达式比较两个地址的值，结果为布尔型的数据。如果比较结果为真，则结果为 TRUE；如果比较结果为假，则结果为 FALSE。其规则为：

① 允许以下类型的变量：INT，DINT，REAL；BOOL，BYTE，WORD，DWORD；CHAR，STRING。

② 对于 DT、TIME、DATE、TOD 等时间类型，只允许同类型之间的比较。

③ 对于字符比较，按 ASCII 码字符集的顺序进行。

④ 不允许比较 S5TIME 型的变量，S5TIME 格式必须应用 IEC FC 显式转换成 TIME

格式。

⑤ 比较表达式可以与布尔逻辑规则（选择）相结合，形成语句。例如，if a < b and c < d then …。

11.4.6　赋值

通过赋值，一个变量接受了另一个变量或表达式的值。在赋值运算符：= 的左边是变量，该变量接受右边地址或表达式的值。

赋值语句两边的数据类型必须相同，对于"隐式数据类型转换"是个例外，那就是如果变量的数据类型与表达式的数据类型有相同的位宽度，或者比表达式的数据类型有更大的位宽度，表达式的数据类型将被隐式的转换。

1. 基本数据类型的赋值

常量、另一个变量、一个地址或表达式都可以赋值给一个变量或地址。

绝对地址（如 MW6）是 ANY_BIT 数据类型，也就是根据数据宽度确定 BOOL、BYTE、WORD、DWORD。如果用户需要将一个不同数据类型的值付给绝对地址，利用数据类型转换或分配一个名称和期望的数据类型给符号表中的地址。

2. DT 和 STRING 变量的赋值

每一个 DT 类型的变量都可以用另外一个 DT 变量的值或 DT 常量来赋值。

每个 STRING 类型的变量都可以用另外一个 STRING 变量的值或字符串 STRING 常量来赋值，如果被赋值的字符串比运算符左边的变量长度长，在编译阶段会出现警告。

3. 结构的赋值

一个 STRUCT 类型的变量仅可由另一个 STRUCT 变量赋值，如果数据结构相同、数据类型上结构组件相同、名称上结构组件相同，则单个结构组件可以像相同类型的数据类型那样处理。

4. 数组赋值

如果数组元素的数据类型以及最小数组下标以及最大数组下标都相同，则一个 ARRAY 变量就可以赋给另一个 ARRAY 变量。

单个数组元素可以用与相同数据类型的变量相同的方式处理。在多维数组的情况下，用户可以用与维变量相同的方法处理部分数组，例如，若 ARR 代表一个二维数组，用 ARR ［i］寻址部分数组，用 ARR ［i，j］寻址数组的单个元素。

11.4.7　控制语句

SCL 提供的控制语句可以分为三大类：选择语句、循环语句以及跳转语句。

1. 选择语句

常用的选择语句有 IF 语句以及 CASE 语句。IF 语句是一个二选一的语句，判断条件是"TRUE"或"FALSE"控制程序进入不同的分支进行。CASE 语句是一个多项选择语句，根据变量的值，程序可以有多个分支。

（1）IF 语句

IF 语句是条件语句，条件语句的执行与指定的逻辑表达式的取值有关。如果表达式的取值为"TRUE"，则语句执行条件满足；反之则不满足。执行规则如下：

1）逻辑表达式的值为 TRUE，则执行第一个语句序列，其他语句不执行。

2）若逻辑表达式的值为 FALSE，则执行由 ELSE 引导的语句序列，若没有 ELSE 语句，则不执行任何语句。

3）可以有任意多个 ELSIF 语句。

IF 语句结构如下：

```
IF a = b THEN              // Statement Section_IF
  ;
ELSIF a = c THEN          // Statement Section_ELSIF
  ;
ELSE                      // Statement Section_ELSE
  ;
END_IF;
```

（2）CASE 语句

当需要从问题的多个可能操作中选择其中一个执行时，可以利用嵌套 IF 语句来控制选择，但如果选择分支增加，会增加程序的复杂性，降低程序的执行效率。在这种场合下，SCL 提供了 CASE 选择语句。CASE 语句的执行规则如下：

1）选择表达式的返回值（结果）必须是整型。

2）CASE 语句执行时，程序先检查选择表达式的值是否包含在指定的取值列表中，找到匹配的值，则执行指定列表中该值对应的语句。

3）如果没有找到匹配的值，程序将执行 ELSE 分支，如果 ELSE 分支不存在，则不执行语句。

CASE 语句结构如下：

```
CASE Value OF
  0 . . 3 :                // Statements_0 . . 3
    ;
  8:                       // Statements_8
    ;
  ELSE：                   // Statements_ELSE
  ;
END_CASE;
```

2. 循环语句

SCL 提供有三种循环语句：FOR 语句、WHILE 语句以及 REPEAT 语句。对于 FOR 语句，只要控制变量在指定取值范围之内，就重复执行语句序列；对于 WHILE 语句，只要一个执行条件满足，某一语句序列即反复执行；对于 REPEAT 语句，重复执行某一语句直到终止该程序的条件满足。

（1）FOR 语句

FOR 语句的控制变量必须为 INT 或 DINT 类型局部变量。FOR 语句定义循环包括：指定初值和终值，这两个值的类型必须与控制变量的类型一致。FOR 语句的执行规则是：

1）循环开始时，给控制变量赋初始值，程序每执行一次，控制变量就按照指定的变化量增大或减少，直至到达终值。

2）循环语句每次执行前，首先检查循环条件是否满足。如果条件满足，循环语句继续执行，如果条件不满足，则跳出循环。

3）可以省略增量语句，默认增量为 +1。

4）在循环执行过程中，不允许改变初值与终值。

FOR 语句结构如下：

```
FOR Control Variable: = Start TO End BY Increment DO        // Statement Section
    ;
END_FOR;
```

（2）WHILE 语句

WHILE 语句通过执行条件来控制语句序列的循环执行。执行条件是根据逻辑表达式的规则形成的。WHILE 语句的执行规则是：

1）条件语句的求值和判断在循环体之前进行。

2）只要执行条件为 TRUE，则循环体就反复执行。

3）一旦条件为 FALSE，则跳出循环体。

WHILE 语句结构如下：

```
WHILE a = b DO                    // Statement Section
    ;
END_WHILE;
```

（3）REPEAT 语句

在终止条件满足之前，使用 REPEAT 语句反复执行 REPEAT 与 UNTIL 之间的语句。终止条件是根据逻辑表达式的规则形成的。REPEAT 语句的条件判断在循环体执行之后进行。也就是说，即使终止条件得到满足，循环体仍然至少被执行一次。

REPEAT 语句结构如下：

```
REPEAT                           // Statement Section
    ;
UNTIL a = b
END_REPEAT;
```

3. 跳转语句

SCL 中的跳转语句有四种：CONTINUE 语句、EXIT 语句、GOTO 语句以及 RETURN 语句。CONTINUE 语句用于终止当前循环的反复执行。EXIT 语句不管终止条件满足与否，在任意点退出循环。GOTO 语句能使程序立即跳转到指定的标号。RETURN 语句使程序跳出正在执行的块。

（1）CONTINUE 语句

CONTINUE 语句用于终止当前反复执行的循环体语句，如 FOR、WHILE 或 REPEAT 语句等。CONTINUE 语句的执行遵循以下原则：

1）该语句立即中断循环体。

2）依据重复条件满足与否，反复执行循环体，或跳出循环体，立即执行循环体后面的语句。

3）在 FOR 语句中，紧接 CONTINUE 之后，控制变量以指定的增量递增。

（2）EXIT 语句

EXIT 语句用于在任意点退出循环，而不管终止条件满足与否。EXIT 语句遵循以下规则：

1）立即从 EXIT 语句的位置退出循环体。

2）循环体之外的程序继续执行。

（3）GOTO 语句

GOTO 语句可以实现程序跳转，使程序立即跳到指定标号处，因此可以实现块内不同语句之间的跳转。标号是由 LABEL/END_LABEL 声明区的标号。

出现 GOTO 语句之后执行标号之后的程序。使用 GOTO 语句遵循如下规则：

1）目标程序必须在同一程序块之中。

2）目标程序必须有唯一的标识符。

3）不能跳到循环体的内部，但可以在循环体内部进行跳转。

（4）RETURN 语句

RETURN 语句用于退出当前活动的块（OB、FB 和 FC 等），并返回主调快，或在退出 OB 时，返回操作系统。

11.4.8 SCL 块

用户可以在 S7 SCL 源文件中编制任意数量的块，如 OB、FC、FB 以及 UDT 等；也可以使用系统提供的各种块，如 SFC、SFB 等。系统块可在 CPU 操作系统或 STEP 7 标准包的库中使用。

S7 SCL 中块的顺序需要遵守一定的规则：

1）UDT 必须在使用之前定义。

2）对 UDT 赋值的数据块必须在 UDT 之后。

3）可以由所有逻辑块访问的数据块必须在所有访问它的块之前。

4）赋给功能块 FB 的数据块 DB 必须在功能块 FB 之后。

5）调用其他块的组织块 OB1 在最后。

6）在源文件中调用，而没有在相同的源文件进行编程的块在编译时必须在用户程序中已经存在。

SCL 块一般包括以下部分：

1）块由关键字、块序号或块符号名开始标识，如：对于组织块，标识为"ORGANIZA-TION_BLOCK OB10"；对于 FC，也要确定功能类型，用以确定返回值的数据类型。

2）由关键字"TITLE ＝"引导可选块标题。

3）可选块注释，块注释可以有多行，每一行以"//"开始。

4）可选块属性。

5）可选块系统属性。

6）块声明区。

7）逻辑块中的语句区或数据块中的赋值区。

8）以关键字结束块。

1. 块的开始与结束

根据块的类型不同，一个块的源程序文本由一个标准块标识符和块名称引导作为块的开始，以标准块结束标识符结束。表 11-13 给出了不同类型块的语法。

表 11-13　不同类型块的开始与结束

标 识 符	块 类 型	语 法
功能块	FB	FUNCTION_BLOCK FB_NAME …… END_FUNCTION_BLOCK
功能	FC	FUNCTION FC_NAME：FC_TYPE …… END_FUNCTION
组织块	OB	ORGANIZATION_BLOCK OB_NAME …… END_ORGANIZATION_BLOCK
数据块	DB	DATA_BLOCK DB_NAME …… END_DATA_BLOCK
用户自定义数据类型	UDT	TYPE UDT_NAME …… END_TYPE

表 11-13 中，XX_NAME 代表块的名称。可以使用块类型 + 块序号或使用符号来作为块的名称，其中块的序号可以是 0～65533 之间的一个值。系统保留 OB0。

2. 块属性

块属性包括块类型、版本、块保护或作者等。用户应用程序中使用块时，可以在 STEP 7 属性页显示这些块属性。见表 11-14。

表 11-14　块的属性

关键字/属性	含 义	举 例
TITLE = ' * * * '	块的标题	TITLE = 'ROLE'
VERSION：'十进制数字串．十进制数字串'	块的版本 0～15（数据块 VERSION 属性无引号）	VERSION：'5. 6' 若数据块 VERSION：5.6
KNOW_HOW_PROTECT	块保护，以该选项编译的块不能由 STEP 7 打开	KNOW_HOW_PROTECT
AUTHOR：	作者的名字	AUTHOR：SIEMENS
NAME：	块的名称	NAME：CONTROL
FAMILY：	块系列的名称（保存块到块系列中，便于快速查找）	FAMILY：CONTROL

在 SCL 中修改块属性的规则如下：

1）在块开始语句之后，直接利用关键字定义块属性。

2）标识符最长可有 8 个字符。

3. 块注释

SCL 中的注释，由行注释符号 "//" 引导。注释可以扩展为几行，每行以 "//" 开始。

块属性可以在 SIMATIC 管理器中的块属性窗口或 LAD/STL/FBD 程序编译器的属性窗口显示。

4. 块系统属性

块的系统属性对整个块都有效，其输入规则是在块开始语句之后立即定义系统属性。块系统属性的设置由大括号开始，接着是最多 24 个字符的标识符，后面接 "：="，再接可打印字符，用单括号括起来，在本行结尾加分号，下一行继续输入，最后加上另外一个大括号。例如：

```
FUNCTION_BLOCK FB1000
{S7_m_c：='true'；
S7_blockview：='big'}
```

5. 声明区

声明区用于逻辑变量、参数、常数以及标号的声明。注意的是：

1）只在块内可见的逻辑变量、参数、常量和标号在逻辑块的声明区内声明。

2）可以在任何逻辑块访问的数据在数据块的声明区定义。

3）在 UDT 声明区，指定用户自定义数据类型。

声明区根据不同的关键字可以分为不同的声明子区域，每个子区包含相同类型的数据声明列表，这些子区域可以按任意顺序排列。见表 11-15。

表 11-15　块的声明子区域

数　据	语　法	FB	FC	OB	DB	UDT
常量	CONST …… END_CONST	√	√	√		
标号	LABEL …… END_LABEL	√	√	√		
临时变量	VAR_TEMP …… END_VAR	√	√	√		
静态变量	VAR …… END_VAR	√	√ (1)		√ (2)	√ (2)
输入参数	VAR_INPUT …… END_VAR	√	√			
输出参数	VAR_OUTPUT …… END_VAR	√	√			
输入/输出参数	VAR_IN_OUT …… END_VAR	√	√			

注意:

1）尽管变量在 FC 中可以在 VAR 与 END_VAR 之间声明，源文件编译时会移动声明到临时区。

2）在 DB 和 UDT 中，关键字 VAR 和 END_VAR 分别由 STRUCT 和 END_STRUCT 代替。

6. 参数的系统属性

参数的系统属性只应用于指定组态的参数，可以为输入、输出以及输入/输出参数分配系统属性，其规则为：在声明区分配参数的系统属性，标识符最多包含 24 个字符，语法与块的系统属性类似。例如：

```
VAR_INPUT
IN1{S7_server:='alarm_archiv';}:DWORD;
END_VAR
```

7. 语句区

语句区包含逻辑块被调用时可执行的语句，用于进行数据处理或寻址等。数据块的语句区包括对变量进行初始化的语句。其规则如下：

1）可以以 BEGIN 关键字开始语句区，而对于数据块，则必须以 BEGIN 开始语句区。语句区以块结束关键字结束。

2）语句以分号结束。

3）语句区中用到的标识符必须已经定义。

4）如果需要，可以在每条语句前输入标号。

11.5 SCL 编程应用实例

SCL 语言的诞生，使得编写复杂的控制算法亦变得非常简单。下面我们将通过编写一个单神经元 PID 控制算法 FB 块，来学习一下 SCL 语言的使用过程。

11.5.1 单神经元 PID 算法原理

单神经元 PID 算法能通过对加权系数的调整来实现自适应、自组织的功能。控制算法如下：

$$u(k) = u(k-1) + K\sum_{i=1}^{3} w_i'(k)x_i(k) \tag{11-1}$$

$$w_i'(k) = w_i(k)/\sum_{i=1}^{3} |w_i(k)| \tag{11-2}$$

$$w_i(k) = w_i(k-1) + \Delta w_i(k) \tag{11-3}$$

其中：

$$x_2(k) = e(k) \tag{11-4}$$

$$x_1(k) = e(k) - e(k-1) \tag{11-5}$$

$$x_3(k) = e(k) - 2e(k-1) + e(k-2) \tag{11-6}$$

式中，K——神经元的比例系数，$K>0$；

$u(k)$，$u(k-1)$——k，$k-1$ 时刻的控制量；

$w_i(k)$——比例，积分，微分的加权系数；

$e(k)$，$e(k-1)$，$e(k-2)$——k，$k-1$，$k-2$ 时刻的误差。

对于单神经元网络的自学习策略，一般有无监督的 Hebb 学习规则，有监督的 Delta 学习规则，有监督的 Hebb 学习规则等。在本例中，采用如下学习规则：

$$\Delta w_i(k) = \eta_i u(k) x_i(k) \tag{11-7}$$

式中，η_i——比例，积分，微分系数的学习速率。

从单神经元 PID 算法原理上可以看出，此算法的控制参数能遵循自学习策略自整定，因而能大大减轻调试的工作量。

若想深入了解单神经元 PID 算法的原理及其应用，可以参考其他专业书籍。

11.5.2 单神经元 PID 算法 SCL 编程

首先由于我们编写 FB 块，因此应由 FB 块的语法声明块的开始与结束。可以在块属性区声明块的名称，在块的系统属性区给块赋予一定的属性。如下所示：

```
FUNCTION_BLOCK FB1100
TITLE = 'SNEURAL '
{S7_m_c: = 'true '}
……

END_FUNCTION_BLOCK
```

编写的 FB 块块号为 FB1100，块名取为 SNEURAL，并设置在 WinCC 中块可见。

声明区用于逻辑变量、参数、常数以及标号的声明。分析 FB 块的功能，显然，FB 块的输入参数应包含工艺参数 SP，过程数据 PV 以及控制参数 K（神经元的比例系数）。FB 块应有控制量输出，用以控制执行器动作，记为 U。在静态变量区，我们可以定义变量用以标记比例、微分、积分系数的学习速率，比例、积分、微分的控制参数以及其他一些运算过程数据。参照上节的公式，能够清晰地分析出各变量的实际意义，因此在此不一一陈述。

```
VAR_INPUT
    SP{S7_m_c: = 'true '}:REAL;
    PV{S7_m_c: = 'true '}:REAL;
    K{S7_m_c: = 'true '}:REAL;
END_VAR
VAR_OUTPUT
    U{S7_m_c: = 'true '}:REAL;
END_VAR
VAR
    XITEP:REAL: = 0.4;
    XITEI:REAL: = 0.35;
    XITED:REAL: = 0.4;
    WKP:REAL;
    WKI:REAL;
```

```
        WKD:REAL;

        WKP_1:REAL: = 0. 10;

        WKI_1:REAL: = 0. 10;

        WKD_1:REAL: = 0. 10;

        WP:REAL;

        WI:REAL;

        WD:REAL;

        WADD:REAL;

        KP:REAL;

        KI:REAL;

        KD:REAL;

        E:REAL;

        E_1:REAL;

        E_2:REAL;

        U_1:REAL;

    END_VAR
```

在语句区，将要使用以上定义的变量实现由式（11-1）～（11-7）陈述的算法。语句的表述必须满足 SCL 的语法规则。语句区如下：

```
    BEGIN
        E: = SP – PV;                                    //计算当前误差
        WKP: = WKP_1 + XITEP * U_1 * ( E – E_1);         //计算 PID 控制参数加权系数

        WKI: = WKI_1 + XITEI * U_1 * E;

        WKD: = WKD_1 + XITED * U_1 * ( E – 2 * E_1 + E_2);

        WP: = ABS( WKP);                                 //计算当前 PID 控制参数

        WI: = ABS( WKI);

        WD: = ABS( WKD);

        WADD: = WP + WI + WD;

        KP: = WKP/WADD;

        KI: = WKI/WADD;

        KD: = WKD/WADD;

        U: = U_1 + K * ( KP * ( E – E_1) + KI * E + KD * ( E – 2 * E_1 + E_2));   //PID 计算控制量
        IF U > 100 THEN                                  //控制量限幅
            U: = 100;
        ELSIF U < 0 THEN
            U: = 0;
        END_IF;
        E_2: = E_1;                                      //参数更新
        E_1: = E;
        U_1: = U;
        WKP_1: = WKP;
```

$$WKI\_1 := WKI;$$

$$WKD\_1 := WKD;$$

程序编写好后的 SCL 编译器界面如图 11-1 所示。

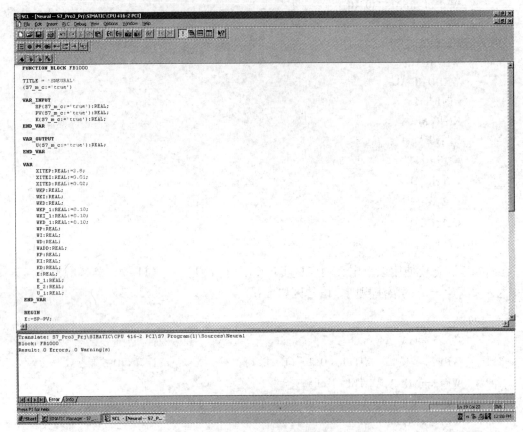

图 11-1　SCL 语言编译器

选择"File"→"Compile"菜单命令，就能进行源文件编译。编译 S7 SCL 源文件的同时，还能由源文件生成块，并保存在 S7 程序中的 Blocks 文件夹中，以便在梯形图、CFC 等程序中调用使用。图 11-2 显示了在 CFC 程序中可以调用的该生成块 FB1100。

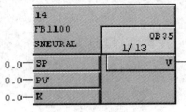

图 11-2　SCL 生成块 FB1100

11.6　习题

1. 熟悉 SCL 语言的编程结构，分析该语言的优缺点。
2. 熟悉 SCL 语言的编程语法，编写一个简单的 PID 控制算法 FB 块。

第 12 章　S7 – 300/400 PLC GRAPH 编程

本章学习目标：

了解顺序逻辑控制方法，回顾顺序功能图的画法，理解 GRAPH 语言的编程思想；掌握 GRAPH 编程方法。

12.1　顺序逻辑控制及顺序功能图

实际工业生产中的控制过程大多数是顺序逻辑控制过程。所谓顺序逻辑控制，就是按照生产工艺预先规定的顺序，在各个输入信号的作用下，根据内部状态和时间的顺序，在生产过程中的各个执行机构自动地、有秩序地进行操作。S7 – GRAPH 是一种顺序功能图编程语言，它能有效地应用于设计顺序逻辑控制器。

在本书的 10.2.4 节中已经对顺序功能图作了详细的介绍，顺序功能图是描述控制系统的控制过程、功能和特性的一种图形，它是 PLC 顺序控制程序设计的得力工具，用于编制复杂的顺序程序，其编程规律性强，很容易被初学者接受，对于有经验的电气工程师，也会大大提高工作效率，顺序功能图的结构以及设计方法读者可参照 10.2.4 节内容。

12.2　S7 – GRAPH 简介

S7 – GRAPH 语言是 S7 – 300/400 用于顺序控制程序编程的顺序功能图语言，它是西门子公司专门开发的适用于 S7 – 300/400 的顺序功能图编辑语言，它以图形方式直观地表示出整个控制过程，非常适合于顺序控制系统的程序设计，S7 – GRAPH 语言遵从 IEC1131 – 1 标准中的顺序逻辑控制语言 "Sequential Function Chart" 的规定。S7 – GRAPH 在设计顺序逻辑控制中具有图形化的编程界面，增强了 STEP 7 的功能范围。S7 – GRAPH 支持从项目规划到项目执行的各个过程。

12.2.1　顺序控制程序的结构

用 S7 – GRAPH 编写的顺序功能图程序能以功能块 FB 的形式被主程序 OB1 调用。S7 – GRAPH FB 有许多系统定义的参数，通过参数设置来对整个顺序系统进行控制，从而实现系统的初始化和工作方式的转换等功能。

一个顺序控制项目至少需要三个块，如图 12-1 所示。

① 一个用于调用的 S7 – GRAPH FB 的块，它可以是组织块（OB）、功能（FC）或功能块（FB）。

② 一个用于描述顺序控制系统各子任务（步）和相互关系（转换）的功能块 FB。

③ S7 – GRAPH FB 指定的背景数据块（DB），它包含了顺序控制系统的数据和参数。

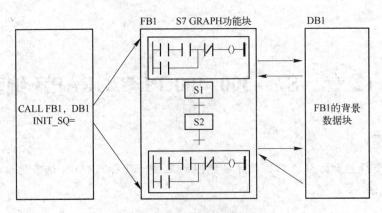

图 12-1　顺序控制系统中的块

一个 S7 – GRAPH 的功能块 FB 最多可以编写 250 个"步"和 250 个"转换"。可以由多个顺序逻辑控制器组成，每个顺序逻辑控制器最多可以编写 256 个分支、249 个并行分支及 125 个选择分支，具体容量与 CPU 的型号有关，一般只使用 20 ~ 30 条分支，否则将会拖长程序的执行时间。可以在路径结束时，在转换之后添加一个跳步（Jump）或一个支路的结束点（Stop）。结束点将使正在执行的路径变为不活跃的路径。

12. 2. 2　S7 – GRAPH 编译器

在 SIMATIC Manager 窗口内双击 Blocks 文件夹，然后执行菜单命令"Insert"→"Function Block"，打开 FB 属性对话框，如图 12-2 所示。

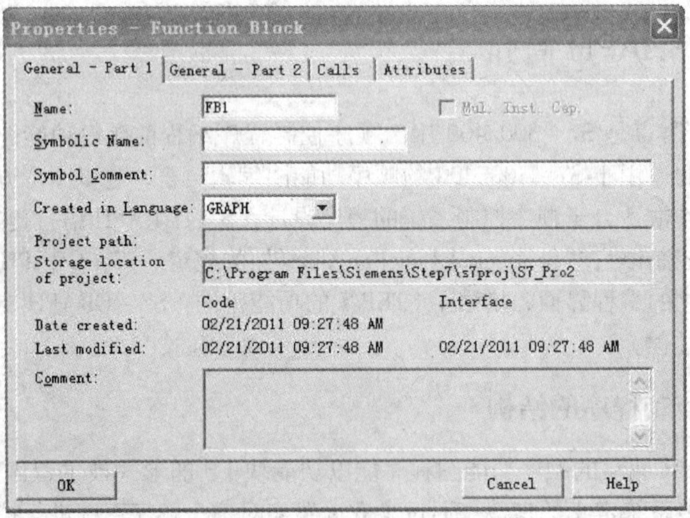

图 12-2　FB 属性对话框

在"Name"区域输入功能块名称，如 FB1，在"Symbolic Name"区域输入 FB 的符号名，在"Symbolic Comment"区域输入 FB 的说明文字，在"Created in Language"区域选择 FB 的编程语言，单击下拉列表选择 GRAPH 语言，最后单击 OK 按钮插入一个功能块 FB1，双击功能块 FB1，打开 GRAPH 编辑器，编辑器自动为 FB1 生成初始步 S1 以及第一个转换

T1，如图 12-3 所示。

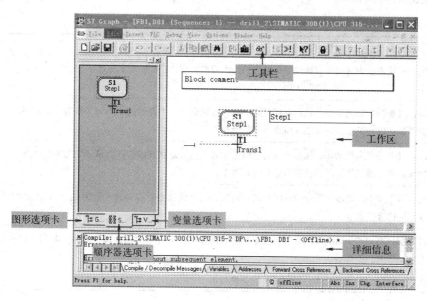

图 12-3　S7 - GRAPH 编辑器

由图可知，S7 - GRAPH 编辑器由生成和编辑程序的工作区、标准工具栏、视窗工具栏、浮动工具栏、详细信息窗口和浮动浏览窗口等组成。左视窗有三个选项卡：图形选项卡、顺序器选项卡和变量选项卡。

12.2.3　步及相关动作命令

一个 S7 - GRAPH 程序由多个步组成，其中每一步都由步序、步名、转换编号、转换名、转换条件和动作命令组成，如图 12-4 所示，其中，步序、转换编号和步名由系统自动生成一般无需修改，也可自己定义但必须唯一；转换条件可以用 LAD 或者 FBD 指令编辑；步的动作由命令和操作数组成，左边的方框用于写入命令，右边的方框为操作数地址，动作分为标准动作和事件有关的动作，动作中可以有定时器、计数器和算术运算等。

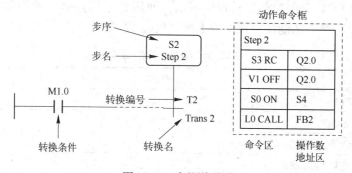

图 12-4　步的说明图

1. 标准动作

对标准动作可以设置联锁（在命令的后面加 "C"）。仅在步处于活动状态和联锁条件满足时，有联锁的动作才被执行。没有联锁的动作在步处于活动状态时就会被执行。

常用的标准动作有 N（NC）、S（SC）等，具体归纳见表 12-1。

表 12-1　常用标准动作

命令	功 能 说 明
N	输出：只要该步为活动步，该命令所对应的操作数就会输出 1；该步变为非活动步时，该命令所对应的操作数为 0
S	置位：只要该步为活动步，该命令所对应的操作数就会被置 1 并保持；当该步变为非活动步时，该命令所对应的操作数可以被其他活动步的复位命令复位为 0
R	复位：只要该步为活动步，该命令所对应的操作数就会被复 0 并保持；当该步变为非活动步时，该命令所对应的操作数可以被其他活动步的置位命令置位为 1
D	延迟：当该步为活动步时开始倒计时，若计时时到，则与该命令对应的操作数为 1；当该步为非活动步时，与该命令对应的操作数复 0
L	脉冲限制：当该步为活动步时，与该命令对应的操作数为 1 并开始倒计时，如果计时到则操作数为 0。若该步为非活动步时，操作数为 0
CALL	块调用：只要该步为活动步，指定的块就会被调用

2. 与事件有关的动作

动作可以与事件相结合，事件是指步、监控信号、联锁信号的状态变化，信息的确认或记录信号被置位等。命令只能在事件发生的那个循环周期执行，如图 12-5 所示为控制动作的事件。

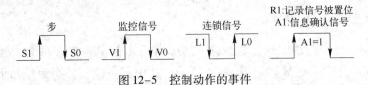

图 12-5　控制动作的事件

除了动作 D（延迟）和 L（脉冲限制）外，其他命令都可以与事件进行逻辑组合。

在检测到事件，并且联锁条件被激活，在下一个循环内，使用 N（NC）命令的动作为 1 状态，使用 R（RC）命令的动作被置位一次，使用 S（SC）命令的动作被复位 1 次。使用 CALL（CALLC）命令的动作块被调用 1 次，见表 12-2。

表 12-2　控制动作的事件

名称	事 件 意 义
S1	步变为活动步
S0	步变为不活动步
V1	发生监控错误（有干扰）
V0	监控错误消失（无干扰）
L1	联锁条件解除
L0	联锁条件变为 1
A1	信息被确认
R1	在输入信号 PEG EF/REG S 的上升沿，记录信号被置位

3. ON 命令与 OFF 命令

用 ON 命令或 OFF 命令分别使指定命令所在的步之外的其他步变为活动步或不活动步。它们与联锁条件组合的命令为 ONC 和 OFFC。

图 12-6 中的步 S2 变为活动步后，各动作按照以下方式执行：

1）一旦 S2 变为活动步与联锁条件满足，命令 S3 RC 使输出 Q2.0 复位为 0，并保持。

2）一旦监控错误发生，除了动作中命 V1 OFF 所在的步 S2，其他的活动步变为不活动步。

3）S0 事件发生，S2 变为不活动步，将步 S4 变为活动步。

4）只要联锁条件满足，即 L0 事件，调用指定功能块 FB2。

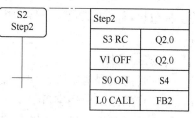

图 12-6　步与动作

4. 动作中的计数器

动作中计数器的执行与指定的事件有关，对于有联锁功能的计数器，只有在联锁条件满足和指定的事件出现时，动作中的计数器才会计数。计数器命令与联锁组合时，命令后面要加上"C"。计数值为"0"时计数器位为"0"，计数值非"0"时计数器位为"1"。

事件发生时，计数器指令 CS 将初值装入计数器。CS 指令下面一行是要装入的计数器的初值。事件发生时，CU、CD、CR 指令使计数值分别加 1、减 1 或将计数值复位为 0。

5. 动作中的定时器

事件出现时，定时器被执行，联锁功能也能用于定时器。

TL 为扩展的脉冲定时器命令，该命令的下面一行是定时器的定时时间，定时器没有闭锁功能。

TD 命令用来实现定时器有闭锁功能的延迟。一旦事件发生，定时器被启动。联锁条件 C 仅仅在定时器被启动的时刻起作用。定时器被启动后将继续定时，而与联锁条件和步的活动性无关。定时时间到时，定时器位变为 1。正在定时的定时器可以被新发生的事件重新启动。TR 是复位定时器命令，事件发生时定时器被复位。

6. 动作中的算术运算

在动作中可以使用下述简单的算术运算语句：

① A：= B。

② A：= 函数(B)；可以使用 GRAPH 内置的函数。

③ A：= B < 运算符 > C；例如 A：= B + C；A：= B AND C。

算术表达式中必须使用英文中的符号。包含算术表达式的动作应使用"N"命令。动作可以由事件来决定，可以设置事件出现时执行一次，或步处于活动状态时每一个循环周期都执行。这些动作也可以与联锁结合。

12.2.4 转换条件

转换条件可以是事件，例如退出活动步，也可以是状态变化等。条件可以在转换、联锁、监控和永久性指令中出现。

1. 转换条件

转换中的条件使顺序控制器从上一步转换到下一步。没有对条件编程的转换称为空转换, 空转换不需要转换条件。

2. 联锁条件

联锁用于步的联锁, 能影响某个动作的执行。如果联锁条件的逻辑满足, 则受联锁控制的动作被执行。如果联锁条件的逻辑不满足, 则不执行受联锁控制的动作, 发出联锁错误信号 (L1)。

3. 监控条件

监控是可编程的条件, 用于监控步, 可能影响到顺序逻辑控制器从一步到下一步的转换方式。在步的左下角用字母 "V" 来表示该步已对监控编程。

如果监控条件的逻辑运算满足, 表示有干扰事件 V1 发生, 顺序逻辑控制器不会转换到下一步, 仍然保持当前步为活动步。当监控条件满足时, 立即停止对该步活动时间的 Si. U 的计时。

如果监控条件的逻辑运算不满足, 则表示没有干扰, 如果后续步的转换条件满足, 则顺序逻辑控制器转换到下一步。每一步都可以设置监控, 但仅有活动步才被监控。

发出和确认监控信号之前, 必须在 GRAPH 的编译器中执行菜单命令 "Option" → "Block Setting", 在打开对话框的 "Compile/Save" 选项卡中进行如下两步设置:

1) 在 "FB Parameters" 区中选择 "Standard"、"Maximun"、"User – Definable", 这样 GRAPH 可以用功能块的输出参数 "ERR_FLT" 来发出监控错误信号。

2) 在 "Sequencer Properties" 区中选择 "Acknowledge errors"。在运行时发生监控错误, 必须用功能块的输入参数 "ACK_EF" 确认。

4. GRAPH 地址条件

可以在转换、监控、联锁、动作和永久性的指令中, 以地址的方式使用步的系统信息。表 12-3 给出了这些地址的应用。

表 12-3   GRAPH 地址

地 址	意 义	应 用
Si. T	步 i 当前或前一次处于活动状态的时间	比较器
Si. U	步 i 处于活动状态的总时间, 不包括干扰的时间	比较器
Si. X	步 i 是否处于活动状态	常开、常闭触点
Transi. TT	检查转换 i 所有的条件是否满足	常开、常闭触点

12.2.5 S7 – GRAPH 的功能参数集

在 S7 – GRAPH 编辑器中执行命令 "Option" → "Block Setting", 可打开 S7 – GRAPH 功能块参数设置对话框, 如图 12-7 所示。

在 FB Parameters 区域有 4 个参数集选项, 分别为: Minimum (最小参数集)、Standard (标准参数集)、Maximum (最大参数集)、User – defined (用户自定义参数集)。不同的参数集对应的功能块形式也不相同, 如图 12-8 所示为不同参数集所对应的功能块形式, 在不同情形下可选择不同参数集。

由图 12-8 可见, 不同参数集对应的功能块形式不同, 不同的功能块所具有的输入输出参数也不同, 表 12-4 和表 12-5 分别对功能块的输入和输出参数含义作了归纳。

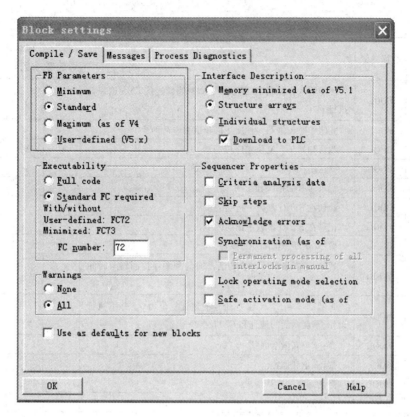

图 12-7　GRAPH 功能块参数设置对话框

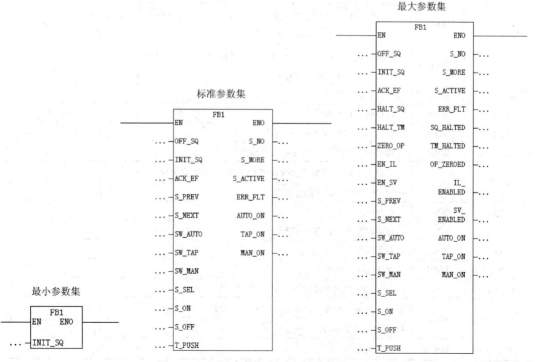

图 12-8　不同参数集所对应的功能块形式

表 12-4　S7 GRAPH 功能块的输入参数

名　称	数据类型	参 数 说 明	最小参数集	标准参数集	最大参数集	自定义参数集
EN	BOOL	使能输入，控制 FB 的执行，如果直接连接 EN，则一直执行 FB	√	√	√	√
OFF_SQ	BOOL	关闭熟悉控制器，使所用的步变为非活动步		√	√	√
INIT_SQ	BOOL	激活初始步，复位顺序控制器	√	√	√	√
ACK_EF	BOOL	确认错误和故障，强制切换到下一步		√	√	√
REG_EF	BOOL	记录所有的错误和干扰				√
ACK_S	BOOL	确认在 S_NO 参数中指明的步				√
REG_S	BOOL	记录在 S_NO 参数中指明的步			√	√
HALT_SQ	BOOL	暂停/重新激活顺序控制器			√	√
HALT_TM	BOOL	暂停/重新激活所有步的活动时间和顺序控制器与时间有关的命令			√	√
ZERO_OP	BOOL	将活动步中 L、N 和 D 命令的地址复位为 0，并不执行动作/重新激活的地址和 CALL 指令			√	√
EN_IL	BOOL	禁止/重新激活联锁			√	√
EN_SV	BOOL	禁止/重新监控			√	√
EN_ACKREQ	BOOL	激活强制的确认请求				√
DISP_SACT	BOOL	只显示活动步				√
DISP_SEF	BOOL	只显示有错误和故障的步				√
DISP_SALL	BOOL	显示所有的步				√
S_PREV	BOOL	自动模式从当前活动步后退一步，步序号在 S_NO 中显示手动模式在 S_NO 参数中指明前一步			√	√
S_NEXT	BOOL	自动模式从当前活动步前进一步，步序号在 S_NO 中显示手动模式在 S_NO 参数中显示下一步			√	√
SW_AUTO	BOOL	切换到自动模式			√	√
SW_TAP	BOOL	切换到半自动模式			√	√
SW_TOP	BOOL	切换到"自动或转向下一步"模式				√
SW_MAN	BOOL	切换到手动模式，不能触发自动执行			√	√
S_SEL	INT	选择用于输出参数 S_ON 的指定的步，手动模式用 S_ON 和 S_OFF 激活或禁止步			√	√
S_SELOK	BOOL	将 S_SEL 中的数值用于 S_ON				√
S_ON	BOOL	在手动模式激活显示的步			√	√
S_OFF	BOOL	在手动模式使显示的步变为非活动步			√	√
T_PREV	BOOL	在 T_ON 参数中显示前一个有效的转换				√
T_NEXT	BOOL	在 T_ON 参数中显示下一个有效的转换				√
T_PUSH	BOOL	条件满足并在 T_PUSH 的上升沿时，转换实现，只用于单步和"自动或转向下一步"模式			√	√
EN_SSKIP	BOOL	激活跳步				√

表 12-5 S7 GRAPH 功能块的输出参数

名　　称	数据类型	参 数 说 明	最小参数集	标准参数集	最大参数集	自定义参数集
ENO	INT	使能输出，FB 被执行且没有出错，ENO 为 1，否则为 0	√	√	√	√
S_NO	BOOL	显示步的编号		√	√	√
S_MORE	BOOL	有其他步是活动步		√	√	√
S_ACTIVE	TIME	被显示的步是活动步		√	√	√
S_TIME	TIME	步变为活动步的时间				√
S_TIMEEOK	DWORD	在步的活动期内没有错误发生				√
S_CRITLOC	DWORD	联锁标准位				√
S_CRITLOCERR	DWORD	用于 L1 事件的联锁标准位				√
S_CRITSUP	WORD	监控标准位				√
S_STATE	INT	步的状态位				√
T_NO	BOOL	有效的转换编号				√
T_MORE	DWORD	其他用于显示的有效转换				√
T_CRIT	DWORD	转换的标准位				√
T_CRITOLD	DWORD	前一周期的转换标准位				√
T_CRITFLT	BOOL	事件 V1 的转换标准位				√
ERROR	BOOL	任何一部的联锁错误				√
FAULT	BOOL	任何一部的监控错误				√
ERR_FLT	BOOL	组故障		√	√	√
SQ_ISOFF	BOOL	顺序控制器完全停止				√
SQ_HALTED	BOOL	顺序控制器暂停			√	√
TM_HALTED	BOOL	定时器停止			√	√
OP_ZEROED	BOOL	地址被复位			√	√
IL_ENABLED	BOOL	联锁被使能			√	√
SV_ENABLED	BOOL	监控被使能			√	√
ACKREQ_ENABLED	BOOL	强制的确认被激活				√
SSKIP_ENABLED	BOOL	跳步被激活				√
SACT_DISP	BOOL	只显示 SNO 中的活动步				√
SEF_DISP	BOOL	在 S_NO 参数中只显示出错的步和有故障的步				√
SALL_DISP	BOOL	在 S_NO 参数中显示所有的步				√
AUTO_ON	BOOL	显示自动模式		√	√	√
TAP_ON	BOOL	显示单步自动模式				√
TOP_ON	BOOL	显示 SW_TOP 模式		√	√	√
MAN_ON	BOOL	显示手动模式		√	√	√

12.3　S7 – GRAPH 程序设计流程

图 12-9 具体说明利用 S7 – GRAPH 为顺序逻辑控制系统编程的步骤。

12.4　S7 – GRAPH 编程举例

12.4.1　被控对象分析

图 12-10 是钻孔系统示意图，系统主要由以下几个部分组成：

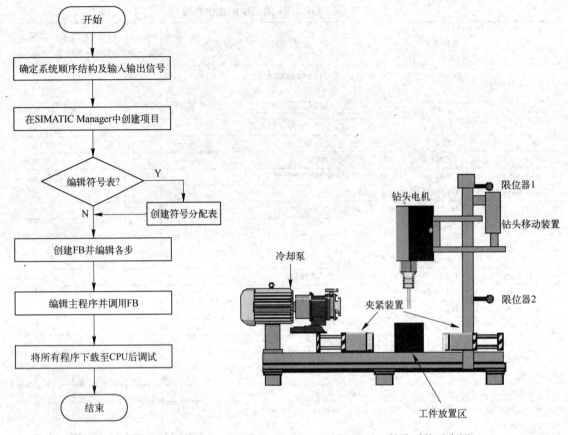

图 12-9　GRAPH 程序设计流程图　　　　图 12-10　钻孔系统示意图

① 带有传感器的工件放置区。

② 带传感器的夹紧装置。

③ 带有传感器的冷却泵。

④ 带有传感器的钻头电动机。

⑤ 带有高、低限位器的钻头移动装置。

⑥ 开始、急停、停止等操作按钮。

其中，工件放置区用于人工手动放置所需钻孔加工的工件，其自带的压力传感器用于检测区内是否有工件放置；夹紧装置用于夹紧工件，其自带的传感器用于检测夹紧装置夹紧到位或放松到位；冷却泵用于输送冷却液到加工工件，使得加工过程中工件不会过热，其带有的压力传感器用于检测冷却泵的输送压力是否到达特定值；钻头电动机用于对工件进行钻孔加工，其带有的转速传感器用于检测钻头是否达到预定转速。

该系统要求分为以下具体功能实现，根据这些功能确定控制任务：

① 接收上位机调度运行命令，发送现场采集的设备运行状态信号。

② 在自动运行过程中允许紧急停止操作，就地停止所有设备运行。

③ 系统具有故障报警功能，有效地保障系统现场设备的安全运行。

④ 控制方式分为手动操作和自动操作两种。

系统从总体上可分为手动和自动两种工作模式。手动模式用于设备的调试。自动模式下允许启动系统自动运行。控制系统中包括紧急情况的处理以及故障诊断与显示报警功能。

被控对象工艺流程图如图 12-11 所示。

其中，系统初始状态检测流程图如图 12-12 所示。

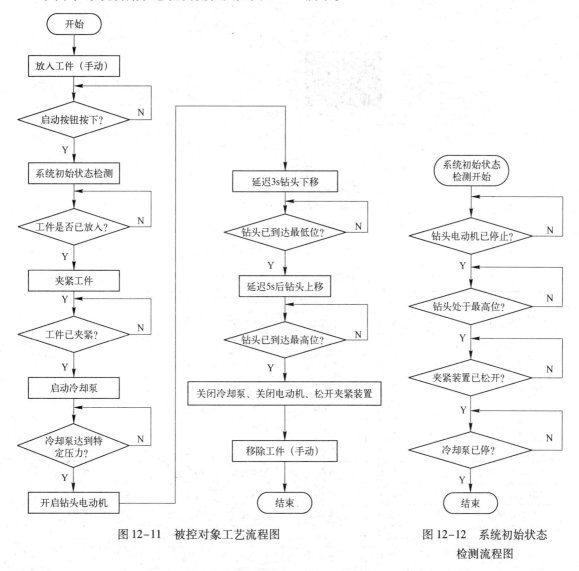

图 12-11　被控对象工艺流程图　　　　　图 12-12　系统初始状态
检测流程图

由以上流程图便可以确定系统的顺序结构以及输入输出信号等。

12.4.2　系统总体设计

钻孔控制系统的总体结构图如图 12-13 所示。

12.4.3　系统硬件设计

1. 硬件资源分配表

钻孔系统的硬件资源分配表见表 12-6。

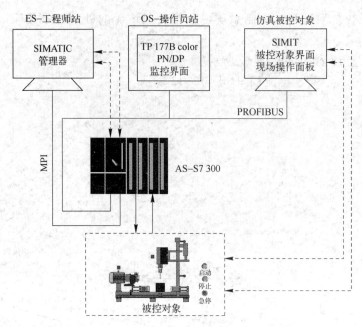

图 12-13　钻孔控制系统的总体结构图

表 12-6　硬件资源分配表

变 量 名 称	地址	数 据 类 型	描　　述
系统启动按钮	I0.0	BOOL	系统启动按钮
停止按钮	I0.1	BOOL	系统停止按钮
手动/自动选择按钮	I0.2	BOOL	选择手动还是自动模式
急停按钮	I0.4	BOOL	紧急停止按钮
消警按钮	I0.5	BOOL	消除报警控制按钮
警铃测试按钮	I0.6	BOOL	警铃测试按钮
故障灯测试按钮	I0.7	BOOL	测试故障灯是否正常
上位机/下位机选择按钮	I1.0	BOOL	上位机、下位机控制选择按钮
自动运行开始按钮	I1.1	BOOL	进入自动运行模式后点击开始运行
钻头上升手动	I2.0	BOOL	手动模式下的钻头上升按钮，点动
钻头下降手动	I2.1	BOOL	手动模式下的钻头下降按钮，点动
夹紧装置夹紧手动	I2.2	BOOL	手动模式下的夹紧装置夹紧按钮
夹紧装置放松手动	I2.3	BOOL	手动模式下的夹紧装置放松按钮
钻头电动机手动	I2.4	BOOL	手动模式下的电动机启动按钮
冷却泵手动	I2.5	BOOL	手动模式下的冷却泵启动按钮
工件放置区有工件	I3.0	BOOL	传感器信号
夹紧装置运已夹紧	I3.1	BOOL	传感器信号
夹紧装置归位	I3.2	BOOL	传感器信号
冷却泵运行	I3.3	BOOL	电动机信号
冷却泵到达特定压力	I3.4	BOOL	传感器信号

变 量 名 称	地址	数 据 类 型	描 述
冷却泵停止	I3.5	BOOL	电动机信号
钻头电动机运行	I3.6	BOOL	电动机信号
钻头电动机到达特定转速	I3.7	BOOL	传感器信号
钻头电动机停止	I4.0	BOOL	电动机信号
钻头上升到位	I4.1	BOOL	传感器信号
钻头下降到位	I4.2	BOOL	传感器信号
系统运行指示灯	Q0.0	BOOL	显示系统正在运行
手动运行指示灯	Q0.1	BOOL	显示此时的模式时手动
急停指示灯	Q0.2	BOOL	按下急停按钮时亮，复位后关闭
警铃	Q0.3	BOOL	故障报警铃
自动运行指示灯	Q0.4	BOOL	显示此时的模式时自动
钻头上升输出	Q1.0	BOOL	使钻头上升动作
钻头下降输出	Q1.1	BOOL	使钻头下降动作
夹紧装置夹紧输出	Q1.2	BOOL	使夹紧装置夹紧动作
夹紧装置放松输出	Q1.3	BOOL	使夹紧装置放松动作
冷却泵启动输出	Q1.4	BOOL	使冷却泵启动
冷却泵停止输出	Q1.5	BOOL	使冷却泵关闭
钻头电动机启动输出	Q1.6	BOOL	使钻头电动机启动
钻头电动机停止输出	Q1.7	BOOL	使钻头电动机关闭
夹紧装置故障	Q2.0	BOOL	夹紧装置出现故障时输出
冷却泵故障	Q2.1	BOOL	冷却泵出现故障时输出
钻头电动机故障	Q2.2	BOOL	钻头电动机出现故障时输出
钻头移动装置故障	Q2.3	BOOL	钻头移动装置出现故障时输出
夹紧装置故障指示灯	Q2.4	BOOL	故障指示灯
冷却泵故障指示灯	Q2.5	BOOL	故障指示灯
钻头电动机故障指示灯	Q2.6	BOOL	故障指示灯
钻头移动装置故障指示灯	Q2.7	BOOL	故障指示灯
上位机控制显示灯	Q3.0	BOOL	上位机控制显示
下位机控制显示灯	Q3.1	BOOL	下位机控制显示

2. 硬件组态

首先，打开 SIMATIC Manager，执行菜单命令："File"→"New"创建一个项目，命名为"Drill"，然后插入 SIMATIC 300 station 工作站，并选择 SIMATIC 300 station 文件夹，双击硬件组态图标 hardware 可进入硬件组态窗口进行硬件配置，如图 12-14～图 12-17 所示，本文对于硬件配置不做详细讨论。

3. 网络组态

钻孔系统网络组态图如图 12-18 所示。

图 12-14　创建项目对话框　　　　　　　　图 12-15　插入 SIMATIC 300 station 工作站

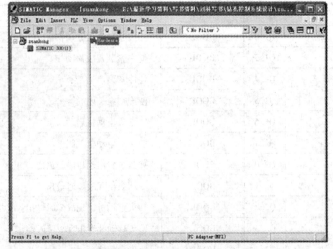

图 12-16　进行硬件组态

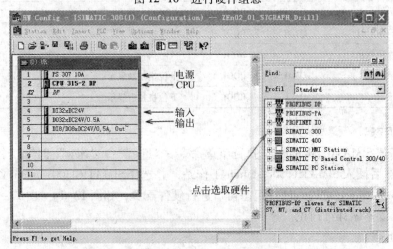

图 12-17　硬件组态图

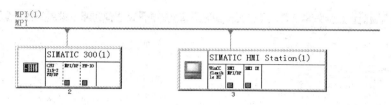

图 12-18　系统网络组态

12.4.4　系统软件设计

由于自动模式下的钻孔过程是典型的顺序控制，适合于采用 GRAPH 来编程，因此这里以自动钻孔子程序的编程为例，详细介绍 GRAPH 编程过程，其他的子程序（如手动模式子程序等）不作详细介绍。下面将按照本章 12.3 中所介绍的 GRAPH 程序设计流程来分步说明该钻孔系统的程序设计方法。

1. 编辑符号表

在"Drill"项目下插入 SIMATIC 300 station 工作站后，单击其子文件夹 S7 program，然后双击右工作区内的 Symbol 图标打开符号表编辑器，进行符号表编辑。如图 12-19 及图 12-20 所示。

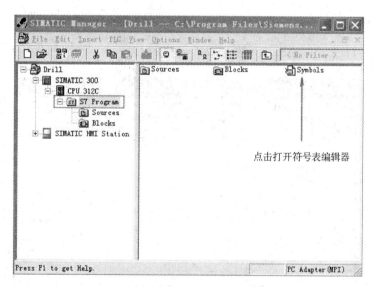

图 12-19　S7 program 界面

2. 编辑 S7 – GRAPH 功能块

（1）创建 S7 – GRAPH 功能块

在 SIMATIC Manager 窗口内双击 S7 program 文件夹下的 Blocks 文件夹，如图 12-21 所示。然后执行菜单命令"Insert"→"Function Block"，打开 FB 属性对话框，在 Name 区域输入功能块名称，默认为 FB1，在 Symbolic Name 区域输入 FB 的符合名，在 Created in Language 区域选择 GRAPH 语言，最后单击 OK 按钮，便插入了功能块 FB1。如图 12-22 所示。

（2）规划顺序功能图

双击功能块 FB1，打开 GRAPH 编辑器，编辑器界面如图 12-23 所示。

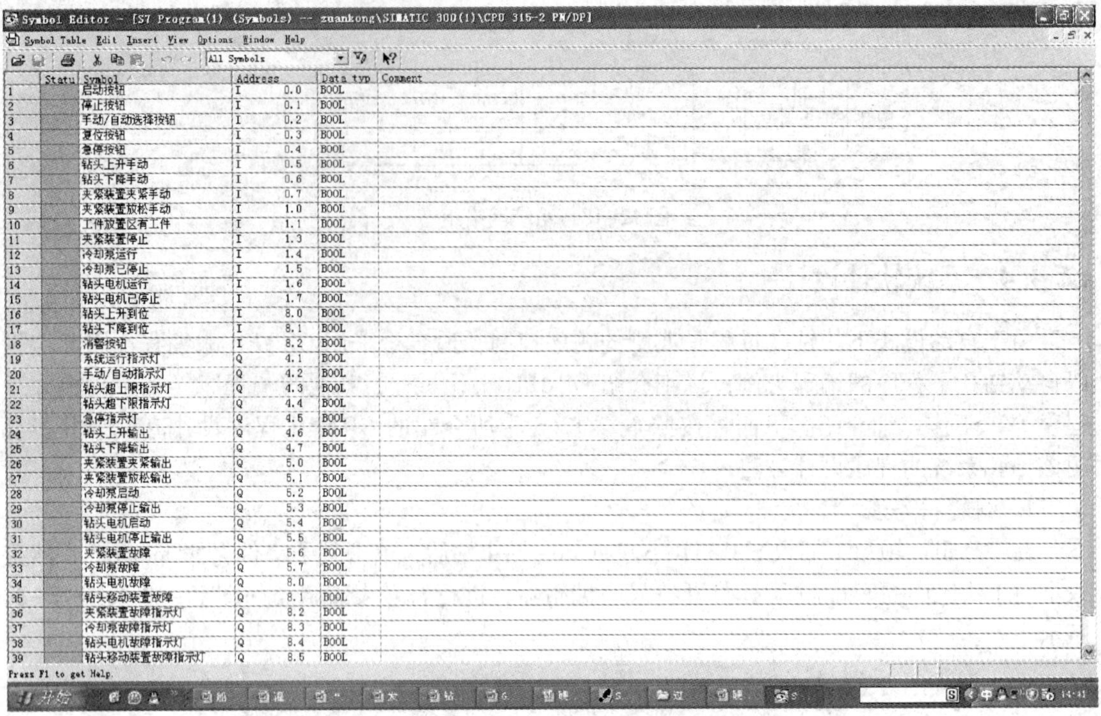

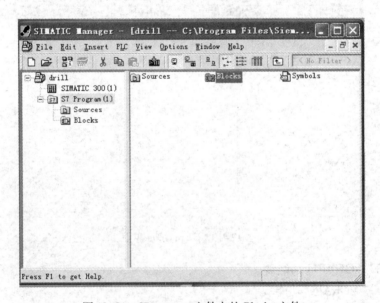

图 12-20　符号分配表

图 12-21　S7 program 文件夹的 Blocks 文件

规划顺序功能图即相当于完成顺序功能图的总体结构、设计步与步之间的次序关系，主要使用如图 12-24 所示的工具栏来编辑。

按照本章 12.4.1 节中介绍的被控对象工艺流程，可以规划顺序功能图的结构，完成规划后的顺序功能图如图 12-25 所示。

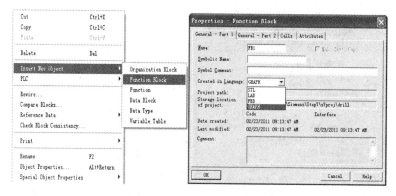

图 12-22 插入 FB1 功能块

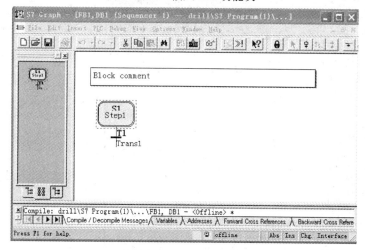

图 12-23 GRAPH 编辑器界面

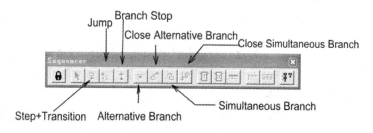

图 12-24 用于编辑的工具栏

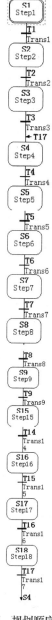

图 12-25 规划顺序功能图

（3）单个步的编辑

单个步的编辑主要是完成步与步之间转换条件的编辑以及各步的动作命令的编辑，在 GRAPH 编辑器里面执行命令"View"→"Single"将顺序功能图编辑窗口切换到单步显示方式，如图 12-26 所示。

之后在左边视窗内单击需要编辑的各步，在右视窗内即可对所有各步进行编辑。如图 12-27 所示为单步编辑界面。

具体各步的动作及步的转换这里不做详述，只需编辑条件及各步完成动作即可。整个顺序功能图的各步及其转换条件、动作命令都编辑完成之后，单击保存并编译，如果编译可以

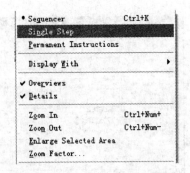

图 12-26　窗口切换

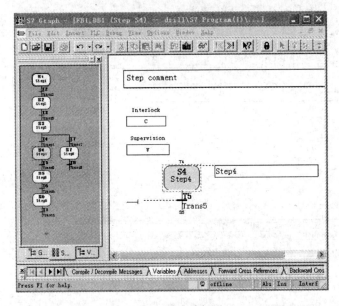

图 12-27　单步编辑界面

通过，系统将自动为当前功能块 FB1 生成对应的背景数据块 DB1。完整的 GRAPH 功能块如图 12-28 所示。

3. 在主程序 OB1 中调用 GRAPH 功能块

首先，在 GRAPH 编辑器中执行菜单命令"Option"→"Block Setting"，设置 FB1 为标准参数集，其他采用默认值，设置完毕，保存 FB1。

完成了子程序的编程及保存之后，打开主程序 OB1，在编辑器左侧浏览窗口中选择 FB1 双击，在 OB1 的 Network 中便调用了 FB1，在 FB1 上方输入其背景数据块 DB1 的名称，最后保存 OB1，即完成了 OB1 的编辑和 GRAPH 的调用工作，OB1 的程序如图 12-29 所示。

12.4.5　系统调试

程序的调试一般可以直接使用自动嵌入在 STEP 7 中的 PLCSIM 软件来完成，PLCSIM 是一个功能非常强大的仿真软件，它与 STEP 7 编程软件集成在一起，可以在计算机上相当真实地模拟 S7-300/400 CPU 的绝大部分功能。

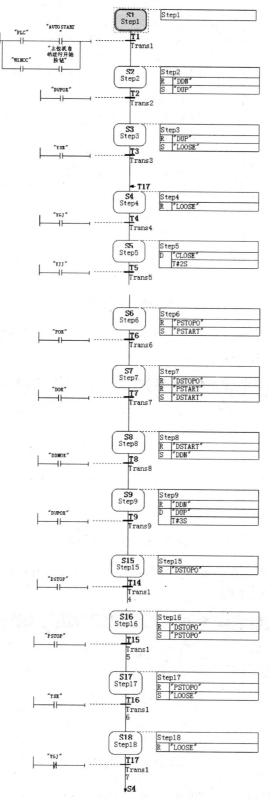

图 12-28 完整的 GRAPH 功能块

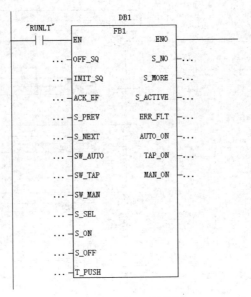

图 12-29   OB1 程序图

使用 PLCSIM 进行程序调试，首先在项目窗口主界面下点击 Simulation On/off 键，即可打开 PLCSIM，如图 12-30 所示。

图 12-30   打开 PLCSIM

打开 PLCSIM 窗口后，点击主界面的 Download 按钮将 SIMATIC Manager 下的 Block 文件夹下载到 CPU，如图 12-31 所示。

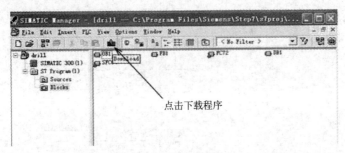

图 12-31   下载程序

在 PLCSIM 窗口内执行命令"Tool"→"Option"→"Attach Symbols"，选择当前项目符合表进行匹配，然后执行菜单命令"Insert"→"Vertical Bits"插入两个垂直位变量，并指定地址为 IB0 和 QB0。如图 12-32 和图 12-33 所示。

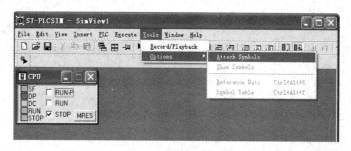

图 12-32　匹配符合表操作

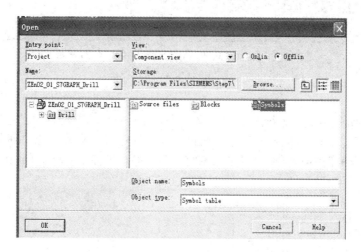

图 12-33　选择当前符合表进行匹配

然后执行菜单命令 "Insert" → "Vertical Bits" 插入两个垂直位变量，并指定地址为 IB0 和 QB0。如图 12-34 所示。

打开 FB1 并执行菜单命令 "Debug" → "Monitor" 将 FB1 显示切换到监控状态，如图 12-35 所示。将仿真 CPU 切换到 RUN 模式，然后勾选各输入信号观察输出信号以及 FB 监控界面的各步运行情况，即可完成程序调试。如图 12-36 所示为 PLCSIM 调试界面及 FB1 监控状态界面。

调试正确，说明程序无误，可以完成钻孔系统的顺序控制功能。

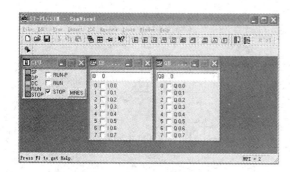

图 12-34　PLCSIM 中插入位变量

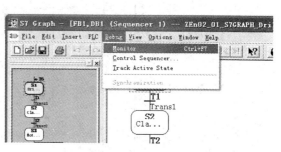

图 12-35　将 FB1 显示切换到监控状态

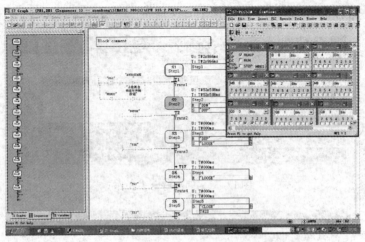

图 12-36　PLCSIM 调试界面及 FB1 监控状态界面

12.5　习题

以 12.4 节所介绍的钻孔系统为被控对象，试编写其完整的控制程序，包括手动运行子程序、自动运行子程序、故障报警子程序、急停处理子程序等，具体功能块划分如图 12-37 所示，其中自动运行子程序可参考 12.4 节来编写，系统停止子程序适合用 GRAPH 来编程。

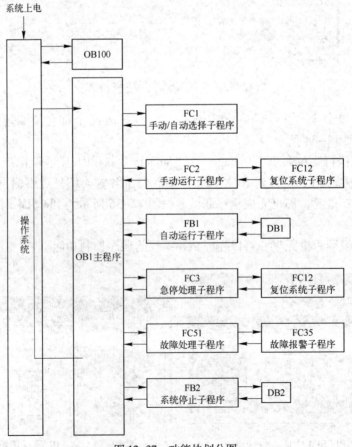

图 12-37　功能块划分图

其中，急停处理子程序、故障处理子程序、系统停止子程序对应的流程图分别如图12-38、图12-39、图12-40所示，试编程实现。

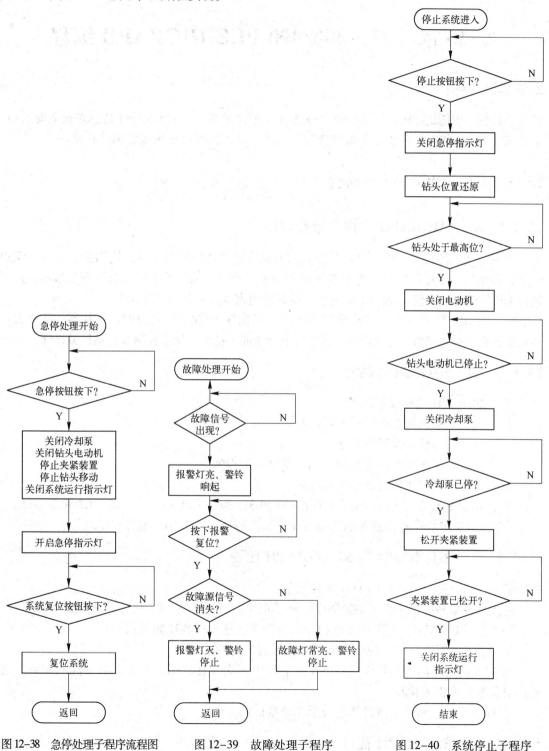

图12-38 急停处理子程序流程图　　　图12-39 故障处理子程序　　　图12-40 系统停止子程序

第13章 S7-300/400 PLC HIGRAPH 编程

本章学习目标：

了解 S7-HIGRAPH 的应用场合、语言特点等；理解 S7-HIGRAPH 的程序构成与结构，掌握 S7-HIGRAPH 基本使用与编程操作，通过学习，能够利用该语言编写程序。

13.1 S7-HIGRAPH 简介

13.1.1 S7-HIGRAPH 发展背景及应用

随着现代工控技术发展，PLC 日益面对着越来越复杂的控制任务，使用传统的标准编程工具，将难以完成控制任务。为了解决这一问题，西门子推出了系列高级语言工具包，其中包括 HIGRAPH 语言包，使工程师能够高质高量地完成控制任务程序编写。

S7-HIGRAPH 不仅具有 PLC 典型的元素（例如输入/输出，定时器，计数器，符号表），而且还具有图形化编程语言的特性，其非常适合于如下任务：异步控制及自动机械设计。

13.1.2 S7-HIGRAPH 特点

S7-HIGRAPH 具有以下特点：
① 通过绘制功能图表来实现异步控制。
② 集成了信号监控及触发功能。
③ 非常适合于机械设计工程师，调试及维护工程师。
④ 利于自动化工程师与机械工程师相互沟通。
⑤ 适用于 SIMATIC S7-300（推荐用于 CPU314 以上 CPU）、S7-400、C7 和 WinAC。
⑥ S7-HIGRAPH 程序最终编译成 STL。其代码量相对于 STL 编程有所增加。

13.1.3 S7-HIGRAPH 与 S7-GRAPH 比较

S7-HIGRAPH 与 S7-GRAPH 比较如下：
1）S7-GRAPH：比较侧重的是顺序控制，可以实现单个/多个的顺控器单独/协调工作。
2）S7-HIGRAPH：在实现顺序控制的基础上，还可以实现如下功能：
① 在 S7-HIGRAPH 生成的状态图可以被封装为标准元件。
② 完成封装后的标准元件，可以在图表组中多次重复使用，并分配给不同的实参（即面向对象的标准化编程）。
③ 标准元件之间可以通过消息或全局变量协同工作。

13.1.4 S7-HIGRAPH 优点

S7-HIGRAPH 优点如下：

① 通过图形化的界面，S7 – HIGRAPH 提高了 STEP 7 的编程功能。

② 状态图是控制和镜像 STEP 7 对象的有效工具。

③ 过程处理镜像到状态图，程序机构和工艺的描述也变得很容易。

④ 程序结构清晰，对于维护和修改工作都很方便。

13.2　S7 – HIGRAPH 软件包安装

13.2.1　S7 – HIGRAPH 安装与使用

STEP 7 各版本均不包括 S7 – HIGRAPH 软件包及授权，需单独购买。在 S7 程序中，S7 – HIGRAPH 块可以与其他 STEP 7 编程语言生成的块组合互相调用。S7 – HIGRAPH 生成的块也可以作为库文件被其他语言引用。

13.2.2　S7 – HIGRAPH 软件兼容性

不同 S7 – HIGRAPH 软件版本与 STEP 7 及操作系统之间的兼容性见表 13–1，表中的 X 表示兼容，– 表示不兼容。

表 13–1　S7 – HIGRAPH 软件兼容性

HIGRAPH			STEP 7 V5.3			STEP 7 V5.4				
Product Name	Version	Order Nuber	Win 2000 SP4	Win XP SP1	Win XP SP2	Win 2000 SP4	Win XP SP1	Win XP SP2	Win 2003	Win 2003 SP1
HIGRAPH	V5.3	6ES7 811–3CC05–0YA5	X	X	X	X	X	X	–	–
HIGRAPH	V5.2	6ES7 811–3CC04–0YE0	X	X	–	X	X	–	–	–
HIGRAPH	V5.0	6ES7 811–3CC03–0YE0	X	–	–	–	–	–	–	–

13.3　S7 – HIGRAPH 基本概念

13.3.1　S7 – HIGRAPH 程序构成

作为 STEP 7 的选项包，S7 – HIGRAPH 软件在安装后，将被集成在 STEP 7 中使用。S7 – HIGRAPH 编程界面为图形界面，Graphs Group 包含若干个 State Graph。当编译 Graphs Group 时，其生成的块以 FC + DB 的形式出现，此 S7 – HIGRAPH FC 必须周期调用，例如：OB1 可参考图 13–1。S7 – HIGRAPH 块可以与其他 STEP 7 编程语言生成的块组合互相调用，S7 –

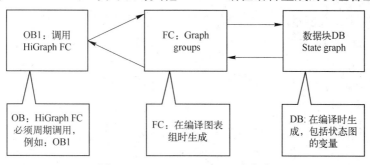

图 13–1　S7 – HIGRAPH 程序构成

HIGRAPH 生成的块也可以作为库文件被其他语言引用。

13.3.2　S7 – HIGRAPH 程序结构

S7 – HIGRAPH 程序分为 3 级结构，如图 13–2 所示。

① 状态 + 转换条件，若干个这两类元素构成状态图。

② 状态图，多个状态图构成图表组。

③ 图表组。

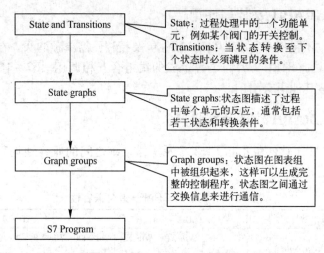

图 13–2　S7 – HIGRAPH 程序结构

13.3.3　S7 – HIGRAPH 项目流程

S7 – HIGRAPH 项目完整流程大致分为 16 步：

1）定义功能单元及状态图。在程序规划时，可以把完整控制任务分解成若干个功能单元，此单元可以是一个相对独立的设备或功能。

2）设计状态图。把每个状态图分解为若干个状态及转换条件。确定状态之间转换的顺序。

3）规划每个状态图的输入/输出信号。

4）新建 S7 – HIGRAPH 项目。

5）生成符号表。

6）生成状态图。

7）在状态图中定义变量。

8）插入状态和转换条件。

9）输入状态名。

10）输入动作和转换条件。

11）生成图表组。

12）分配参数。

13）编译状态组。

14）编程 OB1。

15）下载用户程序。

16）调试用户程序。

13.4 S7 – HIGRAPH 基础与编程

13.4.1 用户界面

首先，在 STEP 7 当中生成一个新项目，用右键点击 Source 文件夹，插入一个新的 State graph，如图 13-3 所示。

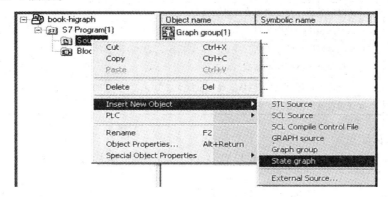

图 13-3 创建 State graph 窗口

双击新生成的 State graph 后，可以打开用户界面。

1. 工作窗口

用户在此可以编辑状态图以及图表组，主要的用户程序都在此区域完成。

2. 变量总览

在此区域可以编辑新生成的状态图的输入/输出等参数。此外，系统还列出了其他的一些编程元素，包括符号表中的符号，Block 文件夹中已经生成的块以及函数库。

（1）预定义变量

预定义变量见表 13-2。

表 13-2 预定义变量表

预定义变量	含　义	参数类型	数据类型	是否可被用户赋值
ManualMode	此变量用来设置为 Manual 操作模式。如果此变量为 1，则仅仅有 "Manual" 属性的转换条件被检测，此变量不可与 AutomaticMode 同时为 1	IN	BOOL	可以
AutomaticMode	此变量用来设置为 Automatic 操作模式。如果此变量为 1，则仅仅有 "Auto" 属性的转换条件被检测，此变量不可与 ManualMode 同时为 1	IN	BOOL	可以
INIT_SD	如果此变量为 1，状态图将被初始化	STAT	BOOL	可以
CurrentState	此变量保存当前状态的序号	STAT	WORD	
PreviousState	此变量保存前一个状态的序号	STAT	WORD	
StateChange	此变量在状态转换条件满足的周期中为 1，其他周期为 0	STAT	BOOL	
ST_Expired	监控时间超出	STAT	BOOL	

预定义变量	含　义	参数类型	数据类型	是否可被用户赋值
ST_ExpiredPrev	前一个状态的监控时间超出	STAT	BOOL	
ST_Stop	当此变量为 1 时，监控时间被中断	STAT	BOOL	可以
ST_CurrValue	剩余监控时间	STAT	DWORD	
ST_Valid	监控时间激活，此变量仅有内部意义	STAT	BOOL	
WT_Expired	等待时间到达	STAT	BOOL	
WT_Stop	当此变量为 1 时，等待时间被中断	STAT	BOOL	可以
WT_CurrValue	剩余等待时间	STAT	DWORD	
WT_Valid	等待时间激活，此变量仅有内部意义	STAT	BOOL	
DT_Expired	延迟时间超出。此变量只在第一个延迟时间被组态时被生成	STAT	BOOL	
UsrMsgSend	具备消息属性的状态激活。此变量在具备消息属性的状态激活时为 1。此变量仅于使用格式转换器的诊断有关	STAT	BOOL	
UsrMsgquit	此变量用于错误/消息的确认。此变量仅于使用格式转换器的诊断有关	IN	BOOL	可以
UsrMsgStart	此变量仅有内部意义，仅于使用格式转换器的诊断有关	STAT	WORD	

（2）非激活变量

当生成一个新状态图后，如下变量默认是不激活的，用户无法在程序中引用以下这些变量：

1）CurrentState。

2）PreviousState。

3）StateChange。

4）WT_Stop。

5）ST_Stop。

6）DT_Expired。

为了在用户程序中引用这些变量，可以通过如下操作使能这些变量：

1）在变量总览窗口中选择变量。

2）选择"Edit"→"Object Properties"。

3）在下个对话框中，选择 Attributes。

4）将 S7_active 设置为 true。

3. 详细窗口

详细窗口可以显示当前的状态图中编译信息、指令、参数，以及变量等。

13.4.2　状态图编程

1. 状态图元素

各种编程元素以图形格式出现在状态图中，其中包括如下元素：

1）States。

2）Transitions。

3）Permanent instructions。

4）States 或 Transitions 的指令。

2. 状态图和图表组结构的规则

状态图和图表组的结构必须符合如下规则：

1）一个状态图中最大元素数量：4090 个状态 及 4090 个转换条件。

2）一个图表组中最多可以容纳 255 个背景。（每个状态图为作为背景，可以被单次或多次在图表组中被引用）

3. State（状态）

（1）状态定义

State（状态）是 State graph（状态图）中的一个编程单元。它可以用来完成预定的控制功能。当程序执行时，状态图中仅有一个状态是激活的。

（2）初始状态

初始状态是状态的一种特殊格式，它决定了上电后执行哪一个状态。每个状态图都需要一个初始状态。一个查询预定义变量 INIT_SD 的 Any transition，被认为是一个起始转换条件，它被用来初始化状态图。

（3）添加状态

在编程界面的工具栏中，点击下面的图标，通过鼠标在工作区的操作，就可以添加状态。

（4）状态属性

右键点击状态后，选择 Object Properties，可以设置状态的属性，如图 13-4 所示。

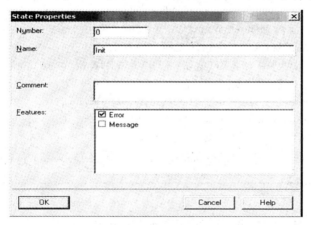

图 13-4 状态属性

1）Error：流程执行到此状态时，将输出一个报警消息（alarm message）给诊断程序，在默认情况下，具备此属性的状态将以红色显示，并添加 E 的标示。

2）Message：流程执行到此状态时，将输出一个状态消息（status message）给诊断程序，在默认情况下，具备此属性的状态将以亮黄色显示，并添加 ME 的标示。

3）一个状态只能具备 Error 或 Message 中的一项属性，或都不具备。

状态的属性的标识如图 13-5 所示。

（5）添加状态动作

双击状态后，在用户界面的详细窗口将显示当前状态的指令列表，默认为没有指令，右键选择某项，可以添加一个或多个 action（动作）或选择是否使用，如图 13-6 所示。

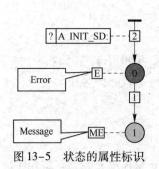

图 13-5　状态的属性标识

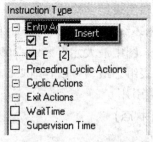

图 13-6　添加动作

4. 转换

（1）转换定义

一个转换可以控制两个状态图之间的转换。各个转换将被赋予一些转换条件，当这些条件满足时，将触发一个转换状态。

（2）转换的优先级

多个转换可以指向同一个状态，这种情况下可以为转换设置优先级。当多个转换条件都满足时，优先级最高的转换将被执行。1 为最高的优先级。

（3）转换类型

转换可以分为 3 种类型，见表 13-3。

表 13-3　转换类型

转 换 类 型	功 能 描 述	视　图
Normal transition	Normal transition 把系统流程从一个状态引导至下一个状态	①—▯—②
Any transition	Any transition 把系统流程从所有其他状态引至此转换条件所指向的目标状态。转换条件被连续处理，而不论当前状态图的状态。它们可以被用于一直需要监控的高优先级的限制条件（如急停）。如果一个状态图中有多个 Any transition，它们会被分配各自的优先级。Any transition 的优先级总是高于 Normal transition 的优先级。一个查询预定义变量 INIT_SD 的 Any transition，被认为是一个起始转换条件，它被用来初始化状态图	▮—▯—⓪
Return transition	Return transition 把系统流程从当前状态引导至前一个激活的状态 Return transition 优先级低于 Normal transition	③—▯—▮

（4）添加转换

在编程界面的工具栏中，点击如图 13-7 所示的图标，通过鼠标在工作区的操作，就可以添加转换。

（5）转换属性

如图 13-8 所示，右键点击转换后，选择 Object Properties，可以设置转换的属性：

1）优先级：1～255。

2）名称：可以根据需要修改。

3）源状态：不可修改，与实际连接关系有关。

4）目标状态：不可修改，与实际连接关系有关。

5）Waiting：当执行转换时，在 source state 中设置的等待时间将有效。

6）Auto：此转换只在自动模式下执行。

选择添加转换

图 13-7　添加转换

7）Manual：此转换只在手动模式下执行。

8）Error：标示此转换为错误转换。

当设置完毕后，转换的在编程界面下的标识会有所改变，如图13-9所示：

1）Auto：在默认情况下，具备此属性的状态将以粉色显示，并添加 A 的标示。

2）Manual：在默认情况下，具备此属性的状态将以亮青色显示，并添加 MA 的标示。

3）一个状态只能具备 Auto 或 Manual 中的一项属性，或都不具备。

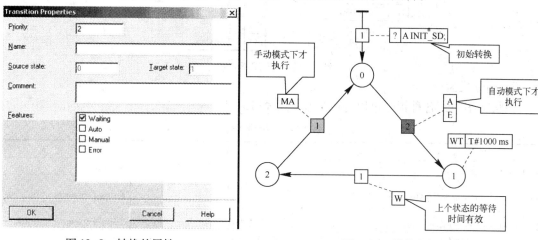

图13-8　转换的属性　　　　　　图13-9　转换的标识

5. Permanent instructions

（1）Permanent instructions 定义

Permanent instructions 字面含义为永久指令。在每个状态图的执行周期，无论当前状态图执行到了哪一个状态，这些指令将被执行一次。

（2）Permanent instructions 类型

指令类型见表13-4。

表13-4　指令类型

指令类型	功能描述	视图
Preceding cyclic actions	在每个周期开始时被执行	C –
Cyclic actions	在每个周期结束时被执行	C

（3）添加 Permanent instructions

在每个新建的状态图中，系统都自动添加如图13-10所示表格，双击此表格，在详细窗口中添加用户指令即可。

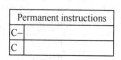

图13-10　添加 Permanent instructions

（4）Permanent instructions 用途

Permanent instructions 可以有特殊用途，例如：

1）连续计算在很多点（状态或转换）都关心的过程变量。

2）执行系统在任何情况下都必须相应的控制程序（例如安全门控制）。

13.4.3　指令编程

1. 指令定义

指令即过程控制命令，可以调用功能块，控制输入/输出等。指令可以被指定给状态、转换，当某个状态或转换激活时，这些指令被执行。Permanent instructions 中的指令在每个状态图的执行周期，无论当前状态图执行到了哪一个状态，这些指令将被执行一次。

在状态图中，指令都是以指令表的形式存在的，如图 13-11 所示。

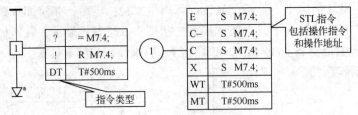

图 13-11　指令表视图

2. 指令类型

在状态图中，各种指令可以完成的功能见表 13-5。

表 13-5　指令类型

指 令 类 型	标识	功　能	使 用 范 围
Entry actions/进入动作	E	当进入一个状态时执行的动作	States
Preceding cyclic actions/周期前动作	C-	在一个周期中，并且在转换条件检查前，需要执行的动作	States/Permanent instructions
Cyclic actions/周期动作	C	在一个状态中需要周期执行的动作	States/Permanent instructions
Exit actions/退出动作	X	当退出一个状态时，执行动作	States
Waiting times/等待时间	WT	定义控制系统在一个状态中至少要停留的时间	States
Monitoring times/监控时间	MT	定义在一个状态中停留的时间是否需要监视	States
Delay times/延迟时间	DT	定义条件转换时的延迟时间	Transitions
Conditions/条件	?	这些指令描述了当状态转换时，必须满足的条件	Transitions
Transition actions/转换动作	!	当转换触发时，这些指令将被执行一次	Transitions

3. 输入 STL 指令规则

输入 STL 指令规则见表 13-6。

表 13-6　输入 STL 指令规则

名　称	规　则
语法	基本语法规则遵守 STL 编程语法规则
行	每条指令必须写到独立的行中
指令块	同一种类型的指令（例如状态进入事件指令）可以分成多个块
分号	指令的每行必须以分号结束
大小写	不区分符号，地址的大小写
地址	为了能够多次使用状态图（作为通用功能使用），应当在状态图中尽量通过定义变量来代替绝对地址的使用。当在图表组中以背景方式插入状态图后，再为这些状态图分配实参
RLO	每个指令表都以 RLO = 1 开始
嵌套堆栈	编译系统不检查嵌套深度，最多为 7 层
间接寻址	不支持间接寻址

4. 绝对地址与符号编程

在状态图中建议尽量不使用绝对地址。为了能够多次使用状态图（作为通用功能使用），应当在状态图中尽量通过定义变量来代替绝对地址的使用。当在图表组中以背景方式插入状态图后，再为这些状态图分配实参，这样状态图可以作为通用背景来使用。

13.4.4 等待/监控/延迟时间编程

1. 等待时间编程

等待时间是在转换条件检查之前，系统在一个状态中至少停留的时间。此时间可以是一个时间常数，也可以是个变量。

等待时间编程可以分为两步：定义等待时间和在转换条件中使能等待时间。

1）选择一个状态，在此状态的详细视图中选择等待时间，如图 13-12 所示。

2）选择与此状态连接的下一个转换，在其属性中使能"Waiting"选项。

2. 监控时间编程

监控时间可以用来监控系统在状态中停留的时间。此时间可以是一个时间常数，也可以是个变量。

选择一个状态，在此状态的详细视图中定义监控时间，如图 13-13 所示。

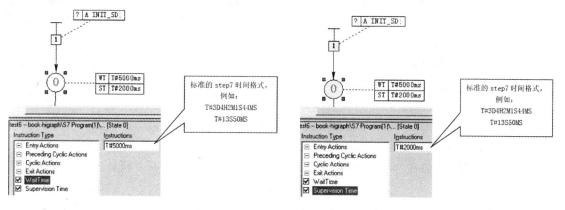

图 13-12　等待时间编程　　　　　　　图 13-13　监控时间编程

当监控时间超出时，默认变量"ST_Expired"被置位，同时一个错误消息输出到诊断程序。

3. 延迟时间编程

延迟时间可以用来防止 PLC 对短脉冲作出响应。一个有延迟时间的转换在转换条件满足时，并不进行切换，只有转换条件满足的时间达到了设定的延迟时间，转换才进行。此时间可以是一个时间常数，也可以是个变量。如图 13-14 所示。

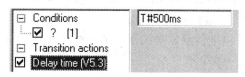

图 13-14　延迟时间编程

步骤：选择一个转换，在此转换的详细视图中可以定义延迟时间。

13.4.5 操作模式编程

S7 – HIGRAPH 中系统支持两种操作模式：

1）Auto mode：此模式的状态由系统默认参数 AutomaticMode 为 1 时确认。

2）Manual mode：此模式的状态由系统默认参数 ManualMode 为 1 时确认。

对于转换条件切换的影响：

1）如果一个转换具备 Auto 属性，则此转换只在以下情况进行转换：转换条件（transition condition）满足且 AutomaticMode 数值为 1。

2）如果一个转换具备 Manual 属性，则此转换只在以下情况进行转换：转换条件（transition condition）满足且 ManualMode 数值为 1。

3）如果一个转换不具备 Manual 或 Auto 属性，则此转换只根据转换条件来决定是否进行转换。

13.4.6　图表组编程

1. 图表组

图表组拥有一定数量的状态图，这些状态图可以被编译、保存和下载。状态图可以描述机器设备的独立单元，为了描述一个完整的机器或平台，可以把一定数量的状态图在图表组中组合起来。

2. 图表组编程步骤

1）生成图表组。右键点击项目的 Sources 目录，利用"Insert New Object" -> "Graph group"，输入文件名。

2）选择菜单"Insert" -> "Instance"，这时可以选择当前项目中已经编写完毕的状态图。并且可以多次使用同一个状态图。

3）选择菜单"Edit" -> "Run Sequence"，可以通过上下箭头来调整各个状态图在图表组中的运行顺序。

4）分配参数。在图表组中，选择一个背景，在详细视图的窗口中为其分配参数。

13.4.7　状态图消息交换编程

消息（Message）用来在状态图之间通信，一个状态图设置另外一个状态图可以接收的信号，这样在运行时，状态图之间可以互相影响。

消息分类：消息（Message）可以分为两类。

1）Internal message：在一个图表组中的多个状态图之间进行通信，此通信通过 S7 - HIGRAPH 数据块中的位地址来进行（消息的数据类型必须为 bit）。

2）External message：不同的图表组之间或者 S7 - HIGRAPH 与其他 STEP 7 程序之间通信。这种通信也使用位地址，编程者须自行定义。

发送消息中的 out 变量将把信息发送给接收消息状态图中的 in 变量。如下所示：

状态图 A→OUT 消息变量→信息→IN 消息变量→状态图 B

消息变量定义步骤：

1）打开发送消息的状态图。

2）在 IN_OUT 变量表中定义一个 BOOL 变量。

3）在消息类型中选择"out"。

4）打开希望接收消息的状态图。

5）在 IN_OUT 变量表中定义一个 BOOL 变量。

6）在消息类型中选择"in"。

为了连接消息变量，首先要把需要发送及接收消息的状态图以背景方式，放置到图表组中。连接内部消息 Internal message 步骤如下：

1）选中需要发送消息的背景（状态图）。

2）在"Current parameters"栏中，选择发送消息变量。

3）输入接收变量名称，格式为：接收状态图名称．接收变量名。

4）对于接收变量，不需要再次组态，因为其连接关系在发送变量组态中已经组态完毕。

连接外部消息 External message 步骤如下：

1）选中需要发送消息的背景（状态图）。

2）在"Current parameters"栏中，选择发送消息变量。

3）输入接收变量名称，如：DB10.DBX5.1，组态即完毕。

13.4.8 程序编译

1. 编译选项

在程序编写完毕后，用户需要编译后，才可以生成执行代码及数据块。编译选项中的设置对系统运行结果有着非常重要的影响，用户一定要给予足够的重视。

选择菜单："Options" -> "Settings for graph groups/state graphs" -> "Compile"，打开如图 13-15 所示的用户界面。

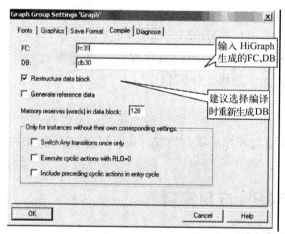

图 13-15　编译选项设置

2. Memory reserve（words）in data block

指定在数据块中为添加状态、消息，用户自定义变量而预留的内存大小。如果希望在线修改下载程序，此设置很重要。

3. 图表组设置

下面这些设置仅仅在此情况下有效：图表组中引用的状态图背景没有指定的自身的设置，对于这些状态图背景，将使用图表组统一的设置。

（1）Switch Any transitions only once

选择此项后，当控制系统已经在 Any transition 指向的状态中时，则 Any transition 不再发生切换。

（2）Cyclic actions with RLO 0

选择此项后，当状态离开时，系统将 RLO 清零，并再次执行一次 Cyclic actions 中的指令。此功能可以用于将状态图中所有置 1 的信号清零。

（3）Preceding cyclic actions also in the entry cycle

选择此项后，在进入周期时，（C－）中的指令执行一次。

13.4.9 程序的调用/下载/调试

1. 程序调用

S7－HIGRAPH 中生成的 FC、DB，可以在其他程序中调用，例如：OB1。

2. 程序下载

用户程序可能包括如下部分：

1）S7－HIGRAPH FC。

2）S7－HIGRAPH DB。

3）S7－HIGRAPH 诊断 DB。

4）（OB，FB or FC）。

5）程序中需要使用的其他块。

如果选择了诊断功能，可能还包括如下部分：

1）HIGRAPHErrEmitterFB（FB20），格式转换诊断。

2）HIGRAPHMsgEmitterFC（FC101），格式转换诊断。

3）HIGRAPHUnivEmitterFC（FC102），标准诊断。

4）Alarm_S（SFC18）and Alarm_SQ（SFC 17），标准诊断。

将这些在 Block 文件夹中的块下载到 PLC 中。

3. 程序调试

在 S7－HIGRAPH 程序下载完毕，并且被调用后，可以在图表组的视图下，选择菜单"Debug"－>"Monitor"来监视程序的执行情况。也可以双击图表组中的背景状态图，监控状态图的状态。

13.5 S7－HIGRAPH 应用实例

13.5.1 被控对象分析与描述

3 个成型机各自生产产品，当某台成型机产品就绪时，机械手将产品取走，并放置在传送带上。构成图如图 13－16 所示。

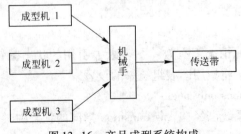

图 13－16 产品成型系统构成

其中，成型机与机械手的工作流程图如图 13-17 所示。

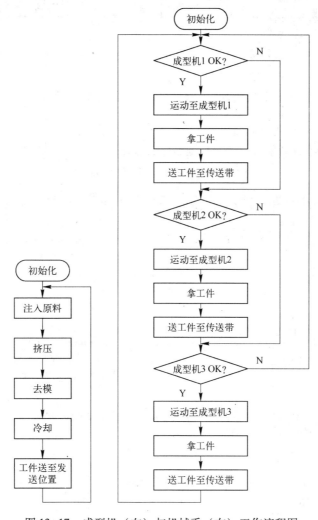

图 13-17　成型机（左）与机械手（右）工作流程图

13.5.2　S7 – HIGRAPH 编程

本章主要讲解 S7 – HIGRAPH 编程部分，采用的是一个虚拟工程对象，适合 PLCSIM 仿真，涉及的其他知识请参照其他的相应章节。

1.　新建系统

打开 SIMATIC MANAGER 软件，在 FILE 菜单的下拉菜单下选择 "NEW"，新建一个项目，选择 CPU314 和 OB1，在 NAME 栏中输入项目名称，将其命名为 "工件加工系统"，进入 S7 – HIGRAPH 编辑界面，单击 Source，右键点击右边空白处，选择 "Insert New Object" 中的 "State graph"，将其命名为 "Molding"。

同理插入另外一个 "State graph"，将其命名为 "Robot"，其中 "Molding" 用于工件加工的控制，"Robot" 用于机械手的控制。如图 13-18 所示。

2.　工件加工部分设计

双击 "Molding" 进入工件加工流程的设计，其界面如图 13-19 所示。

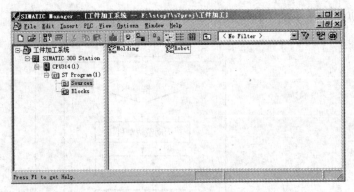

图 13-18　插入 HIGRAPH state

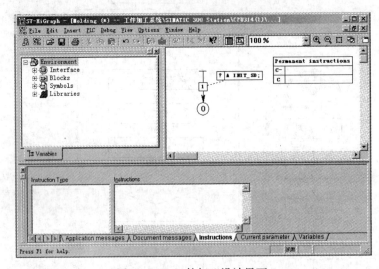

图 13-19　工件加工设计界面

在进行流程编辑时，必须要对整个过程中的变量进行定义。经过分析，整个工件加工系统需用到的变量见表 13-7。

其中 temp_of_product 为模拟量，需在 DB 块中另外进行定义。本设计选用的是 DB10，其定义如图 13-20 所示。

表 13-7　工件加工部分输入输出量

IN	类　　型	描　　述
temp_of_product	REAL	工件冷却后的温度
OUT	类　　型	描　　述
inject_material	BOOL	送入工件
Extrusion	BOOL	挤压工件
Cooling	BOOL	冷却工件
Deliver_product	BOOL	传送工件
IN – OUT	类　　型	描　　述
Robot_fetching（OUT）	BOOL	抓取工件
Product_OK（IN）	BOOL	工件制作完成
STAT	类　　型	描　　述
fetch_temp_1	BOOL	

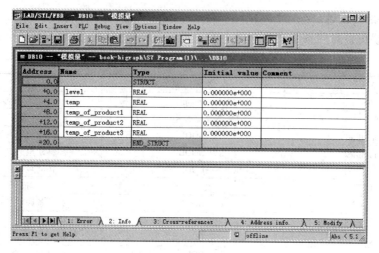

图 13-20　模拟量定义

定义好 DB10 后须在 S7 – Program 的 Symbols 中进行相应的定义，其定义如下：

S7 – HIGRAPH 中多出了 IN – OUT 类型的变量，其用途将在后面的消息传递中用到，这是 HIGRAPH 不同的地方。

根据工件的加工流程图，可将整个过程分为 6 个状态和 6 个转换，6 个状态分别是：初始化、送入工件、加工工件、冷却工件、传送工件、将工件完成信息发给机械手。整个流程理解如下：首先时程序初始化，即将其中的变量进行清零处理，整个系统选用自动模式。接下来将 inject_material 置 1，工件的材料送入工件加工系统进行加工，设 WT 为 1s 为其等待时间，一秒钟之后将 extrusion 置 1 进行工件的加工，加工时间为一秒钟，加工完成后将工件冷却变量 cooling 置 1，工件进入冷却状态，冷却的过程中加入了比较，即当 temp _of _product < 90°时便将工件送出，同时将 product_OK 置 1，等待机械手进行抓取，如此循环。工件加工部分程序图如图 13-21 所示。

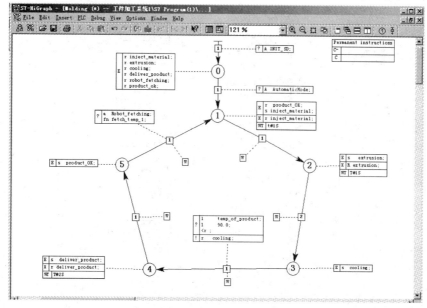

图 13-21　工件加工部分程序图

3. 机械手部分设计

机械手主要负责对三条生产线上做好的工件抓取到输送带，其变量见表13-8。

表 13-8　机械手部分输入输出量

IN	类　型	描　述
None	none	None
OUT	类　型	描　述
Move_to_line1	BOOL	移动至第一条生产线
Move_to_line2	BOOL	移动至第二条生产线
Move_to_line3	BOOL	移动至第三条生产线
IN – OUT	类　型	描　述
Product_ok_1（IN）	BOOL	第一条线上工件加工完成
Product_ok_2（IN）	BOOL	第二条线上工件加工完成
Product_ok_3（IN）	BOOL	第三条线上工件加工完成
Fetching_1（OUT）	BOOL	抓取第一条线上的工件
Fetching_2（OUT）	BOOL	抓取第二条线上的工件
Fetching_3（OUT）	BOOL	抓取第三条线上的工件

分析如下：首先对系统进行初始化并选择自动模式，第一步判断第一条线上是否有工件加工完成，如果有便将 Move_to_line1 和 fetching_1 置1，机械手得到指令后抓取工件，动作完成后将两个变量进行清零处理以便于下次抓取。若第一条线上工件加工未完成，即 Product_ok_1 不为1，系统会回到上一状态进行其他的判断，于是系统进行第二条线上工件的判断，如果有工件，则执行于第一条线相同的动作，若没有则转到第三条线上进行同样的判断和动作，若第三条线上也无工件，系统回到第一条线进行重新的判断，如此循环。工件机械手部分程序图如图 13-22 所示。

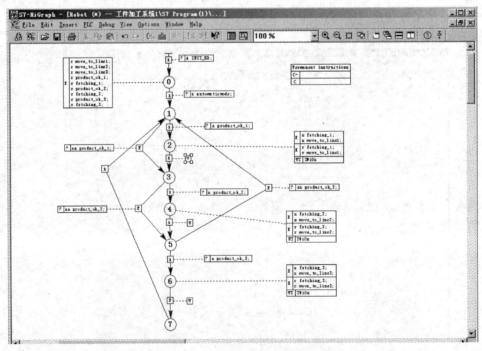

图 13-22　工件机械手部分程序图

4. 信息传递部分设计

S7 – HIGRAPH 的好用之处在于其可重复性，即只要在其消息的设计中运用合理，便可以减少很大的工作量。如本设计的三条生产线，一般需要设计三次才能满足要求，而 S7 – HIGRAPH 中只需要设计一次便可以。

在信息传递的设计中，变量中的 IN – OUT 变量起着重要的作用，每个模块中的 IN – OUT 变量可以不相同，其设计如下：

在 SIMATIC Manager 中点击 Source 在右边的空白处点击右键添加 Graph group，将其命名为 message，如图 13–23 所示。

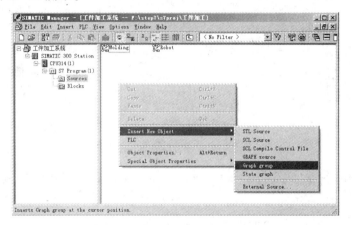

图 13–23　插入 Graph group

双击 message，进入消息传递的设计界面，右键点击空白处，选中 Insert Instance，进入其对话框，如图 13–24 所示。

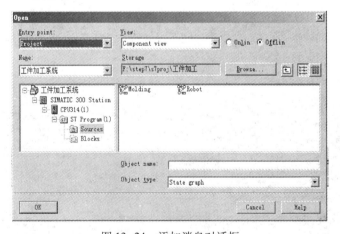

图 13–24　添加消息对话框

分别选中 Molding 和 Robot 进行添加，其中 Molding 可以添加三次，分别用于三条生产线。如图 13–25 所示。

添加完成后就能进行消息传递的设置，单击其中的 Molding_1，在界面下方选中 Current Parameter 选项，分别设置每个变量对应的状态位。

其中模块之间消息的传递在 OUT 型中设置，只需输入另一模块相应的输入便可，本设计

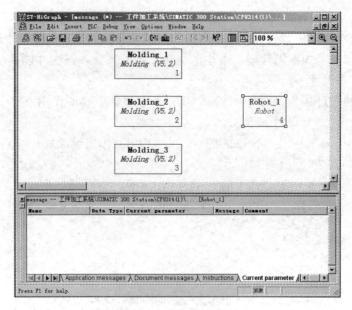

图 13-25　设置输入输出消息

的工件加工系统中工件加工完成对应的输出型为机械手工件加工完成的输入型，另外两条生产线也进行相同的设置，便可完成模块之间消息的传递，完成整个的流程，如图 13-26 所示。

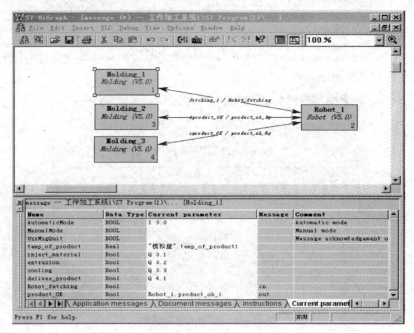

图 13-26　设置输入输出消息完成后出现连线

13.5.3　编译及调试

完成了消息传递的设置后，整个的系统便可进行编译调试。双击 message 进入其界面，点击 Options 菜单，选择 message settings，在出现的对话框中选择 compile，输入对应 FC 和 DB，单击"确定"按钮便完成了整个系统的保存。如图 13-27 所示。

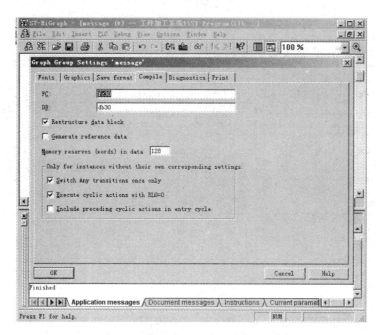

图 13-27　编译选择对话框

保存完成后便可以进行程序的编译，通过编译可以对系统中出现的错误进行修改，点击 message 中的 ▦ 按钮，在窗口的正下方便会出现编译后的结果，如图 13-28 所示。

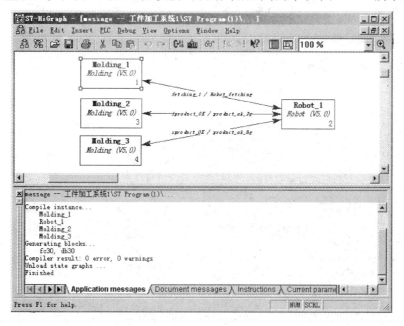

图 13-28　编译结果

编译完成没有错误后便可以进行主程序的编译了，点击 S7 – Program 中的 blocks，双击 OB1 进入主程序，在命令行中输入如下命令：

```
CALL    FC    30
INIT_SD : = M100. 0
```

点击保存，如图 13-29 所示。

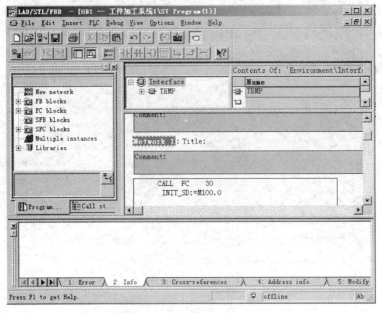

图 13-29　OB1 调用 FC30

保存完成后就可以进行程序的调试了，点击 sources 中的 message，进入操作界面，点击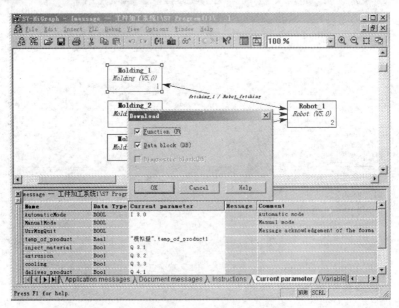 按钮，将程序下载。如图 13-30 所示。

图 13-30　下载程序

程序下载完成后便可以在 OB1 中进行调试了。点击 SIMATIC manager 中的█按钮，进入系统仿真界面，双击 OB1，同样点击█按钮将 OB1 中的程序进行下载，回到仿真界面给定相应的输入便可以正常的调试程序。其运行图如图 13-31 所示。

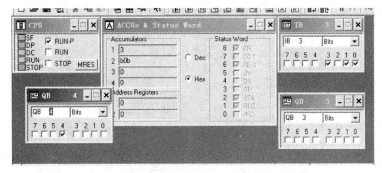

图 13-31　PLCSIM 设置

Graph group 中的调试界面如图 13-32 所示。

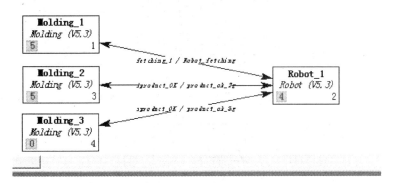

图 13-32　消息调试界面

机械手 state graph 中的调试界面如图 13-33 所示。

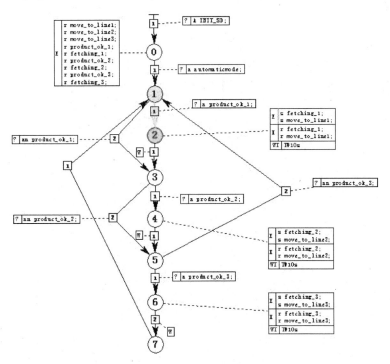

图 13-33　机械手调试界面

工件加工 state graph 中的调试界面如图 13-34 所示。

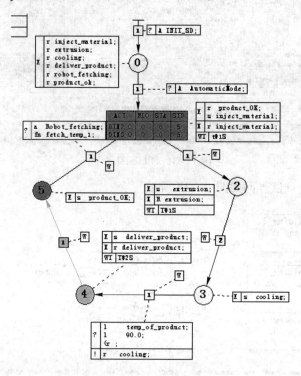

图 13-34　工件加工调试界面

13.6　习题

1. S7 – HIGRAPH 构成的元素有哪些，并指出该语言的应用场合。
2. 参照 13.4 节，熟悉 S7 – HIGRAPH 程序的编程操作。
3. 能够独立、熟练编写类似应用例中的简单程序。

第 14 章   S7 – 300/400 PLC CFC 编程

本章学习目标：

了解 S7 – CFC 的应用场合、语言特点等；理解 S7 – CFC 程序构成元素，掌握 S7 – CFC 功能块操作、程序编程操作及运行操作。通过学习，能够利用该语言编写程序。

14.1 S7 – CFC 简介

14.1.1 S7 – CFC 发展背景及应用

随着现代工控技术发展，PLC 日益面对着越来越复杂的控制任务，使用传统的标准编程工具，将难以完成控制任务。为了解决这一问题，西门子推出了系列高级语言工具包，其中包括 CFC 语言包，使工程师能够高质高量地完成控制任务程序编写。

CFC（Continuous Function Chart）是与 STEP 软件包结合使用的一个可视化图形编辑工具。CFC 不仅具有 PLC 典型的元素（例如输入/输出、定时器、计数器、符号表），而且具有图形化编程语言的特性，非常适合于应用于过程控制和系统工程中。

14.1.2 S7 – CFC 特点

连续功能图表 CFC（Continuous Function Chart）具有如下特点：

1）可通过绘制功能图表自动生成程序。
2）拥有强大的预制程序库，同时也可使用 STEP 7 中的标准块。
3）通过简单连线降低开发成本并减少错误。
4）优化集成在 STEP 7 中，与 STEP 7 兼容。
5）适用于 SIMATIC S7 – 300（推荐用于 CPU314 以上 CPU），S7 – 400，C7 和 WinAC。
6）CFC 会生成 SCL 代码，最终编译成 STL。其代码量相对于 STL 编程有所增加。

14.2 S7 – CFC 软件包安装

14.2.1 S7 – CFC 安装与使用

S7 – CFC 软件包及授权需单独购买，不包含在 STEP 7 中。作为 STEP 7 的选项包，S7 – CFC 软件在安装后，将被集成在 STEP 7 中使用。通常在程序中，S7 – CFC 会组织整个项目，调用其他编程语言生成的块。

14.2.2 S7 – CFC 软件兼容性

不同 S7 – CFC 软件版本与 STEP 7 及操作系统之间的兼容性见表 14–1，表中的 X 表示兼容，－表示不兼容。

表 14-1　S7－CFC 软件兼容性

CFC			STEP 7 V5.3			STEP 7 V5.4				
Product Name	Version	Order Nuber	Win 2000 SP4	Win XP SP1	Win XP SP2	Win 2000 SP4	Win XP SP1	Win XP SP2	Win 2003	Win 2003 SP1
CFC	V7.0	6ES7 658－1EX07－2YA5	X	X	X	X	X	X	X	X
CFC	V6.1	6ES7 658－1EX16－2YA5	X	X	X	X	X	X	X	－
CFC	V6.0	6ES7 658－1EX06－2YA0	X	X	X	X	X	X	－	－
CFC	V5.2	6ES7 813－0CC05－0YX0	X	－	－	－	－	－	－	－

14.3　S7－CFC 程序构成元素

14.3.1　Charts（图表）

S7－CFC 编程界面为图形界面，其基本元素为 Chart，每个 Chart 在 CPU 中的名字都是唯一的。可以在 SIMATIC Manger 或 CFC 编辑器中生成 Chart。如图 14-1 所示。

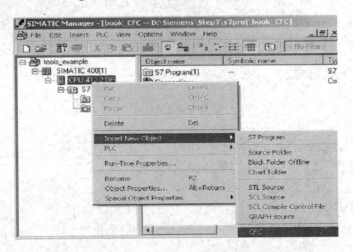

图 14-1　生成新 S7－CFC 程序

通过插入 CFC 程序，程序文件夹下增加了 CFC 的基本元素 Charts 文件夹及 CFC Chart。可以通过重复插入 CFC 的操作，即可生成多个 Chart，它们的名称在项目中是唯一的。双击其中的 Chart，可以打开 S7－CFC 程序。

14.3.2　Chart Partitions（图表分区）

每个 Chart 最多可以包括 26 个 Chart Partition，每个 Chart Partition 都有自己的名字，用字母表示。可以在 CFC 编辑器中，右键点击 Chart Partition 的名称，然后添加新的 Chart Partition。如图 14-2 所示。

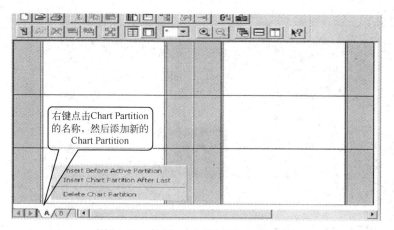

图 14-2 在 Chart 中添加 Chart Partition

14.3.3 Sheet（页）及 Sheet Bars（页边条）

每个 Chart Partition 包括 6 个 Sheet，它们按照 3 行 2 列的形式排列。在 CFC 编辑器中，可以通过点击缩小按钮，将视图缩小到最小，此时可以清楚地看出 Sheet 及 Sheet Bars 的排列位置。每个 Sheet 包括一个中央空白工作区及两侧的 Sheet Bars。用户可以空白工作区放置需要的功能块，在两侧的 Sheet Bars 中可以指定这些功能块的连接关系及 Chart 与 Chart 之间的连接关系。如图 14-3 所示。

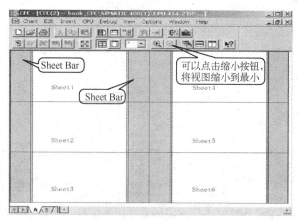

图 14-3 Sheet 及 Sheet Bar

可以通过点击放大按钮，将视图放大到最大，此时可以清楚地看出 Sheet 的结构。如图 14-4 所示。

14.3.4 Overflow Page（溢出页）

当一个 Sheet 中包含太多的与其他 Sheet 的连接时，会出现 Sheet Bar 被完全占用的情况，这时系统会自动生成 overflow page，这部分仅作为 Sheet Bar 的扩展出现。

14.3.5 Nested Charts（嵌套图表）

在一个 Chart 中可以嵌入另外一个 Chart，用户可以指定此 Chart 的输入/输出及连接关系。如图 14-4 所示。

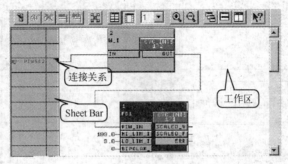

图 14-4　Sheet 构成

14.4　S7 - CFC 功能块操作

14.4.1　功能块导入

在 CFC 编程界面的 Blocks 视图中，包含了 CFC 集成的块，类似于 LAD 编程环境，用户可以将这些块拖拽到工作区使用。如果用户希望使用项目中其他的块，则需要通过导入的方式加入到 CFC 编程界面中。如图 14-5 所示。

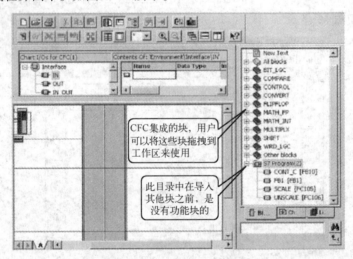

图 14-5　CFC 的 Blocks 视图

在菜单"Options"中，选择"Blocks Types…"，选择需要的块，点击中间的箭头，则依次可以将需要的块导入到 CFC 编程界面中。

14.4.2　功能块清除与更新

如果用户认为在 CFC 编程界面下存在不必要的块，可以通过"Clean Up…"按钮来清除在 CFC 编程环境下未使用的块（CFC 程序中已引用的块无法清除）。如图 14-6 所示。

如果用户在本项目"S7 Program(2)\Blocks"目录中的 FC105 有更改，则可以通过界面中的"New Version…"，来重新导入 FC105。当用户重新导入块的新版本时，可以分为 3 种情况：

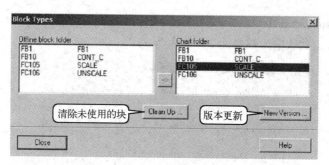

图 14-6　CFC 的 Blocks 清除与更新

1）不需要编译及下载完整程序的修改，此修改与 OS（操作员站）无关，仅与 ES（工程师站）有关。此时用户只需要在 RUN 模式下载变动部分即可（例如某个 Block I/O 属性修改为隐藏）。

2）修改与 OS（操作员站）相关，此时需要对 OS（操作员站）项目进行编译（例如修改一个消息文本）。

3）结构被改变，例如：添加了输入/输出，或者消息文本。这种修改会导致如下结果：

① 连接和参数设置可能会丢失。

② 必须编译并下载完整程序，并且 CPU 必须转换为 STOP 模式。

③ 如果此功能块需要被 OS（操作员站）监视及控制，则需要对 OS（操作员站）项目进行编译，如果用户希望保留在控制器中的参数设置，则用户在下载之前图表之前，首先应当从控制器当中回读图表。

14.4.3　功能块编辑

用户可以在图表中编辑块的属性，这些属性可以是整个块的属性，也可以是单独输入/输出的属性。

1. 设置对象属性

用户可以通过右键点击功能块，选择"Object Properties" -> "General"，查看块的属性。这些属性中比较重要的是以下几个：

1）Name。块在整个图表中的唯一的名称，此名称（最大 16 个字符）将被显示在块的头部。

2）Operator C and M possible（OCM Possible）。如果用户希望此功能块能够被 OS 监视及控制，可以选择此项，这样就可激活"Operator Control and Monitoring"、"Messages"按钮及"block icon"输入框。

3）Operator Control and Monitoring。此按钮将打开一个显示哪些输入/输出将被监视/控制的对话框，用户可以在此修改其在 WinCC 中的属性。

4）block icon。被监视/控制的块可以在 WinCC 中以块图标方式显示。用户可以在此指定所使用的图标。

5）Messages。此按钮将打开一个组态消息的对话框，用户可以在此编辑消息文本，此文本可以用于传送消息个 MIS/MES 管理系统。

2. 修改输入/输出数量

如果程序块拥有可变数量，同数据类型的输入，例如 NAND、OR 等，用户可以通过使用"Edit"->"Number of I/Os..."菜单命令来更改输入的数量。图14-7为更改AND功能块输入数量的界面，默认输入数量为2，最大为120。

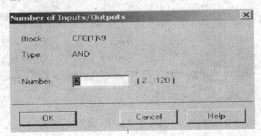

图14-7　更改AND功能块输入数量

3. 修改输入/输出属性

用户可以在块的属性对话框中的输入/输出栏中，查看并修改所有输入/输出的属性，也可以在图表中双击某个输入/输出点，单独编辑其属性。如图14-8所示。

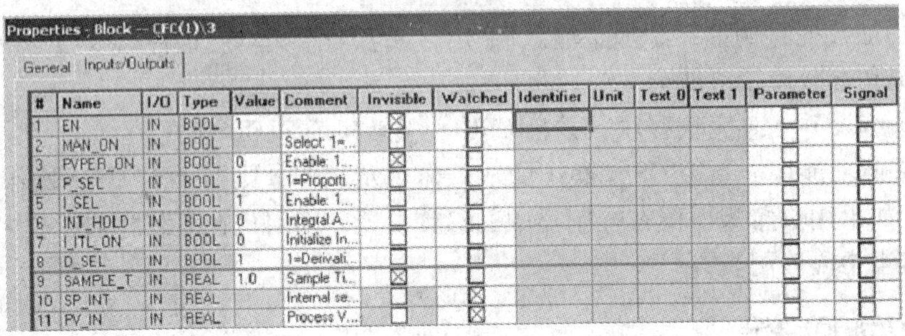

图14-8　块输入/输出的属性

具体属性设置功能见表14-2。

表14-2　属性设置功能表

名　称	描　述
Name	输入/输出的名称
Value	用户可以在此设置此变量的数值
Invisible	如果用户不希望显示此输入/输出变量，则可选择此项，这样可以减少块的显示大小
Watched	可以允许用户监视并修改变量值
Identifier	可以显示非BOOL类型变量的标识，此标识文本将被用于在OS中显示
Text0	对于BOOL类型变量，当其为0时，用于显示的文本，例如：Close
Text1	对于BOOL类型变量，当其为1时，用于显示的文本，例如：Open
Parameter	如果用户希望此变量作为参数，可选择此项，并可对其赋值
Signal	如果用户希望此变量作为信号，可选择此项，其数值来自于连接关系

14.5　S7-CFC程序编程及运行操作

14.5.1　连接关系

在一个CFC的Chart中，一个Interconnections（连接关系）可以连接：

1）一个 block/chart 的输出与相同的或其他的 block/chart 的一个或多个输入，输入与输出的数据类型必须一致。

2）一个 block 的输出与一个 run–time group（仅 BOOL 数据类型）。

3）一个 chart 内的 block 的输入/输出与 chart 的输入/输出。

4）一个 block 的输出与 CFC 外部的数据，例如共享地址，用户可以在 Chart 中，左键点击某个块的输入/输出管脚，并拖拽鼠标，在需要连接的其他管脚上方松开鼠标左键，即完成了新建连接关系的操作。另外，用户也可以通过右键点击某个 block 的输入/输出时，组态与其他对象的连接关系，如图 14-9 所示（注意：点击输入或输出后，显示的内容有所不同）。

图 14-9　连接关系

1. 功能块之间连接

功能块之间的连接是编程中使用最多的，只需将不同模块之间的输入变量和输出变量用线连接，需注意的是，所连接的两个变量数据类型必须相同。

2. 与共享地址连接

当用户在连接组态界面下选择了"Interconnection to Address…"后，即可以组态共享地址连接，例如：共享数据块、I/O 信号、存储位、定时器、计数器。用户可以从下拉列表中选择地址，也可以手动输入地址，地址的数据类型与 block 的输入/输出的数据类型要一致。如图 14-10 所示。

3. 与 Run–Time Groups 连接

用户可以动态地使能或禁止。用户可以将一 Block 的输出连接到一个 Run–Time Group，这样就可以控制其是否执行。在这种情况下，Run–Time Group 属性"Active"的设置将不被考虑。如图 14-11 所示。

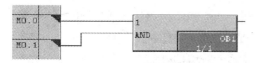

图 14-10　组态共享地址连接

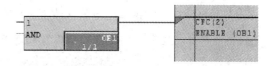

图 14-11　组态与 Run–Time Groups 的连接

4. 文本连结

用户可以对一个 block/chart 的输入组态文本连接，此连接指向 CFC 中的另外一个 block/chart 的输出。如果用户输入的连接关系不正确（例如连接目标不存在，类型不匹配）则此连接处于"打开"的状态，此连接只有在闭合状态下才变为一个真正的连接。当用户可以右键点击某个块的输入管脚，并选择"Textual Interconnection…"后，即可以组态文本连接。其格式为：（chart\block. I/O），如果连接关系正确，CFC 自动更改为标准格式。如图 14-12 所示，图中的输入的文本为 CFC（1）\1. ERR,此连接关系实际为 CFC（1）（A1）\1. ERR（即 CFC（1）的 Sheet A，Sheet A 中 6 个区域中的区域 1，块编号为 1，输出管脚标识为 ERR）。

如果用户输入了一个错误的文本连接，则系统使用黄色的三角标志显示，直到用户更改正确为止。如图 14-13 所示。

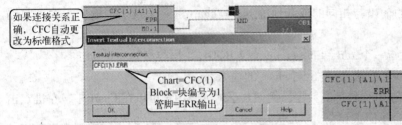

图 14-12　组态文本连接　　　　　　　　　　　　　　图 14-13　错误文本连接

14.5.2　运行时间设置

块的运行时间属性决定了此块在整个 CPU 结构中的运行顺序。此属性决定了一个目标系统的响应时间、死区时间，以及与时间相关系统的稳定性。当每个 block 被插入时，系统都将赋予其默认的运行时间属性。

1. 功能块运行时间设置

块的运行时间属性以彩色背景显示。如图 14-14 所示。

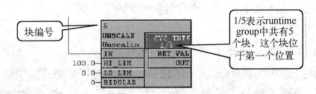

图 14-14　块的运行时间属性

2. CPU 运行时间设置

用户可以通过菜单 "Edit" -> "Run Sequence…" 切换至 Runtime editor。在此界面下，用户可以查看 CPU 的运行时间属性。此界面分为三层结构：任务/Runtime group/block。用户可以展开/收起这些分层目录来查看整个项目的运行时间属性。也可以选择某个 Runtime group/block 后，使用左键拖拽的方式来改变其所在任务/Runtime group 中的顺序。如图 14-15 所示。

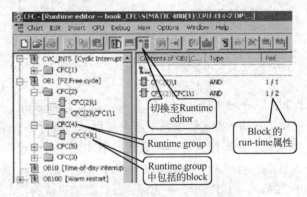

图 14-15　CPU 的运行时间属性

14.5.3　数据归档

具有 archiving 和 long_term archive 的变量将在编译 OS 时自动生成归档变量：

1）"no archiving"（S7_archive：='false'）输入/输出不会被归档。

2）"archiving"（S7_archive：='shortterm'）在 OS 上短期归档。

3）"long - term archiving"（S7_archive：='longterm'）在归档服务器长期归档，并且存储在 CD、DVD、MOD、磁带等。所有具备 OCM（可以被监视及控制）特性的数据（数据类型为 BOOL、BYTE、WORD、DWORD、INT、DINT 及 REAL）都可以被归档。

14.5.4 编译

用户可以将 Chart 编译为一个程序或者一个 FB。默认情况下，Chart 将被编译为一个程序。CFC 使用的编译器为 SCL。

1. 图表编译成程序

用户可以通过菜单"Chart" -> "Compile" -> "Charts as Program…"进行编译，或者直接点击工具栏中的编译图标来编译程序。当编译时，CFC 程序将被镜像为 FC 及 DB。

需要生成 FC 的情况：

1）每个使用的 OB 需要一个 FC。

2）每个 Runtime Group 需要一个 FC。

需要生成 DB 的情况：

1）需要为每个 FB 的背景数据块生成一个 DB。

2）为了保存每个 FC 的中间结果，需要生成 CFC 内部 DB，每种数据类型需要一个 DB。当其达到最大长度时（4 KB），在添加新的 DB。

注意：在用户在编译界面中如果没有选择"Make Textual Interconnections"这些连接不会转换为真正的连接。这些相关的参数将使用默认值。

2. 图表编译成 FB 块

用户可以通过菜单"Chart" -> "Compile" -> "Charts as Block Type…"将 Chart 编译为一个 FB。如图 14-16 所示。

（1）Compile for CPU

由于 S7 - 300/S7 - 400 拥有不同的启动 OB，所以此处的选择将会使编译生成的 FB 代码不同。

（2）Optimize code for（优化方式）

1）Local data requirements：（本地堆栈要求）。当用户修改 Chart 时，这种代码优化方式不增加本地数据堆栈的需求。所有的临时变量都将被存储于背景数据块

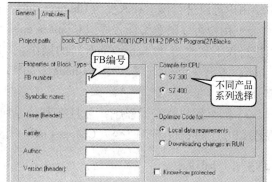

图 14-16　time group 运行时间属性

（VAR 区域）。然而当用户更改 Chart 时，这种方式导致了背景数据块时间标签的改变，因此，用户无法实现在线模式下下载。

2）Download changes in RUN。当用户修改 Chart 时，这种代码优化方式将把临时变量都存储于 VAR_TEMP 区域中。而 VAR_TEMP 将使用 CPU 的本地数据堆栈。这样当用户更改 Chart 时，不会导致背景数据块时间标签的改变。因此，用户在多数情况下可以实现在线模式下下载，但此种方法的缺点是增加了本地数据堆栈的需求。

3）Know – how protection。当用户使能此项时，仅仅当 SCL 源文件存在时，生成的块可以被察看及修改。

14.5.5 下载

对于 CFC 生成的程序，由于 CFC 可以保证 AS（控制器）中的数据一致性，所以用户必须使用 CFC 编辑器下载程序至目标系统。对于复制/下载离线 Blocks 文件夹中的 blocks 至在线文件夹的操作，是不允许的。如果用户程序还没有进行过编译，系统将提示用户进行编译操作。

1. 下载完整程序（Entire program）

用户可以在 CPU 处于 STOP 或 RUN – P 模式下，进行下载完整程序（Entire program）操作。在用户确定提示对话框后，CPU 中的所有块将被清除，并切换到 STOP 模式。在下载成功后，系统将提示用户是否启动 CPU。

2. 仅下载改变（Changes only）

用户可以在 CPU 处于 RUN – P 模式下，进行仅下载改变（Changes only）操作。为了防止 CPU 进入 STOP 状态，系统将进行一系列检查。但无法确保 CPU 肯定不会切换到 STOP 模式。当项目中存在时间戳不一致的情况下，无法进行 Change only 下载。

如下情况用户可能执行仅下载改变操作：

1）用户至少执行过一次完整下载。

2）下载已经下载过的程序结构。

3）在 CFC 的"Options" -> "Customize" -> "Compile/Download…"界面中，提供了"Compress"选项，如果用户选择了此选项，则与前面的 CPU 压缩空间不同，每次编译时，CFC 将压缩 FC/DB 的编号范围，此时就无法在进行仅下载改变（Changes only）操作。

4）下载完整程序并不意味着要编译完整程序，如果程序已经编译并被下载到了 CPU 中，用户可以进行仅下载改变（Changes only）操作。

5）用户可以随意编译程序（Changes only or entire program），此操作不影响用户是否可以进行仅下载改变（Changes only）的操作。

6）如果一个仅下载改变（Changes only）的操作失败，用户可以重新尝试下载剩余部分。

7）如果用户改变了程序，并且在其他系统或 PLCSIM 上进行测试，随后则用户不可以在原 CPU 上进行仅下载改变（Changes only）的操作。

14.5.6 回读

用户可以通过菜单"Chart" -> "Read Back…"调用回读功能，如果用户选择"Program on the CPU"作为数据源，则 CPU 中当前的块及参数被回读到 Chart 文件夹中。如图 14-17 所示。

另外用户也可以通过 SIMATIC Manager 的"Upload"命令，事先下载 CPU 中的数据，并存储到离线文件夹中。此时，用户 CFC 的回读界面中就可以选择"Program Offline"作为数据源。

以上两种情况下，用户都可以选择是否回读所有块的所有输入参数，或者仅仅回读具备系统属性"operator control and monitoring（S7_m_c：='true'）"的参数，或者具有回读属性的参数(S7_read_back : = 'true')。

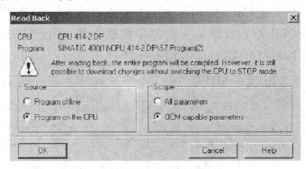

图 14-17　回读 Reading Back

14.5.7　测试

CFC 编辑器提供了监控功能，激活的 Chart 中的输入/输出在测试模式下可以被监控，默认更新周期为 2 s。用户可以通过菜单"Debug"-> "Test Settings..."来修改此数值。

1. 测试模式

测试模式包括两种方式：

（1）Process Mode

用于块的在线动态显示的通信负荷受到限制，仅仅导致 CP 或总线上存在有限的通信负荷。当测试模式被激活后，所有的块都处于"watch off"状态，如果用户希望监控某个块，或者输入/输出，可以单独选择此对象后，然后通过菜单"Debug"->"watch on"来使能监控功能。

（2）Laboratory Mode

对比于 Process Mode，此方式通信负荷不受限制，当测试模式被激活后，所有的块都处于"watch on"状态。当用户选择具体测试模式之后，可以通过菜单"Debug" -> "Test Mode"来激活测试模式。

2. 监控功能块输入/输出

用户可以通过点击工具栏中的图标来决定是否监控 Chart 中的某个对象。当数值被监控时，有三种显示情况：

1）黄色背景的黑色星号：数值改变为动态显示。

2）黄色背景的黑色数值：数值读取于 CPU。

3）红色背景的#### : 数值无法显示。

当用户使能测试模式后，即可更改未连接的输入信号的数值。可以双击某个输入管脚后，进行修改。

用户无法监视如下信息：

1）未存储在 DB 中的 block 的输入/输出。

2）未连接的 FC 或 BOP（基本操作，例如 AND、OR）等的输入。

3）数据类型为 STRING、DATE_AND_TIME、ANY 的输出。

在测试模式下，如果功能块（FB）的 EN = 0，则功能块连接的输入不显示，其显示当功能块最后一次被调用时的数值；当功能块的 EN 由 0 变为 1 时，这些数值将被刷新。而对于 FC 及 BOP 的输入，一直显示所连接的数据源的数值。

3. 动态显示

在测试模式下，block 及 Chart 的输入/输出可以在独立窗口中被动态显示。可支持基本数据类型（BOOL、WORD 等）及结构中的基本数据类型。用户通过菜单："View" -> "Dynamic Display" 中可以打开此窗口。如图 14-18 所示。

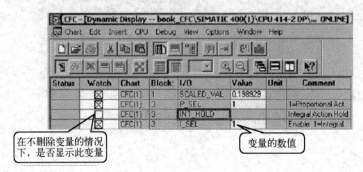

图 14-18 动态显示窗口

当用户希望监视某个变量时，可以通过右键点击某变量，选择 "Insert in Dynamic Display"，则此变量将被添加到动态监视窗口，同时动态监视窗口也将被打开。当此窗口被关闭时，所显示的变量也将被记录，当下次打开此窗口时，这些变量还将被显示。

14.6   S7-CFC 编程应用实例

CFC 非常适合运用在过程控制和系统工程中，下面以列管式热交换器传热过程为例，运用 CFC 编程对其传热过程进行控制。

14.6.1 被控对象分析与描述

1. 被控对象描述

在实际生产中常常遇到一些非线性环节，本实例以常见的延时环节——列管式热交换器作为被控对象。如图 14-19 所示。

图示对象为一热交换过程，热交换器为列管式结构，起加热作用，管程走冷流，壳程走热流。热流从 V10 阀流入壳程，经过壳程热交换后流出；冷流从 V9 阀流入管程，热交换后从管程留出。

本实验系统包括：列管式热交换器，管程入口流量 F9，冷却水泵电动机开关 S5，管程入口阀 V9，管程入口温度 T2，管程出口温度 T3，壳程入口流量 F10，壳程入口阀 V10，壳程入口温度 T4，壳程出口温度 T5，壳程高点排气阀 S7（开关），排气指示灯 D2。

2. 系统开车工艺

1）以热流出口温度 T5 为被控变量，以冷却水流量 F9 为控制变量，构成单回路温度控制系统，控制器出

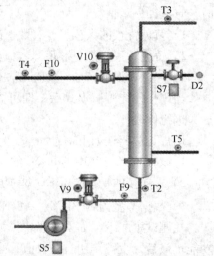

图 14-19 列管式热交换器传热系统

522

连接到控制阀 V9。

2）开车前设备检验。冷却器试压，特别要检验壳程和管程是否有内漏现象，各阀门、管路、泵是否好用，大检修后盲板是否拆除，法兰连接处是否耐压不漏，是否完成吹扫等工作（本项内容不包括在本实验系统中）。

3）检查各相关开关、阀门是否处于关闭状态。控制器应处于手动且输出为零。

4）开冷却水泵开关 S5。

5）将温度控制器手动输出逐渐开大至 50%。

6）开热流磷酸钾溶液手动阀门 V10，开度约 10%。

7）进行壳程高点排气。开排气阀 S7，直到阀出口指示灯 D2 亮，表示排气完成，关阀 S7。

8）手动调整冷却水量。当壳程出口温度 T5 手动调节至设定值且稳定不变后打自动。

9）缓慢提升负荷。逐渐手动将磷酸钾溶液的流量增加至 8800 kg/h 左右。

开车过程流程图如图 14-20 所示。

14.6.2 系统总体方案设计

1. 总体方案设计

总体方案如图 14-21 所示。

2. 硬件配置

硬件配置如图 14-22 所示。

模拟量输入/输出地址分配见表 14-3。

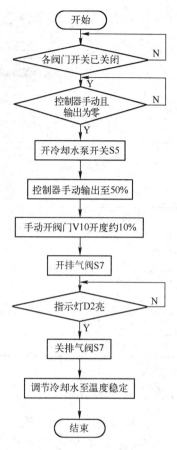

图 14-20 开车过程流程图

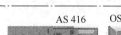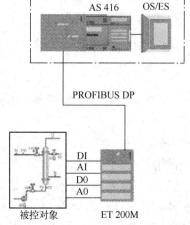

图 14-21 换热器控制系统总体结构图

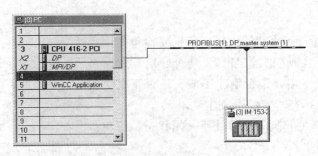

图 14-22　硬件配置图

表 14-3　模拟量输入/输出地址分配表

变 量 名 称	变 量 类 型	地　址	备　注
启动	BOOL	I0.0	开始按钮
停止	BOOL	I0.1	停止按钮
紧急停止	BOOL	I0.2	紧急停止按钮
壳款出口温度 T5	WORD	IW512	
壳程入口流量 F10	WORD	IW514	
管程入口阀 V9	WORD	QW512	阀门开度为 1～100

14.6.3　控制算法设计与实现

1. 检测变量与控制变量

该列管式热交换设备的检测变量和操作变量如下：

（1）检测变量

1）F9 管程冷却水入口流量 kg/h（0～25000）；F10 壳程入口流量 kg/h（0～15000）。

2）T2 管程入口温度℃；T3 管程出口温度℃；T4 壳程入口温度℃；T5 壳程出口温度℃。

（2）控制变量

1）V9 管程入口阀；V10 壳程入口阀。

2）S5 冷却水泵电动机开关（开关）；S7 壳程高点排气阀（开关）。

根据工艺以及被控过程的需要，被控热交换过程的被控变量为热水的出口温度即壳程出口温度 T5，操作变量为冷水的进水阀即管程入口阀 V9 的开度，通过调节进水阀门的开度使壳程的出口温度稳定在指定的值。

2. 控制算法设计

在本实验中，采用前馈＋反馈的控制结构，算法采用工业现场常见的 PID 算法。

3. 控制算法实现

打开 STEP 7，利用向导新建工程项目，在 Charts 下新建 1 个 CFC 块。如图 14-23 所示。

在进行 CFC 编程之前，有个前馈部分的处理没有现成的模块，首先用 SCL 先编写一个模块，在 Sources 下先插入一个 SCL 块，取名为 qiankui。如图 14-24 所示。

双击打开以后，在里面进行 SCL 语言编写，如图 14-25 所示。

将编好的模块编译，将库中的一些输入、输出转换模块以及提供的 PID 模块拖拽入编程环境中，用线进行连接，最终效果图如图 14-26 所示。

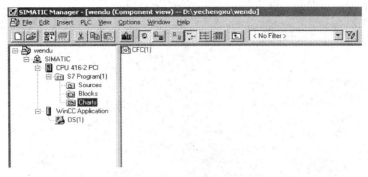

图 14-23 创建 CFC

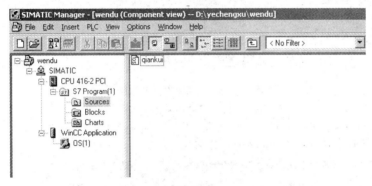

图 14-24 创建 SCL

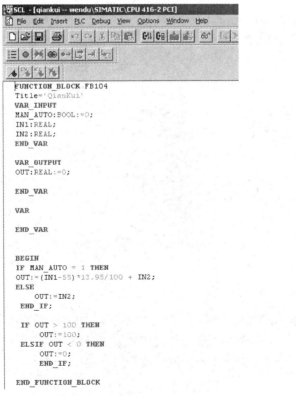

```
FUNCTION_BLOCK FB104
Title='QianKui'
VAR_INPUT
MAN_AUTO:BOOL:=0;
IN1:REAL;
IN2:REAL;
END_VAR

VAR_OUTPUT
OUT:REAL:=0;

END_VAR

VAR

END_VAR


BEGIN
IF MAN_AUTO = 1 THEN
OUT:=(IN1-55)*13.95/100 + IN2;
ELSE
    OUT:=IN2;
 END_IF;

 IF OUT > 100 THEN
    OUT:=100;
 ELSIF OUT < 0 THEN
    OUT:=0;
    END_IF;

END_FUNCTION_BLOCK
```

图 14-25 编写 SCL 程序

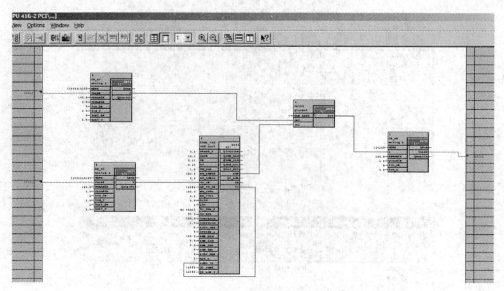

图 14-26　温度控制 CFC 图

对程序进行编译、下载，通过点击 watch on 进行监控数据的变化，同时可以实时地改变 PID 参数，使控制效果优化。如图 14-27 所示。

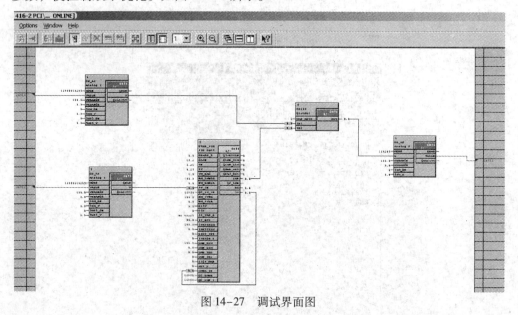

图 14-27　调试界面图

14.7　习题

1. S7 - CFC 构成的元素有哪些，并指出该语言的应用场合。
2. 参照 14.4、14.5 节，熟悉 CFC 程序的编程操作。
3. 能够独立、熟练编写类似应用例中的简单程序。

第15章 S7-300/400 PLC工程应用技术

本章学习目标：

了解西门子人机界面应用技术，熟悉人机界面基本操作；了解 MM4 变频器，掌握 MM440 的调试及基本应用；掌握 MPI 通信、PROFIBUS 通信、工业以太网通信及串行通信的实现与应用。

15.1 S7-300/400 人机界面与组态应用技术

15.1.1 S7-300/400 人机界面应用技术

西门子公司有着品种丰富的人机界面（Human Machine Interface，HMI）产品，人机界面也称触摸屏，这些产品都可以用 WinCC flexible 组态软件进行组态。表 15-1 列举了西门子公司不同类型面板的功能特点与典型产品型号。

表 15-1　西门子触摸屏产品

产　品　类　型	功　能　特　点	典　型　产　品
按钮面板	可靠性高，适应恶劣环境	PP17-2
微型面板	操作简单，品种丰富	K-TP 178 micro
触摸面板	可满足复杂的可视化要求	TP270
移动面板	可在不同地点灵活应用	Mobile Panel 170
操作员面板	主导产品，实用可靠，品种丰富	OP77B
多功能面板	高端产品，具有开放性和可拓展性	MP270B

SIMATIC WinCC flexible 是在 PROTOOL 组态软件基础上发展而来的，综合了 WinCC 和 PROTOOL 的优点，简单、高效，易于上手，并支持多种语言，具有比较强的开发性和易用性。WinCC flexible 提出新的设备级自动化概念，可以为所有基于 Window CE 的 SIMATIC HMI 设备组态，甚至可以对西门子的 C7 系列产品组态。WinCC flexible 具有开放简易的扩展功能，带有 VB 脚本功能，集成了 ActiveX 控件，可以将人机界面集成到 TCP/IP 网络。WinCC flexible 是西门子全集成自动化 TIA 的重要组成部分，它可以与西门子的工业控制软件 STEP 7、iMap 和 Scout 集成在一起。

WinCC flexible 监控系统组态是通过 PLC 以变量为纽带建立 HMI 与过程控制之间的通信。过程值通过输入/输出模块存储在 PLC 中，触摸屏则通过访问变量访问 PLC 相应的存储单元。

根据工程项目要求，设计一个 HMI 监控系统需要完成以下工作：

1）新建 HMI 监控项目。在 WinCC Flexible 组态软件中创建一个 HMI 监控项目。

2）建立通信连接。建立 HMI 设备与 PLC 之间以及 HMI 设备与组态 PC 之间的通信连接。

3）定义变量。在 WinCC flexible 中定义需要监控的过程变量。

4）组态监控画面。创建监控画面，将画面中的元素与变量建立连接，实现动态监控。

5）组态报警消息。编辑报警消息，组态离散量和模拟量的报警。

6）组态趋势图。组态趋势图以快速反映生产工艺参数的变化。

7）用户管理。设置不同级别的操作权限。

下面以灌装生产线监控系统为例，应用西门子的组态软件 WinCC flexible 和西门子的触摸屏 TP177B color DP/PN 介绍 HMI 项目的建立过程。

1. 组态 WinCC flexible 项目

双击桌面上 WinCC flexible 软件图标█或单击"开始"->"SIMATAC"->"WinCC flexible 2007"->"WinCC flexible"选项，启动 WinCC flexible。在打开的 WinCC flexible 软件中，可使用项目向导创建一个新项目，但建议初学者自己建立一个新项目。

单击菜单栏中的"项目"，在下拉菜单中选择"新建"，在弹出的 HMI 设备的选择画面中列出了该软件支持的所有 HMI 设备的型号，根据需要进行选择。本例中选择 TP 177B color PN/DP 触摸屏，如图 15-1 所示。

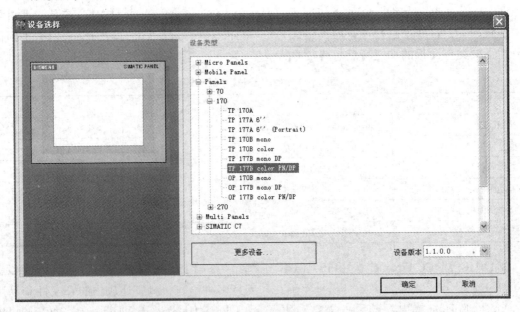

图 15-1　设备选择对话框

单击"确定"按钮，完成项目的建立，进入 WinCC flexible 的项目组态界面，如图 15-2 所示。WinCC flexible 项目组态界面分为几个区域，分别是菜单栏、工具栏、项目视图栏、工作区、属性视图区和对象视图区。WinCC flexible 友好的工作界面为完成 HMI 监视系统带来极大的方便。

2. WinCC flexible 与 STEP 7 的集成

将 WinCC flexible 项目集成到 STEP 7 软件中，集成后可以在 STEP 7 中看到 WinCC flexible 的项目，如图 15-3 所示。实现项目的集成之后可以在 SIMATIC Manager 中同时管理项目的 PLC 和 HMI 的组态、编程和调试，实现组态参数和变量的同步更新。

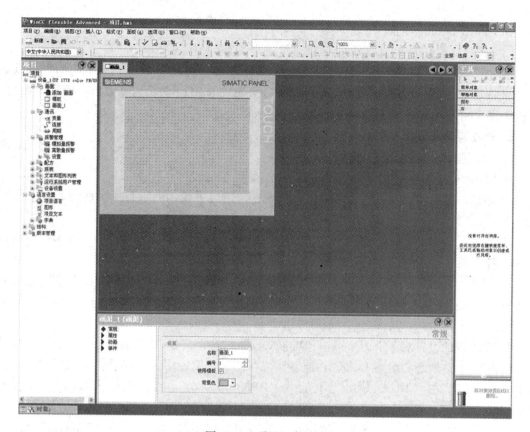

图 15-2 项目组态界面

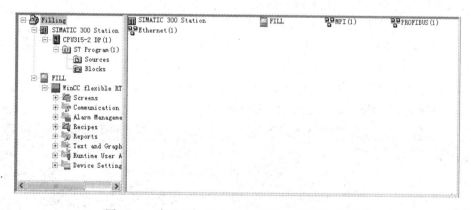

图 15-3 实现 WinCC flexible 项目与 STEP 7 的集成

将 WinCC flexible 的项目集成到 STEP 7 中的方法有以下三种：

（1）安装软件时先安装 STEP 7，再安装 WinCC flexible

在安装 WinCC flexible 时，系统会自动检测已安装的 STEP 7 版本是否支持项目的集成功能。如果支持，则可激活"与 STEP 7 集成"选项实现集成。

（2）通过 SIMATIC Manager 创建集成在 STEP 7 中的 WinCC flexible 项目

在 SIMATIC Manager 中选中项目名，在"Insert"下拉菜单中通过"Station"->"SI-MATIC HMI Station"，在弹出的 HMI 设备选择对话框中选择 HMI 设备型号，实现在 STEP 7

中集成 WinCC flexible 项目。

（3）将独立建好的 WinCC flexible 项目集成到 STEP 7 中

启动 WinCC flexible 打开一个独立的 HMI 项目，在"项目"下拉菜单中选择"集成于 STEP 7 项目中"。在弹出的集成对话框中选择需要集成的 STEP 7 项目，点击"确定"按钮，将独立的 WinCC flexible 项目集成到 STEP 7 项目中。

3. 建立通信连接

（1）设置触摸屏通信组态参数

本例中触摸屏与组态 PC 之间的连接选择以太网方式。

1）接通电源启动触摸屏。如果触摸屏上没有任何可供使用的项目，则在装入操作系统之后将自动切换到用于初始启动的传送模式。

2）点击"Cancel（取消）"按钮，出现"Loader（装载程序）"对话框，点击"Control Panel（控制面板）"按钮，打开控制面板窗口。

3）双击"Transfer"图标，弹出"传送设置"对话框，在"Channel（通道）"选项卡的通道 2 中选择网络连接为"以太网"，并在"Enable Channel"和"Remote Control"复选框中打钩。

4）在出现的设置对话框中，点击"Properties"按钮，出现 IP 地址设置对话框。此时需要将触摸屏的 IP 地址和组态 PC 的 IP 地址设置在同一个网段中。在对话框中选择"Specity an IP address"，在"IP Address"中输入"192.168.0.6"，在"Subnet Mask"中输入"255.255.255.0"，在"Default Gateway"中输入"192.168.0.1"。

5）设置完成后，点击"OK"按钮直到回到装载程序对话框，按下"Transfer"按钮，触摸屏进入数据传送模式，等待从 PC 传送项目。

（2）设置 WinCC flexible 组态软件的通信参数

1）启动 WinCC flexible，在项目组态界面的菜单栏中点击"项目" -> "传送" -> "传送设置"，打开传送设备参数设置窗口。

2）本例中触摸屏与组态 PC 的连接采用的是以太网连接方式，故通信接口模式选择以太网，输入触摸屏的 IP 地址，设置如图 15-4 所示。

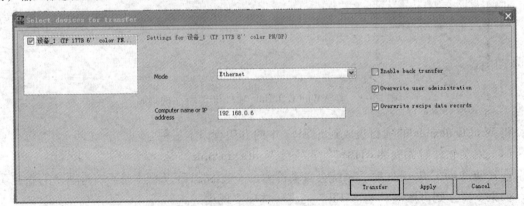

图 15-4　传送设备设置窗口

3）通信参数设置完成后，点击"Transfer"按钮，即可将 HMI 项目下载到触摸屏。点击"Apply"按钮，保存当前的设置。

4. 建立触摸屏与控制器 PLC 的通信连接

（1）SIMATIC Manage 网络组态

在 SIMATIC Manager 中，打开网络组态，建立 S7 – 300 与触摸屏的连接，通信方式为 MPI，设置 S7 – 300 站号为 2，触摸屏站号为 1。组态如图 15-5 所示。

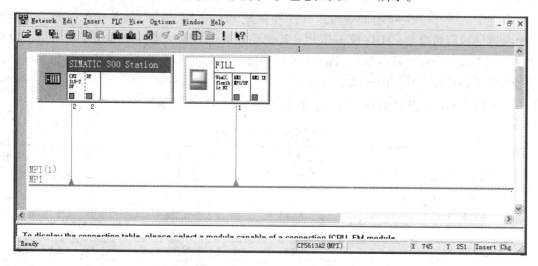

图 15-5　S7 – 300 与 HMI 设备的网络组态

（2）WinCC flexible 中组态通信参数

启动 WinCC flexible，在项目视图区中依次点击"项目" -> "通信"，双击"连接"，打开通信连接编辑窗口。双击新建连接的名称栏，输入新的连接名称"CPU315-2DP（1）"，在"通信驱动程序"下拉菜单中，选择 SIMATIC S7 300/400。设置网络参数，选择配置文为"MPI"，根据 S7 – 300 的网络组态，设置触摸屏的地址为 1，PLC 站的地址为 2，组态结果如图 15-6 所示。

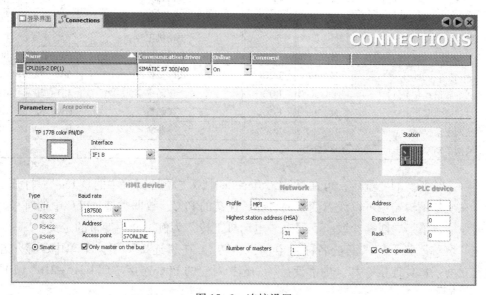

图 15-6　连接设置

5. 定义变量

自动化控制系统与 HMI 设备之间通过变量进行数据交换，生产线的运行状况通过变量实时地反映在触摸屏中，操作人员在触摸屏上发出的指令通过变量传送至生产现场。因此在定义画面之前，首先需要定义变量。

变量分为外部变量和内部变量。外部变量是 PLC 中定义的存储单元的映像，其值随 PLC 程序的执行而改变，HMI 设备和 PLC 均可访问外部变量，每一个变量都有对应的符号名和数据类型。内部变量存储在 HMI 设备，与 PLC 没有联系，只有 HMI 设备可以访问，内部变量没有地址和符号，用名称来区分。

根据灌装自动化生产线监控要求，触摸屏所需要的外部变量见表 15-2。

表 15-2　外部变量表

变 量 名 称	符　号	变量类型	变 量 名 称	符　号	变量类型
A 缸伸出到位	I　8.2	BOOL	电动机反转运行（上位）	M 200.5	BOOL
A 缸缩回到位	I　8.3	BOOL	系统运行指示灯	Q　4.1	BOOL
B 缸伸出到位	I　8.1	BOOL	手动模式指示灯	Q　4.2	BOOL
空瓶位置接近开关	I　8.5	BOOL	自动模式指示灯	Q　4.3	BOOL
灌装位置接近开关	I　8.6	BOOL	下位控制指示灯	Q　4.4	BOOL
满瓶位置接近开关	I　8.7	BOOL	上位控制指示灯	Q　4.5	BOOL
终端位置接近开关	I　8.0	BOOL	小瓶	Q　4.6	BOOL
反转点动按钮（上位）	M 20.3	BOOL	大瓶	Q　4.7	BOOL
正转点动按钮（上位）	M 20.2	BOOL	超下限报警指示灯	Q　5.1	BOOL
手动/自动选择按钮	M 20.4	BOOL	超上限报警指示灯	Q　5.2	BOOL
故障 1 标志	M 21.0	BOOL	过载报警指示灯	Q　5.3	BOOL
故障 2 标志	M 21.1	BOOL	废品率高报警指示灯	Q　5.4	BOOL
故障 3 标志	M 21.2	BOOL	急停指示灯	Q　5.5	BOOL
故障源 1 复位（上位）	M 25.0	BOOL	进料阀门	Q　8.0	BOOL
故障源 2 复位（上位）	M 25.1	BOOL	灌装阀门	Q　8.2	BOOL
故障源 3 复位（上位）	M 25.2	BOOL	电动机正转	Q　8.5	BOOL
停止（上位）	M 50.1	BOOL	电动机反转	Q　8.6	BOOL
启动（上位）	M 50.0	BOOL	实际液位值	MD　72	REAL
大小瓶选择（上位）	M 50.2	BOOL	废品率	MD　36	REAL
计数值清零（上位）	M 200.1	BOOL	满瓶数	MW　32	INT
灌装阀手动控制（上位）	M 200.2	BOOL	空瓶数	MW　30	INT
进料阀手动控制（上位）	M 200.4	BOOL			

明确系统所需的变量后，可在 WinCC flexible 中双击项目窗口中的"Tag"，打开变量编辑器。在变量编辑器中可以设置变量的名称、连接的 PLC、数据类型、PLC 中的符号、对应 PLC 的地址、采集周期等参数。下面以"电动机正转"为例，介绍变量的定义。

在"名称"栏下输入变量名称"电动机正转"，在"连接"下拉菜单中，显示在通信连接建立的"PLC 连接"和 <内部变量>，选择对应的 PLC 连接"CPU315-2DP（1）"，如图 15-7 所示。

在"数据类型"下拉菜单中选择数据类型，与在 PLC 中定义的类型一致，选择 BOOL

型。输入"电动机正转"在 PLC 中对应的地址，如图 15-8 所示。

图 15-7　选择连接的 PLC

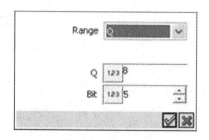

图 15-8　输入变量地址

如果 WinCC flexible 已集成到 STEP 7 中，可以很容易地将 STEP 7 项目中的符号地址转移到 WinCC flexible 的变量表中。在符号下拉菜单中，选择 STEP 7 项目中需要连接的 PLC 符号表，直接点击符号名即可自动生成名称、连接、数据类型和地址等参数，如图 15-9 所示。

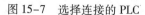

图 15-9　集成项目中定义变量

6. 组态画面

根据控制系统的要求，首先要对画面进行总体规划。由于任务中灌装生产线系统所需要的画面个数不多，主要包括登录界面、欢迎界面、监控界面、手动界面、自动界面、报警界面、参数设置界面、趋势图界面。可将登录界面作为系统起始画面，在每个画面中都有对应其他画面的按钮，方便实现各个画面之间的切换。

（1）设置起始画面

起始画面是开机时显示的画面，双击视图中"设备设置"文件夹中的"设备设置"图标，打开设备设置对话框，修改 HMI 设备的名称为 FILL，定义起始画面为"登录界面"，如图 15-10 所示。

设计的登录界面如图 15-11 所示，在登录界面中放置文本、图形和"登录"、"注销"两个按钮，并设置对象的相关属性。按钮的属性组态在用户管理章节具体介绍。

（2）组态画面元素

在本例中首先以监控界面为例，介绍在 WinCC flexible 如何组态画面元素。设计的监控界面如图 15-12 所示。图中放置灌装生产线图形、位置传感器、工作状态指示灯、显示现场数据的 I/O 域、显示液位的棒图和画面切换按钮。

（3）向量图形元素

向量图形元素是简单几何形状的组合，如直线、折线、圆和矩形等。可以利用图形元素在 WinCC flexible 中直接绘制简单的向量图形。例如：可用工具窗口中简单对象的向量图形绘制灌装生产线的运行图形。

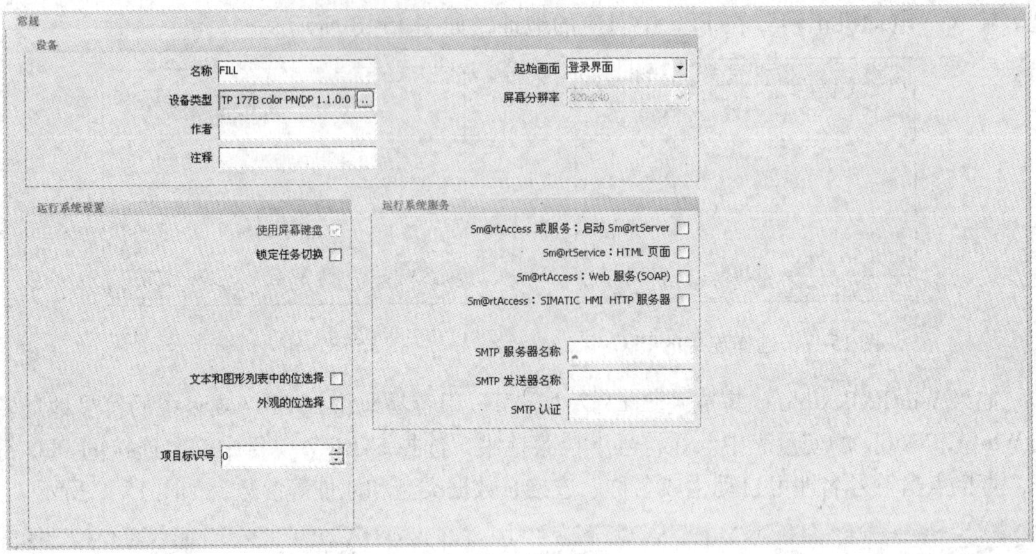

图 15-10　定义起始画面

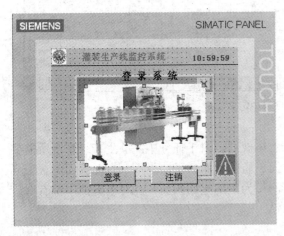

图 15-11　登录界面

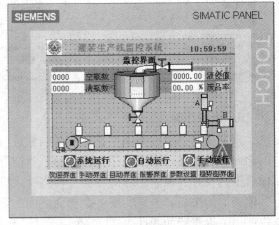

图 15-12　监控画面

　　利用向量图形元素的两个圆和两条直线绘制传送带。选择工具窗口中的简单对象，点击"圆"和"直线"将其放入监控画面的基本区域，改变其大小和位置组合成为传送带形状。在圆的属性视图中将填充颜色该为灰色，在左边的圆里添加本文"M"，指示电动机运行状态。同时选中组成传送带的 5 个元素，鼠标右击选择"组合"，使传送带变为一个整体，可以一起在画面中移动。

　　选择工具窗口中的简单对象，利用两个矩形组合空瓶子的外形，选中两个矩形组合为一个整体，通过复制粘贴在传送带上放置一排空瓶子。为了表现灌装后的满瓶子，在灌装位置右侧的瓶子内部添加一个矩形并将矩形的"填充"和"边框"属性设置成黄色。

　　瓶子的状态传感器使用矩形来表示。以组态"空瓶位置传感器"为例，在矩形的"动画"属性视图的"外观"对话框中勾选"启用"，连接对应的变量"空瓶位置传感器"（I8.5），再选择"位"类型，编辑属性。当该位为 0 时，设置前景色和背景色均为红色，表示传送带上未放置空瓶；当该位为 1 时，设置前景色和背景色均为绿色，表示传送带上已放置空瓶，如图 15-13 所示。

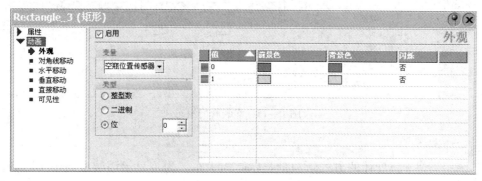

图 15-13　位置传感器组态

（4）图形和库的使用

监控画面中的指示灯、罐装液罐和阀门等复杂图形可以直接从库中选取，使画面更为形象。

点击工具窗口中的"库"，依次打开"Button_and_switches"->"Indieator_switches"，选中"Pilotlight-1"指示灯，拖入画面的基本区域并调整到合适的大小和位置。例如组态"系统运行指示灯"，如图 15-14 所示。在"常规"属性对话框中设置类型为"通过图形切换"，连接过程变量为"系统运行指示灯（Q4.1）"。当"系统运行指示灯"为 1 时，选择状态图形为绿灯亮，当"系统运行指示灯"为 0 时，选择状态图形为红灯亮。

图 15-14　指示灯组态

点击工具窗口中的"图形"，依次打开"WinCC flexible 图形文件夹"->"Symbol Factory 256 color"->"Tanke"，选中"Hopper. wmf"罐拖入画面的基本区域，作为生产线的液罐。点击工具窗口中的"库"，依次打开"Graphics"->"Symbols"->"Valves"，选中"Valve1-vertical-left"阀门，拖入画面基本区域，安放在液罐下方。选中阀门，右键选择"取消组合"，并选中表示阀门管道的两个三角形点击其属性，在"动画"属性的"外观"对话框中勾选"启用"，连接对应的变量"灌装阀门（Q8.2 该）"，选择"位"类型，编辑属性。当位为 0 时，设置前景色和背景色均为白色，表示没有液体流出；当该位为 1 时，设置前景色和背景色均为黄色，表示正在灌装液体。最后将表示阀门的元素重新组合为一个整体，如图 15-15 所示。

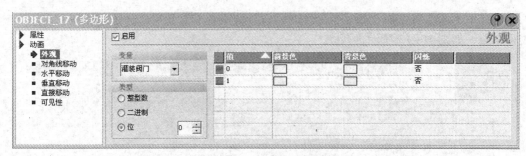

图 15-15　灌装阀门组态

（1）棒图

棒图用类似于温度计的方式形象地显示数组大小。为了显示灌装液罐中实际液位的变化，在罐子中间添加一个棒图。

选择工具窗口中的简单对象，点击"棒图"并调整大小及位置，将其放在液罐上面。设计棒图"常规"属性，如图 15-16 所示，设置液位最大值为 1000，最小值为 0，选择连接的外部变量为"实际液位值（MD72）"，采样周期改为 1s。设置棒图的"外观"属性，前景色为黄色，背景色为灰色。设置"刻度"为不显示刻度，以方便观察液位状态。

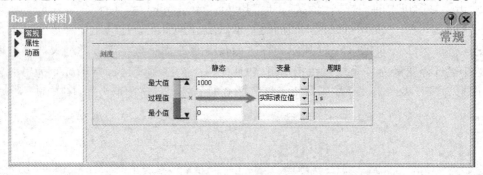

图 15-16　棒图组态

（2）I/O 域

输入域和输出域统称为 I/O 域。I/O 域分为 3 种模式：输出域只显示变量的数值；输入域将操作员输入的数值保存到指定的变量中；输入/输出域同时具备显示和修改数据的功能。

在监控画面中使用的是输出域，可以在画面中显示来自 PLC 的当前值，例如：将灌装的满瓶数显示在触摸屏上。

选择工具窗口中的简单对象，点击"I/O 域"，放入画面的基本区域，调整输出域的大小及位置，在旁边放置文本域"满瓶数"。在 I/O 域的"常规"属性对话框中，选择 I/O 域类型为"输出"模式，连接变量"满瓶数（MW32）"，选择显示数据的格式为"十进制"，根据实际生产情况，选择格式样式为 9999，不带小数点。

在 PLC 中编写了统计满瓶数的程序，如图 15-17 所示。满瓶数保存在 CPU 的存储单元 MW32 中，触摸屏的输出域与变量"满瓶数（MW32）"连接从而实现在触摸屏上显示满瓶数量的功能。

应用同样的方法，在画面中设置"空瓶数"、"液位值"和"废品率"的输出域，分别连接对应的过程变量，注意"液位值"和"废品率"的数据格式有两位小数部分。

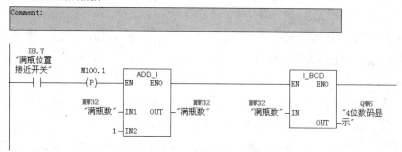

图 15-17　统计满瓶数的 PLC 程序

（3）画面切换按钮

在设计画面结构时，采用的是拓扑结构切换方式，各个画面之间可以实现相互切换。因此在每个画面的下方均会设置除本画面以外的其他画面的切换按钮。例如：从监控画面切换到欢迎画面。

在按钮"常规"属性的"文本"中输入"欢迎界面"，在"事件"属性的"按下"中点击右边的下拉箭头，出现可用的系统函数，选择"ActivateScreen"函数，点击"画面名"右侧的下拉箭头，在出现的画面选项中选择"欢迎界面"，如图 15-18 所示。

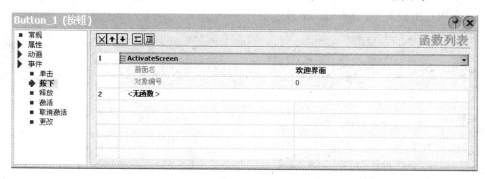

图 15-18　画面切换按钮组态

（4）控制按钮

触摸屏上组态的按钮主要为 PLC 提供开关输入信号，与接在 PLC 输入端的物理按钮功能相同。整个生产线的控制既可通过控制面板中的开关按钮实现也可以通过触摸屏上的开关按钮实现。可在手动操作界面中使用按钮控制灌装生产线的运行状态，如图 15-19 所示。

画面中的按钮元件是触摸屏画面上的虚拟键。因为 I0.1 或 I0.0 是输入过程映像区的存储位，每个扫描周期都要被实际按钮的状态所刷新，使上位控制所作的操

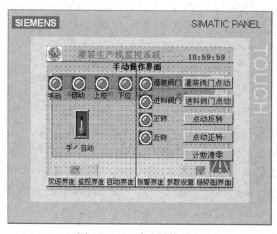

图 15-19　手动操作界面

537

作无效，故按钮元件连接的变量保存在 PLC 的 M 存储器区或数据块区中。例如："计数清零"按钮的地址为"计数值清零（M200.1）"。

选择工具窗口中的简单对象，点击"按钮"放入画面的基本区域，调整大小及位置。在按钮"常规"属性 对话框中，输入"计数清零"。如图 15-20 所示，在"事件"属性的"按下"对话框中，点击函数列表最上面一行右侧的下拉箭头，在出现的系统函数列表中选择"编辑位"文件夹中的"SetBit"函数。点击函数列表中"变量（InOut）"右侧隐藏的下拉箭头，在出现的变量列表中选择"计数值清零（上位）"。

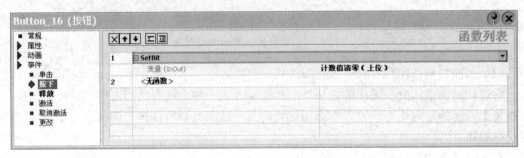

图 15-20　组态按钮"按下"属性

同样的方法，在"释放"对话框中选择函数"ResetBit"，并在 Tag（InOut）中选择"计数值清零（上位）"，如图 15-21 所示。

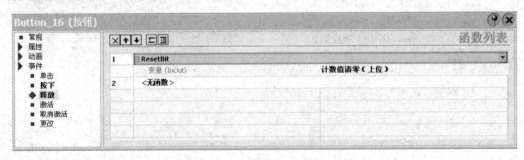

图 15-21　组态按钮"释放"属性

在运行时按下该"计数值清零"按钮，相应的"计数清零"位就会被置位；释放该按钮时，则"计数清零"位被复位。

（5）文本和图形列表

在过程控制中，为了适应不同的工艺流程，操作人员需要输入一些设定的参数。例如：为了使生产线适应灌装大小不同规格的瓶子，需要相应修改灌装时间的参数，灌装大瓶子的时间为 3 s，灌装小瓶子的时间为 1.5 s。参数设置画面如图 15 - 22 所示。

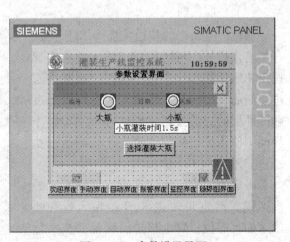

图 15-22　参数设置界面

为了实现多种灌装模式的选择，可以利用 Wincc flexible 提供的文本列表工具。双击项目视图中的"文本和图形列表"文件夹中的"文本列表"，添加两个文本列表，如图 15-23 所示。

编辑"灌装类型"文本的变量为 0 时，显示"灌装小瓶"；变量值为 1 时，显示"灌装大瓶"。

编辑"灌装时间"文本的变量值为 0 时，显示"小瓶灌装时间 1.5 s"；变量值为 1 时，显示"大瓶灌装时间 3.0 s"。

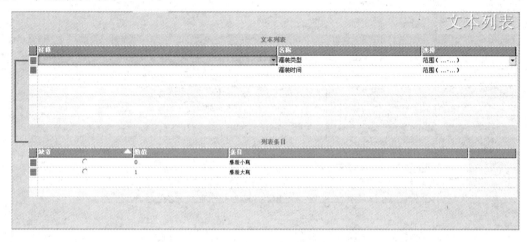

图 15-23　编辑文本列表

添加"符号 I/O 域"，放入画面的基本区域，调整适当的位置和大小。在"常规"属性对话框中，选择模式为"输出"，连接文本列表为"灌装时间"，选择连接的变量为"大小瓶选择按钮"。当变量值为 0 时，显示的是"小瓶灌装时间 1.5 s"；当变量为 1 时，显示的是"大瓶灌装时间 3 s"。

变量值的改变通过按钮操作完成。添加简单对象"按钮"，组态按钮"常规"属性，设置类型为"通过文本切换"，连接过程变量"大小瓶选择按钮"，设置显示文本"ON"状态为"选择灌装小瓶"，"OFF"状态为"选择灌装大瓶"，如图 15-24 所示。

图 15-24　组态按钮常规属性

打开"事件"类属性的"打开"对话框中，点击第一行最右侧下拉箭头，在出现的系统函数中选择"编辑位"类下的"SetBit"函数，并连接变量"大小瓶选择按钮"。同样在"关闭"对话框中选择"编辑位"的"ResetBit"函数，连接变量"大小瓶选择按钮"。

PLC 的灌装时间选择程序与采用"图形列表"设置灌装时间的方式相同，如图 15-25 所示。

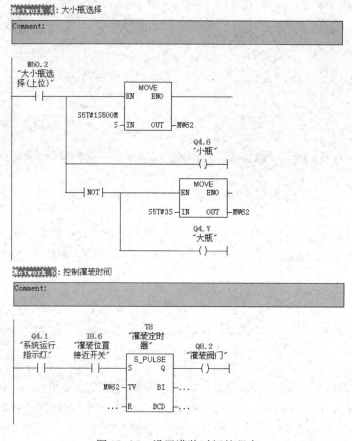

图 15-25　设置灌装时间的程序

7．组态报警

报警是用来指示控制系统中出现的事件或操作状态，可用来对系统进行诊断。报警分为模拟量报警和离散量报警，这里主要以模拟量报警的组态来介绍报警组态的应用。

模拟量报警时，通过过程值的变化触发报警系统，在本例中监测灌装液罐的液位值。如果液位在 200~150 L 之间，应发出警告信息"灌液位降低！"，小于 150 L 时，应发出错误信息"罐液位过低！"；如果液位在 800~850 L 之间，应发出警告信息"灌液位升高！"，大于 850 L 时，应发出错误信息"罐液位过高！"。

在项目视图中双击"报警管理"中"模拟量报警"图标，打开模拟量报警编辑器。点击空白行，输入警告文本"罐液位过低！"，报警编号自动生成。根据报警的严重程度，选择类别为"报警"。点击"触发变量"选择过程变量"实际液位值 MD72"。点击"限制"栏，输入限制值"150 L"，在"触发模式"中选择"下降沿时"触发。用相同的方法组态其他模拟量报警，组态完成的模拟量报警如图 15-26 所示。

选择工具窗口中的增强对象，分别点击"报警窗口"、"报警指示器"，将其放入画面模板的基本区域，通过鼠标调整报警窗口的大小及位置。在报警窗口的"常规"属性对话框中，选择显示报警的"未决报警"和"未确认报警"，激活全部报警类别，如图 15-27 所示。

图 15-26　组态模拟量报警

图 15-27　激活全部报警类别

在报警窗口"属性"的"显示"对话框中,设置报警窗口显示的状态,添加水平和垂直滚动条、"文本信息"按钮和"确认"按钮,如图 15-28 所示。

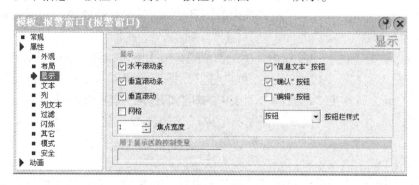

图 15-28　报警窗口显示状态设置

选择"报警指示器",激活全部报警类别。在"事件"中选择"闪烁时单击",设置当报警指示器闪烁时,单击可控制报警窗口开闭,如图 15-29 所示。

当有故障报警时,无论触摸屏上是哪个画面都将弹出"报警窗口"和"报警指示器",

图 15-29　报警指示器设置

如图 15-30 所示。"报警指示器"不停地闪烁，提示操作人员有故障存在，且报警信息未被确认。"报警指示器"下方的数字表示当前存在的报警事件的个数。重复单击"报警指示器"，可以打开或关闭报警窗口。"报警窗口"显示报警信息的属性和当前状态。只有当全部故障排除后"报警指示器"才会消失。

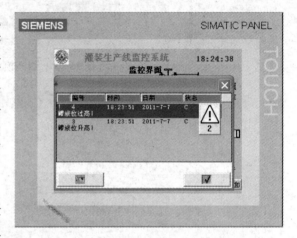

图 15-30　报警消息显示

8. 用户管理

在系统运行时，为了保护系统的安全性，需要对不同的人设置不同的访问级别。在用户管理中，权限是分配给用户组而不是直接分配给用户，同一个用户组的用户具有相同的权限，组的编号越大，权限越高。在本例中，根据现场生产和调试的需要，将用户分为管理员（编号 9）、工程师（编号 3）、班组长（编号 2）和操作员（编号 1）4 个组，组的编号依次降低。

（1）创建用户组

双击"系统运行用户管理"文件夹的"组"图标，打开用户组管理编辑器。左侧的"组"编辑器显示已存在的用户列表"管理员"和"用户"，右侧通过一根绿线相连，显示对应的组权限。

在已有组名称下方的空白处双击，生成新的组，输入组名，修改运行时名称，并在右侧设置相关的权限。例如：生成"组_2"和"组_3"将其显示名称改为"班组长"和"工程师"。选中用户组，通过在"组权限"列表中的复选框打钩为其分配权限。除了自动生成的权限外，用户可以生产其他权限，例如：生成"访问参数设置界面"权限，如图 15-31 所示。

（2）创建用户

创建一个"用户"，根据用户名登录到监控系统。登录时，只有输入的用户名和密码与运行系统中的"用户"一致时才能成功登录。

双击项目视图中"系统运行用户管理"的"用户图标"，打开用户编辑器。左侧的"用户"工作区域显示已经存在用户及其被分配的用户组。用户"Admin"是默认生产的，属于管理员组，用灰色表示，是不可更改的。用户的名称只支持数字和字母，不支持汉字。

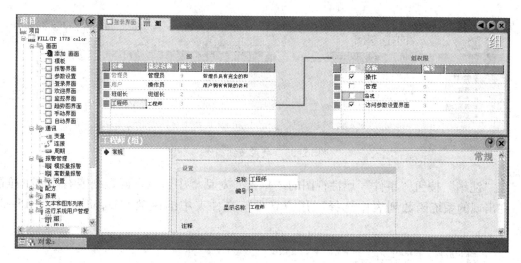

图 15-31 用户组设置

双击已有用户下的空白行生成一个新的用户。在如图 15-32 所示的编辑器中创建新用户，将"wangmin"分配到"用户"组，将"wugang"分配到"班组长"组，将"wangyang"分配到"工程师"组。选择某一用户，在用户属性视图的"常规"对话框中，设置注销时间和确认口令。默认注销时间为 5 分钟，口令可包含数字和字母，两次输入的口令必须一致才能被系统接受。

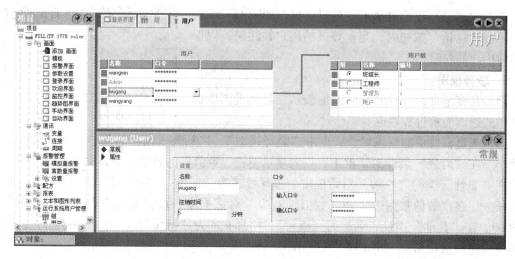

图 15-32 用户设置

（3）用户管理的使用

选择工具窗口中的增强对象，点击"用户视图"，将其放入登录界面的基本区域，通过鼠标调整其大小和位置。在用户视图"常规"属性对话框中，设置类型为"扩展的"，行数为 6，设置表头和表格的颜色字体。

登录画面中添加"登录"和"注销"两个按钮。在"登录"按钮"事件"类属性"单击"对话框中，点击函数列表右侧的下拉箭头，在出现的系统函数列表中选择"用户管理"文件夹中的函数"ShowLogonDailog"，如图 15-33 所示。

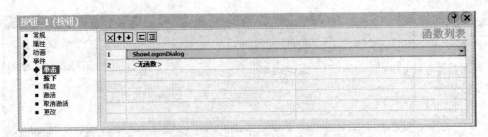

图 15-33　登录按钮组态

在"注销"按钮"事件"属性视图的"单击"对话框中，点击函数列表右侧的下拉箭头，在出现的系统函数列表中选择"用户管理"文件夹中的函数"Logoff"，如图 15-34 所示。

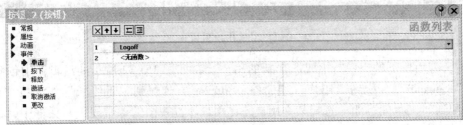

图 15-34　注销按钮组态

单击"登录"按钮时显示登录对话框，如图 15-35 所示。单击"注销"按钮时，当前登录的用户被注销，以保护当前用户的权限。

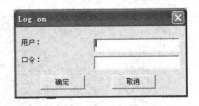

图 15-35　用户登录对话框

9. 趋势视图

趋势是变量在运行时的值的图形表示，趋势视图以曲线的形式连续显示过程数据。

选择工具窗口中的增强对象，点击"趋势视图"，将其放入画面的基本区域，调整位置及大小。在"常规"属性对话框中，设置显示按钮、数值表的行数和字体大小。

在"属性"类的"X轴"对话框中，选择模式为"时间"，数值来源于"居右"。根据控制任务，在"数值轴左边"和"数值轴右边"对话框中，设置刻度轴开端为 0，轴末端为 1000。在"其他"中设置名称为"液位"，信息文本为"液位值"。在"趋势"下连接过程变量"实际液位值"，如图 15-36 所示。

图 15-36　趋势视图组态

系统运行时，罐液位的变化将以曲线的形式表现出来，如图 15-37 所示。

图 15-37　趋势图运行画面

10. 模拟运行与在线调试

（1）离线模拟调试

在 WinCC flexible 的项目组态界面，通过单击工具栏上的图标可直接从正在运行的组态软件中启动模拟器。如果启动模拟器之前没有预先编译项目，则自动启动编译，编译的相关信息将显示在输出窗口，如图 15-38 所示。如果编译中出现错误，则出错信息用红色的文字显示，编译成功后才能模拟运行。

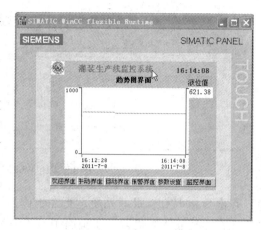

启动带模拟器的运行系统后，将启动“WinCC flexible Runtime”和“WinCC flexible 运行模拟器”两个画面。WinCC flexible Runtime 画面相当于真实的 HMI 设备画面，可以用鼠标单击操作，如图 15-39 所示。

Output

Time	Category	Description
16:30:...	Compiler	Compiling started ...
16:30:...	Compiler	Compiling 5 delta steps ...
16:30:...	Compiler	Linking target 'FILL' ...
16:30:...	Compiler	Number of PowerTags used: 40
16:30:...	Compiler	Succeeded with 0 error(s), 0 warning(s).
16:30:...	Compiler	Time stamp: 2010-11-13 16:30 - used 241936 bytes of maximal 2097152 bytes
16:30:...	Compiler	Compiling finished!

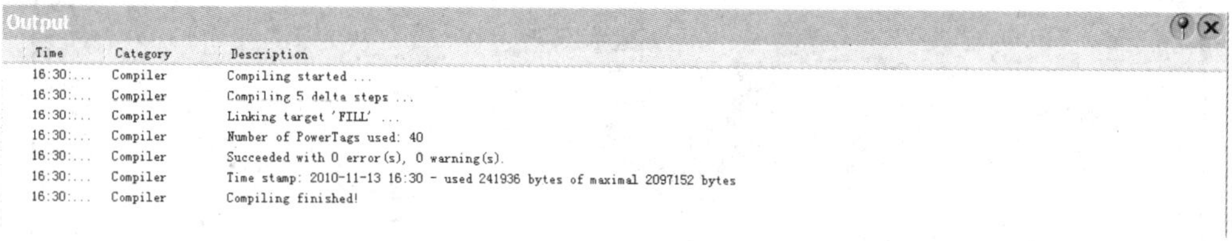

图 15-38　编译信息

“WinCC flexible 运行模拟器”画面是一个模拟表，如图 15-40 所示。

在模拟表的“变量”中选择用于项目调试的变量，在“模拟”中选择如何对变量值进行处理，在“设置数值”中为相关变量设置一个值。激活“start”复选框，就可以模拟 PLC 的变量进行项目的调试。

图 15-39　登录界面离线模拟

（2）集成模拟调试

可用 WinCC flexible 的模拟器来模拟 HMI 设备，用 SIMIT SCE 仿真软件搭建控制对象灌装生产线，用 STEP 7 的仿真软件 PLCSIM 来模拟与 HMI 设备连接的 S7-300/400CPU。这种模拟比较接近真实系统的运行状态，而且不需要 HMI 和 PLC 的硬件设备。

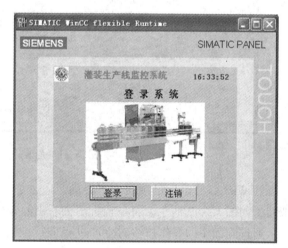

在 SIMATIC 管理器中，启动 PLCSIM 仿真器，点击图标下载程序，并使 CPU 处于运行状态。在 PLCSIM 中，勾选 RUN-P 启动程序。

启动 SIMIT SCE 打开系统的模型，编译程序后点击图标 Simulation 进行仿真。在 SIMIT SCE 前台中依次点击 Power 按钮、Estop 按钮、Man/Auto 按钮、Stop 按钮，这些按钮变绿

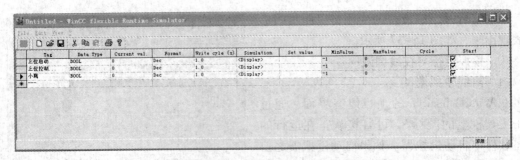

图 15-40　WinCC flexible 运行模拟器

色，点击 Start 按钮，此时系统运行在下位控制的自动模式运行状态。图 15-41 表示生产线处于正在灌装液体的状态。在画面中点击按钮"panel/screen"可以将系统切换到上位控制的状态。

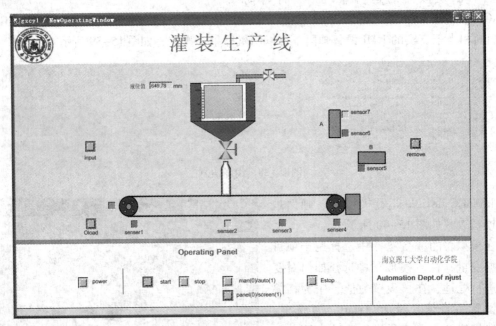

图 15-41　灌装生产线模拟运行

在 WinCC flexible 的项目组态界面，通过单击工具栏上的图标 ，启动 WinCC flexible 模拟器，如图 15-42 所示，可从监控界面看出灌装生产线的运行状态。

通过画面中的操作按钮对生产过程进行控制，可以看出 PLC 中的变量相应地发生了变化，如图 15-43 所示。

15.1.2　S7-300/400 WinCC 应用技术

1. WinCC 简介

德国西门子公司的 WinCC 是最成功的 SCADA 系统之一，由 WinCC 系统组件建立的各种编辑器可以生成工艺画面、设置画面、监控画面、脚本、报警、趋势曲线和打印报表，为操作者提供图文并茂、形象直观的操作环境，大大提高了软件设计的效率。

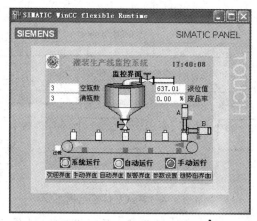

图 15-42　灌装监控运行状态

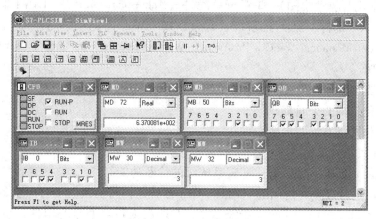

图 15-43　PLC 中变量变化

　　WinCC 是所有这些软件中功能最为强大的，所以它对硬件的要求也是最高的。它是按世界范围内的系统进行设计的，因此一开始就适合于世界上各个主要制造商生产的控制系统，支持覆盖全球的多种语言，并且通信驱动程序的种类还在不断增加。通过 OPC 的方式，WinCC 还可以与更多的第三方控制器通信，对于复杂的监控系统来说它是不错的选择。WinCC 是一个模块化的自动化组件，方便的组态功能，既可灵活裁剪从简单的工程到复杂的多用户应用，又可以应用到工业和机械制造工艺的多服务器分布式系统中。有专门的技术支持可以为设计人员解决很多问题，与工程人员一起面对工业现场的棘手问题。

　　WinCC（Windows Control Center，窗口控制中心）是西门子公司实现 PLC 与上位机之间通信及上位机监控画面制作的组态软件，可在标准 PC 和 Windows NT 环境下实现 HMI（人机界面）的功能。SIMATIC WinCC 是第一个使用最新的 32 位技术的过程监视系统。抢先式多任务的特点适合于对过程事件的快速反应。SIMATIC WinCC 是 HMI/SCADA 软件中的后起之秀，1996 年进入世界工控组态软件市场，当年就被美国 Control Engineering 杂志评为最佳 HMI 软件，在最短的时间发展成为第三个在世界范围内成功的 SCADA 系统。

　　WinCC 集成了 SCADA、组态、脚本（Script）语言和 OPC 等先进技术，为用户提供了 Windows 操作系统（Windows2000 或 XP）环境下使用各种通用软件的功能，它继承了西门子公司的全集成自动化（TIA）产品的技术先进和无缝集成的特点。

WinCC 的体系结构如图15-44所示。

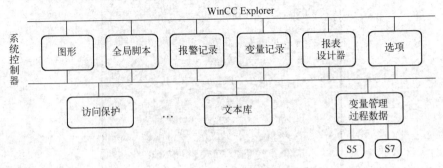

图15-44　WinCC 体系结构图

WinCC 以开放的组态接口为基础，开发了大量的 WinCC 选件（Options，也称选项，来自于西门子自动化与驱动集团）和 WinCC 附件（Agg-ons，来自西门子内部和外部合作伙伴），主要包括以下部件：服务器系统、冗余系统、Web 浏览器、用户归档、开放式工具包、WinCC/Dat@ Monitor、WinCC/ProAgent、WinCC/Connectivity Pack、WinCC/IndustialX、SIMATIC WinBDE。

WinCC 不是孤立的软件系统，它时刻与以下系统集成在一起：

① 与自动化系统的无缝集成。

② 与自动化网络系统的集成。

③ 与 MES 系统的集成。

④ 与相应的软硬件系统一起，实现系统级的诊断功能。

WinCC 不仅是可以独立使用的 HMI/SCADA 系统，而且是西门子公司众多软件系统的重要组件。比如 WinCC 是西门子公司 DCS 系统 PCS7 的人机界面核心组件，也是电力系统监控软件 PowerCC 和能源自动化系统 SICAM 的重要组成部分。

2. "化工混料过程"控制系统分析与任务明确

（1）被控对象分析

图15-45是一个典型的化工混料过程，两种配料（配料 A 和配料 B）在一个混合罐中由搅拌器混合，混合后的产品通过一个排料阀排出混料罐。

系统中各个区域被控对象的工艺要求描述如下：

配料 A 和配料 B 区域：

1）每种配料的管道都配备有一个入口阀、一个进料泵以及一个进料阀。

2）进料管安装有流量传感器。

3）当急停按钮被按下时，进料泵运行立即停止。

4）当罐的液面传感器指示罐满时，进料泵运行立即停止。

5）当排料阀打开时，进料泵运行立即停止。

6）在启动进料泵后最开始的1s内必须打开入口阀和进料阀。

7）在进料泵停止后（来自流量传感器的信号）阀门必须立即被关闭以防止配料从泵中泄露。

8）进料泵的启动与时间监控功能相结合，换句话说，在泵启动后的7s之内，流量传感器会报告溢出。

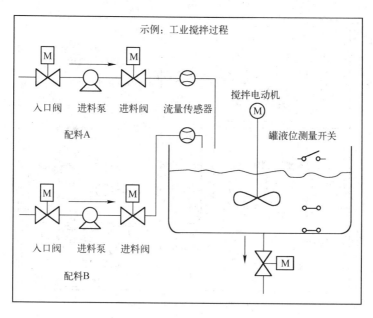

图 15-45　搅拌系统示意图

9）当进料泵运行时，如果流量传感器没有流量信号，进料泵必须尽可能快地断开。

10）进料泵启动地次数必须进行计数。（维护间隔）

混合罐区域：

1）当急停按钮被按下时，搅拌电动机的启动必须被锁定。

2）当罐的液面传感器指示"液面低于最低限"时，搅拌电动机的启动必须被锁定。

3）当排料阀打开时，搅拌电动机的启动必须被锁定。

4）搅拌电动机在达到额定速度时要发出一个响应信号。如果在电动机启动后 10 s 内还未接收到信号，则电动机必须被断开。

5）必须对搅拌电动机的启动次数进行计数（维护间隔）。

6）在混合罐中必须安装三个传感器：

① 罐装满：一个常闭触点。当达到罐的最高液面时，该触点断开。

② 罐中液面高于最低限：一个常开触点。如果达到最低限，该触点关闭。

③ 罐非空：一个常开触点。如果罐不空，该触点闭合。

排料区域：

1）罐内产品的排出由一个螺线管阀门控制。

2）这个螺线管阀门由操作员控制，但是最迟在"罐空"信号产生时，该阀门必须被关闭。

3）当急停按钮被按下时，打开排料阀必须被锁定。

4）当罐的液面传感器指示罐空时，打开排料阀必须被锁定。

5）当搅拌电动机在工作时，打开排料阀必须被锁定。

（2）控制任务明确

该"化工混料过程"是一个典型的顺序控制，本设计准备采用"上位机监控" + "下位机控制" + "操作面板"的方式对整个"化工混料过程"进行控制。

将项目分割成相关的区域。我们可把系统分为四部分，如图 15-46 所示。

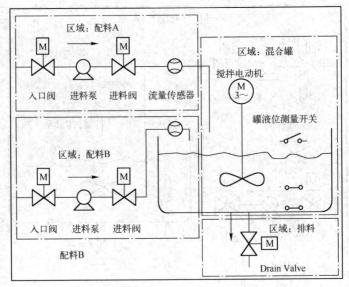

图 15-46　系统划分示意图

配料 A 和配料 B 区域的流程图如图 15-47 所示。

混合罐区域流程图如图 15-48 所示。

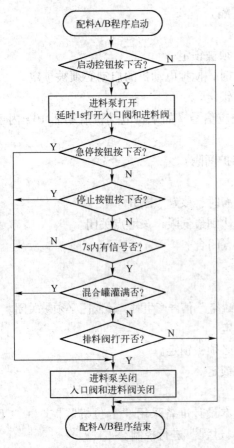

图 15-47　配料 A 和配料 B 区域的流程图

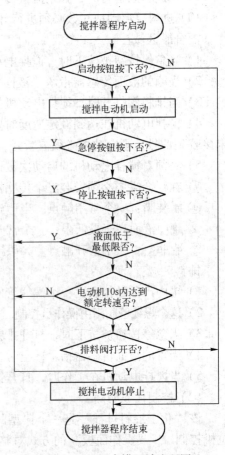

图 15-48　混合罐区域流程图

排料区域流程图如图 15-49 所示。

3. 系统硬件设计

工业现场系统结构设计如图 15-50 所示。

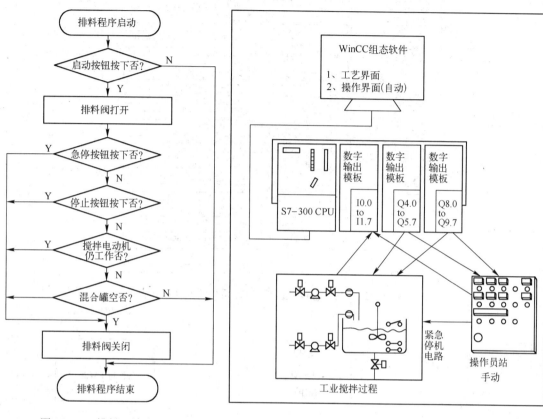

图 15-49　排料区域流程图　　　　　　　图 15-50　工业现场系统结构设计

图 15-50 是实际工业现场的硬件结构框图，由三部分组成：监控单元、控制单元和现场设备。

（1）监控单元

一台安装了 WinCC 组态软件的 PC，上面显示用于监控"化工混料过程"的工艺画面。

（2）控制单元

由一个 S7-300 的 CPU 和对应的 I/O 模块组成，主要用于过程控制。

（3）现场设备

包括现场化工混料过程（工业搅拌过程）和操作员站两个部分。

"化工混料过程"监控系统的 I/O 地址表如图 15-51 所示。

4. 系统软件设计

系统软件结构图如图 15-52 所示。

在本系统中，通过在一台 PC 上安装三个工控软件，从而模拟工业现场的实际情况，在没有相关硬件的情况下，也能通过软件模拟的方式，完成整个"化工混料过程"控制系统的设计。

符号名	地址	描述
Feed_pump_A_start	I 0.0	Start pushbutton feed pump for ingredient A
Feed_pump_A_stop	I 0.1	Stop pushbutton feed pump for ingredient A
Flow_A	I 0.2	Ingredient A flows
Feed_pump_B_start	I 0.3	Start pushbutton feed pump for ingredient B
Feed_pump_B_stop	I 0.4	Stop pushbutton feed pump for ingredient B
Flow_B	I 0.5	Ingredient B flows
Drain_open	I 0.6	Pushbutton for opening drain valve
Drain_closed	I 0.7	Pushbutton for closing drain valve
Agitator_running	I 1.0	Feedback signal from the agitator motor
Agitator_start	I 1.1	Start pushbutton agitator
Agitator_stop	I 1.2	Stop pushbutton agitator
Tank_below_max	I 1.3	Sensor "Mixing tank not full"
Tank_above_min	I 1.4	Sensor "Mixing tank above minimum level"
Tank_not_empty	I 1.5	Sensor "Mixing tank not empty"
EMER_STOP_off	I 1.6	EMERGENCY STOP switch
Reset_maint	I 1.7	Reset pushbutton for maintenance display (all motors)
Inlet_valve_A	Q 4.0	Activates the inlet valve for ingredient A
Feed_valve_A	Q 4.1	Activates the feed valve for ingredient A
Feed_pump_A_on	Q 4.2	Display lamp for "Feed pump ON ingredient A"
Feed_pump_A_off	Q 4.3	Display lamp for "Feed pump OFF ingredient A"
Feed_pump_A	Q 4.4	Activates the feed pump for ingredient A
Feed_pump_A_fault	Q 4.5	Display lamp for "Feed pump A fault"
Feed_pump_A_maint	Q 4.6	Display lamp for "Feed pump A maintenance"
Inlet_valve_B	Q 5.0	Activates the inlet valve for ingredient B
Feed_valve_B	Q 5.1	Activates the feed valve for ingredient B
Feed_pump_B_on	Q 5.2	Display lamp for "Feed pump ON ingredient B"
Feed_pump_B_off	Q 5.3	Display lamp for "Feed pump OFF ingredient B"
Feed_pump_B	Q 5.4	Activates the feed pump for ingredient B
Feed_pump_B_fault	Q 5.5	Display lamp for "Feed pump B fault"
Feed_pump_B_maint	Q 5.6	Display lamp for "Feed pump B maintenance"
Agitator	Q 8.0	Activates the agitator
Agitator_on	Q 8.1	Display lamp for "Agitator ON"
Agitator_off	Q 8.2	Display lamp for "Agitator OFF"
Agitator_fault	Q 8.3	Display lamp for "Agitator motor fault"
Agitator_maint	Q 8.4	Display lamp for "Agitator motor maintenance"
Tank_max_disp	Q 9.0	Display lamp for "Mixing tank full"
Tank_min_disp	Q 9.1	Display lamp for "Mixing tank below minimum level"
Tank_empty_disp	Q 9.2	Display lamp for "Mixing tank empty"
Drain	Q 9.5	Activates the drain valve
Drain_open_disp	Q 9.6	Display lamp for "Drain valve open"
Drain_closed_disp	Q 9.7	Display lamp for "Drain valve closed"

图 15-51 "化工混料过程"监控系统的 I/O 地址表

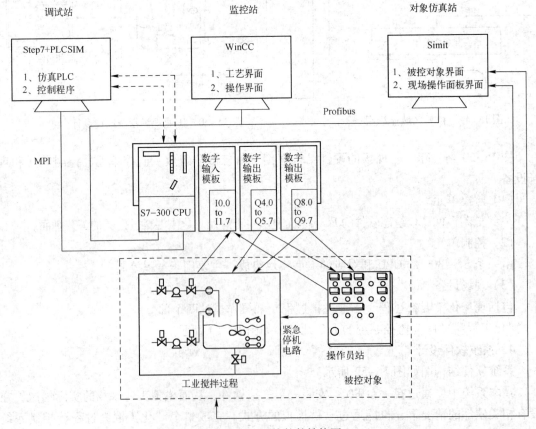

图 15-52 系统软件结构图

在图 15-52 中，给出了软件模拟方式下三个工控软件与实际工业现场不同部分的对应关系。即 WinCC 组态软件对应 WinCC 组态软件，实现过程监控；PLCSIM 工控软件对应实际的控制单元，实现控制任务；SIMIT 工控软件对应实际化工混料过程和操作员站，实现被控对象的仿真。

在一台 PC 上，安装三个工控软件的时候，有以下一些注意事项：

（1）WinCC 组态软件的安装

安装 WinCC 组态软件，使用的版本是 WinCC V6 SP2 英文版。

安装 WinCC 需要满足一定的软件要求，即在安装 WinCC 前就应安装所需的软件并正确配置。安装 WinCC 的机器上应先安装 Microsoft 消息队列服务（操作系统盘提供）和 SQL Server 2000（WinCC 安装文件提供）。

（2）PLCSIM 工控软件的安装

PLCSIM V5.2 集成在西门子工控软件 STEP 7 V5.2 中，所以这里主要指 STEP 7 V5.2 的安装。通过运行 STEP 7 的安装文件，完成 STEP 7 的安装。安装完毕后，接下来安装授权文件，包括 STEP 7 V5.2 的授权和 STEP 7 V5.2 的授权。

（3）SIMIT 工控软件的安装

在安装 SIMIT V5.0 SP1 前，需要先安装 C 编译器，C 编译器的安装文件位于 SIMIT 安装目录下。安装完 C 编译器后，即可安装 SIMIT 软件，在安装过程中，会弹出安装"加密狗"驱动程序的对话框，请选择其中的 USB 驱动选项。安装完毕后，将 USB 加密狗插入 PC 的 USB 口，即可运行 SIMIT 软件。

5. 控制程序设计

在为某项过程控制或某种机器控制进行程序设计时，我们会发现部分控制逻辑常常被重复使用。此种情况的程序设计可用结构化编程方法设计用户程序。这样可编一些通用的指令块以便控制一些相似或重复的功能，避免重复程序的设计工作。

本次以该"化工混料过程"控制系统应用实例为例，具体地讲述在 STEP 7 中使用"结构化编程"的方法。

图 15-53 所示为结构化编程的块的分层调用结构。

OB1：与 CPU 操作系统的接口，包含主要程序。在 OB1 中调用块 FB1 和 FC1 并传送控制过程所需的特定参数。

FB1：配料 A 的进料泵，配料 B 的进料泵和搅拌电动机的控制由于要求一致（接通、断开、计数应用程序等）可以通过同一功能块实现。

背景 DB1~3：用于控制配料 A、配料 B 的进料泵和搅拌电动机的实参及静态数据各不相同，因此分别存储在与 FB1 相关的三个背景 DB 中。

FC1：配料 A 和 B 的入口阀和进料阀以及排料阀也共同使用一个逻辑块。由于只需编辑"打开和闭合"功能，一个 FC 就足够了。

在 STEP 7 中定义的符号表如图 15-54 所示。

6. 新建"化工混料过程"WinCC 项目

打开 WinCC，新建"单用户项目"，填写"项目名称"、"项目路径"，以及"新建子文件夹"（该 WinCC 项目的文件夹名称），如图 15-55 所示。

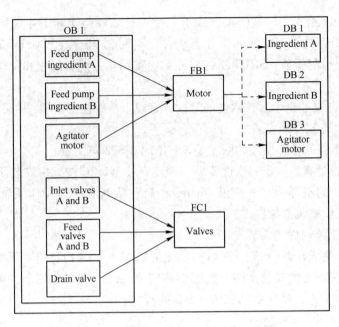

图 15-53   结构化编程的块的分层调用结构

Symbol	Address	Data type	Comment
Feed_pump_A_start	I 0.0	BOOL	Start pushbutton feed pump for ingredient A
Feed_pump_A_stop	I 0.1	BOOL	Stop pushbutton feed pump for ingredient A
Flow_A	I 0.2	BOOL	Ingredient A flows
Feed_pump_B_start	I 0.3	BOOL	Start pushbutton feed pump for ingredient B
Feed_pump_B_stop	I 0.4	BOOL	Stop pushbutton feed pump for ingredient B
Flow_B	I 0.5	BOOL	Ingredient B flows
Drain_open	I 0.6	BOOL	Pushbutton for opening drain valve
Drain_closed	I 0.7	BOOL	Pushbutton for closing drain valve
Agitator_running	I 1.0	BOOL	Feedback signal from the agitator motor
Agitator_start	I 1.1	BOOL	Start pushbutton agitator
Agitator_stop	I 1.2	BOOL	Stop pushbutton agitator
Tank_below_max	I 1.3	BOOL	Sensor "Mixing tank not full"
Tank_above_min	I 1.4	BOOL	Sensor "Mixing tank above minimum level"
Tank_not_empty	I 1.5	BOOL	Sensor "Mixing tank not empty"
EMER_STOP_off	I 1.6	BOOL	EMERGENCY STOP switch
Reset_maint	I 1.7	BOOL	Reset pushbutton for maintenance display (all motors)
Inlet_valve_A	Q 4.0	BOOL	Activates the inlet valve for ingredient A
Feed_valve_A	Q 4.1	BOOL	Activates the feed valve for ingredient A
Feed_pump_A_on	Q 4.2	BOOL	Display lamp for "Feed pump ON ingredient A"
Feed_pump_A_off	Q 4.3	BOOL	Display lamp for "Feed pump OFF ingredient A"
Feed_pump_A	Q 4.4	BOOL	Activates the feed pump for ingredient A
Feed_pump_A_fault	Q 4.5	BOOL	Display lamp for "Feed pump A fault"
Feed_pump_A_maint	Q 4.6	BOOL	Display lamp for "Feed pump A maintenance"
Inlet_valve_B	Q 5.0	BOOL	Activates the inlet valve for ingredient B
Feed_valve_B	Q 5.1	BOOL	Activates the feed valve for ingredient B
Feed_pump_B_on	Q 5.2	BOOL	Display lamp for "Feed pump ON ingredient B"
Feed_pump_B_off	Q 5.3	BOOL	Display lamp for "Feed pump OFF ingredient B"
Feed_pump_B	Q 5.4	BOOL	Activates the feed pump for ingredient B
Feed_pump_B_fault	Q 5.5	BOOL	Display lamp for "Feed pump B fault"
Feed_pump_B_maint	Q 5.6	BOOL	Display lamp for "Feed pump B maintenance"
Agitator	Q 8.0	BOOL	Activates the agitator
Agitator_on	Q 8.1	BOOL	Display lamp for "Agitator ON"
Agitator_off	Q 8.2	BOOL	Display lamp for "Agitator OFF"
Agitator_fault	Q 8.3	BOOL	Display lamp for "Agitator motor fault"
Agitator_maint	Q 8.4	BOOL	Display lamp for "Agitator motor maintenance"
Tank_max_disp	Q 9.0	BOOL	Display lamp for "Mixing tank full"
Tank_min_disp	Q 9.1	BOOL	Display lamp for "Mixing tank below minimum level"
Tank_empty_disp	Q 9.2	BOOL	Display lamp for "Mixing tank empty"
Drain	Q 9.5	BOOL	Activates the drain valve
Drain_open_disp	Q 9.6	BOOL	Display lamp for "Drain valve open"
Drain_closed_disp	Q 9.7	BOOL	Display lamp for "Drain valve closed"

图 15-54   STEP 7 中定义的符号表

7. 建立通信连接

WinCC 提供了一个称为 SIMATIC S7 Protocol Suite 的通信驱动程序。此通信驱动程序程序支持多种网络协议和类型，通过它的通道单元提供与各种 SIMATIC S7 – 300 和 S7 – 400 PLC 的通信。具体选择通道单元的类型要看 WinCC 与自动化系统的连接类型。

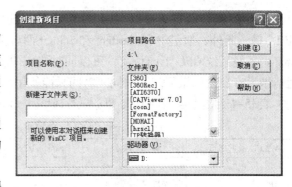

图 15-55　新建 WinCC 项目

SIMATIC S7 Protocol Suite 通信驱动程序包括如下的通道单元：

1) Industrial Ethernet 和 Industrial Ethernet（Ⅱ）两个通道单元皆为工业以太网通道单元。它使用 SIMATIC NET 工业以太网，通过安装在 PC 上的通信卡与 SIMATIC S7 PLC 进行通信，使用的通信协议为 ISO 传输层协议。

2) MPI 用于编程设备上的外部 MPI 端口或 PC 上的通信处理器在 MPI 网络上与 PLC 进行通信。

3) Named Connections（命名连接）通过符号连接与 STEP 7 进行通信。这些符号连接是使用 STEP 7 组态的，并且当与 S7 – 400 的 H/F 冗余系统进行高可靠性通信时，必须使用此命名连接。

4) PROFIBUS 和 PROFIBUS（Ⅱ）实现与现场总线 PROFIBUS 上的 S7 PLC 的通信。

5) Solt PLC 实现与 SIMATIC 基于 PC 的控制器 WinAC Solt 412/416 的通信。

6) Soft PLC 实现与 SIMATIC 基于 PC 的控制器 WinAC BASIS/RTX 的通信。

7) TCP/IP 也是通过工业以太网进行通信，使用的通信协议为 TCP/IP。

WinCC 要与网络建立通信连接，必须做到以下工作：

1) 为 PLC 选择与 WinCC 进行通信的合适的通信模块。

2) 为 WinCC 所在的站的 PC 选择合适的通信处理器，通信处理器类型见表 15-3。

3) 在 WinCC 项目上选择通道单元。

表 15-3　通信处理器类型

通信卡型号	插槽型号	类　　型	通信网络	通信卡型号	插槽型号	类　　型	通信网络
CP5412	ISA	Hardnet	PROFIBUS/MPI	CP1412	ISA	Softnet	工业以太网
CP5611	PCI	Softnet	PROFIBUS/MPI	CP1613	PCI	Hardnet	工业以太网
CP5613	PCI	Hardnet	PROFIBUS/MPI	CP1612	PCI	Softnet	工业以太网
CP5611	PCMCIA	Softnet	PROFIBUS/MPI	CP1512	PCMCIA	Softnet	工业以太网
CP1413	ISA	Hardnet	工业以太网				

对于 WinCC 与 SIMATIC S7 PLC 的通信，首先要确定 PLC 上通信口的类型，不同型号的 CPU 上集成有不同的接口类型，对于 S7 – 300/400 类型的 CPU 至少会集成一个 MPI/DP 口。有的 CPU 上还集成了第二个 DP 口，有的还集成了工业以太网。此外，PLC 上还可选择 PROFIBUS 或工业以太网的通信处理器。其次，要确定 WinCC 所在的 PC 与自动化系统连接的网络类型。WinCC 的操作员站既可与现场控制设备在同一网络上，也可在单独的控制网络上。连接的网络类型决定了在 WinCC 项目中的通道单元类型。

PC 上的通信卡有工业以太网卡和 PROFIBUS 网卡，插槽有 ISA 插槽、PCI 插槽和 PC - MCIA 槽。此外，通信卡有 Hardnet 和 Softnet 两种类型。其中 Hardnet 通信卡有自己的微处理器，可减轻系统 CPU 上的负荷，可以同时使用两种以上的通信协议（多协议操作）；Softnet 通信卡没有自己的微处理器，同一时间只能使用一种通信协议。

表 15-4 列出了当 WinCC 与 PLC 进行通信时，PLC 上使用的通信模块和 PC 上的通信卡。

表 15-4 WinCC 通道单元、通信模块和通信卡

WinCC 通道单元	通 信 网 络	SIMATIC S7 类型	CPU 或通信模块	PC 通信卡
MPI	MPI	S7 - 300	CPU 31X， CP342 - 5，CP343 - 5	MPI 卡 CP5611 CP5511 CP5613
		S7 - 400	CPU41XCP443 - 5	
PROFIBUS	PROFIBUS	S7 - 300	CPU 31X， CP342 - 5，CP343 - 5	CP5412 CP5511 CP5611 CP5613
		S7 - 400	CPU41X CP443 - 5	
工业以太网和 TCP/IP	工 业 以 太 网 或 TCP/IP	S7 - 200	CP 243 - 1	CP1612
		S7 - 300	CP343 - 1	CP1613
		S7 - 400	CP443 - 1	CP1512
Soft PLC	内部连接	WinAC Basis/RTX	不需要	不需要
Slot PLC	内部连接	WinAC Solt	不需要	不需要

步骤一：添加通信驱动程序。

打开该 WinCC 项目，然后添加通信驱动程序，如图 15-56 所示。

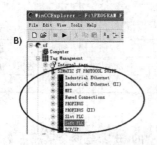

图 15-56　添加通信驱动程序

步骤二：创建一个过程连接。

过程如图 15-57、图 15-58 所示。

创建过程连接完毕后，如图 15-59 所示。

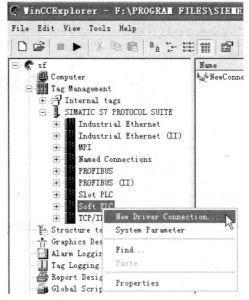

图 15-57　创建过程连接

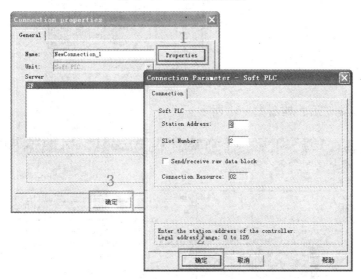

图 15-58　创建过程连接

图 15-59　创建过程连接完毕

8. 定义过程变量

将变量分为四个组，分别是 PumpA、PumpB、Agitator、Drain，在每个组中分别新建变量。创建过程如图 15-60 所示。

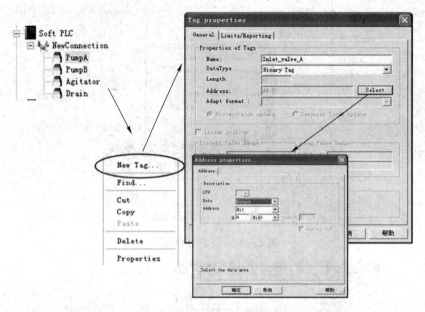

图 15-60 创建过程变量

创建过程变量完毕后，如图 15-61 所示。

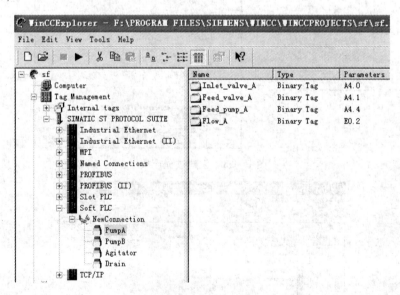

图 15-61 创建过程变量完毕

9. 组态监控画面

WinCC 的图形系统如图 15-62 所示。

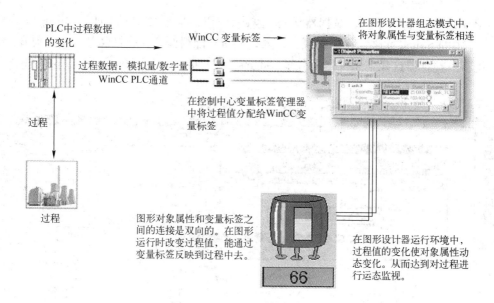

图 15-62　WinCC 的图形系统

步骤一：打开图形编辑器，如图 15-63 所示。

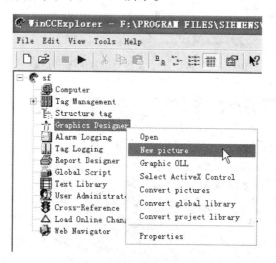

图 15-63　打开图形编辑器

步骤二：从图库中选择要添加的图形对象，如图 15-64 所示。

步骤三：为添加的图形对象设置属性，如图 15-65 ~ 图 15-67 所示。

监控程序设计完毕后，WinCC 监控界面如图 15-68 ~ 图 15-70 所示。

10. SIMIT 被控对象仿真程序设计

SIMIT 是西门子公司提供的对象仿真软件，可以用来模拟机器设备的运作，也可以测试对象动态的活动。

SIMIT 程序设计可分为前台设计、后台设计、接口设计三部分。

（1）被控对象仿真界面。

被控对象仿真界面的前台整体布局如图 15-71 所示。其中进料泵 A、进料泵 B、罐非满、罐高于最低位、罐非空、搅拌器运行这六个按钮，是来自于 widgets 一栏 operate（dynamic）库中的 Switch 元件，而进料泵 A、入口阀 A、配料阀 A、进料泵 B、入口阀 B、配料阀 B、配料、搅拌器这几个元件是来自于 widgets 一栏 Display 中的 Image Display 元件。

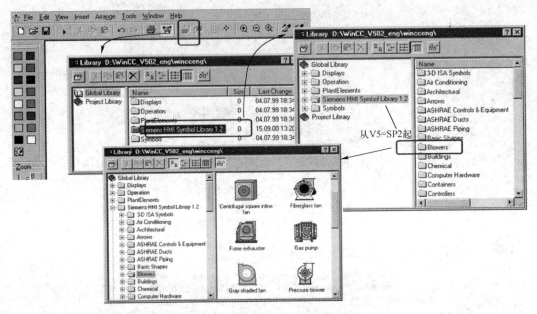

图 15-64　从图库中选择要添加的图形对象

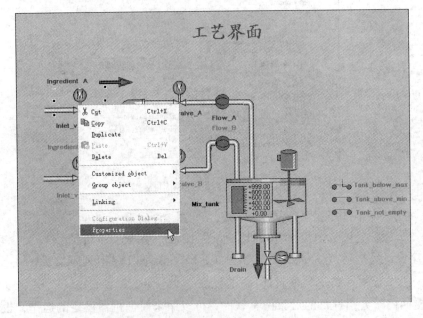

图 15-65　为添加的图形对象设置属性（1）

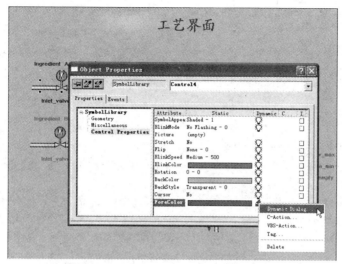

图 15-66 为添加的图形对象设置属性（2）

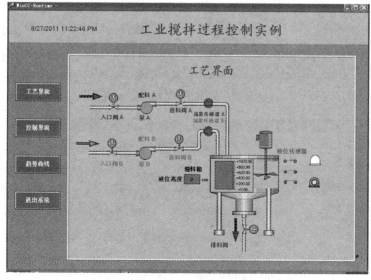

图 15-67 为添加的图形对象设置属性（3）

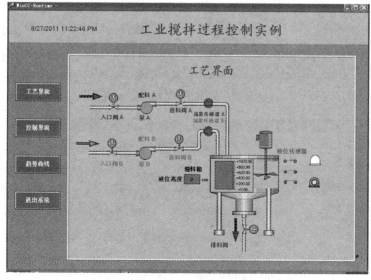

图 15-68 工艺界面

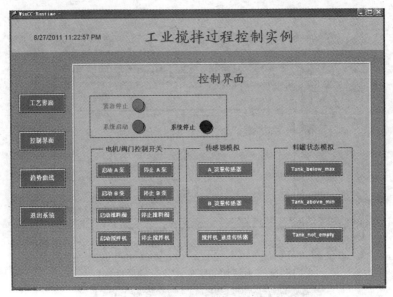

图 15-69　控制界面

图 15-70　趋势曲线

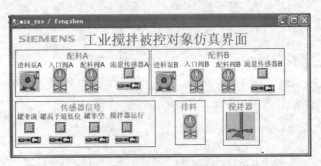

图 15-71　被控对象仿真界面的前台整体布局

（2）操作界面

操作界面的前台整体布局如图 15-72 所示。与被控对象仿真界面相似启动、停止、打开和关闭这几个按键是来自于 widgets 一栏 operate（dynamic）库中的 Switch 元件。指示灯元件是来自于 widgets 一栏 Display 中的 Image Display 元件。

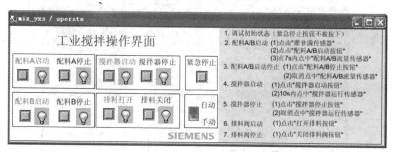

图 15-72　操作界面的前台整体布局

11. WinCC 模拟调试

一般情况下，程序设计是三个人同时进行的。一个人负责设计 PLC 控制程序，一个人负责设计 WinCC 监控程序，一个人负责设计 SIMIT 被控对象仿真程序。他们设计的共同依据就是"化工混料过程"控制系统的 I/O 地址表如图 15-51 所示。因为三个人的进度可能不一样，所以程序调试分为"单独调试"和"联合调试"。

"单独调试"是指每个人在设计完自己的程序后，尽可能创造条件来调试自己的程序，以验证单个程序的正确性。具体过程见表 15-5。

表 15-5　"单独调试"的过程

程序名称	调试内容 1	调试内容 2	调试方法
PLC 控制程序	验证程序中的 I/O 是否与 I/O 表一致	验证 PLC 程序是否按照预定工艺流程运行	PLCSIM + STEP 7
WinCC 监控程序	验证程序中的 I/O 是否与 I/O 表一致		PLCSIM + WinCC
Simit 被控对象仿真程序	验证程序中的 I/O 是否与 I/O 表一致		PLCSIM + SIMIT

"联合调试"是指当三个人程序设计完成后，将两人或三人的程序联合起来，进行调试，以验证整个系统程序的正确性。具体过程见表 15-6。

表 15-6　"联合调试"的过程

程序名称	调试内容	调试方法
PLC 控制程序 + WinCC 监控程序	验证 WinCC 监控界面上相应的控制量是否按设想的控制律变化	PLCSIM + WinCC
PLC 控制程序 + SIMIT 被控对象仿真程序	验证 SIMIT 被控对象是否按照预定工艺流程运行	PLCSIM + SIMIT
PLC 控制程序 + WinCC 监控程序 + SIMIT 被控对象仿真程序	验证整个系统程序的正确性	WinCC + SIMIT

PLC 控制程序的单独调试：

步骤一：将编写好的 PLC 控制程序下载到 PLCSIM 软件中，如图 15-73 所示。

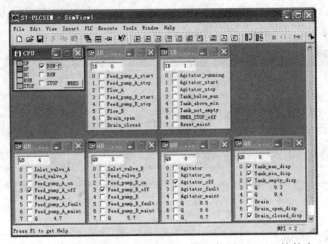

图 15-73　将编写好的 PLC 控制程序下载到 PLCsim 软件中

步骤二：按照划分的各个区域的流程图来分别调试程序。

按照配料 A 和配料 B 区域的流程图，如图 15-47 所示，调试程序。调试步骤如图 15-74 所示。

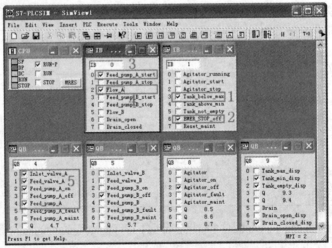

图 15-74　配料 A 和配料 B 区域的调试

15.2　S7-300/400 与变频器应用技术

15.2.1　MM4 系列变频器概述

电气驱动装置用于把电能转换为机械动能，在工业与民用范围内得到了极为广泛的应用。电气传动始终是一个极为重要的自动化控制领域，是基础自动化的重要组成部分。驱动装置与其他控制设备组成能够实现具体任务的控制系统。随着自动化技术的发展和推广，驱动装置越来越多地与 PLC 配合应用。

1. 西门子低压变频器

驱动装置按照拖动的电动机类型可以分为直流与交流传动两类，按照电动机的电压等级和容量也分成很多类型。西门子的驱动产品也相应地区分为许多系列。其中常见的有标准变频传动装置 MicroMaster 系列、高性能驱动装置 SIMOVERT MasterDrive 系列，以及新产品 SINAMICS 系列等。不同的产品系列其性能、功能不同。

（1）MicroMaster4 系列变频器

MM410/MM420/430/440 四个子系列。MM410 是一种解决简单驱动问题的传统解决方案，功率范围小；MM420 的 IO 数量少，不支持矢量控制，无自由功能块可使用，功率范围小；MM430 专为风机水泵设计，不支持矢量控制，功率范围大，在恒压供水等场合有很实用的功能；MM440 是矢量控制变频器，有制动单元，有自由功能块，功能相对强大。

（2）SIMOVERT MasterDrives，6SE70 工程型变频器

控制板采用 CUVC，可以完美地实现变频器速度、力矩控制的功能，可四象限工作。

（3）SINAMICS 系列变频器

SINAMICS G120 系列变频器可以看做是 MicroMaster4 升级版，在结构和功能上都作了改进。与 MM4 不同的是，G120 不是一体机，而是分为 CU 和 PM 两部分。而且 PM250 和 PM260 创新的采用 F3E 技术，实现变频器的四象限运行，高端的 CU 还集成了安全功能。

SINAMICS S120 系列变频器可以看做是 6SE70 的升级版，在结构和功能上都作了改进。控制板采用 CU320，各组件之间使用 DRIVE_CLiQ 接口进行通信，自动组态带 DRIVE_CLiQ 接口的设备。变频器功能十分强大，开放了很多用户接口。

SINAMICS G120D 是基于 G120 而大幅提升了 IP 防护等级的变频器，可以到 IP65，但功率范围有限。SINAMICS G110 是小功率变频器。SINAMICS V10 是小功率变频器。

SINAMICS V50 可以看做是 MM4 的柜体机。比 MM4 功率有所扩展，同时应用也很方便。与 MM4 有相同的参数。

SINAMICS G150 是高性能单体传动柜，可以看做是 V50 的升级版，同时功率范围也比 V50 大。它使用 CU320 作为控制器，同时带有 AOP30 操作面板，单体使用也很方便。

SINAMICS V60 和 V80 是针对步进电动机而推出的两款产品，功率较小，与电动机成套配置。只接收脉冲信号，是非常理想的步进电动机驱动器之选。

2. MM4 系列变频器

MM4 系列变频器包括 4 个子系列：MicroMaster410（MM410）、MicroMaster420（MM420）、MicroMaster430（MM430）和 MicroMaster440（MM440）。MM4 系列变频器的区别见表 15-7。

表 15-7   MM4 系列变频器的区别

	MM410	MM420
功率范围	0.12～0.75 KW	0.12～11 KW
电压范围	100～120 V，单相交流 200～240 V，单相交流	100～120 V，单相交流 200～240 V，三相交流 380～480 V，三相交流

	MM410	MM420
控制方式	线性 V/f 控制特性 多点设定的 V/f 控制特性 （可编程的 V/f 控制特性） FCC（磁通电流控制）	线性 V/f 控制特性 多点设定的 V/f 控制特性 （可编程的 V/f 控制特性） FCC（磁通电流控制）
过程控制	–	内置 PI 控制器
输入	3 个数字输入 1 个模拟量输入	3 个数字输入 1 个模拟量输入
输出	1 个继电器输出	1 个模拟量输出 1 个继电器输出
与自动化系统的接口	可以与 LOGO 和 S7－200 配套使用	可与 S7－200、S7－300/400 和 SIMOTION 自动化系统配套使用
附加特点	具有 BICO 二进制互联功能 接线端子的位置与常用的开关器件一致 （例如接触器），便于接线。	具有二进制互联连接（BiCo）功能
主要应用领域	"廉价型" 供电电源电压为单相交流，用于三相电动机的变频驱动，例如泵类、风机、广告牌、大门和自动化机械的驱动	"通用型" 供电电源电压为三相交流（或单相交流），可用于传送带、泵类、风机和机床的驱动。

	MM430	MM440
功率范围	75～90 KW	0. 12～250 KW
电压范围	380～480 V，三相交流	100～120 V，单相交流 200～240 V，三相交流 380～480 V，三相交流 500～600 V，三相交流
控制方式	线性 V/f 控制特性 多点设定的 V/f 控制特性 （可编程的 V/f 控制特性） FCC（磁通电流控制）	线性 V/f 控制特性 多点设定的 V/f 控制特性 （可编程的 V/f 控制特性） FCC（磁通电流控制） 矢量控制
过程控制	内置 PID 控制器	内置 PID 控制器（参数可自整定）
输入	6 个数字输入 2 个模拟输入 1 个用于电动机过热保护的 PTC/KTY 输入	6 个数字输入 2 个模拟输入 1 个用于电动机过热保护的 PTC/KTY 输入
输出	2 个模拟输出 3 个继电器输出	2 个模拟输入 3 个继电器输出
与自动化系统的接口	可与 S7－200、S7－300/400 和 SIMOTION 自动化系统配套使用	可与 S7－200、S7－300/400 和 SIMOTION 自动化系统配套使用
附加特点	节能运行方式 负载转矩监控（水泵的无水空转运行检测） 电动机的分级（多泵循环）控制	有 3 组驱动数据可供选择 集成的制动斩波器（可达 75 KW） 转矩控制
主要应用领域	"水泵和风机专用型" 具有优化的操作面板（BOP－2）（可以实现手动/自动切换），用于特定控制功能的软件，以及优化的运行效率（节能运行）	"适用于一切传动装置" 具有高级的矢量控制功能（带有或不带编码器反馈），可用于多种部门的各种用途，例如传送带系统、电梯、卷扬机以及建筑机械等

由于它们与自动化接口的不同，所以与它们适用的操作面板和功能模块也不同，这是实际工程选型中必须要考虑的。表 15-8 列举了操作面板与功能模块适用情况。

表 15-8　配置组件情况表

选件	变频器各个系列适用的操作面板和功能模块的配置						
可供的选件	选件	订货号	MM4 系列变频器			
			MM410	MM420	MM430	MM440
	操作面板					
滤波器	OP	6SE6400-0SP00-0AA0	●			
电抗器	BOP	6SE6400-0BP00-0AA0		●		●
操作面板	AOP	6SE6400-0AP00-0AA0		●		●
	AOP	6SE6400-0AP00-0AA1		●		●
PROFIBUS 模块	BOP-2	6SE6400-0BE00-0AA0			●	
Devicenet 模块	模块					
编码器模块	PROFIBUS 模块	6SE6400-1PB00-0AA0		●	●	●
密封模块	Devicenet 模块	6SE6400-1DN00-0AA0		●	●	●
安装组合件	编码器模块	6SE6400-0EN00-0AA0				●

注：●表示可以进行配置组合。

3. MM440 通用变频器

"适用于一切传动装置"的矢量型变频器 MicorMaster 440，简称 MM440，是用于控制三相交流电动机速度的变频器系列，该系列有多种型号供用户选用。恒定转矩（CT）控制方式额定功率范围从 120 W ~ 200 kW，可变转矩（VT）控制方式可达 250 kW。

MM440 变频器的附加输入电压 500 ~ 600 V，它有 3 套驱动数据组、3 套指令数据组、可以接一个电动机温度传感器。其选件有：脉冲编码器模板、自由功能块（有逻辑控制功能，在一定程度上可以代替 PLC）、定位下降斜块。MM440 是为很高的控制要求设计的，如起重设备、运输设备等。也可用于驱动卷曲机、简单的定位控制等驱动装置。MM440 可以用于对动态和控制特性有很高要求的场合。可以实现无测速机矢量控制（SLVC），此时为达到控制所需的动态特性，使用一种复杂的控制方法——矢量控制。在大多数情况下，这种控制方法不需要测量速度实际值。如果对控制有特殊要求，从软件版本 2（2002 年初）起可以安装一个脉冲编码器模板来测量速度实际值。这样可以改善控制特性，尤其是当速度很低时和静止状态下。

由于 MM440 具有全面而完善的控制功能，在设置相关参数以后，它也可用于更高级的电动机控制系统，MM440 既可用于单机驱动系统，也可集成到自动化系统中。

MM440 变频器的电路分两大部分：一部分是完成电能转换（整流、逆变）的主电路；另一部分是处理信息的收集、变换和传输的控制电路。

MM440 的核心电路由 CPU、模拟输入、模拟输出、数字输入、输出继电器触头、操作板等组成，如 15-75 图所示。各端子功能见表 15-9。

模拟输入 3、4 和 10、11 端为用户提供了两对模拟电压或电流给定输入端作为频率给定信号，经变频器内 A/D 转换器，将模拟量转换成数字量，传输给 CPU 来控制系统。

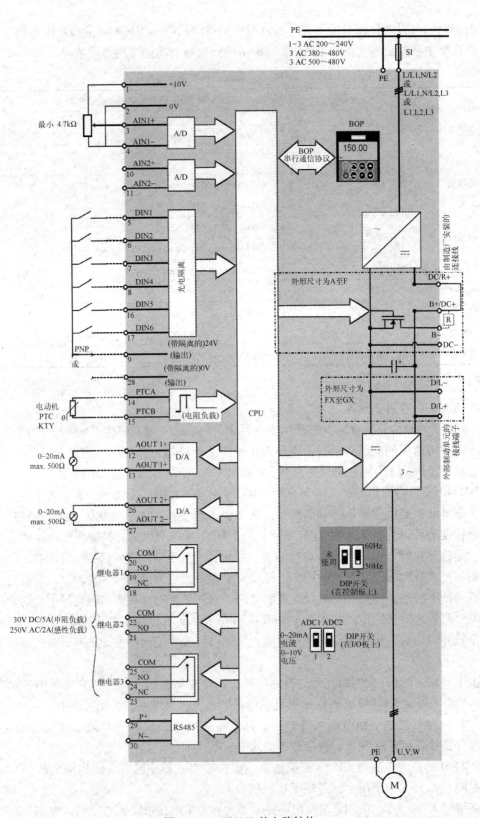

图 15-75　MM440 的电路结构

表 15-9　MM440 控制端子表

端子序号	端子名称	功　能	端子序号	端子名称	功　能
1	–	输出 +10 V	16	DIN5	数字输入 5
2	–	输出 0V	17	DIN6	数字输入 6
3	ADC1 +	模拟量输入 1（+）	18	DOUT1/NC	数字输出 1/常闭触点
4	ADC1 –	模拟量输入 1（–）	19	DOUT1/NO	数字输出 1/常开触点
5	DIN1	数字输入 1	20	DOUT1/COM	数字输出 1/转换触点
6	DIN2	数字输入 2	21	DOUT2/NO	数字输出 2/常开触点
7	DIN3	数字输入 3	22	DOUT2/COM	数字输出 2/转换触点
8	DIN4	数字输入 4	23	DOUT3/NC	数字输出 3/常闭触点
9	–	隔离射出 +24 V	24	DOUT3/NO	数字输出 3/常开触点
10	ADC2 +	模拟量输入 2（+）	25	DOUT3/COM	数字输出 3/转换触点
11	ADC2 –	模拟量输入 2（–）	26	DAC2 +	模拟量输出 2（+）
12	DAC1 +	模拟量输出 1（+）	27	DAC2 –	模拟量输出 2（–）
13	DAC1 –	模拟量输出 1（–）	28	–	隔离输出 0V
14	PTCA	连接 PTC/KTY84	29	P +	RS485（+）
15	PTCB	连接 PTC/KTY84	30	P –	RS485（–）

另外，可以把 AIN1、AIN2 通过接线变成两个数字端输入 DIN7、DIN8，其接线方式如图 15-76 所示。

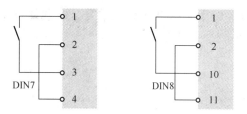

图 15-76　模拟量作为数字量输入时的接线

控制面板上的 DIP 开关 1 不供用户使用，DIP 开关 2：Off 位置用于欧洲地区的默认值（50 Hz，KW）；ON 位置用于北美地区默认值（50 Hz，hp）。I/O 板上 DIP 开关：ADC1 在 Off 位置模拟输入 1（AIN1）0～10 V；ADC1 在 ON 位置 0～20 mA 或 –10～10 V；ADC2 在 Off 位置模拟输入 2（AIN2）0～10 V；ADC2 在 ON 位置 0～20 mA。

15.2.2　MM440 变频器的调试

MicroMaster 440 变频器在标准供货方式时装有状态显示板（SDP），对于很多用户来说，利用 SDP 和制造厂的默认设置值，就可以使变频器成功地投入运行。如果工厂的默认设置值不适合设备情况，可以利用基本操作板（BOP）或高级操作板（AOP）修改参数，使之匹配起来。BOP 和 AOP 是作为可选件供货的。也可以用 PC IBN 工具 "Drive Monitor" 或 "STARTER" 来调整工厂的设置值。相关的软样在随变频器供货的 CD ROM 中可以找到。

使用变频器前应当先设置电源频率，由于国内使用频率标准为 50 Hz，因此将控制面板上的 DIP 开关 2 设置为"OFF"位置，如图 15-77 所示。

1. SDP 调试

SDP 上有两个 LED 指示灯，用于指示变频器的运行状态。状态显示屏（SDP）如图 15-78 所示。状态显示屏（SDP）只相当于一个防护罩，其内无任何电路。表 15-10 为变频器的运行状态指示。

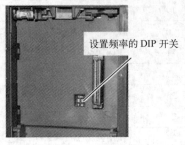

图 15-77　控制面板

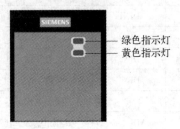

图 15-78　状态显示屏

表 15-10　变频器运行状态指示表

LED 指示灯状态		变频器运行状态
绿色指示灯	黄色指示灯	
OFF	OFF	电源未接通
ON	ON	运行准备就绪，等待投入运行
ON	OFF	变频器正在运行

采用 SDP 进行操作时，由于无法进行参数设置，因此建议采用西门子的标准电动机，电动机数据与变频器的默认设定参数兼容：

1）电动机的额定功率。

2）电动机电压。

3）电动机的额定电流。

4）电动机的额定频率。

此外，由于变频器采用了默认参数，对电动机控制只能实现以下性能：

1）按照线性 U/f 控制特性，由模拟电位计控制电动机速度。

2）频率为 50 Hz 时最大速度为 3000 r/min（60 Hz 时为 3600 r/min）。可通过变频器的模拟输入端用电位计控制。

3）斜坡上升时间/斜坡下降时间为 10 s。

采用 SDP 进行操作时，变频器的工厂默认设置值见表 15-11。

表 15-11　变频器的工厂默认设置值表

数 字 输 入	端 子 号	参数的默认设置值	默认的操作
数字输入 1	5	P0701 = "1"	ON，正向运行
数字输入 2	6	P0702 = "12"	反向运行
数字输入 3	7	P0703 = "9"	故障确认
数字输入 4	8	P0704 = "15"	固定频率
数字输入 5	16	P0705 = "15"	固定频率

数 字 输 入	端 子 号	参数的默认设置值	默认的操作
数字输入6	17	P0706 = "15"	固定频率
数字输入7	经由 AIN1	P0707 = "0"	不激活
数字输入8	经由 AIN2	P0708 = "0"	不激活

使用变频器上装设的 SDP 可进行以下操作：

1）启动和停止电动机（数字输入 DIN1 由外接开关控制）。

2）电动机反向（数字输入 DIN2 由外接开关控制）。

3）故障复位（数字输入 DIN3 由外接开关控制）。

4）如图 15-79 所示连接模拟输入信号，即可实现对电动机速度的控制。

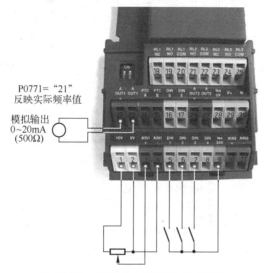

图 15-79　利用 SDP 进行的基本操作

2. BOP 调试

（1）BOP 功能介绍

利用基本操作面板（BOP）如图 15-80 所示，可以更改变频器的各个参数。为了用 BOP 设置参数，用户首先必须将状态显示屏（SDP）从变频器上拆卸下来，然后装上基本操作板（BOP）。

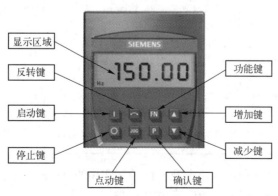

图 15-80　BOP 基本操作面板

BOP 具有 5 位数字的七段显示，用于显示参数的序号和数值、报警和故障信息，以及该参数的设定值和实际值。BOP 不能存储参数的信息。BOP 按键详细功能见表 15-12。

表 15-12　基本操作板（BOP）详细功能

显示/按钮	功　能	功能的说明
r 0000	状态显示	LCD 显示变频器当前的设定值
（I）	启动电动机	按此键启动变频器，默认值运行时此键是被封锁的，为了使此键的操作有效应设定 P0700 = 1
（O）	停止电动机	OFF1：按此键，变频器将按选定的斜坡下降速率减速停车；默认值运行时此键被封锁；为了允许此键操作，应设定 P0700 = 1 OFF2：按此键两次（或一次，但时间较长）电动机将在惯性作用一下自由停车，此功能总是"使能"的
（⌒）	改变电动机的转动方向	按此键可以改变电动机的转动方向。电动机的反向用负号（—）表示或用闪烁的小数点表示。默认值运行时此键是被封锁的，为了使此键的操作有效，应设定 P0700 = 1
（jog）	电动机点动	在变频器无输出的情况下按此键。将使电动机启动，并按预设定的点动频率运行。释放此键时，变频器停车。如果变频器/电动机正在运行，按此键将不起作用
（Fn）	功能	此键用于浏览辅助信息 变频器运行过程中，在显示任何一个参数时按下此键并保持 2s 不动，将显示以下参数值： ① 直流回路电压（用 d 表示，单位：V）。 ② 输出电流（A）。 ⑨ 输出频率（Hz）。 ④ 输出电压（用 o 表示，单位：V）。 ⑥ 由 P0005 选定的数值〔如果 P0005 选择显示上述参数中的任何一个（3，4 或 5），这里将不再显示〕 连续多次按下此键，将轮流显示以上参数 跳转功能： 在显示任何一个参数（rXXXX 或 PXXXX）时短时间按下此键。将立即跳转到 r0000，如果需要的话，用户可以接着修改其他的参数，跳转到 r0000 后，按此键将返回原来的显示点 退出功能： 在出现故障或报警的情况下，按此键可以将操作板上显示的故障或报警信息复位
（P）	访问参数	按此键即可访问参数
（▲）	增加数值	按此键即可增加而板上显示的参数数值
（▼）	减少数值	按此键即可减少面板上显示的参数数值

下面通过将参数 P1000 的第 0 组参数，即设置 P1000[0] = 1 的过程为例，介绍一下通过操作 BOP 面板修改一个参数的流程，见表 15-13。

表 15-13 BOP 修改参数步骤

	操 作 步 骤	BOP 显示结果
1	按"P"键,访问参数	r0000
2	按"▲"键,直到显示 P1000	P1000
3	按"P"键,显示 in000,即 P1000 的第 0 组值	In000
4	按"P"键,显示当前值 2	2
5	按"▼",达到所要求的数值 1	1
6	按"P"键,存储当前设置	P1000
7	按"FN"键显示 r0000	r0000
8	按"P"键,显示频率	50.00

（2）BOP 控制变频器

按照表 15-14 内的操作步骤通过 BOP 面板直接对变频器进行操作。

表 15-14 BOP 控制变频器

操 作 步 骤	设 置 参 数	功 能 解 释
1	P0700	=1 启停命令源于面板
2	P1000	=1 频率设定源于面板
3	5.00	返回监视状态（当前频率）
4	"I"键	启动变频器
5	"▲""▼"键	通过增减键修改运行频率
6	"O"键	停止变频器

注意：此时，变频器里面的参数都是出厂默认值。

（3）利用 P0003 和 P0004 进行参数过滤

由于变频器所带参数繁多，当对参数修改时，如果不进行分类，用户操作时将十分不便。MicroMaster 4 提供了此功能，利用 P0004 进行参数过滤，使用户可以方便快捷地定位到所需操作参数，具体分类见表 15-15。

表 15-15 P0004 操作参数表

P0004	类 型	参 数 范 围	P0004	类 型	参 数 范 围
2	变频器参数	P0200 ~ P0299	3	电机数据	P0300 ~ P0399 P0600 ~ P0699
4	速度传感器	P0400 ~ P0499	5	工艺应用装置	P0500 ~ P0599
7	命令和数字 I/O	P0700 ~ P0749 P0800 ~ P0899	8	模拟 I/O	P0750 ~ P0799
10	设定值通道和斜坡发生器	P1000 ~ P1199	12	驱动装置的特点	P1200 ~ P1299
13	电动机的控制	P1300 ~ P1799	20	通信	P2000 ~ P2099
21	报警、警告和监视	P2100 ~ P2199	22	PI 控制器	P2200 ~ P2399 P2800 ~ P2890

利用 P0003 可以通过设定访问等级进一步过滤系统参数，简单应用只需修改少量参数，可选择较低访问等级，复杂应用需要修改高级参数，可选择高访问等级，访问等级说明见表 15–16。

表 15–16　P0003 访问等级表

P0003	说　　明
1：标准级	如果 MicroMaster 处于工厂设定值状态，那么访问等级为 1，只显示 17 个最重要参数
2：扩展级	在访问等级 2 中还可以看到另外一些参数，比如用于输入/输出端的参数、用于总线通信的参数或用于设定值通道的参数
3：专家级	在访问等级 3 中可以访问所有需要的参数
4：服务级	一些特别的参数仅限于有授权的服务人员使用，访问等级 4 由口令保护

P0003 的高级别可以访问低级别的参数，如图 15–81 所示。

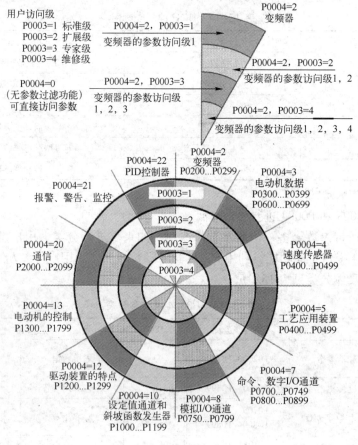

图 15–81　参数过滤功能图

（4）复位出厂时变频器默认设置值

当第一次使用变频器时需要变换应用场合，或者调试过程中设置参数弄混淆等情况出现时，用户的最佳选择即把变频器的所有参数复位为出厂时的默认设置值。可通过设置 P0010 和 P0970 两个参数实现，设置 P0010 = 30；P0970 = 1。

3. 快速调试

用户初次使用变频器，应根据电动机参数进行最基本的快速调试。快速调试包括电动机的参数设定和斜坡函数的参数设定，电动机参数设定可参考图15-82。

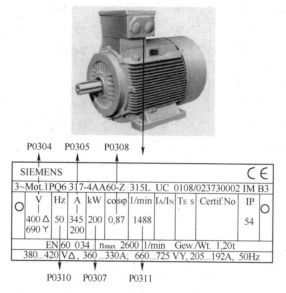

图15-82 电动机参数图

进行快速设置时应将 P0010 设置为 1，并设置 P0003 来改变用户访问级，通过 P0004 来过滤参数，接着通过表15-17 设置相关参数，最后将 P3900 设置为 1，完成必要的电动机参数计算，计算完成后为使电动机能够运行，需要将 P0010 设置为 0。

一般地，在应用 BOP 进行变频器的快速调试时，由于不知道上一次设置的参数是多少，所以在快速调试前必须要进行恢复工厂值设置，然后进行快速调试，最后再进行功能调试。

表 15-17 快速设置参数表

P0003	参数	内容	默认值	设置值	说　明
1	P0100	使用地区	0	0	欧洲：功率单位 kW 频率默认值 50 Hz
3	P0205	应用领域	0	0	恒转矩
2	P0300	电机类型	1	1	异步电动机
1	P0304	额定电压	230	400	额定电压为 400 V
1	P0305	额定电流	3.25	345	额定电流为 345 A
1	P0307	额定功率	0.75	200	额定功率为 200 kW
2	P0308	功率因素	0.00	0.87	$\cos\varphi = 0.87$
2	P0310	额定频率	50.00	50.00	额定频率为 50.00 Hz
1	P0311	额定速度	0	1488	额定速度为 1488 r/min
3	P0320	磁化电流	0.0		由变频器自行计算
2	P0335	冷却方式	0	0	自冷
2	P0640	过转因子	150	150	电动机过载电流限幅值为额定电流的 150%
1	P0700	命令源	2	2	命令源选择由端子排输入

P0003	参数	内容	默认值	设置值	说　　明
1	P1000	频率设定选择	2	3	选择固定频率设定值
1	P1080	最小频率	0.00	0.00	允许最低的电动机频率
1	P1082	最高频率	50.00	50.00	允许最高的电动机频率
1	P1120	斜坡上升时间	10.00	10.00	电动机从静止状态加速到最高频率所用的时间
1	P1121	斜坡下降时间	10.00	10.00	电动机从最高频率减速到静止状态所用的时间
2	P1135	OFF3 斜坡下降时间	5.00	5.00	参数发出 OFF3 命令后，电动机从最高频率减速到静止状态所用的时间
2	P1300	电动机控制方式	0	0	线性特性的 V/f 控制
2	P1500	转矩设定值	0	0	无主设定值
2	P1910	自动检测方式	0	0	禁止自动检测方式

注：表中的快速调试参数是根据西门子自配的电动机而设置。用户设置相关参数时根据电动机铭牌上的数据即控制方式等进行另行设置。

4. PC 调试

当控制系统使用的变频器数量大，且很多参数是相同的，那么用户可以选择使用 PC 进行变频器的调试，这样可以大大地节约参数设置时间。利用上位机对变频器的参数进行设置，主要是使用变频器的通信口与上位机进行通信，然后设置好相应的网关，进而来设置和监控变频器参数。

对于 MM4 系列变频器，西门子提供了两种标准、开放的通信协议即 USS 和 PROFIBUS。它们各有优点，其中 USS 实现起来成本低、实现简单；PROFIBUS 通信相对稳定、快速。

MM440 变频器的通信口如图 15-83 所示。

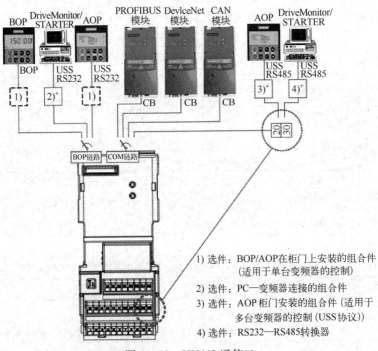

1) 选件：BOP/AOP在柜门上安装的组合件（适用于单台变频器的控制）

2) 选件：PC—变频器连接的组合件

3) 选件：AOP柜门安装的组合件（适用于多台变频器的控制（USS协议））

4) 选件：RS232—RS485转换器

图 15-83　MM440 通信口

PC 调试有三种方式:

1) 占用 MM440 变频器的 BOP 链路,使用 RS485 通信。

2) 占用 MM440 变频器的 COM 链路,使用 RS485 通信(使用变频器 I/O 的 29、30 端子)。

3) 占用 MM440 变频器的 COM 链路,使用 DP 通信,然后使用 OPC 通信方式与上位机进行通信。

具体实现过程如下:

1) 使用 PC to MM440 组合件(BOP 链路)(订货号: 6SE6400 – 1PC00 – 0AA0),这种通信直接使用 RS232 串口,与 PC 的 RS232 串口对接,不需要任何转换。而且可以和 PRO-FIBUS 通信卡并用,两种通信没有干涉。可以对 MM 4xx 变频器进行热插拔。需要 PC to MM440 组件,RS232 通信线,假如是没有串口的笔记本,则还需要串口转 USB 转换器。连接方式如图 15-84 所示。上位机的调试使用 Drivermonitor/STARTER。

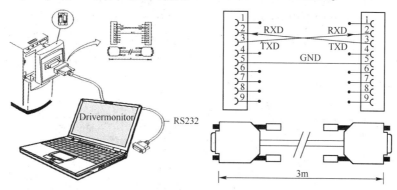

图 15-84　使用组合件进行 PC 机调试连接图

2) RS485 串行通信(COM 链路),如图 15-85 所示此时与上位机的 RS232 串口转接通信,使用了通信模块后,此种方式不能用;需要 RS485 转 232 转接线,假如是没有串口的笔记本,则还需要 USB 转串口转接器。上位机调试使用 Drivermonitor/STARTER。但要注意:

① 一旦端子 29、30 接反,变频器的 RS485 口就会烧毁。

② 不利于现场调试。尤其是变频器处于 PROFIBUS 网络中。

③ 购买的成本与上一种方式差不多。

图 15-85　使用 RS485 口进行 PC 机调试连接图

PROFIBUS 电缆的红色芯线(B 线)应当压入端子 29,绿色芯线(A 线)应当连接到端子 30,端子说明见表 15-18。

表 15-18　MM440 的 RS485 串行通信相关端子

端　子　号	名　　称	功　　能
29	P +	RS485 信号 +
30	N –	RS485 信号 –

3）PROFIBUS – DP 总线形式，要通过 PROFIBUS 接口卡，此时，作为 RS485 串口就会自动被阻断了；通过 PROFIBUS OPC 通信的方式，进行变频器参数的设置及监控。此种方式需要 CP5613/CP5611，变频器 DP 通信模块。若系统中使用了 DP 通信，则此种方法不可取。上位机调试软件为 Drivermonitor/STARTER，但此种方式给用户以自由，用户可以自行使用 VB/VC 开发 OPC 客户端，也可监控和设置变频器的参数。

15.2.3　S7 – 300/400 与 MM440 应用实例

1. 变频固定频率调速

（1）控制任务

用 S7 – 300PLC 控制一台变频器 MM440，电动机选用西门子的配套电动机，铭牌如图 15–82 所示。控制任务分配见表 15–19。当 SB0 按下时，系统断电；当 SB1 按下时，系统上电；当 SB2 按下时，三相异步电动机以 0 Hz 运行不转；当 SB3 按下时电动机以 10 Hz 正转；当 SB4 时，电动机以 30 Hz 正转；当 SB5 按下时，电动机以 50 Hz 正转；当 SB6 按下时，电动机以 10 Hz 反转（即 – 10 Hz）；当 SB7 时，电动机以 25 Hz 反转（即 – 30HZ）；当 SB8 按下时，电动机以 50 Hz 反转（即 – 50 Hz）。

表 15–19　控制任务分配表

按　钮	频　率	描　述	按　钮	频　率	描　述
SB0	–	停止	SB5	50 Hz	电动机高速正转
SB1	–	上电	SB6	– 10 Hz	电动机低速反转
SB2	0	电动机不转	SB7	– 30 Hz	电动机中速反转
SB3	10 Hz	电动机低速正转	SB8	– 50 Hz	电动机高速反转
SB4	30 Hz	电动机中速正转			

（2）硬件设计

1）硬件资源分配。此处只用到了 PLC 数字量 I/O，具体分配见表 15–20。

表 15–20　数字量 I/O 分配表

按　钮	数字量输入	描　述	变频器端口	数字量输出	描　述
SB2	I0.0	电动机不转	端子 5	Q0.0	DIN1 输入
SB3	I0.1	电动机低速正转	端子 6	Q0.1	DIN2 输入
SB4	I0.2	电动机中速正转	端子 7	Q0.2	DIN3 输入
SB5	I0.3	电动机高速正转			
SB6	I0.4	电动机低速反转			
SB7	I0.5	电动机中速反转			
SB8	I0.6	电动机高速反转			

2）硬件电路设计。如图 15–86 所示。

（3）变频器参数设置

1）在进行快速调试之前，先将变频器参数恢复为出厂值，即 P0010 = 30；P0970 = 1。

2）然后进行快速参数调试。电动机的额定参数根据电动机铭牌上的数据设置，设置过程见表 15–21，其他参数设置参见快速参数设置见表 15–17，电动机加减速时间设为 5 s，命令源由端子排输入固定频率段。

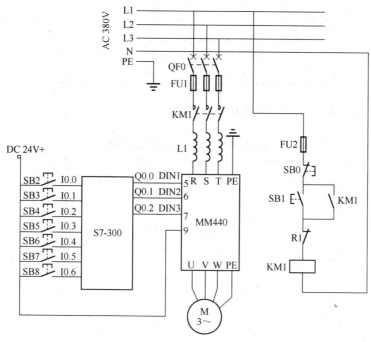

图 15-86　硬件电路图

表 15-21　快速设置部分参数表

P0003	参　　数	内　　容	默 认 值	设 置 值	说　　　　明
1	P0700	命令源	2	2	命令源选择由端子排输入
1	P1000	频率设定选择	2	3	选择固定频率设定值
1	P1120	斜坡上升时间	10.00	5.00	电动机从静止状态加速到最高频率所用的时间
1	P1121	斜坡下降时间	10.00	5.00	电动机从最高频率减速到静止状态所用的时间

3）最后将 P3900 设置为 1，完成必要的电动机参数计算，计算完成后为使电动机能够运行，需要将 P0010 设置为 0。

该频率输入采用固定频率设定功能（二进制编码选择＋ON 的频率选择方式）来完成。其功能参数见表 15-22。

表 15-22　变频器功能参数表

P0003/P0004	参　　数	内　　容	默 认 值	设 置 值	说　　明
2/7	P0701	数字输入 5 的功能	1	17	固定频率设定值
2/7	P0702	数字输入 6 的功能	1	17	固定频率设定值
2/7	P0703	数字输入 7 的功能	1	17	固定频率设定值
2/10	P1001	固定频率 1	0	10	慢速正转
2/10	P1002	固定频率 2	5	30	中速正转
2/10	P1003	固定频率 3	10	50	快速正转
2/10	P1004	固定频率 4	15	-10	慢速反转

P0003/P0004	参　数	内　容	默认值	设置值	说　明
2/10	P1005	固定频率5	20	−30	中速反转
2/10	P1006	固定频率6	25	−50	快速反转
2/10	P1007	固定频率7	30	0	不转

多段固定频率根据表15-23来选择。

表 15-23　多段固定频率选择表

		DIN4	DIN3	DIN2	DIN1
	FF0	不激活	不激活	不激活	不激活
P1001	FF1	不激活	不激活	不激活	激活
P1002	FF2	不激活	不激活	激活	不激活
P1003	FF3	不激活	不激活	激活	激活
P1004	FF4	不激活	激活	不激活	不激活
P1005	FF5	不激活	激活	不激活	激活
P1006	FF6	不激活	激活	激活	不激活
P1007	FF7	不激活	激活	激活	激活
P1008	FF8	激活	不激活	不激活	不激活
P1009	FF9	激活	不激活	不激活	激活
P1010	FF10	激活	不激活	激活	不激活
P1011	FF11	激活	不激活	激活	激活
P1012	FF12	激活	激活	不激活	不激活
P1013	FF13	激活	激活	不激活	激活
P1014	FF14	激活	激活	激活	不激活
P1015	FF15	激活	激活	激活	激活

MM440变频器有三种固定频率选择方式：直接选择、直接选择＋ON命令和二进制编码选择＋ON命令。选择的方式不同，端子的接线及参数设置也不同。

① 直接选择。直接选择P0701～P0706＝15，一个数字输入选择一个固定频率，如果有几个固定频率输入同时被激活，选定的频率是它们的总和，例FF1＋FF2＋FF3＋FF4＋FF5＋FF6。

② 直接选择＋ON命令。直接选择＋ON命令P0701～P0706＝16，一个数字输入选择一个固定频率，如果有几个固定频率输入同时被激活，选定的频率是它们的总和，例FF1＋FF2＋FF3＋FF4＋FF5＋FF6。

③ 二进制编码选择＋ON命令。二进制编码选择＋ON命令P0701～P0704＝17，使用这种方法最多可以选择15个固定频率。

例如，本实例中，P0701～P0703＝17，选用的是二进制编码选择＋ON的频率选择方式，DIN1～DIN3可通过二进制组合“000”、“001”…“111”的方式，进行电动机8个频率段的调速。假如P0701～P0703＝16，则要实现8个频率段调速，硬件及控制程序都需另作改变，读者可自行思考用不同频率选择方式来实现。

（4）PLC 控制程序设计

根据控制任务，PLC 输出相应的驱动信号到变频器的数字输入端，变频器根据预先设置的参数控制电动机以不同频率段运行。PLC 控制程序如图 15-87 所示。

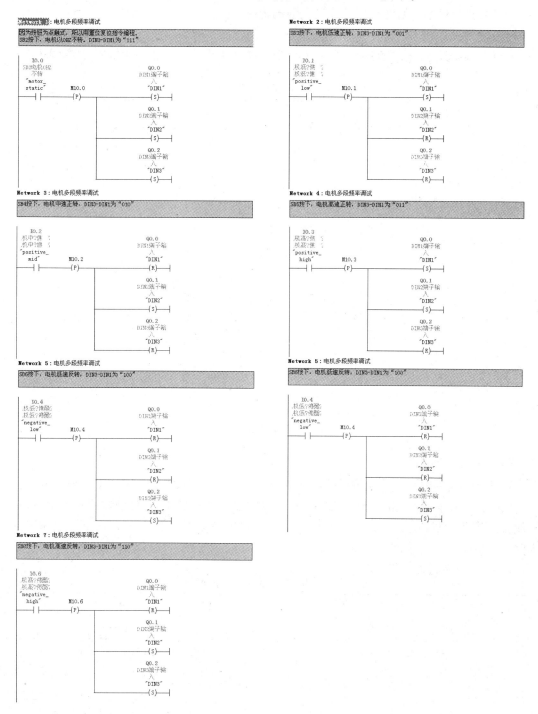

图 15-87 PLC 控制程序

2. 变频器模拟量调速

（1）控制任务

PLC 通过两个按钮控制电机的启动和停止，并通过 PLC 对电动机进行无级调速，输出 4～20 mA 的模拟量信号给变频器，控制电动机转速。

（2）硬件设计

硬件电路接线如图 15-88 所示，检查线路，确认无误后，合上主电源断路器 QF0。

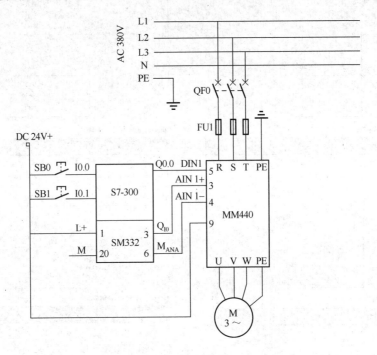

图 15-88　硬件电路接线图

（3）变频器参数设置

在进行快速调试之前，先将变频器参数恢复为出厂值，设置 P0010＝30；P0970＝1。

然后进行快速参数调试。电动机的额定参数根据电动机铭牌上的数据设置，见表 15-24，其他参数设置参见快速参数设置见表 15-17，电动机加减速时间设为 5 s，命令源由端子排输入固定频率段。

表 15-24　快速设置部分参数表

P0003	参　　数	内　　容	默认值	设置值	说　　明
1	P0700	命令源	2	2	命令源选择由端子排输入
1	P1000	频率设定选择	2	3	选择固定频率设定值
1	P1120	斜坡上升时间	10.00	5.00	电动机从静止状态加速到最高频率所用的时间
1	P1121	斜坡下降时间	10.00	5.00	电动机从最高频率减速到静止状态所用的时间

最后将 P3900 设置为 1，完成必要的电动机参数计算，计算完成后为使电动机能够运行，需要将 P0010 设置为 0。

模拟量控制参数设置见表 15-25。

表 15-25　模拟量控制参数表

P0003/P0004	参　数	内　容	默认值	设置值	说　明
2/7	P0701	数字输入 1 的功能	1	1	接通正转/断开 OFF1 停车
2/20	P2000	基准频率	50.00	50.00	基准频率采用默认设置 50 Hz
2/6	P0756 [0]	ADC 类型	0	2	ADC 的类型 0 - 20 mA 电流输入
2/6	P0757 [0]	标定 ADC 的 x1 值（V/mA）	0	4	标定 ADC 的 x1 的值（mA）
2/6	P0758 [0]	标定 ADC 的 y1 值	0	0	标定 ADC 的 y1 的值（%）
2/6	P0759 [0]	标定 ADC 的 x2 值	10	20	标定 ADC 的 x2 的值（mA）
2/6	P0760 [0]	标定 ADC 的 y2 值	100	100	标定 ADC 的 y2 的值（%）

注：P0756 [0] 的值要配合端子板 DIP1 = ON，表示模拟输入 1 为单极性电压输入 0 ~ 20 mA。

如图 15-90 所示，模拟设定值是标称化后以 [%] 值表示的基准频率 P2000；ASPmax 表示最大的模拟设定值（即 20 mA）；ASPmin 表示最小的模拟设定值（即 0 mA）。

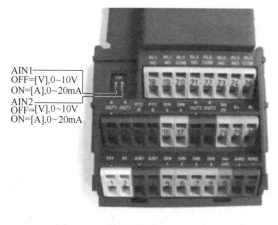

图 15-89　端子排设置 ADC 类型　　　　图 15-90　ADC 标定值曲线

（4）硬件组态

在 STEP 7 里对 SIMATIC 300 站进行硬件组态，模拟量输出模块 SM332（订货号 6ES7 332 - 5HB01 - 0AB0）的输出类型选为电流信号，输出范围选为 0 ~ 20 mA，启用通道 0，地址为 PQW288，如图 15-91 所示。

（5）软件设计

已知模拟量输出模块 SM332 的模拟量输出范围为电流 0 ~ 20 mA。用户在触摸屏里设置变频器的频率。根据转换关系，将 0 ~ 50 Hz 的频率转换成 4 ~ 20 mA 对应的数字量，而 0 ~ 20 mA 的电流信号对应的数字量为 0 ~ 27648，所以 0 ~ 50 Hz 频率与 4 ~ 20 mA 电流信号对应的数字量之间的关系为 $N = \dfrac{27\,648}{20}\left(\dfrac{16}{50}f + 4\right)$，根据此关系式进行编程，程序如图 15-92 所示。

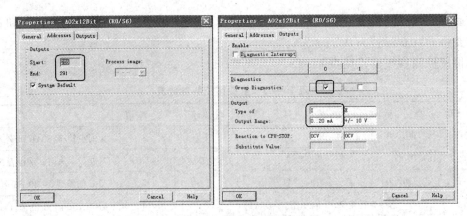

图 15-91　模拟量组态

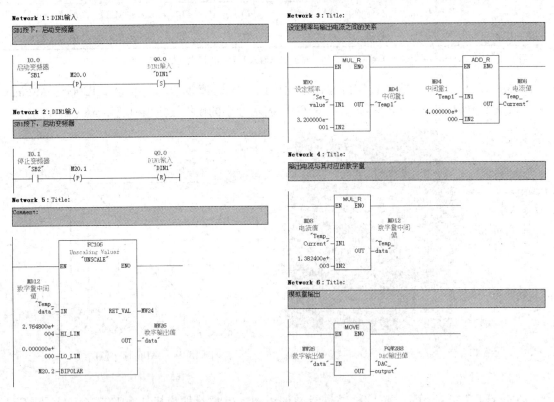

图 15-92　PLC 控制程序

3. 变频器 DP 通信调试

（1）控制任务

S7-300 通过 DP 通信口，操作 MM440，实现电动机的启动、停机、正转、反转、变速，并读取电动机当前电压、电流及频率值。

可以按通信的性质将控制任务划分为两大部分：

第一部分，S7-300 通过 DP 控制 MM440 参数，以实现电动机的启动、停机、正转、反转、变速和正反向点动。

第二部分，S7-300 通过 DP 读取 MM440 参数，读取控制电压、电流及频率。

（2）系统设计

系统总体结构图如图 15-93 所示。

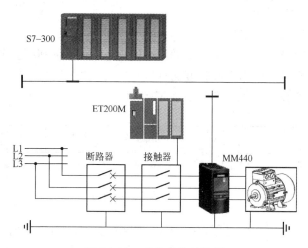

图 15-93　系统总体结构图

（3）变频器参数设置

在进行快速调试之前，先将变频器参数恢复为出厂值，设置 P0010＝30；P0970＝1。

然后进行快速参数调试。电动机的额定参数根据电动机铭牌上的数据设置，见表 15-26，其他参数设置参见快速参数设置（见表 15-17），命令源由 COM 链路的通信板 CB 设定。

表 15-26　快速设置部分参数表

P0003	参　数	内　容	默认值	设置值	说　明
1	P0700	命令源	2	6	命令源选择由端子排输入
1	P1000	频率设定选择	2	6	选择固定频率设定值
1	P1120	斜坡上升时间	10.00	10.00	电动机从静止状态加速到最高频率所用的时间
1	P1121	斜坡下降时间	10.00	10.00	电动机从最高频率减速到静止状态所用的时间
2	P1135	OFF3 斜坡下降时间	5.00	5.00	参数发出 OFF3 命令后，电动机从最高频率减速到静止状态所用的时间

最后将 P3900 设置为 1，完成必要的电动机参数计算，计算完成后为使电动机能够运行，需要将 P0010 设置为 0。

与通信配置相关参数设置见表 15-27，参数由 P0003 和 P0004 过滤。

表 15-27　通信配置参数表

P0003/P0004	参　数	内　容	默认值	设置值	说　明
2/20	P0918	PROFIBUS 地址	3	4	地址值为 4
3/7	P719	命令和频率设定值的选择	0	0	命令和设定值都使用 BICO
2/20	P927	参数修改设置	15	15	使能 DP 接口更改参数

MM440 采用 PROFIBUS - DP 与 S7 - 300 连接，在 DP 现场总线上使用的是 PROFIBUS - DP 协议，MM440 通过选择通信面板（CB）来实现该功能，下面将对两者间通信相关帧内容进行介绍。

（4）PLC 与变频器之间的通信

1）通信帧结构。在变频器 DP 现场总线控制系统中，S7 - 300 与 MM440 间用户数据交换的帧主要使用的是有可变数据字段长度的帧（SD2），它分为协议头、用户数据和协议尾，如图 15-94 所示，其中用户数据是我们需要了解的。

…
DA
SA
FC
DATA_UNIT
FCS
ED
协议头
用户数据
协议尾

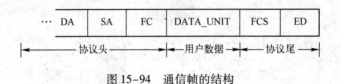

图 15-94　通信帧的结构

用户数据结构被指定为参数过程数据对象（PPO），有的用户数据带有一个参数区域和一个过程数据区域，而有的用户数据仅由过程数据组成。变频器通信概要定义了 5 种 PPO 类型，如图 15-95 所示。

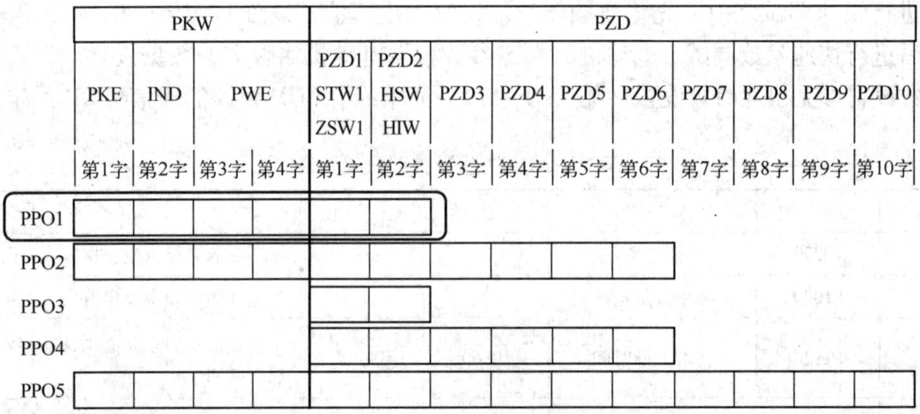

PKW
PZD
PKE
IND
PWE
PZD1 STW1 ZSW1
PZD2 HSW HIW
PZD3
PZD4
PZD5
PZD6
PZD7
PZD8
PZD9
PZD10
第1字
第2字
第3字
第4字
第1字
第2字
第3字
第4字
第5字
第6字
第7字
第8字
第9字
第10字
PPO1
PPO2
PPO3
PPO4
PPO5

图 15-95　用户数据结构

MM440 仅支持 PPO 型 1 和型 3，此处选取的是通信的 PPO1 类型，包含 4 个字的 PKW 数据和 2 个字的 PZD 数据，数据格式如图 15-96 所示。下面介绍分别数据类型的具体内容。

2）PKW 区。PKW 区前两个字 PKE 和 IND 的信息是关于主站请求的任务或应答报文，PKW 区的第 3、第 4 个字规定报文中要访问的变频器的参数。P2013 选择可变长度模式（默认值 127），主站只发送 PKW 区任务所必需的字数，应答报文的长度也只是需要多长就用多长，这里主站只使用 4 个字 PKW。

① PKE。该字的结构见表 15-28。其中 AK 标识分任务和应答模式，表 15-28 仅列出常用的表示说明。PNU 存放要访问的变频器的参数号，当参数超过一定范围时，还以 IND 中数据位索引。

PKW				PZD	
PKE	IND	PWE		PZD1 STW ZSW	PZD2 HSW HIW
第1字	第2字	第3字	第4字	第1字	第2字

PKW：参数标识符值　　　　　　STW：控制字
PZD：过程数据　　　　　　　　ZSW：状态字
PKE：参数标识符　　　　　　　HSW：主设定值
IND：索引　　　　　　　　　　HIW：主实际值
PWE：参数值

图 15-96　PPO1 类型数据格式

表 15-28　PPO1 数据格式具体位

PKE 字结构			任务 AK 说明	
位	标　识	功　　能	AK 值	说　　明
15 ~ 12	AK	任务或应答识别标记 ID	1	请求参数数值
11	SPM	保留为 0	2	修改参数数值（单字）
10 ~ 0	PNU	基本参数号	3	修改参数数值（双字）

应答 AK 说明		IND 说明	
AK 值	说　　明	位	说　　明
1	传送参数数值（单字）	15 – 12	保留为 0
2	传送参数数值（双字）	11 – 8	下标
3	传送说明元素	7 – 4	PNU 扩展
		3 – 0	保留为 0

② IND。PNU 扩展以 2000 个参数为单位，大于等于 2000 则加 1。下标用来索引参数下标，没有值则取 0。

③ PWE。PWE 的两个字是被访问参数的数值 MICROMASTER4 的参数数值，它包含有许多不同的类型，包括整数、单字长、双字长、十进制数浮点数以及下标参数，参数存储格式和 P2013 的设置有关，可参见变频器手册。

④ 举例。

Ⅰ. 读出参数 P0700（700 = 02BChex）的数值：

PLC→MICROMASTER4（请求）：12BC000000000000

MICROMASTER4→PLC（应答）：12BC000000000002

应答报文告诉我们 P0700 是一个单字长的参数数值为 0002 hex。

Ⅱ. 读出参数 P2010 ［下标 1］（0010 = 00A 和 IND 的位 8 置 1）的数值：

PLC→MICROMASTER4（请求）：100A018000000000

MICROMASTER4→PLC（应答）：200A000042480000

应答报文告诉我们这是一个双字长参数数值为 42480000（IEEE 浮点数），可以转换为十进制数形式显示。

Ⅲ. 把参数 P1082 的数值修改为 40.00（40.00 = 42200000 IEEE 浮点数）：

Step1

PLC→MICROMASTER4（请求）：143A000000000000

MICROMASTER4→PLC（应答）：243A000042480000

应答识别标志 2 表明这是一个双字参数，所以必须采用任务识别标志 3 修改参数数值双字。

Step2

PLC→MICROMASTER4（请求）：343A000042200000

MICROMASTER4→PLC（应答）：243A000042200000

确认这一参数的数值已修改完毕。

3）PZD 区。通信报文的 PZD 区是为控制和监测变频器而设计的，可通过该区写控制信息和控制频率，读状态信息和当前频率。

① STW。当通过 PLC 对变频器写入 PZD 时，第 1 个字为变频器的控制字，其含义见表 15-29。一般正向启动时赋值 0X047F，停止时赋值 0X047E。

表 15-29　控制字说明

位	功　能	0	1
00	On（斜坡上升）/OFF1（斜坡下降）	否	是
01	OFF2：按惯性自由停车	是	否
02	OFF3：快速停车	是	否
03	脉冲使能	否	是
04	斜坡函数发生器（RFG）使能	否	是
05	RFG 开始	否	是
06	设定值使能	否	是
07	故障确认	否	是
08	正向点动	否	是
09	反向点动	否	是
10	由 PLC 进行控制	否	是
11	设定值反向	否	是
12	未使用		
13	用点动电位计（MOP）升速	否	是
14	用 MOP 降速	否	是
15	本机/远程控制	P0719 下标 0	P0719 下标 1

② HSW。当通过 PLC 对变频器写入 PZD 时，第 2 个字为主设定值，即设定的变频器主频率。如果 P2009 设置为 0，数值是以十六进制数的形式发送，如果 P2009 设置为 1 数值是以绝对十进制数的形式发送。

③ ZSW。当通过 PLC 读变频器 PZD 时，第 1 个字为变频器状态字，其含义见表 15-30。

表 15-30　状态字说明

位	功能	0	1
00	变频器准备	否	是
01	变频器运行准备就绪	否	是
02	变频器正在运行	否	是
03	变频器故障	否	是
04	OFF2 命令激活	是	否
05	OFF3 命令激活	否	是
06	禁止 on（接通）命令	否	是
07	变频器报警	否	是
08	设定值/实际值偏差过大	是	否
09	PZDI（过程数据）控制	否	是
10	已达到最大频率	否	是
11	电动机电流极限报警	是	否
12	电动机抱闸制动投入	是	否
13	电动机过载	是	否
14	电动机正向运行	否	是
15	变频器过载	是	否

④ HIW。当通过 PLC 对变频器写入 PZD 时，第 2 个字为运行参数实际值，通常把它定义为变频器的实际输出频率，通过 P2009（如上所述）进行规格化。

⑤ 举例。

Ⅰ. 正向运行，频率 40.00 Hz：

Step1

PLC→MICROMASTER4（请求）：047E3333

MICROMASTER4→PLC（应答）：FB310000

设置速度，并检测变频器是否处于准备运行状态，应答数据提示我们，当前频率状态正常，方向设置为正向，并且速度为 0。

Step2

PLC→MICROMASTER4（请求）：047F3333

发送控制命令，启动变频器控制电动机。

Ⅱ. 变频器正向点动：

Step1

PLC→MICROMASTER4（请求）：047E0000

MICROMASTER4→PLC（应答）：FB310000

检测变频器是否处于准备运行状态，应答数据提示我们，当前频率状态正常，方向设置为正向，并且速度为 0。

Step2

PLC→MICROMASTER4（请求）：057E0000

发送命令，使电动机点动运行，正向点动运行频率由 P1058 决定。

4）SFC14、SFC15。为了存取相连续的数据区域，使用系统功能函数 SFC14（DPRD_DAT）和 SFC 15（DPWR_DAT）。

为了读一个 DP 从站相连续的输入数据区域，使用系统功能函数 SFC 14（DPRD_DAT）。如果一个 DP 从站有若干个相连续的输入模块，则必须为所要读的每个输入模块分别安排一个 SFC14 调用。表 15-31 列出了 SFC14 的输入和输出参数。

表 15-31　SFC14 参数表

参　　数	说　　明	数据类型	描　　　述
LADDR	INPUT	WORD	用 HW Config 组态的 DP 从站的输入模块开始地址，规定（十六进制格式）
RECORD	OUTPUT	ANY	接收解包数据后存放的地址
RET_VAL	OUTPUT	INT	SFC 状态返回值

SFC15 用来输出连续数据区域，输入和输出参数与 SFC14 相似，LADDR 为目的输出数据地址，RECORD 为希望输出数据存储区，见表 15-32。

表 15-32　SFC15 参数表

参　　数	说　　明	数据类型	描　　　述
LADDR	INPUT	WORD	用 HW Config 组态的 DP 从站的输入模块开始地址，规定（十六进制格式）
RECORD	INPUT	ANY	所要发送数据的存取地址
RET_VAL	OUTPUT	INT	SFC 状态返回值

返回值 RECORD 可以用来判断读写数据是否发生错误，以及发生何种错误，如果无错误发生，返回值为 W#16#0000，其他状态可参阅手册。

（5）硬件组态

打开 SIMATIC 300 Station，然后双击右侧生成的 Hardware 图标，在弹出的 HW config 中进行组态，双击 MPI/DP 槽，在弹出窗口"Interface"→"Type"中选择"PROFIBUS"，然后点击"Properties"，如图 15-97 所示点击"New"新建一条 DP 总线，并设置地址为 2。点击"Properties"，弹出如图 15-98 所示窗口，选择 DP 类型，并设置传输速率为 1.5 Mbit/s。

在菜单栏中选择"View"→"Catalog"打开硬件目录，按订货号和硬件安装次序依次插入机架、电源、CPU 以及 I/O 模块，如图 15-99 和图 15-100 所示。

在 DP 总线上挂上远程 I/O 模块，设置从站地址为 3，并在其上加入相应 I/O 模块。在 DP 总线上挂上 MM440，并组态 MM440 的通信区，通信区与应用有关。MM440 采用通用串行接口协议，其报文结构将在软件部分讲述。由程序操作的通信数据通过参数标识符值 PKW 和过程数据 PZD 传递，最长使用的是中 PKW 为 4 个字（8 个字节），PZD 为 2 个字（4

个字节）的固定长度报文，即 PPO1 类型，因此组态 MM440 的地址分别对应读写 PKW 和 PZD。

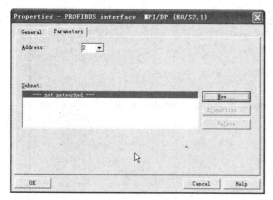

图 15-97　新建 PROFIBUS 总线

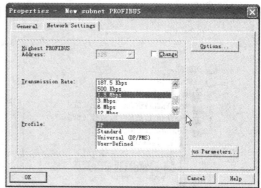

图 15-98　设置属性

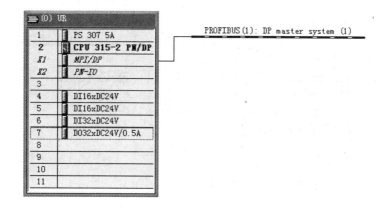

图 15-99　组态主站

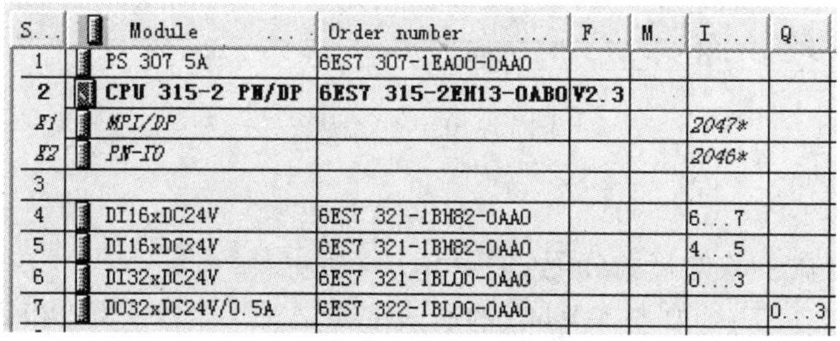

S...		Module ...	Order number ...	F...	M...	I ...	Q...
1		PS 307 5A	6ES7 307-1EA00-0AA0				
2		CPU 315-2 PN/DP	6ES7 315-2EH13-0AB0	V2.3			
X1		MPI/DP				2047*	
X2		PN-IO				2046*	
3							
4		DI16xDC24V	6ES7 321-1BH82-0AA0			6...7	
5		DI16xDC24V	6ES7 321-1BH82-0AA0			4...5	
6		DI32xDC24V	6ES7 321-1BL00-0AA0			0...3	
7		DO32xDC24V/0.5A	6ES7 322-1BL00-0AA0				0...3

图 15-100　各模块详细信息

组态 MM440 步骤如下：

1）打开硬件组态，在右侧选择 "PROFIBUS DP" → "SIMOVERT" → "MI-CROMASTER 4"，添加到 DP 总线上，如图 15-101 所示。

2）在弹出窗口中选择地址为 4，如图 15-102 所示。

3）选择 "MICROMASTER 4" → "4 PKW, 2 PZD（PPO 1）"，添加到从站中，如图 15-103 所示。

4) 从站组态完成，设置地址。PKW 读为 IB288 ~ IB295，PZD 读为 IB296 ~ IB299，PKW 写为 QB272 ~ QB279，PZD 写为 QB280 ~ QB283，如图 15-103 所示。

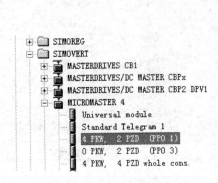

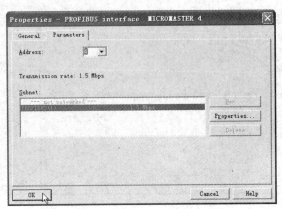

图 15-101　插入 MM440 从站　　　　　　图 15-102　设置 MM440 从站地址

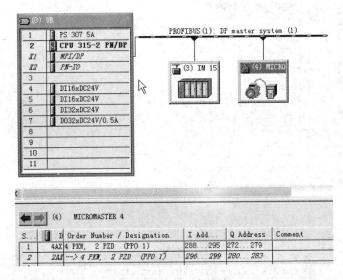

图 15-103　组态从站

（6）软件设计

1）软件资源分配。软件资源分配如图 15-104 所示。

2）数据块 OB1。S7-300 与 MM440 的通信主要是对 4 个字 PKW 和 2 个字 PZD 进行读写，为使程序编写更为方便，可在程序中开辟一块静态存储空间，即 DB1，用来存放要读写的数据，数据块格式与 PKW 和 PZD 的结构相似，如图 15-105 所示，读写区域分开。

3）PLC 控制程序。

① S7-300 通过 DP 控制 MM440 参数，以实现电动机的启动、停机、正转、反转、变速和正反向点动。

将速度按钮（SET_SPEED）置"1"，能够给期望速度赋值，并触发一个速度改变通信脉冲（SET_SPEED_SEND），当电动机处于运行状态时，将建立一次通信改变转速。变频器使用的 V/f 控制，速度是与频率成正比的，例如本电动机的额定频率是 50 Hz，该频率下对

592

应的额定转速为 1395 r/min，当频率为 40 Hz 时，转速对应为 1116 r/min。要注意的是，传送 W#16#4000 给主设定值，对应的频率为 50 Hz。程序如图 15-106 所示。

Symbol	Address		Data type		Comment
TURN_ON	M	30.0	BOOL		断路器关
RESET	M	30.1	BOOL		复位
RESET_SEND	M	30.2	BOOL		触发初始化通信
RESET_OK	M	30.3	BOOL		复位完成
FORWORD_BACKWORD	M	30.5	BOOL		0正转/1反转
START	M	31.0	BOOL		启动
START_SEND1	M	31.1	BOOL		触发启动通信1
START_ING	M	31.2	BOOL		电机运行中
START_SEND2	M	31.3	BOOL		触发启动通信2
SET_SPEED	M	31.4	BOOL		设置速度
SET_SPEED_SEND	M	31.5	BOOL		触发设置速度通信
STOP	M	32.0	BOOL		停机
STOP_SEND	M	32.1	BOOL		触发停机通信
JOG	M	32.2	BOOL		点动
JOG_UP	M	32.3	BOOL		点动开始脉冲
JOG_DOWN	M	32.4	BOOL		点动结束脉冲
JOG_ING	M	32.5	BOOL		点动状态
VOLTAGE_SEND	M	33.1	BOOL		触发读取电压通信
CURRENT_SEND	M	33.2	BOOL		触发读取电流通信
FREQUENCE_SEND	M	33.3	BOOL		触发读取频率通信
ZERO_SPEED	M	33.4	BOOL		速度为0状态
VOLTAGE	MD	40	REAL		电压
CURRENT	MD	44	REAL		电流
FREQUENCE	MD	48	REAL		频率
S_F	MD	60	DINT		中间换算存储区
SP_REAL	MD	64	REAL		中间换算存储区
SPE_FRE	MW	34	INT		速度值
SPEED	MW	36	INT		设置速度值
CUR_SPEED	MW	38	INT		实时速度
CYCL_EXC	OB	1	OB	1	通信数据块
BREAKER	Q	4.0	BOOL		断路器
DPRD_DAT	SFC	14	SFC	14	读DP从站数据
DPWR_DAT	SFC	15	SFC	15	写DP从站数据

图 15-104   软件资源分配

Address	Name	Type	Initial value	Comment
0.0		STRUCT		
+0.0	PKE_R	WORD	W#16#0	Temporary placeholder variable
+2.0	IND_R	WORD	W#16#0	
+4.0	PKE1_R	WORD	W#16#0	
+6.0	PKE2_R	WORD	W#16#0	
+8.0	PZD1_R	WORD	W#16#0	
+10.0	PZD2_R	WORD	W#16#0	
+12.0	PKE_W	WORD	W#16#0	Temporary placeholder variable
+14.0	IND_W	WORD	W#16#0	
+16.0	PKE1_W	WORD	W#16#0	
+18.0	PKE2_W	WORD	W#16#0	
+20.0	PZD1_W	WORD	W#16#0	
+22.0	PZD2_W	WORD	W#16#0	
=24.0		END_STRUCT		

图 15-105   DB1 资源分配图

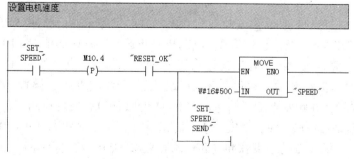

Network 6：电动机操作程序

设置电机速度

图 15-106   设置电动机速度

593

在复位完成后，按下启动按钮（START），进入运行状态（START_ING）。启动分两个步骤，首先让电动机处于准备运行状态，触发启动通信脉冲 1（START_SEND1），写 PZD 中控制字为 047Ehex，主设定值为期望频率，并发送；当读回状态字为正方向 FB31hex（-1231）或反方向 BB31（-17615）时，触发启动通信脉冲 2（START_SEND2），写控制字为 047Fhex，主设定值为期望频率，此后电动机开始运行。程序如图 15-107 所示。

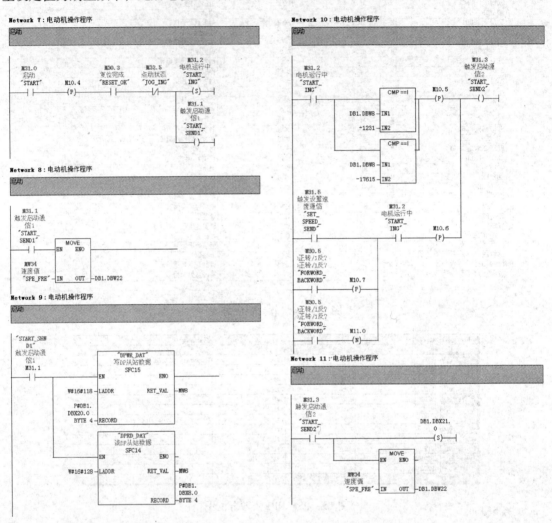

图 15-107 启动程序

运行状态下点击停机按钮，将复位运行状态，并触发停止通信脉冲（STOP_SEND），写 PZD 中控制字 047E hex 以及主设定值 0，电动机停止运行。程序如图 15-108 所示。

当复位完成，并且电动机不处于运行状态下时，可以按下点动按钮（JOG），检测到按钮按下，触发一个上升沿脉冲，此时将进入点动状态（JOG_ING），设置 PZD 中控制字第 8 位为 1，第 9 位为 0，并触发点动开始脉冲（JOGUP_SEND），发送控制字，点动的方向由方向开关决定。当点动按钮松开时，触发一个下降沿脉冲，将点动状态（JOG_ING），控制字第 8 和第 9 位复位，并触发点动结束脉冲（JOGDOWN_SEND），发送控制字。程序如图 15-109 所示。

594

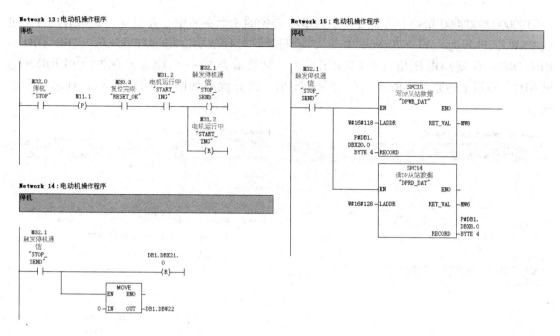

图 15-108　停机程序

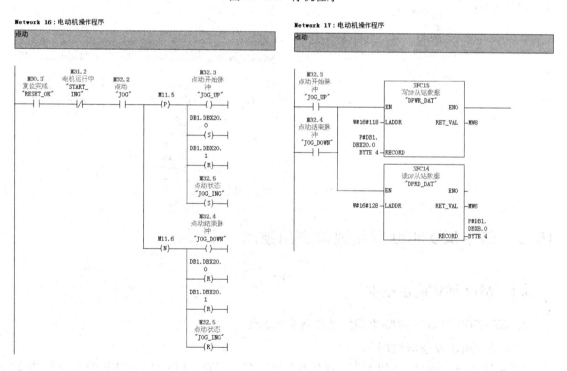

图 15-109　点动程序

② S7-300 通过 DP 读取 MM440 参数，读取控制电压、电流及频率。

该部分的功能是以 0.5 s 的频率刷新当前电压、电流以及频率的值，变频器当前电压、电流以及频率是以 32 位浮点数的形式存储于参数 r0025、r0027 和 r0021。T1 每隔 0.5 s 将触发一个上升沿脉冲，首先触发一个读电压脉冲（VOLTAGE_SEND），给 PKW 的 4 个字赋值

（1019000000000000 hex），存储于 DB1.DB12 开始的 8 个字节中，并建立一次通信，当读回的 PKW 中 PKE 为 8217（2019 hex）时，说明读取过程成功，将读取电压值（DB1.DB4 ~ DB1.DB7）存储到电压值（VOLTAGE）中，紧接着触发一个读电流脉冲（CURRENT_SEND），根据上述原理再依次读电流和频率值。部分程序如图 15-110 所示，具体程序见光盘。

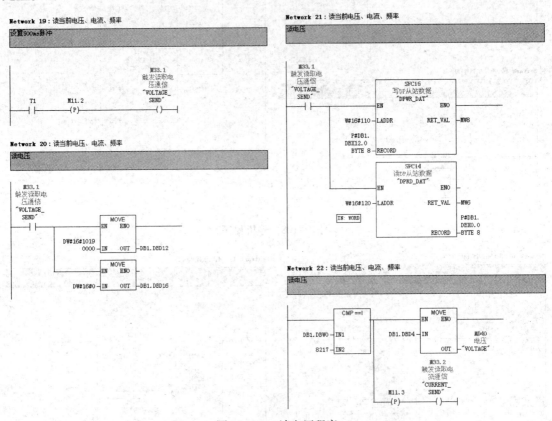

图 15-110　读电压程序

15.3　S7-300/400 网络通信应用技术

15.3.1　MPI 通信应用技术

1. S7-300 与 S7-400 之间的全局数据包通信

（1）系统组成及通信原理

1）系统组成。硬件：CPU413-2DP 和 CPU 315-2DP，CPU413-2DP 的站地址为 2，CPU 315-2DP 站地址为 3。网络配置图如图 15-111 所示。

2）通信原理。S7-300 与 S7-400 之间的全局数据包通信，将 2 号站的 ID0 发送到对方的 QD4，将 3 号站的 ID0 发送到对方的 QD0，将 2 号站的 DB1.DBB0：22 发送到 3 号站的 DB2.DBB0：22 中，将 3 号站 S7-300 的 DB1.DBB0：22 发送到 2 号站的 DB1.DBB0：22 中。通信原理图如图 15-112 所示。

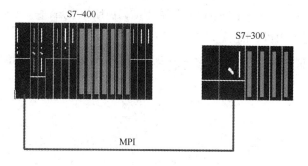

图 15-111　网络配置图

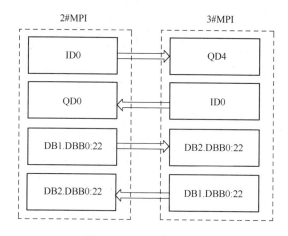

图 15-112　通信原理图

（2）硬件组态

在 STEP 7 中建立一个新项目，在此项目下插入一个"SIMATIC 400 站"和一个"SI-MATIC 300 站"，并分别完成硬件组态，硬件组态如图 15-113 和图 15-114 所示。

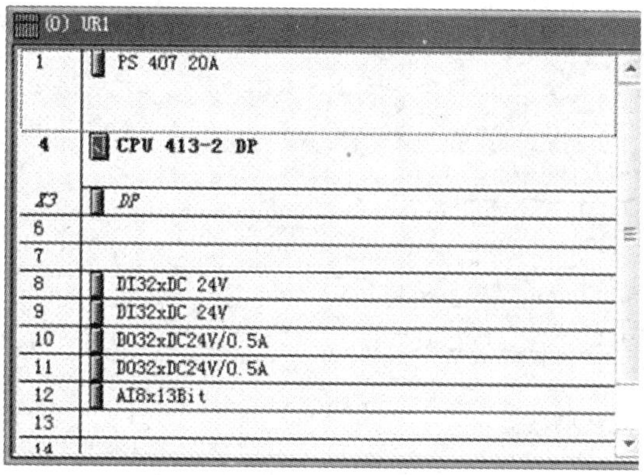

图 15-113　SIMATIC 400 站硬件组态图 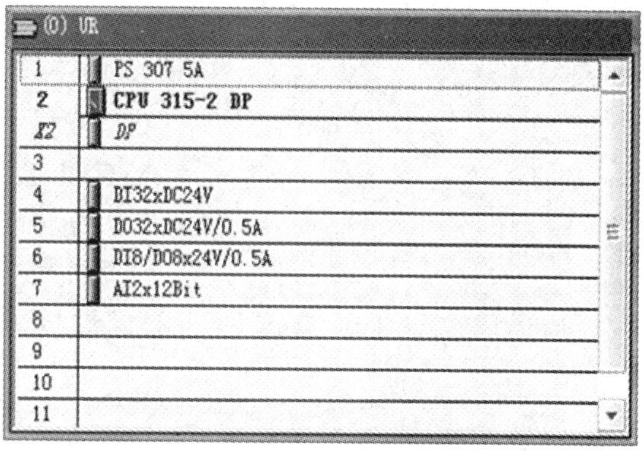　　　　图 15-114　SIMATIC 300 站硬件组态图

（3）网络组态

点击 按钮，打开网络组态 NetPro，可以看到一条 MPI 网络和没有与网络连接的两个站点，双击 CPU 上的小红方块，打开 MPI 接口属性对话框，分别设置 MPI 的站地址为 2 和

3，选择子网"MPI（1）"，如图 15-115 和图 15-116 所示，单击"OK"按钮返回 NetPro，可以看到 CPU 已经连到 MPI 网络上，如图 15-117 所示。

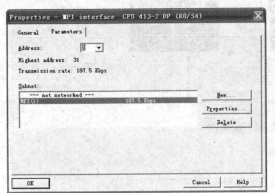 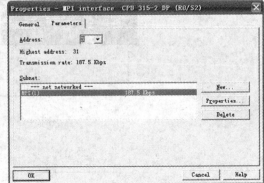

图 15-115　SIMATIC 400 站 MPI 网络通信参数设置　　　图 15-116　SIMATIC 300 站 MPI 网络通信参数设置

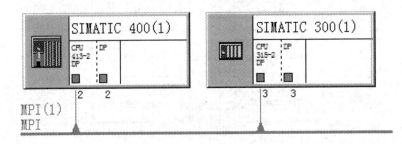

图 15-117　MPI 网络

（4）生成和填写 GD 表

鼠标右击 NetPro 中的 MPI 网络线，在菜单中单击"Define Global Data"命令，在出现的 GD 表对话框中，对全局数据通信进行组态，如图 15-118 所示。

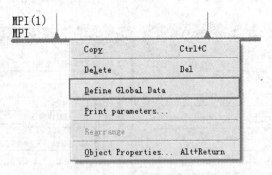

图 15-118　定义全局数据

双击"GD ID"右边的 CPU 栏选择需要通信的 CPU，如图 15-119 和 15-120 所示。

在每个 CPU 栏底下填上数据的发送区和接收区，例如：第一行生成一个全局数据，CPU413-2DP 的发送区为 ID0，在菜单"Edit"下选择"Sender"设置发送区，方格变成深色，同时出现符号"＞"表示为发送站，CPU315-2DP 的接收区为 QD4。用同样的方法，在第二行生成一个全局数据，将 CPU315-2DP 的 ID0 发送给 CPU413-2DP 的 QD0。

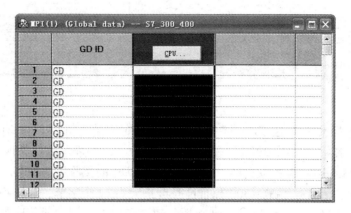

图 15-119　GD 表

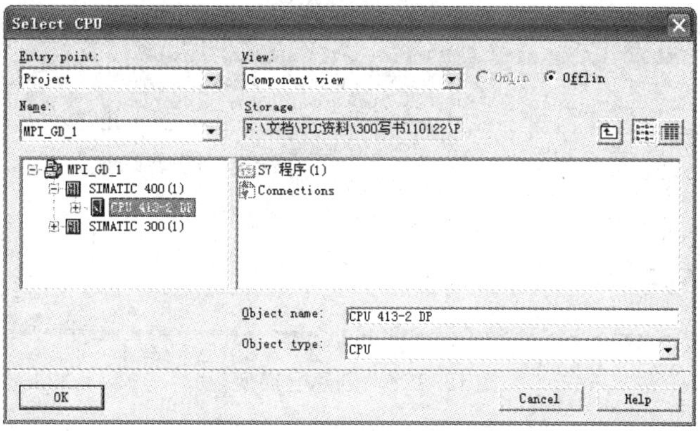

图 15-120　选择 CPU

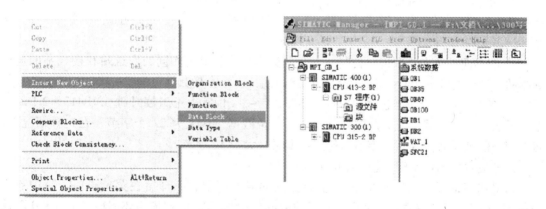

图 15-121　生成数据块

　　选中 SIMATIC 管理器左边 400 站点的"块"文件夹，在右边空白处右击，选择"Insert New Object"→"Data Block"，生成共享数据块 DB1 和 DB2。为了定义数据块的大小，打开数据块，删除自动生成的临时占位符变量，生成一个有 22 B 数据元素的数组，如图 15-121 所示。

　　用同样的方法，在 CPU315-2DP 的"块"文件夹中生成共享数据块 DB1 和 DB2，用数组定义它们的大小，如图 15-122 所示。

Address	Name	Type	Initial value	Comment
0.0		STRUCT		
+0.0	DB_VAR	ARRAY[1..22]		Temporary placeholder variable
*1.0		BYTE		
=22.0		END_STRUCT		

图 15-122　创建 DB 块

在完成上述操作后，在第三行生成一个全局变量，CPU413 - 2DP 的发送区为 DB1. DBB0：22（其中“DB1. DBB0”表示起始地址，“22”表示数据长度），然后在菜单“Edit”下选择“Sender”设置发送区。而 CPU315 - 2DP 的接收区为 DB1. DBB0：22。地址区可以为 DB、M、I、Q 区，S7 - 300 地址区长度最大为 22 个字节，S7 - 400 地址区长度最大为 54 个字节。发送区和接收区的长度必须一致，所以在上例中通信区长度最大为 22 字节。如图 15-123 所示。

MPI(1) (Global data) -- MPI_GD_1

	GD ID	SIMATIC 400(1)\ CPU 413-2 DP	SIMATIC 300(1)\ CPU 315-2 DP
1	GD 1.1.1	>ID0	QD4
2	GD 1.2.1	QD0	>ID0
3	GD 2.1.1	>DB1. DBB0:22	DB2. DBB0:22
4	GD 2.2.1	DB2. DBB0:22	>DB1. DBB0:22
5	GD		
6	GD		
7	GD		
8	GD		

图 15-123　创建全局变量

对于全局变量的表示，如图 15-124 所示，例如 GD A. B. C，具体说明如下：

1）参数 A：全局数据环。参与收发全局数据包的 CPU 组成了全局数据环，CPU 可以向同一环内的其他 CPU 发送或接收数据，在一个 MPI 网络中，最多可以建立 16 个 GD 环，每个环最多允许 15 个 CPU 参与全局数据交换。

2）参数 B：全局数据包。在同一个全局数据环中，具有相同的发送站和接收站的全局数据的字节数之和如果没有超出允许值，可以组成一个全局数据包。

3）参数 C：一个数据包里的数据。CPU 315 - 2 DP 发送 4 组数据到 CPU 413 - 2 DP，4 个数据区是一个数据包，从上面可以知道，一个数据包最大为 22 个字节，在这种情况下，每个额外的数据区占有 2 个字节，所以数据量最大为 16 字节。

（5）设置扫描速率和状态双字的地址

扫描速率是用来定义 CPU 刷新全局数据的时间间隔，编译后在菜单“View”中点击“Scan Rates”，可以查看扫描系数，扫描速率的单位是 CPU 的扫描循环周期，S7 - 300 默认的扫描速率是 8，S7 - 400 默认的扫描速率是 22，也可以修改它们。

发送器的扫描速率为 22，表示 CPU 每隔 22 个扫描周期，在扫描周期检查点发送一次 GD 包。接收器的扫描速率为 8，表示 CPU 每隔 8 个扫描周期，在扫描周期检查点接收 GD 包。

可以用 GD 数据传输的状态双字来检查数据是否被正确的传送，在菜单“View”中点击“GD Status”，可以查看状态双字，在出现的 GDS 行中可以给每个数据包指定一个用于状态双字的地址，最上面一行的状态双字 GST 为各 GDS 行中的状态双字相“或”的结果。如

图15-125所示。表15-33给出了根据状态字编写的相应错误处理程序。

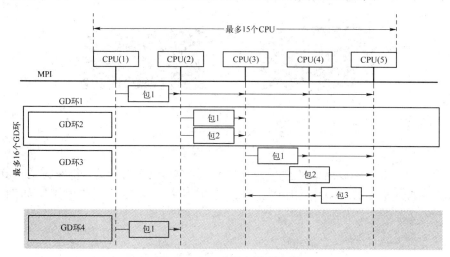

图15-124　全局变量示意图

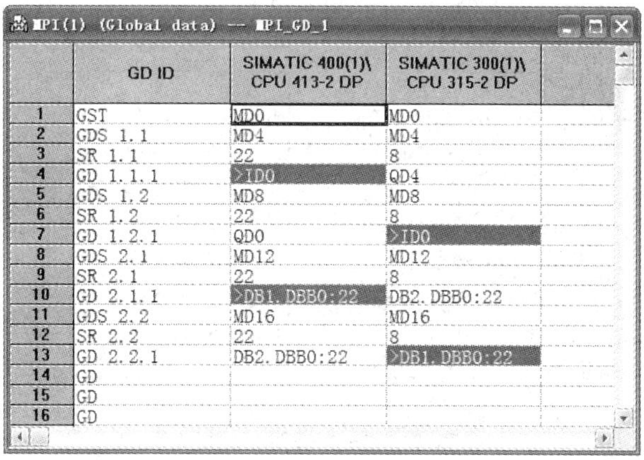

图15-125　扫描速率和状态双字的地址

表15-33　根据状态字编写相应的错误处理程序

状 态 字 位	相应的错误处理程序	状 态 字 位	相应的错误处理程序
第1位	发送区长度错误	第7位	发送区与接收区数据对象长度不一致
第2位	发送区数据块不存在	第8位	接收区长度错误
第4位	全局数据包丢失	第9位	接收区数据块不存在
第5位	全局数据包语法错误	第12位	发送方重新启动
第6位	全局数据包数据对象丢失	第32位	接收区接受到新数据

状态双字能使用户程序及时了解通信的有效性和实时性,增强系统的故障诊断能力。设置好扫描速率和状态双字的地址后,点击 按钮,对全局数据表进行第二次编译,使扫描速率和状态双字的地址包含在组态数据中。

2. S7-400之间的事件驱动的全局数据包通信

(1)系统组成及通信原理

1)系统组成。硬件:两个CPU413-2DP,一个CPU413-2DP的站地址为2,另一个

CPU413 – 2DP 站地址为 3。网络配置图如图 15–126 所示。

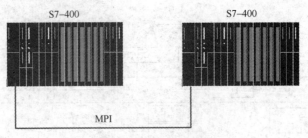

图 15–126　网络配置图

2）通信原理。S7 –400 之间的事件驱动的全局数据包通信方式，将双方的 ID0 发送到对方的 QD0，将双方的 DB1 中的 54B 数据发送到对方的 DB2。通信原理图如图 15–127 所示。

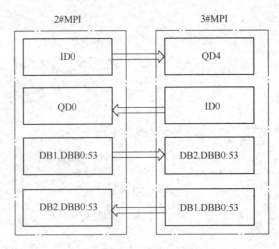

图 15–127　通信原理图

（2）硬件组态

在 STEP 7 中建立一个新项目，在此项目下插入两个 "SIMATIC 400 站"，并分别完成硬件组态，硬件组态如图 15–128 所示。

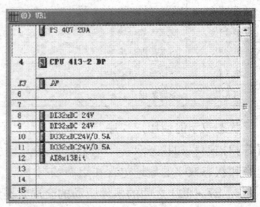

图 15–128　硬件组态图

（3）网络组态

点击按钮，打开网络组态 NetPro，可以看到一条 MPI 网络和没有与网络连接的两个站点，双击 CPU 上的小红方块，打开 MPI 接口属性对话框，分别设置 MPI 的站地址为 2 和3，选择子网"MPI（1），如图 15-129"所示，单击"OK"按钮返回 NetPro，可以看到CPU 已经连到 MPI 网络上，如图 15-130 所示。

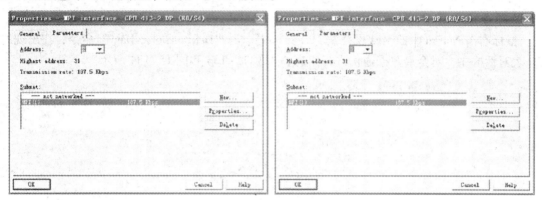

图 15-129　MPI 组态图

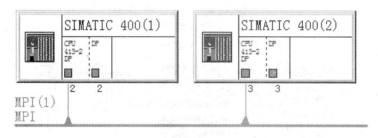

图 15-130　MPI 网络组态图

选中 SIMATIC 管理器左边 400 站点的"块"文件夹，在右边空白处右击，选择"Insert New Object"→"Organization Block"生成组织块 OB100、OB35、OB37，如图 15-131 所示。选择"Insert New Object"→"Data Block"，生成共享数据块 DB1 和 DB2，在各数据块中生成一个数组，如图 15-132 所示。

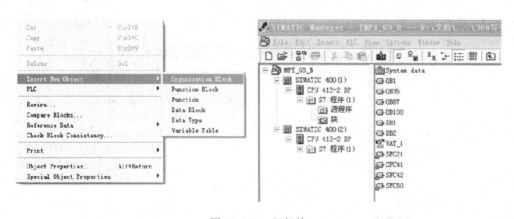

图 15-131　组织块

Address	Name	Type	Initial value	Comment
0.0		STRUCT		
+0.0	DB_VAR	ARRAY[1..99]		Temporary placeholder variable
*1.0		BYTE		
=100.0		END_STRUCT		

图 15-132　创建 DB 块

（4）生成和填写 GD 表

鼠标右击 NetPro 中的 MPI 网络线，在菜单中单击"Define Global Data"命令，在出现的 GD 表对话框中，对全局数据通信进行组态，如图 15-133 和图 15-134 所示。

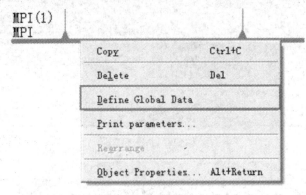

图 15-133　定义全局数据

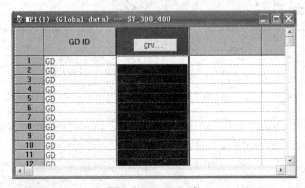

图 15-134　GD 表

双击"GD ID"右边的 CPU 栏，选择需要通信的 CPU，如图 15-135 所示。

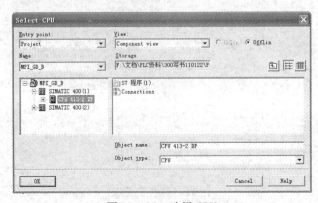

图 15-135　选择 CPU

在每个 CPU 栏底下填上数据的发送区和接收区，将双方的 ID0 发送到对方的 QD0，将双方的 DB1 中的 54B 数据发送到对方的 DB2，如图 15-136 所示。

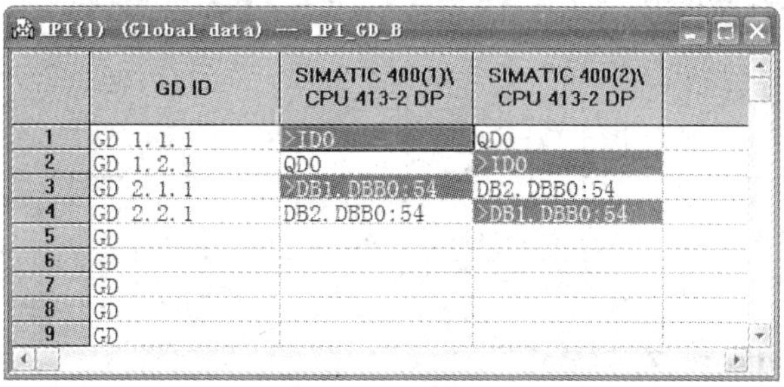

MPI(1) (Global data) -- MPI_GD_B

	GD ID	SIMATIC 400(1)\ CPU 413-2 DP	SIMATIC 400(2)\ CPU 413-2 DP
1	GD 1.1.1	>ID0	QD0
2	GD 1.2.1	QD0	>ID0
3	GD 2.1.1	>DB1.DBB0:54	DB2.DBB0:54
4	GD 2.2.1	DB2.DBB0:54	>DB1.DBB0:54
5	GD		
6	GD		
7	GD		
8	GD		
9	GD		

图 15-136　创建全局变量

（5）设置扫描速率和状态双字的地址

为实现事件驱动的全局数据通信，将全局数据包 GD2.1 的扫描速率（SR2.1）设置为 0，如图 15-137 所示。

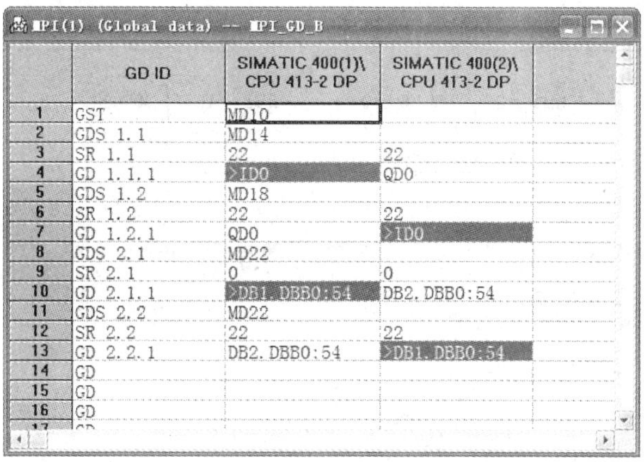

MPI(1) (Global data) -- MPI_GD_B

	GD ID	SIMATIC 400(1)\ CPU 413-2 DP	SIMATIC 400(2)\ CPU 413-2 DP
1	GST	MD10	
2	GDS 1.1	MD14	
3	SR 1.1	22	22
4	GD 1.1.1	>ID0	QD0
5	GDS 1.2	MD18	
6	SR 1.2	22	22
7	GD 1.2.1	QD0	>ID0
8	GDS 2.1	MD22	
9	SR 2.1	0	0
10	GD 2.1.1	>DB1.DBB0:54	DB2.DBB0:54
11	GDS 2.2	MD22	
12	SR 2.2	22	22
13	GD 2.2.1	DB2.DBB0:54	>DB1.DBB0:54
14	GD		
15	GD		
16	GD		

图 15-137　描速率和状态双字的地址

（6）程序编写

SFC60 和 SFC61 可以在用户程序中任何一点被调用，全局数据表中设置的扫描数据不受调用 SFC60 和 SFC61 的影响。

SFC60 “GD_SND” 用来按照设定的方式采集并发送全局数据包。SFC60 可以在用户程序的任意位置调用。SFC60 输入的参数有 CIRCLE_ID（要发送的数据包所在的组号）和 BLOCK_ID（要发送数据包的号码）。

SFC61 “GD_RCV” 用来接收发送来的全局数据包并存入设定的区域中。SFC61 可以在用户程序的任意位置调用。与 SFC60 相似，SFC61 也有 CIRCLE_ID 和 BLOCK_ID 两个输入参数。

SFC60 和 SFC61 可能被更高优先级的块中断。为了保证全局数据交换的连续性，在调用 SFC60 之前，调用 SFC39 “DIS_IRT” 或 SFC41 “DIS_SIRT”，来禁止或延迟更高优先级的块中断和异步错误。执行完 SFC60 后，调用 SFC40 “EN_IRT” 或 SFC42 “EN_AIRT”，允许处理更高优先级的块中断和异步错误。

图 15-138 是 2 号站的 CPU413-2DP 的 OB1 中的程序，用 SFC60 发送数据包 GD2.1。

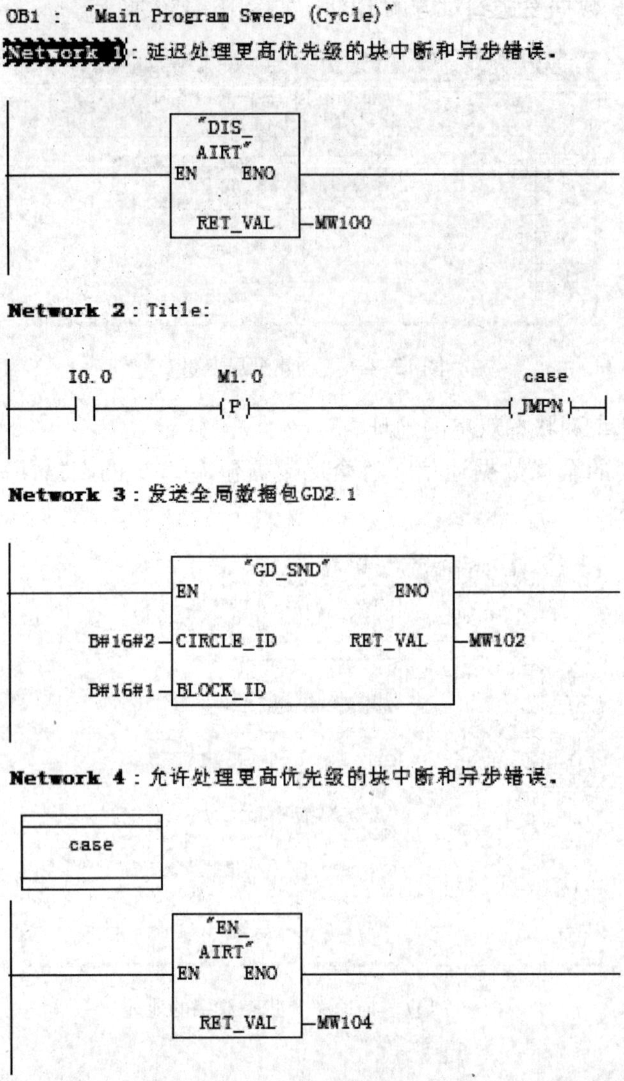

OB1 : "Main Program Sweep (Cycle)"

Network 1 : 延迟处理更高优先级的块中断和异步错误。

```
        "DIS_
        AIRT"
     EN       ENO

        RET_VAL  —MW100
```

Network 2 : Title:

```
    I0.0          M1.0                        case
    —| |—         —(P)—                      —(JMPN)—
```

Network 3 : 发送全局数据包GD2.1

```
              "GD_SND"
          EN             ENO

B#16#2 —CIRCLE_ID     RET_VAL  —MW102

B#16#1 —BLOCK_ID
```

Network 4 : 允许处理更高优先级的块中断和异步错误。

```
   case
```

```
        "EN_
        AIRT"
     EN       ENO

        RET_VAL  —MW104
```

图 15-138 2 号站 OB1 程序

图 15-139 是 3 号站的 OB1 中的程序，用 SFC61 接收数据包 GD2.1。

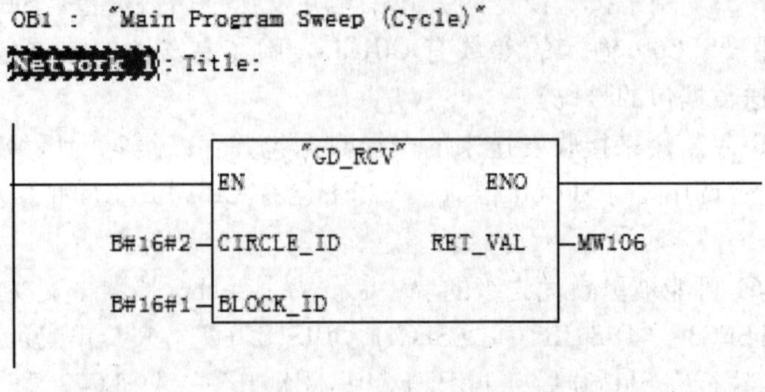

OB1 : "Main Program Sweep (Cycle)"

Network 1 : Title:

```
              "GD_RCV"
          EN             ENO

B#16#2 —CIRCLE_ID     RET_VAL  —MW106

B#16#1 —BLOCK_ID
```

图 15-139 3 号站 OB1 程序

3. S7 –300 与 S7 –400 之间的 S7 基本通信单边通信方式

（1）系统组成及通信原理

1）系统组成。硬件：CPU413 – 2DP 和 CPU 315 – 2DP，CPU413 – 2DP 的站地址为 2，CPU 315 – 2DP 站地址为 3。网络配置图如图 15–140 所示。

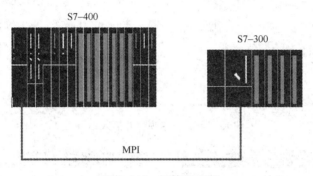

图 15–140　网络配置图

2）通信原理。在 S7 基本通信单边通信中，客户机（CPU413 – 2DP）调用 SFC68（X_PUT）来将 DB1 内数据发送到服务器（CPU 315 – 2DP）中的 DB2 内，调用 SFC67（X_GET）来读取服务器中 DB1 内的数据存放到本地 DB2 内。通信原理图如图 15–141 所示。

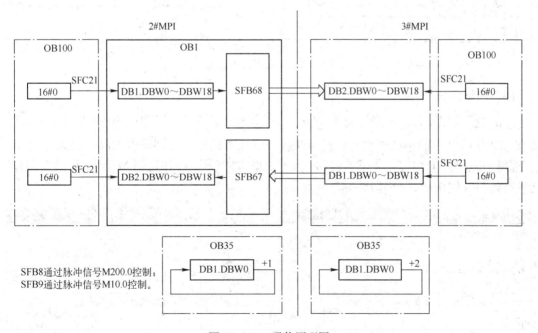

图 15–141　通信原理图

（2）硬件组态

在 STEP 7 中建立一个新项目，在此项目下插入一个"SIMATIC 400 站"和一个"SI-MATIC 300 站"，并分别完成硬件组态，如图 15–142 和图 15–143 所示。

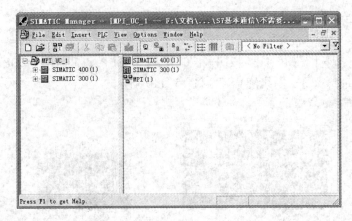

图 15-142　新建项目并插入站点

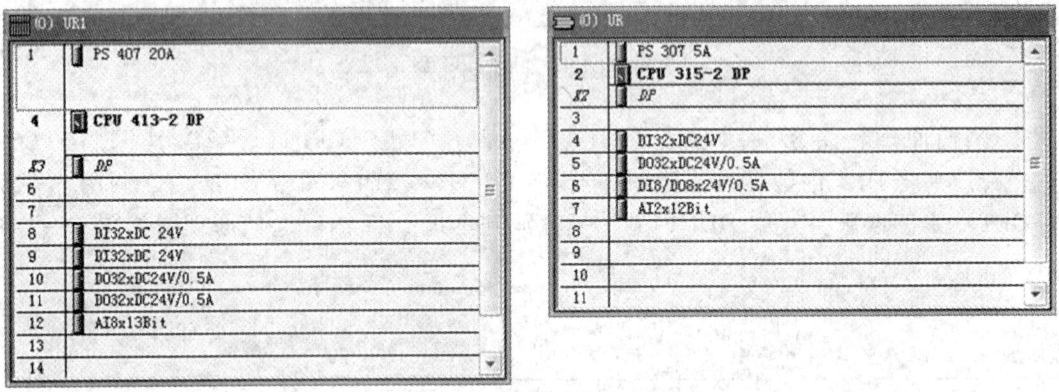

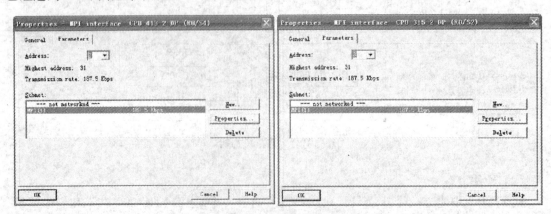

图 15-143　站点硬件组态

（3）网络组态

点击 按钮，打开网络组态 NetPro，可以看到一条 MPI 网络和没有与网络连接的两个站点，双击 CPU 上的小红方块，打开 MPI 接口属性对话框，分别设置 MPI 的站地址为 2 和 3，选择子网"MPI（1）"，如图 15-144 所示，单击"OK"按钮返回 NetPro，可以看到 CPU 已经连到 MPI 网络上，如图 15-145 所示。

图 15-144　MPI 网络通信参数设置

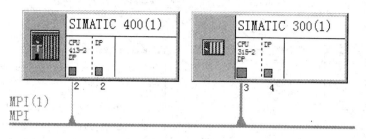

图 15-145　MPI 网络

（4）资源分配

根据项目需要进行软件资源的分配，见表 15-34。

表 15-34　软件资源分配表

站　　点	资源地址	功　　能
CPU413 – 2DP	DB1. DBW0 ~ DBW75	发送数据区
	DB2. DBW0 ~ DBW75	接收数据区
	ID0	过程输入映像区
	QD4	过程输出映像区
	M0. 0	SFC68 激活参数
	M0. 1	SFC68 通信状态显示
	M0. 2	SFC67 激活参数
	M0. 3	SFC67 通信状态显示
	M0. 4	SFC69 激活参数
	M1. 0	为 1 时，表示发送数据是连续的一个整体
	M1. 1	为 1 时，表示发送数据是连续的一个整体
	MW2	SFC68 状态字
	MW4	SFC67 状态字
CPU 315 – 2DP	DB2. DBW0 ~ DBW75	接收数据区
	DB1. DBW0 ~ DBW75	发送数据区
	ID0	过程输入映像区
	QD4	过程输出映像区

（5）程序编写

1）编写客户机程序。为了减少发送读、写命令的次数，在循环中断组织块 OB35 中调用 SFC67（X_GET）和 SFC68（X_PUT），每 100 ms 读写一次。图 15-146 是客户机 CPU413 – 2DP 的 OB35 中的程序。

SFC69（X_ABORT）可以中断一个由 SFC67（X_GET）和 SFC68（X_PUT）建立的连接。如果上述系统功能的操作已经完成（BUSY = 0），调用 SFC69（X_ABORT）后，通信双方的连接资源被释放。

初始化程序 OB100 调用 SFC21，将发送数据的 DB1 的各个字预置为 16#4444，将接收数据的 DB2 各个字清零，如图 15-147 所示。

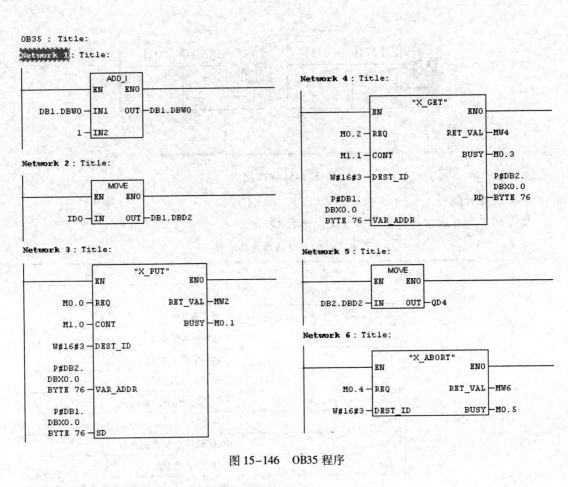

图 15-146 OB35 程序

OB100 : "Complete Restart"

Network 1: Title:

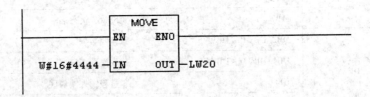

Network 2 : Title:

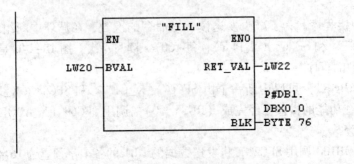

图 15-147 OB100 程序

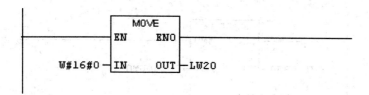

Network 3 : Title:

```
                    MOVE
                EN      ENO
     W#16#0 —  IN      OUT — LW20
```

Network 4 : Title:

```
                        "FILL"
                EN                  ENO
     LW20 —  BVAL          RET_VAL — LW22
                                    P#DB2.
                                    DBX0.0
                             BLK — BYTE 76
```

图 15-147　OB100 程序（续）

2）编写服务器程序。图 15-148 是服务器（CPU315 – 2DP）的 OB1 中的程序。

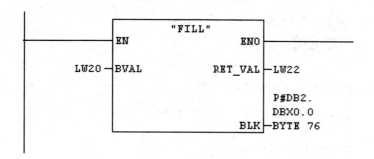

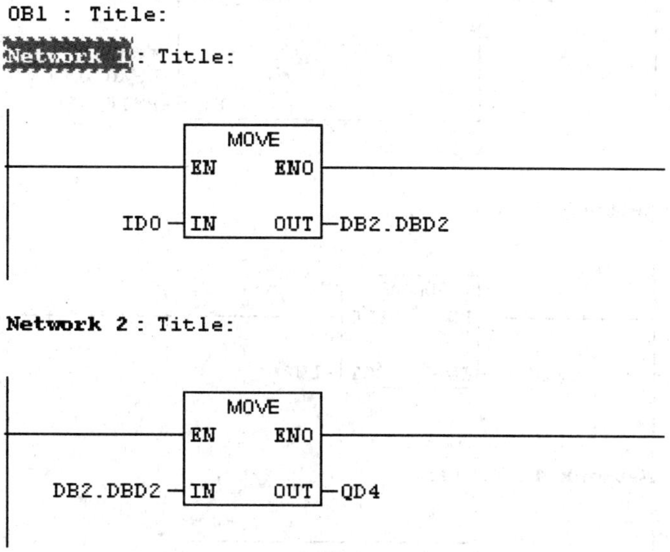

OB1 : Title:

Network 1 : Title:

```
                    MOVE
                EN      ENO
      ID0 —  IN      OUT — DB2.DBD2
```

Network 2 : Title:

```
                        MOVE
                EN          ENO
   DB2.DBD2 —  IN          OUT — QD4
```

图 15-148　OB1 程序

在服务器 CPU315 – 2DP 的 OB35 中，每 100 ms 将 DB1. DBW 加 1，程序如图 15-149 所示。

初始化程序 OB100 调用 SFC21，将存放发送数据的 DB1 的各个字预置为 16#3333，将存放接收数据的 DB2 各个字清零。程序如图 15-150 所示。

OB35 : Title:
Network 1: Title:
ADD_I
EN
ENO
DB1.DBW0
IN1
OUT
DB1.DBW0
1
IN2

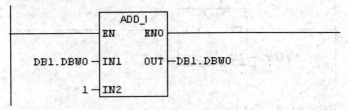

图 15-149　OB35 程序

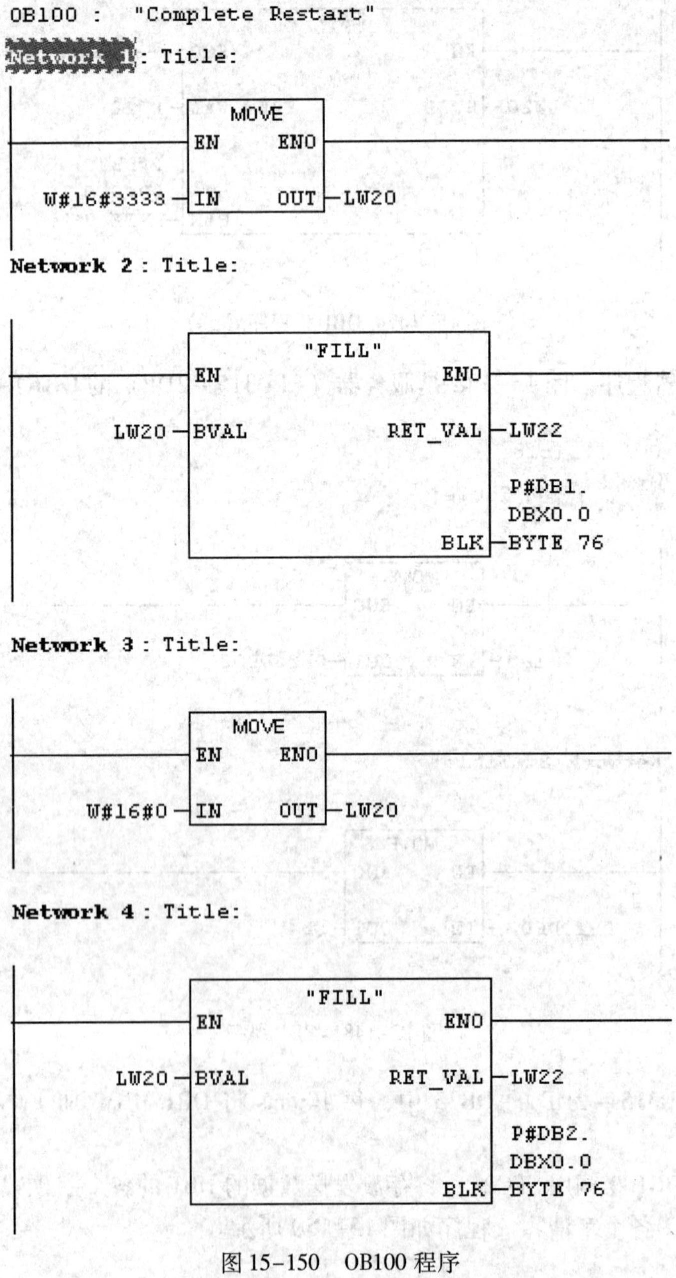

OB100 : "Complete Restart"
Network 1: Title:
MOVE
EN
ENO
W#16#3333
IN
OUT
LW20
Network 2 : Title:
"FILL"
EN
ENO
LW20
BVAL
RET_VAL
LW22
P#DB1.
DBX0.0
BLK
BYTE 76
Network 3 : Title:
MOVE
EN
ENO
W#16#0
IN
OUT
LW20
Network 4 : Title:
"FILL"
EN
ENO
LW20
BVAL
RET_VAL
LW22
P#DB2.
DBX0.0
BLK
BYTE 76

图 15-150　OB100 程序

4. S7-300 与 S7-400 之间的 S7 基本通信双边通信方式

（1）系统组成及通信原理

1）系统组成。硬件：CPU413-2 DP 和 CPU 315-2DP，CPU413-2DP 的站地址为 2，CPU 315-2DP 站地址为 3。网络配置图如图 15-151 所示。

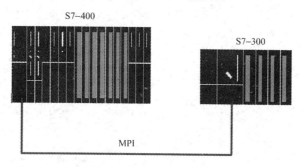

图 15-151　网络配置图

2）通信原理。在 S7 基本通信双边通信中，通信方调用 SFC65（X_SEND）来将 DB1 内数据发送到通信伙伴中的 DB2 内，调用 SFC66（X_RCV）来读取通信伙伴中 DB1 内的数据存放到本地 DB2 内。通信原理图如图 15-152 所示。

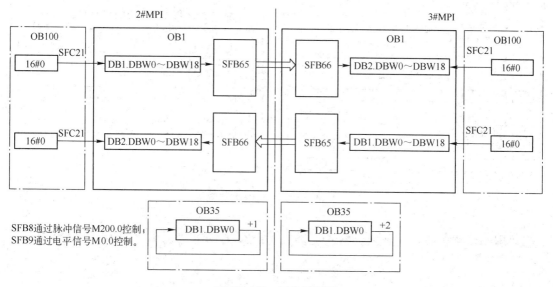

图 15-152　通信原理图

（2）硬件组态

在 STEP 7 中建立一个新项目，在此项目下插入一个"SIMATIC 400 站"和一个"SI-MATIC 300 站"，并分别完成硬件组态，如图 15-153 和图 15-154 所示。

（3）网络组态

点击 按钮，打开网络组态 NetPro，可以看到一条 MPI 网络和没有与网络连接的两个站点，双击 CPU 上的小红方块，打开 MPI 接口属性对话框，分别设置 MPI 的站地址为 2 和 3，选择子网"MPI（1）"如图 15-155 所示，单击"OK"按钮返回 NetPro，可以看到 CPU 已经连到 MPI 网络上。如图 15-156 所示。

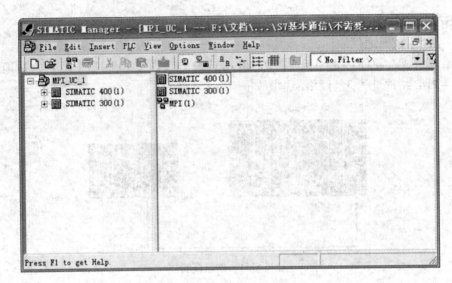

图 15-153　新建项目并插入站点

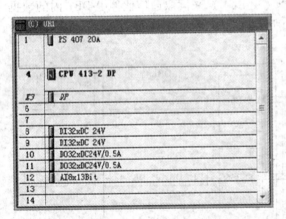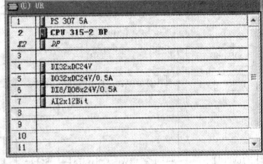

图 15-154　站点硬件组态

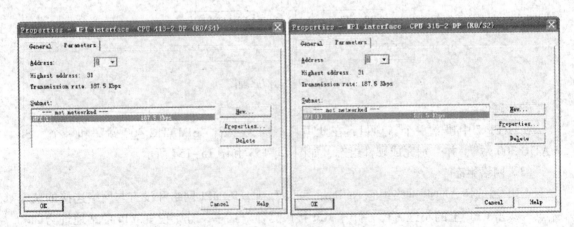

图 15-155　MPI 网络通信参数设置

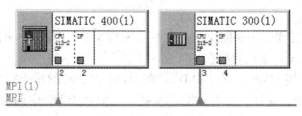

图 15-156　MPI 网络

（4）资源分配

根据项目需要进行软件资源的分配，见表 15-35。

表 15-35　软件资源分配表

站　　点	资 源 地 址	功　　能
CPU413－2DP	DB1. DBW0～DBW75	发送数据区
	DB2. DBW0～DBW75	接收数据区
	M0.0	SFC66 接收使能
	M0.1	SFC66 数据状态参数
	M0.2	SFC67 激活参数
	M0.3	SFC67 通信状态显示
	M0.4	SFC69 激活参数
	M1.0	SFC65 激活参数
	M1.1	SFC65 通信状态显示
	M1.5	SFC69 通信状态显示
	MW2	SFC66 状态字
	MW12	SFC65 状态字
	MW16	SFC69 状态字
CPU 315－2DP	DB2. DBW0～DBW75	接收数据区
	DB1. DBW0～DBW75	发送数据区
	M0.0	SFC66 接收使能
	M0.1	SFC66 数据状态参数
	M0.2	SFC67 激活参数
	M0.3	SFC67 通信状态显示
	M0.4	SFC69 激活参数
	M1.0	SFC65 激活参数
	M1.1	SFC65 通信状态显示
	M1.5	SFC69 通信状态显示
	MW2	SFC66 状态字
	MW12	SFC65 状态字
	MW16	SFC69 状态字
	M0.0	SFC66 接收使能
	M0.1	SFC66 数据状态参数

（5）程序编写

在通信的双方都需要调用功能块，一方调用 SFC65（X_SEND）来发送数据，另一方就要调用 SFC66（X_RCV）来接收数据。

如果在 OB1 中调用 SFC65（X_SEND），在 M1.0 为 1 时的每个扫描周期都要调用一次 SFC65，发送频率太快，这样会加重 CPU 的负担，因此在 OB35 中调用 SFC65，每个 100 ms 调用一次 SFC65。

图 15-157 是 2 号站的 OB35 中的程序。

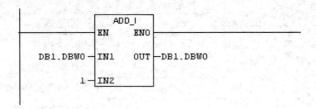

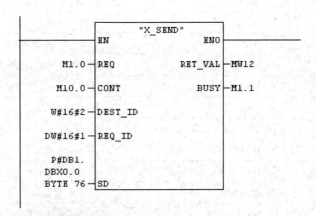

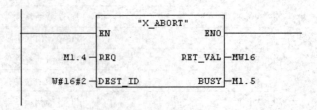

图 15-157　OB35 程序

在 OB1 内编写如下程序，由 M0.0 =1 来触发 SFC66（X_RCV）读取 3 号站发来的数据并存储到 RD 指定的存储区内，本例中指定的是从 P#DB2. DBX0.0 开始的 76 个字节。

图 15-158 是 2 号站 OB1 中接收数据的程序。

在 2 号站初始化程序中，将 DB1 各个字预置为 16#3151，将 DB2 各个字清零。程序如图 15-159所示。

OB1 : Title:

Network 1 : Title:

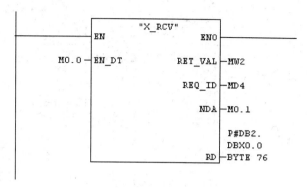

Network 2 : Title:

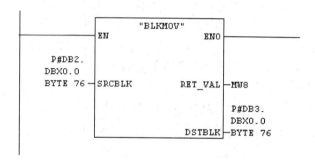

图 15-158　OB1 程序

OB100 :　"Complete Restart"

Network 1 : Title:

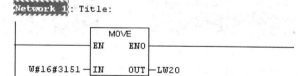

Network 2 : Title:

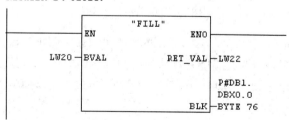

Network 3 : Title:

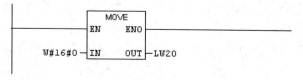

图 15-159　OB100 程序

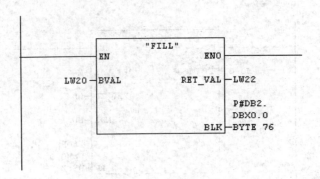

图 15-159　OB100 程序（续）

3 号站的程序与 2 号站基本相同，两个站程序之间的区别如下：

1）3 号站 OB35 中，X_SEND 和 X_ABORT 中通信伙伴的 MPI 地址 DEST_ID 为 W#16#2。

2）3 号站的初始化 OB100 中，将发送数据的 DB1 各个字预置为 16#2222。

5. S7 -300 与 S7 -400 之间的 S7 通信单边通信方式

（1）系统组成及通信原理

1）系统组成。硬件：CPU413 -2DP、CPU315 -2PN/DP、CPU413 -2DP 的站地址为 2，CPU 315 -2PN/DP 站地址为 3。网络配置图如图 15-160 所示。

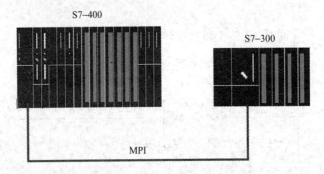

图 15-160　网络配置图

2）通信原理。在 S7 单边通信中，客户机（CPU413 -2DP）调用 SFB15（PUT）来将 DB1 内数据发送到服务器（CPU 315 -2PN/DP）中的 DB2 内，调用 SFB14（GET）来读取服务器中 DB1 内的数据存放到本地 DB2 内。通信原理图如图 15-161 所示。

（2）硬件组态

在 STEP 7 中建立一个新项目 "MPI_S7_单边"，在此项目下插入一个 "SIMATIC 400 站" 和一个 "SIMATIC 300 站"，并分别完成硬件组态，硬件组态如图 15-162 和图 15-163所示。

（3）网络组态

点击 🖳 按钮，打开网络组态 NetPro，可以看到一条 MPI 网络和没有与网络连接的两个站点，双击 CPU 上的小红方块，打开 MPI 接口属性对话框，分别设置 MPI 的站地址为 2 和 3，选择子网 "MPI（1）" 如图 15-164 所示，单击 "OK" 按钮返回 NetPro，可以看到 CPU 已经连到 MPI 网络上如图 15-165 所示。

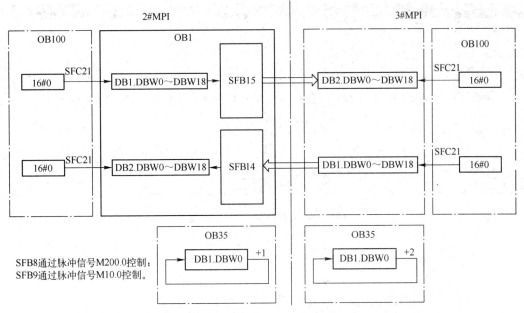

图 15-161　通信原理图

图 15-162　新建项目并插入站点

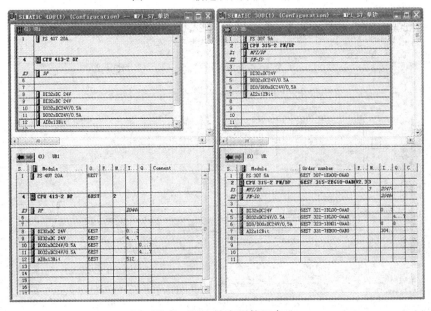

图 15-163　站点硬件组态

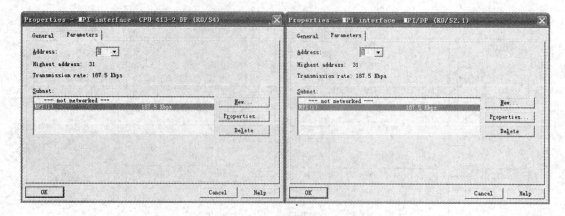

图 15-164　MPI 网络通信参数设置

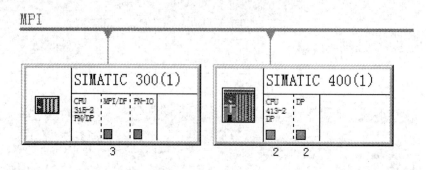

图 15-165　MPI 网络

　　选中 2 号站 CPU 所在的小方框，在 NetPro 下面出现连接表，双击连接表的第一行，如图 15-166 所示，在出现的"插入新连接"对话框中，系统默认的通信伙伴为 CPU315 - 2DP，在"连接"区的"类型"选择框中，默认的连接类型为 S7 连接，如图 15-167 所示。

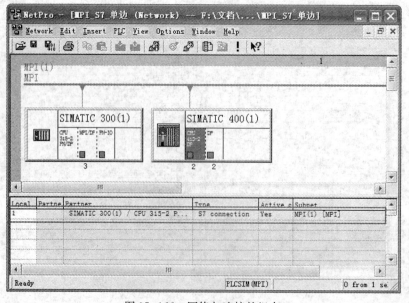

图 15-166　网络与连接的组态

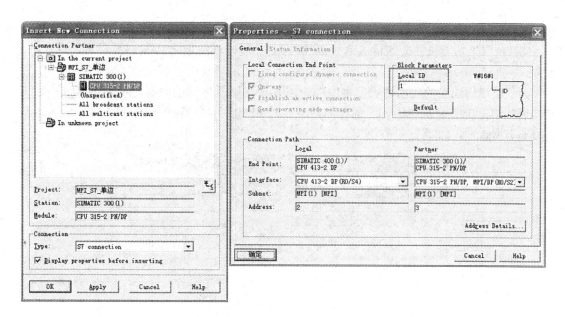

图 15-167　建立新的连接

点击"确认"按钮，出现"属性－S7 连接"对话框。在调用 SFB 时，将会用到"块参数"区内的"ID"（本地连接标识符）。

组态好连接后，编译并保存网络组态信息。

（4）资源分配

根据项目需要进行软件资源的分配，见表 15-36。

表 15-36　软件资源分配表

站　　　点	资 源 地 址	功　　　能
CPU413 – 2DP	DB1. DBW0 ~ DBW18	发送数据区
	DB2. DBW0 ~ DBW18	接收数据区
	M200. 0	时钟脉冲，SFB14 激活参数
	M10. 0	SFB15 激活参数
	M0. 1	状态参数
	M0. 2	错误显示
	M10. 1	状态参数
	M10. 2	错误显示
	MW2	SFB14 状态字
	MW12	SFB15 状态字
CPU315 – 2PN/DP	DB2. DBW0 ~ DBW18	接收数据区
	DB1. DBW0 ~ DBW18	发送数据区

（5）程序编写

在单向 S7 连接中，CPU315 – 2PN/DP 和 CPU413 – 2DP 分别作为服务器和客户机，客户机调用功能块 GET 和 PUT，读写服务器的存储区，服务器在单向通信中不需要调用功能块。

GET、PUT 功能块在通信请求信号 REQ 的上升沿时激活数据传输，属于事件驱动的通信方式。

为了实现周期性的数据传输，本例中使用时钟存储器提供的时钟脉冲作 REQ 信号，在 CPU 属性中设置"时钟存储器"的存储器字节为 MB200，则程序中 MB200 的第 0 位 M200.0 的周期为 100 ms，如图 15-168 所示。

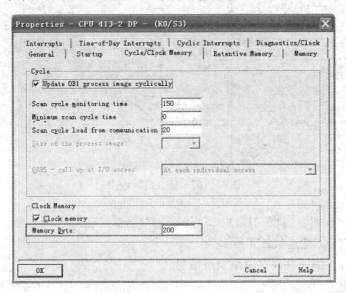

图 15-168　设置时钟存储器

在 2 号站和 3 号站中插入数据块"DB1"和"DB2"，在"DB1"和"DB2"中分别创建如图 15-169 所示数组。

Address	Name	Type	Initial value	Comment
0.0		STRUCT		
+0.0	DB_VAR	ARRAY[0..99]		Temporary placeholder variable
*1.0		BYTE		
=100.0		END_STRUCT		

图 15-169　创建 DB 块

1）2 号站程序编写。OB1 程序中使 M200.0 和 M10.0 互反，分别作为 GET 和 PUT 的 REQ 信号，它们的上升沿互差 100 ms。OB1 的程序如图 15-170 所示。

CPU 每 100 ms 循环执行一次组织块 OB35，将 DB1. DBW0 加 1，OB35 的程序如图 15-171 所示。

在 CPU 的初始化程序 OB100 中，调用 SFC21，将 DB1、DB2 的各个字清零，OB100 的程序如图 15-172 所示。

2）3 号站程序编写。3 号站不需要编写 OB1 程序，OB35 与 OB100 程序与 2 号站基本相同，区别在于 CPU 每 100 ms 循环执行一次组织块 OB35，将 DB1. DBW0 加 2。如图 15-173 和图 15-174 所示。

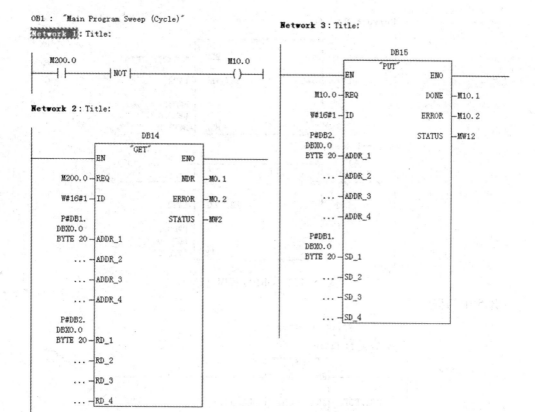

图 15-170　OB1 程序

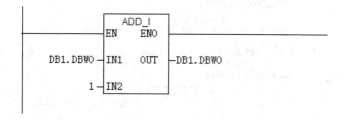

图 15-171　OB35 程序

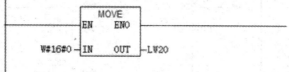

图 15-172　OB100 程序

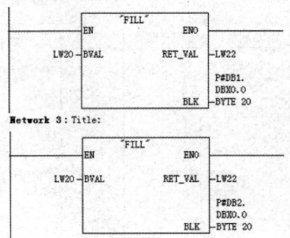

图 15-172 OB100 程序（续）

OB35 中的程序：

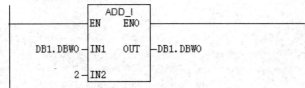

图 15-173   OB 程序

OB100 中程序：

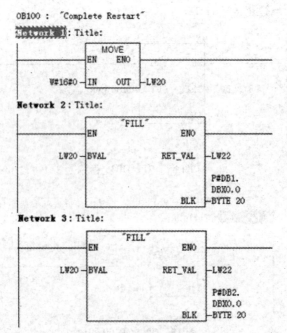

图 15-174   OB100 程序

（6）下载调试

用最新版的 PLCSIM 软件可以仿真两个 CPU 之间的通信，单击 STEP7 工具栏 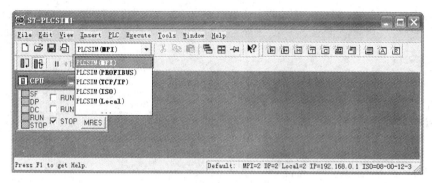，打开 PLCSIM 软件，并选择 PLCSIM（MPI）通信方式，如图 15-175 所示。

图 15-175　PLCSIM 软件界面

在 STEP7 软件上将两个站点的组态及程序下载到 PLCSIM 中，同时选中 RUN - P 使两个站点运行起来，如图 15-176 和图 15-177 所示。

图 15-176　下载站点组态及程序

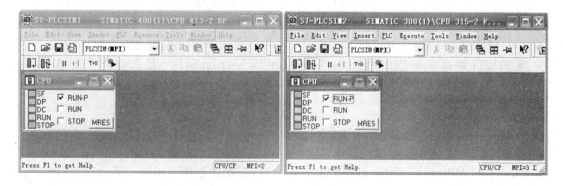

图 15-177　下载后的 PLCSIM 界面

打开两个站点的变量表，单击工件栏☺按钮，使变量表处于实时监控状态，如图 15-178 所示。图中只监视了各接收区和发送区的前两个字节，运行中对方 DB2 中的数值随 DB1 数值不断变化。

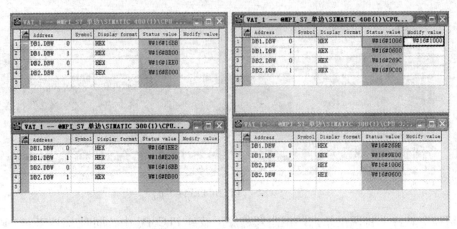

图 15-178　变量表

6. S7 - 400 之间使用 USEND /URCV 的双向 S7 通信

（1）系统组成及通信原理

1）系统组成。硬件：两个 CPU413 - 2DP，其中一个 CPU413 - 2DP 的站地址为 2，另一个 CPU413 - 2DP 站地址为 3。网络配置图如图 15-179 所示。

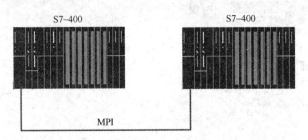

图 15-179　网络配置图

2）通信原理。在 S7 双边通信中，CPU413 - 2DP 调用 SFB8（USEND）来将 DB1 内数据发送到通信伙伴中的 DB2 内，调用 SFB9（URCV）来读取通信伙伴中 DB1 内的数据存放到本地 DB2 内。通信原理图如图 15-180 所示。

（2）硬件组态

在 STEP 7 中建立一个新项目"MPI_S7_双边 U"，在此项目下插入两个"SIMATIC 400 站"，并分别完成硬件组态，硬件组态如图 15-181 所示。

（3）网络组态

点击 按钮，打开网络组态 NetPro，可以看到一条 MPI 网络和没有与网络连接的两个站点，双击 CPU 上的小红方块，打开 MPI 接口属性对话框，分别设置 MPI 的站地址为 2 和 3，选择子网"MPI（1）"如图 15-182，单击"OK"按钮返回 NetPro，可以看到 CPU 已经连到 MPI 网络上，如图 15-183 所示。

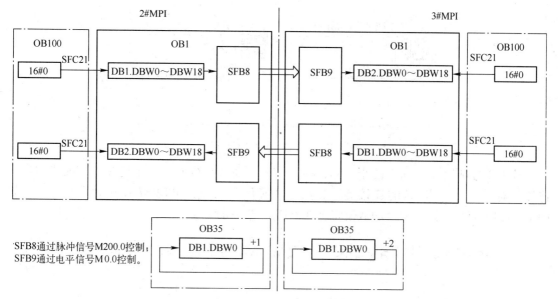

图 15-180　通信原理图

SFB8通过脉冲信号M200.0控制；
SFB9通过电平信号M 0.0控制。

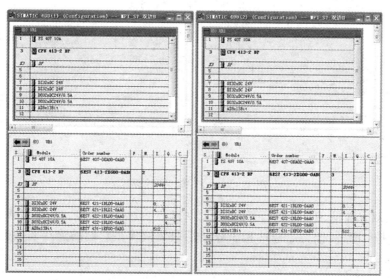

图 15-181　硬件组态图

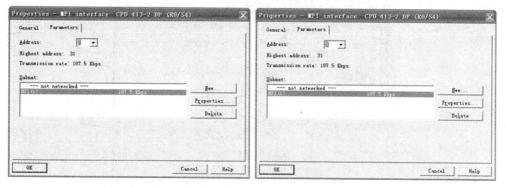

图 15-182　MPI 网络通信参数设置

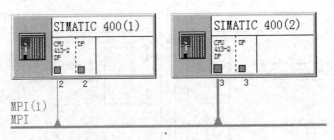

图 15-183　MPI 网络

选中 2 号站的 CPU 所在的小方框，在 NetPro 下面第一行插入一个连接，出现"插入新连接"对话框，采用默认的连接类型，点击"确认"按钮，出现 S7 连接属性对话框，如图 15-184 所示，"本地 ID"的数值将会在调用通信块时用到。

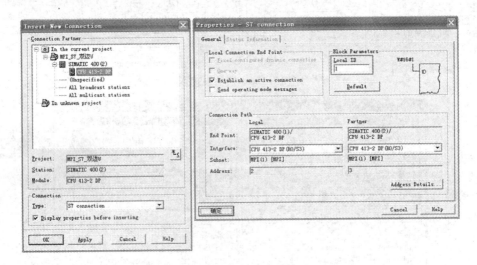

图 15-184　S7 连接属性设置

因为通信双方都是 S7-400，STEP7 自动创建了一个双向连接，在连接表中生成了"本地 ID"和"伙伴 ID"。因为 2 号站和 3 号站是通信伙伴，它们的连接表中的 ID 相同，如图 15-185 所示。

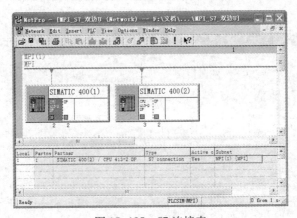

图 15-185　S7 连接表

（4）资源分配

根据项目需要进行软件资源的分配，见表15-37。

表15-37　软件资源分配表

站　点	资源地址	功　能
CPU413-2DP	DB1. DBW0 ~ DBW18	发送数据区
	DB2. DBW0 ~ DBW18	接收数据区
	M200. 0	时钟脉冲，SFB8 激活参数
	M0. 1	状态参数
	M0. 2	错误显示
	M10. 1	状态参数
	M10. 2	错误显示
	MW2	SFB9 状态字
	MW12	SFB8 状态字
CPU413-2DP	DB2. DBW0 ~ DBW18	接收数据区
	DB1. DBW0 ~ DBW18	发送数据区
	M200. 0	时钟脉冲，SFB8 激活参数
	M0. 1	状态参数
	M0. 2	错误显示
	M10. 1	状态参数
	M10. 2	错误显示
	MW2	SFB9 状态字
	MW12	SFB8 状态字

（5）程序编写

编写程序时使用图中 S7 连接的 ID 号。SFB 中的 R_ID 用于区分同一连接中不同的 SFB 调用，发送方与接收方的 R_ID 应相同，为了区分两个方向的通信，令 2 号站发送和接收的数据包的 R_ID 分别为 1 和 2，3 号站发送和接收的数据包的 R_ID 分别为 2 和 1。

发送请求信号 REQ 用时钟存储器位 M200. 0 来触发，接收请求信号 EN_R（M0. 0）为 1 时接收数据。

2 号站、3 号站的 OB35、OB100 程序同 S7 通信单边通信方式。

图 15-186 和图 15-187 是 2 号站 OB1 程序和 3 号站 OB1 程序。

（6）下载调试

将两个站点的组态及程序分别下载到 PLCSIM 中，单击 RUN - P 使 CPU 处于运行状态，如图 15-188 所示。

打开两个站点的变量表，单击工件栏 66ʹ 按钮，使变量表处于实时监控状态。在 RUN - P 模式时，接收请求信号 M0. 0 为 0，禁止接收，双方 DB2 的数据均为 0，将 M0. 0 置为 1 后，允许接收数据，可以发现 DB2 数据随 DB1 数据变化，如图 15-189 所示。

OB1 : "Main Program Sweep (Cycle)"

Network 1 : Title:

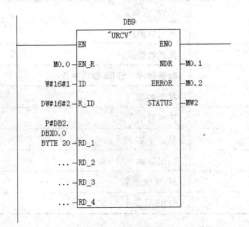

OB1 : "Main Program Sweep (Cycle)"

Network 1 : Title:

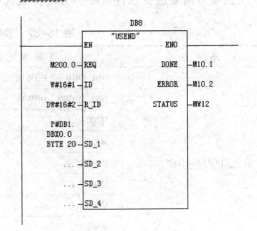

Network 2 : Title:

Network 2 : Title:

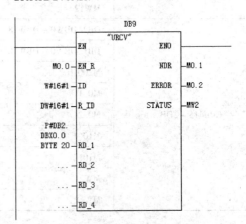

图 15-186　2 号站 OB1 程序　　　　　图 15-187　3 号站 OB1 程序

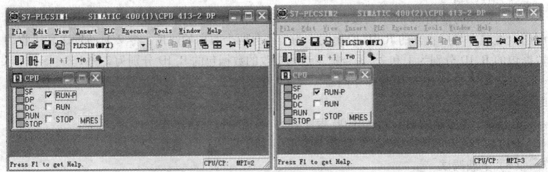

图 15-188　PLCSIM 运行图

7. S7 -400 之间使用 BSEND /BRCV 的双向 S7 通信

（1）系统组成及通信原理

1）系统组成。硬件：两个 CPU413 -2DP，其中一个 CPU413 -2DP 的站地址为 2，另一个 CPU413 -2DP 站地址为 3。网络配置图如图 15-190 所示。

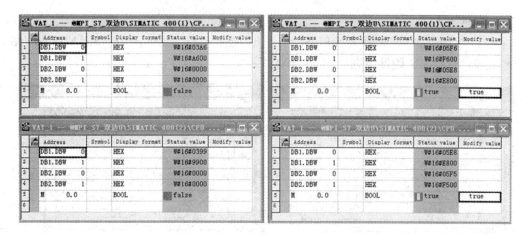

图 15-189　变量表

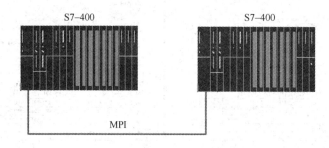

图 15-190　网络配置图

2）通信原理。在 S7 双边通信中，CPU413 - 2DP 调用 SFB12（BSEND）来将 DB1 内数据发送到通信伙伴中的 DB2 内，调用 SFB13（BRCV）来读取通信伙伴中 DB1 内的数据存放到本地 DB2 内。通信原理图如图 15-191 所示。

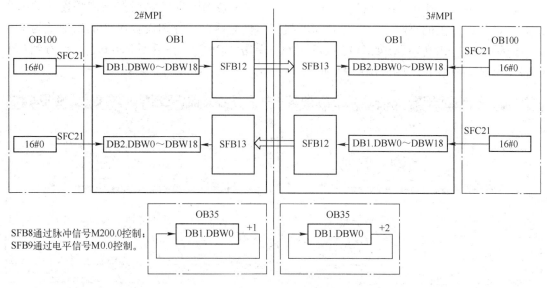

图 15-191　通信原理图

（2）硬件组态

在 STEP 7 中建立一个新项目 MPI_S7_双边 B，在此项目下插入两个"SIMATIC 400 站"，并分别完成硬件组态，硬件组态如图 15-192 所示。

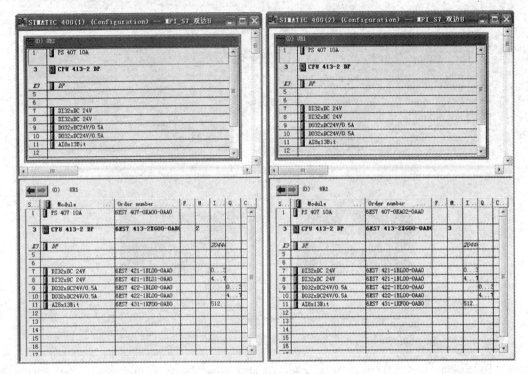

图 15-192　硬件组态图

（3）网络组态

点击🖧按钮，打开网络组态 NetPro，可以看到一条 MPI 网络和没有与网络连接的两个站点，双击 CPU 上的小红方块，打开 MPI 接口属性对话框，分别设置 MPI 的站地址为 2 和 3，选择子网"MPI（1）"，如图 15-193 所示，单击"OK"按钮返回 NetPro，可以看到 CPU 已经连到 MPI 网络上，如图 15-194 所示。

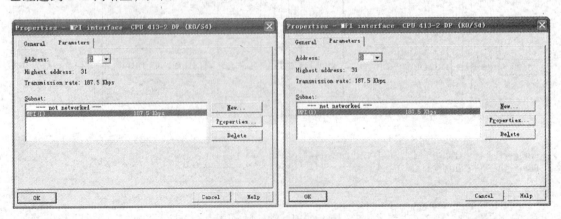

图 15-193　MPI 网络通信参数设置

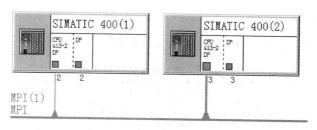

图 15-194 MPI 网络

选中 2 号站的 CPU 所在的小方框，在 NetPro 下面第一行插入一个连接，出现"插入新连接"对话框，采用默认的连接类型，点击"确认"按钮，出现 S7 连接属性对话框，如图 15-195 所示，"本地 ID"的数值将会在调用通信块时用到。

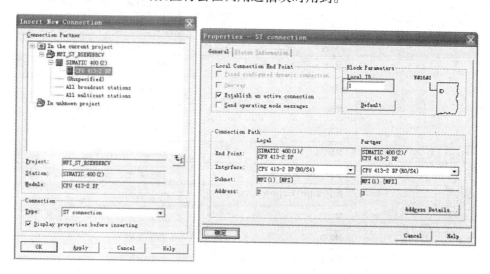

图 15-195 S7 连接属性设置

因为通信双方都是 S7 - 400，STEP7 自动创建了一个双向连接，在连接表中生成了"本地 ID"和"伙伴 ID"。因为 2 号站和 3 号站是通信伙伴，它们的连接表中的 ID 相同，如图 15-196 所示。

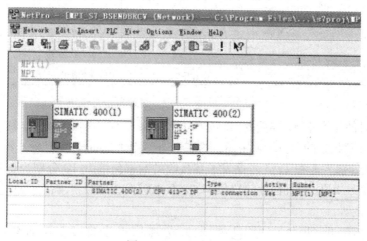

图 15-196 S7 连接表

（4）资源分配

根据项目需要进行软件资源的分配，见表15-38。

表15-38　软件资源分配表

站　　点	资 源 地 址	功　　能
CPU413-2DP	DB1. DBW0 ~ DBW18	发送数据区
	DB2. DBW0 ~ DBW18	接收数据区
	M200. 0	时钟脉冲，SFB12 激活参数
	M0. 0	使能接收
	M0. 1	接收到新数据
	M0. 2	错误显示
	M10. 1	将 SFB12 置位到最初的状态
	M10. 2	完成发送请求
	M10. 3	错误显示
	MW2	SFB13 状态字
	MW4	接收到的数据字节数
	MW12	SFB12 状态字
	MW14	传输数据的长度
CPU413-2DP	DB2. DBW0 ~ DBW18	接收数据区
	DB1. DBW0 ~ DBW18	发送数据区
	M200. 0	时钟脉冲，SFB13 激活参数
	M0. 0	使能接收
	M0. 1	接收到新数据
	M0. 2	错误显示
	M10. 1	将 SFB13 置位到最初的状态
	M10. 2	完成发送请求
	M10. 3	错误显示
	MW2	SFB13 状态字
	MW4	接收到的数据字节数
	MW12	SFB12 状态字
	MW14	传输数据的长度

（5）程序编写

编写程序时使用图中 S7 连接的 ID 号。SFB 中的 R_ID 用于区分同一连接中不同的 SFB 调用，发送方与接收方的 R_ID 应相同，为了区分两个方向的通信，令 2 号站发送和接收的数据包的 R_ID 分别为 1 和 2，3 号站发送和接收的数据包的 R_ID 分别为 2 和 1。

发送请求信号 REQ 用时钟存储器位 M200.0 来触发，接收请求信号 EN_R（M0.0）为 1 时接收数据。

2 号站、3 号站的 OB35、OB100 程序同 S7 通信单边通信方式基本相同，区别在于 BSEND 的输入参数 LEN 是要发送数据的字节数，设置 LEN 实参为 MW14，在 OB100 中将

MW14 的初始值设置为 20。

图 15-197 和图 15-198 是 2 号站 OB1 程序和 3 号站 OB1 程序。

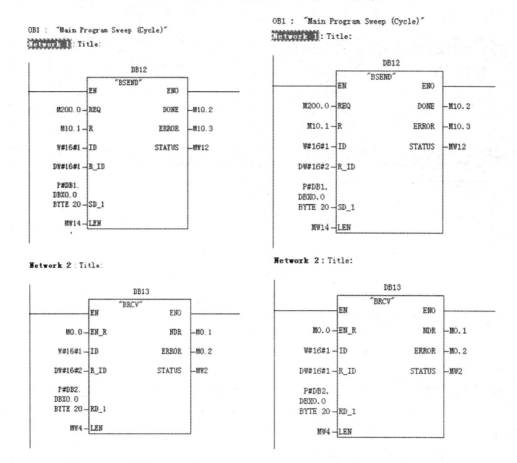

图 15-197　2 号站 OB1 程序　　　　　　图 I5-198　3 号站 OB1 程序

（6）下载调试

将两个站点的组态及程序分别下载到 PLCSIM 中，单击 RUN - P 使 CPU 处于运行状态，如图 15-199 所示。

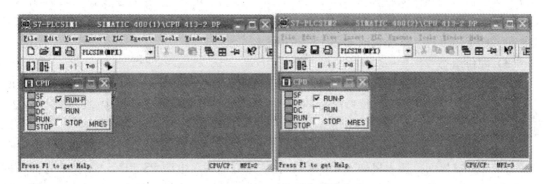

图 15-199　PLCSIM 运行图

打开两个站点的变量表，单击工件栏 按钮，使变量表处于实时监控状态。在 RUN－P 模式时，接收请求信号 M0.0 为 0，禁止接收，双方 DB2 的数据均为 0，将 M0.0 置为 1 后，允许接收数据，可以发现 DB2 数据随 DB1 数据变化，如图 15-200 所示。

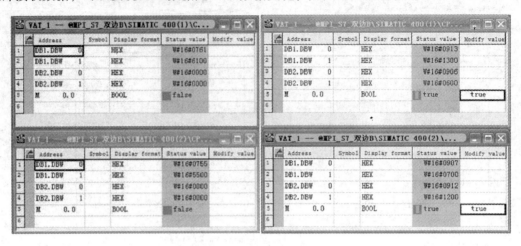

图 15-200　变量表

15.3.2　PROFIBUS 通信应用技术

1. 主站与标准从站的通信

（1）项目说明

本项目通过 DP 主站与 ET 200M 标准从站的通信实现接触器的控制功能。三相交流电源在进入高压设备前使用断路器和接触器将电源与设备隔开，并用 ET 200M 的一个 DI 口控制该接触器的开合，控制系统的上电。

主站与标准从站的通信其实质是使用专门的 I/O 访问命令来寻址分布式外围模块的 I/O 数据，通过在 STEP 7 中编程实现。

（2）系统组成

DP 主站使用 CPU 315－2PN/DP，站地址为 2；标准从站使用 ET 200M，站地址为 3。ET 200M 的输出模块 0 号位端口连接接触器。PC 通过 CP5613 接入网络中，作为编程和调试设备。接触器另一端接变频器等设备。各站之间通过 PROFIBUS 电缆连接，网络终端的插头，其终端电阻开关放在"ON"的位置；中间站点（ET 200M）的插头其终端电阻开关必须放在"OFF"位置。系统组成如图 15-201 所示。

（3）硬件组态

1）新建项目，插入主站。新建项目"DP_ET200M"，点击右键，在弹出的菜单中选择"Insert New Object"中的"SIMATIC300 Station"，插入 S7－300 站，作为 DP 主站，如图 15-202 所示。

2）组态主站。在管理器中选中"SIMATIC 300"站对象，双击右侧"Hardware"图标，打开 HW Config 界面。插入机架（RACK），在 1 号插槽插入电源 PS 307 5A，在 2 号插槽插入 CPU 315－2PN/DP。3 号插槽留作扩展模块。从 4 号插槽开始按照需要插入输入/输出模块，如图 15-203 所示。

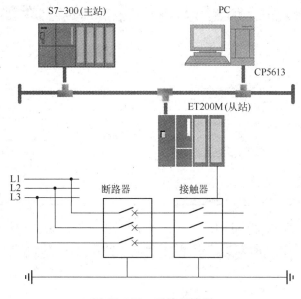

图 15-201　系统组成图

图 15-202　插入主站

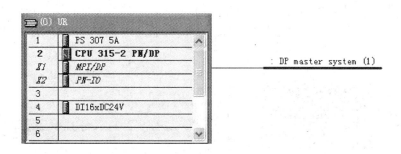

图 15-203　组态主站

3）配置 PROFIBUS DP 网络。插入 CPU 时同时弹出 PROFIBUS 组态界面。或者双击 MPI/DP，出现 DP 属性对话框，如图 15-204 所示。在"Operation Mode"选项卡中，可以看见默认的工作模式为"DP 主站"，如图 15-206 所示。点击"General"选项卡，类型选择"PROFIBUS"。单击"Properties"按钮，打开属性配置界面，如图 15-205 所示。新建一条 PROFIBUS 电缆，设置主站地址为 2，通信速率为 1.5 Mbit/s，行规为 DP。然后点击"OK"按钮，返回 DP 接口属性对话框。可以看到"Subnet"列表中出现了新的"PROFIBUS（1）"子网。点击"OK"按钮，返回 HW Config 界面。MPI/DP 插槽引出了一条 PROFIBUS（1）网络。

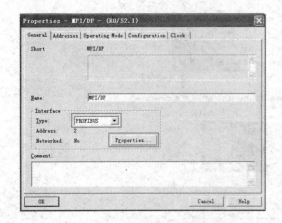

图 15-204　Properties – MPI/DP

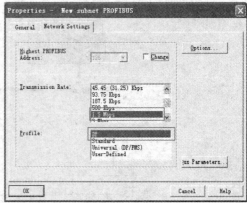

图 15-205　Properties – New subnet PROFIBUS

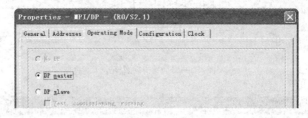

图 15-206　设置 DP 主站模式

4）组态从站 ET 200M。打开硬件目录窗口，按照路径"\ PROFIBUS DP \ ET 200M"，点击 ET 200M，将该站拖到硬件组态窗口的 PROFIBUS 网络线上，即将 ET 200M 接入 PROFIBUS 网络。在自动打开的属性对话框中，设置该 DP 从站的站地址为 4，点击"OK"按钮。ET 200M 模块组态的站地址应该与实际 DIP 开关设置的站地址相同。选中该从站，按照图 15-207 所示，组态输入/输出模块。图 15-208 中使用方框标出了使用到的输出端口地址。

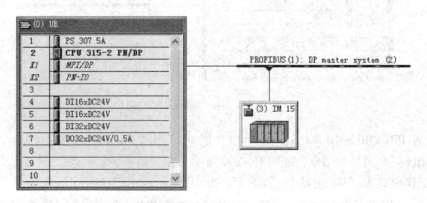

图 15-207　组态从站 ET200M

（4）网络组态

点击快捷菜单中的"Configure Network"按钮，打开 NetPro 网络组态界面，可以看到如图 15-209 所示的网络组态。

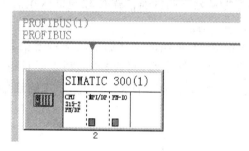

S...		Module	...	Order number	...	F...	M...	I...	Q...
1		PS 307 5A		6ES7 307-1EA00-0AA0					
2		**CPU 315-2 PN/DP**		**6ES7 315-2EH13-0AB0**		V2.3			
X1		MPI/DP						2047*	
X2		PN-IO						2046*	
3									
4		DI16xDC24V		6ES7 321-1BH82-0AA0				6...7	
5		DI16xDC24V		6ES7 321-1BH82-0AA0				4...5	
6		DI32xDC24V		6ES7 321-1BL00-0AA0				0...3	
7		DO32xDC24V/0.5A		6ES7 322-1BL00-0AA0					0...3

图 15-208　ET 200M 组态

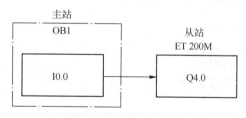

图 15-209　网络组态

（5）资源分配

根据项目需要进行软件资源的分配，见表 15-39。

表 15-39　软件资源分配表

资源地址	功　能
I0.0	接触器开关控制信号
Q4.0	接触器开关

（6）程序设计

程序结构如图 15-210 所示。在 OB1 中编写如图 15-211 所示程序。

图 15-210　程序结构

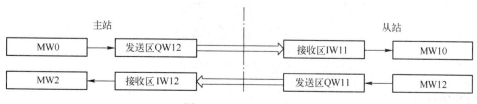

图 15-211　OB1 程序

（7）通信调试

成功下载硬件组态和程序后，打开 OB1，点击"Monitor"按钮进入在线监控界面。在程序中通过 I0.0 的强制开闭对接触器开关 Q4.0 进行控制。M0.0 闭合，Q4.0 接通，接触器闭合，电源接通，系统上电。M0.0 断开，Q4.0 关闭，接触器打开，系统断电。

2. 主站与智能从站的不打包通信

（1）项目说明

智能 DP 从站内部的 I/O 地址独立于主站和其他从站。主站和智能从站之间通过组态时设置的输入/输出区来交换数据。它们之间的数据交换由 PLC 的操作系统周期性自动完成，不需编程，但需对主站和智能从站之间的通信连接和地址区组态。这种通信方式称为主/从（Master/Slave）通信，简称 MS 通信。

本项目实现 DP 主站和智能 DP 从站的主从通信。该种通信方式包括打包通信和不打包通信。不打包通信可直接利用传送指令实现数据的读写，但是每次最大只能读写 4 个字节（双字）。若想一次传送更多的数据，则应该采用打包方式的通信。通信任务如图 15-212 所示。

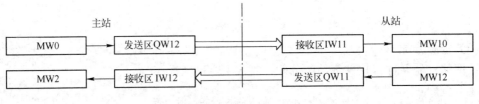

图 15-212　通信任务

（2）系统组成

DP 主站使用 CPU 315-2PN/DP，站地址为 2；智能 DP 从站同样使用 CPU 315-2PN/DP，站地址为 3。PC 通过 CP5613 接入网络中，作为编程和调试设备。各站之间通过 PRO-FIBUS 电缆连接，网络终端的插头，其终端电阻开关放在"ON"的位置；中间站点的插头其终端电阻开关必须放在"OFF"位置。系统组成如图 15-213 所示。

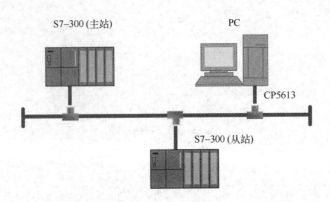

图 15-213　系统组成图

（3）硬件组态

1）新建项目，插入主从站点。新建项目"MS_UNPACK"，点击右键，在弹出的菜单中选择"Insert Nw Object"中的"SIMATIC 300 Station",插入两个S7-300站点,分别命名为SIMATIC 300 (M)和SIMATIC 300 (S),分别对应主站和分站,如图15-214所示。

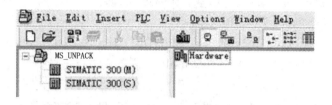

图 15-214　插入站点

2)配置从站。选中SIMATIC 300 (S),双击"Hardware"选项,进入"HW Config"窗口。点击"Catalog"图标打开硬件目录,按硬件安装次序和订货号依次插入机架、电源、CPU等进行硬件组态,如图15-215所示。

S...		Module ...	Order number ...	Firmware	MPI address	I address	Q address	Comment
1		PS 307 5A	6ES7 307-1EA00-0AA0					
2		CPU 315-2 PN/DP	6ES7 315-2EH13-0AB0	V2.3	2			
X1		MPI/DP			2	2047*		
X2		PN-IO				2046*		
3								
4		DI16xDC24V	6ES7 321-1BH82-0AA0			0...1		
5		DI16xDC24V	6ES7 321-1BH82-0AA0			4...5		
6		DI32xDC24V	6ES7 321-1BL00-0AA0			8...11		
7		DO32xDC24V/0.5A	6ES7 322-1BL00-0AA0				12...15	
8								

图 15-215　配置从站

3)配置从站PROFIBUS DP网络。双击"MPI/DP",打开"Properties - MPI/DP"对话框。在"General"选项卡中,选择接口类型为"PROFIBUS"。点击"Properties"按钮,打开"Properties - PROFIBUS interface"对话框,设置该CPU在DP网络中的地址为2,如图15-216和图15-217所示。

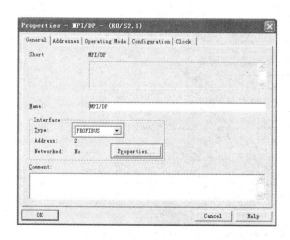

图 15-216　Properties - MPI/DP

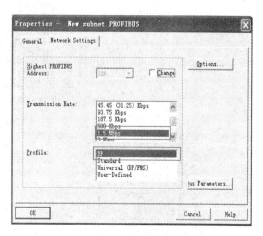

图 15-217　Properties - New subnet PROFIBUS

点击 "New" 按钮，新建 PROFIBUS 网络。用列表框设置 PROFIBUS 子网络的参数。一般采用系统默认参数：传输速率为 1.5 Mbit/s，配置文件为 DP。点击 "OK" 按钮，返回 "Properties – PROFIBUS interface" 对话框。此时可以看到 "Subnet" 子网列表中出现了新的 PROFIBUS（1）子网，如图 15-218 所示。

点击 "OK" 按钮，返回 "Properties – MPI/DP" 对话框，在 "Operating Mode" 工作模式选项卡中，设置工作模式为 "DP slave" DP 从站模式。点击 "OK" 按钮，完成 DP 从站的配置。点击 "Save and Compile" 按钮，保存并编译组态信息，如图 15-219 所示。

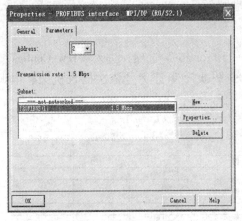

图 15-218　Properties – PROFIBUS interface

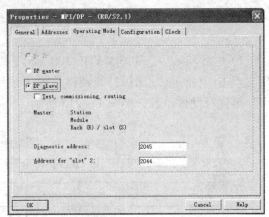

图 15-219　Operating Mode

4）配置主站。选中 SIMATIC 300（M），双击 "Hardware" 选项，进入 "HW Config" 窗口。点击 "Catalog" 图标打开硬件目录，展开 "SIMATIC 300" 目录，按硬件槽号和订货号依次插入机架、电源（1 号槽）、CPU 315 - 2PN/DP（2 号槽），输入/输出模块（4～7 号槽），如图 15-220 和图 15-221 所示。

(0) UR	
1	PS 307 5A
2	CPU 315-2 PN/DP
X1	MPI/DP
X2	PN-IO
3	
4	DI16xDC24V
5	DI16xDC24V
6	DI32xDC24V
7	DO32xDC24V/0.5A
8	
9	

图 15-220　主站组态（1）

S..	Module	Order number	Firmware	MPI address	I address	Q address	Comment
1	PS 307 5A	6ES7 307-1EA00-0AA0					
2	CPU 315-2 PN/DP	6ES7 315-2EH13-0AB0	V2.3	2			
X1	MPI/DP			2	2047*		
X2	PN-IO				2048*		
3							
4	DI16xDC24V	6ES7 321-1BH82-0AA0			0...1		
5	DI16xDC24V	6ES7 321-1BH82-0AA0			4...5		
6	DI32xDC24V	6ES7 321-1BL00-0AA0			8...11		
7	DO32xDC24V/0.5A	6ES7 322-1BL00-0AA0				12...15	
8							

图 15-221　主站组态（2）

5）配置主站 PROFIBUS DP 网络。双击"MPI/DP"，打开"Properties – MPI/DP"属性对话框。在"General"选项卡中，选择接口类型为"PROFIBUS"。点击"Properties"按钮，打开"Properties – PROFIBUS interface"对话框，设置该 CPU 在 DP 网络中的地址为 3。

选择"Subnet"子网列表中的 PROFIBUS（1）子网，点击"OK"按钮，返回"Properties – MPI/DP"属性对话框。在"Operating Mode"工作模式选项卡中，设置工作模式为"DP master"DP 主站模式。点击"OK"按钮，返回"HW Config"。此时"MPI/DP"插槽引出了一条 PROFIBUS（1）网络，如图 15-223 所示。

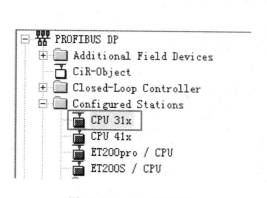

图 15-222　DP 从站路径

图 15-223　将从站连接到网络

6）将 DP 从站连接到 DP 主站。选中 PROFIBUS（1）网络线，在如图 15-222 所示的硬件目录中双击"CPU 31x"，自动打开"DP slave properties"DP 从站属性对话框。在"Connection"连接选项卡中，选中 CPU 315 – 2PN/DP，点击"Connection"按钮，DP 从站就连接到 DP 网络中了，此时"Disconnect"按钮由灰色变为黑色。点击"OK"按钮，可以看到 DP 从站连接到了 PROFIBUS（1）网络线上，如图 15-224 所示。

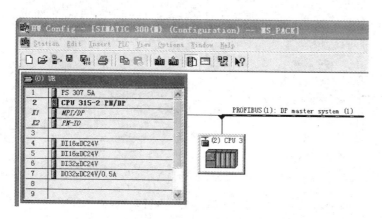

图 15-224　DP 从站连接入网络

7) 通信组态。双击图 15-224 中的 DP 从站，打开"DP slave properties" DP 从站属性对话框，选择"Configuration"组态选项卡。点击"New"按钮，出现"DP slave properties – Configuration – Row 1"从站属性组态行 1 对话框，按照如图 15-225 所示配置，点击"OK"按钮生成行 1。每次只能设置主站与智能从站之间一个方向的通信所使用输入/输出区。同样步骤按照图 15-226 配置行 2，配置完成如图 15-226 所示。点击"Edit"按钮，可以编辑所选中的行。点击"Delete"按钮可以删除所选中的行。

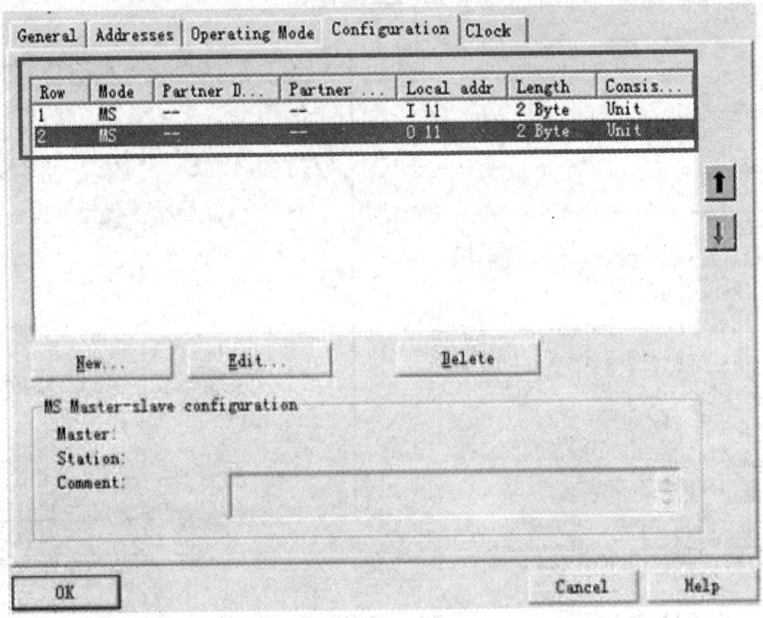

图 15-225　通信组态

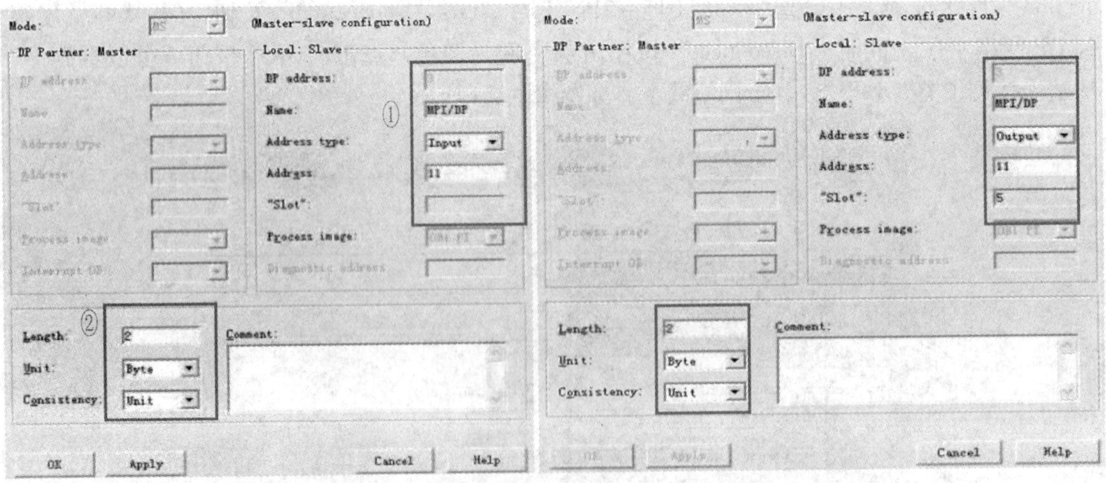

图 15-226　行 1 和行 2

行 1 表示通信模式为"MS"主从通信，通信伙伴（主站）通过 QW12 把数据传送给本地（从站）的 IW11，"Consistency"一致性为"UNIT"数据不打包；行 2 表示通信模式为

644

"MS"主从通信,通信伙伴(主站)用 IW11 接收本地(从站)通过 QW12 发送的数据,"Consistency"一致性为"UNIT"表示数据不打包。数据长度最大为 32 B。需要注意的是,通信双方所使用的输出/输入区不能与实际硬件占用的过程映像输入/输出区重叠。

(4)网络组态

点击快捷菜单中的"Configure Network"按钮,打开 NetPro 网络组态界面,可以看到如图 15-227 所示的网络组态。

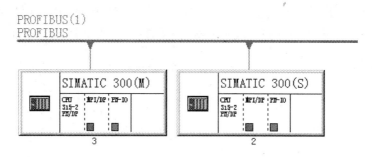

图 15-227 网络组态

(5)资源分配

根据项目需要进行软件资源的分配,见表 15-40。

表 15-40 软件资源分配

站 点	资 源 地 址	功 能
主站	MW0	发送数据区
	MW2	接收数据区
	IW12	输入映像区
	QW11	输出映像区
从站	MW10	接收数据区
	MW12	发送数据区
	IW11	输入映像区
	QW12	输出映像区

(6)程序设计

通过硬件组态完成了主站和从站的接收区和发送区的连接,要使主站的从站对应的 I/O 区进行通信,还需要进一步编程实现。程序结构如图 15-228 所示。

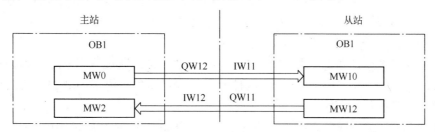

图 15-228 程序结构图

为了避免不存在诊断 OB 和错误处理 OB 而导致 DP 主站的 CPU 转向 STOP 模式，应当在 DP 主站 CPU 中设置 OB82 和 OB86。

1）主站 OB1。这段程序的功能是将内存 MW0 中的数据传送给输出缓冲区 QW12，由通信网络自动将 QW12 的数据传送给从站的 IW11；另外将接收缓冲区 IW12 中的数据读取进来并存入 MW2，IW12 内存储的是从站发送来的数据。如图 15-229 所示。

2）从站 OB1。这段程序的功能是将内存 MW10 内的数据传送给输出缓冲区 QW11，由通信网络自动将 QW11 的数据传送给主站的 IW12；另外将接收缓冲区 IW11 中的数据读取进来并存入 MW12 内，IW11 内存储的是主站发送来的数据。如图 15-230 所示。

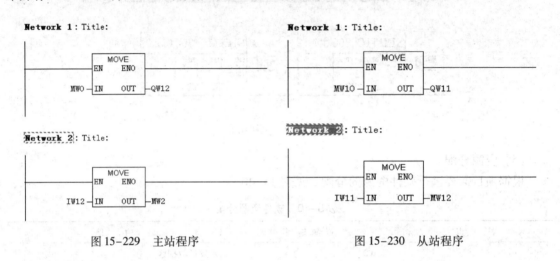

图 15-229　主站程序　　　　　图 15-230　从站程序

（7）通信调试

下载组态和程序到 PLC 中，确保 PLC 处于 "RUN" 模式，分别打开主站和从站的变量表。如果通信成功，改变主站 MW0 的值，可以看到从站 MW2 的值夜发生变化，始终与主站的 MW0 保持一致；改变从站 MW0 的值，可以看到主站 MW2 的值夜发生变化，始终与从站的 MW0 保持一致。

如果通信不成功，首先检查硬件连接是否正确，总线连接器终端电阻是否打开；然后检查硬件组态中的通信组态是否正确，是否与程序中所用到的地址一致；程序块中是否有 OB82、OB86。确保无误，再重新调试，直至通信成功。

3. 主站与智能从站的打包通信

（1）项目说明

在实际工程中，往往为了实现复杂的控制功能，需要传送复杂类型的数据。这类存储复杂数据的比双字更大的连续不可分割的数据区称为 "一致性" 数据区。需要绝对一致性传送的数据量越大，系统中断反应的时间越长。

本项目实现 DP 主站和智能 DP 从站的 "打包" 通信，即通过调用系统功能 SFC 进行一致性数据通信。相比 "不打包" 通信，这种方式一次可以传送更多的数据。通信组态的关键是组态 DP 从站的传输存储区。

本项目需要实现如图 15-231 所示的通信任务，即将站点的 DB1 的 10 个字的数据映射到另一个站点的 DB2 中。

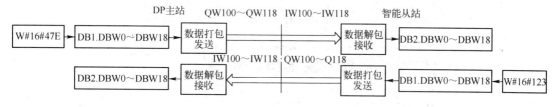

图 15-231 通信任务

（2）系统组成

DP 主站使用 CPU 315 - 2PN/DP，站地址为 2；智能 DP 从站同样使用 CPU 315 - 2PN/DP，站地址为 3。PC 通过 CP5613 接入网络中，作为编程和调试设备。各站之间通过 PRO-FIBUS 电缆连接，网络终端的插头，其终端电阻开关放在"ON"的位置；中间站点的插头其终端电阻开关必须放在"OFF"位置。系统组成如图 15-232 所示。

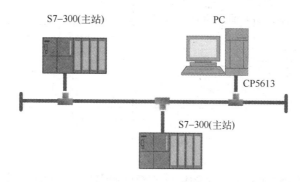

图 15-232 系统组成图

（3）硬件组态

1）新建项目，插入主从站点。新建项目"MS_PACK"，点击右键，在弹出的菜单中选择"Insert New Object"中的"SIMATIC 300 Station"，插入两个 S7 - 300 站点，分别命名为 SIMATIC 300（M）和 SIMATIC 300（S），对应主站和从站。如图 15-233 所示。

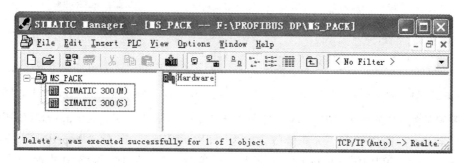

图 15-233 插入站点

2）组态从站。选中 SIMATIC 300（S），双击"Hardware"选项，进入"HW Config"窗口。点击"Catalog"图标打开硬件目录，展开"SIMATIC 300"目录，按硬件槽号和订货号依次插入机架、电源（1 号槽）、CPU 315 - 2PN/DP（2 号槽），输入/输出模块（4～7 号槽），如图 15-234 及图 15-235 所示。

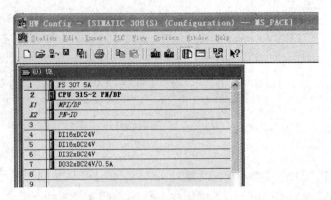

图 15-234 从站组态

S...		Module ...	Order number ...	Firmware	MPI address	I address	Q address	Comment
1		PS 307 5A	6ES7 307-1EA00-0AA0					
2		CPU 315-2 PN/DP	6ES7 315-2EH13-0AB0	V2.3	2			
X1		MPI/DP			2	2047*		
X2		PN-IO				2046*		
3								
4		DI16xDC24V	6ES7 321-1BH82-0AA0			0...1		
5		DI16xDC24V	6ES7 321-1BH82-0AA0			4...5		
6		DI32xDC24V	6ES7 321-1BL00-0AA0			8...11		
7		DO32xDC24V/0.5A	6ES7 322-1BL00-0AA0				12...15	
8								

图 15-235 配置从站

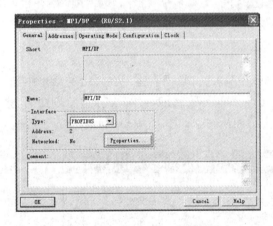

图 15-236 Properties – MPI/DP

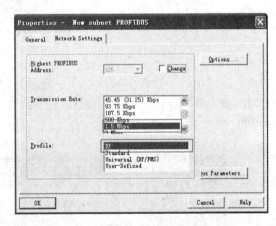

图 15-237 Properties – New subnet PROFIBUS

3）配置从站 PROFIBUS DP 网络。双击"MPI/DP"，打开"Properties – MPI/DP"对话框。在"General"选项卡中，选择接口类型为"PROFIBUS"。点击"Properties"按钮，打开"Properties – PROFIBUS interface"对话框，设置该 CPU 在 DP 网络中的地址为 2。如图 15-236所示。

点击"New"按钮，新建 PROFIBUS 网络。用列表框设置 PROFIBUS 子网络的参数。一般采用系统默认参数：传输速率为 1.5 Mbit/s，配置文件为 DP 如图 15-237 所示。点击"OK"按钮，返回"Properties – PROFIBUS interface"对话框。此时可以看到"Subnet"子网列表中出现了新的 PROFIBUS（1）子网。如图 15-238 所示。

点击"OK"按钮，返回"Properties – MPI/DP"对话框，在"Operating Mode"工作模式选项卡中，设置工作模式为"DP slave"DP 从站模式。点击"OK"按钮，完成 DP 从站的配置。点击"Save and Compile"按钮，保存并编译组态信息。如图 15-239 所示。

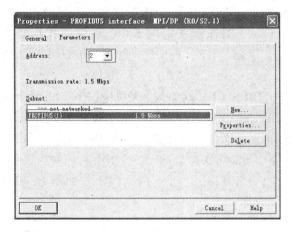 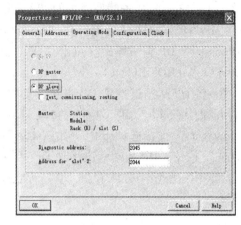

图 15-238　Properties – PROFIBUS interface　　　　　　图 15-239　Operating Mode

4）组态主站。选中 SIMATIC 300（M），双击"Hardware"选项，进入"HW Config"窗口。点击"Catalog"图标打开硬件目录，展开"SIMATIC 300"目录，按硬件槽号和订货号依次插入机架、电源（1 号槽）、CPU 315 – 2PN/DP（2 号槽），输入/输出模块（4 ~ 7 号槽），如图 15-240 及图 15-241 所示。

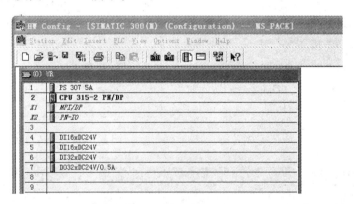

图 15-240　主站组态（1）

S...		Module ...	Order number	Firmware	MPI address	I address	Q address	Comment
1		PS 307 5A	6ES7 307-1EA00-0AA0					
2		CPU 315-2 PN/DP	6ES7 315-2EH13-0AB0	V2.3	2			
X1		MPI/DP			2	2047*		
X2		PN-IO				2046*		
3								
4		DI16xDC24V	6ES7 321-1BH82-0AA0			0...1		
5		DI16xDC24V	6ES7 321-1BH82-0AA0			4...5		
6		DI32xDC24V	6ES7 321-1BL00-0AA0			8...11		
7		DO32xDC24V/0.5A	6ES7 322-1BL00-0AA0				12...15	
8								

图 15-241　主站组态（2）

5）配置主站 PROFIBUS DP 网络。双击"MPI/DP"，打开"Properties – MPI/DP"属性对话框。在"General"选项卡中，选择接口类型为"PROFIBUS"。点击"Properties"按钮，打开"Properties – PROFIBUS interface"对话框，设置该 CPU 在 DP 网络中的地址为 3。

选择"Subnet"子网列表中的 PROFIBUS（1）子网，点击"OK"按钮，返回"Properties – MPI/DP"属性对话框。在"Operating Mode"工作模式选项卡中，设置工作模式为"DP master"DP 主站模式。点击"OK"按钮，返回"HW Config"。此时"MPI/DP"插槽引出了一条 PROFIBUS（1）网络。

6）将 DP 从站连接到 DP 主站。选中 PROFIBUS（1）网络线，在如图 15-242 所示的硬件目录中双击"CPU 31x"，自动打开"DP slave properties"DP 从站属性对话框。在"Connection"连接选项卡中，如图 15-243 所示。选中 CPU 315 – 2PN/DP，点击"Connection"按钮，DP 从站就连接到 DP 网络中了，此时"Disconnect"按钮由灰色变为黑色。点击"OK"按钮，可以看到 DP 从站连接到了 PROFIBUS（1）网络线上，如图 15-244 所示。

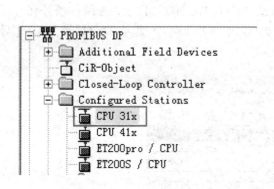

图 15-242　DP 从站路径

图 15-243　将从站连接到网络

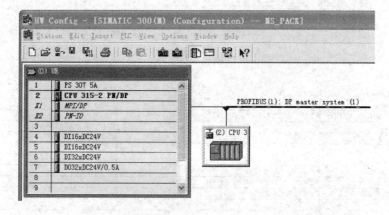

图 15-244　DP 从站连入网络

7）通信组态。双击图中的 DP 从站，打开"DP slave properties"DP 从站属性对话框，如图 15-245 所示，选择"Configuration"组态选项卡。点击"New"按钮，出现"DP slave properties – Configuration – Row 1"从站属性组态行 1 对话框，按照图 15-246 和图 15-247 所示配置，点击"OK"按钮生成行 1。每次只能设置主站与智能从站之间一个方向的通信所使用输入/输出区。同样步骤按照图配置行 2，配置完成如图 15-245 所示。点击"Edit"按钮，可以编辑所选中的行。点击"Delete"按钮可以删除所选中的行。

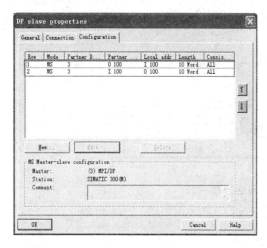

图 15-245　通信组态

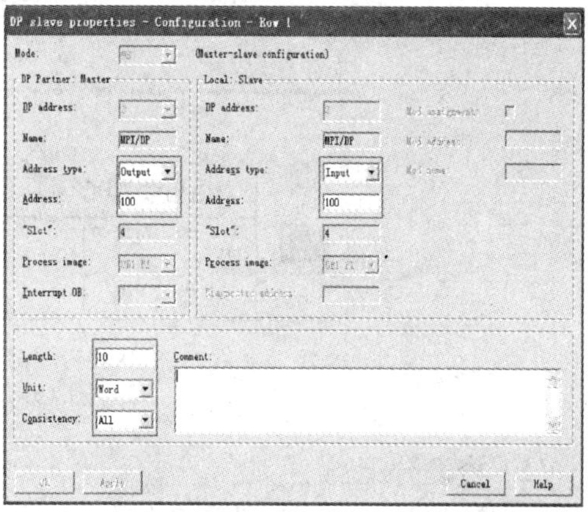

图 15-246　行 1 组态

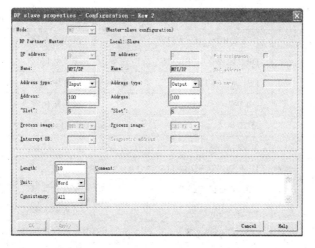

图 15-247　行 2 组态

行 1 表示通信模式为"MS"主从通信，通信伙伴（主站）通过 QB100～QB119 把数据传送给本地（从站）的 IB100～IB119，"Consistency"一致性为"ALL"表示数据将进行打包；行 2 表示通信模式为"MS"主从通信，通信伙伴（主站）用 IB100～IB119 接收本地（从站）通过 QB100～QB119 发送的数据，"Consistency"一致性为"ALL"表示数据将进行打包。

数据长度最大为 32 B。数据连续性是"Unit"时，表示直接访问输入和输出区；如果数据连续性是"All"或"Total length"，需要在程序中调用 SFC14/15 对数据进行打包/解包。

需要注意的是，通信双方所使用的输出/输出区不能与实际硬件占用的过程映像输入/输出区重叠。

点击"OK"按钮，返回"HW Config"，点击"Save and Compile"按钮，保存并编译组态信息。

(4) 网络组态

点击快捷菜单中的"Configure Network"按钮，打开 NetPro 网络组态界面，可以看到如图 15-248 所示的网络组态，两个站点均连接到 PROFIBUS 网络。

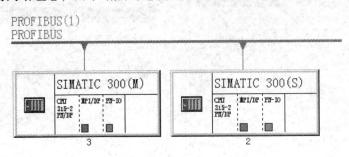

图 15-248　网络组态

(5) 资源分配

根据项目需要进行软件资源的分配，见表 15-41。

表 15-41　软件资源分配表

站　　点	资 源 地 址	功　　能
主站	DB1. DBW0 ~ DBW118	发送数据区
	DB2. DBW0 ~ DBW118	接收数据区
	IW100 ~ IW118	过程输入映像区
	QW100 ~ QW118	过程输出映像区
	MW0	SFC14 状态字
	MW2	SFC15 状态字
从站	DB2. DBW0 ~ DBW118	接收数据区
	DB1. DBW0 ~ DBW118	发送数据区
	IW100 ~ IW118	过程输入映像区
	QW100 ~ QW118	过程输出映像区
	MW0	SFC14 状态字
	MW2	SFC15 状态字

(6) 程序设计

通过硬件组态完成了主站和从站的接收区和发送区的连接，要使主站的从站对应的 I/O 区进行通信，还需要进一步编程实现。程序结构如图 15-249 所示。

在初始化组织块 OB100 中，为主站和从站的 DB1 置初值，DB2 清零。在循环中断组织块 OB35 中，DB1. DBW2 每 100 ms 循环加 1。如果通信成功，站点的 DB1 的 10 个字的数据映射到另一个站点的 DB2 中。

652

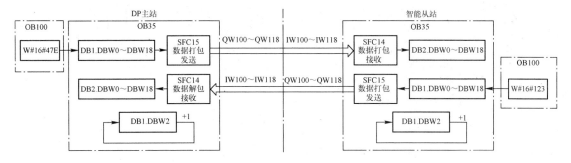

图 15-249 程序结构图

STEP7 提供了两个系统功能 SFC15 和 SFC14 来访问一致性的输入/输出数据区。SFC15 的功能是对要发送的数据进行打包，并传给发送区，SFC14 的功能是对接收的数据进行解包，并转存至数据存储区。

1）SFC15 参数说明见表 15-42。

表 15-42　SFC15 参数说明表

程　序　块	参　数　名	说　　　明
"DPWR_DAT" EN　　　　ENO LADDR　　RET_VAL RECORD	EN	模块执行使能端
	LADDR	通信区的起始地址，以 W#16 格式给出
	RECORD	待打包的数据存放区，以指针形式给出
	RET_VAL	返回的状态值，字型数据
	ENO	输出使能

2）SFC14 参数说明见表 15-43。

表 15-43　SFC14 参数说明表

程　序　块	参　数　名	说　　　明
"DPRD_DAT" EN　　　　ENO LADDR　　RET_VAL 　　　　RECORD	EN	模块执行使能端
	LADDR	通信区的起始地址，以 W#16 格式给出
	RECORD	解包后数据存放区，以指针形式给出
	RET_VAL	返回的状态值，字型数据
	ENO	输出使能

为了避免不存在诊断 OB 和错误处理 OB 而导致 DP 主站的 CPU 转向 STOP 模式，应当在 DP 主站 CPU 中设置 OB82 和 OB86。

主站程序块如图 15-250 所示。

图 15-250 主站程序块

1）生成 DB 块。选中"SIMATIC 300（M）"主站，展开分级目录，点击"Blocks"，在右侧点击右键，选择"Insert New Object"插入"Data Block"，点击"OK"按钮插入 DB1。双击"DB1"打开 DB 编辑器，输入长度为 10 个字的 WORD - ARRAY。右键点击临时生成的 INT 型的占位符变量，在出现的菜单的"Complex Type"复杂类型中选择"ARRAY"数组类型。在 ARRAY 后面的方括号中输入"1…10"，表示该数组有 10 个元素。删除原有初值，双击两次回车键，ARRAY 下方出现新的空白行，右键点击"Type"列的空白单元，选择"Elementary Type"元素类型为"WORD"，表示元素类型为字节型。命名为 SEND，生成的 DB 块如图 15-251 所示，保存数据块，用同样方法生成主站的 DB2（RECEIVE）、从站的 DB1（SEND）和 DB2（RECEIVE）。

Address	Name	Type	Initial value	Comment
0.0		STRUCT		
+0.0	SEND	ARRAY[1..10]		
*2.0		WORD		
=20.0		END_STRUCT		

图 15-251 主站数据发送 DB 块

2）主站 OB100 和 OB35。OB100 初始化组织块完成数据接收区的清零和数据发送区的置初值，如图 15-252 所示。OB35 循环中断组织块在完成数据的发送和接收，"Libraries/Standard Library/System Function Block"路径下选择 SFC14/15，编写程序如图 15-253 所示。

3）从站 OB100 和 OB35。从站的程序与主站基本一致，只需将从站的 OB100 中 DB1 的初值改为 W#16#123。

（7）通信调试

下载组态和程序到 PLC 中，确保 PLC 处于"RUN"模式。分别打开主站和从站的数据接收区 DB2，点击工具栏"Monitor"按钮进入监控模式，此时 DB2 进入"Data View"数据视图显示方式。如果通信成功，可以看到主站的 DB2 中的数据均为 16#123，DB2. DBW2 在不断变化。从站 DB2 的数据均为 16#47E，DB2. DBW2 在不断变化。

如果通信不成功，首先检查硬件连接是否正确，总线连接器终端电阻是否打开；然后检查硬件组态中的通信组态是否正确，是否与程序中所用到的地址一致；程序块中是否有 OB82、OB86。确保无误，再重新调试，直至通信成功。

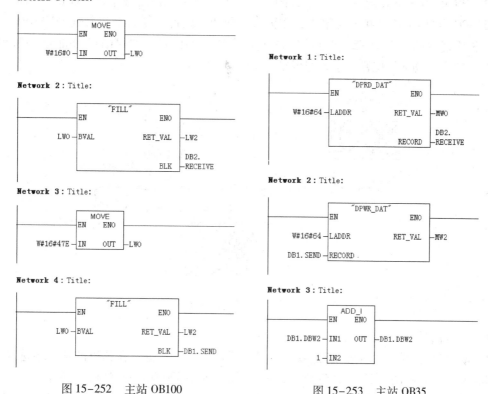

图 15-252　主站 OB100

图 15-253　主站 OB35

4. CP342-5 作主站的 PROFIBUS 通信

（1）项目说明

本项目实现 CP342-5 作为主站的 PROFIBUS DP 通信，使用通信处理器的通信方式与使用带集成 DP 接口的 CPU 的通信方式相比，降低了成本提高了通信效率。

CP342-5 带有 PROFIBUS 接口，可以作为 PROFIBUS-DP 的主站或从站，但是不能同时作为主站和从站，且只能在 S7-300 的中央机架上使用，不能在分布式从站上使用，而且分布式 I/O 模块上不能插入智能模块，如 FM350-1。CP342-5 与 CPU 上集成的 DP 接口不一样，它对应的通信接口区是虚拟的通信区，需要调用 CP 通信功能 FC1 和 FC2。通信任务如图 15-254 所示。

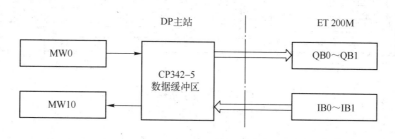

图 15-254　通信任务

（2）系统组成

CP342-5 作为 DP 主站插在 S7-300 的中央机架上，CPU 模块为 CPU 315-2DP，站地

址为 3，PROFIBUS 总线接在 CP342 – 5 的 DP 接口；DP 从站使用分布式 I/O ET 200M，站地址为 6。PC 通过 CP5613 接入网络中，作为编程和调试设备。各站之间通过 PROFIBUS 电缆连接，网络终端的插头，其终端电阻开关放在"ON"的位置；中间站点的插头其终端电阻开关必须放在"OFF"位置。系统组成如图 15–255 所示。

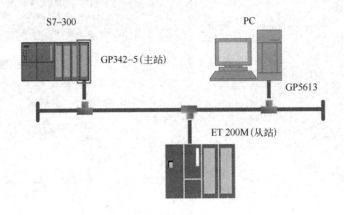

图 15–255　系统组成图

（3）硬件组态

1）新建项目，插入主站。新建项目"MS_CP1"，点击右键，在弹出的菜单中选择"Insert New Object"中的"SIMATIC300 Station"，插入 S7 – 300 站，作为 DP 主站。

2）组态主站。在管理器中选中"SIMATIC 300"站对象，双击右侧"Hardware"图标，打开 HW Config 界面。插入机架（RACK），在 1 号插槽插入电源 PS 307 5A，在 2 号插槽插入 CPU 315 – 2DP。3 号插槽留作扩展模块。从 4 号插槽到 7 号槽插入输入/输出模块，在 8 号槽插入 CP342 – 5。如图 15–256 所示。

S...	Module	Order number	F.	M.	I address	Q address
1	PS 307 5A	6ES7 307-1EA00-0AA0				
2	CPU 315-2 DP	6ES7 315-2AF03-0AB0		2		
X2	DP				1023*	
3						
4	DI32xDC24V	6ES7 321-1BL00-0AA0			0...3	
5	DO32xDC24V/0.5A	6ES7 322-1BL00-0AA0				4...7
6	DI8/DO8x24V/0.5A	6ES7 323-1BH00-0AA0			8	8
7	AI2x12Bit	6ES7 331-7KB82-0AB0			304...307	
8	CP 342-5	6GK7 342-5DA01-0XE0		3	320...335	320...335
9						

a)　　　　　　　　　　　　　　　　　　　b)

图 15–256　主站模块
a）主站组态　b）主站模块信息

3）配置 PROFIBUS DP 网络。插入 CP342 – 5 时同时弹出 PROFIBUS 组态界面。或者双击 CP342 – 5 插槽，出现 CP342 – 5 属性对话框，如图 15–257 所示。在"Operation Mode"选项卡中，可以看见默认的工作模式为"DP Master"。在"Address"选项卡中，如图 15–258 所示可以看到默认的输入/输出的字节数为 16 B，起始字节地址均为 320，起始字节地址默认值与 CP 所在的槽号有关，16 B 的地址区是 CPU 与 CP342 - 5 之间在主站内部进行数据交换的缓存。

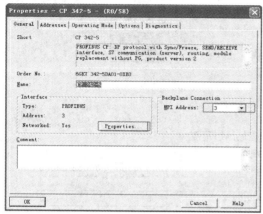

图 15-257　CP342 - 5 属性　　　　　　　　图 15-258　CP342 - 5 地址

点击"General"选项卡，类型选择"PROFIBUS"。单击"Properties"按钮，打开属性配置界面，如图 15-259 所示。新建一条 PROFIBUS 电缆，设置主站地址为 3，通信速率为 1.5 Mbit/s，行规为 DP。然后点击"OK"按钮，返回 DP 接口属性对话框。可以看到"Subnet"列表中出现了新的"PROFIBUS（1）"子网。点击"OK"按钮，返回 HW Config 界面。CP342 - 5 插槽引出了一条 PROFIBUS（1）网络，默认 DP 主站系统的编号为 180，如图 15-260 所示，保存并编译组态信息。

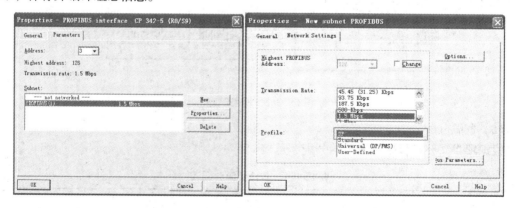

图 15-259　配置 PROFIBUS 网络

4）组态从站。打开硬件目录窗口，按照路径"\ PROFIBUS DP \ ET 200M"，点击 ET 200M，将该站拖到硬件组态窗口的 PROFIBUS 网络线上，即将 ET 200M 接入 PROFIBUS 网络。如图 15-260 所示，在自动打开的属性对话框中，设置该 DP 从站的站地址为 3，点击"OK"按钮。ET 200M 模块组态的站地址应该与实际 DIP 开关设置的站地址相同。选中该从站，按照图 15-261 所示，组态输入/输出模块。由于 CP342 - 5 作 DP 主站时，它的 DP 主站系统中的 I/O 地址区是虚拟的地址映像区，虽然中央机架和作为 CP342 - 5 的从站的 ET200 的 DI/DO 均使用了 0 - 1 号输入字节，它们也不会冲突。

组态完成后保存并编译组态信息。

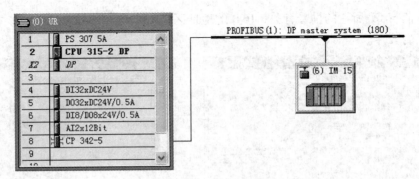

图 15-260　主站网络配置

S...	Module ...	Order Number ...	I Add...	Q Address
4	DI16xDC24V	6ES7 321-1BH02-0AA0	0...1	
5	DO16xDC24V/0.5A	6ES7 322-1BH01-0AA0		0...1

图 15-261　组态从站

（4）网络组态

点击快捷菜单中的"Configure Network"按钮，打开 NetPro 网络组态界面，可以看到如图 15-262 所示的网络组态。

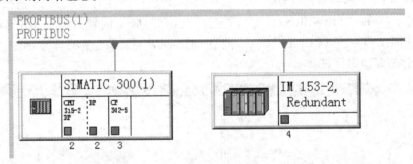

图 15-262　网络组态

（5）资源分配

根据项目需要进行软件资源的分配，见表 15-44。

表 15-44　软件资源分配表

站　　点	资 源 地 址	功　　能
主站	MW0	发送数据区
	MW10	接收数据区
	M2.0	发送完成标志位
	M2.1	发送错误标志位
	MW3	发送状态字
	M12.0	接收完成标志位
	M12.1	接收错误标志位
	MW13	接收状态字
	MB15	DP 网络状态字节

站　　点	资源地址	功　　能
从站	IB0 ~ IB1	发送数据的输入映像区
	QB0 ~ QB1	接收数据的输出映像区

（续）

（6）程序设计

与 CPU 集成的 DP 接口不同，CP342 -5 作主站时，不能通过 I、Q 区直接读写 ET 200M 的 I/O，需要在 OB1 中调用 CP 通信功能 FC 1 "DP_SEND" 和 FC2 "DP_RECV"，建立虚拟的通信接口区来访问从站。

CP342 -5 有一个内部的输入缓冲区和输出缓冲区，用来存放所有 DP 从站的 I/O 数据，较新版本的 CP342 -5 模块内部的输入、输出缓冲区分别为 2160 B。输出缓冲区的数据周期性地写到从站的输出通道上，周期性读取的从站输入通道的数值存放在输入缓冲区，整个过程是 CP342 -5 与 PROFIBUS 从站之间自动协调完成的，不需编写程序。但是需要在 PLC 的用户程序中调用 FC1 和 FC2，来读写 CP342 -5 内部的缓冲区。

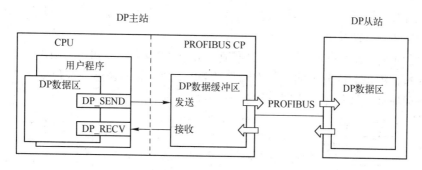

图 15-263　通信原理

通信原理如图 15-263 所示。FC1 和 FC2 的程序块如图 15-264 所示。

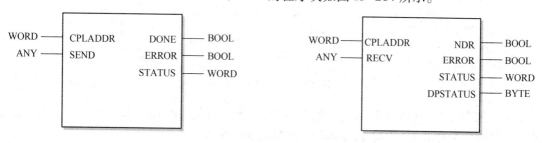

图 15-264　FC1 和 FC2

CPU 调用 FC1（DP_SEND），将参数 SEND 指定的发送数据区的数据传送到 CP342 -5 的输出缓冲区，以便将数据发送到 DP 从站；CPU 调用 FC2（DP_RECV），将 CP342 -5 的输入缓冲区接收的 DP 状态信息和来自分布式 I/O 的过程数据，存入参数 RECV 指定的 CPU 中的接受数据区；参数 SEND 和 RECV 指定的 DP 数据区可以是过程映像区（I/O）、存储器区（M）或数据块（DB）区；输出参数 DONE 为 1、ERROR 和 STATUS 为 0 时，可以确认数据被正确地传送到了通信伙伴。

DP 主站模式的 DPSTATUS（见表 15-45）的第 1 位为 0 时，所有 DP 从站都处于数据传送状态。第 6 位 1 时，接收的数据溢出，即 DP 从站接收数据的速度大于 DP 主站在 CPU 中用块调用获取数据的速度。读取的已接收数据总是 DP 从站接收的最后一个数据。

表 15-45　DPSTATUS 意义

位	DP 主站模式	DP 从站模式
7	未用	未用
6	接收的数据溢出	未用
5	主站的 DP 状态；00 为 RUN，01 为 CLEAR，10 为 STOP，11 为 OFFLINE	未用
4		输入数据溢出
3	周期性同步被激活	DP 从站没有在监视时间内接收来自 DP 主站的帧
2	诊断列表有效，至少有新的诊断数据	1 类 DP 主站处于 CLEAR 状态
1	站列表有效	未完成组态/参数分配
0	DP 主站模式时为 0	DP 从站模式为 1

DP 从站模式的 DPSTATUS 第 2 位为 1 时，1 类 DP 主站处于 CLEAR 状态，DP 从站接收到的 DP 输出数据为数值 0。

第四位为 1 时，DP 主站更新输入数据速度大于 DP 从站在 CPU 中调用 FC 2 获取数据的速度，输入数据溢出。读取的输入数据总是从 DP 主站接收的最后一个数据。

根据通信原理设计程序，程序结构如图 15-265 所示。

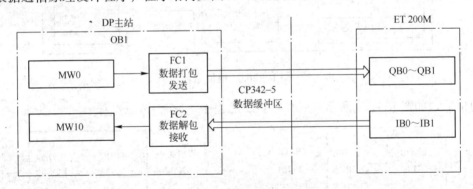

图 15-265　程序结构图

为了避免不存在诊断 OB 和错误处理 OB 而导致 DP 主站的 CPU 转向 STOP 模式，应当在 DP 主站 CPU 中设置 OB82 和 OB86。程序块如图 15-266 所示。

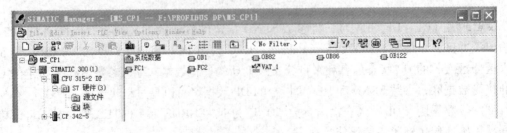

图 15-266　主站程序块

在 DP 主站的 OB1 中，调用 FC1 将 MB0～MB1 打包后发送给 ET200 的 QB0～QB1。调用 FC2 将来自 ET200 的 IB0～IB1 的数据存放到 MB10～MB11。如果 ET200M 的输入/输出起始地址非 0，FC1 和 FC2 的对应的地址区也要偏移同样的字节，即若 ET 200 的输入点地址设置为 QB2～QB4，FC1 的参数 SEND 应设置为 P#M0.0 BYTE 5。配置多个从站的虚拟地址区将依次顺延。通过路径 "Libraries \ Standard Library \ Communication Blocks" 目录下调用 FC1 和 FC2，OB1 程序如图 15-267 所示。

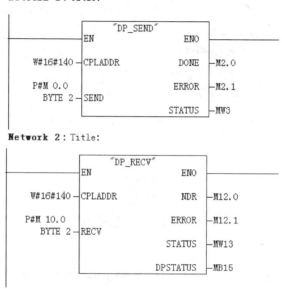

图 15-267

（7）通信调试

分别下载组态和程序到 PLC 中，确保 CPU 和 CP342-5 处于 "RUN" 模式。打开主站的变量表，点击工具栏 "Monitor" 按钮进入监控模式。根据通信程序，从站的 IW0 对应主站的 MW10，主站的 MW0 对应从站的 QW0。如果通信成功，通过改变从站外接的开关状态，主站的 MW10 随之变化；通过变量表的修改数值功能改变 MW0 的值，从站的 QW0 也会发生相应的改变。

5. CP342-5 作从站的 PROFIBUS 通信

（1）项目说明

本项目实现 CP342-5 作为从站的 PROFIBUS DP 通信，该通信方式同样需要调用 CP 通信功能 FC1 和 FC2。通信任务如图 15-268 所示。

（2）系统组成

DP 主站为 CPU416-2DP，站地址为 2。CP342-5 作为 DP 从站插在 S7-300 的中央机架上，CPU 模块为 CPU 315-2DP，CP342-5 站地址为 4，PROFIBUS 总线接在 CP342-5 的 DP 接口；PC 通过 CP5613 接入网络中，作为编程和调试设备。各站之间通过 PROFIBUS 电缆连接，网络终端的插头，其终端电阻开关放在 "ON" 的位置；中间站点的插头其终端电阻开关必须放在 "OFF" 位置。系统组成如图 15-269 所示。

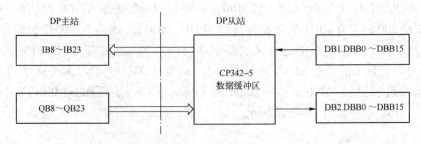

DP主站
DP从站
IB8～IB23
QB8～QB23
CP342-5
数据缓冲区
DB1.DBB0 ～DBB15
DB2.DBB0 ～DBB15

图 15-268　通信任务

S7-400(主站)
PC
CP5613
S7-300
CP342-5(从站)

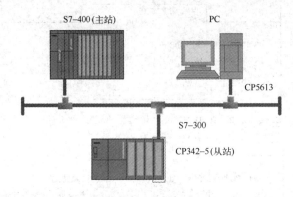

图 15-269　系统组成图

（3）硬件组态

1）新建项目，插入主从站点。新建项目“MS_CP2”，点击鼠标右键，在弹出的菜单中选择“Insert New Object”中的“SIMATIC 300 Station”和“SIMATIC 400 Station”，分别插入S7－300站点和S7－400站点，分别命名为SIMATIC 300（S）和SIMATIC 400（M），对应主站和从站。

2）组态从站。在管理器中选中“SIMATIC 300”站对象，双击右侧“Hardware”图标，打开HW Config界面。插入机架（RACK），在1号插槽插入电源PS 307 5A，在2号插槽插入CPU 315－2DP。3号插槽留作扩展模块，从4号插槽到7号槽插入输入/输出模块，在8号槽插入CP342－5。如图15-270所示。

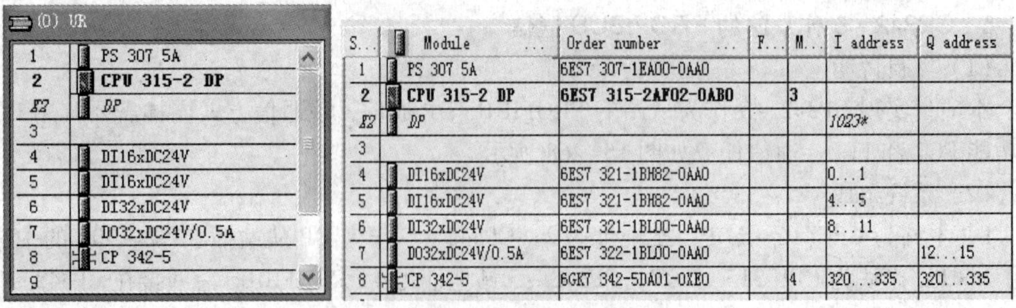

(0) UR
1 PS 307 5A
2 CPU 315-2 DP
X2 DP
3
4 DI16xDC24V
5 DI16xDC24V
6 DI32xDC24V
7 DO32xDC24V/0.5A
8 CP 342-5
9

S...	Module	Order number	F...	M...	I address	Q address
1	PS 307 5A	6ES7 307-1EA00-0AA0				
2	CPU 315-2 DP	6ES7 315-2AF02-0AB0		3		
X2	DP				1023*	
3						
4	DI16xDC24V	6ES7 321-1BH82-0AA0			0...1	
5	DI16xDC24V	6ES7 321-1BH82-0AA0			4...5	
6	DI32xDC24V	6ES7 321-1BL00-0AA0			8...11	
7	DO32xDC24V/0.5A	6ES7 322-1BL00-0AA0				12...15
8	CP 342-5	6GK7 342-5DA01-0XE0		4	320...335	320...335

a)　　　　　　　　　　b)

图 15-270　组态从站

a）从站组态　b）从站模块信息

3）配置 PROFIBUS DP 网络。插入 CP342 - 5 时同时弹出 PROFIBUS 组态界面。或者双击 CP342 - 5 插槽，出现 CP342 - 5 属性对话框，如图 15-271 所示。点击"Address"选项卡，设置其地址，如图 15-272 所示。点击"General"选项卡，类型选择"PROFIBUS"。单击"Properties"按钮，打开属性配置界面，如图 15-273 所示。新建一条 PROFIBUS 电缆，设置 CP342 - 5 的站地址为 3，通信速率为 1.5 Mbit/s，行规为 DP。然后点击"OK"按钮，返回 DP 接口属性对话框。可以看到"Subnet"列表中出现了新的"PROFIBUS（1）"子网。

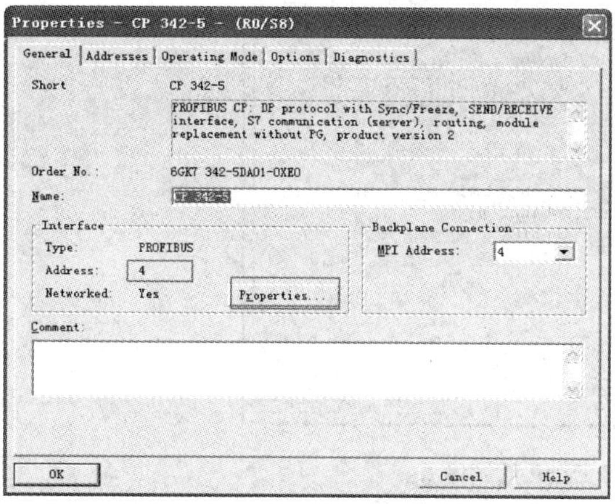

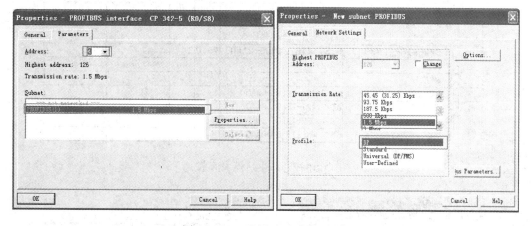

图 15-271　CP342 - 5 属性 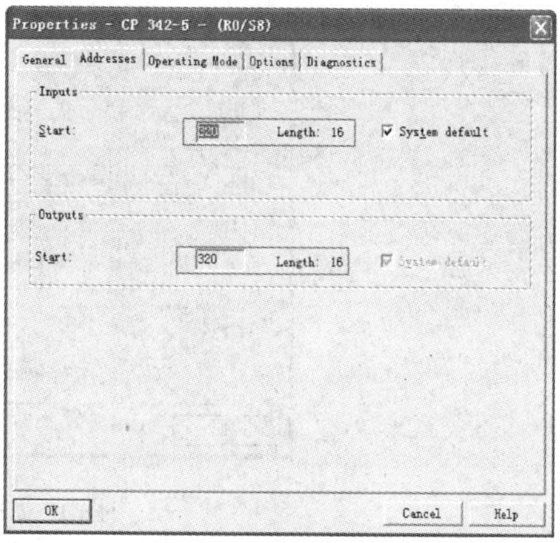　　　　　　　图 15-272　CP342 - 5 地址

图 15-273　配置 PROFIBUS 网络

在"Operation Mode"选项卡中，选择工作模式为"DP Slave"，如图 15-274 所示。如果激活"DP Slave"下面的复选框，表示 CP342 - 5 作从站的同时，还支持编程功能和 S7 协议；否则 CP 的 DP 接口只能作 S7 通信服务器。打开"Options"选项卡，如果激活复选框"Save Configuration Data on CPU"，表示将 CP342 - 5 的组态信息存储在 CPU 的装载存储区中。CPU 掉电后再次上电时，CPU 将组态信息传送给 CP，这样可以避免 CP 组态信息的丢失。

点击"OK"按钮，返回 HW Config 界面。保存并编译组态信息。

4）组态主站。选中 SIMATIC 400（M），双击"Hardware"选项，进入"HW Config"窗口。点击"Catalog"图标打开硬件目录，展开"SIMATIC 300"目录，按硬件槽号和订货号依次插入机架、电源（1号槽）、CPU 416-2DP（3号槽）及输入/输出模块（5~8号槽），如图 15-275 和图 15-276 所示。

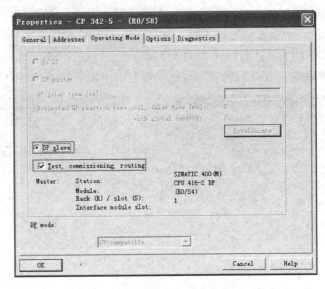

图 15-274　设置 DP 从站模式

S...		Module	Order number	...	F...	M...	I address	Q address
1		PS 407 20A	6ES7 407-0RA00-0AA0					
4		CPU 416-2 DP	6ES7 416-2XN05-0AB0		V5.0	2		
X2		DP					2044*	
X1		MPI/DP				2	16383*	
5		DI32xDC 24V	6ES7 421-1BL00-0AA0				0...3	
6		DI32xDC 24V	6ES7 421-1BL00-0AA0				4...7	
7		DO32xDC24V/0.5A	6ES7 422-1BL00-0AA0					0...3
8		DO32xDC24V/0.5A	6ES7 422-1BL00-0AA0					4...7

图 15-275　主站模块信息

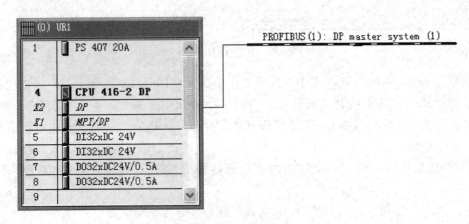

图 15-276　组态主站

5）配置主站 PROFIBUS DP 网络。双击"DP"插槽，打开"Properties – DP"属性对话框。在"General"选项卡中，选择接口类型为"PROFIBUS"。点击"Properties"按钮，打开"Properties – PROFIBUS interface"对话框，设置该 CPU 在 DP 网络中的地址为 2。

选择"Subnet"子网列表中的 PROFIBUS（1）子网，点击"OK"按钮，返回"Properties – DP"属性对话框。在"Operating Mode"工作模式选项卡中，设置工作模式为"DP master"DP 主站模式。点击"OK"按钮，返回"HW Config"。此时"DP"插槽引出了一条 PROFIBUS（1）网络，如图 15-277 所示。组态完成后保存并编译组态信息。

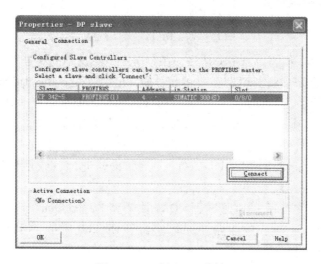

图 15-277　插入 DP 从站

6）将 DP 从站连接到 DP 主站。选中 PROFIBUS（1）网络线，在如图 15-278 所示的硬件目录中双击"S7 – 300 CP 342 – 5 DP"目录下的"6GK7 342 – 5DA02 – 0XE0"，自动打开"DP slave properties"DP 从站属性对话框。在"Connection"连接选项卡中，选中 CP342 – 5，点击"Connection"按钮，DP 从站就连接到 DP 网络中了，此时"Disconnect"按钮由灰色变为黑色。点击"OK"按钮，可以看到 DP 从站连接到了 PROFIBUS（1）网络线上。如图 15-279 所示。

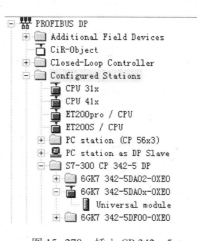

图 15-278　插入 CP 342 – 5

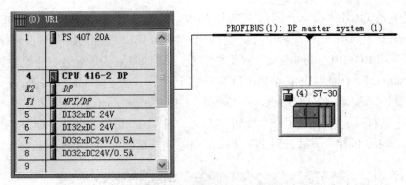

图 15-279　DP 从站连入网络

7) 通信组态。选中组态窗口中的从站，在窗口左下侧从站的 0 号槽和 1 号槽插入 "Universal module" 通用模块。双击 CP342 - 5 的 0 号槽，出现 "Properties DP Slave" 对话框，选择插入的 I/O 模块类型为 "Output"。由于主站和从站的 I/O 地址是统一分配的，主站的输入、输出模块分别占用了 8 个字节，所以插入模块的起始地址自动设置为 8。设置模块长度为 16 B（最大可为 64 B），数据一致性为 "Unit"，表示数据按照单元传送，如图 15-280 所示。

如果选择数据一致性为 "Total Length"，表示数据进行一致性传送，需在 OB1 调用 SFC14/15 对数据进行打包和解包。

同样方法设置 CP342 - 5 的 1 号槽，I/O 模块类型为 "Output"。模块的起始地址为 8。设置模块长度为 16 B，数据一致性为 "Unit"，如图 15-280 所示。CP342 - 5 的 I/O 地址区如图 15-281 所示。

组态完成后保存并编译组态信息。

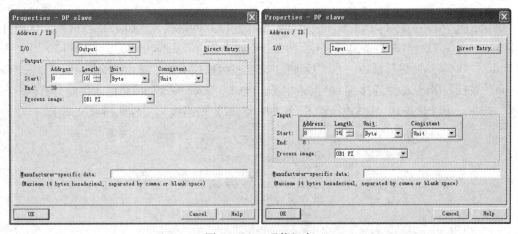

图 15-280　通信组态

S..	DP ID	...	Order Number / Designation	I Add..	Q Address
0	47		Universal module		8...23
1	31		Universal module	8...23	

图 15-281　CP342 - 5 的 I/O 地址区

(4) 网络组态

点击快捷菜单中的 "Configure Network" 按钮，打开 NetPro 网络组态界面，可以看到如图 15-282 所示的网络组态。

666

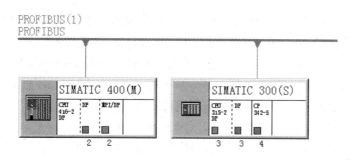

图 15-282　网络组态

（5）资源分配

根据项目需要进行软件资源的分配，见表 15-46。

表 15-46　软件资源分配表

站　　点	资 源 地 址	功　　能
主站	IB8 ~ IB23	接收数据的输入映像区
	QB8 ~ QB23	发送数据的输出映像区
从站	DB1. DBB0 ~ DBB15	发送数据区
	DB2. DBB0 ~ DBB15	接收数据区
	M0.0	发送完成标志位
	M0.1	发送错误标志位
	MW2	发送状态字
	M1.0	接收完成标志位
	M1.1	接收错误标志位
	MW4	接收状态字
	MB6	DP 网络状态字节

（6）程序设计

DP 主站和 DP 从站之间通过 CP 的 DP 数据缓冲区进行周期性的数据交换，其周期称为 DP 轮询周期。从站的 DP 数据缓冲区和 CPU 之间通过 FC 来进行数据交换。通信原理如图 15-283 所示。

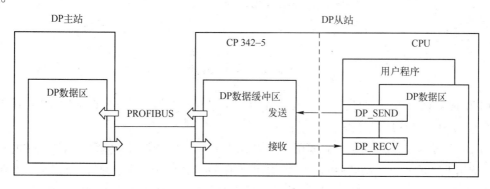

图 15-283　通信原理

DP 从站 CPU 调用 FC1（DP_SEND），将参数 SEND 指定的数据区中的数据传送到 CP342-5，然后发送到 DP 主站；DP 从站 CPU 调用 FC2（DP_RECV），将 CP342-5 接收的 DP 主站发送的数据，存储到 RECV 指定的接收数据区；参数 SEND 和 RECV 指定的数据区可以使过程映像区（I/O）、为存储区（M）或数据块区（DB）；输出参数 DONE 为 1、ERROR 和 STATUS 为 0 时，可以确认数据被正确地传送到了通信伙伴。

根据通信原理设计程序，程序结构如图 15-284 所示。

在主程序 OB1 中调用 FC1 和 FC2 进行通信。在从站初始化组织块 OB100 中，为从站的 DB1 置初值，DB2 清零；主站的 OB100 为 IB8 ~ IB23 清零，QB8 ~ QB23 置初值。在循环中断组织块 OB35 中，从站的 DB1.DBW2 和主站的 QW2 每 100 ms 循环加 1。

为了避免不存在诊断 OB 和错误处理 OB 而导致 DP 主站的 CPU 转向 STOP 模式，应当在 DP 主站 CPU 中设置 OB82 和 OB86。DP 主站程序块如图 15-285 所示。

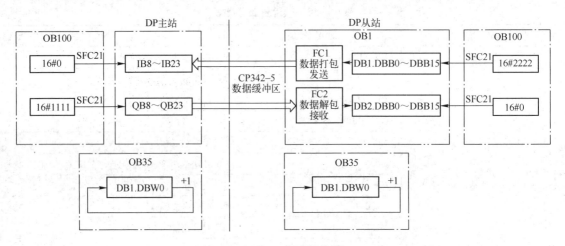

图 15-284　程序结构图

图 15-285　主站程序块

1）生成数据块 DB。在从站中插入 DB1 和 DB2，长度均为 16 个字节的 BYTE-ARRAY，分别命名为 SEND 和 RECEIVE。

2）DP 从站 OB1。在 OB1 中，调用 FC1 将 DB1 中的 16B 的数据打包后发送给主站的 IB8 ~ IB23。调用 FC2 将来自主站的 QB8 ~ QB23 的数据存放到 DB2 中。通过路径"Libraries \ Standard Library \ Communication Blocks"目录下调用 FC1 和 FC2，OB1 程序如图 15-286 所示。

3）DP 从站 OB100 和 OB35。OB100 完成数据初始化功能，为数据发送区 DB1 置初值

W#16#2222，为数据接收区清零。OB35 完成循环计数功能。OB100 程序如图 15 - 287 所示。

4）DP 主站 OB100。OB100 完成数据初始化功能，为数据接收区 IB8 ~ IB23 清零，数据发送区 QB8 ~ QB23 置初值 16#2222。程序如图 15-288 所示。

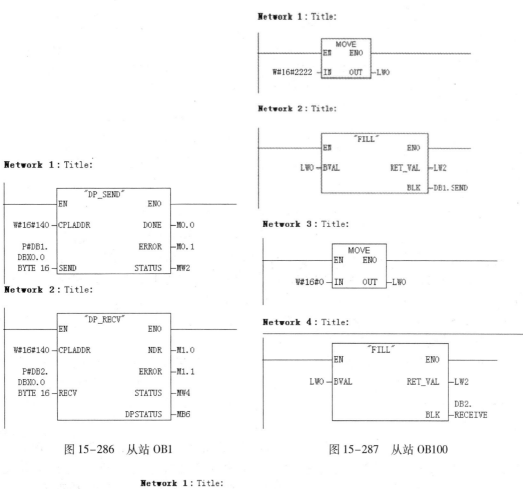

图 15-286　从站 OB1　　　　　　　　　　　　图 15-287　从站 OB100

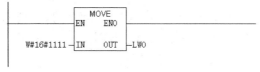

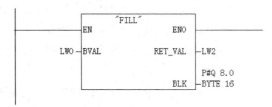

图 15-288　主站 OB100

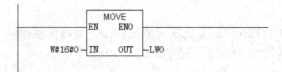

Network 3 : Title:

Network 4 : Title:

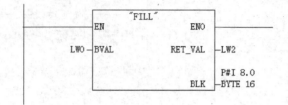

图 15-288　主站 OB100（续）

（7）通信调试

分别下载组态和程序到 PLC 中，确保 CPU 和 CP342-5 处于"RUN"模式。分别打开主站和从站的变量表，点击工具栏"Monitor"按钮进入监控模式。根据通信程序，主站的 QB8～QB23 对应从站的 DB2.DBB0～DBB15；从站的 DB1.DBB0～DBB15 对应主站的 IB8～IB23。如果通信成功，可以看到主站的 IW8～IW22 的数据均为 16#2222，IW10 在不断变化。从站 DB2.DBW0～DBB14 的数据均为 16#1111，DB2.DBW2 在不断变化。

6. CPU 集成接口的 PROFIBUS - S7 单边通信

（1）项目说明

S7 通信是 S7 系列 PLC 基于 MPI、PROFIBUS、ETHERNET 网络的一种优化的通信协议。通信连接时静态的，在连接表中进行组态。因为 S7-300 PLC 静态连接资源较少，所以 S7-300 系统较少使用 S7 连接。而且 S7-300 之间不能直接建立 S7 连接，一般通过 CP 模块扩展的连接资源进行 S7 通信。

本项目使用 CPU 集成的 DP 接口实现基于 PROFIBUS 的 S7 单边通信，通信任务如图 15-289 所示。使用 CPU 集成的 DP 接口实现基于 PROFIBUS 的 S7 通信时，S7-300 只能作为单边通信的服务器，S7-400 作为客户端，调用 SFB14（GET）和 SFB15（PUT）访问 S7-300 的数据。S7-300 可以通过 CP 实现与 S7-300 或 S7-400 的双边通信，而 S7-400 之间可以直接建立双边通信。如图 15-289 所示为通信任务图。

（2）系统组成

S7-300 和 S7-400 均作主站。S7-400 使用 CPU 416-2DP，站地址为 2；S7-300 使用 CPU 315-2DP，站地址为 4。PC 通过 CP5613 通信卡接入网络中，作为编程和调试设备。各站之间通过 PROFIBUS 电缆连接，网络终端的插头，其终端电阻开关放在"ON"的位置；中间站点的插头其终端电阻开关必须放在"OFF"位置。系统组成如图 15-290 所示。

（3）硬件组态

1）新建项目，插入站点。新建项目"PROFIBUS_S7"，点击鼠标右键，在弹出的菜单中选择"Insert New Object"中的"SIMATIC 400 Station"和"SIMATIC 300 Station"，插入 S7-400 站点和 S7-300 站点，对应两个主站。如图 15-291 所示。

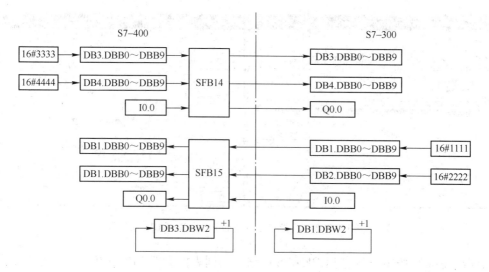

图 15-289 通信任务

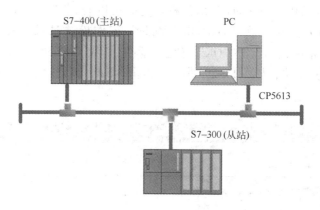

图 15-290 系统组成图

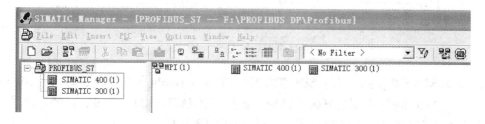

图 15-291 插入站点

2）组态 S7-400 主站。选中 SIMATIC 400，双击 "Hardware" 选项，进入 "HW Config" 窗口。点击 "Catalog" 图标打开硬件目录，展开 "SIMATIC 400" 目录，按硬件槽号和订货号依次插入机架、电源（1号槽）、CPU 416-2DP（3号槽）如图 15-292 所示。

3）配置 S7-400 的 PROFIBUS DP 网络。插入 CPU 时会自动弹出 "Properties-DP" 对话框。在 "General" 选项卡中，选择接口类型为 "PROFIBUS"。点击 "Properties" 按钮，打开 "Properties-PROFIBUS interface" 对话框，设置该 CPU 在 DP 网络中的地址为 2。

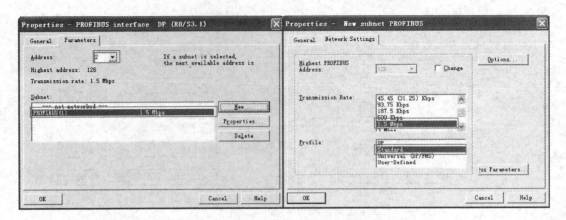

图 15-292　配置 S7-400 的 PROFIBUS DP 网络

点击"New"按钮，新建 PROFIBUS 网络。用列表框设置 PROFIBUS 子网络的参数。一般采用系统默认参数：传输速率为 1.5 Mbit/s，配置文件为 Standard。点击"OK"按钮，返回"Properties - PROFIBUS interface"对话框。此时可以看到"Subnet"子网列表中出现了新的 PROFIBUS（1）子网。在"Operating Mode"工作模式选项卡中，设置工作模式为"DP master"DP 主站模式。点击"OK"按钮，返回"HW Config"。此时"DP"插槽引出了一条 PROFIBUS（1）网络，如图 15-293 所示。点击"Save and Compile"按钮，保存并编译组态信息。

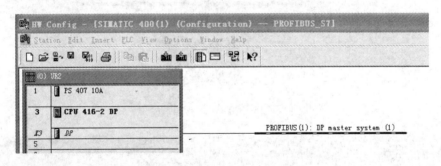

图 15-293　组态 S7-400 站

4）组态 S7-300 主站。选中 SIMATIC 300，双击"Hardware"选项，进入"HW Config"窗口。点击"Catalog"图标打开硬件目录，展开"SIMATIC 300"目录，按硬件槽号和订货号依次插入机架、电源（1 号槽）、CPU 315-2DP（3 号槽）。

5）配置 S7-300 的 PROFIBUS DP 网络。插入 CPU 时会自动弹出"Properties - DP"对话框。在"General"选项卡中，选择接口类型为"PROFIBUS"。点击"Properties"按钮，打开"Properties - PROFIBUS interface"对话框，设置该 CPU 在 DP 网络中的地址为 4。

选择"Subnet"子网列表中的 PROFIBUS（1）子网，点击"OK"按钮，返回"Properties - DP"属性对话框。在"Operating Mode"工作模式选项卡中，设置工作模式为"DP master"DP 主站模式。点击"OK"按钮，返回"HW Config"。点击"Save and Compile"按钮，保存并编译组态信息。

（4）网络组态

点击快捷菜单中的"Configure Network"按钮，打开 NetPro 网络组态界面。可以看到两个站点均连接到 PROFIBUS 网络。选中 S7 – 400 CPU，双击下方连接表第一个空行，在弹出的"Insert New Connection"对话框中，将"Connection Partner"中的连接对象设置为 CPU 315 – 2DP，连接类型为 S7 connection。

点击"OK"按钮，出现"Properties – S7 Connection"对话框，"Local Connection End Point"本地连接端点中的"One – way"单边复选框自动选中，且不能更改，默认连接方式为"单边"。"Block ID"中"Local ID"的值将在调用通信 SFB 时使用，如图 15–294 所示。

点击"OK"按钮，返回 NetPro 界面。由于建立的是单边通信。点击 S7 – 300 CPU，连接表中没有连接信息。网络组态如图 15–295 所示，组态完成后编译并保存。

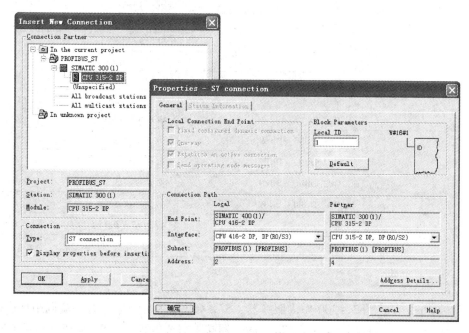

图 15–294　组态 S7 连接

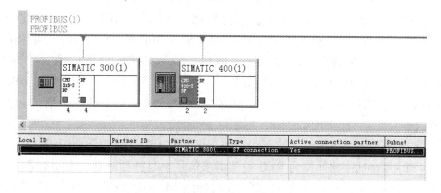

图 15–295　网络组态

（5）资源分配

根据项目需要进行软件资源的分配。资源分配表见表15-47。

表15-47　软件资源分配表

站　　　点	资源地址	功　　能
S7-400	DB1.DBB0~DBB9	数据接收区
	DB2.DBB0~DBB9	数据接收区
	DB3.DBB0~DBB9	数据发送区
	DB4.DBB0~DBB9	数据发送区
	I0.0	控制S7-300的Q0.0
	Q0.0	由S7-300的I0.0控制
	M0.0	SFB14状态参数
	M0.1	SFB14错误显示
	M1.0	SFB15状态参数
	M1.1	SFB15错误显示
	MW2	SFB14状态信息
	MW4	SFB15状态信息
	M10.0	SFB14脉冲触发信号
	M11.0	SFB15脉冲触发信号
S7-300	DB1.DBB0~DBB9	数据发送区
	DB2.DBB0~DBB9	数据发送区
	DB3.DBB0~DBB9	数据接收区
	DB4.DBB0~DBB9	数据接收区
	I0.0	控制S7-300的Q0.0
	Q0.0	由S7-400的I0.0控制

（6）程序设计

在S7单边通信中，S7-300作为服务器，S7-400作为客户端，客户端调用单边通信功能块GET和PUT，访问服务器的存储区。服务器端不需要编程。SFB 14/15（PUT/GET）的参数说明见MPI通信部分。程序结构如图15-296所示。

初始化组织块OB100完成DB块数据初始化，DB1和DB2置初值，DB3和DB4数据接收区清零。在循环中断组织块OB35中，S7-300的DB1.DBW2和S7-400的DB3.DBW2每100ms循环加1。如果通信成功，S7-400可以读取到S7-300中DB1和DB2的数据，S7-400可以将DB3和DB4的数据写入到S7-300中的DB1和DB2；并且S7-400可以通过I0.0控制S7-300的Q0.0，S7-300同样可以通过I0.0控制S7-400的Q0.0。

为了实现周期性的数据传输，除了将通信程序放在OB35周期循环组织块中，还可以使用时钟存储器提供的时钟脉冲作为REQ通信请求信号。时钟存储器位说明见表15-48。

为了避免不存在诊断OB和错误处理OB而导致DP主站的CPU转向STOP模式，应当在DP主站CPU中设置OB82和OB86。S7-400站程序块如图15-297所示。

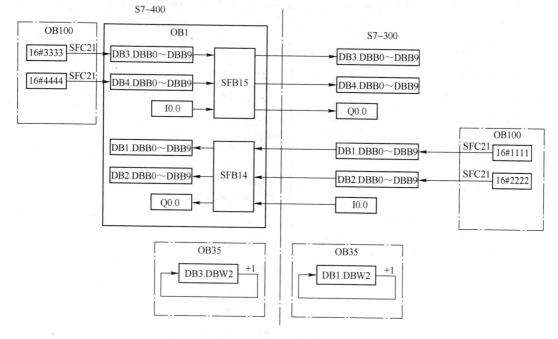

图 15-296　程序结构图

表 15-48　时钟存储器

位	0	1	2	3	4	5	6	7
周期 ms	0.1	0.2	0.4	0.5	0.8	1	1.6	2
频率 Hz	10	5	2.5	2	1.25	1	0.625	0.5

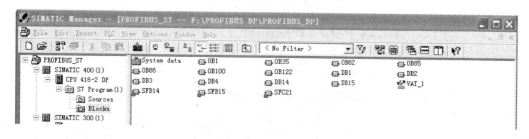

图 15-297　S7-400 站程序块

1）生成 DB 块。S7-300 站插入 DB 块：DB1（SEND1）、DB2（SEND2）、DB3（RE-CEIVE1）和 DB4（RECEIVE2），均为长度为 20 个字节的 BYTE-ARRAY。S7-400 站插入 DB 块：DB1（RECEIVE1）、DB2（RECEIVE2）、DB3（SEND1）和 DB4（SEND2），均为长度为 20 个字节的 BYTE-ARRAY。

2）S7-400 站 OB1。调用 SFB14/15，每 200 ms 完成一次 S7-400 对 S7-300 数据的读取和写入。程序如图 15-298 所示。

3）S7-400 站 OB35。DB1.DBW2 每 100 ms 循环加 1，S7-300 站的 OB35 与该段程序类似。程序如图 15-299 所示。

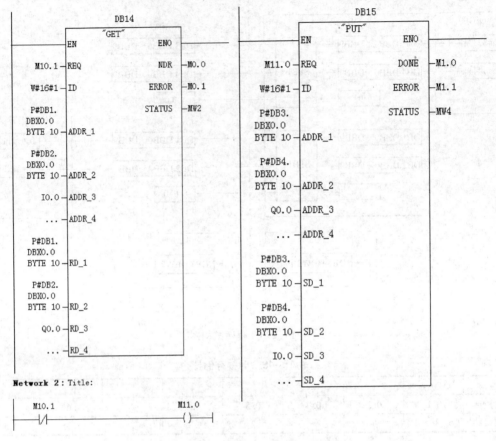

图 15-298 OB1 主程序

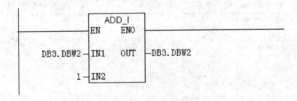

图 15-299 OB35 程序

4）S7-400 站 OB100。调用 SFC21，完成数据初始化功能。S7-300 站的 OB100 与该段程序类似。程序如图 15-300 所示。

（7）通信调试

分别下载组态和程序到 PLC 中，确保 PLC 处于 "RUN" 模式。同时打开两个站的变量表，点击工具栏 "Monitor" 按钮进入监控模式。如果通信成功，可以看到 S7-400 站的 DB 块中的数据与 S7-300 站的 DB 块中的数据一致；除此之外，两个站均可实现通过本站的 I0.0 控制对方的 Q0.0，如图 15-301 所示。S7-400 站读取 S7-300 站的数据块存储在 DB1 和 DB2，监控模式下的数据视图如图 15-302 所示。

Network 1 : Title:

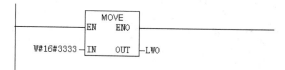

Network 2 : Title:

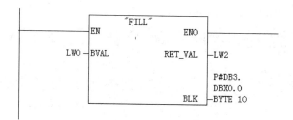

Network 3 : Title:

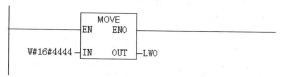

Network 4 : Title:

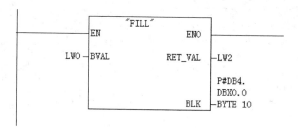

Network 5 : Title:

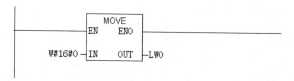

Network 6 : Title:

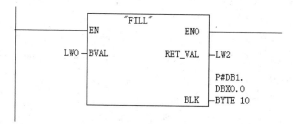

图 15-300　OB100

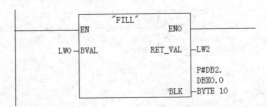

Network 7: Title:

图 15-300　OB100（续）

图 15-301　变量表

Addr	Name	Type	Initial	Actual v
0.0	RECEIVE1[1]	BYTE	B#16#0	B#16#11
1.0	RECEIVE1[2]	BYTE	B#16#0	B#16#11
2.0	RECEIVE1[3]	BYTE	B#16#0	B#16#14
3.0	RECEIVE1[4]	BYTE	B#16#0	B#16#96
4.0	RECEIVE1[5]	BYTE	B#16#0	B#16#11
5.0	RECEIVE1[6]	BYTE	B#16#0	B#16#11
6.0	RECEIVE1[7]	BYTE	B#16#0	B#16#11
7.0	RECEIVE1[8]	BYTE	B#16#0	B#16#11
8.0	RECEIVE1[9]	BYTE	B#16#0	B#16#11
9.0	RECEIVE1[10]	BYTE	B#16#0	B#16#11

Addr	Name	Type	Initial	Actual v
0.0	RECEIVE2[1]	BYTE	B#16#0	B#16#22
1.0	RECEIVE2[2]	BYTE	B#16#0	B#16#22
2.0	RECEIVE2[3]	BYTE	B#16#0	B#16#22
3.0	RECEIVE2[4]	BYTE	B#16#0	B#16#22
4.0	RECEIVE2[5]	BYTE	B#16#0	B#16#22
5.0	RECEIVE2[6]	BYTE	B#16#0	B#16#22
6.0	RECEIVE2[7]	BYTE	B#16#0	B#16#22
7.0	RECEIVE2[8]	BYTE	B#16#0	B#16#22
8.0	RECEIVE2[9]	BYTE	B#16#0	B#16#22
9.0	RECEIVE2[10]	BYTE	B#16#0	B#16#22

图 15-302　S7-400 站的 DB1 和 DB2

15.3.3　工业以太网通信应用技术

1. 基于以太网的单向 S7 通信

（1）系统组成及通信原理

S7 通信是 S7 系列 PLC 基于 MPI、PROFIBUS、ETHERNET 网络的一种优化的通信协议，主要用于 S7-300/400PLC 之间的通信。两个 S7-400 之间基于以太网的单向通信系统组成如图 15-303 所示。

本例中，需要建立一个 S7-400 作为客户端与另外一个 S7-400 的单向 S7 通信，将客户端 S7-400 的 DB1 映射到服务器 S7-400 的 DB2 中，同样地将服务器 S7-400 的 DB1 映射到客户端 S7-400 的 DB2 中，如图 15-304 所示。

（2）硬件组态

打开 SIMATIC Manager，如图 15-305 所示，插入两个 S7-400 的站，进行硬件组态。

分别组态两个系统的硬件模块，如图 15-306 所示为 SIMATIC 400（1）的硬件组态图，在 HW Config 中，将电源模块、CPU、信号模块等插入机架。这里选用的 CPU 为 CPU 414-3 PN/DP。

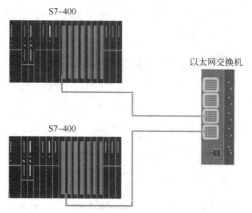

图 15-303　两个 S7-400 之间的以太网通信

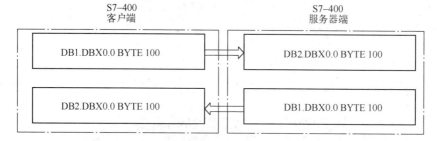

图 15-304　建立 S7-400 作为客户端与另一个 S7-400 的单向 S7 通信

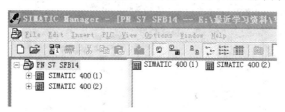

图 15-305　硬件组态图

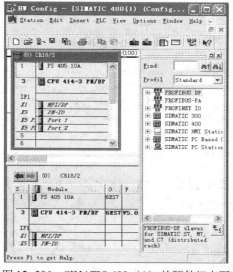

图 15-306　SIMATIC 400（1）的硬件组态图

双击 PN/IO，在打开的以太网接口属性对话框"参数"选项卡中，采用默认的 IP 地址 192.168.0.1 和子网掩码 255.255.255.0，如图 15-307 所示。

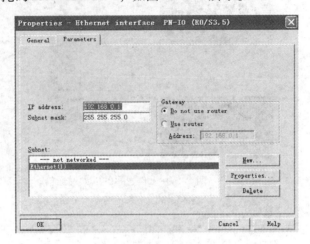

图 15-307　以太网接口属性对话框

同样，组态 SIMATIC 400（2），如图 15-308 所示，同样选用 CPU 414-3 PN/DP。

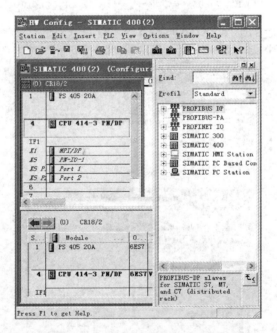

图 15-308　SIMATIC 400（2）的硬件组态图

双击 PN/IO-1，设置其 IP 地址为 192.168.0.2，子网掩码为默认，如图 15-309 所示。完成硬件组态后，分别保存编译。

（3）网络组态

在 SIMATIC Manager 画面下选择 Configure network 按钮，打开网络组态画面。NetPro 会根据当前的组态情况自动生成网络组态画面。

选择 SMATIC 400（1）站的 CPU 414-3 PN/DP，右键选择"Insert new connection"，在

弹出的对话框中，显示了可与1站建立连接的站点，选择2号站点，同时选择类型为"S7 -connection"，如图15-310所示。

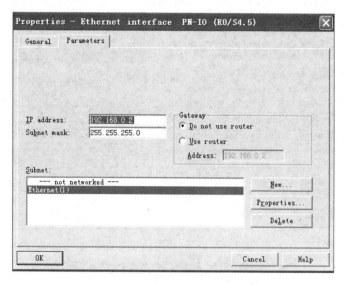

图15-309　PN/IO-1的IP设置

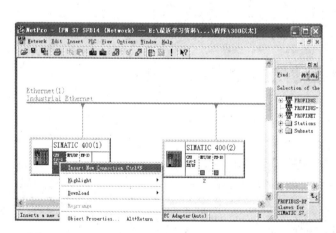

图15-310　网络组态设置图

完成设置之后点击"OK"按钮，进入S7属性设置对话框，如图15-311所示，勾选Establish an active connection项，并记住右方的ID号，这个ID号在之后的软件编程里面要用到。

完成以上操作之后，保存编译，如图15-312所示。

如果没有错误提示，说明组态正确，如图15-313所示。至此硬件、网络层面的组态完成。

（4）资源分配

根据项目需要进行软件资源的分配。资源分配表见15-49。

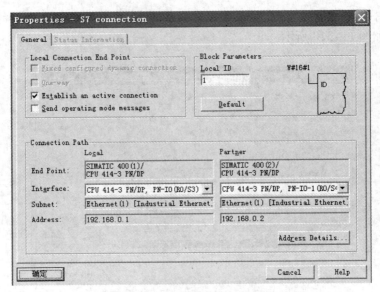

图 15-311　S7 属性设置对话框

图 15-312　保存编译

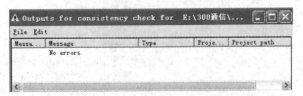

图 15-313　无错误提示图

表 15-49　软件资源分配表

站　点	资源地址	功　能
CUP 414－3 PN/DP（1）	DB1. DBW0～DBW50	发送数据区
	DB2. DBW0～DBW50	接收数据区
	M20.0	时钟脉冲，SFB14 激活参数
	M20.1	SFB15 激活参数
	M0.0	状态参数
	M0.1	错误显示
	M0.2	状态参数
	M0.3	错误显示
	MW2	SFB14 状态字
	MW12	SFB15 状态字
CUP 414－3 PN/DP（2）	DB2. DBW0～DBW50	接收数据区
	DB1. DBW0～DBW50	发送数据区

（5）程序编写

程序整体结构图如图15-314所示。

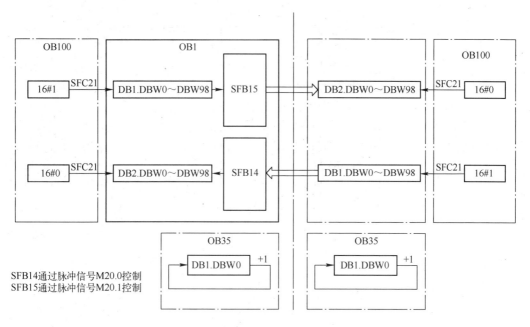

图 15-314　程序整体结构图

1）SIMATIC 400（1）程序编写。首先，需要在 SIMATIC 400（1）中分别建立发送和接收的数据区 DB1、DB2，大小为 100 B，如图 15-315 所示。

Address	Name	Type	Initial value
0.0		STRUCT	
+0.0	SEND	ARRAY[0..99]	
*1.0		BYTE	
=100.0		END_STRUCT	

Address	Name	Type	Initial value
0.0		STRUCT	
+0.0	RECEIVE	ARRAY[0..99]	
*1.0		BYTE	
=100.0		END_STRUCT	

图 15-315　在 SIMATIC 400（1）中建立 DB1、DB2

在 SIMATIC 400（1）站中添加 OB1，并在 OB1 里编写数据收发程序，如图 15-316 所示。

添加 OB35，并在 OB35 里编写程序，实现每 100 ms 给 DB1. DBW 加 1，如图 15-317 所示。

2）SIMATIC 400（2）程序编写。同 SIMATIC 400（1）一样，需要在 SIMATIC 400（2）中分别建立发送和接收的数据区 DB1、DB2，大小为 100 B。如图 15-318 所示。

OB1 : "Main Program Sweep (Cycle)"

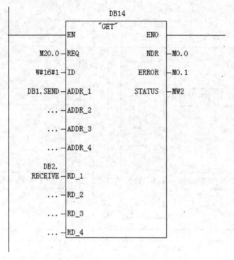

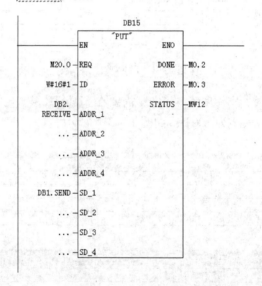

图 15-316 在 SIMATIC 400 (1) 站中编写数据收发程序

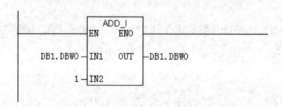

图 15-317 OB35 里编写程序

然后在 SIMATIC 400 (2) 站中添加 OB1、OB35，由于是单边 S7 通信，即 SIMATIC 400 (1) 单边写入、读取 SIMATIC 400 (2) 站的数据，因此在 SIMATIC 400 (2) 中无需编辑

OB1。仅在 OB35 里编写如图 15-319 所示程序。

Address	Name	Type	Initial value
0.0		STRUCT	
+0.0	SEND	ARRAY[0..99]	
*1.0		BYTE	
=100.0		END_STRUCT	

Address	Name	Type	Initial value
0.0		STRUCT	
+0.0	RECEIVE	ARRAY[0..99]	
*1.0		BYTE	
=100.0		END_STRUCT	

图 15-318　在 SIMATIC 400（2）中建立 DB1、DB2

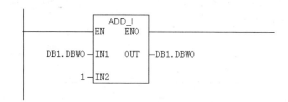

图 15-319　在 SIMATIC 400（2）站的 OB35 中编写累计程序

（6）下载调试

分别在 SIMATIC 400（1）、SIMATIC 400（2）中创建变量表 VAT 用于变量监控，将 SIMATIC 400（1）、SIMATIC 400（2）分别下载到相应的 PLC 中运行后，设置 M20.0 为持续脉冲信号，则在 VAT 表中可以方便地看到 SIMATIC 400（1）和 SIMATIC 400（2）各自的 DB2 中数据变化情况，如图 15-320 所示，SIMATIC 400（1）的 DB2 中数据与 SIMATIC 400（1）的 DB1 数据一致，SIMATIC 400（2）DB2 中数据也与 SIMATIC 400（1）的 DB1 数据一致，可见通信已经建立。

	Address	Symbol	Symbol comment	Display format	Status value	Modify value
1	DB1.DBD　0			HEX	DW#16#00270002	DW#16#00000002
2	DB2.DBD　0			HEX	DW#16#009A0004	

VAT_1 — PN S7 SFB14\SIMATIC 400(2)\CPU 414-3 PN/DP\S7 Program...

	Address	Symbol	Symbol comment	Display format	Status value	Modify value
1	DB1.DBD　0			HEX	DW#16#00DD0004	DW#16#00000004
2	DB2.DBD　0			HEX	DW#16#00690002	
3						

图 15-320　下载调试

2. 使用 USEND／URCV 的双向 S7 通信

（1）系统组成及通信原理

系统组成如图 15-321 所示。

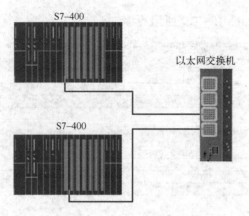

图 15-321　系统组成图

建立一个 S7-400 作为客户端与另外一个 S7-400 的双向 S7 通信，将客户端 S7-400 的 DB1 映射到服务器 S7-400 的 DB2 中，同样地，将服务器 S7-400 的 DB1 映射到客户端 S7-400 的 DB2 中，如图 15-322 所示。

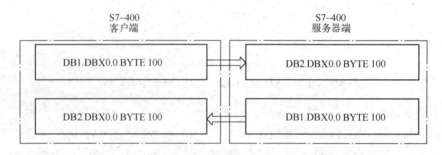

图 15-322　建立 S7-400 作为客户端与另一个 S7-400 的双向 S7 通信

（2）硬件组态

打开 SIMATIC Manager，根据系统的硬件组成，进行系统的硬件组态，如图 15-323 所示，插入两个 S7-400 的站，进行硬件组态。

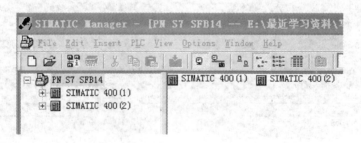

图 15-323　插入两个 SIMATIC 400 站

分别组态两个系统的硬件模块，如图 15-324 所示为 SIMATIC 400（1）的硬件组态图，在 HW Config 中，将电源模块、CPU、信号模块等插入机架。这里选用的 CPU 为 CPU 414-3 PN/DP。

686

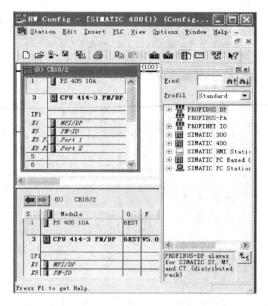

图 15-324　SIMATIC 400 (1) 的硬件组态图

双击 PN/IO，在打开的以太网接口属性对话框的"参数"选项卡中，采用默认的 IP 地址 192.168.0.1 和子网掩码 255.255.255.0，如图 15-325 所示。

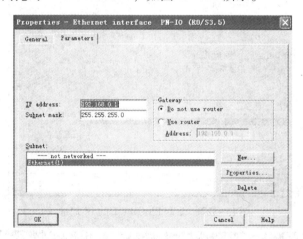

图 15-325　以太网接口属性对话框

同样，组态 SIMATIC 400 (2)，如图 15-326 所示。同样选用 CPU 414-3 PN/DP。双击 PN/IO-1，设置其 IP 地址为 192.168.0.2，子网掩码为默认，如图 15-327 所示。完成硬件组态后，分别保存编译。

(3) 网络组态

在 SIMATIC Manager 画面下选择 Configure network 按钮，打开网络组态画面。NetPro 会根据当前的组态情况自动生成网络组态画面。

选择 SMATIC 400 (1) 站的 CUP 414-3 PN/DP，右键选择"Insert new connection"，在弹出的对话框中，显示了可与 1 站建立连接的站点，选择 2 号站点，同时选择类型为"S7-connection"如图 15-328 所示：

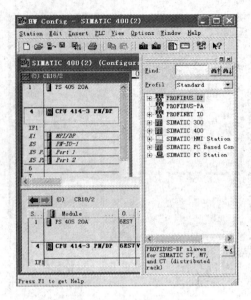

图 15-326　组态 SIMATIC 400（2）

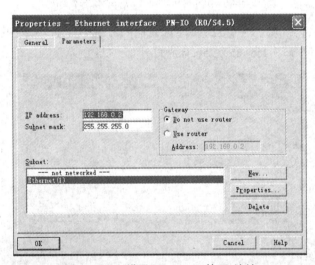

图 15-327　设置 PN/IO-1 的 IP 地址

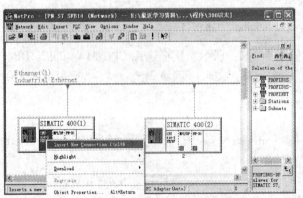

图 15-328　网络组态

完成设置之后点击"OK"按钮，进入 S7 属性设置对话框，如图 15-329 所示，勾选"Establish an active connection"项，并记住右方的 ID 号，这个 ID 号在之后的软件编程里面要用到。

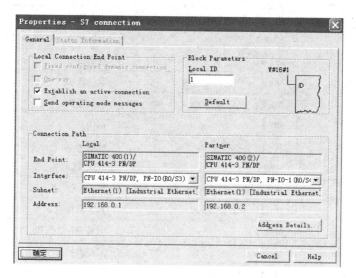

图 15-329　S7 属性设置对话框

完成以上操作之后，保存编译，如图 15-330 所示。

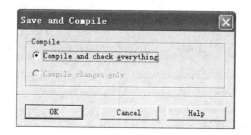

图 15-330　保存编译

如果没有错误提示，说明组态正确，如图 15-331 所示。至此硬件、网络层面的组态完成。

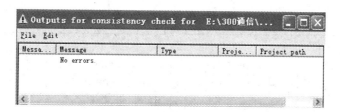

图 15-331　无错误提示图

（4）资源分配

根据项目需要进行软件资源的分配。资源分配表见表 15-50。

（5）程序编写

程序整体结构图如图 15-332 所示。

表 15-50　软件资源分配表

站　　点	资 源 地 址	功　　能
CUP 414－3 PN/DP（1）	DB1. DBW0 ~ DBW50	发送数据区
	DB2. DBW0 ~ DBW50	接收数据区
	M20.0	时钟脉冲，SFB8 激活参数
	M0.0	状态参数
	M0.1	错误显示
	M0.2	状态参数
	M0.3	错误显示
	MW2	SFB8 状态字
	MW12	SFB9 状态字
CUP 414－3 PN/DP（2）	DB2. DBW0 ~ DBW50	接收数据区
	DB1. DBW0 ~ DBW50	发送数据区
	M20.1	时钟脉冲，SFB8 激活参数
	M0.0	状态参数
	M0.1	错误显示
	M0.2	状态参数
	M0.3	错误显示
	MW2	SFB8 状态字
	MW12	SFB9 状态字

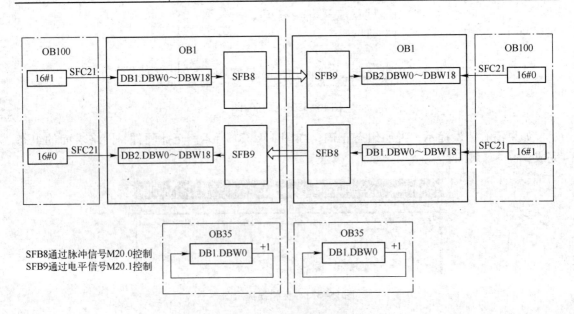

图 15-332　程序整体结构图

1）SIMATIC 400（1）程序编写。首先，需要在 SIMATIC 400（1）中分别建立发送和接收的数据区 DB1、DB2，大小为 100 B，如图 15-333 所示。

Address	Name	Type	Initial value
0.0		STRUCT	
+0.0	SEND	ARRAY[0..99]	
*1.0		BYTE	
=100.0		END_STRUCT	

Address	Name	Type	Initial value
0.0		STRUCT	
+0.0	RECEIVE	ARRAY[0..99]	
*1.0		BYTE	
=100.0		END_STRUCT	

图 15-333　在 SIMATIC 400（1）中建立 DB1、DB2

在 SIMATIC 400（1）站中添加 OB1，并在 OB1 中编写数据收发程序，如图 15-334 所示。

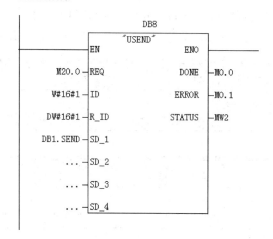

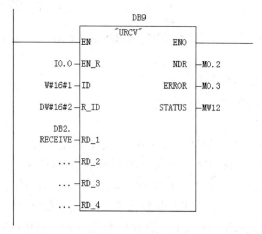

图 15-334　OB1 中编写数据收发程序

添加 OB35，并在 OB35 里编写程序，实现每 100 ms 给 DB1. DBW 加 1，如图 15-335 所示。

添加 OB100，并在 OB100 里编程，实现数据发送、接收区的初始化，如图 15-336 所示。

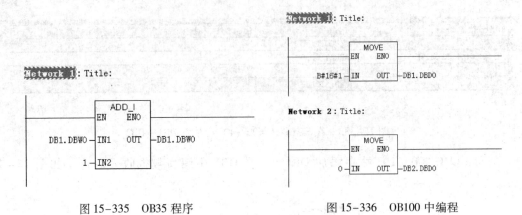

图 15-335 OB35 程序   图 15-336 OB100 中编程

2）SIMATIC 400（2）程序编写。同 SIMATIC 400（1）一样，需要在 SIMATIC 400（2）中分别建立发送和接收的数据区 DB1、DB2，大小为 100 B。如图 15-337 所示。

Address	Name	Type	Initial value
0.0		STRUCT	
+0.0	SEND	ARRAY[0..99]	
*1.0		BYTE	
=100.0		END_STRUCT	

Address	Name	Type	Initial value
0.0		STRUCT	
+0.0	RECEIVE	ARRAY[0..99]	
*1.0		BYTE	
=100.0		END_STRUCT	

图 15-337 在 SIMATIC 400（2）中建立 DB1，DB2

然后在 SIMATIC 400（2）站中添加 OB1、OB35 及 OB100，并在 OB1 中编程，如图 15-338 所示。

在 OB35 中编程，如图 15-339 所示。

在 OB100 中编程，如图 15-340 所示。

（6）下载调试

分别在 SIMATIC 400（1）、SIMATIC 400（2）中创建变量表 VAT 用于变量监控，将 SIMATIC 400（1）、SIMATIC 400（2）分别下载到相应的 PLC 中运行后，设置 SFB8 的 REQ 端为持续脉冲信号，并置位 SFB9 的 EN_R 端，则在 VAT 表中可以方便地看到 SIMATIC 400（1）和 SIMATIC 400（2）各自的 DB2 中数据变化情况，如图 15-341 所示，SIMATIC 400（1）的 DB2 中数据与 SIMATIC 400（1）的 DB1 数据一致，SIMATIC 400（2）DB2 中数据也与 SIMATIC 400（1）的 DB1 数据一致，可见通信已经建立。

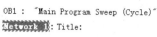

OB1 : "Main Program Sweep (Cycle)"

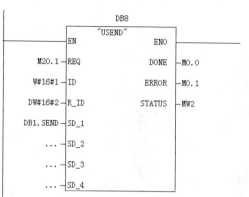

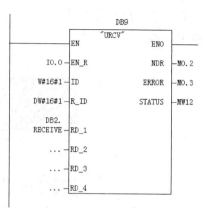

图 15-338 OB1 中编程

Network 1: Title:

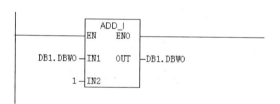

图 15-339 在 SIMATIC 400 (2) 站的 OB35 中
编写累计程序

Network 1: Title:

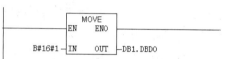

Network 2: Title:

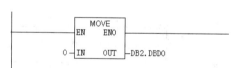

图 15-340 OB100 中编程

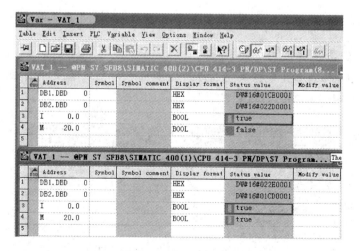

图 15-341 下载调试

3. 使用 BSEND/BRCV 的双向 S7 通信

（1）系统组成及通信原理

系统组成如图 15-342 所示。

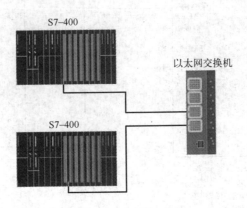

图 15-342　系统组成图

建立一个 S7-400 作为客户端与另外一个 S7-400 的双向 S7 通信，将客户端 S7-400 的 DB1 映射到服务器 S7-400 的 DB2 中，同样地，将服务器 S7-400 的 DB1 映射到客户端 S7-400 的 DB2 中，如图 15-343 所示。

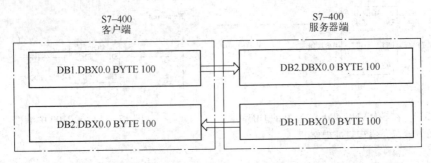

图 15-343　建立 S7-400 作为客户端与另一个 S7-400 的双向 S7 通信

（2）硬件组态

打开 SIMATIC Manager，根据系统的硬件组成，进行系统的硬件组态，如图 15-344 所示，插入两个 S7-400 的站，进行硬件组态。

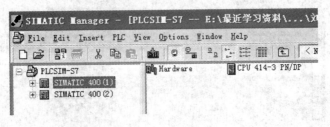

图 15-344　插入两个 SIMATIC 400 站

分别组态两个系统的硬件模块，如图 15-345 所示为 SIMATIC 400（1）的硬件组态图，在 HW Config 中，将电源模块、CPU、信号模块等插入机架。这里选用的 CPU 为 CPU 414 - 3 PN/DP。

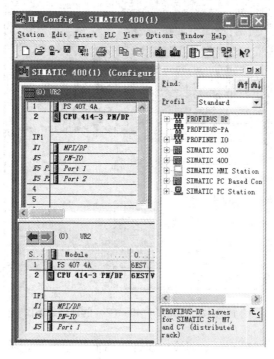

图 15-345　SIMATIC 400（1）的硬件组态图

双击 PN/IO，在打开的以太网接口属性对话框"参数"选项卡中，采用默认的 IP 地址 192.168.0.1 和子网掩码 255.255.255.0，如图 15-346 所示。

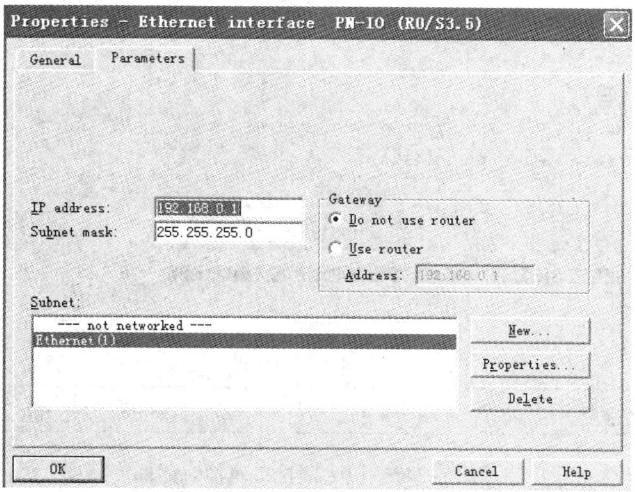

图 15-346　以太网接口属性对话框

接下来组态 SIMATIC 400（2），本设计中采用 CPU 412 - 2 DP 和 CP443 - 1 来实现，如图 15-347 所示为 SIMATIC 400（2）的硬件组态图。

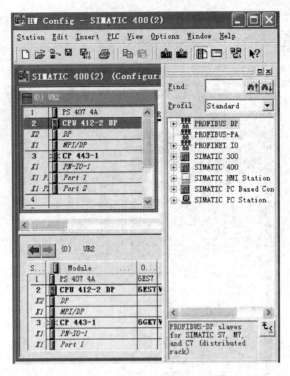

图 15-347　SIMATIC 400（2）的硬件组态图

　　双击 PN/IO-1，在打开的以太网接口属性对话框"参数"选项卡中，采用默认的 IP 地址 192.168.0.2 和子网掩码 255.255.255.0，如图 15-348 所示。

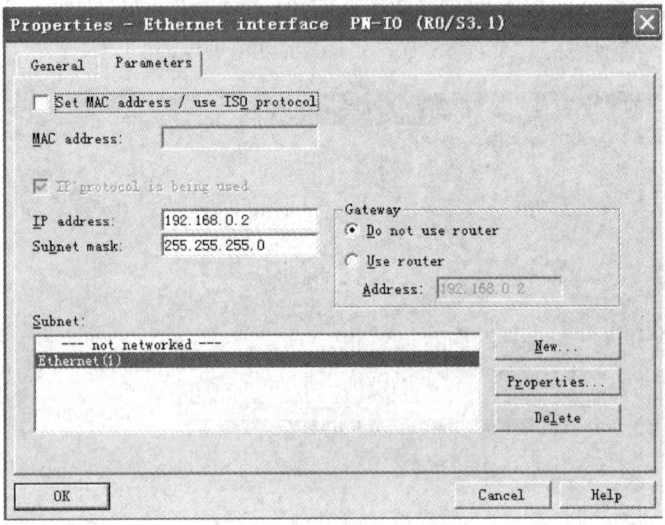

图 15-348　以太网接口属性对话框

完成硬件组态后，分别保存编译。

（3）网络组态

在 SIMATIC Manager 画面下选择 Configure network 按钮，打开网络组态画面。NetPro 会

根据当前的组态情况自动生成网络组态画面。

选择 SMATIC 400（1）站的 CPU 414 – 3 PN/DP，右键选择 "Insert new connection"，在弹出的对话框中，显示了可与 1 站建立连接的站点，选择 2 号站点，同时选择类型为 "S7 – connection"，如图 15-349 所示。

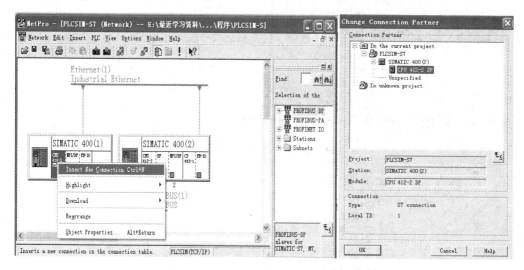

图 15-349　网络组态

完成设置之后点击 "OK" 按钮，进入 S7 属性设置对话框，如图 15-350 所示，勾选 "Establish an active connection" 项，并记住右方的 ID 号，这个 ID 号在之后的软件编程里面要用到。

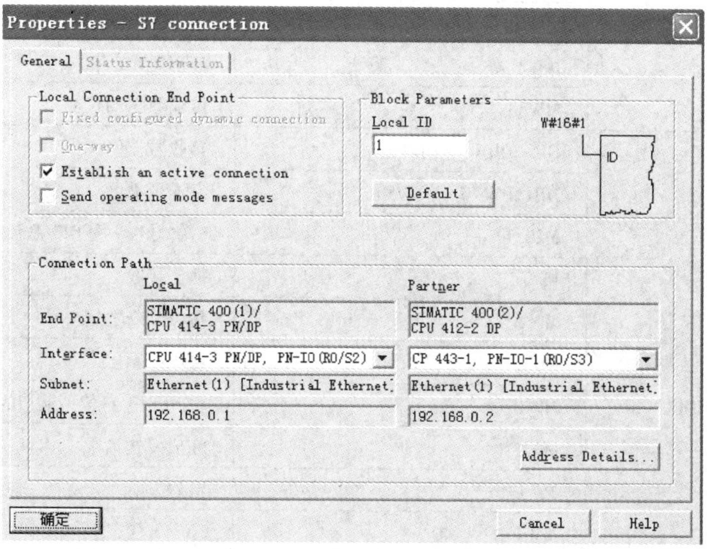

图 15-350　S7 属性设置对话框

完成以上操作之后，保存编译。如图 15-351 所示。

如果没有错误提示，则组态正确，如图 15-352 所示。至此硬件、网络层面的组态完成。

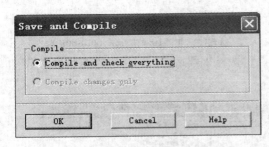

图 15-351 保存编译

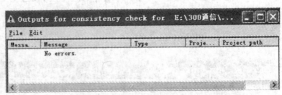

图 15-352 无错误提示图

（4）资源分配

根据项目需要进行软件资源的分配。资源分配表见表 15-51。

表 15-51 软件资源分配表

站 点	资 源 地 址	功 能
CUP 414 - 3 PN/DP	DB1. DBW0 ~ DBW50	发送数据区
	DB2. DBW0 ~ DBW50	接收数据区
	M20. 0	时钟脉冲，SFB12 激活参数
	I0. 0	使能接收
	M0. 2	接收到新数据
	M0. 3	错误显示
	M0. 0	完成发送请求
	M0. 2	错误显示
	MW12	SFB13 状态字
	MW40	接收到的数据字节数
	MW2	SFB12 状态字
	MW30	传输数据的长度
CPU 412 - 2 DP	DB2. DBW0 ~ DBW50	接收数据区
	DB1. DBW0 ~ DBW50	发送数据区
	M20. 1	时钟脉冲，SFB13 激活参数
	I0. 0	使能接收
	M0. 2	接收到新数据
	M0. 3	错误显示
	M0. 0	将 SFB13 置位到最初的状态
	M0. 2	完成发送请求
	MW12	错误显示
	MW40	SFB13 状态字
	MW2	接收到的数据字节数
	MW30	SFB12 状态字
	I0. 0	传输数据的长度

（5）程序编写

1）SIMATIC 400（1）程序编写。首先，需要在 SIMATIC 400（1）中分别建立发送和接收的数据区 DB1、DB2，大小为 100 B，如图 15-353 所示。

Address	Name	Type	Initial value
0.0		STRUCT	
+0.0	SEND	ARRAY[0..99]	
*1.0		BYTE	
=100.0		END_STRUCT	

Address	Name	Type	Initial value
0.0		STRUCT	
+0.0	RECEIVE	ARRAY[0..99]	
*1.0		BYTE	
=100.0		END_STRUCT	

图 15-353　在 SIMATIC 400（1）中建立 DB1, DB2

在 SIMATIC 400（1）站中添加 OB1，并在 OB1 里编写数据收发程序，如图 15-354 所示。

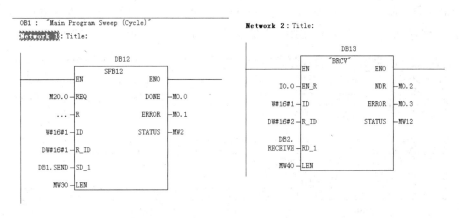

图 15-354　OB1 里编写数据收发程序

添加 OB35，并在 OB35 里编写程序，实现每 100 ms 给 DB1. DBW 加 1，如图 15-355 所示。

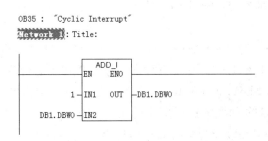

图 15-355　OB35 里编写程序

添加 OB100 并编程, 如图 15-356 所示。

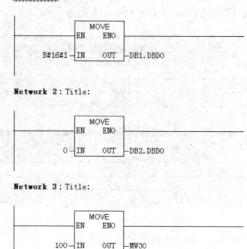

图 15-356 OB100 中编程

2) SIMATIC 400 (1) 程序编写。同 SIMATIC 400 (1) 一样, 需要在 SIMATIC 400 (2) 中分别建立发送和接收的数据区 DB1、DB2, 大小为 100 B, 如图 15-357 所示。

Address	Name	Type	Initial value
0.0		STRUCT	
+0.0	SEND	ARRAY[0..99]	
*1.0		BYTE	
=100.0		END_STRUCT	

Address	Name	Type	Initial value
0.0		STRUCT	
+0.0	RECEIVE	ARRAY[0..99]	
*1.0		BYTE	
=100.0		END_STRUCT	

图 15-357 在 SIMATIC 400 (2) 中建立 DB1, DB2

然后在 SIMATIC 400 (2) 站中添加 OB1、OB35 及 OB100, 在其 OB1 中编程如图 15-358 所示。OB35 中编程如图 15-359 所示:

在 OB100 中编程, 如图 15-360 所示。

(6) 下载调试

分别在 SIMATIC 400 (1)、SIMATIC 400 (2) 中创建变量表 VAT 用于变量监控, 将 SI-MATIC 400 (1)、SIMATIC 400 (2) 分别下载到相应的 PLC 中运行后, 设置 SFB12 的 REQ 端为持续脉冲信号, 并置位 SFB13 的 EN_R 端, 则在 VAT 表中可以方便地看到 SIMATIC 400 (1) 和 SIMATIC 400 (2) 各自的 DB2 中数据变化情况, 如图 15-361 所示, SIMATIC 400 (1) 的 DB2 中数据与 SIMATIC 400 (1) 的 DB1 数据一致, SIMATIC 400 (2) DB2 中数据也与 SIMAT-IC 400 (1) 的 DB1 数据一致, 可见通信已经建立。

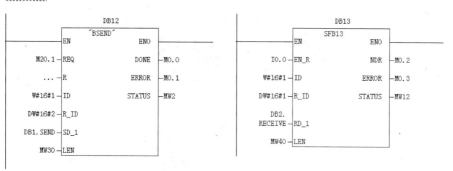

图 15-358　OB1 中编程

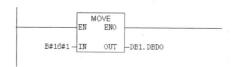

OB35：″Cyclic Interrupt″

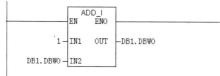

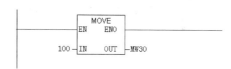

图 15-359　OB35 中编程　　　　　　图 15-360　OB100 中编程

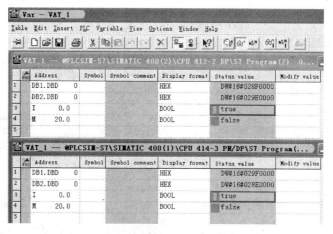

图 15-361　下载调试

4. 基于 CP343-1 的 PROFINET IO 通信

本例为一套 S7-300 PLC 通过 CP343-1 模块连接带 PN 接口的 ET200S 模块，对其数字量 IO 进行读写，实现 PROFINET IO 通信，如图 15-362 所示。

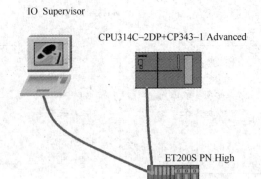

IO Supervisor

CPU314C–2DP+CP343–1 Advanced

ET200S PN High

图 15-362　基于 CP343 – 1 的 PROFINET IO 通信

（1）新建 Step7 项目

打开 STEP 软件，在 SIMATIC Manager 点击工具栏中的 ⬜ 按钮，弹出 New project 对话框。在 Name 栏中写入要新建的项目名称，然后点击 ⬜ OK ⬜ 按钮，在 SIMATIC Manager 中新建了一个项目。右键点击项目弹出菜单，插入一个 S7 – 300 站。如图 15-363 所示。

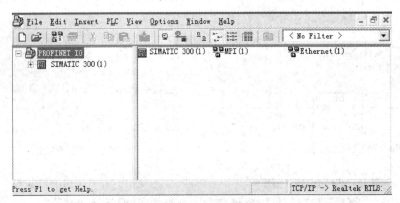

图 15-363　新建 step7 项目

（2）组态 PROFINET IO 控制器

双击 SIMATIC 300 的 Hardware 进行硬件组态，按顺序依次插入机架、CPU314 – 2DP 和 IO Controller 的 CP343 – 1 Advanced。如图 15-364 所示。

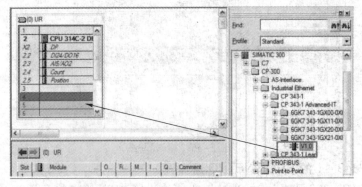

图 15-364　组态 PROFINET IO 控制器

在机架中插入 CP343 – 1 Advanced 时会弹出"设置以太网接口"的属性界面，根据实际需要设定 IP 地址信息。这里使用默认的 IP 地址和子网掩码，如图 15–365 所示。在图 15–365 中显示的界面中，点击 New... 按钮，新建一个 Ethernet（1）。

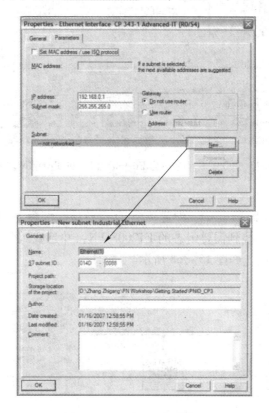

图 15–365　设置以太网接口

右键点击 CP343 – 1 Advanced，插入一个 PROFINET IO 系统。如图 15–366 所示。

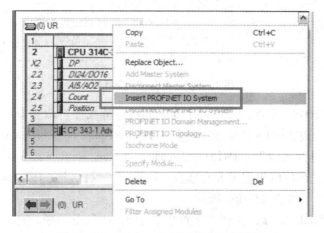

图 15–366　插入一个 PROFINET IO 系统

这时建立了一个名称为 Ethernet（1）的 PROFINET IO 系统。如图 15–367 所示。

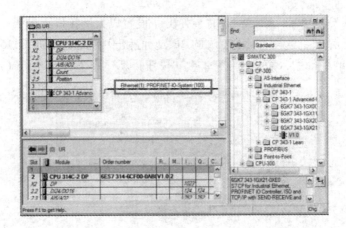

图 15-367　建立了一个名称为 Ethernet（1）的 PROFINET IO 系统

（3）组态 ET 200S PN

在这个以太网 Ethernet（1）中，配置一个 IO 设备站与配置 PROFIBUS 从站类似。在硬件列表栏 PROFINET IO 内找到需要组态的 ET200S PN，并且找到与相应的硬件相同的订货号的 ET200S PN 接口模块。如图 15-368 所示。

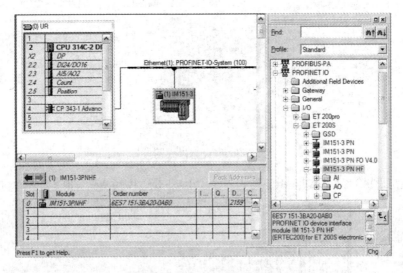

图 15-368　组态 ET 200S PN

用鼠标双击 ET200S 的图标，弹出 ET200S 的属性界面。可以查看 ET200S 的简单描述、订货号、设备名称、设备号码和 IP 地址。其中 Device Name 设备名称可以根据工艺的需要来自行修改，这里使用默认设置：IM151-3PNHF。Device Number 设备号用于 PROFINET IO 设备的诊断。IP 地址也可以根据需要来修改，这里使用默认设置 192.168.0.2。点击"OK"按钮，关闭该对话框。如图 15-369 所示。

用鼠标单击 ET200S 图标，会在左下栏中显示该 IO 设备的模块列表。依次在硬件列表栏内，选择 PM-E 模块和 2DO 模块和 2DI 模块，注意该模板的订货号要与实际的配置的模板号相同，各个模块属性使用默认方式。如图 15-370 所示。

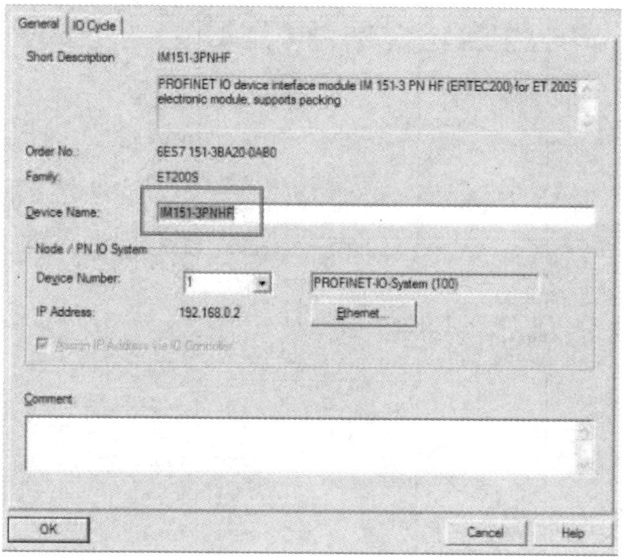

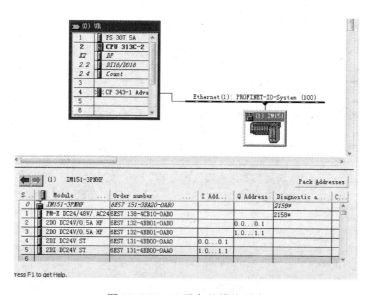

图 15-369　ET200S 的属性界面

图 15-370　IO 设备的模块列表

然后在硬件组态中点击保存和编译，控制器和 IO 设备的硬件组态过程完成。

（4）编辑用户程序

在 SIMATIC Manager 中，打开 OB1，进入 LAD/STL/FBD 的编程界面中。根据在硬件组态中的 ET200S 站的 DI 和 DO 模块地址，对数字量模块进行读写。如图 15-371 所示。

FC 功能的发送和接收区与 ET200S 上的 DO 和 DI 对应关系如图 15-372 所示。

其中 FC11"PNIO_SEND"、FC12"PNIO_RECV"如图 15-373 所示，其各自的参数说明见表 15-52 和表 15-53。

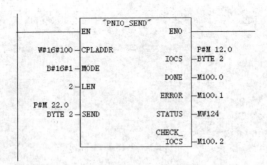

Network 2: Title:

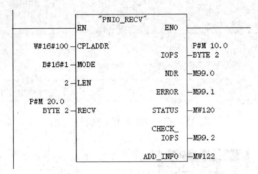

图 15-371 编辑用户程序

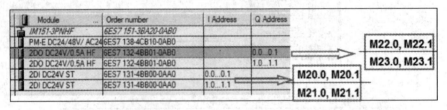

图 15-372 FC 功能的发送和接收区与 ET200S 上的 DO 和 DI 对应关系

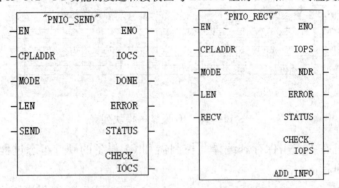

图 15-373 FC11 及 FC12

表 15-52 FC12 参数说明表

参　　数	变量声明	注　　释
CPLADDER	INPUT	CP 模板地址
MODE	INPUT	运行状态
LEN	INPUT	实际接收的数据字节长度

参 数	变量声明	注 释
IOPS	OUTPUT	IO Consumer 接收的对方 IO Provider 每个输入字节对应的位状态
NDR	OUTPUT	数据通信是否无错误地完成
ERROR	OUTPUT	有错误发生
STATUS	OUTPUT	接收块的状态代码
CHECK_IOPS	OUTPUT	由这个位来判断是否需要对 IOPS 状态进一步分析
ADD_INFO	OUTPUT	额外的诊断信息，当前 FC 版本里值为 0 为以后扩展用
RECV	IN_OUT	接收数据区

表 15-53　FC11 参数说明表

参 数	变量声明	注 释
CPLADDER	INPUT	CP 模板地址
MODE	INPUT	运行状态
LEN	INPUT	实际发送的数据字节长度
IOCS	OUTPUT	IO Consumer 接收的对方 IO Provider 每个输出字节对应的位状态
DONE	OUTPUT	数据通信是否无错误地完成
ERROR	OUTPUT	有错误发生
STATUS	OUTPUT	发送块的状态代码
CHECK_IOPS	OUTPUT	由这个位来判断是否需要对 IOCS 状态进一步分析
SEND	IN_OUT	发送数据区

（5）设置 PG/PC 接口

所有以太网设备出厂设置里都有 MAC 地址，因此可以通过普通以太网卡对以太网口的 PLC 系统进行编程调试。在 SIMATIC Manager 中选择 Option 菜单，选择 "Set PG/PC Interface …"，在打开的对话框里选择 TCP/IP（Auto）→JMicron PCI Express…，这是本台电脑的以太网卡。如图 15-374 所示。

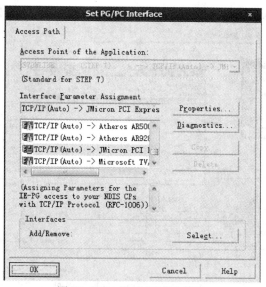

图 15-374　设置 PG/PC 接口

（6）下载硬件组态

打开本地连接属性，设置本机 IP 地址为 192.168.0.158。同时，主要要使各台 PROFI-NET 接口设备在同一个网段（192.168.0）上。设置本机 IP 地址如图 15-375 所示。

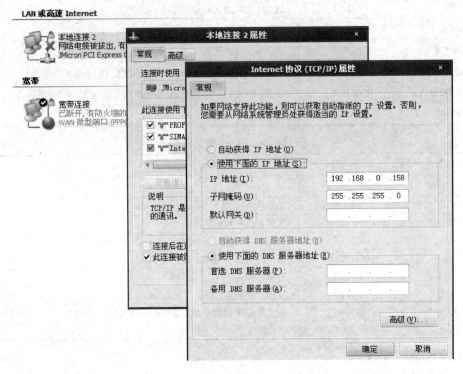

图 15-375　设置本机 IP 地址

在 HW Config 界面中，点击 图标。弹出选择目标模块界面，默认设置为 CPU 314 - 2DP，如图 15-376 所示，点击"OK"按钮确认。

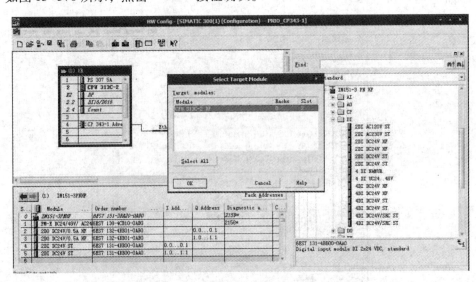

图 15-376　选择目标模块界面

此时会弹出选择节点地址对话框，通过点击 View 可以查看相应的 CP343 - 1 Advanced 的 MAC 地址，如图 15-377 所示。

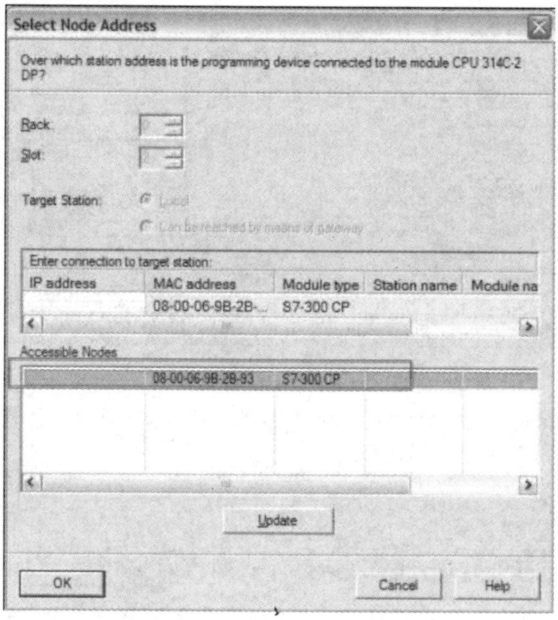

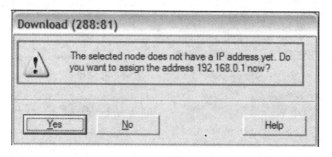

图 15-377　选择节点地址对话框

选择 S7 - 300 CP 执行下载功能，此时会弹出一个对话框，询问是否给 IO 控制器的 IP 地址设置为 192. 168. 0. 1，点击"Yes"按钮，如图 15-378 所示。

图 15-378　弹出对话框

这时，系统会给 IO 控制器赋 IP 地址，并下载组态信息到 PLC 中。

（7）设置 IO 设备名

给系统上电后，在硬件组态界面中，点击工具栏上的 PLC 选项，并选择 Ethernet 项中的 Assign Device Name，如图 15-379 所示。

弹出设置 ET200S PN 的 IO Device 的命名对话框，如图 15-380 所示。

此时可以看到 ET200S PN 站的一些信息，根据实际的 MAC 地址，选择 MAC 地址为 08 - 00 - 06 - 99 - 04 - D2 的 ET200S，通过"Assign name"按钮将其命名为 IM151 - 3PNHF。

点击工具栏上的 PLC 选项，并选择 Ethernet 项中的 Verify Device Name 来查看组态的设备名是否正确，如图 15-381 所示。

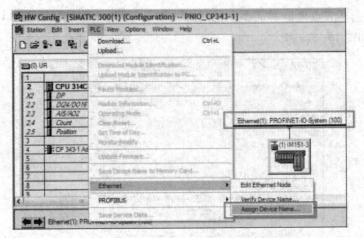

图 15-379　硬件组态界面

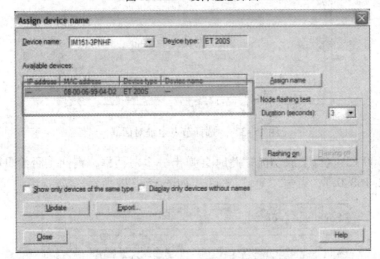

图 15-380　IO Device 的命名对话框

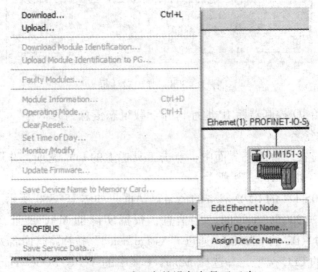

图 15-381　看组态的设备名是否正确

当 Status 为 ✖ 时，则设备名错误，当 Status 为 ✔，则设备名正确，如图 15-382 所示。

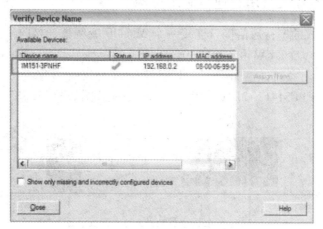

图 15-382　设备名正确

（8）下载用户程序

在 SIMATIC Manager 中用鼠标单击左侧栏内的 Blocks，点击 ▣ 下载程序，如图 15-383 所示。

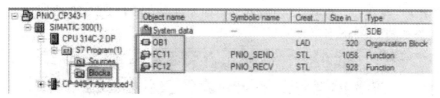

图 15-383　下载用户程序

（9）通信测试

在 SIMATIC Manager 中插入变量表 VAT_1，在 Address 栏中，结合 FC11 和 FC12 功能块的形参定义，添加变量，在监控状态下，修改数字量输出值 MB22 和 MB23，观察 ET200S 上实际 DO 输出变化，以此来验证通信是否正常。如图 15-384 所示。

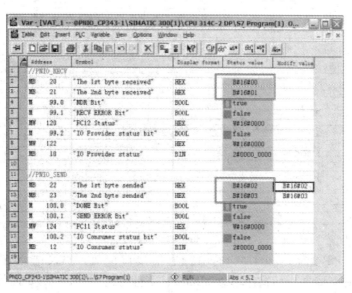

图 15-384　通信测试

15.3.4　PLC 与驱动装置串行通信应用技术

以 S7 – 300C 集成的串行通信接口连接一个 MM440 变频器，接收组态 USS 通信的完整过程，通信的数据为 4 个 PKW 和 4 个 PZD。

1. 系统组成

硬件：S7 – 300 CPU314C – 2PTP，MM440。网络配置图如图 15–385 所示。

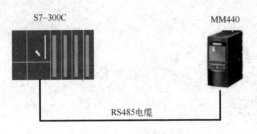

图 15–385　网络配置图

2. 硬件组态

在 STEP 7 中建立一个新项目，在此项目下插入一个"SIMATIC 300 站"，并完成硬件组态，硬件组态如图 15–386 所示。

图 15–386　站点硬件组态

双击 CPU 下 PtP 组态 CPU314C 的串行通信接口参数，协议选择 ASCII 协议，点击"Transfer"设置串口参数，传输速率 9600bit/s、字符格式 8 – E – 1（8 位数据位、1 位停止位、偶校验）、没有数据溢出控制，在"End Delimiter"选择"After character delay elapses"， "character delay time"选择4ms，在"Data reception"中选择"Clear CPU receive buffer at startup"，在"Signal assignment"栏中选择 RS485 接口，R（A）0 V、R（B）5 V，其他保持默认设置，硬件组态完成。如图 15-387 所示。

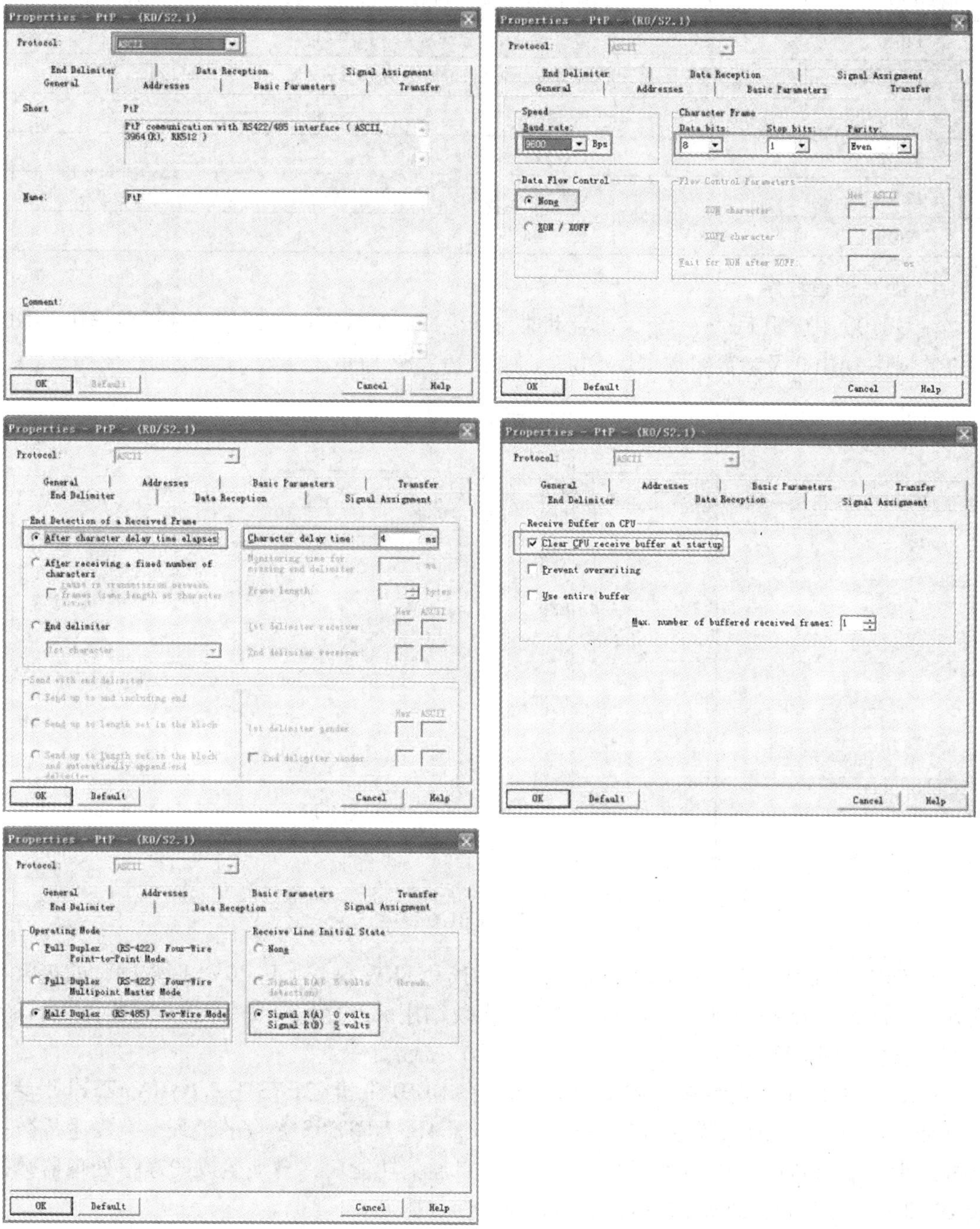

图 15-387　CPU314C-2PtP 参数设置

3. 组态 MM440 USS 通信参数

参数设置表见表 15-54。

表 15-54　参数设置表

参　数	设　置　值	说　明
P003	3	访问级
P700	5	通信源从 USS COM 口
P1000	5	频率设定点数据源从 USS COM 口
P2010	6	波特率为 9.6 kbit/s，7 为 19.2 kbit/s，8 为 38.4 kbit/s
P2011	1	USS 站号
P2012	4	USS PZD 长度
P2013	4	USS PKW 长度
P2014	1000	看门狗时间

4. 编写通信程序

在 OB100 中调用 FC23，当 CPU 启动时自动生成 3 个数据块：通信处理器数据块 DB10、用户数据块 DB100 及参数组数据块 DB50。如图 15-388 所示。

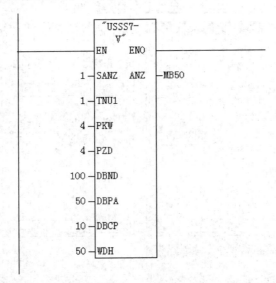

图 15-388　OB100 程序

在 OB1 中调用 FC30 和 FC100。FC100 处理读写 PKW 操作，FC30 处理数据区的接收与发送，程序如图 15-389 所示，注意在 FC30 中块调用的顺序：FC21（USS 发送）→SFB60（串口发送）→FC22（USS 接收）→SFB61（串口接收）。

FC21、FC22 中指定参数组数据块 DB50，在 DB50 中指定 SYSTEM PARAMETERS 参数的地址，自动生成数据块模式为 0；指定 SLAVE PARAMETERS 参数的地址，自动生成数据块模式为 10。SFB60、SFB61 为 S7-300C 的串口通信功能块，自动生成的通信处理器数据块 DB10 控制 SFB60、SFB61 的接收、发送及通信数据区。

DB100 中的请求数据通过 DB50 来协调指向 DB10 中，用 SFB60 发送出去，SFB61 用 DB10 作为接收区，通过 DB50 来协调最后按站排序放在 DB100 中，所以用户关心的数据都放在 DB100 中。

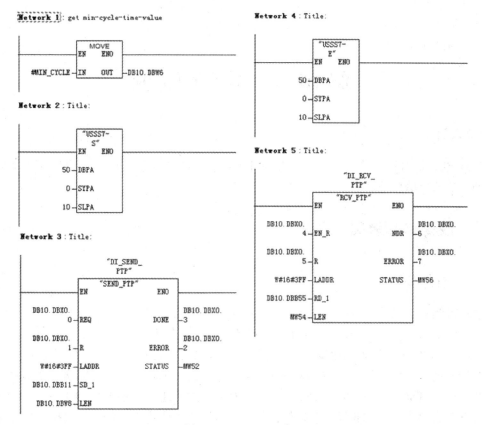

图 15-389 OB1 程序

在本例中 PKW 发送区为 DB100. DBW22 ~ 28，PZD 发送区为 DB100. DBW30 ~ 36，PKW 接收区为 DB100. DBW38 ~ 44，PZD 接收区为 DB100. DBW46 ~ 52（n 为 2），后续站数据结构与之相同，每个站占用 26 个字。PKW 数据发送时，要置位通信控制 KSTW 第一位一次，在本例中位 DB100. DBX3. 0，然后被程序复位。

15. 4　习题

1. 西门子的人机界面产品有哪些型号，各有什么特点？
2. 简述设计一个 HMI 监控系统需要做哪些工作？
3. MM440 变频器有哪种调试方法？
4. 如何建立 MM440 与 S7 – 300/400 之间的 PROFIBUS – DP 通信？
5. 进行 MPI 网络组态，实现两个 CPU315-2DP 之间的全局数据通信。
6. 进行 PROFIBUS DP 网络组态，实现两个 CPU416-2DP 之间的主从通信。
7. 使用 CP342 – 5 的 PROFIBUS DP 通信方式与使用 CPU 集成的 DP 接口的通信方式有什么不同？
8. 使用 PLCSIM 模拟调试 CPU 413 – 2 与 CPU 315-2 之间的 PROFIBUS – S7 单边通信。
9. 哪些设备可以作 PROFINET IO 控制器？
10. 如何建立 S7 – 300 与 S7 – 400 的 PROFINET 通信？
11. MM440 与 CPU315-2DP 的 USS 通信如何进行参数设置？

第16章 故障诊断

本章学习目标：

　　了解 PLC 控制系统的故障特点；能够对出现的故障进行分类；掌握 PLC 控制系统故障诊断的方法及排除方法。

16.1 故障诊断基础知识

16.1.1 故障分类

　　PLC 控制系统在运行过程中由于各种原因不可避免地要出现各种各样的故障，故障分布如图 16-1 所示。可见，PLC 的故障率仅占系统总故障率的 10%，其可靠性远高于输入输出设备。在 PLC 本身的 20% 的故障中，大多数是由恶劣环境造成的，而 80% 的故障是用户使用不当造成的。也就是说发生在 PLC 内部故障几率很小。I/O 设备的故障率在系统总故障率中占 90%，是 PLC 主要的故障来源。对输入设备，故障主要反映在主令开关、行程开关、接近开关和各种类型的传感器中；对输出设备，故障主要集中在接触器、电磁阀等控制执行器件上。

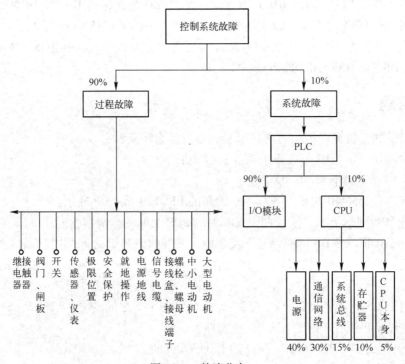

图 16-1　故障分布

716

控制系统故障通常可分为两类：系统故障和过程故障。

（1）系统故障

系统故障可被 PLC 操作系统识别并使 CPU 进入停机状态，通常的系统故障有电源故障、硬件模块故障、扫描时间超时故障、程序错误故障、通信故障等。

（2）过程故障

过程故障通常指工业过程或被控对象发生的故障，例如传感器和执行器故障、电缆故障、信号电缆及连接故障、运动障碍、联锁故障等。

控制系统故障也可按故障发生的位置分为外部故障和内部错误。

（1）外部故障

它是由外部传感器或执行机构的故障等引发 PLC 产生故障，可能会使整个系统停机，甚至烧坏 PLC。

（2）内部错误

它是 PLC 内部的功能性错误或编成错误造成的，可以使系统停机。被 S7 CPU 检测到并且用户可以通过组织块对其进行处理的错误分为两类：

1）异步错误。异步错误是与 PLC 的硬件或操作系统密切相关的错误，与程序执行无关，但异步错误的后果一般比较严重。如果一个故障发生，操作系统就会调用错误处理组织 OB80 ~ OB87。

2）同步错误。同步错误是与执行用户程序有关的错误。程序中如果有不正确的地址区、错误的编号或错误的地址，都会出现同步错误，操作系统将调用同步错误组织块 OB121 或者 OB122。同步故障又分为程序错误和权限错误（或访问错误）。程序错误时操作系统调用 OB121，权限错误时操作系统调用 OB122。

系统程序可以检测到的常见错误有不正确的 CPU 功能、系统程序执行中的错误、用户程序中的错误、I/O 中的错误等。根据错误类型的不同，CPU 将设置为进入 STOP 模式或调用一个错误处理 OB。

16.1.2 故障诊断机理

PLC 的诊断指的是 CPU 内部集成的识别和记录功能。由系统诊断查询的诊断数据不用编程。它集成在 CPU 的操作系统和其他有诊断能力的模块中并自动运行。

记录错误信息的区称为诊断缓冲区。这个区的大小有赖于 CPU 型号（例如 CPU 314 有 100 个信息）。CPU 在诊断缓冲区存储（暂时地）出现的错误是维修人员能够迅速和有目的地诊断错误，甚至偶尔出现的错误。

故障诊断机理如图 16-2 所示。当操作系统识别出一个错误时，操作系统将做出如下处理：

1）操作系统将引起错误的原因和错误信息记录到诊断缓冲区中，并带有日期和时间标签。最近的信息保存在诊断缓冲区起始位置，如果缓冲区满，最旧的信息将被覆盖。

2）操作系统将事件记入到系统的状态表中，给出系统状态的信息。

3）如果必要，PLC 操作系统将激活一个与错误相关 OB 中断，供用户编写相应的错误中断服务程序，如果用户程序中没有插入激活的错误相关 OB 中断块，PLC 操作系统将使 PLC 进入 STOP 模式。

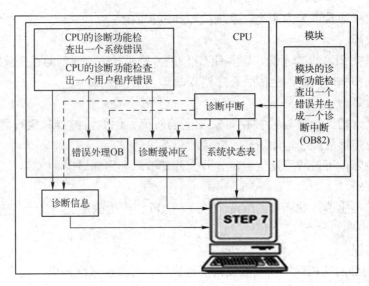

图 16-2 故障诊断机理

16.1.3 故障诊断方法

一个系统或机器的运行阶段诊断是重要的。当故障（干扰）导致一个系统或机器停机或功能不正确时通常诊断亦发生。由于费用及停机时间和故障功能相关，有关干扰的原因必须迅速发现并评估，并借助相关诊断工具来发现故障并排除。

PLC 常见的故障检测途径有以下几种：

1）LED 灯诊断故障。

2）使用专用硬件诊断网络故障。

3）诊断软件检查故障。

4）STEP 7 检查故障。

5）OB、SFC（或 SFB）检查故障。

16.2 LED 灯故障诊断

PLC 有很强的自诊断能力，当 PLC 自身故障或外围设备发生故障，都可用 PLC 上具有诊断指示功能的发光二极管的亮灭来诊断。SIMATIC S7 硬件提供有 LED 诊断功能，使用 LED 进行诊断是查找故障的最基本工具。这些 LED 往往使用三种颜色来提示相关状态。

① LED 灯绿色时表示正常运行（例如通电时）。

② LED 灯黄色时表示特殊的运行状态（例如强制时）。

③ LED 灯红色时表示出错（例如总线出错）。

另外，LED 灯闪亮时也表示一个特殊的事件（例如存储器复位）。

1. 用 S7-300 CPU 的 LED 进行诊断

通常西门子 S7-300 系列 PLC 的 CPU 上的 LED 指示灯有 SF、5VDC、FRCE、RUN、STOP，对于不同型号的 CPU 还具有其他指示 LED 灯，如 CPU31X 有用于指示电池出错的

BATF 灯，CPU315-2DP 有用于指示 PROFIBUS 接口上的硬件或软件错误的 BUSF 灯等。状态与故障指示灯说明见表 16-1。

表 16-1 S7-300 状态与故障指示灯说明

CPU	指示灯	颜色	意义
all	SF	红色	硬件或软件出错
	DC5V	绿色	CPU 和 S7-300 总线的 5V 电源
	FRCE	黄色	灯亮：active force order 灯以 2Hz 频率闪烁：function node flash test（CPUs with firmware V2.2.0 or higher only）
	RUN	绿色	CPU 在运行中。启动时灯以 2Hz 频率闪烁，暂停时以 0.5Hz 频率闪烁
	STOP	黄色	CPU 停止、暂停或启动模式。指示灯在执行重启请求时以 0.5Hz 频率闪烁，在重启过程中以 2Hz 频率闪烁
CPU 313C-2DP CPU 314C-2DP CPU 315-2DP	BF	红色	DP-接口（X2）处总线出错
CPU 317-2 DP CPU 31x-2 PN/DP	BF1	红色	第一接口（X1）处总线出错
	BF2	红色	第二接口（X2）处总线出错
CPU 31x-2 PN/DP CPU 319-3 PN/DP	LINK	绿色	到 2nd 接口（X2）的连接有效
	RX/TX	黄色	接收/传输数据

所有 S7-300 系列 PLC 的 CPU 上的状态和故障显示见表 16-2。

表 16-2 S7300 CPU 上的状态和故障显示

LED					说　明
SF	5VDC	FRCE	RUN	STOP	
LED 灭	LED 灭	LED 灭	LED 灭	LED 灭	CPU 电源故障 排除： 检查电压模块是否连接到电源，并打开 检查 CPU 是否连接到电源模块，并打开
LED 灭	LED 亮	X	LED 灭	LED 亮	CPU 处于 "STOP" 模式 排除：启动 CPU
LED 亮	LED 亮	X	LED 灭	LED 亮	由于故障，CPU 处于 "STOP" 模式 排除：参见表 16-3，检查 SF LED
X	LED 亮	X	LED 灭	闪烁 （0.5Hz）	CPU 请求存储器复位
X	LED 亮	X	LED 灭	闪烁 （2Hz）	CPU 请求存储器复位
X	LED 亮	闪烁 （2Hz）	X	LED 亮	CPU 处于 "Startup" 模式
X	LED 亮	X	闪烁 （0.5Hz）	LED 亮	CPU 被一个编程的断点中断
LED 亮	LED 亮	X	X	X	硬件或软件错误。 排除：参见表 16-3，检查 SF LED
X	X	LED 亮	X	X	已激活强制功能

注：状态 X 表示该状态与当前 CPU 的功能无关。

SF LED 故障可由软件故障引起，也可由硬件故障引起。具体排除方法见表 16-3、表 16-4。

表 16-3 SF LED 故障评价（软件错误）

可 能 错 误	CPU 的响应	排 除
TOD 中断被使能和触发，但是没有装入响应的块（软件/组态错误）	调用 OB85，如果没有装入 OB85，CPU 进入"STOP"状态	装入 OB10/11（只适用于 CPU 318-2）（OB 编号可以显示在诊断缓冲器中）
已使能 TOD 中断的开始时间被跳转，例如由于内部时钟	调用 OB80，如果没有装入 OB80，CPU 进入"STOP"状态	在使用 SFC29 设置日时钟之前，应去 TOD 中断
由 SFC32 触发延迟中断。但是没有装入相应的块。（软件/组态出错）	调用 OB85，如果没有装入 OB85，CPU 进入"STOP"状态	装入 OB20/21（只适用于 CPU 318-2）（OB 编号可以显示在诊断缓冲器中）
过程中断被使能和触发，但是没有装入相应的块。（软件/组态出错）	调用 OB85，如果没有装入 OB85，CPU 进入"STOP"状态	装入 OB40/41（只适用于 CPU 318-2）（OB 编号可以显示在诊断缓冲器中）
产生状态报警，但没有调用 OB55	调用 OB85，如果没有装入 OB85，CPU 进入"STOP"状态	调用 OB55
产生新的报警，但没有调用 OB56	调用 OB85，如果没有装入 OB85，CPU 进入"STOP"状态	调用 OB56
产生用户规定的报警，但没有调用 OB57	调用 OB85，如果没有装入 OB85，CPU 进入"STOP"状态	调用 OB57
尝试访问一个未装的或有故障的模块（硬件或软件错误）	调用 OB85，如果没有装入 OB85/80，且循环时间超过 1s 而没有触发，CPU 进入"STOP"状态	生产 OB85，OB 的起始信息包括相应的模块地址。更换相应的模块或排除程序错误
超过循环时间。同时调用的中断 OB 太多	调用 OB80。如果没有装入 OB80，CPU 进入"STOP"状态	延长循环时间（STEP7 硬件组态），改变程序结构。排除：如果需要的话，通过 SFC43 重新激活循环时间检测
编程错误： 块未装入 块编号错误 定时器/计数器编号错误 读写访问错误的区域等	调用 OB121。如果没有装入 OB121，CPU 进入"STOP"状态	排除编程错误 STEP7 测试功能有助于寻找错误
I/O 访问错误 访问模块错误时出现错误	调用 OB122。如果没有装入 OB122，CPU 进入"STOP"状态	检测 HW Config 中的模块寻址或模块/DP 从站是否故障
全局数据通信错误，例如对于全局数据通信来说，DB 的长度不够	调用 OB87。如果没有装入 OB87，CPU 进入"STOP"状态	使用 STEP7 检测全局数据通信，如果需要的话修正 DB 大小

表 16-4 SF LED 故障评价（硬件错误）

可 能 错 误	CPU 的响应	排 除
在运行过程中插拔模块	CPU 进入"STOP"状态	螺钉拧紧模块，重新启动 CPU
具有诊断功能的模块报告一个诊断中断	调用 OB82。如果没有装入 OB82，CPU 进入"STOP"状态	根据模块诊断，响应诊断事件

可能错误	CPU 的响应	排除
尝试访问一个未装的或有故障的模块。连接器松动（硬件或软件错误）	如果在过程映像升级过程中访问，调用 OB85（必须根据参数使能 OB85 调用），通过直接 I/O 调用 OB122，如果没有装入 OB80，CPU 进入"STOP"状态	生成 OB85，OB 的起始信息包括相应的模块地址。更换相应的模块，拧紧插头，或排除程序错误
存储卡故障	CPU 进入"STOP"状态，同时请求存储器复位	更换存储卡，复位 CPU 存储器，在此传送程序，并设定 CPU 为"RUN"

在带有 DP 口的 CPU 上还有 BUSF 指示灯，其状态和故障显示见表 16-5。

表 16-5 BUSF、BUS1F 和 BUS2F 状态和故障

LED					说　明
SF	5VDC	BUSF	BUS1F	BUS2F	
亮	亮	亮/闪烁	—	—	PROFIBUS – DP 接口故障
亮	亮	—	亮/闪烁	X	CPU318-2DP 的第一个 PROFIBUS 接口故障
亮	亮	—	X	亮/闪烁	CPU318-2DP 的第二个 PROFIBUS 接口故障

注：状态 X 表示 LED 的状态可以为"亮"或"灭"。但是，该状态与当前 CPU 的功能无关。例如强制状态打开或关闭不会影响 CPU 的"STOP"状态。

具体排除方法见表 16-6。

表 16-6 BUSF 故障评价

可能错误	CPU 的响应	排除
BUSF LED 亮		
总线故障（硬件故障）； DP 接口故障； 多 DP 主站模式有不同的波特率； 如果激活所有的 DP 从站接口或主站上有总线短路； 对于从站 DP 接口：搜寻波特率，例如总线上当前没有激活的从站	调用 OB86（CPU 在"RUN"模式时）。如果没有装入 OB86，CPU 进入"STOP"状态	检查总线电缆是否短路或开路； 评估诊断数据。再重新组态或修改组态数据
BUSF 闪烁		
CPU 为 DP 主站/从站时所连接的故障； 至少有一个被组态的从站不能访问； 组态不正确	调用 OB86（CPU 在"RUN"模式时）。如果没有装入 OB86，CPU 进入"STOP"状态	检查并确认总线电缆是否连接 CPU 或总线是否未断开。 等待一直到 CPU 自动。如 LED 没有停止闪烁，则检查 DP 从站或评估对 DP 从站的诊断数据
CPU 为 DP 从站时，错误的 CPU 31xC 组态或下列情况 响应监视时间到； PROFIBUS – DP 通信中断； PROFIBUS – DP 地址错误； 组态不正确	调用 OB86（CPU 在"RUN"模式时）。如果没有装入 OB86，CPU 进入"STOP"状态	检查 CPU； 检查并确认总线连接器已正确插入； 检查总线电缆与 DP 主站中是否有中断； 检查组态数据和参数

2. 用 S7 –400 CPU 的 LED 进行诊断

S7 –400 CPU 上的 LED 指示和 S7 –300 有些不同。由于 S7 –400 CPU 有带 DP 接口和不带 DP 接口两种不同版本，如图 16-3 所示。

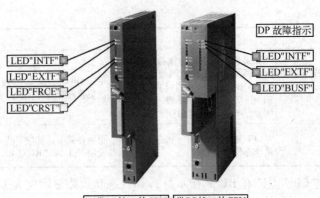

图 16-3　S7-400 CPU 模块上的 LED 指示灯

带 DP 接口的 CPU 及 DP 接口上的 LED 指示见表 16-7。

表 16-7　带 DP 接口的 CPU 及 DP 接口上的 LED 指示

S7-400		DP 接口	
LED	含义	LED	含义
INTF（红色）	内部出错	DP INTF（红色）	在 DP 接口内部出错
EXTF（红色）	外部出错	DP EXTF（红色）	在 DP 接口外部出错
FRCE（黄色）	强制	BUSF	在 DP 接口上的总线出错
CRST（黄色）	完全复位（冷）		
RUN（绿色）	运行状态 RUN		
STOP（黄色）	运行状态 STOP		

带 DP 接口的 CPU 的状态和故障显示见表 16-8 和表 16-9。

表 16-8　带 DP 接口的 CPU 上的状态和故障显示（1）

LED			说　明
RUN	STOP	FRCE	
LED 亮	LED 灭	LED 灭	CPU 在运行状态 RUN
LED 灭	LED 亮	LED 灭	CPU 在 STOP 状态。用户程序不工作。能预热或热再起动。如果 STOP 状态因出错而产生，则故障 LED（INTF 或 EXTF）也点亮
LED 灭	LED 亮	LED 亮	CPU 在 STOP 状态。仅预热再起动可以作为下一次起动模式
闪烁（0.5Hz）	LED 亮	LED 灭	通过 PG 测试功能触发 HOLD 状态
闪烁（2Hz）	LED 亮	LED 亮	执行预热起动
闪烁（2Hz）	LED 亮	LED 灭	执行热再起动
X	闪烁（0.5Hz）	X	CPU 请求完全复位（冷）
X	闪烁（2Hz）	X	完全复位（冷）运行

表 16-9　带 DP 接口的 CPU 上的状态和故障显示（2）

LED			说　明
INTF	EXTF	FRCE	
LED 亮	X	X	检查出一个内部出错（编程或参数出错）
LED 灭	LED 亮	X	检查出一个外部出错（出错不是由 CPU 模块引起引的）
X	X	LED 亮	在此 CPU 上 PG 正在执行"force"功能。这就是说，用户程序的变量被设置为固定值，且不能被用户程序再改变

带 DP 接口的 DP 接口上的状态和故障显示见表 16-10。

表 16-10　带 DP 接口的 DP 接口上的状态和故障显示

LED			说　明
DP INTF	DP EXTF	BUSF	
LED 亮	X	X	在 DP 接口上检查出一个内部出错（编程或参数出错）
X	LED 亮	X	检查出一个外部出错（出错不是由 CPU 模块而是由 DP 从站产生的）
X	X	闪烁	在 PROFIBUS 上有一个或多个 DP 从站不响应
X	X	LED 亮	检查出 DP 接口上的一个总线出错（如，电缆断或不同的总线参数）

16.3　SIMATIC 诊断软件

通常情况下，过程诊断功能由实际的控制程序进行单独编程。此外，相应的故障消息必须显示在显示设备上。相关的程序代码的范围如同控制程序一样广泛。如果控制程序发生变化，监视功能通常必须再次进行编程。因此为了降低相关成本，建议使用诊断软件。

SIMATIC 诊断软件有两种：SIMATIC S7 – PDIAG 和 SIMATIC ProAgent，如图 16 – 4 所示。

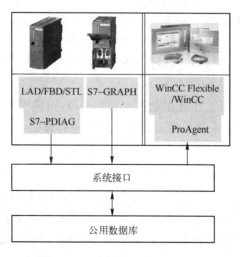

图 16-4　S7 – PDIAG 和 ProAgent

SIMATIC S7 – PDIAG 用于为过程诊断组态信号监视功能。S7 – PDIAG 要额外载入 STEP 7，并在编辑器中使用必要的功能。使用 S7 – PDIAG 可直接在 STEP 7 中组态消息，这表明 HMI 设备端无需任何开销。S7 – PDIAG 在内部调用系统功能 SFC 17/18、SFC 107/108 来实现消息的传送。与直接调用 SFC 来产生消息相比，S7 – PDIAG 功能更强，组态和工作量要小一些。S7 – PDIAG 包含三种诊断功能：地址监控（Address Monitoring）、全局监控（Global Monitoring 或 General Monitoring）和运动监控（Motion Monitoring）。

SIMATIC ProAgent 是 HMI 设备上用于显示过程故障消息的运行系统软件。这些消息显示在标准窗口中。

16.4   STEP 7 故障诊断

STEP 7 调试工具见表 16-11。

表 16-11   STEP 7 调试工具

系 统 故 障		过 程 故 障	
STEP 7 调试工具			
模块信息	诊断缓冲区	使能外设输出（修改输出）	
	中断堆栈	监视/修改变量	
	块堆栈	监视块（块状态）	
	局部堆栈	参考数据	交叉参考
	硬件诊断		I/Q/M/T/C 分配表
			程序结构

对于系统故障，此时 CPU 进入 STOP 状态，可以通过"模块信息"工具中的诊断缓冲区、中断堆栈（I STACK）、块堆栈（B STACK）、局部堆栈（L STACK）和硬件诊断给出错误的原因和中断位置的详细信息。通过编程错误 OB，所出现的错误信息可被程序评估并且可以避免出现使 CPU 进入 STOP 状态的条件。

对于过程故障，如逻辑错误，可通过"使能外设输出（修改输出）"、"监视/修改变量"、"监视块（块状态）"、"参考数据"工具进行诊断。

无论是系统故障还是过程故障，都可以使用"force"功能、"块比较"功能和"设置断点"功能进行故障诊断。

对于只在特定系统状态下才出现的故障，此时 CPU 可能停机或出现逻辑错误，可以通过"CPU Message"工具或生成"自定义触发点"等进行诊断。

16.4.1   诊断符号

在 SIMATIC 管理器中，打开在线窗口，能查看所有模块和 DP 从站上的诊断符号。诊断符号用来形象直观地表示模块的运行模式和模块的故障状态，见表 16-12。可以通过观察诊断符号来判断一个模块是否有诊断信息。诊断符号可显示相应模块的状态，对于 CPU，还可显示操作模式。

表 16-12 诊断符号

符 号	模 式
模块的诊断符号（例：FM / CPU）	
	预置组态与实际组态不匹配：被组态的模块不存在，或者插入了不同类型的模块
	故障：模块出现故障。 可能的原因：诊断中断，I/O 访问错误，或检查到故障 LED
	不能进行诊断。 原因：无在线连接或该模块不支持模块诊断功能（如电源或子模块）
操作模式的诊断符号（例如：CPU）	
	起动（STARTUP）
	停机（STOP）
	停机（STOP） 在多 CPU 操作模式下由另一个 CPU 触发的停机
	运行（RUN）
	保持（HOLD）
强制的诊断符号	
	在该模块上有变量被强制，即在模块的用户程序中有变量被赋予一个固定值，该数据值不能被程序改变。 强制符号还可以与其他符号组合在一起显示（这里是与运行（RUN）模式符号一起显示）

诊断符号可显示在项目在线窗口中，以及当调用"Diagnose Hardware（诊断硬件）"功能时显示在快速视窗（默认设置）或诊断视窗中。更详细的诊断信息显示在"Module Information（模块信息）"应用程序中，可以通过双击快速视窗或诊断视窗中的诊断符号起动该应用程序。

16.4.2 故障诊断过程

故障诊断过程如图 16-5 所示。主要包括如下步骤：

1）用菜单命令 View – > Online，打开项目的在线窗口。

2）打开所有的站，以便看到其中组态的可编程模块。

3）查看哪个 CPU 显示指示错误或故障诊断符号。可以使用〈F1〉键调用对诊断符号进行解释的在线帮助。

4）选择要检查的站。

5）选择菜单命令 PLC – > Diagnostics/Settings – > Module Information，显示该站中 CPU 的模块信息。

6）选择菜单命令 PLC – > Diagnostics/Settings – > Diagnose Hardware，显示 CPU 的 "quick

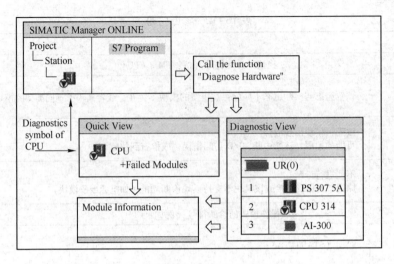

图 16-5　使用 STEP7 故障诊断过程

view（快速视窗）"及本站中有故障的模块。快速视窗的显示被设作默认设置（菜单命令 Option –＞Customize，"View"选项）。

7）在快速视窗中选择故障模块。

8）点击"Module Information（模块信息）"按钮，以获得该模块的诊断信息。

9）点击快速视窗中的"Open Station Online"按钮可显示诊断视窗。诊断视窗中包含了该站中按插槽顺序排列的所有模块。

10）双击诊断视窗中的模块以显示其模块信息。用这种方式，还可以得到那些没有故障因而没有显示在快速视窗中的模块信息。

没有必要执行上述全部的步骤，当得到所需的诊断信息后就可以停止诊断工作。

16.4.3　模块信息

西门子 S7 –300/400 CPU 的模块信息包括诊断缓冲区、中断堆栈、块堆栈、局部堆栈等资源。在 STEP 7 中打开模块信息有三种方法。

（1）通过 SIMATIC Manager 打开

在 SIMATIC Manager 界面中，选择菜单 PLC –＞Diagnostic/Setting –＞Module Information；或者在 Block 编辑界面中，用鼠标右击选择 PLC –＞Module Information，即可打开模块信息。

（2）通过 STL/LAD/FBD 编辑器打开

在 STL/LAD/FBD 编辑器界面中，选择菜单 PLC –＞Module Information，即可打开模块信息。

（3）通过 HW Config 打开

在 HW Config 界面中，选中 CPU 项，再选择菜单 PLC –＞Module Information，即可打开模块信息。

一般地，通过模块信息能诊断出的常见故障见表 16-13。

表 16-13　通过模块信息诊断出的常见故障表

序　号	故　障	显 示 信 息
1	被调用的程序块未下载	FC 不存在
2	访问了不存在的 I/O 地址	地址访问错误
3	输入了非 BCD 码值	BCD 码转化错误
4	访问了不存在的数据块	DB 不存在
5	访问了不存在的数据块地址	访问地址长度出错

通过诊断缓冲区和堆栈这两个功能可得到相关的诊断信息。

1. 诊断缓冲区

诊断缓冲区（Diagnostic Buffer）是一个 FIFO（先入先出）缓冲器，它是 CPU 中一个用电池支持的区域。诊断缓冲区中按先后顺序存储着所有可用于系统诊断的事件。存储器复位时也不会被删除。所有的事件可在编程装置上以文本并按它们发生的顺序显示。选中一个事件后，在"Details on Event"信息框中可以看到关于该事件的详细说明：

1）事件 ID（代号）和事件号。

2）块类型和号码。

3）其他信息，根据事件，如导致该事件的指令的相对 STL 行地址。

4）事件帮助，单击"Help on Event"按钮，可打开事件帮助信息窗口，并提示排除方法。

5）打开错误块，单击"Open Block"按钮，即可打开错误所在的块。

例如，在 FC1 中写入了一个非法的地址 M30000.0，下载到 S7 - 300 PLC 中，PLC 不能启动，在诊断缓冲区中查看诊断信息，如图 16-6 所示。

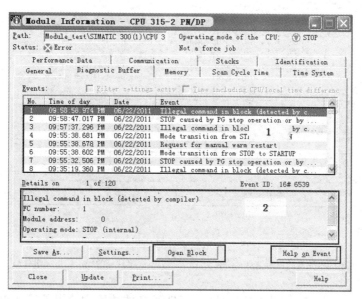

图 16-6　诊断缓冲器诊断信息

在 1 处的黑色框内，提示的具体内容在 2 处显示为在 FC1 中有非法的命令被编译器检测到，从而导致 CPU 内部故障停机。

图 16-7 显示的是不同事件号提示的不同诊断信息。

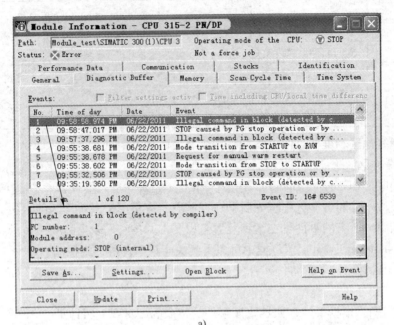

图 16-7　不同事件号的提示信息

a) 不同事件号的提示信息（事件号 1）　　b) 不同事件号的提示信息（事件号 2）

　　通过点击"Help on Event"按钮，显示事件的具体故障内容及排除方法。当 CPU 故障停机时，点击该按钮后，进入的故障诊断提示及排除方法界面如图 16-8 所示。

　　通过点击"Open Block"按钮，打开错误块，然后根据"Help on Event"界面上的排除提示地址超范围，如图 16-9 所示，定位错误并改正。

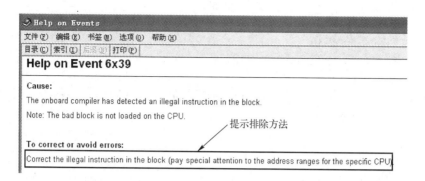

图 16-8　故障诊断内容及排除方法帮助界面

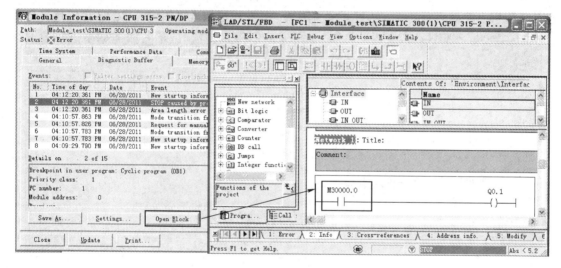

图 16-9　错误所在之处

2. 堆栈

读取堆栈（I Stack、B Stack、L Stack）的内容可以获得关于错误位置的附加信息。通过它可以知道 CPU 停机之前累加器中的内容。具体包含 CPU 停机前的哪些信息，分别作如下分析。

块堆栈（B Stack）中包含了在停机之前执行过的所有块的清单；中断堆栈（I Stack）中包含了在中断发生时刻寄存器中的内容，例如累加器和地址寄存器的内容、哪些数据块被打开、状态字的内容、程序执行的级别（例如循环程序）、发生中断的块及具体的指令位置、将要执行的下一个块等；局部堆栈（L Stack）中包含了临时变量的值，分析这些数据需要有一定的经验。下面就一个具体例子来介绍如何利用堆栈进行故障诊断。

例如，对 BCD 数进行数值转换时，当其数值超过范围后，CPU 将会进行故障停机。程序如下：

```
Network 1
    L    MW    8
    ITB
    T    MW    10    //将 MW8 转成 MW10 BCD 数
    NOP  0
Network 2
```

```
        CALL   FC14            //调用 FC14
        PIW0   : = MW10
        variable1: = MW12
        NOP    0
FC14                           //将 FC14 中#PIW0 BCD 转换成#variable1 整型数
        L      #PIW0
        BTI
        T      #variable1
        NOP    0
```

在 S7 – 300/400 CPU（在 PLCSIM 中时，必须要将 system data 也下载进去）中运行，系统故障停机，按前面所讲的方法打开模块信息，并使用堆栈进行故障的诊断和定位排除。

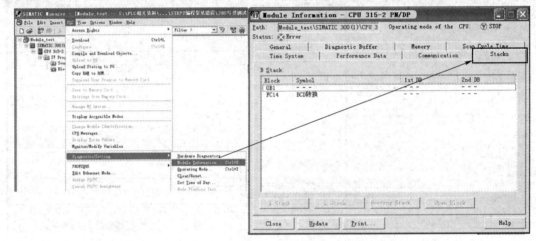

图 16–10　查看堆栈信息

点击模块信息上的"Stack"，打开堆栈诊断信息界面，如图 16–10 所示，首先看到的是块堆栈的诊断信息，块堆栈（B Stack）用图解方式表明了程序调用的层次，即在中断时刻被调用块的顺序和嵌套情况。块堆栈中包含了所有的过程中断 OB 和错误处理 OB 以及打开的数据块。在最后显示的块中可以发现停机的原因。在本例中，错误发生在调用 FC 14 的时候，如图 16–11 所示。

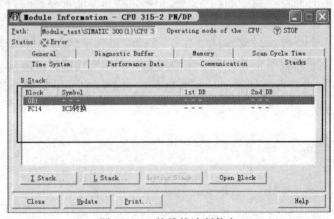

图 16–11　块堆栈诊断信息

图 16-11 中黑色框内提示的是块堆栈（B Stack）诊断的信息，从中可以看出在发生错误之前曾执行过的块。最后一次执行的是 FC14，则说明错误出现在 FC14 中。

中断堆栈（I Stack）用来指示程序执行的级别。打开中断堆栈之前，必须选中块堆栈中相关的组织块。然后通过点击"I Stack"中断堆栈，查看中断堆栈中的累加器、寄存器的信息，及打开出现错误的块。

在中断堆栈窗口（Register Values at the Point of Interruption）中显示中断发生时刻所有有关寄存器中的内容：

（1）Accumulators（累加器）

在"Display format"（显示格式）列表中可以选择累加器中数据的显示格式。

（2）Address register（地址寄存器）

在"Display format"（显示格式）列表中可以选择地址寄存器中数据的显示格式。

（3）Status word（状态字）

状态字的 0 ~ 8 位被显示出来，并用缩写指示它们的含义。

图 16-12 中"2"处显示的是 ACC1，ACC2 的数值为 00002BF8，带有非 BCD 字符。"3"处显示的是中断位置（Point of Interruption），该窗口中显示的信息有：

1）被中断的块，可以直接打开并使光标定位在出错的指令之前。

2）执行级别，被中断的 OB 的优先级。

3）打开数据块的号码和长度。

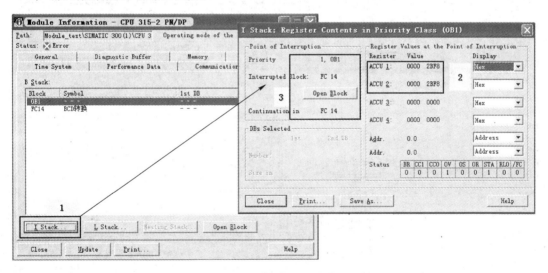

图 16-12　中断堆栈诊断信息

局部堆栈（L Stack）诊断中包含临时变量的值，在中断发生的时刻，未结束的块的临时变量被存储在局部堆栈（L Stack）中，其诊断信息如图 16-13 所示。

图 16-13 中的局部堆栈中的数据显示的是 FC14 中临时变量 Temp1 的值为 0014H 即 20，Temp2 的值为 0028H 即 40，该变量是通过 Move 指令传送的值，这是最后一次无错误的传送结果。

除了通过中断堆栈打开含有错误的块之外，还可以通过在块堆栈界面打开错误的块。选中最后一次执行的块 FC14，然后点击"Open Block"即可，如图 16-14 所示。定位错误之后对其进行改正即可排除故障。

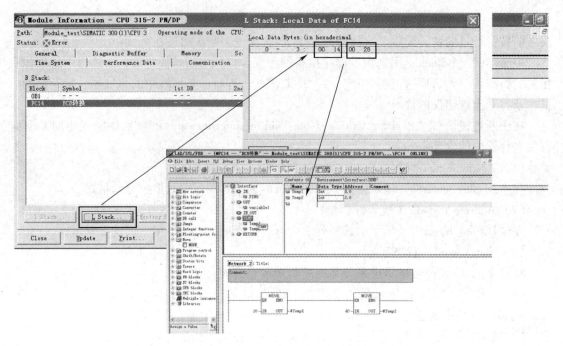

图 16-13　局部堆栈诊断信息

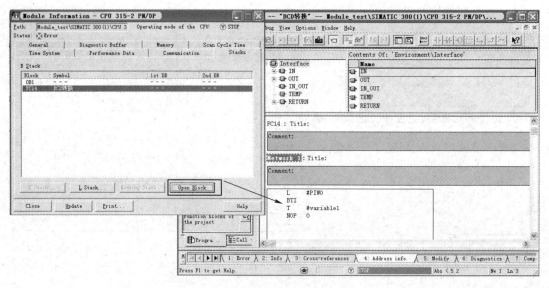

图 16-14　错误定位

当然，也可以用诊断缓冲区对其进行故障的诊断及排除。

16.4.4　硬件诊断

硬件诊断可以在线访问硬件站并且给出关于模块的状态或操作模式的信息。可以看到模块的诊断信息，而且可以看到诊断符号指示模块的状态或 CPU 的操作模式。双击该符号时，进一步信息的窗口会弹出。在使用硬件诊断功能之前，先要定义该功能的显示方式。单击 SIMATIC Manager 的"Options"菜单，选中"Customize"，弹出 Customize 界面，选中

"View"菜单，点选"Display quick view during hardware diagnostics"选项，它表示替代完全"Diagnosing Hardware"显示而只显示有故障的模块，如图 16-15 所示。

图 16-15　硬件诊断的设置

然后调用硬件诊断功能，在 SIMATIC Manager 界面中，选择菜单 PLC – > Diagnostic/Setting – > Hardware Diagnostics，或者在 Block 编辑界面中，用鼠标右击选择 PLC – > Module Information。如图 16-16 所示。

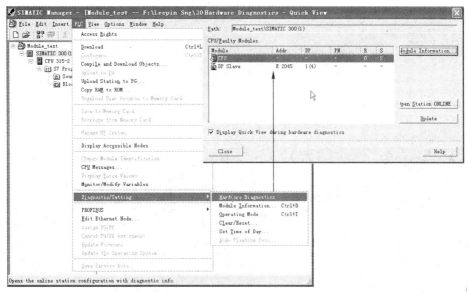

图 16-16　硬件诊断界面

在本例中，组态了一个站号 4 与实际站号 3 不一致的 DP 从站，下载硬件组态之后，CPU 进入 STOP 状态。双击 CPU，将看到诊断缓冲区，如图 16-17 所示。双击 DP Slave，将得到相应的诊断数据。在本例中，DP 从站没有在总线上检测到。单击右侧的"Module Information"可以查看模块信息，使用模块信息对其进行诊断，如图 16-18 所示。单击"Open Station Online"将打开诊断视图界面，指示硬件的错误之处如图 16-19 所示。将 DP 从站的站号修改为 3 号，下载硬件之后故障消失。

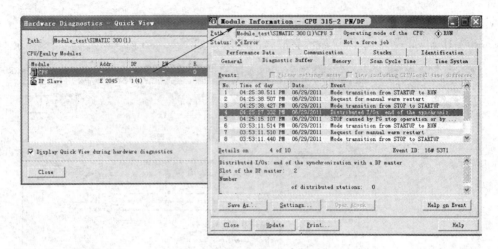

图 16-17　CPU 的模块信息界面

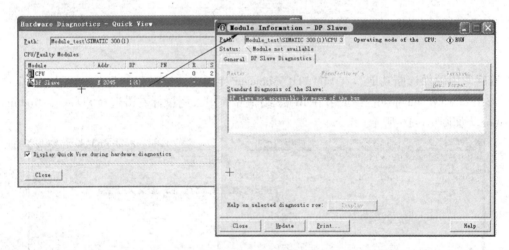

图 16-18　DP 从站的模块信息界面

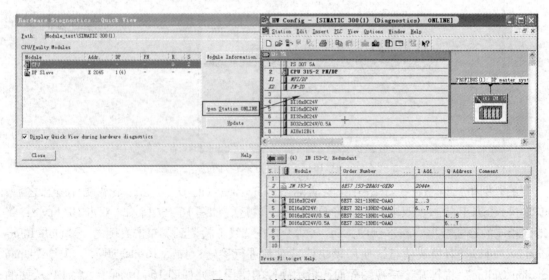

图 16-19　诊断视图界面

16.4.5 Monitor/Modify Variables

1. 启动"Monitor/Modify Variables"

"Monitor/Modify Variables"功能可从 SIMATIC Manager 或 LAD/STL/FBD 编辑器启动。具体见第 7 章变量表调试程序。

如果 CPU 可以在线访问，且 CPU 已装载了硬件配置，为检查输入和输出的接线（与用户程序无关），也可以从 HW Config 直接调用"Monitor/Modify Variables"工具，选中需要监视或修改的 I/O 模块（例如 DI、DO、AI 或 AO 类型的模块），然后调用"Monitor/Modify Variables"工具。将打开对话框，在表格（地址栏）中显示模块的输入和输出。

检查硬件接线输入的接通与否，可用以下方法进行测试。当输入端接通且输入指示 LED 亮，而且硬件输入模块中"Monitor/Modify"对应的地址指示灯也为亮，则该端子接线良好，否则没接好，如图 16-20 所示。

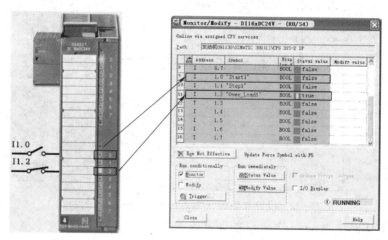

图 16-20　输入端子是否良好的测试方法

检查硬件接线输出的接通与否，可用以下方法进行测试。当输出端接通且输出指示 LED 亮，而且硬件输出模块中"Monitor/Modify"对应的地址指示灯也为亮，则该端子接线良好，否则没接好。此处可用"Modify"进行输出点值的更改，如图 16-21 所示。

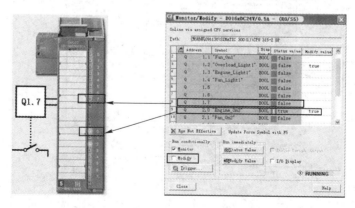

图 16-21　输出端子是否良好的测试方法

2. "Monitor/Modify Variables" 触发器

（1）设定用于监视变量的触发器

可以在程序处理期间的特定点（触发点）处，在编程设备上显示用户程序内单个变量的当前值，以进行监视。选择了触发点，就确定了显示变量监视值的时间点。

可使用菜单命令 Variable – >Trigger 或者直接点击 图标来设置触发点和触发频率。

（2）定义用于修改变量的触发器

可在程序处理期间（触发点），在指定点处给用户程序（一次或每个周期）的单个变量分配固定值。选择了触发点，就确定了将修改值分配给变量的时间点。也可使用菜单命令 Variable – >Trigger 或者直接点击 图标来设置触发点和触发频率。如图 16-22 所示。

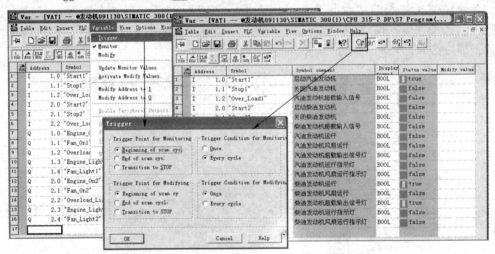

图 16-22　设置 "Monitor/Modify Variables" 的触发点

（3）定义 I/O 模块 Monitor/Modify 的触发器

在 HW Config 调用的 "Monitor/Modify Variables" 界面中，点击 图标即进入了 I/O 模块 Monitor/Modify 的触发器设置界面，如图 16-23 所示。

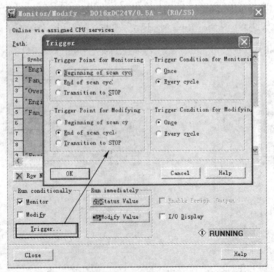

图 16-23　设置 I/O 模块的 "Monitor/Modify Variables" 触发点

图 16-24 显示了触发点的位置，可以看出：

1）修改输入仅对 "Beginning of scan cycle" 触发点有用（相当于用户程序 OB1 开始），因为对于其他触发点在修改后会更新输入的过程映像，从而重写。

2）修改输出仅对 "End of scan cycle" 触发点有用（相当于用户程序 OB1 结束），因为对于其他触发点用户程序重写输出过程映像）。

为了在 "Status Value" 栏中显示修改值，应该将用于监视的触发点设置为 "Beginning of scan cycle"，将用于修改的触发点设置为 "End of scan cycle"。

此外，还可以使用立即触发功能在 CPU 处于 STOP 模式下对变量进行修改，使用菜单命令 Variable – > Activate Modify Variable 或者点击 图标来修改选中变量的值。采用该命令表示 "立即触发" 并尽快执行，不参考用户程序中的任何一点。

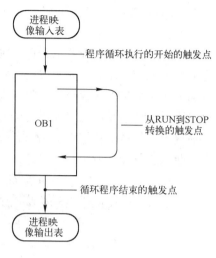

图 16-24　触发点的位置

3. 用 Monitor/Modify Variables 进行测试

根据触发点和触发条件的不同，其用途也不同，主要用途如下：

（1）输入的接线测试（也可以在 HW Config 中查看，见上面的介绍）

把 Monitor Variable 的触发点设置为 "Beginning of Scan Cycle"，触发条件设置为 "Every Cycle"。

（2）输入状态的模拟（用户设置，与过程无关）

把 Modify Variable 的触发点设置为 "Beginning of Scan Cycle"，触发条件设置为 "Every Cycle"。以此来模拟输出状态，从而调试程序。

（3）区别硬件/软件错误（执行器应在过程中被驱动而不被控制）

把 Monitor Variable 的触发点设置为 "End of Scan Cycle"，触发条件设置为 "Every Cycle"。如果监视有关的输出变量输出状态为 "1"，则表示程序逻辑无误，有过程故障（即硬件错误），如果监视有关的输出变量输出状态为 "0"，则表示程序逻辑错误（例如双重赋值）。

（4）控制输出测试（与程序逻辑无关）

把 Modify Variable 的触发点设置为 "End of Scan Cycle"，触发条件设置为 "Every Cycle"。以此来进行控制输出测试。

16.4.6　参考数据

对于复杂的程序，在故障诊断时特别需要有一个概览，在哪里哪个地址被扫描或赋值、哪个输入或输出被实际使用、以及整个用户程序调用层次的基本结构如何等，参考数据（Reference Data）工具能解决这些问题，它提供用户程序结构概览以及所用的地址列表等功能，而这些参考数据是从离线存储的用户程序中生成。

参考数据工具对于一些功能错误，例如可以跟踪逻辑程序错误（比如多重赋值）等，非常有用，用户结合程序状态工具能很快地找出功能错误。

例如，一个逻辑功能不满足是因为一个内存位没置位，用户可以利用参考数据工具来确定该位是在哪里被赋值的。

"Reference Data"功能可从 SIMATIC Manager 或 LAD/STL/FBD 编辑器启动,具体见第 7 章参考数据。

在程序设计的初期或者工程调试维护阶段,很容易犯一些功能错误,而导致程序不能按预定的逻辑工作,从而引起相关的故障。对于这些由功能错误引起的故障,用户可以使用参考数据工具进行错误的诊断和排除。例如,使用参考数据工具可以很快地查出地址重叠引起的逻辑错误。在第 8 章的汽油机与柴油机的例子中,M3.0 ~ M3.3 均已经使用,假如用户又在后面使用了传送指令给 MB3 赋值,这样就会导致程序逻辑错误。利用参考数据工具进行错误诊断的步骤如下所示:

1)利用赋值表(Assignment)查看用户程序软件资源的利用情况,如图 16-25 所示。

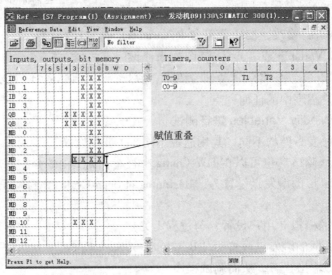

图 16-25　用赋值表进行错误的诊断

2)从图 16-25 所示赋值表中可以看到 M3.0 - M3.3 被重复使用,打开交叉参考表(Cross-references)对重复使用的 M3.0 ~ M3.3 的地址进行定位。如图 16-26 所示。

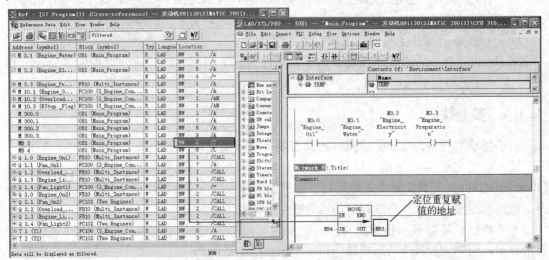

图 16-26　用赋值表进行错误的诊断

3）找到重复赋值的地址后，经分析，前面是对 M3.0 ~ M3.3 赋值，而使用传送指令后，对 MB3 赋值，M3.0 ~ M3.3 重复赋值，导致逻辑错误。

16.4.7 其他诊断功能

1. 用强制功能进行诊断

详见前面用 STEP 7 调试程序章节。

2. 用块比较功能进行诊断

块的比较功能可以用来比较离线和在线的块或者 PG 的硬盘上的两个用户程序的块。利用此功能可以确定后来在 CPU 中是否对程序做过修改及在哪些段上程序不同。具体步骤如下：

1）用鼠标右击，选择 S7 程序中的块文件夹。选择菜单"Compare Blocks"。

2）选择比较对象是在线/离线程序还是两个离线程序，然后用"Compare"按钮确认。在随后的画面中，列出了块的区别。通过读"Compare Blocks – Results"窗口中的时间标签，可以识别出哪一个块是最后修改的。如图 16-27 所示。

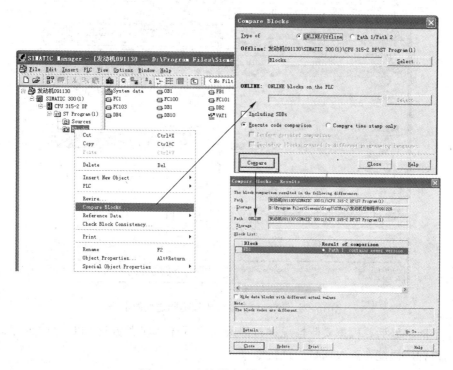

图 16-27　调用块比较工具的步骤

3）选择有区别的行，然后单击"Details"按钮。在"Compare Blocks – Details"窗口中，可以确定块被修改的时间和块的长度是否被改变。如图 16-28 所示。

4）单击"Go To…"按钮后，有区别的块将分别在两个窗口中打开，并显示第一个不同之处。通过双击图 16-29 所示窗口"1"对应的栏目，可以快速定位离线块和在线块的不同之处。

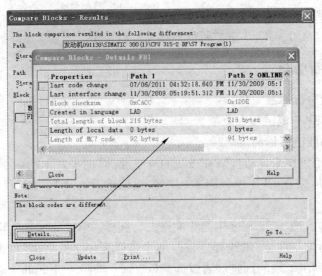

图 16-28　块比较显示详细信息的窗口

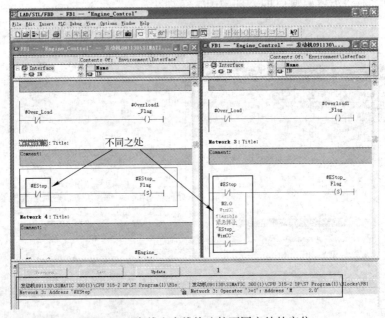

图 16-29　离线和在线块比较不同之处的定位

定位不同之处后，根据实际情况进行修改用户程序，或者更新 CPU 上的程序，但要注意修改用户程序只能在离线窗口中进行修改。

3. 用设置断点功能进行诊断

详见第 7 章使用单步和断点功能调试程序章节。

16.5　OB 和 SFC 故障诊断

16.5.1　错误处理组织块

当一个故障发生时，SIMATIC S7 - 300 CPU 中的错误处理组织块 OB 会被调用。如果错误处理组织块 OB 未编程，CPU 进入"STOP"模式。这个调用会在 CPU 的诊断缓冲区中显示出来。用户可以在错误处理 OB 中编写如何处理这种错误的程序，当操作系统调用了故障组织块 OB 时，CPU 根据是否有故障处理程序进行相应的反应，如图 16-30 所示。

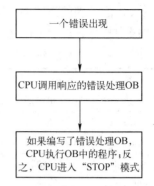

图 16-30　故障组织块 OB 编程响应流程图

在前面的章节中，已经介绍了根据是否被 S7 CPU 检测到并且用户可以通过组织块对其进行处理的错误分为同步错误和异步错误两种。与程序的运行有关的为同步错误，与程序运行无关的为异步错误。CPU 根据检测到的错误，调用适当的错误处理组织块，见表 16-14。注意在 S7-400H 中，有三个附加的异步错误处理组织块 OB，它们是 OB70（I/O 冗余错误处理组织块）、OB71（CPU 冗余错误处理组织块）、OB72（通信冗余错误处理组织块）。

表 16-14　错误处理组织块

错误级别	OB 号	错误类型	优　先　级
冗余错误	OB70	I/O 冗余错误（仅 H 系列 CPU）	25
	OB71	CPU 冗余错误（仅 H 系列 CPU）	28
	OB72	通信冗余错误（仅 H 系列 CPU）	35
异步错误	OB80	时间错误	26
	OB81	电源错误	26/28
	OB82	诊断中断	
	OB83	插入/取出模块中断	
	OB84	CPU 硬件故障	
	OB85	优先级错误	
	OB86	机架故障或分布式 I/O 的站故障	
	OB87	通信错误	
同步错误	OB121	编程错误	引起错误的 OB 的优先级
	OB122	I/O 访问错误	

16.5.2　同步错误处理组织块

当错误的发生于程序扫描有关时，CPU 的操作系统会产生一个同步故障。同步错误是与执行用户程序有关的错误，程序中如果有不正确的地址区、错误的编号和错误的地址，都会出现同步错误，操作系统将调用同步错误 OB。如果未将同步故障 OB 加载到 CPU 中，则当发生同步故障时 CPU 切换到 STOP 模式。

同步错误组织块包括 OB121 用于对程序错误的处理和 OB122 用于处理模块访问错误。同步错误 OB 的优先级与检测到出错的块的优先级一致。因此 OB121 和 OB122 可以访问中断发生时累加器和其他寄存器中的内容，用户程序可以用它们来处理错误。

1. 编程错误组织块 OB121

当有关程序处理的故障事件发生时 CPU 操作系统调用 OB121，OB121 与被中断的块在同一优先级中执行，表 16-15 描述了编程错误 OB121 的临时变量。

表 16-15　同步错误处理组织块 OB121 的临时变量表

变　量	类　型	描　述
OB121_EV_CLASS	BYTE	事件级别和标识
OB121_SW_FLT	BYTE	故障代码
OB121_PRIORITY	BYTE	优先级＝出现故障的 OB 优先级
OB121_OB_NUMBR	BYTE	OB 号
OB121_BLK_TYPE	BYTE	出现故障块的类型（仅适用于 S7-400）
OB121_RESERVED_1	BYTE	备用：故障代码的补充
OB121_FLT_REG	WORD	故障源（根据代码）。如：转换故障发生的寄存器；不正确的地址（读/写故障）；不正确的定时器/计数器/块号码；不正确的存储器区
OB121_BLK_NUM	WORD	发生错误的块序号（仅适用于 S7-400）
OB121_PRG_ADDR	WORD	引发错误的块中错误的地址（仅适用于 S7-400）
OB121_DATE_TIME	DATE_AND_TIME	OB 被调用时的日期和时间

表 16-16 给出了编程错误代码，当 CPU 调用了 OB121 时，OB121 的临时变量 OB121_SW_FLT 会给出编程错误代码，提示错误内容。表中未列出的错误过滤器的位与同步错误处理无关。

表 16-16　编程错误过滤器

位	故障代码	内　容
1	B#16#21	BCD 转换出错
2	B#16#22	读操作时，范围长度出错（地址超出区域限制）
3	B#16#23	写操作时，范围长度出错（地址超出区域限制）
4	B#16#24	读操作时，范围长度出错（区域指针指向错误区域）
5	B#16#25	写操作时，范围长度出错（区域指针指向错误区域）
6	B#16#26	定时器号错误（无效号码位于#OB121_FLT_REG）
7	B#16#27	计数器号错误（无效号码位于#OB121_FLT_REG）
8	B#16#28	间接读位地址不等于 0 的 BYTE、WORD 或 DWORD（读操作过程中未对准）
9	B#16#29	间接写位地址不等于 0 的 BYTE、WORD 或 DWORD（读操作过程中未对准）
16	B#16#30	对带有写保护的全局 DB 进行写操作（号码位于#OB121_FLT_REG）
17	B#16#31	对带有写保护的背景 DB 进行写操作（号码位于#OB121_FLT_REG）
18	B#16#32	访问全局 DB 时 DB 号错误（号码位于#OB121_FLT_REG）
19	B#16#33	访问背景 DB 时 DB 号错误（号码位于#OB121_FLT_REG）
20	B#16#34	FC 调用时号码错误（号码位于#OB121_FLT_REG）
21	B#16#35	FB 调用时号码错误（号码位于#OB121_FLT_REG）
26	B#16#3A	访问未加载的 DB（号码位于#OB121_FLT_REG）
28	B#16#3C	访问未加载的 FC（号码位于#OB121_FLT_REG）

位	故障代码	内　　容
29	B#16#3D	访问未加载的 SFC（号码位于#OB121_FLT_REG）
30	B#16#3E	访问未加载的 FB（号码位于#OB121_FLT_REG）
31	B#16#3F	访问未加载的 SFB（号码位于#OB121_FLT_REG）

OB121 程序在 CPU 执行错误时执行，此错误包括寻址的定时器不存在、调用的块未下载等，但不包括用户程序的逻辑错误和功能错误等。例如当 CPU 调用一个未下载到 CPU 中的程序块，CPU 会调用 OB121，通过临时变量"OB121_BLK_TYPE"可以得到出现错误的程序块。使用 STEP 7 不能时时监控程序的运行，可以用"Variable Table"监控实时数据的变化。

1）打开事先已经插入的 OB121 编写程序，如图 16-31 所示。

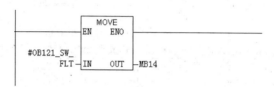

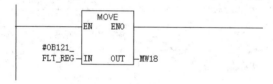

图 16-31　OB121 中编写的程序

2）在项目"Blocks"下插入 FC1，打开 FC1 编写程序，如图 16-32 所示。

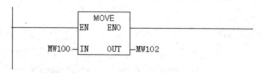

图 16-32　FC1 中编写的程序

3）然后打开 OB1，调用 FC1，通过 M20.0 使能 FC1 即可。

4）先将硬件和 OB1 下载到 CPU 中，此时 CPU 能正常运行。在"Blocks"下插入"Variable Table"，然后打开，填入 M20.0，并点击右键，程序运行正常。将 M20.0 置为"true"后，CPU 就报错停机，查看模块信息中的诊断缓冲区信息，提示 FC 未下载，它表示为 OB 程序错误，检查发现 FC1 未下载，如图 16-33 所示。

5）将 OB121 也下载到 CPU 中，重启 CPU 后，再将 M20.0 置为"true"，CPU 会报错但不停机，如图 16-34 所示。MB14 立刻为"B#16#3C"，查找表 16-19 编程错误过滤器，表示访问未加载的 FC，而 MW18 的值为"1"，则表示访问未加载的 FC1，这与诊断缓冲区信息里的错误提示一致，对错误处理组织块 OB121 编程，只能让 CPU 不停机，不能根本上解决故障，只是从 CPU 的停止状态中转移开，如图 16-34 所示。

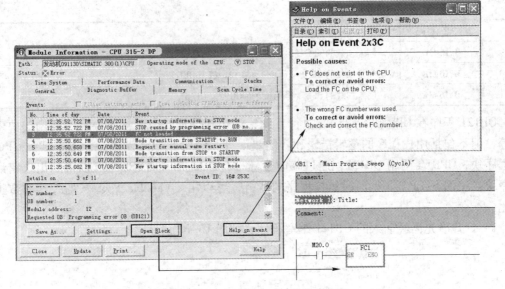

图 16-33　诊断缓冲区里的诊断信息

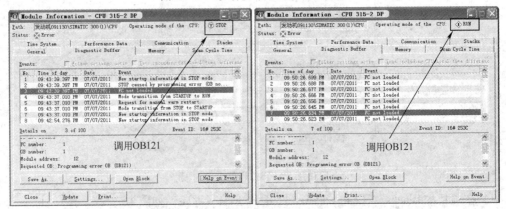

图 16-34　调用 OB121 前后对比图

6）下载 FC1 后，再将 M20.0 置为"true"，这时 CPU 不会再报错，程序也不会再调用 OB121，MW16 立刻为"W#16#0000"，故障消除。如图 16-35 所示。

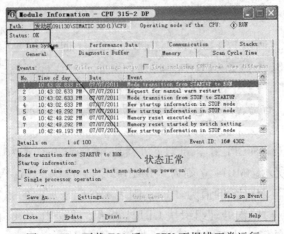

图 16-35　下载 FC1 后，CPU 不报错正常运行

此案例充分说明了 OB121 的功能，在有同步错误发生的情况下，能保证 CPU 不停机，但不能从根本上解决故障。

2. I/O 访问错误组织块 OB122

当 I/O 访问错误出现时，操作系统激活 OB122 中断，执行 OB122 中断服务程序（OB122 中断的优先级与 I/O 访问出现错误的 OB 块的优先级相同），如果用户程序未插入 OB122，操作系统使 CPU 由 RUN 模式改变为 STOP 模式。表 16-17 描述了 I/O 访问错误 OB122 的临时变量。

表 16-17 同步错误处理组织块 OB122 的临时变量表

变 量	类 型	描 述
OB122_EV_CLASS	BYTE	事件级别和标识
OB122_SW_FLT	BYTE	故障代码
OB122_PRIORITY	BYTE	优先级 = 出现故障的 OB 优先级
OB122_OB_NUMBR	BYTE	OB 号
OB122_BLK_TYPE	BYTE	出现故障块的类型（仅适用于 S7－400） OB：B#16#88，DB：B#16#8A，FB：B#16#8E，FC：B#16#8C
OB122_MEM_AREA	BYTE	存储器区和访问类型：位 7～4，访问类型－0、位访问－1、字节访问－2、字访问－3；位 3～0，存储器区－0、I/O 区－1、过程映像输入或输出－2
OB122_MEM_ADDR	WORD	出现故障的存储器地址
OB122_BLK_NUM	WORD	发生错误的块序号（仅适用于 S7－400）
OB122_PRG_ADDR	WORD	引发错误的块中错误的地址（仅适用于 S7－400）
OB122_DATE_TIME	DATE_AND_TIME	OB 被调用时的日期和时间

表 16-18 给出了存取错误代码，当 CPU 调用了 OB122 时，OB122 的临时变量 OB121_SW_FLT 会给出编程错误代码，提示错误内容。表中未列出的错误过滤器的位与同步错误处理无关。

表 16-18 存取错误过滤器

位	故障代码	内 容
3	B#16#42	I/O 存取错误读： S7－300 和 CPU417：模块不存在或没有响应 S7－400（除了 CPU417）：第一次 I/O 存取操作后，存在的模块没有响应（时间已过）
4	B#16#43	I/O 存取错误写： S7－300 和 CPU417：模块不存在或没有响应 S7－400（除了 CPU417）：第一次 I/O 存取操作后，存在的模块没有响应（时间已过）
5	B#16#44	仅适用于 S7－400（除了 CPU417）： 尝试读不存在的模块时发生的 I/O 存取错误或重复存取未响应的模块
6	B#16#45	仅适用于 S7－400（除了 CPU417）： 尝试写不存在的模块时发生的 I/O 存取错误或重复存取未响应的模块

当 STEP 7 指令访问一个信号模块的输入或输出时，而在最近的一次暖起动中没有分配这样的模块，CPU 的操作系统会调用 OB122，例如直接访问 I/O 出错（模块损坏或找不到）、访问一个 CPU 不能识别的 I/O 地址等。

同样，在这里运用一个例子来说明 OB122 的用法。

1）新建一个项目，插入一个 300 的站，进行硬件组态。插入一个 CPU 315-2DP 和一个模拟量输入模块 SM331。同时配置 SMM331 的"Inputs"选项，把所有通道设置为电压类型，注意模块的量程卡要与设置的相同，并把模块的逻辑输入地址设置为 288…303，如图 16-36 所示。

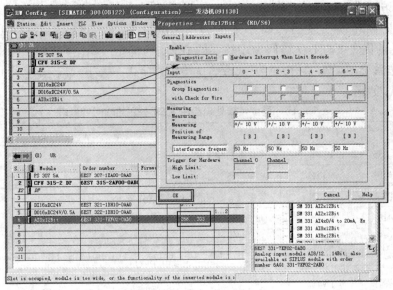

图 16-36　硬件组态

2）组态完成后，编译保存并下载到 CPU 中。

3）OB122 程序在出现 I/O 访问错误时被调用，通过临时变量"OB122_SW_FLT"可以读出错误代码，通过"OB122_BLK_TYPE"得到出错的程序块，通过"OB122_MEM_AD-DR"可以读出发生错误的存储器地址，使用 STEP 7 不能时时监控程序的运行，可以用"Variable Table"监控实时数据的变化。

4）打开在"Blocks"下插入的 OB122 编写程序，如图 16-37 所示。

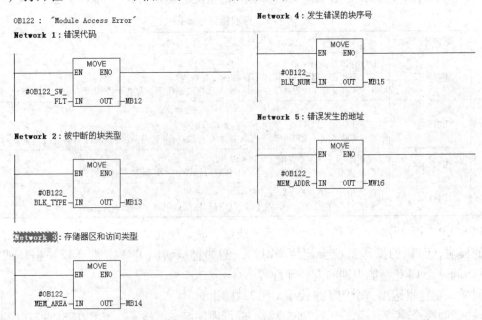

图 16-37　OB122 中编写的程序

5）编写 OB1 中的程序，如图 16-38 所示。

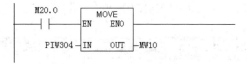

图 16-38　OB1 中编写的程序

6）先将硬件组态和 OB1 下载到 CPU 中，这是 CPU 运行正常。在"Blocks"下插入"VariableTable"，然后打开，填入 MB12、MB13、MB14、MW16 和 M20.0，点击左键，程序运行正常。将 M20.0 置为"true"，CPU 会报错并停机，查看模块信息中的诊断缓冲区信息，发现为 I/O 访问错误，如图 16-39 所示。

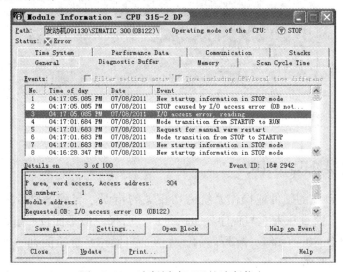

图 16-39　诊断缓冲区里的诊断信息

7）将 OB122 下载到 CPU 中，重启 CPU 后，再将 M20.0 置为"true"，CPU 会报错但不停机，检查并修改 OB1 程序，如图 16-40 所示。MB12 立刻为"B#16#42"，查找表 16-18，可知 I/O 存取读错误；MB13 的值为"B#16#88"，则被访问的块为 OB；MB14 的值为"B#16#20"，表示字节存取，I/O 区域 PI 或 PQ；MB15 的值为"1"，MW16 的值为"304"，表示错误发生的地址为 304；结合在一起，则表示 OB1 块中的 PIW304 存取读错误，这与诊断缓冲区信息里的错误提示一致，对错误处理组织块 OB122 编程，只能让 CPU 不停机，不能根本上解决故障，只是从 CPU 的停止状态中转移开，从图 16-40 可以看出。

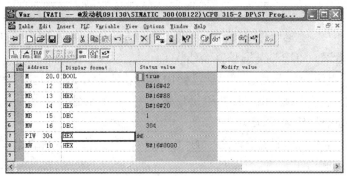

图 16-40　变量表监控值

8）将 PIW304 修改为 PIW290，再将 M20.0 置为"true"，这时 CPU 不会再报错，程序也不会再调用 OB121，MW16 立刻为"W#16#0000"，故障消除。如图 16-41 所示。

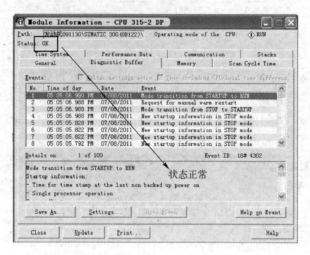

图 16-41　PIW304 改为 PIW290 后，CPU 不报错正常运行

16.5.3　异步错误处理组织块

异步错误是与 PLC 的硬件或操作系统密切相关的错误，与程序执行无关。异步错误没有独立的处理程序，这意味着它与程序异步执行，其后果一般都比较严重，其对应的组织块为 OB70 ~ OB73 和 OB80 ~ OB87，有最高的优先级。当操作系统检测到一个异步错误时，将启动相应的 OB，见表 16-19。

表 16-19　异步错误处理组织块

错误类型	举　例	错误组织块 OB
时间故障	循环时间超出	OB80
电源故障	后备电池失效	OB81
诊断故障	具有诊断功能的模块发出诊断请求	OB82
模块插/拔故障	模块的插/拔	OB83
CPU 硬件故障	MPI 接口、C-BUS 接口或者分布式 I/O 接口故障	OB84
优先级故障	未下载的 OB 启动事件	OB85
机架故障	S7-400 从站的故障	OB86
通信故障	电缆不识别	OB87

在 S7-400H 中，有三个附加的异步错误处理组织块 OB：OB70（I/O 冗余错误）、OB72（CPU 冗余错误）、OB73（通信冗余错误）。

这些异步错误组织块的调用，可以通过使用系统功能 SFC 39 DIS_IRT 和 SFC 40 EN_IRT 来禁止和启用，通过 SFC 41 DIS_AIRT 和 SFC 42 EN_AIRT 来延时和启用。

1. 时间错误处理组织块 OB80

在执行程序过程中，若出现下列之一的错误时，CPU 的操作系统都会调用 OB80：

1）周期监视时间溢出。

2）OB 请求错误（所请求的 OB 仍在执行或在给定优先级内的 OB 调用过于频繁）。

3）实时时钟被拨快而跃过了 OB 的启动时间。

如果 OB80 未编程，且定时时间错误了，CPU 将进入 STOP 模式。用户编程时，可以通过使用系统功能 SFC 39 DIS_IRT 和 SFC 40 EN_IRT 来禁止和启用，通过 SFC 41 DIS_AIRT 和 SFC 42 EN_AIRT 来延时和启用。

如果在同一个扫描周期中，同一个 OB 再次被调用，CPU 也将进入 STOP 模式。此时，用户可通过在程序中适当的位置调用 SFC43（RE_TRIGR）来避免这种情况。

表 16-20 给出了时间错误处理中断 OB80 的临时变量信息。

表 16-20　OB80 的临时变量表

变　量	类　型	描　　述
OB80_EV_CLASS	BYTE	事件级别和标识：B#16#35
OB80_FLT_ID	BYTE	故障代码
OB80_PRIORITY	BYTE	优先级：在 RUN 方式时 OB80 以优先级 26 运行，OB 请求缓冲区溢出时以优先级 28 运行
OB80_OB_NUMBR	BYTE	OB 号
OB80_RESERVED_1	BYTE	保留
OB80_RESERVED_2	BYTE	保留
OB80_ERROR_INFO	WORD	故障信息：根据故障代码
OB80_ERR_EV_CLASS	BYTE	引起故障的启动事件的事件级别
OB80_ERR_EV_NUM	BYTE	引起故障的启动事件的事件号
OB80_OB_PRIORITY	BYTE	故障信息：根据故障代码
OB80_OB_NUM	BYTE	故障信息：根据故障代码
OB80_DATE_TIME	DATE_AND_TIME	OB 被调用时的日期和时间

例如 OB35 中的程序循环执行，引起了 CPU 进入 STOP 模式。通过此例来说明 OB80 的用法。

1）新建一个项目，插入一个 300 的站，进行硬件组态。插入一个 CPU 315-2DP，双击 CPU 315-2DP 配置 OB35 的中断时间为 1000（即 1s），这里设置的中断时间虽然不影响出现错误的效果，但会影响第一次出现错误的时间。如图 16-42 所示。

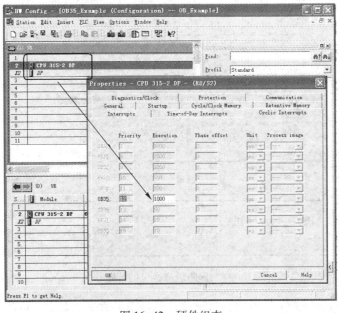

图 16-42　硬件组态

2）打开事先已经插入的 OB35，对它进行编程，使用了两个定时器 0.4s 一直循环，如图 16-43 所示。

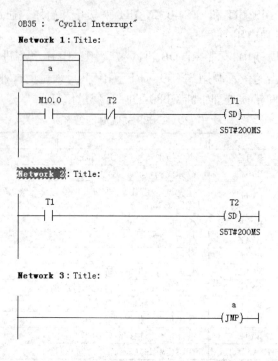

图 16-43 OB35 中编写的程序

3）将 M10.0 置为 1，运行了一段时间后，CPU 报错停机，查看模块信息中的诊断缓冲区信息，发现为周期监视时间溢出，如图 16-44 所示。

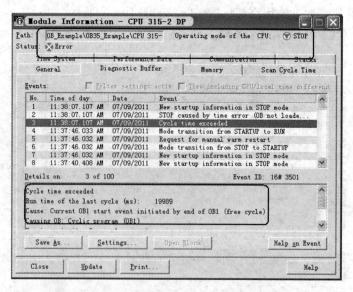

图 16-44 诊断缓冲区里的诊断信息

4）点击"Help on Event"按钮，提示排除该错误的方法，如图 16-45 所示。

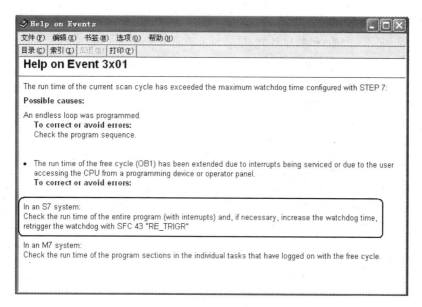

图 16-45　错误排除方法

5）插入 OB80 后，并下载到 CPU 中，并重新启动 CPU，将 M10.0 置为"1"，运行了一段时间后，CPU 仍报错停机，查看模块信息中的诊断缓冲区信息，发现为周期监视时间溢出和 OB80 请求错误这两个错误，如图 16-46 所示。

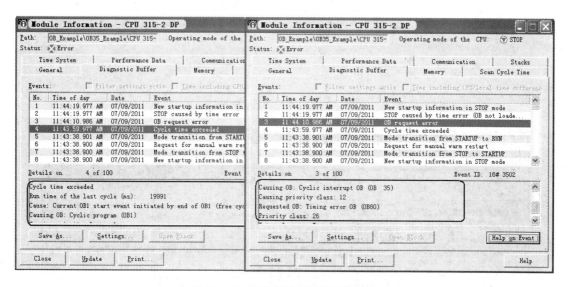

图 16-46　诊断缓冲区里的诊断信息

6）在 OB35 的适当位置，调用 SFC43，如图 16-47 所示。

7）将改动后的 OB35 保存，下载到 CPU（OB80 已经下载到 CPU 中），重启 CPU，并将 M10.0 置为"1"，运行一段时间后，CPU 报错但不停机。过了一会儿，CPU 不报错也不停机，如图 16-48 所示。

OB35 : "Cyclic Interrupt"

Network 1 : Title:

```
        ┌───────┐
        │   a   │
        └───────┘

     M10.0        T2                            T1
     ──┤├──────────┤/├─────────────────────────( SD )─┤
                                               S5T#200MS
```

Network 2 : Title:

```
     T1                                         T2
     ──┤├──────────────────────────────────────( SD )─┤
                                               S5T#200MS
```

Network 3 : Title:

```
                    ┌──────────┐
                    │  SFC43   │
                    │ Retrigge │
                    │ r Cycle  │
                    │  Time    │
                    │ Monitori │
                    │   ng     │
                    │ RE_TRIGR │
                    │EN    ENO │
     ───────────────┤          │
                    └──────────┘
```

Network 4 : Title:

```
                                                a
     ──────────────────────────────────────────( JMP )─┤
```

图 16-47　OB35 中改动后的程序

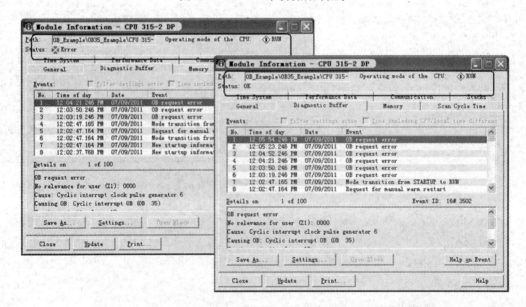

图 16-48　在 OB35 里加入了 SFC43 后，诊断缓冲区内的诊断信息

2. 电源故障处理组织块 OB81

在执行程序过程中，若出现下列之一的错误时，CPU 的操作系统都会调用 OB81：

1）后备电池失效或未安装。

2）在 CPU 或扩展单元中没有电池电压。

3）在 CPU 或扩展单元中 24 V 的电源故障。

对于即将到来的或者即将过去的事件，CPU 都会调用 OB81。如果 OB81 未编程，CPU 将进入 STOP 模式。用户编程时，可以通过使用系统功能 SFC 39 DIS_IRT 和 SFC 40 EN_IRT 来禁止和启用，通过 SFC 41 DIS_AIRT 和 SFC 42 EN_AIRT 来延时和启用。

表 16-21 给出了电源中断 OB81 的临时变量信息。

表 16-21　OB81 的临时变量表

变　　量	类　　型	描　　述
OB81_EV_CLASS	BYTE	事件级别和标识：B#16#38，离去事件； B#16#39，到来事件
OB81_FLT_ID	BYTE	故障代码
OB81_PRIORITY	BYTE	优先级：在 RUN 方式时 OB81 的优先级为 2～26
OB81_OB_NUMBR	BYTE	OB 号（81）
OB81_RESERVED_1	BYTE	保留
OB81_RESERVED_2	BYTE	保留
OB81_MDL_ADDR	INT	位 0 至 2：机架号；位 3：0 = 备用 CPU，1 = 主站 CPU；位 4 至 7：1111
OB81_RESERVED_3	BYTE	仅与部分故障代码 B#16#31、B#16#32、B#16#33 有关
OB81_RESERVED_4	BYTE	0～5 位 =1 分别表示 16～21 号机架有故障
OB81_RESERVED_5	BYTE	0～7 位 =1 分别表示 8～15 号机架有故障
OB81_RESERVED_6	BYTE	1～7 位 =1 分别表示 1～7 号机架有故障
OB80_DATE_TIME	DATE_AND_TIME	OB 被调用时的日期和时间

变量 OB81_FLT_ID 的故障代码值的意义见表 16-22。

表 16-22　变量 OB81_FLT_ID 的故障代码

OB81_FLT_ID	意　　义
B#16#21	中央机架的至少一个后备电池耗尽/问题排除（BATTF），如果仅两个电源中的一个故障（如果是冗余后备电池）事件也发生。如果第二个电池也发生故障，事件不再出现
B#16#22	中央机架的后备电压故障/问题排除（BAF）
B#16#23	中央机架的 24 V 电源故障/问题排除
B#16#25	至少一个冗余中央机架中至少一个后备电池耗尽/问题排除（BATTF）
B#16#26	至少一个冗余中央机架中后备电压故障（BAF）
B#16#27	至少一个冗余中央机架 24 V 供给故障
B#16#31	至少一个扩展机架的至少一个后备电池耗尽/问题排除（BATTF）
B#16#32	至少一个扩展机架的后备电压故障（BAF）
B#16#33	至少一个扩展机架的 24 V 电源故障/问题排除

3. 诊断中断处理组织块 OB82

如果模块具有诊断能力又使能了诊断中断，当它检测到故障时，它输出一个诊断中断请求给 CPU，该中断请求可以是即将到来或即将过去的事件，操作系统中断用户程序的扫描并调用组织块 OB82。当一个诊断中断被触发时，有问题的模块自动地在诊断中断 OB 的起动信息和诊断缓冲区中存入 4 个字节的诊断数据和模块的起始地址。

如果 OB82 未编程，CPU 将进入 STOP 模式。用户编程时，可以通过使用系统功能 SFC 39 DIS_IRT 和 SFC 40 EN_IRT 来禁止和启用，通过 SFC 41 DIS_AIRT 和 SFC 42 EN_AIRT 来延时和启用。

如果主站 CPU 处于 STOP 模式，PROFIBUS DPV1 从站同样可以产生诊断中断。CPU 处于 STOP 模式时，触发的诊断中断可以得到响应，但不处理。即使 CPU 进入 RUN 模式，也不会实现组织块 OB82 的调用。

表 16-23 给出了诊断中断 OB82 的临时变量信息。

表 16-23　OB82 的临时变量表

变　量	类　型	描　述
OB82_EV_CLASS	BYTE	事件级别和标识：B#16#38，离去事件；B#16#39，到来事件
OB82_FLT_ID	BYTE	故障代码
OB82_PRIORITY	BYTE	优先级：可通过 SETP 7 选择（硬件组态）
OB82_OB_NUMBR	BYTE	OB 号（81）
OB82_RESERVED_1	BYTE	保留
OB82_IO_FLAG	BYTE	输入模块：B#16#54；输出模块：B#16#55
OB82_MDL_ADDR	WORD	位 0 至 2：机架号；位 3：0 = 备用 CPU，1 = 主站 CPU；位 4 至 7：1111
OB82_MDL_DEFECT	BOOL	模块故障
OB82_INT_FAULT	BOOL	内部故障
OB82_EXT_FAULT	BOOL	外部故障
OB82_PNT_INFO	BOOL	通道故障
OB82_EXT_VOLTAGE	BOOL	外部电压故障
OB82_FLD_CONNCTR	BOOL	前连接器未插入
OB82_NO_CONFIG	BOOL	模块未组态
OB82_CONFIG_ERR	BOOL	模块参数不正确
OB82_MDL_TYPE	BYTE	位 0~3：模块级别；位 4：通道信息存在；位 5：用户信息存在；位 6：来自替代的诊断中断；位 7：备用
OB82_SUB_MDL_ERR	BOOL	子模块丢失或有故障
OB82_COMM_FAULT	BOOL	通信问题
OB82_MDL_STOP	BOOL	操作方式（0：RUN，1：STOP）
OB82_WTCH_DOG_FLT	BOOL	看门狗定时器响应
OB82_INT_PS_FLT	BOOL	内部电源故障
OB82_PRIM_BATT_FLT	BOOL	电池故障
OB82_BCKUP_BATT_FLT	BOOL	全部后备电池故障

（续）

变　量	类　型	描　述
OB82_RESERVED_2	BOOL	备用
OB82_RACK_FLT	BOOL	扩展机架故障
OB82_PROC_FLT	BOOL	处理器故障
OB82_EPROM_FLT	BOOL	EPROM 故障
OB82_RAM_FLT	BOOL	RAM 故障
OB82_ADU_FLT	BOOL	ADC/DAC 故障
OB82_FUSE_FLT	BOOL	熔断器熔断
OB82_HW_INTR_FLT	BOOL	硬件中断丢失
OB82_RESERVED_3	BOOL	备用
OB82_DATE_TIME	DATE_AND_TIME	OB 被调用时的日期和时间

举例通过结合模块的短线诊测应用和 SFC51 来说明诊断中断组织块 OB82 的使用方法。

1）在 SIMATIC 管理器中新建一个项目，插入一个 300 站。硬件组态，在机架上插入 CPU 315-2DP 和一块具有中断功能模拟量输入模块 SM331，配置 SM331 模块的"Inputs"选项，选择 0-1 通道组为 2 线制电流（2DMU），其他通道组为电压，并注意模块的量程卡要与设置的相同。选中"Enable"框中的"Diagnostic Interrupt"选项，选中"Diagnostics"选项中的 0-1 通道组中的"Group Diagnostics"和"with Check for Wire Break"选项，如图 16-49 所示。

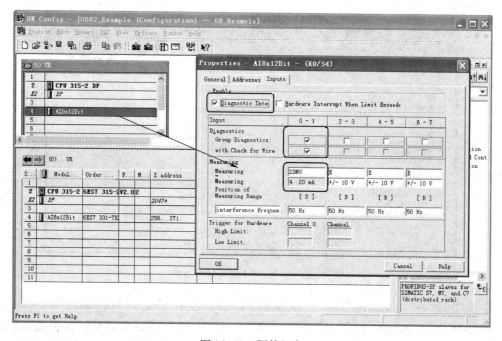

图 16-49　硬件组态

2）点击"OK"按钮，然后双击 CPU 315-2DP，选择"Interrupts"选项，可以看到 CPU 支持 OB82，如图 16-50 所示。硬件组态完成后，保存编译，下载到 CPU 中。

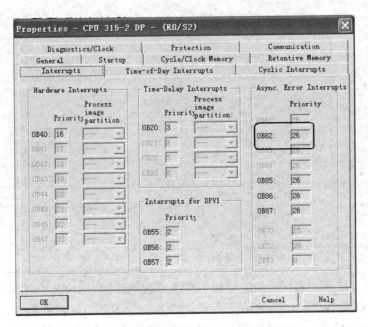

图 16-50　CPU 中的 "Interrupt" 选项

3）完成诊断程序。OB82 程序当在硬件组态中设定的诊断中断发生后执行，但 OB82 执行时可以通过它的临时变量 OB82_MDL_ADDR 读出产生诊断中断的模块的逻辑地址。

在 SIMATIC 管理器中 S7 Program（1）的 Source 下插入一个 STL Source 文件 STL Source（1），如图 16-51 所示。

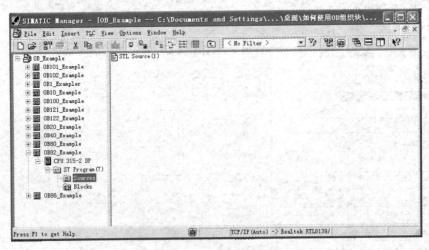

图 16-51　插入 STL Source 文件

打开 OB1，在 "Libraries" → "Standard Libraries" → "System Function Blocks" 下找到 SFC51 "RDSYSST DIAGNSTC"，按〈F1〉键，出现 SFC51 在线帮助信息，在帮助信息的最底部点击 "Example for module diagnostics with the SFC51"，然后点击 "STL Source File"，选中全部 STL Source 源程序复制到 STL Source（7）中，编译保存。这时在 Blocks 中生成 OB1、OB82、DB13 和 SFC51。

打开 OB82，对其中的程序做简单的修改，将 19 和 20 行的程序复制到 go：后面，如图 16-52 所示。再进行保存，并下载到 CPU 中。

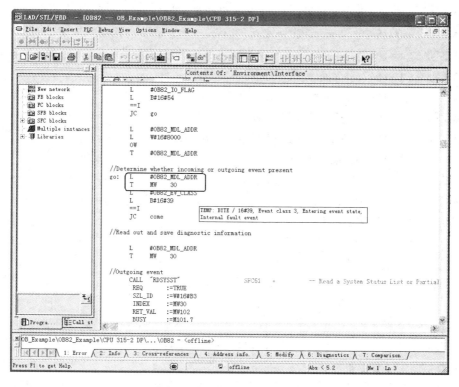

图 16-52　OB82 的程序修改

4）下载完成后，将 CPU 上的模式选择开关切换到"RUN"状态，此时，CPU 上的"RUN"灯和"SF"灯会亮，SM331 模块上的"SF"灯也会亮。同时，查看 CPU 的诊断缓冲区可以获得相应的故障信息。

5）打开 DB13 数据块，在线监控，如图 16-53 所示。因为通道断线是一到来事件，所以诊断信息存储到 COME 数组中。

Address	Name	Type	Initial value	Actual value	Comment
0.0	COME[1]	BYTE	B#16#0	B#16#0D	
1.0	COME[2]	BYTE	B#16#0	B#16#15	
2.0	COME[3]	BYTE	B#16#0	B#16#00	
3.0	COME[4]	BYTE	B#16#0	B#16#00	
4.0	COME[5]	BYTE	B#16#0	B#16#71	
5.0	COME[6]	BYTE	B#16#0	B#16#08	
6.0	COME[7]	BYTE	B#16#0	B#16#08	
7.0	COME[8]	BYTE	B#16#0	B#16#03	
8.0	COME[9]	BYTE	B#16#0	B#16#10	
9.0	COME[10]	BYTE	B#16#0	B#16#10	
10.0	COME[11]	BYTE	B#16#0	B#16#00	
11.0	COME[12]	BYTE	B#16#0	B#16#00	
12.0	COME[13]	BYTE	B#16#0	B#16#00	
13.0	COME[14]	BYTE	B#16#0	B#16#00	
14.0	COME[15]	BYTE	B#16#0	B#16#00	
15.0	COME[16]	BYTE	B#16#0	B#16#00	

图 16-53　DB13 中的数据

本例中 COME 数组字节的含义如下：

COME[1] = B#16#D：表示通道错误，外部故障和模块问题；

COME[2] = B#16#15：表示此段信息为模拟量模块的通道信息；

COME[3] = B#16#0：表示 CPU 处于运行状态，无字节 2 中标示的故障信息；

COME[4] = B#16#0：表示无字节 3 中标示的故障信息；

COME[5] = B#16#71：表示模拟量输入；

COME[6] = B#16#8：表示模块的每个通道有 8 个诊断位；

COME[7] = B#16#8：表示模块的通道数；

COME[8] = B#16#3：表示 0 通道错误和 1 通道错误，其他通道正常；

COME[9] = B#16#10：表示 0 通道断线；

COME[10] = B#16#10：表示 1 通道断线；

COME[11] = B#16#0：表示 2 通道正常，其他通道与 2 通道相同。

4. 插入/拔出模块中断组织块 OB83

操作系统每秒钟对模块组态进行一次检测。在"RUN"、"STOP"和"STARTUP"状态时每次组态的模块插入或拔出，就产生一个插入/拔出中断（电源模块、CPU、适配模块和 IM 模块不能在这种状态下移出）。该中断都将在 CPU 的诊断缓冲区和系统状态表中留下一个记录。

当组态的模块插入/拔出后或在 SETP 7 下修改了模块的参数并在"RUN"状态把所做修改下载到 CPU 后，CPU 操作系统调用 OB83。如果没有 OB83，在每次插入/拔出模块中断时，CPU 将跳转到 STOP 模式。

如果在"RUN"状态下拔出组态的模块，OB83 将启动。由于仅以一秒的间隔监视模块的存在，如果模块被直接访问或当过程映像被刷新时可能首先检测出访问故障。如果在"RUN"状态下插入一块模块，CPU 将自动地根据保存在 CPU 上的数据记录给该模块配置参数，然后调用 OB83 发出信号，表示连接的模块已经准备好，可以运行。

用户编程时，可以通过使用系统功能 SFC 39 DIS_IRT 和 SFC 40 EN_IRT 来禁止和启用，通过 SFC 41 DIS_AIRT 和 SFC 42 EN_AIRT 来延时和启用插入/拔出模块中断（OB83），表 16-24 描述了插入/拔出模块中断 OB83 的临时变量。

表 16-24　OB83 的临时变量表

变　　量	类　　型	描　　　　述
OB83_EV_CLASS	BYTE	事件级别和标识：B#16#32，模块参数赋值结束；B#16#33，模块参数赋值启动；B#16#38，模块插入；B#16#39，模块拔出或无反应，或参数赋值结束
OB83_FLT_ID	BYTE	故障代码
OB83_PRIORITY	BYTE	优先级，可通过 STEP 7 选择（硬件组态）
OB83_OB_NUMBR	BYTE	OB 号
OB83_RESERVED_1	BYTE	块模块或接口模块标识
OB83_MDL_ID	BYTE	范围：B#16#54，外设输入（PI）；B#16#55，外设输出（PQ）
OB83_MDL_ADDR	WORD	有关模块的逻辑起始地址

变　　量	类　　型	描　　述
OB83_RACK_NUM	WORD	B#16#A0，接口模块号；B#16#C4，机架号或 DP 站号（低字节）或 DP 主站系统 ID（高字节）
OB83_MDL_TYPE	WORD	有关模块的模块类型
OB83_DATE_TIME	DATE_AND_TIME	OB 被调用时的日期和时间

5. CPU 硬件故障处理组织块 OB84

当检测到接口故障（MPI 网络的接口故障、PROFIBUS DP 的接口故障）或分布式 I/O 网卡的接口故障发生或消失时，操作系统调用组织块 OB84。如果没有 OB84，当发生硬件故障的时候，使用旧版操作系统的 CPU 将跳转到 STOP 模式。

用户编程时，可以通过使用系统功能 SFC 39 DIS_IRT 和 SFC 40 EN_IRT 来禁止和启用，通过 SFC 41 DIS_AIRT 和 SFC 42 EN_AIRT 来延时和启用硬件故障处理组织块（OB84），表 16-25 描述了硬件故障处理组织块 OB84 的临时变量。

表 16-25　OB84 的临时变量表

变　　量	类　　型	描　　述
OB84_EV_CLASS	BYTE	事件级别和标识：B#16#38，离去事件；B#16#39，到来事件
OB84_FLT_ID	BYTE	故障代码
OB84_PRIORITY	BYTE	优先级，可通过 STEP 7 选择（硬件组态）
OB84_OB_NUMBR	BYTE	OB 号
OB84_RESERVED_1	BYTE	备用
OB84_RESERVED_2	BYTE	备用
OB84_RESERVED_3	WORD	备用
OB84_RESERVED_4	DWORD	备用
OB84_DATE_TIME	DATE_AND_TIME	OB 被调用时的日期和时间

6. 优先级错误处理组织块 OB85

在执行程序过程中，若出现下列之一的错误时，CPU 的操作系统都会调用 OB85：

1）产生了一个中断事件，但是对应的 OB 块没有下载到 CPU（OB81 除外）。

2）访问一个系统功能块的背景数据块时出错或该块不存在。

3）刷新过程映像表时 I/O 访问出错，模块不存在或有故障（如果 OB85 调用没有在组态中禁止）。

如果 OB85 未编程，当检测到这些事件之一时，CPU 将转变为 STOP 模式。

在编写 OB85 的程序时，应根据 OB85 的起动信息，判定错误的原因。使用系统功能 SFC 39 DIS_IRT 和 SFC 40 EN_IRT 来禁止和启用，通过 SFC 41 DIS_AIRT 和 SFC 42 EN_AIRT 来延时和启用优先级故障 OB85，表 16-26 描述了优先级故障 OB85 的临时变量。

下例 CPU 参数设置了日期时间中断 OB10，用户程序插入了 OB10 块，但没有向 CPU 下载 OB10 块，OB10 产生中断后激活 OB85，由此引起中断优先级错误。通过此例说明优先级错误处理组织块 OB85 的使用方法。

表 16-26　OB85 的临时变量表

变 量	类 型	描 述
OB85_EV_CLASS	BYTE	事件级别和标识
OB85_FLT_ID	BYTE	故障代码
OB85_PRIORITY	BYTE	优先级，可通过 STEP 7 选择（硬件组态）
OB85_OB_NUMBR	BYTE	OB 号
OB85_RESERVED_1	BYTE	备用
OB85_RESERVED_2	BYTE	备用
OB85_RESERVED_3	INT	备用
OB85_ERR_EV_CLASS	BYTE	引起故障的事件级别
OB85_ERR_EV_NUM	BYTE	引起故障的事件号码
OB85_OB_PRIOR	BYTE	当故障发生时被激活 OB 的优先级
OB85_OB_NUM	BYTE	当故障发生时被激活 OB 的号码
OB85_DATE_TIME	DATE_AND_TIME	OB 被调用时的日期和时间

1）在 SIMATIC 管理器中新建一个项目，插入一个 300 站。硬件组态，在机架上插入 CPU 315-2DP，配置 CPU 资源里的"Time of day Interrupts"选项，激活日期时间中断 OB10，设置中断时间为"07/08/2011 00：00"，每分钟中断一次，如图 16-54 所示。

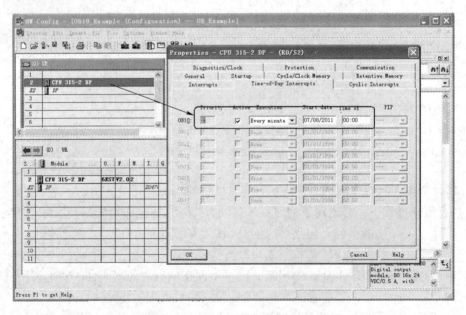

图 16-54　设置日期时间中断 OB10

2）硬件组态完成之后，编译并保存。插入 OB10 块，OB10 中断服务程序每发生中断一次，MW0 自加 1，如图 16-55 所示。

3）编写 OB1 中的程序，重新设置日期时间中断 OB10，中断时间为"07/08/2011 00：00"，每分钟中断一次，I0.1 开日期时间中断 OB10，I0.2 关日期时间中断 OB10，如图 16-56 所示。

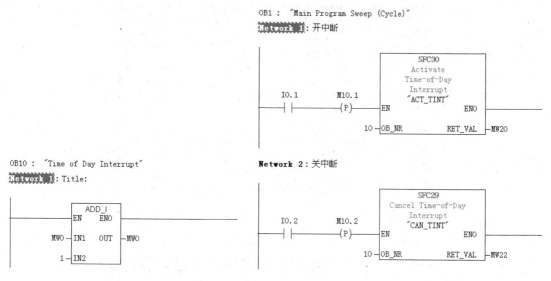

图 16-55 OB10 内编写的程序   图 16-56 OB1 内编写的程序

4）将 Blocks 里（除了 OB10 之外）的块包括系统数据都下载到 CPU 中，运行一段时间后，CPU 报错停机。查看模块信息的诊断缓冲区信息，发现为没有加载 OB10 块。如图 16-57 所示。

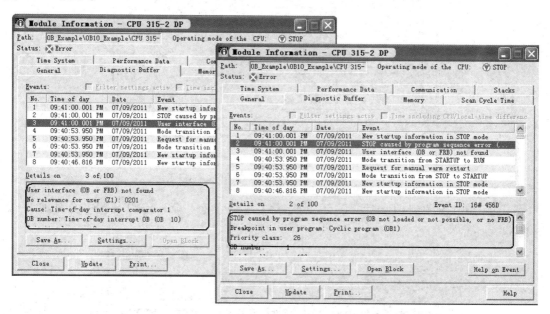

图 16-57 诊断信息

点击"Help on Event"提示调用 OB85，如图 16-58 所示。

5）将 OB85 下载到 CPU 里，重启 CPU 后，将 I0.0 置为"1"，设置 OB10 中断时间与硬件组态一致。之后将 I0.1 置为"1"，启动日期时间中断 OB10，CPU 不报错也不停机，但仍提示 OB 块未找到未下载，如图 16-59 所示。

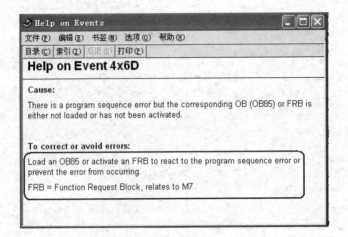

图 16-58　提示排除故障的方法

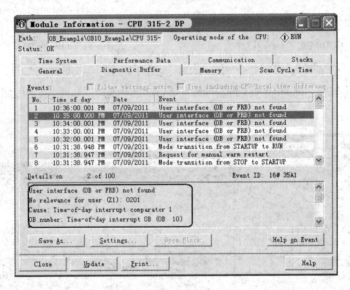

图 16-59　下载 OB85 后，诊断缓冲区内的提示信息

6）将 OB10 下载到 CPU 后，重启 CPU，CPU 运行状态正常，MW0 每隔一分钟加 1，如图 16-60 所示。

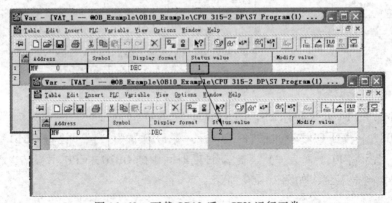

图 16-60　下载 OB10 后，CPU 运行正常

7. 机架故障组织块 OB86

出现下列故障或故障消失时，都会触发机架故障中断 OB86，操作系统将调用 OB86：扩展机架故障（不包括 CPU318），DP 主站系统故障或分布式 I/O 故障。故障产生和故障消失时都会产生机架故障中断。

多处理器模式下，如果发生机架故障，所有的 CPU 都调用 OB86。

如果没有 OB86，发生机架故障时，CPU 将跳转到 STOP 模式。

在编写 OB86 的程序时，应根据 OB86 的起动信息，判断是哪个机架损坏或找不到。通过使用系统功能 SFC 39 DIS_IRT 和 SFC 40 EN_IRT 来禁止和启用，通过 SFC 41 DIS_AIRT 和 SFC 42 EN_AIRT 来延时和启用机架故障组织块（OB86），表 16-27 描述了机架故障 OB86 的临时变量。

表 16-27   OB86 的临时变量表

变　　量	类　　型	描　　述
OB86_EV_CLASS	BYTE	事件级别和标识：B#16#38，离去事件；B#16#39，到来事件
OB86_FLT_ID	BYTE	故障代码
OB86_PRIORITY	BYTE	优先级，可通过 STEP 7 选择（硬件组态）
OB86_OB_NUMBR	BYTE	OB 号
OB86_RESERVED_1	BYTE	备用
OB86_RESERVED_2	BYTE	备用
OB86_MDL_ADDR	WORD	根据故障代码
OB86_RACKS_FLTD	ARRAY [0..31]	根据故障代码
OB86_DATE_TIME	DATE_AND_TIME	OB 被调用时的日期和时间

8. 通信错误组织块 OB87

当发生通信错误时，操作系统调用通信错误组织块 OB87。常见通信错误举例如下：

1）接收全局数据时，检测到不正确的帧标识符（ID）。

2）全局数据通信的状态信息数据块不存在或太短。

3）接受到非法的全局数据包编号。

如果用于全局数据通信状态信息的数据块丢失，需要用 OB87 生成该数据块将它下载到 CPU。如果没有 OB87，CPU 将跳转到 STOP 模式。通过使用系统功能 SFC 39 DIS_IRT 和 SFC 40 EN_IRT 来禁止和启用，通过 SFC 41 DIS_AIRT 和 SFC 42 EN_AIRT 来延时和启用通信错误组织块（OB87），表 16-28 描述了通信错误 OB87 的临时变量。

表 16-28   OB87 的临时变量表

变　　量	类　　型	描　　述
OB87_EV_CLASS	BYTE	事件级别和标识
OB87_FLT_ID	BYTE	故障代码
OB87_PRIORITY	BYTE	优先级，可通过 SETP 7 选择（硬件组态）
OB87_OB_NUMBR	BYTE	OB 号
OB87_RESERVED_1	BYTE	备用

变　　量	类　　型	描　　述
OB87_RESERVED_2	BYTE	备用
OB87_RESERVED_3	WORD	根据故障代码
OB87_RESERVED_4	DWORD	根据故障代码
OB87_DATE_TIME	DATE_AND_TIME	OB 被调用时的日期和时间

16.6　重新接线功能的应用

16.6.1　重新接线功能

在实际控制系统的调试或者维护过程中，发现输入或输出模块上的某一通道（如 I0.7）失效。如图 16-61 所示，模块上的通道没有完全占满（这是因为在控制系统设计中都会留有一些通道作备用），就可以把该失效通道上的接线连接到可用的通道（如 I1.0）上，同时必须修改程序来适应新的接线。这就是说程序中所使用过的输入 I0.7 必须用输入 I1.0 替换。如果需要高效快捷的修改地址，就需要使用重新接线功能。

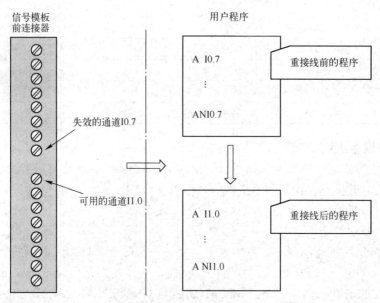

图 16-61　用户程序接线

重新接线（Rewiring）功能允许在分别编译的块或整个用户程序中替换地址，例如上面讲到的 I0.7 替换为 I1.0。允许替换的地址有输入、输出、存储位、定时器和计数器以及功能块 FC、FB 等。

有三种方法可以实现程序的重新接线：

1）用 SIMATIC Manager 重新接线，通过给出旧地址和新地址完成重新接线，该方法不需要符号表。

2）用"符号优先"重新接线，这种方法需要符号表。

3）用源程序重新接线，这种方法也需要符号表。

16.6.2 SIMATIC Manager 重新接线

在 SIMATIC Manager 中选择要重新接线的对象，可以选择单一的块，也可以按住〈Ctrl〉键单击鼠标来选择一组块，或者选择整个用户程序的块。选择菜单 Option – > Rewire 或者在 Blocks 界面中，鼠标右击选中 Rewire 得到一个表，输入要替换的旧地址和新地址，如果新旧地址是基于字节或字或双字等形式的，需要相应的位也跟着替换的话，则需要激活 "All addresses within the specified address area"（就是说对相关地址的基于位的所有访问也修改）选项。点击 "OK" 确认后，SIMATIC Manager 就交换了这些地址，如图 16-62 所示。

在重新接线完成之后，用户可在对话框中指定是否希望阅读关于重新接线的信息文件。该信息文件包含有地址列表 "旧的地址（Old address）" 和 "新的地址（New address）"。并按接线过程每次执行时的编号列出各个块，在图 16-62 所示的信息中包含了上图所更改的地址信息。

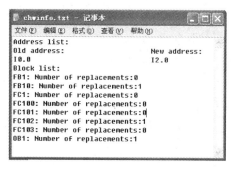

图 16-62　重新接线的信息文件

通过前面所讲的块比较功能，可以很快查看在重新接线的块和/或整个用户程序中，旧地址 I0.0 已经被新地址 I2.0 替换，在 OB1 中地址替换图如图 16-63 所示。

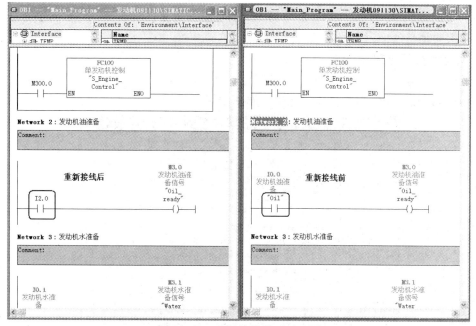

图 16-63　重新接线前后对比图

另外，在进行重新接线时，应注意以下方面：

1）在重新接线（也就是重新命名）一个块时，新的块在当前可能不存在。如果块存在，将中断该过程。

2）在重新接线一个功能块（FB）时，背景数据块将自动分配给已重新布线的FB。但背景DB将不发生变化，也就是说，DB编号将保留。

3）重新接线后，参考数据不再更新，必须重新生成。

16.6.3　地址与符号优先重新接线

在离线对象块特性窗口的"地址优先级（Address priority）"选项中，可以对已保存的块设置绝对地址或符号地址优先。选择菜单"Edit"－>"Object properties"，或者在Blocks界面中，鼠标右击选中"Object properties"，选择"Address priority"，即可得到如图16-64所示的界面。

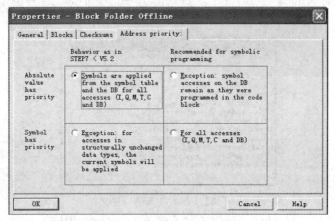

图16-64　地址优先级设置界面

默认设置时"Absolute value has priority"绝对地址优先，它的意思是当符号表改变时，程序中的绝对地址保持不变，符号发生相应的变化。如果是"Symbol has priority"符号地址优先，则绝对地址改变时符号不变。

1. 地址优先重新接线

它的优点是方便、快捷、会丢失符号信息。具体步骤如下：

1）设置地址优先级为绝对地址优先，如图16-65所示。

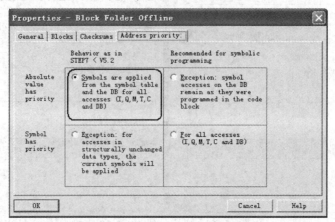

图16-65　绝对地址优先重新接线

2）SIMATIC Manager 重新接线的步骤，在离线对象块的特性窗口中将 M3.0 替换为 M4.0 之后，符号信息丢失，并用块比较功能进行检查，如图 16-66 所示。

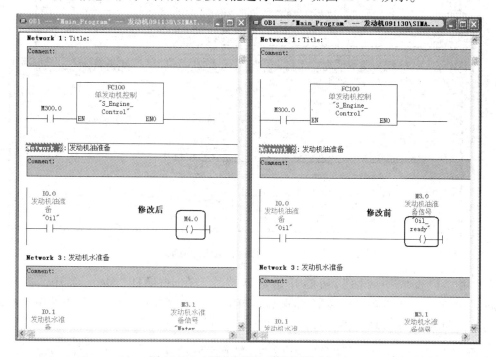

图 16-66　绝对地址优先重接线对比图

3）重新下载程序块，地址优先重新接线成功。

2. 符号优先重新接线

使用该方法重新接线后能保留符号信息，但要一致性检查。具体步骤如下：

1）设置地址优先级为符号地址优先，如图 16-67 所示。

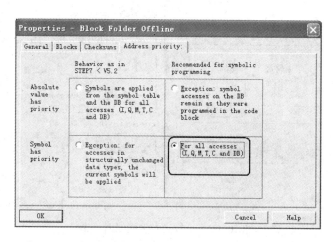

图 16-67　符号地址优先重新接线

2）在符号表修改接线地址，将变量"Oil_ready"的地址由 M3.0 改为 M4.0，保存符号表。如图 16-68 所示。

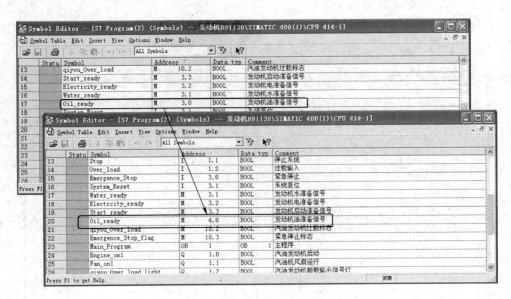

图 16-68　在符号表里改变地址

3）用"检查块一致性"功能开始重新接线，在 SIMATIC Manager 中，鼠标右击 "Blocks" 并选择菜单选项 "Check Block Consistency"，在菜单 "Program" 中选中 "Compile All" 即可。并用块比较功能进行检查，如图 16-69 所示。

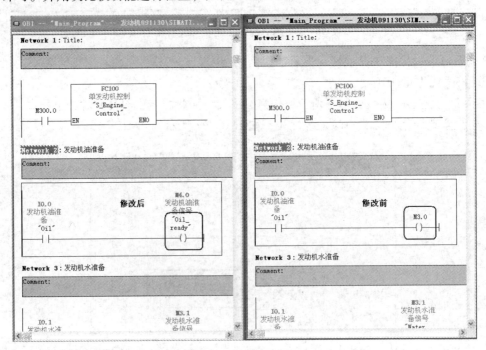

图 16-69　符号优先重接线对比图

4）重新下载程序块，符号优先重新接线成功。

使用符号优先重新接线时，注意改变地址必须要在符号表中更改，在离线对象块的特性窗口里不能更改地址信息。

16.6.4 源程序优先程序接线

对于这种方法，用户需要从用户程序中产生一个带符号的源程序，然后，在符号表中输入新的绝对地址，这是因为编译源程序时要使用这些新的绝对地址。如图 16-70 所示。

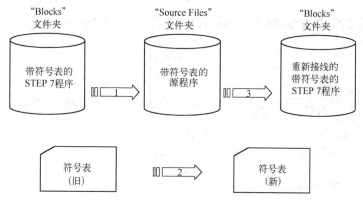

图 16-70　源程序重新接线法流程图

具体步骤如下：

1）打开需要进行重新接线的 S7 程序的块。在 LAD/STL/FBD 编辑器界面中选择菜单命令"File"－>"Generate Source File"。在弹出的"New"窗口的"Object name："行中输入要生成的源程序名称，用"OK"按钮确认。在随后的"Generate Source File"的"Unselected blocks"窗口中逐个选择要进行重新接线的程序块，利用"－>"把这些块传送到"Selected blocks"窗口中。选择地址盒中的"Symbolic"，用"OK"按钮确认要选择的所有块。这样可以将块转换成源文本文件。转换后的块放在 S7 程序的"Source Files"文件夹中。如图 16-71 所示。

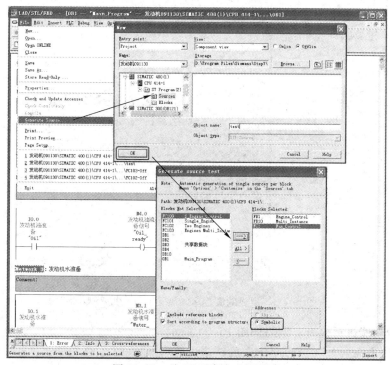

图 16-71　从 S7 程序产生源程序

2）生成的源文件包含用 ASCII 码表示的所有被转换的块。如果要修改该文件，要保证源文件编辑器不执行任何语法检查。错误的输入只能在编译时被发现和标识。

3）在符号表修改接线地址，修改符号表中的相应的绝对地址，在源文件中不需要修改，将变量"Oil_ready"的地址有 M3.0 改为 M4.0，保存符号表。如图 16-72 所示。

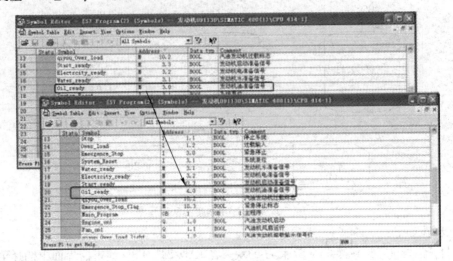

图 16-72　在符号表里改变地址

4）打开源文件。通过选择"File"-> "Compile"，启动重新接线。如图 16-73 所示。

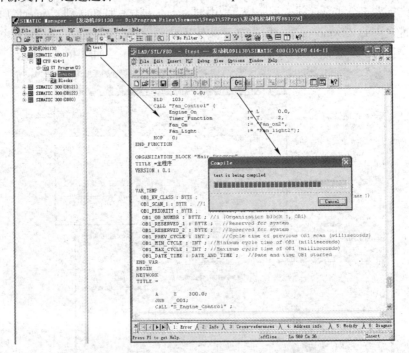

图 16-73　生成的源程序，启动源程序重新接线

用块比较功能进行检查。结果如图 16-74 所示。

5）重新下载程序块，源程序优先重新接线成功。

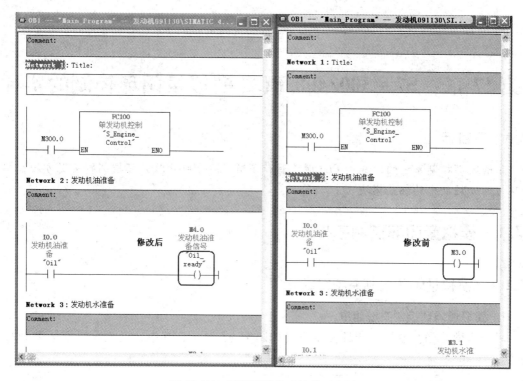

图 16-74   源程序优先重接线对比图

16.7   习题

1. PLC 故障的类型、诊断途径及其排除工具有哪些？
2. 如何使用诊断软件进行故障的诊断与排除？
3. 如何使用 STEP 7 对故障进行诊断与排除？
4. 同步错误组织块与异步错误组织块是怎样进行故障诊断与排除的？
5. 用户重新接线的分类及其使用场合。

第 17 章　S7-300/400 PLC 模拟量闭环控制的实现

本章学习目标：

了解闭环控制系统的组成和 PID 调节器；了解 S7-300/400 闭环控制的实现方法；掌握闭环控制软件包中的相关模块。

17.1　模拟量闭环控制基础

17.1.1　模拟量闭环控制系统组成

1. 模拟量闭环控制系统组成

一个典型的 PLC 模拟量闭环控制系统如图 17-1 所示，其中，点画线部分是由 PLC 实现的。

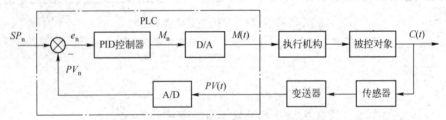

图 17-1　PLC 模拟量闭环控制系统框图

在上述闭环控制系统中，被控量 $C(t)$ 是连续变化的模拟量，大多数执行机构（例如变频器）要求 PLC 输出模拟信号 $M(t)$，而 PLC 的 CPU 只能处理数字量。因此，在实际闭环控制系统中，被控量 $C(t)$ 首先被传感器和变送器转换为标准量程的直流电流信号或直流电压信号 $PV(t)$（一般是 4~20mA 或 0~10V 的信号），PLC 利用模拟量输入模块中的 A/D 转换器将其转换成数字量 PV_n。D/A 转换器将 PID 控制器输出的数字量 $M(n)$ 转换为模拟量（直流电流或直流电压）$M(t)$，再经过驱动电路，去控制执行机构。

在实际系统中，模拟量与数字量之间的相互转换和 PID 程序的执行都是周期性操作，其间隔时间称为采样周期 T_s。在图 17-1 中，各数字量的下标表示该变量是第 n 次采样计算时的数字量。其中，SP_n 是给定值，PV_n 是 A/D 转换后的反馈量，而误差信号 $e_n = SP_n - PV_n$。

闭环控制系统采用负反馈原理，负反馈控制可以使控制系统的反馈量 PV_n 等于或跟随给定值 SP_n。

在实际系统中，经常会有扰动信号，它们会破坏系统的稳定性，采用闭环控制可以有效地抑制闭环中各种扰动的影响，使被控量趋近于给定值。闭环控制系统的结构简单，容易实现自动控制，因此在控制各个领域中都得到了广泛的应用。

2. 传感器选择

在生产过程中，存在大量的物理量，如压力、温度、速度、旋转速度、pH 值、黏度等。

为了实现自动控制，这些模拟信号需要被 PLC 处理。测量传感器利用线性膨胀、角度扭转或电导率变化等原理来测量物理量的变化，并将其成比例地转换为另一便于计量的物理量。在传感器选取的时候需要考虑量程、信号类型等因素，在 2.3 节已经提及，在此不再赘述。

3. 变送器选择

变送器用于将传感器提供的电量或非电量转换为标准量程的直流电流或直流电压信号，例如 4 ~ 20 mA 和 DC 0 ~ 10 V。变送器分为电流输出型和电压输出型，电压输出型变送器具有恒压源的性质，PLC 模拟量输入模块的电压输入端的输入阻抗很高，例如 100 kΩ ~ 10 MΩ。如果变送器距离 PLC 较远，线路间的分布电容和分布电感产生的干扰信号电流在模块的输入阻抗上将产生较高的干扰电压，所以远程传送模拟量电压信号时抗干扰能力很差。

电流输出具有恒流源的性质，恒流源的内阻很大。PLC 的模拟量输入模块输入电流时，输入阻抗较低。线路上的干扰信号在模块的输入阻抗上产生的干扰电压很低，所以模拟量电流信号适于远程传送。

电流传送比电压传送的传送距离远得多，S7 - 300/400 的模拟量输入模块使用屏蔽电缆信号线时允许的最大距离为 200 m。

4. 模拟量模块选择

模拟量模块主要包括 A/D 转换模块和 D/A 转换模块。由于变送器传送过来的是模拟信号，而 PLC 的 CPU 只能处理数字信号，因此，需要采用 A/D 转换模块将模拟量转换为数字量；同样地，CPU 输出的信号必须经过 D/A 转换模块转换为数字量再送给执行机构。

一般而言，S7 - 300/400 模拟量模块的选择与应用步骤如下：

1）根据系统需求查阅产品分类手册选择模块。
2）使用量程块选择信号类型和信号量程。
3）根据产品说明对模块正确安装和接线。
4）对模块进行参数组态。
5）编写调试程序，下载组态数据和程序。
6）对模块校正和调试，投入使用。

17.1.2 闭环控制主要性能指标

一个控制性能良好的过程控制系统在受到外来干扰作用或给定值发生变化后，应平稳、迅速、准确地回复（或趋近）到给定值上。在衡量和比较不同的控制方案时，必须定出评价控制性能好坏的质量指标。这些控制质量指标是根据工业生产过程对控制的实际要求来确定的。

在典型输入信号作用下，系统输出量从初始状态到最终状态的响应过程称为过渡过程或动态过程，它提供系统稳定性、响应速度及阻尼情况等信息，用动态性能描述。动态性能是描述稳定的系统在单位阶跃函数作用下，动态过程随时间 t 的变化状况的指标。图 17-2 为一个典型二阶系统的阶跃响应曲线。

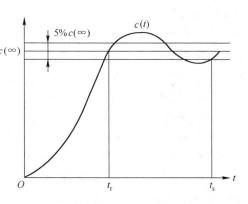

图 17-2　典型二阶系统的阶跃响应曲线

输出量第一次达到稳态值的时间 t_r 称为上升时间，上升时间反映了系统在响应初期的快速性。

系统进入并停留在稳态值 $c(\infty)$ 上下 $\pm5\%$（或 $\pm2\%$）的误差带内的时间 t_s 称为调节时间，到达调节时间表示过渡过程已基本结束。

设动态过程中输出量的最大值为 $c_{\max}(t)$，如果它大于输出量的稳态值 $c(\infty)$，定义超调量为

$$\sigma\% = \frac{c_{\max}(t) - c(\infty)}{c(\infty)} \times 100\%$$

超调量反映了系统的相对稳定性，它越小动态性能越好，一般希望超调量小于 10%。

系统的稳态误差是进入稳态后的期望值与实际值之差，它反映了系统的稳态精度。

17.1.3　闭环控制反馈极性的确定

闭环控制必须保证系统是负反馈，而不是正反馈。如果系统接成了正反馈，将会失控，被控量会往单一方向增大或减小，给系统的安全性带来极大的威胁。

闭环控制系统的反馈极性与很多因素有关，例如因为接线改变了变送器的输出电流或输出电压的极性，改变了某些位置传感器的安装方向，都会改变反馈的极性。

一般来说，可以用下述的方法来判断反馈的极性：在调试时断开 D/A 转换器与执行机构之间的连线，在开环状态下运行 PID 控制程序。如果控制器中有积分环节，因为反馈被断开了，不能消除误差，这时 D/A 转换器的输出电压会向同一个方向变化。这时如果假设接上执行机构，能减小误差，则为负反馈；反之为正反馈。

17.2　数字 PID 控制器

17.2.1　PID 控制器优点

在实际工程中，应用最为广泛的调节器控制规律为比例、积分、微分控制，简称 PID 控制，又称 PID 调节。PID 是比例、微分、积分的缩写，问世至今已有近 70 年历史。它以结构简单、稳定性好、工作可靠、调整方便等特点而成为工业控制的主要技术之一。当被控对象的结构和参数不能完全掌握，或得不到精确的数学模型，控制理论的其他技术难以采用时，系统控制器的结构和参数必须依靠经验和现场调试来确定，这时应用 PID 控制技术最为方便。即当不完全了解一个系统和被控对象，或不能通过有效的测量手段来获得系统参数时，最适合用 PID 控制技术。

根据被控对象的具体情况，还以采用 PID 控制器的多种变种和改进的控制方式，例如 PI、PD、带死区的 PID、被控量微分 PID、积分分离 PID 和变速积分 PID 等。随着智能控制技术的发展，PID 控制与神经网络控制等现代控制方法结合，可以实现 PID 控制器的参数自整定，使 PID 控制器具有经久不衰的生命力。

PLC 厂家可以提供具有 PID 控制功能的多种硬件软件产品，例如 PID 闭环控制模块、PID 控制指令和 PID 控制系统功能块等，它们使用简单，只需设置一些参数即可，有的产品还具有 PID 参数自整定功能。

17.2.2　PID 控制器数字化

1. PID 控制器在连续控制系统中的表达式

PLC 的 PID 控制器的设计是以连续的 PID 控制规律为基础，将其数字化，写成离散形式的 PID 方程，再根据离散方程进行控制程序的设计。

模拟量 PID 控制器的输出表达式为

$$M(t) = K_p \left[ev(t) + \frac{1}{T_I} \int ev(t)\,\mathrm{d}t + T_D \frac{dev(t)}{\mathrm{d}t} \right] + M \tag{17-1}$$

式（17-1）中，控制器的误差信号 $ev(t) = sp(t) - pv(t)$，$sp(t)$ 为设定值，$pv(t)$ 为过程变量，$M(t)$ 是控制器的输出信号，K_p 为比例系数，T_I 和 T_D 分别是积分时间常数和微分时间常数，M 是积分部分的初始值。

式（17-1）中，等号右边的前 3 项分别是比例、积分、微分部分，它们分别与误差 $ev(t)$、误差的积分和误差的微分成正比。如果取其中的一项或两项，可以组成 P、PI 或 PD 调节器。需要较好的动态品质和较高的稳态精度时，可以选用 PI 控制方式；控制对象的惯性滞后较大时，应选择 PID 控制方式。

2. PID 控制器的数字化

假设采样周期为 T_S，系统开始运行的时刻为 $t = 0$，用矩形积分来近似精确积分，用差分近似精确微分，将式（17-1）离散化，第 n 次采样时控制器的输出为

$$M_n = K_p e_n + K_I \sum_{j=1}^{n} e_j + K_D (e_n - e_{n-1}) + M \tag{17-2}$$

式（17-2）中，M_n 为第 n 次采样时的控制器输出信号，e_n 为第 n 次采样时的误差值，K_p 为比例系数，K_I 为积分系数，K_D 为微分系数，M 是积分部分的初始值。

3. 死区特性在 PID 控制中的应用

在控制系统中，某些执行机构如果频繁动作，会导致小幅振荡，造成严重的机械磨损。从控制要求来说，很多系统又允许被控量在一定范围内存在误差。带死区（如图 17-3 所示）的 PID 控制器能防止执行机构的频繁动作。当死区非线性环节的输入量（即误差）的绝对值小于设定值 B 时，死区非线性的输出量（即 PID 控制器的输入量）为 0，这时 PID 控制器的输出分量中，比例部分和微分部分为 0，积分部分保持不

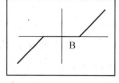

图 17-3　死区宽度

变，因此 PID 的输出保持不变，PID 控制器不起调节作用，系统处于开环状态。当误差的绝对值超过设定值时，开始正常的 PID 控制。

17.3　S7-300/400 模拟量闭环控制功能

17.3.1　S7-300/400 实现闭环控制方法

S7 300/400 为用户提供了功能强大、使用简单方便的模拟量闭环控制功能。

1. 闭环控制模块

S7-300 的 FM355 和 S7-400 的 FM455 是智能化的 4 路和 17 路通用闭环控制模块，可以用于化工和过程控制，模块带有 A/D 和 D/A 转换器。

2. 用于闭环控制的系统功能块

除了专用的闭环控制模块，S7 – 300/400 也可以用 PID 控制功能块来实现 PID 控制。但是需要配置模拟量输入模块和模拟量输出模块（或数字量输出模块）。

系统功能块 SFB 41 ~ SFB 43 用于 CPU313C/314C 和 C7 的闭环控制。SFB 41 "CONT_C" 用于连续控制，SFB 42 "CONT_S" 用于步进控制，SFB 43 "PULSEGEN" 用于脉冲宽度调制。

3. 闭环控制软件包

安装了标准 PID 控制（Standard PID Control）软件包后，还可以使用闭环控制软件包中的相关模块。软件库中的 FB41 ~ FB43 适用于所有的 S7 – 300 和 S7 – 400 的 CPU 的 PID 控制，FB 58 和 FB 59 适用于 PID 温度控制。FB41 ~ FB43 与 SFB41 ~ SFB43 兼容。

模糊控制软件包适合于对象模型难以建立，过程特性缺乏一致性，具有非线性，但是可以总结出操作经验的系统。

神经网络控制系统（Neuronal Systems）适用于不完全了解其结构和解决方法的控制问题。它可以用于自动化的各个层次，从单独的闭环控制器到工厂的最优控制。

PID 自整定（PID Self Turner）软件包可以提供控制优化支持。

4. 编写闭环控制模块

上述几种闭环控制算法都是固定的，但是针对某些具体问题，可能需要用户自己编写程序实现。利用 PLC 的编程指令，很容易做到这一点。不仅仅可以编写针对具体问题的程序段，还可以编写高级算法，或者编写改进的 PID 算法，方便灵活。

17.3.2 使用闭环控制软件包中的功能块实现闭环控制

1. 软件包中功能块的调用

常用的闭环控制模块在程序编辑器左边窗口的 "\ 库 \ Standard Library"（\ 库 \ 标准库）文件夹中，包括 FB 41 ~ 43、FB 58 和 FB 59。其中，FB 41 ~ 43 用于 PID 控制，FB 58 和 FB 59 用于 PID 温度控制。FB 41 ~ 43 与 SFB 41 ~ 43 兼容。

需要注意的是，PID 控制器的处理速度与 CPU 的性能有关，必须在控制器的数量和控制器的计算频率（采样周期 TS）之间折中处理。控制计算频率越高，单位时间的计算量越多，能使用的控制器的数量就越少。PID 控制器可以控制较慢的系统，例如温度和物料的料位等，也可以控制较快的系统，例如流量和速度等。

2. PID 控制的注意事项

软件 PID 属于数字 PID 范畴，因此其采样周期必须是等间隔的。通常我们采用定时中断来保证相同的采样周期，因此一般情况下 PID 功能块都必须在定时中断（例如 OB 35）中调用。定时中短周期 T 与 PID 采样周期 CYCLE 的关系应该是 CYCLE = n * T（n = 1，2，3，4，…）。对于一些慢响应过程，当 CPU 的扫描周期 OB1_CYCLE < CYCLE * 1% 时，PID 功能块可以在 OB1 中调用（调用触发标志位必须在中断中产生）。

一般控制器的采样时间 CYCLE 不超过计算所得控制器积分时间 TI 的 10%。

此外，调用 PID 功能块时，应指定相应的背景数据块。PID 功能块的参数保存在背景数据块中，可以通过数据块的编号、偏移地址或符号地址来访问背景数据块。

17.3.3 模拟量输入及数值整定

1. 模拟量输入

可编程序控制器通过其模拟量输入模块，将现场的连续量转换成可从指定地址直接读取的数字量。用户通过读取操作后对输入数据进行量制整定，必要时，还需进行数字滤波以消除干扰信号。

S7-300/400 的 PLC 对模拟量的输入模块一般都是多路的，但是在编程时使用某个地址上的模拟量比较容易，要使用某个模拟量，只要读取相应模拟量的地址即可。对模拟量的读取可以在一般的子程序中，因此其扫描周期是受程序的大小等因素影响的。也可将模拟量的采集放在中断中，这样模拟量的采样完全受中断控制。

2. 输入信号的数值整定

压力、温度、流量等过程量输入信号，经过传感器变为系统可接收的电压或电流信号，再通过模拟量输入模块中的 A/D 转换，以数字量形式传送给 PLC。这种数字量与过程量之间具有一定的函数关系。但在数值上并不相等，也不能直接使用，必须经过一定的转换。这种按确定函数关系的转换过程称为模拟量的输入数值整定。

模拟量输入信号的整定过程，有 5 个关键问题需要考虑：

1）若模拟量输入模块的输入数据不是从数据字的第 0 位开始，则应进行移位操作使数据的最低位排列在数据字的第 0 位上，以保证数据的准确性。

2）过程量的最大测量范围是多少。

3）数字量可容纳的最大值是多少，该最大值一方面由模拟量输入模块的转换精度位数决定。另一方面也可以由系统外部的某些条件使输入量的最大值限定在某一数值上，不能达到模块的最大输入值。

4）系统偏移有两种形式：一是由测量范围所引起的偏移；二是由模拟量输入模块的转换死区所引起的偏移量。

5）线性化问题：若输入量与实际过程量是曲线关系，则在整定时要考虑线性化问题。

整定过程的流程如图 17-4 所示。

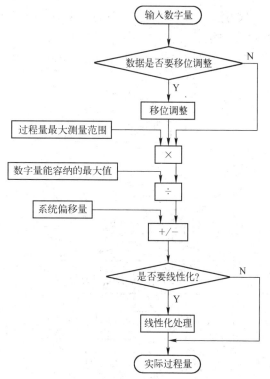

图 17-4　模拟量输入处理流程图

17.3.4 输入量软件滤波

电压、电流等模拟量常常会因为现场的瞬时干扰而产生较大的扰动，这种扰动经 A/D 转换后反映在 PLC 的数字量输入端。若仅用瞬时采样值进行控制计算，将会产生较大的误差，有必要采用数字滤波方法。工程上数字滤波方法很多，如平均值滤波法、惯性滤波法、中间值滤波法等。

1. 平均值滤波法

平均值滤波法包括算术平均值滤波法和加权平均滤波法两种，前一种方法是后一种方法的特例。当采样次数越多，滤波效果越好。这里介绍 PLC 中常用的一种特殊的平均值滤波法——平移式平均值法。其基本原理：

若要采样 N 次，则用这 N 次采样值的平均值代替当前值。每一次的采样值与前 $N-1$ 次的采样值进行算术平均运算，结果作为本次采样的滤波值。这样每个扫描周期只需采样一次，再和前 $N-1$ 次的采样值一起计算本次滤波值。每采样一次，采样值向前平移一次，为下次求滤波值作准备。

平均值滤波法的程序框图如图 17-5 所示。

2. 中间值滤波法

该方法的原理是：在某一采样周期的 k 次采样值中，除去一个最大值和一个最小值，将剩余的 $k-2$ 个采样值进行算术平均并将结果作为滤波值。

设有 k 个采样值存在下列关系：$y_1(KT) \leqslant y_2(KT) \leqslant \cdots \leqslant y_{k-1}(KT) \leqslant y_k(KT)$

滤波值为

$$\overline{y}(kT) = \sum_{i-2}^{k-1} y_i(kT)/(k-2)$$

该方法需对采样值进行排序，找出最大值和最小值，然后求算术平均值。该方法可消除脉冲的干扰。

中间值滤波法的程序框图如图 17-6 所示。

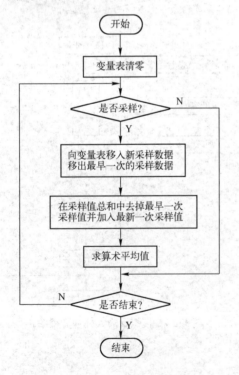

图 17-5　平均值滤波法程序框图

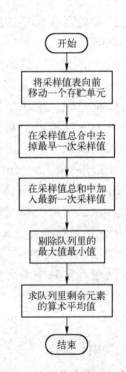

图 17-6　中间值滤波法程序框图

3. 惯性滤波法

该方法的原理是：按照本次采样值与历史值的可信度来分配其在滤波值中所占的比例，

若新的采样值可信度较大，则可在滤波值中占的比例高，否则较小。

该方法的数学表达式为：$\bar{y}(kT) = (1-\alpha)\bar{y}(kT-T) + \alpha y(kT)$

式中：$y(kT)$为第 k 个采样周期的采样值；$\bar{y}(kT)$为第 k 个采样周期的滤波值；α为惯性系数。

且有

$$\alpha = \frac{\text{采样周期 } T_s}{\text{滤波时间常数 } T_f}$$

这种滤波方法在 PLC 控制系统中经常使用，对于信号变化较缓慢且有较大干扰的情况很有效。

惯性滤波法梯形图程序如图 17-7 所示，实例变量表见表 17-1。

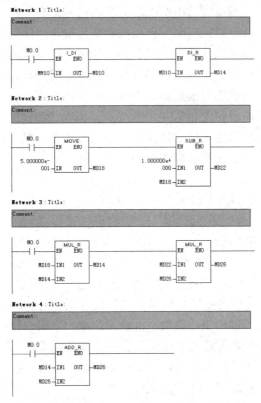

图 17-7　惯性滤波法梯形图程序

表 17-1　惯性滤波实例变量表

地　址	变　量
MW10	第 k 个采样周期的采样值（INT）
MD10	第 k 个采样周期的采样值（DINT）
MD14	第 k 个采样周期的采样值（REAL）
MD18	α（REAL）
MD22	$1-\alpha$（REAL）
MD26	第 k-1 个采样周期的滤波值（REAL）

17.3.5 模拟量输出及整定

1. 输出

由于可编程序控制器控制系统的差异及其被控对象控制信号的具体要求，使得 PLC 的各种输出信号常需要经适当处理，最终按各自的要求输出。

PLC 的输出量主要有开关量和模拟量。开关量较为简单。而模拟量在系统内部是用数字量的形式表示的。一般情况下，一块模拟量输出模块有多个通道，且数个通道共享一个 D/A 转换单元，输出时需进行通道选择。

2. 整定

模拟量的输出过程也有整定问题。在控制系统中，各种控制运算参数及结果都是以一定的单位、符号的实际量表示的。而输出给控制对象的信号是在一定范围内的连续信号，如电压、电流值等。控制量的计算结果向实际输出控制的转换是由模拟量输出模块完成的。在转换过程中，D/A 转换器需要的是控制量在表达范围内的位值，而并非控制量本身。同时，因各种因素产生的系统偏移量，使得送给 D/A 转换器的位值预先按确定的函数关系进行数值转换。这种控制量转换过程称为模拟量输出信号的量值整定。

在整定过程中，需考虑模拟量信号的最大范围、D/A 转换器可容纳的最大位值以及系统的偏移量值因素。模拟量的输出整定过程是一个线性处理过程。各输出量的位值，由输出的实际控制量范围与最大数字量位值得关系确定。

17.4 连续 PID 控制器 FB 41

闭环控制软件包中的相关模块是比较常用的，因此在接下去的几节中，将重点介绍相应的闭环控制模块（包括 FB 41~43，FB 58 和 FB 59），而对于一些先进控制软件包中的模块（例如模糊、神经控制），限于篇幅，在此不再介绍，感兴趣的读者可以自行参阅相关手册。

FB 41 "CONT_C"（连续控制器）的输出为连续变量，可以将控制器用作 PID 固定设定值控制器，或者在多回路控制中用作级联、混合或比率控制器。控制器的功能基于采样控制器的 PID 控制算法，采样控制器带有一个模拟信号；如果需要的话，还可以扩展控制器的功能，增加脉冲发生器 FB 43，以产生脉宽调制的输出信号，用于带有比例执行器的二级或三级（two or three step）控制器。

下面将具体介绍连续 PID 控制器 FB41，由于 PID 控制的功能块参数很多，建议结合功能块对应的框图来学习和理解这些参数。FB41 原理框图如图 17-8 所示。

17.4.1 设定值和过程变量的处理

1. 设定值的输入

设定值以浮点数格式输入到 SP_INT（内部设定值）输入端。

2. 过程变量的输入

过程变量的输入有以下两种方式：

1）用 PV_IN（过程输入变量）输入浮点格式的过程变量，此时数字量输入 PVPER_ON（外部设备过程变量 ON）应为 0 状态。

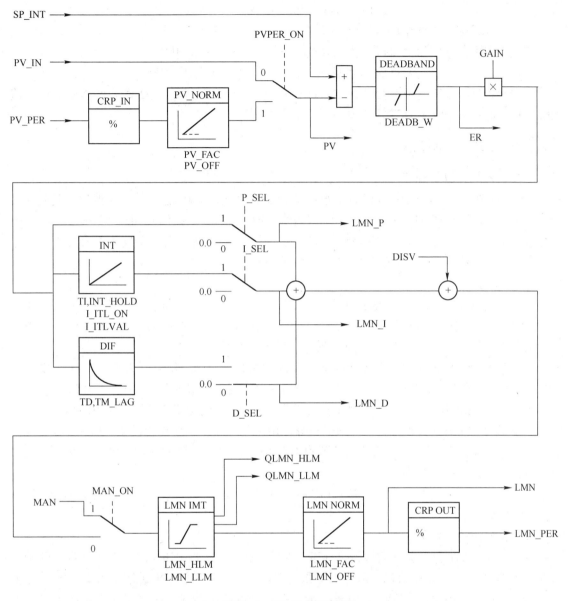

图 17-8　FB 41 原理框图

2）用 PV_PER（外部设备过程变量）输入外部设备（I/O）格式的过程变量，此时 PVPER_ON 应为 1 状态。

3. 外部设备过程变量转换为浮点数

在 FB 41 内部，PID 控制器的给定值、反馈值和输出值都是用 0.0～100.0% 之间的实数百分数来表示的。FB 41 将来自外部设备的整数转换为浮点数格式的百分数，将 PID 控制器的输出值转换为送给外部设备的整数。

外部设备（也即模拟量输入模块）正常范围的最大输出值为 27648，图 17-8 中的 CRP_IN 方框将外部设备输入值转换为 0～100% 或 -100%～100% 之间的浮点数格式的数值，CRP_IN 的输出用下式计算：

$$PV\_R = PV\_PER * 100\% / 27648$$

4. 外部设备过程变量的规格化

PV_NORM 方框用下面的公式将 CRP_IN 的输出 PV_R 规格化：

$$PV\_NORM 的输出 = PV\_R * PV\_FAC + PV\_OFF$$

式中，PV_FAC 为过程变量的系数，默认值为 1.0；PV_OFF 为过程变量的偏移量，默认值为 0.0。PV_FAC 和 PV_OFF 用来调节过程输入的范围。

17.4.2 PID 控制算法

1. 误差的计算与处理

用浮点数格式设定值 SP_INT 减去转换为浮点数格式的过程变量 PV，便得到负反馈的误差。为了抑制由于被控量的量化引起的连续的较小的振荡（例如用 FB 43 PULSEGEN 进行脉冲宽度调制），用死区（DEADBAND）非线性对误差进行处理。死区的宽度由参数 DEADB_W 来定义，如果令 DEADB_W = 0，则死区将关闭。

2. PID 算法

FB 41 采用位置式 PID 算法，比例运算、积分运算（INT）和微分运算（DIF）三部分并行连接，可以单独激活或取消它们。也可以组成纯 I 或纯 D 控制器，不过很少这样使用。

引入扰动量 DISV 可以实现前馈控制，一般设置 DISV 为 0.0。

图 17-8 中的 GAIN 为比例部分的增益或比例系数，TI 和 TD 分别为积分时间常数和微分时间常数。输入参数 TM_LAG 为微分操作的延迟时间，一般取 TM_LAG = TD/5。

P_SEL（比例作用 ON）为 1 时激活比例作用，反之禁止比例作用，默认值为 1。

I_SEL（积分作用 ON）为 1 时激活积分作用，反之禁止积分作用，默认值为 1。

D_SEL（微分作用 ON）为 1 时激活微分作用，反之禁止微分作用，默认值为 0。也即默认的控制方式为 PI 控制。

LMN_P、LMN_I、LMN_D 分别是 PID 控制器输出量中的比例分量、积分分量和微分分量，供调试时使用。

3. 积分器的初始值

FB 41 "CONT_C" 有一个初始化程序，在输入参数 COM_RET（完全重新启动）设置为 1 时该程序被执行。在初始化过程中，如果 I_ITL_ON（积分作用初始化）为 1 状态，将输入变量 I_ITLVAL 作为积分器的初始值。如果在一个循环中断优先级调用它，它将从该数值继续开始运行，所有其他输出都设置为其默认值。

INT_HOLD 为 1 时积分操作保持，积分输出被冻结，一般不冻结积分输出。

17.4.3 控制器输出值的处理

1. 手动模式

FB 41 可以在手动模式和自动模式之间切换，BOOL 变量 MAN_ON 为 1 时为手动模式，为 0 时为自动模式。在手动模式下，控制器的输出值被修改成手动输入值 MAN。

在手动模式下，控制器输出的积分分量被设置成 LMN – LMN_P – DISV（这里的 "–" 为减号），而微分分量被自动设置成 0，并进行内部匹配。这样可以保证手动到自动的无扰切换，即切换前后 PID 控制器的输出值 LMN 不会突变。

2. 输出限幅

LMNLIMIT（输出量限幅）方框用于将控制器输出值限幅。

LMNLIMIT 的输入量程超出控制器输出值的上极限 LMN_HLM 时，信号位 QLMN_HLM（输出超出上限）变为 1 状态；小于下限值 LMN_LLM 时，信号位 QLMN_LMN（输出超出下极限）变为 1 状态。LMN_HLM 和 LMN_LLM 的默认值分别为 100.0% 和 0.0。

3. 输出量的格式化处理

LMN_NORM（输出量格式化）方框用下面的公式来将功能 LMNLIMIT 的输出量 LMN_LIM 格式化：

$$LMN = LMN\_LIM * LMN\_FAC + LMN\_OFF$$

式中，LMN 是格式后浮点数格式的控制器输出值；LMN_FAC 为输出量的系数，默认值为 1.0；LMN_OFF 为输出量的偏移量，默认值为 0.0；LMN_FAC 和 LMN_OFF 用来调节控制器输出量的范围。

4. 输出量转换为外部设备（I/O）格式

控制器输出值如果要送给模拟量输出模块中的 D/A 转换器，需要用 "CPP_OUT" 方框转换为外部设备（I/O）格式的变量 LMN_PER。转化公式为

$$LMN\_PER = LMN * 27648/100$$

17.4.4 FB 41 的参数

FB 41 的输入参数和输出参数见表 17-2 和表 17-3。

表 17-2 FB 41 的输入参数

参数名称	数据类型	地　址	取值范围	默认值	说　明
COM_RST	BOOL	0.0		FALSE	完全重启动，为 1 时执行初始化程序
MAN_ON	BOOL	0.1		TRUE	为 1 时中断控制回路，并将手动值设置为调节值
PVPER_ON	BOOL	0.2		FALSE	使用外部设备输入的过程变量
P_SEL	BOOL	0.3		TRUE	为 1 时打开比例操作
I_SEL	BOOL	0.4		TRUE	为 1 时打开积分操作
INT_HOLD	BOOL	0.5		FALSE	为 1 时积分作用保持，积分输出被冻结
I_ITL_ON	BOOL	0.6		FALSE	积分作用初始化
D_SEL	BOOL	0.7		FALSE	为 1 时打开微分操作
CYCLE	TIME	2	> = 1 ms	T#1s	采样时间，两次块调用之间的时间间隔
SP_INT	REAL	6	−100.0～100.（%）或者是物理值①	0.0	内部设定值
PV_IN	REAL	10	−100.0～100.（%）或者是物理值①	0.0	过程变量输入
PV_PER	WORD	14		W#17#0 000	外部设备输入的 I/O 格式的过程变量

参数名称	数据类型	地 址	取值范围	默认值	说 明
MAN	REAL	17	−100.0 ~ 100.（%）或者是物理值[2]	0.0	使用操作员接口函数置位一个手动值
GAIN	REAL	20		2.0	比例增益输入
TI	TIME	24	> = CYCLE	T#20s	积分器的响应时间
TD	TIME	28	> = CYCLE	T#10s	微分器的响应时间
TM_LAG	TIME	32	> = CYCLE	T#2s	微分作用的时间延迟
DEADB_W	REAL	36	> =0.0（%）或者是物理值[1]	0.0	死区宽度，误差变量死区带的大小
LMN_HLM	REAL	40	LMN_LLM ~ 100.0（%）或者是物理值[2]	100.0	控制器输出上限
LMN_LLM	REAL	44	−100.0 ~ LMN_HLM（%）或者是物理值[2]	0.0	控制器输出下限
PV_FAC	REAL	48		1.0	输入的过程变量的系数
PV_OFF	REAL	52		0.0	输入的过程变量的偏移量
LMN_FAC	REAL	56		1.0	控制器输出量的系数
LMN_OFF	REAL	60		0.0	控制器输出量的偏移量
I_ITLVAL	BOOL	64	−100.0 ~ 100.（%）或者是物理值[2]		积分操作的初始值
DISV	REAL	68	−100.0 ~ 100.（%）或者是物理值[2]	0.0	扰动输入变量

① 设定值和过程变量分支中的参数具有相同的单位。

② 调节值分支的参数具有相同的单位。

表 17-3　FB 41 的输出参数

参数名称	数据类型	地 址	取值范围	默认值	说 明
LMN	REAL	72		0.0	控制器输出值
LMN_PER	WORD	76		W#17#0000	I/O 格式的控制器输出值
QLMN_HLM	BOOL	78.0		FALSE	控制器输出超出上限
QLMN_LLM	BOOL	78.1		FALSE	控制器输出小于下限
LMN_P	REAL	80		0.0	控制器输出值中的比例分量
LMN_I	REAL	84		0.0	控制器输出值中的积分分量
LMN_D	REAL	88		0.0	控制器输出值中的微分分量
PV	REAL	92		0.0	格式化的过程变量
ER	REAL	96		0.0	死区处理后的误差

17.5　步进 PI 控制器 FB 42

　　FB 42 "CONT_S"（步进控制器）使用集成执行器的数字量调节值输出信号来控制工艺过程，在参数分配期间，可以取消或者激活 PI 步进控制器的子功能，以使控制器适用于该过程。可以将控制器用做 PI 固定设定值控制器，也可以用做级联、混合或比例控制器中的刺激控制回路，但是不能当作主控制器使用。控制器的功能基于采样控制器的 PI 控制算法。

17.5.1 步进控制器的结构

图 17-9 是一个典型的步进控制系统。

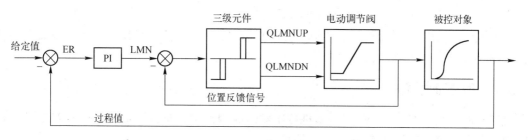

图 17-9 典型步进控制系统原理图

图 17-9 中的电动调节阀是典型的积分型执行机构，它的两个开关量输入脉冲信号用来控制电动调节阀的伺服电动机的正转和反转，使调节阀的开度增大或减小。图中的内环是一个典型的位置随动系统，它的作用是使阀门的开度正比于 PI 控制器的输出值。图中的三级元件具有带滞环的双向继电器非线性特性，它的作用是将小闭环的误差信号转换为两个开关量信号，它们通过伺服电动机来控制调节阀的开度。

一般为了简化上述系统的物理结构，可以用模拟的阀门位置信号来代替实际的阀门位置反馈信号，如图 17-10 所示，图中的 MTR_TM 是执行机构从一个限位位置移动到另一个限位位置所需的时间。

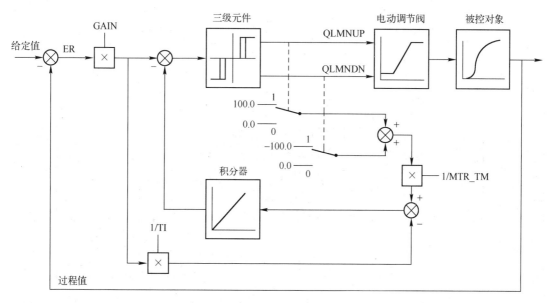

图 17-10 简化的步进控制系统原理图

QLMNUP 为 1 时，电动调节阀的开度增大，同时图 17-10 中上面的开关切换到标有"100.0"的位置，积分器对 100.0/MTR_TM 积分，积分器对应的输出分量反映了阀门开度增大的情况。当 QLMNDN 为 1 时，积分器对信号 −100.0/MTR_TM 积分，积分器的对应输出分量反映了阀门开度减小的情况。由上面的分析可以知道，积分器对图 17-10 中 A 点处

的信号 ±100.0/MTR_TM 积分后的分量可以用来模拟阀门开度的变化情况。

图 17-10 中三级元件的输入信号中有 3 个分量：

1）ER * GAIN：为 PI 控制器中的比例分量。

2）ER * GAIN/TI 经积分器积分后的信号：为 PI 控制器中的积分分量。

3）A 点的信号积分后，得到的模拟阀门开度信号。

比例分量与积分分量相加后，得到 PI 控制器的输出信号，它与模拟的阀门位置信号相减，便得到三级元件的输入信号。

17.5.2 PI 控制算法

图 17-11 是 FB 42 "CONT_S" 步进控制器的原理框图，步进控制器的运行没有使用位置反馈信号，限位停止信号用于限制脉冲输出。

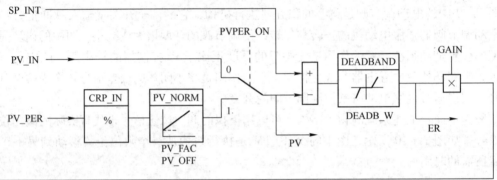

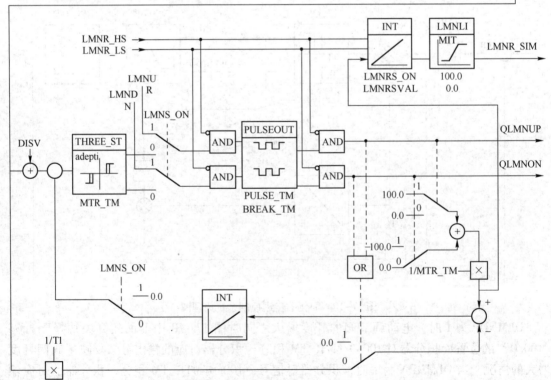

图 17-11 FB 42 原理框图

1. 对设定值、过程变量和误差的处理

对设定值与过程变量的处理、误差的计算与处理、死区环节的作用于 FB 41 的完全相同，在此不再赘述。

2. PI 步进控制算法

功能块 FB 的运行不需要位置反馈信号，对 PI 算法的积分和对模拟的位置反馈信号的积分使用同一个积分器。PI 控制器的输出值与模拟的位置反馈信号进行比较，比较的差值送给三级元件（THREE_ST）和脉冲发生器（PULSEOUT），该脉冲发生器生成用于执行器的脉冲。可以通过调整三级元件的阈值来降低控制器的切换频率。

3. 手动模式

LMNS_ON 为 1 时系统处于手动模式，三级元件后面的两个开关切换到上面标有"1"的触点的位置，此时开关量输出信号 QLMNUP 和 QLMNDN 受手动输入信号 LMNUP（控制信号增大）和 LMNDN（控制信号减小）的控制。LMNS_ON 为 0 时控制开关返回自动模式，手动与自动的切换过程是平滑的。

4. 控制阀的极限位置保护

控制阀全开时，上限位开关动作，LMNR_HS 信号为 1，通过图 17-10 中上面两个与门封锁输出量 QLMNUP，使伺服电动机停止开阀。控制阀全关时，下限位开关动作，LMNR_LS 为 1，通过下面两个与门封锁输出量 QLMNDN，使伺服电动机停止关阀。

5. 初始化

FB 42 的初始化程序在输入参数 COM_RST 为 1 时运行，所有输出信号都被设置为各自的默认值。

17.5.3　FB 42 的参数

FB 42 的输入参数和输出参数见表 17-4 和表 17-5。

表 17-4　FB 42 的输入参数

参数名称	数据类型	地　址	取值范围	默认值	说　　明
COM_RST	BOOL	0.0		FALSE	完全重启动，为 1 时执行初始化程序
LMNR_HS	BOOL	0.1		FALSE	位置反馈信号的上限，为 1 时表示控制阀处于上限停止位置，即控制阀全开
LMNR_LS	BOOL	0.2		FALSE	位置反馈信号的下限，为 1 时表示控制阀处于下限停止位置，即控制阀全关
LMNS_ON	BOOL	0.3		TRUE	为 1 时切换到手动模式
LMNUP	BOOL	0.4		FALSE	控制信号增大，为 1 时输出信号 QLMNUP 受 LMNUP 的控制
LMNDN	BOOL	0.5		FALSE	控制信号减小，为 1 时输出信号 QLMNDN 受 LMNDN 的控制
PVPER_ON	BOOL	0.6		FALSE	使用外围设备输入的过程变量
CYCLE	TIME	2	>＝1 ms	T#1 s	采样时间，两次块调用之间的时间间隔
SP_INT	REAL	6	-100.0～100.（%）或者是物理值[①]	0.0	内部设定值

参 数 名 称	数据类型	地 址	取值范围	默认值	说 明
PV_IN	REAL	10	−100.0 ~ 100.（%）或者是物理值①	0.0	过程变量输入
PV_PER	WORD	14		W#17#0000	外部设备输入的 I/O 格式的过程变量
GAIN	REAL	17		2.0	比例增益输入
TI	TIME	20	> = CYCLE	T#20s	积分时间常数
DEADB_W	REAL	24	> = 0.0（%）或者是物理值①	1.0	死区宽度，误差变量死区带的大小
PV_FAC	REAL	28		1.0	输入的过程变量的系数
PV_OFF	REAL	32		0.0	输入的过程变量的偏移量
PULSE_TM	TIME	36	> = CYCLE	T#3s	最小脉冲时间
BREAK_TM	TIME	40	> = CYCLE	T#3s	最小断开时间
MTR_TM	TIME	44	> = CYCLE	T#30s	执行机构从一个限位位置移动到另一个限位位置所需的时间
DISV	REAL	48	−100.0 ~ 100.（%）或者是物理值②	0.0	扰动输入变量

① 设定值和过程变量分支中的参数具有相同的单位。

② 调节值分支的参数具有相同的单位。

表 17-5　FB 41 的输出参数

参 数 名 称	数据类型	地　　址	取值范围	默 认 值	说　明
QLMNUP	BOOL	52.0		FALSE	为 1 时控制信号增大
QLMNDN	BOOL	52.1		FALSE	为 1 时控制信号减小
PV	REAL	54		0.0	格式化的过程变量
ER	REAL	58		0.0	死区处理后的误差

17.6　脉冲发生器 FB 43

FB 43 "PULSEGEN"（脉冲发生器）与 PID 控制器配合使用，控制框图如图 17-12 所示，以生成脉冲输出，用于比例执行器。FB 43 一般与连续控制器 "CONT_C" 一起使用，配置带有脉宽调制的二级（two step）或三级（three step）PID 控制器。

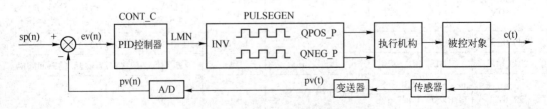

图 17-12　FB 43 模拟量闭环控制框图

17.6.1 脉冲发生器工作原理

1. 脉冲宽度调制的方法

FB 43 的 PULSEGEN 函数通过调节脉冲持续时间，将输入变量 INV（也即 PID 控制器的输出值 LMN）转换成固定时间间隔的脉冲序列，该时间间隔用周期时间 PER_TM 设置，PER_TM 应与 CONT_C 的采样时间 CYCLE 相同。

在每个周期内，脉冲的持续时间和输入变量成比例，如图 17-13 所示。分配给 PER_TM 的周期和 FB 43 的"PULSEGEN"的处理周期并不相等。PER_TM 的周期是由几个"PULSE-GEN"的处理周期组成的，因此每个 PER_TM 周期中"PULSEGEN"调用的次数反映了脉冲宽度的精度。

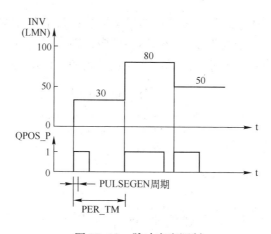

图 17-13　脉冲宽度调制

假设每个 PER_TM 周期有 10 次"PULSEGEN"调用，如果输入变量为最大值的 30%，那么前 3 次调用（10 次调用的 30%）时脉冲输出 QSOS_P 为 1 状态。对于剩下的 7 次调用（10 次调用的 70%）时脉冲输出 QSOS_P 为 0 状态。

2. 控制值的精度

在上述的例子中，"采样比率"（CONT_C 调用和"PULSEGEN"调用的比率，也即 FB 41 与 FB 43 的调用次数之比）为 1:10，因此控制值的精度为 10%，换句话说，设定的输入数值"INV"只能在 QPOS 输出端上以"10%"的步长转换成脉冲宽度。

在 CONT_C 调用的一个周期内增加"PULSEGEN"调用的次数，可以提高精度。例如，如果每个"CONT_C"调用中"PULSEGEN"调用的次数为 100，控制值的分辨率将达到 1%，建议分辨率不大于 5%。图 17-14 是 FB 43 的结构框图。

3. 自动同步

可以使用更新输入变量 INV 的块（例如 CONT_C）来同步脉冲输出，从而保证输入变量的变化能尽快地以脉冲方式输出。

脉冲发生器以 PER_TM 设置的时间间隔为周期，将输入值 INV 转换为对应宽度的脉冲信号。然而，由于计算 INV 的循环中断等级通常较低，因此在 INV 更新后，脉冲发生器应该尽快将新的值转换为脉冲信号。

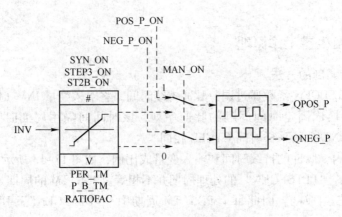

图 17-14　FB 43 结构框图

为此，功能块使用下述方式对输出脉冲的启动同步：如果 INV 发生变化，并且对 FB 43 的调用不在输出脉冲的第一个或最后两个调用周期中，则执行同步，重新计算脉冲宽度，并在下一个循环中输出一个新的脉冲。图 17-15 是周期起始点的同步。

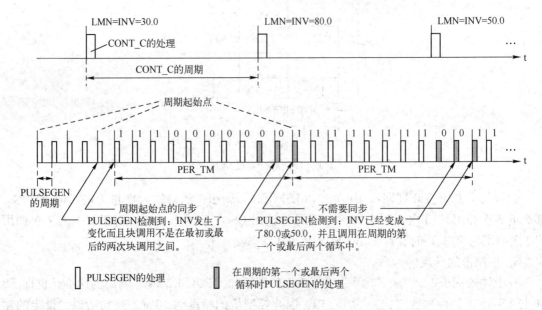

图 17-15　周期起始点同步

可以令 FB 43 的输入量 SYN_ON = FALSE 关闭自动同步功能。

4. 运行模式的参数设置

根据脉冲发生器设置的参数，PID 控制器可以组态为三级输出、双极性二级输出或单极性二级输出。表 17-6 给出了可能的模式的参数设置。

5. 二级/三级控制中的手动模式

在手动模式（MAN_ON = TRUE）中，可以使用信号 POS_P_ON 和 NEG_P_ON 来设置三级或二级控制器的二进制输出，而不必考虑输入量 INV。表 17-7 给出了手动模式可能的参数设置。

表 17-6　模式参数设置

参数 模式	MAN_ON	STEP3_ON	ST2BI_ON
三级控制	FALSE	TRUE	任意值
双极性二级控制（ -100% ~ 100%)	FALSE	FALSE	TRUE
单极性二级控制（0~100%)	FALSE	FALSE	FALSE
手动模式	TRUE	任意值	任意值

表 17-7　手动模式参数设置

	POS_P_ON	NEG_P_ON	QPOS_P	QNEG_P
三级控制	FALSE	FALSE	FALSE	FALSE
	TRUE	FALSE	TRUE	FALSE
	FALSE	TRUE	FALSE	TRUE
	TRUE	TRUE	FALSE	FALSE
二级控制	FALSE	任意值	FALSE	TRUE
	TRUE	任意值	TRUE	FALSE

6. 初始化

FB 43 的初始化程序在输入参数 COM_RST 为 1 时运行，所有输出信号都被设置为各自的默认值。

17.6.2　三级控制器

1. 三级控制

在"三级控制"模式中，用两个开关量输出信号 QPOS_P 和 QNEG_P 产生控制信号的三种状态，用来控制执行机构的状态。表 17-8 给出了用三级控制器来控制温度的例子。

表 17-8　三级控制器控制温度

执行器 输出信号	加　热	关　闭	冷　却
QPOS_P	TRUE	FALSE	FALSE
QNEG_P	FALSE	FALSE	TRUE

基于输入变量，使用特征曲线计算脉冲持续时间。特征曲线的形状由最小脉冲或最小断开时间和比率系数 RATIOFAC 决定，如图 17-16 所示。比率因子的标准值是 1。曲线中的"拐点"是由最小脉冲或最小断开时间引起的。

脉冲宽度可以根据输入变量 INV（单位%）与周期时间相乘进行计算：

$$脉冲宽度 = INV * PER\_TM/100$$

用三级控制器来控制电动调节阀的开度时，正脉冲使调节阀的伺服电动机正转，阀的开度增大。负脉冲使调节阀的伺服电动机反转，阀的开度减小。脉冲的宽度与阀门开度的增量成正比，此时三级控制的输入量 INV 应为 PID 控制器的输出量 LMN 的增量，即本次的 LMN 与前一采样周期的 LMN 的差值。

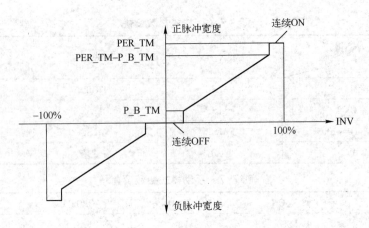

图 17-16　三级控制器的对称曲线

2. 最小脉冲或最小断开时间

正确设置最小脉冲或最小断开时间 P_B_TM，可以减少开关元件的动作次数，提高执行机构的使用寿命。

需要注意的是，如果由输入变量 INV 上的小绝对值产生的脉宽小于 P_B_TM，那么将抑制该值。而对于大的输入值，如果由它产生的脉宽大于 PER_TM − P_B_TM，则将它设置为 100% 或 − 100%。

3. 比率系数 <1 的三级控制器

使用比率系数 RATIOFAC，可以改变正脉冲宽度和负脉冲宽度之比。例如，在一个加热过程中，可以为此加热和冷却过程使用不同的时间常数。当比率系数小于 1 时，计算输入变量和周期时间的乘积所得的负脉冲输出的脉宽，因比率系数的存在而减少。相应的脉冲宽度的计算公式如下：

$$正脉冲宽度 = INV * PER\_TM/100$$
$$负脉冲宽度 = INV * PER\_TM * RATIOFAC/100$$

图 17-17 是比率系数为 0.5 的三级控制器的不对称曲线。

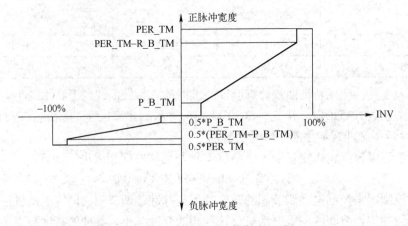

图 17-17　三级控制器的不对称曲线

4. 比例系数 >1 的三级控制器

当比率系数大于 1 时，计算输入变量和周期时间的乘积所得的正脉冲输出的脉宽，因比率系数的存在而减少。相应的脉冲宽度的计算公式如下：
$$正脉冲宽度 = INV * PER\_TM/(100 * RATIOFAC)$$
$$负脉冲宽度 = INV * PER\_TM/100$$

17.6.3　二级控制器

二级控制器只用 FB 43 的正脉冲输出 QPOS_P 连接到 I/O 执行机构上，二级控制器按控制值 INV 的范围分为双极性控制器和单极性控制器，如图 17-18 和图 17-19 所示。

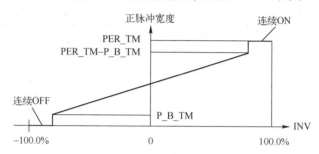

图 17-18　-100% ~ 100% 的双极性控制值二级控制

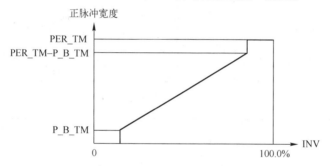

图 17-19　0 ~ 100% 的单极性控制值二级控制

如果在控制回路中，二级控制器的执行脉冲需要逻辑状态相反的开关量信号，可以用 QNEG_P 输出负的输出信号，见表 17-9。

表 17-9　两个输出量的二级控制

执行器 脉冲	打　开	关　闭
QPOS_P	TRUE	FALSE
QNEG_P	FALSE	TRUE

17.6.4　FB 43 的参数

FB 43 的输入参数和输出参数见表 17-10 和表 17-11。

表 17-10　FB 43 的输入参数

参数名称	数据类型	地　址	取值范围	默认值	说　　明
INV	REAL	0	-100.0 ~ 100.0(%)	0.0	输入变量，也即 FB 41 输出的模拟量控制值
PER_TM	TIME	4	> =20 * CYCLE	T#1s	周期时间，脉冲宽度调制的固定周期，对应于 PID 控制器的采样时间

793

参数名称	数据类型	地址	取值范围	默认值	说　　明
P_B_TM	TIME	8	> = CYCLE	T#50 ms	最小脉冲时间或最小断开时间
RATIOFAC	REAL	12	0.1 ~ 10.0	1.0	比率系数，用于改变正脉冲宽度和负脉冲宽度之比。例如，在一个热过程中，可以为加热和冷却过程补偿不同的时间常数
STEP3_ON	BOOL	17.0		TRUE	三级控制打开。在三级控制中，两个输出信号都有效
ST2BI_ON	BOOL	17.1		FALSE	双极性控制值的二级控制打开。用来选择"双极性控制值二级控制"或"单极性控制值二级控制"模式
MAN_ON	BOOL	17.2		FALSE	手动模式开启，可以手动设置输出信号
POS_P_ON	BOOL	17.3		FALSE	正脉冲打开。在三级控制的手动模式中，用来控制输出信号 QPOS_P。在二级控制的手动模式中，QNEG_P 与 QPOS_P 的设置必须始终相反
NEG_P_ON	BOOL	17.4		FALSE	负脉冲打开。在三级控制的手动模式中，用来控制输出信号 QPOS_N。在二级控制的手动模式中，QNEG_P 与 QPOS_P 的设置必须始终相反
SYN_ON	BOOL	17.5		TRUE	同步开启。通过置位输入参数"同步开启"，就能自动同步更新输入变量 INV 的块，以保证输入变量的变化尽可能快地以脉冲的形式输出
COM_RST	BOOL	17.6		FALSE	若为 1，那么在启动时执行块的初始化程序；若为 0，控制器运行
CYCLE	TIME	18	> = 1 ms	T#10 ms	采样时间，规定了相邻两次块调用之间间隔的时间

表 17-11　FB 43 的输出参数

参数名称	数据类型	地址	取值范围	默认值	说　　明
QPOS_P	BOOL	22.0		FALSE	输出正脉冲。三级控制始终为正脉冲，二级控制时必须与 QNEG_P 的状态相反
QNEG_P	BOOL	22.1		FALSE	输出负脉冲。三级控制时总为负脉冲，二级控制时必须与 QPOS_P 的状态相反

17.7　连续温度控制器 FB 58

在标准库（Libraries/Standard Library/PID Control Blocks）中的 PID 控制块中提供了两个用于温度控制的功能块 FB 58 和 FB 59。其中，FB 58 用于具有连续或脉冲输入信号的执行器的温度控制器，而 FB 59 用于类似于定位电动机的执行器的步进温度控制器。除了基本的功能之外，FB 58 还提供 PID 的参数自整定功能。

此外，需要注意的是，PID 功能块是纯软件控制器，相关运算数据存放在相应的背景数据块中，对于不同的回路，应该使用不同的背景数据块，否则会导致 PID 运算混乱的错误。

FB 58 可以用在仅加热的温度控制回路（例如控制蒸汽的供给量来控制温度），也可以用在仅冷却的温度控制回路（例如控制冷却风扇的频率）。如果用于冷却，则回路工作在反作用状态，此时需要给比例增益参数 GAIN 分配一个负数，其他保持不变。

和常规 PID 功能块（例如 FB 41）相比，FB 58 具有如下特性：

1）提供控制带（Control Zone）功能。

2）控制输出提供脉冲方式。

3）过程值转换增加对温度信号转换（PV_PER * 0. 1/0. 01）方式的支持。

4）参数保存和重新装载。

5）控制器参数自整定功能。

6）设定值变化时的比例作用弱化功能。

以下将详细介绍连续温度控制器 FB 58，仍然是结合原理框图进行理解。

17.7.1　设定值和过程变量的处理

FB 58 原理框图如图 17-20 所示。

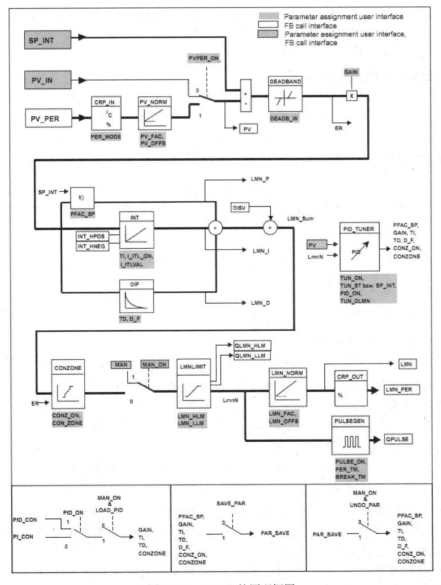

图 17-20　FB 58 的原理框图

1. 设定值的输入

设定值以浮点数格式输入到 SP_INT（内部设定值）输入端，可以是物理值，也可以是百分比。用于形成偏差的设定值和过程值必须具有相同的单位。

2. 过程变量的输入

过程变量的输入有以下两种方式，根据 PVPER_ON，可以以外部设备（I/O）或浮点数格式采集过程值，见表17-12。

表 17-12　过程变量的输入

PVPER_ON	过程值输入
TRUE	用 PV_PER（外部设备过程变量）输入外部设备（I/O）格式的过程变量
FALSE	用 PV_IN（过程输入变量）输入浮点格式的过程变量

需要注意的是，PVPER_ON 的默认值为 FALSE。

3. 外部设备过程变量格式转换

对于 PV_PER 的输入，根据温度测量方式的不同，从模拟量输入通道过来的数据格式也有所不同，因此，FB 58 提供过程值格式转换的环节 CRP_IN。CRP_IN 方框将外部设备输入值转换为 0~100% 或 -100%~100% 之间的浮点数格式的数值，CRP_IN 方框是根据参数 PER_MODE 的取值进行不同的格式转换，见表17-13。

表 17-13　格式转换

PER_MODE	转换方式	模拟量输入类型	单位
0	PV_PER * 0.1	热电偶；PT100/NI100；标准	℃；℉
1	PV_PER * 0.01	PT100/NI100；气候	℃；℉
2	PV_PER * 100/27468	电压/电流	%

其中，PVPER_MODE 的默认值为 0。

4. 外部设备过程变量的格式化

外部设备过程变量经过 CRP_IN 之后，还有一个规格化（Normalize）的环节 PV_NORM。该环节可以对过程值进行修正；对于温度值，可以规格化为百分比值；同样，百分比值也可以规格化为温度值。其转换公式为

$$PV\_NORM \text{ 的输出} = CRP\_IN \text{ 的输出} * PV\_FAC + PV\_OFFS$$

其中，参数的计算如下所示（LL 是下限值）：

$$PV\_FAC = PV\_NORM \text{ 的取值范围}/CRP\_IN \text{ 的取值范围}$$

$$PV\_OFFS = LL(PV\_NORM) - PV\_FAC * LL(CRP\_IN)$$

PV_FAC 的默认值为 1.0，PC_OFFS 的默认值为 0.0。

如果要输入一个百分比形式的设定值，并且要施加 -20~85℃ 的温度范围到 CRP_IN，则必须将温度范围规格化为百分比值。

图 17-21 给出了一个实例，将温度范围 -20~85℃ 调整到内部刻度 0~100%。

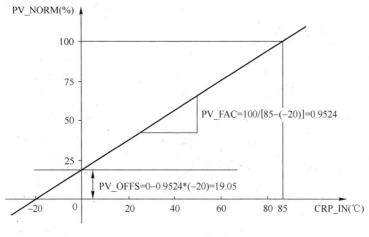

图 17-21   温度转换实例

17.7.2   PID 控制算法

1. 误差的计算与处理

用浮点数格式设定值 SP_INT 减去转换为浮点数格式的过程变量 PV，便得到负反馈的误差。需要注意的是，设定值和过程值必须具有相同的单位。为了抑制由于被控量的量化引起的连续的较小的振荡（例如用 PULSEGEN 进行脉冲宽度调制），用死区（DEADBAND）非线性对误差进行处理。死区的宽度由参数 DEADB_W 来定义，如果令 DEADB_W = 0，则死区将关闭。

2. PID 算法

FB 58 的 PID 算法采用位置算法形式运行，比例、积分（INT）和微分（DIF）作用并行连接在一起，可以单独进行激活或取消激活。这样就允许组态 P、PI、PD 和 PID 控制器。控制器整定支持 PI 和 PID 控制器。另外，通过使用一个负的 GAIN 值来实现控制器反转（冷却控制器）。

如果将 TI 和 TD 设置为 0.0，则可以在工作点上获得一个纯比例控制器。

引入扰动量 DISV 可以实现前馈控制，一般设置 DISV 为 0.0。

具体的 PID 运算流程如图 17-22 所示。

从图 17-22 可以看出，时间范围内的阶跃响应是：

$$LMN\_Sum(t) = GAIN * ER(0) * \left(1 + \frac{1}{T_I} * t + D\_F * e^{\frac{-t}{TD/D\_F}} \right)$$

其中：

LMN_Sum(t)	控制器处于自动模式时的可调节变量
ER(0)	规格化的偏差信号的阶跃变化
GAIN	控制器增益
T_I	积分时间
T_D	微分时间
D_F	微分因子

此外，由图 17-22 不难看出以下几点：

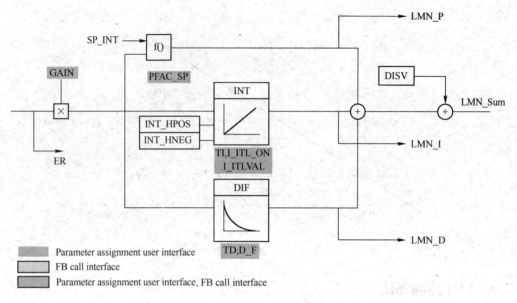

图 17-22　PID 运算流程图

1）PFAC_SP 为比例弱化功能。在设定值 SP_INT 发生阶跃变化时，设置比例因子 PFAC_SP，从而达到减弱因为设定值修改而导致的不稳定，该比例因子 PFAC_SP 的取值范围是 0.0 ~ 1.0。如果 PFAC_SP = 0.0，表示如果设定值发生变化，比例作用发挥全部作用；如果 PFAC_SP = 1.0，表示如果设定值发生变化，比例作用不发挥任何作用。

2）对于积分作用，在 I_ITL_ON 为 1 的时候，积分结果就是 I_ITLVAL。积分功能中的 INT_HPOS 和 INT_HNEG 参数为正向积分功能保持和反向积分功能保持，如果此时偏差 ER 和增益 GAIN 的乘积为正，且 INT_HPOS 为 True，那么此次运算周期中积分的增加量为 0，即积分项 LMN_I 的输出不会改变。INT_HNEG 的作用与此类似。

3）微分功能中的 D_F 参数是微分因子，在微分运算中和周期时间 CYCLE 作用类似。如果激活了微分作用，则应该满足下列关系式：

$$TD \geqslant 0.5 * CYCLE * D\_F$$

3. 积分器的初始值

FB "TCONT_CP" 有一个初始化程序，在输入参数 COM_RET（完全重新启动）设置为 1 时该程序被执行。在初始化过程中，如果 I_ITL_ON（积分作用初始化）为 1 状态，将输入变量 I_ITLVAL 作为积分器的初始值。如果在一个循环中断优先级调用它，它将从该数值继续开始运行，所有其他输出都设置为其默认值。

4. 计算操作变量

图 17-23 是计算操作变量的示意图。

由图 17-23 不难发现，有一个 CONZONE 模块，这是 FB 58 特有的控制带模块，下面将详细讲述操作变量的处理。

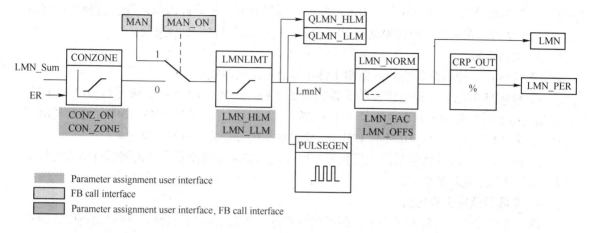

图 17-23　操作变量的计算

17.7.3　控制器输出值的处理

1. 控制带（CONZ_ON、CON_ZONE）

温度控制回路是一个有明显滞后特性的对象，这给实际的调节过程带来了很多的问题，最显著的困难就是在过程值偏离设定值较大时，调节过程过于缓慢，而在接近设定值时容易出现较大的超调。

针对上述的两个问题，PID 应该满足这样的功能：

1）在偏差超过一定的范围时，PID 输出最大或者最小的调节量，让温度值快速回到一个小的范围中，以缩短回路的调节时间。

2）在设定值附近时，越靠近调节量变化越小，以防止超调。

为此，FB 58 提供了一个"控制带（Control Zone）"功能，如果 CONZ_ON = TRUE，则控制器运行时使用控制带。这意味着控制器将依据下列算法工作：

1）如果 PV 超出 SP_INT，且偏差超过了 CON_ZONE，则数值 LMN_LLM 作为可调节变量输出（受控的闭环回路）。

2）如果 PV 低于 SP_INT，且偏差超过了 CON_ZONE，则数值 LMN_HLM 作为可调节变量输出（受控的闭环回路）。

3）如果 PV 在控制带（CON_ZONE）之内，则可调节变量采用来自 PID 算法 LMN_Sum 的数值（自动闭环回路控制）。

需要注意的是，在手动激活控制带之前，必须确保控制带范围不能太窄。如果控制带范围太小，则可调节变量和过程变量可能会发生振荡。

当过程值进入控制带时，微分作用可造成可调节变量快速减小。这意味着，只有在激活了微分作用时控制带才有用。如果没有控制带，基本上只有通过减小比例作用才能减小可调节变量。所以控制带会导致在不过调或欠调的情况下，使调节尽快稳定。

2. 手动模式

FB 58 可以在手动模式和自动模式之间切换，BOOL 变量 MAN_ON 为 1 时为手动模式，为 0 时为自动模式。在手动模式下，控制器的输出值被修改成手动输入值 MAN。

在手动模式下，控制器输出的积分作用（INT）被设置成 LMN – LMN_P – DISV（这里

的 "－" 为减号），而微分作用（DIF）被自动设置成 0，并进行内部匹配。这样可以保证手动到自动的无扰切换，即切换前后 PID 控制器的输出值 LMN 不会突变。

3. 输出限幅

LMNLIMIT（输出量限幅）方框用于将控制器输出值限幅。

LMNLIMIT 的输入量程超出控制器输出值的上极限 LMN_HLM 时，信号位 QLMN_HLM（输出超出上限）变为 1 状态；小于下限值 LMN_LLM 时，信号位 QLMN_LMN（输出超出下极限）变为 1 状态。LMN_HLM 和 LMN_LLM 的默认值分别为 100.0% 和 0。

如果可调节变量达到限制值，则积分作用停止。如果偏差使积分作用回到可调节变量范围，则积分作用重新被启用。

4. 在线更改输出限制值

如果可调节变量的范围减小了，而可调节变量的新的未限制值超出了该限制范围，则积分作用和可调节变量的数值将因此发生变换。

可调节变量的减小量和可调节变量限制值的变化量相同。如果在变化之前可调节变量没有达到限制值，则它将被设置成新的限制值（这里所描述的情况用于可调节变量的上限）。

5. 输出量的格式化处理

LMN_NORM（输出量格式化）方框用下面的公式来将功能 LMNLIMIT 的输出量 LmnN 格式化：

$$LMN = LmnN * LMN\_FAC + LMN\_OFF$$

式中，LMN 是格式后浮点数格式的控制器输出值；LMN_FAC 为输出量的系数，默认值为 1.0；LMN_OFF 为输出量的偏移量，默认值为 0.0；LMN_FAC 和 LMN_OFF 用来调节控制器输出量的范围。

6. 输出量转换为外部设备（I/O）格式

控制器输出值如果要送给模拟量输出模块中的 D/A 转换器，需要用 "CPP_OUT" 方框转换为外部设备（I/O）格式的变量 LMN_PER。转化公式为

$$LMN\_PER = LMN * 27648/100$$

17.7.4 保存和重新装载控制器参数

保存和重新装载控制器参数是 FB 58 中的新功能，主要用来实现在多套参数之间的切换，如图 17-24 所示。

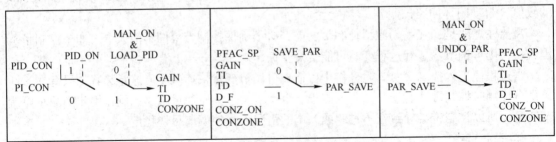

图 17-24 保存和重新装载控制器参数

从图 17-24 可以看出，控制参数的处理有三种方式：

（1）从 PID_CON/PI_CON 中装载

要实现此装载，必须满足如下几种条件：

1）手动控制状态（MAN_ON = True）。

2）PID_CON. GAIN 或者 PI_CON. GAIN 不为 0。

3）LOAD_PID 为 1。

如果参数 PID_ON 为 1，则从 PID_CON 中装载如下参数：GAIN、TI、TD，并计算 CON_ZONE = 250. 0/GAIN。

如果参数 PID_ON 为 1，则从 PI_CON 中装载如下参数：GAIN、TI、TD，并计算 CONZ-ONE = 250. 0/GAIN。特殊地，此时会关闭控制带功能，即设置 CON_ZONE 参数为 0，并让微分参数 TD 设置为 0.0。

装载完成之后，参数 LOAD_PID 会自动复位。

值得注意的是，如果 PID_CON 中保存的增益参数 PID_CON. GAIN 为 0，则自动会修改 PID_ON 为 0，并转而从 PI_CON 中获取参数。

（2）保存参数

如果当前参数设置可用，则在进行手动更改之前，可以将其保存到 FB 58 "TCONT_CP" 背景数据块的一个特殊结构中。如果整定控制器，则所保存的参数将被整定前的有效参数值覆盖。

保存参数可以在任何工作状态下进行，只需设置参数 SAVE_PAR 为 1 即可。可以将如下参数保存在 PAR_SAVE 结构体中：PFAC_SP、GAIN、TI、TD、D_F、CONZ_ON、CONZ-ONE。在保存结束之后，参数位 SAVE_PAR 会自动复位。

（3）重新装载参数

重新装载是"保存参数"的逆过程，但其执行是需要条件的：

1）手动控制状态（MAN_ON = True）。

2）PAR_SAVE. GAIN 不为 0。

3）参数 UNDO_PAR 为 1。

在重新装载完成之后，参数 UNDO_PAR 会自动复位。使用本功能，可为控制器重新激活最后保存的控制器参数设置。

17. 7. 5　脉冲输出方式

1. 脉冲宽度调制的方法

和 FB 41 不同，FB 58 中集成有脉宽调制输出的功能，通过将 PID 的运算结果换算成对应的脉冲占空比来达到加热/冷却的控制。PULSEGEN 功能使用脉宽调制，将模拟量可调节变量值 LmnN 转换成一系列周期为 PER_TM 的脉冲信号。通过设置 PULSE_ON = TRUE 激活 PULSEGEN，并在 CYCLE_P 周期中对其进行处理。

如图 17-25 所示，LmnN 为 PID 的运算结果。假设每个 PER_TM 周期有 10 次 "PULSE-GEN"调用，如果输入变量为最大值的 30%，那么前 3 次调用（10 次调用的 30%）时脉冲输出 QPULSE 为 1 状态。对于剩下的 7 次调用（10 次调用的 70%）时脉冲输出 QPULSE 为 0 状态。

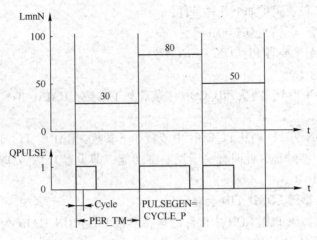

图 17-25　脉宽调制

每个脉冲重复周期内的脉宽和可调节变量成比例，其计算公式如下：

$$脉宽 = PER\_TM * LmnN/100$$

通过抑制最小脉冲或断开时间，可以使转换的特征曲线在开始和结束区域内变成折线。

2. 最小脉冲或最小断开时间（P_B_TM）

频繁地打开和关闭将缩短开关元件和执行器的工作寿命，可以通过设置一个最小脉冲或最小断开时间 P_B_TM 来避免发生此问题。

具体来说，输入变量 LmnN 上的小绝对值可能会生成短于 P_B_TM 的脉冲时间，系统将抑制这些绝对值；而生成的脉冲时间长于 PER_TM – P_B_TM 的高输入值将被设置为100%，从而降低脉冲生成的动态特性。

3. 脉冲生成的精度

与脉冲重复周期 PER_TM 相比，脉冲发生器的采样时间 CYCLE_P 越小，脉宽调制的精度就越高。要获得充分精确地控制，一般使用如下算式：

$$CYCLE\_P \leqslant PER\_TM/50$$

这意味着，可调节变量的数值被转换成脉冲，其精度将小于等于2%。

17.7.6　脉冲输出和 PID 运算

在 FB 58 中，脉冲输出和 PID 计算是两个相对独立的过程，各自有自己的计算周期。对于 PID 计算来说，CYCLE 参数可以看成是 PID 计算的循环周期时间，例如 PID 在 OB 35 每次执行过程中都会被调用，而硬件组态过程中 OB 35 的周期时间被设置成了 500 ms，则 CYCLE 应该填写为 0.5。对于脉冲输出来说，其循环周期时间是 CYCLE_P。这两个时间参数可以一样，也可以不一样。PID 的计算周期主要由被测量的变化规律决定，而脉冲输出的 CYCLE_P 参数由要求的脉冲输出精度决定。

为了协调 PID 和脉冲输出之间的矛盾，FB 58 提供了"SELECT"参数，其具体使用见表 17-14。

根据表 17-14 描述，FB 58 的调用可以有如下三种情况：

表 17-14　"SELECT" 参数使用

应　用	块　调　用	功　能
默认状况：在 S7-300 和 S7-400 中，脉冲发生器采样时间不是特别短（例如，CYCLE_P = 100ms）	在周期性中断 OB 中通过 SELECT = 0 进行调用	在同一个周期性中断 OB 中执行控制程序段和脉冲输出
在 S7-300 中，脉冲发生器采样时间较短（例如，CYCLE_P = 10ms）	在 OB1 中通过 SELECT = 1 执行条件调用（QC_ACT = TRUE）	在 OB1 中执行控制程序段
	在周期性中断 OB 中通过 SELECT = 2 进行调用	在周期性中断 OB 中执行脉冲输出
在 S7-400 中，脉冲发生器采样时间较短（例如，CYCLE_P = 10ms）	在低速周期性中断 OB 中通过 SELECT = 3 进行调用	在低速周期性中断 OB 中执行控制程序段
	在高速周期性中断 OB 中通过 SELECT = 2 进行调用	在高速周期性中断 OB 中执行控制程序段

（1）SELECT = 0，FB 58 只在周期中断 OB（例如 OB 35）中调用

此时的参数配置应该将 CYCLE_P 和周期中断 OB 的中断时间保持一致。因为 PID 计算的执行条件是 CYCLE_P 的累计值和 CYCLE 参数一致，而脉冲输出周期 PER_TM 则应该是 CYCLE_P 的整数倍，和 CYCLE 无关。

例如，在 OB 35 中调用 FB 58，OB 35 的周期时间为 50ms，FB 58 中的 CYCLE_P 是 0.05s，CYCLE 是 1.0s，PER_TM 是 3.0s。

观察参数之间的关系，CYCLE 是 CYCLE_P 的 20 倍，即 OB 35 每 20 个周期执行一次 FB 58 里的 PID 计算，而输出的脉冲周期是 3s。

（2）FB 58 分别在 OB 1 和周期中断 OB（例如 OB 35）中调用

在两个 OB 块中调用的 FB 58 使用同样的背景数据块和参数，只是 SELECT 参数有所不同，在 OB 1 中调用，SELECT 设置为 1；在周期中断 OB 中调用，SELECT 设置为 2。为了缩短 OB 1 执行时间，可以通过 FB 58 背景数据块中的 "QC_ACT" 来选择是否执行 FB 58，当 QC_ACT 为 TRUE 时，执行；否则跳过。

在这种方式下，处理原理同（1）一致，不同的是 PID 运算总是在 OB 1 中执行罢了。OB 1 的执行周期对 PID 运算、脉冲输出均没有影响。

（3）FB 58 在两个不同周期时间的周期中断 OB（例如 OB 32 和 OB 35）中调用

FB 58 分别在两个周期中断 OB 中调用，其中周期时间长的 OB 中调用的 FB 58 的 SELECT 参数设置为 3，时间短的设置为 2。

同前面两种情况不一样，SELECT 选择为 3 时，PID 的运算只和调用周期有关。例如 OB 32 定义的周期时间是 100ms，OB 35 的周期时间是 100ms，CYCLE_P 是 0.02s，PER_TM 是 1.0s。这样在 OB 32 中定义 SELECT 参数为 3，则每 1s 就执行一次 PID 运算，并不是由 CYCLE 和 CYCLE_P 的关系来决定。

17.7.7　参数设置的经验法则

前面的描述说明了 CYCLE/CYCLE_P/PER_TM 之间的关系，对于具体的参数设置，可以有如下几条法则：

1）CYCLE 时间不能超过积分时间 TI 的 10%。

2）为了保证控制精度，脉冲周期时间 PER_TM 应该至少是 CYCLE_P 的 50 倍。

3）脉冲周期时间 CYCLE 不能超过积分时间 TI 的 5%。

17.7.8 自整定功能

当在 FB 58 "TCONT_CP" 中执行控制器整定时，将自动设置 PI/PID 控制器参数。一般来说，有如下两种整定方式：

1）使用设定值阶跃变化，通过逼近工作点来实现整定。

2）通过设置一个起始位，在工作点上进行整定。

在这两种情形中，通过一个可选的可调节变量阶跃变化来激励过程的执行。在检测到一个拐点之后，将获得可用的 PI/PID 控制器参数，控制器也将切换到自动模式，并继续使用这些参数进行控制。还可以使用参数分配用户界面中的向导来整定控制器。

控制器设计的目标是实现对干扰的最优响应。如果整定结果是"尖锐"的参数，则在设定值阶跃变化中将会导致变化量的 10% ~ 40% 的过调。为避免发生这种情况，当发生设定值阶跃变化时，可通过 PFAC_SP 参数弱化比例作用。在典型的温度过程中，也可以通过暂时使用最小或最大可调节变量，减小由设定值的较大阶跃变化引起的过调（受控的闭环回路）。

在整定过程开始时，将测量控制器采样时间 CYCLE 和脉冲发生器采样时间 CYCLE_P（如果脉冲控制处于激活状态）。如果测量值和组态值相差超过 5%，则控制器优化将中止，并设置 STATUS_H = 30005。

当整定控制器时，在整定开始之前将首先保存参数。当整定结束时，可以使用 UNDO_PAR 重新激活参数设置，使其与整定之前相同。

在整定期间，块算法要运行几个阶段。PHASE 参数指示了块当前正处于哪个阶段，PHASE 参数见表 17-15。

表 17-15 PHASE 参数指示

PHASE	描　　述
0	无整定；自动或手动模式
1	准备开始整定；检查参数，等待激励，测量采样时间
2	实际整定：等待在稳定的控制器输出值上检测到拐点。采样时间输入到背景数据块中
3（1 个周期）	过程参数的计算。整定前有效的控制器参数被保存
4（1 个周期）	控制器设计
5（1 个周期）	使控制器处理新的可调节变量
7	检查过程类型

图 17-26 说明了修改设定值的激励方式的工作原理。该整定是由于设定值从周围环境温度阶跃变化到工作点而引起的。

寻找拐点是整定过程中的关键，如果设定值的阶跃变化太小，则可能在过程值（图中虚线）变化过程中不会出现拐点；相反地，如果设定值的阶跃变化过大，则可能会造成大的超调，对系统不利。

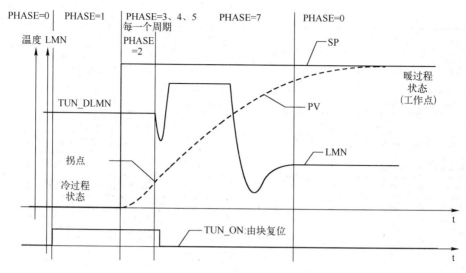

图 17-26　修改设定值的激励方式工作原理

图 17-27 说明了从 TUN_ST = TRUE 开始的、在工作点上执行整定的各个阶段。

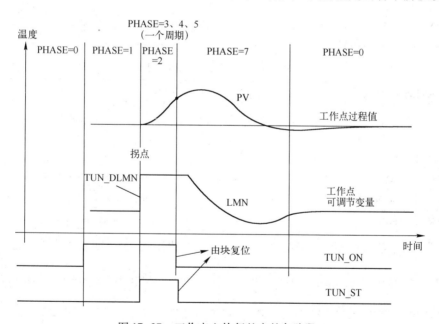

图 17-27　工作点上执行整定的各阶段

从图 17-27 可以清楚地看到，整个整定过程中，设定值并没有发生变化，只是输出值 LMN 有一个变化量 TUN_DLMN，在这个变化量的促使下，过程中出现波动，等检测到拐点之后，变化量消失，系统重新恢复到设定值上来。

17.7.9　FB 58 的参数

FB58 的参数见表 17-16、表 17-17 和表 17-18。

表 17-16　FB 58 的输入参数

参数名称	数据类型	地　址	取值范围	默认值	说　　明
PV_IN	REAL	0.0	取决于使用的传感器	0.0	过程变量输入
PV_PER	INT	4.0		0	外部过程变量
DISV	REAL	6.0		0.0	干扰变量
INT_HPOS	BOOL	10.0		FALSE	保持正方向上的积分作用
INT_HNEG	BOOL	10.1		FALSE	保持负方向上的积分作用
SELECT	INT	12.0	0～3	0	选择调用 PID 和脉冲发生器
CYCLE	REAL	26.0	≥0.001s	0.1s	连续控制器采样时间
CYCLE_P	REAL	30.0	≥0.001s	0.02s	脉冲发生器采样时间
SP_INT	REAL	34.0	取决于使用的传感器	0.0	内部设定值
MAN	REAL	38.0		0.0	手动值
COM_RST	BOOL	42.0		FALSE	完全重启动，为1时执行初始化程序
MAN_ON	BOOL	42.1		TRUE	手动操作打开，中断控制回路，设置 MAN 手动数值作为操作变量的数值

表 17-17　FB 58 的输出参数

参数名称	数据类型	地　址	取值范围	默认值	说　　明
PV	REAL	14.0	取决于使用的传感器	0.0	格式化的过程变量
LMN	REAL	18.0		0.0	控制器输出值
LMN_PER	INT	22.0		0	I/O 格式的控制器输出值
QPULSE	BOOL	24.0		FALSE	输出脉冲信号
QLMN_HLM	BOOL	24.1		FALSE	达到操作变量的上限
QLMN_LLM	BOOL	24.2		FALSE	达到操作变量的下限
QC_ACT	BOOL	24.3		TRUE	此参数指示是否会在下一个块调用时执行连续控制器阶段（仅与 SELECT 数值为0还是为1相关）

表 17-18　FB 58 的中间参数

参数名称	数据类型	声明	地址	取值范围	默认值	说　　明
DEADB_W	REAL	INPUT	44.0	取决于使用的传感器	0.0	死区宽度
I_ITLVAL	REAL	INPUT	48.0	0～100%	0.0	积分作用的初始化值
LMN_HLM	REAL	INPUT	52.0	＞LMN_LLM	100.0	可调节变量上限
LMN_LLM	REAL	INPUT	56.0	＜LMN_HLM	0.0	可调节变量下限
PV_FAC	REAL	INPUT	60.0		1.0	过程变量因子

参数名称	数据类型	声明	地址	取值范围	默认值	说　明
PV_OFFS	REAL	INPUT	64.0		0.0	过程变量偏移量
LMN_FAC	REAL	INPUT	68.0		1.0	可调节变量因子
LMN_OFFS	REAL	INPUT	72.0		0.0	可调节变量偏移量
PER_TM	REAL	INPUT	76.0	≥ CYCLE	1.0 s	脉宽调制周期
P_B_TM	REAL	INPUT	80.0	≥0.0 s	0.02 s	最小脉冲/断开时间
TUN_DLMN	REAL	INPUT	84.0	−100% ~ 100%	20.0	用于过程激励的可调节变量增量
PER_ MODE	INT	INPUT	88.0	0、1、2	0	外围设备模式
PVPER_ON	BOOL	INPUT	90.0		FALSE	如果想从 I/O 中读取过程变量，则 PV_PER 输入必须连接到 I/O，并且"外围设备过程变量"输入必须置位
I_ITL_ON	BOOL	INPUT	90.1		FALSE	积分作用的输出可以设置为 I_ITLVAL 输入。"设置积分作用"输入必须置位
PULSE_ON	BOOL	INPUT	90.2		FALSE	如果设置了 PULSE_ON = TRUE，脉冲发生器打开
TUN_KEEP	BOOL	INPUT	90.3		FALSE	保持整定打开 只有当 TUN_KEEP 变成 FALSE 时，工作模式才切换成自动
ER	REAL	OUTPUT	92.0	取决于所使用的传感器	0.0	偏差信号
LMN_P	REAL	OUTPUT	96.0		0.0	比例分量
LMN_I	REAL	OUTPUT	100.0		0.0	积分分量
LMN_D	REAL	OUTPUT	104.0		0.0	微分分量
PHASE	INT	OUTPUT	108.0	0、1、2、3、4、5、7	0	自整定的阶段 控制器整定的当前阶段在 PHASE 输出端指示 (0..7)
STATUS_H	INT	OUTPUT	110.0		0	自整定的状态加热 在加热时，STATUS_H 指示搜索拐点的诊断值
STATUS_D	INT	OUTPUT	112.0		0	自整定的状态控制器设计 当加热时，STATUS_D 指示控制器设计的诊断值
QTUN_ RUN	INT	OUTPUT	114.0		0	整定已激活（PHASE 2） 已经应用了整定可调节变量，整定已经开始，并仍然处于第 2 阶段（定位拐点）
PI_CON	STRUCT	OUTPUT	117.0			PI 控制器参数
GAIN	REAL	OUTPUT	+0.0	%/物理单位	0.0	PI 比例增益

参数名称	数据类型	声明	地址	取值范围	默认值	说　明
TI	REAL	OUTPUT	+4.0	≥0.0s	0.0s	PI 复位时间
PID_CON	STRUCT	OUTPUT	124.0			PID 控制器参数
GAIN	REAL	OUTPUT	+0.0		0.0	PID 比例增益
TI	REAL	OUTPUT	+4.0	≥0.0s	0.0s	PID 复位时间
TD	REA	OUTPUT	+8.0	≥0.0s	0.0s	PID 微分时间
PAR_SAVE	STRUCT	OUTPUT	136.0			保存的控制器参数
PFAC_SP	REAL	INPUT/OUTPUT	+0.0	0.0~1.0	1.0	用于设定值变化的比例因子
GAIN	REAL	OUTPUT	+4.0	%/物理单位	0.0	比例增益
TI	REAL	INPUT/OUTPUT	+8.0	≥0.0s	40.0s	复位时间
TD	REAL	INPUT/OUTPUT	+12.0	≥0.0s	10.0s	微分时间
D_F	REAL	OUTPUT	+17.0	5.0~10.0	5.0	微分因子
CON_ZONE	REAL	OUTPUT	+20.0	≥0.0	100.0	控制带打开
CONZ_ON	BOOL	OUTPUT	+24.0		FALSE	控制带
PFAC_SP	REAL	INPUT/OUTPUT	172.0	0.0~1.0	1.0	用于设定值变化的比例因子
GAIN	REAL	INPUT/OUTPUT	176.0	%/物理单位	2.0	比例增益
TI	REAL	INPUT/OUTPUT	170.0	≥0.0s	40.0s	复位时间
TD	REAL	INPUT/OUTPUT	174.0	≥0.0s	10.0s	微分时间
D_F	REAL	INPUT/OUTPUT	178.0	5.0~10.0	5.0	微分因子
CON_ZONE	REAL	INPUT/OUTPUT	182.0	取决于所使用的传感器	100.0	控制带
CONZ_ON	BOOL	INPUT/OUTPUT	186.0		FALSE	控制带打开
TUN_ON	BOOL	INPUT/OUTPUT	186.1		FALSE	自整定打开
TUN_ST	BOOL	INPUT/OUTPUT	186.2		FALSE	开始自整定
UNDO_PAR	BOOL	INPUT/OUTPUT	186.3		FALSE	撤消对控制器参数的更改
SAVE_PAR	BOOL	INPUT/OUTPUT	186.4		FALSE	保存当前控制器参数
LOAD_PID	BOOL	INPUT/OUTPUT	186.5		FALSE	装载优化的 PI/PID 参数

参数名称	数据类型	声明	地址	取值范围	默认值	说　　明
PID_ON	BOOL	INPUT/OUTPUT	186.6		TRUE	PID 模式打开
GAIN_P	REAL	OUTPUT	188.0		0.0	过程比例增益
TU	REAL	OUTPUT	192.0	≥ 3 * CYCLE	0.0	延迟时间
TA	REAL	OUTPUT	196.0		0.0	恢复时间
KIG	REAL	OUTPUT	200.0		0.0	PV WITH 100 % LMN 变化的最大斜率 GAIN_P = 0.01 * KIG * TA
N_PTN	REAL	OUTPUT	204.0	1.01 ~ 10.0	0.0	处理顺序
TM_LAG_P	REAL	OUTPUT	208.0		0.0	PTN 模型的时间延迟
T_P_INF	REAL	OUTPUT	212.0		0.0	到拐点的时间
P_INF	REAL	OUTPUT	217.0	取决于所使用的传感器	0.0	拐点处的 PV – PV0 从过程激发到拐点处, 过程变量发生的变化
LMN0	REAL	OUTPUT	220.0	0 ~ 100%	0.0	整定开始时的可调节变量
PV0	REAL	OUTPUT	224.0	取决于所使用的传感器	0.0	整定开始时的过程值
PVDT0	REAL	OUTPUT	228.0		0.0	整定开始时 PV 的变化率 (1/s) 采用有符号数
PVDT	REAL	OUTPUT	232.0		0.0	PV 的当前变化率 (1/s) 采用有符号数
PVDT_MAX	REAL	OUTPUT	236.0		0.0	每秒钟 PV 的最大变化率 (1/s) 拐点处过程变量的最大变化率 (采用有符号数, 始终大于 0), 用于计算 TU 和 KIG
NOI_PVDT	REAL	OUTPUT	240.0		0.0	PVDT_MAX 中的噪声比率, 采用% 形式
NOISE_PV	REAL	OUTPUT	244.0		0.0	PV 中的绝对噪声 阶段 1 中最大和最小过程变量的差值
FIL_CYC	INT	OUTPUT	248.0	1 ... 1024	1	均值过滤器的周期数
POI_CMAX	INT	OUTPUT	250.0		2	拐点后的最大周期数
POI_CYCL	INT	OUTPUT	252.0		0	拐点后的周期数

17.8　步进温度控制器 FB 59

　　FB59 "TCONT_S" 用于控制工艺温度过程, 通过设置参数, 可以启用或禁止 PI 步进控制器的子功能, 使控制器和过程相适应。可以在级联控制中将控制器用作次级定位控制器。控制器的功能基于采样控制器的 PI 控制算法。

　　图 17-28 是 FB 59 "TCONT_S" 步进控制器的原理框图。

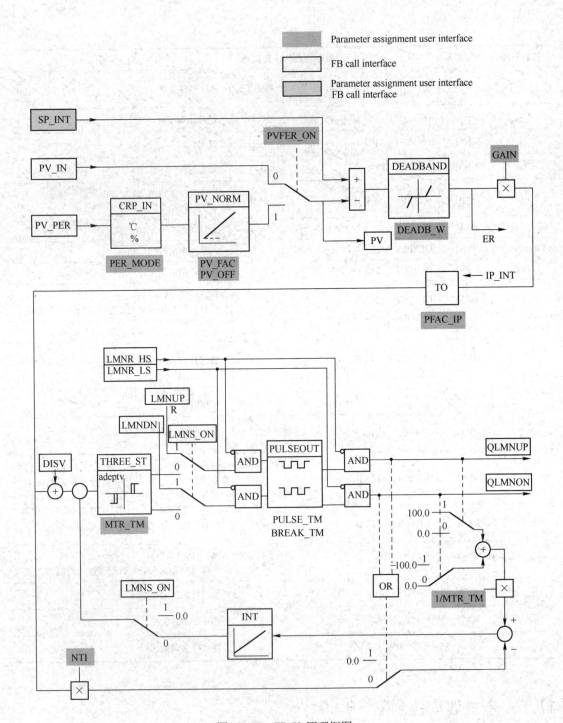

图 17-28　FB 59 原理框图

17.8.1　PI 控制算法

1. 对设定值、过程变量和误差的处理

对设定值与过程变量的处理、误差的计算与处理、死区环节的作用与 FB 58 完全相同，在此不再赘述。

2. PI 步进控制算法

和 FB 42 类似，FB 59 "TCONT_S" 在工作时，没有定位反馈信号。PI 算法的积分作用和假设的定位反馈信号是在一个积分器（INT）中计算的，并作为反馈值，与原有的比例作用进行比较。差值被应用于三步单元（THREE_ST）和脉冲发生器（PULSEOUT），该发生器形成阀的脉冲信号。调整三步单元的响应阈值可以减少控制器的切换频率。

为防止超调，可以使用"用于设定值变化的比例因子"参数（PFAC_SP）来减弱比例作用。通过使用 PFAC_SP，可以在 0.0 ~ 1.0 的范围内连续选择，以决定当设定值变化时比例作用的影响。如果 PFAC_SP = 0.0，表示如果设定值发生变化，比例作用发挥全部作用；如果 PFAC_SP = 1.0，表示如果设定值发生变化，比例作用不发挥任何作用。

3. 手动模式

通过 LMNS_ON，可以在手动模式和自动模式之间进行切换。在手动模式中，执行器和积分器（INT）在内部被设置为 0。使用 LMNUP 和 LMNDN，可以将执行器调整到 OPEN 和 CLOSED。因此，切换到自动模式会包含一个扰动。由于 GAIN 的存在，现有偏差会引起内部可调节变量的阶跃变化。但是，执行器的积分组件会引起斜坡形的过程激励。

4. 初始化

FB 59 的初始化程序在输入参数 COM_RST 为 1 时运行，所有输出信号都被设置为各自的默认值。

17.8.2 FB 59 的参数

FB 59 的参数见表 17-19、表 17-20 和表 17-21。

表 17-19 FB 59 的输入参数

参数名称	数据类型	地 址	取值范围	默认值	说 明
CYCLE	REAL	0.0	≥0.001s	1.0s	步进控制器采样时间
SP_INT	REAL	4.0	取决于使用的传感器	0.0	内部设定值
PV_IN	REAL	8.0	取决于使用的传感器	0.0	过程变量输入
PV_PER	INT	12.0		0	外部过程变量
DISV	REAL	14.0		0.0	干扰变量
LMNR_HS	BOOL	18.0		FALSE	重复操作值的上限信号
LMNR_LS	BOOL	18.1		FALSE	重复操作值的下限信号
LMNS_ON	BOOL	18.2		TRUE	操作信号启动
LMNUP	BOOL	18.3		FALSE	操作信号向上
LMNDN	BOOL	18.4		FALSE	操作信号向下
COM_RST	BOOL	30.0		FALSE	完全重启动，为 1 时执行初始化程序

表 17-20 FB 59 的输出参数

参数名称	数据类型	地 址	取值范围	默认值	说 明
QLMNUP	BOOL	20.0		FALSE	如果置位了"操作信号向上"，则将打开阀门
QLMNDN	BOOL	20.1		FALSE	如果置位了"操作信号向下"，则将关闭阀门

参 数 名 称	数据类型	地 址	取值范围	默 认 值	说　　　　明
PV	REAL	22.0		0.0	格式化的过程变量
ER	REAL	26.0		0.0	误差信号输出，在误差信号输出端输出有效误差

表 17-21　FB 59 的中间参数

参数名称	数据类型	声明	地址	取 值 范 围	默认值	说　　　明
PV_FAC	REAL	INPUT	32.0		1.0	过程变量因子
PV_OFFS	REAL	INPUT	36.0	取决于所使用的传感器	0.0	过程变量偏移量
DEADB_W	REAL	INPUT	40.0	≥ 0.0	0.0	死区宽度
PFAC_SP	REAL	INPUT	44.4	0.0 - 1.0	1.0	用于设定值变化的比例因子
GAIN	REAL	INPUT	48.0	%/物理单位	2.0	比例增益
TI	REAL	INPUT	52.0	≥ 0.0 s	40.0 s	复位时间
MTR_TM	REAL	INPUT	56.0	≥ CYCLE	30 秒	电动机启动时间
PULSE_TM	REAL	INPUT	60.0	≥ 0.0 s	0.0 s	最小脉冲时间
BREAK_TM	REAL	INPUT	64.0	≥ 0.0 s	0.0 s	最小断开时间
PER_MODE	INT	INPUT	68.0	0、1、2	0	外围设备模式
PVPER_ON	BOOL	INPUT	70.0		FALSE	外围设备过程变量打开

17.9　编写模块实现闭环控制

在 17.3 节中已经提及实现闭环控制的几种方法，前面主要介绍了闭环控制软件包中的相关模块，接下去简要介绍一下如何编写模块实现闭环控制。

利用 STEP 7 中的基本指令就可以编写 PID 算法，但是其实现起来比较繁琐，且效果不一定比得上闭环控制软件包中的相关模块。在这里简要介绍一下如何利用 SCL 语言编写闭环控制模块，SCL 语言在本书前面章节已经做过详细介绍，在此不再赘述。需要注意的是，SCL 语言适用于 SIMATIC S7 - 300（推荐用于 CPU 314 以上 CPU）、S7 - 400、C7 以及 WinAC。

在实际当中，经常会遇到针对特殊问题的控制，例如最为常见的分段控制，如果利用基本指令进行编程，不仅繁琐，而且容易出现错误。如果利用 SCL 语言进行编程，不仅简单明了，实现方便，而且编程的时候不会出现逻辑错误。事实上，现如今，随着控制任务越来越复杂，梯形图编程已经越来越难以满足控制需求，SCL 语言应运而生，在复杂过程控制中发挥了重要的作用。以下介绍如何编写一个简单的闭环控制模块。

为方便起见，就以大家都很熟悉的增量式 PID 为例，说明如何利用 SCL 语言编写。增量式 PID 的公式为：

$$\Delta u(k) = k_p [e(k) - e(k-1)] + k_i e(k) + k_d [e(k) - 2e(k-1) + e(k-2)]$$

$$= k_p \Delta e(k) + k_i e(k) + k_d [\Delta e(k) - \Delta e(k-1)]$$

$$u(k) = u(k-1) + \Delta u(k)$$

式中，$\Delta e(k) = e(k) - e(k-1)$；$u(k)$ 为第 k 个采样周期控制器的输出值；$e(k)$ 为第 k 个采样周期的误差；k_p 为比例系数；k_i 为积分常数；k_d 为微分常数。

根据以上增量式 PID 的算式，利用 SCL 语言可以很方便地编写对应的模块。SCL 对应的语法在此不再赘述，最终编写的代码如下：

```
FUNCTION_BLOCK FBxx                                      //功能块名字,例如 FB 1000
TITLE = 'PID'
VERSION:'1.0'
AUTHOR:JJF
NAME:PID
FAMILY: NJUST
VAR_INPUT                                                //定义功能块的输入参数
    SP:REAL;                                             //设定值
    PV:REAL;                                             //过程变量
    kp:REAL;                                             //比例增益
    ki:REAL;                                             //积分常数
    kd:REAL;                                             //微分常数
END_VAR
VAR_OUTPUT                                               //定义功能块的输出参数
    U:REAL;                                              //控制器的输出值
END_VAR
VAR                                                      //定义静态变量
    E:REAL;                                              //当前采样周期误差
    E_1:REAL: = 0;                                       //前一个采样周期误差
    E_2:REAL: = 0;                                       //前两个采样周期误差
    U_1:REAL: = 0;                                       //前一个采样周期控制器输出值
END_VAR
E: = SP - PV;
U: = U_1 + kp * (E - E_1) + ki * E + kd * (E - 2 * E_1 + E_2);   //增量式 PID
    IF U > 100 THEN                                      //控制器的输出值进行限幅
        U: = 100;
    ELSIF U < 0 THEN
        U: = 0;
    END_IF;
E_2: = E_1;                                              //保存赋值
E_1: = E;
U_1: = U;
END_FUNCTION_BLOCK
```

接下去只要将上述源代码编译生成功能块，便可以在程序中进行调用。SCL 语言的相关操作已在 11.5 节中介绍，在此不再赘述。

17.10 PID 控制器工程实例程序

在熟练掌握了闭环控制功能块的基础上，下面将结合一个具体的工程实例使读者对功能块的应用有一个更深层次的了解。为了尽量使被控对象符合工程实际，同时具有良好的动态效果，本例并没有简单地运用 S7 – 300 的基本指令搭建一个虚拟对象，而是采用了 SIE-MENS 公司的工业自动化软件 SIMIT 搭建了被控对象。有关 SIMIT 的相关知识在前面已经做过介绍，在此不再赘述。与此同时，采用 SIEMENS 公司的人机界面组态软件 WinCC flexible 来模拟触摸屏的功能，显示趋势曲线。虽然只是一个实例，但是整个过程严格按照实际工程进行设计，接下去将详细介绍该工程实例。

1. **被控对象的分析与描述**

现如今，随着道路运输市场的全面放开和国内经济的迅速增长，人们对各类汽车的需求量急剧上升，这给国内汽车市场带来了机遇。烤漆房作为汽车生产及保养维修行业的关键设备，也面临着空前的机遇和挑战。本例就以烤漆房为例，介绍闭环控制软件包中的模块在工程实际中的应用。

当前，国内外汽车维修生产用喷烤漆房的结构原理相同，由房体、送风系统、空气净化系统、加热系统、照明系统和控制系统组成，如图 17-29 所示。

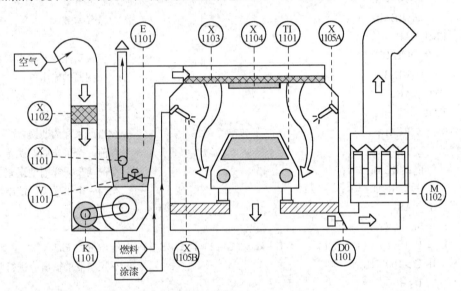

图 17-29　烤漆房结构图

图中的传感器、执行器及设备说明分别见表 17-22、表 17-23、表 17-24。

表 17-22　传感器说明表

位　号	传　感　器	单　位	作　用
TI1101	温度传感器	℃	测量烤漆房空气温度
DCLOSE	烤漆房门传感器	0/1	门开/门关 = 0/1

表 17-23　执行器说明表

位　号	执　行　器	作　用
X1101	点火器开关	进行点火操作
X1104	照明灯	给房内照明
X1105	喷漆器	进行喷漆操作
DO1101	风门开关	进行喷漆/烤漆风门开度切换
V1101	燃料管线调节阀	调节燃料进量，改变燃烧温度
K1101	风机	改变空气流速

表 17-24　其他装置说明表

位　号	执 行 器	作　用
X1102	一次过滤网	空气过滤
X1103	二次过滤网	空气过滤
E1101	换热器	对空气进行加热
M1102	漆雾过滤器及排气装置	对废弃进行处理

喷漆时，风门 DO1101 开到喷漆位置，外部空气经过初级过滤网 X1102 过滤后由风机送到房顶，再经过顶部过滤网 X1103 二次过滤净化后进入房内。房内温度控制在 20℃ 以上，空气采用全降式，打开风机 K1101，使空气以 0.2 ~ 0.3 m/s 的速度向下流动，打开喷漆器 X1105 开始喷漆。空气不断地循环转换，使喷漆时房内空气清洁度达 98% 以上，且送入的空气具有一定的压力，可在车的四周形成一恒定的气流以去除过量的油漆，从而最大限度地保证喷漆的质量。

烤漆时，将风门 DO1101 调至烤漆位置，降低风机 K1101 转速，使空气循环速度降到 20% ~ 30%，打开点火器 X1101 点火，并调节燃料管线调节阀 V1101，使烤房内温度 TI1101 迅速升高到涂漆要求的预定干燥温度。风机使外部新鲜空气经过初级过滤网 X1102 过滤，接着热能转换器 E1101 发生热交换后送至烤漆房顶部的气室，再经过顶部过滤网 X1103 二次过滤净化进入房内，热风使得烤漆房内温度逐步升高，通过调节燃烧器燃料流量，使烤漆房内温度在工艺要求的时间内保持恒定。

根据上述描述，绘制出喷漆工艺流程和烤漆工艺流程，如图 17-30 和图 17-31 所示。

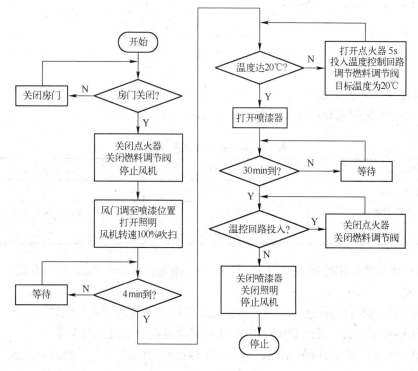

图 17-30　喷漆工艺流程图

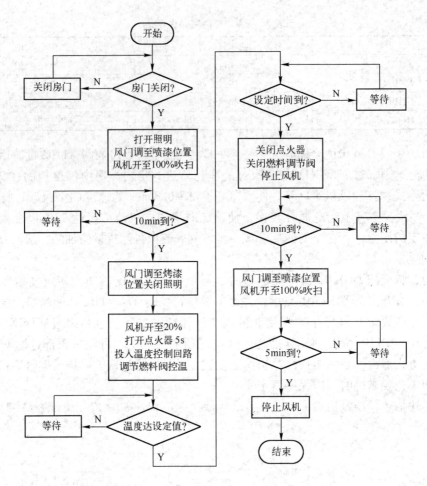

图 17-31　烤漆工艺流程图

2. 控制系统总体方案设计

烤漆房温度控制的主要功能要求和技术指标见表 17-25。

表 17-25　喷漆房技术指标表

工作温度范围	控温精度	温度均匀
常温 ~100℃	±2℃	±3℃
喷漆风速	房内气压	20℃ ~60℃升温时间
0.3 ~0.5 m/s	10 ~80 Pa	≤15 min

烤漆房控制系统总体结构图如图 17-32 所示，由被控对象 - 烤漆房、ES 站、OS 站、AS 站四部分组成。

ES 站由工控机组成，通过以太网与 AS 连接实现对系统的开发与调试。

OS 站由触摸屏组成，通过 PROFIBUS – DP 实现对系统的监视和操作。

AS 站由 S7 – 300 和 I/O SM 组成，S7 – 300 通过 I/OSM 模块与被控对象连接实现对烤漆房的检测与控制。

被控对象中有一台三相异步电动机为鼓风机，本系统通过 PLC + 变频器实现对鼓风机的转速控制。S7 –300 根据系统工艺要求及系统现场情况计算出控制量，以模拟量 4 ~ 20 mA 形式控制变频器输出频率达到控制鼓风机转速而控制风量的目的。

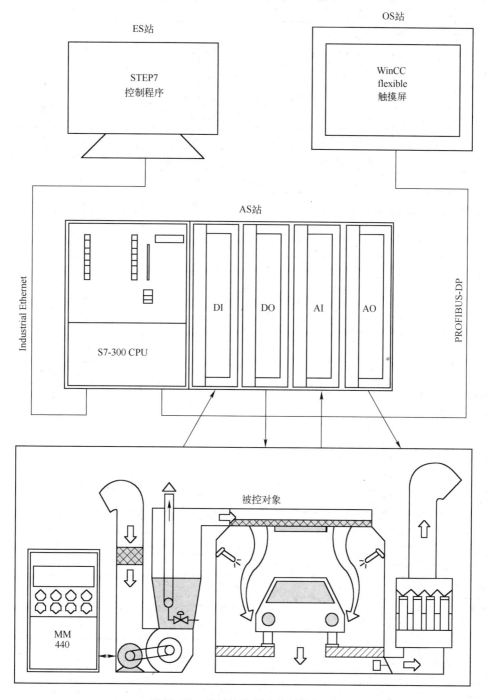

图 17–32　烤漆房控制系统结构框图

3. 控制系统硬件设计

接下去是控制系统硬件设计，限于篇幅，这里仅仅给出硬件 I/O 资源分配表，控制柜的设计以及电气原理图在这里不再给出。硬件 I/O 资源分配见表 17-26 和表 17-27。

表 17-26 数字量 IO 表

代 号	类 型	符 号	内 容	备 注
6ES7321 – 1BL00 – 0AA0				J1
I00A	I	START	系统启动按钮	
I01A	I	ESTOP	紧急停止按钮	
I02A	I	TSA	报警喇叭测试按钮	
I03A	I	TLA	报警灯测试按钮	
I04A	I	RESET	报警复位按钮	
I05A	I	MAN／AUTO	手动/自动按钮	0 手动/1 自动
I06A	I	SPRAY	喷漆模式选择开关	
I07A	I	BAKE	烤漆模式选择开关	
I10A	I	X1101	点火器测试开关	手动
I11A	I	X1105	喷漆器测试开关	手动
I12A	I	DO1101	风门测试开关	手动
I13A	I	K1101	风机测试开关	手动 50% 运行
I14A	I	X1104	照明测试开关	手动
I15A	I	DCLOSE	房门闭合检测传感器	0 房门未闭合/1 房门闭合
I17A	I			备用
I17A	I			备用
I20A	I			备用
I21A	I			备用
I22A	I			备用
I23A	I			备用
I24A	I			备用
I25A	I			备用
I26A	I			备用
I27A	I			备用
6ES7322 – 1BL01 – 0AA0				J2
Q00A	Q	SA	报警喇叭	
Q01A	Q	LA	总报警灯	
Q02A	Q	LP	喷漆指示灯	
Q03A	Q	LK	烤漆指示灯	
Q04A	Q	S1	照明	
Q05A	Q	S2	喷漆器	
Q06A	Q	S3	风门	0 烤漆挡/1 喷漆挡
Q07A	Q	S4	点火器开关	
Q10A	Q	LAUTO	自动指示灯	

代　号	类　型	符　号	内　容	备　注
Q11A	Q	LHAND	手动指示灯	
Q12A	Q			备用
Q13A	Q			备用
Q14A	Q			备用
Q15A	Q			备用
Q17A	Q			备用
Q17A	Q			备用

表 17-27　模拟量 IO 表

代　号	类　型	符　号	内　容	备　注
6ES7331 - 7KF02 - 0AB0 - AI				J3
PIW40A	AI	TEMPSET	温度设定	
PIW41A	AI	TIMESET	时间设定	h
PIW42A	AI	TI1101	温度传感器	备用
PIW43A	AI			备用
PIW44A	AI			备用
PIW45A	AI			备用
PIW46A	AI			备用
PIW47A	AI			备用
6ES7332 - 5HF00 - 0AB0 - AQ				J4
PQW40A	AQ	TEMPDISP	温度	
PQW41A	AQ	TIMEDISP	时间	
PQW42A	AQ	V1101	燃料管道流量调节阀	
PQW43A	AQ			备用
PQW44A	AQ	K1101	风机转速	
PQW45A	AQ			备用
PQW46A	AQ			备用
PQW47A	AQ			备用

4. 被控对象软件设计

利用 SIMIT 软件绘制的烤漆房前台面板如图 17-33 所示。

被控对象的操作说明如下：

1）将程序下载到 STEP7，运行被控对象（先编译，再双击"simulation"），然后按下面板上的 Power 和 Gas 开关。

2）按下面板上的 Door 按钮，关闭烤漆房门；通过面板上的 Man/Auto 开关，选择自动或手动运行模式，闭合为自动运行，断开为手动运行。

3）自动运行模式下，通过 Spray（喷漆）开关和 Bake（烤漆）开关选择操作模式，闭

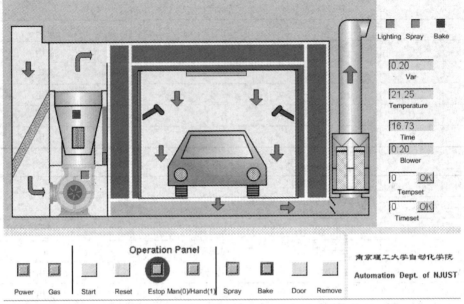

图 17-33　烤漆房前台面板

合 Spray 喷漆模式选中，闭合 Bake 烤漆模式选中，如果同时闭合，先执行喷漆，再执行烤漆，最后按下面板上的 Start 按钮，自动操作过程开始。

4）手动运行模式下，通过操作一系列设备测试开关，可对烤漆房中设备进行相应检测，由于界面原因，这部分开关未列出，可通过 PLCSIM 实现。

5）设备运行过程中，点火器绿灯点亮表示点火器打开，风机绿灯点亮表示风机打开，风机转速越高，箭头闪烁速度越高，阀门开度条用来表示阀门的开度开度变化，喷漆器打开时，喷漆效果闪烁。

6）显示部分，灯 Spray 点亮时表示喷漆状态正在运行，灯 Bake 点亮时表示烤漆状态正在运行，Lighting 点亮时表示烤漆房内灯点亮，Var 表示阀的开度值，仪表可显示范围为 0～100%，Temperature 为温度显示值，仪表可显示范围为 0～1000℃，Time 为烤漆剩余时间显示值，仪表可显示范围为 0～1000s，Blower 为风机速度显示值，仪表可显示范围为 0～100%。

7）设置部分，Tempset 用来设置烤漆温度，仪表可设定范围为 0～1000℃，Timeset 用来设置烤漆时间，仪表可设定范围为 0～1000℃。

8）烤漆结束后，先按下 Door 按钮，将门打开，然后按下 Remove 按钮，将喷漆完毕的车移出烤漆房，待喷漆的车移进烤漆房，方可进行下一次喷漆、烤漆操作。

9）如果遇到紧急情况，立即按下面板上的 Estop 按钮，系统立即停止。当故障解除后，断开 Estop 按钮，如果想再次进行，必须先按下 Reset 按钮，使被控对象和系统程序复位。

面板上的操作按钮、开关、显示描述说明见表 17-28。

表 17-28 操作按钮、开关和显示

操作按钮	描 述	操作按钮	描 述
Power	电动	Timeset	时间设定
Gas	启动	显示	描述
Start	开始	Lighting	烤漆房照明状态
Reset	复位	Spray	喷漆状态
Estop	紧急停止	Bake	烤漆状态
Man/Auto	手动/自动 = 0/1	Var	燃料管道流量调节阀开度
Spray	喷漆	操作按钮	描述
Bake	烤漆	Temperature	温度显示
Door	开关门	Time	时间显示
Remove	烤漆完毕的车移出烤漆房	Blower	鼓风机调节阀开度
Tempset	温度设定		

5. 控制系统软件设计

（1）控制软件资源分配

控制软件资源分配见表 17-29。

表 17-29 控制器软件资源分配

地 址	功 能	备 注
T1 ~ T7、T10 ~ T14	定时用	
C1	与定时器一起共同完成定时作用	
M 0.0	启动的标志位	STARTSTATE
M 0.1	自动/手动标志位	M/A STATE = M/A = 0/1
M 2.7	喷漆过程 PID 控制时标志	SPRAY
M 3.7	烤漆过程 PID 控制时标志	ROAST
M 4.0	单极性标志	常开
MD 10	存放温度传感器的采样值	REAL 类型
MD 14	存放采样的时间设定值	REAL 类型
MD 18	存放采样的温度设定值	REAL 类型
MD 22	控制柜的温度显示值	REAL 类型
MD 26	控制柜的时间显示值	REAL 类型
MD 30	烤漆房的阀门输出值	REAL 类型
MD34	烤漆房的风机转速值	REAL 类型
MD38 ~ MD46	时间设定值数据类型转换用	可用 DB 中静态数据替代
MW60	通过触摸屏监控系统时用	可用 DB 中静态数据替代
MD62	通过触摸屏设定温度	REAL 类型
MW66	通过触摸屏设定时间	INT 类型
FB1	自动控制功能块	

地　　址	功　　能	备　　注
FB2	喷漆功能块	
FB3	烤漆功能块	
FB5	报警功能块	
FB41	PID 控制功能块	
FC1	手动控制功能	主要完成测试
FC105	将一个整形数转换成实际工程值	
FC106	将实数转换成整形数值输出	
DB1	FB1 的数据块	
DB2	FB2 的数据块	
DB3	FB3 的数据块	
DB6	FB5 的数据块	
DB42	FB2 里面 PID 功能块的数据块	
DB43	FB3 里面 PID 功能块的数据块	
OB1	主程序组织块	
OB35	循环中断组织块	
OB100	启动组织块	

（2）控制软件总流程图

控制软件总流程图如图 17-34 所示。

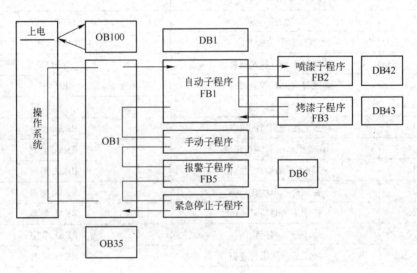

图 17-34　控制软件总流程图

（3）各功能块流程图

由于功能块众多，限于篇幅，在这里只是给出部分主要功能块的流程图，其余功能块的流程图感兴趣的读者可以自行绘制。

OB1 是整个控制程序的主程序，负责控制系统的启动，根据输入条件决定系统的运行状态，并调用相应的子程序。相应的流程如图 17-35 所示。

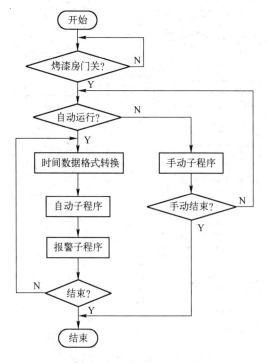

图 17-35　OB1 流程图

循环中断 OB 35 主要完成模拟量的采样和输出，其采样周期可以自行设定。此外，PID 运算应置于 OB 35 中。

喷漆子程序 FB 2 完成喷漆工艺，首先应当判断烤漆房门是否关闭，接着做一些操作——吹扫烤漆房，为喷漆做准备。接着判断温度是否为 20℃，以确定是否需要开温度控制回路。在温度符合条件后，开始喷漆，喷漆一段时间后，关闭设备，喷漆工艺结束。该子程序的流程图如图 17-36 所示。

（4）各功能块编写与实现通过刚开始对被控对象的分析不难发现，整个控制程序运用到闭环控制功能的主要是喷漆子程序和烤漆子程序，而这两个子程序在实现上是类似的。因此，在这里主要介绍一下喷漆子程序的实现，喷漆子程序的流程图已经给出，如图 17-36 所示。根据流程图可以很容易编写出相应程序。其余程序的实现也很类似，感兴趣的读者可以自行编写。

喷漆子程序 FB2 编写与实现：

#M1 - #M5 为静态 BOOL 变量，用于控制喷漆子程序 FB2 程序的顺序控制程序如图 17-37、图 17-38 所示。

进入子程序后，再次确认烤漆房门的状态：DOORCLOSED = 1，并清除喷漆已完成标志FINISHED，根据工艺的要求，关闭点火器 X1101 和燃料阀 V1101。

根据工艺：

#M1

将风门开到喷漆位置：置位 D01101。

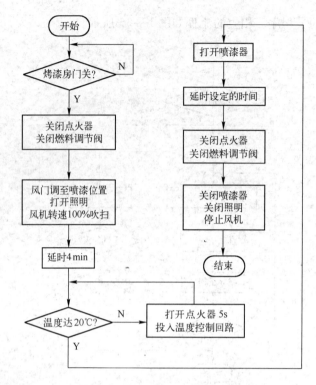

图 17-36 喷漆子程序流程图

FB2 : Title:

Network 1: Title:

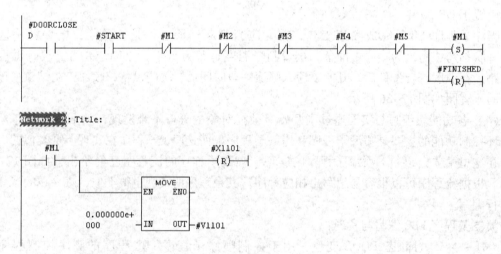

图 17-37 喷漆子程序（1）

打开照明灯：置位 X1104。

将风机全开吹烤漆房 5 min：K1101 = 100%。

#M2

5 分钟后判断温度是否达到 20℃？

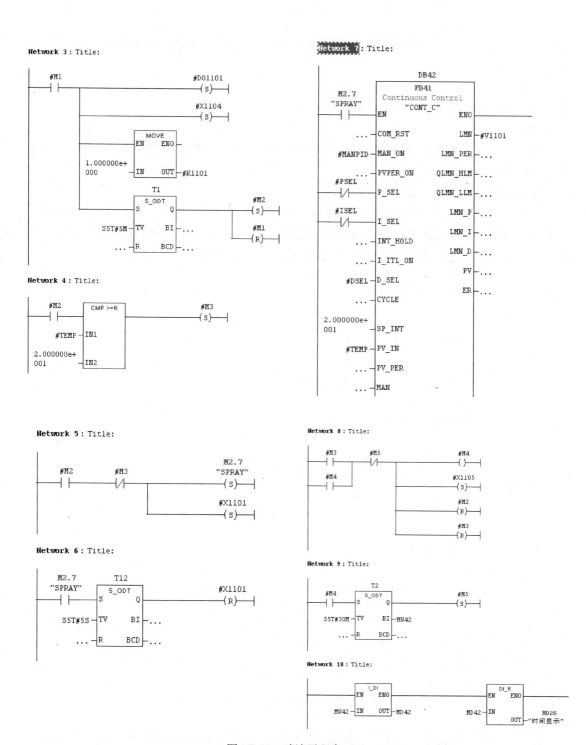

图 17-38　喷漆子程序（2）

如果温度没有达到 20℃，打开点火器 5 s：置位 X1101 =5 s，以实现点火，之后再关闭，同时开温度控制回路：FB41，使温度达到并保持在 20℃；如果温度达到了 20℃，则打开喷漆器：置位 SPARY、X1101。

注意，此时程序中调用了 PID 功能块 FB41。当然，也可以使用 FB 58，这里从通用性角度出发，选择了 FB 41。请注意 FB 41 的参数设置，并参考 17.4 节，掌握 FB 41 的实际工程用法。

#M3

喷漆 30 min：置位 X1105 = 30 min。

#M4

喷漆 30 min 后关闭照明和喷漆器：X1104 = X1105 = 0，如果温度控制回路打开，还需要关闭燃料阀门：V1101 = 0。

定时时间设定及其数据处理：

在烤漆子程序中，烤漆时间是由外部设定的，由模拟量输入模块读取，因此涉及数据类型转换的问题。考虑到转换为 S5T 类型的数据比较麻烦，采用了两个定时器和一个计数器来完成定时功能：定时时间长度 = N * T（1000 ms）。程序如图 17-39 所示。

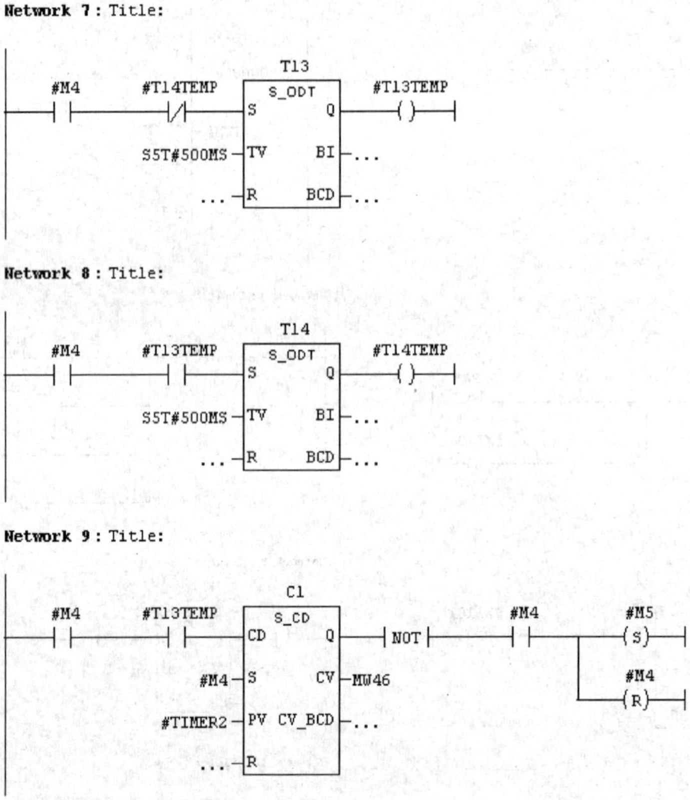

图 17-39　喷漆子程序（3）

尽管采用了上述方法，但是从 IW512 是从模拟量模块读取的数据，不能将之直接用于计数器。需要进行一系列的转换方可。转换公式如下：

$$MD14 = （MD14 - 5530）\times 1000/（27648 - 5530）$$

转换公式对应的程序如图 17-40、图 17-41 所示。

最后数据存储于 MW17 中，将之转换为 BCD 码。

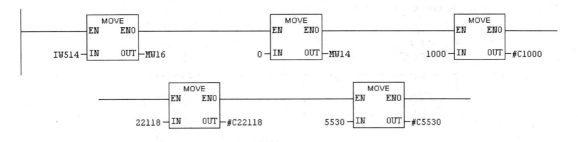

图 17-40 喷漆子程序 (4)

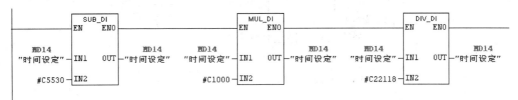

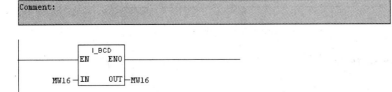

图 17-41 喷漆子程序 (5)

#M5

喷漆过程程序如图 17-42 所示, 完成如下任务:

关点火器　　　　#X1101 = 0。

关燃料阀　　　　#V1101 = 0。

关风机　　　　　#K1101 = 0。

关照明灯　　　　#X1104 = 0。

关喷漆器　　　　#X1105 = 0。

清步控标志位　　M1 = M2 = M3 = M4 = M5 = 0。

置烤漆完成标志　FINISHED = 1。

清喷漆标志　　　SPRAY = 0。

6. 系统调试运行

完成程序的编写之后, 便可进行系统的调试, 整个系统的调试采用 PLC + SIMIT + WinCC flexible。针对上述喷漆子程序, 其设定值为 20℃, 最终的趋势曲线如图 17-43 所示。

Network 11: Title:

```
   M2.7
  "SPRAY"          #M5                              #X1101
   ──┤├───────────┤├──────┬───────────────────────( R )──

   #ESTOP                  │            ┌──────────────┐
   ──┤├────────────────────┤            │    MOVE      │
                                        │ EN        ENO│
                         0.000000e+     │              │
                              000 ──────┤IN        OUT ├─#V1101
                                        └──────────────┘
```

Network 12: Title:

```
    #M5          ┌──────────────┐
   ──┤├──────────│    MOVE      │─────────────────────────
                 │ EN        ENO│
  0.000000e+     │              │
       000 ──────┤IN        OUT ├─#K1101
                 └──────────────┘
```

Network 13: Title:

```
    #M5                                    #FINISHED
   ──┤├────────────────────────────────────( S )──
```

Network 14: Title:

```
         #M5                                #X1104
        ──┤├─────┬───────────────────────────( R )──
                 │
       #ESTOP    │                           #X1105
        ──┤├─────┤                           ( R )──
                 │
                 │                           #M1
                 ├───────────────────────────( R )──
                 │
                 │                           #M2
                 ├───────────────────────────( R )──
                 │
                 │                           #M3
                 ├───────────────────────────( R )──
                 │
                 │                           #M4
                 ├───────────────────────────( R )──
                 │
            #ESTOP                           #FINISHED
                 ├──┤├────────────────────────( R )──
                 │
                 │                           M2.7
                 │                          "SPRAY"
                 ├───────────────────────────( R )──
                 │
                 │                           #M5
                 └───────────────────────────( R )──
```

图 17-42 喷漆子程序 (6)

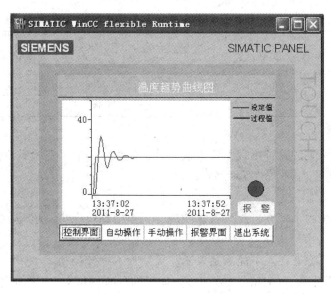

图 17-43　喷漆温度控制趋势曲线

17.11　PID 参数自整定

PID 控制器的参数整定是控制系统设计的核心内容，参数整定得不好，系统的动静态性能达不到要求，甚至会使系统不能稳定运行。S7 - 300/400 提供了功能强大的整定模块，例如 PID Turner；有的功能块本身就自带整定功能，例如 FB 58。当然，如果上述方法整定出来的参数不够令人满意，或者想要自己整定参数，这时就需要参数整定的一些常用方法。

PID 控制器参数整定的方法很多，概括起来有两大类：一是理论计算整定法。它主要依据系统的数学模型，经过理论计算确定控制器参数。这种方法所得到的计算数据未必可以直接使用，还必须通过工程实际进行调整和修改。二是工程整定方法，它主要依赖工程经验，直接在控制系统的试验中进行，且方法简单、易于掌握，在工程实际中被广泛采用。PID 控制器参数的工程整定方法，主要有临界比例法、反应曲线法、衰减法。三种方法各有其特点，其共同点都是通过试验，然后按照工程经验公式对控制器参数进行整定。但无论采用哪一种方法所得到的控制器参数，都需要在实际运行中进行最后调整与完善。现在一般采用的是临界比例法，这种方法特点是不需要单独做对象的动态特性实验，而直接在闭合的调节系统中进行整定。

1. 临界比例法

利用临界比例法进行 PID 控制器参数的整定步骤如下：

1）首先预选择一个足够短的采样周期让系统工作。

2）仅加入比例控制环节，直到系统对输入的阶跃响应出现临界振荡，记下这时的比例度 δ 和临界振荡周期 T。

3）在一定的控制度下通过经验公式计算得到 PID 控制器的参数，经验公式见表 17-30。

一般通过整定得出的参数在实际应用时还需要根据实际控制效果作调整，反复修改以达到良好的控制效果。

表 17-30　临界比例法经验公式

	比例度 δ%	积分时间 T_I	微分时间 T_D
P	2δ	∞	0
PI	2.2δ	0.85T	0
PID	1.7δ	0.5T	0.125T

2. 实验试凑法

除了上述比较常见的几种工程整定方法之外，更为常用的是实验试凑法。实验试凑法的整定步骤为"先比例，再积分，最后微分"。

（1）整定比例控制

将比例控制作用由小变大，观察各次响应，直至得到反应快、超调小的响应曲线。

（2）整定积分环节

若在比例控制下稳态误差不能满足要求，需要加入积分控制。

先将步骤（1）中选择的比例系数减小为原来的 50% ~80%，再将积分时间置一个较大值，观测响应曲线，然后减小积分时间，加大积分作用，并相应调整比例系数，反复试凑至得到较满意的响应，确定比例和积分的参数。

（3）整定微分环节

若经过步骤（2），PI 控制只能消除稳态误差，而动态过程不能令人满意则应加入微分控制，构成 PID 控制。

先置微分时间 TD =0，逐渐加大 TD，同时相应地改变比例系数和积分时间，反复试凑至得满意的控制效果和 PID 控制参数。

17.12　习题

1. 简述控制系统的组成以及各个部分的作用。
2. 简述 PID 算法的组成和各个部分的对被控对象的影响。
3. 仿照本章最后烤漆房喷漆子程序，编写出烤漆子程序，注意画出喷漆子程序流程图。
4. 简述 PID 参数整定方法。

第18章 PLC控制系统设计

本章学习目标：

了解 PLC 控制系统设计的原则和一般流程；理解控制系统可靠性设计方法和调试方法；掌握硬件系统选型的方法。

18.1 PLC 控制系统设计原则与流程

18.1.1 PLC 控制系统设计原则

（1）实用性

实用性是控制系统设计的基本原则。工程师在研究被控对象的同时，还要了解控制系统的使用环境，使得所设计的控制系统能够满足用户所有的要求。硬件上要尽量的小巧灵活，软件上应简洁、方便。

（2）可靠性

可靠性是控制系统设计极其重要的原则。对于一些可能会产生危险的系统，必须要保证控制系统能够长期稳定、安全、可靠的运行，即使控制系统本身出现问题，起码能够保证不会出现人员和财产的重大损失。在系统规划初期，应充分考虑系统可能出现的问题，提出不同的设计方案，选择一种非常可靠且较容易实施的方案；在硬件设计时，应根据设备的重要程度，考虑适当的备份或冗余；在软件设计时，应采取相应的保护措施，在经过反复测试确保无大的疏漏之后方可联机调试运行。

（3）经济性

这要求工程师在满足实用性和可靠性的前提下，应尽量使系统的软、硬件配置经济、实惠，切勿盲目追求新技术、高性能。硬件选型时应以经济、合用为准；软件应当在开发周期与产品功能之间作相应的平衡。还要考虑所使用的产品是否可以获得完备的技术资料和售后服务，以减少开发成本。

（4）可扩展性

这要求工程师，在系统总体规划时，应充分考虑到用户今后生产发展和工艺改进的需要，在控制器计算能力和 I/O 端口数量上应当留有适当的裕量，同时对外要留有扩展的接口，以便系统扩展和监控的需要。

（5）先进性

这要求工程师在硬件设计时，优先选用技术先进、应用成熟广泛的产品组成控制系统，保证系统在一定时间内具有先进性，不致被市场淘汰。此原则与经济性共同考虑，使控制系统具有较高的性价比。

18.1.2 PLC 控制系统设计流程

设计控制系统时应遵循一定的设计流程，掌握设计流程，可以增加控制系统的设计效率和正确性。PLC 控制系统的一般设计流程如图 18-1 所示。

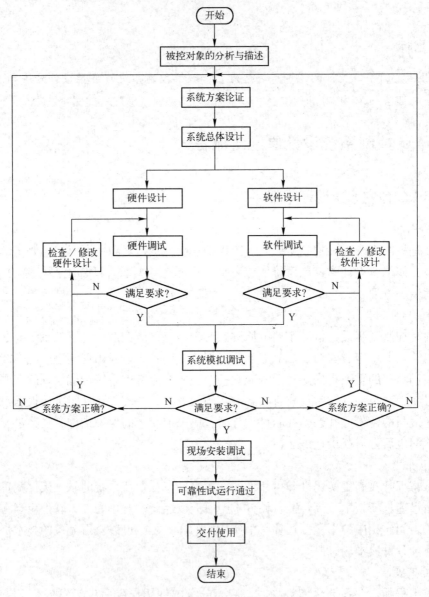

图 18-1　PLC 控制系统设计流程图

18.2　PLC 控制系统被控对象的分析与描述

分析被控对象就是要详细分析被控对象的工艺流程，了解其工作特性。此阶段一定要与用户进行深入的沟通，确保分析得全面而准确。在控制系统设计时，往往需要达到一些特定的指标和要求，即满足实际应用或客户需求。在分析被控对象时，必须考虑这些指标和要求。在全面分析之后，就需要按照一定的原则，准确地用工程化的方法描述被控对象，为控制系统设计打好基础。

（1）系统规模

根据被控对象的工艺流程、复杂程度和客户的技术要求确定系统的规模，可以分为大、中、小三种规模。

小规模控制系统适用于单机或小规模生产过程，以顺序控制为主，信号多为开关量，且 I/O 点数较少（低于 128 点），精度和响应时间要求不高。一般选用 S7 - 200 就可达到控制要求。

中等规模控制系统适用于复杂逻辑和闭环控制的生产过程，I/O 点数较多（128 ~ 512 点之间），需要完成某些特殊功能，如 PID 控制等。一般选用 S7 - 300 就可达到控制要求。

大规模控制系统适用于大规模过程控制、DCS 系统和工厂自动化网络控制，I/O 点数较多（高于 512 点），被控对象的工艺过程较复杂，对于精度和响应时间要求较高。应选用具有智能控制、高速通信、数据库、函数运算等功能的高档 PLC，如 S7 - 400。

（2）硬件配置

根据系统规模和客户的技术对控制系统 I/O 点数进行估算。分析被控对象工艺过程，统计系统 I/O 点数和 I/O 类型。按照设备和生产区域的不同进行划分，明确各个 I/O 点的位置和功能。再加上 10% ~ 20% 的备用量，然后列出详细的 I/O 点清单。

（3）软件配置

根据控制系统设计要求选择适合的软件，包括系统平台软件、编程软件。

上位机监控软件的选择首先需考虑监控的点数限制，以及是否有报警显示、趋势分析、报表打印以及历史记录功能。

（4）控制功能

分析被控对象，提出控制系统应具备的各种控制功能，如 PID 控制等。

熟悉被控对象是设计控制系统的基础。只有深入了解被控对象以及被控过程，才能够提出合理科学的控制方案。

1）分析被控对象。详细分析被控对象的工艺流程，了解其工作特性。此阶段一定要与用户进行深入的沟通，确保分析得全面而准确。

2）画出工艺流程图。经过第一步，应对被控对象的整个工艺流程有了深入的了解，为了更直观、简洁的表示，画出工艺流程图，为后面的系统设计做准备。

3）分析并明确控制任务。根据已经做好的工艺流程图，工程师可以把用户提出的控制要求转换为专业术语，对其逐一进行分解，并从控制的角度将其中的要求转化为多个控制回路。对于过程控制系统可用 P&ID 图来表示其中的控制关系。

18.3 PLC 控制系统总体设计

在控制系统设计之前，需要对系统的方案进行论证。主要是对整个系统的可行性作一个预测性的估计。在此阶段一定要全面地考虑到设计和实施此系统将会遇到的各种问题。如果没有做过相关项目的经验，应当在实地仔细考察，并详细地论证设计此系统中的每一个步骤的可行性。特别是在硬件实施阶段中，稍有不慎，就会造成很大的麻烦，轻则系统不成功，重则会造成严重的人员和财产的损失。工程实施过程中的阻碍，往往都是由于这一步没有做足工夫而导致的。

系统的总体设计关系到整个系统的总体构架，每个细节都必须经过反复斟酌。首先要能够满足用户提出的基本要求；其次是确保系统的可靠性，不可以经常出现故障，就算出现故障也不会造成大的损失；然后在经济性等方面予以考虑。

一般来说，在系统总体设计时，需要考虑下面几个问题：

1）确定系统是用 PLC 单机控制，还是 PLC 联网控制；确定系统是采用远程 I/O 还是本地 I/O。主要根据系统的大小及用户要求的功能来选择。对于一般的中小型过程控制系统来说，PLC 单机控制已基本能够满足功能要求。但也可借鉴集散控制系统的理念，即将危险和控制分散，管理与监控集中。这样可以大大提高系统的可靠性。

2）是否需要与其他部分通信。一个完整的控制系统，至少会包括三个部分：控制器、被控对象和监控系统。所以对于控制器来说，至少要跟监控系统之间进行通信。至于是否跟另外的控制单元或部门通信要根据用户的要求来决定。一般来说，如果用户没有要求，也都会留有这样的通信接口。

3）采用何种通信方式。一般来说，在现场控制层级用 PROFIBUS DP；而从现场控制层级到监控系统的通信用 PROFINET。但有时候也可互相通用，根据具体情况选择合适的通信方式。

4）是否需要冗余备份系统。根据系统的所要求的安全等级，选择不同的办法。在数据归档时，为了让归档数据不丢失，可以使用 OS 服务器冗余；在自动化站（Automation Station，AS），为了使系统不会因故障而导致停机或不可预知的结果，可以使用控制器冗余备份系统。选择适当的冗余备份，可以使系统的可靠性得到大幅提高。

在进行控制系统选型之前，首先考虑系统的网络结构是怎样搭建的，图 18-2 为某控制系统网络结构示意图。

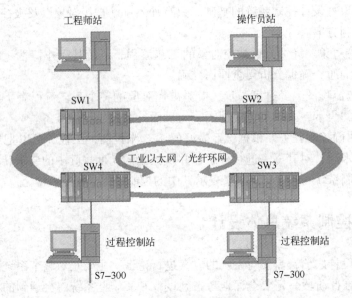

图 18-2　网络结构示意图

确定系统的操作站、过程控制站的数目和位置，相互之间是怎样连接的，是否需要工业以太网交换机。

一般情况下，现场控制室和主控制室与电气控制柜分别安放在两个地方，且距离较远，为保证信号的稳定可靠，会考虑用光缆来连接各自的交换机。同时，为了通信线路的冗余，会考虑选用带冗余管理功能的工业以太网交换机，将现场操作站和过程控制站组成一个光纤环网。这样，即使有一个方向的通信断开，也可通过另一个方向继续通信。

对于过程控制站和现场信号之间的连接，传统的连接方式是将现场信号直接通过硬件连接到过程控制站上。这样如果距离太远，信号传输会有损耗，尤其是模拟量信号。且当信号点很多时，布线也较复杂，浪费材料。所以，一般需在现场安装分布式 I/O 从站（如果现场为危险区，需选用本质安全型的分布式 I/O 从站），将现场信号直接连接到 I/O 从站上，在通过现场总线的方式将信号传送到过程控制站。

18.4 PLC 控制系统硬件设计

18.4.1 传感器与执行器的确定

1. 传感器的确定

传感器相当于整个系统的"眼睛"，它的确定对系统有着至关重要的影响。一般来说，选择一个传感器时，应注意下面几个问题：①测量范围；②测量精度；③可靠性；④接口类型。

2. 执行器的确定

执行器相当于整个系统的"手臂"，其重要性不言而喻。与选择传感器相对应，在选择执行器时，应考虑到下面几个问题：①输出范围；②输出精度；③可靠性；④接口类型。

18.4.2 PLC 控制系统模块的选择

在硬件设计中，对输入、输出点进行估算是一个重要的工作，控制系统总的输入、输出点数可以根据实际设备的 I/O 点汇总，然后另加 10% ~ 20% 的备用量估算。

1. 数字量 I/O 点数的确定

一般来说，一个按钮要占一个输入点；一个光电开关要占一个输入点；而对于选择开关来说，一般有几个位置就要占几个输入点；对各种位置开关一般占一个或两个输入点；一个信号灯占一个输出点。一般可用下式进行估算：

$$DI/DO = K\Big[\sum_{i=1}^{N}(a_i + b_i) + c\Big]$$

式中，DI/DO——要估算的输入或输出点数量；

K——备用量系数，一般取 1.1 ~ 1.2 之间；

a_i——单个系统类型参数。对于 DI 来说，在单速可逆系统中，$a_i = 3 \times$操作点；在单速不可逆系统中，$a_i = 2 \times$操作点；在多速（有级）可逆系统中，$a_i = 3 \times$操作点 + 速度档位数；在多速不可逆系统中，$a_i = 2 \times$操作点 + 速度档位数。而对于 DO 来说，在单速可逆系统中，$a_i = 2$；在单速不可逆系统中，$a_i = 1$；在多速

（有级）可逆系统中，$a_i =$ 速度档位数；在多速不可逆系统中，$a_i = 2 \times$ 操作点 + 速度档位数；

b_i——单个系统点数。对于 DI 来说，如限位开关、故障信号等；对于 DO 来说，如指示灯、接触器等；

c——其他点数，如系统集中的按钮、报警等输入/输出点；

N——单个系统的总数。

2. 模拟量 I/O 点数的确定

模拟量 I/O 点数的确定，一般应根据实际需要来确定，并预留出适当的备用点即可。

3. 存储器容量的估算

这里所说的存储器容量与用户程序所需的内存容量不同，前者指的是硬件存储器容量，而后者指的是存储器中为用户开放的部分。用户程序所需的内存容量只能做粗略的估算，它与 PLC 的输入/输出点数成正比，此外，还受通信数据量、编程人员水平等因素的影响。一般内存容量估算经验公式如下：

$$M = K_1 K_2 \left[(DI + DO) C_1 + AIC_2 + AOC_3 + NC_4 \right]$$

式中，M——内存容量；

K_1——备用量系数，一般取 $1.25 \sim 1.40$ 之间；

K_2——程序员编程的熟练程度，一般取 $0.85 \sim 1.15$ 之间；

DI——开关量输入总数；

DO——开关量输出总数；

AI——模拟量输入总数；

AO——模拟量输入总数；

N——通信处理接口数；

C_1——开关量输入/输出内存占有率，一般取 $10 \sim 15$ 左右；

C_2——模拟量输入内存占有率，一般取 $100 \sim 120$；

C_3——模拟量输出内存占有率，一般取 $200 \sim 250$；

C_4——通信接口内存占有率，一般取 $200 \sim 250$。

4. 控制模块的选择

确定了 PLC 的输入/输出点数及存储器的容量后，下一步进行的是 PLC 模块的选择，主要包括 CPU 模块、数字量和模拟量输入/输出模块等。

1）对于 CPU 模块选择，一般要考虑到以下几个问题：

① 通信端口类型。

② 运算速度。

③ 特殊功能（如高速计数等）。

④ 存储器（卡）容量。

⑤ 对采样周期、响应速度的要求。

2）在选择扩展模块时，一般应注意以下方面：

① 模块的电压等级。可根据现场设备与模块间的距离来确定。当外部线路较长时，可选用 AC220V 电源；当外部线路较短，且控制设备相对较集中时，可选用 DC 24V 电源。

② 数字量输出模块的输出类型。数字量输出有继电器、晶闸管、晶体管 3 种形式。在

通断不频繁的场合，应该选用继电器输出；在通断频繁的场合，应该选用晶闸管或晶体管输出，注意晶闸管只能用于交流负载，晶体管只能用于直流负载。

③ 模拟量信号类型。模拟量信号传输应尽量采用电流型信号传输。因为电压量信号极易引入干扰，一般电压信号仅用于控制设备柜内电位器的设置，或者距离较近、电磁环境好的场合。

18.4.3 控制柜设计

在大多数系统中，都需要设计控制柜，它可以将工业现场的恶劣环境与控制器隔离，使系统可靠的运行。一般来说，设计控制柜时应考虑到下面几个问题：

1）尺寸大小。要根据现场的安装位置和空间，设计合适的尺寸大小。切忌在设计完工之后才发现在现场不能安装。而在外观方面没什么太严格的要求，只要简洁明了就行了。

2）电路图。在设计控制柜的电路图时，一方面要考虑到工业现场的环境，另一方面要考虑到系统的安全性。

3）电源。在充分计算好系统所需的功率后，选择合适的电源。并根据系统需要，选择是否需要电源的备份。

4）紧急停止。紧急停止与正常的停止运行有很大的不同，紧急停止主要从硬件的方式上确保了系统在出问题时的可靠和安全。

5）其他。对于接线方式、接地保护、接线排的余量等问题，在设计时都要予以详细的考虑。

18.4.4 I/O 模块原理图设计

I/O 模块原理图是传感器、执行器与 I/O 模块连接原理图。在设计时，应多查阅相关的I/O 模块以及传感器和执行器的手册资料，对其连接的方式应予以充分了解。这样在设计时才不会出现问题。同时还应考虑到裕量问题，即留出一部分 I/O 端口作备用，以便以后维修或者扩展时用。

18.5 PLC 控制系统软件设计

18.5.1 控制软件设计

控制软件是整个控制系统的"思想"。经过工程师们漫长的摸索，总结出许多有用的开发方法。下面就其设计原则和流程进行探讨。

1. 设计原则

控制软件的设计应该遵循以下几个原则：

1）正确性。首先要保证能够完成用户所要求的各项功能，确保程序不会出现人为的错误。

2）可靠性。在满足正确性的同时，也不可忽视。在设计时要设置事故报警、联锁保护等。还要对不同的工作设备和不同的工作状态做互锁设计，以防止用户的误操作；在有信号干扰的系统中，程序设计还应考虑滤波和校正功能，以消除干扰的影响。

3）可调整性。程序设计应采用模块化设计方式。要借鉴软件工程中的"高内聚，低耦合"的思想。这样，即便是程序出现了问题，或用户想另增加功能时，能够很容易地对其进行调整。

4）可读性强。在系统维护和技术改造时，一般都要在原始程序的基础上改造。所以要求在编写程序时，应力求语句简单、条件清楚、可读性强，以便系统的改进和移植。

2. 设计流程

控制软件设计流程可大体上遵照图18-3所示步骤。

18.5.2 监控软件设计

一个很好的监控系统能够使操作员更加轻松、方便和安全。监控软件的发展也非常迅速，不仅功能强大，而且开发周期明显缩短，节省了开发的成本。一般来说，监控软件在设计时，应该包括以下几个方面：

1）工艺流程界面。针对系统的总体流程，给操作员一个直观的操作环境，同时对系统的各项运行数据也能实时显示。

2）操作控制界面。操作员可能对系统进行开车、停车、手动/自动等一系列的操作，通过此界面可以很容易的操作。

3）趋势曲线界面。在过程控制中，许多过程变量的变化趋势对系统的运行起着重要的影响，因此趋势曲线在过程控制中尤为重要。

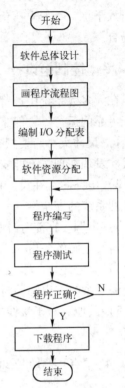

图18-3 控制软件设计流程图

4）历史数据归档。为了方便用户查找以往的系统运行数据，需要将系统运行状态进行归档保存。

5）报警信息提示。当出现报警时，系统会以非常明显的方式来告诉操作员，同时对报警的信息也进行归档。

6）相关参数设置。有些系统随着时间的运行，一些参数会发生改变，操作员可根据自己的经验对相应的参数进行一些调整。

18.6 PLC 控制系统的可靠性设计

18.6.1 环境技术条件设计

1. PLC 的环境适应性

由于 PLC 是直接用于工业控制的工业控制器，生产厂家都把它设计成能在恶劣的环境条件下可靠地工作。尽管如此，每种控制器都有自己的环境技术条件，用户在选用时，特别是在设计控制系统时，对环境条件要给予充分的考虑。

一般 PLC 及其外部电路（I/O 模块、辅助电源等）都能在下列环境条件下可靠地工作。

温度：工作温度为 0～55℃，最高为 60℃；保存温度为 −40～85℃。

湿度：相对湿度为 5% ~95%（无凝结霜）。

振动和冲击：满足国际电工委员会标准。

电源：AC 200V；允许变化范围为 -15% ~ +15%；频率 47~53 Hz；瞬间停电保持为 10 ms。

环境：周围空气不能混有可燃性、爆炸性和腐蚀性气体。

2. 环境条件对 PLC 的影响

（1）温度的影响

PLC 及其外部电路都是由半导体集成电路（简称 IC）、晶体管和电阻、电容等元器件构成的，温度的变化将直接影响这些元器件的可靠性和寿命。

温度高时容易产生下列问题：IC、晶体管等半导体器件性能恶化，故障率增加和寿命降低；电容器件等漏电流增大，故障率增大，寿命降低；模拟回路的漂移变大，精度降低等。如果温度偏低，除模拟回路精度降低外，回路的安全系数变小，超低温时可能引起控制系统的动作不正常。特别是温度的急剧变化（高低温冲击）时，由于电子器件热胀冷缩，更容易引起电子器件的恶化和温度特性变坏。

（2）湿度的影响

在湿度大的环境中，水分容易通过模块上 IC 的金属表面缺陷浸入内部，引起内部元件的恶化，印制电路板可能由于高压或高浪涌电压而引起短路。

在极干燥的环境下，绝缘物体上可能带静电，特别是 MOS 集成电路，由于输入阻抗高，可能由于静电感应而损坏。

控制器不运行时，由于温度、湿度的急骤变化可能引起结露。结露后会使绝缘电阻大大降低，由于高压的泄漏，可使金属表面生锈。特别是 AC 220V、AC 110V 的输入/输出模块，由于绝缘的恶化可能产生预想不到的事故。

（3）振动和冲击的影响

一般 PLC 能耐的振动和冲击频率为 10~55 Hz，振幅为 0.5 mm，加速度为 2 g，冲击为 10 g（g = 10 m/s²）。超过这个极限时，可能会引起电磁阀或断路器误动作，机械结构松动，电气部件疲劳损坏，以及连接器的接触不良等后果。

（4）周围空气的影响

周围空气中不能混有尘埃、导电性粉末、腐蚀性气体、水分、油分、油雾、有机溶剂和盐分等，否则会引起下列不良反应。尘埃可引起接触部分的接触不良，或使滤波器的网眼堵住，使盘内温度升高；导电性粉末可引起误动作，绝缘性能变差和短路等，油和油雾可能会引起接触不良和腐蚀塑料；腐蚀性气体和盐分可能会引起印制电路板的底板或引线腐蚀，造成继电器或开关类的可动部件接触不良。

3. 改善环境设计

由上面的介绍可知，环境条件对 PLC 的控制系统可靠性影响很大，为此必须针对具体应用场合采取相应的改善环境措施。这里介绍几种常用、可行的有效措施。

（1）高温对策

如果控制系统的周围环境温度超过极限温度（60℃），必须采取下面的有效措施。

1）盘、柜内设置风扇或冷风机，通过滤波器把自然风引入盘、柜内。由于风扇的寿命不那么长，故必须和滤波器一起定期检修。注意冷风机不能结露。

2）把控制系统置于有空调的控制室内，不能直接放在日光下。

3）控制器的安装都应考虑通风，控制器的上下都要如图18-4所示的那样留有50mm的距离，I/O模块配线时要使用导线槽，以免妨碍通风。

4）安装时要把发热体（如电阻器或电磁接触器等）远离控制器，或者把控制器安装在发热体的下面。

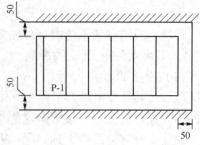

图18-4 风路设计

（2）低温对策

1）盘、柜内设置加热器，冬季时这种加热器特别有效，可使盘、柜内温度保持在0℃以上或者10℃左右。设置加热器时要选择适当的温度传感器，以便能在高温时自动切断加热器电源，低温时自动接通电源。

2）停运时，不切断控制器和I/O模块电源，靠其本身的发热量使周围温度升高，特别是在夜间低温时，这种措施是有效的。

3）在温度急骤变化的场合，不要打开盘、柜的门，以防冷空气进入。

（3）湿度不宜对策

1）盘、柜设计成密封型，并放入吸湿剂。

2）把外部干燥的空气引入盘、柜内。

3）印制电路板上再覆盖一层保护层，如喷松香水等。

4）在湿度低、干燥的场合进行检修时，人体尽量不接触模块，以防感应电损坏器件。

（4）防振和防冲击措施

1）如果振动源来自盘、柜之外，可对相应的盘、柜采用防振橡皮，以达到减振目的。同时亦可把盘柜设置在远离振源的地方，或者使盘柜与振源共振。

2）如果振动来自盘、柜内，则要把产生振动和冲击的设备从盘、柜内移走，或单独设置盘、柜。

3）强固控制器或I/O模块印制电路板、连接器等可能产生松动的部分或器件，连接线亦要固定紧。

（5）防周围环境部清洁的措施

如果周围环境空气不清洁，可采取下面相应措施：

1）盘、柜采用密封型结构。

2）盘、柜内打入高压清洁空气，使外界不清洁空气不能进入盘柜内部。

3）印制电路板表面涂一层保护层，如松香水等。

所有上述措施都不能保证绝对有效，有时根据需要可采用综合防护措施。

18.6.2 控制系统的冗余设计

使用PLC构成控制系统时，虽说控制器的可靠性或安全性高，然而无论使用什么样的硬件，故障总是难免的，特别是控制器，对用户来说它是一个黑箱子，一旦出现故障，用户一点办法都没有。因此，在控制系统设计时必须充分考虑可靠性和安全性。

1. 环境条件富余

改善环境条件设计的目的在于使控制器工作在合适的环境中，且使环境条件有一定富余量。如温度，虽然控制器能在60℃高温下工作，但为了保证可靠性，环境温度最好控制在40℃以下，即留有三分之一以上的富余量，其他环境条件也是如此，最好留有三分之一以上的富余量。

2. 控制器的并行运行

用两台控制内容完全相同的控制器，输入/输出也分别连接到两台控制器，当某一台控制器出现故障时，可切换到另一台控制器继续运行。

图18-5所示是具体实现方法。图示是外部硬接线，所有输入/输出都与两台控制器连接，当某一台控制器出现故障时，由主控制器或人为切换到另一台控制器，使其继续执行控制任务。当1号机的I0.0闭合，1号机执行控制任务，当2号机的I0.0闭合时，由2号机执行控制任务。

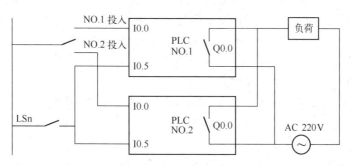

图18-5　控制器并列运行

控制器并列运行方案仅适用于小规模的控制系统，输入/输出点数比较少，布线容易。对大规模的控制系统，由于I/O点数多，电缆配线变得复杂，同时控制系统成本相应增加（几乎是成倍增加），这就限制了它的应用。

3. 双机双工热后备控制系统

双机双工热后备控制系统仅限于控制器的冗余，I/O通道仅能做到同轴电缆的冗余，不可能把所有I/O点都冗余，只有在那些不惜成本的场合才考虑全部系统冗余。

4. 与继电器控制盘并用

在老系统改造的场合，原有的继电器控制盘最好不要拆掉，应保留其原来的功能，以便作为控制系统的后备手段使用。对于新建项目，最好不要采用此方案。因为小规模控制系统中的控制器造价可做到和继电器控制盘相当，因此以采用控制器并列运行方案为好。对于中大规模的控制系统，由于继电器控制盘比较复杂，较费电缆线和工时，还不如采用控制器可靠，这时采用双机双工热后备控制系统方案为好。

5. 手动运行

如图18-6所示，将手操开关与输出信号线连接，当控制器出现故障时，由手操开关直接驱动负荷，仍能使系统运行。

手操运行不能作为控制系统的主要运行方式，只能在设备调试时用，或作为临时后备用。这是因为手操运行时没有系统联锁信号，不符合系统安全运行规程。

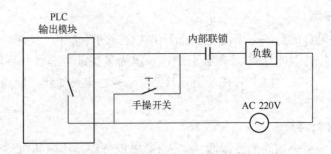

图 18-6　手动运行

18.6.3　控制系统供电系统设计

供电系统的设计直接影响控制系统的可靠性，因此在设计供电系统时应考虑下列因素：

1）输入电源电压允许在一定得范围内变化。

2）当输入交流电断电时，应不破坏控制器程序和数据。

3）在控制系统部允许断电的场合，要考虑供电电源的冗余。

4）当外部设备电源断电时，应不影响控制器的供电。

5）要考虑电源系统的抗干扰措施。

为此，本书给出下面几种实用供电系统设计方案，经实践证明这几种方案对提高控制系统的可靠性是有效的。

1. 使用隔离变压器的供电系统

图 18-7 所示是使用隔离变压器的供电系统，控制器和 I/O 系统分别由各自的隔离变压器供电，并与主回路电源分开。这样当 I/O 供电断电时不会影响控制器的供电。

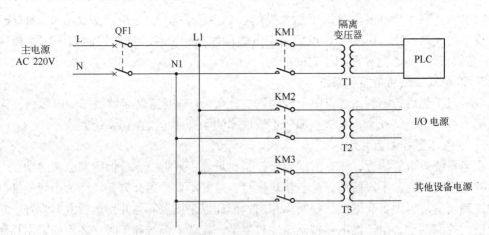

图 18-7　使用隔离变压器的供电系统

2. 使用 UPS 供电系统

不间断电源（Uninterrupted Power Supply，OPS）是用电设备的保护神，平时处于充电状态，当输入 AC 220 V）失电时，UPS 能自动切换到输出状态，继续向用电设备供电。

图 18-8 所示是使用 UPS 的供电系统，根据 UPS 的容量，在交流电失电后可继续向控制器供电 10～30 min。因此对于非长时间停电的系统，其效果是显著的。

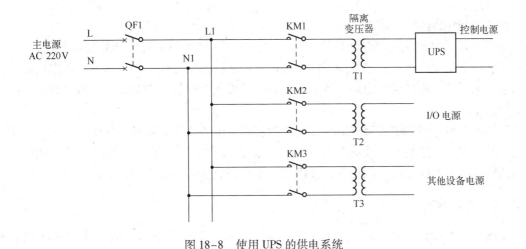

图 18-8　使用 UPS 的供电系统

18.7　PLC 控制系统的调试

控制系统的调试可分为模拟调试和现场调试两个过程。在调试之前首先要仔细检查系统的接线，这是最基本也是非常重要的一个环节。

18.7.1　模拟调试

1. 软件模拟调试

软件在设计完成之后，可以首先使用 PLCSIM 进行仿真调试。该软件操作方法简单，灵活性高，使用方便。图 18-9 为 PLCSIM 仿真软件界面图。

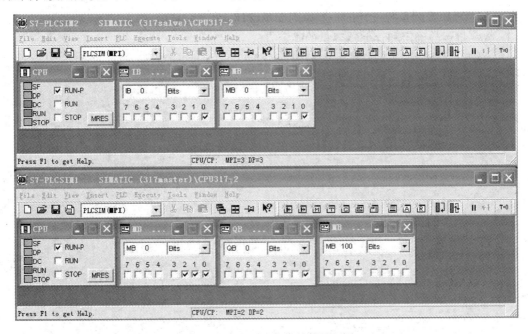

图 18-9　PLCSIM 仿真软件界面图

2. 硬件模拟调试

用 PLC 硬件来调试程序时，用接在输入端的小开关或按钮来模拟 PLC 实际的输入信号，例如用它们发出操作指令，或在适当的时候用它们来模拟实际的反馈信号，例如限位开关触点的接通和断开。通过输出模块上各输出点对应的发光二极管，观察输出信号是否满足设计的要求。

可用事先编写好的试验程序对外部接线做扫描通电检查来查找接线故障。不过为了安全考虑，最好将主电路断开，当确认接线无误后再连接主电路，将模拟调试程序下载到 PLC 进行调试，直到各部分的功能正常，并协调一致地完成整体的控制功能为止。

18.7.2 现场调试

完成上述工作后，将 PLC 安装在控制现场进行联机调试，在调试过程中将暴露出系统中可能存在的传感器、执行器和硬件接线等方面的问题，以及程序设计中的问题，应对出现的这些问题及时加以解决。

现场调试是整个控制系统完成的重要环节。任何的系统设计很难说不经过现场的调试就能正常使用。只有通过现场调试才能发现控制回路和控制程序中不能满足系统要求之处；只有通过现场调试才能发现控制电路和控制程序中存在的问题。

在调试过程中，如果发现问题，应及时与工艺人员沟通，确定其问题所在，及时对相应硬件和软件部分进行调整。全部调试后，经过一段时间试运行，才能确认程序正确可靠，正式投入正常使用。

18.8 习题

1. 简述 PLC 控制系统设计的一般原则以及设计流程。
2. 数字量点数确定和存储器容量的确定方法。
3. 系统可靠性设计一般从哪些方面加以保证？
4. PLC 控制系统的一般调试方法有哪些？

第19章 PLC控制系统工程实例

本章学习目标：

了解本章工程实例应用背景；理解PLC控制系统工程设计思想和方法；掌握本章讨论的PLC控制系统被控对象分析与描述、总体方案设计、软硬件设计与实现和系统调试工程技术。

19.1 MPS虚拟仿真系统——供料站

19.1.1 被控对象分析与描述

1. 供料站系统描述

模块化生产系统（Modularization Process System，MPS）是结合现代工业特点开发研制的模拟自动化生产线过程，集机械、电子、通信为一体高度集成的机电信息一体化的试验装置，涵盖了机械设计、传感器技术、自控技术、信息技术和计算机技术等多学科的内容。一个较完整的MPS模块化加工系统包括六个站，如图19-1所示，分别为供料站、检测站、加工站、提取站、传送站和分类站。

图19-1 MPS系统六个站外形图

供料站是MPS虚拟仿真系统中第一个站。它主要是将工件从仓库运到下一站，该站示意图如图19-2所示。供料站主要由电动机、吸盘、气动推杆、工件、光敏传感器组成。该站的目的是从仓库提取工件运到下一站，光敏传感器主要是用来反映各个工件的状态和位置。

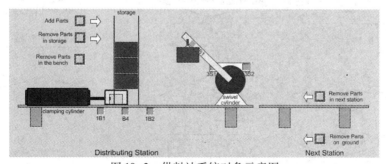

图19-2 供料站系统对象示意图

2. 供料站系统分析

供料站系统分为两种控制模式：自动模式和手动模式。自动模式工作流程为：按下Start按钮（开始按钮），开始灯由亮变灭，电动机开始运行，将吸盘转到下一站位置，检测该处有无工件，如果有工件，则提示要把该处工件移走；若没有则气动推杆推出工件到指定位置准备提取。

手动模式工作流程为：通过按下 Hand control 按钮，可以对每个工件进行一个过程的供料。

如果按下 Add part 按钮，则加入一个工件到仓库中；如果按下 Remove parts in storage 按钮，则将仓库中的工件移走一个；如果按下 Remove parts in the bench 按钮，则将工作台上的工件移走一个；如果按下 Remove parts in the next station 按钮，则将下一站位置的工件移走。

出现紧急情况后，按下 Estop 按钮（紧急停止按钮），电动机立即停止，要想进行下一次运转，必须先按下 Reset 按钮（复位），移走工件，再按下 Start 按钮。

根据供料站的工作流程，给出流程图如图 19-3 所示。

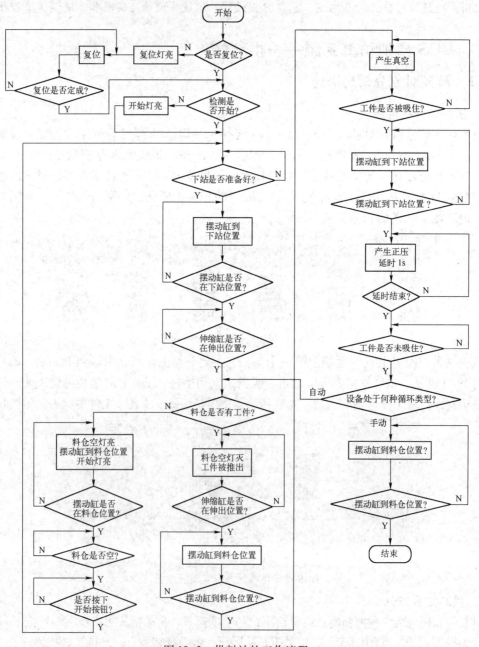

图 19-3　供料站的工作流程

19.1.2 系统总体设计

在本控制系统中采用西门子的 S7 – 300 PLC 作为系统的控制器，为能够在监控室里监控系统，用 WinCC flexible 组态软件完成系统的监控和管理。

系统总体结构如图 19-4 所示。

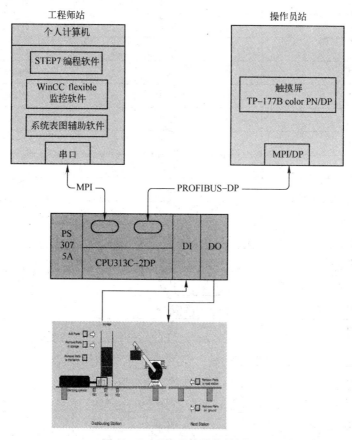

图 19-4 系统总体结构简图

19.1.3 系统硬件设计

1. 系统硬件选型

根据控制系统的设计方案，部分硬件设备的选型清单见表 19-1。

表 19-1 硬件设备清单

元 件	类 型	个 数	备 注
S7 – 300 CPU	CPU 313C – 2 DP	1	
触摸屏	TP – 177B color PN/DP		
PC	略	1	
光敏传感器	略	6	
电动机	略		
吸盘	略	1	
气动推杆	略	1	

2. 系统硬件资源分配

数字量输入/输出分配表见表19-2。

表 19-2　数字量输入/输出表

变 量 名 称	输入/输出点	说　明
1B2	I0.1	伸缩缸在伸出位置
1B1	I0.2	伸缩缸在缩回位置
2B1	I0.3	工件被吸住
3S1	I0.4	摆动缸在料仓位置
3S2	I0.5	摆动缸在下站位置
B4	I0.6	料仓空
IP_FI	I0.7	下站准备好
S1	I1.0	开始按钮
S2	I1.1	停止按钮
S3	I1.2	自动/手动
S4	I1.3	复位
Em_Stop	I1.5	急停按钮
Hand control	I1.7	手动控制
1Y1	Q0.0	工件被推出
2Y1	Q0.1	产生真空
2Y2	Q0.2	产生正压
3Y1	Q0.3	摆动缸到料仓位置
3Y2	Q0.4	摆动缸到下站位置
H1	Q1.0	开始_灯
H2	Q1.1	复位_灯
H3	Q1.2	料仓空_灯

注：表中未涉及的端口，均为备用。

3. 系统输入/输出原理图设计

系统输入/输出原理图如图19-5所示。

19.1.4　系统软件设计

1. 控制软件设计

根据程序执行的情况和程序的功能，可以把程序划分为两个部分：

主程序OB1在启动完成之后，操作系统不断地循环调用组织块OB1。在OB1中可以调用其他子程序。

三个子程序分别为FC11、FC12、FB11。其中FC11是急停子程序、FC12是停止子程序、FB11是运行功能块，DB11是FB11的背景数据块。

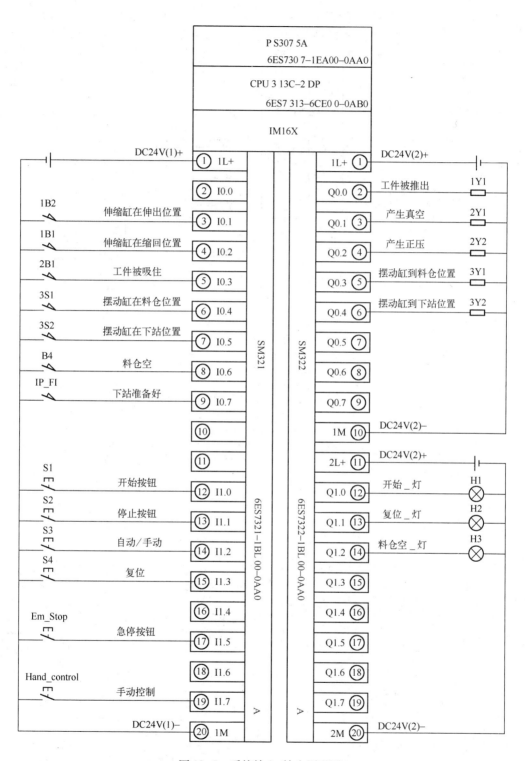

图 19-5　系统输入/输出原理图

程序结构如图 19-6 所示。

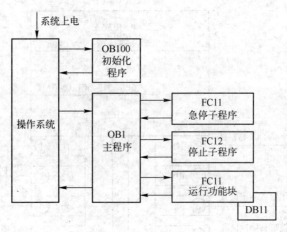

图 19-6　程序结构

图 19-7 为各部分程序梯形图，并附上了注释。

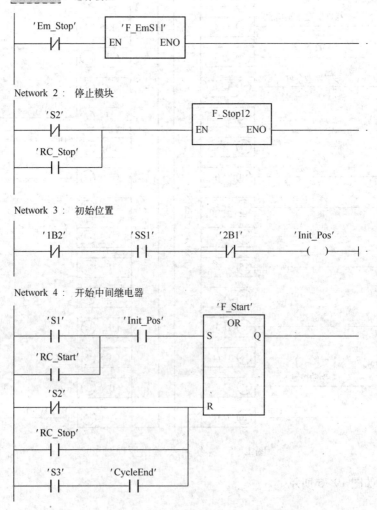

图 19-7　程序梯形图

2. 监控软件设计

使用 WinCC flexible 设计监控界面，部分界面如图 19-8 所示。

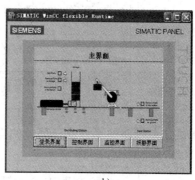
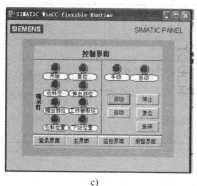

图 19-8　供料站监控界面

a）登录界面　b）主界面　c）控制界面　d）监控界面

监控系统主要有四个界面：登录界面、主界面、控制界面和监控界面。

1）登录界面：点击登录按钮，将进入供料站主界面。

2）主界面：进行控制界面、监控界面、报警界面的切换。

3）控制界面：操作改变系统当前的工作模式和工作状态。

4）监控界面：指示当前的工件工作的状态。

19.1.5　系统调试

当供料站控制系统的软件设计完毕后，接下来的工作，就是对系统进行整体调试。这个环节，在整个系统设计过程中，起着非常重要的作用。

在对系统软件进行设计时，一般情况下，是分组合作完成的。一个组负责设计 PLC 控制程序，一个组负责设计 WinCC flexible 监控程序，一组负责设计 SIMIT 被控对象仿真程序。他们设计的共同依据就是供料站控制系统的硬件资源分配 I/O 地址表（见表 19-1）。程序调试分为"单独调试"和"联合调试"。

"单独调试"是指在设计完每部分软件后，尽可能创造条件来调试单个部分的程序，以验证单个程序的正确性。具体过程见表 19-3。

表 19-3 "单独调试"的过程

程序名称	调试内容 1	调试内容 2	调试方法
PLC 控制程序	验证程序中的 I/O 是否与 I/O 表一致	PLC 程序是否符合设计要求	PLCSIM + STEP 7
WinCC 监控程序	验证程序中的 I/O 是否与 I/O 表一致	WinCC 监控内容是否正确	PLCSIM + WinCC
SIMIT 被控对象仿真程序	验证程序中的 I/O 是否与 I/O 表一致	Simit 被控对象描述是否正确	PLCSIM + SIMIT

"联合调试"是指将两部分或三部分的程序联合起来,进行调试,以验证整个系统程序的正确性。具体过程见表 19-4。

表 19-4 "联合调试"的过程

程序名称	调试内容	调试方法
PLC 控制程序 + WinCC 监控程序	验证 WinCC 监控界面上相应的控制量是否按设想的控制律变化	PLCSIM + WinCC
PLC 控制程序 + SIMIT 被控对象仿真程序	验证 SIMIT 被控对象是否按照预定工艺流程运行	PLCSIM + SIMIT
PLC 控制程序 + WinCC 监控程序 + SIMIT 被控对象仿真程序	验证整个系统程序的正确性	WinCC + SIMIT

19.1.6 技术文档整理

系统调试完成交付时,应提供给用户完整的技术文档,方便用户的使用,系统的维护和改进。技术文档应包括以下几个方面:

1）系统的操作说明。

2）系统结构图和电气图样,包括控制柜、PLC 外部接线等。

3）带注释的 PLC 程序。

19.2 喷射机控制系统

19.2.1 被控对象分析与描述

喷射助剂是冷轧堆前处理工艺中的一段,目的是使织物具有高带液量,密封堆置一段时间后,进入下一段工序蒸洗,从而得到白净手感好的坯布。织物的带液量不仅与喷嘴的喷压有关,而且还与织物进去的速度有关。喷液与坯布上的浆料、果胶、棉蜡、蛋白质等杂质要进行充分的反应,还必须要保证具有一定的工作温度,所以在冬天时还需要蒸汽对喷液进行加热。

该控制系统分为喷淋和传动两部分,具体工艺过程如图 19-9 所示。喷淋部分可以分为液位控制、压力调节和温度控制;传动部分主要是要求进布电动机、撑布电动机、主筒电动机和出布电动机传送坯布的速度要保持同步。

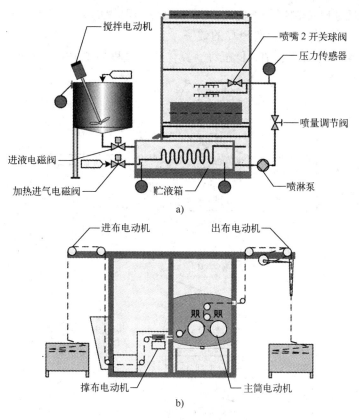

图 19-9 喷射机示意图

a）喷淋部分　b）传动部分

19.2.2　系统总体设计

1. 控制任务分析

压力调节使喷嘴有足够的压力来喷出喷液，进而穿透坯布，使坯布与喷液充分接触，喷压是通过离心泵来调节的，在喷嘴处有压力传感器检测当前喷管中的压力，以 4～20 mA 电流的形式传送给 CPU314C-2DP 的 CH0，通过 PROFIBUS-DP 通信将其送给 MM420，在 MM420 里进行 PI 运算，进而来调节离心泵的转速，以此来达调节喷管中喷液的水压，如图 19-10 所示。

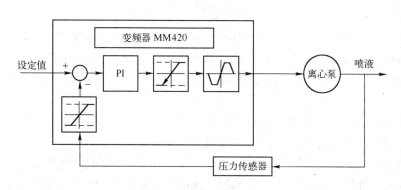

图 19-10　压力调节原理

采取 MM420 自带的 PI 控制器而不使用 CPU 314C –2DP 里的 PID 控制模块 FB41，这样能节约 CPU 314C –2DP 的资源，提高 PLC 的效率。

贮液箱里的液位分为高、中、低三种，具体调整过程如图 19-11 所示。

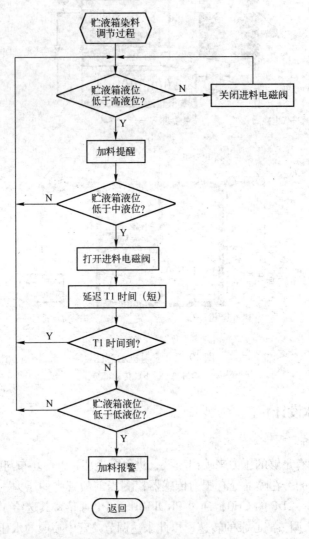

图 19-11　液位调整流程

温度控制是通过开关加热进气电磁阀来控制，由于电磁阀是开关阀，所以采取了粗略的控制。当温度传感器检测到实际温度低于设定温度的下限时，打开加热进气电磁阀一段时间，当检测到的温度到达了设定温度的上限，则关闭加热进气电磁阀，控制过程如图 19-12 所示。

传动部分的控制是对四个电动机同步性的控制，同时还要保证坯布具有一定的带液量，所以采用主从级联控制的方法来实现同步控制。

在这种结构下，以前一台电动机的转速输出作为后一台电动机的速度给定，因而稳态时的同步性能很好，如图 19-13 所示。电动机之间的速度同步比例关系由同步系数决定。

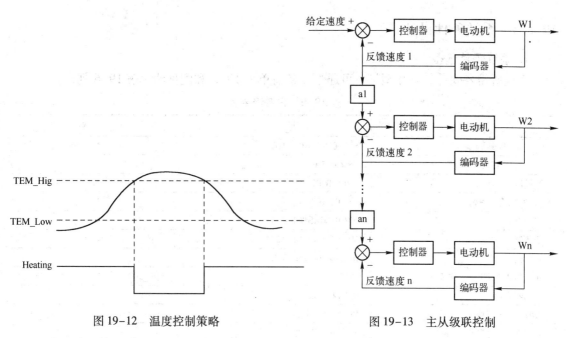

图 19-12 温度控制策略

图 19-13 主从级联控制

2. 系统总体设计

根据控制任务及要求，主要采用 CPU 314C‑2DP、MM440 变频器、MM420 变频器、PROFI‑BUS‑DP 总线技术及触摸屏技术构建了该套控制系统，系统总体方案图如图 19-14 所示。

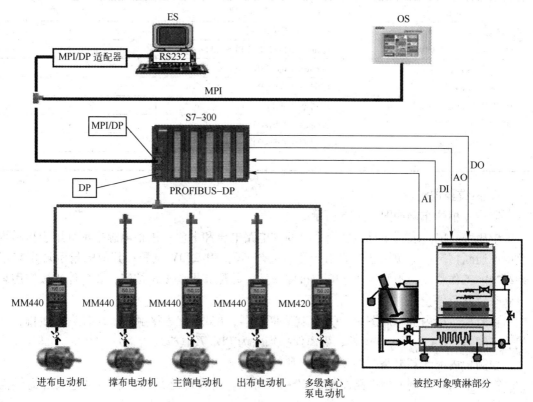

图 19-14　系统总体方案图

19.2.3 系统硬件设计

1. 系统硬件选型

系统所需各硬件的具体型号，可通过设备清单表 19-5 和配件清单表 19-6 列出。

表 19-5　设备清单表

元　件	类　型	个　数
S7 - 300 控制器	S7 - CPU314C - 2DP	1
S7 - 300 CPU 电源模块	PS 307 5A	1
触摸屏	TP177B DP	1
DC 24V 额外电源	PS 307 10A	1
变频器	MICROMASTER 440	4
变频器	MICROMASTER 420	4
编码器	Incremental encoder	4
MICROMATSTER 操作面板	BOP	5
编码器模块	编码器模块	4
PROFIBUS 模块	PROFIBUS 模块	
40 针前段连接器	40 针前段连接器	1
安装导轨	RACK	1

表 19-6　配件清单表

元　件	类　型	个　数
连接电缆	PROFIBUS cable	1
90°不带编程口总线接头	Connector for PROFIBUS cable	9
90°带编程口总线接头	Connector for PROFIBUS cable	1
AC 380V 断路器	施耐德（TeSysD）	1
AC 220V 断路器	施耐德（Multi9 C65）	1
电动机回路断路器	施耐德（TeSysD）	4
离心泵回路断路器	施耐德（TeSysD）	1
…	…	…

2. 系统监控柜设计

监控主柜的布局如图 19-15 所示。

电压表、电流表用于显示整个系统的主电路电压和电流；进柜电源指示灯用于指示柜内总电源通断情况；电源钥匙开关用于开启关闭 AC 380/220V 电源；其他的指示灯用来指示系统当前工作状况；报警笛用于响应报警事件，并配有报警复位按钮，紧急停止按钮用来紧急状态时紧急停止。

在监控主柜内部布局图中，QFxx 代表断路器；KMxx 代表接触器；Jx 代表接线排；FTxx 代表变频器；KAxx 代表继电器；隔离保护箱内为 PLC 及其模块。

控制柜内部变频电路图如图 19-16 所示。

控制柜内部控制原理电路图如图 19-17 所示。这些电路是为控制器供电或者提供信号的电路。

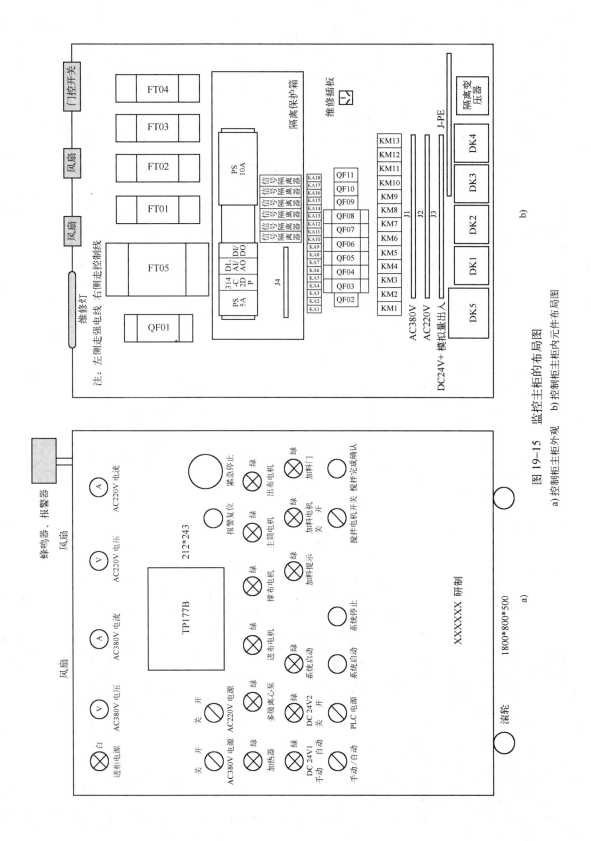

图 19—15　监控主柜的布局图

a) 控制柜主柜外观　b) 控制柜主柜内元件布局图

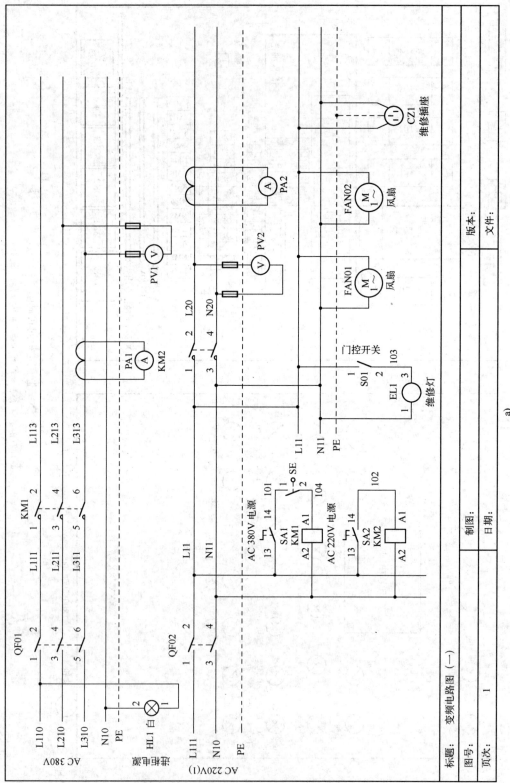

图 19-16　变频电路图

a) 变频电路图 (一)

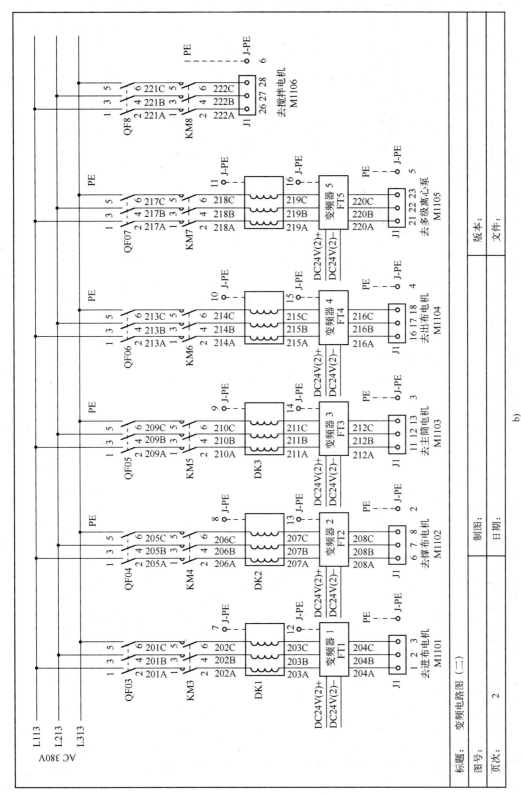

图 19-16 变频电路图 (续)
b) 变频电路图 (二)

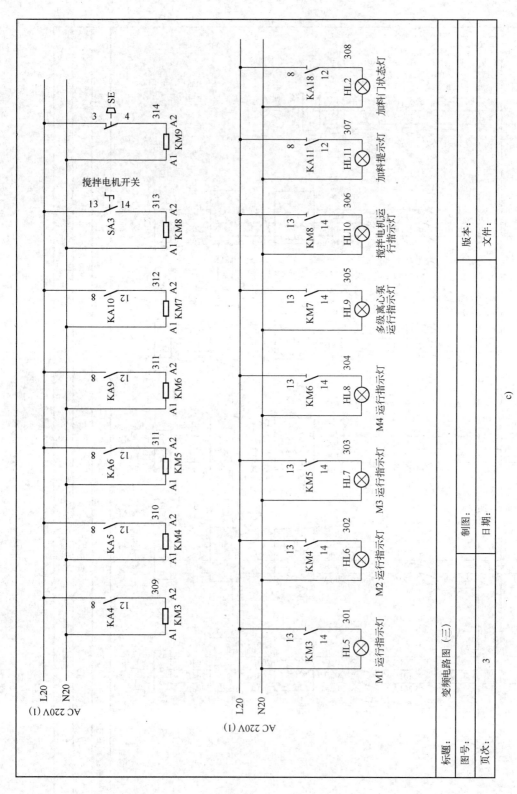

图 19—16　变频电路图 (续)

c) 变频电路图 (三)

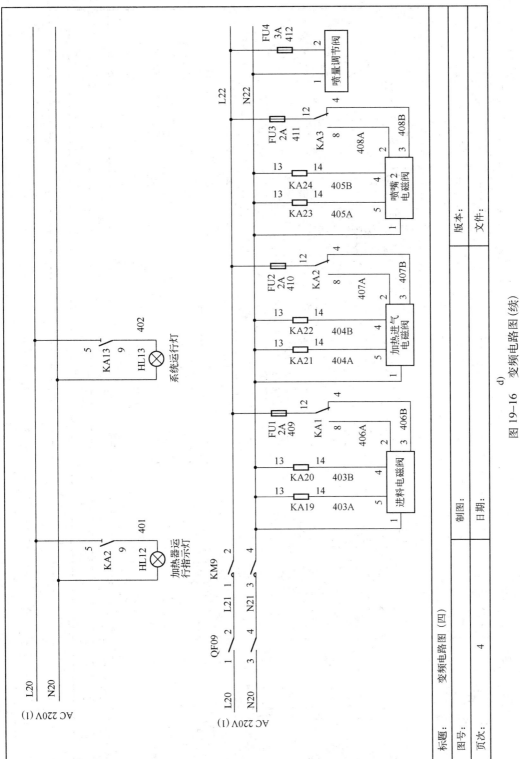

图 19-16 变频电路图 (续)

d) 变频电路图 (四)

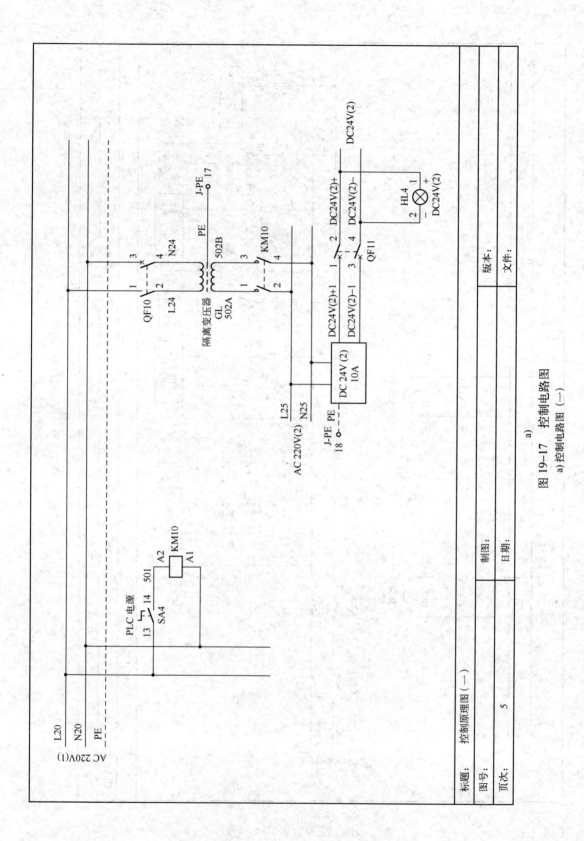

图 19-17 控制电路图

a) 控制电路图 (一)

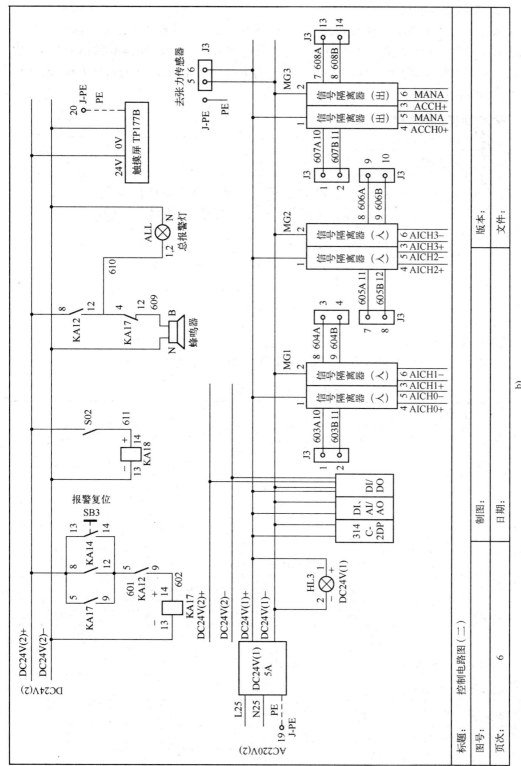

图 19—17 控制电路图 (续)

b)

b) 控制电路图 (二)

3. PLC 系统硬件组态

控制柜中 S7 – 300 PLC 的模块组态如图 19–18 所示，S7 – 300 作为主站，站号为 2，5台变频器作为从站，MM420 的站号为 3，驱动进布电动机的变频器 MM440 的站号为 4，驱动撑布电动机的 MM440 的站号为 5，驱动主筒电动机的变频器 MM440 的站号为 6，驱动出布电动机的 MM440 的站号为 7。

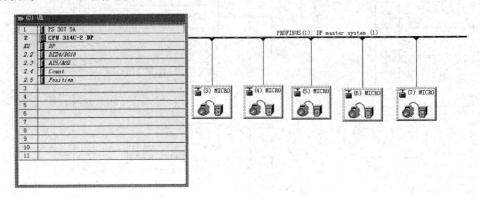

图 19–18　PLC 硬件组态

4. 系统硬件资源分配

在控制柜 PLC 系统组态好以后，定义出系统 I/O 地址表，见表 19–7。

表 19–7　系统 I/O 地址

DI		DO		AI/AO	
I0.0	系统启动	Q0.0	喷嘴 2 电磁阀	PIW10	喷淋管压力（4～20 mA）
I0.1	系统停止	Q0.1	进料电磁阀	PIW12	张力传感器（4～20 mA）
I0.2	手动（0）/自动（1）	Q0.2	加热进气电磁阀	PIW14	备用
I0.3	加料门开关检测	Q0.3	进布电动机运行指示灯	PIW16	温度传感器（4～20 mA）
I0.4	搅拌完成确认按钮	Q0.4	撑布电动机运行指示灯		
I0.5	液位高	Q0.5	主筒电动机运行指示灯		
I0.6	液位中	Q0.6	备用	PQW10	备用
I0.7	液位低	Q0.7	备用	PQW12	喷量调节阀（4～20 mA）
I1.0	喷嘴 2 电磁阀 OFF 反馈	Q1.0	出布电动机运行指示灯		
I1.1	喷嘴 2 电磁阀 ON 反馈	Q1.1	离心泵运行指示灯		
I1.2	进料电磁阀 ON 反馈	Q1.2	加料提示灯		
I1.3	进料电磁阀 OFF 反馈	Q1.3	总报警灯		
I1.4	加热进气电磁阀 ON 反馈	Q1.4	系统运行		
I1.5	加热进气电磁阀 OFF 反馈	Q1.5	报警复位		

DI		DO		AI/AO
I1.6	紧急停车	Q1.6	备用	
I1.7	备用	Q1.7	备用	

5. 系统输入/输出原理图设计

CPU314C－2DP 的数字量输入和输出、模拟量输入和输出、传感器具体接线方法比较简单，在这里不作详细叙述。CPU314C－2DP 数字量输入/输出原理图如图 19-19 所示，模拟量输入/输出原理图如图 19-20 所示。

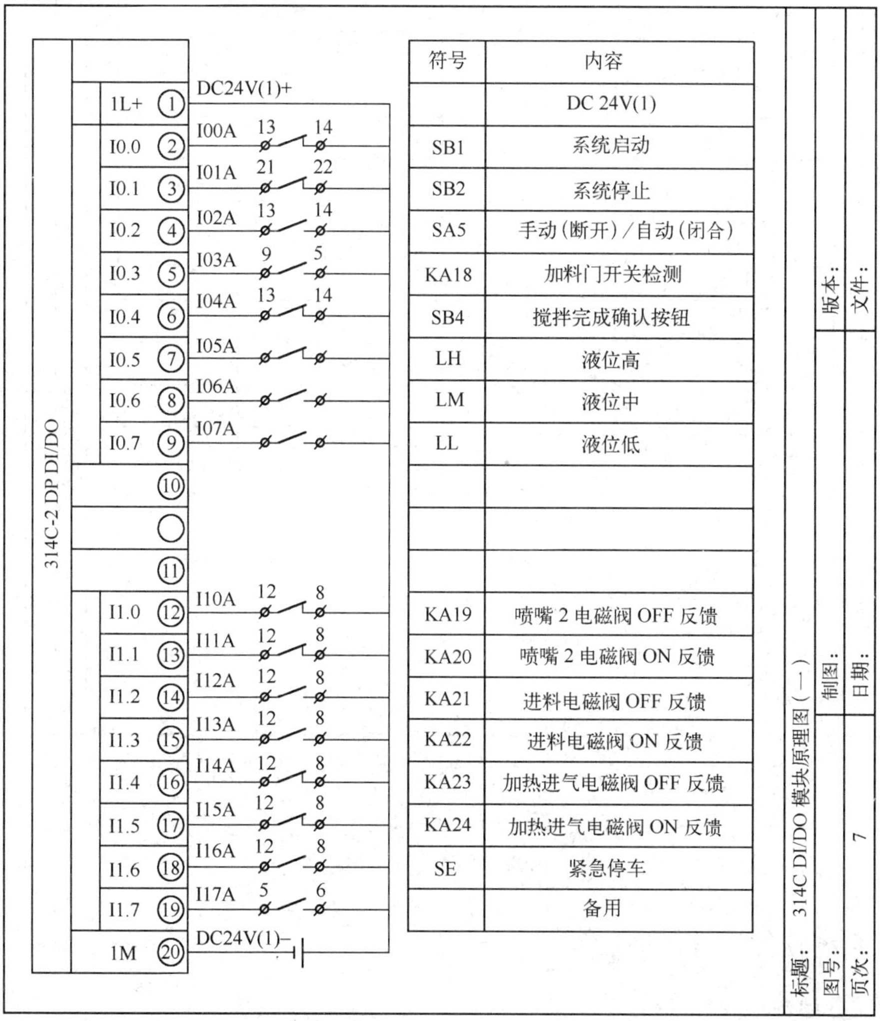

a)

图 19-19　314C－2DP DI/DO 模块原理图

a)　314C－2DP DI/DO 模块原理图（一）

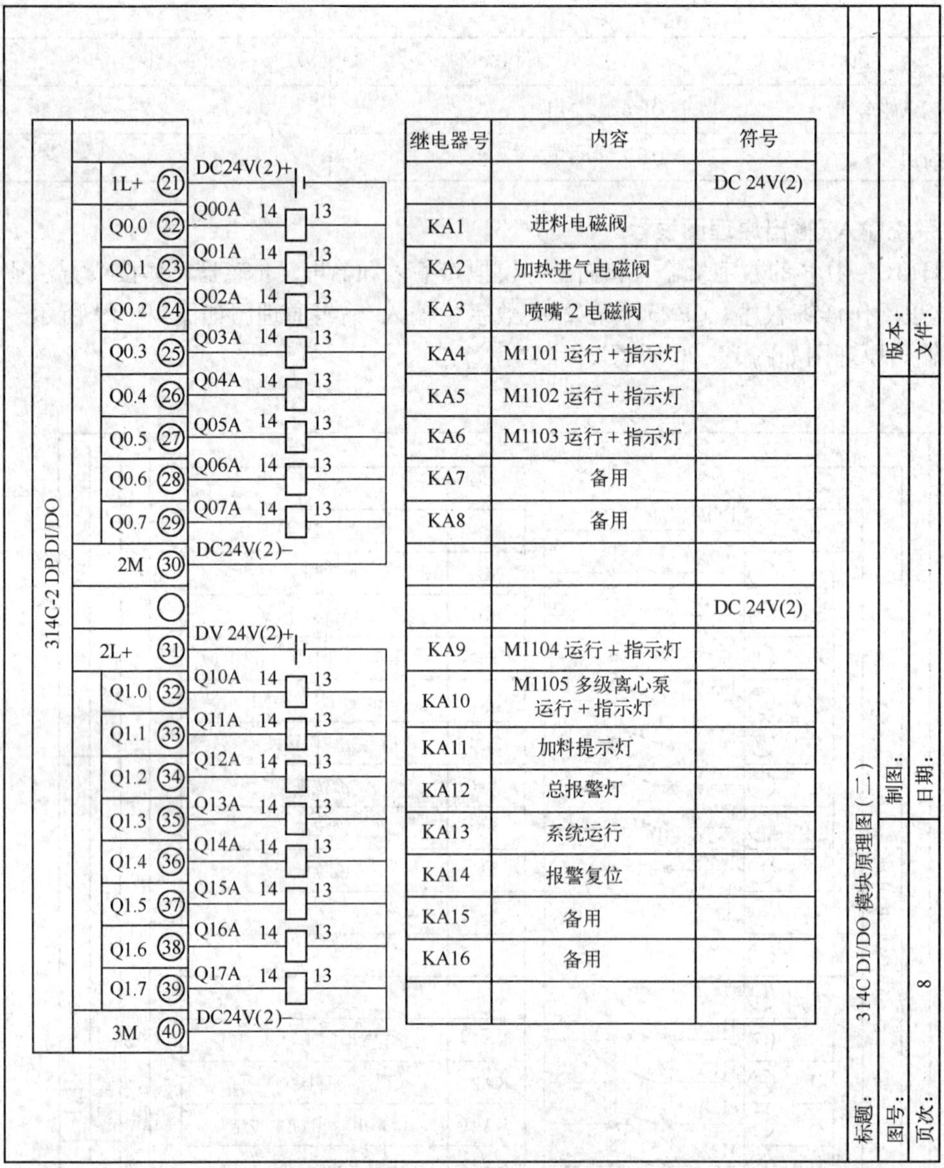
314C-2 DP DI/DO
1L+ 21
Q0.0 22
Q0.1 23
Q0.2 24
Q0.3 25
Q0.4 26
Q0.5 27
Q0.6 28
Q0.7 29
2M 30
2L+ 31
Q1.0 32
Q1.1 33
Q1.2 34
Q1.3 35
Q1.4 36
Q1.5 37
Q1.6 38
Q1.7 39
3M 40
DC24V(2)+
Q00A 14 13
Q01A 14 13
Q02A 14 13
Q03A 14 13
Q04A 14 13
Q05A 14 13
Q06A 14 13
Q07A 14 13
DC24V(2)–
DV 24V(2)+
Q10A 14 13
Q11A 14 13
Q12A 14 13
Q13A 14 13
Q14A 14 13
Q15A 14 13
Q16A 14 13
Q17A 14 13
DC24V(2)–
继电器号 内容 符号
DC 24V(2)
KA1 进料电磁阀
KA2 加热进气电磁阀
KA3 喷嘴 2 电磁阀
KA4 M1101 运行 + 指示灯
KA5 M1102 运行 + 指示灯
KA6 M1103 运行 + 指示灯
KA7 备用
KA8 备用
DC 24V(2)
KA9 M1104 运行 + 指示灯
KA10 M1105 多级离心泵 运行 + 指示灯
KA11 加料提示灯
KA12 总报警灯
KA13 系统运行
KA14 报警复位
KA15 备用
KA16 备用
标题： 314C DI/DO 模块原理图（二）
版本：
文件：
制图：
日期：
图号：
页次： 8

b)

图 19-19　314C - 2DP DI/DO 模块原理图（续）

b) 314C - 2DP DI/DO 模块原理图（二）

19.2.4　系统软件设计

1. 变频器参数设置

使用变频器前应该先进行相关参数的设置，包括快速调试以及通信相关参数设置。进行快速设置时应将 P0010 设置为 1，并设置 P0003 来改变用户访问级，最后将 P3900 设置为 1，完成必要的电动机参数计算，并使其他所有的参数恢复为工厂设置。快速设置参数见表 19-8。（这里以 MM420 参数设置为例，其他的类似）

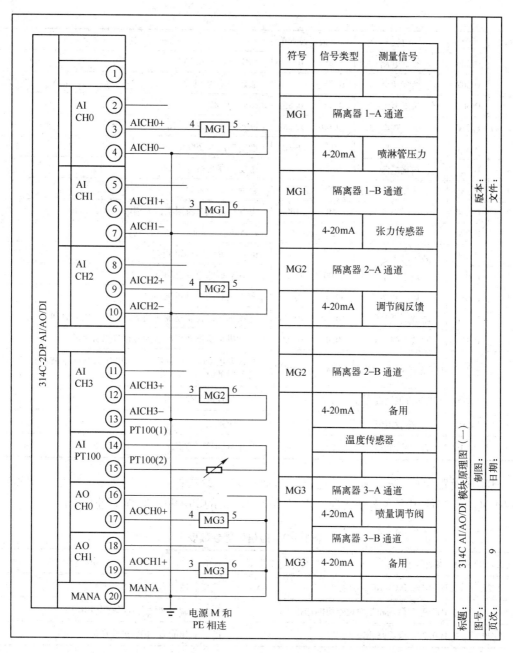

图 19-20　314C -2DP AI/AO 模块原理图

表 19-8　快速设置参数表

P0003	参数	内容	默认值	设置值	说明
1	P0100	使用地区	0	0	欧洲：功率单位 kW 频率默认值 50 Hz
3	P0205	应用领域	0	0	恒转矩
2	P0300	电动机类型	1	1	异步电动机
1	P0304	额定电压	230	400	额定电压为 400 V

P0003	参数	内容	默认值	设置值	说明
1	P0305	额定电流	3.25	6.25	额定电流为 6.25A
1	P0307	额定功率	0.75	3	额定功率为 3kW
2	P0308	功率因素	0.00	0.85	$\cos\varphi = 0.85$
2	P0310	额定频率	50.00	50.00	额定频率为 50.00Hz
1	P0311	额定速度	0	2900	额定速度为 2900r/min
3	P0320	磁化电流	0.0		由变频器自行计算
2	P0335	冷却方式	0	0	自冷
2	P0640	过转因子	150	150	电动机过载电流限幅值为额定电流的150%
1	P0700	命令源	2	6	COM链路的通信板CB设置
1	P1000	频率设定选择	2	6	通过COM链路CB设定
1	P1080	最小频率	0.00	0.00	允许最低的电动机频率
1	P1082	最高频率	50.00	50.00	允许最高的电动机频率
1	P1120	斜坡上升时间	10.00	10.00	电动机从静止状态加速到最高频率所用的时间
1	P1121	斜坡下降时间	10.00	10.00	电动机从最高频率减速到静止状态所用的时间
2	P1135	OFF3斜坡下降时间	5.00	5.00	参数发出OFF3命令后，电动机从最高频率减速到静止状态所用的时间
2	P1300	电动机控制方式	0	2	平方特性的V/f控制
2	P1500	转矩设定值	0	0	无主设定值
2	P1910	自动检测方式	0	0	禁止自动检测方式

P0010设置为0，电动机方可运行。与通信相关参数设置见表19-9，参数由P0003和P0004过滤，当使用多台电动机时，需对不同电动机的PROFIBUS地址进行更改。

表19-9 通信配置参数表

P0003/P0004	参数	内容	默认值	设置值	说明
2/20	P0918	PROFIBUS地址	3	3	地址为3
3/7	P0719	命令和频率设定值的选择	0	0	命令和设定值都使用BICO
2/20	P0927	参数修改设置	15	15	使能DP接口更改参数

PID参数设置见表19-10。

表19-10 PID参数设置

P0003/P0004	参数	内容	默认值	设置值	说明
2/22	P2200	允许PID控制器投入	0	1	
3/7	P2220	PID固定频率设定值选择位	0.0	2090.0	由CB收到的控制字1的第0位选择
3/22	P2216	PID固定频率设置值方式：位0	1	2	直接选择+ON命令

P0003/P0004	参数	内　容	默认值	设置值	说　明
2/22	P2253	PID 设定值信号源	0.0	2224	选择 PID 实际的固定频率设定
2/22	P2257	PID 设定值的斜坡上升时间	1.0	0	PID 设定值的斜坡上升时间为 0
2/22	P2258	PID 设定值的斜坡下降时间	1.0	0	PID 设定值的斜坡下降时间为 0
2/22	P2264	PID 反馈信号	755.0	2050.1	由 CB 收到的 PZD 的 HSW 值决定
2/22	P2280	PID 比例增益系数	3.000	X	
2/22	P2285	PID 积分时间	0.000	X	
2/22	P2293	PID 限幅值的斜坡上升/下降时间	1.00	5.00	

2. 控制软件设计

针对该控制系统的特点，控制软件的设计思想如下：

1）提高软件的抗干扰能力。软件的抗干扰分为：输入部分抗干扰，软件执行部分抗干扰和软件输出部分抗干扰。由于系统输入主要是模拟量信号，因而对其的抗干扰主要体现在软件滤波算法的选择、滤波算法的实现和采样频率的选取上；对软件执行部分的抗干扰主要是设置相应的看门狗或者设置相应的逻辑标志位以监视程序；因 PLC 的数字量输出主要是一些简单的开关量，受干扰较小，故而可以不必进行设计。

2）模块化设计。将整个程序分解成若干个功能块，将功能块再分解成子程序，将程序的编写过程变为对功能块的调用和子程序的调用过程。子程序的编写尽量精简以减少代码的整体长度。模块化的设计能够便于系统功能的扩展和裁减，也便于快速地查找故障。

3）增强快速反应能力。适当地使用中断和立即输出功能，控制整体程序的篇幅，避免使用跳转指令，缩短程序的扫描周期。

4）留有适当的备用区域，便于今后的扩展。

5）为硬件的配置参数开辟专用变量区，方便参数的更改。

（1）系统程序结构设计

该喷射机控制系统的程序可分为三大部分，包括初始化程序 OB100、主程序 OB1，中断程序 OB35。系统程序结构图如图 19-21 所示。

（2）软件资源分配

本着留有适当的备用区域，便于今后的扩展，及专用区域用一定的软件资源的原则，分配了三大块 M 存储区，MB0 ~ MB149 分配给 OB1 使用，MB150 ~ MB200 分配给 OB100 使用，MB200 ~ MB250 分配给与触摸屏有关的程序使用。IO 资源如图 19-22 所示。

（3）控制程序

1）初始化程序。初始化程序主要包括变频器上电操作、变频器复位操作、阀门复位操作、故障应答操作、管道净空操作等。通过 0.5 s 的脉冲，依次对 5 台变频器上电，上电完成后，依次对着 5 台变频器进行复位；然后对有故障的变频器进行故障应答；变频器操作完成后，将各阀门设定为初始状态，如喷嘴 2 调节阀开启、流量调节阀全开，各阀门状态反馈正确后表示系统初始化复位操作完成；通过固定频率（点动操作），使离心泵运行一段时间，以排空管道内的空气来完成管道净空操作。程序如图 19-23 所示。

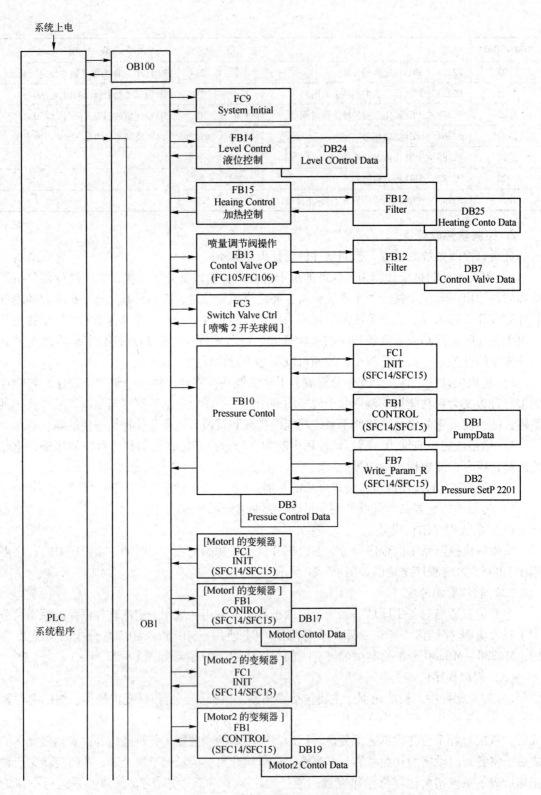

图 19-21 系统程序结构框图

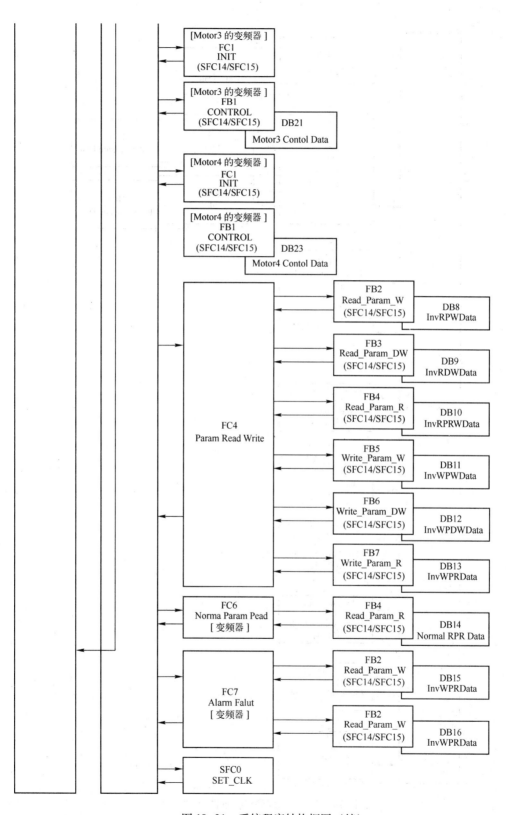

图 19-21　系统程序结构框图（续）

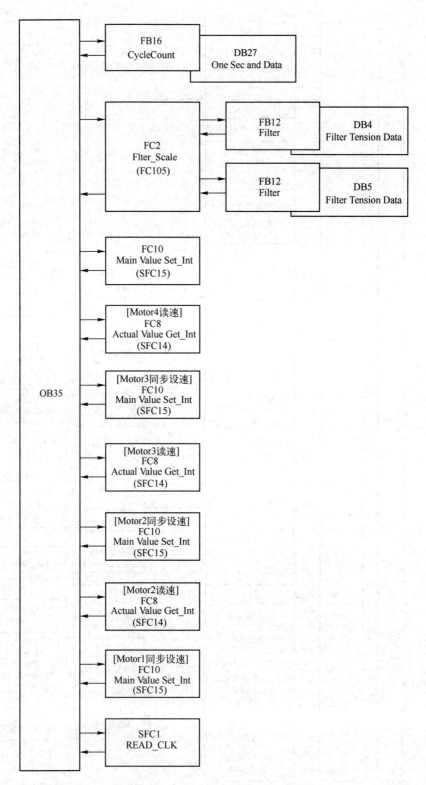

图 19-21 系统程序结构框图（续）

Symbol	Address		Data type	Comment
InitPower	M	0.0	BOOL	系统初始化上电操作;
InitReset	M	0.1	BOOL	系统初始化复位操作; （1系统初始化中/0无定义）
Motor1Reset	M	0.2	BOOL	电机1变频器的复位操作; （上升沿有效）
Motor2Reset	M	0.3	BOOL	电机2变频器的复位操作; （上升沿有效）
Motor3Reset	M	0.4	BOOL	电机3变频器的复位操作; （上升沿有效）
Motor4Reset	M	0.5	BOOL	电机4变频器的复位操作; （上升沿有效）
Motor5Reset	M	0.6	BOOL	电机5变频器的复位操作; （上升沿有效）
Motor1ResetOK	M	0.7	BOOL	电机1变频器复位完成标识; （0未完成复位/1复位完成）
Motor2ResetOK	M	1.0	BOOL	电机2变频器复位完成标识; （0未完成复位/1复位完成）
Motor3ResetOK	M	1.1	BOOL	电机3变频器复位完成标识; （0未完成复位/1复位完成）
Motor4ResetOK	M	1.2	BOOL	电机4变频器复位完成标识; （0未完成复位/1复位完成）
Motor5ResetOK	M	1.3	BOOL	电机5变频器复位完成标识; （0未完成复位/1复位完成）
InitPipeClear	M	1.4	BOOL	系统初始化管道净空操作; （0无定义/1系统初始化中）
PumpStartInit	M	1.5	BOOL	泵初始化启动操作, 用于净空管道; （0停止/1启动）
SystemEnter	M	1.6	BOOL	进入系统标识位, 由触摸屏设定, 进入系统后, 相应控制功能才使能; （0未进入/1进入）
SystemOPMode	M	1.7	BOOL	系统操作模式; （0为手动/1自动）
SprayValve_Shut/Open	M	2.0	BOOL	喷嘴2开关球阀关闭/打开操作; （0关闭/1打开）
LevelCtrlFeedValve	M	2.1	BOOL	液位控制开启进液电磁阀请求; （1开启/0关闭）
LevelCtrlFeedReq	M	2.2	BOOL	液位控制请求加液信号; （1请求/0不请求）
LevelCtrlAlarm	M	2.3	BOOL	液位报警; （1报警/0正常）
FeedValveFault	M	2.4	BOOL	进液电磁阀报警信号; （1报警/0正常）
HeatingReq	M	2.5	BOOL	加热请求; （0不请求/1请求）
TempAlarm	M	2.6	BOOL	温度超限报警; （0正常/1报警）
HeatingValveFault	M	2.7	BOOL	加热进气电磁阀故障信号; （0正常/1故障）
Motor5Running	M	3.0	BOOL	泵运行标识; （0停止/1运行）
Motor5Start	M	3.1	BOOL	泵启动操作; （0停止/1启动）
Motor5Jog	M	3.2	BOOL	泵的点动操作; （0停止/1点动）
Motor5FaultAck	M	3.3	BOOL	泵的变频器错误应答操作; （上升沿有效）
Motor5Fault	M	3.4	BOOL	泵的变频器错误标识; （0无错误/1出错）
ControlValveFalut	M	3.5	BOOL	喷嘴调节阀错误标识; （0无错/1出错）
SprayValveFault	M	3.6	BOOL	喷嘴2开关球阀错误标识; （0无错误/1出错）
SystemON/OFF	M	3.7	BOOL	自动模式下系统启动停止状态位; （0系统停止/1系统启动）
PressureAdjusting	M	4.0	BOOL	压力调整中标识; （1压力调整完成/0压力调整中）
Motor1ResetDone	M	4.1	BOOL	电机1变频器的复位操作完成脉冲;
Motor1Start	M	4.2	BOOL	电机1启动操作; （0停止/1启动）
Motor1FaultAck	M	4.3	BOOL	电机1变频器错误应答操作; （上升沿有效）
Motor1Running	M	4.4	BOOL	电机1运行标识; （0停止/1运行）
Motor1Fault	M	4.5	BOOL	电机1变频器错误标识; （0无错误/1出错）
Motor1Jog	M	4.6	BOOL	电机1点动操作; （0停止/1点动）
Motor2ResetDone	M	4.7	BOOL	电机2变频器的复位操作完成脉冲;
Motor2Start	M	5.0	BOOL	电机2启动操作; （0停止/1启动）
Motor2FaultAck	M	5.1	BOOL	电机2变频器应答操作; （上升沿有效）
Motor2Running	M	5.2	BOOL	电机2运行标识; （0停止/1运行）
Motor2Fault	M	5.3	BOOL	电机2变频器错误标识; （0无错误/1出错）
Motor2Jog	M	5.4	BOOL	电机2点动操作; （0停止/1点动）
Motor3ResetDone	M	5.5	BOOL	电机3变频器的复位操作完成脉冲;
Motor3Start	M	5.6	BOOL	电机3启动操作; （0停止/1启动）
Motor3FaultAck	M	5.7	BOOL	电机3变频器错误应答操作; （上升沿有效）
Motor3Running	M	6.0	BOOL	电机3运行标识; （0停止/1运行）
Motor3Fault	M	6.1	BOOL	电机3变频器错误标识; （0无错误/1出错）
Motor3Jog	M	6.2	BOOL	电机3点动操作; （0停止/1点动）
Motor4ResetDone	M	6.3	BOOL	电机4变频器的复位操作完成脉冲;

图 19-22 软件资源分配表（部分）

Network 1: 系统初始化上电操作

说明: 变频器上电,
通过0.5S的脉冲, 依次从1号电机开始, 对5台变频器上电, 上电完毕后关闭系统初始化上电操作;

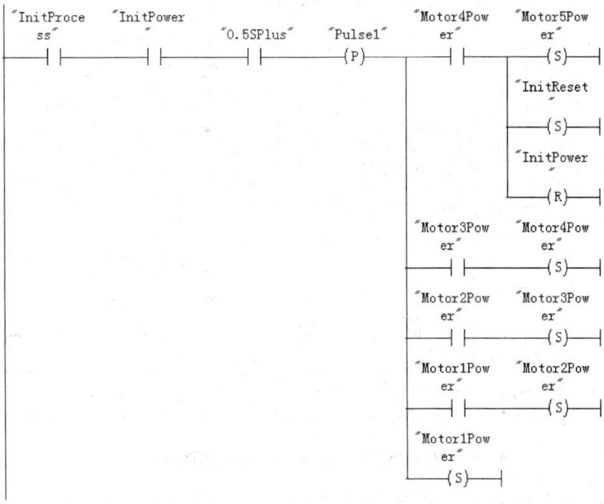

图 19-23 初始化上电操作程序

2）主程序。主程序可分为手自动子程序、液位控制子程序、温度控制子程序、压力控制子程序、4 台电动机同步控制子程序、报警子程序及急停子程序。

① 压力控制子程序。压力控制程序包括两部分主设定部分和中断采样部分，其中主设定部分又包括压力设定部分、调节阀开度及泵启停控制，其框图如图 19-24 所示。

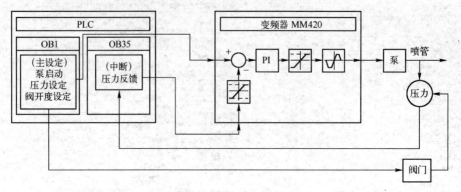

图 19-24　压力控制框图

② 4 台电动机同步控制子程序。电动机同步控制采取的控制策略是主从级联控制，设定主筒电动机为主电动机，其余电动机都为从电动机。OB1 中对电动机的控制主要是对电动机的启动停止及复位、当前转速、参数修改及读取控制，其控制框图如图 19-25 所示。

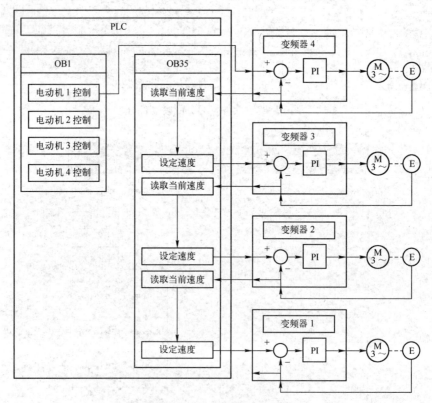

图 19-25　电动机同步控制框图

③ 液位控制子程序。液位控制子程序的流程图见前面的控制策略，液位控制子程序如图 19-26 所示。

Network 4: 液位控制

说明：初始化完成后，通过液位的高、中、低状态，进行如下操作：
　　1．请求进料电磁阀的开启/关闭，需受到加料门检测开关的互锁；
　　2．请求用户对搅拌箱进行加料指示，此处设置0.5s的请求信号；
　　3．液位过低报警，将对泵进行停机操作；

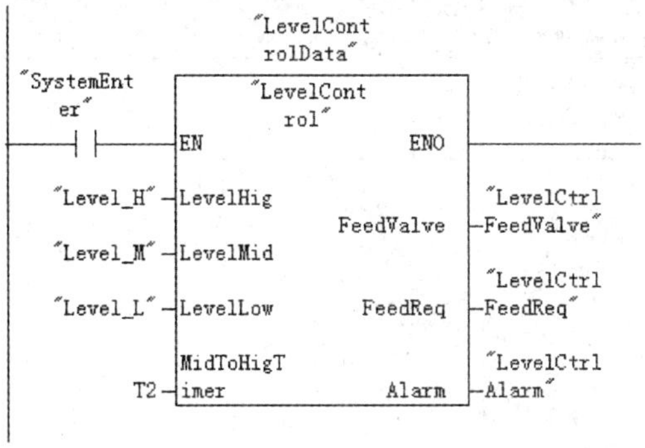

Network 5：加料指示

说明：请求用户对搅拌箱进行加料指示，此处设置0.5s的请求信号；

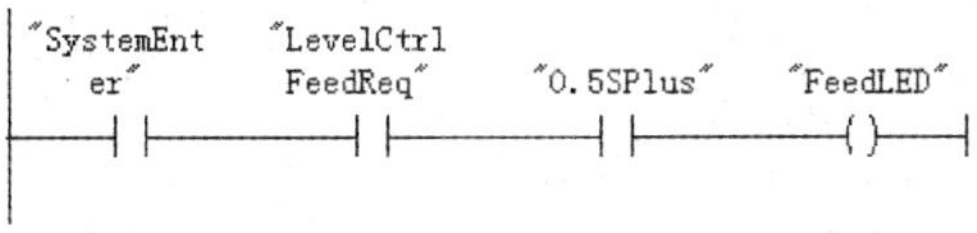

Network 6：进料电磁阀封锁标识；

说明：一旦请求加料信号到来，将封锁进料电磁阀，禁止其打开，因为此段时间用户需要进行物料搅拌，直到按下搅拌完成后，才可将封锁信号解除；

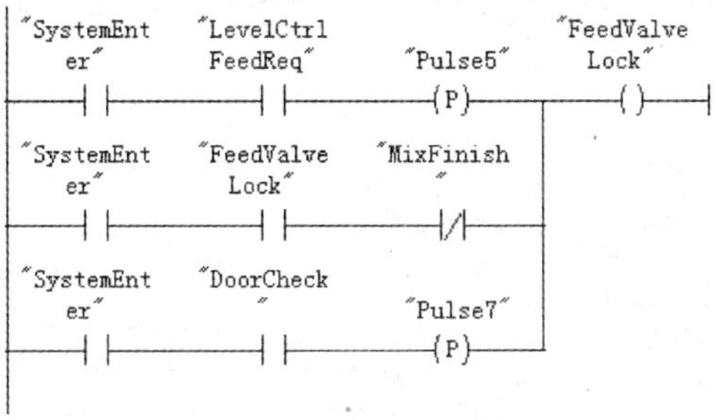

a)

Network 7：进料电磁阀控制

说明：进料电磁阀的开关主要由液位高低决定，并受到加料门检测开关的互锁，加料门打开时需将进料阀关闭，以方便用户加料，加料门关闭时由液位高度决定进料阀开关；

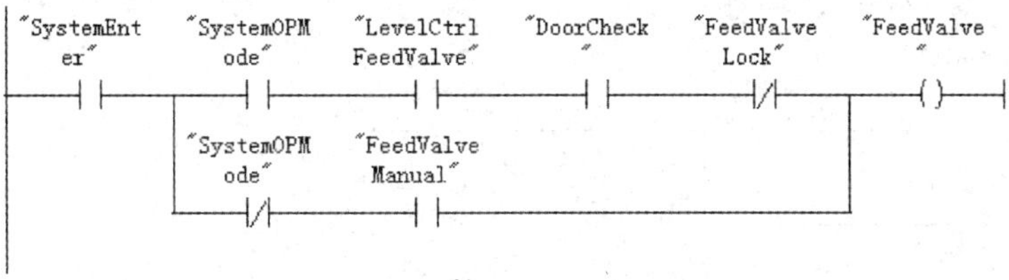

b)

图 19-26　液位控制子程序
a）液位控制子程序 1　b）液位控制子程序 2

LevelControl（FB14）内部程序如图 19-27 所示。FB14 中定义的局部变量见表 19-11。

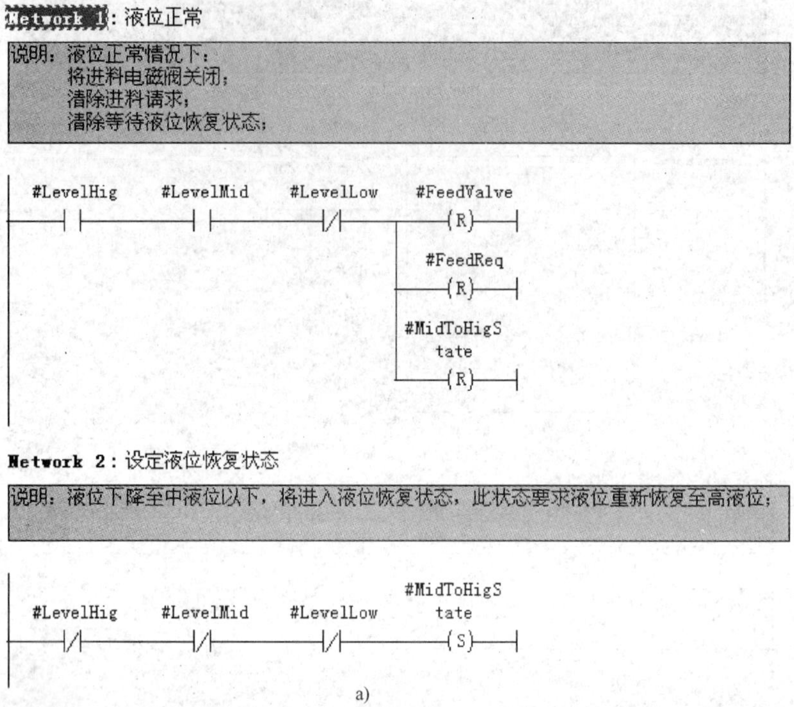

Network 1: 液位正常

说明：液位正常情况下：
　　　将进料电磁阀关闭；
　　　清除进料请求；
　　　清除等待液位恢复状态；

```
 #LevelHig    #LevelMid    #LevelLow    #FeedValve
──┤├──────────┤├──────────┤/├──────────(R)──
                                        #FeedReq
                                     ───(R)──
                                        #MidToHigS
                                        tate
                                     ───(R)──
```

Network 2: 设定液位恢复状态

说明：液位下降至中液位以下，将进入液位恢复状态，此状态要求液位重新恢复至高液位；

```
                                        #MidToHigS
                                        tate
 #LevelHig    #LevelMid    #LevelLow
──┤/├──────────┤/├──────────┤/├──────────(S)──
```

a)

Network 3: 液位恢复状态相关操作

说明：进入液位恢复状态要求：
　　　打开进料电磁阀；
　　　等待一段时间以判断搅拌箱中物料是否用完，该时间由经验值设定；

```
 #MidToHigS
 tate                                  #FeedValve
──┤├──────────────────────────────────(S)──
                                       #MidToHigT
                                       imer
                                    ───(SD)──
                                       S5T#30S
```

Network 4: 设定加料请求信号；

说明：当液位恢复时间到而未恢复至高液位，说明搅拌箱中物料为空，置位请求用户加料信号；
　　　同时一旦液位迅速下降至低液位以下，也当置位请求加料信号；

```
 #MidToHigT
 imer         #LevelHig                #FeedReq
──┤├──────────┤/├──────────────────────(S)──
 #LevelLow
──┤├──
```

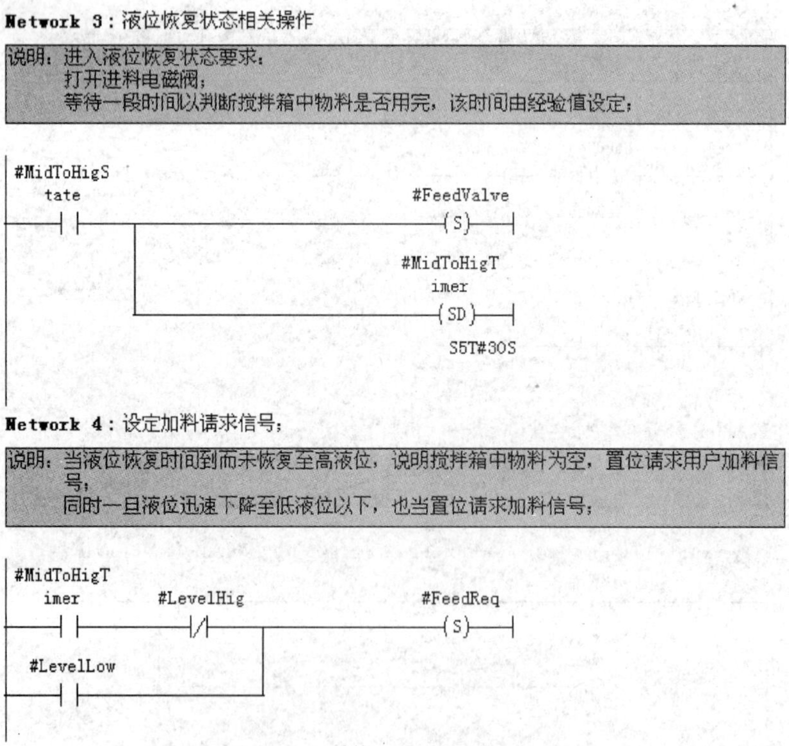

b)

图 19-27　液位控制 FB14 内部程序
a）液位控制子程序 FB14 内部程序 1　b）液位控制 FB14 内部程序 2

表 19-11　FB14 局部变量申明

变量属性	变量名	变量类型	说明
IN	LevelHig	BOOL	高液位检测开关（0 未达到/1 达到）
	LevelMid	BOOL	中液位检测开关（0 未达到/1 达到）
	LevelLow	BOOL	低液位检测开关（1 未达到/0 达到）
	MidToHigTimer	BOOL	液位恢复等待计时器
OUT	FeedValve	BOOL	加料阀控制信号（0 关闭/1 打开）
	FeedReq	BOOL	加料提醒（0 不需加料/1 需加料）
	Alarm	BOOL	液位低报警信号（0 无报警/1 报警）
STAT	MidToHigState	BOOL	液位恢复状态标识

④ 温度控制子程序。温度控制子程序的实现过程见前面的控制策略，温度控制子程序如图 19-28 所示。

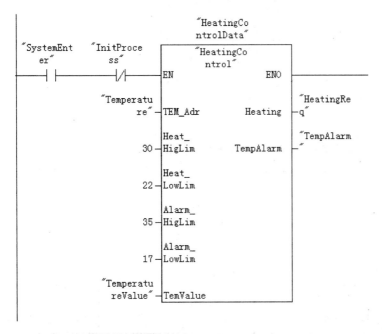

图 19-28　温度控制子程序

HeatingControl（FB15）内部程序如图 19-29 所示。FB15 中定义的局部变量见表 19-12。

Network 1：温度采样滤波

说明：对温度传感器采样值进行滤波，每采10次滤出一次温度通道值；

```
                    #TEMFilter
              ┌──────────────────┐
         ─────┤EN            ENO ├─────
              │                  │
              │ AnalogVal FilterAna │   #FliterVal
#TEM_Adr ─────┤ue            log ├──── ue
              │                  │
              │              #FliterDon
              │             Done ├──── e
              └──────────────────┘
```

Network 2：对温度通道采样值进行转换

说明：滤波完成，将温度通道的采样值转换为实际值，由于温度传感器采用标准型，直接除以10即可，同时考虑到其精度并非十分灵敏，采用整型换算即可；

```
#FliterDon
    e            DIV_I
  ──┤├────────┬─────────┐
            ┌─┤EN   ENO ├─────────────
            │ │         │
#FliterVal  │ │         │
    ue ─────┴─┤IN1  OUT ├─── #TemValue
            │ │         │
       10 ───┤IN2       │
              └─────────┘
```

Network 3：关闭加温请求

说明：滤波完成，当温度高于保持温度范围的高温值，关闭加温请求；

```
#FliterDon
    e           CMP >I                #Heating
  ──┤├────────┌────────┐────────────────(R)────┤
            │        │
#TemValue ──┤IN1     │
            │        │
   #Heat_   │        │
  HigLim ───┤IN2     │
            └────────┘
```

Network 4：开启加温请求

说明：滤波完成，当温度低于保持温度范围的低温值，开启加温请求；

```
#FliterDon
    e           CMP <I                #Heating
  ──┤├────────┌────────┐────────────────(S)────┤
            │        │
#TemValue ──┤IN1     │
            │        │
   #Heat_   │        │
  LowLim ───┤IN2     │
            └────────┘
```

图 19-29　温度控制 FB15 内部程序

Network 5：温度报警

说明：当温度高于/低于限定值，将产生报警；

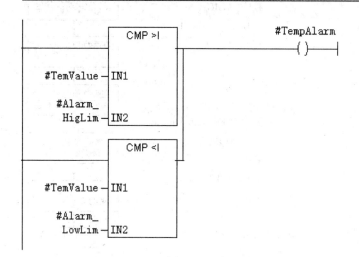

图 19-29 温度控制 FB15 内部程序（续）

表 19-12 FB15 局部变量申明

变量属性	变量名	变量类型	说明
IN	TEM_Adr	INT	温度传感器通道
	Heat_HigLim	INT	保持温度范围内高温值
	Heat_LowLim	INT	保持温度范围内低温值
	Alarm_HigLim	INT	温度报警的高位限制
	Alarm_LowLim	INT	温度报警的低位限制
OUT	Heating	BOOL	加温要求
	TempAlarm	BOOL	温度超限报警
IN_OUT	TemValue	INT	实际温度值
TEMP	FliterValue	INT	温度传感器通道滤波值
	FliterDone	BOOL	

在 FB15 内部对温度传感器采集到的模拟量进行了软件滤波，所采用的算法是中间值滤波法，其流程图如图 19-30 所示。

取采样值表的长度为 10，软件实现代码如下。

```
CLR                          L    #Temp1
    =    #Done               T    #LOW
    L    #CNT         SEG3：L     #CNT
    INC  1                   L    10
```

```
        T    #CNT                          < >I
        L    1                             JC   SEG4
        < >I                          L   #SUM
        JC   SEG1                     L   #HIGH
        L    #AnalogValue             - D
        T    #HIGH                    L   #LOW
        T    #LOW                     - D
SEG1：L    #AnalogValue              L   8
        T    #Temp1                   / D
        L    #SUM                     T   #FilterAnalog
        + D                           L   0
        T    #SUM                     T   #CNT
        L    #HIGH                    T   #SUM
        L    #Temp1                   SET
        > = I                         =   #Done
        JC   SEG2                SEG4：NOP  0
        T    #HIGH
SEG2：L    #LOW
        > = I
        JC   SEG3
```

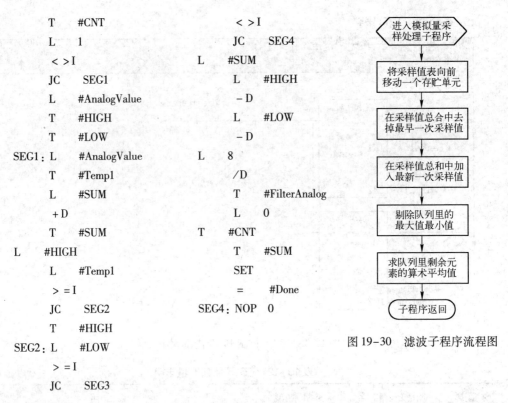

图 19-30 滤波子程序流程图

流程图文字：
进入模拟量采样处理子程序 → 将采样值表向前移动一个存贮单元 → 在采样值总合中去掉最早一次采样值 → 在采样值总和中加入最新一次采样值 → 剔除队列里的最大值最小值 → 求队列里剩余元素的算术平均值 → 子程序返回

3）OB35 中断程序。OB35 中断程序包括模拟量采样及转化程序、电动机同步控制等。对于电动机同步控制，分为两个过程，即先读取电动机速度，再设定比例及将读取的电动机速度作为下一电动机的速度输入。程序如图 19-31 所示。

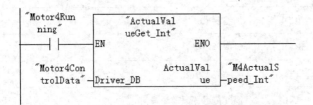

Network 4: Motor4读取实际转速

说明：通过中断定时读取转速值，读取值为INT类型（0x0000～0x4000），利用Motor4的转速值来同步Motor3的转速；

图 19-31　读取电动机 4 实时速度子程序

ActualValueGet_Int（FC8）内部的程序如图 19-32 所示。FC8 中定义的局部变量见表 19-13。

表 19-13　FC8 局部变量申明

变量属性	变量名	变量类型	说　明
IN	Driver_DB	Block_DB	需要读取实际速度值电动机的控制背景数据块
OUT	ActualValue	INT	电动机当前实时转速值；（0x0000～0x4000）

变量属性	变量名	变量类型	说　明
TEMP	Error_R	INT	SFC14 错误号记录
RETURN	RET_VAL		

Network 1：打开电动机控制背景数据块

说明：进行该操作是为使该功能（功能块）更为通用。
　　例如，电动机1（控制背景数据块为DB1），功能（功能块）中需要改变"DB1.DBD24"的值，当使用打开背景数据块DB1后，程序需对"DBD24"进行操作，功能（功能块）仅在输入时根据输入变量"Driver_DB"指示打开相应的背景数据块，以后的操作不需理会对哪台电动机进行操作，如此功能（功能块）可为不同电动机使用，实现通用性。

```
                                    #Driver_DB
                                   ─(OPN)─┤
```

Network 2：建立读取实际转速值通信

说明：调用SFC14与变频器建立通信，并将实际转速值读回至对应电动机控制背景数据块中，

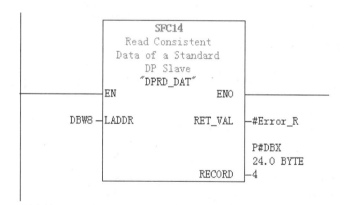

Network 3：移出实际转速值

说明：将读取至电动机背景数据块中的实际值转速值读出；

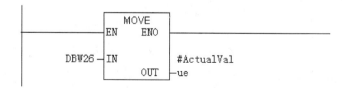

图 19-32　FC8 内部程序

下一电动机同步设速程序如图 19-33 所示。

Network 5：Motor3同步设速

说明：用从Motor4读回转速值来同步Motor3的转速，Motor3的设速类型为INT类型（0x0000
～0x4000）；

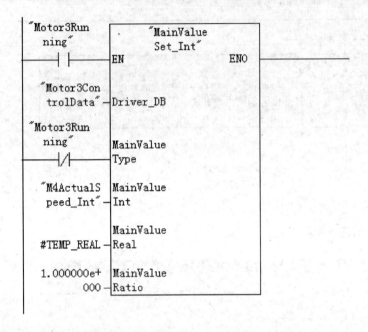

图 19-33　电动机 3 同步设速子程序

MainValueSet_Int（FC10）内部的程序如图 19-34 所示。FC10 中定义的局部变量见表
19-14。

表 19-14　FC10 局部变量申明

变量属性	变量名	变量类型	说　明
IN	Driver_DB	Block_DB	需要修改主设定值电动机的控制背景数据块
	MainValueType	BOOL	为 0 选择 INT 类型设定值，为 1 选择 REAL 类型设定值
	MainValueInt	INT	主设定值，MainValueType = 0 有效；（设定范围为 0～0x4000）
	MainValueReal	REAL	主设定值，MainValueType = 1 有效；（设定范围为 0～100%）
	MainValueRatio	REAL	主设定值比例，主设定值 = MainValue * MainValueRatio
TEMP	TEMP_REAL	REAL	REAL 类型中间变量
	TEMP_DINT	DINT	DINT 类型中间变量
	Error_W	INT	SFC15 错误号记录
	SetReq	BOOL	设置主设定值
RETURN	RET_VAL		

Network 1：打开电动机控制背景数据块；

说明：进行该操作是为使该功能（功能块）更为通用。
例如，电动机1（控制背景数据块为DB1），功能（功能块）中需要改变"DB1.DBD24"的值，当使用打开背景数据块DB1后，程序需对"DBD24"进行操作，功能（功能块）仅在输入时根据输入变量"Driver_DB"指示打开相应的背景数据块，以后的操作不需要理会对哪台电动机进行操作，如此功能（功能块）可为不同电动机使用，实现通用性。

```
                                    #Driver_DB
├──────────────────────────────────┤(OPN)├──┤
```

a)

Network 2 设定值转换，并使能修改；

说明：1. 当MainValueType=0时：
设定值范围为0x0000 ～ 0x4000，可直接作为变频器设定值传送；
2. 当MainValueType=1时：
主设定值和频率设定值之间需进行转换，成线性关系（0% ～ 100%<=>0x0000 ～ 0x4000）；
换算时有个主设定值的比例转换，主设定值 =MainValue* MainValueRation；
为使通信通道不占用过多，采取比较，当前一次设定值与本次不同时，使能修改；

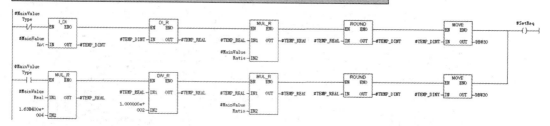

Network 3：建立修改主设定值通信；

说明：采用设定值改变时进行修改设定值通信，可以有效减少不必要的通信。

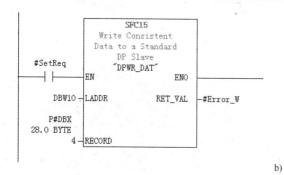

b)

图 19-34 FC10 内部程序

a) FC10 内部程序 1 　b) FC10 内部程序 2

3. 系统监控设计

（1）监控画面结构

触摸屏程序通过 Wincc flexible 实现，由于触摸屏尺寸有限，需将监控内容进行分类，并通过多画面切换显示，监控界面拓扑图如图 19-35 所示。

（2）监控画面

监控界面如图 19-36。

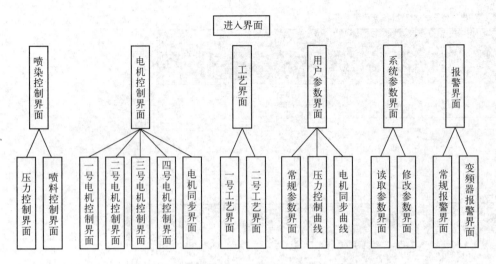

图 19-35　监控界面拓扑图

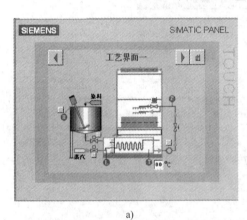

a)

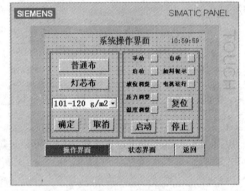

b)

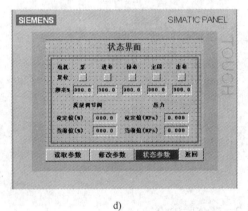

c)

d)

图 19-36　喷射机控制系统监控界面

a）工艺界面一　b）系统操作界面　c）系统状态界面　d）状态界面

19.2.5　系统调试

1. 调试方案

调试方案如图 19-37 所示。

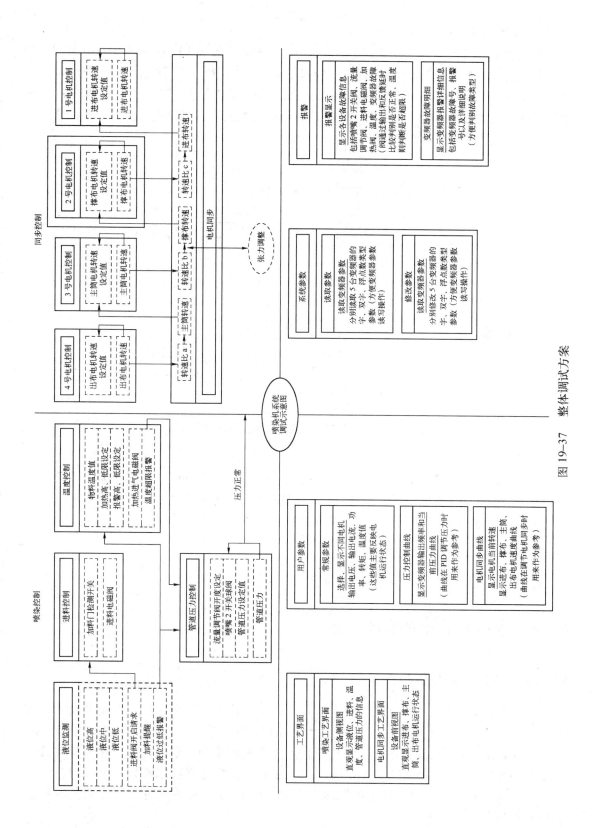

图 19-37　整体调试方案

885

2. 实验室调试

利用实验室的资源，设计了实验室调试方案，其方案如图 19-38 所示，其中 MPCE 为过程控制仿真对象，能验证控制程序中的模拟量控制是否正确。同时根据图中的整体调试方案，通过 STEP 7 的 Monitor 功能，逐步调试控制程序的逻辑是否正确。然后再调试 PLC 与变频器之间的通信控制程序，调试好后再调试 PLC 与触摸屏之间的通信控制程序，最后整体联机调试。

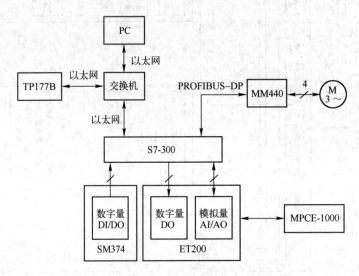

图 19-38　实验室调试方案

3. 现场调试

经过实验室的调试过程后，该系统的软件、硬件故障和逻辑问题已基本排除，剩下的工作只需要到现场进行安装和调试。但在现场调试过程中会暴露出不可预料的硬件和软件问题，这时应冷静分析找到解决办法，直到系统完全符合要求。

19.2.6　技术文档整理

参考 19.1.6 节。

19.3　电厂废水处理控制系统

19.3.1　被控对象分析与描述

电厂的废水处理系统主要完成废水的收集和净化，然后将净化过的水输送到工业母水管循环使用。关键技术是净化器中的废水的净化处理。整个系统结构示意图如图 19-39 所示。图中省略了阀门和风机。一体化净化器中共有四个净化器，每个净化器均连接一个废水净化泵。箭头的指向代表废水的流向。在每个水泵的前后都各有一个阀门，可以通过调节这个手动阀门的开度来控制水的流量，以适应水泵的控制。主要工艺流程如图 19-40 所示。

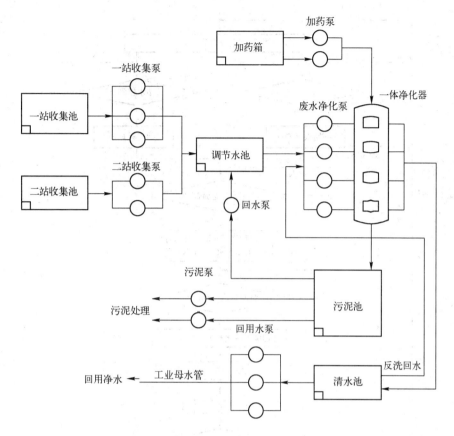

图 19-39　废水处理系统整体结构图

19.3.2　系统总体设计

　　整个电厂废水处理控制系统采用西门子 S7－300 PLC 作为控制器，数据通信采用 PRO-FIBUS 现场总线技术，完成现场数据的采集和设备监控功能。系统总体结构如图 19－41所示。

　　S7－300 作为控制系统的核心，通过输入信号模块采集现场的开关量和模拟量信号，通过输出信号模块输出控制信号，控制现场设备。并通过 PROFIBUS 总线完成与上位机监控系统的通信，上位机需安装 CP5611 通信卡。PLC 安装在工业控制柜中，以保护控制电路，隔离现场的信号干扰。可以使用 PROFINET 总线连接通信模块和交换机，通过工业以太网将数据传送到管理级。

　　工程师站一般使用普通 PC，通过 MPI 连接控制系统，利用编程软件和表图辅助软件对控制系统进行维护。

　　操作员站利用 WinCC 组态软件实现整个系统的监控功能。使用可靠性较高的工业控制计算机，以保证监控系统的稳定性，在项目中采用研华科技的 610H 工业控制计算机。此外，该站还连接打印机完成报表的打印输出。

　　系统二次控制柜为强电柜，将 PLC 主控制柜的控制信号进行放大，转化为强电控制信号，以控制现场的强电设备。

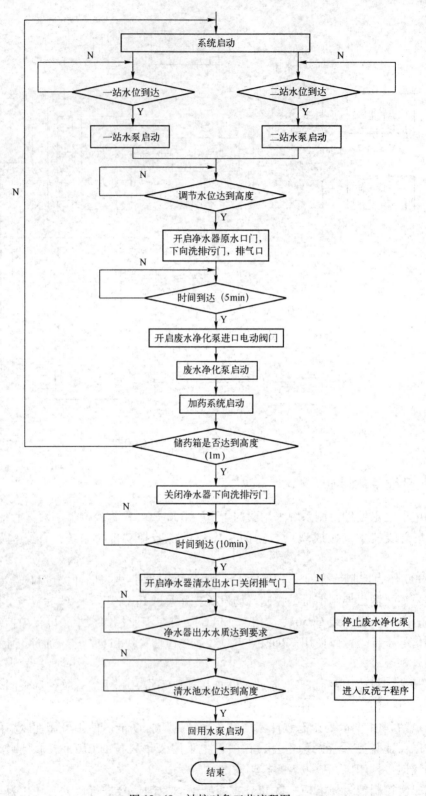

图 19-40 被控对象工艺流程图

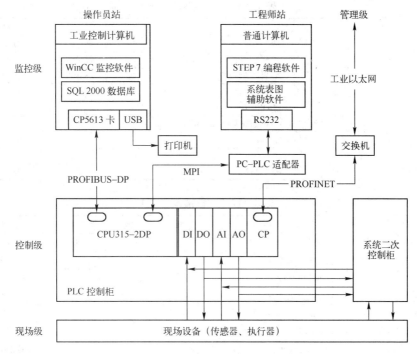

图 19-41　系统总体结构图

由于现场的传感器和执行器较多，使得控制系统输入和输出点数较多、系统规模较大。系统设计时，硬件选型与设计工作量较大，比较复杂，是本系统设计时的难点和核心。

19.3.3　系统硬件设计

1. 系统硬件选型

根据设计的电厂废水处理控制系统的要求进行硬件设备的选型，设备清单见表 19-15，配件清单见表 19-16 和表 19-17。

表 19-15　设备清单

元　件	类　型	
电源模块	PS 307, 5 A	1
电源模块	PS 307, 10 A	1
中央处理器	CPU 315 - 2 DP	1
接口模块	IM 360	1
接口模块	IM 361	2
存储卡	MMC	1
电池	3.6 V/0.95AH	1
数字量输入	32 ×24 V DC 0.5A	8
数字量输出	32 ×24 V DC 0.5A	5
模拟量输入	8 ×9	3
模拟量输出	4 * 11	2
DIN 导轨	530 mm	3
工控机	—	1 套

表 19-16　配件清单（一）

元　件	类　型	个　数
接口模板连接电缆	368	2 根
前连接器	20 针，螺丝型	2
前连接器	20 针，螺丝型	3
前连接器	40 针，螺丝型	13
DP 电缆	PROFIBUS cable	
DP 连接器	Connector for PROFIBUS cable	3 付
通信卡	CP5613	1 块
PC 适配器	—	1
RS-232 连接电缆	RS-232	1 根

表 19-17　配件清单（二）

元器件代号	名　称	个　数	生产厂家
K1	总断路器	1	SIEMENS
K2	控制柜断路器	1	SIEMENS
K3	操作台断路器	1	SIEMENS
K4	PLC 电源断路器	1	SIEMENS
S1	AC 220V 电源开关	1	OMRON
S2	PLC 电源开关	1	OMRON
S3	报警复位按钮	1	OMRON
S4	门控开关	2	—
JC1	AC 220V 接触器	2	SIEMENS
JC2	PLC 电源接触器	1	SIEMENS
JC3	报警复位继电器	1	OMRON
M1/M2	风扇 1	2	—
M3/M4	风扇 2	2	—
M5/M6	维修插座	2	—
M7	蜂鸣器	1	—
L1	AC 220V 指示灯	2	OMRON
L2	PLC 指示灯	2	OMRON
L3	报警指示灯	2	OMRON
L4/L5	维修日光灯	2	—
V	进柜电源电压指示电表	1	—
T	隔离变压器	1	—
UPS	不间断电源	1	山特
R1-R165	输出继电器	165	OMRON
D1-D165	二极管	165	—
D170/D171	二极管	2	—
C	电解电容	1	—
A	进柜电源电流指示电表	1	—

2. 系统 PLC 控制柜设计

PLC 控制柜分为左右两部分，左半部分为 PLC 电源及 CPU 柜，右半部分为 PLC 继电器控制柜，PLC 控制柜的布局如图 19-42 和图 19-43 所示。继电器控制柜如图 19-44 所示。

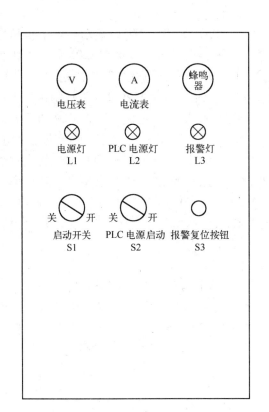

图 19-42　PLC 控制柜外观

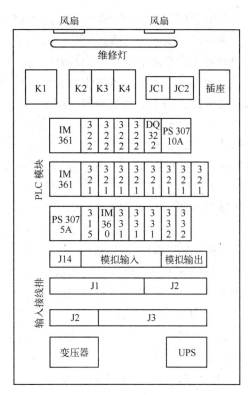

图 19-43　PLC 电源及 CPU 柜内部元件布局图

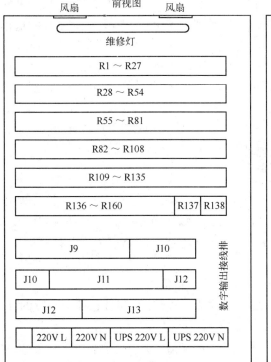

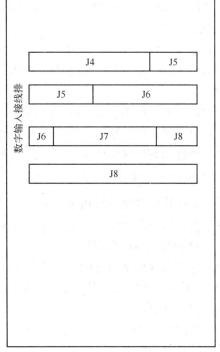

图 19-44　继电器控制柜内部元件布局图

控制柜采用 220V 电压供电。在前面板上设计了电压表和电流表以显示当前的电压电流，为操作员监视系统是否过电压和过电流。柜子上两盏电灯直接连接在 220V 线上，由控制柜门的开关来控制电灯，当门打开时灯自动亮，以给现场人员的检修提供照明，门合上时灯自动关闭以节约用电。风扇也是直接连接在 220V 电压上，任何时候都在为控制系统进行冷却。系统提供一个隔离变压器，用于对工业现场取电和 PLC 供电的隔离，使得 PLC 的运行不受工业用电电压的波动影响。一个 UPS 接在 220V 线上，用于断电时对现场进行供电，其控制是从 PLC 的输出节点上引出一个常闭继电器，当系统运行正常时 PLC 给个输出量继电器断开，当断电时 PLC 无输出则常闭继电器打开，把 UPS 接入回路来供电，其功率为 2500W，适合现场的容量。

控制柜内部元件布局图中，K1 ~ K4 代表断路器；JC1、JC2 代表接触器；JC3 代表报警复位继电器；Jx 代表接线排；其他符号的含义可见表 19-18。

PLC 控制柜内部电路如图 19-45 所示。

控制柜中 S7 - 300 PLC 系统模块结构如图 19-46 所示。整个 PLC 控制系统分布在 3 个导轨机架上，每个导轨都是和地相连来保护设备。载有 CPU 的主机架通过 IM 360 和扩展机架上的 IM361 通信模块相连。其中主导轨 0 主要是执行模拟量的输入输出，导轨 1 主要是执行数字量的输入，导轨 2 主要是执行数字量的输出。它们采用不同的电源供电，这样可以使它们互不产生干扰。

3. PLC 系统硬件组态及网络组态

根据实际硬件系统，在 STEP7 中需进行相应的硬件组态。建立机架，并依次配置各个模块。配置完模块后就要对模块进行参数的设置，其中对数字量输入模块的地址设置从 I0.0 ~ I31.7；对数字量输出模块的地址设置是 Q0.0 ~ Q19.0；对模拟量输入模块是采用四线制的 4 ~ 20 mA 电流配置，地址为 IW40 ~ IW86，对模拟量输出采用 0 ~ 10V 电压输出配置，地址为 QW40 ~ QW54。为了保护 PLC 在运行中的安全性要对其进行密码保护设置，选择第三级的密码保护，即不管模式选择开关在什么位置，都禁止读写操作。

然后进行网络组态，对 CPU 模块进行配置，设置 PLC 和 PC 机的通信模式，选择 PRO-FIBUS 通信，CPU 站点地址为 2，PC 站点地址为 0。

PLC 硬件组态最终效果如图 19-47 所示。

4. 系统硬件资源分配

配置完模块后就要对模块进行参数的设置，定义系统 I/O 地址。由于系统规模较大；I/O 点数较多，只列出部分系统 I/O 地址分配表，见表 19-18、表 19-19 及表 19-20。

5. 系统输入/输出原理图设计

电厂污水处理控制系统的输入输出信号主要分成 4 个部分：

1）数字量输入：分为各个水泵风机的运行、故障、手/自动信号；各个阀门的开、关、故障和手/自动信号。

2）数字量输出：分为各个水泵风机的开、关、复位信号；各个阀门的开、关信号；变频器的启动、复位信号。

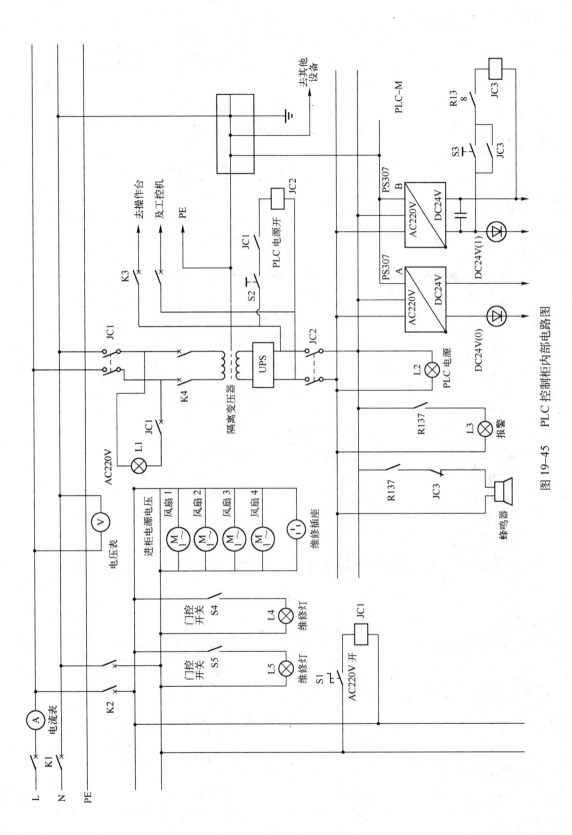

图 19-45 PLC 控制柜内部电路图

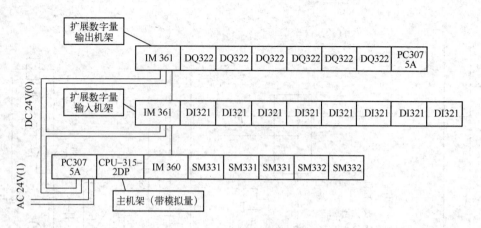

图 19-46　S7-300 系统模块结构图

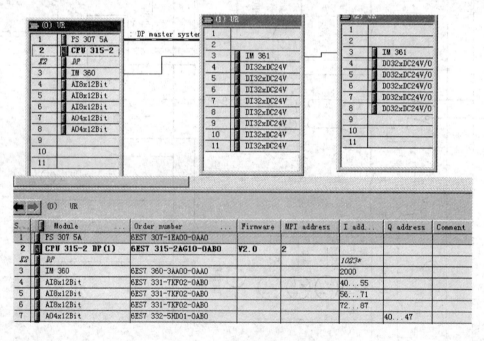

图 19-47　PLC 硬件组态图

表 19-18　数字量输入地址（部分）

位　号	类　型	编　号	内　容	设　备	备　注
		DI-1A	J1		
0.0	DI	01HZE01 102. on	运行	一站集水泵 a	
0.1	DI	01HZE01 102. fault	故障	一站集水泵 a	
0.2	DI	01HZE01 102. h/m	手动/自动	一站集水泵 a	1 站收集池
0.3	DI	01HZE01 202. on	运行	一站集水泵 b	
0.4	DI	01HZE01 202. fault	故障	一站集水泵 b	

位 号	类 型	编 号	内 容	设 备	备 注
		DI－1A	J1		
0.5	DI	01HZE01 202.h/m	手动/自动	一站集水泵b	
0.6	DI	01HZE01 302.on	运行	一站集水泵c	
0.7					1 站收集池
		DI－1B			
1.0	DI	01HZE01 302.fault	故障	一站集水泵c	
1.1	DI	01HZE01 302.h/m	手动/自动	一站集水泵c	
1.2	DI	01HZE02 102.on	运行	二站集水泵a	
1.3	DI	01HZE02 102.fault	故障	二站集水泵a	
1.4	DI	01HZE02 102.h/m	手动/自动	二站集水泵a	
1.5	DI	01HZE02 202.on	运行	二站集水泵b	
1.6	DI	01HZE02 202.fault	故障	二站集水泵b	2 站收集池
1.7					
		DI－1C			
2.0	DI	01HZE02 202.h/m	手动/自动	二站集水泵b	
2.1	DI	01HZE04 102.on	运行	回用水泵a	
2.2	DI	01HZE04 102.fault	故障	回用水泵a	
2.3	DI	01HZE04 102.h/m	手动/自动	回用水泵a	
2.4	DI	01HZE04 202.on	运行	回用水泵b	
2.5	DI	01HZE04 202.fault	故障	回用水泵b	
2.6	DI	01HZE04 202.h/m	手动/自动	回用水泵b	清水池
2.7					
		DI－1D			
3.0	DI	01HZE04 302.on	运行	回用水泵c	
3.1	DI	01HZE04 302.fault	故障	回用水泵c	
3.2	DI	01HZE04 302.h/m	手动/自动	回用水泵c	
3.3	DI	01HZE05 102.on	运行	泥浆泵a	
3.4	DI	01HZE05 102.fault	故障	泥浆泵a	
3.5	DI	01HZE05 102.h/m	手动/自动	泥浆泵a	污泥池
3.6	DI	01HZE05 202.on	运行	泥浆泵b	泥浆泵a b
3.7					

位　号	类　型	编　号	内　容	设　备	备　注
DI－2A					J2
4.0	DI	01HZE05 202. fault	故障	泥浆泵 b	污泥池 泥浆泵 a　b
4.1	DI	01HZE05 202. h/m	手动/自动	泥浆泵 b	
4.2	DI	01HZE10 102. on	运行	回水泵	污泥池 回水泵
4.3	DI	01HZE10 102. fault	故障	回水泵	

表19-19　数字量输出地址（部分）

位　号	类　型	编　号	内　容	设　备		备　注
DO－9A				J9		
0.0	DO	01HZE01 101. on	开	一站集水泵 a	R1	1#收集变频
0.1	DO	01HZE01 101. off	关	一站集水泵 a	R2	
0.2	DO	01HZE01 201. on	开	一站集水泵 b	R3	
0.3	DO	01HZE01 201. off	关	一站集水泵 b	R4	1#收集不变频
0.4	DO	01HZE01 301. on	开	一站集水泵 c	R5	
0.5	DO	01HZE01 301. off	关	一站集水泵 c	R6	
0.6	DO	01HZE02 101. on	开	二站集水泵 a	R7	
0.7	DO	J9B－016	复位	一站集水泵 a	R8	
DO－9B						2#收集不变频
1.0	DO	01HZE02 101. off	关	二站集水泵 a	R9	
1.1	DO	01HZE02 201. on	开	二站集水泵 b	R10	
1.2	DO	01HZE02 201. off	关	二站集水泵 b	R11	
1.3	DO	01HZE03 101. on	开	废水净化泵 a	R12	
1.4	DO	01HZE03 101. off	关	废水净化泵 a	R13	
1.5	DO	01HZE03 201. on	开	废水净化泵 b	R14	
1.6	DO	01HZE03 201. off	关	废水净化泵 b	R15	
1.7					R16	净化部分 1#~4#
DO－9C						
2.0	DO	01HZE03 301. on	开	废水净化泵 c	R17	
2.1	DO	01HZE03 301. off	关	废水净化泵 c	R18	
2.2	DO	01HZE03 401. on	开	废水净化泵 d	R19	
2.3	DO	01HZE03 401. off	关	废水净化泵 d	R20	

位　号	类　型	编　号	内　容	设　备		备　注
		DO－9C				
2.4	DO	01HZE04 101. on	开	回用水泵 a	R21	
2.5	DO	01HZE04 101. off	关	回用水泵 a	R22	
2.6	DO	01HZE04 201. on	开	回用水泵 b	R23	
2.7	DO	J9B－056	复位	回用水泵 a	R24	清水部分 1#～3#
		DO－9D				
3.0	DO	01HZE04 201. off	关	回用水泵 b	R25	
3.1	DO	01HZE04 301. on	开	回用水泵 c	R26	
3.2	DO	01HZE04 301. off	关	回用水泵 c	R27	
3.3	DO	01HZE05 101. on	开	泥浆泵 a	R28	
3.4	DO	01HZE05 101. off	关	泥浆泵 a	R29	
3.5	DO	01HZE05 201. on	开	泥浆泵 b	R30	污泥池部分 1# 2#
3.6	DO	01HZE05 201. off	关	泥浆泵 b	R31	
3.7						
		DO－10A	J10			
4.0	DO	01HZE06 101. on	开	罗茨风机 a	R33	
4.1	DO	01HZE06101. off	关	罗茨风机 a	R34	罗茨风机 1# 2#
4.2	DO	01HZE06 201. on	开	罗茨风机 b	R35	
4.3	DO	01HZE06 201. off	关	罗茨风机 b	R36	

表 19-20　模拟量输入和输出地址

位　号	类　型	编　号	内　容	设　备	备　注
		AI－14	J14		
PIW40	AI	01HZE07 PWT101	液位	一站集水池	
PIW42	AI	01HZE07 PWT401	液位	清水池	
PIW44	AI	01HZE07 PWT501	液位	污泥池	
PIW46	AI				
PIW48	AI				
PIW50	AI	01HZE07 PWT301	液位	二站集水池	共用部分
PIW52	AI	01HZE07 PWT201	液位	过渡水池	
PIW54	AI				
		AI－15	J14		
PIW56	AI	01HZE07 PWT601	液位	溶药箱	

位　号	类　型	编　号	内　容	设　备	备　注
		AI－15　　　　　J14			
PIW58	AI	01HZE07 PWT701	液位	储药箱	共用部分
PIW60	AI	01HZE11 FT101	流量	共用	
PIW62	AI				
PIW64	AI				
PIW66	AI	01HZE12 NT101	浊度	#1 净水器	#1～#4 净水器 浊度　压差
PIW68	AI	01HZE25 PDT101	压差	#1 净水器	
PIW70	AI	01HZE12 NT201	浊度	#2 净水器	
		AI－16　　　　　J14			
PIW72	AI	01HZE25 PDT201	压差	#2 净水器	
PIW74	AI				
PIW76	AI	01HZE12 NT301	浊度	#3 净水器	
PIW78	AI	01HZE25 PDT301	压差	#3 净水器	
PIW80	AI				#1～#4 净水器 浊度　压差
PIW82	AI	01HZE12 NT401	浊度	#4 净水器	
PIW84	AI	01HZE25 PDT401	压差	#4 净水器	
PIW86	AI				
PQW40	AQ	01HZE01 101. FCC	变频控制	一站收集水泵	
PQW42	AQ	01HZE04 101. FCC	变频控制	回用水泵	
PQW44	AQ	01HZE09 301. FCC	变频控制	加药计量泵 a	
PQW46	AQ	01HZE09 401. FCC	变频控制	加药计量泵 b	变频输出
PQW48	AQ				
PQW50	AQ				
PQW52	AQ				
PQW54	AQ				

3）模拟量输入：一站集水池液位，二站集水池液位，清水池液位，污泥池液位，过渡水池液位，溶药箱液位，流量计和四个进化器的浊度和压差。

4）模拟量输出：四个控制变频器（一站收集水泵、回用水泵、加药计量泵 a、加药计量泵 b）。

由于系统的输入/输出点数较多，只给出部分输入/输出模块接口示意图。图 19-48 给

出了的数字量输入模块接口示意图；图 19-49 给出了数字量输出模块接口示意图；图 19-50
给出了数字量输出继电器接口示意图；图 19-51 给出了模拟量输入模块接口示意图；图 19-52
给出了模拟量输出模块的接口示意图。

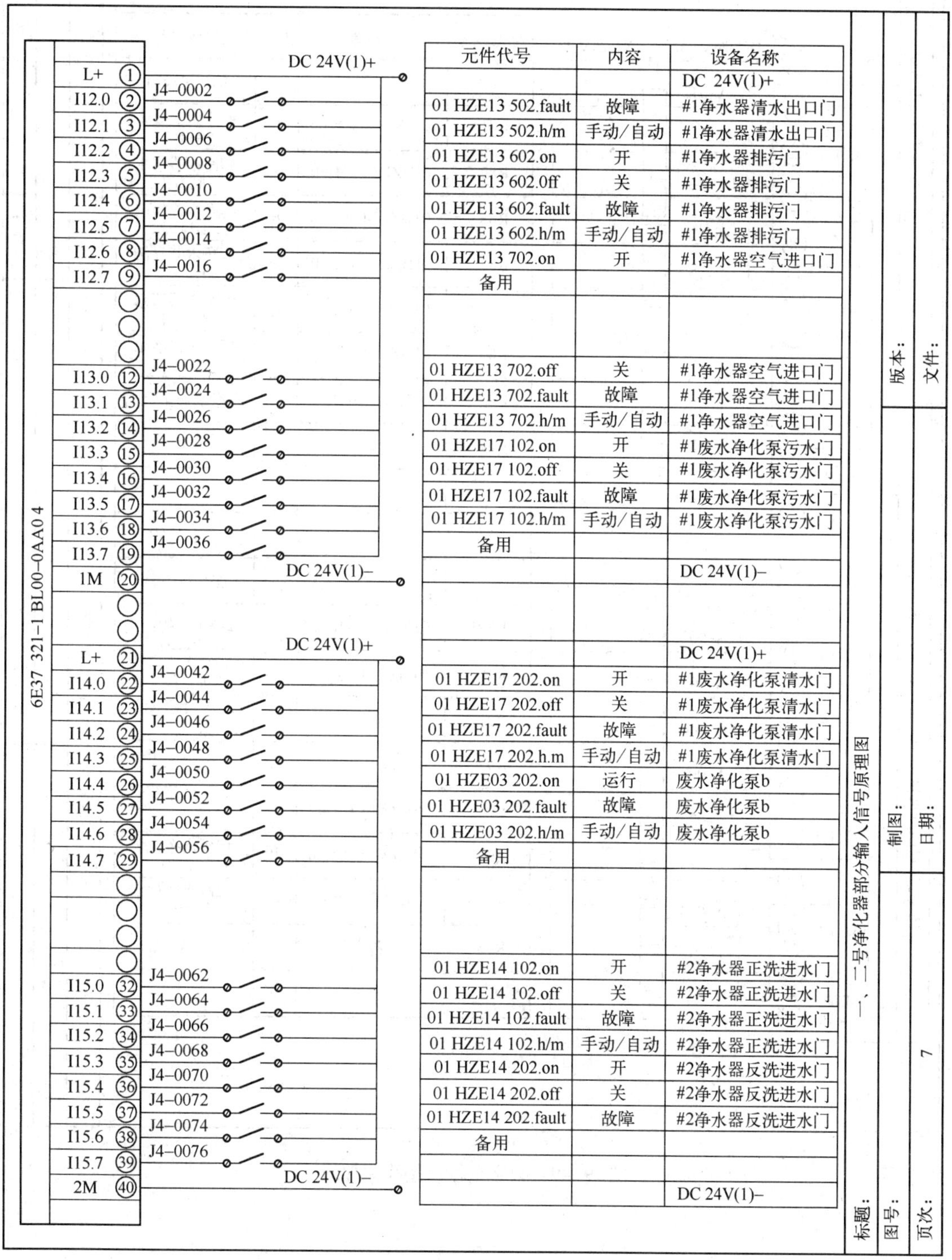

元件代号	内容	设备名称
		DC 24V(1)+
01 HZE13 502.fault	故障	#1净水器清水出口门
01 HZE13 502.h/m	手动/自动	#1净水器清水出口门
01 HZE13 602.on	开	#1净水器排污门
01 HZE13 602.0ff	关	#1净水器排污门
01 HZE13 602.fault	故障	#1净水器排污门
01 HZE13 602.h/m	手动/自动	#1净水器排污门
01 HZE13 702.on	开	#1净水器空气进口门
备用		
01 HZE13 702.off	关	#1净水器空气进口门
01 HZE13 702.fault	故障	#1净水器空气进口门
01 HZE13 702.h/m	手动/自动	#1净水器空气进口门
01 HZE17 102.on	开	#1废水净化泵污水门
01 HZE17 102.off	关	#1废水净化泵污水门
01 HZE17 102.fault	故障	#1废水净化泵污水门
01 HZE17 102.h/m	手动/自动	#1废水净化泵污水门
备用		
		DC 24V(1)-
		DC 24V(1)+
01 HZE17 202.on	开	#1废水净化泵清水门
01 HZE17 202.off	关	#1废水净化泵清水门
01 HZE17 202.fault	故障	#1废水净化泵清水门
01 HZE17 202.h.m	手动/自动	#1废水净化泵清水门
01 HZE03 202.on	运行	废水净化泵b
01 HZE03 202.fault	故障	废水净化泵b
01 HZE03 202.h/m	手动/自动	废水净化泵b
备用		
01 HZE14 102.on	开	#2净水器正洗进水门
01 HZE14 102.off	关	#2净水器正洗进水门
01 HZE14 102.fault	故障	#2净水器正洗进水门
01 HZE14 102.h/m	手动/自动	#2净水器正洗进水门
01 HZE14 202.on	开	#2净水器反洗进水门
01 HZE14 202.off	关	#2净水器反洗进水门
01 HZE14 202.fault	故障	#2净水器反洗进水门
备用		
		DC 24V(1)-

一、二号净化器部分输入信号原理图

版本：　文件：

制图：　日期：

7

标题：
图号：
页次：

图 19-48　数字量输入接线原理图

899

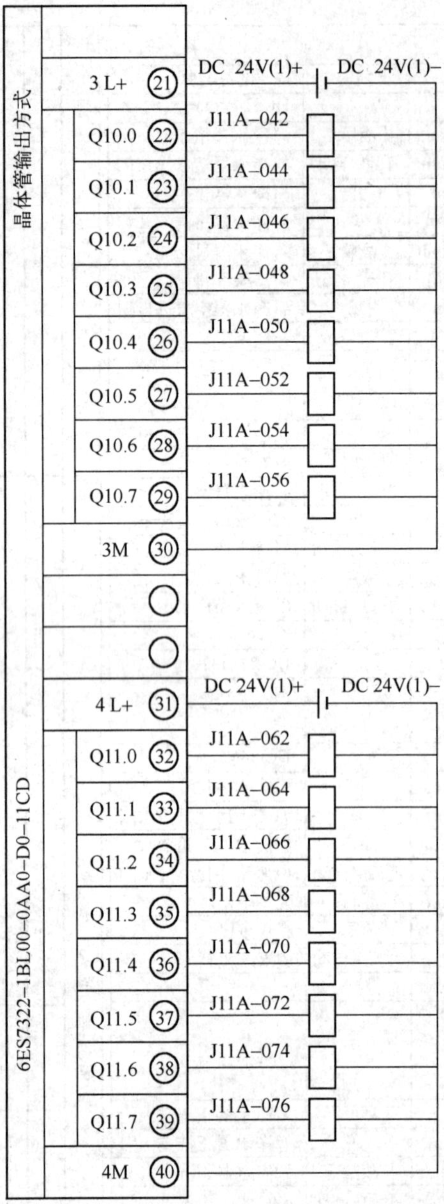

左侧标签（晶体管输出方式 / 6ES7322-1BL00-0AA0-D0-11CD）:

端子	编号	电源
3 L+	21	DC 24V(1)+ / DC 24V(1)-
Q10.0	22	J11A-042
Q10.1	23	J11A-044
Q10.2	24	J11A-046
Q10.3	25	J11A-048
Q10.4	26	J11A-050
Q10.5	27	J11A-052
Q10.6	28	J11A-054
Q10.7	29	J11A-056
3M	30	
4 L+	31	DC 24V(1)+ / DC 24V(1)-
Q11.0	32	J11A-062
Q11.1	33	J11A-064
Q11.2	34	J11A-066
Q11.3	35	J11A-068
Q11.4	36	J11A-070
Q11.5	37	J11A-072
Q11.6	38	J11A-074
Q11.7	39	J11A-076
4M	40	

继电器号	元件编号	内容	设备名称
			DC 24V(1)
R81	01HZE14 301.on	开	#2净水器气水排口门
R82	01HZE14 301.off	关	#2净水器气水排口门
R83	01HZE14 401.on	开	#2净水器反洗出口门
R84	01HZE14 401.off	关	#2净水器反洗出口门
R85	01HZE14 501.on	开	#2净水器清水出口门
R86	01HZE14 501.off	关	#2净水器清水出口门
R87	01HZE14 601.on	开	#2净水器排污门
R88	备用		
			DV 24V(1)
R89	01HZE14 601.off	关	#2净水器排污门
R90	01HZE14 701.on	开	#2净水器空气进口门
R91	01HZE14 701.off	关	#2净水器空气进口门
R92	01HZE18 101.on	开	#2废水净化泵清水门
R93	01HZE18 101.off	关	#2废水净化泵清水门
R94	01HZE18 201.on	开	#2废水净化泵污水门
R95	01HZE18 201.off	关	#2废水净化泵污水门
R96	备用		

二号净化器部分输出信号原理图

右侧栏：版本： 文件： 制图： 日期： 标题： 图号： 页次： 28

图 19-49　数字量输出接线原理图

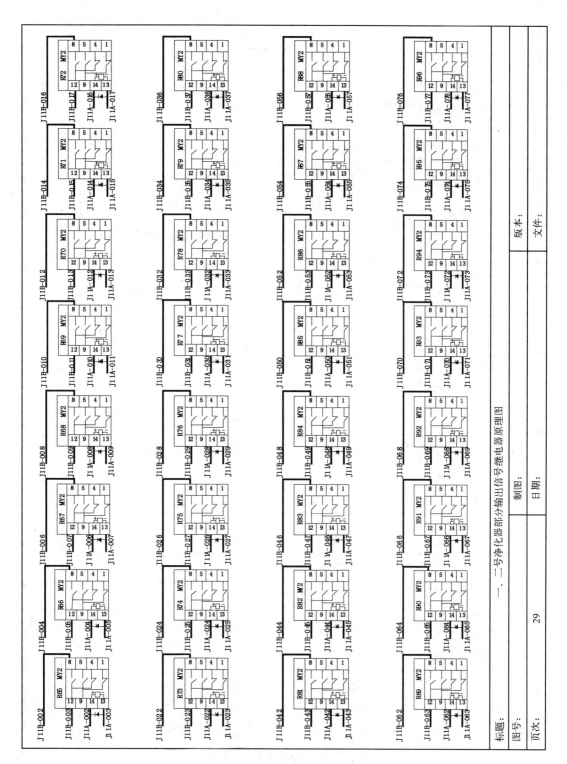

图 19-50　数字量输出继电器接线原理图

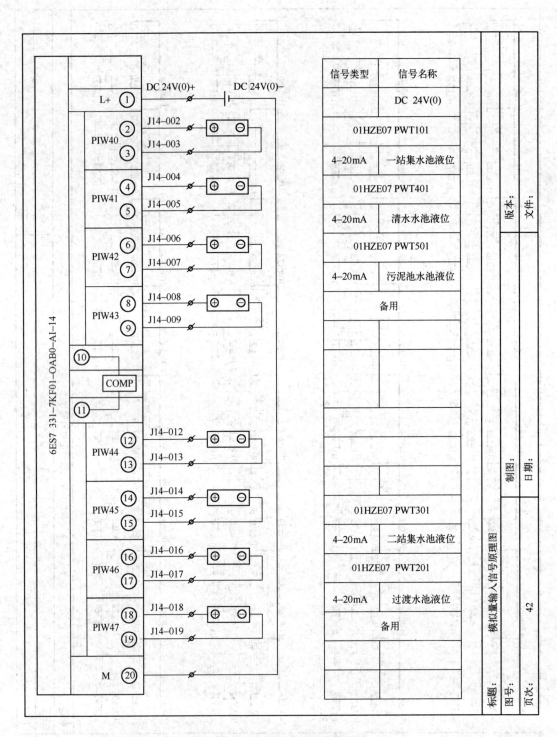

信号类型	信号名称
	DC 24V(0)
01HZE07 PWT101	
4–20mA	一站集水池液位
01HZE07 PWT401	
4–20mA	清水水池液位
01HZE07 PWT501	
4–20mA	污泥池水池液位
备用	
01HZE07 PWT301	
4–20mA	二站集水池液位
01HZE07 PWT201	
4–20mA	过渡水池液位
备用	

图 19-51　模拟量输入接线原理图

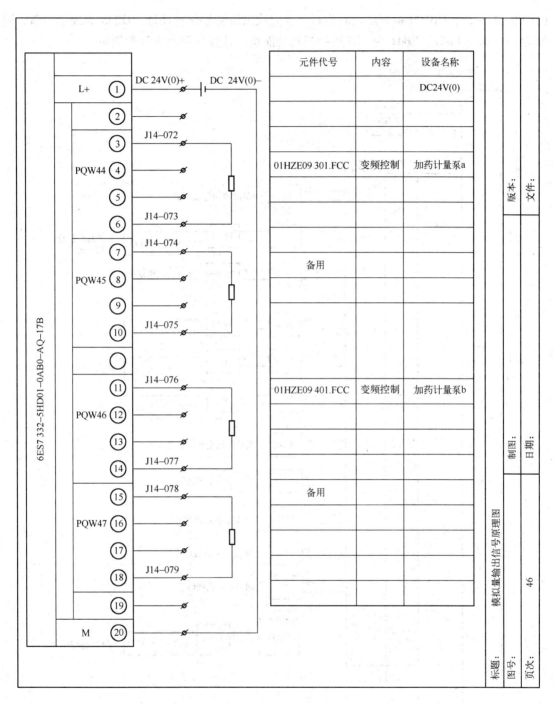

元件代号	内容	设备名称
		DC24V(0)
01HZE09 301.FCC	变频控制	加药计量泵a
备用		
01HZE09 401.FCC	变频控制	加药计量泵b
备用		

版本：
文件：

制图：
日期：

模拟量输出信号原理图

46

标题：
图号：
页次：

图 19-52 模拟量输出接线原理图

19.3.4 系统软件设计

1. 控制软件设计

（1）系统程序结构设计

根据工艺，设计的控制系统程序结构如图 19-53 所示。所使用的组织块包括 OB1、

OB100 和 OB35。OB100 系统启动时运行一次完成系统初始化的功能。OB35 为周期中断，周期为 2s，调用 FB41，FB41 为 PID 连续控制功能块，计算变频器 PID 控制量。

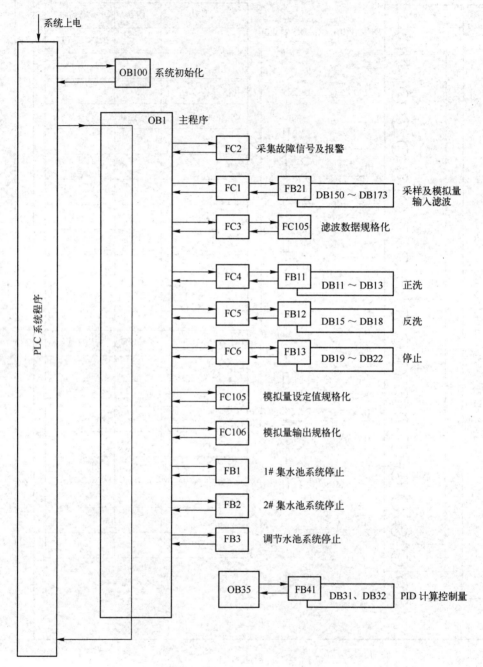

图 19-53　控制系统程序结构图

OB1 为主程序，OB1 主要包括集水池、调节水池、净化器、加药系统、清水池、污泥池 6 个部分的控制程序。水泵的控制与相关水池的液位和工艺流程相关。OB1 还包括数据采样，故障处理和报警，模拟量滤波，模拟量输入和输出规格化，净化器的正洗、反洗和停止一系列子程序。

（2）系统软件资源分配

由于所使用系统软件资源较多，这里只列出总体分配表，见表 19-21。

表 19-21　控制系统软件资源分配表

资　　源	描　　述
OB1	主程序
OB35	周期中断，采样及 PID 计算控制量
OB100	上电启动初始化
FB1 ~ FB3	停止
FB11	净水器正洗
FB12	净水器反洗
FB13	净水器停止
FB21	模拟量输入滤波，结果存到 DB101
FB41	PID 计算控制量，结果存到 DB3
FC1	初始化数据区，采集输入数字量和模拟量，调用 FB21 对模拟量进行滤波处理数字量存储到 DB100，滤波后的模拟量存到 DB101
FC2	采集故障信号，存储到 DB5，供监控系统调用，进行报警
FC3	调用 FC105，将滤波后的模拟量输入的规格化，存到 MD130/MD134
FC105	主程序中直接调用 FC105 进行模拟量设定值的规格化
FC106	将 FB41 计算得到的模拟量输出规格化
DB1	参数值，监控界面给出的各模拟量参数的设定值；不用上电初始化
DB2	参数值中间量，复制 DB1 的值，在程序中用到的是 DB2 的值；需要上电初始化
DB3	模拟量值，把 DB101 中的整型转换成实际物理量；需要上电初始化
DB4	界面手动操作，调试时监控界面中手动给出的信号量；需要上电初始化和手自动切换初始化
DB5	故障信号，采集到的数字量的故障信号；需要上电初始化
DB6	数字量输出缓冲，经过 DB6 输出到 Q 映像区；需要上电初始化
DB11 ~ DB14	对应四个净化器的正洗背景数据块
DB15 ~ DB18	对应四个净化器的反洗背景数据块
DB19 ~ DB22	对应四个净化器的停止背景数据块
DB25	模拟量设备的初始值设定
DB31	1#集水池 PID 控制
DB32	清水池 PID 控制
DB50 ~ DB90	计数器
DB91	1#集水池系统停止
DB92	2#集水池系统停止
DB93	清水池系统停止
DB100	数字量输入映像区信号；需要上电初始化
DB101	模拟量输入映像区信号；需要上电初始化
DB150 ~ DB173	采样 24 通道对应的数据块

（3）控制程序

下面对控制程序中的一些主要程序做详细介绍。

1）一站集水池。控制程序流程图如图 19-54 所示。

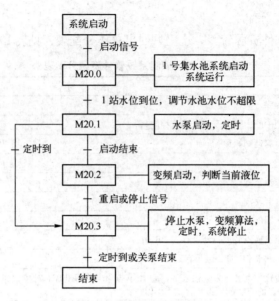

图 19-54 一站集水池控制程序流程图

启动信号包括整个系统总启动，也可每个系统单独启动。系统的状态分为运行状态、停止状态和空闲状态，分别为 1、2、0。重启信号包括 1 站水位低于下限，调节水池水位过高信号、接收到非变频水泵故障信号，启动超时信号。停止信号包括变频水泵故障、其他水泵故障，停止命令，手动。停止信号将复位启动功能步。

2）二站集水池。二站集水池控制程序流程如图 19-55 所示。

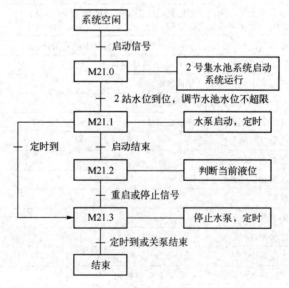

图 19-55 二站集水池控制程序流程图

启动信号包括整个系统总启动，也可每个系统单独启动。系统的状态分为运行状态和停止状态。重启信号包括 2 站水位低于下限，调节水池水位过高信号，接收到非变频水泵故障信号。停止信号包括其他水泵故障（两个同时出问题），手动，停止命令。停止信号将复位启动功能步。

3）调节水池。程序流程图如图 19-56 所示。

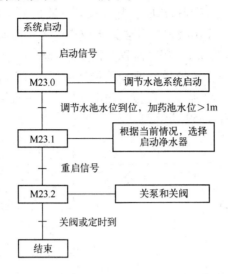

图 19-56　调节水池控制程序流程图

调节水池有两个入口（一站和二站集水池），一个出口（输入净化器）。调节水池的液位高度直接关系到整个系统的启动和停止。只有当调节水池超过启动线（2.5m），有足够的水量了，废水净化器才会启动。

4）清水池。程序流程图如图 19-57 所示。

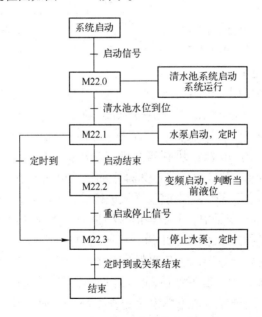

图 19-57　清水池控制程序流程图

启动信号包括整个系统总启动，也可每个系统单独启动。系统的状态分为运行状态和停止状态。重启信号包括清水池水位低于下限，接收到非变频水泵故障信号。停止信号包括其他水泵故障（两个同时出问题），变频水泵故障，停止命令。停止信号将复位启动功能步。

5）加药系统。加药系统为净化器中正洗过程提供清洗药剂，其加药由人工完成，药剂的输出是由正洗程序控制。在药剂输出时，其加药箱的液位要达到1m，否则程序会等待直到液位达到1m，同时程序中发出报警信号告诉上位机的人机界面，提示人工加药。输药泵的运行速度和流量比例参数为0.1。程序流程图如图19-58所示。

6）模拟量处理程序。整个模拟量处理过程包括模拟量输入的采样、算数平均值滤波、模拟量输入规格化、PID计算控制量、模拟量输出规格化、模拟量输出。以1#集水站的模拟量处理为例，处理过程如图19-59所示。

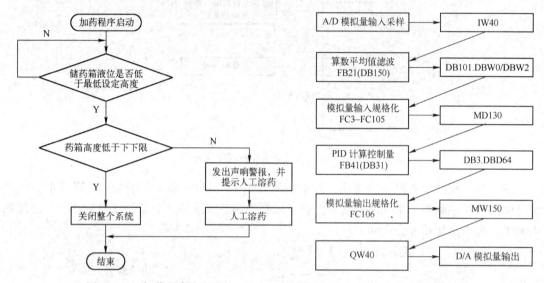

图 19-58　加药程序流程图　　　　　　　　图 19-59　模拟量处理过程

有些模拟量不需要进行PID计算控制量和滤波，则在OB1中直接调用FC105进行模拟量输入规格化，供程序使用。

在废水处理控制系统中由于所要求数据处理速度不快，精度也不要求太高，只是为了防止突然间信号的瞬间变化影响到系统中程序对水质、浊度的判断，所以在系统中使用算术平均滤波算法，算法处理简单，可靠性高，程序编写方便。

滤波程序FB21对应的DB数据块有四个静态变量：#CNT计采样次数；#SUMS是用来累计每次采样值的和；#high和#low分别是采样中的最大值和最小值。

如果#CNT采样次数小于32，把当前采样值进行采样值求和，采样值和保存在每个通道对应的DB块静态区#SUMS变量中，并把当前采样值与最大值和最小值（#high和#low）比较，决定是否代替原保存的最大值和最小值（#high和#low）。

如果#CNT采样次数大于等于32，用采样值总和#SUMS去掉最大值和最小值（#high和#low），然后求平均得到滤波值，存滤波值到滤波值数据块DB101中。

7）正洗子程序。正洗子程序是用户程序的重要部分，通过它控制净化器的工作流程。在实际系统中有四个净化器，每个净化器工作流程都是通过不同的背景数据块来调用相同的FB来进行的。要使四个净化器按要求正常工作，以下问题需要合理解决：子程序中的流程控制；四个净化器的优先级设置；和反洗程序之间的切换问题。

正洗子程序流程图如图19-60所示。只要调节水池的液位达到高度，程序就会自动进入正洗流程。

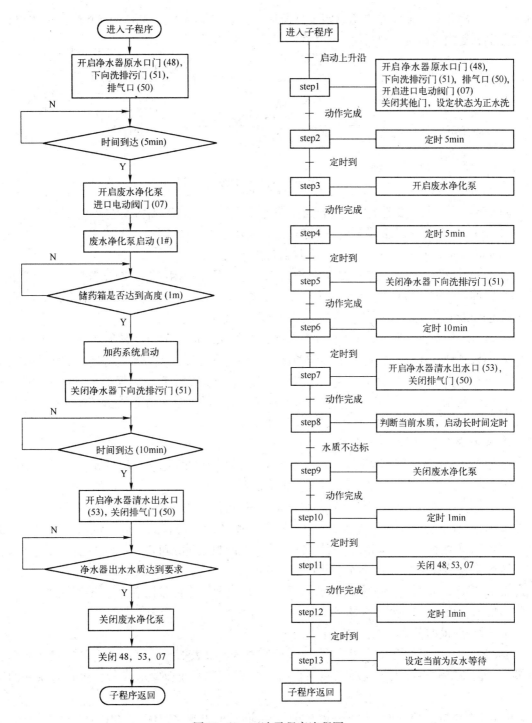

图 19-60　正洗子程序流程图

系统中总共有四个净化器，程序中设计成可以启动 1~4 任意个数的净化器，并且可以设置净化器启动的优先级顺序，每个净化器分别用数字 1、2、3、4 来表示，数字越小表示该净化器优先级越高。比如四个净化器分别设置优先级 2、3、1、4。那么当启动两个净化器的时候第三个和第一个由于优先级在前面，所以就先启动了。当第三个净化器进入反洗后，那么第二个净化器由于优先级比第四个高所以就由它启动来补充净化器的个数。图 19-61 是 1#净化器的优先级判断（判断优先级 1 的一个分支）。

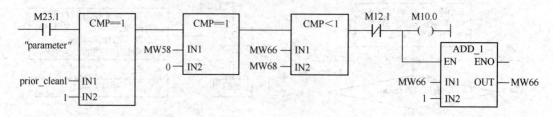

图 19-61　程序优先级判断

MW58：净化器 1 状态。0：空闲，1：正洗，2：反洗等待，3：反洗，4：停止。

MW66：当前正洗净水器个数。**MW68**：应该开启的净水器个数。

" **parameter**" . prior_clean1：一号净化器优先级。

设置的优先级先和 1 比较，如果是就判断它是否处于空闲状态，净化器启动个数是否没有满足，如果符合条件就启动净化器（M10.0 置 1）。如果不是就接下去和优先级 2 判断，直到 4 也判断完了。然后就开始 2#净化器的判断，直到全部完成。

8）反洗子程序。进入反洗子程序后直到运行结束之前是不允许其他净化器运行反洗程序的，如果其他的净化器也达到了反洗条件，程序中它们进入反洗排队等待，也就是说在同一时刻只有一台净化器在反洗，这样既保证了正洗净化器的个数，又保证了清水池反洗用水不至于被消耗光。反洗完成后的净化器不会启动，而是作为队列在正洗等待中排列，直到凭优先级轮到它。整个反洗程序流程如图 19-62 所示。

2. 监控软件设计

使用 WinCC 监控程序来设计，根据项目对于监控系统的要求，监控界面总体框架如图 19-63 所示。经过设计，整个监控系统的组成如下：

① 进入界面，如图 19-64 所示。需要输入正确的口令和密码才能进入监控主界面。

② 主界面，其包含整个系统，可以监控系统整体的运行状况。点击进入主界面，可以在这里看到整个系统的运行情况，观察到各监测点的数据量，可以监测到各净化器的运行状态及故障报警信息。监控主界面如图 19-65 所示。

③ 子界面，如图 19-66 所示。子界面中有 10 个现场设备监控界面，与主界面的相应部分基本类似，仅以 1#、4#净水器系统界面为例。

3. WinCC 动态报表

在实际项目中虽然 WinCC 提供了变量趋势显示、报表功能，满足了简单的归档数据访问要求，但不能完成该废水处理工程项目提出的复杂数据处理要求（如：进行有条件的查询和打印）。

ActiveX 是基于 COM（Component Object Model）的可视化控件结构的商标名称。它是一种封装技术，提供封装 COM 组件并将其置入应用程序的一种方法。经过实践证明，应用 ActiveX 技术实现 WinCC 归档数据复杂查询解决该工程问题是可行的：根据用户对控制系统有条件查询、打印的要求，运用 Delphi 设计 ActiveX 控件，然后在 WinCC 中调用该控件，最终实现 WinCC 不能完成的复杂归档数据访问任务。

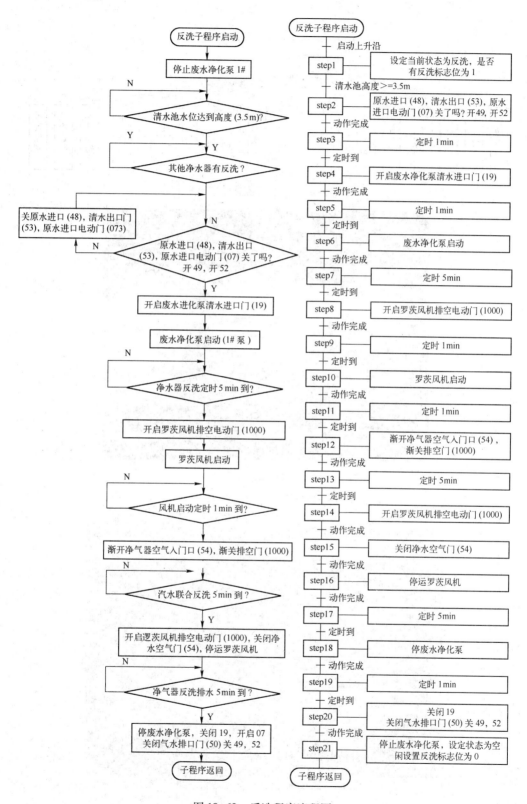

图 19-62 反洗程序流程图

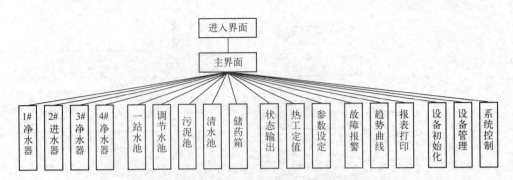

图 19-63　监控系统总体框架图

图 19-64　进入界面

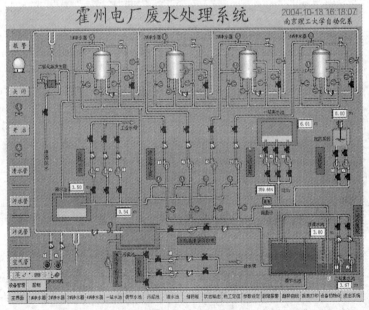

图 19-65　监控主界面

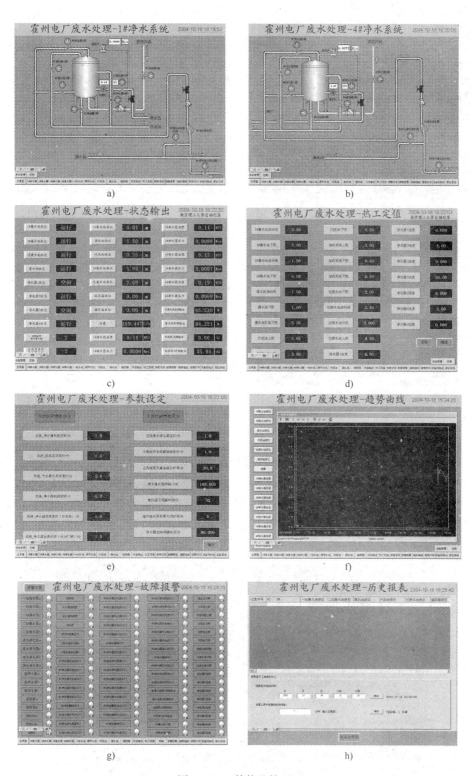

图 19-66　其他监控画面

a）1#净水器系统监控界面　b）4#净水器系统界面　c）状态输出界面　d）热工定值界面
e）参数设定界面　f）趋势曲线界面　g）故障报警界面　h）报表打印界面

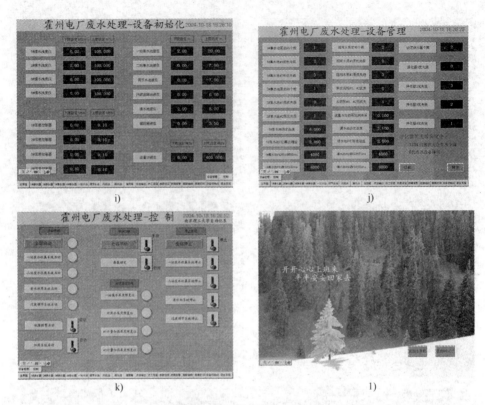

图 19-66　其他监控画面（续）

i）设备初始化界面　j）设备管理界面　k）系统控制界面　l）退出系统界面

　　使用 Delphi 来设计这个 ActiveX 控件。首先在 Delphi 7 里面新建 ActiveX 控件工程，由于新建的控件是包含窗口的，故控件采用继承 form。将控件命名为 WinCCDataReport。然后在界面上添加 DBGrid 控件，用于显示从 WinCC 归档数据库中分拣出来的数据；添加 Tab-Control 控件，用于查询界面与打印界面的切换；还要添加必需的标签、文本框、按钮等。最后设计的界面外观如图 19-67 所示。

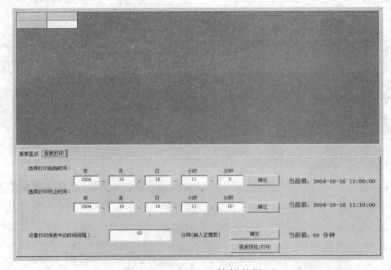

图 19-67　ActiveX 控件的界面

使用上述的 QUERY 数据库作为查询的临时数据库，其字段格式如图 19-68 所示。然后就在 Delphi 中使用 ADOTable 控件通过 ADO 接口打开数据源，通过以下查询算法（如图 19-69 所示）得出 ACCESS 中的值，便可以对查询结果 rs 进一步操作了。

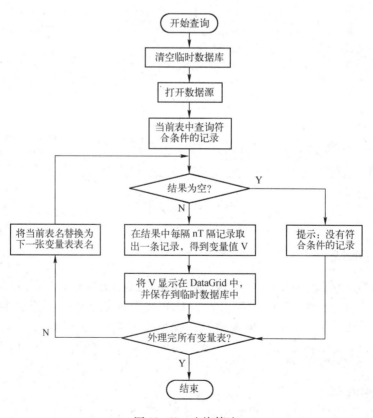

字段名称	数据类型
序号	文本
时间	文本
1#净化器压差	数字
1#净化器浊度	数字
2#净化器压差	数字
2#净化器浊度	数字
3#净化器压差	数字
3#净化器浊度	数字
4#净化器压差	数字
4#净化器浊度	数字
一站集水池夜位	数字
二站集水池夜位	数字
清水池夜位	数字
过渡水池夜位	数字
储药箱夜位	数字
溶药箱液位	数字
流量	数字
污泥池夜位	数字

图 19-68 ACCESS 数据库中的字段结构

图 19-69 查询算法

经过程序处理就在 ACCESS 临时数据库里面得到了想要的数据，选择第三方的软件来设计报表系统，只需在报表设计阶段设置好数据库的路径和需要显示、打印的字段即可，极大地方便了设计开发工作。把后台数据库关联到已经设计好的 ACCESS 数据库中后，就能设计出一个符合要求的报表。最后让 Delphi 生成 ActiveX 控件。在 WinCC 中对该控件注册好后，就可以使用了。实时报表结果如图 19-70 所示，所设计的内容达到了客户预期的要求。

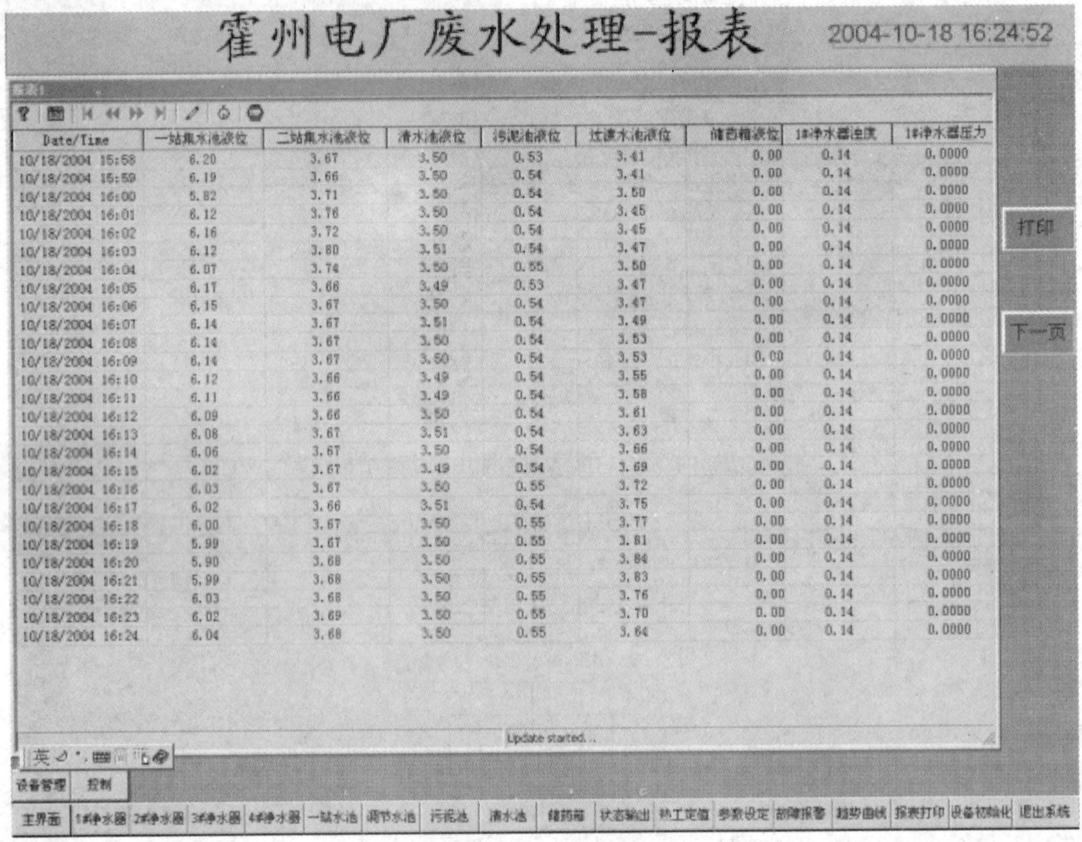

Date/Time	一站集水池液位	二站集水池液位	清水池液位	污泥池液位	过滤水池液位	储药箱液位	1#净水器浊度	1#净水器压力
10/18/2004 15:58	6.20	3.67	3.50	0.53	3.41	0.00	0.14	0.0000
10/18/2004 15:59	6.19	3.66	3.50	0.54	3.41	0.00	0.14	0.0000
10/18/2004 16:00	5.82	3.71	3.50	0.54	3.50	0.00	0.14	0.0000
10/18/2004 16:01	6.12	3.76	3.50	0.54	3.45	0.00	0.14	0.0000
10/18/2004 16:02	6.16	3.72	3.50	0.54	3.45	0.00	0.14	0.0000
10/18/2004 16:03	6.12	3.80	3.51	0.54	3.47	0.00	0.14	0.0000
10/18/2004 16:04	6.07	3.74	3.50	0.55	3.50	0.00	0.14	0.0000
10/18/2004 16:05	6.17	3.66	3.49	0.53	3.47	0.00	0.14	0.0000
10/18/2004 16:06	6.15	3.67	3.50	0.54	3.47	0.00	0.14	0.0000
10/18/2004 16:07	6.14	3.67	3.51	0.54	3.49	0.00	0.14	0.0000
10/18/2004 16:08	6.14	3.67	3.50	0.54	3.53	0.00	0.14	0.0000
10/18/2004 16:09	6.14	3.67	3.50	0.54	3.53	0.00	0.14	0.0000
10/18/2004 16:10	6.12	3.66	3.49	0.54	3.55	0.00	0.14	0.0000
10/18/2004 16:11	6.11	3.66	3.49	0.54	3.58	0.00	0.14	0.0000
10/18/2004 16:12	6.09	3.66	3.50	0.54	3.61	0.00	0.14	0.0000
10/18/2004 16:13	6.08	3.67	3.51	0.54	3.63	0.00	0.14	0.0000
10/18/2004 16:14	6.06	3.67	3.50	0.54	3.66	0.00	0.14	0.0000
10/18/2004 16:15	6.02	3.67	3.49	0.54	3.69	0.00	0.14	0.0000
10/18/2004 16:16	6.03	3.67	3.50	0.55	3.72	0.00	0.14	0.0000
10/18/2004 16:17	6.02	3.66	3.51	0.54	3.75	0.00	0.14	0.0000
10/18/2004 16:18	6.00	3.67	3.50	0.55	3.77	0.00	0.14	0.0000
10/18/2004 16:19	5.99	3.67	3.50	0.55	3.81	0.00	0.14	0.0000
10/18/2004 16:20	5.90	3.68	3.50	0.55	3.84	0.00	0.14	0.0000
10/18/2004 16:21	5.99	3.68	3.50	0.55	3.83	0.00	0.14	0.0000
10/18/2004 16:22	6.03	3.68	3.50	0.55	3.76	0.00	0.14	0.0000
10/18/2004 16:23	6.02	3.69	3.50	0.55	3.70	0.00	0.14	0.0000
10/18/2004 16:24	6.04	3.68	3.50	0.55	3.64	0.00	0.14	0.0000

图 19-70　动态报表

19.3.5　系统调试

系统调试整体方案如图 19-71 所示。在现场调试之前要进行实验室模拟调试。在设计时期的调试是非常重要的，不仅可以在设计初期发现问题解决问题，而且可以把各个部件联合调试。这样如果在现场发现问题，就排除了系统内部的错误，可以集中在外部解决。不仅找到了解决的方向，而且缩短了时间，所涉及的人员也大大减少，有利于系统的提前完成。

1. 实验室模拟调试

利用实验室的资源，设计了实验室调试方案，其方案如图 19-72 所示。

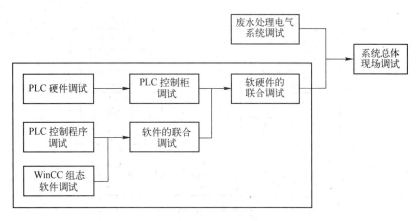

图 19-71 系统调试的整体构成图

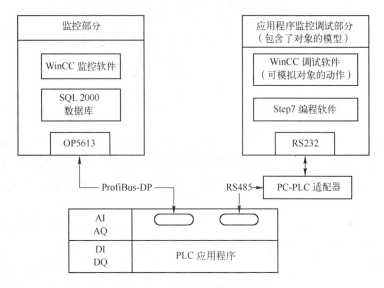

图 19-72 实验室系统调试方案

2. 控制柜调试

控制柜调试方案如图 19-73 所示。

3. 现场调试

经过实验室的调试过程后，该系统的软件、硬件故障和逻辑问题已基本排除，剩下的工作是现场进行安装和调试。但在现场调试过程中会暴露出不可预料的硬件和软件问题，这时应冷静分析找到解决办法，直到系统完全符合要求。

PLC 控制程序软件的调试：在程序编写完成后进行调试，这一部分已经在前面介绍过了，利用 STEP 7 套件中的 PLCSIM 仿真软件和 WinCC 调试界面相结合来进行逻辑程序的调试。

PLC 硬件的调试：在 PLC 硬件安装完毕而没有进入 PLC 控制柜安装前进行调试。调试的目的主要是观测 PLC 的 I/O 模块有没有存在坏通道；三个导轨直接的模块能不能很好的连接；PLC 的 PROFIBUS 现场总线能不能通信。在 STEP 7 里把正确的硬件组态下载到 CPU 中，然后分别在 PLC 硬件中手动给出数字量和模拟量的值，在 STEP 7 中在线监控

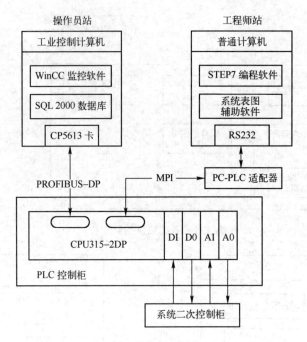

图 19-73　控制柜调试方案

检查得到的值和实际是否一致，然后在 STEP 7 中强制 PLC 输入输出口，在硬件模块上通过看指示灯和用万用表测量来检测数字量和模拟量模块的好坏。然后利用 PROFIBUS 线连接 CPU 和电脑上的 CP5611 板块，通过其中的驱动程序来在线检测通信是否正常，速率是否能够达到。

　　PLC 控制柜的现场调试：经过上面两步骤地调试，就可以正式地把 PLC 安装到控制柜里面去了，由于控制柜一般是在特定的厂家生产的，而且内部接线繁杂，不经意间就容易出现问题。对于控制柜的调试主要是检查它的接线有没有错误；和设计的原理图是不是对应；能否正常地提供电源及其保护；能不能使得 PLC 正常工作，正确反映 PLC 的输入和输出。其中第四点是最重要的。PLC 控制柜的调试和 PLC 硬件调试非常相似，只是把由手动给的输入信号由控制柜来给出。输出信号输出到控制柜中通过观察指示灯来判断。模拟量因为没有现场设备所以还是一样的调试，只是这次是通过控制柜的连线进行的。最后还要测试控制柜的报警灯、风扇等。在这里 PLC 模块的接线时最容易出错的，因为每个 PLC 模块的接线不同，厂家可能以前没有接过，所以会出现少接地线或 24V 线。

　　上位机监控软件调试：在其中主要是完成 WinCC 软件和 PLC 的通信调试；监控软件的监控界面及控制功能调试。监控软件的调试需要 PLC 控制器还有被控对象的一起配合，由于不在现场没有被控对象，为此模拟仿真被控对象。CPU 315 - 2DP 具有两个通信口，和上位机监控界面连接时使用 DP 口用 PROFIBUS 和 CP 5611 通信，下载 PLC 程序的时候使用 MPI 口通过 MPI 电缆和 STEP 7 相连接。这里想到可以通过另为一个 MPI 来软件仿真模拟对象的运行，为此 WINCC 也是最好的选择，它具有 MPI 通信方便和良好的人机界面功能。这样使用两台 PC 和一个 PLC 就组成了一个完整的现场运行系统。

　　整个控制系统的联合调试（包括软件硬件）：整个控制系统的联合调试就是通过仿真模拟对象给出信号，来观察整个 PLC 程序运行的情况及 WinCC 的监控情况，还有控制柜的情况。

控制柜和电气柜的联合调试：这一步是整个系统中最重要的，也是最复杂的调试。它的调试成功使得现场的工作完成了一大半。这一步的主要工作就是调试信号线，检查两个柜子之间的线的连接。如果在调试中发现接线错误有两种修改的方案：一是改线，二是改 PLC I/O 口的配置，显然第二种方式简单，在这里前面用到的模板化自定义 PLC 地址就起到作用了，只要重新分配一下地址就可以解决问题。这样接线不用改，程序中的地址也不用改。

整体和现场的最终调试：主要检测现场产生的问题及解决问题。

19.3.6 技术文档整理

参考 19.1.6 节。

19.4 习题

1. 总结 PLC 控制系统的一般设计流程。
2. 总结在工程应用中设计 PLC 控制系统硬件和软件方面应主要的问题。

附　　录

附录 A　实验指导书

A.1　基础实验

实验一　位逻辑指令应用实验（一）

一、实验目的

1. 熟悉 PLC 及其编辑器的操作和使用。

2. 学习常开触点、常闭触点、输出线圈等基本位逻辑指令的使用，掌握其在实际问题中的应用方法和技巧。

3. 掌握程序调试方法。

二、实验内容及要求

使用常开触点、常闭触点、输出线圈等基本指令完成电动机顺启逆停控制实验。示意图如图 A-1 所示。要求当顺启开关 I0.0、I0.2、I0.4、I0.6 依次为 ON 时，电动机 Q0.0、Q0.1、Q0.2、Q0.3 依次顺序启动，当逆停开关 I0.7、I0.5、I0.3、I0.1 依次为 ON 时，电动机 Q0.3、Q0.2、Q0.1、Q0.0 依次顺序停止。编写该实验的梯形图以及 STL 程序，并把程序通过编辑器输入到 PLC 中，并用 PLCSIM 调试程序验证程序的正确性。

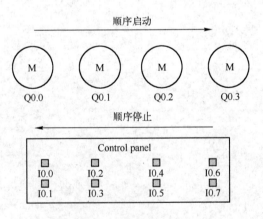

图 A-1　电动机顺启逆停示意图

三、实验报告

1. 给出实验的梯形图及必要的顺序功能图、时序图及说明。

2. 给出实验体会及实验中遇到的问题和解决办法。

实验二　位逻辑指令应用实验（二）

一、实验目的

1. 熟悉 PLC 及其编程器的操作和使用。

2. 学习位逻辑指令的使用，掌握其在实际问题中的应用方法和技巧。

3. 掌握程序调试方法。

二、实验内容及要求

使用位逻辑指令完成单按钮控制双电动机实验，如图 A-2 所示，要求第一次按下按钮时电动机 Q20.0 工作，第二次按下时电动机 Q20.0 停止、电动机 Q20.1 工作，第三次按下时电动机 Q20.0、Q20.1 都停止工作。编写该实验的梯形图以及 STL 程序，把程序通过编辑器输入到 PLC 中，并用 PLCSIM 调试程序，验证程序的正确性。

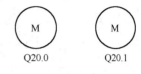

控制按钮 I20.1

图 A-2　单按钮控制双电动机示意图

三、实验报告

1. 给出实验的梯形图及必要的顺序功能图，时序图及说明。

2. 给出实验体会及实验中遇到的问题和解决办法。

实验三　位逻辑指令应用实验（三）

一、实验目的

1. 熟悉 PLC 及其编辑器的操作和使用。

2. 学习位逻辑指令的使用，掌握其在实际问题中的应用方法和技巧，学习顺序功能图，根据顺序功能图完成梯形图程序的编辑。

3. 掌握程序调试方法。

二、实验内容及要求

（1）单循环控制顺序功能图（SFC）的梯形图编程

根据如图 A-3 所示的顺序功能图，编写该实验的梯形图以及 STL 程序，并把程序通过编辑器输入到 PLC 中，并用 PLCSIM 调试程序，验证程序的正确性。

（2）分支循环顺序功能图的梯形图编程

参考单循环控制实验根据如图 A-4 所示的顺序功能图，编写该实验的梯形图以及 STL 程序，并把程序通过编辑器输入到 PLC 中，并用 PLCSIM 调试程序，验证程序的正确性。

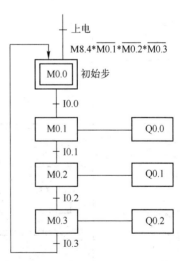

图 A-3　单循环顺序功能图

注：M8.4 为 OB100 中设置的启动脉冲位。

（3）并行循环顺序功能图的梯形图编程

参考单循环控制实验，根据如图 A-5 所示的并行顺序功能图，编写该实验的梯形图以及 STL 程序，并把程序通过编辑器输入到 PLC 中，并用 PLCSIM 调试程序，验证程序的正确性。

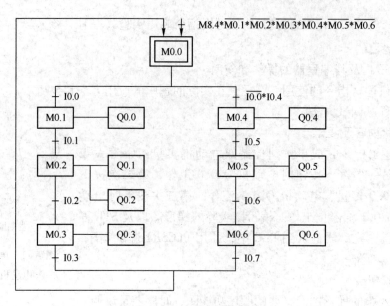

图 A-4　分支循环顺序功能图

注：M8.4 为 OB100 中设置的启动脉冲位。

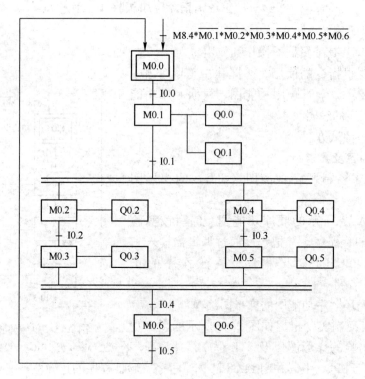

图 A-5　并行循环顺序功能图

注：M8.4 为 OB100 中设置的启动脉冲位。

三、实验报告

1. 给出实验的梯形图及必要的顺序功能图、时序图及说明。

2. 给出实验体会及实验中遇到的问题和解决办法。

3. 提出好的建议和方法。

实验四 定时器、计数器应用实验（一）

一、实验目的

1. 通过实验加深对 PLC 定时器及计数器的理解和认识。

2. 掌握定时器和计数器在实际问题中的应用方法和技巧。

二、实验内容及要求

使用定时器指令，按以下时序图编写出相应的梯形图程序，对输出模板进行检查。自检程序时序图如图 A-6 所示。

注：I0.0 为起动按钮，I0.1 为停止按钮，两者均不带自锁按钮。

I0.0 被按下时，程序按以下时序图进行模板检查，直到 I0.1 被按下，停止模板检查。

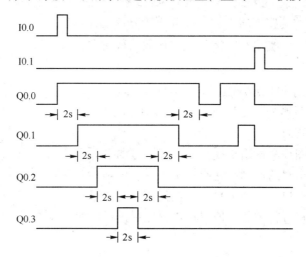

图 A-6　自检程序 2 时序图

三、实验报告

1. 给出实验的梯形图及必要的顺序功能图、时序图及说明。

2. 给出实验体会及实验中遇到的问题和解决办法。

实验五 定时器、计数器应用实验（二）

一、实验目的

1. 通过实验加深对 PLC 定时器及计数器的理解和认识。

2. 掌握定时器和计数器在实际问题中的应用方法和技巧。

二、实验内容及要求

使用计数器指令，编制一个梯形图程序，统计进出大楼的人数。示意图如图 A-7 所示。

I0.0 = A 传感器

I0.1 = B 传感器

Q0.0 ~ Q0.2：指示进楼人数量（0~7 人）；满 7 人时，Q0.3 指示灯亮。

Q0.4 ~ Q0.6：指示出楼人数量（0~7 人）；满 7 人时，Q0.7 指示灯亮。

三、实验报告

1. 给出实验的梯形图及必要的顺序功能图、时序图及说明。

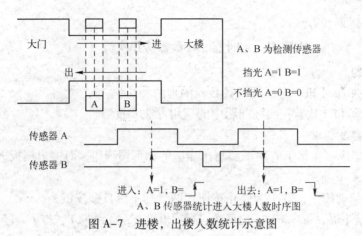

A、B 为检测传感器

挡光 A=1 B=1

不挡光 A=0 B=0

进入：A=1, B=⌐ 出去：A=1, B=⌐

A、B 传感器统计进入大楼人数时序图

图 A-7　进楼，出楼人数统计示意图

2. 给出实验体会及实验中遇到的问题和解决办法。

实验六　定时器、计数器应用实验（三）

一、实验目的

1. 通过实验加深对 PLC 定时器及计数器的理解和认识。

2. 掌握定时器和计数器在实际问题中的应用方法和技巧。

二、实验内容及要求

试编制一个梯形图程序，用于搅拌机控制，搅拌机示意图如图 A-8 所示，搅拌机主要实现对进料、搅拌和出料的控制，在搅拌机中有液面显示传感器，用指示灯显示液面的高、中、低。共有两个进料口、一个出料口，在任一时间内只能有一个口开放。上方有搅拌机电动机，对搅拌机电动机进行控制，使得在进料之后进行搅拌，搅拌结束后出料。

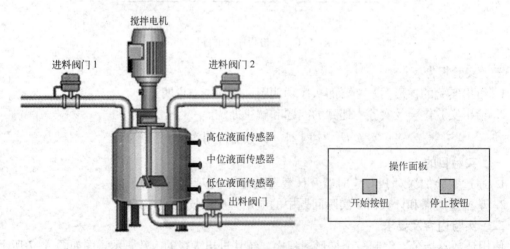

图 A-8　搅拌机示意图

控制要求如下：按起动按钮后系统自动运行，首先打开进料泵 1，打开进料阀门 1，加入液料 A→当液位达到中位液面后，则关闭进料阀 1，打开进料阀 2，开始加入液料 B→当液位达到高位液面后，则关闭进料阀 2，起动搅拌电动机搅拌→搅拌 10 s 后，关闭搅拌器，开启出料阀→当液料放空后，延时 5 s 后关闭出料阀。按停止按钮，系统应立即停止运行。搅拌机 PLC 程序流程图如图 A-9 所示。

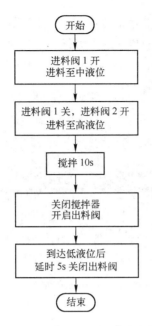

图 A-9　搅拌机 PLC 程序流程图

I/O 地址分配表见表 A-1。

表 A-1　I/O 地址分配表

符　号	系 统 部 件	绝 对 地 址
1S	开始按钮	I0.0
2S	停止按钮	I0.1
1B	高位液面传感器	I0.2
2B	中位液面传感器	I0.3
3B	低位液面传感器	I0.4
1Y	液体 1 阀门	Q4.0
2Y	液体 2 阀门	Q4.1
3Y	搅拌电动机	Q4.2
4Y	出料阀门	Q4.3

三、实验报告

1. 给出实验的梯形图及必要的顺序功能图、时序图及说明。

2. 给出实验体会及实验中遇到的问题和解决办法。

实验七　数据处理指令及运算指令应用实验

一、实验目的

1. 通过实验加深对 PLC 数据处理指令及运算指令的理解和认识。

2. 掌握数据处理、运算指令在实际问题中的应用方法和技巧。

二、实验内容及要求

使用数据处理指令以及数据运算指令编写梯形图程序，用于完成图 A-10 所示的仓库存储系统，两台传送带的系统，在两台传送带之间有一个临时仓库区，传送带 1 将包裹运送至仓库

925

区；传送带2将临时库区中的包裹运送至装货场，在这里货物由卡车运送至顾客。在仓库区上方有数字显示当前仓库存储量。在仓库区的下方是一个包含5个指示灯的显示面板，用来表示仓库区的占用程度，分别为"Empty"、"Not empty"、"Half"、"90% of number"、"Full"。

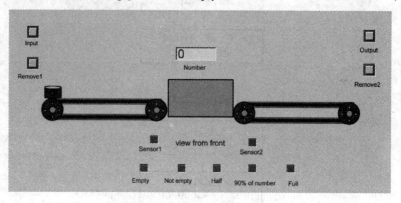

图 A-10　仓库存储系统

I/O 地址分配表见表 A-2。

表 A-2　I/O 地址分配表

符　号	功　能	地　址
reset	复位	I3.2
start	开始	I3.0
stop	停止	I3.1
estop	紧急停止	I3.3
sensor1	传送带1末端传感器	I4.0
sensor2	传送带2始端传感器	I4.1
empty	指示仓库区为空	Q1.0
not empty	指示仓库区不空	Q1.1
half	指示仓库区存储量已达一半以上	Q1.2
90%	指示仓库区存储量已达90%以上	Q1.3
full	指示仓库区存储量已满	Q1.4
motor	传送带运行信号	Q1.5
- - - - - -	指示当前仓库存储量	QW12

三、实验报告

1. 给出实验的梯形图及必要的顺序功能图、时序图及说明。

2. 给出实验体会及实验中遇到的问题和解决办法。

A.2　应用实验

实验一　机械手控制实验

一、实验目的

1. 深入理解位逻辑指令、定时器、计数器、数据处理指令、数据运算指令等，学习其在实际问题中的应用。

2. 练习梯形图顺序控制设计法和顺序功能图绘制方法。

3. 进一步练习编程方法和程序调试方法。

二、实验内容及要求

该控制系统的被控对象是一个搬运机械手，机械手能把工件从 A 工作台搬运到 B 工作台，机构的上升、下降和左移、右移是由双线圈两位电磁阀推动气缸来实现的，当某一线圈得电，机构便单方向移动，直到线圈断电才停止在当前位置。夹紧和放松是由单线圈两位电磁阀驱动气缸来实现的，线圈通电则夹紧，失电则为放松。设备上装有上、下限位和左、右限位开关，对机构进行行程控制。机械手控制系统结构示意如图 A-11 所示。

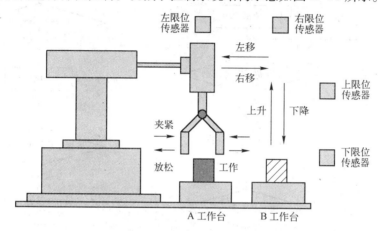

图 A-11 机械手控制系统结构示意图

该系统的工艺流程为：当 A 工作台有工件时，机械手开始由原点下降，下降到底时，碰到下限位开关后，停止下降并接通夹紧电磁阀夹紧工件。为保证工件可靠夹紧，在该位置等待 1s，夹紧后，上升电磁阀通电开始上升，上升到顶碰到上限位开关，停止上升，改向右移动，碰到右限位开关后，停止右移，改为下降至碰到下限位开关，下降电磁阀断电，停止下降，同时夹紧电磁阀断电，机械手将工件松开，放在 B 工作台上，为确保可靠松开，在该位置停止 1s，然后上升碰到上限位开关后改为左移。到原点时碰到左限位开关，左移阀断电停止左移。至此，机械手搬运一个工件的全过程结束。图 A-12、图 A-13 分别为机械手工艺过程示意图和控制系统工艺流程图。

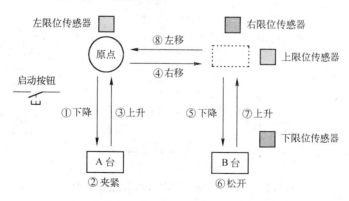

图 A-12 机械手工艺过程示意图

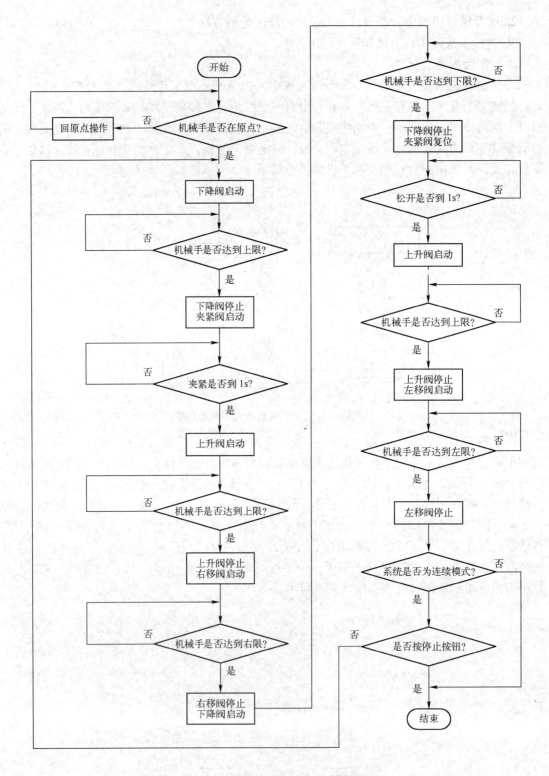

图 A-13　机械手控制系统工艺流程图

I/O 分配表见表 A-3。

模　块　号	地　址	符　号	定　义
SM321	I0.1	下限位	下限位开关
	I0.2	上限位	上限位开关
	I0.3	右限位	右限位开关
	I0.4	左限位	左限位开关
	I0.5	上升按钮	
	I0.6	左行按钮	
	I0.7	松开按钮	
	I1.0	下降按钮	
	I1.1	右行按钮	
	I1.2	夹紧按钮	
	I2.0	手动	手动方式开关
	I2.1	回原点	回原点方式开关
	I2.2	单步	单步方式开关
	I2.3	单周期	单周期方式开关
	I2.4	连续	连续方式开关
	I2.6	起动按钮	
	I2.7	停止按钮	
SM322	Q4.0	下降电磁阀	下降电磁阀开关
	Q4.1	夹紧电磁阀	松开/夹紧线圈
	Q4.2	上升电磁阀	上升电磁阀线圈
	Q4.3	右行电磁阀	右行电磁阀线圈
	Q4.4	左行电磁阀	左行电磁阀线圈

要求设计能实现上述功能的顺序功能图，并转换为梯形图。

三、实验报告

1. 给出实验的梯形图及必要的顺序功能图、时序图及说明。

2. 给出实验体会及实验中遇到的问题和解决办法。

实验二　程序结构编程应用实验（一）

一、实验目的

1. 深入理解位逻辑指令、定时器、计数器、数据处理指令、数据运算指令等，学习其在实际问题中的应用。

2. 学习与掌握功能 FC、功能块 FB 和多重背景数据块的编辑与调用。

3. 练习梯形图顺序控制设计法。

4. 进一步练习编程方法和程序调试方法。

二、实验内容及要求

本实验共包括四个功能 FC，分别编辑完成并保存为 FC1、FC2、FC3 和 FC4 后完成其在主程序 OB1 中的调用，主程序调用 FC 控制开关见表 A-4。

表 A-4 主程序调用 FC 控制开关表

功　能	主程序调用控制开关地址
FC1	M200.1
FC2	M200.2
FC3	M200.3
FC4	M200.4

以下具体介绍各个功能的控制要求。

（1）FC 编程例

控制要求：为了启动某大型设备，必须先将水、油和气泵启动，而三个泵都需要丫－△启停控制，丫型启动 3 s 后，再间隔 0.5 s 切换到△型启动。时序图见 10.1.2 节图 10－16 所示。此外对三个启动条件需进行报警处理，如果任何一个条件没有准备好，都需对其报警灯和报警喇叭提示，报警灯要以 2 Hz 方波闪烁，报警喇叭常响。当三个启动条件都准备好之后，再启动某大型设备，并有启动指示灯按照 2 Hz 方波闪烁指示。电动机丫－△启停主电路图和控制电路接线图参见 7.6.2 节中图 7－47，硬件资源分配如图 A-14 所示。

	Status	Symbol	Address /	Data typ
1		Water-Pump-start	I 1.0	BOOL
2		Water-Pump-stop	I 1.1	BOOL
3		Oil-Pump-start	I 2.0	BOOL
4		Oil-Pump-stop	I 2.1	BOOL
5		Air-Pump-start	I 3.0	BOOL
6		Air-Pump-stop	I 3.1	BOOL
7		Facility-Start	I 19.2	BOOL
8		Facility-Stop	I 19.6	BOOL
9		Water-ready-ok	M 20.1	BOOL
10		Oil-ready-ok	M 20.2	BOOL
11		Air-ready-ok	M 20.3	BOOL
12		All-ready-ok	M 20.4	BOOL
13		Alarm-flag	M 20.7	BOOL
14		Facility-Start-Flag	M 59.5	BOOL
15		WP-main-contact-out	Q 1.0	BOOL
16		WP-Star-out	Q 1.1	BOOL
17		WP-Triangle-out	Q 1.2	BOOL
18		OP-main-contact-out	Q 2.0	BOOL
19		OP-Star-out	Q 2.1	BOOL
20		OP-Triangle-out	Q 2.2	BOOL
21		Air-main-contact-out	Q 3.0	BOOL
22		Air-Star-out	Q 3.1	BOOL
23		Air-Triangle-out	Q 3.2	BOOL
24		Facility-Run	Q 19.1	BOOL
25		Facility-Run-Display	Q 19.2	BOOL
26		Water-Alarm-Display	Q 35.1	BOOL
27		Oil-Alarm-Display	Q 35.2	BOOL
28		Air-Alarm-Display	Q 35.3	BOOL
29		All-Alarm-Display	Q 35.6	BOOL
30		All-Alarm-Speak	Q 35.7	BOOL

图 A-14 硬件资源分配示意图

根据控制要求，画出相应的程序结构图和程序流程图，并根据程序流程图编出相应的梯形图程序，保存为 FC1 后在主程序 OB1 中完成调用。

（2）FC 参数传递编程例

控制要求与上一个实验相同，不同的在于对三个启动条件的编程利用 FC 参数传递的方式编程来实现控制要求。电动机丫－△启停主电路图和控制电路接线图以及硬件资源分配都不变。

根据控制要求和编程要求，画出相应的程序结构图和程序流程图，建立功能 FC2，并编出相应的梯形图程序，保存为 FC2 后在主程序 OB1 中完成调用。

（3）FB 参数传递编程例

控制要求与上一个实验相同，不同的在于对三个启动条件的编程利用 FB 参数传递的方式编程来实现控制要求。电动机丫－△启停主电路图和控制电路接线图以及硬件资源分配都不变。

根据控制要求和编程要求，画出相应的程序结构图和程序流程图，建立功能 FC3，并编出相应的梯形图程序，保存为 FC3 后在主程序 OB1 中完成调用。

（4）FB 多重背景数据块编程例

控制要求与上一个实验相同，不同的在于对三个启动条件的编程利用 FB 多重背景数据块编程来实现控制要求。电动机丫－△启停主电路图和控制电路接线图以及硬件资源分配都不变。

根据控制要求和编程要求，画出相应的程序结构图和程序流程图，建立功能 FC3，并编出相应的梯形图程序，保存为 FC3 后在主程序 OB1 中完成调用。

三、实验报告

1. 给出实验的梯形图及必要的顺序功能图、时序图及说明。

2. 给出实验体会及实验中遇到的问题和解决办法。

实验三　程序结构编程应用实验（二）

一、实验目的

1. 深入理解位逻辑指令、定时器、计数器、数据处理指令、数据运算指令等，学习其在实际问题中的应用。

2. 学习与掌握功能（FB）的编辑与调用。

3. 进一步练习编程方法和程序调试方法。

二、实验内容及要求

交通灯控制示意图如图 A-15 所示，在大街十字路口的东西南北方向都有红黄绿交通灯，并遵循一定的时序进行循环点亮和熄灭。信号灯受启动开关控制，正常工作时，三种颜色的信号灯会交替点亮，有序的进行交通指挥。

图 A-15　交通灯示意图

具体交通灯控制要求见表 A-5，工作时序图如图 A-16 所示。

表 A-5 交通灯控制要求

南北方向	信号	绿灯亮	绿灯闪	黄灯亮	红灯亮		
	时间	45 s	3 s	2 s	30 s		
东西方向	信号	红灯亮			绿灯亮	绿灯闪	黄灯亮
	时间	50 s			25 s	3 s	2 s

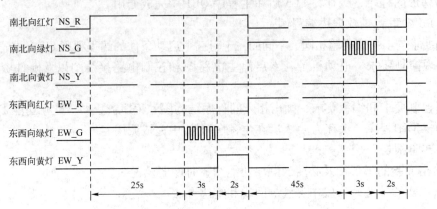

图 A-16 交通灯工作时序图

控制流程图如图 A-17 所示。

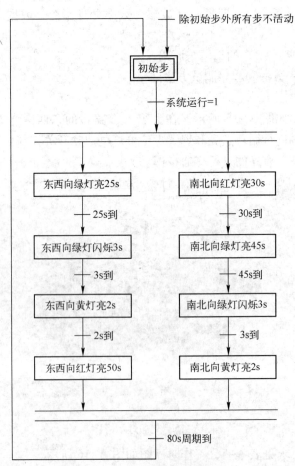

图 A-17 交通灯控制流程图

I/O 分配表见表 A-6。

表 A-6 I/O 地址分配表

符 号	地 址	类 型	备 注
start	I0.0	BOOL	启动按钮
stop	I0.1	BOOL	停止按钮
EW_R	Q4.0	BOOL	东西向红色信号灯
EW_G	Q4.1	BOOL	东西向绿色信号灯
EW_Y	Q4.2	BOOL	东西向黄色信号灯
SN_R	Q4.3	BOOL	南北向红色信号灯
SN_G	Q4.4	BOOL	南北向绿色信号灯
SN_Y	Q4.5	BOOL	南北向黄色信号灯
start_light	Q4.6	BOOL	启动信号指示灯

三、实验报告

1. 给出实验的梯形图及必要的顺序功能图、时序图及说明。

2. 给出实验体会及实验中遇到的问题和解决办法。

A.3 综合设计实验

实验一 MPS 虚拟仿真系统—检测站

一、实验目的

1. 学习检测站的机械结构及工艺流程，以及电路、气路原理图等。

2. 学习控制系统设计方法，包括总体、硬件、软件设计。

3. 掌握 STEP7 软件的编程方法。

4. 掌握 MPS 综合训练系统平台上控制系统的调试方法。

二、被控对象分析

检测站是 MPS 虚拟仿真系统中用于连接过渡的一个站。它对供料站送来的工件进行检测，将合格的工件送到加工站进行加工，不合格的工件留下，该站示意图如图 A-18 所示。检测站主要由电机、托盘、气动推杆、工件、光敏传感器、滑槽组成。该站的目的是对本站中的工件进行检测，将合格的工件和不合格的工件检测出来，如果下一站准备好，则将合格的工件从上一站送到下一站。光敏传感器主要是用来反映各个工件的状态和位置。

三、实验内容及要求

被控对象控制流程如下：

1）为了系统能正常启动，必须首先按下电动按钮和气动按钮，即 Gas（气动）和 Power（电动）按钮。

2）自动模式：按下 Man（0）/Auto（1）按钮（手动/自动选择，手动为 0，自动为 1），

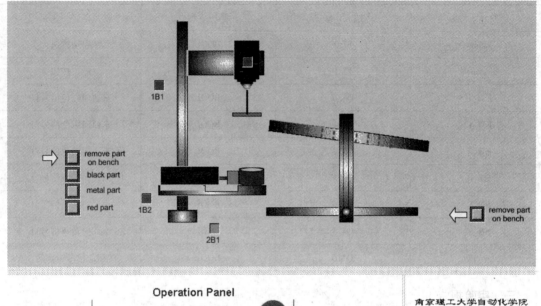

图 A-18 检测站被控对象

接着按下 Reset 按钮（复位），复位灯由亮变灭，开始灯由灭变亮；然后加载工件，最后按下 Start 按钮（开始按钮），开始灯由亮变灭，电动机开始运行。

手动模式：当 Man（0）/Auto（1）按钮（手动/自动选择，手动为 0，自动为 1）不按下，则代表手动模式，通过按下 Hand control 按钮，可以对每个工件进行一个过程的检测。

3）在图 A-18 中，如果按下 black part 按钮，则将加上一个黑色的工件；如果按下 metal part 按钮，则将加上一个金属色的工件；如果按下 red part 按钮，则将加上一个红色的工件，这些工件一旦加入，将随着托盘运行，直到到达检测处停止开始检测。

4）下一站准备好，按下 Next station present 按钮，表示下一站准备好，Next station display 显示器由灭变亮，如果工件合格，气动推杆将合格工件推进滑槽，顺着滑槽下滑到下一站；如果工件不合格，将随着托盘下移，然后被推出到规定位置。

5）按下 Stop 按钮（即停止按钮），电动机停止，工件也会随着停止。要想进行下一次运转，必须先按下 Reset 按钮（复位），移走工件，再按下 Start 按钮。

6）出现紧急情况后，按下 Estop 按钮（紧急停止按钮），电动机立即停止，要想进行下一次运转，必须先按下 Reset 按钮（复位），移走工件，再按下 Start 按钮。

四、硬件接口

SIMIT 对象与 PLC 的输入和输出接口见表 A-7。

表 A-7　数字量输入和输出地址定义

变量名称	输入/输出点	说　明
Part_AV	I0.0	工件已准备好
B2	I0.1	工件不是黑的
B5	I0.3	工件是高的
1B1	I0.4	无杆气缸在上位
1B2	I0.5	无杆气缸在下位
2B1	I0.6	伸缩缸在缩回位置
IP_FI	I0.7	下站已准备好
S1	I1.0	开始按钮
S2	I1.1	停止按钮
S3	I1.2	自动/手动
S4	I1.3	复位按钮
Em_stop	I1.5	急停按钮
TCDW	I1.4	伸缩缸推出到位
Hand control	I1.7	手动控制
1Y1	Q0.0	无杆气缸到下位
1Y2	Q0.1	无杆气缸到上位
2Y1	Q0.2	伸缩缸推工件
IP_N_FO	Q0.7	本站已有工件
H1	Q1.0	开始_灯
H2	Q1.1	复位_灯

五、实验设备

一台 PC，装有 STEP7 和 SIMIT，一个 SIMIT 硬件加密狗。

六、实验报告

1. 给出必要的程序流程图或者顺序功能图。
2. 写出与程序流程图或顺序功能图相应的程序。
3. 小结实验体会及实验中遇到的问题和解决办法。
4. 对本站提出合理化建议和宝贵意见。

七、参考流程图

流程图如图 A-19 所示。

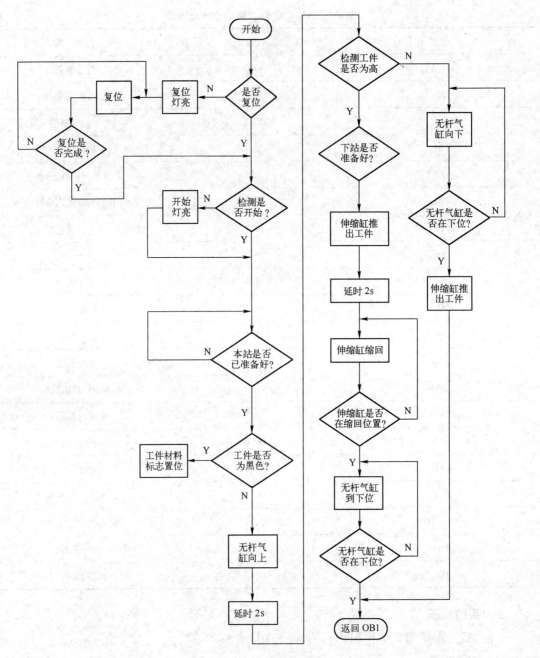

图 A-19　检测站流程图

实验二　MPS 虚拟仿真系统—加工站

一、实验目的

1. 学习加工站的机械结构及工艺流程，以及电路、气路原理图等。

2. 学习控制系统设计方法，包括总体、硬件、软件设计。

3. 掌握 STEP7 软件的编程方法。

4. 掌握 MPS 综合训练系统平台上控制系统的调试方法。

二、被控对象分析

加工站是 MPS 虚拟仿真系统中用于连接过渡的一个站。它把检测站的工件传送到加工站用于加工。该站示意图如图 A-20 所示。本站主要由电动机、转盘、工件、光敏传感器、检测器、钻头组成。该站的目的是加工工件，如果下一站准备好，则先对工件进行检测，如果工件合格，则可以对其加工；如果工件不合格，则不加工。如果下一站没准备好，转盘将不会转动。光敏传感器主要是用来反映工件的的好坏和钻头的位置。

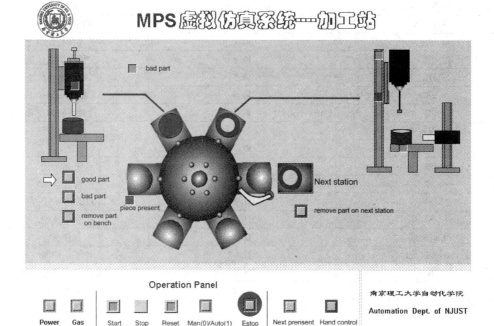

图 A-20　加工站被控对象

三、实验内容及要求

被控对象控制流程如下：

1）为了系统能正常启动，必须首先按下电动和气动按钮，即 Gas（气动）和 Power（电动）按钮。

2）自动模式：按下 Man（0）/Auto（1）按钮（手动/自动选择，手动为 0，自动为 1），接着按下 Reset 按钮（复位），复位灯由亮变灭，开始灯由灭变亮；然后按下 Next present 按钮，表示下一站准备好，最后再按下 Start 按钮（开始按钮），开始灯由亮变灭，电动机开始运转。

手动模式：当 Man（0）/Auto（1）按钮（手动/自动选择，手动为 0，自动为 1）不按下，则代表手动模式，通过按下 Hand control 按钮，可以对每个工件进行一个过程的加工。

3）在图 A-20 中，如果按下 good part 按钮，则将加上一个好的工件；如果按下 bad part 按钮，则将加上一个坏的工件；这些工件一旦加入，将随着转盘一直向前运行，送到检测处，检测哪些工件是可以加工的，检测哪些工件是不能加工的。能加工的就加工（钻头向下给工件钻孔），不能加工的钻头在原处不动。

4）每次工件到达下一站，注意要按下 remove part on station，移走下一站的工件。

5）按下 Stop 按钮（即停止按钮），电动机停止，工件也会停止运行。要想进行下一次运转，必须先按下 Reset 按钮（复位），移走工件，再按下 Start 按钮。

6) 出现紧急情况后，按下 Estop 按钮（紧急停止按钮），电动机立即停止，要想进行下一次运转，必须先按下 Reset 按钮（复位），移走工件，再按下 Start 按钮。

四、硬件接口

SIMIT 对象与 PLC 的输入和输出接口见表 A-8。

表 A-8　数字量输入和输出地址定义

变量名称	输入/输出点	说　　明
Part_AV	I0.0	站上已有工件
B1	I0.1	工件在打孔位置
B2	I0.2	工件在检测位置
1B1	I0.3	钻头在上位
1B2	I0.4	钻头在下位
B3	I0.5	转盘在初始位置
B4	I0.6	检测器到位
IP_FI	I0.7	有工件
S1	I1.0	开始按钮
S2	I1.1	停止按钮
S3	I1.2	自动/手动开关
S4	I1.3	复位按钮
Em_Stop	I1.5	急停按钮
handcontrol	I1.6	手动控制
B5	I1.7	好工件在打孔位置
K1	Q0.0	钻头启动
K2	Q0.1	转盘启动
K3	Q0.2	钻头向下
K4	Q0.3	钻头向上
Y1	Q0.4	夹紧工件
Y2	Q0.5	检测工件
Y3	Q0.6	工件被推出
IP_N_FO	Q0.7	本站已有工件
H1	Q1.0	开始_灯
H2	Q1.1	复位_灯
H3	Q1.2	工件坏_灯

五、实验设备

一台 PC，装有 STEP7 和 SIMIT，一个 SIMIT 硬件加密狗。

六、实验报告

1. 给出必要的程序流程图或者顺序功能图。

2. 写出与程序流程图或顺序功能图相应的程序。

3. 小结实验体会及实验中遇到的问题和解决办法。

4. 对本站提出合理化建议和宝贵意见。

七、参考流程图

流程图如图 A-21 所示。

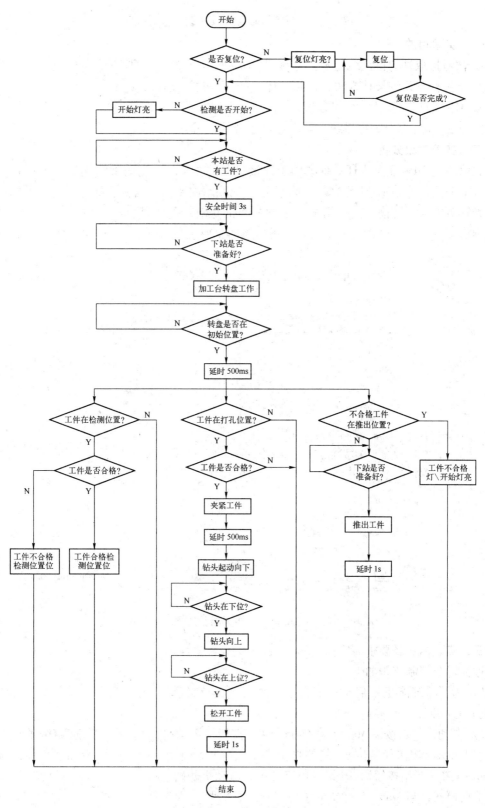

图 A-21　加工站流程图

实验三　MPS 虚拟仿真系统—提取站

一、实验目的

1. 学习提取站的机械结构及工艺流程，以及电路、气路原理图等。
2. 学习控制系统设计方法，包括总体、硬件、软件设计。
3. 掌握 STEP7 软件的编程方法。
4. 掌握 MPS 综合训练系统平台上控制系统的调试方法。

二、被控对象分析

提取站是 MPS 虚拟仿真系统中用于连接过渡的一个站。它将加工站送来的工件提取平移进入下一站，该站示意图如图 A-22 所示。提取站主要由电动机、抓盘、气动伸缩缸、工件、光敏传感器、滑槽、支杆组成。该站的目的是对将的工件提取平移，如果下一站准备好，则将工件从上一站送到下一站。光敏传感器主要是用来反映各个工件的状态和位置。

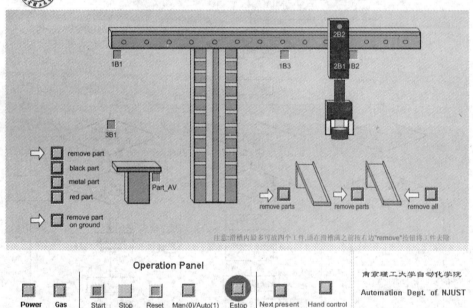

图 A-22　提取站被控对象

三、实验内容及要求

被控对象控制流程如下：

1）为了系统能正常启动，必须首先按下电动和气动按钮，即 Gas（气动）和 Power（电动）按钮。

2）自动模式：按下 Man（0）/Auto（1）按钮（手动/自动选择，手动为 0，自动为 1），接着按下 Reset 按钮（复位），复位灯由亮变灭，开始灯由灭变亮；然后加载工件，最后按下 Start 按钮（开始按钮），开始灯由亮变灭，电动机开始运行。

手动模式：当 Man（0）/Auto（1）按钮（手动/自动选择，手动为 0，自动为 1）不按下，则代表手动模式，通过按下 Hand control 按钮，可以对每个工件进行一个过程的检测。

3）在图 A-22 中，如果按下 black part 按钮，则将加上一个黑色的工件；如果按下 metal part 按钮，则将加上一个金属色的工件；如果按下 red part 按钮，则将加上一个红色的工件，这些工件一旦加入，将随着抓盘运行，直到到达滑槽处。

4）下一站准备好，按下 next station present 按钮，表示下一站准备好，则工件顺着滑槽下滑到下一站；不同颜色的工件将进入不同的滑槽。

5）按下 Stop 按钮（即停止按钮），电动机停止，工件也会随着停止。要想进行下一次运转，必须先按下 Reset 按钮（复位），移走工件，再按下 Start 按钮。

6）出现紧急情况后，按下 Estop 按钮（紧急停止按钮），电动机立即停止，要想进行下一次运转，必须先按下 Reset 按钮（复位），移走工件，再按下 Start 按钮。

四、硬件接口

SIMIT 对象与 PLC 的输入和输出接口见表 A-9。

表 A-9　数字量输入和输出地址定义

变 量 名 称	输入/输出点	说　　明
Part_AV	I0.0	工件已准备好
1B1	I0.1	气抓手组件在前一站位置
1B2	I0.2	气抓手组件在下一站位置
1B3	I0.3	气抓手组件在分捡位置
2B1	I0.4	气抓手在下位
2B2	I0.5	气抓手在上位
3B1	I0.6	工件不是黑的
IP_FI	I0.7	下站已准备好
S1	I1.0	开始按钮
S2	I1.1	停止按钮
S3	I1.2	自动/手动
S4	I1.3	复位按钮
Em_stop	I1.5	急停按钮
Hand control	I1.7	手动控制
1Y1	Q0.0	气抓手组件到前一站
1Y2	Q0.1	气抓手组件到下一站
2Y1	Q0.2	气抓手组件向下
3Y1	Q0.3	气抓打开
H1	Q1.0	开始_灯
H2	Q1.1	复位_灯

五、实验设备

一台 PC，装有 STEP7 和 SIMIT，一个 SIMIT 硬件加密狗。

六、实验报告

1. 给出必要的程序流程图或者顺序功能图。

2. 写出与程序流程图或顺序功能图相应的程序。

3. 小结实验体会及实验中遇到的问题和解决办法。

4. 对本站提出合理化建议和宝贵意见。

七、参考流程图

流程图如图 A-23 所示。

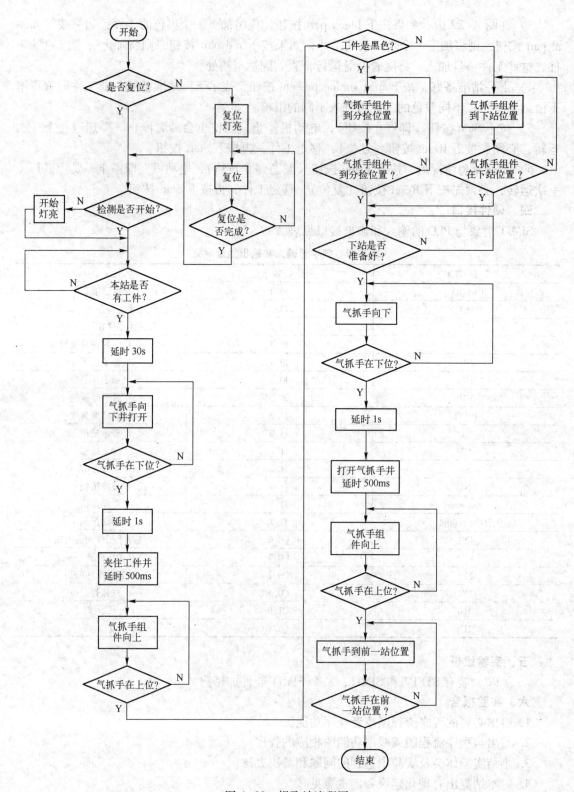

图 A-23　提取站流程图

实验四 MPS 虚拟仿真系统—传送站

一、实验目的

1. 学习传送站的机械结构及工艺流程，以及电路、气路原理图等。
2. 学习控制系统设计方法，包括总体、硬件、软件设计。
3. 掌握 STEP7 软件的编程方法。
4. 掌握 MPS 综合训练系统平台上控制系统的调试方法。

二、被控对象分析

　　传送站是 MPS 虚拟仿真系统中用于连接过渡的一个站。它把提取站的工件传送到分类站用于分类（按颜色）。该站示意图如图 A-24 所示。本站主要由电动机、传送带、三种颜色的工件、光敏传感器、挡板组成。该站的目的是传送工件，如果下一站准备好，则将工件从上一站送到下一站。如果下一站没准备好，工件将会被挡板挡住停留在传送带上。光敏传感器主要是用来反映工件的的位置。

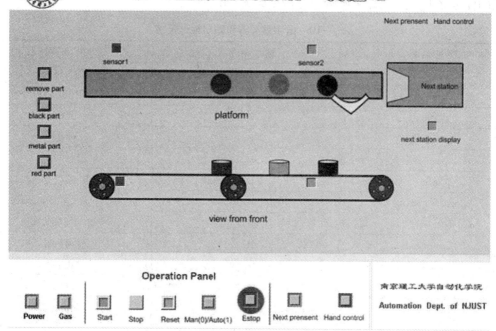

图 A-24　传送站被控对象

三、实验内容及要求

被控对象控制流程如下：

　　1）为了系统能正常启动，必须首先按下电动和气动按钮，即 Gas（气动）和 Power（电动）按钮。

　　2）自动模式：按下 Man（0）/Auto（1）按钮（手动/自动选择，手动为 0，自动为 1），接着按下 Reset 按钮（复位），复位灯由亮变灭，开始灯由灭变亮；然后再按下 Start 按钮（开始按钮），开始灯由亮变灭，电动机开始运转。

手动模式：当 Man（0）/Auto（1）按钮（手动/自动选择，手动为 0，自动为 1）不按下，则代表手动模式，通过 Hand control 按钮，可以方便地控制电动机转动，其他操作与自动模式完全相同。

3）在图 A-24 中，如果按下 black part 按钮，则将加上一个黑色的工件；如果按下 metal part 按钮，则将加上一个金属色的工件；如果按下 red part 按钮，则将加上一个红色的工件，这些工件一旦加入，将随着传送带一直向前运行，除非到挡板处被挡板挡住。

4）下一站准备好，按下 next present 按钮，表示下一站准备好，next station display 显示器由灭变亮，当盒子到达传感器 2 处，挡板自动打开让工件通过；如果下一站没有准备好，则按起 next station present 按钮，挡板将会挡住通过的工件。

5）按下 Stop 按钮（即停止按钮），电动机停止，工件也会停止运行。要想进行下一次运转，必须先按下 Reset 按钮（复位），移走工件，再按下 Start 按钮。

6）出现紧急情况后，按下 Estop 按钮（紧急停止按钮），电动机立即停止，要想进行下一次运转，必须先按下 Reset 按钮（复位），移走工件，再按下 Start 按钮。

四、硬件接口

SIMIT 对象与 PLC 的输入和输出接口见表 A-10。

表 A-10　数字量输入和输出地址定义

变量名称	输入/输出点	说　明
sensor 1	I0.0	对射传感器 1
sensor 2	I0.1	对射传感器 2
start	I1.0	开始
stop	I1.1	停止
estop	I1.2	紧急停止
reset	I1.3	复位
next station presnet	I1.4	下一站准备
man（0）/hand（1）	I1.5	手动/自动模式选择
Hand control	I1.7	手动控制
vereinzeler	Q0.0	挡块工作
motor	Q0.1	电动机工作
station vorbereitet	Q0.2	下一站已准备好
start light	Q1.0	（灯）开始
reset light	Q1.1	（灯）复位
sensor1 light	Q1.2	对射传感器 1 灯
sensor2 light	Q1.3	对射传感器 2 灯

五、实验设备

一台 PC，装有 STEP7 和 SIMIT，一个 SIMIT 硬件加密狗。

六、实验报告

1. 给出必要的程序流程图或者顺序功能图。

2. 写出与程序流程图或顺序功能图相应的程序。

3. 小结实验体会及实验中遇到的问题和解决办法。

4. 对本站提出合理化建议和宝贵意见。

七、参考流程图

流程图如图 A-25 所示。

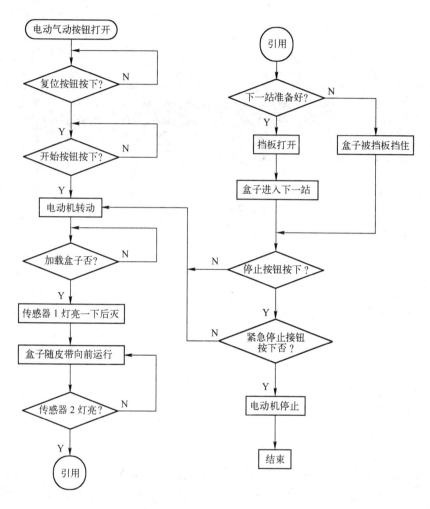

图 A-25　传送站流程图

实验五　MPS 虚拟仿真系统—分类站

一、实验目的

1. 学习分类站站的机械结构及工艺流程，以及电路、气路原理图等。

2. 学习控制系统设计方法，包括总体、硬件、软件设计。

3. 掌握 STEP7 软件的编程方法。

4. 掌握 MPS 综合训练系统平台上控制系统的调试方法。

二、被控对象分析

分类站是 MPS 虚拟仿真系统中用于最后的一个站。它对传送站送来的工件按颜色进行分类，该站示意图如图 A-26 所示。分类站主要由电动机、挡板、工件、光敏传感器、滑槽组成。该站的目的是对本站中的工件进行颜色分类，光敏传感器主要是用来反映各个工件的状态和位置。

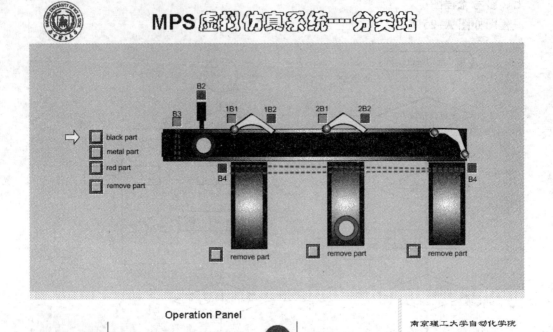

图 A-26　分类站被控对象

三、实验内容及要求

被控对象控制流程如下：

1）为了系统能正常启动，必须首先按下电动和气动按钮，即 Gas（气动）和 Power（电动）按钮。

2）自动模式：按下 Man（0）/Auto（1）按钮（手动/自动选择，手动为 0，自动为 1），接着按下 Reset 按钮（复位），复位灯由亮变灭，开始灯由灭变亮；然后加载工件，最后按下 Start 按钮（开始按钮），开始灯由亮变灭，电动机开始运行。

手动模式：当 Man（0）/Auto（1）按钮（手动/自动选择，手动为 0，自动为 1）不按下，则代表手动模式，通过按下 Hand control 按钮，可以对每个工件进行一个过程的检测。

3）在图 A-26 中，如果按下 black part 按钮，则将加上一个黑色的工件；如果按下 metal part 按钮，则将加上一个金属色的工件；如果按下 red part 按钮，则将加上一个红色的工件，这些工件一旦加入，将随着电动机向前运行，直到遇到挡板工件滑入滑槽。

4）按下 Stop 按钮（即停止按钮），电动机停止，工件也会随着停止。要想进行下一次运转，必须先按下 Reset 按钮（复位），移走工件，再按下 Start 按钮。

5）出现紧急情况后，按下 Estop 按钮（紧急停止按钮），电动机立即停止，要想进行下一次运转，必须先按下 Reset 按钮（复位），移走工件，再按下 Start 按钮。

946

四、硬件接口

SIMIT 对象与 PLC 的输入和输出接口见表 A-11。

表 A-11 数字量输入和输出地址定义

变量名称	输入/输出点	说明
Part_AV	I0.0	工件已准备好
B2	I0.1	工件是金属的
B3	I0.2	工件不是黑的
B4	I0.3	滑槽满了
1B1	I0.4	分拣手臂 1 在缩回位置
1B2	I0.5	分拣手臂 1 在伸出位置
2B1	I0.6	分拣手臂 2 在缩回位置
2B2	I0.7	分拣手臂 2 在伸出位置
S1	I1.0	开始按钮
S2	I1.1	停止按钮
S3	I1.2	自动/手动
S4	I1.3	复位按钮
Em_Stop	I1.5	急停按钮
Hand control	I1.7	手动
K1	Q0.0	电动机工作
1Y1	Q0.1	分拣手臂 1 伸出
2Y1	Q0.2	分拣手臂 2 伸出
IP_N_FO	Q0.7	本站已有工件
H1	Q1.0	开始_灯
H2	Q1.1	复位_灯
H3	Q1.2	滑槽满_灯

五、实验设备

一台 PC，装有 STEP7 和 SIMIT，一个 SIMIT 硬件加密狗。

六、实验报告

1. 给出必要的程序流程图或者顺序功能图。
2. 写出与程序流程图或顺序功能图相应的程序。
3. 小结实验体会及实验中遇到的问题和解决办法。
4. 对本站提出合理化建议和宝贵意见。

七、参考流程图

流程图如图 A-27 所示。

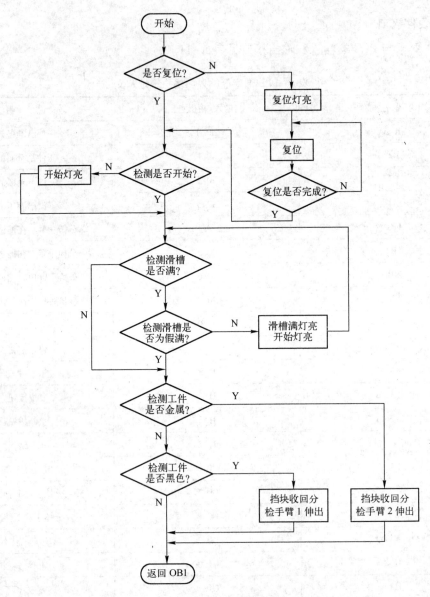

图 A-27 分类站流程图

A. 4 控制系统设计实验

实验一 水力发电站

一、实验目的

1. 学习水力发电站的机械结构及工艺流程等。

2. 学习电磁阀、油压传动、继电器、接触器的工作原理。

3. 学习控制系统的设计方法，包括总体、硬件、软件设计。

4. 掌握 STEP7 软件的编程方法及 LAD、GRAPH 编程语言。

5. 掌握 WinCC 监控软件的组态方法及使用。

二、实验预备知识

水力发电站发电原理；水力发电站调相原理；虚拟被控对象仿真平台 SIMIT 的使用；STEP 7 与编程；WinCC 组态软件的使用；PLC 程序下载。

三、实验设备及工具

两台 PC，一台装有 WinCC V6.2 用于监控；另一台装有 STEPV5.4 和 SIMIT V7.0，用于编程和对象仿真。也可以将这 3 个软件装在同一台 PC 上。

西门子 S7 - 300 系列 PLC 控制器；西门子工业以太网交换机；网线若干。

四、实验内容

（1）研究被控对象与明确控制任务

坝后式水电站透视图如图 A-28 所示。

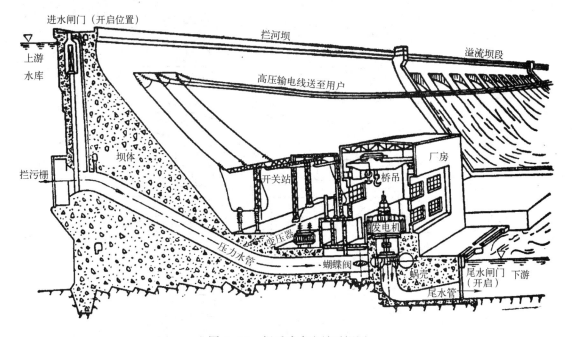

图 A-28　坝后式水电站透视图

水力发电站主要的功能是将水能转化为电能，向电网送出有功负荷和无功负荷。

当发电机供给电阻电感混合负荷时，我们可以把发电机送出的电流，假想地分成电阻性和电感性两个部分。电阻性部分在转子导体上产生反抗力，需要原动机的拖动力来克服，电感性部分不在转子导体上产生反抗力，不需原动机的拖动力。对于需要原动机拖动力的一部分，我们称它为有功负荷或有功负荷，因为它要消耗燃料或水力，而对于不需要原动机拖动力的一部分，就称它为无功负荷，因为它不需要消耗燃料或水力。

在定子线圈中，电感性电流所产生磁场会削弱转子磁场，发电机的电压，要想保持原有的电压需要增加转子电流来维持原来的转子磁场。因此发电机供给有功负荷的能力，决定于原动机的拖动能力，而供给无功负荷的能力，决定于转子电流的大小。

简单的电力系统如图 A-29 所示。

机组正常开机、正常停机流程分别如图 A-30、图 A-31 所示。

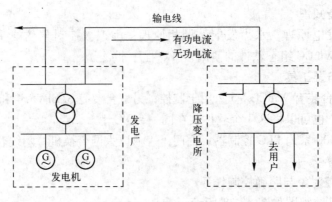

图 A-29　简单的电力系统

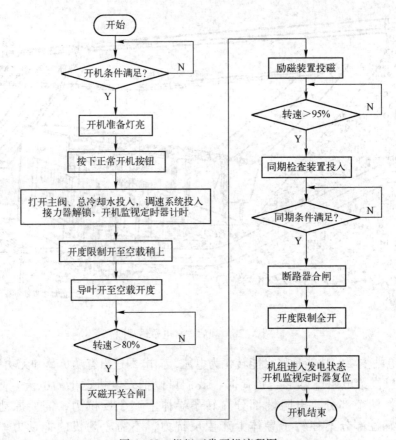

图 A-30　机组正常开机流程图

除此之外，还有事故停机和紧急停机流程，它们均和正常停机流程类似，只不过事故停机主要靠开限装置关闭导叶，紧急停机将启动紧急停机阀。

如果按了现场"紧急停机"按钮，将由水力发电站硬件电路直接控制关断路器、主阀和导叶，与 PLC 程序无关，之后需要进行系统复位。

（2）控制系统总体设计

在学习了解被控对象及其部件和工艺流程的基础上，进行本站总体设计。系统总体设计方案如图 A-32 所示。

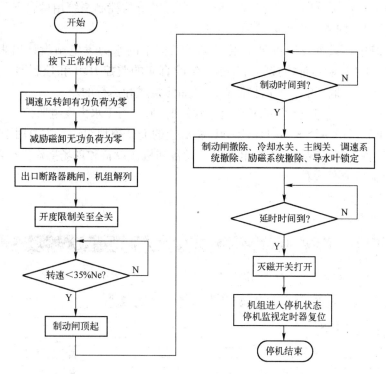

图 A-31　机组正常停机流程图

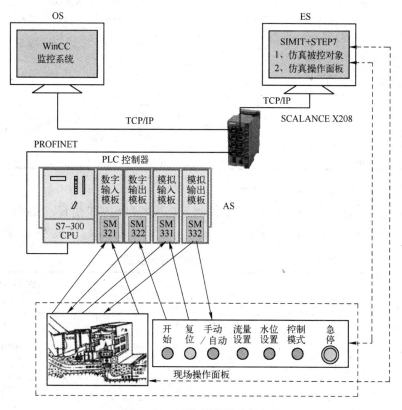

图 A-32　系统总体设计方案图

由水力发电站系统总体设计方案图可知，水力发电站控制系统由两台 PC 和一个真实的 PLC300 系列控制器构成，也可以只用一台 PC。

在这个系统中，只有被控对象是根据实际工程中的水力发电站设计出来的仿真对象，WinCC 监控和 PLC 控制器都连接的与现场一致的真实的监控 HMI 和控制器。这样设计，可以帮助学生更加直观地理解真实的控制系统是如何组成和运行的。

1）监控单元。一台安装了 WinCC 组态软件的 PC，用于水力发电监控。

2）控制单元。由一个 S7 – 300 的 CPU 和对应的 I/O 模块组成，主要用于系统控制。

3）现场设备。包括现场水力发电站电气设备和机械设备和现场操作面板两个部分。

（3）控制系统硬件设计

1）系统硬件组态。

系统硬件组态如图 A-33 所示。

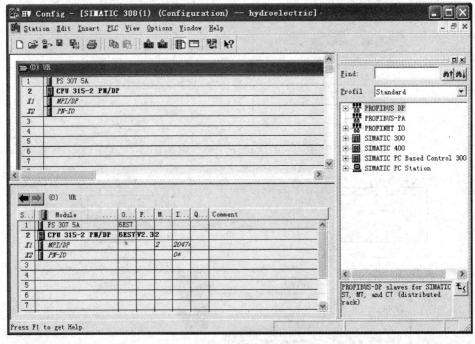

图 A-33　系统硬件组态

2）系统硬件资源分配。本水力发电站控制系统用的是 SIMIT 仿真，SIMIT 对象中已经设定水力发电站的现场传感器和执行器的 I/O 地址分配，见表 A-12、表 A-13 和表 A-14。

表 A-12　现场数字量传感器

名　　称	地　　址	数 据 类 型
进水口闸门全开位置	I　0.0	BOOL
制动闸块撤除位置	I　0.1	BOOL
制动闸块顶起位置	I　0.2	BOOL
制动闸无压力	I　0.3	BOOL
事故停机中剪断销被剪断	I　0.4	BOOL

名　　称	地　　址		数　据　类　型
轴承温度过高	I	0.5	BOOL
轴承油槽油位低	I	0.6	BOOL
调速系统油压过低	I	0.7	BOOL
开限机构全开位置	I	1.0	BOOL
开限机构全关位置	I	1.1	BOOL
开限机构空载稍上位置	I	1.2	BOOL
导叶空载位置	I	1.3	BOOL
主阀（进水蝶阀）全开位置	I	1.4	BOOL
导叶全关位置	I	1.5	BOOL
导叶空载稍上位置	I	1.6	BOOL
空气冷却器冷却水中断	I	1.7	BOOL
机组电气事故	I	2.0	BOOL
紧急停机阀开启位置	I	2.1	BOOL
出口断路器合闸位置	I	2.2	BOOL
灭磁开关 MK 闭合位置	I	2.3	BOOL
主阀（进水蝶阀）全开位置	I	2.4	BOOL
同期合闸条件满足	I	2.5	BOOL
转速＜35% NE	I	2.6	BOOL
转速＞80% NE	I	2.7	BOOL
转速＞95% NE	I	3.0	BOOL
转速＞110% NE	I	3.1	BOOL
转速＞140% NE	I	3.2	BOOL
调相压水时上限水位	I	3.3	BOOL
调相压水时下限水位	I	3.4	BOOL
接力器锁定拔出位置	I	3.5	BOOL
接力器锁定投入位置	I	3.6	BOOL
现场紧急停机按钮	I	3.7	BOOL

表 A-13　现场模拟量传感器

名　　称	地　　址		数　据　类　型
机组转速	IW	64	INT
定子出口电压	IW	66	INT
导叶开度位置	IW	68	INT
发电机发出有功功率	IW	70	INT
发电机发出无功功率	IW	72	INT
发电机定子电流	IW	74	INT
发电机转子电流	IW	76	INT
发电机转子电压	IW	78	INT

名　称	地　址	数据类型
开机准备灯亮	Q 0.0	BOOL
开机时调速器投入	Q 0.1	BOOL
机组励磁装置投入	Q 0.2	BOOL
机组起动后同期装置投入	Q 0.3	BOOL
出口断路器合闸	Q 0.4	BOOL
出口断路器跳闸	Q 0.5	BOOL
制动电磁阀打开	Q 0.6	BOOL
制动电磁阀关闭	Q 0.7	BOOL
冷却水总电磁阀开启	Q 1.0	BOOL
冷却水总电磁阀关闭	Q 1.1	BOOL
主阀开	Q 1.2	BOOL
主阀关	Q 1.3	BOOL
紧急停机电磁阀开启	Q 1.4	BOOL
紧急停机电磁阀释放	Q 1.5	BOOL
调相压水给气阀开启	Q 1.6	BOOL
调相压水给气阀关闭	Q 1.7	BOOL
调相压水补气阀开启	Q 2.0	BOOL
调相压水补气阀关闭	Q 2.1	BOOL
机组进入发电状态	Q 2.2	BOOL
机组进入调相状态	Q 2.3	BOOL
机组进入停机状态	Q 2.4	BOOL
调速器之导水叶锁定投入	Q 2.5	BOOL
调速器之导水叶锁定拔出	Q 2.6	BOOL
调相水位信号装置投入	Q 2.7	BOOL
开度限制电动机（正转）	Q 3.0	BOOL
开度限制电动机（反转）	Q 3.1	BOOL
转速调速电动机（正转）	Q 3.2	BOOL
转速调整电动机（反转）	Q 3.3	BOOL
灭磁开关打开	Q 3.4	BOOL
灭磁开关闭合	Q 3.5	BOOL

（4）控制系统软件设计

1）PLC 控制程序设计。在 STEP 7 软件中，结构化的用户程序是以"块"的形式实现的，通常是由一个主程序块和若干个子程序构成。根据工艺流程图，得到控制程序结构如图 A-34 所示。

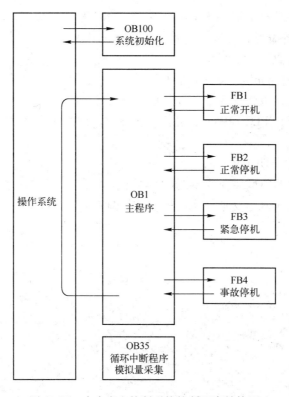

图 A-34 水力发电控制系统控制程序结构图

该程序主要由 OB100、OB1、OB35、FB1、FB2、FB3、FB4 组成。

水力发电站控制程序中的 4 个 FB 块分别作为正常开机、正常停机、紧急停机、事故停机子程序。下面将对 PLC 程序的核心部分作简单介绍，要了解详细情况，请用 STEP 7 软件打开 hydro_PLC 文件夹中的示例 PLC 程序。

2）WinCC 监控程序设计。水力发电站 WinCC 监控画面主要有进入系统、主监控界面、自动操作、手动操作、报警界面、实时曲线等。详见附带光盘中的 WinCC 示例程序。

五、实验报告

1. 给出必要的程序流程图或者顺序功能图。

2. 写出与程序流程图或顺序功能图相应的程序。

3. 小结实验体会及实验中遇到的问题和解决办法。

4. 对本站提出合理化建议和宝贵意见。

实验二 水 闸

一、实验目的

1. 学习水闸的机械结构及工艺流程等。

2. 学习液压系统的工作原理。

3. 学习控制系统的设计方法，包括总体、硬件、软件设计。

4. 掌握 STEP 7 软件的编程方法及 LAD 编程语言。

5. 掌握 WinCC 监控软件的组态方法及使用。

二、实验预备知识

了解水闸的工作原理；了解 SIMIT 仿真被控对象的使用；掌握 STEP 7 编程和调试方法；掌握 WinCC 组态软件的编程和调试；掌握 PLC 程序硬件组态和下载。

三、实验设备及工具

两台 PC，一台装有 WinCC V6.2，用于监控；另一台装有 STEPV5.4 和 SIMIT V7.0，用于编程和对象仿真。也可以将这 3 个软件装在同一台 PC 上。

西门子 S7-300 系列 PLC 控制器；西门子工业以太网交换机；网线若干。

四、实验内容

（1）研究被控对象与明确控制任务

在洪涝季节，水闸具有防洪排涝的功能；在干旱季节，水闸具有供水的功能，可以引纳上游水向下游供水、改善水运交通。水闸侧视图如图 A-35 所示。

图 A-35　水闸侧视图

根据实际的工艺要求，水闸门控制系统的控制方式分为三种：指定流量控制、指定上游水位控制、指定下游水位控制。

1）指定流量控制。这种方式是为了保证下游的供水量，上级主管部门指定流量后，技术人员根据下列公式计算水流过闸门总流量（Q，单位：m^3/s）：

单孔流量 = 流量系数 * 闸门宽度 * 闸门开启高度 * ［2g（上游水位 - 下游水位）］0.5；

水流过闸门总流量 = 所有开启闸门流量之和；

其中：流量系数取 0.5。根据指定流量，计算机自动调整开闸方案，自动调整以保持流量在允许的范围（误差 2%）。

2）指定上游水位控制。这种方式是为了冲淤保景（冲刷河底淤泥及保护太湖的景观效果），上级主管部门指定上游水位后，计算机自动调整开闸方案，自动调整以保持上游水位在允许的范围（误差 2%）。

3）指定下游水位控制。这种方式是充分利用太湖的水库蓄水功能，使下游免受洪涝灾害，上级主管部门指定下游水位后，计算机自动调整开闸方案，自动调整以保持下游水位在允许的范围（误差2%）。

水闸门控制系统中水闸门孔数多，闸门启闭模式多样，导致闸门的控制复杂。为降低多扇闸门同时开启时的电流负荷，闸门启闭采用分批控制的方式。即在一种控制模式下，闸门分成几个批次进行启闭控制。为了与实际相符，本次采用从中央向两侧依次开启的开启方式，关闭的顺序恰好相反。闸门开启和关闭的顺序如下：

闸门开启顺序为：3号、2号、4号、1号、5号，共5个孔；

闸门关闭顺序为：5号、1号、4号、2号、3号，共5个孔；

根据上述分析，首先要进行水闸门控制模式的选择，然后根据控制模式进行相应的控制，总体工艺流程图如图A-36所示。

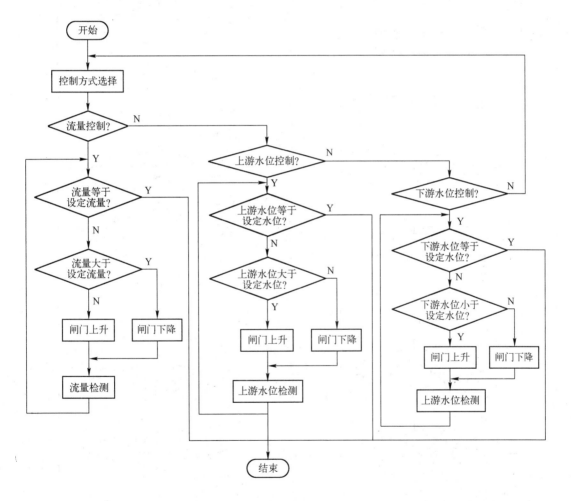

图A-36　闸门控制系统总体工艺流程图

在水闸门控制系统中，水闸门的开启顺序由中央向两边，关闭顺序由两边向中间，开启顺序和关闭顺序完全相反，所以，将这两个工艺过程分开，这样有利于程序的编写。

指定流量控制水闸门上升的工艺流程图如图A-37所示。

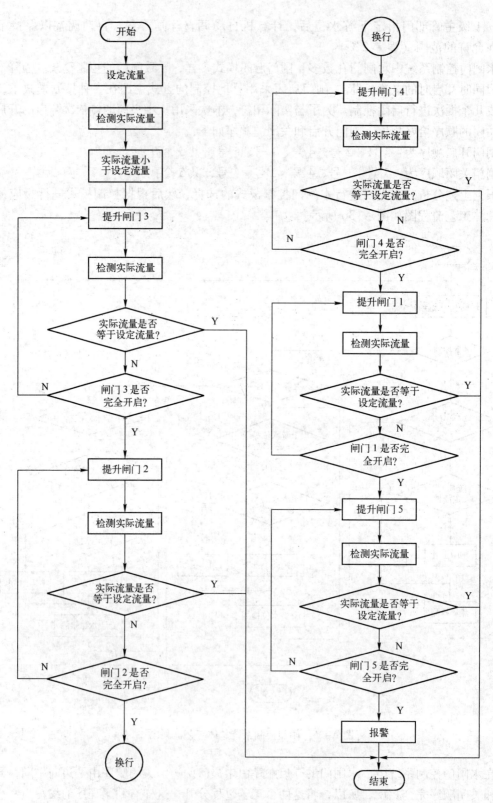

图 A-37　流量控制闸门上升工艺流程图

指定流量控制闸门下降的工艺流程图如图 A-38 所示。

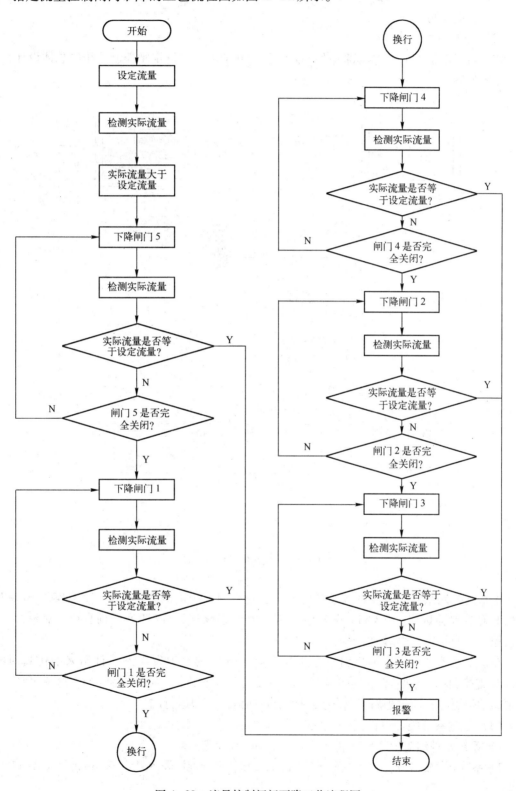

图 A-38　流量控制闸门下降工艺流程图

指定上游水位控制、指定下游水位控制闸门上升和下降的工艺流程与指定流量的工艺流程相似，在此不再赘述。

（2）控制系统总体设计

在学习了解被控对象及其部件和工艺流程的基础上，进行水闸控制系统的总体设计，总体设计图如图 A-39 所示。

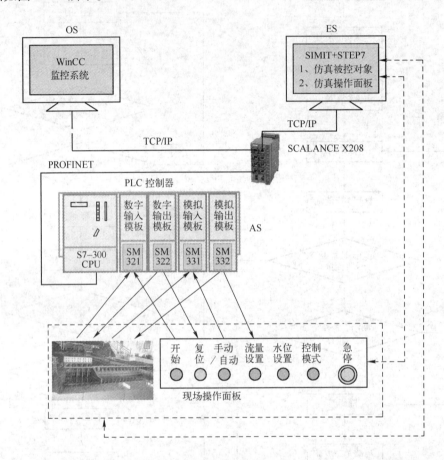

图 A-39　系统总体设计方案图

由水闸控制系统总体设计方案图可知，水闸控制系统由两台 PC 和一个真实的 S7 - 300 系列 PLC 控制器构成。两台 PC 分别装有 WinCC 组态软件，SIMIT 水闸仿真被控对象，一个作监控，一个作为仿真对象。

在这个系统中，只有被控对象是根据实际工程中的水力发电站设计出来的仿真对象，WinCC 监控和 PLC 控制器都连接着与现场一致的真实的监控 HMI 和控制器。这样设计，可以帮助学生更加直观地理解真实的控制系统是如何组成和运行的。

（3）控制系统硬件设计

1）系统硬件组态。系统硬件组态如图 A-40 所示。

2）系统硬件资源分配。水闸控制系统的 I/O 地址表分别见表 A-15、表 A-16、表 A-17、表 A-18。

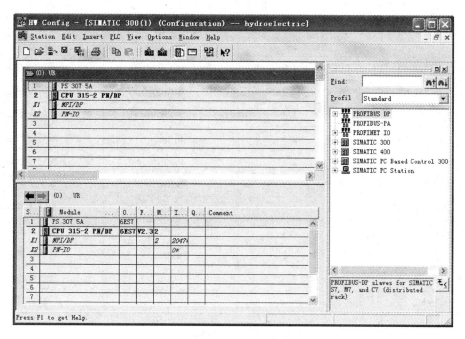

图 A-40　系统硬件组态

表 A-15　数字量输入

名　　称	地　　址		类　　型	备　　注
液压系统油压	I	0.0	BOOL	现场传感器
液压系统油位	I	0.1	BOOL	现场传感器
液压系统油温	I	0.2	BOOL	现场传感器
液压系统滤油器	I	0.3	BOOL	现场传感器
油泵运行（输入）	I	0.5	BOOL	现场操作按钮
启动（现场）	I	0.6	BOOL	现场操作按钮
停止（现场）	I	0.7	BOOL	现场操作按钮
闸门1全开（输入）	I	1.0	BOOL	现场传感器
闸门2全开（输入）	I	1.1	BOOL	现场传感器
闸门3全开（输入）	I	1.2	BOOL	现场传感器
闸门4全开（输入）	I	1.3	BOOL	现场传感器
闸门5全开（输入）	I	1.4	BOOL	现场传感器
闸门1全闭（输入）	I	1.5	BOOL	现场传感器
闸门2全闭（输入）	I	1.6	BOOL	现场传感器
闸门3全闭（输入）	I	1.7	BOOL	现场传感器
闸门4全闭（输入）	I	2.0	BOOL	现场传感器
闸门5全闭（输入）	I	2.1	BOOL	现场传感器

名　称	地　址		类　型	备　注
闸门 1 上升（输入）	I	2.2	BOOL	现场传感器
闸门 2 上升（输入）	I	2.3	BOOL	现场传感器
闸门 3 上升（输入）	I	2.4	BOOL	现场传感器
闸门 4 上升（输入）	I	2.5	BOOL	现场传感器
闸门 5 上升（输入）	I	2.6	BOOL	现场传感器
闸门 1 下降（输入）	I	2.7	BOOL	现场传感器
闸门 2 下降（输入）	I	3.0	BOOL	现场传感器
闸门 3 下降（输入）	I	3.1	BOOL	现场传感器
闸门 4 下降（输入）	I	3.2	BOOL	现场传感器
闸门 5 下降（输入）	I	3.3	BOOL	现场传感器
复位（现场）	I	3.4	BOOL	现场操作按钮

表 A-16　模拟量输入

名　称	地　址		类　型	备　注
流量（输入）	IW	64	INT	现场传感器
上游水位（输入）	IW	66	INT	现场传感器
下游水位（输入）	IW	68	INT	现场传感器
闸门 1 开度（输入）	IW	70	INT	现场传感器
闸门 2 开度（输入）	IW	72	INT	现场传感器
闸门 3 开度（输入）	IW	74	INT	现场传感器
闸门 4 开度（输入）	IW	76	INT	现场传感器
闸门 5 开度（输入）	IW	78	INT	现场传感器

表 A-17　数字量输出

名　称	地　址		类　型	备　注
油压不正常指示灯	Q	0.0	BOOL	现场指示灯
油位不正常指示灯	Q	0.1	BOOL	现场指示灯
油温不正常指示灯	Q	0.2	BOOL	现场指示灯
滤油器堵塞指示灯	Q	0.3	BOOL	现场指示灯
故障报警指示灯	Q	0.4	BOOL	现场指示灯
油泵运行指示灯	Q	0.5	BOOL	现场指示灯
电磁阀 1（a）	Q	1.0	BOOL	现场执行器
电磁阀 2（a）	Q	1.1	BOOL	现场执行器

名　称	地　址	类　型	备　注
电磁阀 3（a）	Q　1.2	BOOL	现场执行器
电磁阀 4（a）	Q　1.3	BOOL	现场执行器
电磁阀 5（a）	Q　1.4	BOOL	现场执行器
电磁阀 1（b）	Q　1.5	BOOL	现场执行器
电磁阀 2（b）	Q　1.6	BOOL	现场执行器
电磁阀 3（b）	Q　1.7	BOOL	现场执行器
电磁阀 4（b）	Q　2.0	BOOL	现场执行器
电磁阀 5（b）	Q　2.1	BOOL	现场执行器
闸门 1 全开（输出显示）	Q　2.2	BOOL	现场指示灯
闸门 2 全开（输出显示）	Q　2.3	BOOL	现场指示灯
闸门 3 全开（输出显示）	Q　2.4	BOOL	现场指示灯
闸门 4 全开（输出显示）	Q　2.5	BOOL	现场指示灯
闸门 5 全开（输出显示）	Q　2.6	BOOL	现场指示灯
闸门 1 全闭（输出显示）	Q　2.7	BOOL	现场指示灯
闸门 2 全闭（输出显示）	Q　3.0	BOOL	现场指示灯
闸门 3 全闭（输出显示）	Q　3.1	BOOL	现场指示灯
闸门 4 全闭（输出显示）	Q　3.2	BOOL	现场指示灯
闸门 5 全闭（输出显示）	Q　3.3	BOOL	现场指示灯

表 A-18　模拟量输出

名　称	地　址	类　型	备　注
闸门 1 开度（输出）	QW　70	INT	现场显示器
闸门 2 开度（输出）	QW　72	INT	现场显示器
闸门 3 开度（输出）	QW　74	INT	现场显示器
闸门 4 开度（输出）	QW　76	INT	现场显示器
闸门 5 开度（输出）	QW　78	INT	现场显示器

（4）控制系统软件设计

1）PLC 控制程序设计。在 STEP 7 软件中，结构化的用户程序是以"块"的形式实现的，通常是由一个主程序块和若干个子程序构成。根据工艺流程图，得到如图 A-41 所示控制程序结构图。

详细参考程序，请用 STEP 7 软件打开 sluice_PLC 文件夹中的示例 PLC 程序。

2）WinCC 监控程序设计。水闸控制系统 WinCC 监控画面主要有进入系统、监控界面、自动界面、手动界面、报警界面、实时曲线。详见附带光盘中的 WinCC 示例程序。

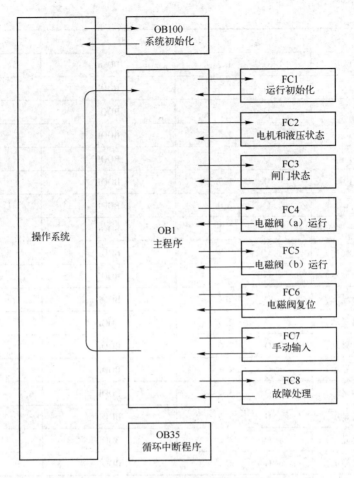

图 A-41　水闸控制系统控制程序结构图

五、实验报告

1. 给出必要的程序流程图或者顺序功能图。

2. 写出与程序流程图或顺序功能图相应的程序。

3. 小结实验体会及实验中遇到的问题和解决办法。

4. 对本站提出合理化建议和宝贵意见。

实验三　船　　闸

一、实验目的

1. 学习船闸的机械结构及工艺流程等。

2. 学习液压系统的工作原理。

3. 学习控制系统的设计方法，包括总体、硬件、软件设计。

4. 掌握 STEP 7 软件的编程方法及 LAD 编程语言。

5. 掌握 WinCC 监控软件的组态方法及使用。

二、实验预备知识

了解水闸的工作原理；了解 SIMIT 仿真被控对象的使用；掌握 STEP 7 编程和调试方法；掌握 WinCC 组态软件的编程和调试；掌握 PLC 程序硬件组态和下载。

三、实验设备及工具

两台 PC,一台装有 WinCC V6.2,用于监控;另一台装有 STEP V5.4 和 SIMIT V7.0,用于编程和对象仿真。也可以将这 3 个软件装在同一台 PC 上。

西门子 S7-300 系列 PLC 控制器;西门子工业以太网交换机;网线若干。

四、实验内容

(1)研究被控对象与明确控制任务

船闸作为重要的通航管理设施,控制系统的完善性、可靠性直接影响船闸设备、过闸船舶等的安全和船闸设备的正常运行。单级船闸俯视图如图 A-42 所示。

图 A-42　单级船闸俯视图

主要目标:提高通航效率,使船舶平稳顺利的从上游到达下游,或从下游到达上游。

在船闸控制室,通过鼠标或键盘完成船闸的集中控制运行,船闸集中控制运行方式包括集控手动运行方式和集控自动过闸连续运行方式。

集控手动控制:在模式选择设置为手动,选择控制运行的闸首后,向该闸首发送开闸门、关闸门、开阀门及关阀门等控制指令,PLC 收到命令后根据闭锁条件、系统故障状态等判断是否执行集控控制指令。

集控自动运行控制:集控自动运行为轮流上行下行换向运行。PLC 按照船舶过闸顺序,判断运行闭锁条件、设备状态等信息后,向相应闸首发有效的闸门、阀门等设备运行指令,控制相应闸首闸门、阀门等设备运行。

轮流上行下行换向运行时下行自动运行流程如图 A-43 所示。

转上行运行时,其流程与下行运行流程类似,在此不再赘述。

(2)控制系统总体设计

在学习了解被控对象及其部件和工艺流程的基础上,进行水闸控制系统的总体设计,总体设计方案如图 A-44 所示。

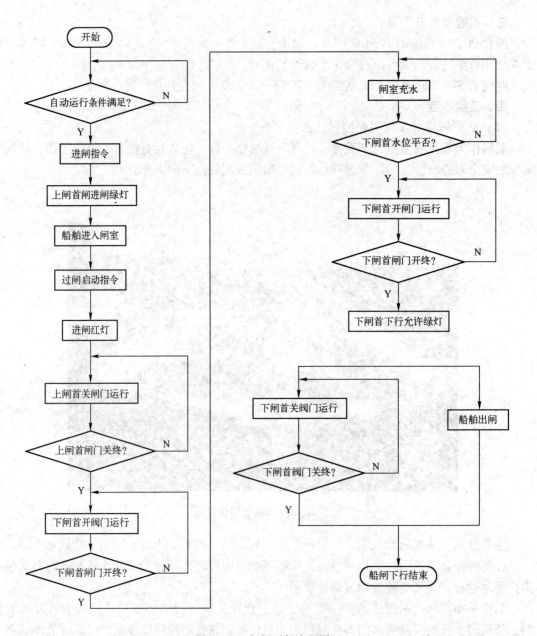

图 A-43　船闸下行流程图

由船闸系统总体设计方案图可知，船闸控制系统由两台 PC 和一个真实的 PLC300 系列控制器构成。两台 PC 分别装有 WinCC 组态软件，SIMIT 船闸仿真被控对象，一个作监控，一个作为仿真对象。

在这个系统中，只有被控对象是根据实际工程中的船闸设计出来的仿真对象，WinCC 监控和 PLC 控制器都连接着与现场一致的真实的监控 HMI 和控制器。这样设计，可以帮助学生更加直观地理解真实的控制系统是如何组成和运行的。

（3）控制系统硬件设计

1）系统硬件组态。系统硬件组态如图 A-45 所示。

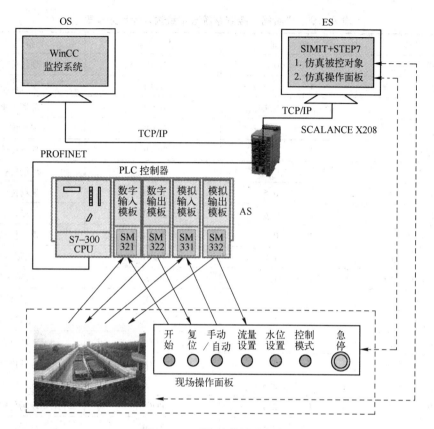

图 A-44　系统总体设计方案图

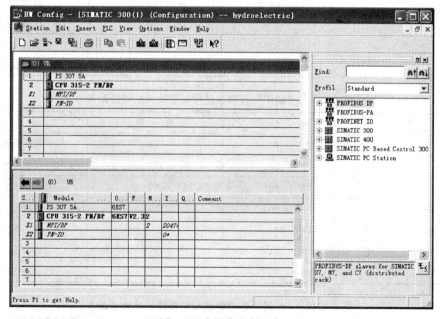

图 A-45　系统硬件组态

2）系统硬件资源分配。"船闸"控制系统的 I/O 地址表见表 A-19 ~ 表 A-21。

表 A-19 "船闸"控制系统数字量输入地址分配表

名　称	地　址		类　型	备　注
闸门 11 全开	I	0.0	BOOL	现场传感器
闸门 11 全开	I	0.0	BOOL	现场传感器
闸门 11 全关	I	0.1	BOOL	现场传感器
输水廊道门 11 全开	I	0.2	BOOL	现场传感器
输水廊道门 11 全关	I	0.3	BOOL	现场传感器
闸门 21 全开	I	0.4	BOOL	现场传感器
闸门 21 全关	I	0.5	BOOL	现场传感器
输水廊道门 21 全开	I	0.6	BOOL	现场传感器
输水廊道门 21 全关	I	0.7	BOOL	现场传感器
开闸条件不满足（硬）	I	1.0	BOOL	故障信号
开阀条件不满足（硬）	I	1.1	BOOL	故障信号
油压低	I	1.3	BOOL	故障信号
上闸门急停	I	1.6	BOOL	故障信号
下闸门急停	I	1.7	BOOL	故障信号
输水廊道门 12 全开	I	2.2	BOOL	现场传感器
输水廊道门 12 全关	I	2.3	BOOL	现场传感器
闸门 12 全开	I	2.4	BOOL	现场传感器
闸门 12 全关	I	2.5	BOOL	现场传感器
闸门 22 全开	I	2.6	BOOL	现场传感器
闸门 22 全关	I	2.7	BOOL	现场传感器
输水廊道门 22 全开	I	3.0	BOOL	现场传感器
输水廊道门 22 全关	I	3.1	BOOL	现场传感器

表 A-20 "船闸"控制系统模拟量输入地址分配表

名　称	地　址		类　型	备　注
上游水位	IW	64	INT	现场传感器
闸室水位	IW	66	INT	现场传感器
下游水位	IW	68	INT	现场传感器
上闸门 11 开度	IW	70	INT	现场传感器
上闸门 12 开度	IW	72	INT	现场传感器
下闸门 21 开度	IW	74	INT	现场传感器
下闸门 22 开度	IW	76	INT	现场传感器

表 A-21 "船闸"控制系统数字量输出地址分配表

名　称	地　址		类　型	备　注
上水廊道门 11 关闭	Q	0.0	BOOL	执行器
上水廊道门 11 开启	Q	0.1	BOOL	执行器

名　　称	地　　址	类　　型	备　　注
上闸门关闭	Q 0.2	BOOL	执行器
上闸门开启	Q 0.3	BOOL	执行器
下水廊道门21关闭	Q 0.4	BOOL	执行器
下水廊道门21开启	Q 0.5	BOOL	执行器
上闸门红灯	Q 0.6	BOOL	现场指示灯
上水廊道门12开启	Q 0.7	BOOL	执行器
上闸门绿灯	Q 1.0	BOOL	现场指示灯
下闸门红灯	Q 1.1	BOOL	现场指示灯
上水廊道门12关闭	Q 1.2	BOOL	执行器
下闸门绿灯	Q 1.3	BOOL	现场指示灯
下闸门关闭	Q 1.4	BOOL	执行器
下闸门开启	Q 1.5	BOOL	执行器
上闸室红灯	Q 1.6	BOOL	现场指示灯
下水廊道门22开启	Q 1.7	BOOL	执行器
上闸室绿灯	Q 2.0	BOOL	现场指示灯
下闸室红灯	Q 2.1	BOOL	现场指示灯
下水廊道门22关闭	Q 2.2	BOOL	执行器
下闸室绿灯	Q 2.3	BOOL	现场指示灯

（4）控制系统软件设计

1）PLC控制程序设计。在STEP 7软件中，结构化的用户程序是以"块"的形式实现的，通常是由一个主程序块和若干个子程序构成。根据工艺流程图，得到如图 A-46 所示控制程序结构图。

详细参考程序，请用STEP 7软件打开 lock_PLC 文件夹中的示例PLC程序。

2）WinCC监控程序设计。船闸WinCC监控画面主要有进入界面、监控界面、操作界面、报警界面、历史曲线、参数设置等。详见附带光盘中的WinCC示例程序。

五、实验报告

1. 给出必要的程序流程图或者顺序功能图。

2. 写出与程序流程图或顺序功能图相应的程序。

3. 小结实验体会及实验中遇到的问题和解决办法。

4. 对本站提出合理化建议和宝贵意见。

实验四　灌装生产线

一、实验目的

1. 学习和了解灌装生产线的工艺流程。

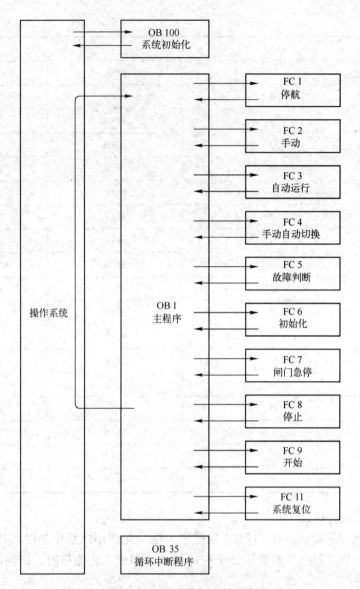

图 A-46　船闸控制系统控制程序结构图

2. 学习控制系统的设计方法，包括总体、硬件、软件设计。

3. 掌握 STEP 7 软件的编程方法及 LAD 编程语言。

4. 掌握 WinCC flexible 监控软件的使用。

二、实验预备知识

了解灌装生产线的工艺流程；了解 SIMIT 仿真被控对象的使用；掌握 STEP 7 编程和调试方法；掌握 WinCC flexible 的编程和调试；掌握 PLC 程序硬件组态和下载。

三、实验设备及工具

一台 PC，装有 WinCC flexible 软件，用于监控软件编程与调试；装有 STEPV5.4 和 SIM-IT V5.0，用于编程和对象仿真。

西门子 S7 - 300 系列 PLC 控制器。

四、实验内容

（1）研究被控对象与明确控制任务

如图 A-47 所示，在灌装线上，有一个电动机驱动传送带，四个瓶子到位，传感器能够检测到瓶子经过，并产生电平信号，对瓶子计数和进行相应的操作；传送带中部上方有一个可控制的灌装液容器，打开阀即开始灌装；当传送带中部的传感器检测到瓶子经过时，传送带停止，灌装阀打开，开始灌装，灌装时间为 3 s，这里可以选择灌装时间和选择灌装大小瓶；灌装完毕后，传送带继续运行，位于传送带 3/4 处的满瓶位置传感器对灌装完毕的瓶子进行计数；位于传送带终端的传感器用于对灌装完毕的瓶子进行封盖操作。

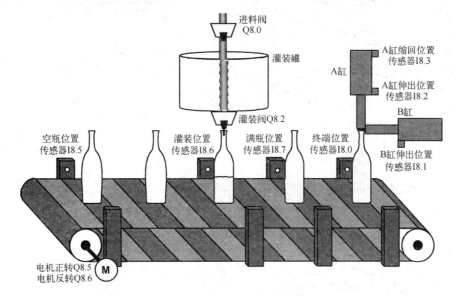

图 A-47　灌装生产线示意图

整个系统需要的传感器和执行器见表 A-22。

表 A-22　传感器和执行器

传　感　器	执　行　器
终端位置接近开关	进料阀门动作
B 缸伸出到位传感器	B 缸动作
A 缸伸出到位传感器	灌装阀门动作
A 缸缩回到位传感器	A 缸动作
空瓶位置接近开关	电动机正转
灌装位置接近开关	电动机反转
满瓶位置接近开关	
灌装罐液位传感器	

该灌装过程是典型的顺序控制，准备采用上位机监控，下位机控制和操作面板的方式对整个灌装过程进行控制。系统工艺流程图如图 A-48 所示。

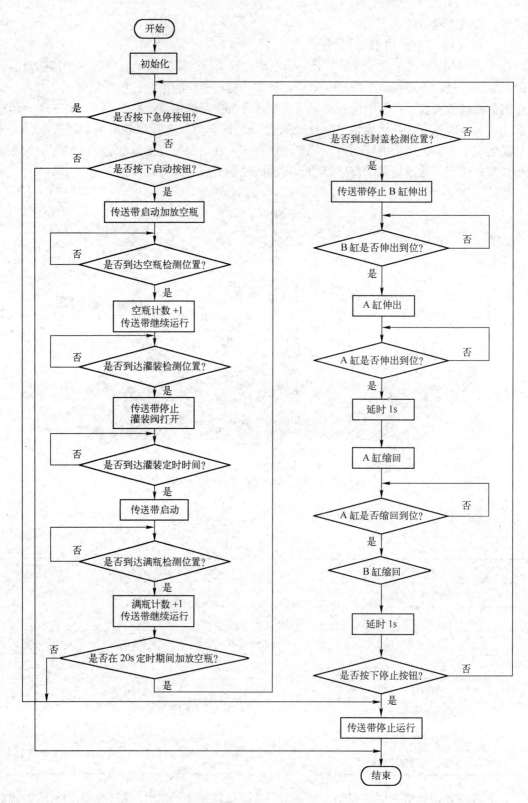

图 A-48　系统工艺流程图

当系统设备某处发生故障，能够紧急停止系统；对于系统手动控制要完成对电动机的点动和阀门的点动以及计数的清零；对于系统自动控制要完成传动带的启停控制，空瓶数、满瓶数和废品率的统计，灌装饮料，饮料瓶的封盖；系统还要具有报警功能。

系统工艺流程如下：

（2）控制系统总体设计

选用西门子的 S7 - 300 PLC 来作为实现系统的控制逻辑，通过 WinCC flexible 监控软件完成对系统的监控，参数设置，系统管理及调试。由 S7 - 300 CPU 连接 I/O 模块，完成对系统的数据采集和控制。总体设计图如图 A-49 所示。

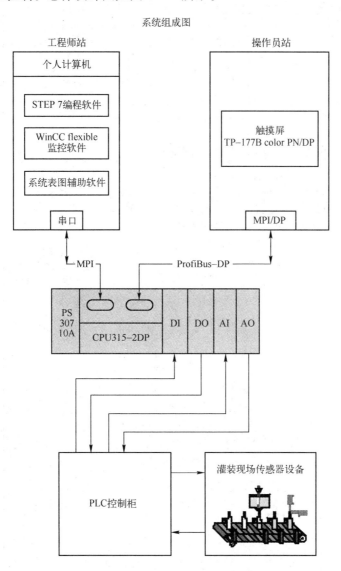

图 A-49　系统总体设计方案图

（3）控制系统硬件设计

1）控制柜设计。控制柜相关图分别如图 A-50、图 A-51、图 A-52 所示。

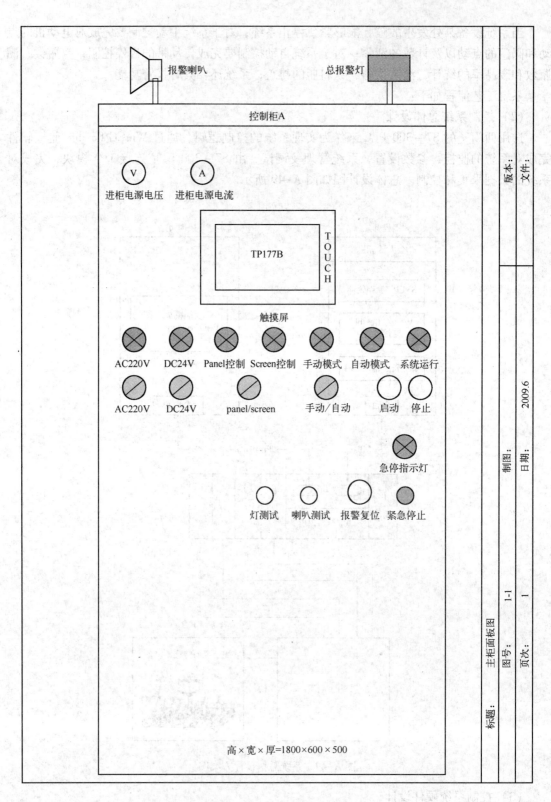

图 A-50 控制柜 A 面图

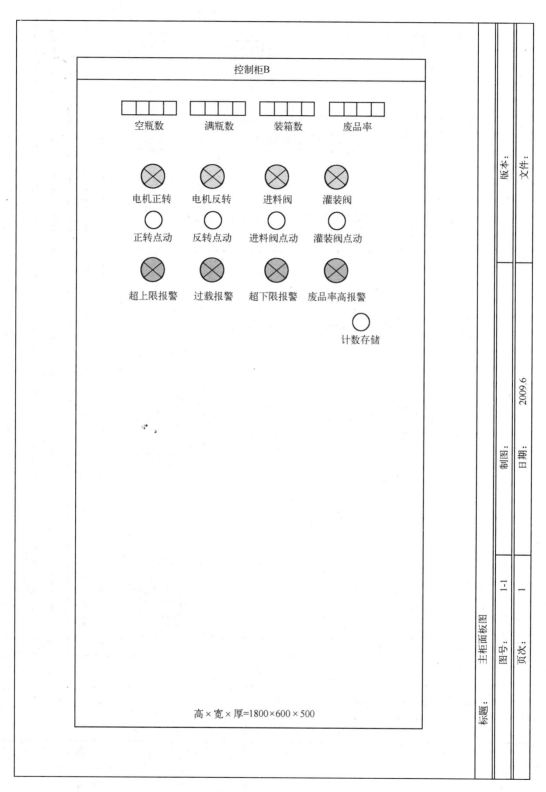

图 A-51　控制柜 B 面图

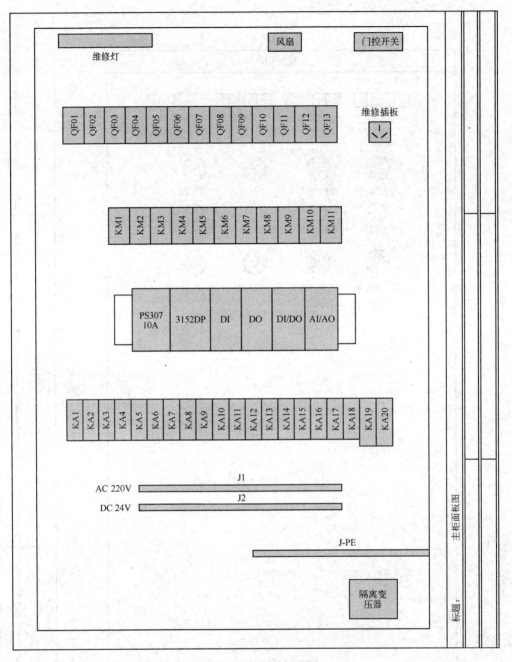

图 A-52 控制柜柜内图

2）系统硬件资源分配。变量表见表 A-23。

表 A-23 变量表

变量名称	变量地址		变量类型
启动按钮	I	0.0	BOOL
停止按钮	I	0.1	BOOL
正转点动按钮	I	0.2	BOOL
反转点动按钮	I	0.3	BOOL

变 量 名 称	变 量 地 址		变 量 类 型
手动/自动选择按钮	I	0.4	BOOL
下位/上位控制选择按钮	I	0.5	BOOL
灌装阀手动控制	I	0.6	BOOL
进料阀手动控制	I	0.7	BOOL
计数存储按钮	I	1.0	BOOL
复位按钮	I	1.1	BOOL
报警复位	I	1.2	BOOL
总报警灯测试	I	1.3	BOOL
报警喇叭测试	I	1.4	BOOL
电动机过载	I	1.5	BOOL
急停按钮	I	1.7	BOOL
终端位置接近开关	I	8.0	BOOL
B缸伸出到位	I	8.1	BOOL
A缸伸出到位	I	8.2	BOOL
A缸缩回到位	I	8.3	BOOL
空瓶位置接近开关	I	8.5	BOOL
灌装位置接近开关	I	8.6	BOOL
满瓶位置接近开关	I	8.7	BOOL
系统运行指示灯	Q	4.1	BOOL
手动模式指示灯	Q	4.2	BOOL
自动模式指示灯	Q	4.3	BOOL
下位控制指示灯	Q	4.4	BOOL
上位控制指示灯	Q	4.5	BOOL
小瓶	Q	4.6	BOOL
大瓶	Q	4.7	BOOL
超下限报警指示灯	Q	5.1	BOOL
超上限报警指示灯	Q	5.2	BOOL
过载报警指示灯	Q	5.3	BOOL
废品率高报警指示灯	Q	5.4	BOOL
急停指示灯	Q	5.5	BOOL
总报警灯	Q	5.6	BOOL
报警喇叭	Q	5.7	BOOL
进料阀门	Q	8.0	BOOL
B缸动作	Q	8.1	BOOL
灌装阀门	Q	8.2	BOOL
A缸动作	Q	8.3	BOOL
电动机正转	Q	8.5	BOOL
电动机反转	Q	8.6	BOOL
空瓶数数码显示	QW	16	WORD
满瓶数数码显示	QW	18	WORD
装箱数数码显示	QW	20	WORD
废品率显示	QW	14	WORD
灌装罐液位传感器	PIW	304	WORD

3) 控制系统硬件接线设计。控制系统硬件接线 1：模块安装、输入模块接线如图 A-53 所示，控制系统硬件接线 2：输出模块接线如图 A-54 所示。

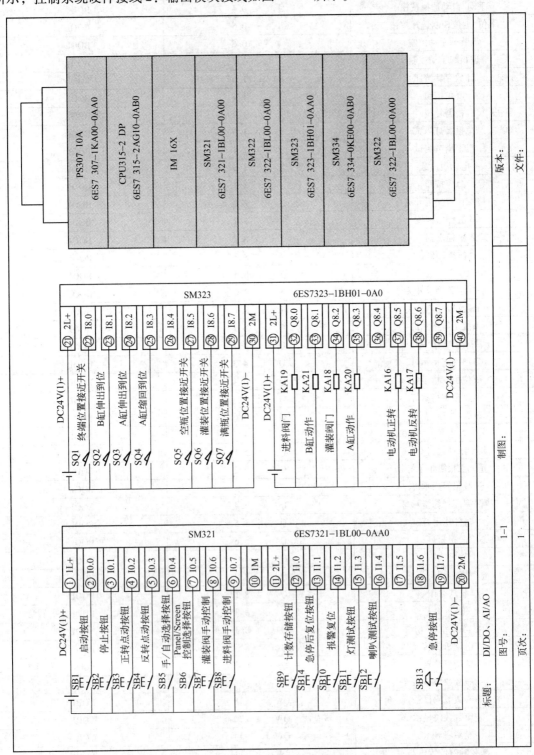

图 A-53　控制系统硬件接线 1：模块安装、输入模块接线

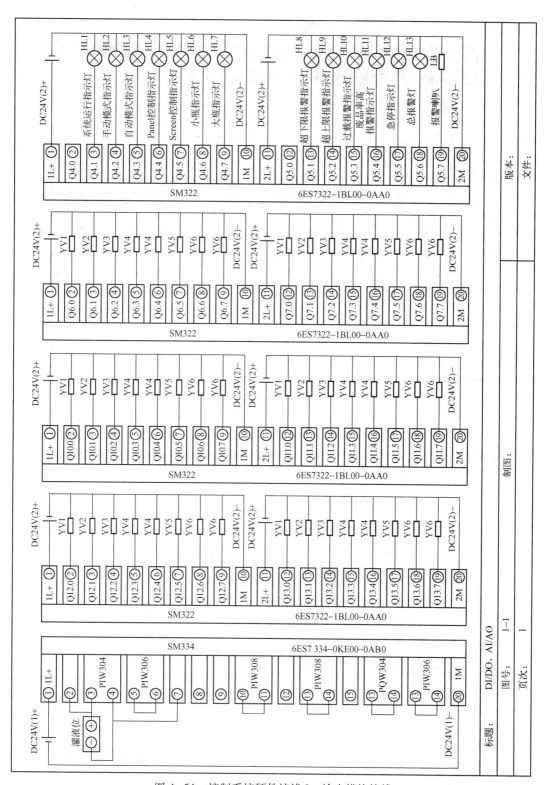

图 A-54 控制系统硬件接线 2：输出模块接线

4）系统硬件组态。系统硬件组态如图 A-55 所示。

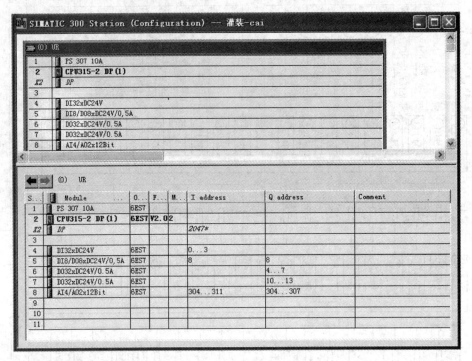

图 A-55　系统硬件组态

5）系统网络组态。系统网络组态如图 A-56 所示。

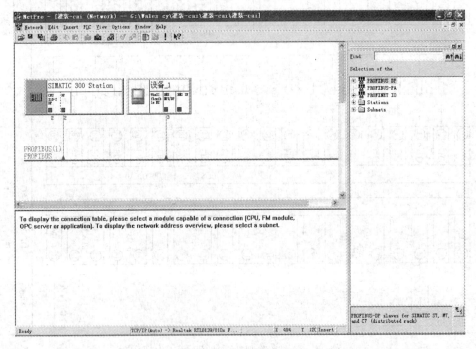

图 A-56　系统网络组态

（4）控制系统软件设计

1）PLC 控制程序设计。在 STEP 7 软件中，结构化的用户程序是以"块"的形式实现的，通常是由一个主程序块和若干个子程序构成。根据工艺流程图，得到如图 A-57 所示控制程序结构图。

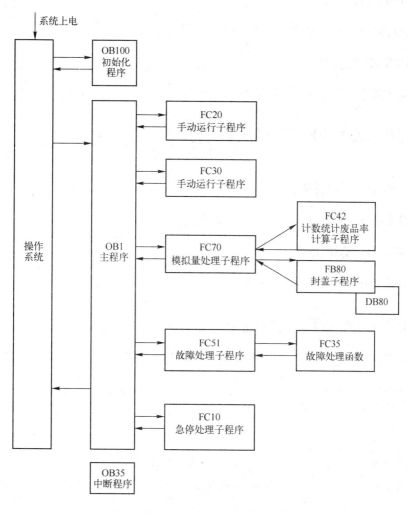

图 A-57　程序结构图

详细参考程序，请用 STEP 7 软件打开示例 PLC 程序。

2）WinCC flexible 监控程序设计。灌装生产线监控画面主要有进入界面、监控界面、手动界面、自动界面、报警界面、趋势图界面、参数设置界面等。详见附带光盘中的 WinCC flexible 示例程序。

五、实验报告

1. 给出必要的程序流程图或者顺序功能图。

2. 写出与程序流程图或顺序功能图相应的程序。

3. 小结实验体会及实验中遇到的问题和解决办法。

4. 对本站提出合理化建议和宝贵意见。

附录 B S7-300/400 硬件选型

B.1 S7-300 硬件选型

见光盘附录部分"附录 B.1 S7-300 硬件选型"。

B.2 S7-400 硬件选型

见光盘附录部分"附录 B.2 S7-400 硬件选型"。

附录 C S7-300/400 IO 模块接线

C.1 S7-300 IO 模块接线

见光盘附录部分"附录 C.1 S7-300 IO 模块接线"。

C.2 S7-400 IO 模块接线

见光盘附录部分"附录 C.2 S7-400 IO 模块接线"。

附录 D S7-300 STL 指令速查

指令助记符	程序元素分类	说　明
+	整数算术运算指令	累加器 1 的内容与 16 位或 32 位整数常数相加,运算结果存放在累加器 1 中
=	位逻辑指令	赋值
)	位逻辑指令	嵌套闭合
+ AR1	累加器指令	AR1 的内容加上累加器 1 中的地址偏移量,运算结果存放在 AR1 中
+ AR2	累加器指令	AR2 的内容加上累加器 1 中的地址偏移量,运算结果存放在 AR2 中
+ D	整数算术运算指令	将累加器 1、2 中的双整数相加,运算结果存放在累加器 1 中
− D	整数算术运算指令	累加器 2 中的双整数减去累加器 1 中的双整数,运算结果存放在累加器 1 中
* D	整数算术运算指令	将累加器 1、2 中的双整数相乘,32 位双整数运算结果存放在累加器 1 中
/D	整数算术运算指令	将累加器 2 中的双整数除以累加器 1 中的双整数,32 位商存放在累加器 1 中,余数被丢掉
? D	比较指令	比较累加器 2 和累加器 1 中的双整数是否 = =,＜ ＞,＞,＜,＞ =,＜ =,如果条件满足,RLO = 1
+ I	整数算术运算指令	将累加器 1、2 低字中的整数相加,运算结果在累加器 1 的低字中
− I	整数算术运算指令	累加器 2 低字中的整数减去累加器 1 低字中的整数,运算结果存放在累加器 1 的低字中

指令助记符	程序元素分类	说 明
*I	整数算术运算指令	将累加器1、2低字中的整数相乘，32位双整数运算结果存放在累加器1中
/I	整数算术运算指令	将累加器2低字中的整数除以累加器1低字中的整数，商存放在累加器1的低字中，余数在累加器1的高字
? I	比较指令	比较累加器2和累加器1低字中的整数是否 = =，< >，>，<，> =，< =，如果条件满足，RLO =1
+ R	浮点算术运算指令	将累加器1、2中的浮点数相加，运算结果存放在累加器1中
− R	浮点算术运算指令	累加器2中的浮点数减去累加器1中的浮点数，运算结果存放在累加器1中
* R	浮点算术运算指令	将累加器1、2中的浮点数相乘，浮点数乘积存放在累加器1中
/R	浮点算术运算指令	将累加器2中的浮点数除以累加器1中的浮点数，浮点数商存放在累加器1中，余数被丢掉
? R	浮点算术运算指令	比较累加器2和累加器1中的浮点数是否 = =，< >，>，<，> =，< =，如果条件满足，RLO =1
A	位逻辑指令	AND，逻辑与
A (	位逻辑指令	"与"操作嵌套开始
ABS	浮点算术运算指令	求累加器1中的浮点数的绝对值
ACOS	浮点算术运算指令	求累加器1中的浮点数的反余弦函数
AD	字逻辑指令	将累加器1和累加器2中的双字的对应位相与，结果存放在累加器1中
AN	位逻辑指令	AND NOT，逻辑与非
AN (	位逻辑指令	"与非"操作嵌套开始
ASIN	浮点算术运算指令	求累加器1中的浮点数的反正弦函数
ATAN	浮点算术运算指令	求累加器1中的浮点数的反正切函数
AW	字逻辑指令	将累加器1和累加器2中的低字的对应位相与，结果存放在累加器1的低字中
BE	程序控制指令	块结束
BEC	程序控制指令	块条件结束
BEU	程序控制指令	块无条件结束
BLD	程序控制指令	程序显示指令
BTD	转换指令	将累加器1中的7位BCD码转换成双整数
BTI	转换指令	将累加器1中的3位BCD码转换成整数
CAD	转换指令	交换累加器1中4个字节的顺序
CALL	程序控制指令	块调用
CAR	装入/传送指令	交换地址寄存器1和地址寄存器2中的数据
CAW	转换指令	交换累加器1低字中两个字节的位置

指令助记符	程序元素分类	说　明
CC	程序控制指令	RLO =1 时条件调用
CD	计数器指令	减计数器
CDB	转换指令	交换共享数据块和背景数据块
CLR	位逻辑指令	RLO 清零
COS	浮点算术运算指令	求累加器 1 中的浮点数的余弦函数
CU	计数器指令	加计数
DEC	累加器指令	累加器 1 的最低字节减 8 位常数
DTB	转换指令	将累加器 1 中的双整数转换成 7 位 BCD 码
DTR	转换指令	将累加器 1 中的双整数转换成浮点数
ENT	累加器指令	进入累加器堆栈，仅用于 S7 - 400
EXP	浮点算术运算指令	求累加器 1 中的浮点数的自然指数
FN	位逻辑指令	下降沿检测
FP	位逻辑指令	上升沿检测
FR	计数器/定时器指令	使能计数器或使能定时器，允许定时器再启动
INC	累加器指令	累加器 1 的最低字节加 8 位常数
INVD	转换指令	求累加器 1 中双整数的反码
INVI	转换指令	求累加器 1 低字中的 16 位整数的反码
ITB	转换指令	将累加器 1 中的整数转换成 3 位 BCD 码
ITD	转换指令	将累加器 1 中的整数转换成双整数
JBI	跳转指令	BR =1 时跳转
JC	跳转指令	RLO =1 时跳转
JCB	跳转指令	RLO =1 时跳转，将 RLO 复制到 BR
JCN	跳转指令	RLO =0 时跳转
JL	跳转指令	多分支跳转，跳步目标号在累加器 1 的最低字节
JM	跳转指令	运算结果为负时跳转
JMZ	跳转指令	运算结果小于等于 0 时跳转
JN	跳转指令	运算结果非 0 时跳转
JNB	跳转指令	RLO =0 时跳转，将 RLO 复制到 BR
JNBI	跳转指令	BR =0 时跳转
JO	跳转指令	OV =1 时跳转
JOS	跳转指令	OS =1 时跳转

指令助记符	程序元素分类	说　　明
JP	跳转指令	运算结果为正时跳转
JPZ	跳转指令	运算结果大于等于 0 时跳转
JU	跳转指令	无条件跳转
JUO	跳转指令	指令出错时跳转
JZ	跳转指令	运算结果为 0 时跳转
L	装入/传送指令	装入指令，将数据装入累加器 1，累加器 1 原有的数据装入累加器 2
L DBLG	装入/传送指令	将共享数据块的长度装入累加器 1
L DBNO	装入/传送指令	将共享数据块的编号装入累加器 1
L DILG	装入/传送指令	将背景数据块的长度装入累加器 1
L DINO	装入/传送指令	将背景数据块的编号装入累加器 1
L STW	装入/传送指令	将状态字装入累加器 1
LAR1	装入/传送指令	将累加器 1 的内容（32 位指针常数）装入地址寄存器 1
LAR1 < D >	装入/传送指令	将 32 位双字指针 < D > 装入地址寄存器 1
LAR1 AR2	装入/传送指令	将地址寄存器 2 的内容装入地址寄存器 1
LAR2	装入/传送指令	将累加器 1 的内容（32 位指针常数）装入地址寄存器 2
LAR2 < D >	装入/传送指令	将 32 位双字指针 < D > 装入地址寄存器 2
LC	计数器/定时器指令	定时器或计数器的当前值以 BCD 码地格式装入累加器 1
LEAVE	累加器指令	离开累加器堆栈，仅用于 S7 – 400
LN	浮点算术运算指令	求累加器 1 中的浮点数的自然对数
LOOP	跳转指令	循环跳转
MCR（	程序控制指令	打开主控继电器区
）MCR	程序控制指令	关闭主控继电器区
MCRA	程序控制指令	启动主控继电器区
MCRD	程序控制指令	取消主控继电器区
MOD	整数算术运算指令	累加器 2 中的双整数除以累加器 1 中的双整数，32 位余数存放到累加器 1 中
NEGD	转换指令	求累加器 1 中双整数的补码
NEGI	转换指令	求累加器 1 低字中的 16 位整数的补码
NEGR	转换指令	将累加器 1 中浮点数的符号位取反
NOP 0	累加器指令	空操作指令，指令各位全为 0
NOP 1	累加器指令	空操作指令，指令各位全为 1

指令助记符	程序元素分类	说　明
NOT	位逻辑指令	将 RLO 取反
O	位逻辑指令	OR，逻辑或
O（	位逻辑指令	"或"操作嵌套开始
OD	位逻辑指令	将累加器 1 和累加器 2 中的双字的对应位相或，结果存放在累加器 1 中
ON	位逻辑指令	OR NOT，逻辑或非
ON（	位逻辑指令	"或非"操作嵌套开始
OPN	数据块调用指令	打开数据块
OW	字逻辑指令	将累加器 1 和累加器 2 中的低字的对应位相或，结果存放在累加器 1 的低字中
POP	累加器指令	出栈，堆栈由累加器 1、2（S7－300）或累加器 1~4（S7－400）组成
PUSH	累加器指令	入栈，堆栈由累加器 1、2（S7－300）或累加器 1~4（S7－400）组成
R	位逻辑/计数器/定时器指令	RESET，复位指定的位或定时器、计数器
RET	跳转指令	条件返回
RLD	移位和循环移位指令	累加器 1 中的双字循环左移
RLDA	移位和循环移位指令	累加器 1 中的双字通过 CC 1 循环左移
RND	转换指令	将浮点数转换为四舍五入的双整数
RND －	转换指令	将浮点数转换为小于等于它的最大双整数
RND ＋	转换指令	将浮点数转换为大于等于它的最小双整数
RRD	移位和循环移位指令	累加器 1 中的双字循环右移
RRDA	移位和循环移位指令	累加器 1 中的双字通过 CC 1 循环右移
S	位逻辑/计数器指令	SET，将指定的位置位，或设置计数器的预置值
SAVE	位逻辑指令	将状态字中的 RLO 保存到 BR 位
SD	定时器指令	接通延时定时器
SE	定时器指令	扩展的脉冲定时器
SET	位逻辑指令	将 RLO 置位为 1
SF	定时器指令	断开延时定时器
SIN	浮点算术运算指令	求累加器 1 中的浮点数的正弦函数
SLD	移位和循环移位指令	将累加器 1 中的双字逐位左移指定的位数，空出的位添 0，移位位数在指令中或在累加器 2 中
SLW	移位和循环移位指令	将累加器 1 低字中的 16 位字逐位左移指定的位数，空出的位添 0，移位位数在指令中或在累加器 2 中

指令助记符	程序元素分类	说　明
SP	定时器指令	脉冲定时器
SQR	浮点算术运算指令	求累加器 1 中的浮点数的平方
SQRT	浮点算术运算指令	求累加器 1 中的浮点数的平方根
SRD	移位和循环移位指令	将累加器 1 中的双字逐位右移指定的位数，空出的位添 0，移位位数在指令中或在累加器 2 中
SRW	移位和循环移位指令	将累加器 1 低字中的 16 位字逐位右移指定的位数，空出的位添 0，移位位数在指令中或在累加器 2 中
SS	定时器指令	保持型接通延时定时器
SSD	移位和循环移位指令	将累加器 1 中的有符号双整数逐位右移指定的位数，空出的位添上与符号位相同的数
SSI	移位和循环移位指令	将累加器 1 低字中的有符号整数逐位右移指定的位数，空出的位添上与符合位相同的数
T	装入/传送指令	传送指令，将累加器 1 的内容写入目的存储区，累加器 1 的内容不变
T STW	装入/传送指令	将累加器 1 中的内容传送到状态字
TAK	累加器指令	交换累加器 1、2 的内容
TAN	浮点算术运算指令	求累加器 1 中的浮点数的正切函数
TAR1	装入/传送指令	将地址寄存器 1 的数据传送到累加器 1，累加器 1 中的数据保存到累加器 2
TAR1 < D >	装入/传送指令	将地址寄存器 1 内容传送到 32 位指针 < D >
TAR1 AR2	装入/传送指令	将地址寄存器 1 的内容传送到地址寄存器 2
T AR2	装入/传送指令	将地址寄存器 2 的数据传送到累加器 1，累加器 1 中的数据保存到累加器 2
T AR2 < D >	装入/传送指令	将地址寄存器 2 的内容传送到 32 位指针 < D >
TRUNC	转换指令	将浮点数转换为截位取整的双整数
UC	程序控制指令	无条件调用
X	位逻辑指令	XOR，逻辑异或
X (	位逻辑指令	"异或"操作嵌套开始
XN	位逻辑指令	XOR NOT，逻辑异或非
XN (	位逻辑指令	"异或非"操作嵌套开始
XOD	字逻辑指令	将累加器 1 和累加器 2 中双字的对应位相异或，结果存放在累加器 1 中
XOW	字逻辑指令	将累加器 1 和累加器 2 中低字的对应位相异或，结果存放在累加器 1 的低字中

附录 E   软件标准库速查

E.1   软件标准库 FC、FB 速查

块功能分类		名　称	功　能　含　义
IEC 功能块	串功能	FC21 "LEN"	一个串的长度
		FC20 "LEFT"	串的左部分
		FC32 "RIGHT"	串的右部分
		FC26 "MID"	串的中部
		FC2 "CONCAT"	串连接
		FC17 "INSERT"	插入串
		FC4 "DELETE"	删除串
		FC31 "REPLACE"	替代串
		FC11 "FIND"	查找串
		FC16 "I_STRNG"	将 INT 转换成 STRING
		FC5 "DI_STRNG"	将 DINT 转换成 STING
		FC30 "R_STRNG"	将 REAL 转换成 STING
		FC38 "STRNG_I"	将 STRING 转换成 INT
		FC37 "STRNG_DI"	将 STRING 转换成 DINT
		FC39 "STRNG_R"	将 STRING 转换成 REAL
	数据和时间功能	FC3 "D_TOD_DT"	结合 DATE 和 TOD 为 DT
		FC6 "DT_DATE"	从 DT 分出 DATE
		FC7 "DT_DAY"	从 DT 分出周日期
		FC8 "DT_TOD"	从 DT 分出 TOD
		FC33 "S5TI_TIM"	转换 S5TIME 为 TIME
		FC40 "TIM_S5TI"	转换 TIME 为 S5TIME
		FC1 "AD_DT_TM"	将 TIME 加到 DT 中
		FC35 "SB_DT_TM"	从 DT 中减去 TIME
		FC34 "SB_DT_DT"	从 DT 中减去 DT
	比较	FC9 "EQ_DT"	比较 DT 是否相等
		FC28 "NE_DT"	比较 DT 是否不等
		FC14 "GT_DT"	比较 DT 是否大于
		FC12 "GE_DT"	比较 DT 是否大于等于
		FC23 "LT_DT"	比较 DT 是否小于
		FC18 "LE_DT"	比较 DT 是否小于等于
		FC10 "EQ_STRNG"	比较串是否相等
		FC29 "NE_STRNG"	比较串是否不等
		FC15 "GT_STRNG"	比较串是否大于
		FC13 "GE_STRNG"	比较串是否大于或等于

块功能分类		名　称	功　能　含　义
IEC 功能块	比较	FC24 "LT_STRNG"	比较串是否小于
		FC19 "LE_STRNG"	比较串是否小于或等于
	数学功能	FC22 "LIMIT"	极限
		FC25 "MAX"	最大选择
		FC27 "MIN"	最小选择
		FC36 "SEL"	二进制选择
S5 – S7 转换块	基本功能	FC61 "GP_FPGP"	转换定点到浮点数
		FC62 "GP_GPFP"	转换浮点到定点数
		FC63 "GP_ADD"	浮点数加
		FC64 "GP_SUB"	浮点数减
		FC65 "GP_MUL"	浮点数乘
		FC66 "GP_DIV"	浮点数除
		FC67 "GP_VGL"	浮点数比较
		FC68 "GP_RAD"	浮点数求方根
		FC85 "ADD_32"	32 位定点加法器
		FC86 "SUB_32"	32 位定点减法器
		FC87 "MUL_32"	32 位定点乘法器
		FC88 "DIV_32"	32 位定点除法器
		FC89 "RAD_16"	16 位定点平方根计算器
		FC90 "REG_SCHB"	位移位寄存器
		FC91 "REG_SCHW"	字移位寄存器
		FC92 "REG_FIFO"	缓冲器（FIFO）
		FC93 "REG_LIFO"	栈（LIFO）
		FC94 "DB_COPY1"	复制数据区（直接）
		FC95 "DB_COPY2"	复制数据区（间接）
		FC96 "RETTEN"	保存高速暂存寄存器（AG 115U）
		FC97 "LADEN"	加载高速暂存寄存器（AG 155U）
		FC98 "COD_B8"	BCD – 二进制转换 8 位十进制数
		FC99 "COD_32"	二进制 – BCD 转换 8 位十进制数
	信号功能	FC69 "MLD_TG"	时钟脉冲产生器
		FC70 "MLD_TGZ"	带有定时功能的时钟脉冲发生器
		FC71 "MLD_EZW"	字方式的单精度初始值
		FC72 "MLD_EDW"	字方式的双精度初始值
		FC73 "MLD_SAMW"	字模式的组信号

块功能分类		名　称	功 能 含 义
S5－S7 转换块	信号功能	FC74 "MLD_SAM"	组信号
		FC75 "MLD_EZ"	单精度初始值
		FC76 "MLD_ED"	双精度初始值
		FC77 "MLD_EZWK"	单精度（字方式）初始值的存储器
		FC78 "MLD_EZDK"	双精度（字方式）初始值的存储器
		FC79 "MLD_EZK"	单精度初始值的存储位
		FC80 "MLD_EDK"	双精度初始值的存储位
	集成功能	FC81 "COD_B4"	BCD－二进制转换 4 位十进制数
		FC82 "COD_16"	二进制－BCD 转换 4 位十进制数
		FC83 "MUL_16"	16 位定点乘法器
		FC84 "DIV_16"	16 位定点除法器
	模拟功能	FC100 "AE_460_1"	模拟输入模块 460
		FC101 "AE_460_2"	模拟输入模块 460
		FC102 "AE_463_1"	模拟输入模块 463
		FC103 "AE_463_2"	模拟输入模块 463
		FC104 "AE_464_1"	模拟输入模块 464
		FC105 "AE_464_2"	模拟输入模块 464
		FC106 "AE_466_1"	模拟输入模块 466
		FC107 "AE_466_2"	模拟输入模块 466
		FC108 "RLG_AA1"	模拟输出模块
		FC109 "RLG_AA2"	模拟输出模块
		FC110 "PER_ET1"	ET100 分布 I/O
		FC111 "PER_ET2"	ET100 分布 I/O
	数学功能	FC112 "SINUS"	正弦
		FC113 "COSINUS"	余弦
		FC114 "TANGENS"	正切
		FC115 "COTANG"	余切
		FC116 "ARCSIN"	反正弦
		FC117 "ARCCOS"	反余弦
		FC118 "ARCTAN"	反正切
		FC119 "ARCCOT"	反余切
		FC120 "LN_X"	自然对数
		FC121 "LG_X"	以 10 为底的对数
		FC122 "B_LOG_X"	以任意数为底的对数
		FC123 "E_H_N"	以 e 为底的指数功能
		FC124 "ZEHN_H_N"	以 10 为底的指数功能
		FC125 "A2_H_A1"	以任意数为底的指数功能

块功能分类	名　称	功能含义
TI – S7 转换块	FB80 "LEAD_LAG"	超前/滞后运算法则
	FB81 "DCAT"	离散控制时间中断
	FB82 "MCAT"	电动机控制时间中断
	FB83 "IMC"	指数矩阵比较
	FB84 "SMC"	矩阵扫描
	FB85 "DRUM"	事件可屏蔽 drum
	FB86 "PACK"	集中/分布表数据
	FC80 "TONR"	闭锁通电延时
	FC81 "IBLKMOV"	间接传送数据区
	FC82 "RSET"	逐位复位过程映象
	FC83 "SET"	逐位置位过程映像
	FC84 "ATT"	键入表中值
	FC85 "FIFO"	表中值先入先出
	FC86 "TBL_FIND"	查表中值
	FC87 "LIFO"	表中值后入先出
	FC88 "TBL"	执行表操作
	FC89 "TBL_WRD"	复制表中值
	FC90 "WSR"	保存数据
	FC91 "WRD_TBL"	合并表中元素
	FC92 "SHRB"	位移寄存器中逐位移位
	FC93 "SEG"	7 段显示的位模式
	FC94 "ATH"	ASIIC – 十六进制转换
	FC95 "HTA"	十六进制 – ASIIC 转换
	FC96 "ENCO"	最低有效置位
	FC97 "DECO"	设定字中的位
	FC98 "BCDCPL"	产生十进制的补码
	FC99 "BITSUM"	计数置位的个数
	FC100 "RSETI"	逐字节复位 PQ
	FC101 "SETI"	逐字节置位 PQ

块功能分类	名　称	功能含义
TI－S7 转换块	FC102 "DEV"	标准偏差计算
	FC103 "CDT"	关联数据表
	FC104 "TBL_TBL"	合并表
	FC105 "SCALE"	刻度值
	FC106 "UNSCALE"	非刻度值
PID 控制块	FB41 "CONT_C"	连续控制
	FB42 "CONT_S"	单步控制
	FB43 "PULSGEN"	脉冲产生
	FB58 "TCONT_CP"	连续温度控制
	FB59 "TCONT_S"	单步温度控制
通信模块	FB8 "USEND"	不匹配发送
	FB9 "URVC"	不匹配接收
	FB12 "BSEND"	块导向发送
	FB13 "BRVC"	块导向接收
	FB14 "GET"	从通信伙伴读数据
	FB15 "PUT"	向通信伙伴写数据
	FC1 "DP_SEND"	发送数据
	FC2 "DP_RECV"	接收数据
	FC3 "DP_DIAG"	诊断
	FC4 "DP_CTRL"	控制
	FC62 "C_CNTRL"	连续扫描状态
其他各种模块	FC60 "LOC_TIME"	读本地时间和夏令时 ID
	FC61 "BT_LT"	转换模块时间到本地时间
	FC62 "LT_BT"	转换本地时间到模块时间
	FC63 "S_LTINT"	设置依照当地时间的时间中断
	FB60 "SET_SW"	夏令/冬令时间转换
	FB61 "SET_SW_S"	带有时间状态的夏令/冬令时间转换
	FB62 "TIMESTMP"	带时间标志的信息传送
	UDT60 "WS_RULES"	夏令/冬令时间按转换的规则

E. 2 软件标准库 SFC、SFB 速查

系统功能分类	相关 SFC、SFB	简要功能描述
复制与功能块	SFC20 "BLKMOV"	复制一段存储区（源存储区）的数据到另一段存储区（目标存储区）中，可复制的存储区包括 M、DB、I、Q。与 MOVE 指令相比，SFC20 传送的数据量更大。可以将装载存储区 UNLINKED 的 DB 复制到工作存储区中，SFC20 执行过程可以被中断
	SFC81 "UBLKMOV"	复制最大长度为 512B 的存储区（源存储区）的数据到另一段存储区（目的存储区）中，复制过程不能被中断，增加中断执行的响应时间
	SFC21 "FILL"	将一段存储区（源存储区）的数据填充到另一段存储区（目标存储区）中，如果目标存储区大于源存储区，按源存储区存储数据的次序，一直将目标存储区存满为止
	SFC22 "CREAT_DB"	通过程序调用，生成 DB
	SFC23 "DEL_DB"	通过程序调用，删除 DB
	SFC24 "TEST_DB"	通过程序调用，测试一个 DB 是否存在、DB 的长度、是否为只读
	SFC25 "COMPRESS"	由于 DB 的多次删除和再次下载，CPU 的工作存储区程序出现间隔，影响存储区的存储效果，通过程序调用消除存储区的间隔。在外部通过切换 CPU 的选择开关，从"STOP"到"RUN-P"位置具有相同的作用
	SFC44 "REPL_VAL"	SFC44 可以将替代值传送到被故障中断 OB 的累加器 1 中，是程序使用替代值连续运行，SFC44 只能在 OB121、OB122 中调用
	SFC82 "CREA_DBL"	通过程序调用在装载存储区（MMC，只适合 S7-300 系列 PLC CPU）中生成 DB，DB 的属性可定义
	SFC83 "READ_DBL"	将存储于装载存储区（MMC，只适合 S7-300 系列 PLC CPU）中 DB 中的值读出并复制到工作存储区中
	SFC84 "WRIT_DBL"	将工作存储区中的数据存储于装载存储区（MMC，只适合 S7-300 系列 PLC CPU）DB 中。与 SFC83 方向相反
	SFC85 "CREA_DB"	通过程序调用生成 DB，与 SFC22 相比可以定义 DB 的属性"RETAIN"
控制程序执行功能	SFC43 "RE_TRIGR"	重新触发"watchdog"循环监控时间
	SFC46 "STP"	执行 SFC46，CPU 切换到"STOP"模式，通过手动重新启动 CPU 运行
	SFC47 "WAIT"	执行 SFC47，程序执行最长可以延迟 32767us
	SFC35 "MP_ALM"	触发多个 CPU 中断，在多个 CPU（一个站中最多 4 个 S7-400 系列 PLC CPU 同时运行完成同一个任务，以增加实时性）运行时，触发所有的 CPU，同时执行 OB60 中断
	SFC104 "CIR"	控制 CIR（Configuration In Run）模式运行
系统时钟功能	SFC0 "SET_CLK"	设置系统时钟
	SFC1 "READ_CLK"	读出系统时钟
	SFC48 "SNC_RTCB"	通过 MPI、S7 背板总线、S7-400 系列 PLC K 总线同步所有具有时钟功能的模块，调用 SFC48 进行时时钟同步独立于设定的同步间隔
	SFC100 "SET_CLKS"	设置 CPU 的时钟和时钟状态，如校正时间、夏时制、冬时制等

系统功能分类	相关 SFC、SFB	简要功能描述
处理 CPU 运行时间定时表功能		CPU 内部集成多个运行时间定时表（有的 CPU 集成 16 位定时表，有的 CPU 的集成 32 位定时表，单位为小时），可以测量 CPU、控制设备及连接元件的运行时间
	SFC101 "RTM"	SFC101 启动、停止、设置、读出 CPU 内部其中一个 32 位定时功能表
	SFC2 "SET_RTM"	设置 CPU 内部一个 16 位定时表预置值，也可以设置 32 位定时表，但是与 16 位定时表操作相同（定时范围 0~32767h）
	SFC3 "CTRL_RTM"	启动、停止 CPU 内部一个 16 位定时表
	SFC4 "READ_RTM"	读出 CPU 内部一个 16 位定时表定值
传送数据记录功能		一些智能模块带有存储区，存储模块配置、诊断信息，模块的存储区最多可以划分为 0~240 个小的分区称为数据记录区（不是每个模块都是 241 个数据记录区），每个记录区最大空间为 240B，数据记录区属性分为只读和只写，CPU 通过调用 SFC 和 SFB 读写这些数据记录区（数据记录区的序号与数据格式参考相应模块规范技术手册，有些模块手册中同时说明是和适用那些 SFC、SFB 进行读写操作），对数据记录区的读写属于异步操作，同时调用 SFC 或 SFB 的个数受 CPU 的限制（参考 CPU 订货样本）
	SFC54 "RD_DPARM"	读出某个模块定义的参数（如模拟量模块设定值等）并复制到指定的数据区（数据记录区的序号与数据格式参考相应模块规范技术手册）
	SFC102 "RD_DPARA"	读出某个模块预先定义的参数（数据记录区的序号与数据格式参考相应模块规范技术手册）
	SFC55 "WR_PARM"	通过程序修改模块的动态参数，例如 S7-400 系列 PLC 模拟量模块温度补偿值等。（数据记录区的序号与数据格式参考相应模块规范技术手册）
	SFC56 "WR_DPARM"	通过程序修改模块的默认参数（数据记录区的序号与数据格式参考相应模块规范技术手册）
	SFC57 "PARM_MOD"	通过程序分配模块参数（数据记录区的序号与数据格式参考相应模块规范技术手册）
	SFC58 "WR_REC"	写数据记录区（数据记录区的序号与数据格式参考相应模块规范技术手册）
	SFC59 "RD_REC"	读数据记录区。读数据记录区在程序中适用频繁，例如读写 ASI 模块连接 AB 型传感器信号、SIMOCODE 信息等（数据记录区的序号与数据格式参考相应模块规范技术手册）
	SFB81 "RD_DPAR"	读设备的参数（数据记录区的序号与数据格式参考相应模块规范技术手册），与 SFC54 相比可以读取分布式 I/O（PROFIBUS-DP 或 PROFINET IO）中的设备
符合 PNO AK 1131 规约用于 DP V1 功能的 SFB	SFB52 "RDREC"	读取分布式 I/O（PROFIBUS-DP 或 PROFINET IO）中模块或子模块数据记录区的数据（数据记录区的序号与数据格式参考相应模块规范技术手册）
	SFB53 "WRREC"	将数据传送到分布式 I/O（PROFIBUS-DP 或 PROFINET IO）模块或子模块数据记录区中（数据记录区的序号与数据格式参考相应模块规范技术手册）
	SFB54 "RALRM"	接收中央扩展或分布式 I/O（PROFIBUS-DP 或 PROFINET IO）模块或子模块产生的中断信息
	SFB75 "SALRM"	PROFIBUS-DP 智能从站调用 SFB75 产生中断，额外的中断信息主站需要调用 SFB54 接收。SFB75 只能在 "S7-compatible" 模式下使用

系统功能分类	相关 SFC、SFB	简要功能描述
处理日期 中断功能	日期中断 OB10～17 触发日期及模式可以在 CPU 硬件属性中配置，也而已通过调用 SFC 实现，两者取其一	
	SFC28 "SET_TINT"	设置日期中断序号、触发模式及开始日期
	SFC29 "CAN_TINT"	取消某一序号的日期中断 OB 块
	SFC30 "ACT_TINT"	激活某一序号的日期中断 OB 块
	SFC31 "QRY_TINT"	查询某一序号日期中断 OB 块的状态
处理时间延迟 时间功能	通过调用系统函数触发时间延迟中断 OB20～OB23 的执行。延时精度可达到 1ms。可以使用的时间延迟中断 OB 参考相关 CPU 的技术手册。	
	SFC32 "SRT_DINT"	触发某一序号的时间延迟中断 OB 及延时时间（1～60000ms）
	SFC33 "CAN_DINT"	取消某一序号的时间延迟中断 OB 块
	SFC34 "QRY_DINT"	查询某一序号时间延迟中断 OB 的状态
处理同步 故障功能	同步故障为编程和访问故障，例如访问不正确的地址、地址等地址访问故障及 BCD 转换故障、DB 没有下载等编程故障等。通过调用系统函数可以掩饰同步故障，不触发故障中断 OB 及导致选择性的反应	
	SFC36 "MSF_FLT"	掩饰不同类型的同步故障，如果故障出现，不会触发中断 OB，故障信息进入 CPU 故障寄存器中
	SFC37 "DMSK_FLT"	去除掩饰的同步故障，如果故障出现，触发中断 OB
	SFC38 "READ_ERR"	读出进入 CPU 故障寄存器中的故障信息
处理中断及异步 故障功能	处理中断 OB10～OB72，异步故障 OB80～OB87	
	SFC39 "DIS_IRT"	去除中断功能
	SFC40 "EN_IRT"	使能中断功能
	SFC41 "DIS_AIRT"	延时当前 OB 被高优先级 OB 中断，调用 SFC42 或当前 OB 执行完成后执行高优先级 OB 中断
	SFC42 "EN_AIRT"	使能 SFC41 延时的 OB
诊断功能	SFC6 "RD_SINFO"	读出最近运行 OB 开始信息
	SFC51 "RDSYSST"	读出系统状态信息
	SFC52 "WR_USMSG"	将用户定义的诊断信息写入 CPU 的诊断缓冲区中
	SFC78 "OB_RT"	确定单独 OB 的运行时间
	SFC87 "C_DIAG"	诊断当前 S7 通信连接的状态，如诊断冗余系统当前使用的通信连接等
	SFC103 "DP_TOPOL"	与带有诊断功能的中继器配合使用，初始化 PROFIBUS-DP 网络拓扑结构
更新过程 映像区功能	SFC26 "UPDAT_PI"	更新 OB1 输入过程映像区。在 S7-400 系列 PLC 中，有些 OB 没有选择更新 OB1 过程映像区功能，通过调用 SFC26 更新
	SFC27 "UPDAT_PO"	更新 OB1 过程映像区输出
	SFC126 "SYNC_PI"	更新输入过程映像分区。在 S7-400 系列 PLC 中，可以将过程映像区划分为多个小的分区（分区的个数与 CPU 的类型相关）。在每个 OB 中可以选择更新整个过程映像区或映像区其中一个分区
	SFC127 "SYNC_PO"	更新输出过程映像区
	SFC79 "SET"	将设定范围的输出点置位为 1，与输出地址是否在过程映像区无关

系统功能分类	相关 SFC、SFB	简要功能描述
更新过程 映像区功能	SFC80 "RSET"	将设定范围的输出点置位为 0，与输出地址是否在过程映像区无关
	SFB32 "DRUM"	按次序执行，最高 16 步，步与步之间的切换可以使用事件方式触发（上升沿信号），也可以以时间方式触发
模块寻址功能	SFC5 "GARD_LGC"	基于模块通道，由模块物理地址查询逻辑地址
	SFC49 "LGC_GARD"	基于模块通道，由模块逻辑地址查询物理地址
	SFC50 "RD_LGADR"	读出模块所有通道地址
	SFC70 "GEO_LOG"	由中央机架、PROFIBUS – DP 及 PROFINET IO 站点上的模块槽号查询开始地址
	SFC71 "LOG_GEO"	由模块开始地址查询安装的位置（中央机架、PROFIBUS – DP 及 PROFINET IO 站点上）及槽号
处理分布式 I/O 及 PROFINET IO 功能	SFC7 "DP_PRAL"	在 PROFIBUS – DP 智能从站中，触发硬件中断，主站调用 OB40 响应
	SFC11 "DPSYC_FR"	将属于一个 PROFIBUS – DP 组的从站进行同步或冻结操作，保证所有从站发送到主站数据及主站发送到所有从站数据的同时性
	SFC12 "D_ACT_DP"	可以将 PROFIBUS – DP 或 PROFINET IO 某个从站激活或禁用，将某个故障从站或在调试阶段没有安装的从站禁用，减少从站轮询时间，CPU 上没有从站丢失故障显示
	SFC13 "DPNRM_DG"	读取某个从站的诊断信息
	SFC14 "DPRD_DP"	在主站中解包从站连续的数据（数组类型，例如通信数据的连续性为"TOTAL LENGTH"）。SFC14 适合于 PROFIBUS – DP 及 PROFINET IO。有的 CPU 集成有数据打包、解包功能，不需要调用 SFC14、SFC15
	SFC15 "DPWR_DAT"	将数据打包发送的从站上
处理 PROFINET 功能	SFC112 "PN_IN"	更新 CBA 组建输入接口
	SFC113 "PN_OUT"	更新 CBA 组建输出接口
	SFC114 "PN_DP"	更新 PROFINET 与 PROFIBUS 网关通信接口
处理 MPI 网络 GD 通信功能	SFC60 "GD_SND"	适用 S7 – 400 系列 PLC 事件触发发送 GD 数据包
	SFC61 "GD_RCV"	与 SFC60 相对应接收 GD 数据包
处理基于 MPI 网络 S7 Basic 通信（SFC72/ 7374 可用于 PROFIBUS）	SFC65 "X_SEND"	发送数据包（通信双方必须编程进行数据交换），与 SFC66 "X_RCV"相对应
	SFC66 "X_RCV"	与 SFC65 "X_SENT"相对应
	SFC67 "X_GET"	将通信方的数据存储于本地数据区，通过单方编写可以进行数据交换
	SFC68 "X_PUT"	将本地数据区数据存储于通信方的数据区中，通过单方编写可以进行数据交换
	SFC69 "X_ABORT"	断开一个通信连接
	SFC70 "I_GET"	与 SFC67/68/69 相比，功能相同，不同之处在于 SFC67/68/69 处理站点间数据交换，SFC72/73/74 处理站点内数据交换，例如一个站内 PROFIBUS – DP 主从通信
	SFC71 "I_PUT"	
	SFC72 "I_ABORT"	

系统功能分类	相关 SFC、SFB	简要功能描述
处理 S7 通信	S7 通信使用应用层进行数据交换不基于网络，可以使用 MPI、PROFIBUS、工业以太网。通信时，必须先建立 S7 通信连接	
	SFB/FB8 "USEND"	发送数据不带有确认信息。S7 – 300 系列 PLC MPI 网络不支持，在 PROFIBUS、工业以太网上，必须通过通信处理器 CP 建立通信连接并调用 FB8/FB9 进行通信，S7 – 400 系列 PLC 没有限制。与 SFB/FB9 "UR-CV"相对应
	SFB/FB9 "URCV"	与 SFB/FB8 "USEND"相对应
	SFB/FB12 "BSEND"	发送数据带有确认信息。S7 – 300 系列 PLC MPI 网络不支持，在 PRO-FIBUS、工业以太网上，必须通过通信处理器 CP 建立通信连接并调用 FB12/FB13 进行通信，S7 – 400 系列 PLC 没有限制。与 SFB/FB13 "BRCV"相对应
	SFB/FB13 "BRCV"	与 SFB/FB12 "BSEND"相对应
	SFB/FB14 "GET"	将通信方的数据存储于本地数据区，通过单方编写可以进行数据交换。S7 – 300 系列 PLC 在 MPI 网络只能作为数据服务器（被 S7 – 400 些列 PLC 进行读写操作），在 PROFIBUS、工业以太网上，必须通过通信处理器 CP 建立通信连。调用 FB14/FB15 进行通信
	SFB/FB15 "PUT"	将本地数据区数据存储于通信方的数据区中，通过单方编写可以进行数据交换。与 SFB/FB14 "GET"方式相同
	SFB16 "PRINT"	发送数据到打印机（CP441）
	SFB19 "START"	将通信方暖启动或冷启动进行初始化
	SFB20 "STOP"	将通信方切换到"STOP"模式
	SFB21 "RESUME"	将通信方热启动进行初始化
	SFB22 "STATUS"	查询通信方状态
	SFB23 "USTAUS"	接收通信方状态改变后发送的状态信息
	SFC/FC62 "CONTROL"	SFC 查询 S7 – 400 系列 PLC（本地站内）连接状态，FC 查询 S7 – 300 系列 PLC（本地站内）连接状态
处理通过块调用产生的消息	产生的消息上传到 HMI 中，与 HMI 创建的报警信息不同，块调用产生的消息只有在消息出现时才由 CPU 主动发送到 HMI 中，减少通信负荷，HMI 创建的报警信息由 HMI 周期扫描信号位的变化。S7 – 300 系列 PLC 不支持大部分 SFB 触发的信息	
	SFB36 "NOTIFY"	监控一个信号，发送消息不带有确认
	SFB31 "NOTIFY_8P"	SFB36 "NOTIFY"功能扩展，同时监控 8 个信号
	SFB33 "ALARM"	监控一个信号，发送消息带有确认
	SFB34 "ALARM_8"	监控八个信号，发送消息带有确认
	SFB35 "ALARM_8P"	监控八个信号，发送消息时可以附加某个相关的过程值并带有确认
	SFB37 "AR_SEND"	发送归档数据到 HMI 日志中。归档数据最大 65534B
	SFC9 "EN_MSG"	使能 CPU 发送消息功能
	SFC10 "DIS_MSG"	禁止 CPU 发送消息功能
	SFC17 "ALARM_SQ"	监控一个信号，发送消息时可以附加某个相关的过程值，接收消息后必须确认。同时调用个数与 CPU 资源有关，查看 CPU 订货手册
	SFC18 "ALARM_S"	与 SFC17 功能相同，消息由内部确认
	SFC19 "ALARM_SC"	查询确认状态

系统功能分类	相关 SFC、SFB	简要功能描述
处理通过块调用产生的消息	SFC107 "ALARM_DQ" /SFC108 "ALARM_D"	替代 SFC17/18 功能，带有资源管理功能
	SFC105 "READ_SI"	读出被 SFC17/18 占用的资源
	SFC106 "DEL_SI"	删除占用资源
IEC 定时器、计时器	IEC 定时器、计数器与 STEP7 中集成的定时器、计数器相比数据格式不同，定时时间及计数的范围扩大，占用 DB 的个数	
	SFB0 "CTU"	向上计数器
	SFB1 "CTD"	向下计数器
	SFB2 "CTUD"	上下计数器
	SFB3 "TP"	脉冲定时器输出
	SFB4 "TON"	接通延时定时器
	SFB5 "TOF"	断电延时定时器
处理 S7–300 特殊功能	SFB44 "ANALOG"	通过集成的模拟量接口实现简单定位功能
	SFB46 "DIGITAL"	通过集成的数字量接口实现简单定位功能
	SFB47 "COUNT"	控制集成高速计数器功能
	SFB48 "FREQUENC"	控制频率测量功能
	SFB49 "PULSE"	调制脉冲宽度输出
	SFB60 "SEND_PTP"	控制 ASCII 码、3964 协议发送（串口通信）
	SFB61 "RCV_PTP"	控制 ASCII 码、3964 协议接收（串口通信）
	SFB62 "RES_RECV"	删除 ASCII 码、3964 协议接收缓存区（串口通信）
	SFB63 "SEND_RK"	控制 RK512 协议报文发送（串口通信）
	SFB64 "FETCH"	控制 RK512 协议报文 "FETCH" 功能，从通信方（服务器）得到数据（串口通信）
	SFB65 "SERVE"	将本方设置为数据服务器（使用 RK512 协议）
处理冗余系统功能	SFC90 "H_CTRL"	控制冗余系统同步及后台检测功能

参 考 文 献

［1］Siemens AG. Programming with STEP 7 Manual. 2006.

［2］Siemens AG. TIA 产品指南. 2010.

［3］Siemens AG. STEP 7 帮助中文版. 2006.

［4］Siemens AG. Ladder Logic（LAD）for S7 – 300 and S7 – 400 Programming Reference Manual. 2006.

［5］Siemens AG. Function Block Diagram（FBD）for S7 – 300 and S7 – 400 Programming Reference Manual. 2006.

［6］Siemens AG. S7 GRAPH V5. 3 for S7 – 300/400 Programming Sequential Control System Manual. 2004.

［7］Siemens AG. Statement List（STL）for S7 – 300 and S7 – 400 Programming Reference Manual. 2006.

［8］Siemens AG. S7 – 300 CPU31xC 技术功能操作手册. 2001.

［9］IEC. IEC 61131 – 3［S］. 2nd ed. 2003.

［10］www. siemens. com/simatic – docu.

［11］www. siemens. com/automation/service&support.

［12］Hans Berger. 西门子自动化系统入门［M］. 3 版. 北京：人民邮电出版社，2007.

［13］姜建芳. 西门子 S7 – 200 工程应用技术教程［M］. 北京：机械工业出版社，2010.

［14］廖常初. S7 – 300/400 PLC 应用技术［M］. 2 版. 北京：机械工业出版社，2011.

［15］陈瑞阳，席巍，宋柏青. 西门子工业自动化项目设计实践［M］. 北京：机械工业出版社，2009.

［16］崔坚. 西门子 S7 可编程序控制器 STEP7 编程指南［M］. 北京：机械工业出版社，2010.

［17］胡健. 西门子 S7 – 300/400 工程应用［M］. 北京：北京航空航天大学出版社，2008.

［18］廖常初. 西门子工业通信网络组态编程与故障诊断［M］. 北京：机械工业出版社，2009.

［19］林小峰，宋春宁，宋绍剑. 基于 IEC 61131 – 3 标准的控制系统及应用［M］. 北京：电子工业出版社，2007.

［20］彭瑜，何衍庆. IEC 61131 – 3 编程语言及应用基础［M］. 北京：机械工业出版社，2009.

［21］崔坚. 西门子工业网络通信指南：上册［M］. 北京：机械工业出版社，2005.

［22］崔坚. 西门子工业网络通信指南：下册［M］. 北京：机械工业出版社，2005.

［23］苏昆哲. 深入浅出西门子 WinCC V6［M］. 2 版. 北京：北京航空航天大学出版社，2005.

［24］廖常初. 西门子人机界面（触摸屏）组态与应用技术［M］. 2 版. 北京：机械工业出

版社, 2008.

[25] 王永华, A Verwer. 现场总线技术及应用教程—从 PROFIBUS 到 AS - i［M］. 北京：机械工业出版社, 2008.

[26] 金广业, 李景学. 可编程控制器原理与应用［M］. 北京：电子工业出版社, 1991.

[27] 袁任光. 可编程控制器（PC）应用技术与实例［M］. 广州：华南理工大学出版社, 1997.

[28] 高钦和. 可编程控制器应用技术与设计实例［M］. 北京：人民邮电出版社, 2004.

[29] 上海辰竹仪表有限公司. 隔离式安全栅、浪涌保护器. 2007.

[30] 余海勇. S7 - 300C 集成的 PWM 和频率测量功能应用［J］. 兵工自动化, 2007, 26（5）.

[31] 姜建芳, 靳捷, 张乐. 喷射机控制系统设计与实现［C］. 2011 年西门子专家会议论文集. 2011.

[32] 姜建芳, 黄峰, 戴刚, 缪锐. 基于 SIMATIC PCS7 自然循环锅炉控制系统设计与实现［C］. 2010 年西门子专家会议论文集. 2010.

[33] 姜建芳, 靳捷, 万毅. 矿山空气压缩站控制系统设计与实现［C］. 2008 年西门子专家会议论文集. 2008.

[34] 姜建芳, 王艳, 唐仁红, 姜豪. 电厂废水处理控制系统的设计与实现［C］. 2006 年西门子专家会议论文集. 2006.

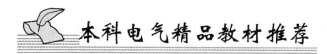

本科电气精品教材推荐

西门子工业自动化系列教材

西门子 S7-300/400PLC 编程与应用

书号：28666　　　　　定价：43.00 元

作者：刘华波　　　　配套资源：DVD 光盘

推荐简言：

　　本书由浅入深全面介绍了西门子公司广泛应用的大中型 PLC——S7-300/400 的编程与应用，注重示例，强调应用。全书共分为 14 章，分别介绍了 S7 系统概述，硬件安装与维护，编程基础，基本指令，符号功能，测试功能，数据块，结构化编程，模拟量处理与闭环控制，组织块，故障诊断，通信网络等。

西门子人机界面（触摸屏）组态与应用技术 第 2 版

书号：19896　　　　　定价：40.00 元

作者：廖常初　　　　配套资源：DVD 光盘

推荐简言： 本书介绍了人机界面与触摸屏的工作原理和应用技术，通过大量的实例，深入浅出地介绍了使用组态软件 WinCC flexible 对西门子的人机界面进行组态和模拟调试的方法，以及文本显示器 TD200 的使用方法。介绍了在控制系统中应用人机界面的工程实例和用 WinCC flexible 对人机界面的运行进行离线模拟和在线模拟的方法。随书光盘提供了大量西门子人机界面产品和组态软件的用户手册，还提供了作者编写的与教材配套的例程，读者用例程在计算机上做模拟实验。

西门子 S7-200PLC 工程应用技术教程

书号：31097　　　　　定价：55.00 元

作者：姜建芳　　　　配套资源：DVD 光盘

推荐简言：

　　本书以西门子 S7-200 PLC 为教学目标机，在讨论 PLC 理论基础上，注重理论与工程实践相结合，把 PLC 控制系统工程设计思想和方法及其工程实例融合到本书的讨论内容中，使本书具有了工程性与系统性等特点。便于读者在学习过程中理论联系实际，较好地掌握 PLC 理论基础知识和工程应用技术。

西门子 S7-1200 PLC 编程与应用

书号：34922　　　　　定价：42.00 元

作者：刘华波　　　　配套资源：DVD 光盘

推荐简言：

　　本书全面介绍了西门子公司新推出的 S7-1200 PLC 的编程与应用。全书共分为 9 章，分别介绍了 PLC 的基础知识、硬件安装与维护、编程基础、基本指令、程序设计、结构化编程、精简面板组态、通信网络、工艺功能等。

工业自动化技术

书号：35042　　　　　定价：39.00 元

作者：陈瑞阳　　　　配套资源：DVD 光盘

推荐简言： 本书内容涵盖了工业自动化的核心技术，即可编程序控制器技术、现场总线网络通信技术和人机界面监控技术。在编写形式上，将理论讲授与解决生产实际问题相联系，书中以自动化工程项目设计为依托，采用项目驱动式教学模式，按照项目设计的流程，详细阐述了 PLC 硬件选型与组态、程序设计与调试、网络配置与通信、HMI 组态与设计以及故障诊断的方法。

西门子 S7-300/400PLC 编程技术及工程应用

书号：36617　　　　　定价：38.00 元

作者：陈海霞　　　　配套资源：电子教案

推荐简言： 本书主要讲述 S7-300/400 的系统概述及 STEP 7 的使用基础；介绍了基于 IEC61131-1 的编程语言及先进的编程技术思想、组织块和系统功能块的作用、西门子通讯的种类及实现方法、工程设计步骤和工程实例。通过大量的实验案例和真实的工程实例使学习和实践能融会贯通；通过实用编程技术的介绍，提供易于交流的平台和清晰的编程思路。随书光盘内容包括书中实例和课件。

本科电气精品教材推荐

电气信息工程丛书

西门子工业通信网络组态编程与故障诊断

书号：28256　　　　　定价：69.00 元

作者：廖常初　　　配套资源：DVD 光盘

推荐简言：

　　本书建立在大量实验的基础上，详细介绍了实现通信最关键的组态和编程方法，随书光盘有上百个通信例程，绝大多数例程经过硬件实验的验证。读者根据正文介绍的通信系统的组态步骤和方法，参考光盘中的例程作组态和编程练习，可以较快地掌握网络通信的实现方法。

西门子 PLC 高级应用实例精解

书号：29304　　　　　定价：42.00 元

作者：向晓汉　　　配套资源：DVD 光盘

推荐简言：

　　本书通过实例全面讲解西门子 S7-200/S7-1200/S7-300 PLC 的高级应用。内容包括梯形图的编程方法、PLC 在过程控制中应用、PLC 在运动控制中的应用、PLC 的通信及其通信模块的应用等。书中实例都用工程实际的开发过程详细介绍，便于读者模仿学习。每个实例都有详细的软件、硬件配置清单，并配有接线图和程序。本书所附配套资源中有重点实例源程序和操作过程视频文件。

西门子 WinCC V7 基础与应用

书号：32902　　　　　定价：44.00 元

作者：甄立东　　　配套资源：DVD 光盘

推荐简言： 本书系统地介绍了 WinCC V7.0 的功能及其组态方法。首先介绍了初级用户必须掌握的主要功能，其次介绍了高级用户需要了解的 Microsoft SQL Server 2005、冗余系统组态、全集成自动化、开发性和工厂智能选件。通过实例，详尽地展示了各种应用的设计和实现步骤以及应用。本书还对 WinCC V7.0 新增功能进行了详细讲解。

现场总线与工业以太网及其应用技术

书号：35607　　　　　定价：58.00 元

作者：李正军　　　配套资源：电子教案

推荐简言： 本书从工程实际应用出发，全面系统地介绍了现场总线与工业以太网技术及其应用系统设计，力求所讲内容具有较强的可移植性、先进性、系统性、应用性、资料开放性，起到举一反三的作用。主要内容包括现场总线与工业以太网概论、控制网络技术、通用串行通信接口技术、PROFIBUS 现场总线、PROFIBUS-DP 通信控制器与网络接口卡等。

PLC 编程及应用 第 3 版

书号：10877　　　　　定价：37.00 元

作者：廖常初　　　配套资源：DVD 光盘

获奖情况： 全国优秀畅销书

推荐简言： 西门子公司重点推荐图书，累计销量已达 **12 万**册。本书以西门子公司的 **S7-200 PLC** 为例，介绍了 **PLC** 的工作原理、硬件结构、指令系统、最新版编程软件和仿真软件的使用方法；介绍了数字量控制梯形图的一整套先进完整的设计方法；介绍了 **S7-200** 的通信网络、通信功能和通信程序的设计方法等。配套光盘有 **S7-200** 编程软件和 **OPC** 服务器软件 **PC Access**、与 **S7-200** 有关的中英文用户手册和资料、应用例程等

S7-300/400 PLC 应用技术 第 3 版

书号：36379　　　　　定价：69.00 元

作者：廖常初　　　配套资源：DVD 光盘

推荐简言： 西门子公司重点推荐图书，销量已达 8 万册。本书介绍了 S7-300/400 的硬件结构、性能指标和硬件组态的方法；指令系统、程序结构、编程软件 STEP7 的使用方法；梯形图的经验设计法、继电器电路转换法和顺序控制设计法，以及使用顺序功能图语言 S7 Graph 的设计方法。另外还介绍了 S7-300/400 的网络结构、AS-i 和工业以太网、PRODAVE 通信软件的组态、参数设置的编程的方法。配套的光盘附有大量的中英文用户手册、软件和例程，附有 STEP7 编程软件。